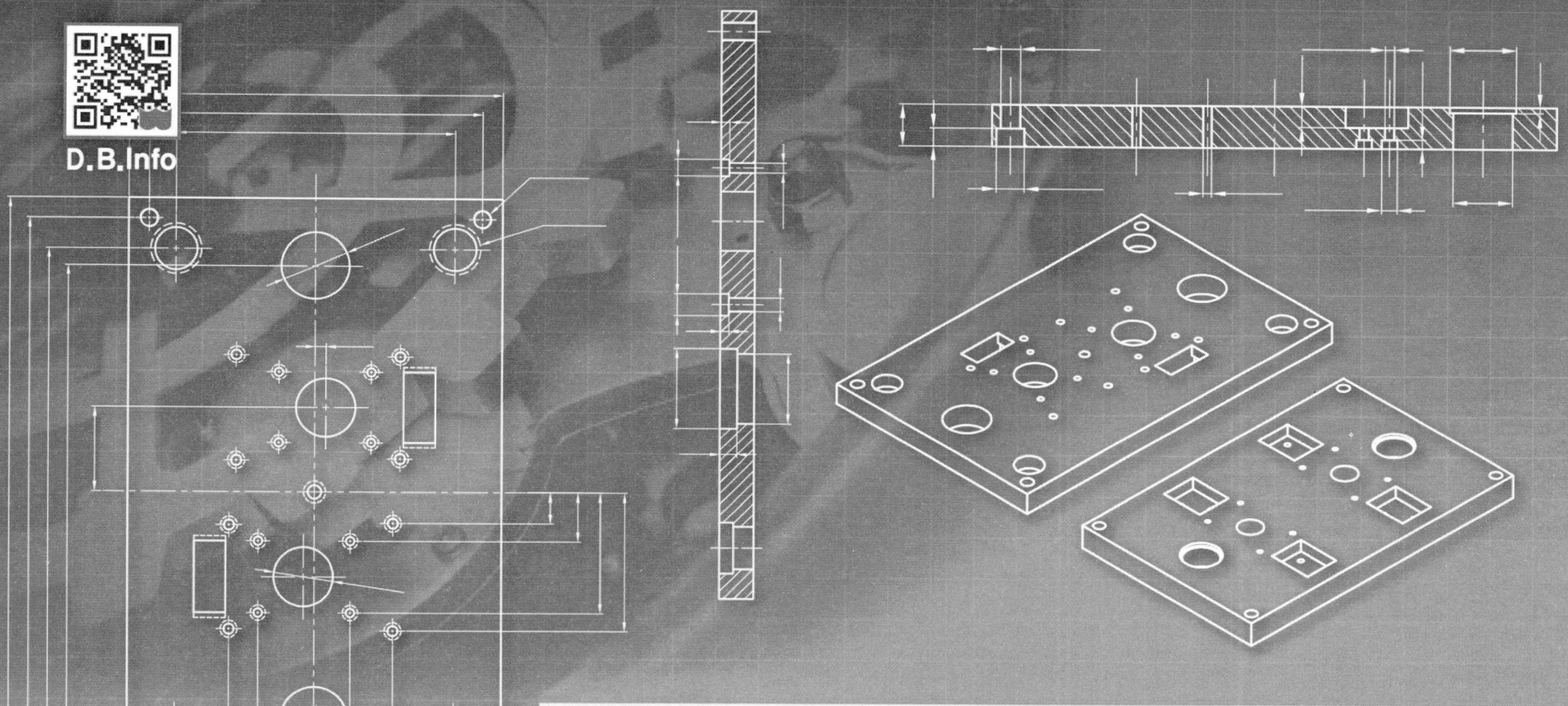

D.B.Info

현 장 실 무 능 력 배 양 을 위 한

최신 사출금형 설계도면집

공학박사 · 금형기술사 · 기계공정설계기술사 · 기계제작기술사 **윤 갑 석**

PREFACE

금형은 재료의 소성(Plasticity), 전 연성(Malleability, Ductility), 유동성(Fluidity)등의 성질을 이용하여 재료를 가공성형, 제품을 생산하는 도구로서 금속재료를 사용하여 만들어진 형(型)을 말하며 "동일형상, 동일규격의 제품을 대량 생산하기 위해 모체가 되는 틀" 이라고 한다 한마디로 공구류(tooling)이라고 할 수 있다.

금형에 의해 만들어지는 제품의 종류는 매우 광범위하다. 즉, 자동차공업, 컴퓨터, 핸드폰, TV, 오디오 등 전기전자 제조업, 우주항공 산업부품, 시계 및 광학기계 관련 정밀기기산업, 사무용품, 주방용품, 스포츠용품, 완구용품, 카세트, 신발류 등에 이르기까지 거의 대부분의 산업분야와 관련되어 있다. 즉 인간의 기능에 의존하여 극소수의 제품만을 생산하던 1차적 기능 형태에서, 대량생산이라는 2차적 기능으로 확산할 수 있게 한 것이다. 제조업이 존재하는 한 금형은 존재할 것이다.

본서는 저자의 독자적인 연구가 아니라 오랜 세월 동안 금형인들의 학문을 정리한 것으로 필자는 어려운 내용을 현장 실무 능력을 향상을 위하여 쉽도록 금형설계를 할 수 있도록 정리한 것이다. 오랜 현장 경험을 바탕으로 대학에서 후학도 들을 지도하는 과정에서 금형산업의 발전을 지원하는 전문기관인 한국금형협동조합의 도움을 받아 금형을 배우는 학생들은 물론 자격증을 준비하는 모든 금형인에게 조금이나마 도움이 되게 정리를 한 것이니 여러 군데 미흡한 점은 앞으로 지속적으로 보안을 하고자 한다.

끝으로 본서가 나오기까지 많은 용기와 도움을 주신 분들께 감사드리며 복두출판사 대표님과 관계되시는 분들께 진심으로 감사의 말씀을 드린다.

2017년 12월

공학박사 **윤갑석**

CONTENT

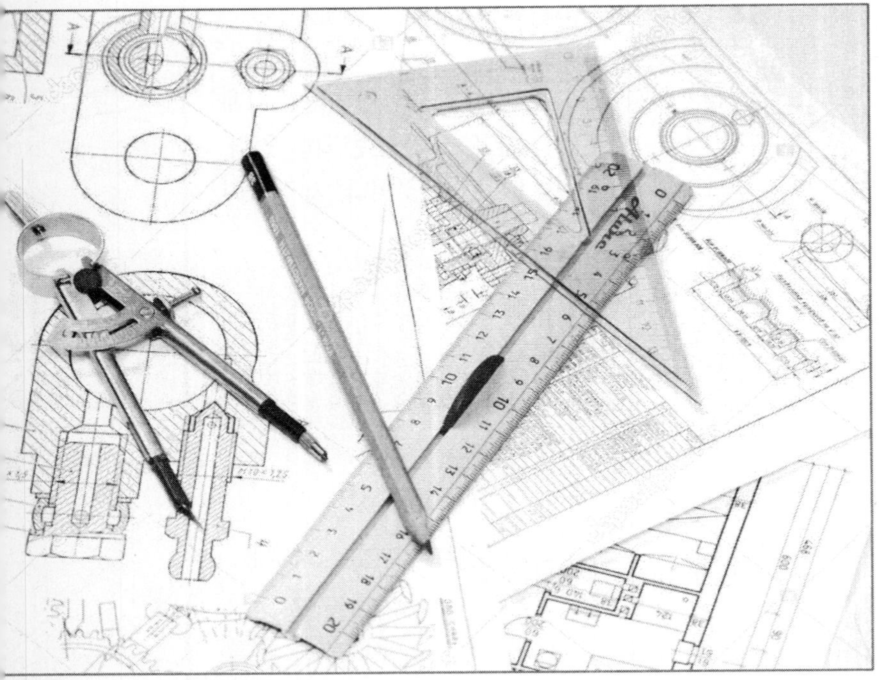

제 1 장 사출금형설계 도면 Ⅰ | 7

제 2 장 사출금형설계 도면 Ⅱ | 61

제 3 장 사출금형설계 도면 Ⅲ | 177

제 4 장 사출금형설계 도면 Ⅳ | 363

C.H.A.P.T.E.R 1

사출금형설계 도면 Ⅰ

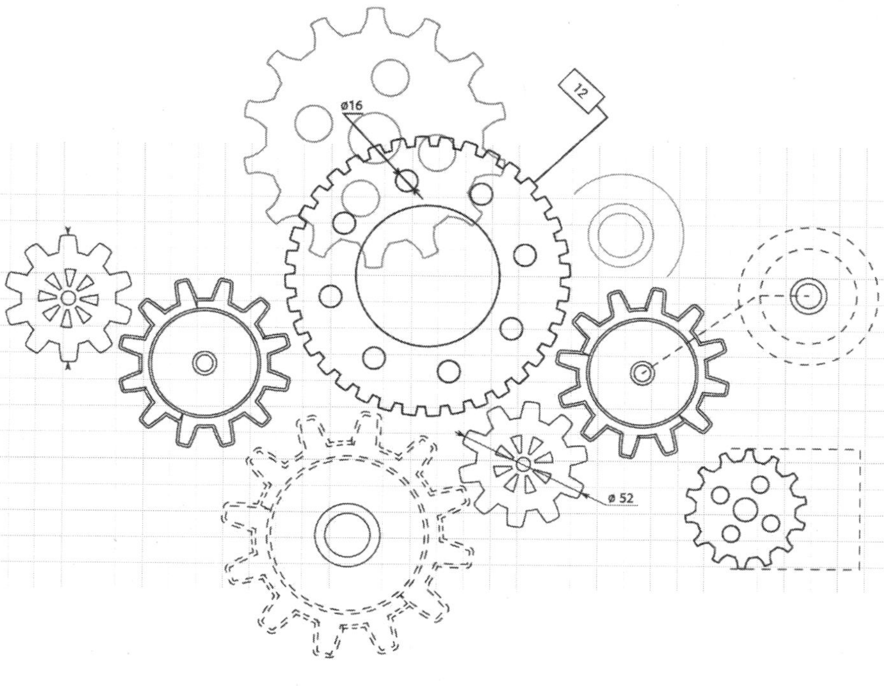

1.1 2단금형(a square cover)

요구사항

1) 투상법 : 3각법
2) 적용 수지 : ABS, 수축률 5/1000, 빼기구배는 고려하지 않아도 됨.
3) 사이드게이트
4) 금형 종류 : 2단 표준금형 2캐비티
5) resin delivery system : gate 위치와 형식은 설계자가 결정할 것.
6) 취출시스템 : ejector pin
7) 형상부 : core & cavity : 모델을 확인하여 적정하게 설계할 것.
8) 냉각시스템
   고정측, 가동측 냉각은 별도로 설계할 것(슬라이드 냉각이 필요하면 적용할 것)
9) Moldbase : 제시한 모델에 맞는 2단 moldbase를 설계자가 선택하여 결정할 것.

2매 사출금형

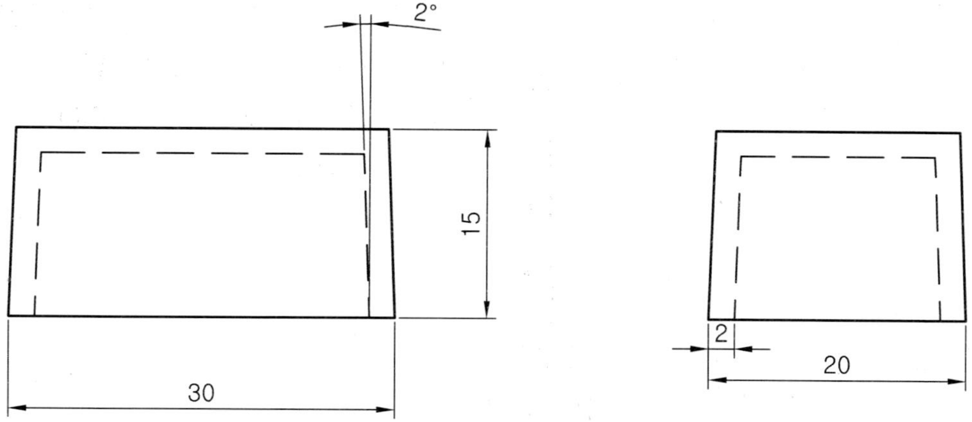

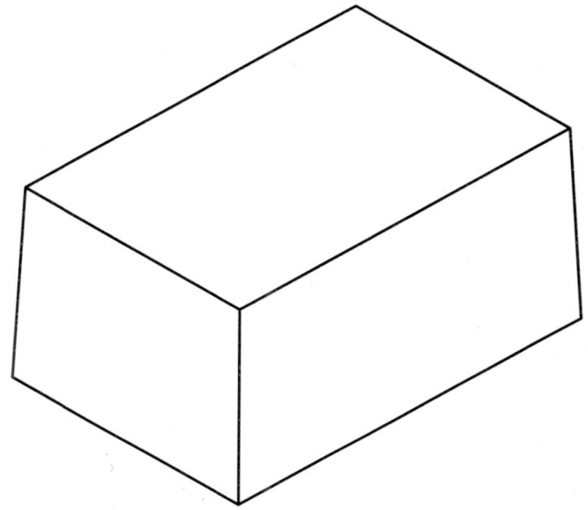

주서

1. 일반 공차 - 가공부 : KS B 0412.
2. 도시되고 지시없는 모따기는 1X45°,
   필렛 및 라운드 R3
3. 일반모따기는 0.3 X 0.5 X 45°
4. 표면 거칠기 기호 비교표

x/ = 3.2/ , 12.5s , ▽▽ , N8

y/ = 1.6/ , 6.3s , ▽▽▽ , N7

0	제 품	ABS	2	
품번	품 명	재질	수량	비고
작품명	사각커버 a square - cover		척도	NS
			각법	3

2매 사출금형

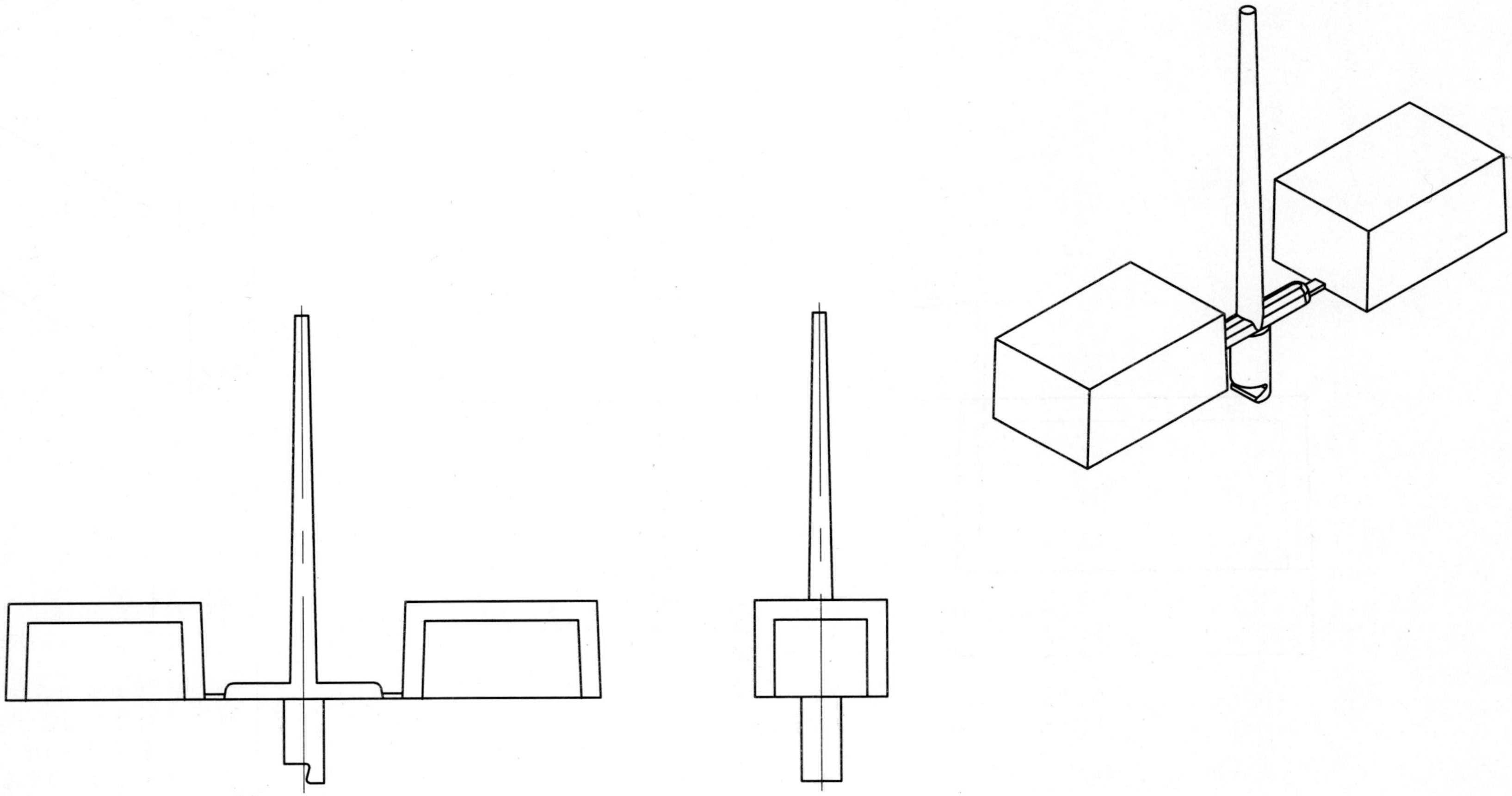

0	유동기구		1	
품번	품 명	재질	수량	비고
작품명	사각커버		척도	NS
	a square - cover		각법	3

2매 사출금형

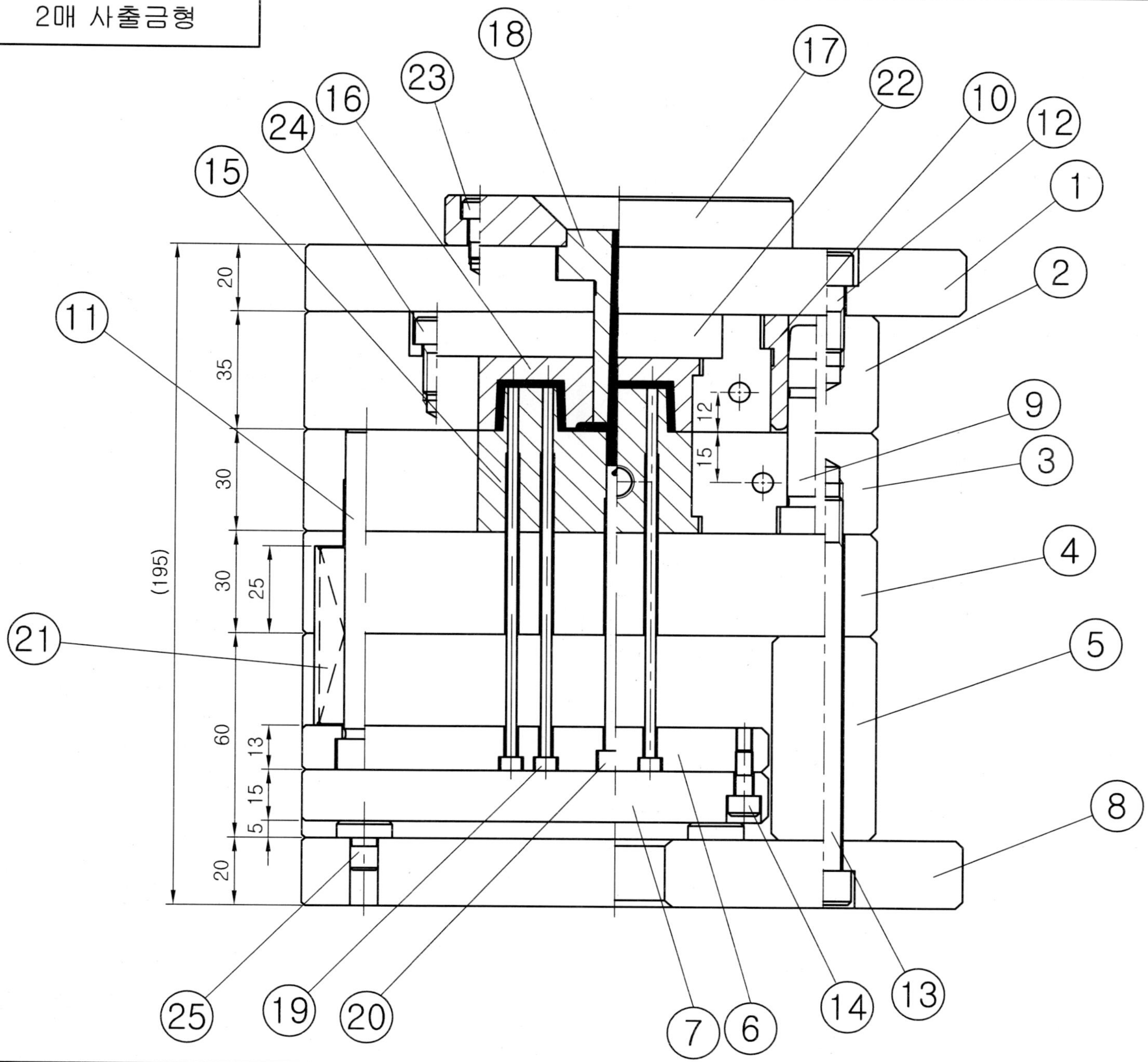

주 서

1. 도시되고 지시되지 않은 R1,C1
2. 수축률 : 0.005
3. 사이드 게이트 : 2캐비티
4. 재료 : ABS
5. 몰드 베이스 규격 : SA1518
6. 표면 거칠기

x = 3.2, y = 1.6

품번	품 명	재질	수량	비고
25	스톱핀	규격품	4	
24	볼트	규격품	6	M8
23	볼트	규격품	2	M6
22	백킹플레이트	STD11	1	HRC55
21	스프링	규격품	4	
20	스프루록핀	STD61	1	HRC55
19	이젝트핀	STC3	8	HRC55
18	스프루부시	SM45C	1	
17	로케이트링	SM45C	1	
16	캐비티	KP4M	2	
15	코어	KP4M	2	
14	볼트	규격품	4	M6
13	볼트	규격품	4	M10
12	볼트	규격품	4	M10
11	리턴핀	STC3	4	HRC55
10	가이드부시	STC3	4	HRC55
9	가이드핀	STC3	4	HRC55
8	가동측설치판	SM45C	1	
7	이젝트플레이트(하)	SM45C	1	
6	이젝트플레이트(상)	SM45C	1	
5	스페이스블록	SM45C	2	
4	받침판	STD11	1	HRC55
3	가동측형판	SM45C	1	
2	고정측형판	SM45C	1	
1	고정측설치판	SM45C	1	

2단금형 (a square cover)	척도	NS
	각법	3

2매 사출금형

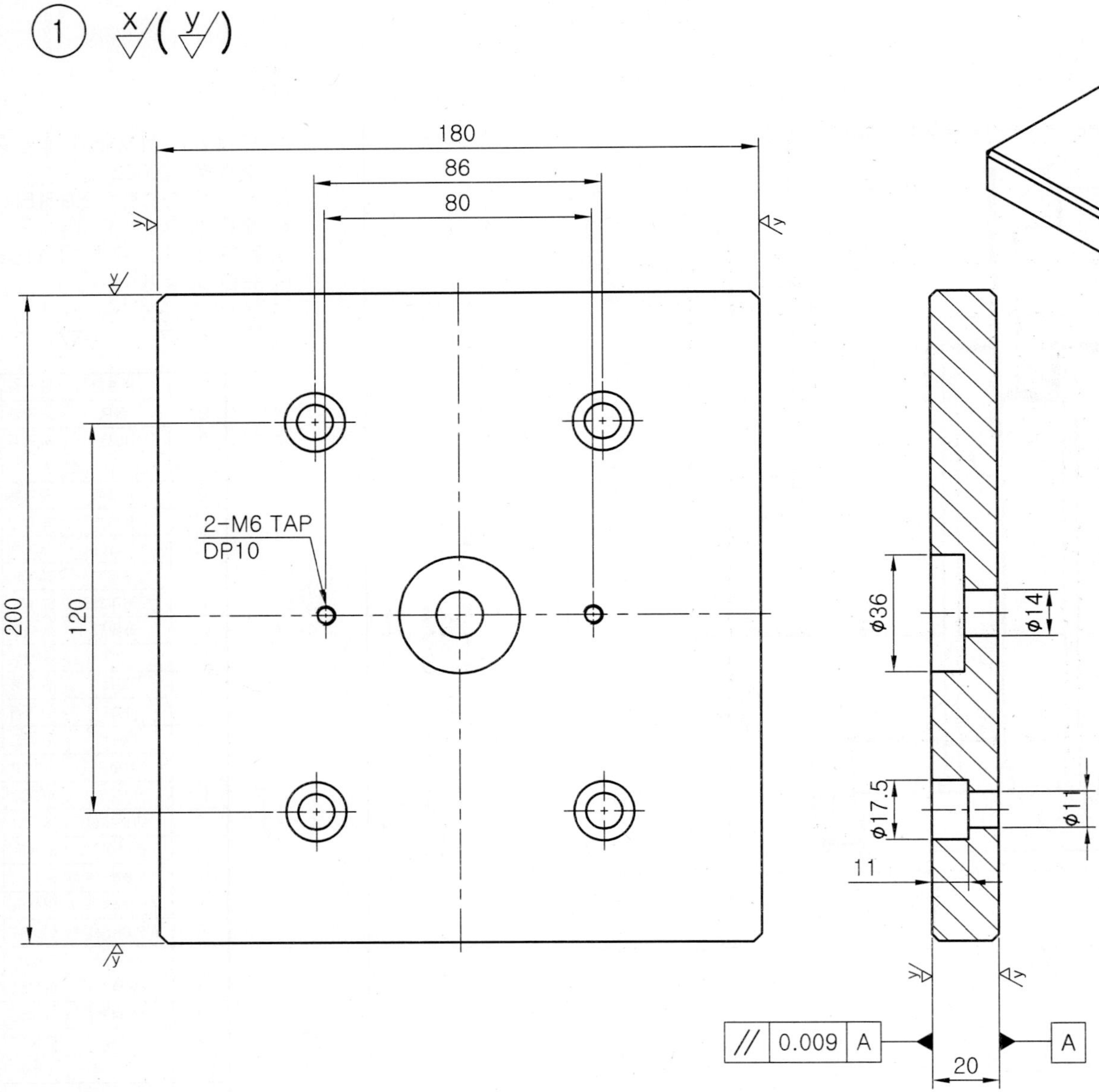

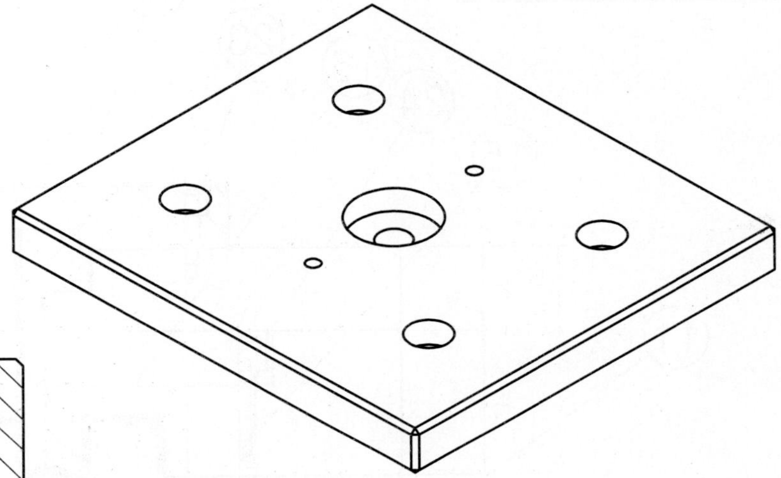

주 서

1. 일반공차 - 가공부 : KS B 0412.
2. 도시되고 지시없는 모따기는 1x45°, 필렛 및 라운드 R3
3. 일반 모따기는. 0.3 x 0.5x45°
4. 표면 거칠기 기호 비교표

x/ = 3.2/ , 12.5s , ▽▽ , N8

y/ = 1.6/ , 6.3s , ▽▽▽ , N7

1	고정측설치판	SM45C	1	
품번	품 명	재질	수량	비고
2단금형 (a square cover)			척도	NS
			각법	3

2매 사출금형

② x/(y/)

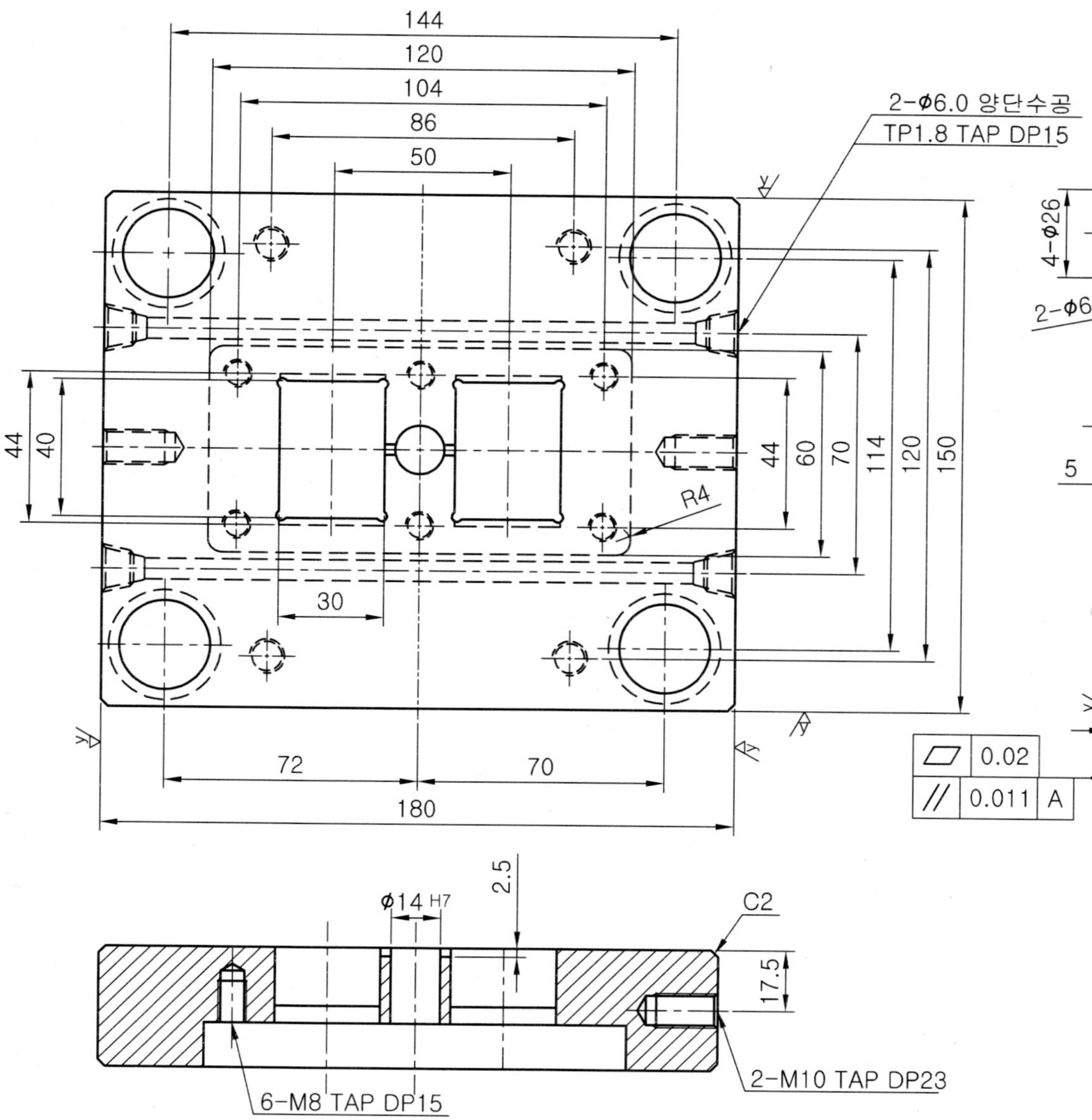

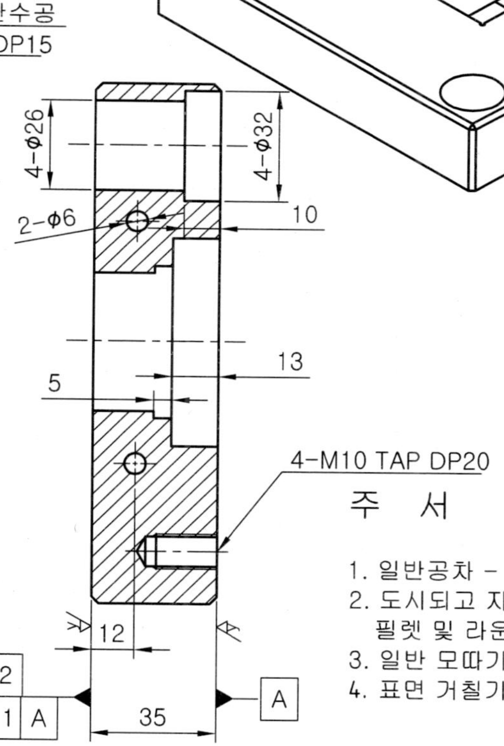

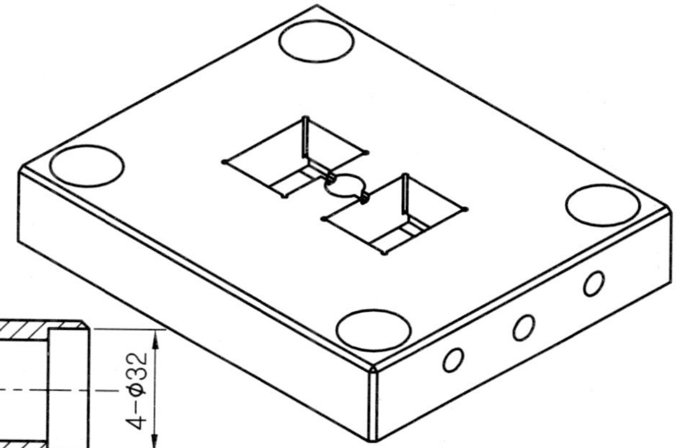

주 서

1. 일반공차 - 가공부 : KS B 0412.
2. 도시되고 지시없는 모따기는 1x45°, 필렛 및 라운드 R3
3. 일반 모따기는. 0.3 x 0.5x45°
4. 표면 거칠기 기호 비교표

x/ = 3.2/ , 12.5s , ▽▽ , N8

y/ = 1.6/ , 6.3s , ▽▽▽ , N7

2	고정측 형판	SM45C	1	
품번	품 명	재질	수량	비고
2단금형 (a square cover)			척도	NS
			각법	3

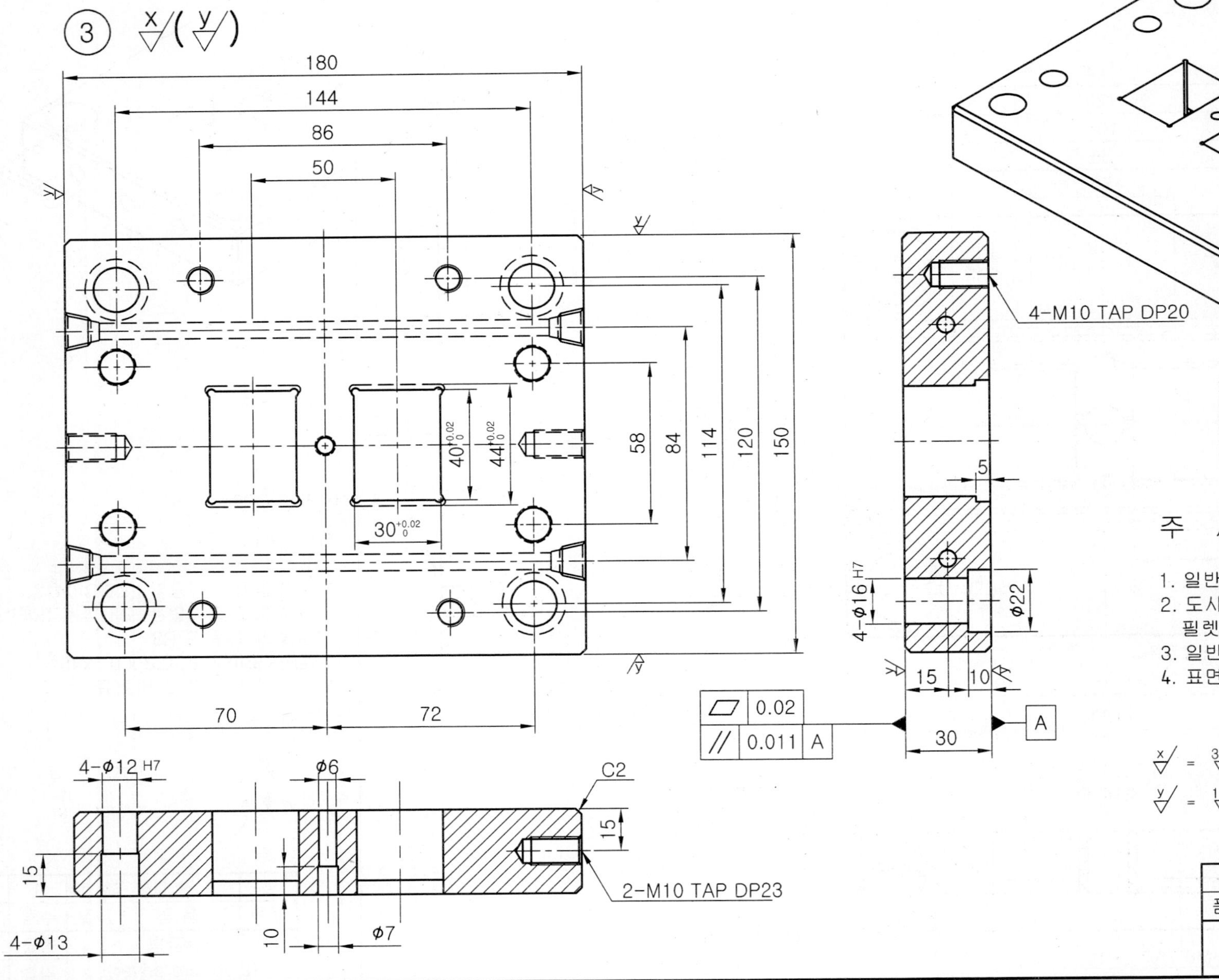

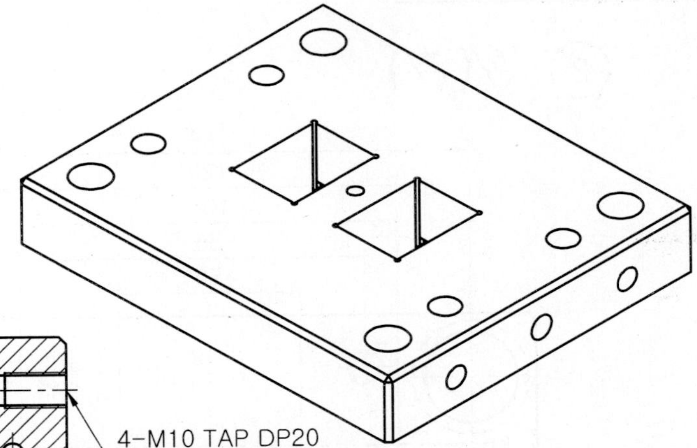

주 서

1. 일반공차 - 가공부 : KS B 0412.
2. 도시되고 지시없는 모따기는 1x45°, 필렛 및 라운드 R3
3. 일반 모따기는. 0.3 x 0.5x45°
4. 표면 거칠기 기호 비교표

x/ = 3.2/ , 12.5s , ▽▽ , N8

y/ = 1.6/ , 6.3s , ▽▽▽ , N7

3	가동측형판	SM45C	1	
품번	품 명	재질	수량	비고
2단금형 (a square cover)			척도	NS
			각법	3

④ x/(y/)

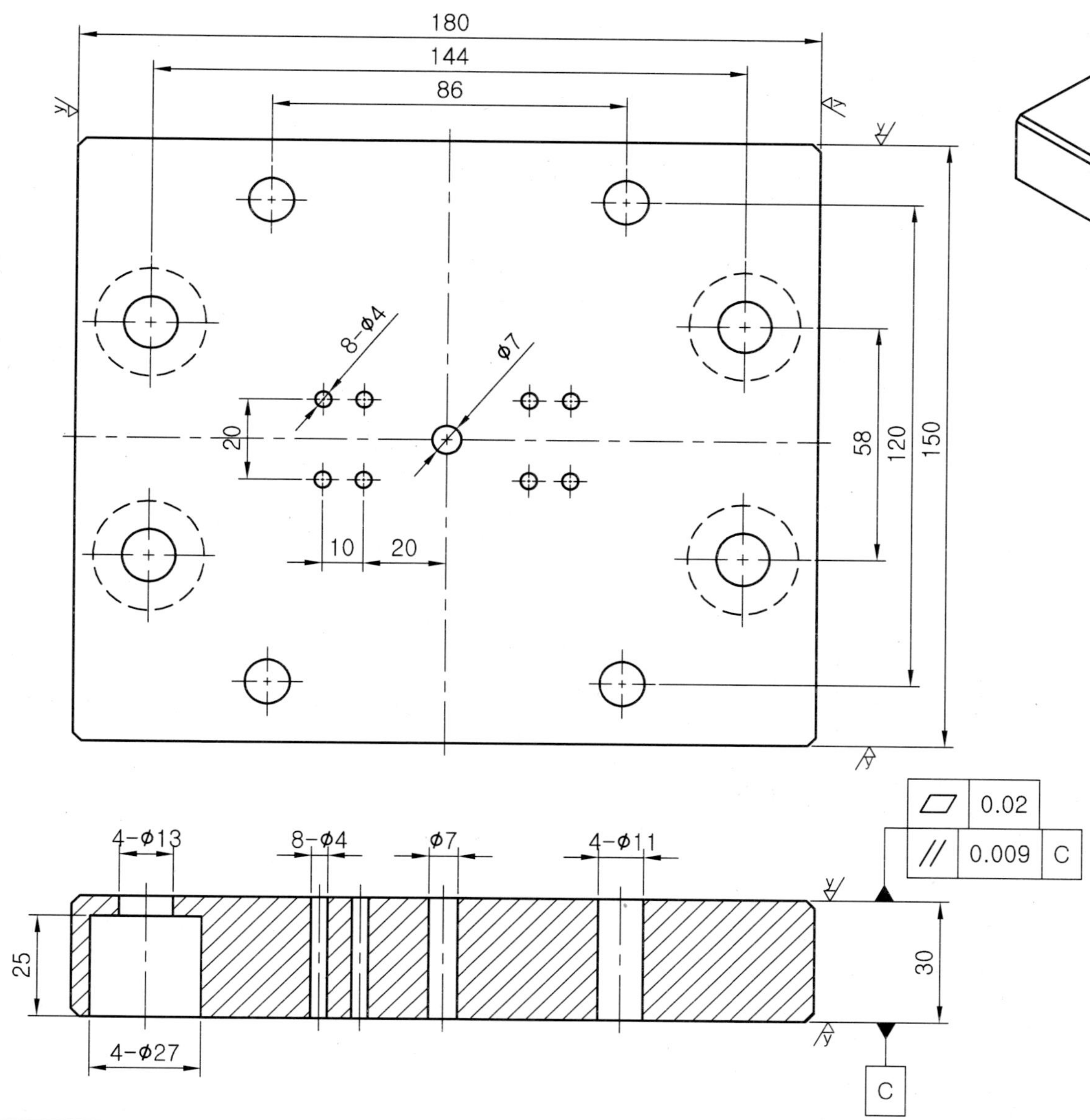

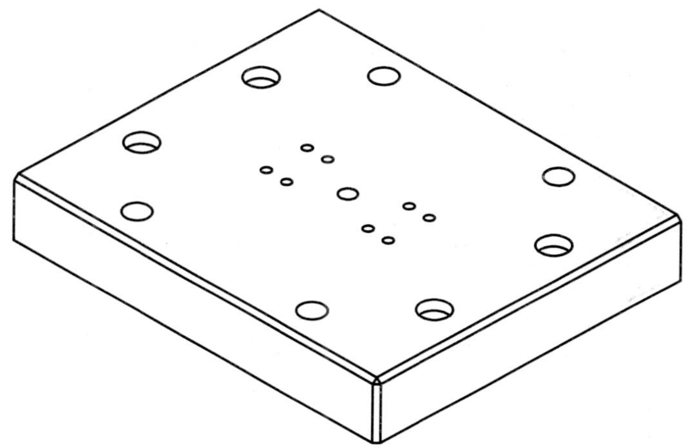

주 서

1. 일반공차 - 가공부 : KS B 0412.
2. 도시되고 지시없는 모따기는 1x45°, 필렛 및 라운드 R3
3. 일반 모따기는. 0.3 x 0.5x45°
4. 표면 거칠기 기호 비교표

x/ = 3.2/ , 12.5s , ▽▽ , N8

y/ = 1.6/ , 6.3s , ▽▽▽ , N7

4	받침판	STD11	1	H_RC55
품번	품 명	재질	수량	비고
2단금형 (a square cover)			척도	NS
			각법	3

2매 사출금형

⑤ x/(y/)

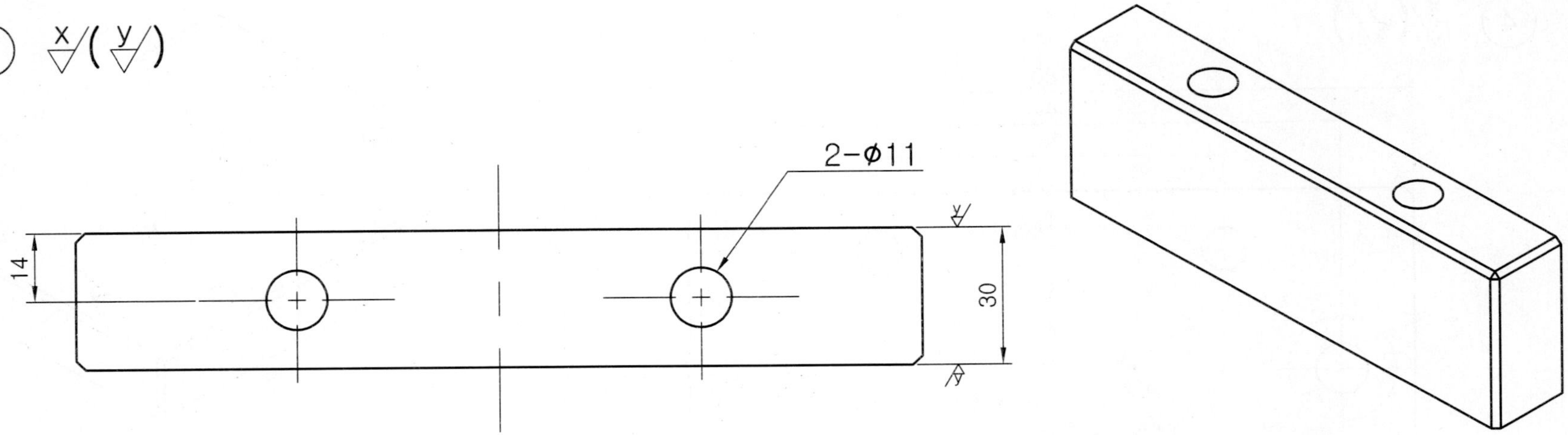

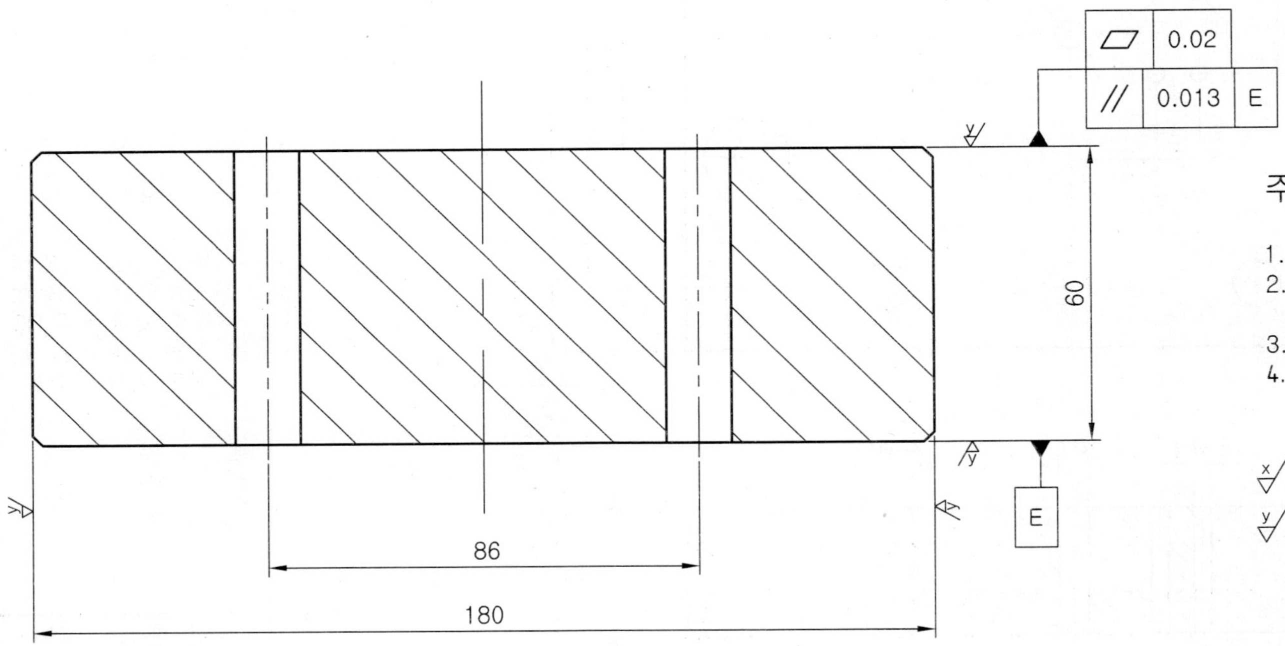

주 서

1. 일반공차 - 가공부 : KS B 0412.
2. 도시되고 지시없는 모따기는 1x45°, 필렛 및 라운드 R3
3. 일반 모따기는. 0.3 x 0.5x45°
4. 표면 거칠기 기호 비교표

x/ = 3.2/ , 12.5s , ▽▽ , N8

y/ = 1.6/ , 6.3s , ▽▽▽ , N7

5	스페이스블록	SM45C	2	
품번	품 명	재질	수량	비고
2단금형 (a square cover)			척도	NS
			각법	3

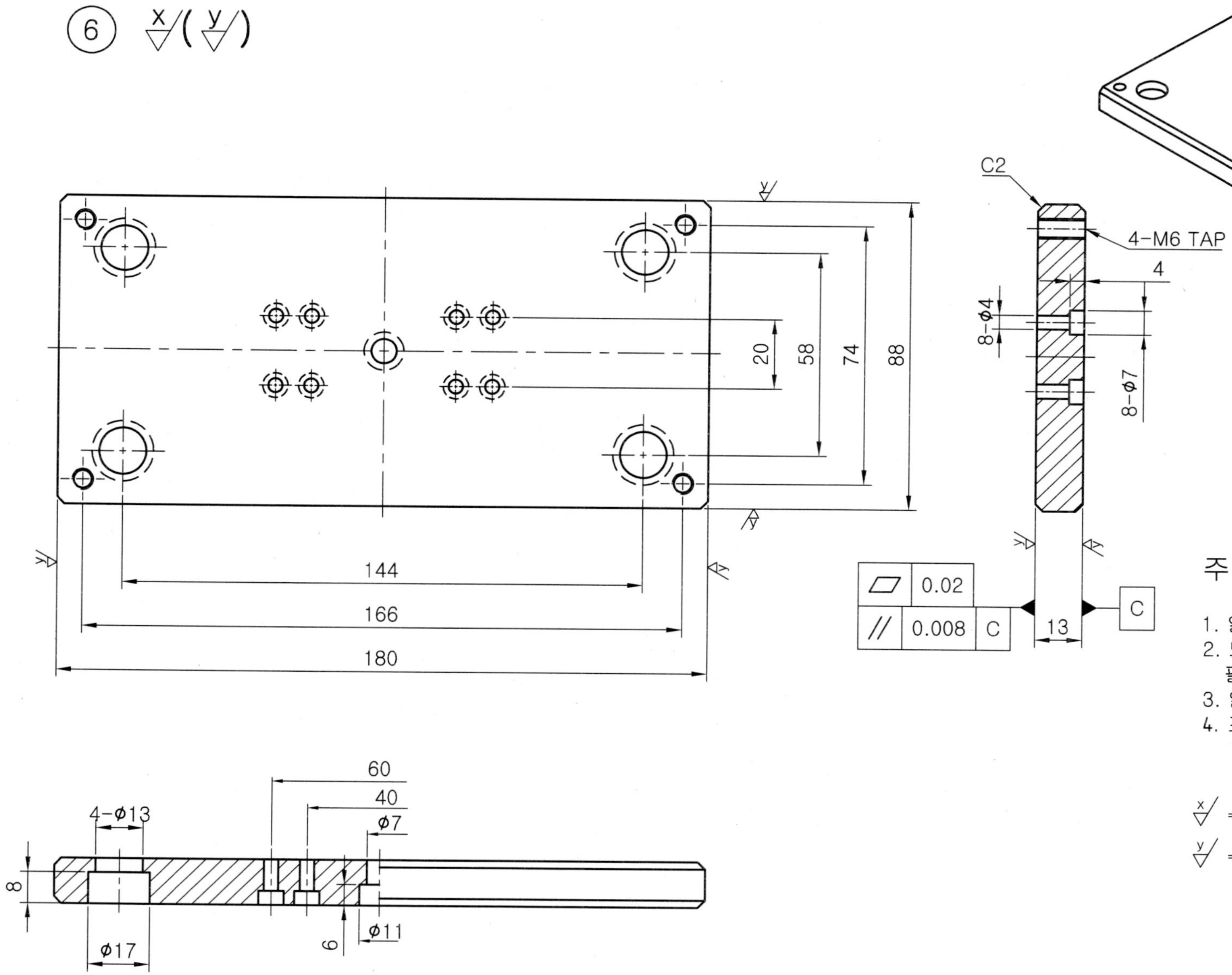

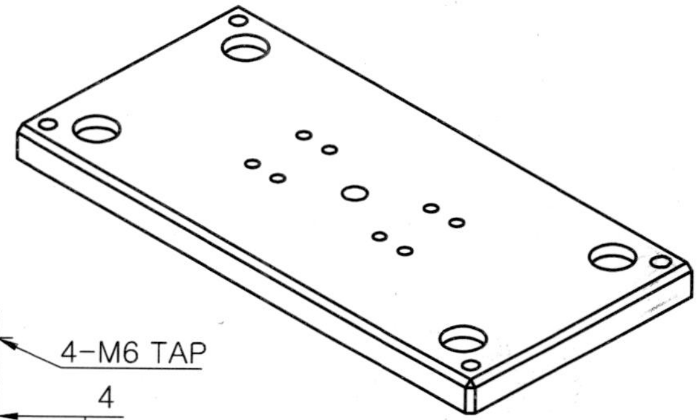

주 서

1. 일반공차 - 가공부 : KS B 0412.
2. 도시되고 지시없는 모따기는 1x45°, 필렛 및 라운드 R3
3. 일반 모따기는. 0.3 x 0.5x45°
4. 표면 거칠기 기호 비교표

x/ = 3.2/ , 12.5s , ▽▽ , N8

y/ = 1.6/ , 6.3s , ▽▽▽ , N7

6	이젝트플레이트(상)	SM45C	1	
품번	품 명	재질	수량	비고
2단금형 (a square cover)			척도	NS
			각법	3

2매 사출금형

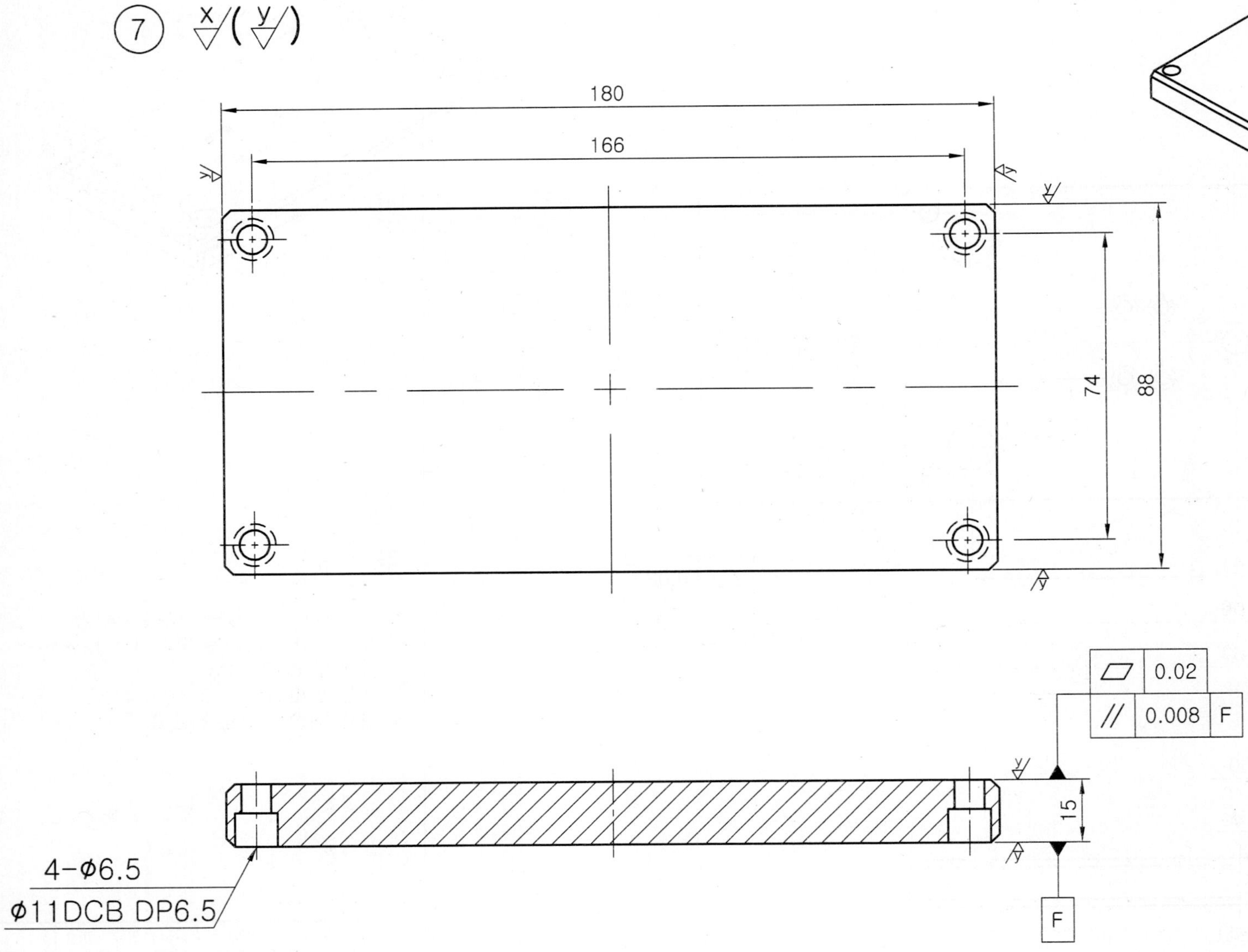

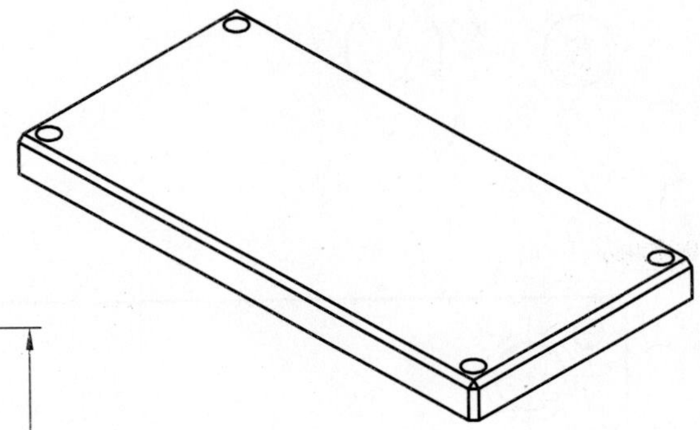

주 서

1. 일반공차 - 가공부 : KS B 0412.
2. 도시되고 지시없는 모따기는 1x45°, 필렛 및 라운드 R3
3. 일반 모따기는. 0.3 x 0.5x45°
4. 표면 거칠기 기호 비교표

x/ = 3.2/ , 12.5s , ▽▽ , N8

y/ = 1.6/ , 6.3s , ▽▽▽ , N7

7	이젝트플레이트(하)	SM45C	1	
품번	품 명	재질	수량	비고
2단금형 (a square cover)			척도	NS
			각법	3

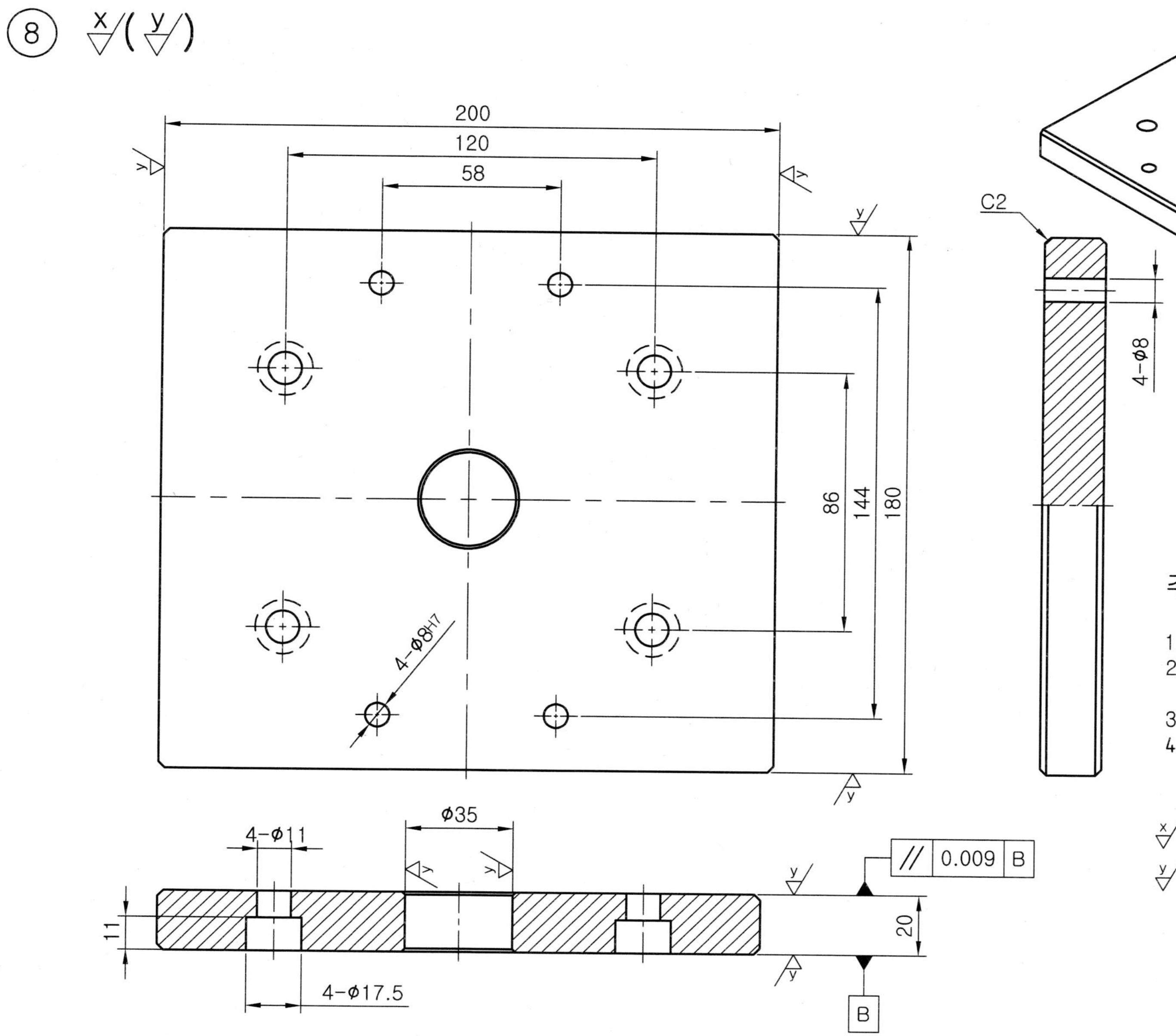

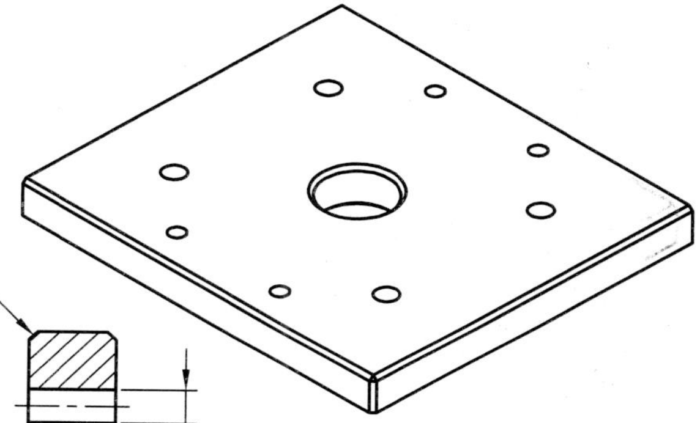

주 서

1. 일반공차 - 가공부 : KS B 0412.
2. 도시되고 지시없는 모따기는 1x45°, 필렛 및 라운드 R3
3. 일반 모따기는. 0.3 x 0.5x45°
4. 표면 거칠기 기호 비교표

x = 3.2 , 12.5s , ▽▽ , N8

y = 1.6 , 6.3s , ▽▽▽ , N7

8	가동측설치판	SM45C	1	
품번	품 명	재질	수량	비고
2단금형 (a square cover)			척도	NS
			각법	3

2매 사출금형

⑩ y/▽

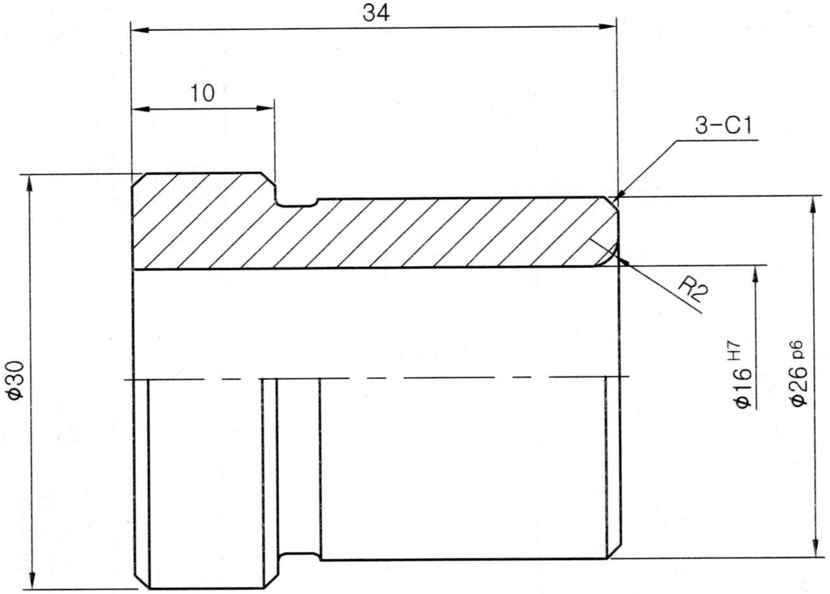

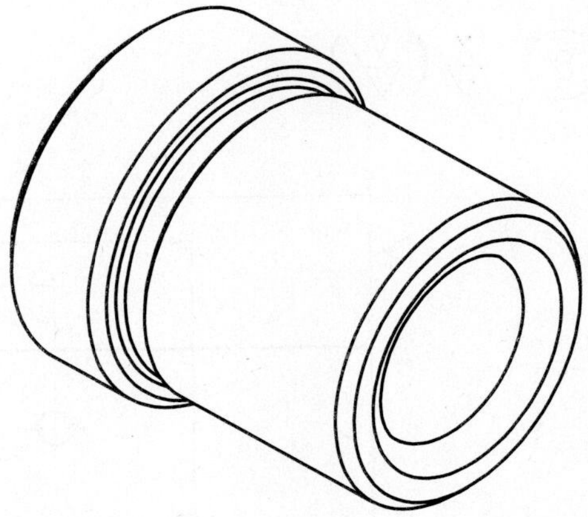

주 서

1. 일반공차 – 가공부 : KS B 0412.
2. 도시되고 지시없는 모따기는 1x45°, 필렛 및 라운드 R3
3. 일반 모따기는. 0.3 x 0.5x45°
4. 표면 거칠기 기호 비교표

x/▽ = 3.2/▽ , 12.5s , ▽▽ , N8

y/▽ = 1.6/▽ , 6.3s , ▽▽▽ , N7

10	가이드부시	STC3	4	H_RC55
품번	품 명	재질	수량	비고
2단금형 (a square cover)			척도	NS
			각법	3

2매 사출금형

⑨ y

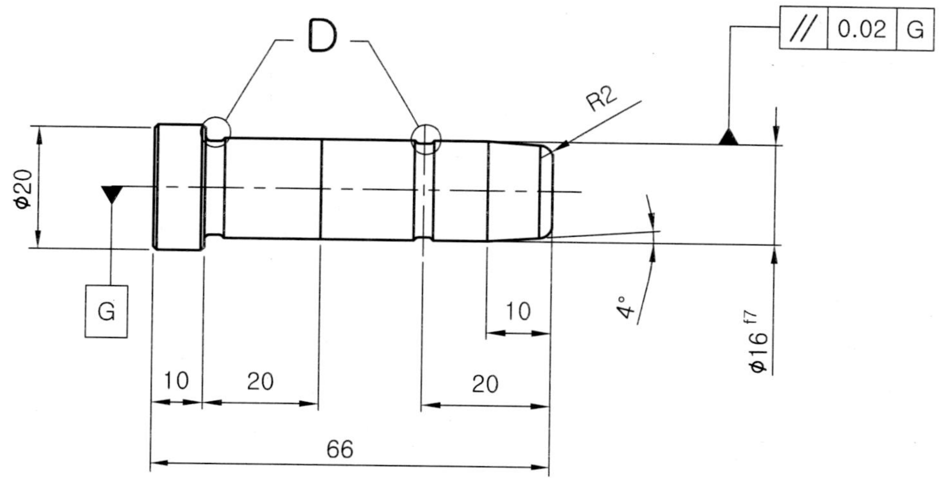

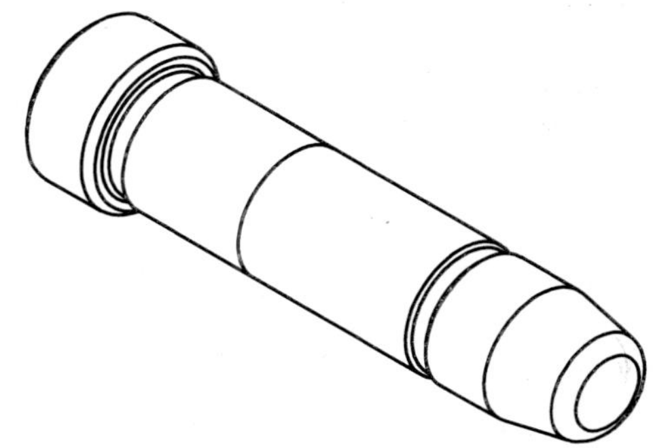

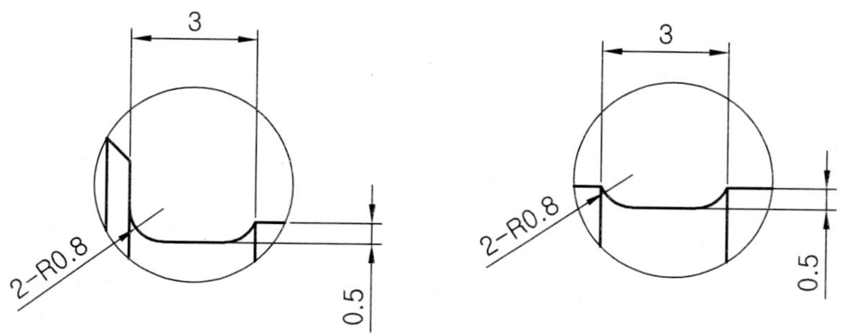

DETAIL D
SCALE 2:1

주 서

1. 일반공차 - 가공부 : KS B 0412.
2. 도시되고 지시없는 모따기는 1x45°, 필렛 및 라운드 R3
3. 일반 모따기는. 0.3 x 0.5x45°
4. 표면 거칠기 기호 비교표

x = 3.2 , 12.5s , ▽▽ , N8
y = 1.6 , 6.3s , ▽▽▽ , N7

9	가이드핀	STC3	4	H_RC55
품번	품 명	재질	수량	비고
2단금형 (a square cover)			척도	NS
			각법	3

2매 사출금형

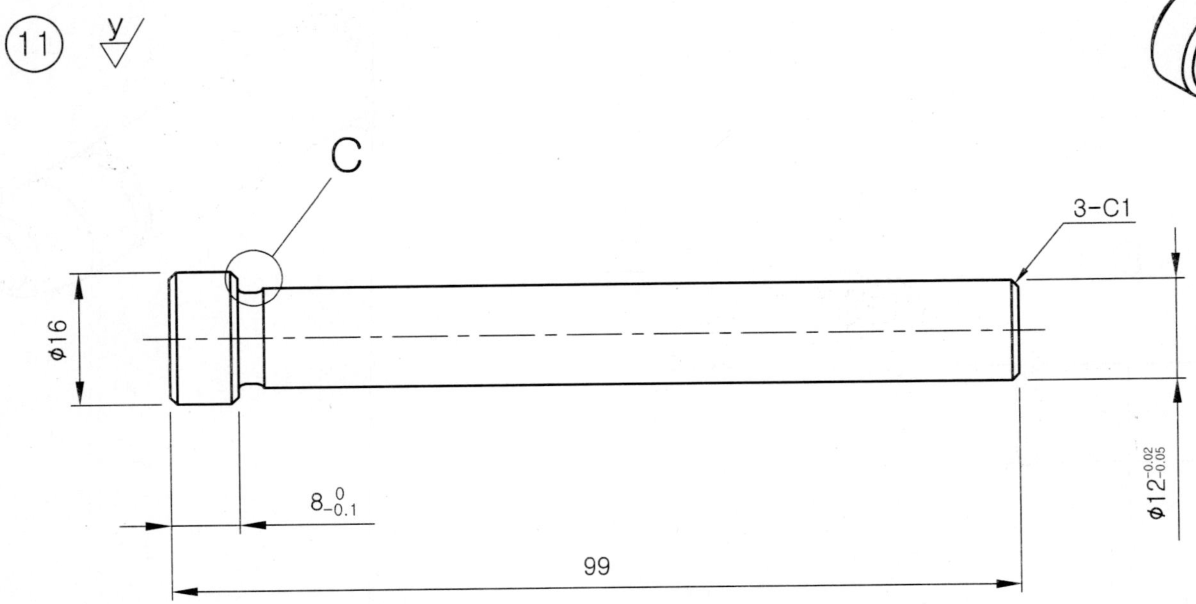

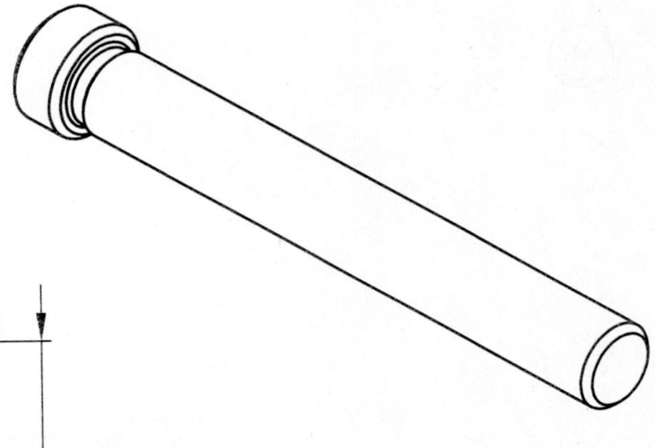

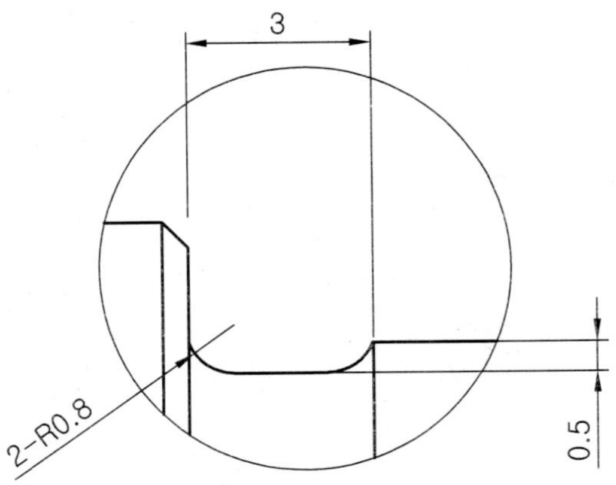

DETAIL C
SCALE 2:1

주 서

1. 일반공차 - 가공부 : KS B 0412.
2. 도시되고 지시없는 모따기는 1x45°,
   필렛 및 라운드 R3
3. 일반 모따기는. 0.3 x 0.5x45°
4. 표면 거칠기 기호 비교표

x∀ = 3.2∀ , 12.5s , ▽▽ , N8

y∀ = 1.6∀ , 6.3s , ▽▽▽ , N7

11	리턴핀	STC3	4	H_RC55
품번	품 명	재질	수량	비고
2단금형 (a square cover)			척도	NS
			각법	3

2매 사출금형

(12) x/▽

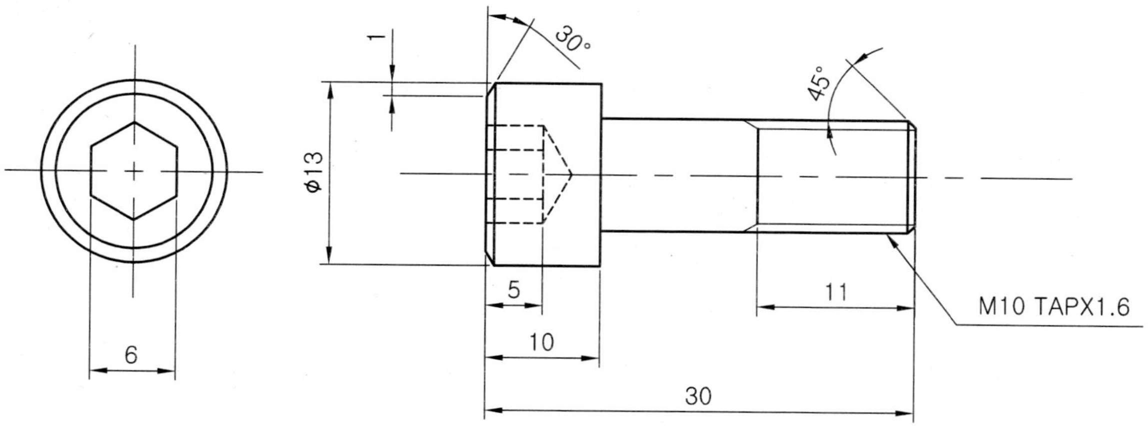

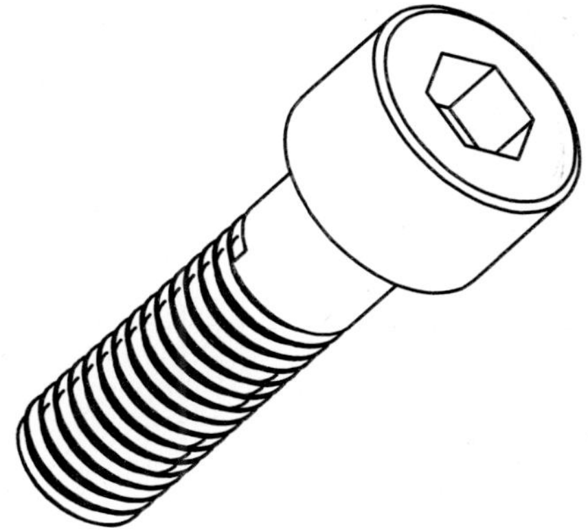

주 서

1. 일반공차 - 가공부 : KS B 0412.
2. 도시되고 지시없는 모따기는 1x45°, 필렛 및 라운드 R3
3. 일반 모따기는. 0.3 x 0.5x45°
4. 표면 거칠기 기호 비교표

x/▽ = 3.2/▽ , 12.5s , ▽▽ , N8

y/▽ = 1.6/▽ , 6.3s , ▽▽▽ , N7

12	볼트	규격품	4	
품번	품 명	재질	수량	비고
2단금형 (a square cover)			척도	NS
			각법	3

(13) x

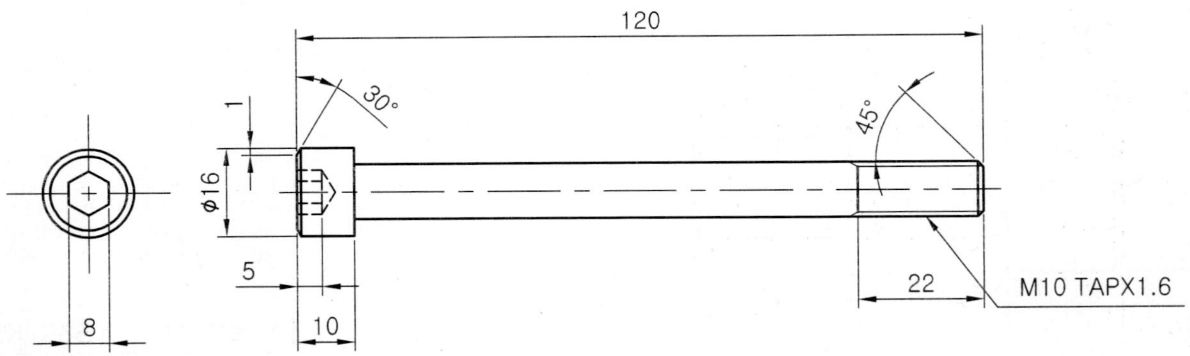

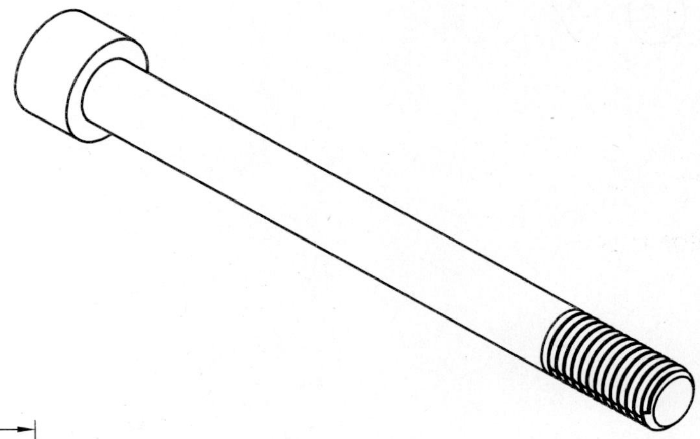

주 서

1. 일반공차 - 가공부 : KS B 0412.
2. 도시되고 지시없는 모따기는 1x45°,
   필렛 및 라운드 R3
3. 일반 모따기는. 0.3 x 0.5x45°
4. 표면 거칠기 기호 비교표

x = 3.2 , 12.5s , ▽▽ , N8

y = 1.6 , 6.3s , ▽▽▽ , N7

13	볼트	규격품	4	
품번	품 명	재질	수량	비고
2단금형 (a square cover)			척도	NS
			각법	3

2매 사출금형

(14) x

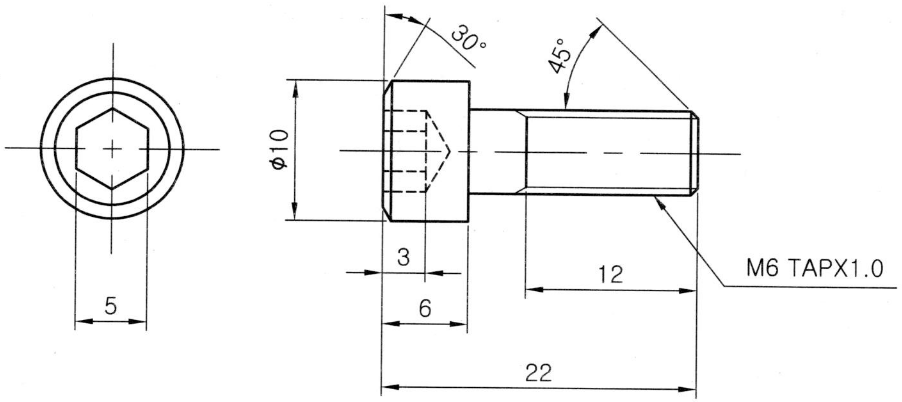

주 서

1. 일반공차 - 가공부 : KS B 0412.
2. 도시되고 지시없는 모따기는 1x45°, 필렛 및 라운드 R3
3. 일반 모따기는. 0.3 x 0.5x45°
4. 표면 거칠기 기호 비교표

x = 3.2 , 12.5s , ▽▽ , N8

y = 1.6 , 6.3s , ▽▽▽ , N7

14	볼트	STC4	4	
품번	품 명	재질	수량	비고
2단금형 (a square cover)			척도	NS
			각법	3

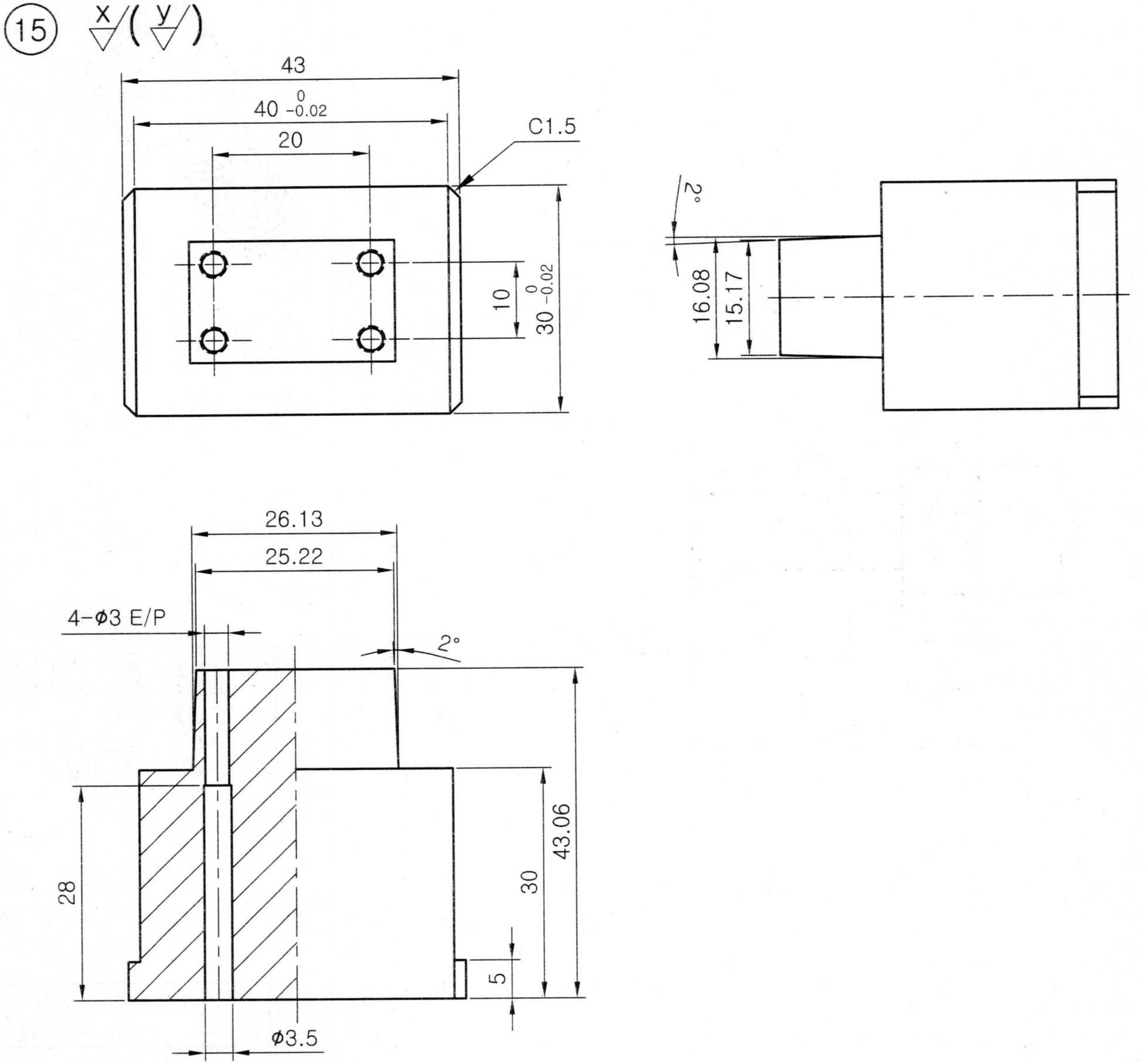

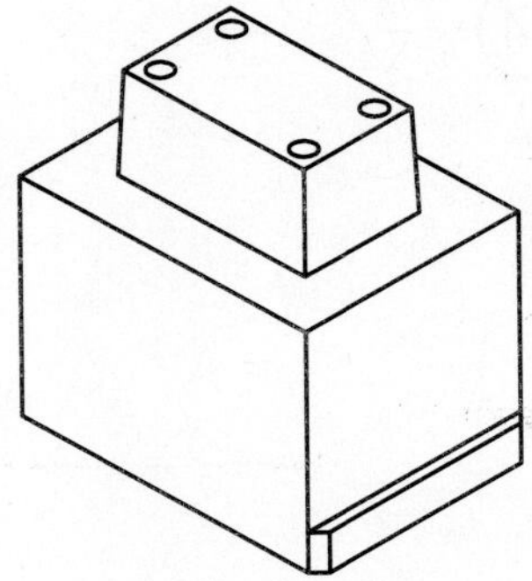

주 서

1. 일반공차 - 가공부 : KS B 0412.
2. 도시되고 지시없는 모따기는 1x45°, 필렛 및 라운드 R3
3. 일반 모따기는. 0.3 x 0.5x45°
4. 표면 거칠기 기호 비교표

x/ = 3.2/ , 12.5s , ▽▽ , N8

y/ = 1.6/ , 6.3s , ▽▽▽ , N7

15	코어	KP4M	2	
품번	품 명	재질	수량	비고
2단금형 (a square cover)			척도	NS
			각법	3

2매 사출금형

⑯

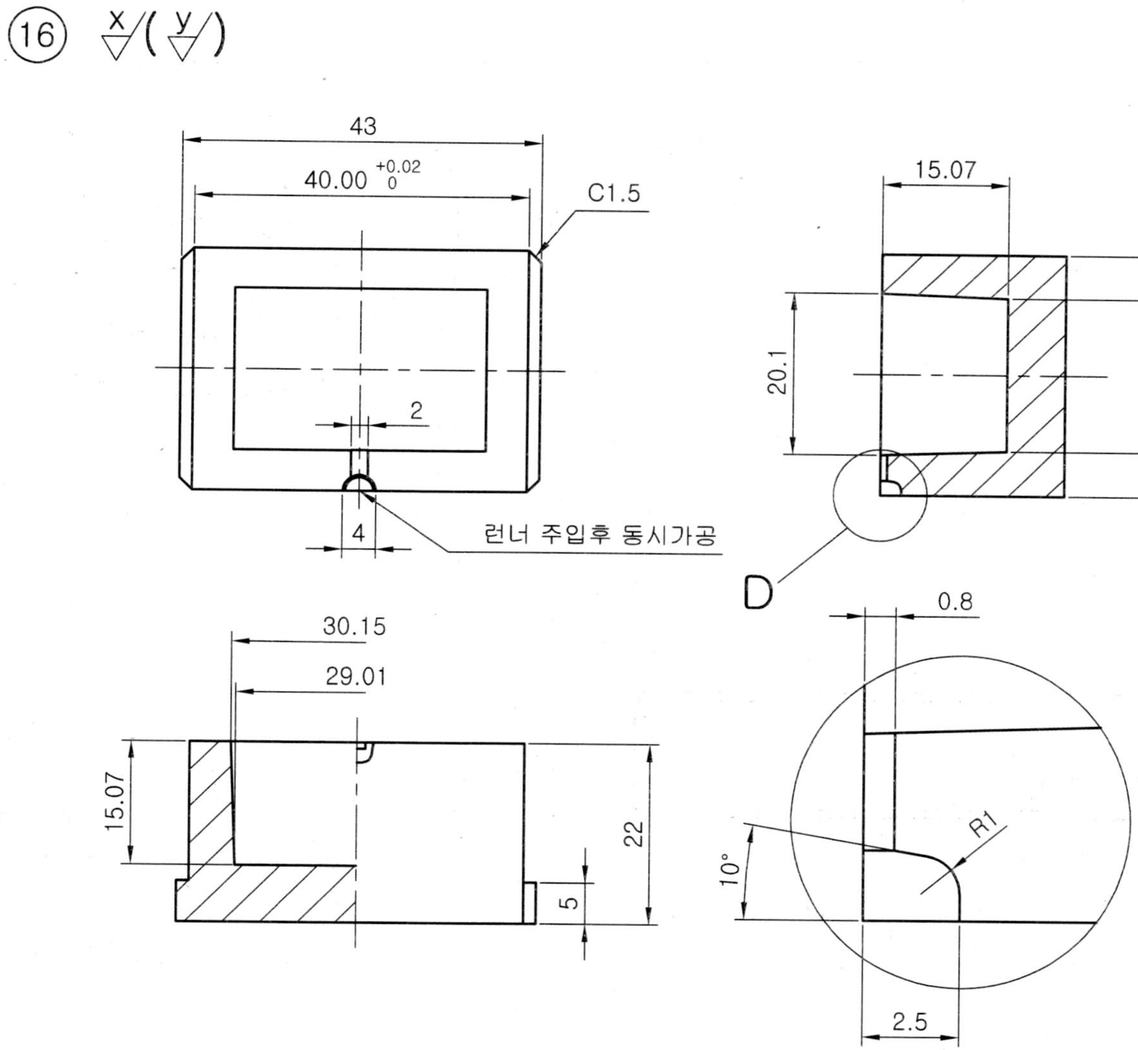

DETAIL D
SCALE 2:1

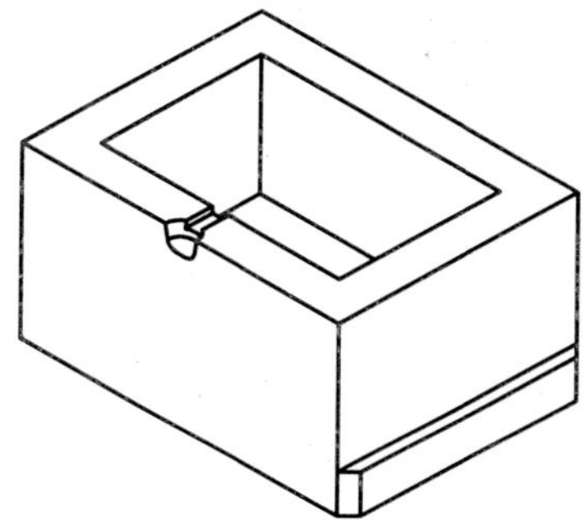

주 서

1. 일반공차 – 가공부 : KS B 0412.
2. 도시되고 지시없는 모따기는 1x45°, 필렛 및 라운드 R3
3. 일반 모따기는. 0.3 x 0.5x45°
4. 표면 거칠기 기호 비교표

x = 3.2 , 12.5s , ▽▽ , N8

y = 1.6 , 6.3s , ▽▽▽ , N7

16	캐비티	KP4M	2	
품번	품 명	재질	수량	비고
2단금형 (a square cover)			척도	NS
			각법	3

(17) y

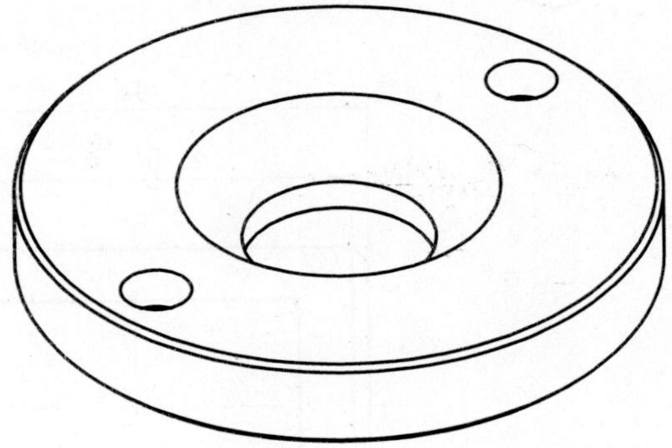

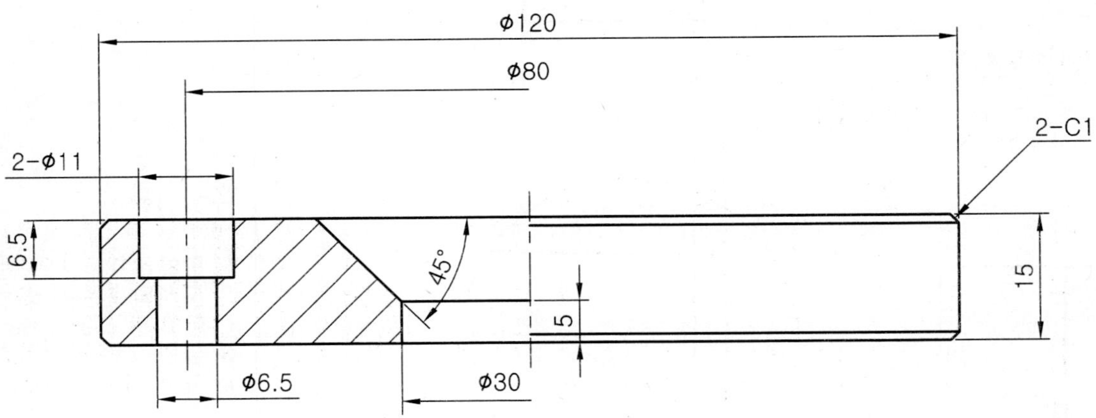

주 서

1. 일반공차 - 가공부 : KS B 0412.
2. 도시되고 지시없는 모따기는 1x45°, 필렛 및 라운드 R3
3. 일반 모따기는. 0.3 x 0.5x45°
4. 표면 거칠기 기호 비교표

x = 3.2 , 12.5s , ▽▽ , N8

y = 1.6 , 6.3s , ▽▽▽ , N7

17	로케이트링	SM45C	1	
품번	품 명	재질	수량	비고
2단금형 (a square cover)			척도	NS
			각법	3

2매 사출금형

(18) X

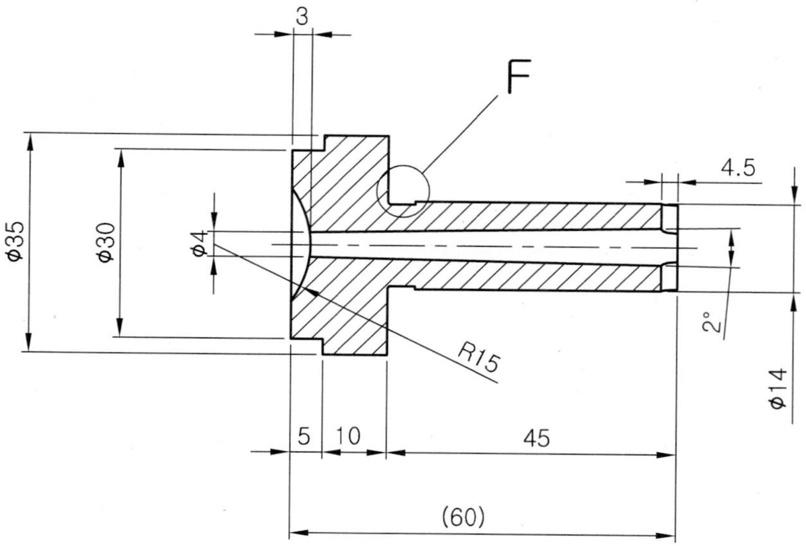

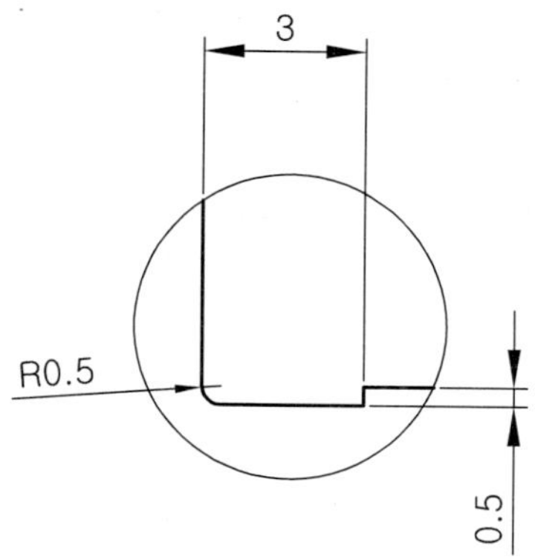

DETAIL F
SCALE 2:1

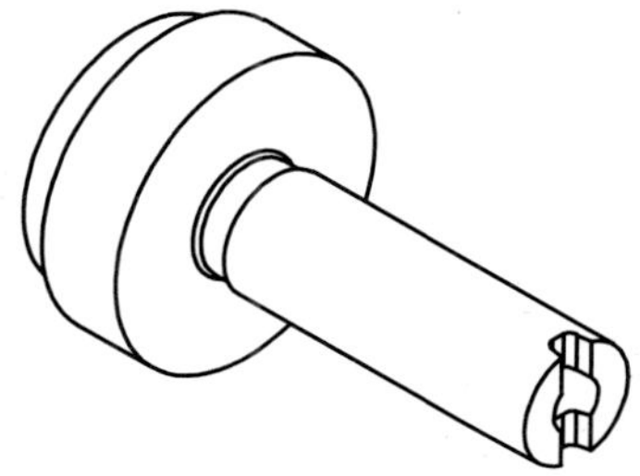

주 서

1. 일반공차 - 가공부 : KS B 0412.
2. 도시되고 지시없는 모따기는 1x45°, 필렛 및 라운드 R3
3. 일반 모따기는. 0.3 x 0.5x45°
4. 표면 거칠기 기호 비교표

x = 3.2 , 12.5s , ▽▽ , N8

y = 1.6 , 6.3s , ▽▽▽ , N7

18	스프루부시	SM45C	1	
품번	품 명	재질	수량	비고
2단금형 (a square cover)			척도	NS
			각법	3

2매 사출금형

⑲ x/(y/)

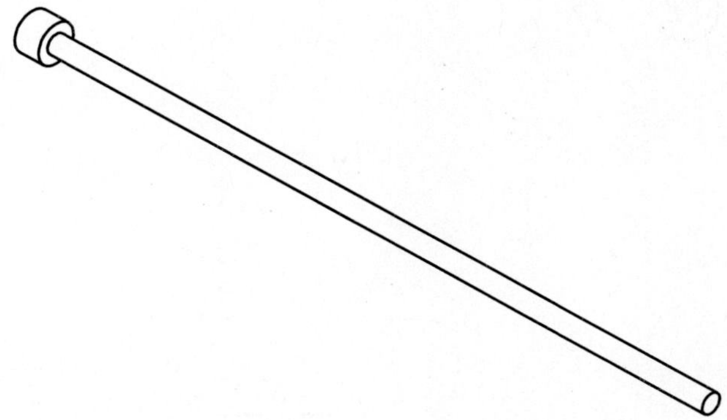

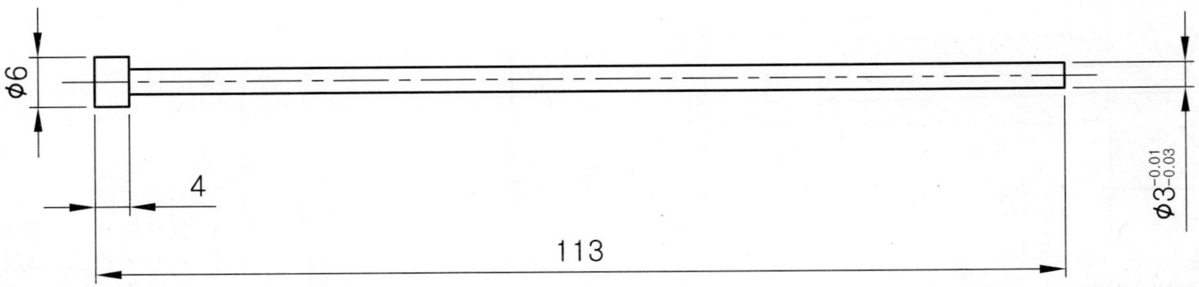

주 서

1. 일반공차 - 가공부 : KS B 0412.
2. 도시되고 지시없는 모따기는 1x45°, 필렛 및 라운드 R3
3. 일반 모따기는. 0.3 x 0.5x45°
4. 표면 거칠기 기호 비교표

x/ = 3.2/ , 12.5s , ▽▽ , N8

y/ = 1.6/ , 6.3s , ▽▽▽ , N7

19	이젝트핀	STC3	8	
품번	품 명	재질	수량	비고
2단금형 (a square cover)			척도	NS
			각법	3

2매 사출금형

(20) x

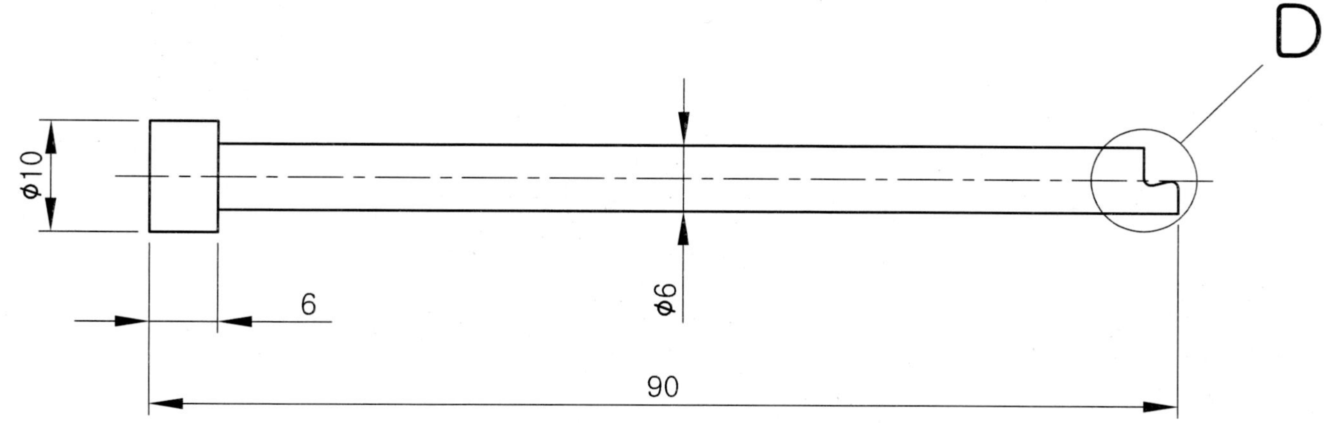

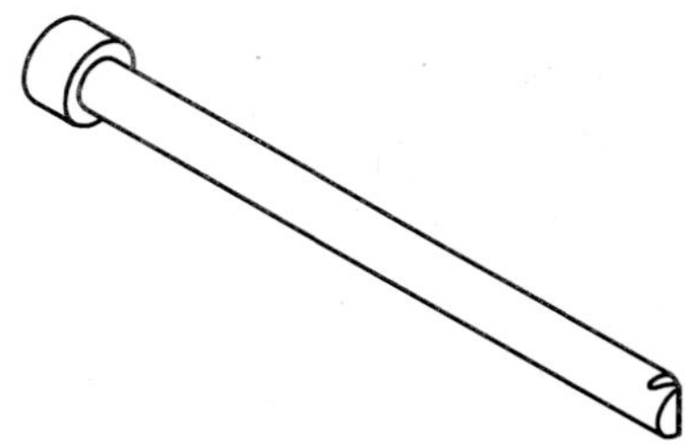

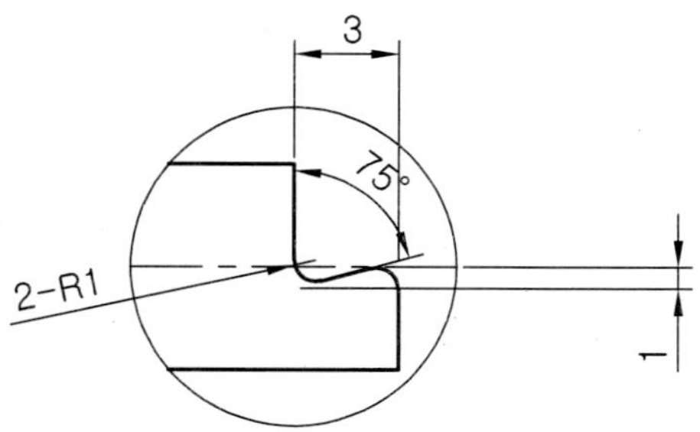

DETAIL D
SCALE 2:1

주 서

1. 일반공차 - 가공부 : KS B 0412.
2. 도시되고 지시없는 모따기는 1x45°, 필렛 및 라운드 R3
3. 일반 모따기는. 0.3 x 0.5x45°
4. 표면 거칠기 기호 비교표

x = 3.2, 12.5s, ▽▽, N8

y = 1.6, 6.3s, ▽▽▽, N7

20	스프루록핀	STD61	1	
품번	품 명	재질	수량	비고
2단금형 (a square cover)			척도	NS
			각법	3

2매 사출금형

(21)

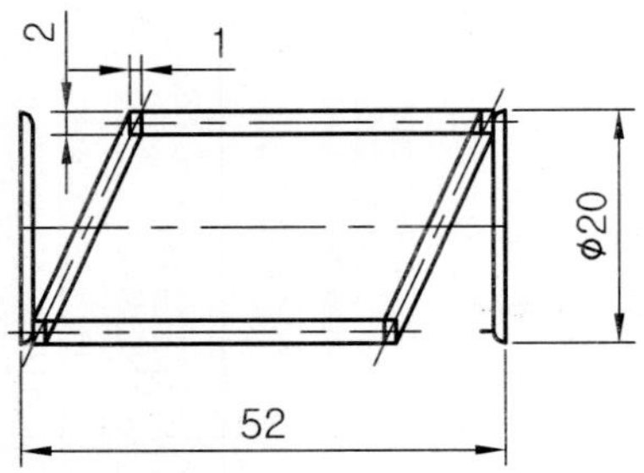

스프링 요목표	
재료 크기	1 X 2
코일 평균 지름	φ20
자유 높이	φ52
감긴 방향	오른쪽

주 서

1. 일반공차 - 가공부 : KS B 0412.
2. 도시되고 지시없는 모따기는 1x45°,
   필렛 및 라운드 R3
3. 일반 모따기는. 0.3 x 0.5x45°
4. 표면 거칠기 기호 비교표

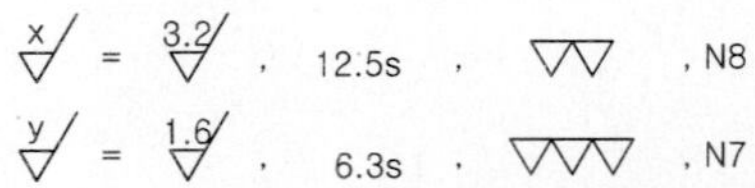

21	스프링	규격품	4	
품번	품 명	재질	수량	비고
2단금형 (a square cover)			척도	NS
			각법	3

(22) x/(y/)

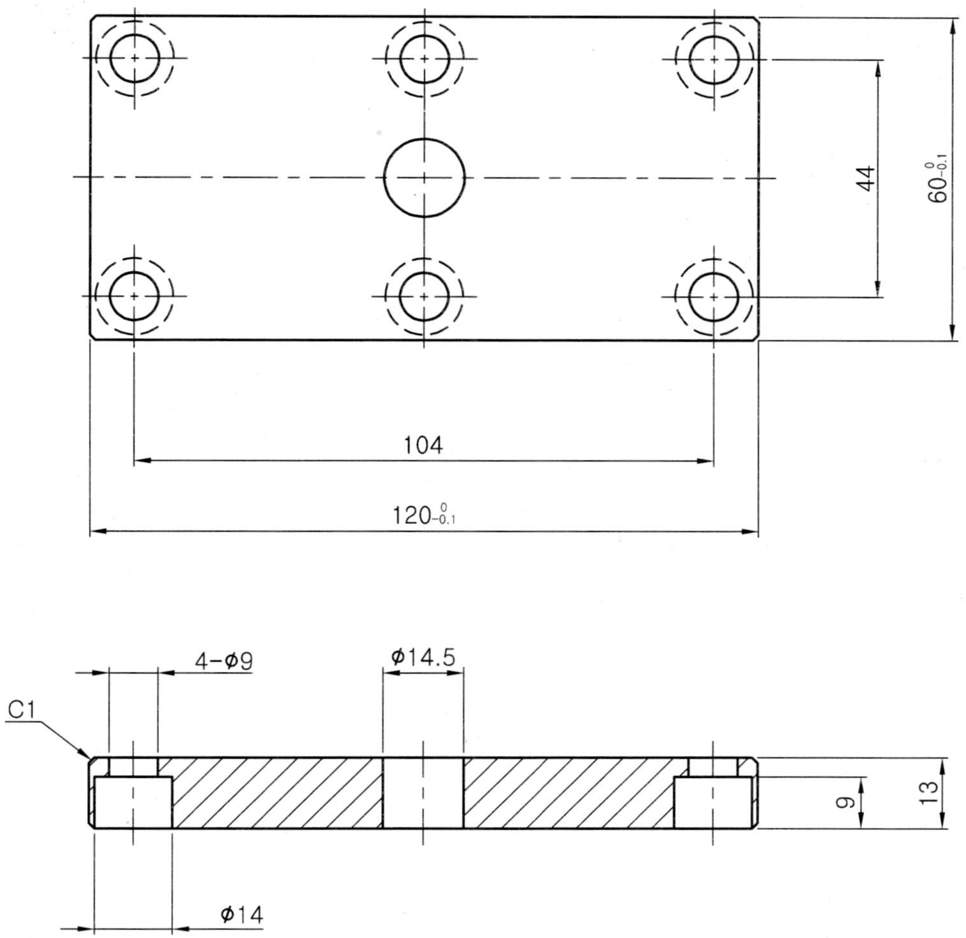

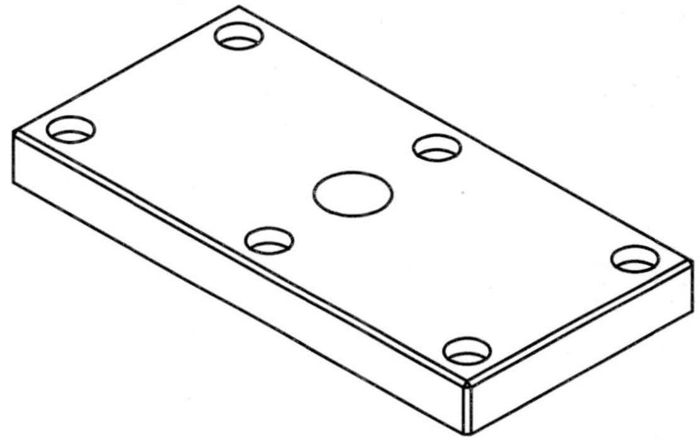

주 서

1. 일반공차 - 가공부 : KS B 0412.
2. 도시되고 지시없는 모따기는 1x45°, 필렛 및 라운드 R3
3. 일반 모따기는. 0.3 x 0.5x45°
4. 표면 거칠기 기호 비교표

x/ = 3.2/ , 12.5s , ▽▽ , N8

y/ = 1.6/ , 6.3s , ▽▽▽ , N7

22	백킹플레이트	STD11	1	H_RC55
품번	품 명	재질	수량	비고
2단금형 (a square cover)			척도	NS
			각법	3

2매 사출금형

(23) x√

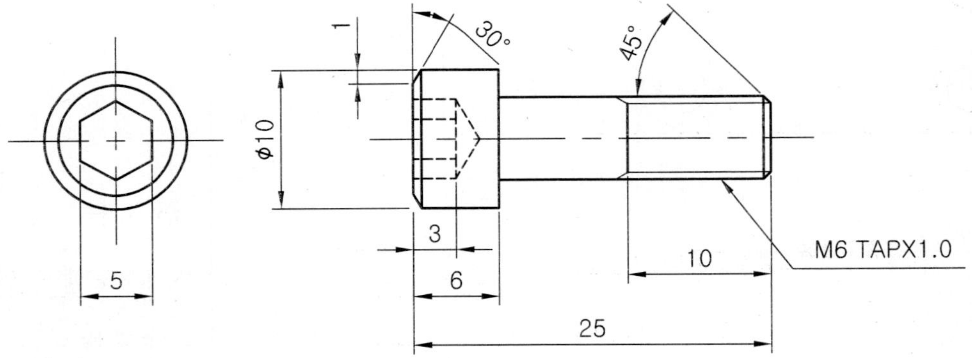

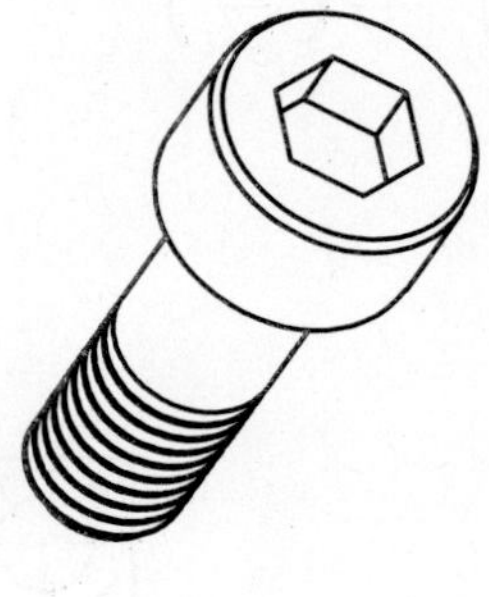

주 서

1. 일반공차 - 가공부 : KS B 0412.
2. 도시되고 지시없는 모따기는 1x45°, 필렛 및 라운드 R3
3. 일반 모따기는. 0.3 x 0.5x45°
4. 표면 거칠기 기호 비교표

x√ = 3.2√ , 12.5s , ▽▽ , N8

y√ = 1.6√ , 6.3s , ▽▽▽ , N7

23	볼트	규격품	2	
품번	품 명	재질	수량	비고
2단금형 (a square cover)			척도	NS
			각법	3

2매 사출금형

(24) x

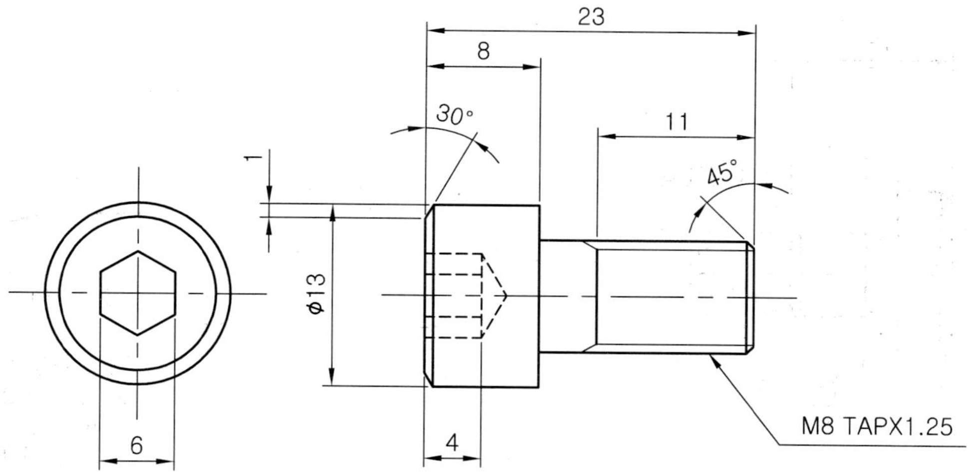

주 서

1. 일반공차 – 가공부 : KS B 0412.
2. 도시되고 지시없는 모따기는 1x45°, 필렛 및 라운드 R3
3. 일반 모따기는. 0.3 x 0.5x45°
4. 표면 거칠기 기호 비교표

x = 3.2 , 12.5s , ▽▽ , N8

y = 1.6 , 6.3s , ▽▽▽ , N7

24	볼트	규격품	6	
품번	품 명	재질	수량	비고
2단금형 (a square cover)			척도	NS
			각법	3

2매 사출금형

(25) x/

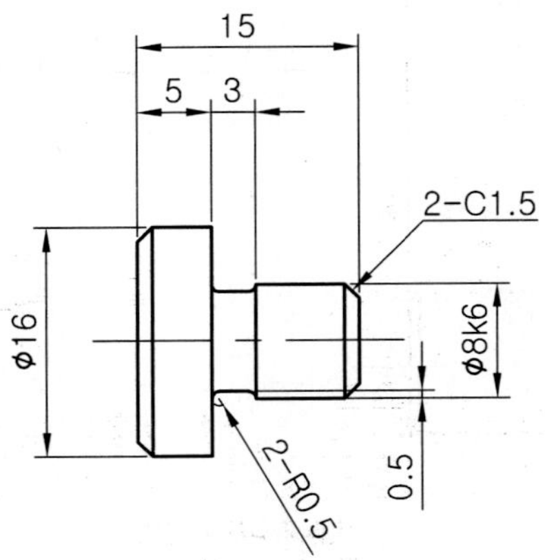

주 서

1. 일반공차 - 가공부 : KS B 0412.
2. 도시되고 지시없는 모따기는 1x45°, 필렛 및 라운드 R3
3. 일반 모따기는. 0.3 x 0.5x45°
4. 표면 거칠기 기호 비교표

x/ = 3.2/ , 12.5s , ▽▽ , N8

y/ = 1.6/ , 6.3s , ▽▽▽ , N7

25	스톱핀	규격품	4	
품번	품 명	재질	수량	비고
2단금형 (a square cover)			척도	NS
			각법	3

1.2 2단금형(콘센트 커버)

▌요구사항

1) 투상법 : 3각법
2) 적용 수지 : ABS, 수축률 5/1000, 빼기구배는 고려하지 않아도 됨.
3) 사이드게이트
4) 금형 종류 : 2단 표준금형, 1cavity
5) resin delivery system : gate 위치와 형식은 설계자가 결정할 것.
6) 취출시스템 : ejector pin
7) 형상부
   7-1) cavity : 모델을 확인하여 적정하게 설계할 것.
   7-2) core : 1개의 core 블록을 사용.
   7-3) 형상부 설계
8) 냉각시스템
   고정측, 가동측 냉각은 별도로 설계할 것(슬라이드 냉각이 필요하면 적용할 것).
9) Moldbase는 제시한 모델에 맞는 2단 moldbase를 설계자가 선택하여 결정할 것.

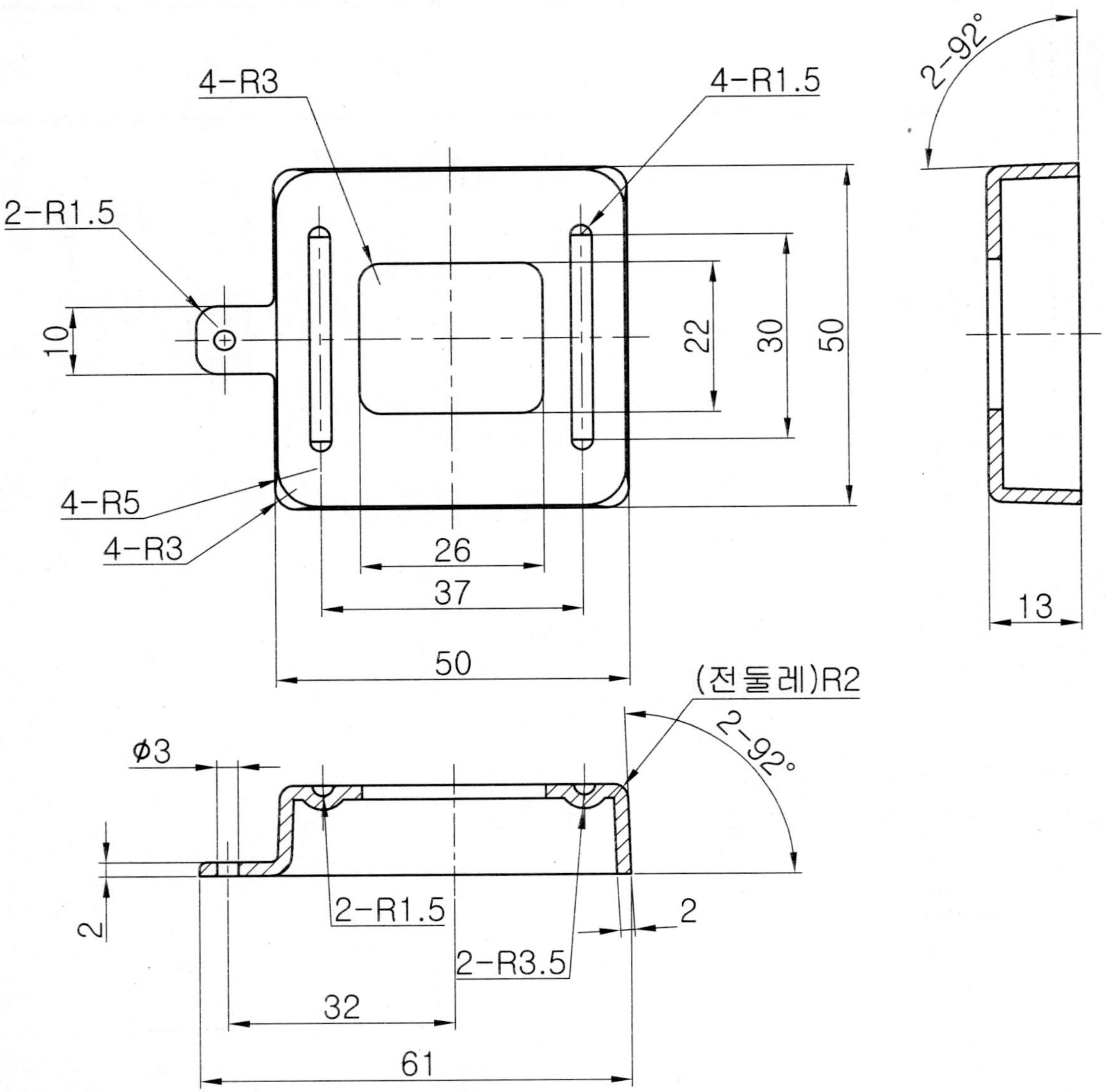

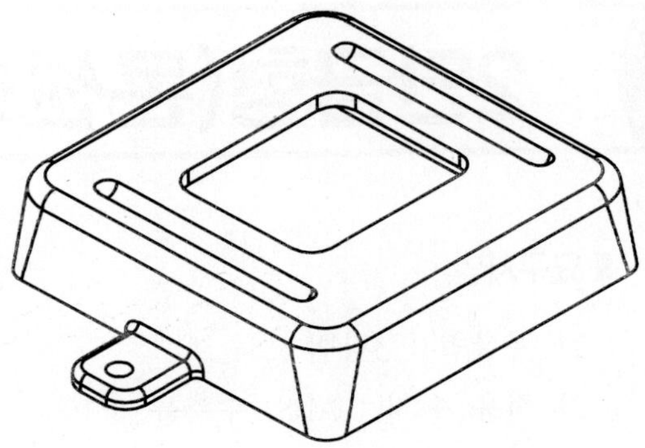

주서

1. 일반공차 - 가공부 : KS B 0412
2. 도시되고 지시없는모따기는 0.5x45°, 필렛 및 라운드 R1
3. 몰드베이스 : SA 1518
4. 1 Cavity 적용
5. 수축률 : 0.005
6. 표면거칠기는 기호 비교표

x/ = 3.2/ , 25S , ▽▽ , N9

y/ = 0.8/ , 6.3S , ▽▽▽ , N7

0	product	ABS	1	
품번	품 명	재질	수량	비고
작품명	콘센트 커버		척도	NS
			각법	3각법

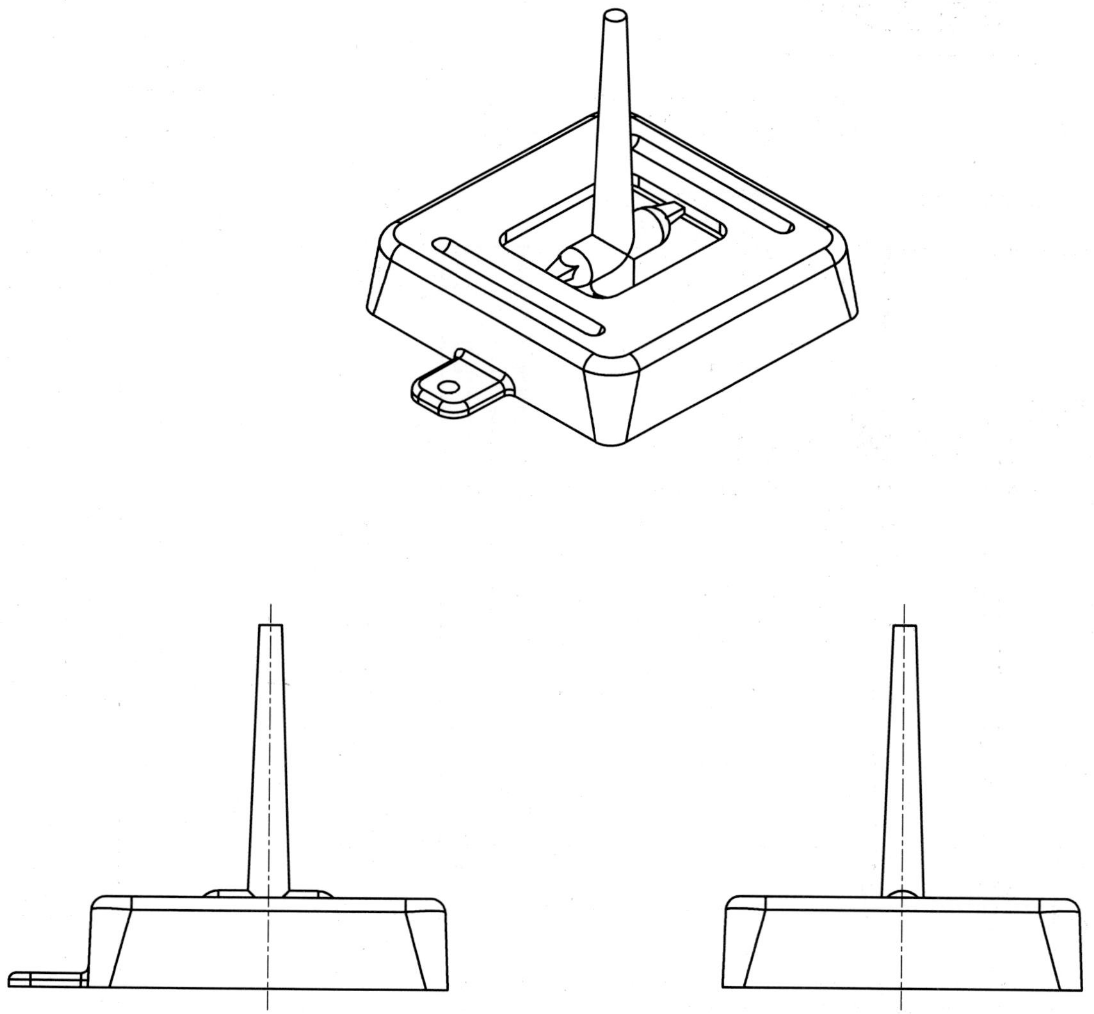

0	유동기구	ABS	1	
품번	품 명	재질	수량	비고
작품명	콘센트 커버		척도	NS
			각법	3각법

복합조립도

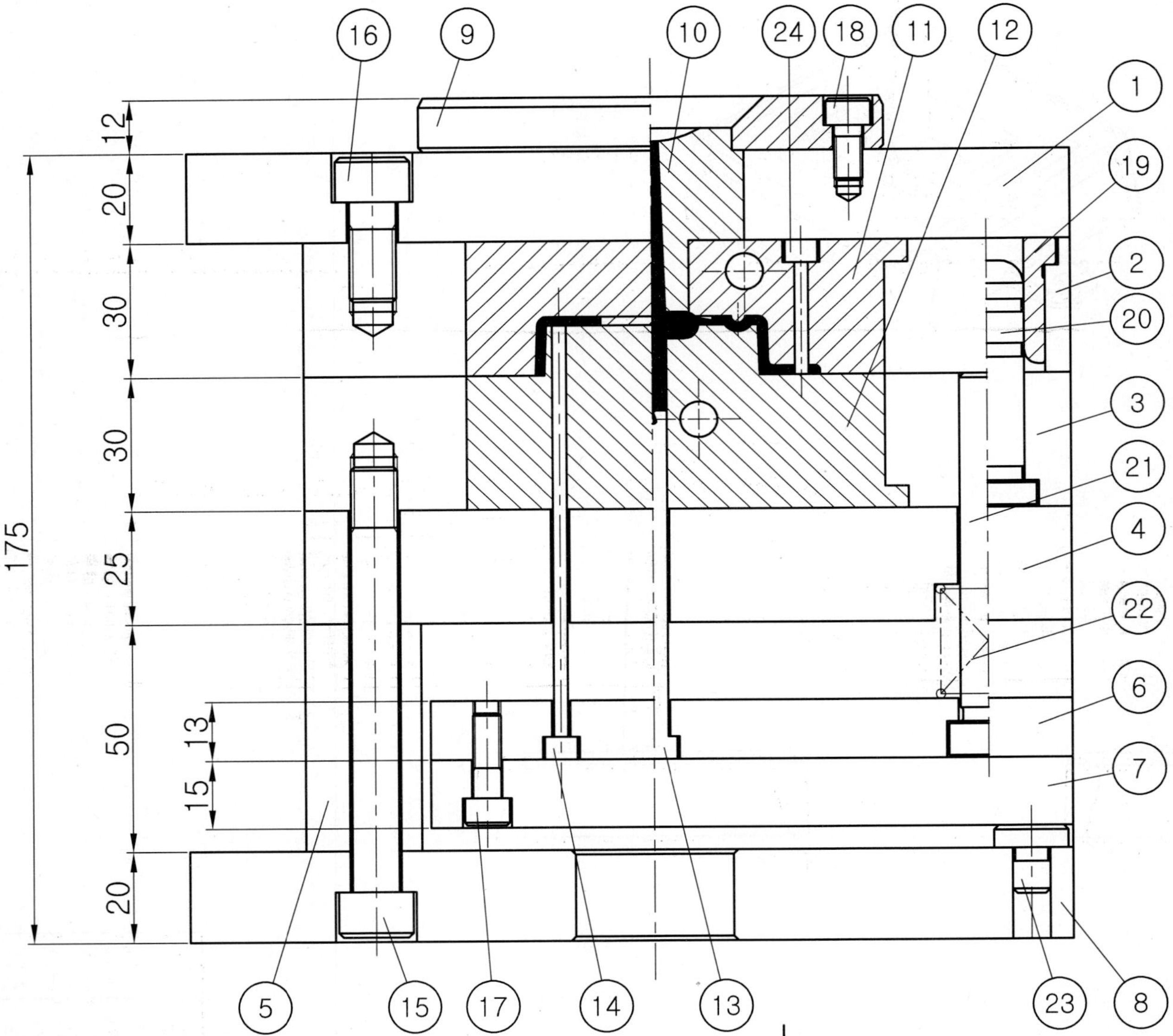

주서

1. 일반공차 - 가공부 : KS B 0412
2. 도시되고 지시없는모따기는 0.5x45°, 필렛 및 라운드 R0.5
3. 몰드베이스 : SA 1518
4. 1 Cavity 적용
5. 수축률 : 0.005
6. 표면거칠기는 기호 비교표

x/ = 3.2/, 25S, ▽▽, N9

y/ = 0.8/, 6.3S, ▽▽▽, N7

품번	품 명	재질	수량	비고
24	코어 핀	KP4M	1	H_RC55
23	스톱 핀	SM45C	4	H_RC50
22	스프링	규격품	4	TR20
21	리턴 핀	STB2	4	H_RC58
20	가이드 핀	STB2	4	H_RC58
19	가이드 부시	STB2	4	H_RC58
18	볼트	규격품	2	M6
17	볼트	규격품	4	M6
16	볼트	규격품	4	M10
15	볼트	규격품	4	M10
14	이젝터 핀	STD11	4	H_RC55
13	스프루 록 핀	STD61	1	H_RC55
12	코어	KP4M	1	H_RC55
11	캐비티	KP4M	1	H_RC55
10	스프루부시	SM55C	1	
9	로케이트링	SM55C	1	
8	가동측설치판	SM55C	1	
7	이젝터플레이트(하)	SM55C	1	
6	이젝터플레이트(상)	SM55C	1	
5	스페이서 블록	SM55C	2	
4	받침판	SM55C	1	
3	가동측형판	SM55C	1	
2	고정측형판	SM55C	1	
1	고정측설치판	SM55C	1	
2단금형 (콘센트 커버)			척도	NS
			각법	3각법

2매 사출금형

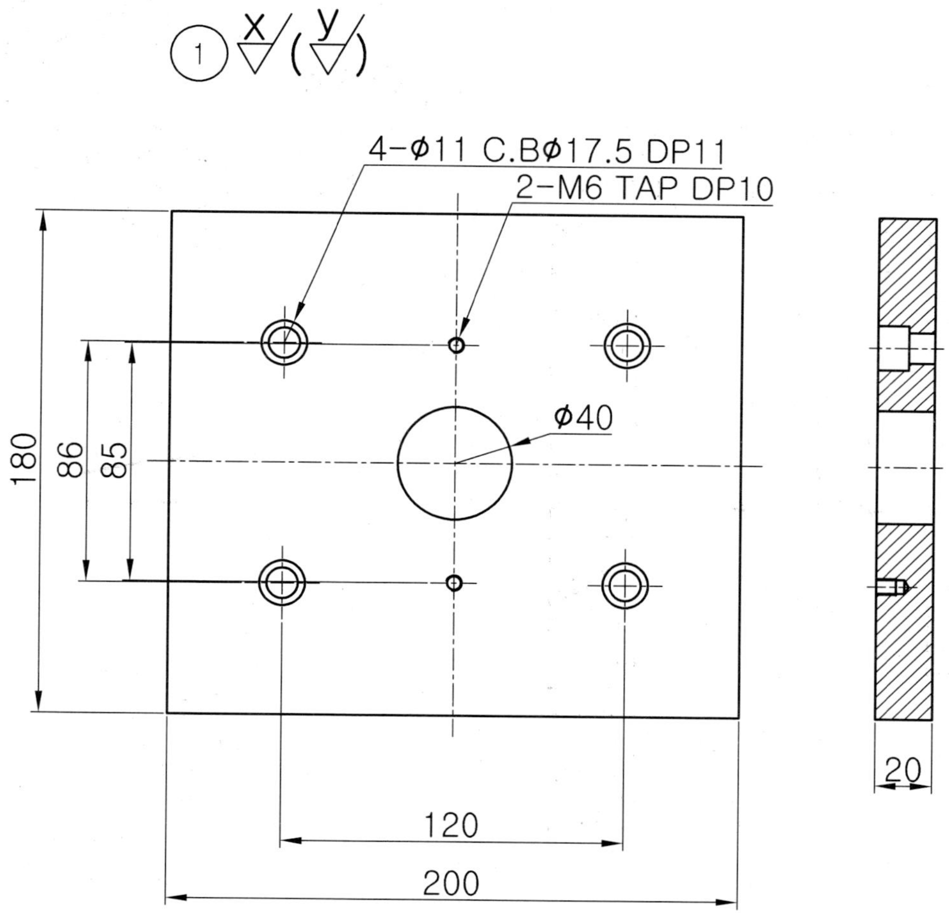

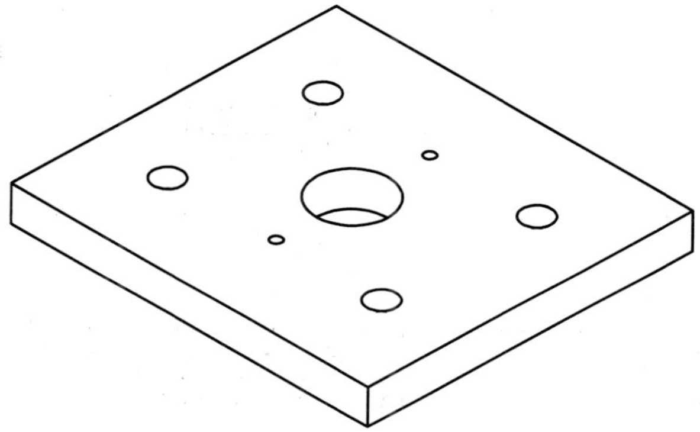

주서

1. 일반공차 - 가공부 : KS B 0412
2. 도시되고 지시없는모따기는 0.5x45°, 필렛 및 라운드 R0.5
3. 몰드베이스 : SA 1518
4. 1 Cavity 적용
5. 수축률 : 0.005
6. 표면거칠기는 기호 비교표

x/ = 3.2/ , 25S , ▽▽ , N9

y/ = 0.8/ , 6.3S , ▽▽▽ , N7

1	고정측설치판	SM55C	1	
품번	품 명	재질	수량	비고
2단금형 (콘센트 커버)			척도	NS
			각법	3각법

2매 사출금형

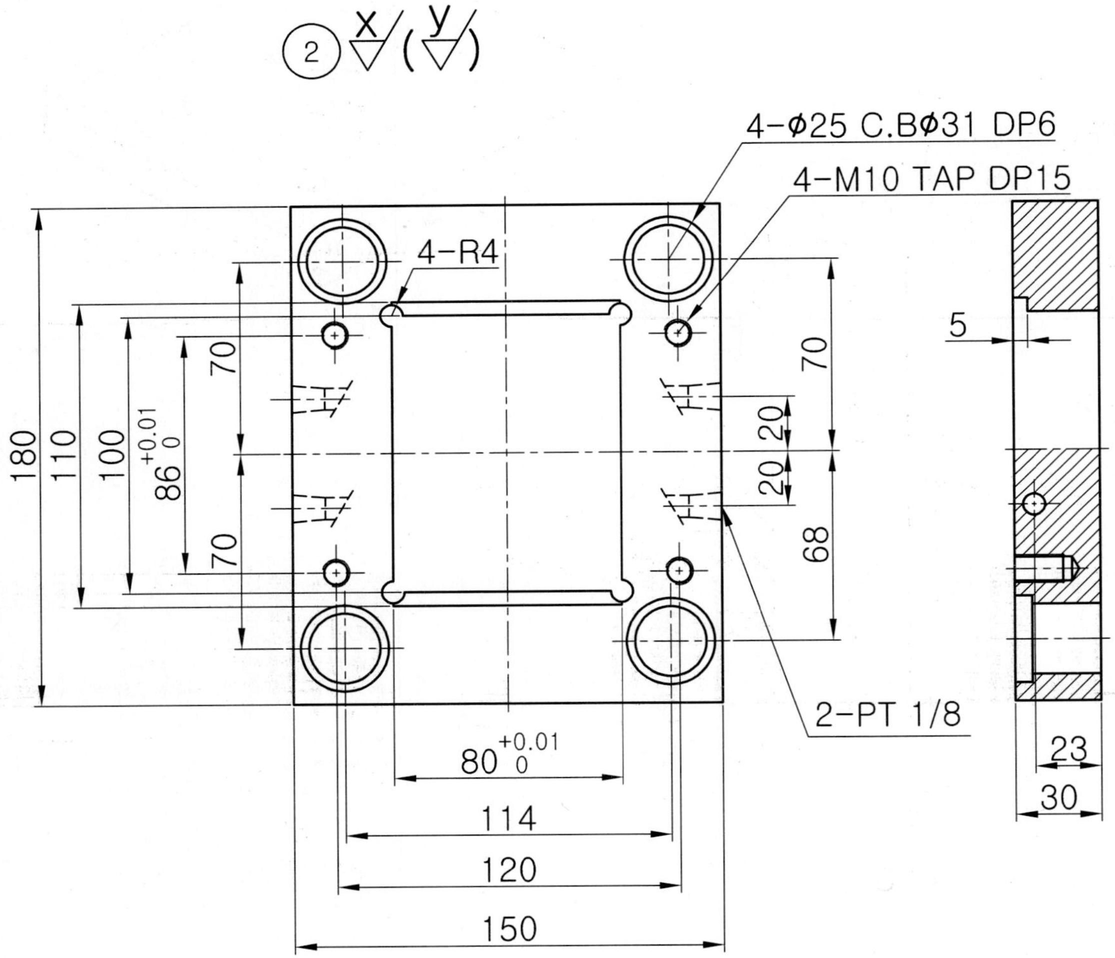

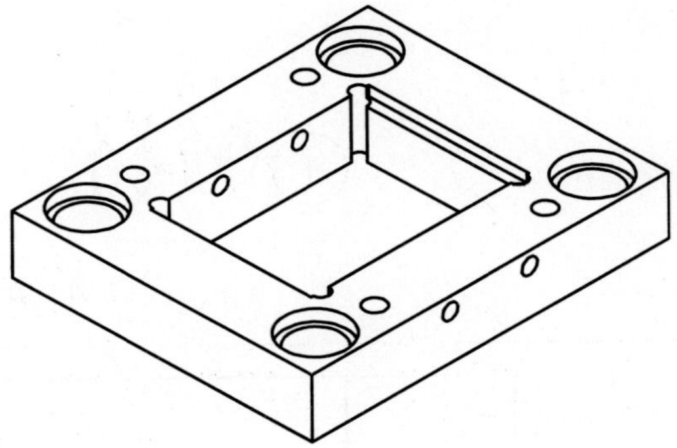

주서

1. 일반공차 - 가공부 : KS B 0412
2. 도시되고 지시없는모따기는 0.5x45°, 필렛 및 라운드 R0.5
3. 몰드베이스 : SA 1518
4. 1 Cavity 적용
5. 수축률 : 0.005
6. 표면거칠기는 기호 비교표

x/ = 3.2/ , 25S , ▽▽ , N9

y/ = 0.8/ , 6.3S , ▽▽▽ , N7

2	고정측형판	SM55C	1	
품번	품 명	재질	수량	비고
2단금형 (콘센트 커버)			척도	NS
			각법	3각법

2매 사출금형

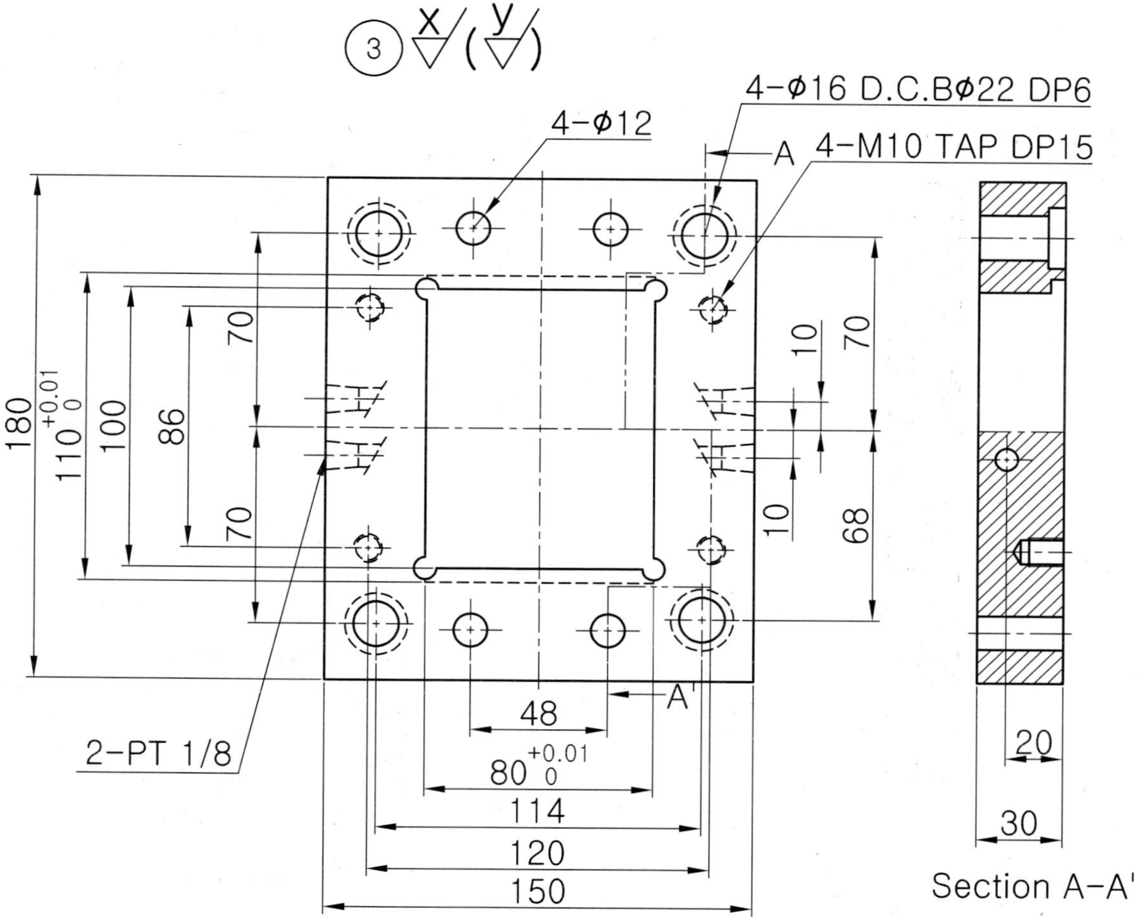

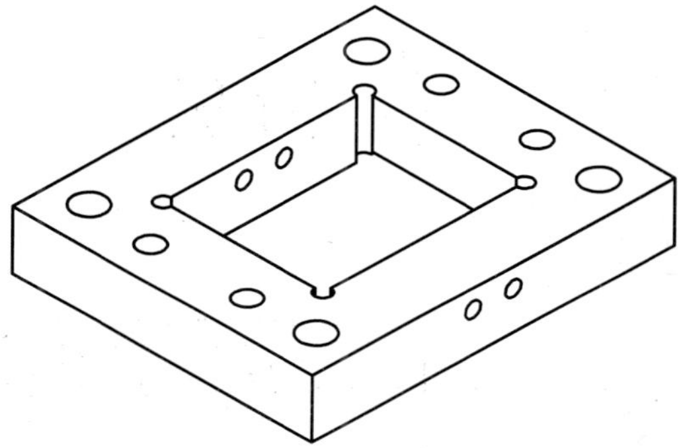

주서

1. 일반공차 - 가공부 : KS B 0412
2. 도시되고 지시없는모따기는 0.5x45°, 필렛 및 라운드 R0.5
3. 몰드베이스 : SA 1518
4. 1 Cavity 적용
5. 수축률 : 0.005
6. 표면거칠기는 기호 비교표

x/ = 3.2/, 25S, ▽▽, N9

y/ = 0.8/, 6.3S, ▽▽▽, N7

3	가동측형판	SM55C	1	
품번	품 명	재질	수량	비고
2단금형 (콘센트 커버)			척도	NS
			각법	3각법

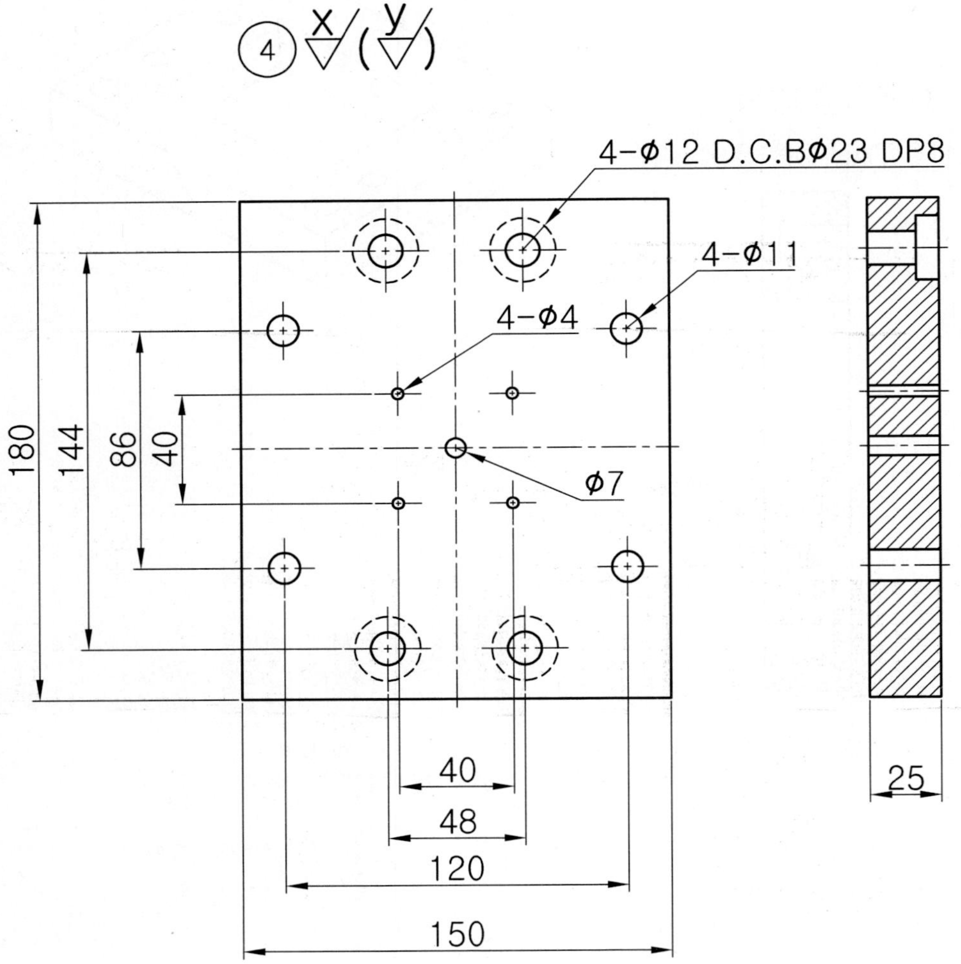

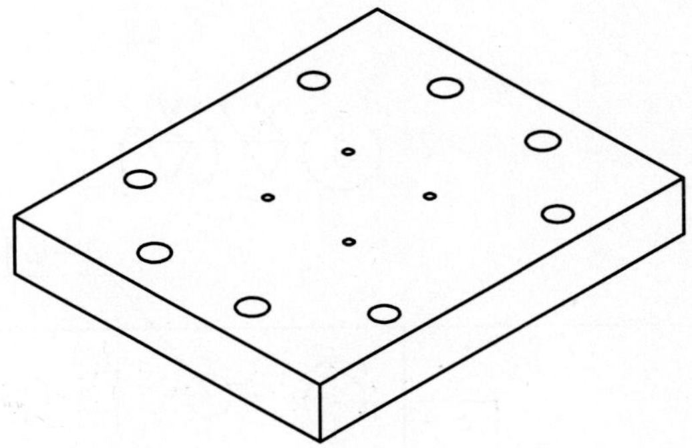

주서

1. 일반공차 - 가공부 : KS B 0412
2. 도시되고 지시없는모따기는 0.5x45°, 필렛 및 라운드 R0.5
3. 몰드베이스 : SA 1518
4. 1 Cavity 적용
5. 수축률 : 0.005
6. 표면거칠기는 기호 비교표

x/ = 3.2/ , 25S , ▽▽, N9

y/ = 0.8/ , 6.3S , ▽▽▽, N7

4	받침판	SM55C	1	
품번	품 명	재질	수량	비고
2단금형 (콘센트 커버)			척도	NS
			각법	3각법

2매 사출금형

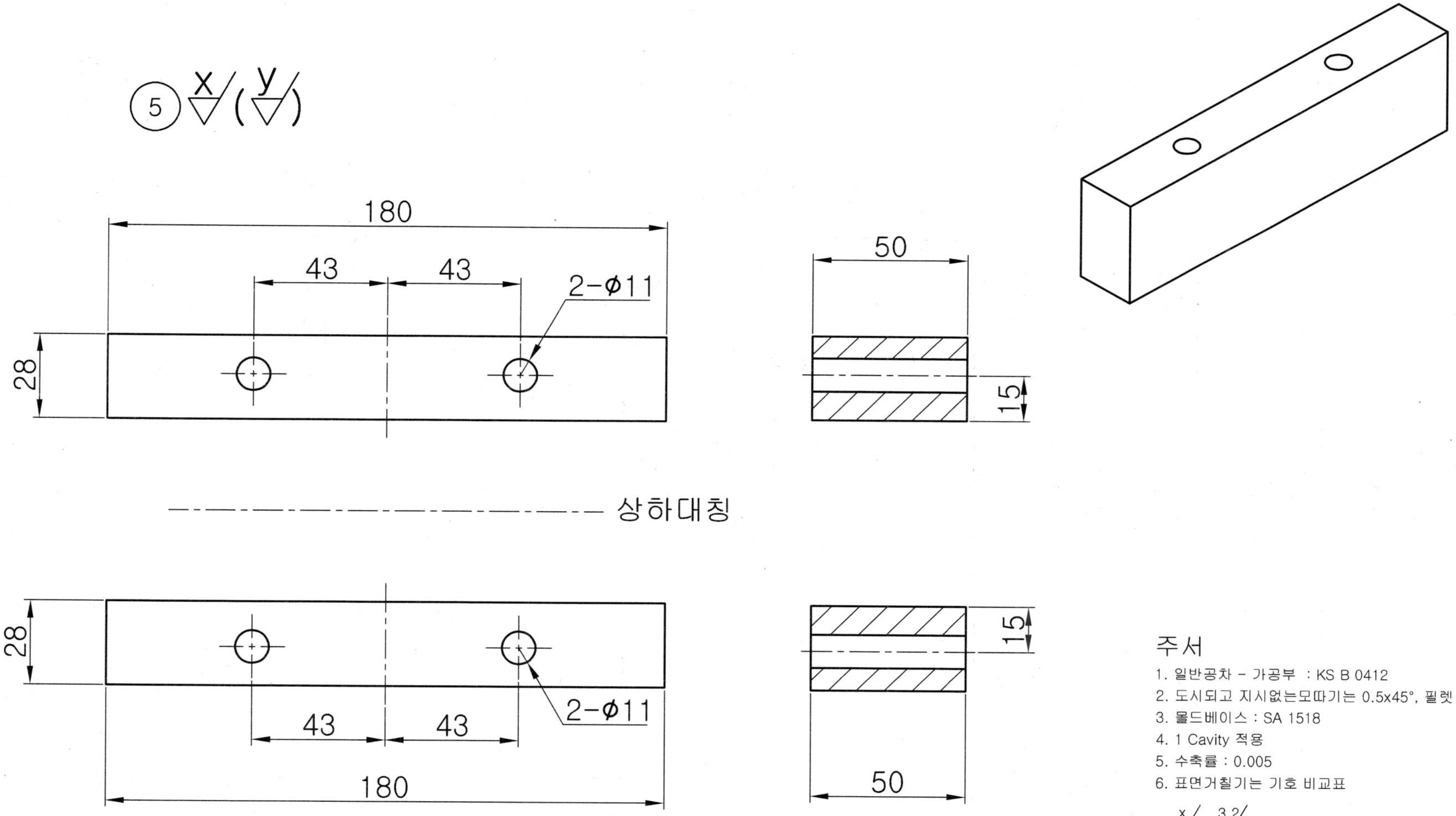

주서

1. 일반공차 - 가공부 : KS B 0412
2. 도시되고 지시없는모따기는 0.5x45°, 필렛 및 라운드 R0.5
3. 몰드베이스 : SA 1518
4. 1 Cavity 적용
5. 수축률 : 0.005
6. 표면거칠기는 기호 비교표

x/ = 3.2/, 25S , ▽▽, N9

y/ = 0.8/, 6.3S , ▽▽▽, N7

5	스페이서 블록	SM55C	2	
품번	품 명	재질	수량	비고
2단금형 (콘센트 커버)			척도	NS
			각법	3각법

2매 사출금형

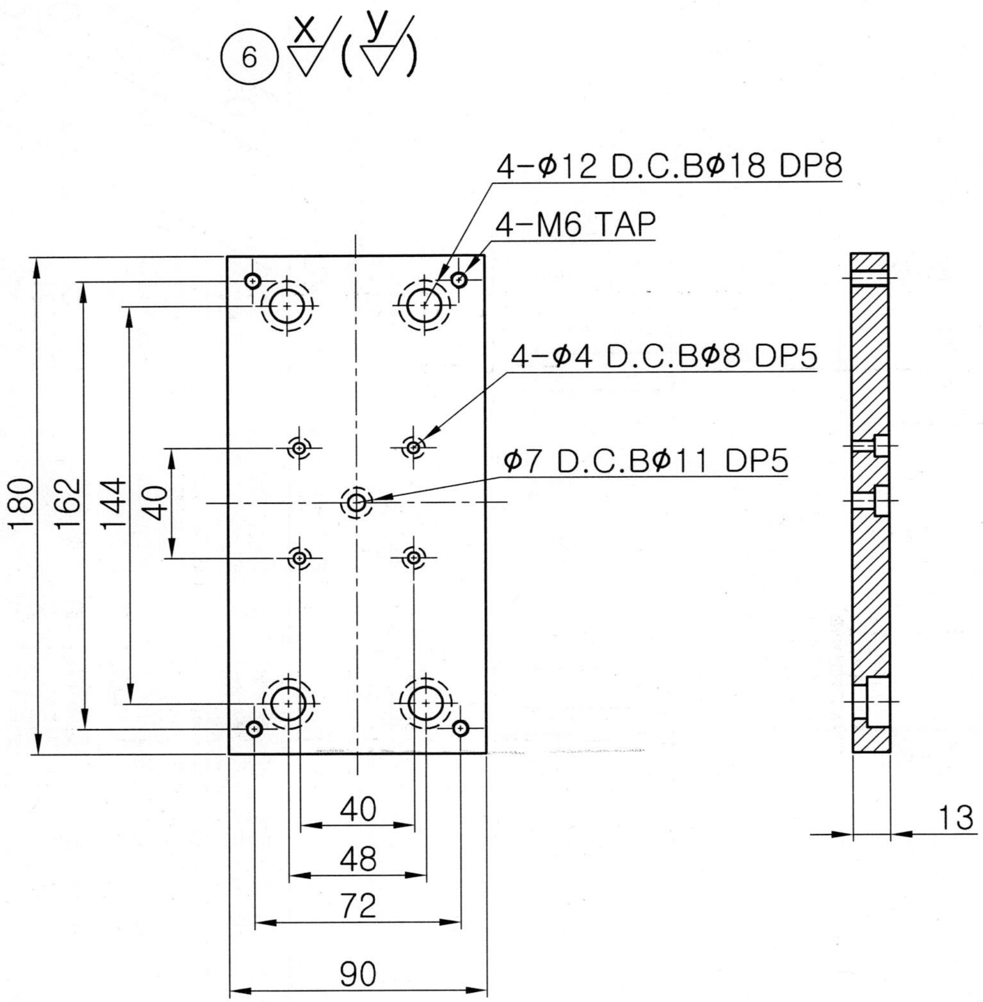

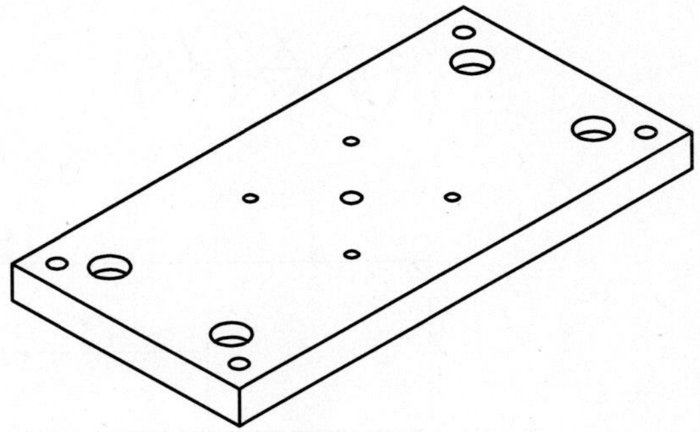

주서

1. 일반공차 - 가공부 : KS B 0412
2. 도시되고 지시없는모따기는 0.5x45°, 필렛 및 라운드 R0.5
3. 몰드베이스 : SA 1518
4. 1 Cavity 적용
5. 수축률 : 0.005
6. 표면거칠기는 기호 비교표

x/ = 3.2/ , 25S , ▽▽ , N9

y/ = 0.8/ , 6.3S , ▽▽▽ , N7

6	이젝터플레이트(상)	SM55C	1	
품번	품 명	재질	수량	비고
2단금형 (콘센트 커버)			척도	NS
			각법	3각법

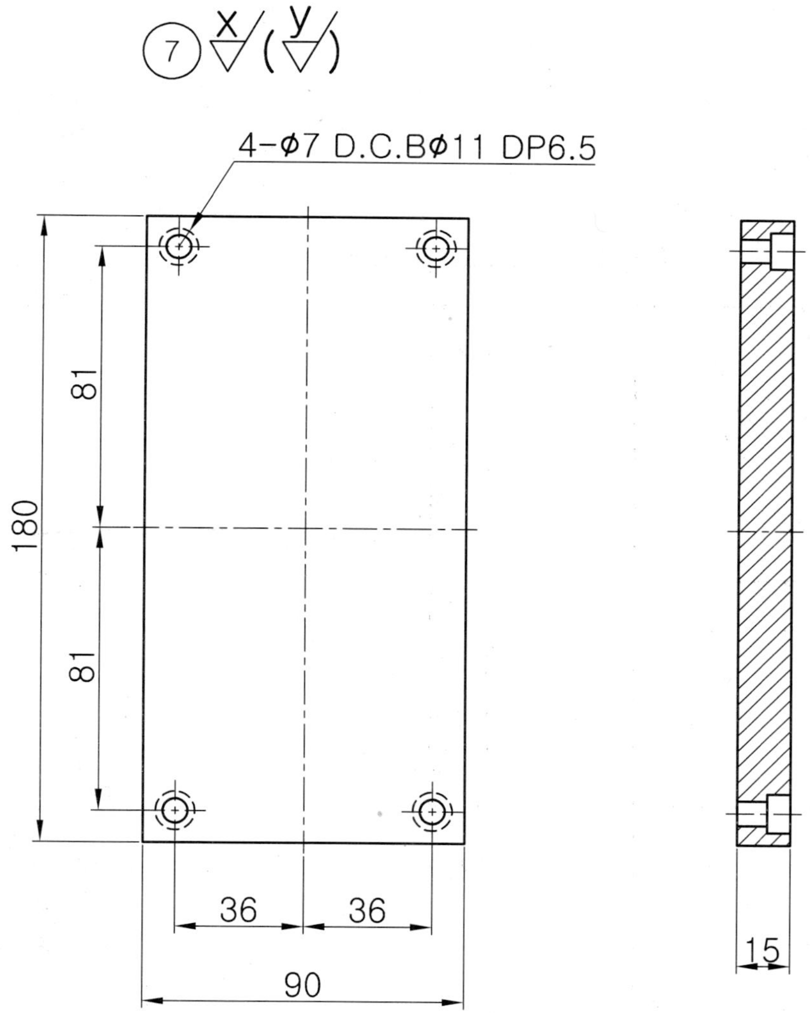

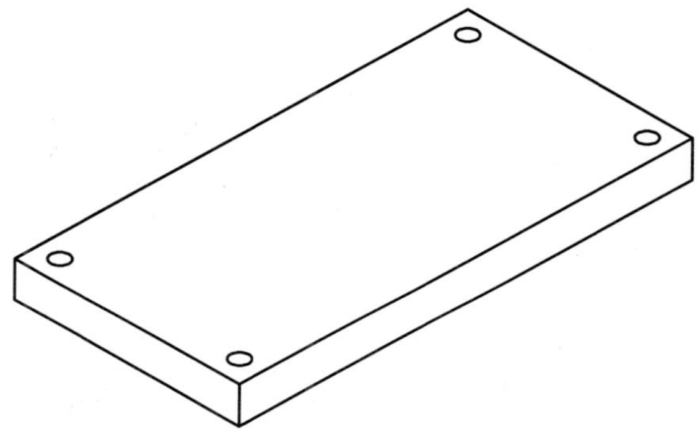

주서

1. 일반공차 - 가공부 : KS B 0412
2. 도시되고 지시없는모따기는 0.5x45°, 필렛 및 라운드 R0.5
3. 몰드베이스 : SA 1518
4. 1 Cavity 적용
5. 수축률 : 0.005
6. 표면거칠기는 기호 비교표

x/ = 3.2/, 25S, ▽▽, N9

y/ = 0.8/, 6.3S, ▽▽▽, N7

7	이젝터플레이트(하)	SM55C	1	
품번	품 명	재질	수량	비고
2단금형 (콘센트 커버)			척도	NS
			각법	3각법

2매 사출금형

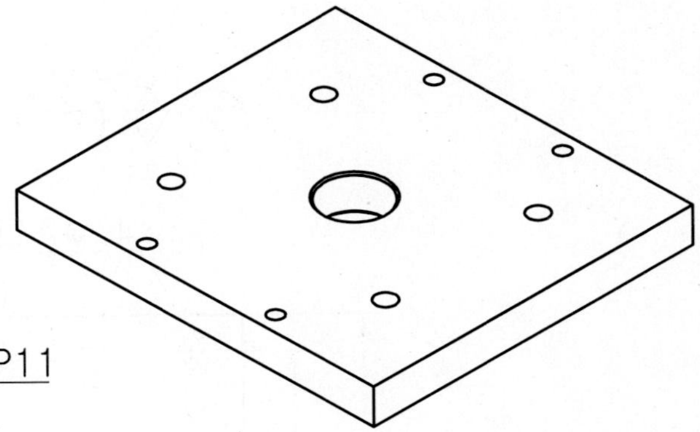

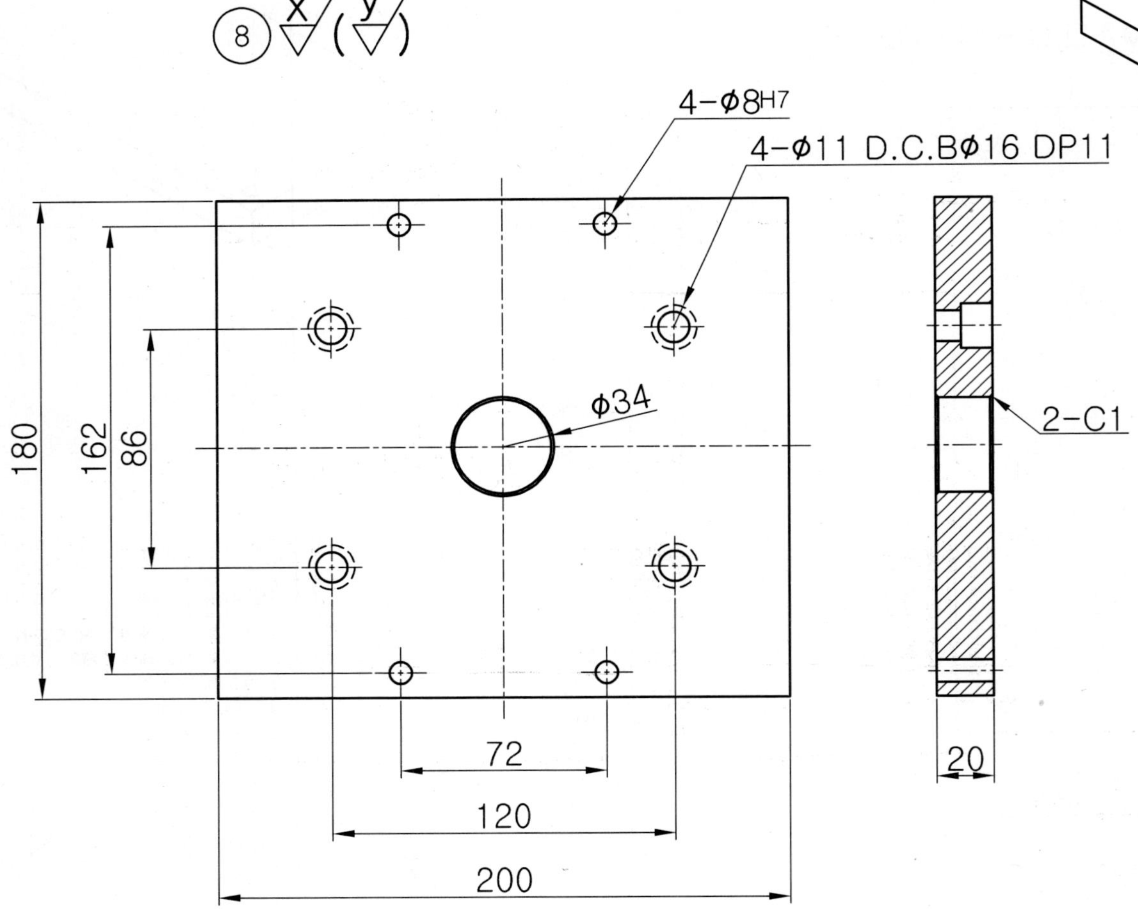

주서

1. 일반공차 - 가공부 : KS B 0412
2. 도시되고 지시없는모따기는 0.5x45°, 필렛 및 라운드 R0.5
3. 몰드베이스 : SA 1518
4. 1 Cavity 적용
5. 수축률 : 0.005
6. 표면거칠기는 기호 비교표

x/▽ = 3.2/▽, 25S , ▽▽, N9

y/▽ = 0.8/▽, 6.3S , ▽▽▽, N7

8	가동측설치판	SM55C	1	
품번	품 명	재질	수량	비고
2단금형 (콘센트 커버)			척도	NS
			각법	3각법

2매 사출금형

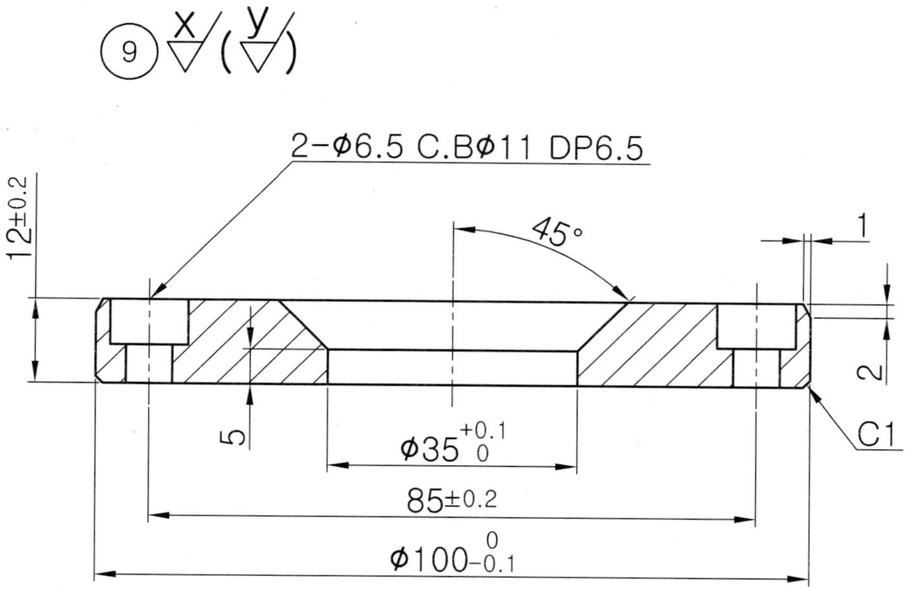

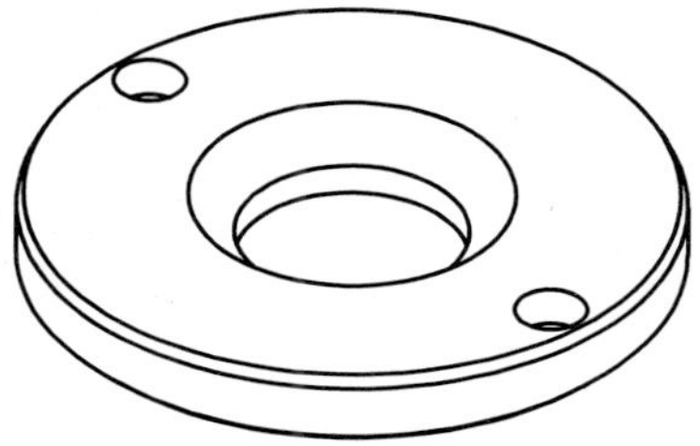

주서

1. 일반공차 - 가공부 : KS B 0412
2. 도시되고 지시없는모따기는 0.5x45°, 필렛 및 라운드 R0.5
3. 몰드베이스 : SA 1518
4. 1 Cavity 적용
5. 수축률 : 0.005
6. 표면거칠기는 기호 비교표

x/ = 3.2/, 25S , ▽▽, N9

y/ = 0.8/, 6.3S , ▽▽▽, N7

9	로케이트링	SM55C	1	
품번	품 명	재질	수량	비고
2단금형 (콘센트 커버)			척도	NS
			각법	3각법

⑩ x/ (y/)

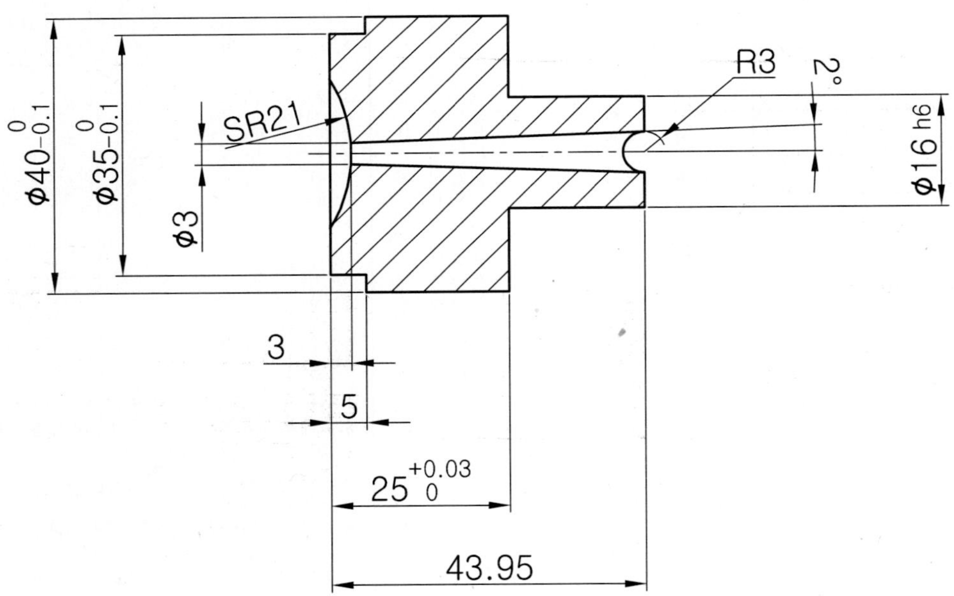

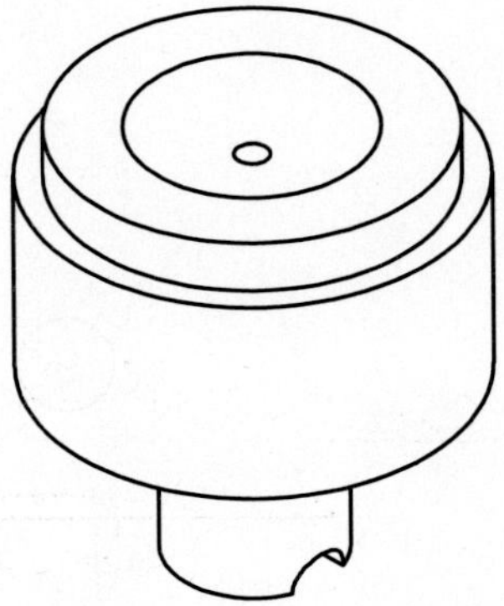

주서

1. 일반공차 - 가공부 : KS B 0412
2. 도시되고 지시없는모따기는 0.5x45°, 필렛 및 라운드 R0.5
3. 몰드베이스 : SA 1518
4. 1 Cavity 적용
5. 수축률 : 0.005
6. 표면거칠기는 기호 비교표

x/ = 3.2/ , 25S , ▽▽, N9

y/ = 0.8/ , 6.3S , ▽▽▽, N7

10	스프루부시	SM55C	1	
품번	품 명	재질	수량	비고
2단금형 (콘센트 커버)			척도	NS
			각법	3각법

2매 사출금형

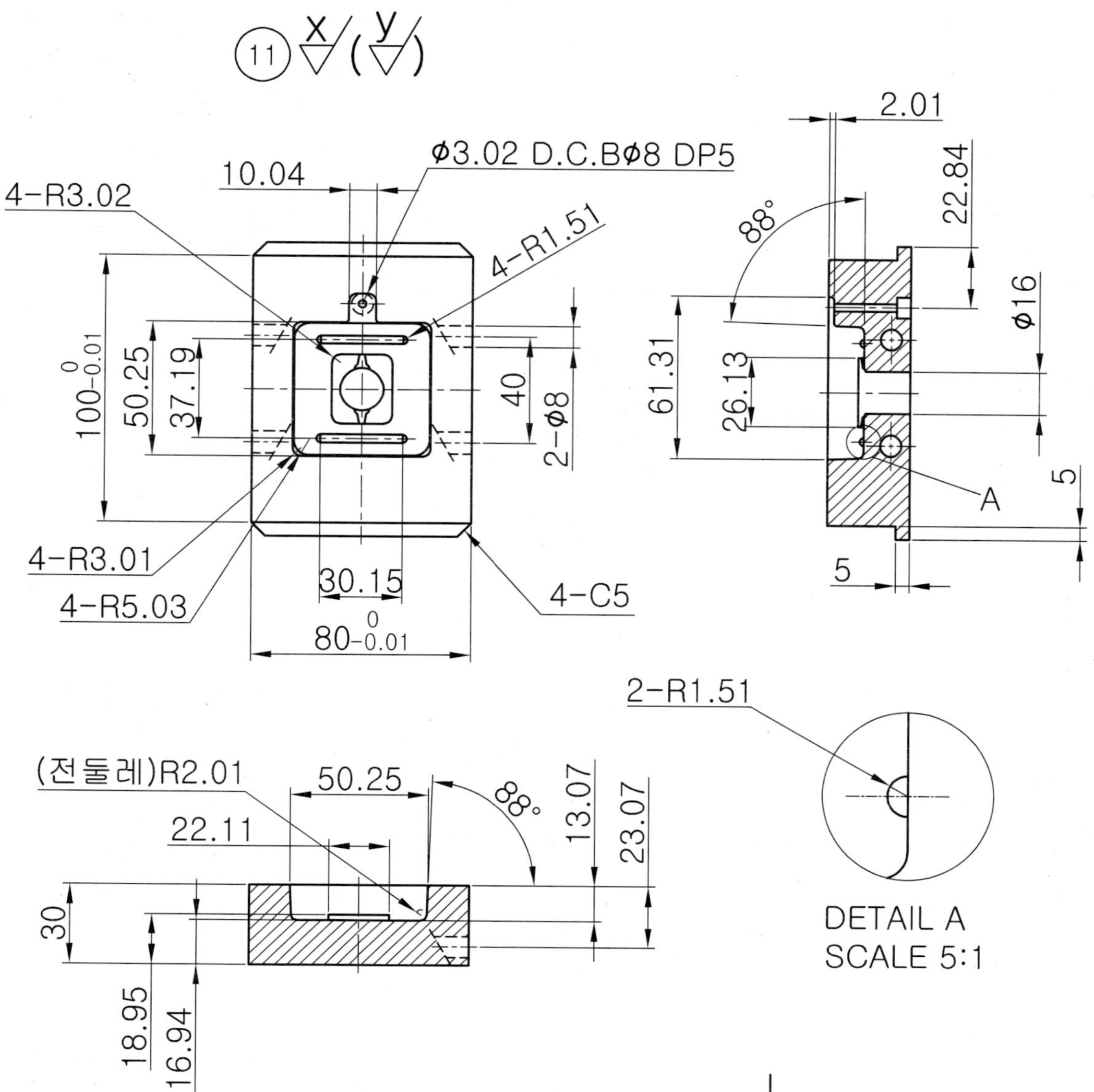

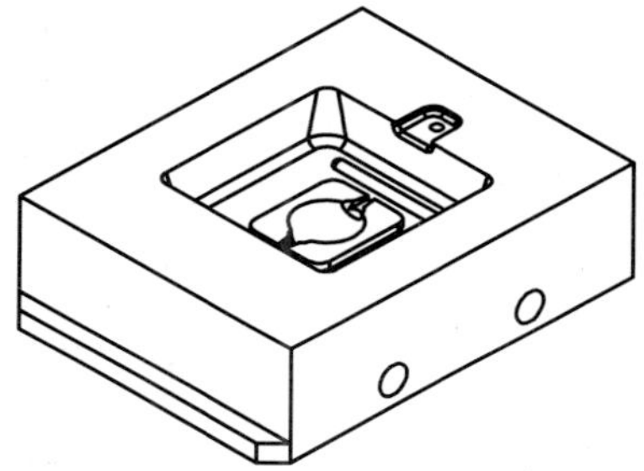

주서

1. 일반공차 - 가공부 : KS B 0412
2. 도시되고 지시없는모따기는 0.5x45°, 필렛 및 라운드 R0.5
3. 몰드베이스 : SA 1518
4. 1 Cavity 적용
5. 수축률 : 0.005
6. 표면거칠기는 기호 비교표

x = 3.2, 25S, ▽▽, N9

y = 0.8, 6.3S, ▽▽▽, N7

11	캐비티	KP4M	1	H_RC55
품번	품 명	재질	수량	비고
2단금형 (콘센트 커버)			척도	NS
			각법	3각법

2매 사출금형

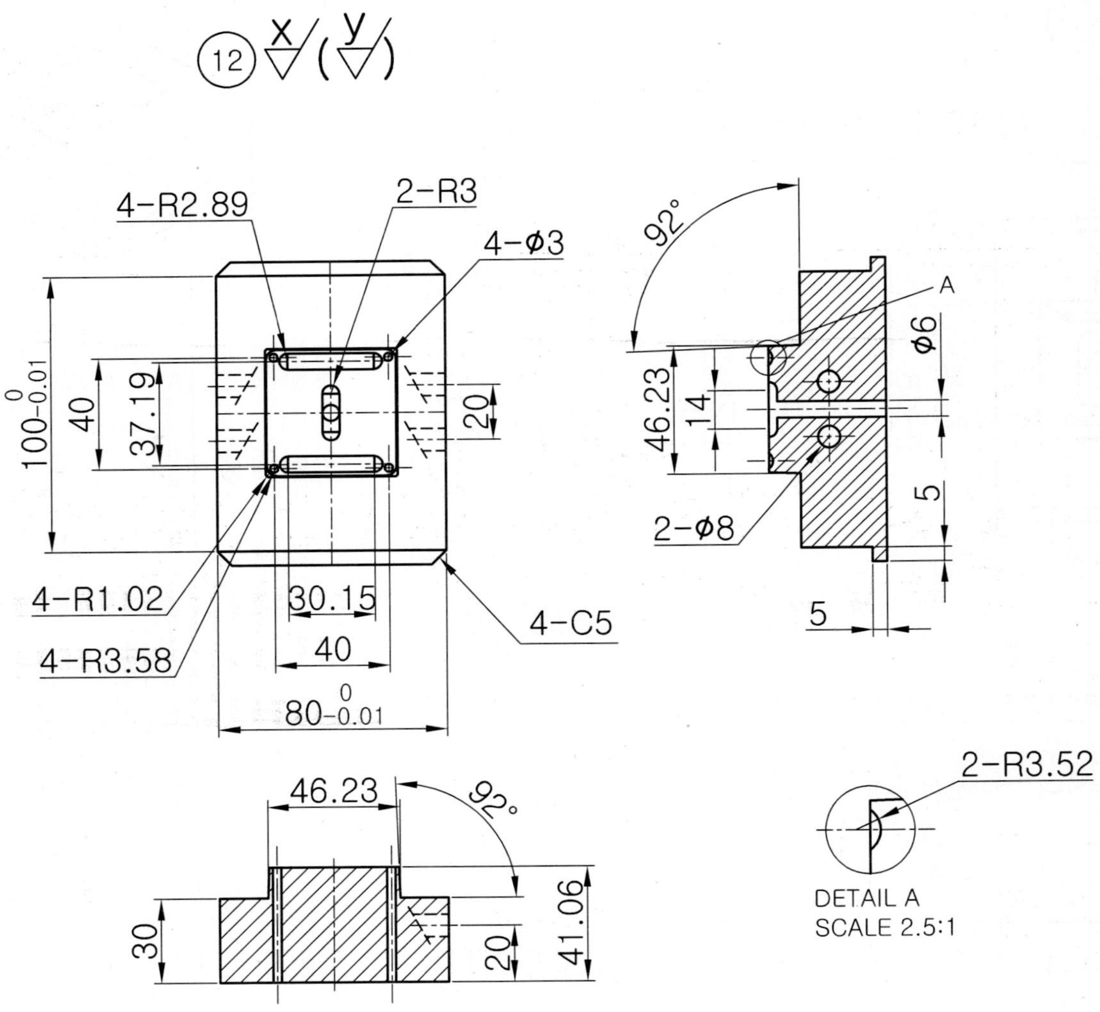

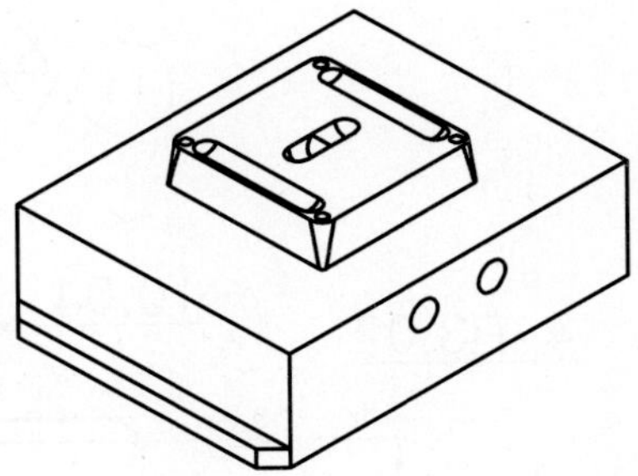

주서

1. 일반공차 - 가공부 : KS B 0412
2. 도시되고 지시없는모따기는 0.5x45°, 필렛 및 라운드 R0.5
3. 몰드베이스 : SA 1518
4. 1 Cavity 적용
5. 수축률 : 0.005
6. 표면거칠기는 기호 비교표

x/ = 3.2/, 25S, ▽▽, N9

y/ = 0.8/, 6.3S, ▽▽▽, N7

12	코어	KP4M	1	H_RC55
품번	품 명	재질	수량	비고
2단금형 (콘센트 커버)			척도	NS
			각법	3각법

2매 사출금형

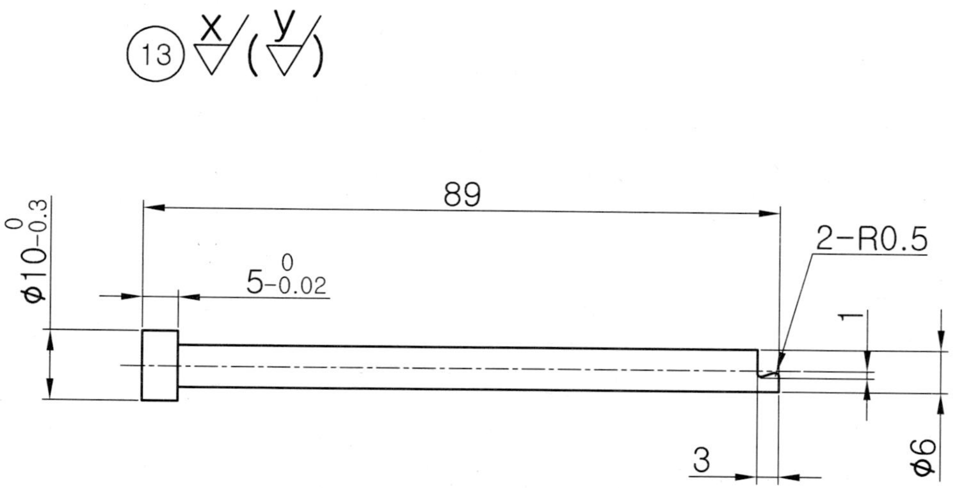

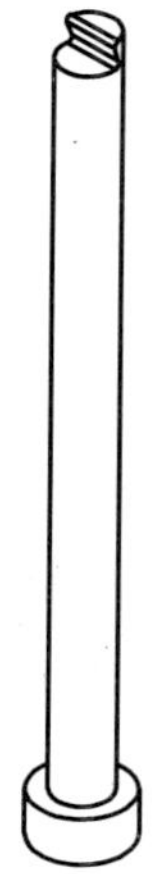

주서

1. 일반공차 - 가공부 : KS B 0412
2. 도시되고 지시없는모따기는 0.5x45°, 필렛 및 라운드 R0.5
3. 몰드베이스 : SA 1518
4. 1 Cavity 적용
5. 수축률 : 0.005
6. 표면거칠기는 기호 비교표

x/ = 3.2/, 25S , ▽▽, N9

y/ = 0.8/, 6.3S , ▽▽▽, N7

13	스프루 록 핀	STD61	1	H_RC55
품번	품 명	재질	수량	비고
2단금형 (콘센트 커버)			척도	NS
			각법	3각법

2매 사출금형

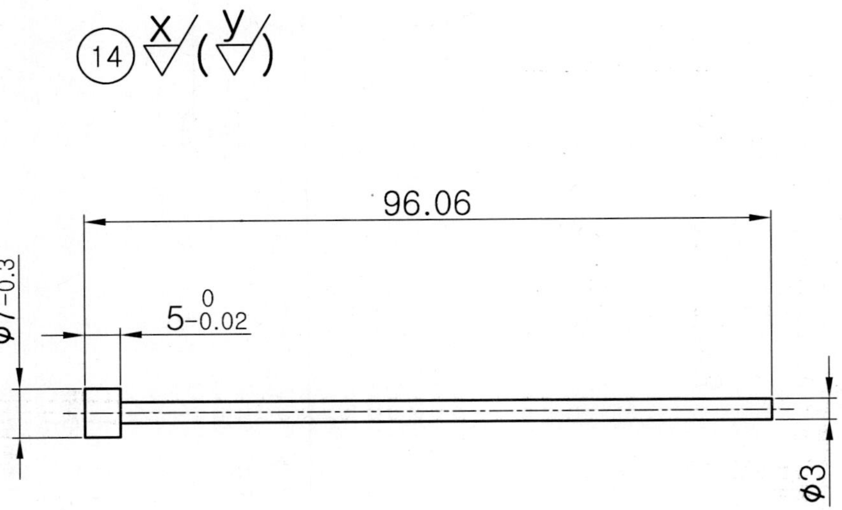

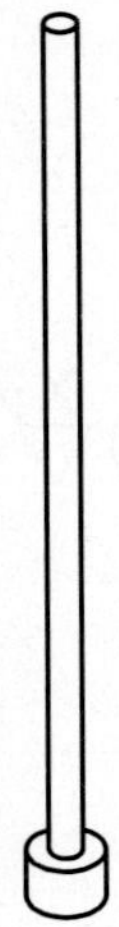

주서

1. 일반공차 – 가공부 : KS B 0412
2. 도시되고 지시없는모따기는 0.5x45°, 필렛 및 라운드 R0.5
3. 몰드베이스 : SA 1518
4. 1 Cavity 적용
5. 수축률 : 0.005
6. 표면거칠기는 기호 비교표

x = 3.2, 25S, ▽▽, N9

y = 0.8, 6.3S, ▽▽▽, N7

14	이젝터 핀	STD11	4	H_RC55
품번	품 명	재질	수량	비고
2단금형 (콘센트 커버)			척도	NS
			각법	3각법

(19) x/ (y/)

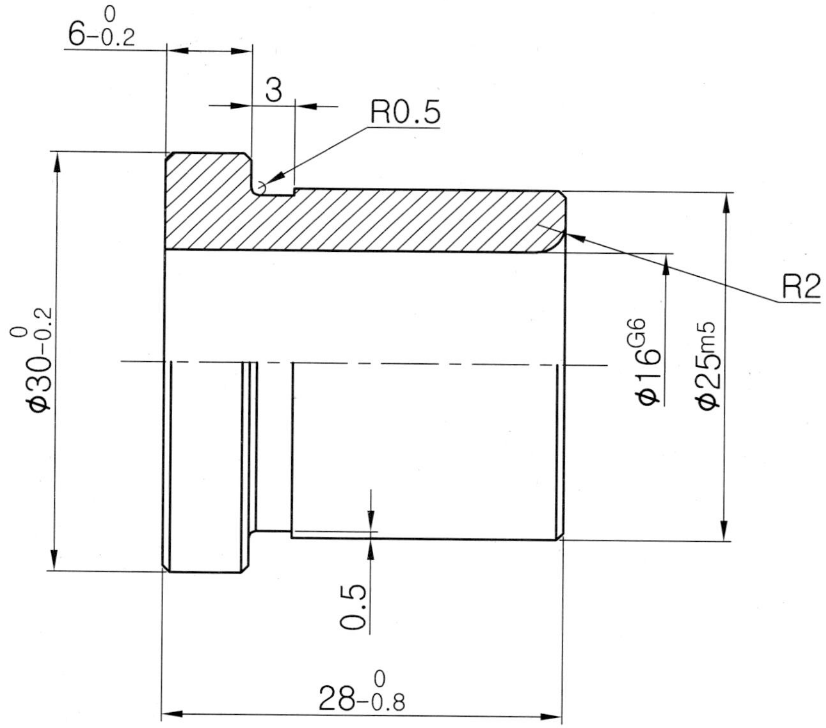

주서

1. 일반공차 - 가공부 : KS B 0412
2. 도시되고 지시없는모따기는 0.5x45°, 필렛 및 라운드 R0.5
3. 몰드베이스 : SA 1518
4. 1 Cavity 적용
5. 수축률 : 0.005
6. 표면거칠기는 기호 비교표

x/ = 3.2/ , 25S , ▽▽, N9

y/ = 0.8/ , 6.3S , ▽▽▽, N7

19	가이드 부시	STB2	4	H_RC58
품번	품 명	재질	수량	비고
2단금형 (콘센트 커버)			척도	NS
			각법	3각법

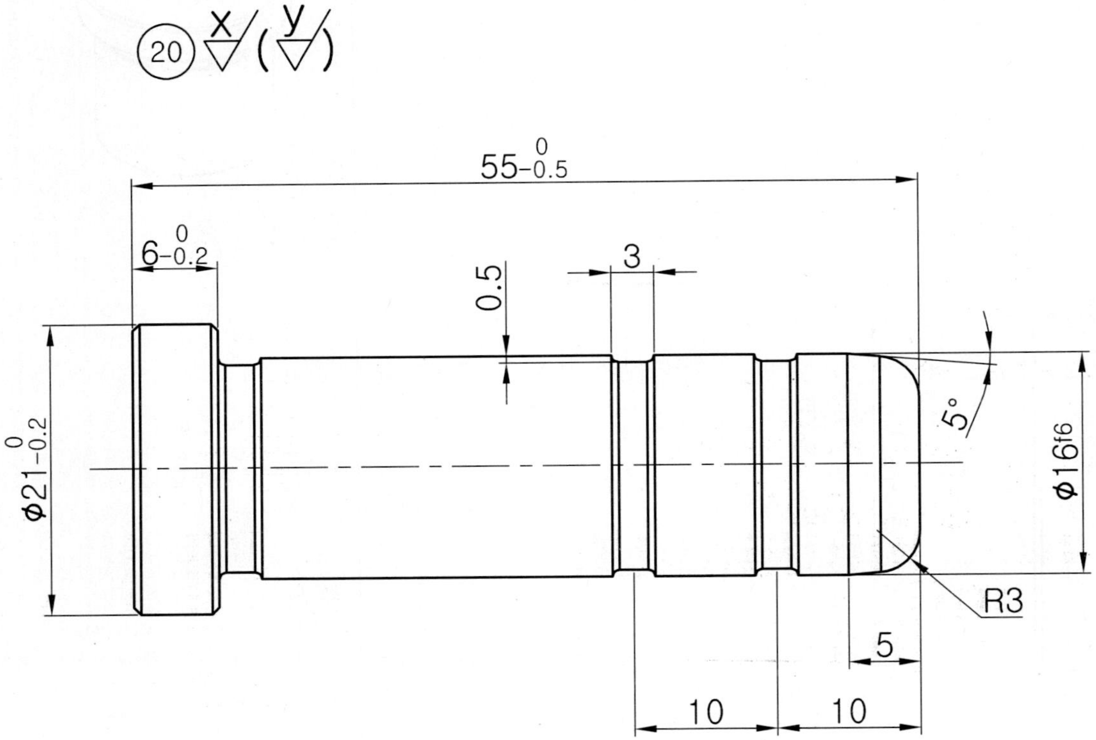

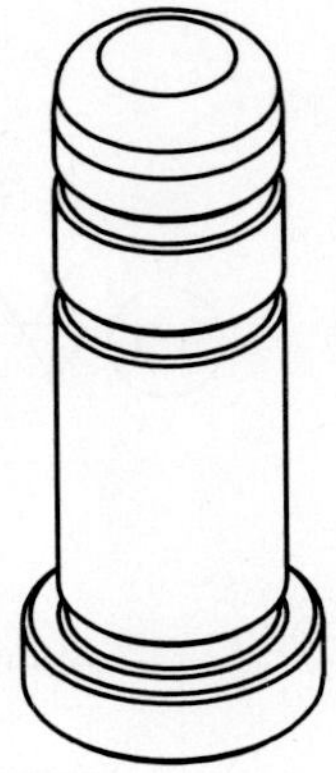

주서

1. 일반공차 - 가공부 : KS B 0412
2. 도시되고 지시없는모따기는 0.5x45°, 필렛 및 라운드 R0.5
3. 몰드베이스 : SA 1518
4. 1 Cavity 적용
5. 수축률 : 0.005
6. 표면거칠기는 기호 비교표

x/ = 3.2/, 25S , ▽▽, N9

y/ = 0.8/, 6.3S , ▽▽▽, N7

20	가이드 핀	STB2	4	H_RC58
품번	품 명	재질	수량	비고
2단금형 (콘센트 커버)			척도	NS
			각법	3각법

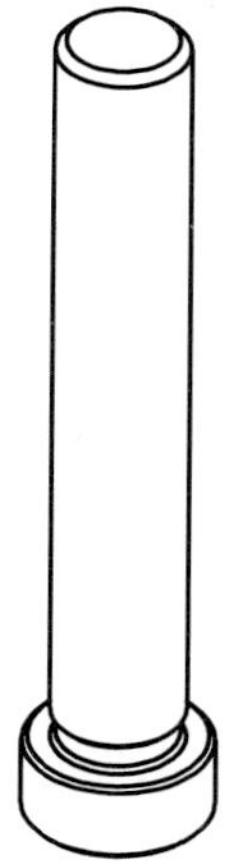

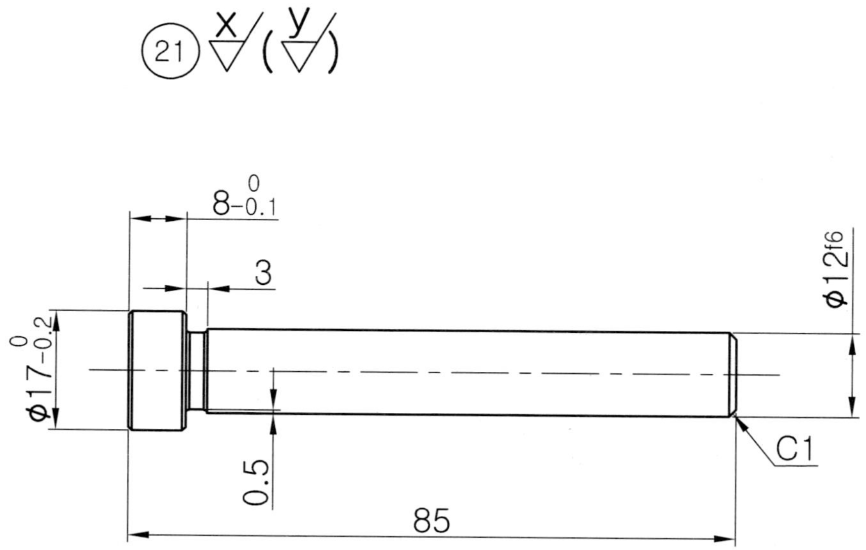

주서

1. 일반공차 - 가공부 : KS B 0412
2. 도시되고 지시없는모따기는 0.5x45°, 필렛 및 라운드 R0.5
3. 몰드베이스 : SA 1518
4. 1 Cavity 적용
5. 수축률 : 0.005
6. 표면거칠기는 기호 비교표

x▽ = 3.2▽, 25S , ▽▽, N9

y▽ = 0.8▽, 6.3S , ▽▽▽, N7

21	리턴 핀	STB2	4	H_RC58
품번	품 명	재질	수량	비고
2단금형 (콘센트 커버)			척도	NS
			각법	3각법

2매 사출금형

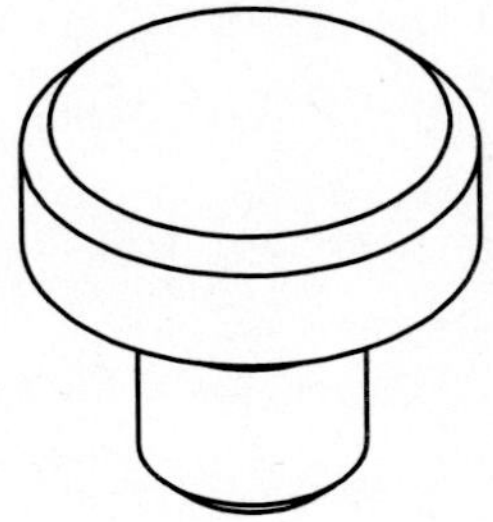

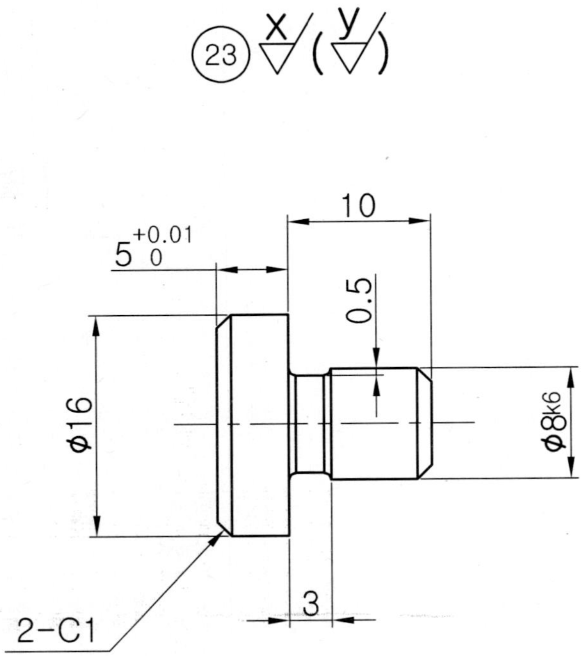

주서

1. 일반공차 - 가공부 : KS B 0412
2. 도시되고 지시없는모따기는 0.5x45°, 필렛 및 라운드 R0.5
3. 몰드베이스 : SA 1518
4. 1 Cavity 적용
5. 수축률 : 0.005
6. 표면거칠기는 기호 비교표

x/ = 3.2/, 25S , ▽▽, N9

y/ = 0.8/, 6.3S , ▽▽▽, N7

23	스톱 핀	SM45C	4	H_RC50
품번	품 명	재질	수량	비고
2단금형 (콘센트 커버)			척도	NS
			각법	3각법

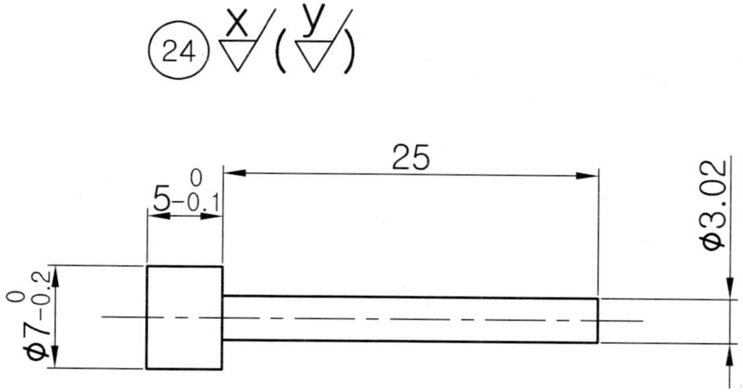

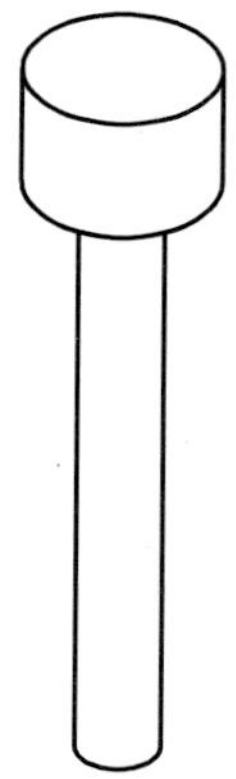

주서

1. 일반공차 - 가공부 : KS B 0412
2. 도시되고 지시없는모따기는 0.5x45°, 필렛 및 라운드 R0.5
3. 몰드베이스 : SA 1518
4. 1 Cavity 적용
5. 수축률 : 0.005
6. 표면거칠기는 기호 비교표

x/ = 3.2/, 25S , ▽▽, N9

y/ = 0.8/, 6.3S , ▽▽▽, N7

24	코어 핀	KP4M	1	H_RC55
품번	품 명	재질	수량	비고
2단금형 (콘센트 커버)			척도	NS
			각법	3각법

C.H.A.P.T.E.R **2**

사출금형설계 도면 II

2.1 2단금형(H cover)

요구사항

1) 제도는 제3각법, 척도는 NS
2) 사출기의 타이바 간격은 350×350이고 형체 스트로크는 260 mm인 사출기이므로 여기에 적합한 몰드 베이스를 선정하여 설계.
3) 게이트형상 및 캐비티 수 : 사이드 게이트, 1×2 캐비티로 설계.
4) 코어 작성 : 고정측코어, 가동측코어, 슬라이드 코어, 로킹블럭, 가이드 레일을 작성
5) 단면 조립도 작성 : 표제란을 작성
6) 평면 조립도 작성 : 금형크기를 기입
7) 재료는 ABS
8) 수축률은 0.005 mm
9) 조립도상에 주요부품의 번호를 명기하고, 표제란에 각 부품 순번대로 품명, 재질, 수량 등을 기입
10) 표제란(부품란)에 각 부품의 부품명, 재질, 척도 등을 명기.
11) 표제란(부품란) 위에 도면의 주기사항(주기란, NOTE)을 명시
12) 기타 지시되지 않은 사항은 사출 금형설계 및 KS 제도법에 따라 완성.

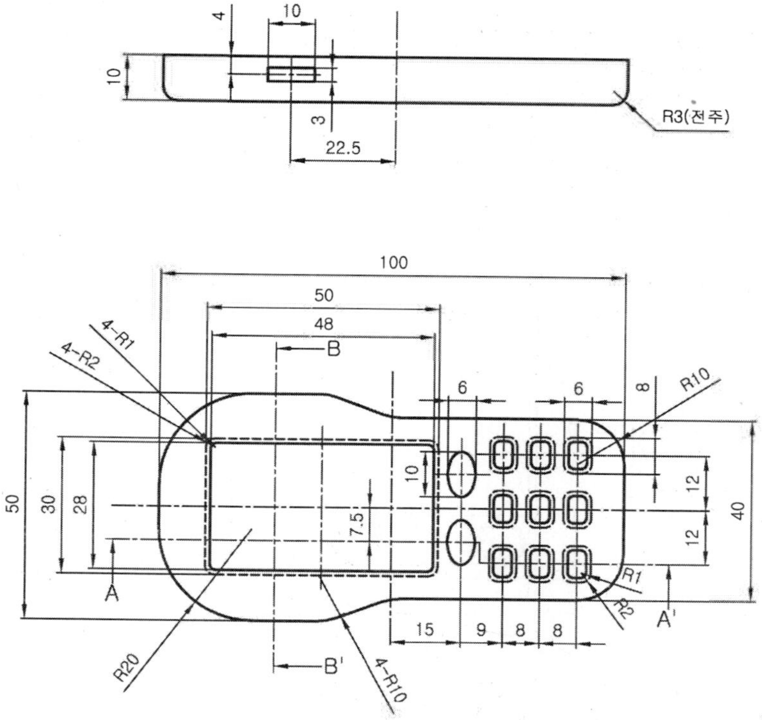

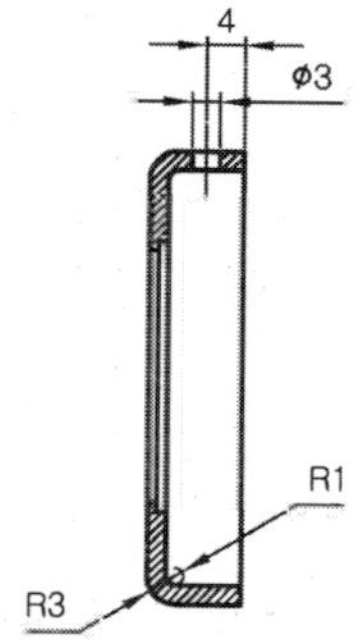

SECTION. B-B'

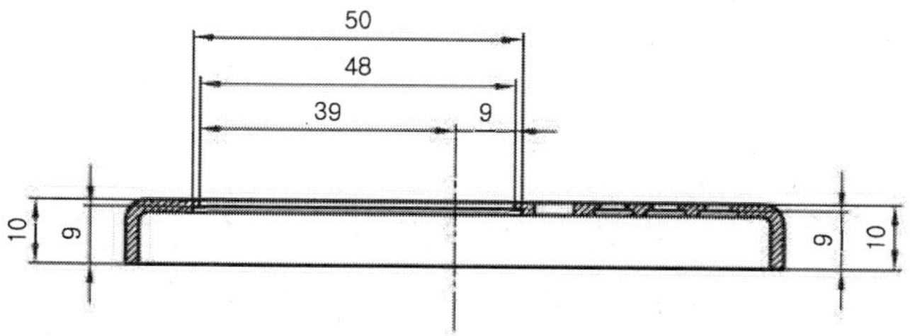

SECTION. A-A'

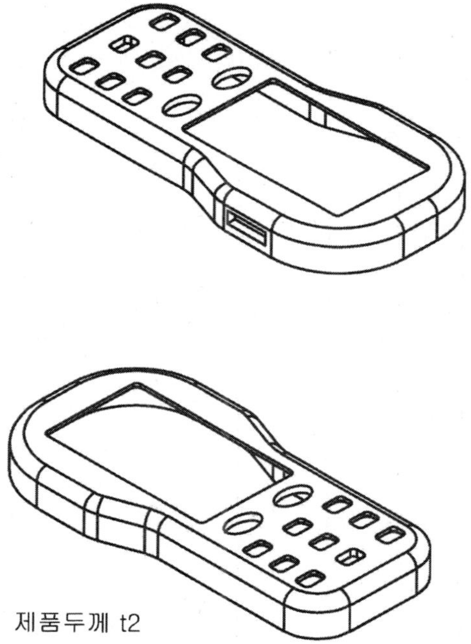

제품두께 t2

주서

1. 일반공차 - 가공부 : KS B 0412
2. 도시되고 지시없는모따기는 1x45°, 필렛 및 라운드 R3
3. 일반 모따기는 0.3~0.5x45°
4. 수축률 : 0.005
5. 사이드 게이트
6. 2 Cavity
7. 표면거칠기는 기호 비교표

x/ = 3.2/ , 25S , ▽▽ , N9

y/ = 0.8/ , 6.3S , ▽▽▽ , N7

0	Product	ABS	2	
품 번	품 명	재 질	수 량	비 고
작품명	H-COVER		척 도	1.5 : 1
			투상법	3각법

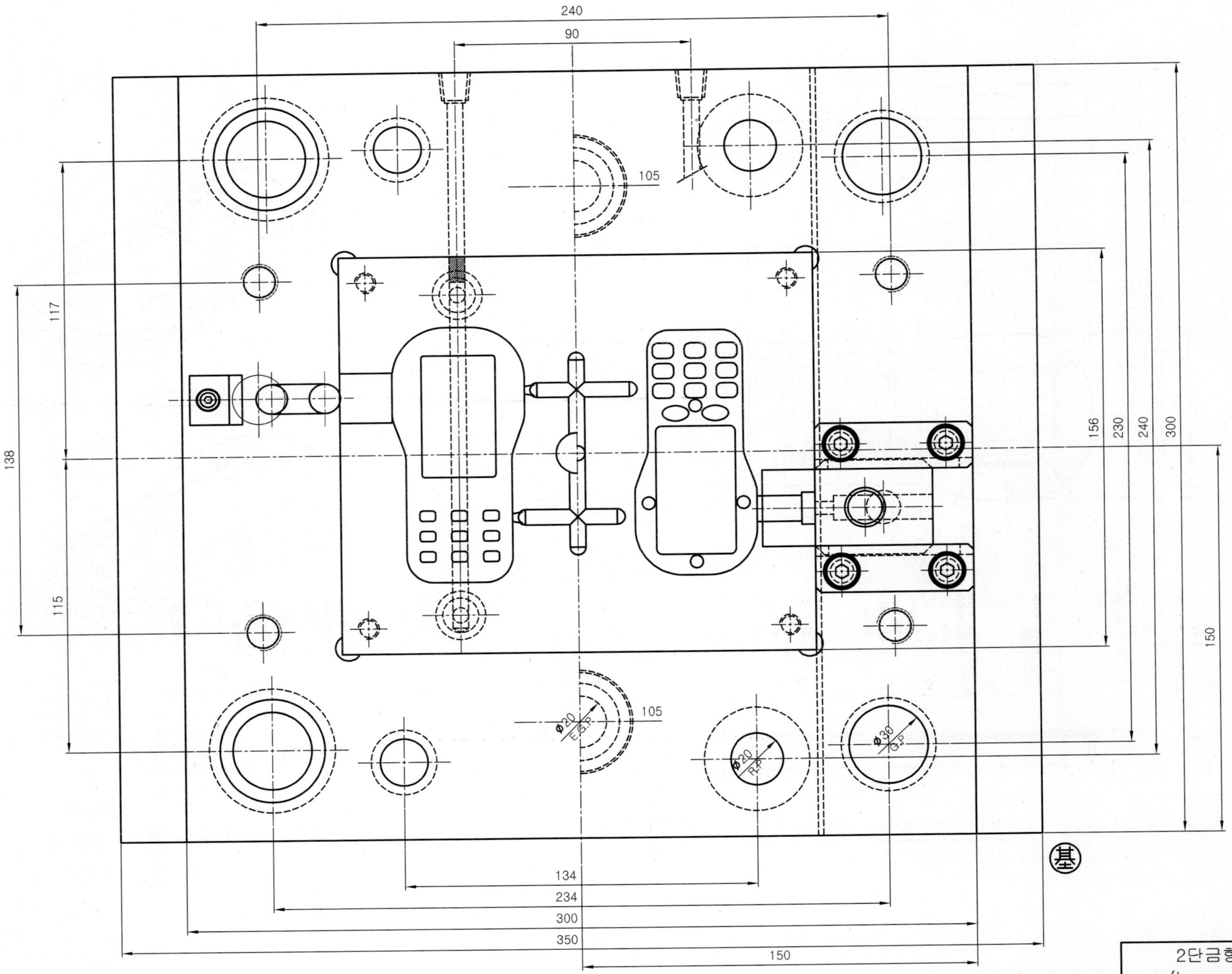

2단금형 (h cover)	척 도	1 : 1
	투상법	3각법

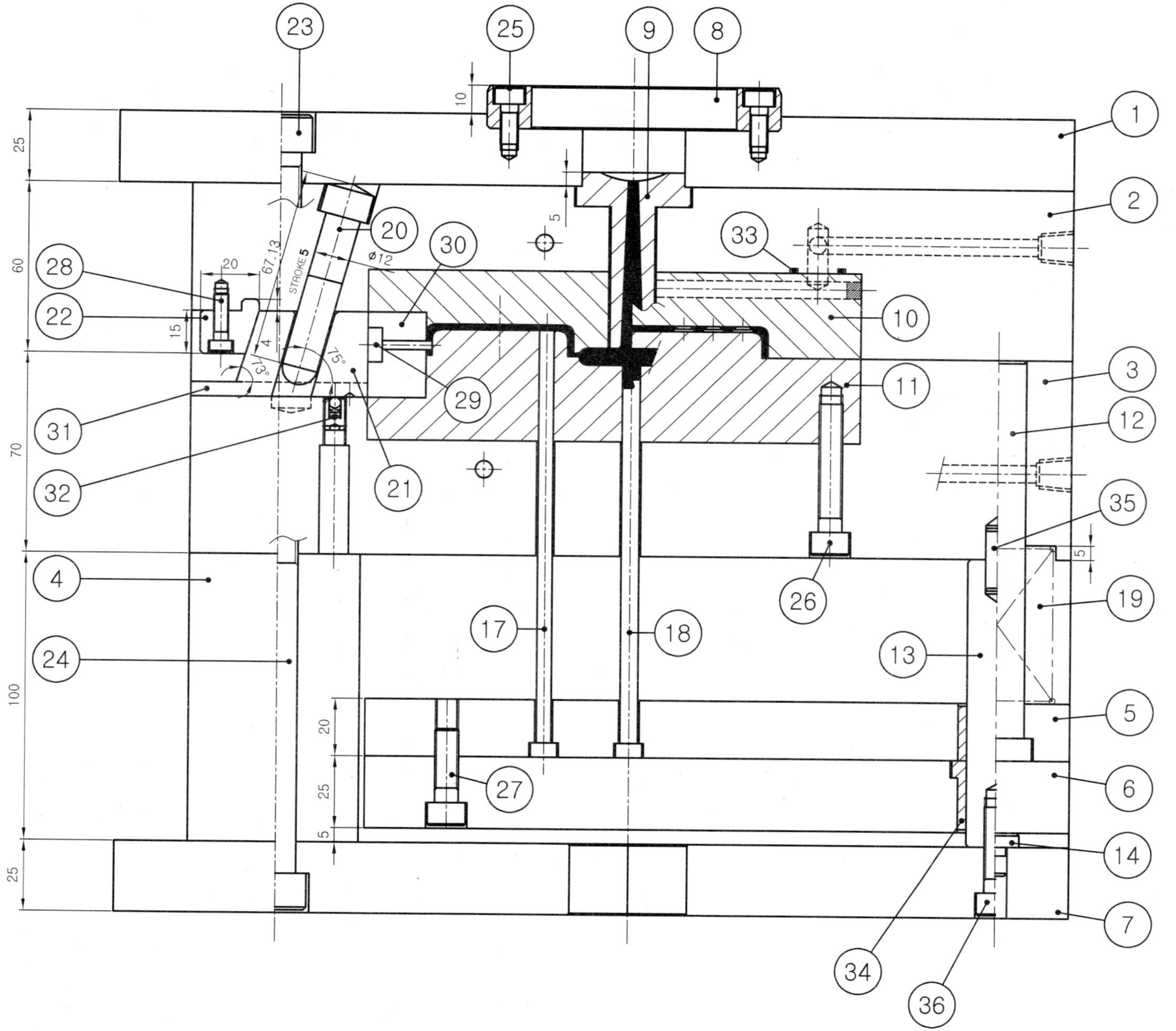

품번	품 명	재질	수량	규격	비고
36	육각 홈붙이 볼트	규격품	4	M8x38	
35	맞춤핀	STB2	2	ø6x20	
34	이젝터가이드부시	STB2	2	ø30x45	
33	오링	규격품	4	P14	
32	볼플런저	규격품	2	BPJ 8	
31	가이드레일	STC3	4	19x61x16	
30	슬라이드코어편	KP4M	2	30x30x20	
29	슬라이드코어핀	STC3	2	ø12x22	
28	육각 홈붙이 볼트	규격품	2	M5x20	
27	육각 홈붙이 볼트	규격품	4	M8x25	
26	육각 홈붙이 볼트	규격품	4	M8x45	
25	육각 홈붙이 볼트	규격품	2	M6x16	
24	육각 홈붙이 볼트	규격품	4	M14x170	
23	육각 홈붙이 볼트	규격품	4	M14x60	
22	로킹블록	STC3	2	19x20x30	HRC58
21	슬라이드코어	KP4	2	47x37x30	
20	경사핀	STC3	2	ø16x73	HRC58
19	스프링	규격품	4	SWF 40x65	
18	스프루록핀	SKD61	1	ø6x130	
17	밀핀	STC3	12	ø5x148	
16	가이드핀	STC3	4	ø30x110	
15	가이드부시	STC3	4	ø30x59	
14	스톱핀	STC3	4	ø16x15	
13	이젝터 가이드핀	STC3	2	ø20x125	
12	리턴핀	STC3	4	ø20x140	
11	가동측코어	KP4M	1	40x180x156	
10	고정측코어	KP4M	1	30x180x156	
9	스프루부시	SM45C	1	ø39x65	
8	로케이트링	SM45C	1	ø100x12	
7	가동측설치판	SM45C	1	25x350x300	
6	하밀판	SM45C	1	25x180x300	
5	상밀판	SM45C	1	20x180x300	
4	스페이서 블록	SM45C	2	100x58x300	
3	가동측형판	SM45C	1	70x300x300	
2	고정측형판	SM45C	1	60x300x300	
1	고정측설치판	SM45C	1	25x350x300	

2단금형 (h cover)

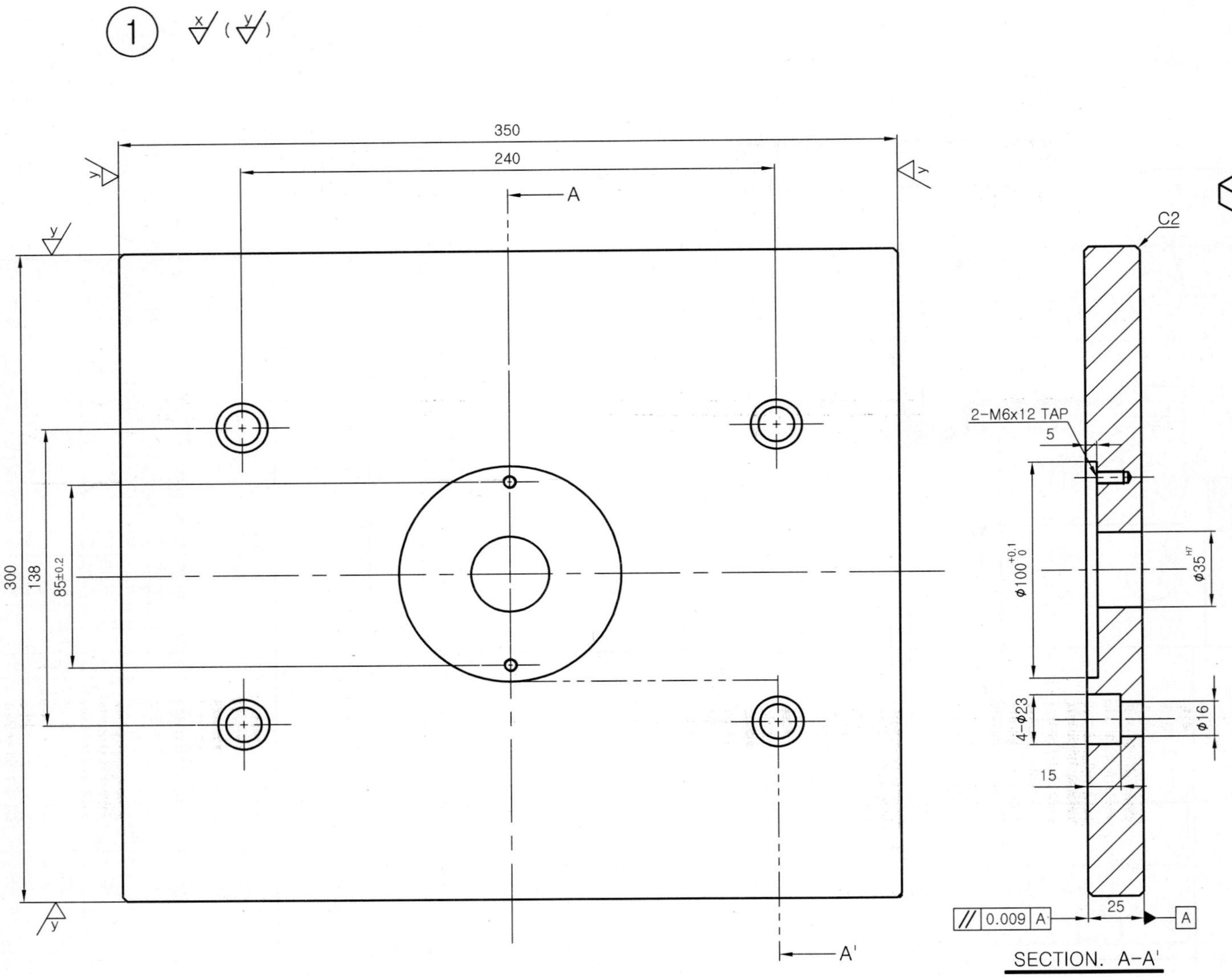

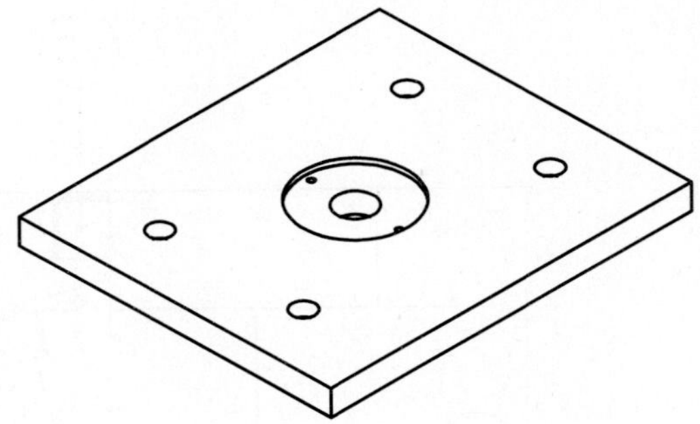

주서

1. 일반공차 - 가공부 : KS B 0412
2. 도시되고 지시없는모따기는 1x45°, 필렛 및 라운드 R3
3. 일반 모따기는 0.3~0.5x45°
4. 표면거칠기는 기호 비교표

x = 3.2, 25S, ▽▽, N9

y = 0.8, 6.3S, ▽▽▽, N7

1	고정측 설치판	SM45C	1	
품 번	품 명	재 질	수 량	비 고
2단금형 (h cover)			척 도	1 : 0.7
			투상법	3각법

② x/ (y/)

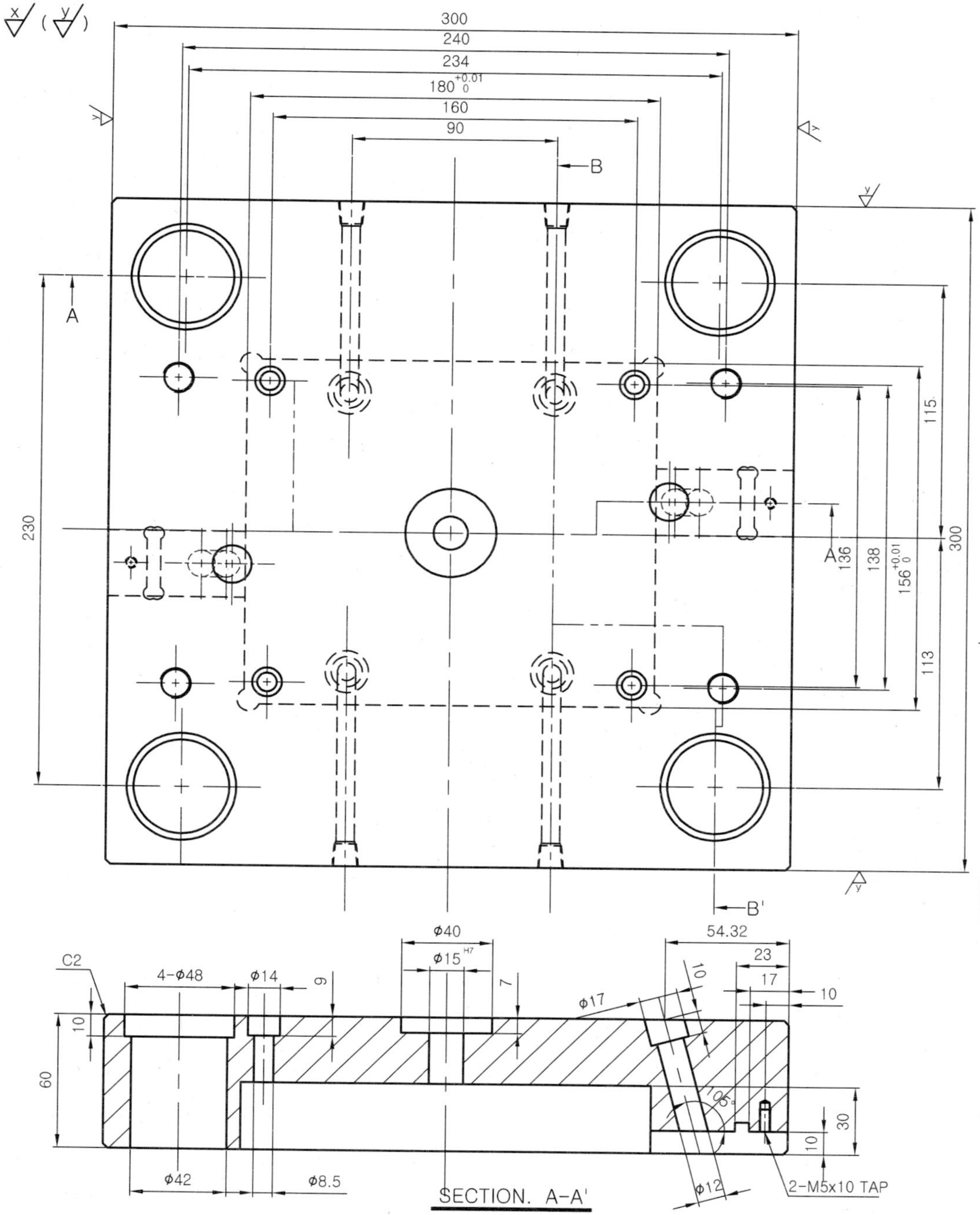

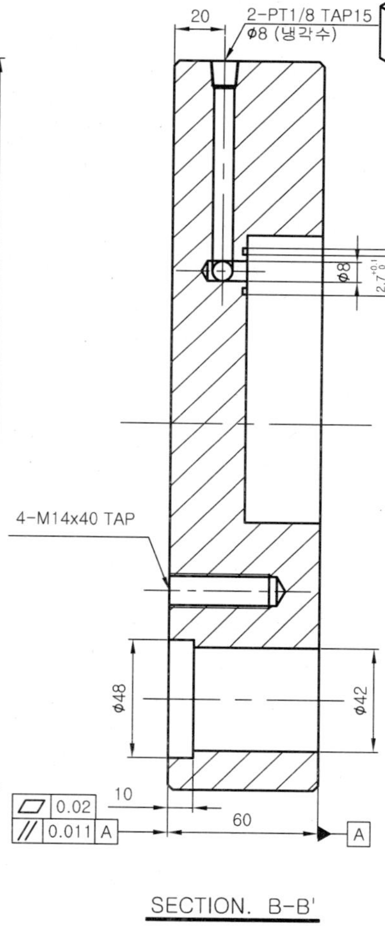

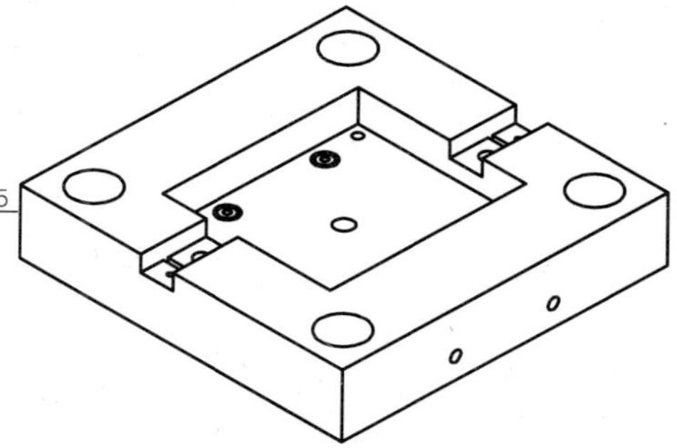

주서

1. 일반공차 - 가공부 : KS B 0412
2. 도시되고 지시없는모따기는 1x45°, 필렛 및 라운드 R3
3. 일반 모따기는 0.3~0.5x45°
4. 표면거칠기는 기호 비교표

x/ = 3.2/ , 25S , ▽▽ , N9

y/ = 0.8/ , 6.3S , ▽▽▽ , N7

2	고정측 형판	SM45C	1	
품 번	품 명	재 질	수 량	비 고
2단금형 (h cover)			척 도	1 : 0.7
			투상법	3각법

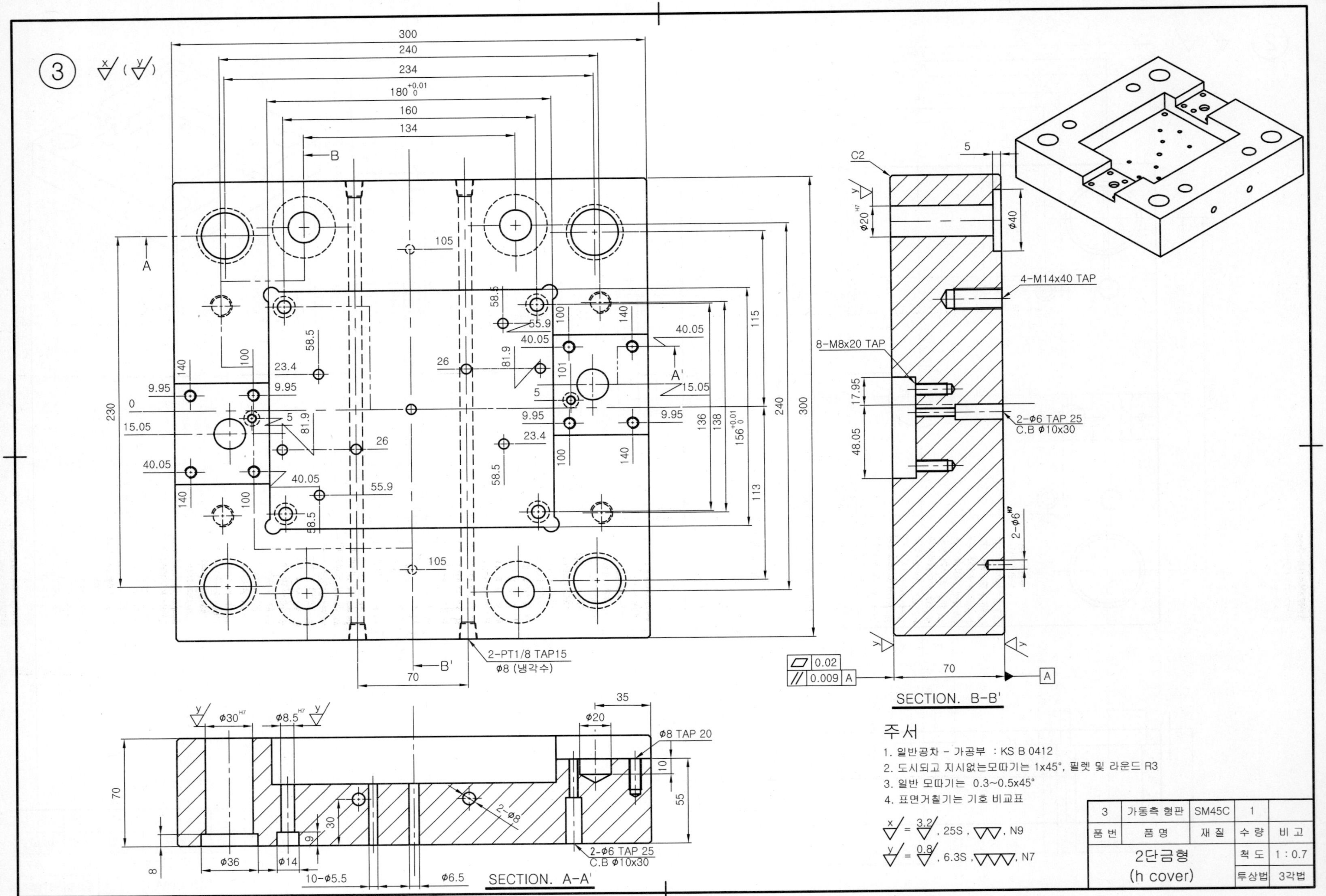

주서

1. 일반공차 - 가공부 : KS B 0412
2. 도시되고 지시없는모따기는 1x45°, 필렛 및 라운드 R3
3. 일반 모따기는 0.3~0.5x45°
4. 표면거칠기는 기호 비교표

x = 3.2, 25S, N9

y = 0.8, 6.3S, N7

3	가동측 형판	SM45C	1	
품 번	품 명	재 질	수 량	비 고
2단금형 (h cover)			척 도	1 : 0.7
			투상법	3각법

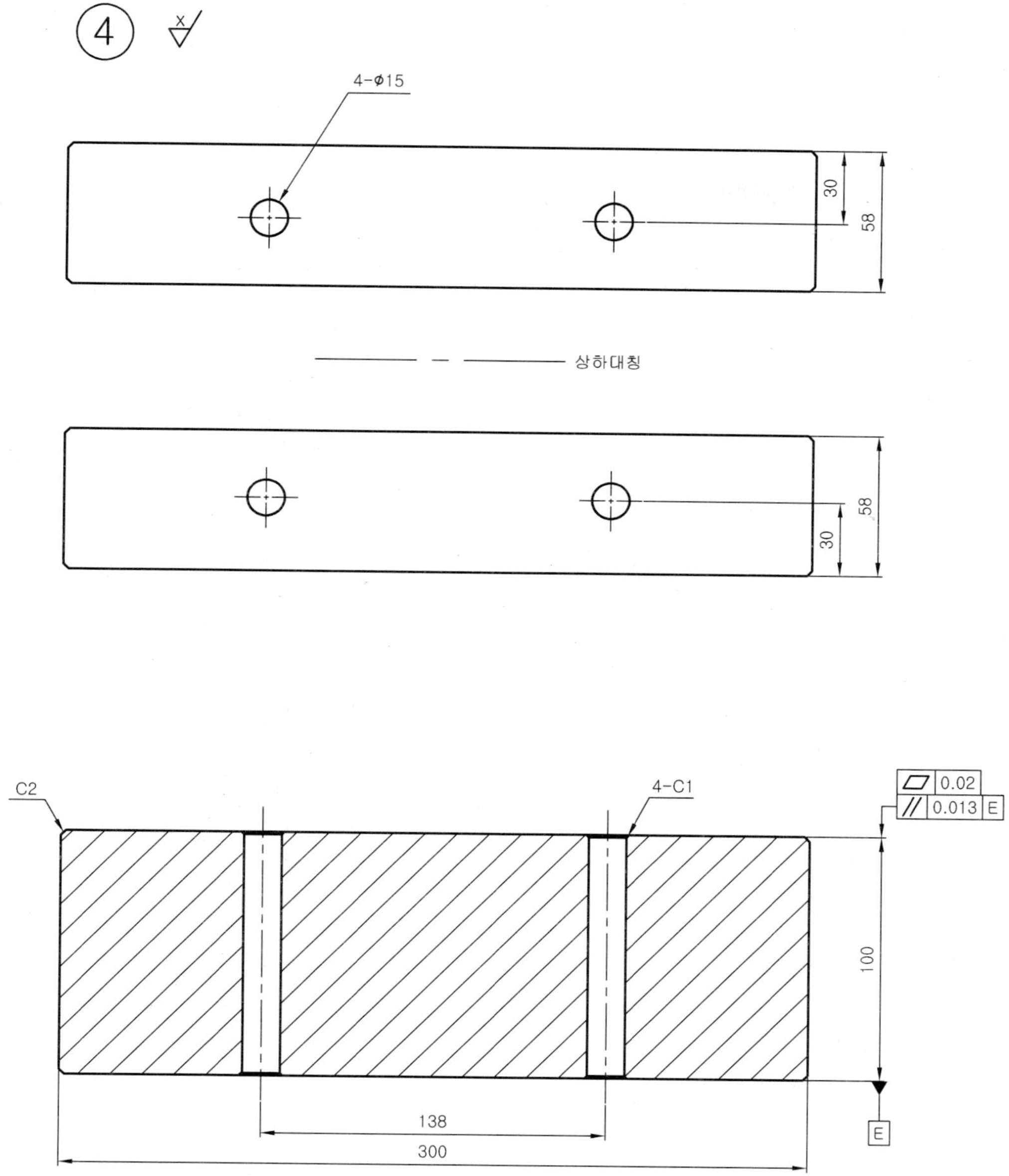

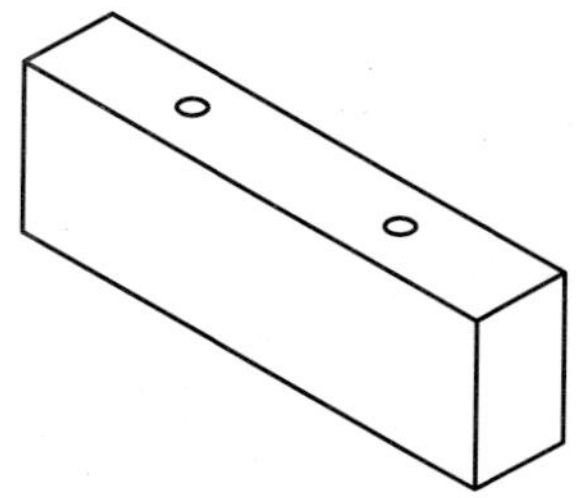

주서

1. 일반공차 - 가공부 : KS B 0412
2. 도시되고 지시없는모따기는 1x45°, 필렛 및 라운드 R3
3. 일반 모따기는 0.3~0.5x45°
4. 표면거칠기는 기호 비교표

x∇ = 3.2∇ , 25S , ∇∇ , N9

y∇ = 0.8∇ , 6.3S , ∇∇∇ , N7

4	스페이서 블록	SM45C	2	
품 번	품 명	재 질	수 량	비 고
2단금형 (h cover)			척 도	1 : 0.7
			투상법	3각법

⑤ x/

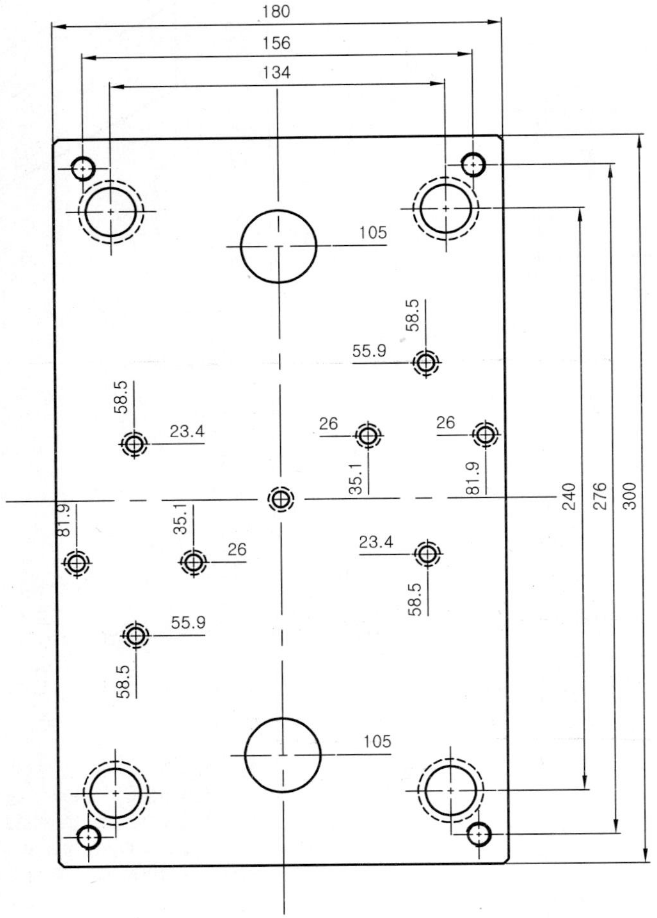

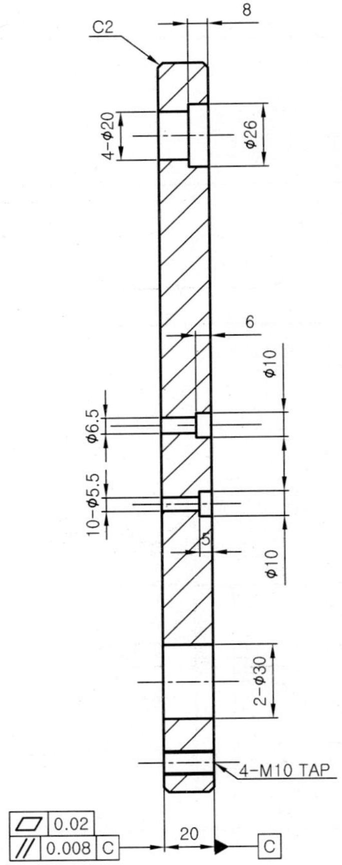

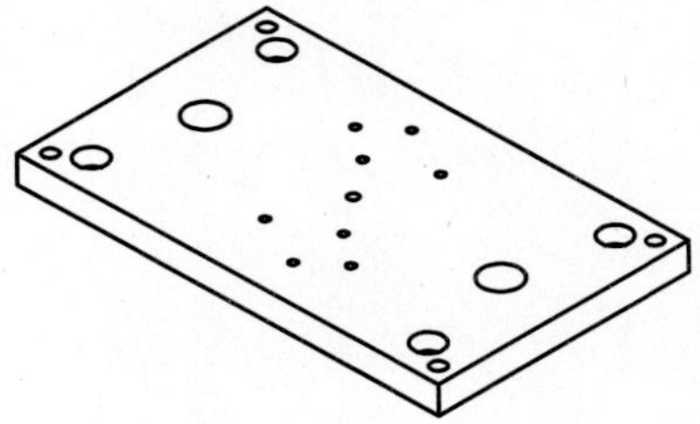

주서

1. 일반공차 - 가공부 : KS B 0412
2. 도시되고 지시없는모따기는 1x45°, 필렛 및 라운드 R3
3. 일반 모따기는 0.3~0.5x45°
4. 표면거칠기는 기호 비교표

x/ = 3.2/, 25S, ▽▽, N9

y/ = 0.8/, 6.3S, ▽▽▽, N7

5	이젝터 플레이트(상)	SM45C	1	
품 번	품 명	재 질	수 량	비 고
2단금형 (h cover)			척 도	1 : 0.7
			투상법	3각법

⑥ x/ (전체 표면거칠기 기호)

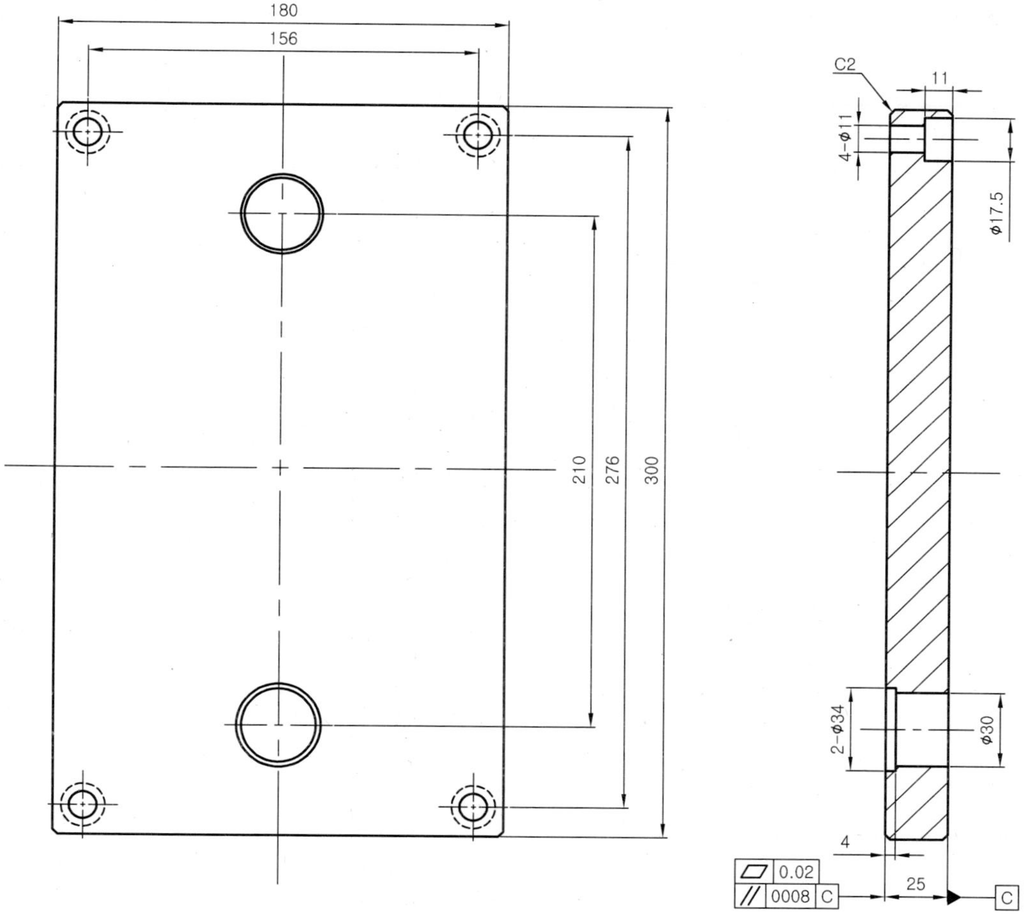

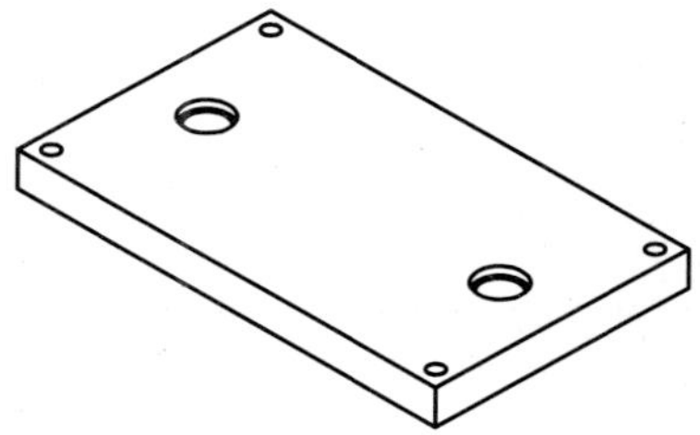

주서

1. 일반공차 - 가공부 : KS B 0412
2. 도시되고 지시없는모따기는 1x45°, 필렛 및 라운드 R3
3. 일반 모따기는 0.3~0.5x45°
4. 표면거칠기는 기호 비교표

x/ = 3.2/ , 25S , ▽▽, N9

y/ = 0.8/ , 6.3S , ▽▽▽, N7

6	이젝터 플레이트(하)	SM45C	1	
품 번	품 명	재 질	수 량	비 고
2단금형 (h cover)			척 도	1 : 0.7
			투상법	3각법

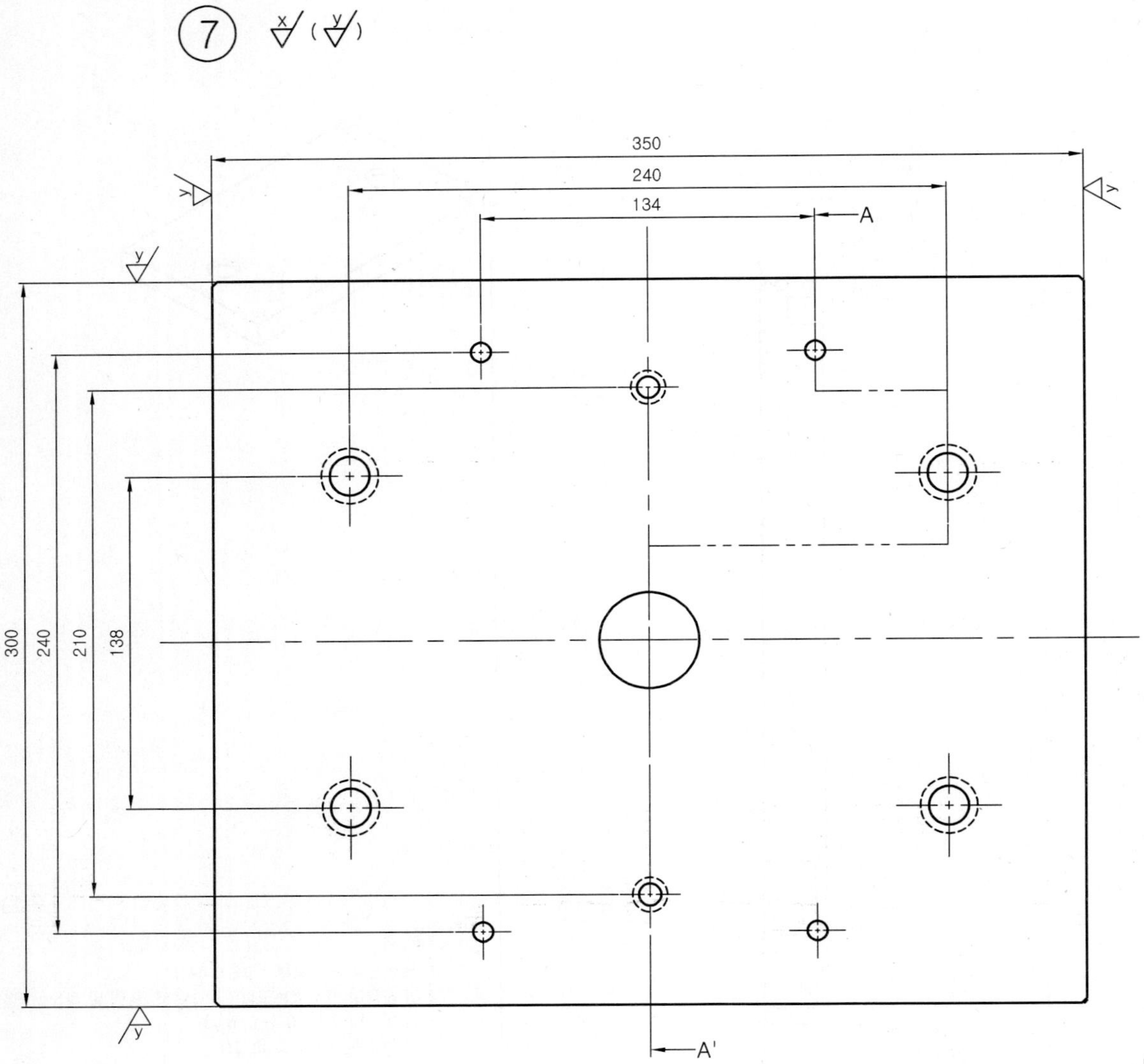

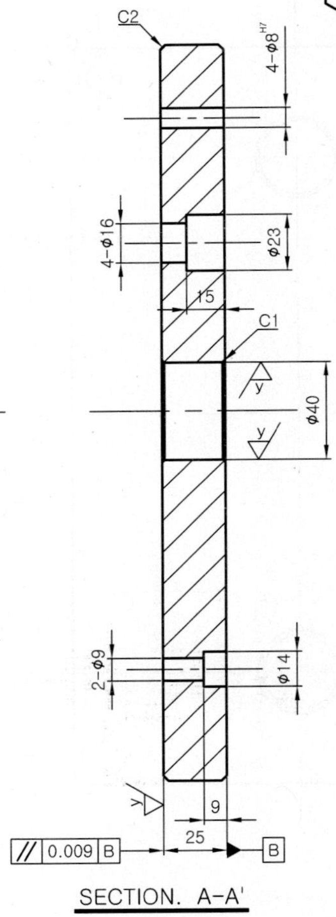

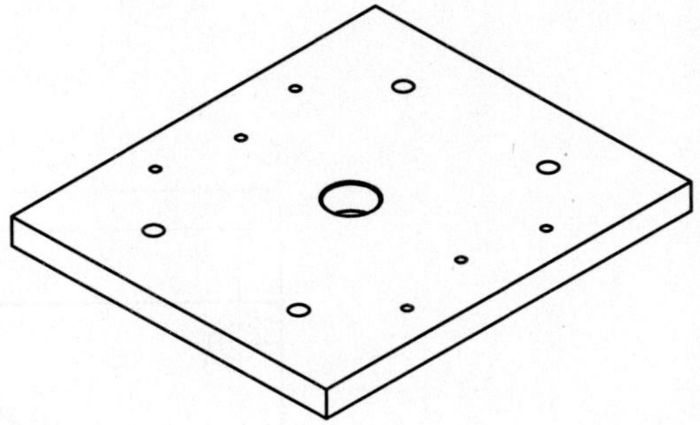

주서

1. 일반공차 - 가공부 : KS B 0412
2. 도시되고 지시없는모따기는 1x45°, 필렛 및 라운드 R3
3. 일반 모따기는 0.3~0.5x45°
4. 표면거칠기는 기호 비교표

x = 3.2, 25S, ▽▽, N9

y = 0.8, 6.3S, ▽▽▽, N7

7	가동측 설치판	SM45C	1	
품 번	품 명	재 질	수 량	비 고
2단금형 (h cover)			척 도	1 : 0.7
			투상법	3각법

⑧ y

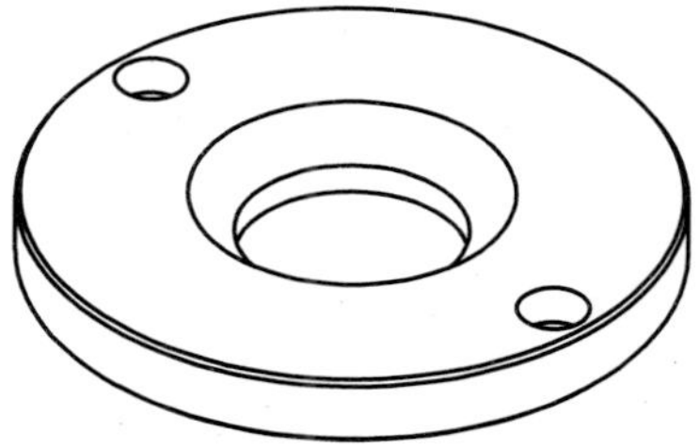

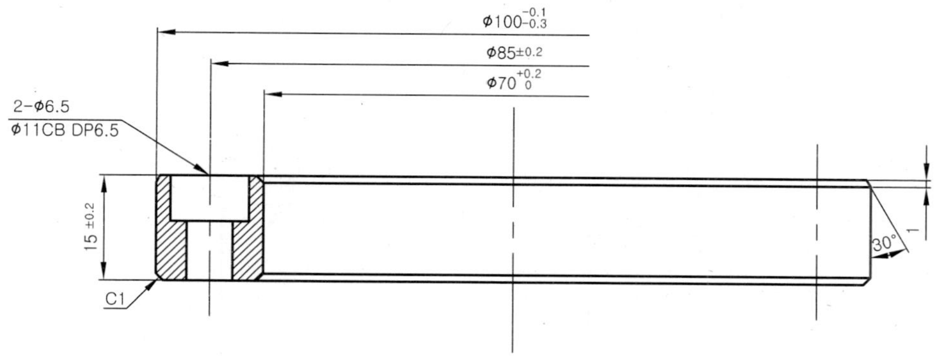

주서

1. 일반공차 - 가공부 : KS B 0412
2. 도시되고 지시없는모따기는 1x45°, 필렛 및 라운드 R3
3. 일반 모따기는 0.3~0.5x45°
4. 표면거칠기는 기호 비교표

x = 3.2, 25S , ▽▽, N9

y = 0.8, 6.3S , ▽▽▽, N7

8	로케이트 링	SM45C	1	
품 번	품 명	재 질	수 량	비 고
2단금형 (h cover)			척 도	2 : 1
			투상법	3각법

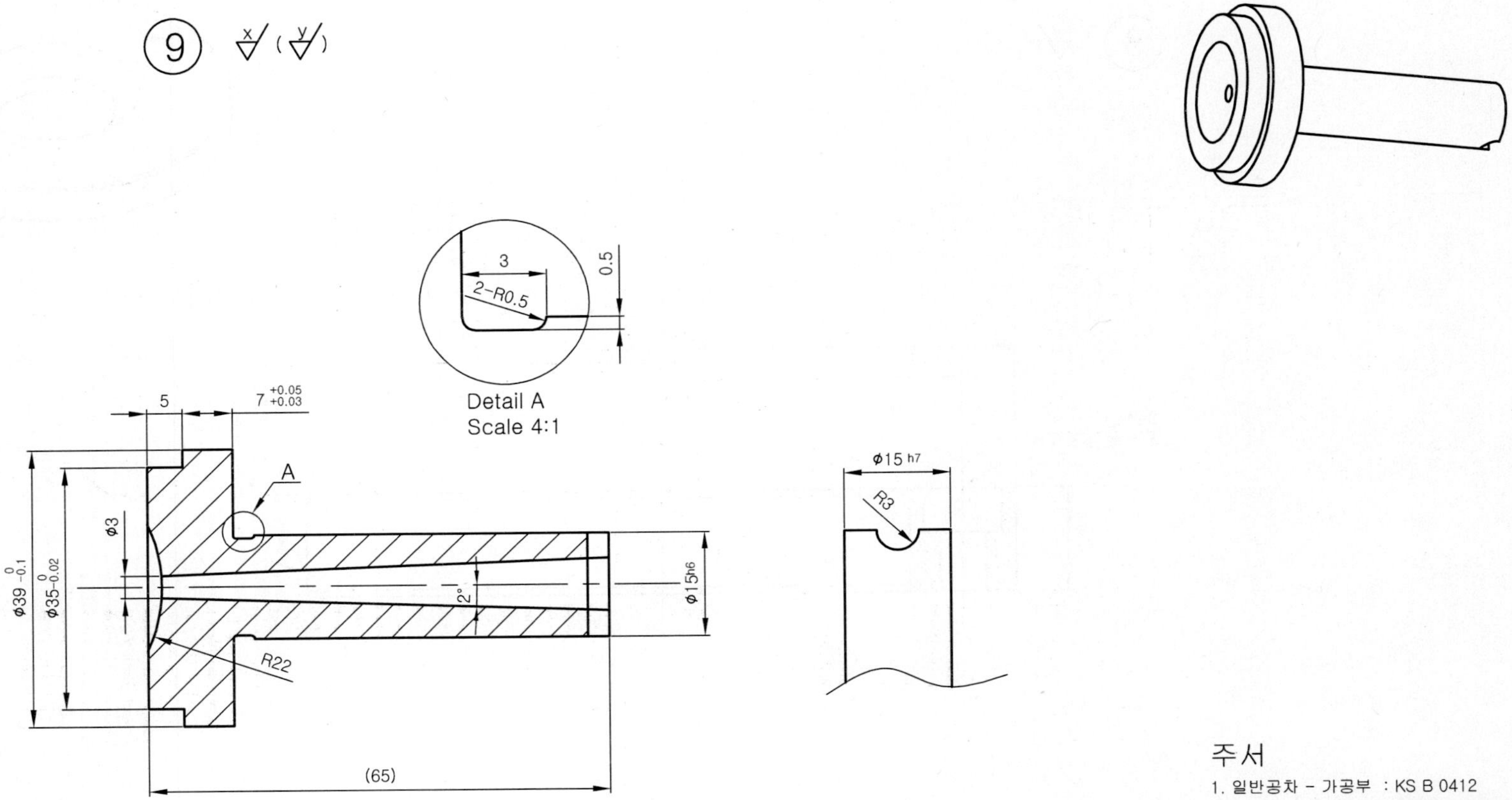

주서

1. 일반공차 – 가공부 : KS B 0412
2. 도시되고 지시없는모따기는 1x45°, 필렛 및 라운드 R3
3. 일반 모따기는 0.3~0.5x45°
4. 표면거칠기는 기호 비교표

x = 3.2, 25S , ▽▽, N9

y = 0.8, 6.3S , ▽▽▽, N7

9	스프루 부시	SM45C	1	
품 번	품 명	재 질	수 량	비 고
	2단금형 (h cover)		척 도	2 : 1
			투상법	3각법

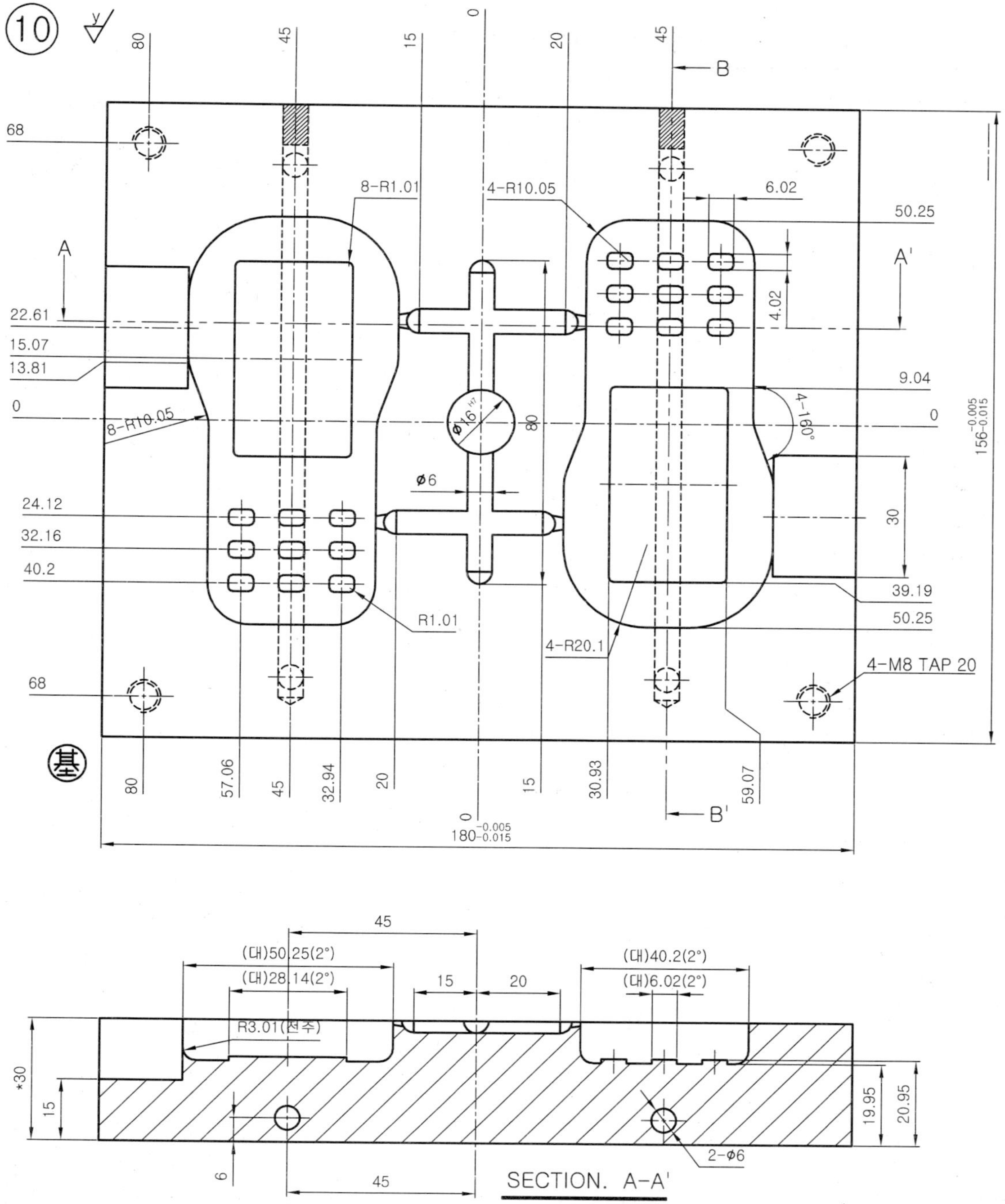

SECTION. A-A'

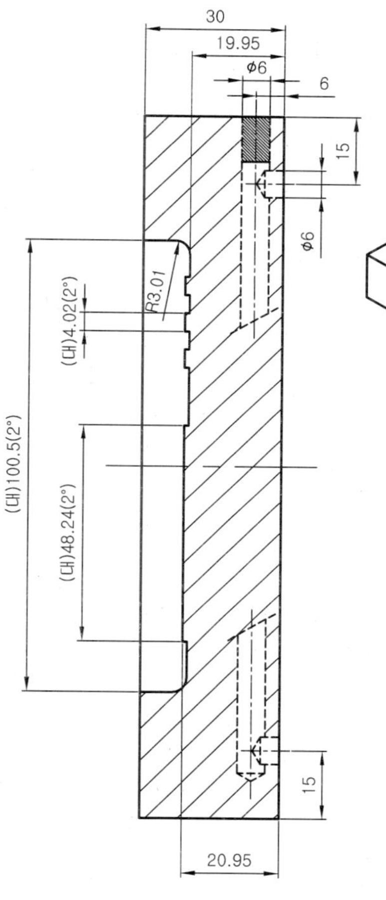

SECTION. B-B'

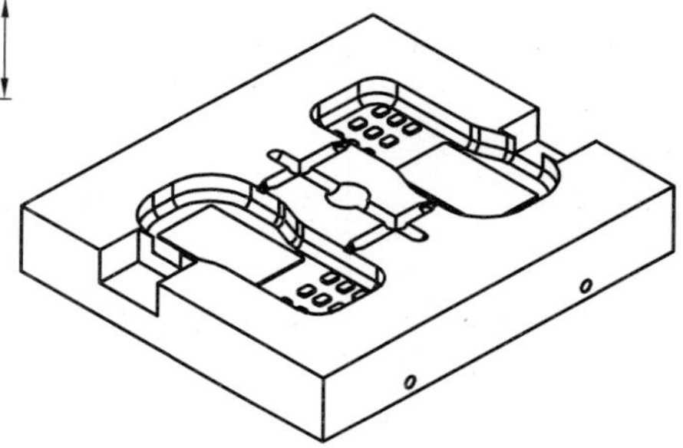

주서

1. 일반공차 - 가공부 : KS B 0412
2. 도시되고 지시없는모따기는 1x45°, 필렛 및 라운드 R3
3. 일반 모따기는 0.3~0.5x45°
4. 표면거칠기는 기호 비교표

x/ = 3.2/, 25S, ▽▽, N9

y/ = 0.8/, 6.3S, ▽▽▽, N7

10	캐비티	KP4M	1	HRC30
품 번	품 명	재 질	수 량	비 고
2단금형 (h cover)			척 도	1.3 : 1
			투상법	3각법

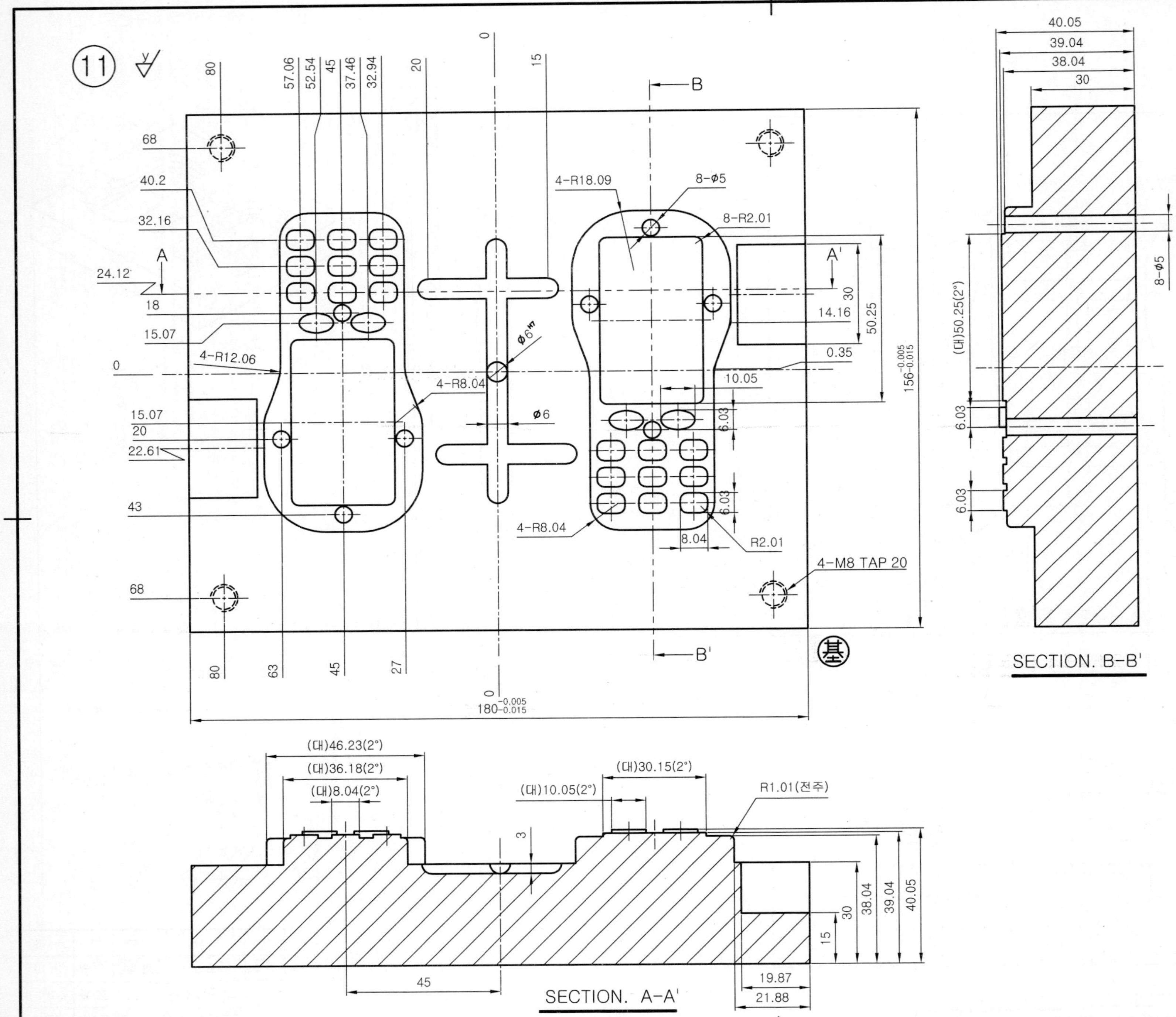

SECTION. A-A'

SECTION. B-B'

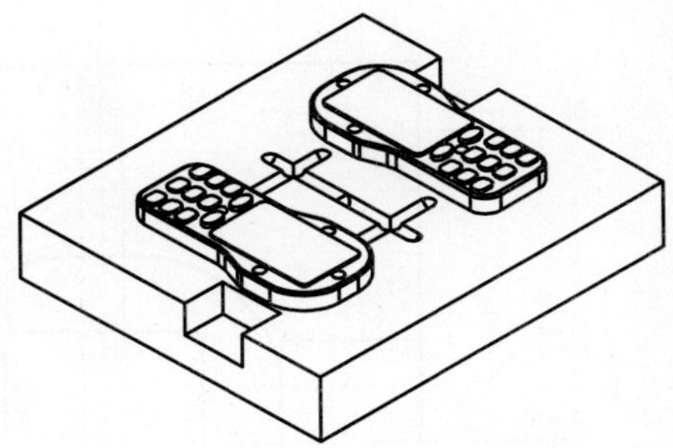

주서

1. 일반공차 - 가공부 : KS B 0412
2. 도시되고 지시없는모따기는 1x45°, 필렛 및 라운드 R3
3. 일반 모따기는 0.3~0.5x45°
4. 표면거칠기는 기호 비교표

x/ = 3.2/, 25S , ▽▽, N9

y/ = 0.8/, 6.3S , ▽▽▽, N7

11	코어	KP4M	1	HRC30
품 번	품 명	재 질	수 량	비 고
2단금형 (h cover)			척 도	1.3 : 1
			투상법	3각법

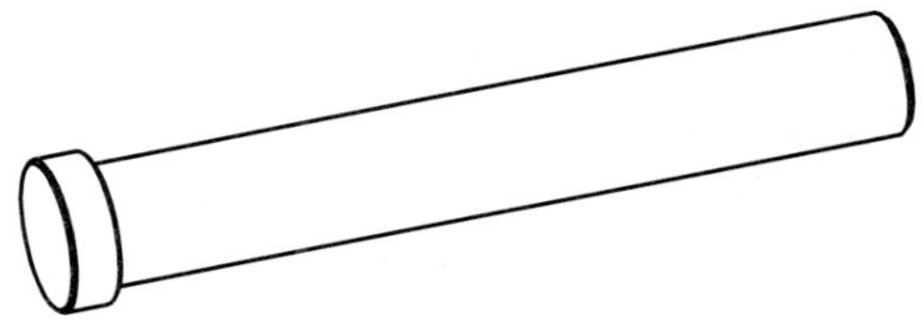

(12)

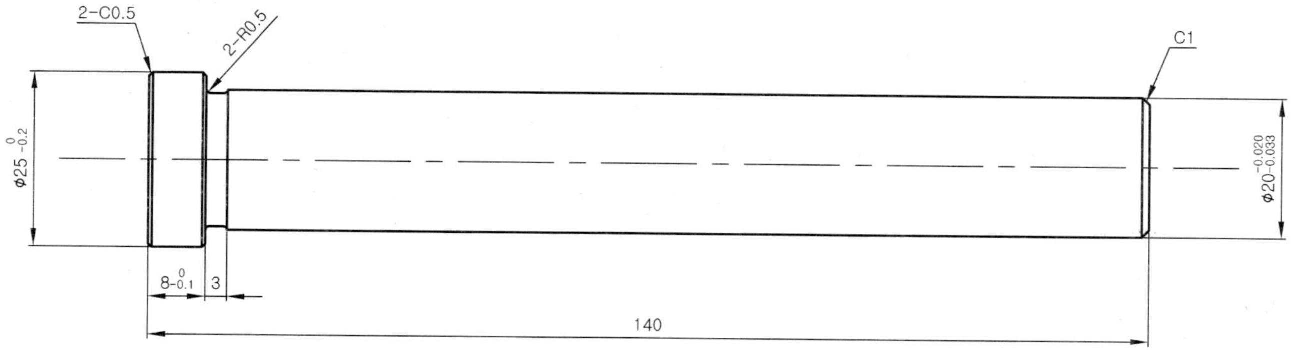

주서

1. 일반공차 - 가공부 : KS B 0412
2. 도시되고 지시없는모따기는 1x45°, 필렛 및 라운드 R3
3. 일반 모따기는 0.3~0.5x45°
4. 표면거칠기는 기호 비교표

x = 3.2, 25S, ▽▽, N9

y = 0.8, 6.3S, ▽▽▽, N7

12	리터 핀	STC3	4	HRC58
품 번	품 명	재 질	수 량	비 고
2단금형 (h cover)			척 도	2 : 1
			투상법	3각법

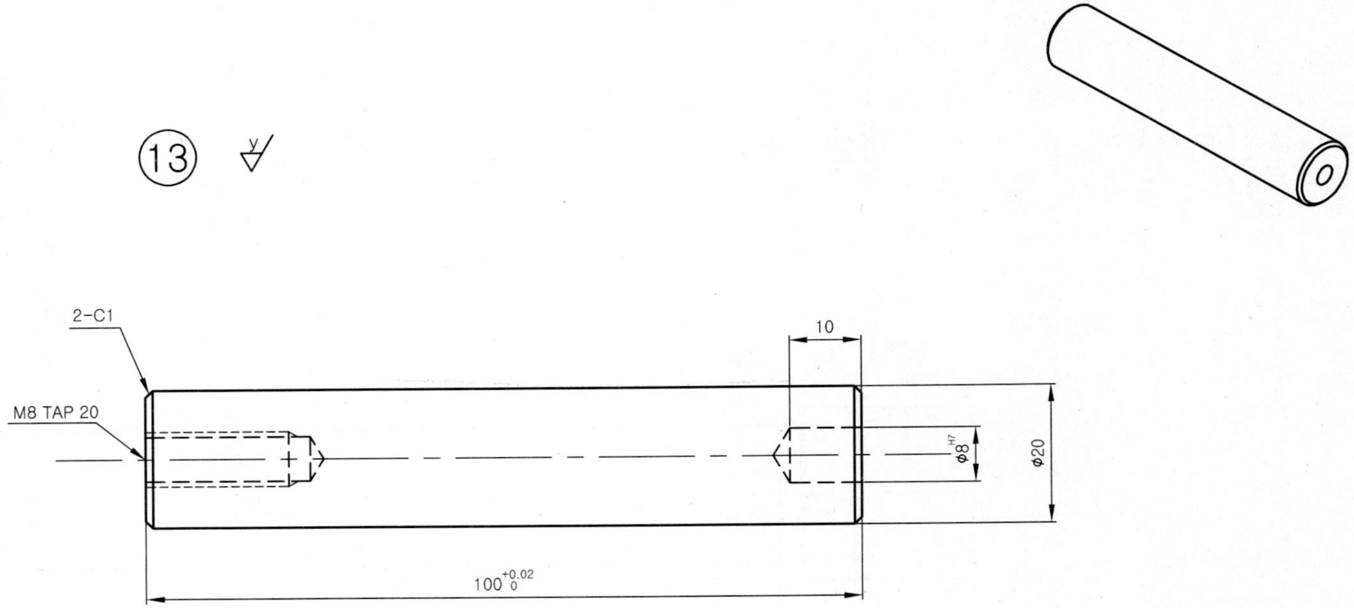

주서

1. 일반공차 - 가공부 : KS B 0412
2. 도시되고 지시없는모따기는 1x45°, 필렛 및 라운드 R3
3. 일반 모따기는 0.3~0.5x45°
4. 표면거칠기는 기호 비교표

x = 3.2, 25S , ▽▽, N9
y = 0.8, 6.3S , ▽▽▽, N7

13	이젝터 가이드 핀	STB2	2	HRC58
품 번	품 명	재 질	수 량	비 고
2단금형 (h cover)			척 도	2 : 1
			투상법	3각법

(14) y/

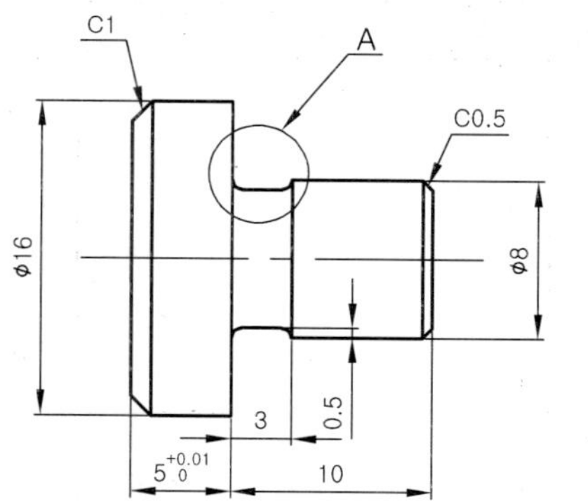

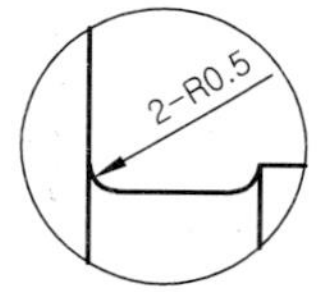

Detail A
Scale 2:1

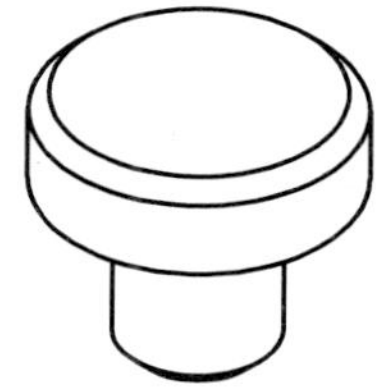

주서

1. 일반공차 - 가공부 : KS B 0412
2. 도시되고 지시없는모따기는 1x45°, 필렛 및 라운드 R3
3. 일반 모따기는 0.3~0.5x45°
4. 표면거칠기는 기호 비교표

x/ = 3.2/ , 25S , ▽▽, N9
y/ = 0.8/ , 6.3S , ▽▽▽, N7

14	스톱 핀	STC3	4	HRC50
품 번	품 명	재 질	수 량	비 고
2단금형 (h cover)			척 도	4 : 1
			투상법	3각법

⑮ y

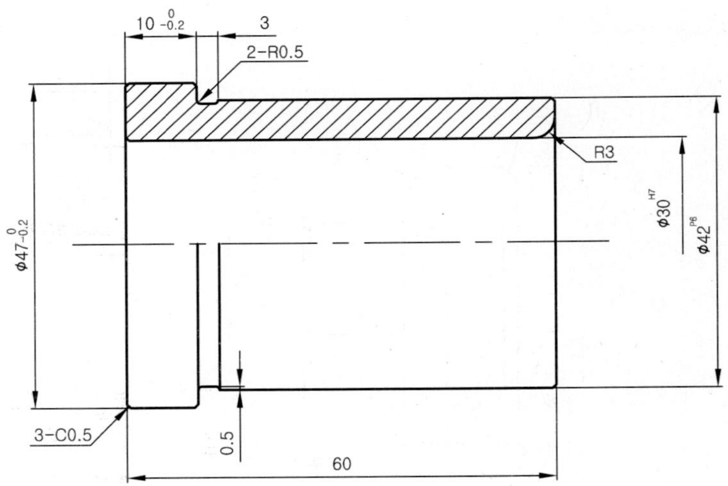

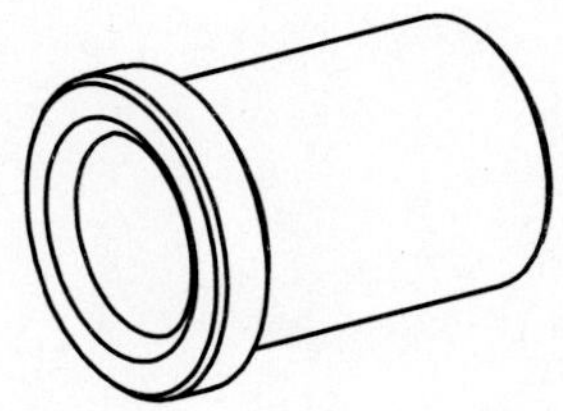

주서

1. 일반공차 - 가공부 : KS B 0412
2. 도시되고 지시없는모따기는 1x45°, 필렛 및 라운드 R3
3. 일반 모따기는 0.3~0.5x45°
4. 표면거칠기는 기호 비교표

x = 3.2, 25S, ▽▽, N9

y = 0.8, 6.3S, ▽▽▽, N7

15	가이드 부시	STC3	4	HRC58
품 번	품 명	재 질	수 량	비 고
2단금형 (h cover)			척 도	2 : 1
			투상법	3각법

(16) y

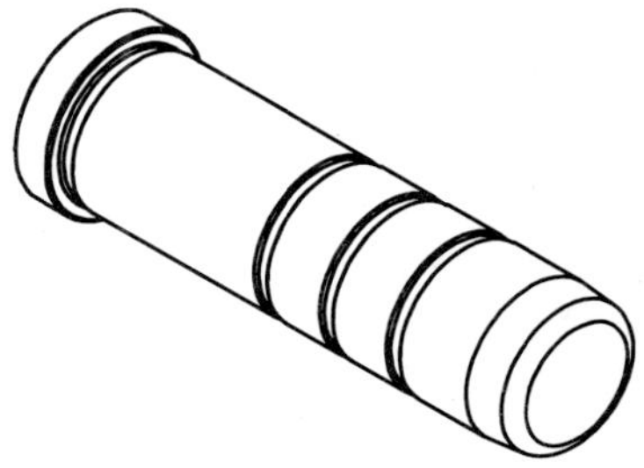

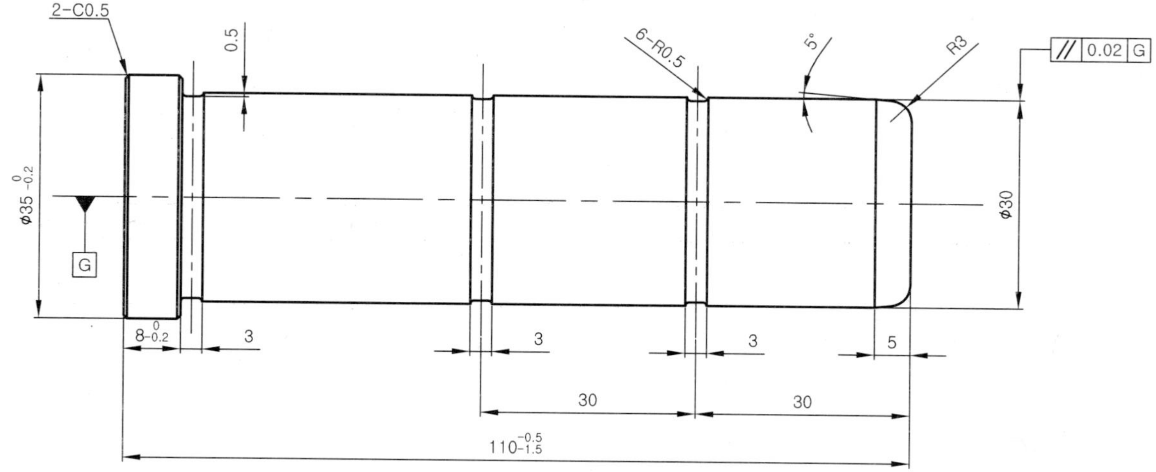

주서

1. 일반공차 - 가공부 : KS B 0412
2. 도시되고 지시없는모따기는 1x45°, 필렛 및 라운드 R3
3. 일반 모따기는 0.3~0.5x45°
4. 표면거칠기는 기호 비교표

x = 3.2, 25S, N9

y = 0.8, 6.3S, N7

16	가이드 핀	STC3	4	HRC58
품 번	품 명	재 질	수 량	비 고
2단금형 (h cover)			척 도	2 : 1
			투상법	3각법

⑰ ∀ (y)

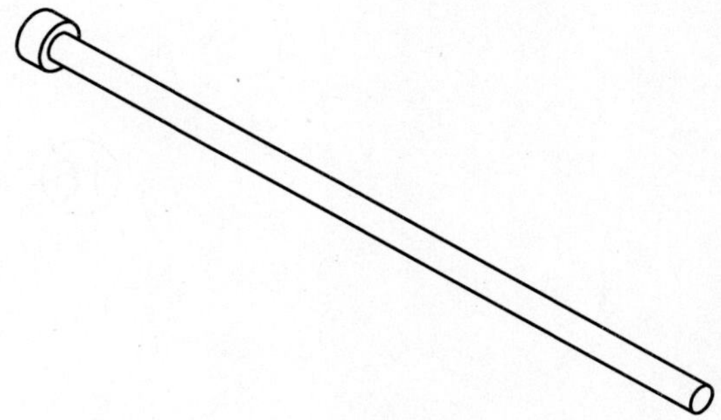

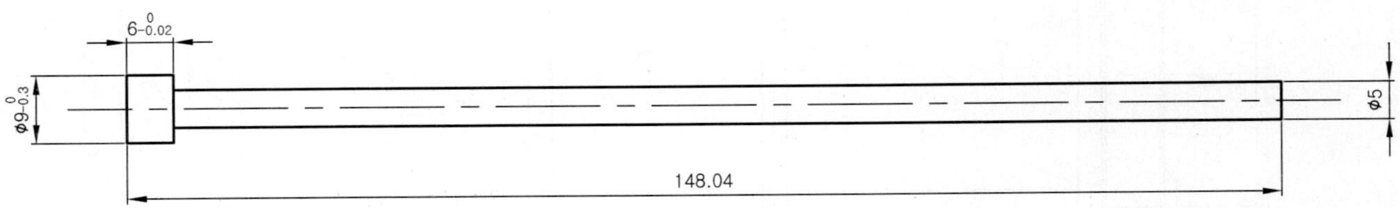

주서

1. 일반공차 - 가공부 : KS B 0412
2. 도시되고 지시없는모따기는 1x45°, 필렛 및 라운드 R3
3. 일반 모따기는 0.3~0.5x45°
4. 표면거칠기는 기호 비교표

x∀ = 3.2∀, 25S, ▽▽, N9
y∀ = 0.8∀, 6.3S, ▽▽▽, N7

17	이젝터 핀	STC3	10	HRC58
품 번	품 명	재 질	수 량	비 고
2단금형 (h cover)			척 도	2 : 1
			투상법	3각법

⑱ y✓

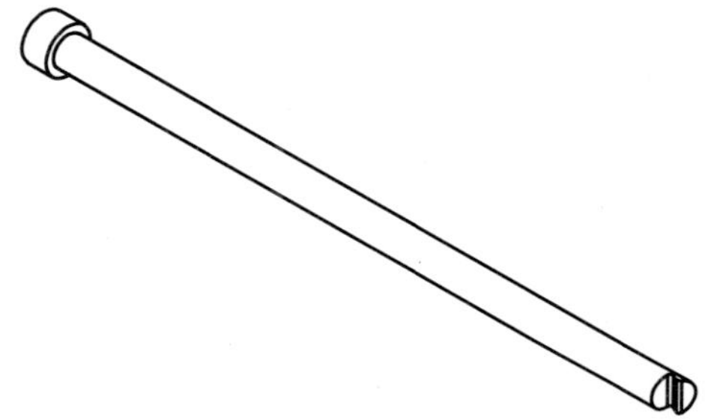

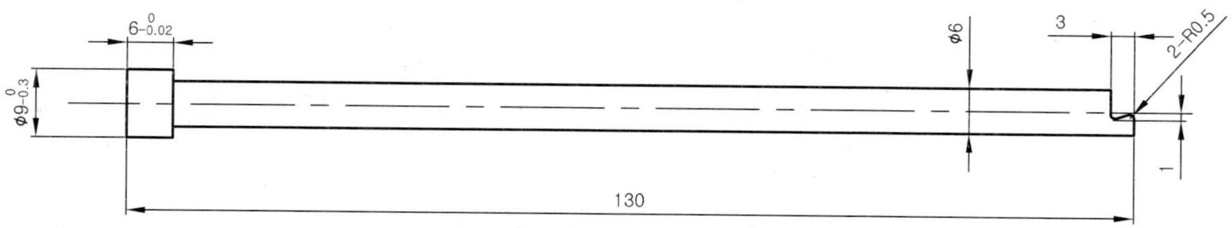

주서

1. 일반공차 - 가공부 : KS B 0412
2. 도시되고 지시없는모따기는 1x45°, 필렛 및 라운드 R3
3. 일반 모따기는 0.3~0.5x45°
4. 표면거칠기는 기호 비교표

x✓ = 3.2✓, 25S , ▽▽, N9

y✓ = 0.8✓, 6.3S , ▽▽▽, N7

18	스프루 록 핀	STD61	1	HRC50
품 번	품 명	재 질	수 량	비 고
2단금형 (h cover)			척 도	2 : 1
			투상법	3각법

(19) y

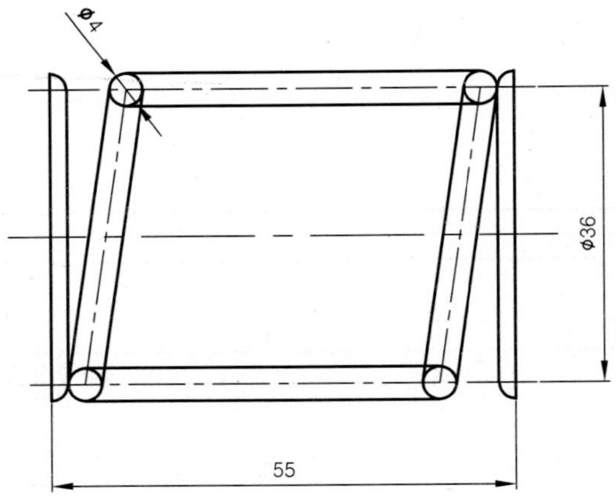

스프링 요목표	
재료 지름	φ4
코일 평균 지름	φ36
총 감긴 수	7
감긴 방향	오른쪽
자유 높이	55
방청 처리	흑색 애나멜

주서

1. 일반공차 - 가공부 : KS B 0412
2. 도시되고 지시없는모따기는 1x45°, 필렛 및 라운드 R3
3. 일반 모따기는 0.3~0.5x45°
4. 표면거칠기는 기호 비교표

x = 3.2, 25S , ▽▽, N9

y = 0.8, 6.3S , ▽▽▽, N7

19	스프링	STC2	4	TR40x55
품 번	품 명	재 질	수 량	비 고
2단금형 (h cover)			척 도	2 : 1
			투상법	3각법

(20) y✓

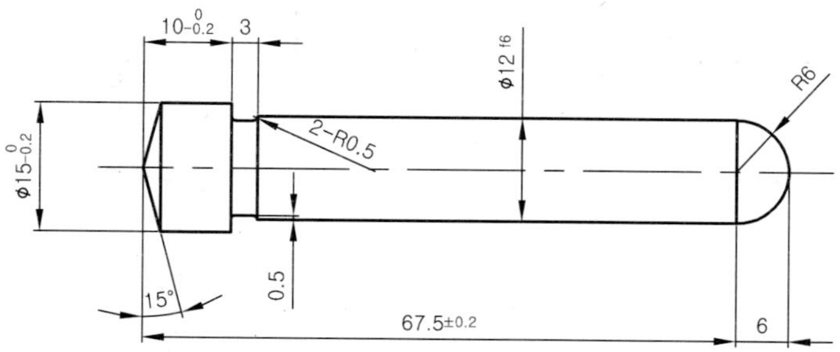

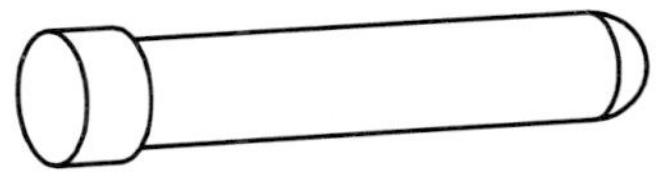

주서

1. 일반공차 - 가공부 : KS B 0412
2. 도시되고 지시없는모따기는 1x45°, 필렛 및 라운드 R3
3. 일반 모따기는 0.3~0.5x45°
4. 표면거칠기는 기호 비교표

x✓ = 3.2✓, 25S , ▽▽, N9

y✓ = 0.8✓, 6.3S , ▽▽▽, N7

20	경사 핀	STD11	2	HRC60
품 번	품 명	재 질	수 량	비 고
2단금형 (h cover)			척 도	2 : 1
			투상법	3각법

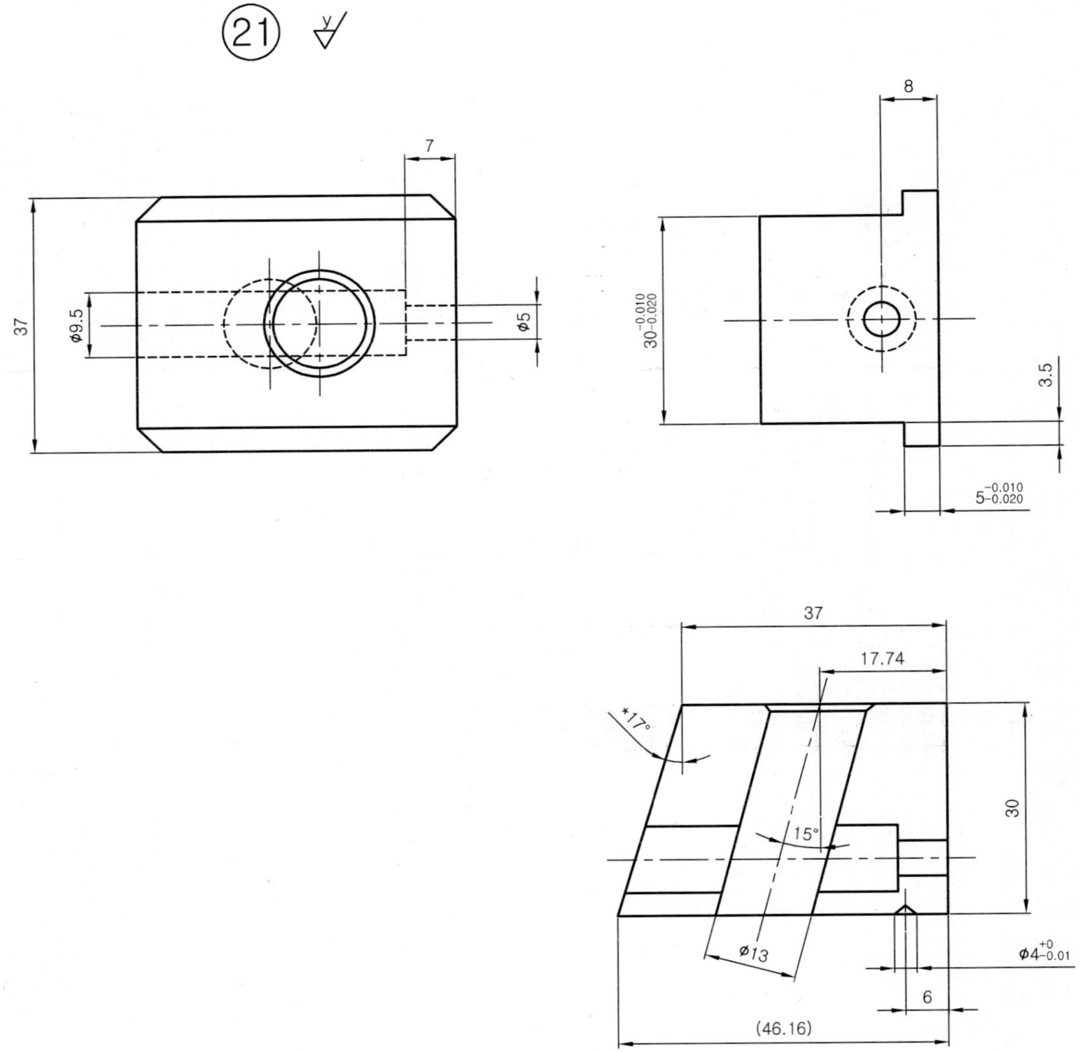

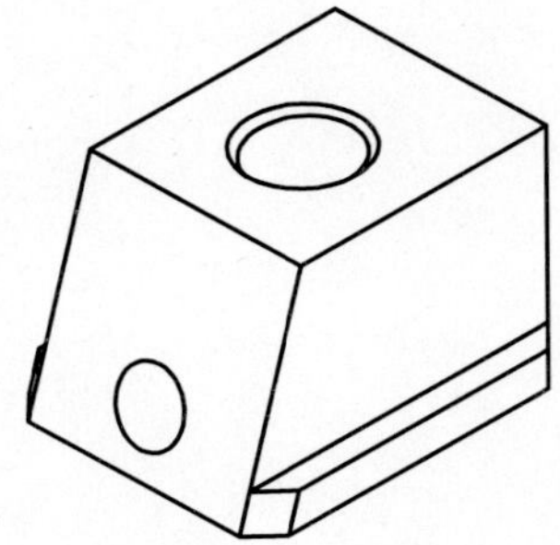

주서

1. 일반공차 - 가공부 : KS B 0412
2. 도시되고 지시없는모따기는 1x45°, 필렛 및 라운드 R3
3. 일반 모따기는 0.3~0.5x45°
4. 표면거칠기는 기호 비교표

x∀ = 3.2∀, 25S , ▽▽, N9
y∀ = 0.8∀, 6.3S , ▽▽▽, N7

21	슬라이드 코어	KP4M	2	HRC30
품 번	품 명	재 질	수 량	비 고
2단금형 (h cover)			척 도	2 : 1
			투상법	3각법

(22) y

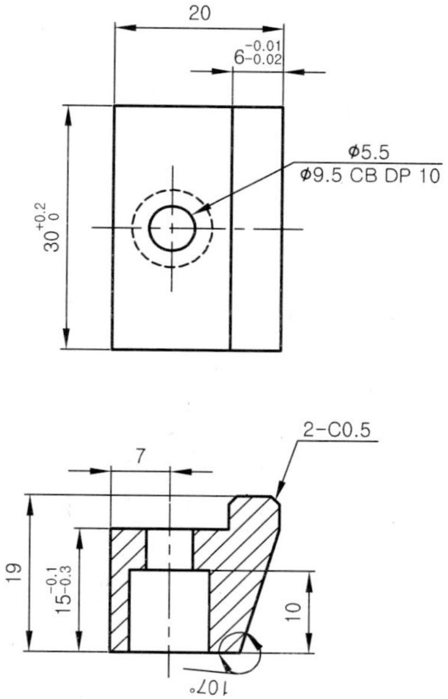

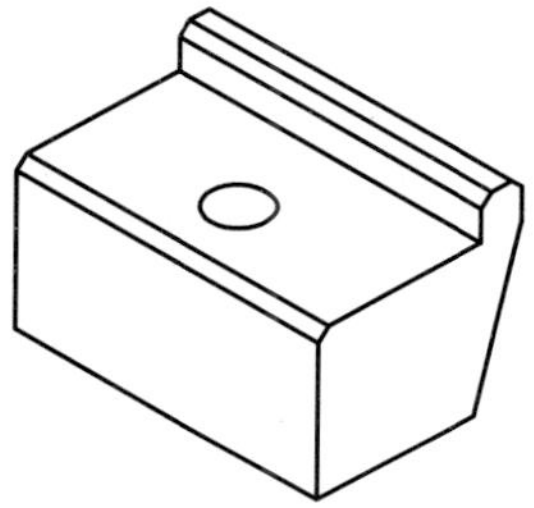

주서

1. 일반공차 - 가공부 : KS B 0412
2. 도시되고 지시없는모따기는 1x45°, 필렛 및 라운드 R3
3. 일반 모따기는 0.3~0.5x45°
4. 표면거칠기는 기호 비교표

x = 3.2, 25S, ▽▽, N9
y = 0.8, 6.3S, ▽▽▽, N7

22	로킹 블록	STC3	2	HRC53
품 번	품 명	재 질	수 량	비 고
2단금형 (h cover)			척 도	2 : 1
			투상법	3각법

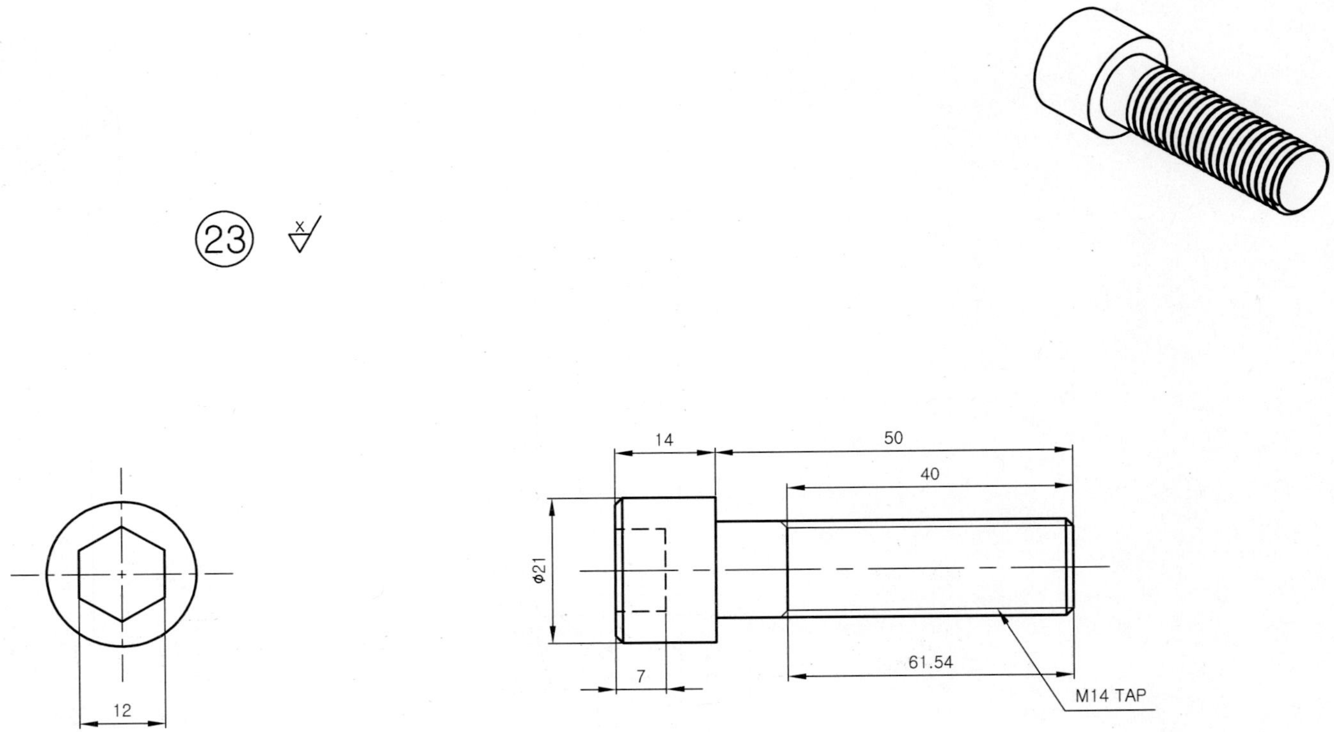

주서

1. 일반공차 - 가공부 : KS B 0412
2. 도시되고 지시없는모따기는 1x45°, 필렛 및 라운드 R3
3. 일반 모따기는 0.3~0.5x45°
4. 표면거칠기는 기호 비교표

x∀ = 3.2∀ , 25S , ▽▽ , N9

y∀ = 0.8∀ , 6.3S , ▽▽▽ , N7

23	볼트	SCM435	4	
품 번	품 명	재 질	수 량	비 고
2단금형 (h cover)			척 도	2 : 1
			투상법	3각법

(24) x/

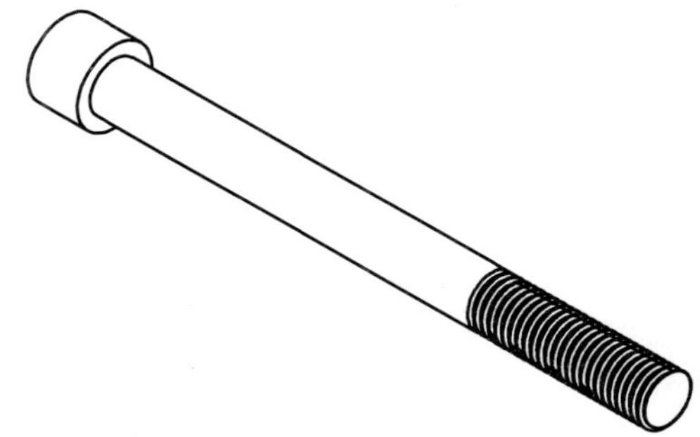

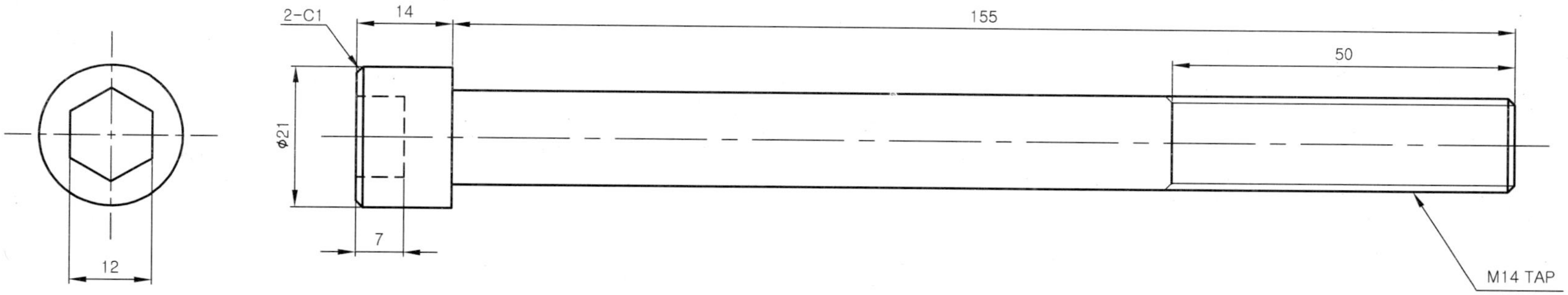

주서

1. 일반공차 - 가공부 : KS B 0412
2. 도시되고 지시없는모따기는 1x45°, 필렛 및 라운드 R3
3. 일반 모따기는 0.3~0.5x45°
4. 표면거칠기는 기호 비교표

x/ = 3.2/ , 25S , ▽▽ , N9

y/ = 0.8/ , 6.3S , ▽▽▽ , N7

24	숄더 볼트	SCM435	4	
품 번	품 명	재 질	수 량	비 고
2단금형 (h cover)			척 도	2 : 1
			투상법	3각법

(25) x

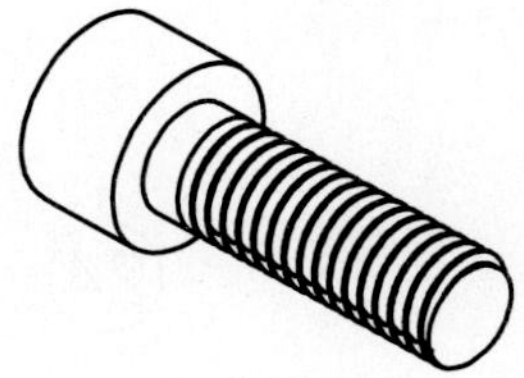

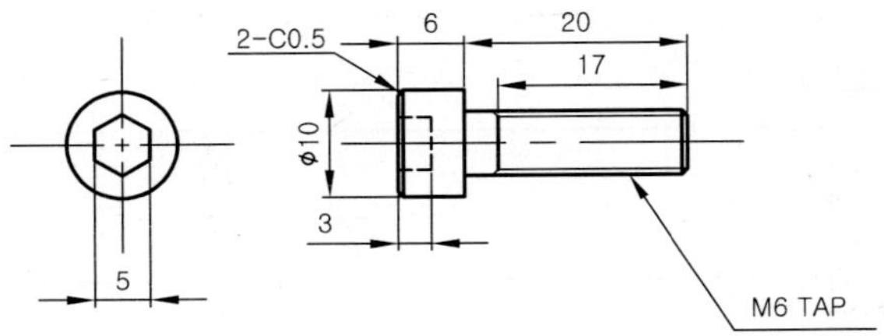

주서

1. 일반공차 - 가공부 : KS B 0412
2. 도시되고 지시없는모따기는 1x45°, 필렛 및 라운드 R3
3. 일반 모따기는 0.3~0.5x45°
4. 표면거칠기는 기호 비교표

x = 3.2, 25S , ▽▽, N9

y = 0.8, 6.3S , ▽▽▽, N7

25	볼트	SCM435	2	
품 번	품 명	재 질	수 량	비 고
2단금형 (h cover)			척 도	2 : 1
			투상법	3각법

(26) x

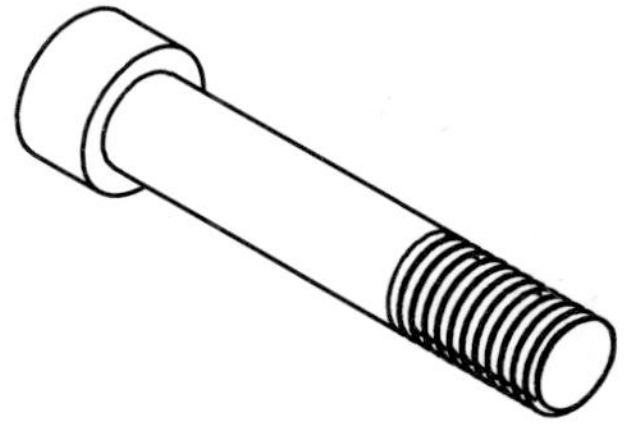

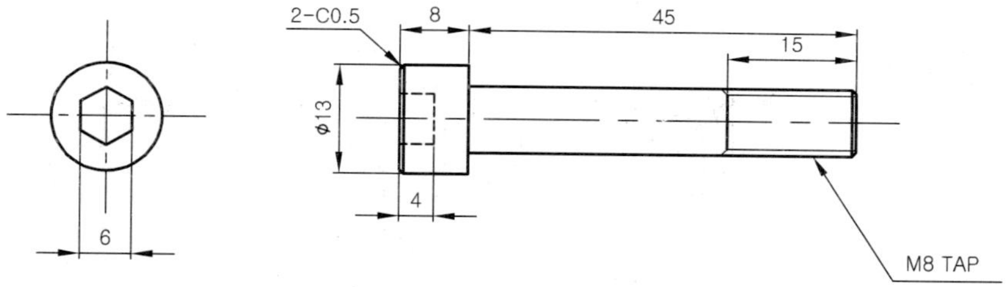

주서

1. 일반공차 - 가공부 : KS B 0412
2. 도시되고 지시없는모따기는 1x45°, 필렛 및 라운드 R3
3. 일반 모따기는 0.3~0.5x45°
4. 표면거칠기는 기호 비교표

x = 3.2, 25S, ▽▽, N9

y = 0.8, 6.3S, ▽▽▽, N7

26	볼트	SCM435	4	
품번	품명	재질	수량	비고
2단금형 (h cover)			척도	2 : 1
			투상법	3각법

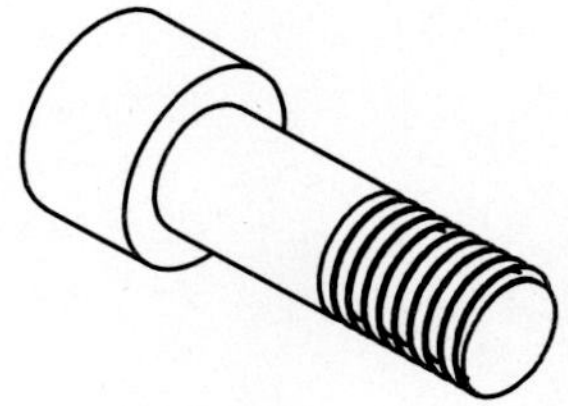

(27) x

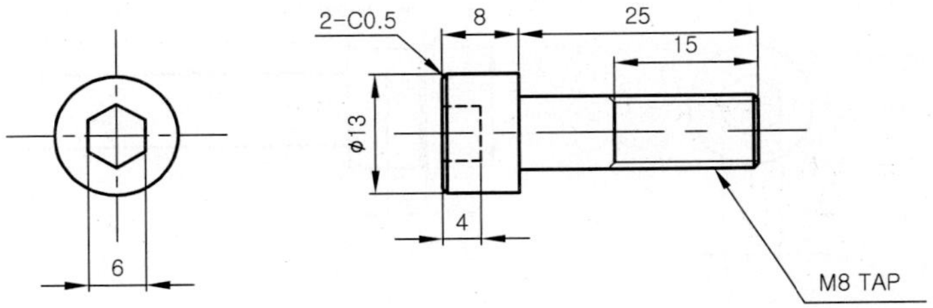

주서

1. 일반공차 - 가공부 : KS B 0412
2. 도시되고 지시없는모따기는 1x45°, 필렛 및 라운드 R3
3. 일반 모따기는 0.3~0.5x45°
4. 표면거칠기는 기호 비교표

x = 3.2, 25S, ▽▽, N9

y = 0.8, 6.3S, ▽▽▽, N7

27	볼트	SCM435	4	
품 번	품 명	재 질	수 량	비 고
2단금형 (h cover)			척 도	2 : 1
			투상법	3각법

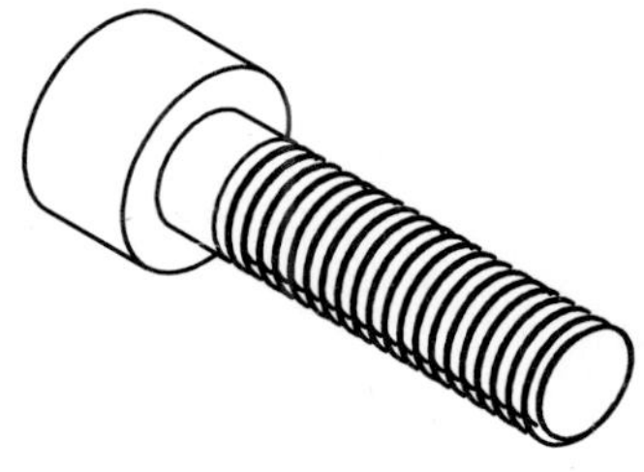

(28) x

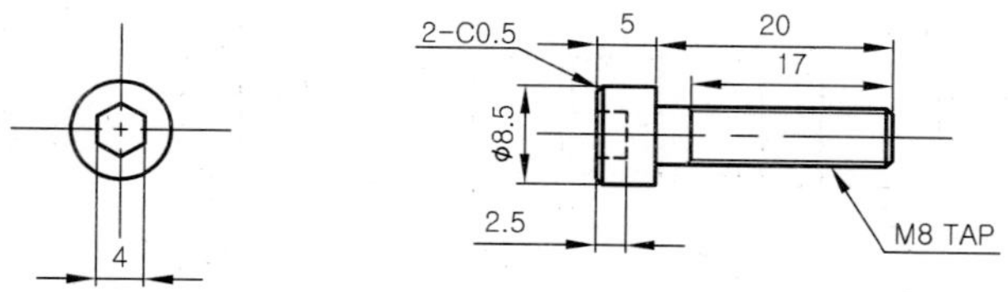

주서

1. 일반공차 - 가공부 : KS B 0412
2. 도시되고 지시없는모따기는 1x45°, 필렛 및 라운드 R3
3. 일반 모따기는 0.3~0.5x45°
4. 표면거칠기는 기호 비교표

x = 3.2, 25S, ▽▽, N9
y = 0.8, 6.3S, ▽▽▽, N7

28	볼트	SCM435	2	
품 번	품 명	재 질	수 량	비 고
2단금형 (h cover)			척 도	2 : 1
			투상법	3각법

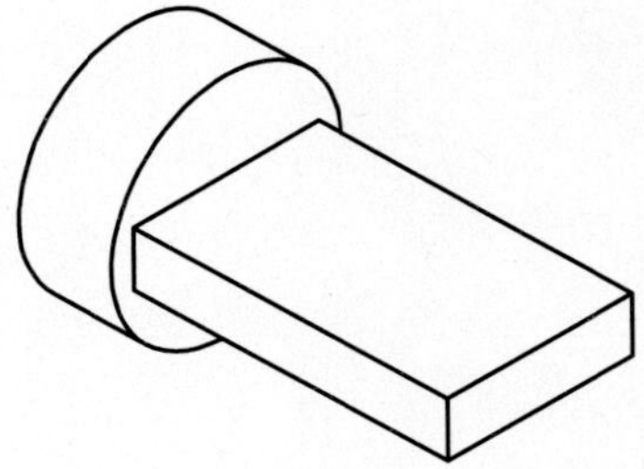

29 y

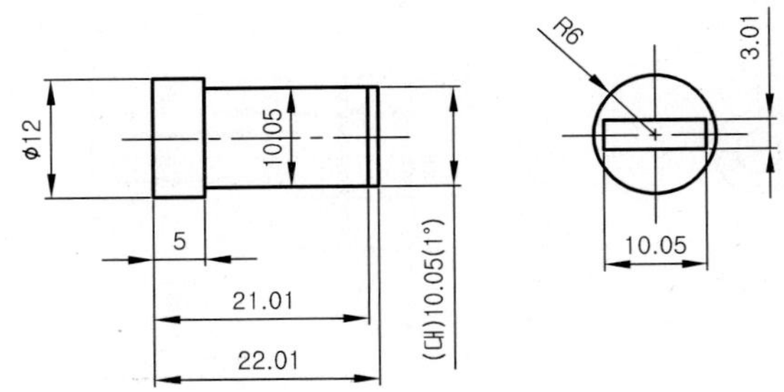

주서

1. 일반공차 - 가공부 : KS B 0412
2. 도시되고 지시없는모따기는 1x45°, 필렛 및 라운드 R3
3. 일반 모따기는 0.3~0.5x45°
4. 표면거칠기는 기호 비교표

x/ = 3.2/, 25S , ▽▽, N9

y/ = 0.8/, 6.3S , ▽▽▽, N7

29	슬라이드 코어 핀	STC3	2	HRC58
품 번	품 명	재 질	수 량	비 고
2단금형 (h cover)			척 도	1 : 1
			투상법	3각법

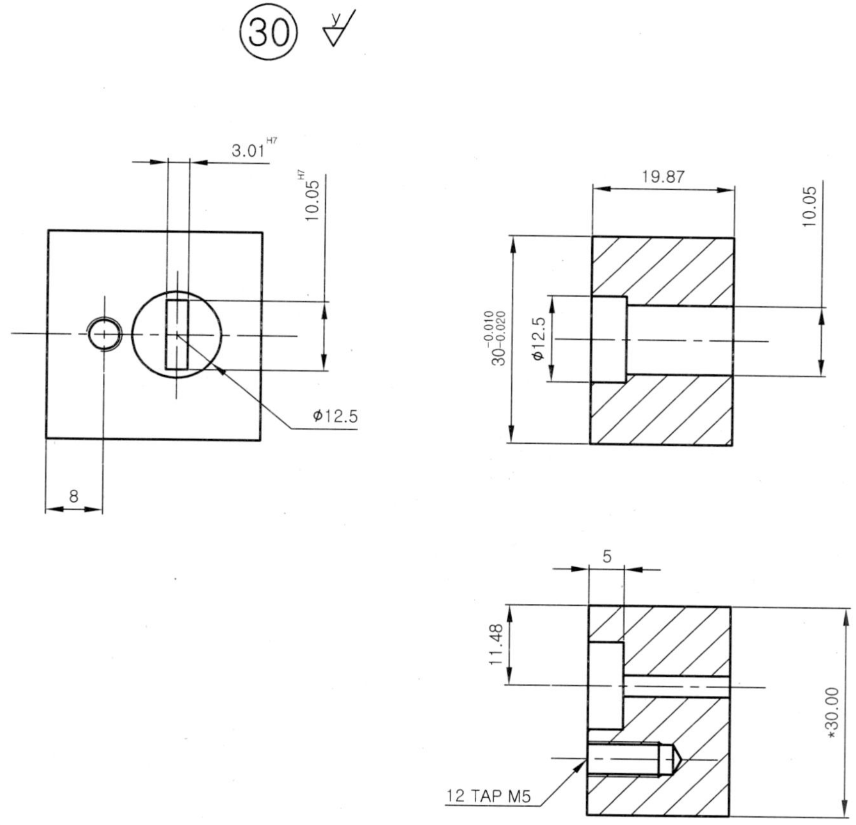

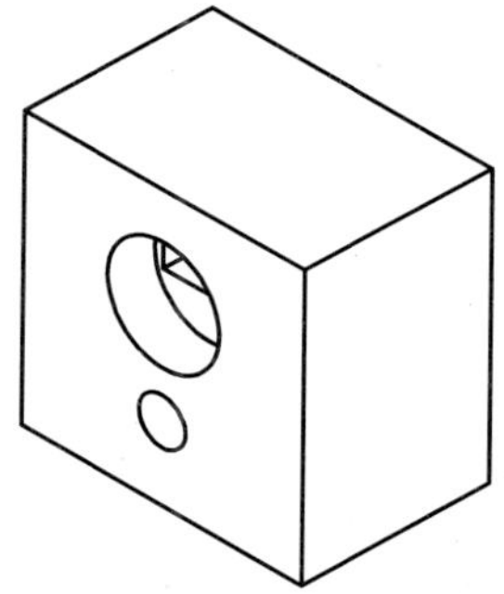

주서

1. 일반공차 - 가공부 : KS B 0412
2. 도시되고 지시없는모따기는 1x45°, 필렛 및 라운드 R3
3. 일반 모따기는 0.3~0.5x45°
4. 표면거칠기는 기호 비교표

x∕ = 3.2∕ , 25S , ▽▽ , N9

y∕ = 0.8∕ , 6.3S , ▽▽▽ , N7

30	슬라이트 코어 편	KP4M	2	HRC30
품 번	품 명	재 질	수 량	비 고
2단금형 (h cover)			척 도	1 : 1
			투상법	3각법

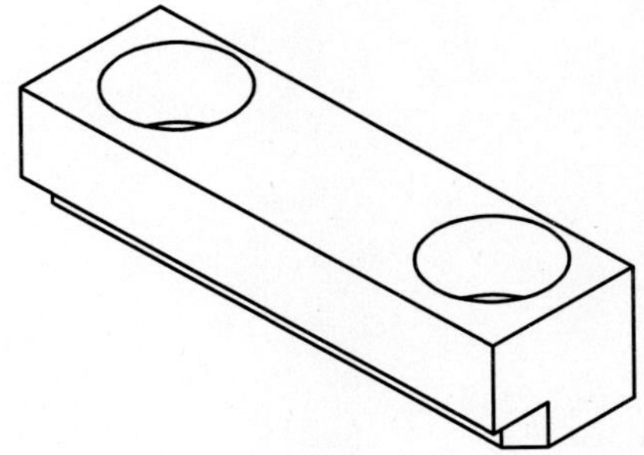

(31) x (y)

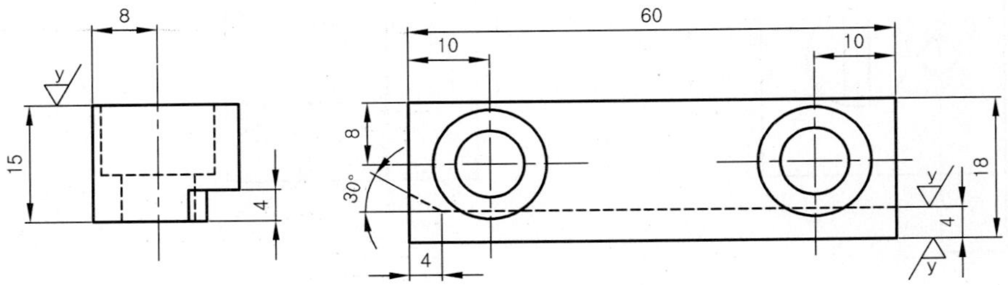

주서

1. 일반공차 - 가공부 : KS B 0412
2. 도시되고 지시없는모따기는 1x45°, 필렛 및 라운드 R3
3. 일반 모따기는 0.3~0.5x45°
4. 표면거칠기는 기호 비교표

x = 3.2, 25S , ▽▽, N9
y = 0.8, 6.3S , ▽▽▽, N7

31	가이드 레일	STC3	4	HRC58
품 번	품 명	재 질	수 량	비 고
2단금형 (h cover)			척 도	1 : 1
			투상법	3각법

(32) y

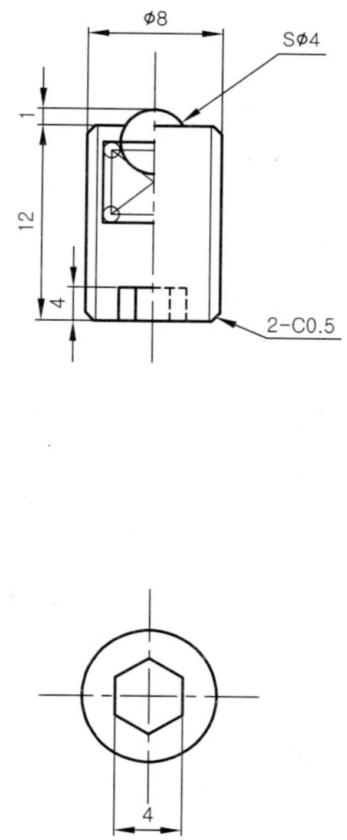

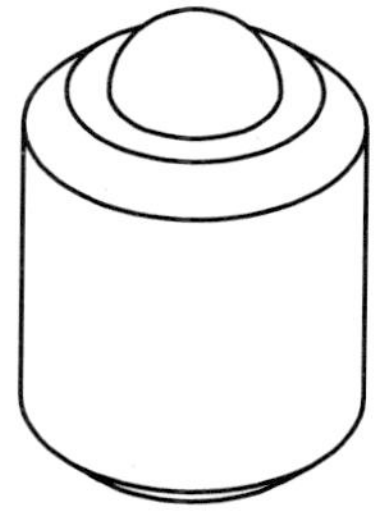

주서

1. 일반공차 - 가공부 : KS B 0412
2. 도시되고 지시없는모따기는 1x45°, 필렛 및 라운드 R3
3. 일반 모따기는 0.3~0.5x45°
4. 표면거칠기는 기호 비교표

x = 3.2, 25S , ▽▽, N9

y = 0.8, 6.3S , ▽▽▽, N7

32	볼 플런저	SCM435	2	HRC30
품 번	품 명	재 질	수 량	비 고
2단금형 (h cover)			척 도	4 : 1
			투상법	3각법

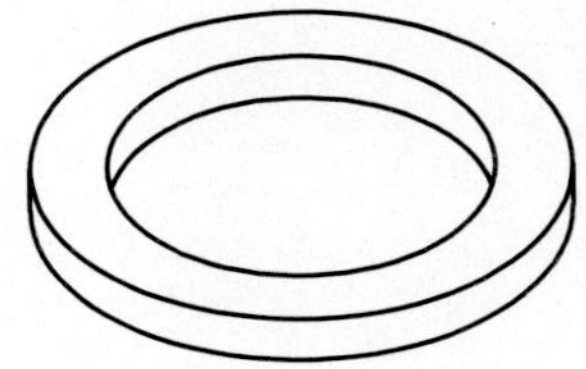

33

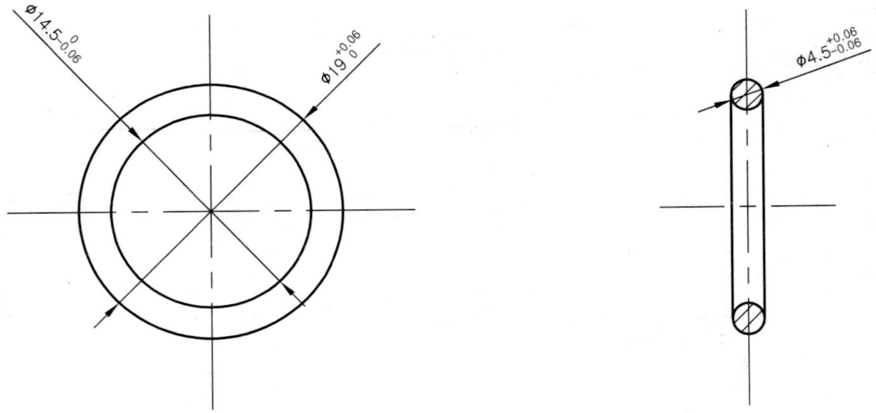

주서

1. 일반공차 - 가공부 : KS B 0412
2. 도시되고 지시없는모따기는 1x45°, 필렛 및 라운드 R3
3. 일반 모따기는 0.3~0.5x45°
4. 표면거칠기는 기호 비교표

x/ = 3.2/ , 25S , ▽▽, N9

y/ = 0.8/ , 6.3S , ▽▽▽, N7

33	오 링	내열고무	4	P14
품 번	품 명	재 질	수 량	비 고
2단금형 (h cover)			척 도	4 : 1
			투상법	3각법

(34) y√

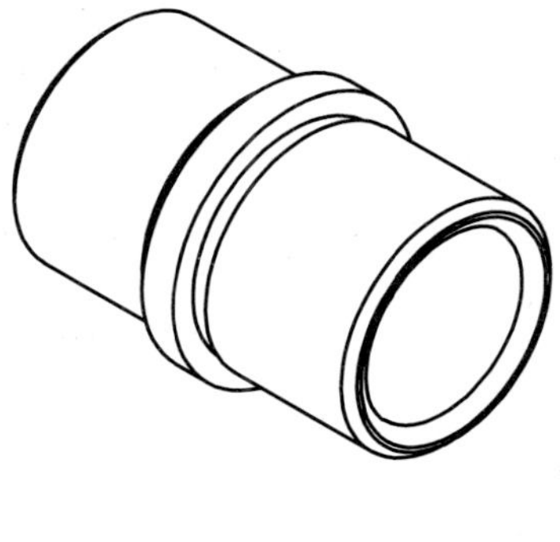

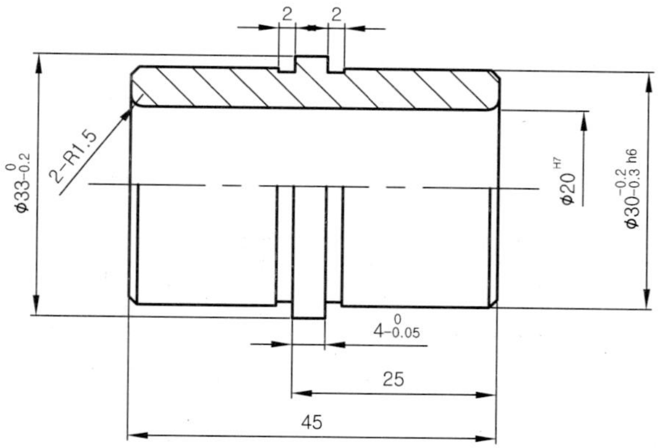

주서

1. 일반공차 - 가공부 : KS B 0412
2. 도시되고 지시없는모따기는 1x45°, 필렛 및 라운드 R3
3. 일반 모따기는 0.3~0.5x45°
4. 표면거칠기는 기호 비교표

x√ = 3.2√, 25S , ▽▽, N9

y√ = 0.8√, 6.3S , ▽▽▽, N7

34	이젝터 가이드 부시	STB2	2	HRC58
품 번	품 명	재 질	수 량	비 고
2단금형 (h cover)			척 도	2 : 1
			투상법	3각법

㉟

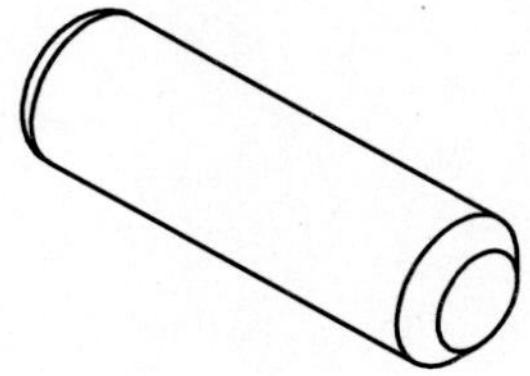

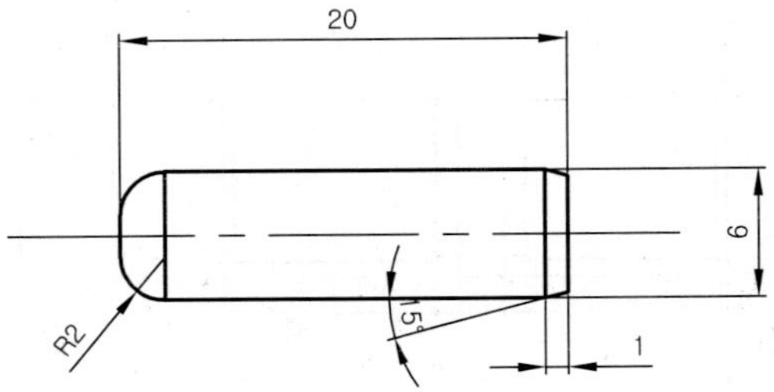

주서

1. 일반공차 - 가공부 : KS B 0412
2. 도시되고 지시없는모따기는 1x45°, 필렛 및 라운드 R3
3. 일반 모따기는 0.3~0.5x45°
4. 표면거칠기는 기호 비교표

x = 3.2, 25S , ▽▽, N9
y = 0.8, 6.3S , ▽▽▽, N7

35	맞춤핀	STB2	2	HRC50
품 번	품 명	재 질	수 량	비 고
2단금형 (h cover)			척 도	4 : 1
			투상법	3각법

(36) x/

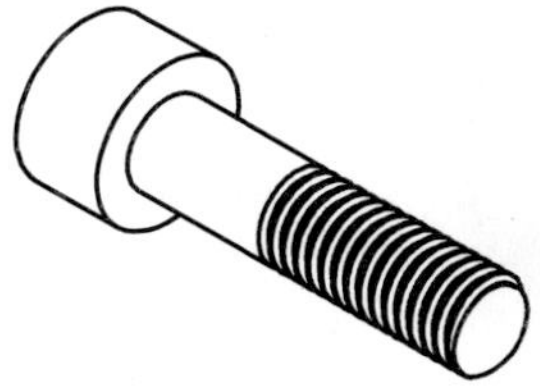

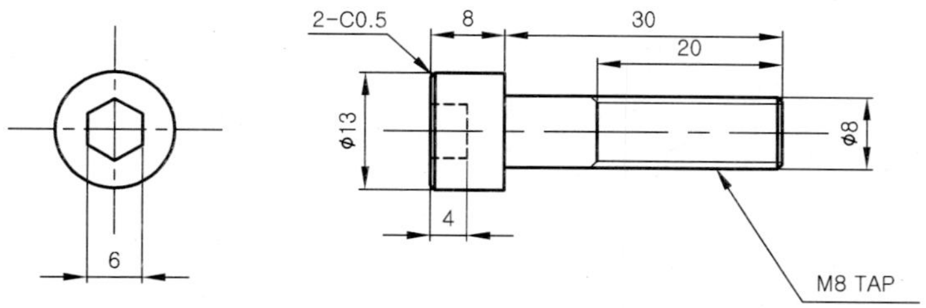

주서

1. 일반공차 - 가공부 : KS B 0412
2. 도시되고 지시없는모따기는 1x45°, 필렛 및 라운드 R3
3. 일반 모따기는 0.3~0.5x45°
4. 표면거칠기는 기호 비교표

x/ = 3.2/, 25S, ▽▽, N9
y/ = 0.8/, 6.3S, ▽▽▽, N7

36	볼트	SCM435	4	
품 번	품 명	재 질	수 량	비 고
2단금형 (h cover)			척 도	2 : 1
			투상법	3각법

2.2 2단금형(Cover)

▮ 요구사항

1) 3차원 solid model & 2D 제품도를 이용할 것.
2) 적용 수지 : ABS, 수축률 5/1000
3) 사출성형기 사양 : TIE-BAR 간격 : 400mm×400mm, 체결가능 금형 최대/최소두께 : 400mm/120mm,
   고정측 금형 고정플레이트 부위의 홈 직경은 100mm이며, 사출 노즐의 선단 직경은 19mm, 사출기 노즐직경은 3mm.
4) 금형종류 : 2단 표준금형(받침판〈support plate〉 없음, 2 cavity, slide 금형)
5) resin delivery system : gate - side gate type, single gate/cavity 적용
6) 취출시스템 6-1) ejector pin : 원형 사용(직경은 설계자가 결정). 취출시 문제가 없도록 설계할 것.
   6-2) slide : angular pin 이용 슬라이딩구조(동작 가능하여야 함) 예:슬라이드부품(앵귤러핀, 로킹블럭, 가이드레일, 스토퍼 등)
7) 형상부 7-1) cavity : 캐비티 코어를 사용하여 설계할 것.
   7-2) core : 1개의 core 블록을 사용하여 1 cavity를 설계할 것이며, 제시된 모델 특성상 인서트가 필요하다고 판단되더라도 별도 인서트 코어는 사용하지 말 것. 빼기구배가 필요한 곳은 1°로 하여 상면에서 하면방향으로 작업하고 치수 표기할 것.
8) 냉각시스템 8-1) 고정측 냉각 : 직선형 냉각회로 사용, nipple 등을 설치용 tap 형상 등은 설계하지 않아도 됨.
   8-2) 가동측 냉각 : 코어냉각을 별도로 설계하여 코어 플레이트 냉각회로와 연결할 것.
   연결부의 O-ring설치를 위한 부분은 설계하지 말 것.
9) Moldbase - 2단 moldbase를 선정하고 설계자가 사양을 선택하여 결정할 것.
   - bolt, O-ring, eye-bolt-tap, tap, spring 등은 설계하지 않아도 됨.
   - 조립모델에 guide pin, guide pin bush, ejector guide pin/bush 등은 상세하게 설계하지 않으며 냉각 등 다른 설계 구조를 고려하여 원형으로 설계할 것.

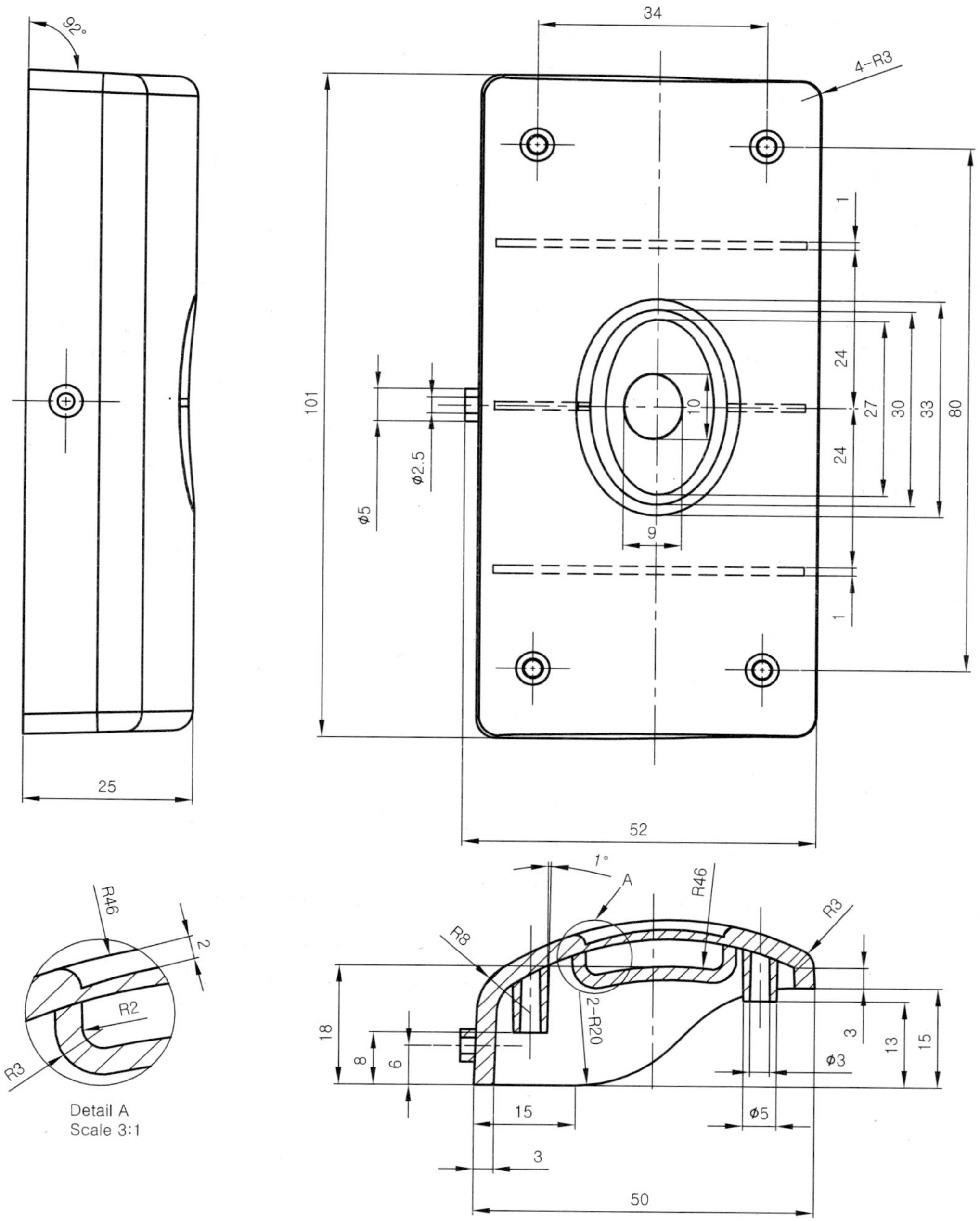

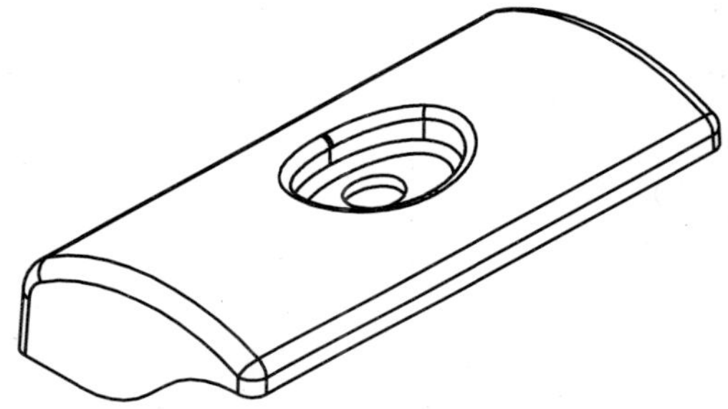

주서

1. 일반공차 - 가공부 : KS B 0412
2. 도시되고 지시없는모따기는 1x45°, 필렛 및 라운드 R3
3. 일반 모따기는 0.3~0.5x45°
4. 표면거칠기는 기호 비교표
5. 수축률 : 0.005
6. 2 Cavity, Side Gate 사용
7. 인서트 코어는 사용하지 말것
8. 몰드베이스 SC4040 적용
9. 슬리브 이젝터 핀 사용

x∀ = 3.2∀ , 25S , ▽▽, N9

y∀ = 0.8∀ , 6.3S , ▽▽▽, N7

0	Product	ABS	1	
품 번	품 명	재 질	수 량	비 고
작품명	Cover		척 도	NS
			투상법	3각법

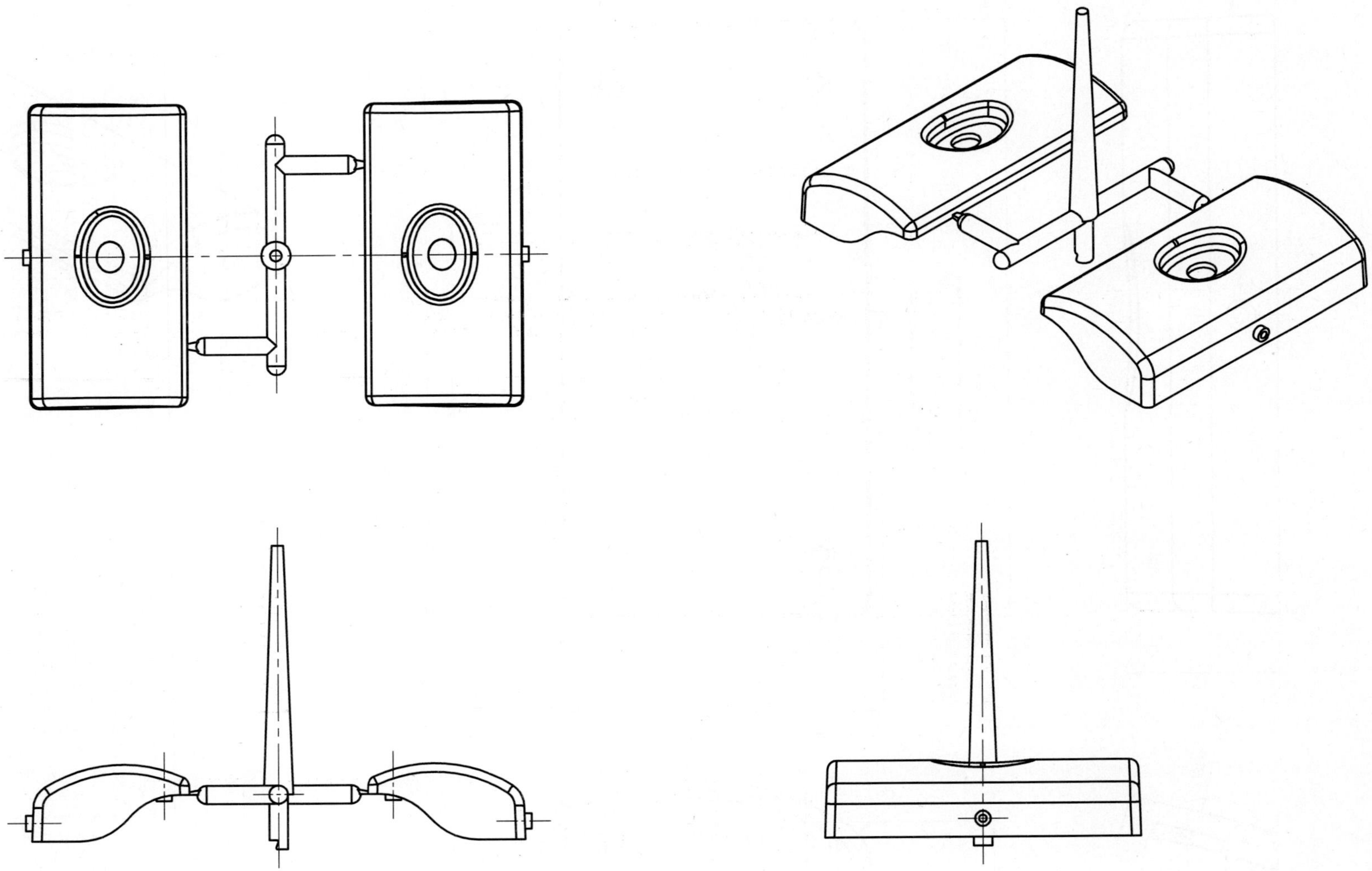

0	유동기구	ABS	1	
품 번	품 명	재 질	수 량	비 고
작품명	Cover		척 도	1 : 1
			투상법	3각법

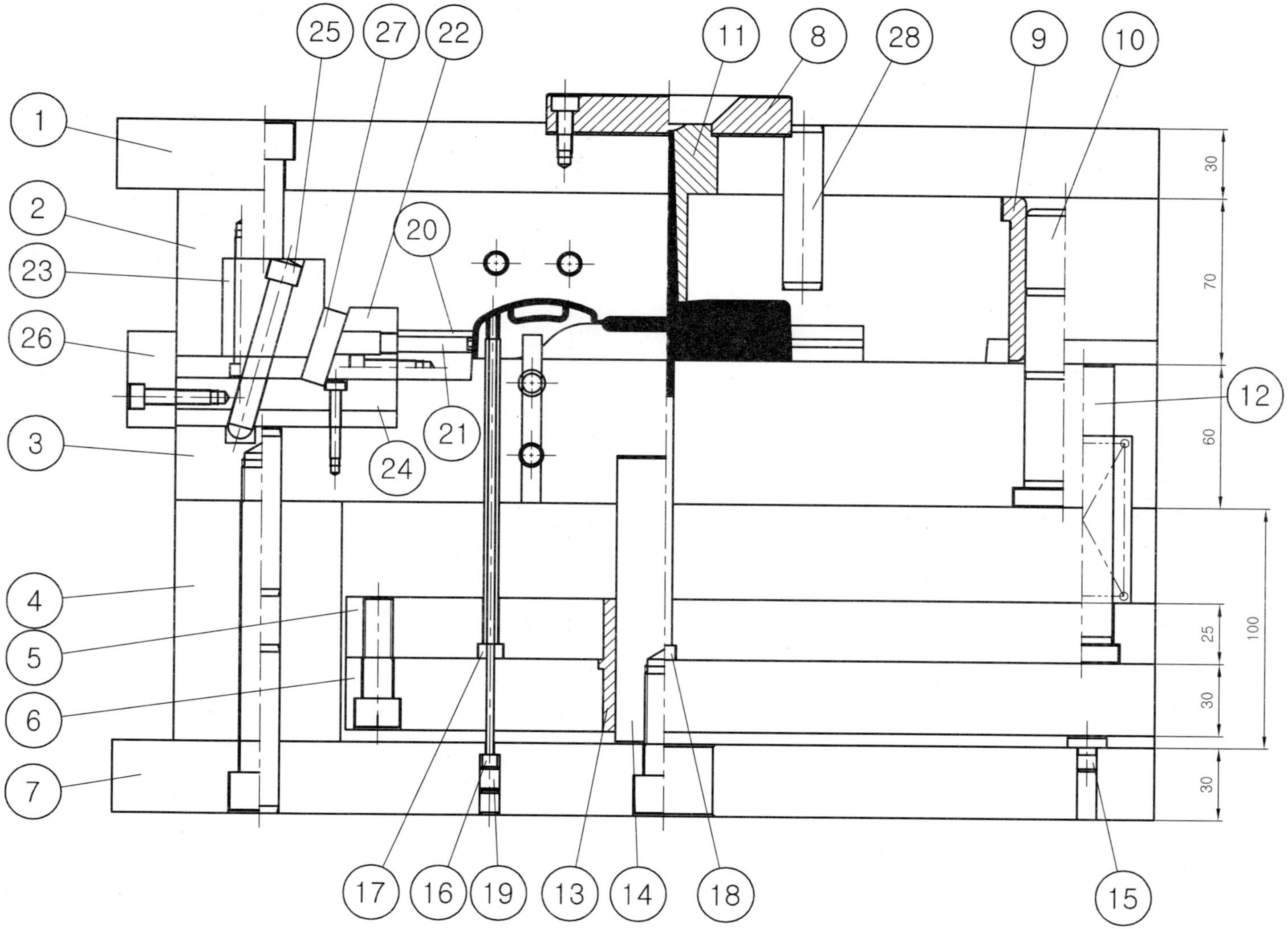

품번	품 명	재질	수량	비고
28	맞춤핀	STB2	12	
27	연마판	SM45C	2	
26	스토퍼	STD11	2	HRC58
25	앵귤러 핀	STB2	2	HRC58
24	가이드 레일	SM45C	4	
23	로킹블록	STD11	2	
22	슬라이드 코어	STD11	2	HRC58
21	코어 '편' 핀	STC2	2	HRC58
20	코어 '편'	STD11	2	HRC58
19	스크류 플러그	SM45C	16	HRC32
18	스프루 록 핀	STD61	1	HRC50
17	이젝트 슬리브	STD61	8	HRC50
16	이젝터 핀	STD61	8	HRC50
15	스톱 핀	SM45C	4	HRC46
14	이젝터가이드핀	STB2	2	HRC58
13	이젝터가이드부시	STB2	2	HRC58
12	리턴 핀	STB2	4	HRC58$^{+2}_{0}$
11	스프루 부시	STD61	1	HRC48
10	가이드 핀	STB2	4	HRC58$^{+2}_{0}$
9	가이드 부시	STB2	4	HRC58$^{+2}_{0}$
8	로케이트 링	SM45C	1	
7	가동측 설치판	SM45C	1	
6	이젝터 플레이트(하)	SM45C	1	
5	이젝터 플레이트(상)	SM45C	1	
4	스페이서 블록	SM45C	2	
3	가동측 형판	SM45C	1	
2	고정측 형판	SM45C	1	
1	고정측 설치판	SM45C	1	

2단금형(Cover)	척도	NS
	각법	3각법

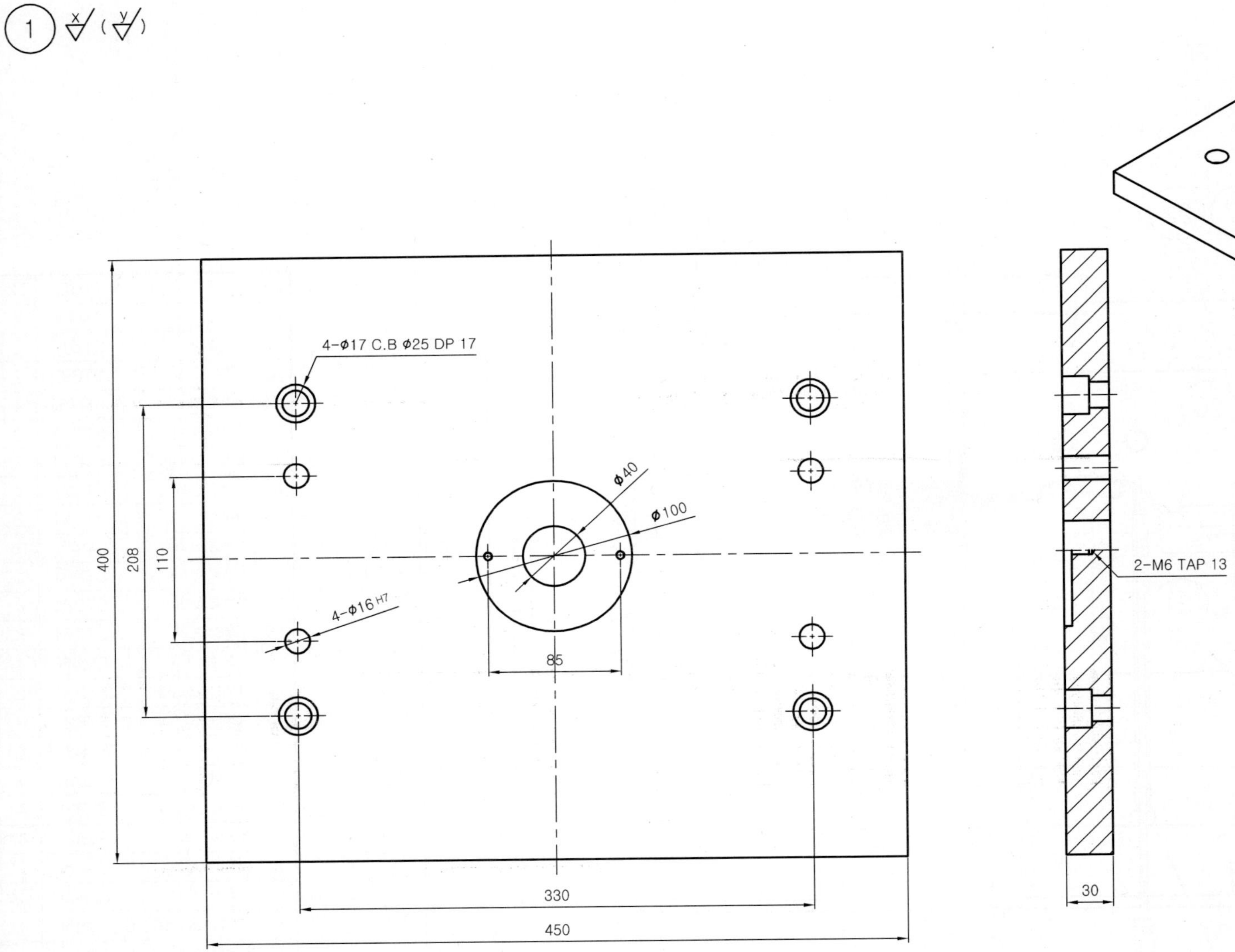

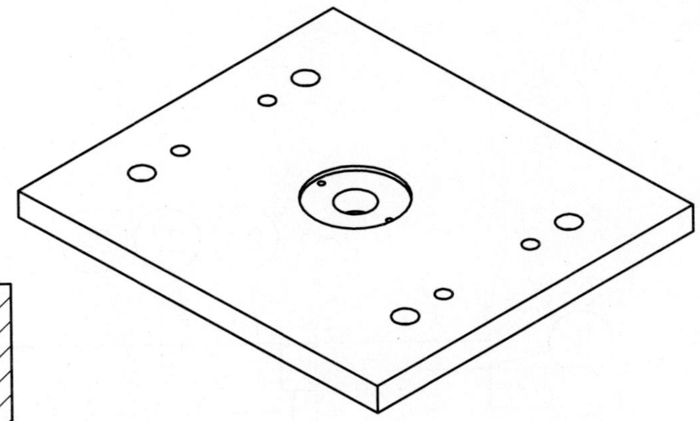

주서

1. 일반공차 - 가공부 : KS B 0412
2. 도시되고 지시없는모따기는 1x45°, 필렛 및 라운드 R3
3. 일반 모따기는 0.3~0.5x45°
4. 표면거칠기는 기호 비교표

x = 3.2, 25S, ▽▽, N9

y = 0.8, 6.3S, ▽▽▽, N7

1	고정측 설치판	SM45C	1	
품 번	품 명	재 질	수 량	비 고
2단금형(Cover)			척 도	0.5 : 1
			투상법	3각법

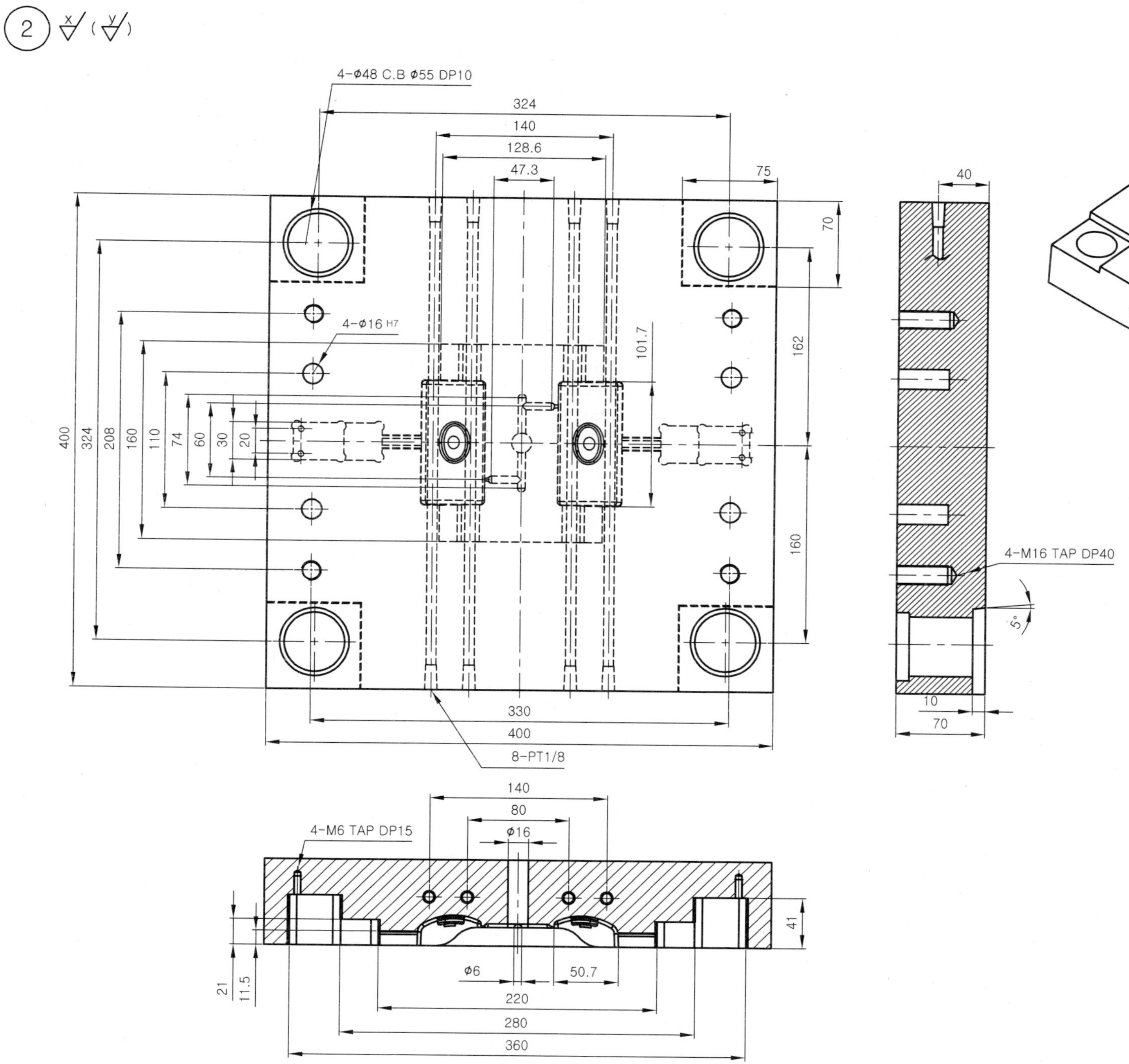

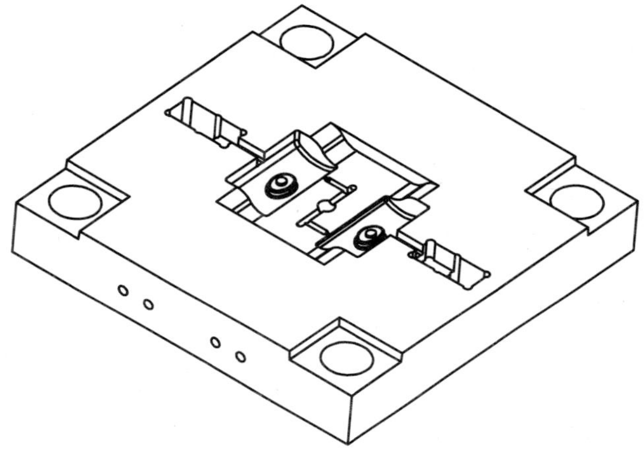

주서

1. 일반공차 - 가공부 : KS B 0412
2. 도시되고 지시없는모따기는 1x45°, 필렛 및 라운드 R3
3. 일반 모따기는 0.3~0.5x45°
4. 표면거칠기는 기호 비교표

x/ = 3.2/ , 25S , ▽▽ , N9

y/ = 0.8/ , 6.3S , ▽▽▽ , N7

2	고정측 형판	SM45C	1	
품 번	품 명	재 질	수 량	비 고
2단금형(Cover)			척 도	1 : 0.45
			투상법	3각법

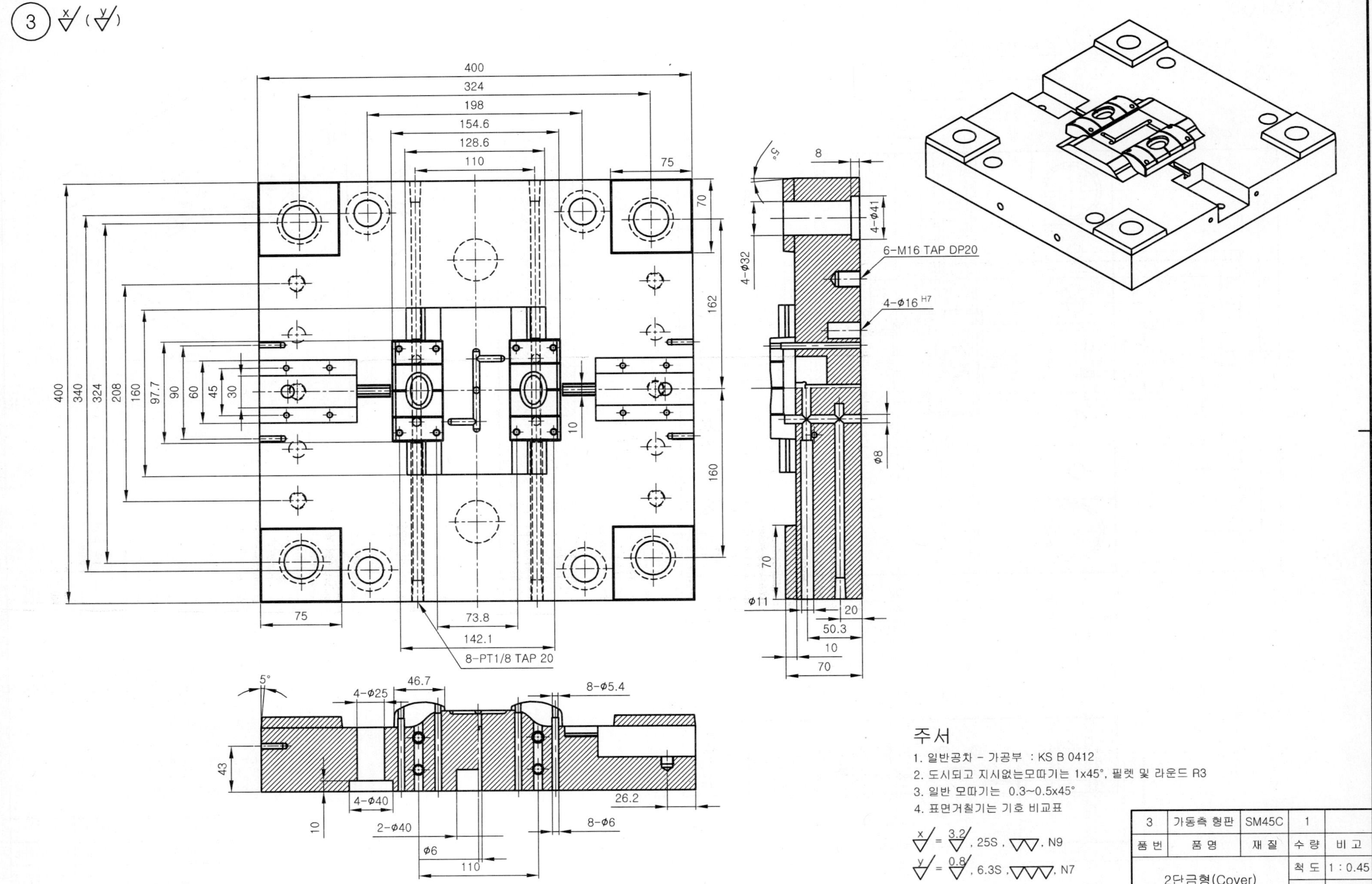

주서

1. 일반공차 – 가공부 : KS B 0412
2. 도시되고 지시없는모따기는 1x45°, 필렛 및 라운드 R3
3. 일반 모따기는 0.3~0.5x45°
4. 표면거칠기는 기호 비교표

x = 3.2, 25S, ▽▽, N9

y = 0.8, 6.3S, ▽▽▽, N7

3	가동측 형판	SM45C	1	
품 번	품 명	재 질	수 량	비 고
2단금형(Cover)			척 도	1 : 0.45
			투상법	3각법

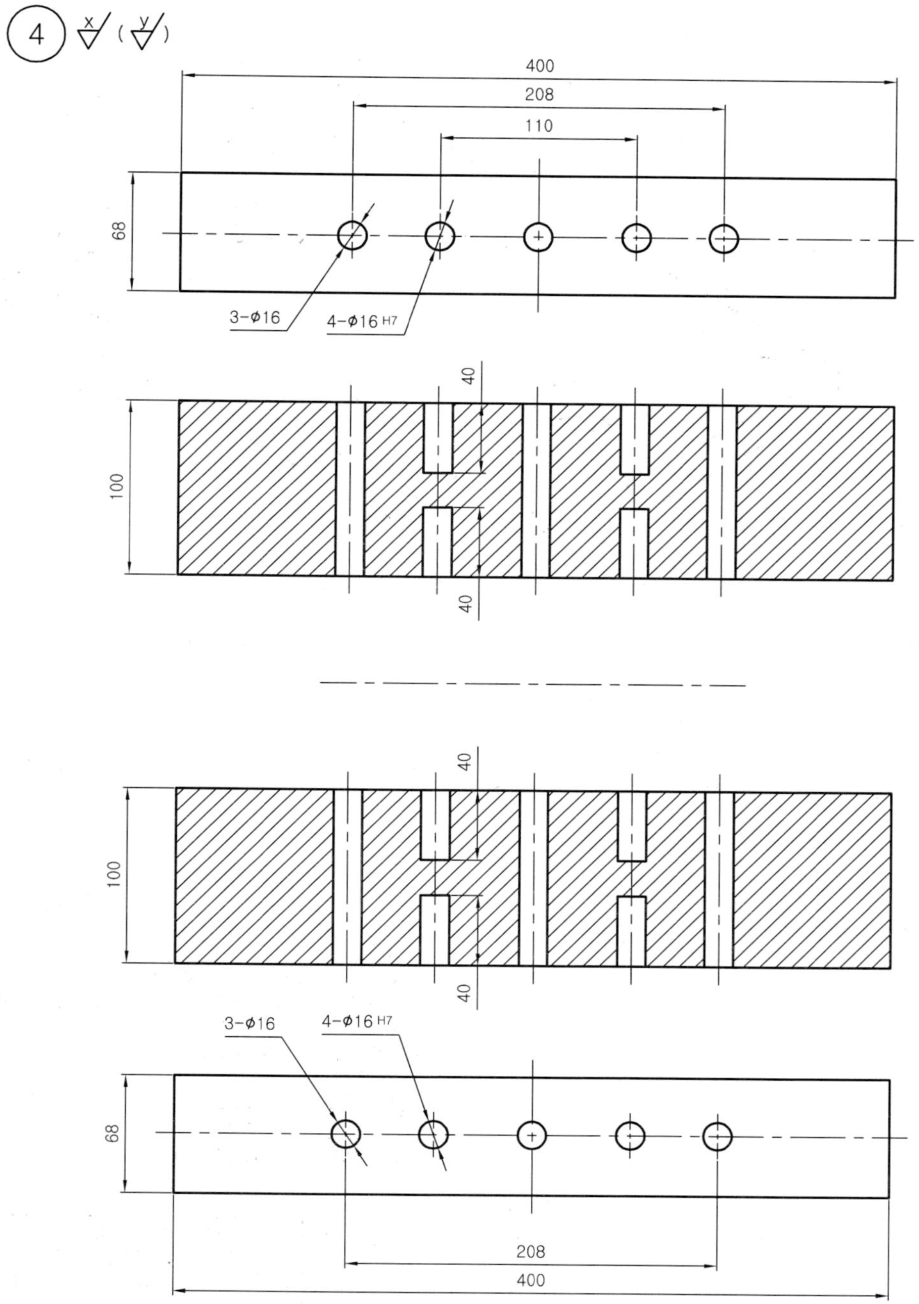

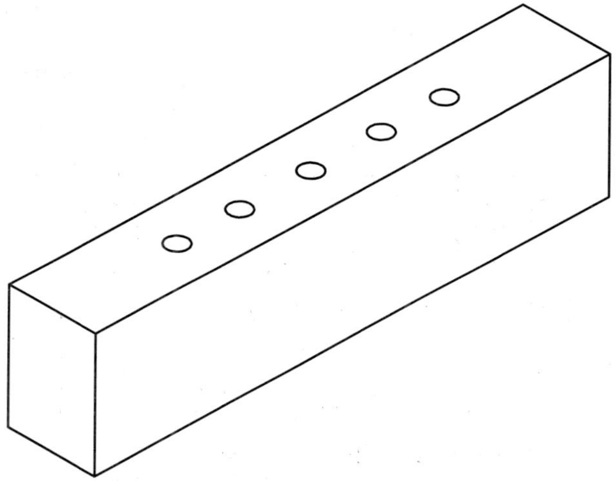

주서

1. 일반공차 - 가공부 : KS B 0412
2. 도시되고 지시없는모따기는 1x45°, 필렛 및 라운드 R3
3. 일반 모따기는 0.3~0.5x45°
4. 표면거칠기는 기호 비교표

x = 3.2, 25S, ▽▽, N9

y = 0.8, 6.3S, ▽▽▽, N7

4	스페이서 블록	SM45C	2	
품 번	품 명	재 질	수 량	비 고
2단금형(Cover)			척 도	0.5 : 1
			투상법	3각법

5 x/ (y/)

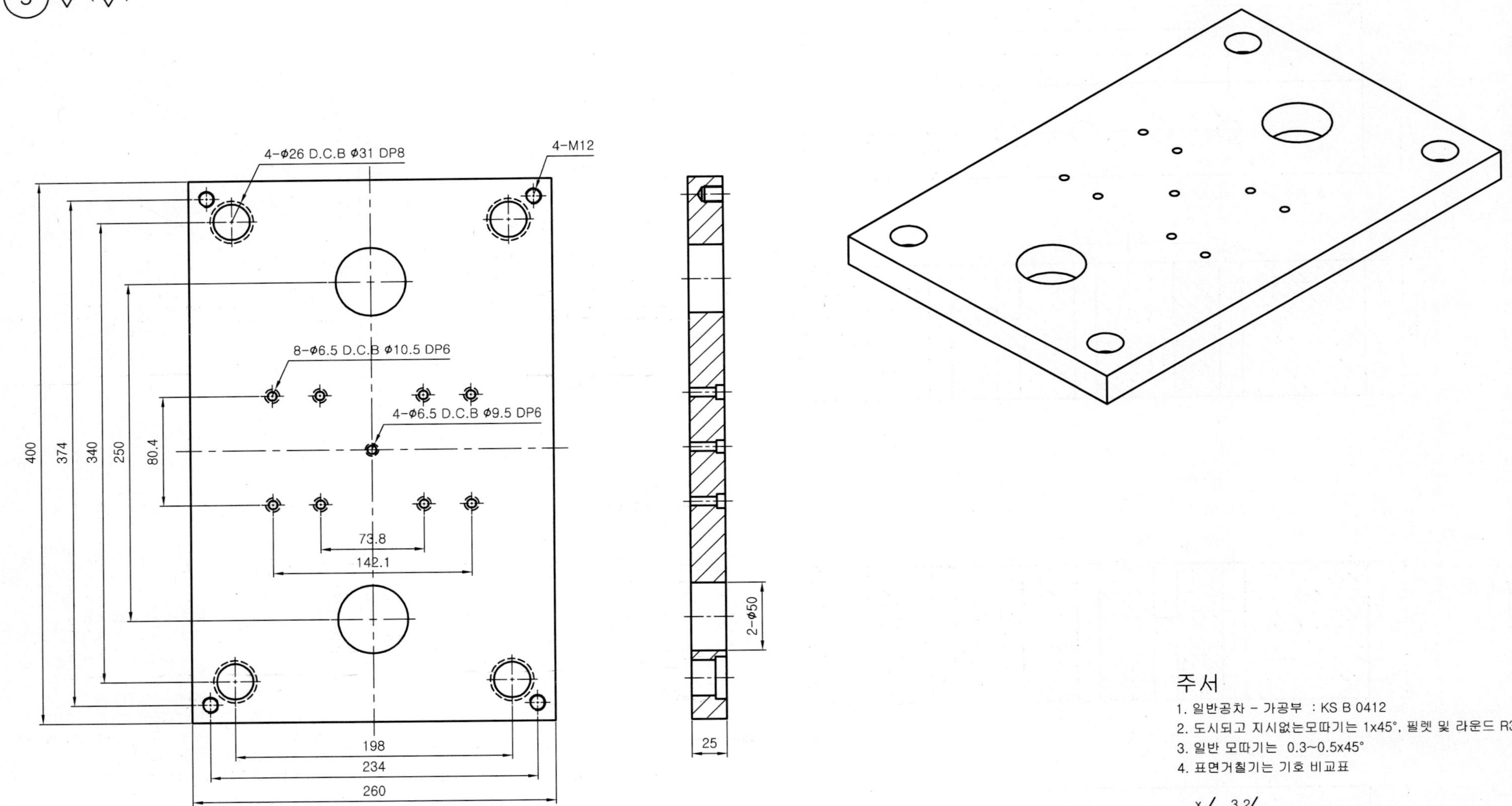

주서

1. 일반공차 - 가공부 : KS B 0412
2. 도시되고 지시없는모따기는 1x45°, 필렛 및 라운드 R3
3. 일반 모따기는 0.3~0.5x45°
4. 표면거칠기는 기호 비교표

x/ = 3.2/, 25S, ▽▽, N9

y/ = 0.8/, 6.3S, ▽▽▽, N7

5	이젝터플레이트(상)	SM45C	1	
품 번	품 명	재 질	수 량	비 고
2단금형(Cover)			척 도	0.5 : 1
			투상법	3각법

⑥ $\overset{x}{\bigtriangledown}$ ($\overset{y}{\bigtriangledown}$)

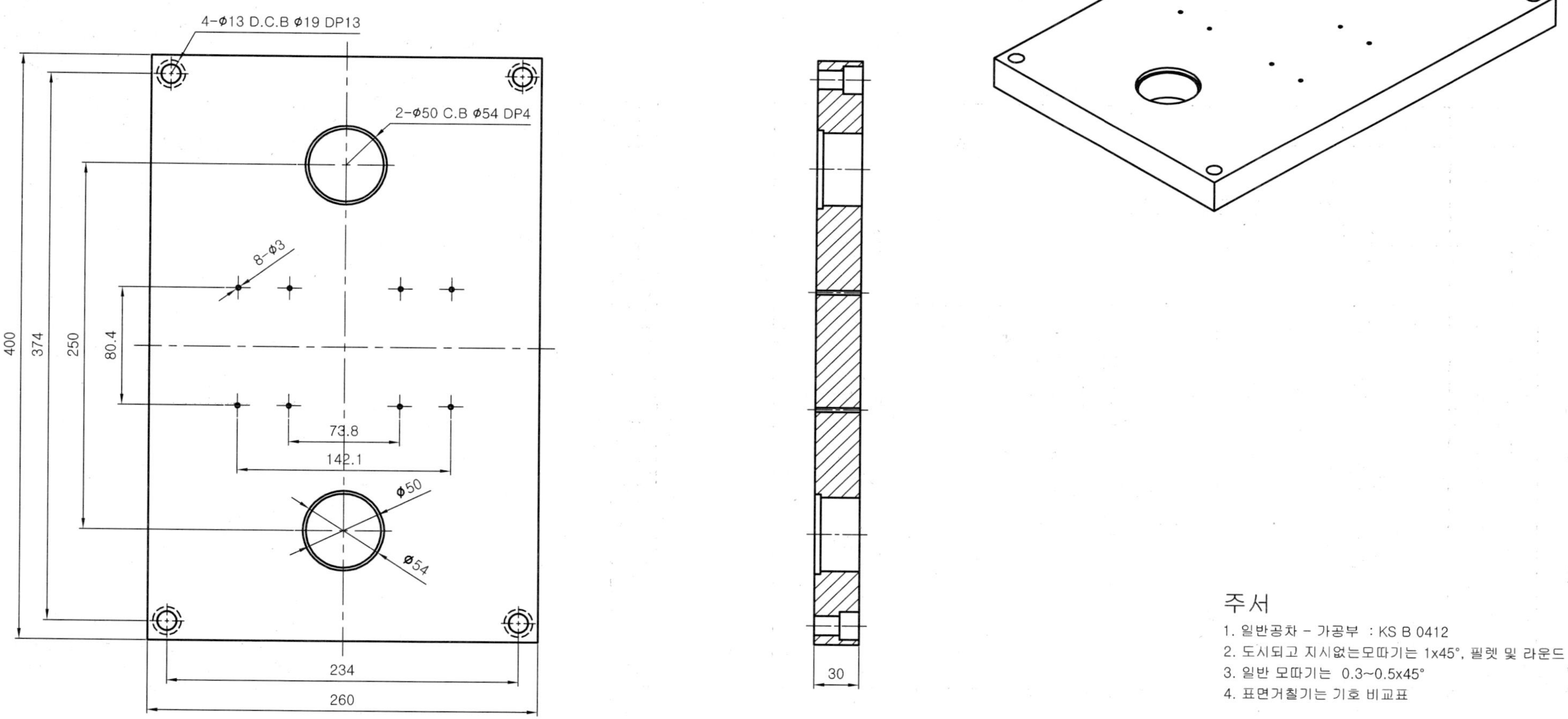

주서

1. 일반공차 - 가공부 : KS B 0412
2. 도시되고 지시없는모따기는 1x45°, 필렛 및 라운드 R3
3. 일반 모따기는 0.3~0.5x45°
4. 표면거칠기는 기호 비교표

x = 3.2, 25S, ▽▽, N9

y = 0.8, 6.3S, ▽▽▽, N7

5	이젝터플레이트(하)	SM45C	1	
품 번	품 명	재 질	수 량	비 고
2단금형(Cover)			척 도	0.5 : 1
			투상법	3각법

⑦ x/ (y/)

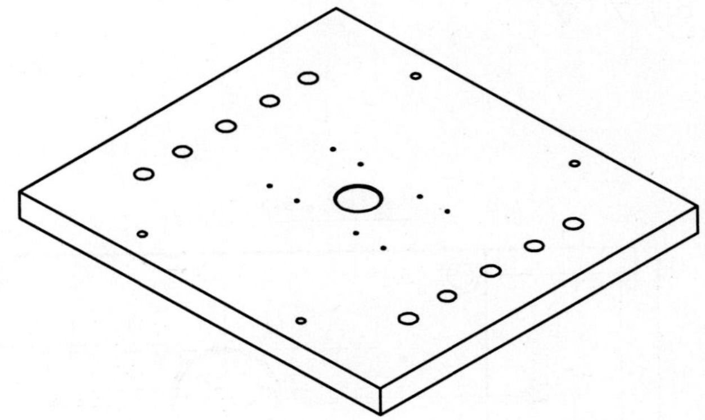

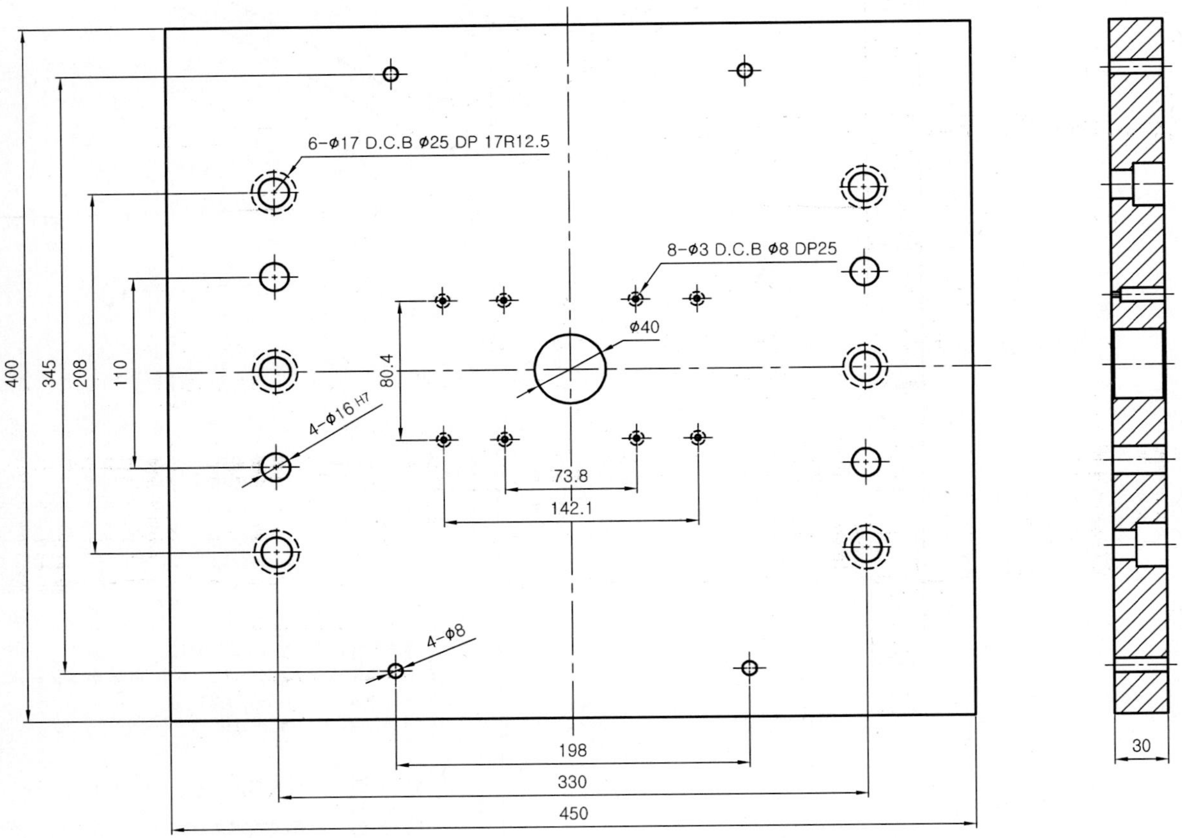

주서

1. 일반공차 - 가공부 : KS B 0412
2. 도시되고 지시없는모따기는 1x45°, 필렛 및 라운드 R3
3. 일반 모따기는 0.3~0.5x45°
4. 표면거칠기는 기호 비교표

x/ = 3.2/, 25S , ▽▽, N9

y/ = 0.8/, 6.3S , ▽▽▽, N7

7	가동측설치판	SM45C	1	
품 번	품 명	재 질	수 량	비 고
2단금형(Cover)			척 도	0.5 : 1
			투상법	3각법

⑳ x (y)

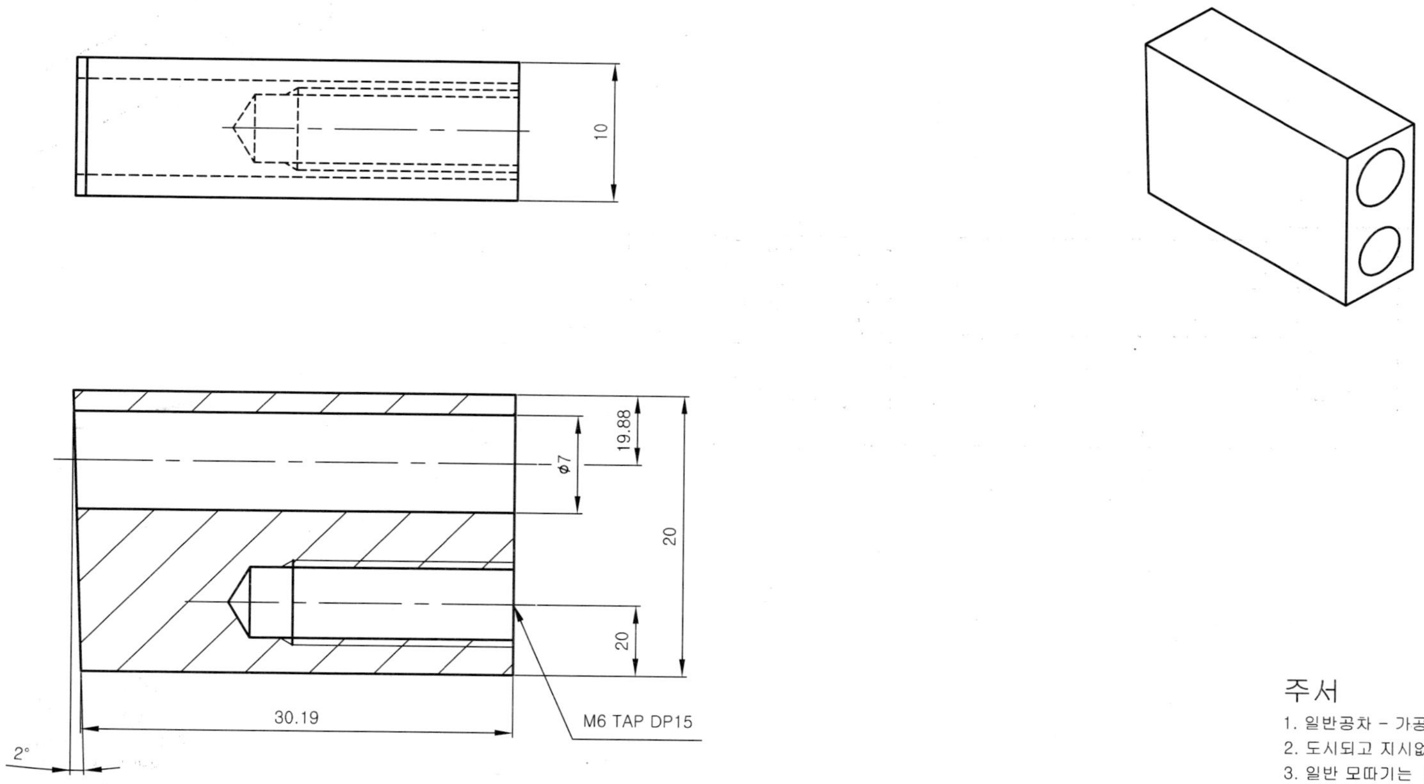

주서

1. 일반공차 - 가공부 : KS B 0412
2. 도시되고 지시없는모따기는 1x45°, 필렛 및 라운드 R3
3. 일반 모따기는 0.3~0.5x45°
4. 표면거칠기는 기호 비교표

x = 3.2, 25S, ▽▽, N9

y = 0.8, 6.3S, ▽▽▽, N7

20	코어'편'	STD11	2	HRC58
품 번	품 명	재 질	수 량	비 고
2단금형(Cover)			척 도	4 : 1
			투상법	3각법

(21) x/ (y/)

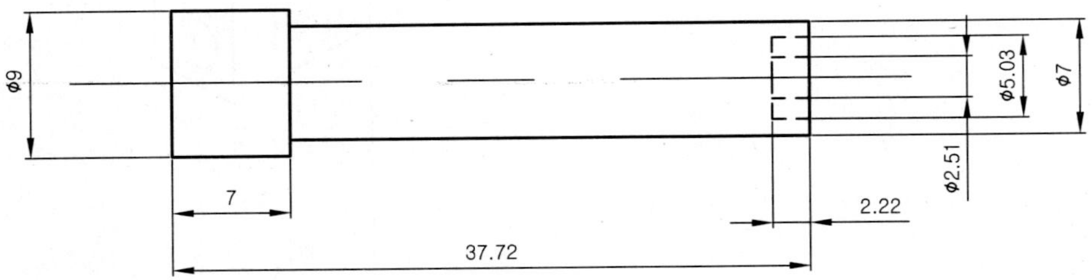

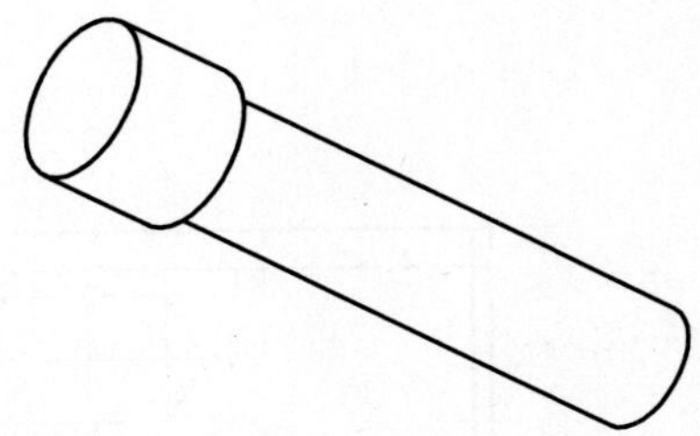

주서

1. 일반공차 - 가공부 : KS B 0412
2. 도시되고 지시없는모따기는 1x45°, 필렛 및 라운드 R3
3. 일반 모따기는 0.3~0.5x45°
4. 표면거칠기는 기호 비교표

x/ = 3.2/, 25S , ▽▽, N9

y/ = 0.8/, 6.3S ,▽▽▽, N7

21	코어 '편' 핀	STC3	2	HRC58
품 번	품 명	재 질	수 량	비 고
2단금형(Cover)			척 도	4 : 1
			투상법	3각법

(22) x/ (y/)

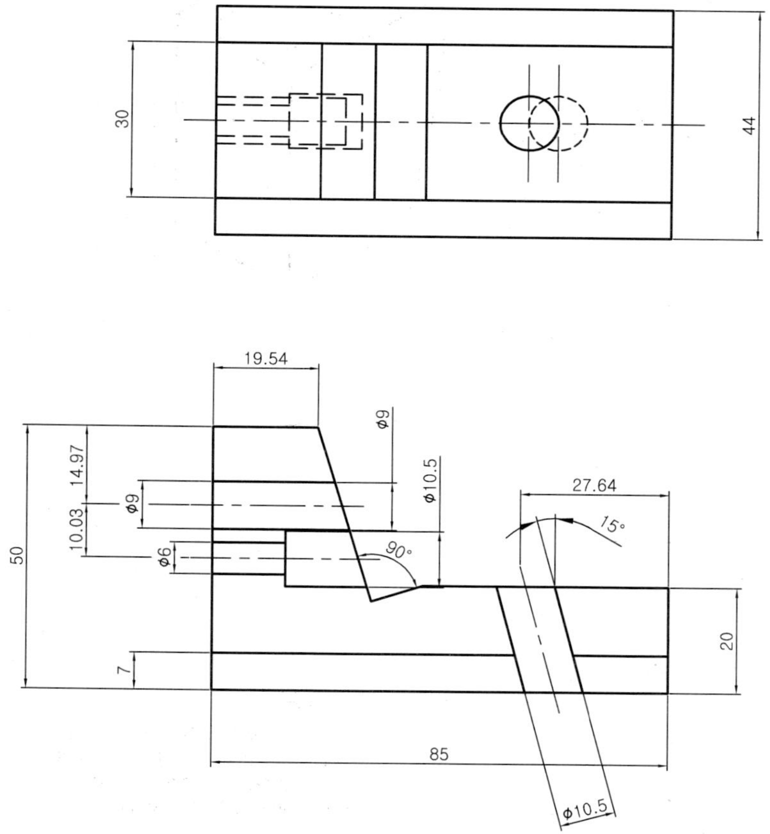

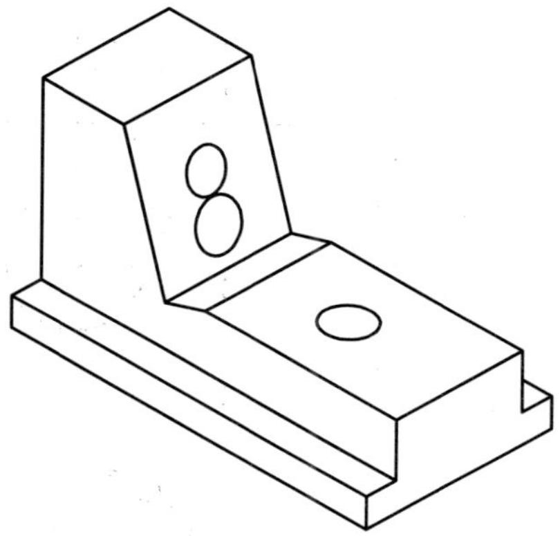

주서

1. 일반공차 - 가공부 : KS B 0412
2. 도시되고 지시없는모따기는 1x45°, 필렛 및 라운드 R3
3. 일반 모따기는 0.3~0.5x45°
4. 표면거칠기는 기호 비교표

x/ = 3.2/, 25S , ▽▽, N9

y/ = 0.8/, 6.3S , ▽▽▽, N7

22	슬라이드 코어	STD11	2	HRC58
품 번	품 명	재 질	수 량	비 고
2단금형(Cover)			척 도	1.5 : 1
			투상법	3각법

(23) x/ (y/)

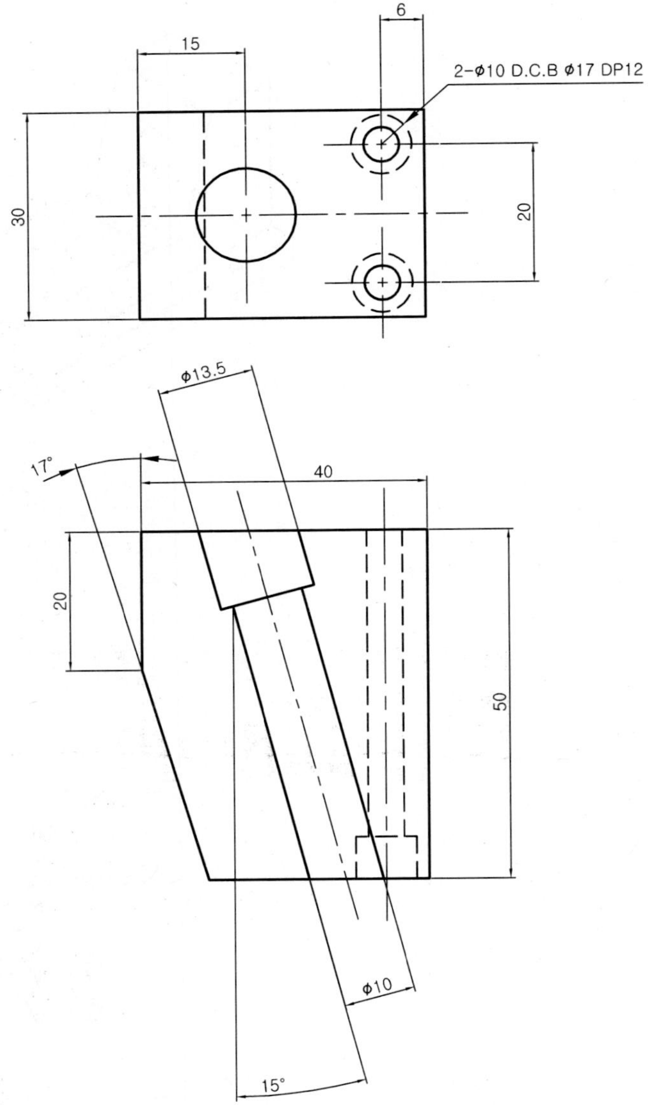

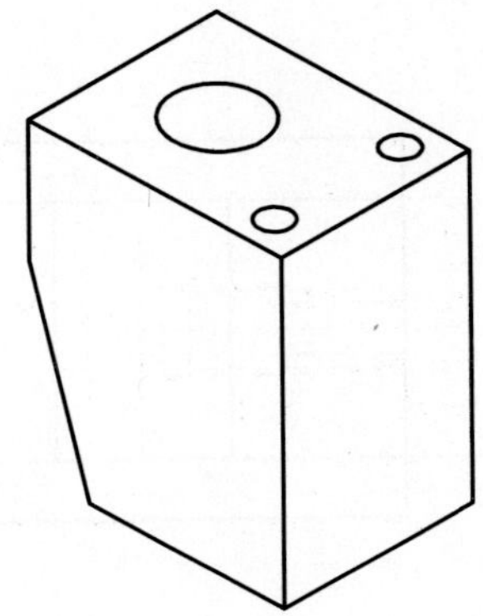

주서

1. 일반공차 - 가공부 : KS B 0412
2. 도시되고 지시없는모따기는 1x45°, 필렛 및 라운드 R3
3. 일반 모따기는 0.3~0.5x45°
4. 표면거칠기는 기호 비교표

x/ = 3.2/, 25S , ▽▽, N9

y/ = 0.8/, 6.3S , ▽▽▽, N7

23	로킹 블록	STD11	2	HRC58
품 번	품 명	재 질	수 량	비 고
2단금형(Cover)			척 도	2 : 1
			투상법	3각법

(24) x (y)

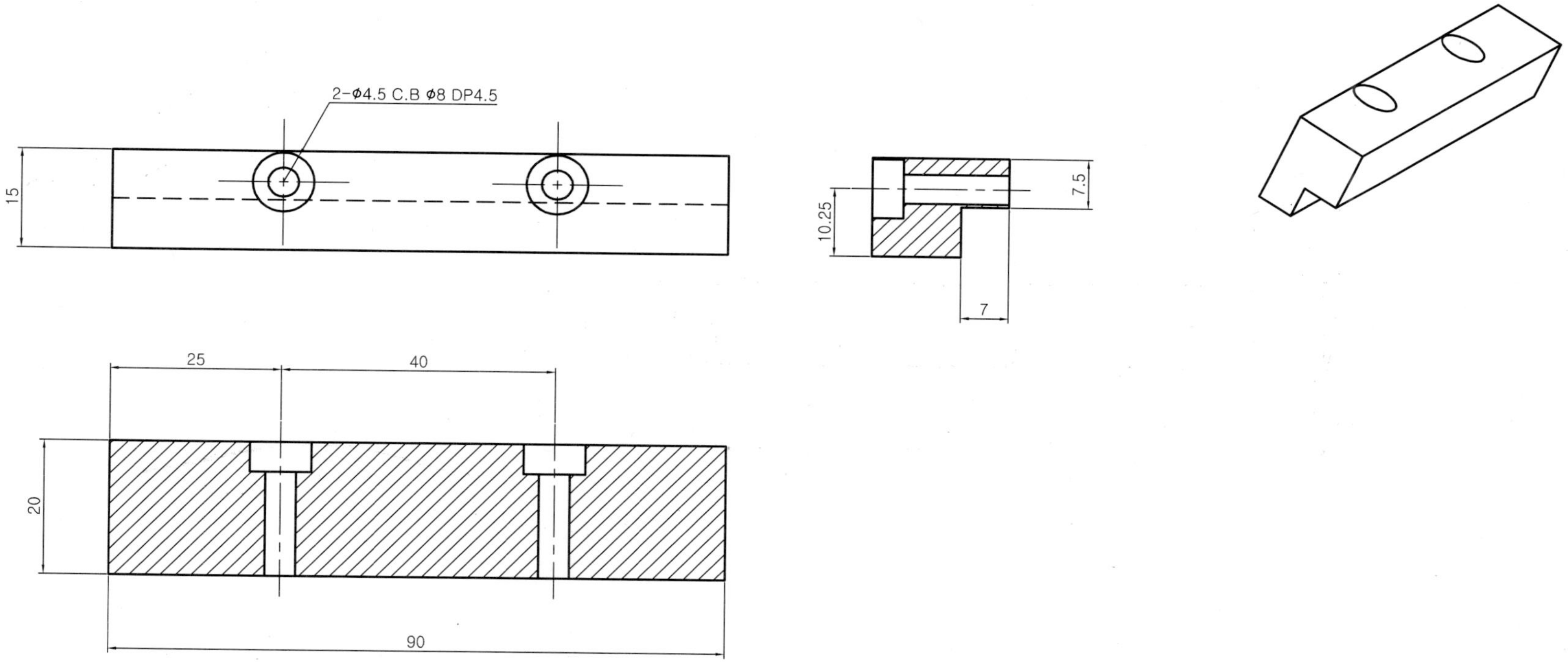

주서

1. 일반공차 - 가공부 : KS B 0412
2. 도시되고 지시없는모따기는 1x45°, 필렛 및 라운드 R3
3. 일반 모따기는 0.3~0.5x45°
4. 표면거칠기는 기호 비교표

x = 3.2, 25S , ▽▽, N9

y = 0.8, 6.3S , ▽▽▽, N7

24	가이드레일	SM45C	4	
품 번	품 명	재 질	수 량	비 고
2단금형(Cover)			척 도	2 : 1
			투상법	3각법

(25) x (y)

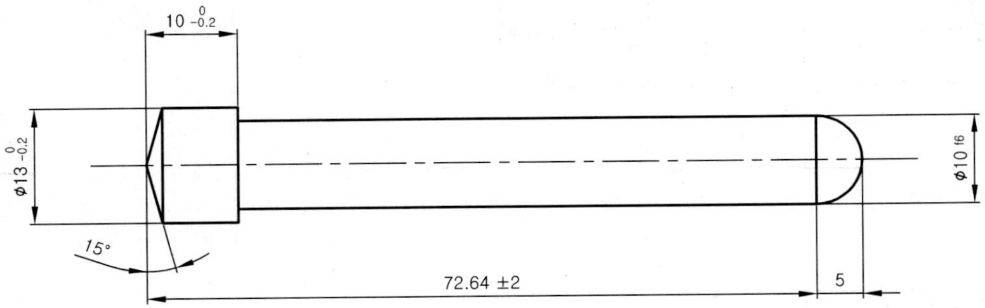

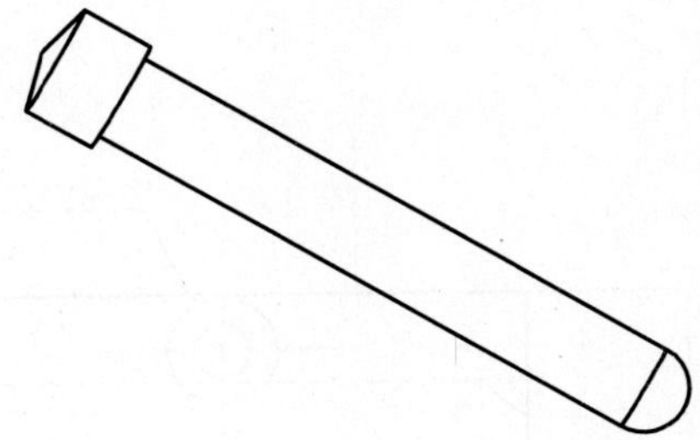

주서

1. 일반공차 - 가공부 : KS B 0412
2. 도시되고 지시없는모따기는 1x45°, 필렛 및 라운드 R3
3. 일반 모따기는 0.3~0.5x45°
4. 표면거칠기는 기호 비교표

x = 3.2, 25S, ▽▽, N9

y = 0.8, 6.3S, ▽▽▽, N7

25	앵귤러 핀	STB2	2	HRC58
품 번	품 명	재 질	수 량	비 고
2단금형(Cover)			척 도	2.5 : 1
			투상법	3각법

(26)

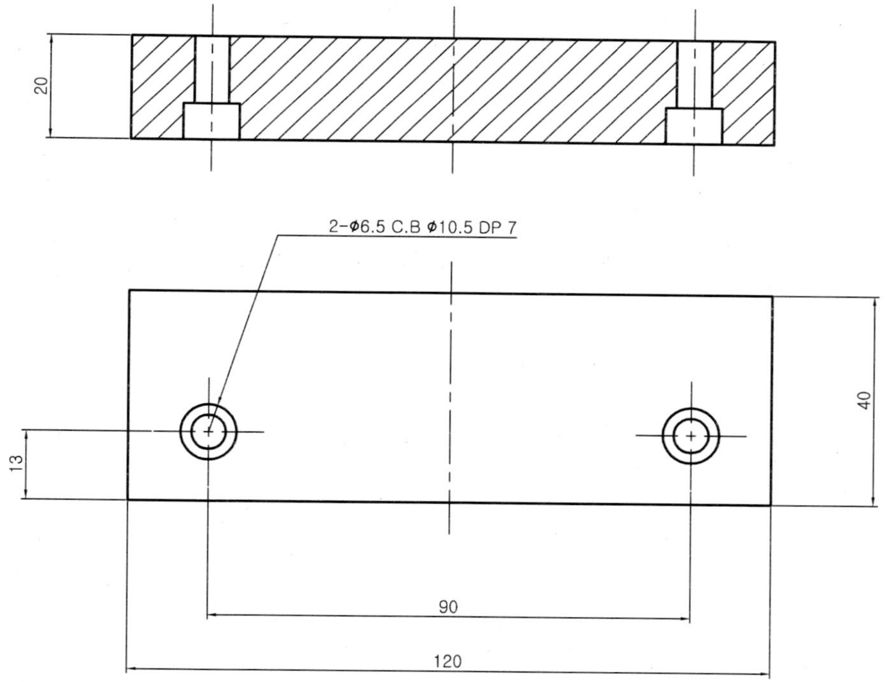

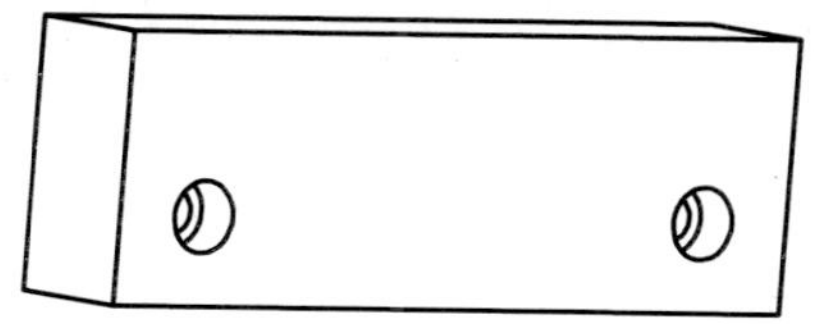

주서

1. 일반공차 - 가공부 : KS B 0412
2. 도시되고 지시없는모따기는 1x45°, 필렛 및 라운드 R3
3. 일반 모따기는 0.3~0.5x45°
4. 표면거칠기는 기호 비교표

x = 3.2, 25S, ▽▽, N9

y = 0.8, 6.3S, ▽▽▽, N7

26	스토퍼	STD11	2	HRC58
품 번	품 명	재 질	수 량	비 고
2단금형(Cover)			척 도	1.5 : 1
			투상법	3각법

2.3 2단금형(센스커버 다이렉트게이트)

요구사항

1) 2D & 3차원 Solid model를 이용하여 설계
2) 적용 수지 : ABS, 수축률 5/1000 적용, 빼기구배는 고려하지 않아도 됨.
3) 사출성형기 사양 : 고정측 중앙부 구멍 직경 ∅100mm, 사출 노즐의 선단 직경은 ∅19mm, 사출기 노즐직경은 ∅3mm.
4) 금형 종류 : 2단금형/내측슬라이드/사각경사슬라이드 (1cavity)
5) 유동주입기구 : Direct Gate를 사용하고 Sprue Rock Pin을 표현할 것
6) 취출시스템 6-1) 제품 취출은 설계자 임의로 설계할 것.
   6-2) Under cut처리 : 내측 상,하 슬라이드 구조 및 경사슬라이드 핀을 사용할 것
7) 형상부 7-1) 파팅 : 제품표면에 파팅 라인이 없도록 할 것
   7-2) 형상부 설계 및 저장 : 분할 작업을 통하여 고정측, 가동측을 설계
8) 냉각시스템 8-1) 고정측 냉각 설계는 설계방식에 준하여 Parallel 방식으로 설계할 것
   8-2) 가동측 냉각 설계는 설계방식에 준하여 Baffle 방식으로 하되 4개 이상으로 설계할 것
9) Moldbase 9-1) 설계방안에 맞는 2단 Moldbase를 설계자가 선택하여 결정할 것.
   9-2) Bolt, O-ring, Eye-bolt-tap, Tap, Nipple 등은 설계하지 않아도 됨.
   9-3) 설계하고자 하는 금형의 구조 및 작동성에 맞추어서 Guide Pin, Bush, Pin류 등은 설계자가 선정하여 설계할 것.

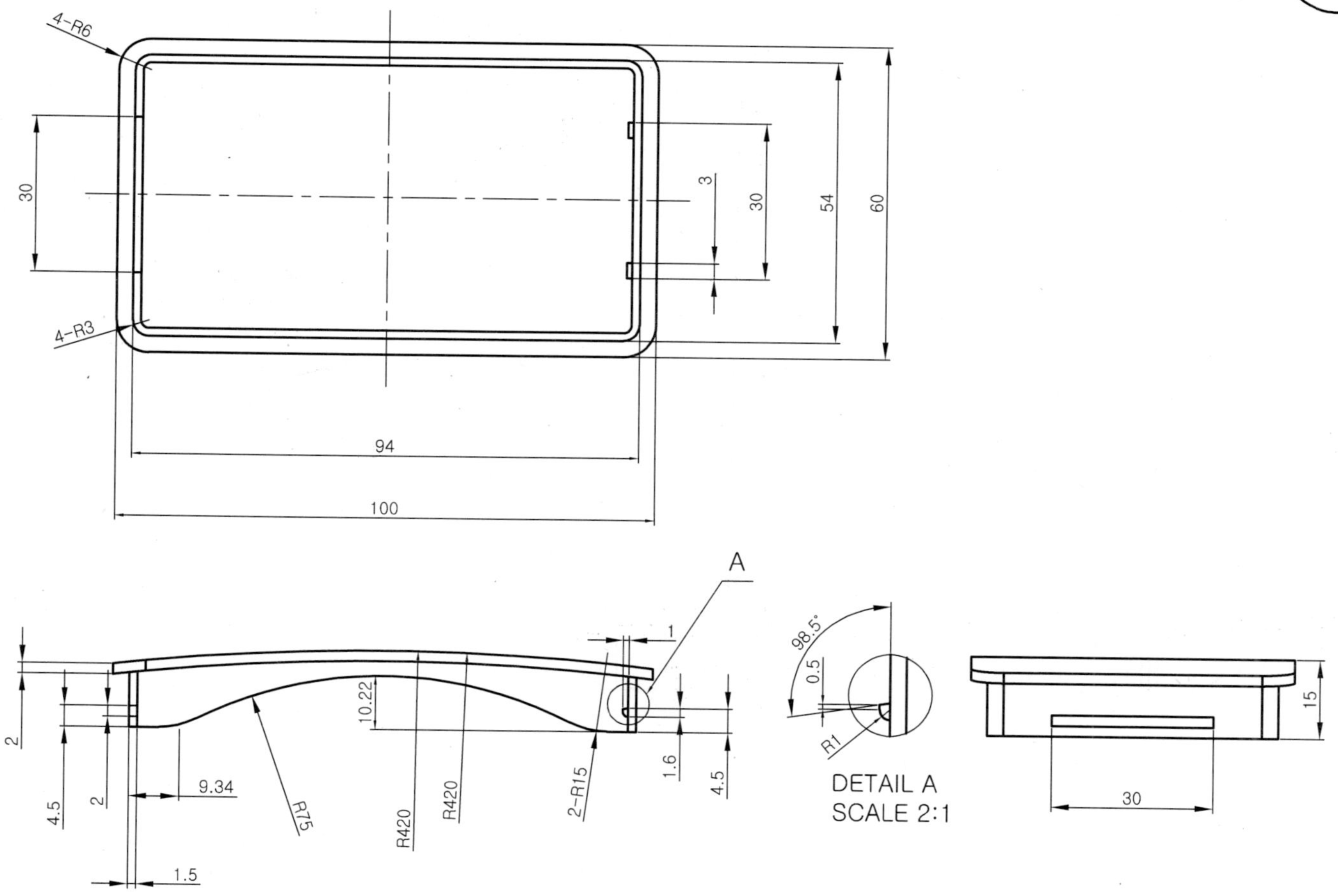

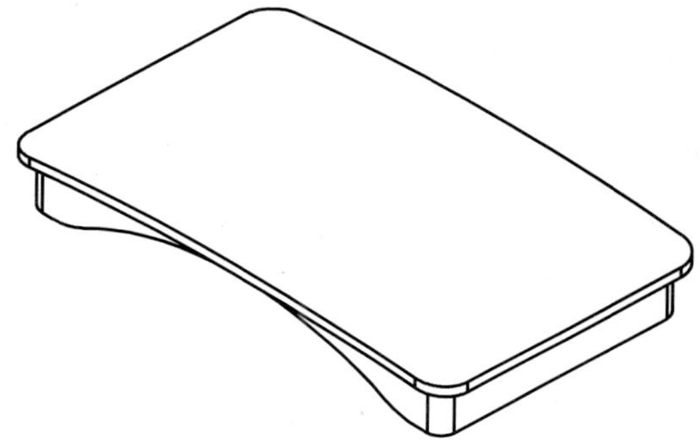

주서

1. 일반공차 - 가공부 : KS B 0412
2. 도시되고 지시없는모따기는 1x45°, 필렛 및 라운드 R3
3. 일반 모따기는 0.3~0.5x45°
4. 게이트 : 다이렉트게이트
5. 캐비티 : 1캐비티
6. 언더컷 처리 : 내측 상,하 슬라이드 구조 및 경사슬라이드 핀을 사용 할 것
6. 표면거칠기는 기호 비교표

x/ = 3.2/, 25S, ▽▽, N9

y/ = 0.8/, 6.3S, ▽▽▽, N7

0	Product	ABS	1	
품 번	품 명	재 질	수 량	비 고
작품명	센스 커버		척 도	1.5 : 1
			투상법	3각법

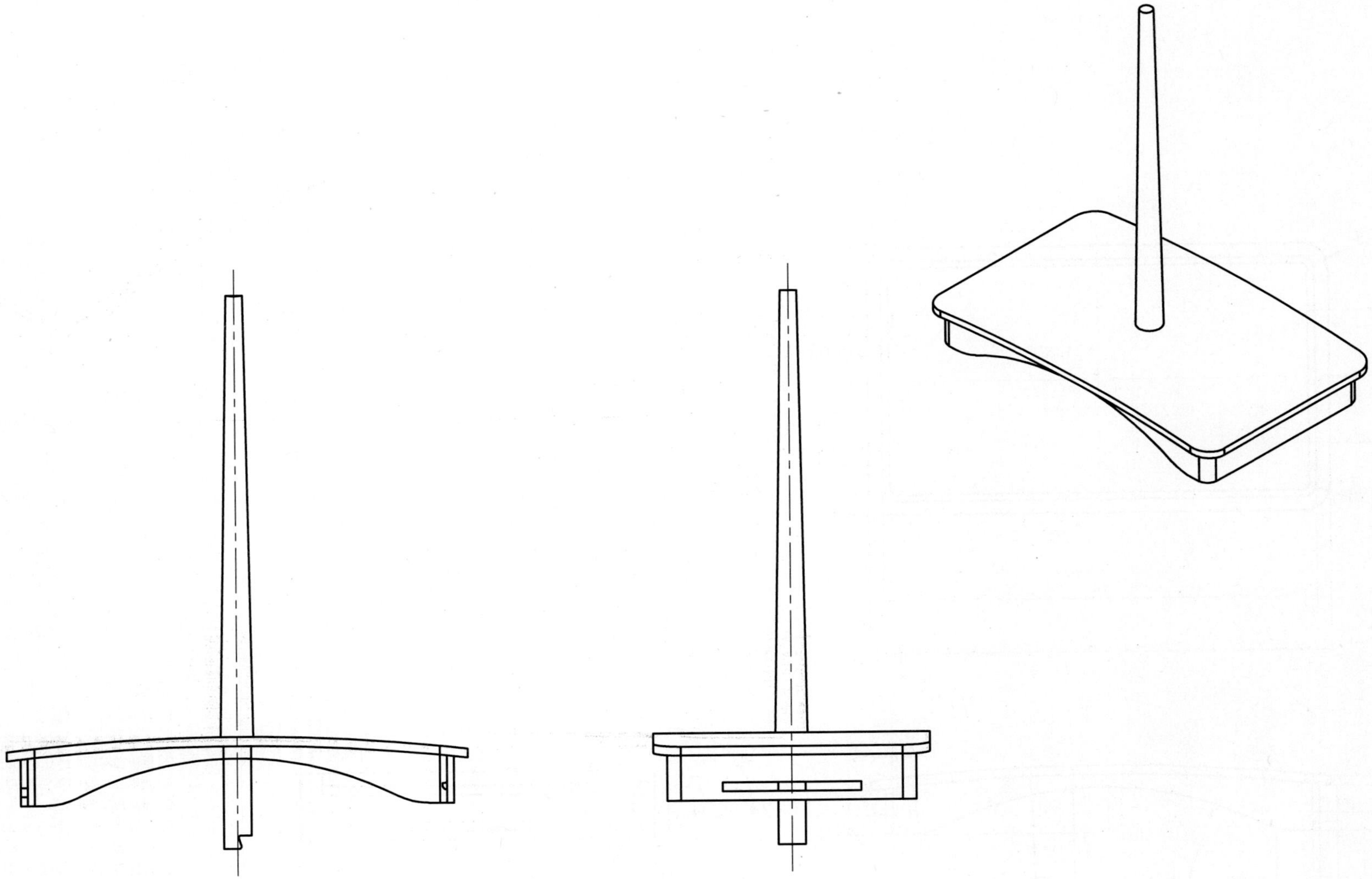

0	유동기구	ABS	1	
품 번	품 명	재 질	수 량	비 고
작품명	센스 커버		척 도	1 : 1
			투상법	3각법

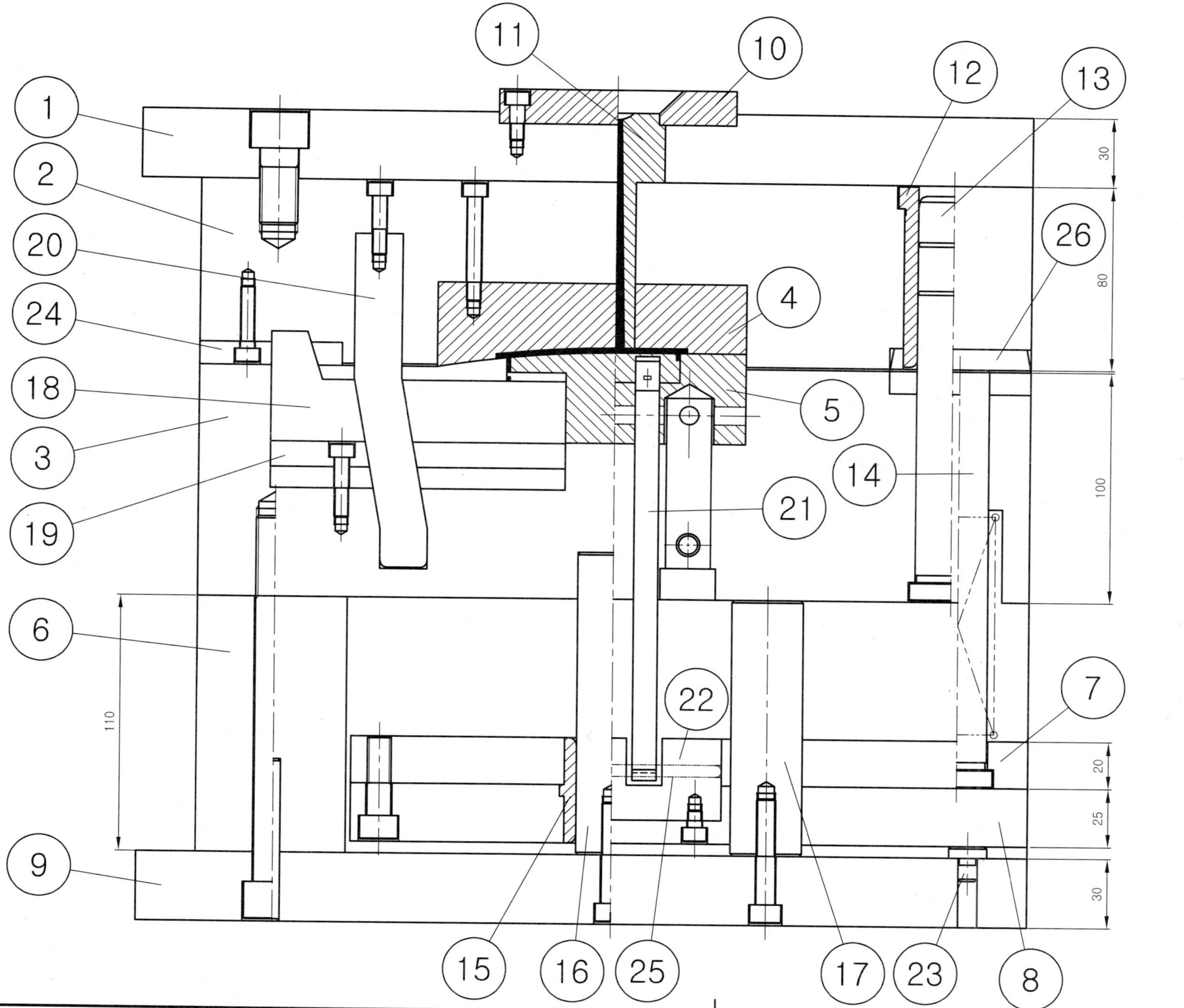

26	인로우	STC3	4	HRC58
25	핀	STC3	1	HRC58
24	파팅플레이트	SM45C	6	
23	스톱 핀	STC3	4	HRC58
22	변형밀핀 가이드	SM45C	1	
21	변형밀핀	STD3	2	HRC58
20	도그레그 캠	STB2	1	HRC58
19	가이드 레일	SM45C	2	
18	슬라이드 코어	STD11	1	HRC58
17	서포터 필러	STD61	2	HRC50
16	이젝트가이드핀	STB2	2	HRC46
15	이젝트가이드부시	STB2	2	HRC58
14	리턴 핀	STB2	4	$HRC58^{+2}_{0}$
13	가이드 핀	STB2	4	HRC58
12	가이드 부시	STB2	4	$HRC58^{+2}_{0}$
11	스프루 부시	STD61	1	HRC48
10	로케이트 링	SM45C	1	
9	가동측설치판	SM45C	1	
8	이젝트플레이트(하)	SM45C	1	
7	이젝트플레이트(상)	SM45C	1	
6	스페이서 블록	SM45C	2	
5	코어	KP4M	1	
4	캐비티	KP4M	1	
3	가동측 형판	SM45C	1	
2	고정측 형판	SM45C	1	
1	고정측 설치판	SM45C	1	
품번	품 명	재질	수량	비고
2단금형(센스커버 다이렉트게이트)			척 도	NS
			각 법	3각법

① x/ (y/)

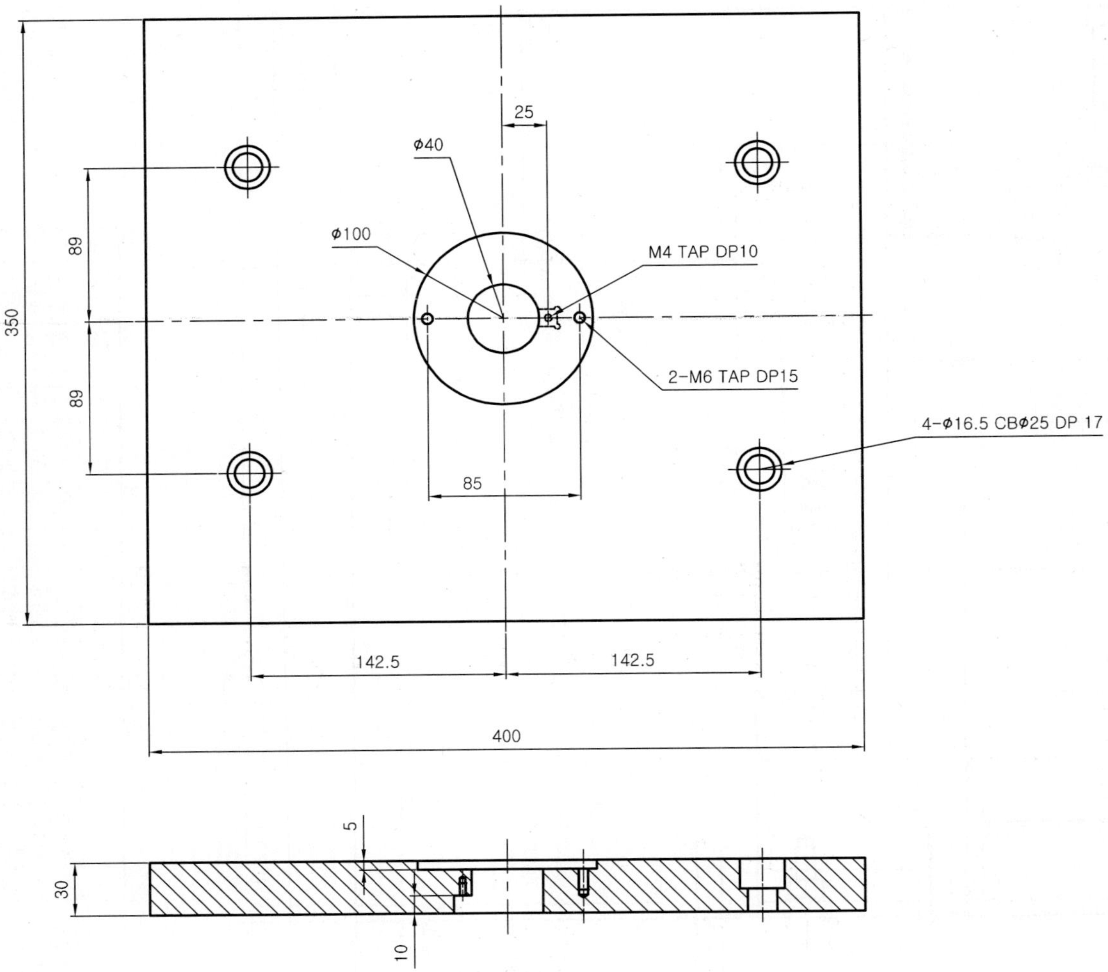

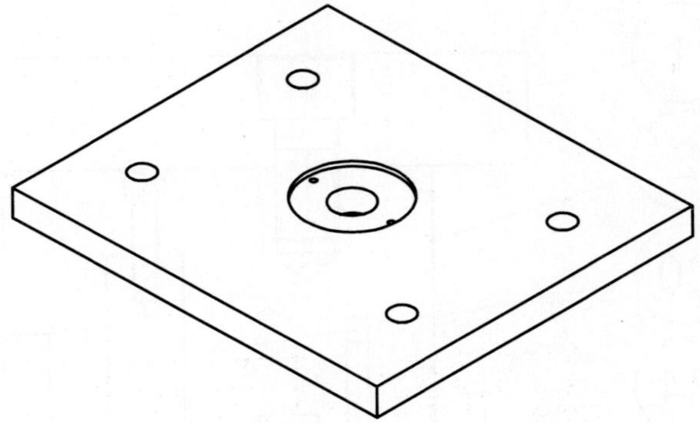

주서

1. 일반공차 - 가공부 : KS B 0412
2. 도시되고 지시없는모따기는 1x45°, 필렛 및 라운드 R3
3. 일반 모따기는 0.3~0.5x45°
4. 게이트 : 다이렉트게이트
5. 캐비티 : 1캐비티
6. 언더컷 처리 : 내측 상,하 슬라이드 구조 및 경사슬라이드 핀을 사용 할 것
6. 표면거칠기는 기호 비교표

x/ = 3.2/ , 25S , ▽▽, N9

y/ = 0.8/ , 6.3S , ▽▽▽, N7

1	고정측 설치판	SM45C	1	
품번	품 명	재질	수량	비고
2단금형(센스커버 다이렉트게이트)			척 도	NS
			각 법	3각법

② $\sqrt{x}$ ($\sqrt{y}$)

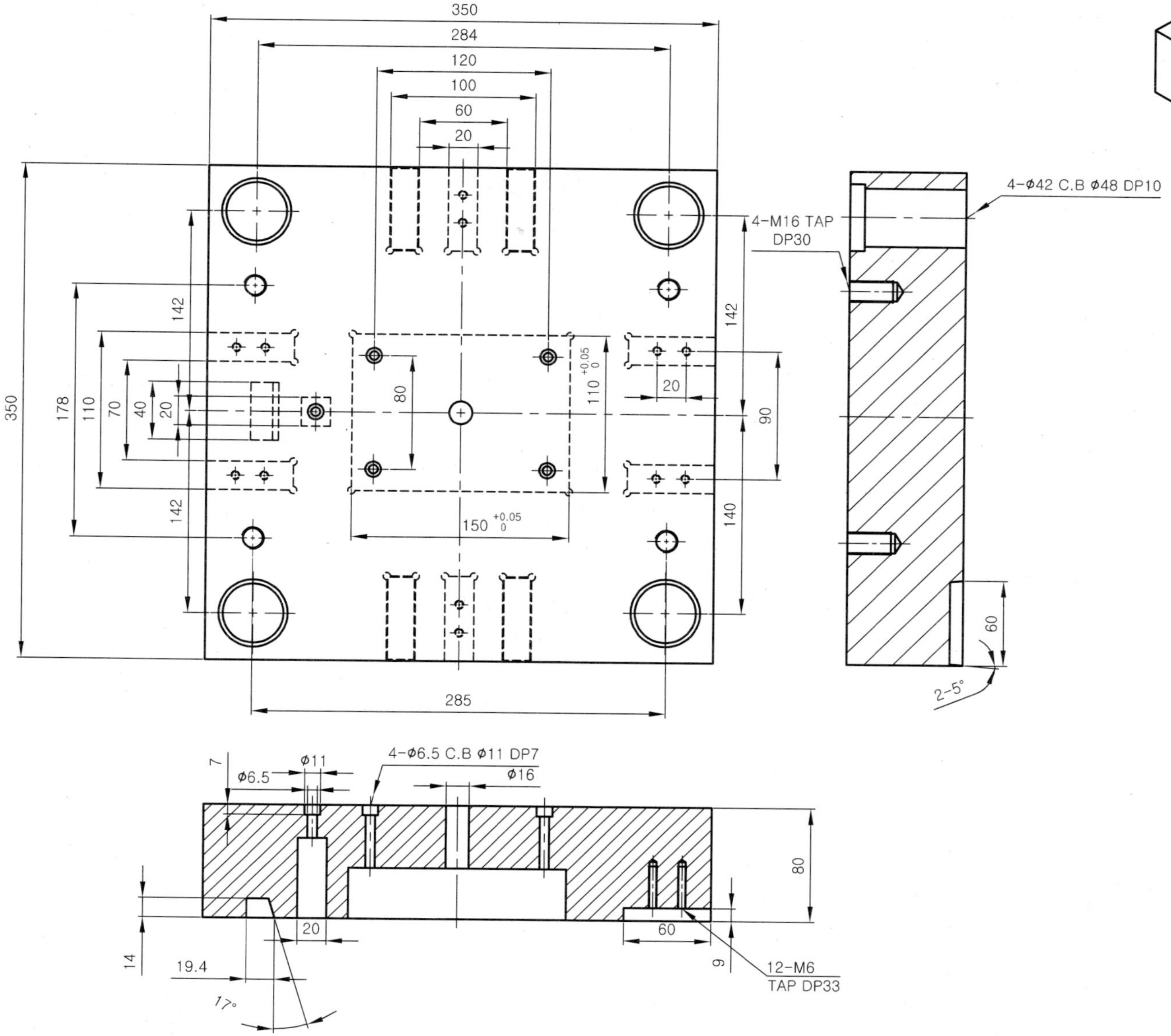

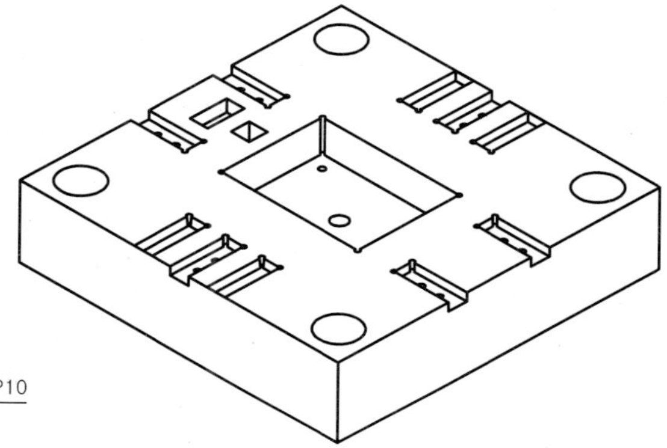

주서

1. 일반공차 - 가공부 : KS B 0412
2. 도시되고 지시없는모따기는 1x45°, 필렛 및 라운드 R3
3. 일반 모따기는 0.3~0.5x45°
4. 게이트 : 다이렉트게이트
5. 캐비티 : 1캐비티
6. 언더컷 처리 : 내측 상,하 슬라이드 구조 및 경사슬라이드 핀을 사용 할 것
6. 표면거칠기는 기호 비교표

$\sqrt{x}$ = $\sqrt{3.2}$, 25S , ▽▽, N9

$\sqrt{y}$ = $\sqrt{0.8}$, 6.3S , ▽▽▽, N7

2	고정측 형판	SM45C	1	
품번	품 명	재질	수량	비고
2단금형(센스커버 다이렉트게이트)			척 도	NS
			각 법	3각법

③ x (y)

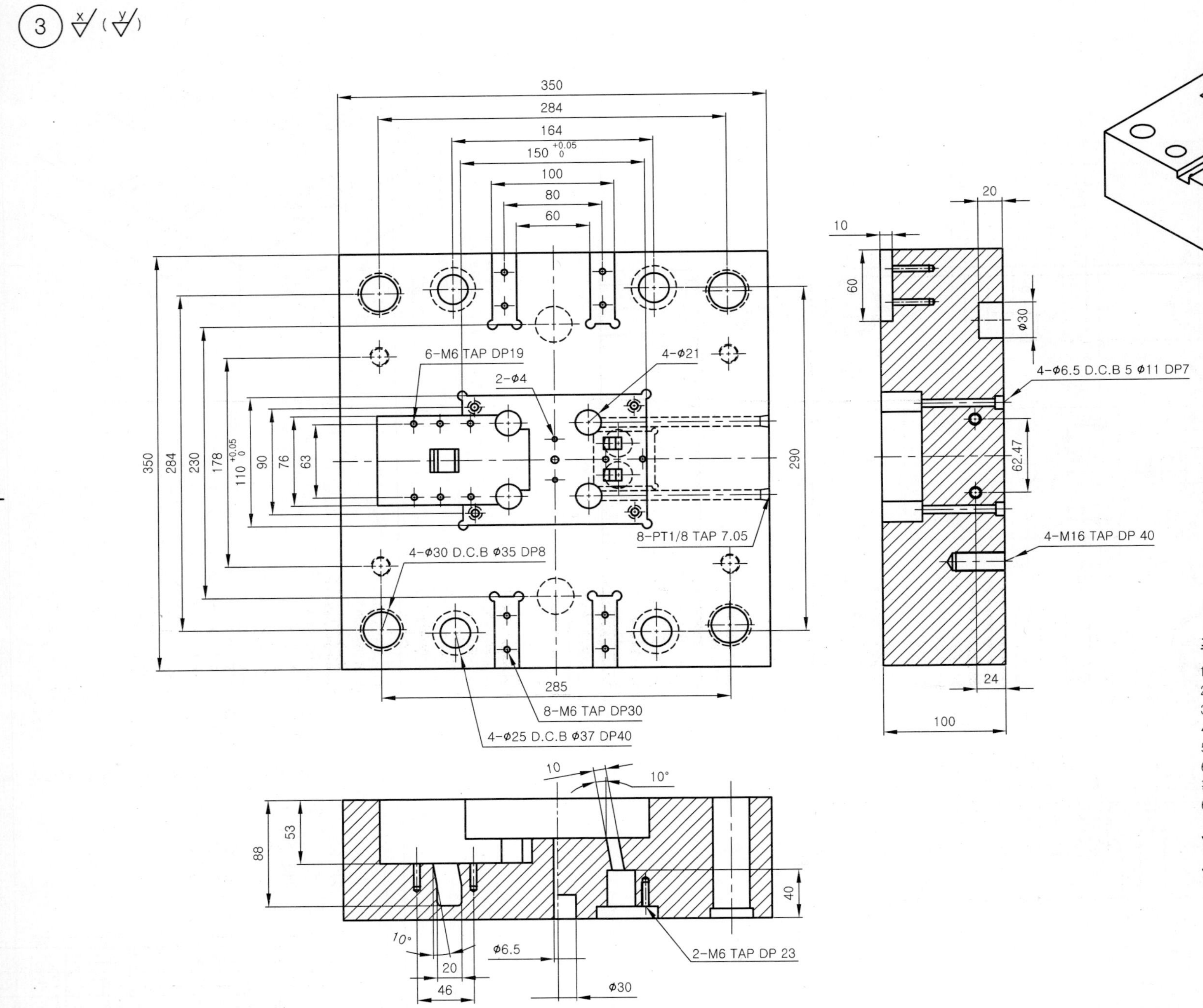

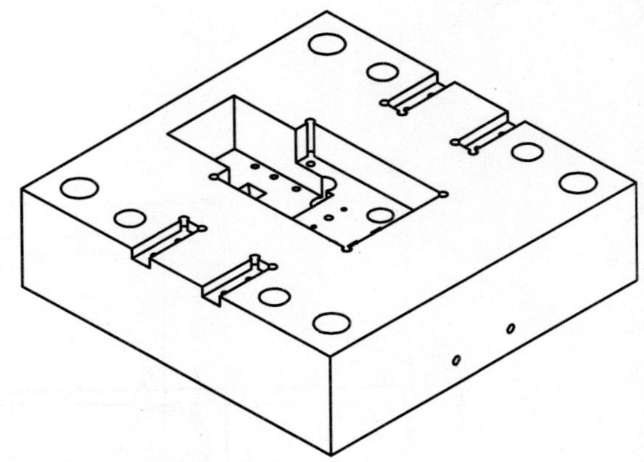

주서

1. 일반공차 - 가공부 : KS B 0412
2. 도시되고 지시없는모따기는 1x45°, 필렛 및 라운드 R3
3. 일반 모따기는 0.3~0.5x45°
4. 게이트 : 다이렉트게이트
5. 캐비티 : 1캐비티
6. 언더컷 처리 : 내측 상,하 슬라이드 구조 및 경사슬라이드 핀을 사용 할 것
6. 표면거칠기는 기호 비교표

x = 3.2, 25S , ▽▽, N9

y = 0.8, 6.3S , ▽▽▽, N7

3	가동측 형판	SM45C	1	
품번	품 명	재질	수량	비고
2단금형(센스커버 다이렉트게이트)			척 도	NS
			각 법	3각법

④ x/ (y/)

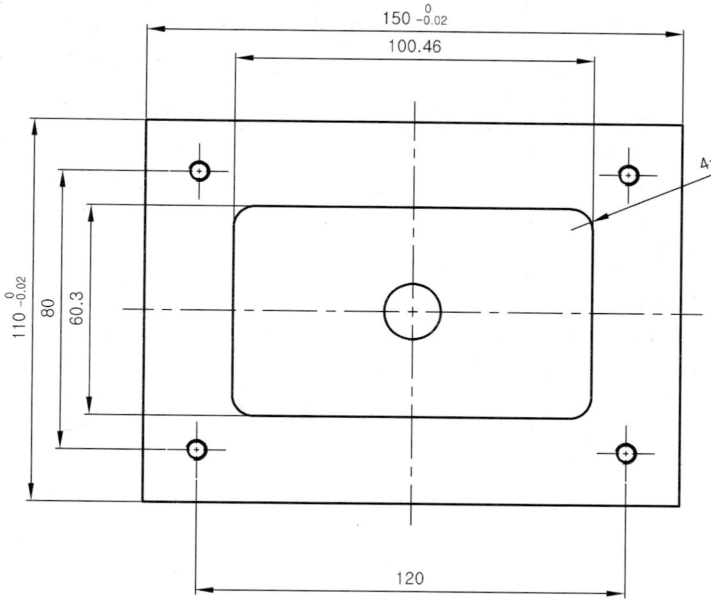

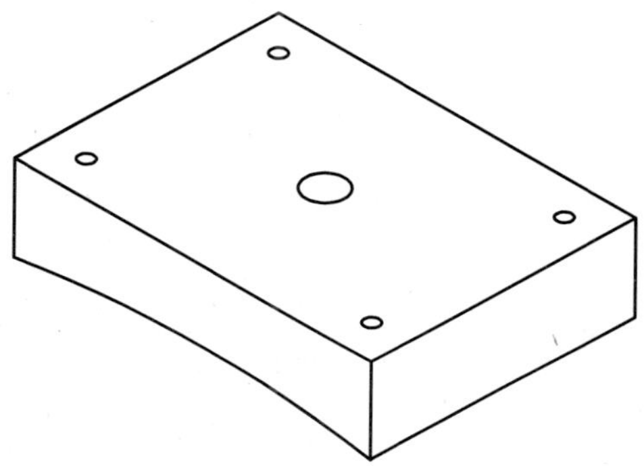

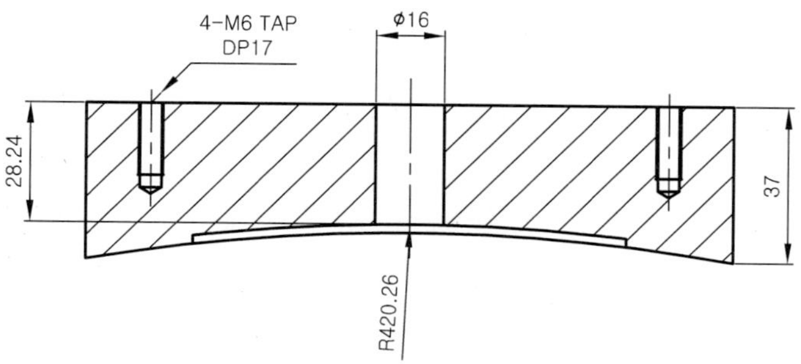

주서

1. 일반공차 - 가공부 : KS B 0412
2. 도시되고 지시없는모따기는 1x45°, 필렛 및 라운드 R3
3. 일반 모따기는 0.3~0.5x45°
4. 게이트 : 다이렉트게이트
5. 캐비티 : 1캐비티
6. 언더컷 처리 : 내측 상,하 슬라이드 구조 및 경사슬라이드 핀을 사용 할 것
6. 표면거칠기는 기호 비교표

x/ = 3.2/ , 25S , ▽▽ , N9

y/ = 0.8/ , 6.3S , ▽▽▽ , N7

4	캐비티	KP4M	1	
품번	품 명	재질	수량	비고
2단금형(센스커버 다이렉트게이트)			척 도	NS
			각 법	3각법

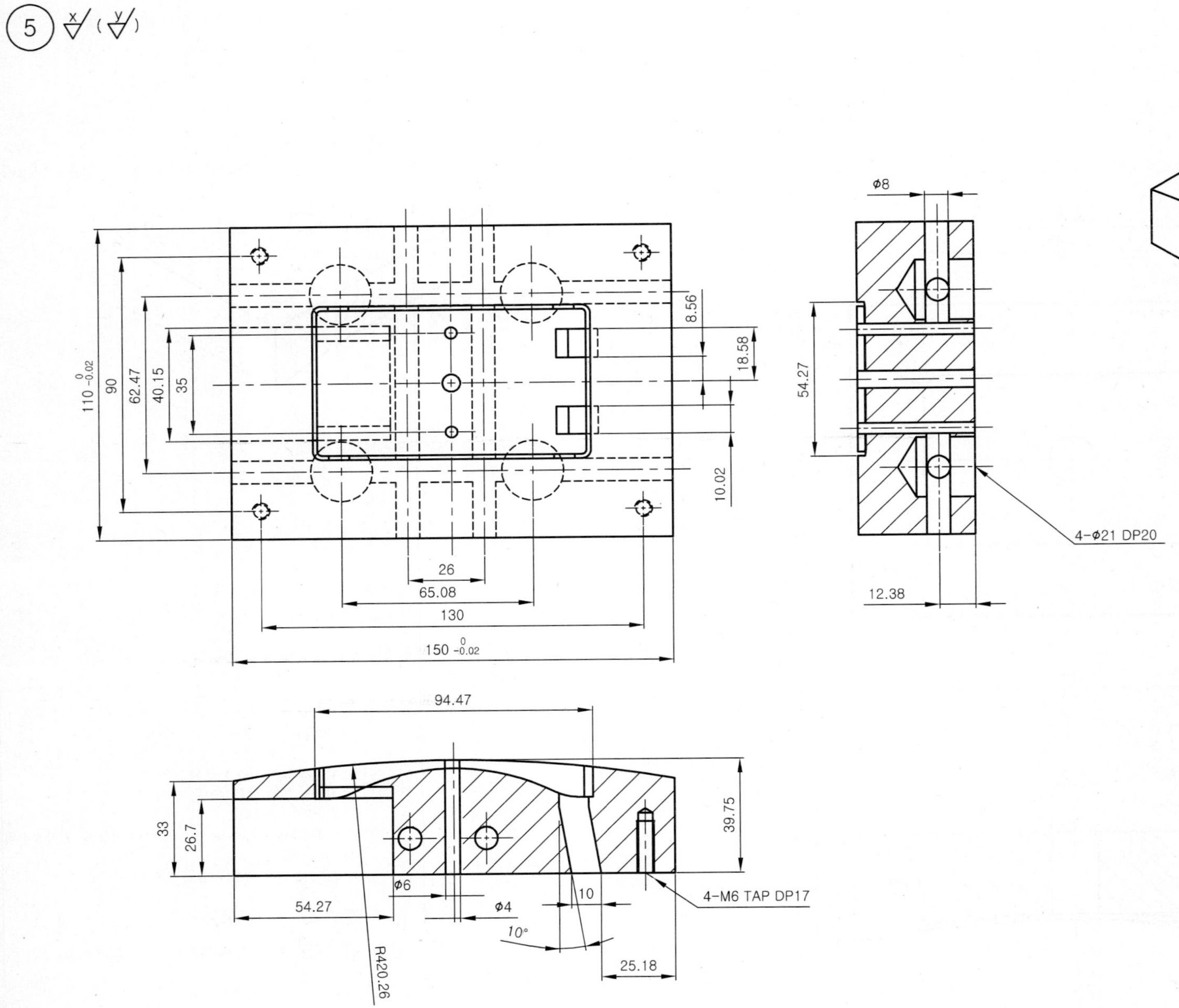

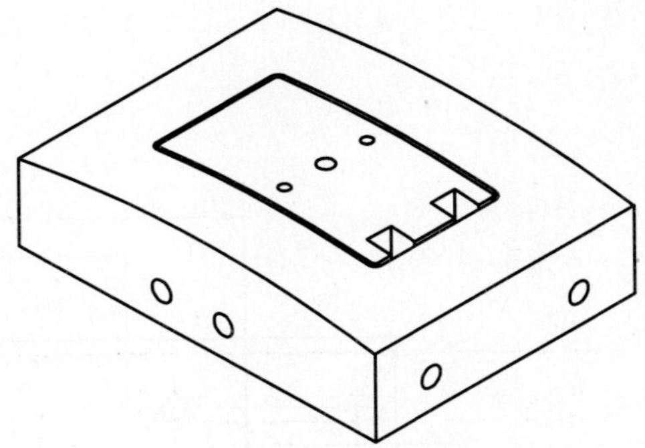

주서

1. 일반공차 – 가공부 : KS B 0412
2. 도시되고 지시없는모따기는 1x45°, 필렛 및 라운드 R3
3. 일반 모따기는 0.3~0.5x45°
4. 게이트 : 다이렉트게이트
5. 캐비티 : 1캐비티
6. 언더컷 처리 : 내측 상,하 슬라이드 구조 및 경사슬라이드 핀을 사용 할 것
6. 표면거칠기는 기호 비교표

x = 3.2, 25S, ▽▽, N9

y = 0.8, 6.3S, ▽▽▽, N7

5	코어	KP4M	1	
품번	품 명	재질	수량	비고
2단금형(센스커버 다이렉트게이트)			척 도	NS
			각 법	3각법

⑥ x (y)

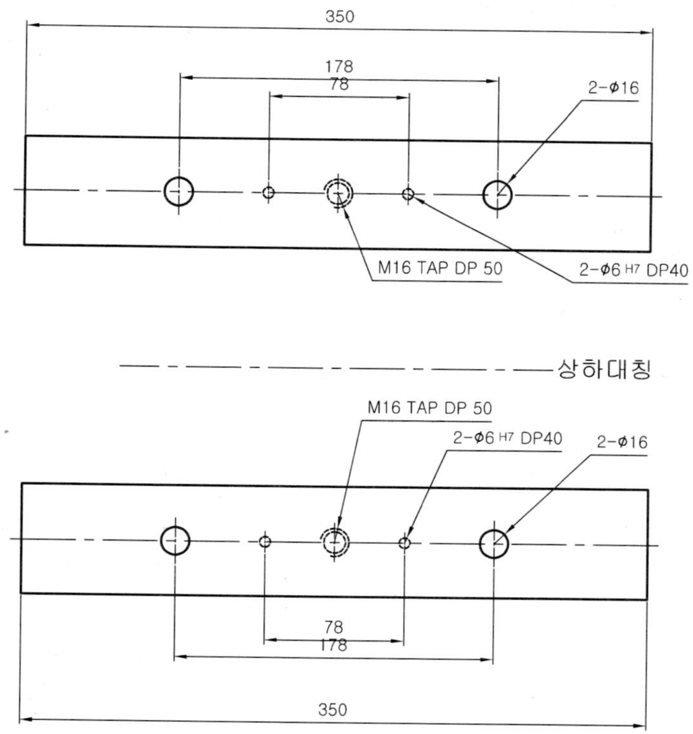

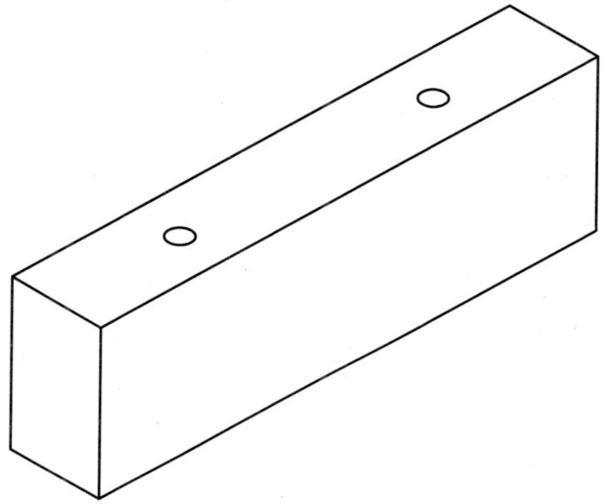

주서

1. 일반공차 - 가공부 : KS B 0412
2. 도시되고 지시없는모따기는 1x45°, 필렛 및 라운드 R3
3. 일반 모따기는 0.3~0.5x45°
4. 게이트 : 다이렉트게이트
5. 캐비티 : 1캐비티
6. 언더컷 처리 : 내측 상,하 슬라이드 구조 및 경사슬라이드 핀을 사용 할 것
6. 표면거칠기는 기호 비교표

x = 3.2, 25S, ▽▽, N9

y = 0.8, 6.3S, ▽▽▽, N7

6	스페이서 블록	SM45C	2	
품번	품 명	재질	수량	비고
2단금형(센스커버 다이렉트게이트)			척 도	NS
			각 법	3각법

⑦ $\overset{x}{\nabla}$/ ($\overset{y}{\nabla}$/)

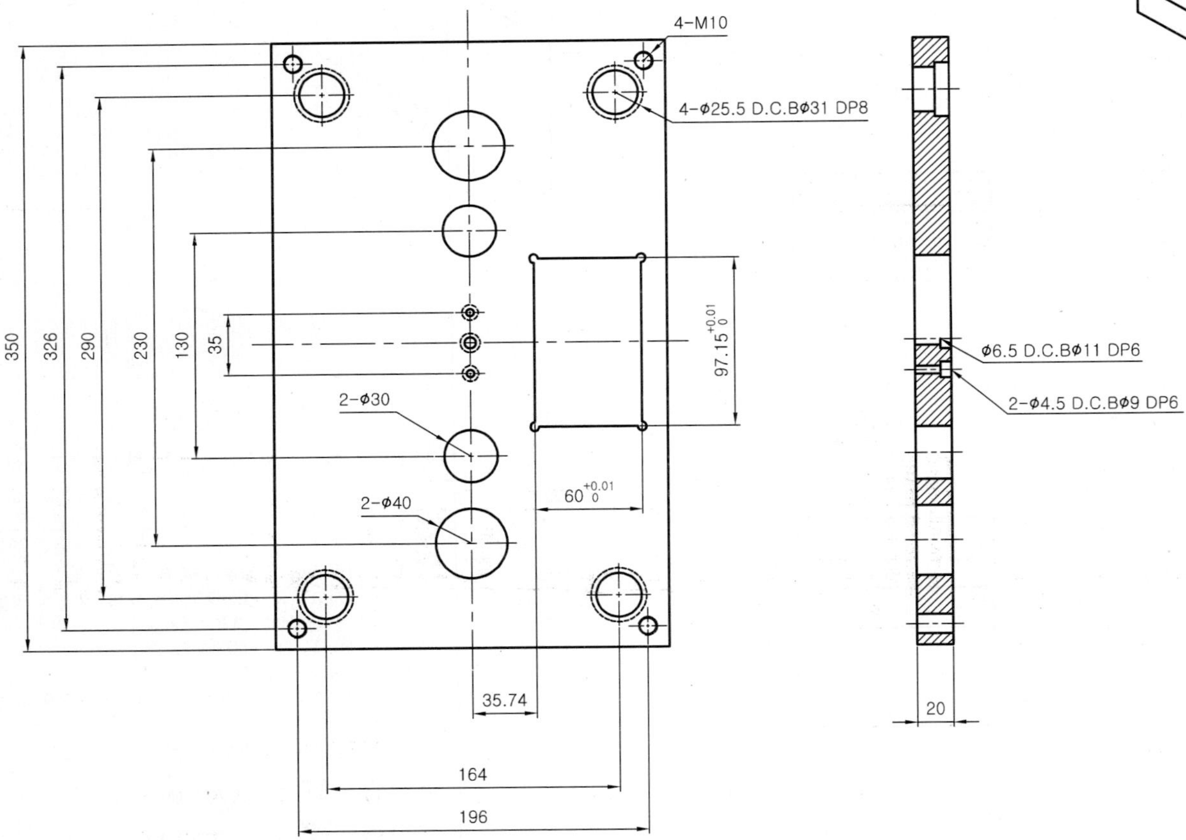

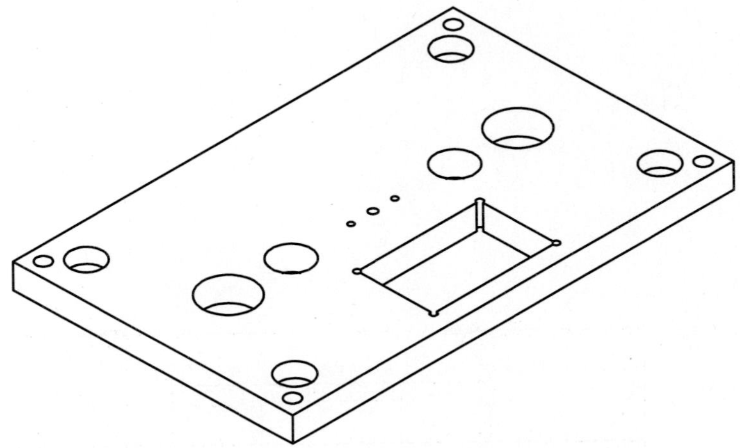

주서

1. 일반공차 – 가공부 : KS B 0412
2. 도시되고 지시없는모따기는 1x45°, 필렛 및 라운드 R3
3. 일반 모따기는 0.3~0.5x45°
4. 게이트 : 다이렉트게이트
5. 캐비티 : 1캐비티
6. 언더컷 처리 : 내측 상,하 슬라이드 구조 및 경사슬라이드 핀을 사용 할 것
6. 표면거칠기는 기호 비교표

$\overset{x}{\nabla}$/ = $\overset{3.2}{\nabla}$/, 25S , ▽▽, N9

$\overset{y}{\nabla}$/ = $\overset{0.8}{\nabla}$/, 6.3S , ▽▽▽, N7

7	이젝트플레이트(상)	SM45C	1	
품번	품 명	재질	수량	비고
2단금형(센스커버 다이렉트게이트)			척 도	NS
			각 법	3각법

⑧ $\overset{x}{\nabla}$ ($\overset{y}{\nabla}$)

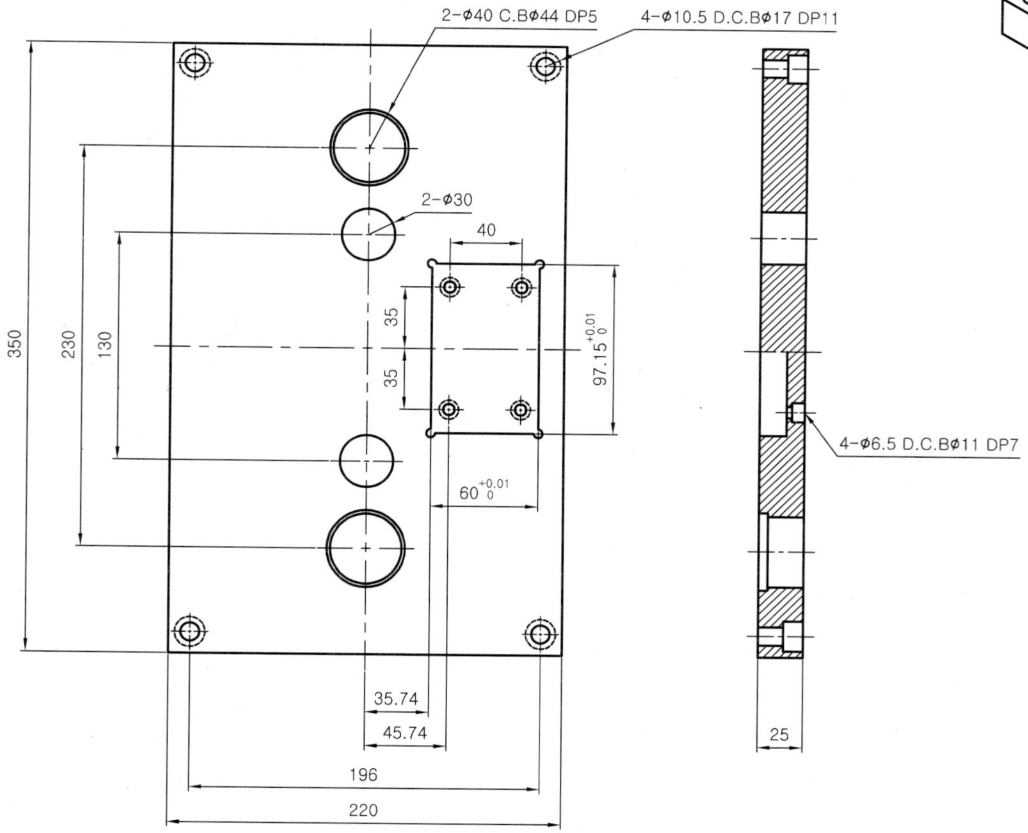

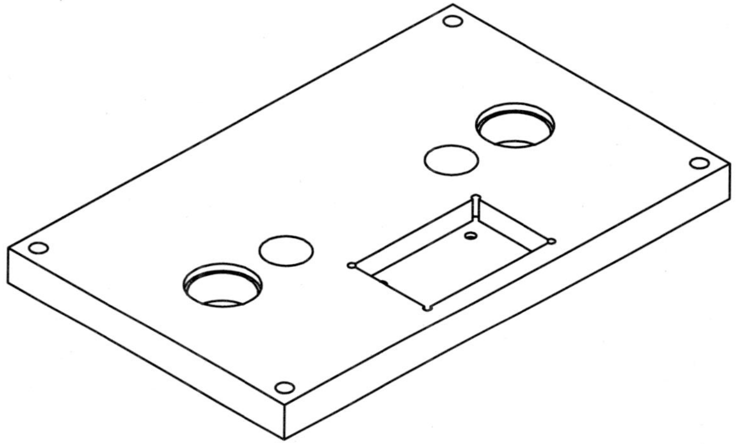

주서

1. 일반공차 - 가공부 : KS B 0412
2. 도시되고 지시없는모따기는 1x45°, 필렛 및 라운드 R3
3. 일반 모따기는 0.3~0.5x45°
4. 게이트 : 다이렉트게이트
5. 캐비티 : 1캐비티
6. 언더컷 처리 : 내측 상,하 슬라이드 구조 및 경사슬라이드 핀을 사용 할 것
6. 표면거칠기는 기호 비교표

$\overset{x}{\nabla}$ = $\overset{3.2}{\nabla}$, 25S , ▽▽, N9

$\overset{y}{\nabla}$ = $\overset{0.8}{\nabla}$, 6.3S , ▽▽▽, N7

8	이젝트플레이트(하)	SM45C	1	
품번	품 명	재질	수량	비고
2단금형(센스커버 다이렉트게이트)			척 도	NS
			각 법	3각법

⑨ x/ (y/)

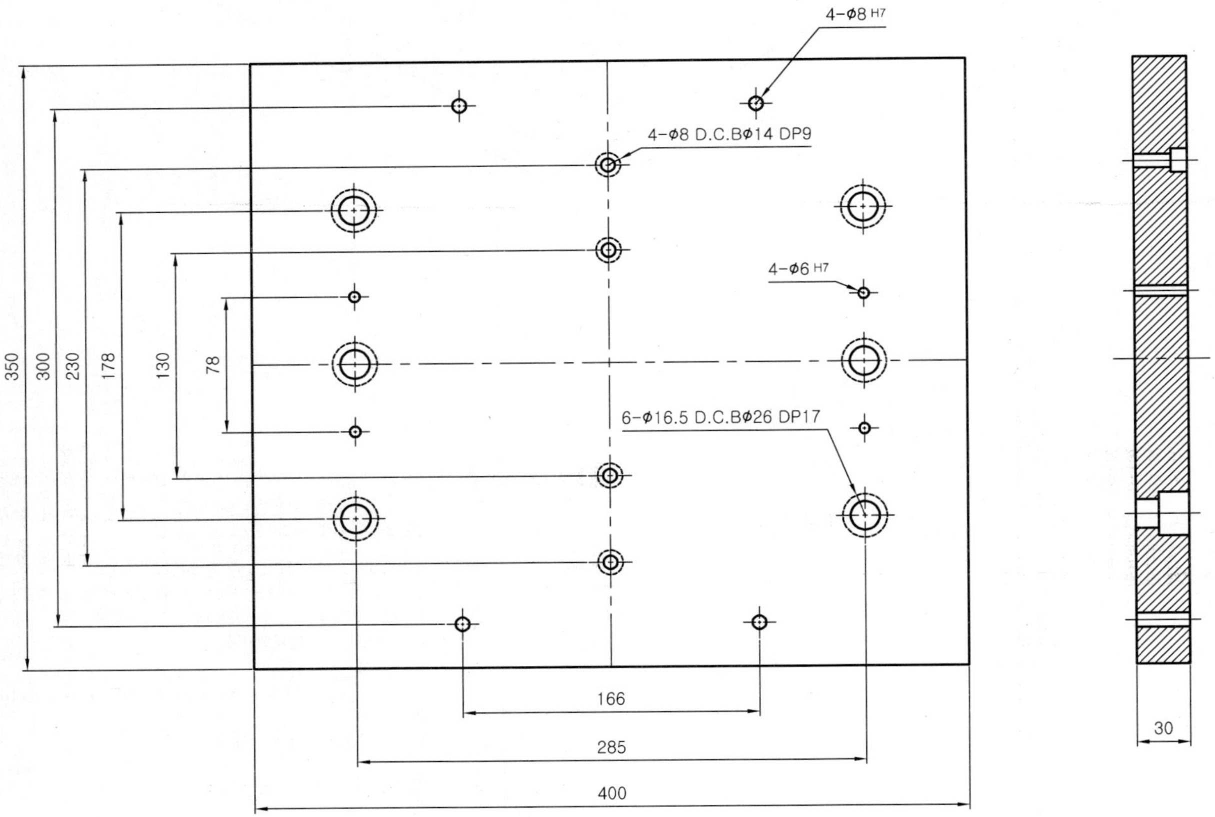

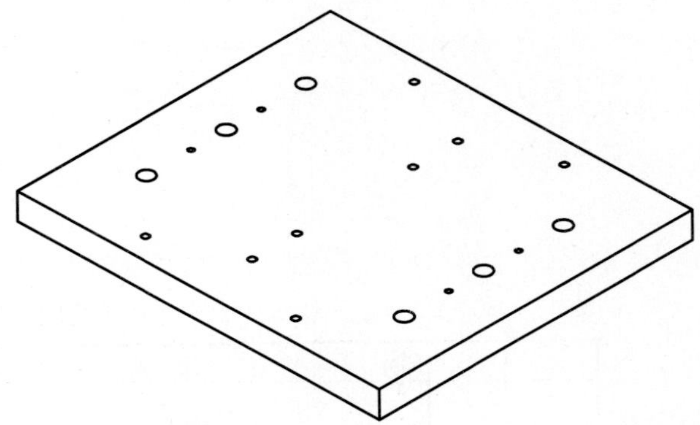

주서

1. 일반공차 - 가공부 : KS B 0412
2. 도시되고 지시없는모따기는 1x45°, 필렛 및 라운드 R3
3. 일반 모따기는 0.3~0.5x45°
4. 게이트 : 다이렉트게이트
5. 캐비티 : 1캐비티
6. 언더컷 처리 : 내측 상,하 슬라이드 구조 및 경사슬라이드 핀을 사용 할 것
6. 표면거칠기는 기호 비교표

x/ = 3.2/, 25S, ▽▽, N9

y/ = 0.8/, 6.3S, ▽▽▽, N7

9	가동측설치판	SM45C	1	
품번	품 명	재질	수량	비고
2단금형(센스커버 다이렉트게이트)			척 도	NS
			각 법	3각법

(18) x/ (y/)

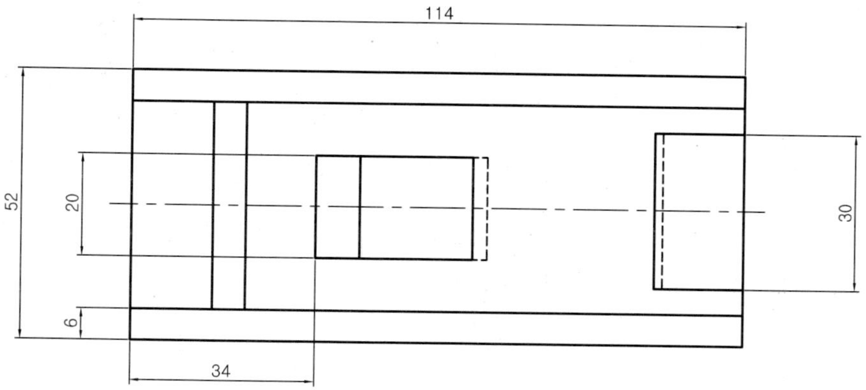

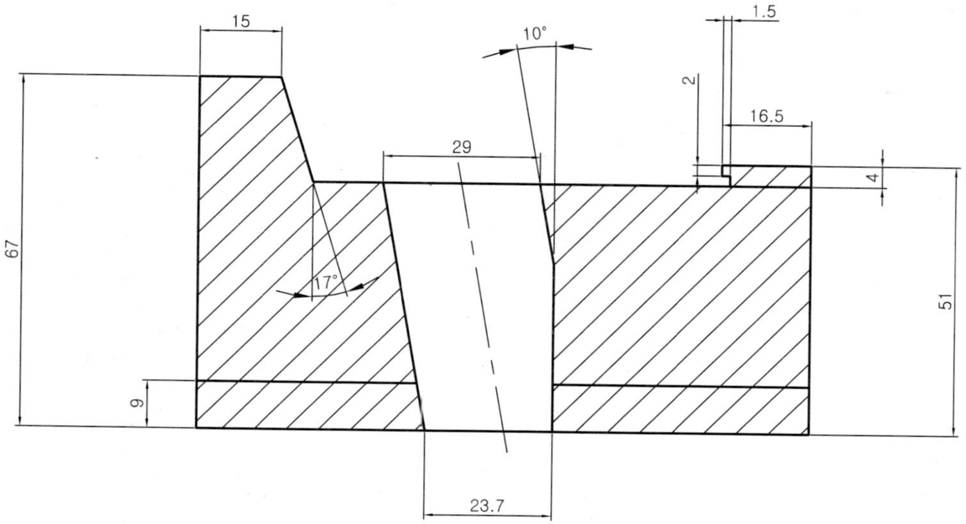

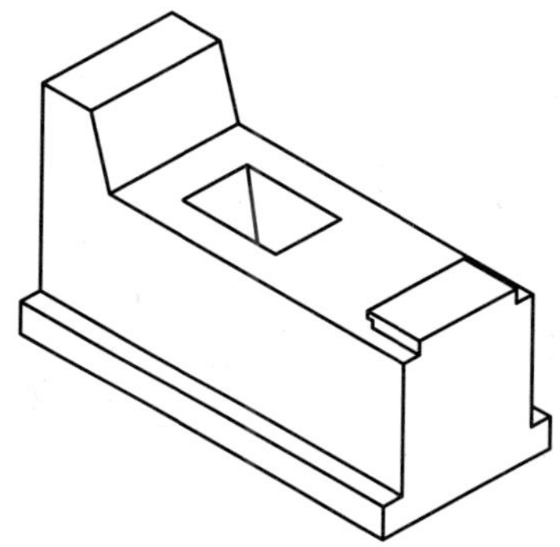

주서

1. 일반공차 - 가공부 : KS B 0412
2. 도시되고 지시없는모따기는 1x45°, 필렛 및 라운드 R3
3. 일반 모따기는 0.3~0.5x45°
4. 게이트 : 다이렉트게이트
5. 캐비티 : 1캐비티
6. 언더컷 처리 : 내측 상,하 슬라이드 구조 및 경사슬라이드 핀을 사용 할 것
6. 표면거칠기는 기호 비교표

x/ = 3.2/ , 25S , ▽▽, N9

y/ = 0.8/ , 6.3S , ▽▽▽, N7

18	슬라이드 코어	STD11	1	HRC58
품번	품 명	재질	수량	비고
2단금형(센스커버 다이렉트게이트)			척 도	NS
			각 법	3각법

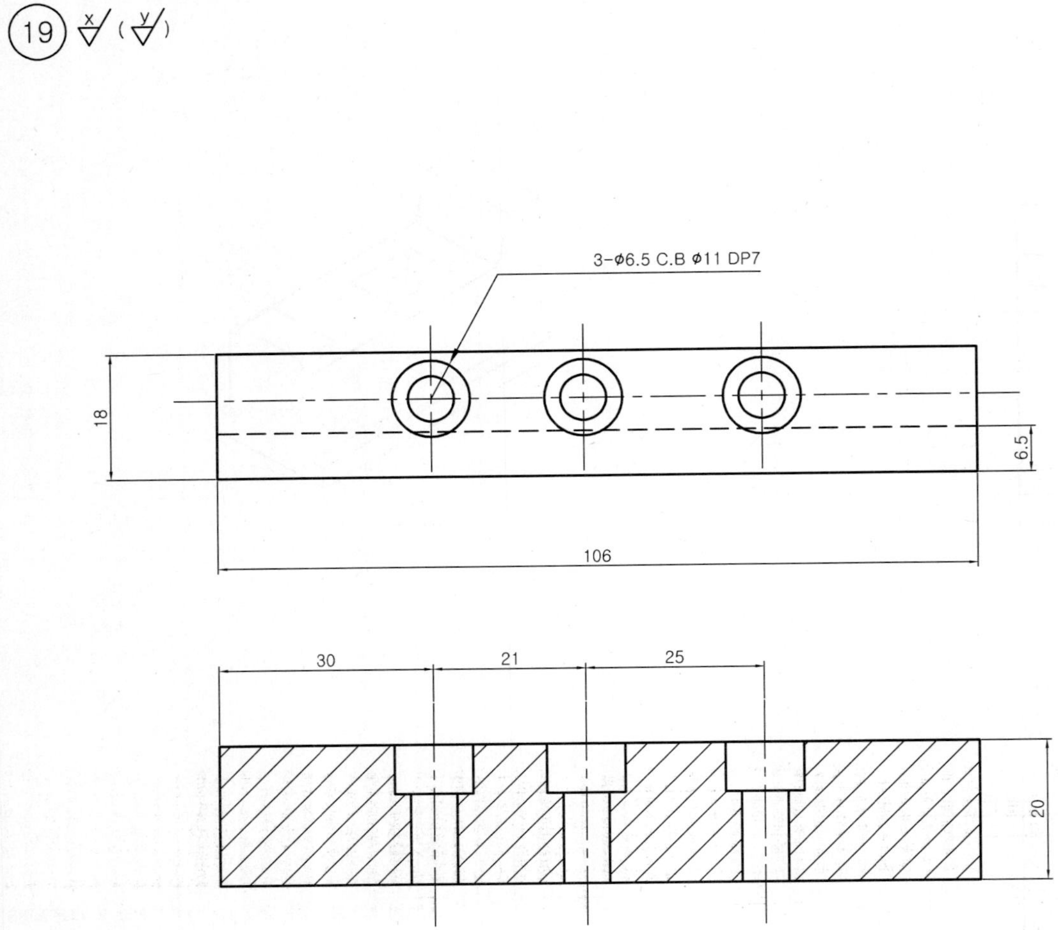

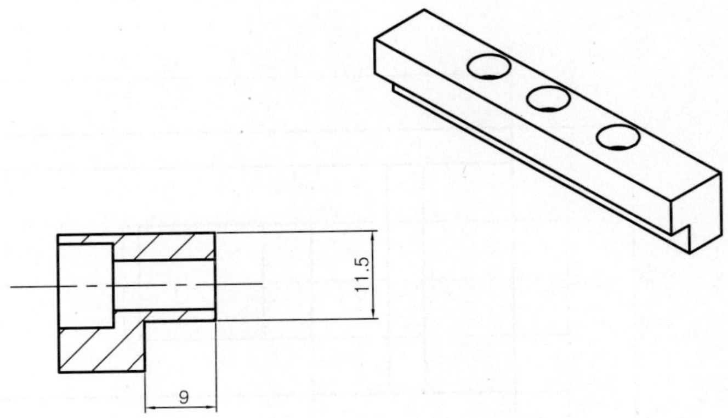

주서

1. 일반공차 - 가공부 : KS B 0412
2. 도시되고 지시없는모따기는 1x45°, 필렛 및 라운드 R3
3. 일반 모따기는 0.3~0.5x45°
4. 게이트 : 다이렉트게이트
5. 캐비티 : 1캐비티
6. 언더컷 처리 : 내측 상,하 슬라이드 구조 및 경사슬라이드 핀을 사용 할 것
6. 표면거칠기는 기호 비교표

x = 3.2 , 25S , ▽▽, N9

y = 0.8 , 6.3S , ▽▽▽, N7

19	가이드 레일	SM45C	2	
품번	품 명	재질	수량	비고
2단금형(센스커버 다이렉트게이트)			척 도	NS
			각 법	3각법

(20) x/ (y/)

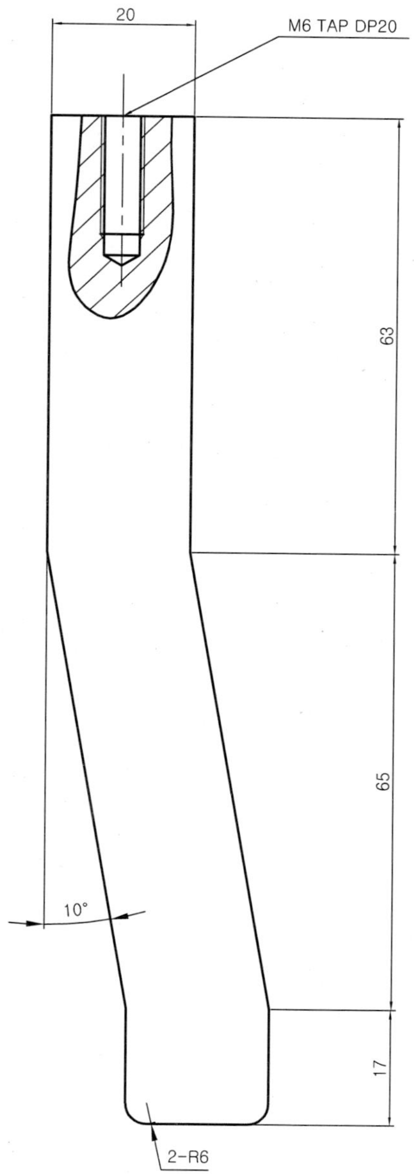

주서

1. 일반공차 - 가공부 : KS B 0412
2. 도시되고 지시없는모따기는 1x45°, 필렛 및 라운드 R3
3. 일반 모따기는 0.3~0.5x45°
4. 게이트 : 다이렉트게이트
5. 캐비티 : 1캐비티
6. 언더컷 처리 : 내측 상,하 슬라이드 구조 및 경사슬라이드 핀을 사용 할 것
6. 표면거칠기는 기호 비교표

x/ = 3.2/ , 25S , ▽▽, N9

y/ = 0.8/ , 6.3S , ▽▽▽, N7

20	도그레그 캠	STB2	1	HRC58
품번	품 명	재질	수량	비고
2단금형(센스커버 다이렉트게이트)			척 도	NS
			각 법	3각법

(21) x/ (y/)

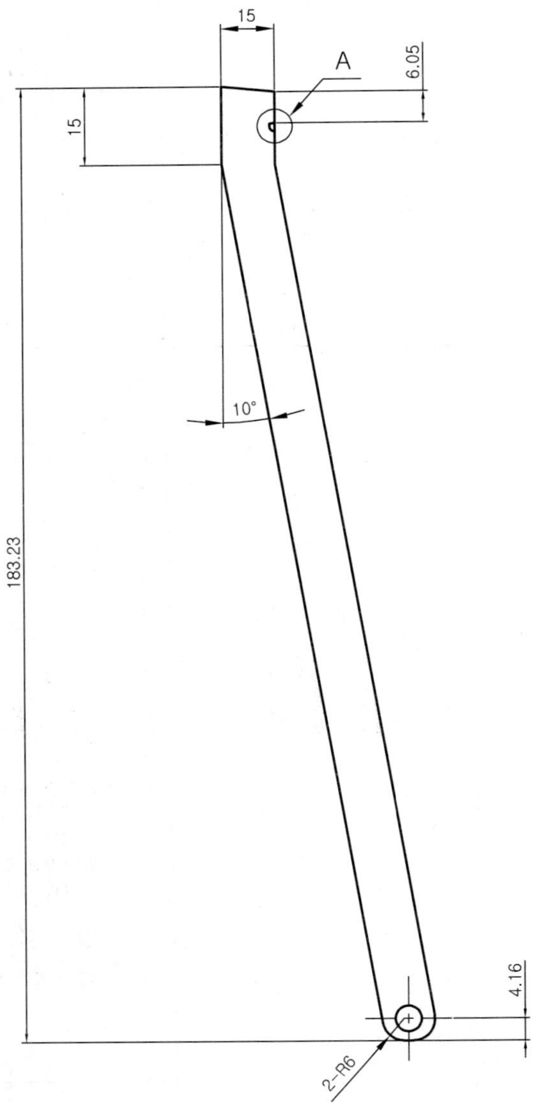

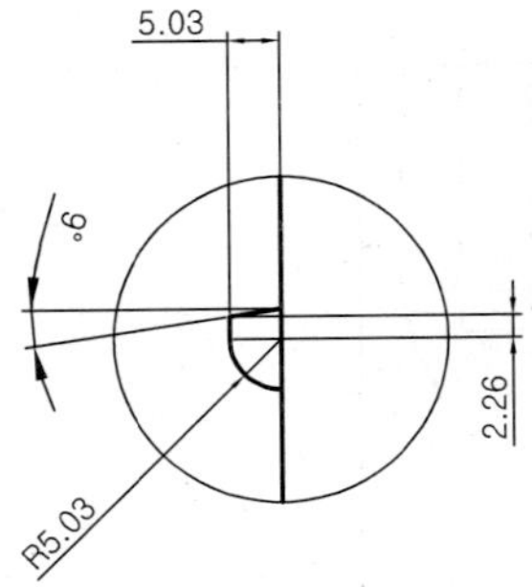

DETAIL A
SCALE 5:1

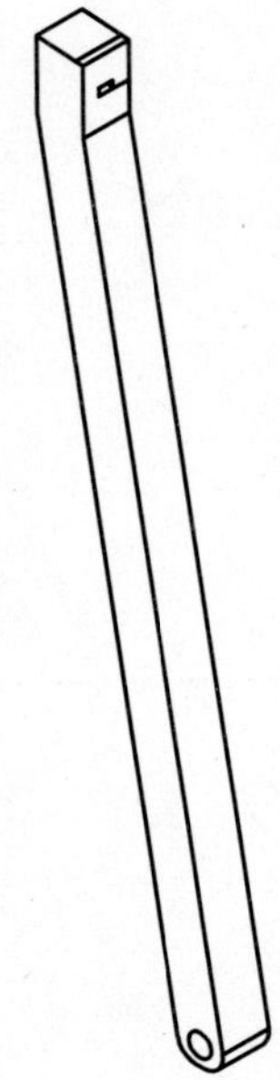

주서

1. 일반공차 - 가공부 : KS B 0412
2. 도시되고 지시없는모따기는 1x45°, 필렛 및 라운드 R3
3. 일반 모따기는 0.3~0.5x45°
4. 게이트 : 다이렉트게이트
5. 캐비티 : 1캐비티
6. 언더컷 처리 : 내측 상,하 슬라이드 구조 및 경사슬라이드 핀을 사용 할 것
6. 표면거칠기는 기호 비교표

x/ = 3.2/ , 25S , ▽▽, N9
y/ = 0.8/ , 6.3S , ▽▽▽, N7

21	변형밀핀	STD3	2	HRC58
품번	품 명	재질	수량	비고
2단금형(센스커버 다이렉트게이트)			척 도	NS
			각 법	3각법

(22) x/ (y/)

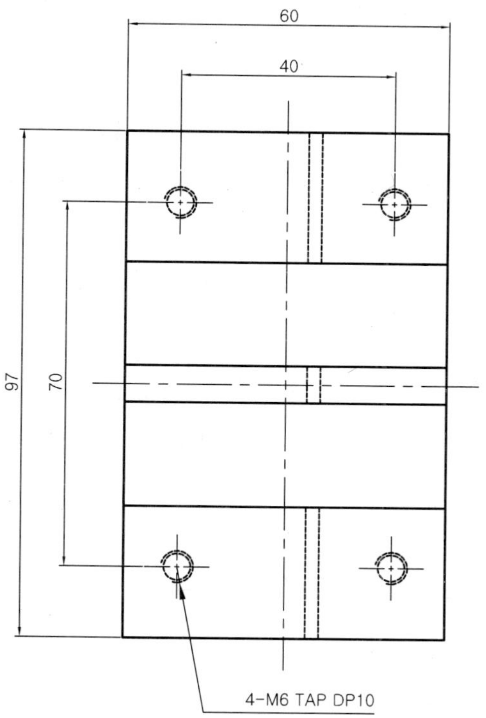

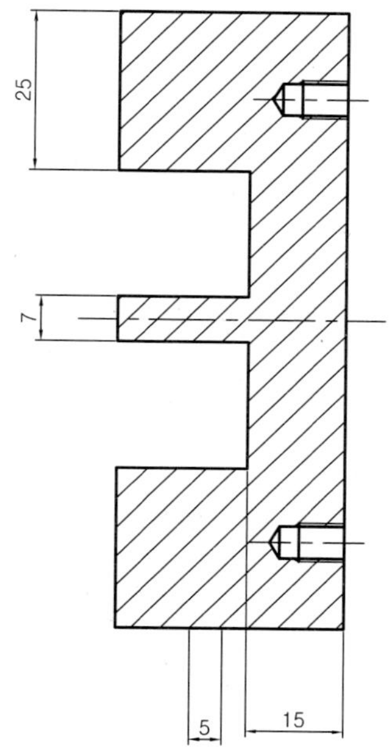

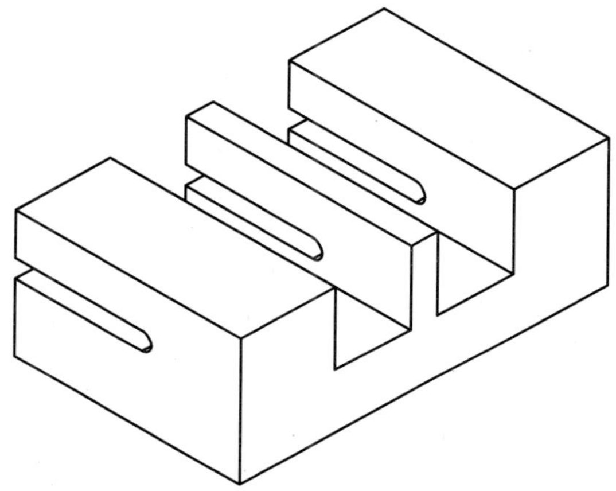

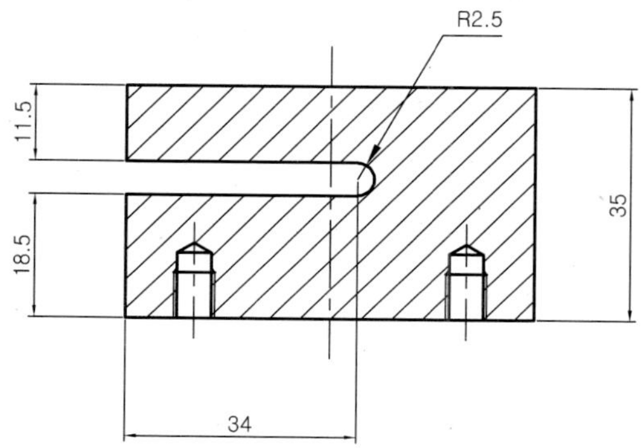

주서

1. 일반공차 - 가공부 : KS B 0412
2. 도시되고 지시없는모따기는 1x45°, 필렛 및 라운드 R3
3. 일반 모따기는 0.3~0.5x45°
4. 게이트 : 다이렉트게이트
5. 캐비티 : 1캐비티
6. 언더컷 처리 : 내측 상,하 슬라이드 구조 및 경사슬라이드 핀을 사용 할 것
6. 표면거칠기는 기호 비교표

x/ = 3.2/ , 25S , ▽▽ , N9

y/ = 0.8/ , 6.3S , ▽▽▽ , N7

22	변형밀핀 가이드	SM45C	1	
품번	품 명	재질	수량	비고
2단금형(센스커버 다이렉트게이트)			척 도	NS
			각 법	3각법

(24) x (y)

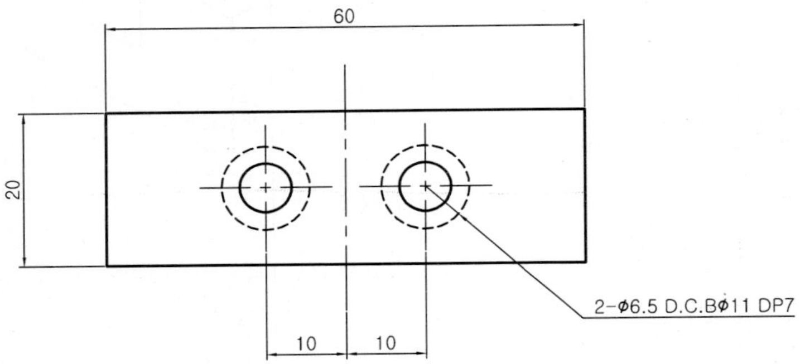

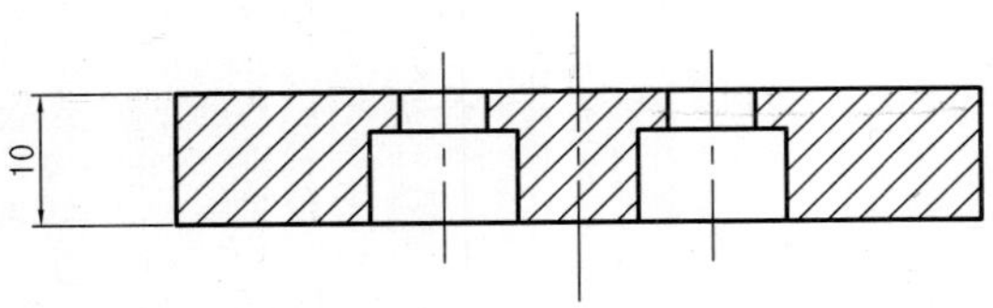

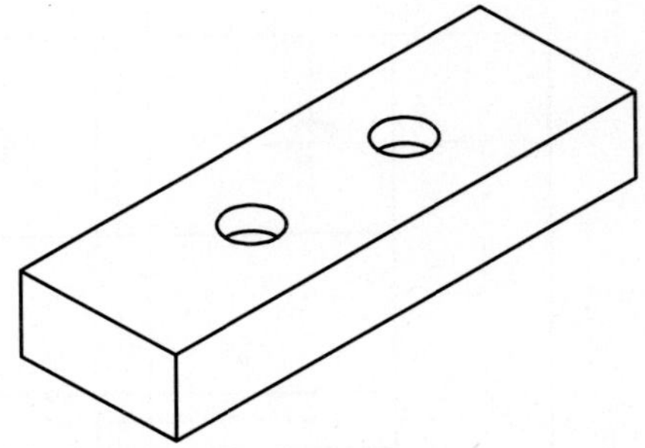

주서

1. 일반공차 - 가공부 : KS B 0412
2. 도시되고 지시없는모따기는 1x45°, 필렛 및 라운드 R3
3. 일반 모따기는 0.3~0.5x45°
4. 게이트 : 다이렉트게이트
5. 캐비티 : 1캐비티
6. 언더컷 처리 : 내측 상,하 슬라이드 구조 및 경사슬라이드 핀을 사용 할 것
6. 표면거칠기는 기호 비교표

x = 3.2, 25S, ▽▽, N9

y = 0.8, 6.3S, ▽▽▽, N7

24	파팅플레이트	SM45C	6	
품번	품 명	재질	수량	비고
2단금형(센스커버 다이렉트게이트)			척 도	NS
			각 법	3각법

(25) x (y)

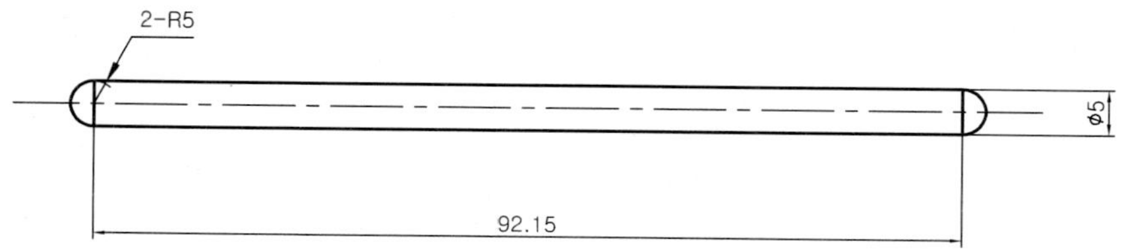

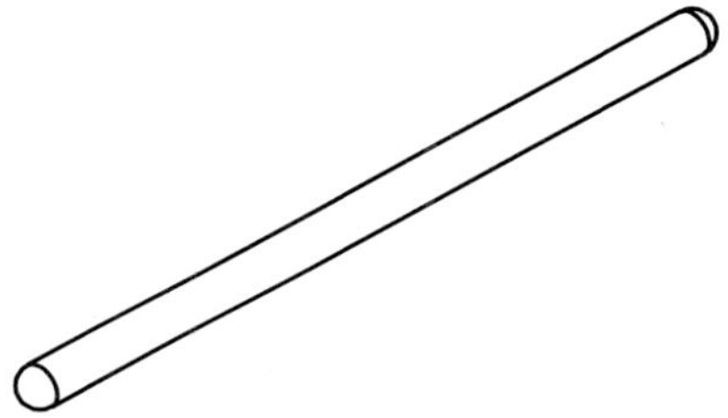

주서

1. 일반공차 - 가공부 : KS B 0412
2. 도시되고 지시없는모따기는 1x45°, 필렛 및 라운드 R3
3. 일반 모따기는 0.3~0.5x45°
4. 게이트 : 다이렉트게이트
5. 캐비티 : 1캐비티
6. 언더컷 처리 : 내측 상,하 슬라이드 구조 및 경사슬라이드 핀을 사용 할 것
6. 표면거칠기는 기호 비교표

x = 3.2, 25S, ▽▽, N9

y = 0.8, 6.3S, ▽▽▽, N7

25	핀	STC3	1	HRC58
품번	품 명	재질	수량	비고
2단금형(센스커버 다이렉트게이트)			척 도	NS
			각 법	3각법

26 x (y)

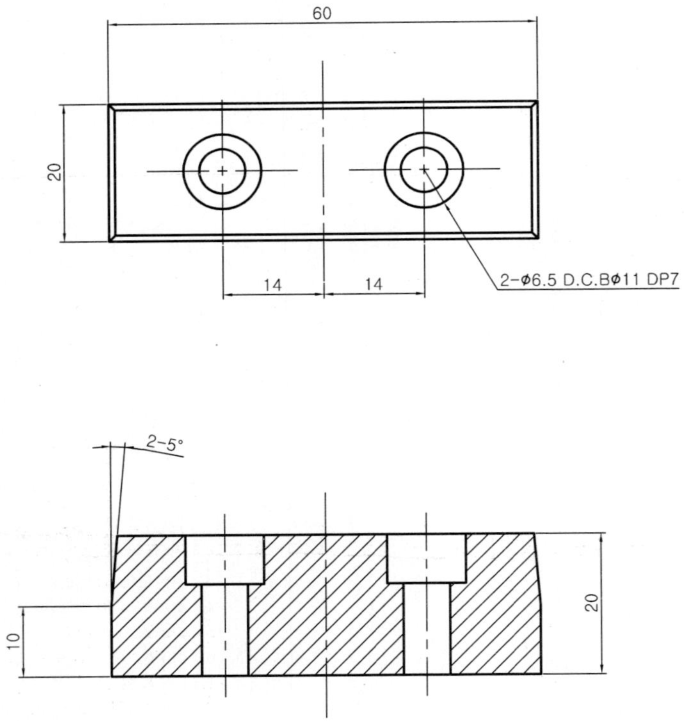

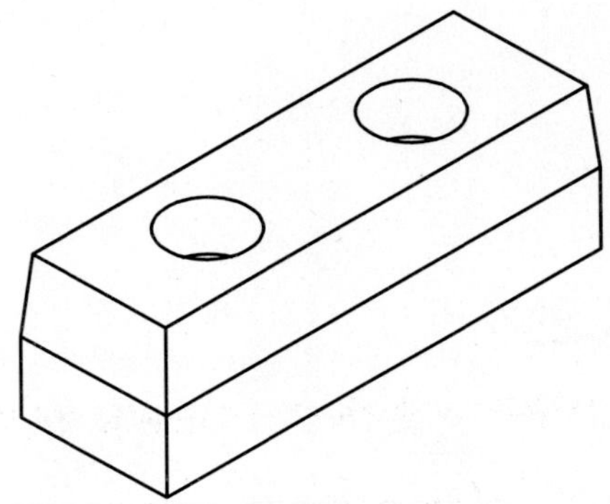

주서

1. 일반공차 - 가공부 : KS B 0412
2. 도시되고 지시없는모따기는 1x45°, 필렛 및 라운드 R3
3. 일반 모따기는 0.3~0.5x45°
4. 게이트 : 다이렉트게이트
5. 캐비티 : 1캐비티
6. 언더컷 처리 : 내측 상,하 슬라이드 구조 및 경사슬라이드 핀을 사용 할 것
6. 표면거칠기는 기호 비교표

x = 3.2, 25S , ▽▽, N9

y = 0.8, 6.3S , ▽▽▽, N7

26	인로우	STC3	4	HRC58
품번	품 명	재질	수량	비고
2단금형(센스커버 다이렉트게이트)			척 도	NS
			각 법	3각법

2.4 2단금형(Upper hook cover 1캐비티)

▮ 요구사항

1) 2D제품도 & 3차원 solid model를 이용한 설계
2) 적용 수지 : ABS, 수축률 5/1000, 빼기구배(3°)를 적용할 것.
3) 사출성형기 사양 : 고정측 중앙부 구멍 직경∅100mm, 사출 노즐의 선단직경은 19mm, 사출기 노즐직경은 ∅3mm.
4) 금형 종류 : 2단표준금형(받침판〈support plate〉 없음, single cavity)
5) resin delivery system : gate 위치와 형식은 설계자가 결정할 것.
6) 취출시스템 6-1) ejector pin : 원형 사용(직경, 수량은 설계자가 결정).
   6-2) slide : angular pin을 이용한 슬라이딩 구조. ※예 : 슬라이드부품(앵귤러핀, 로킹블럭, 가이드레일, 스토퍼 등)
   6-3) 내측 under cut 처리 : 경사슬라이드(or 변형밀핀)를 사용할 것.
7) 형상부 7-1) cavity : 모든 요소를 형판일체형으로 설계할 것.
   7-2) core : 1개의 core 블록을 사용하여 설계할 것이며, 제시된 모델 특성상 인서트가 필요하다고 판단되더라도 별도 인서트 코어는 사용하지 말 것.
   7-3) 형상부 설계 및 저장 : 분할 작업을 통하여 고정측, 가동측 별도로 설계
8) 냉각시스템 8-1) 고정측 냉각 : 직선형 냉각회로를 사용할 것이며, nipple 등을 설치하기 위한 tap형상 등은 설계하지 않아도 됨.
   8-2) 가동측 냉각 : 코어 냉각은 설계자가 고려하여 수행할 것.
9) Moldbase 9-1) 2단 moldbase를 선정하고 설계자가 사양을 선택하여 결정할 것.
   9-2) bolt, O-ring, eye-bolt-tap, tap 등은 설계하지 않아도 됨.

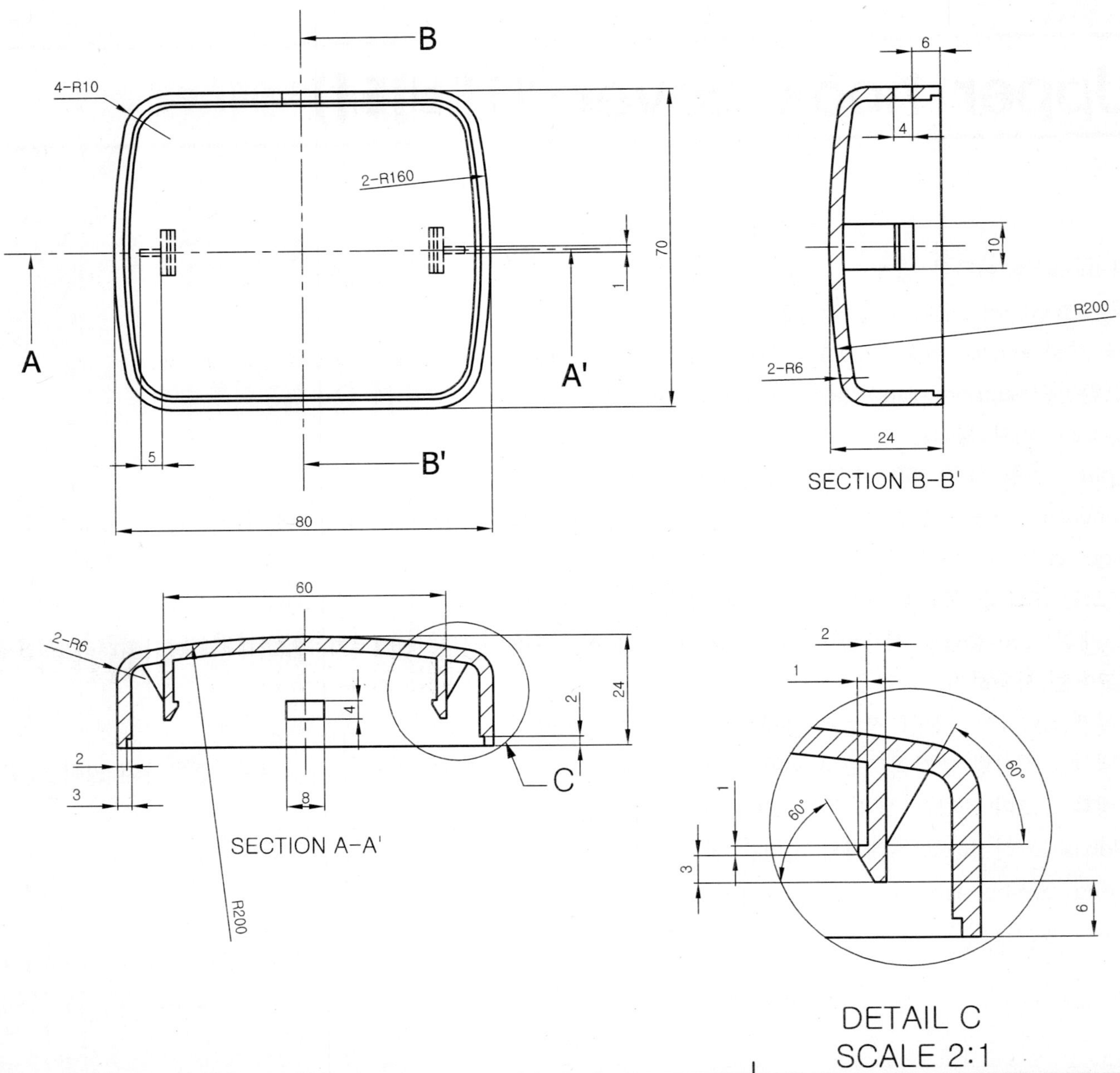

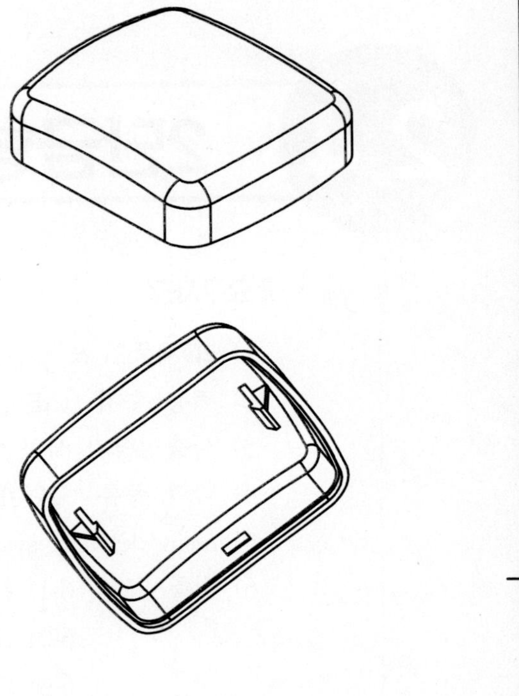

주서

1. 일반공차 – 가공부 : KS B 0412
2. 도시되고 지시없는모따기는 1x45°, 필렛 및 라운드 R3
3. 일반 모따기는 0.3~0.5x45°
4. 표면거칠기는 기호 비교표
5. 수축률 : 0.005
6. Direct Gate를 사용
7. 1 Cavity 적용
8. 형판일체형으로 설계할 것
9. 몰드베이스 SC4040 적용

x/ = 3.2/, 25S, ▽▽, N9

y/ = 0.8/, 6.3S, ▽▽▽, N7

0	Product	ABS	1	
품 번	품 명	재 질	수 량	비 고
작품명	UPPER-HOOK COVER		척 도	1.5 : 1
			투상법	3각법

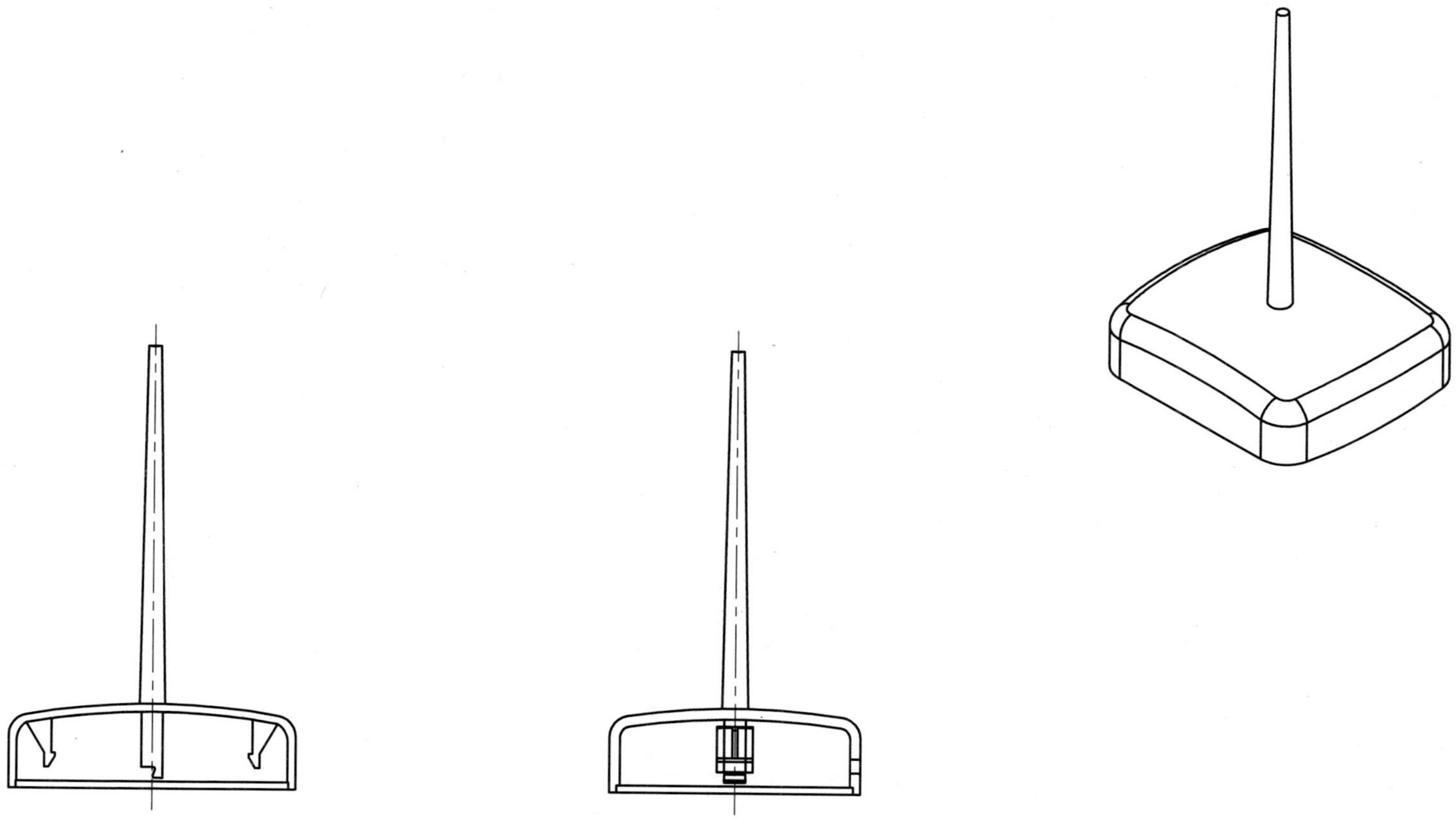

0	유동기구	ABS	1	
품 번	품 명	재 질	수 량	비 고
작품명	UPPER-HOOK COVER		척 도	1 : 1
			투상법	3각법

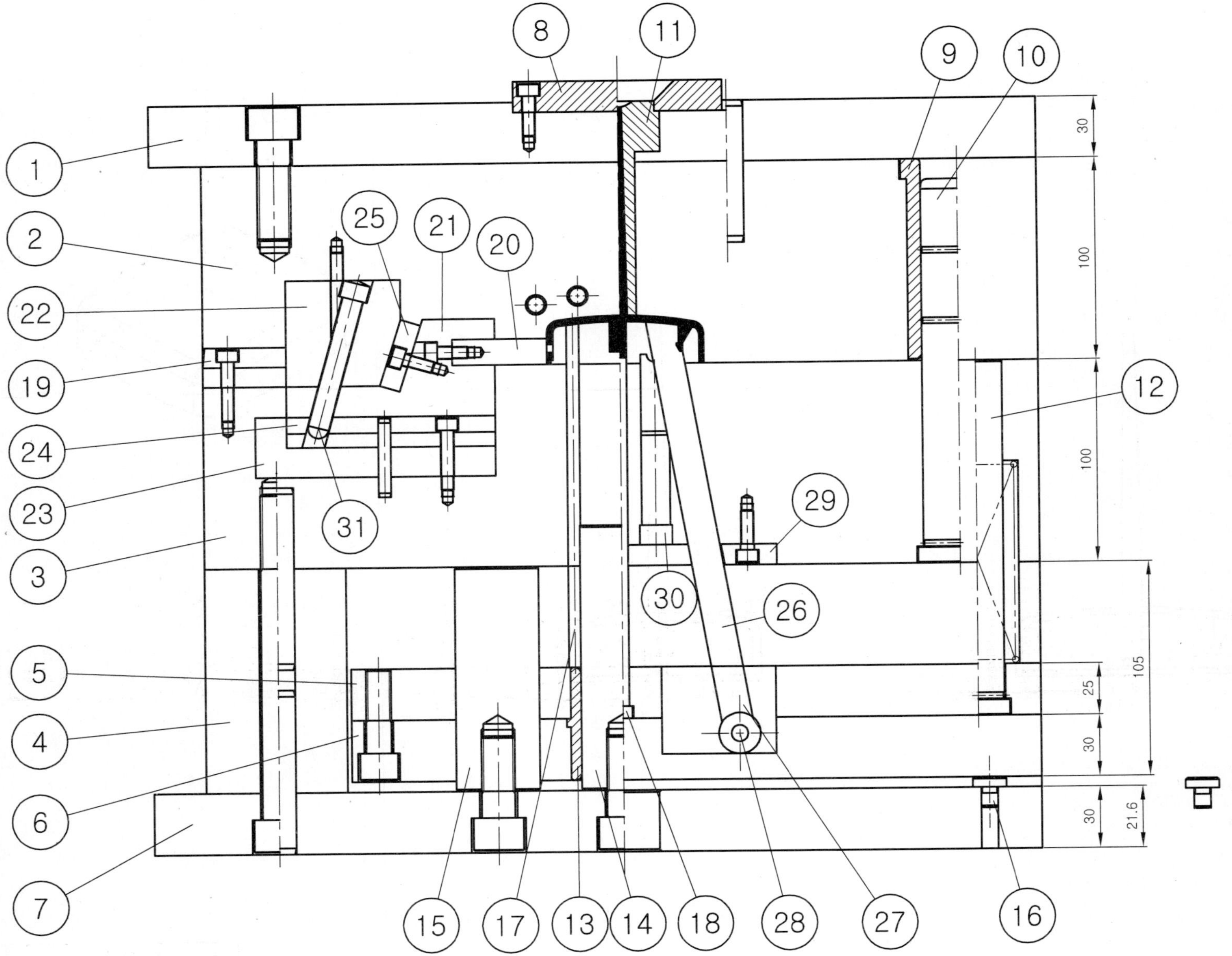

품번	품 명	재질	수량	비고
31	앵귤러 핀	STB2	1	HRC58
30	배플	SM45C	2	
29	연마판	SM45C	1	
28	핀	STC3	2	HRC58
27	바퀴	STC3	4	HRC58
26	변형밀핀	STC3	2	HRC58
25	연마판	SM45C	1	
24	가이드 레일	SM45C	2	
23	연마판	SM45C	1	
22	로킹 블록	STD11	1	HRC58
21	슬라이드 코어	STD11	1	HRC58
20	코어 '편'	STD11	1	HRC58
19	인로우	SM45C	4	
18	스프루 록 핀	STD61	1	HRC50
17	이젝터 핀	STD61	4	HRC50
16	스톱 핀	SM45C	4	HRC46
15	서포트 필러	SM45C	2	HRC58
14	이젝터가이드핀	STB2	2	HRC58
13	이젝터가이드부시	STB2	2	HRC58
12	리턴 핀	STB2	4	HRC58^{+2}_{0}
11	스프루 부시	STD61	1	HRC48
10	가이드 핀	STB2	4	HRC58^{+2}_{0}
9	가이드 부시	STB2	4	HRC58^{+2}_{0}
8	로케이트 링	SM45C	1	
7	가동측 설치판	SM45C	1	
6	이젝터 플레이트(하)	SM45C	1	
5	이젝터 플레이트(상)	SM45C	1	
4	스페이서 블록	SM45C	2	
3	가동측 형판	SM45C	1	
2	고정측 형판	SM45C	1	
1	고정측 설치판	SM45C	1	
2단금형(upper hook cover 1캐비티)			척도	NS
			각법	3각법

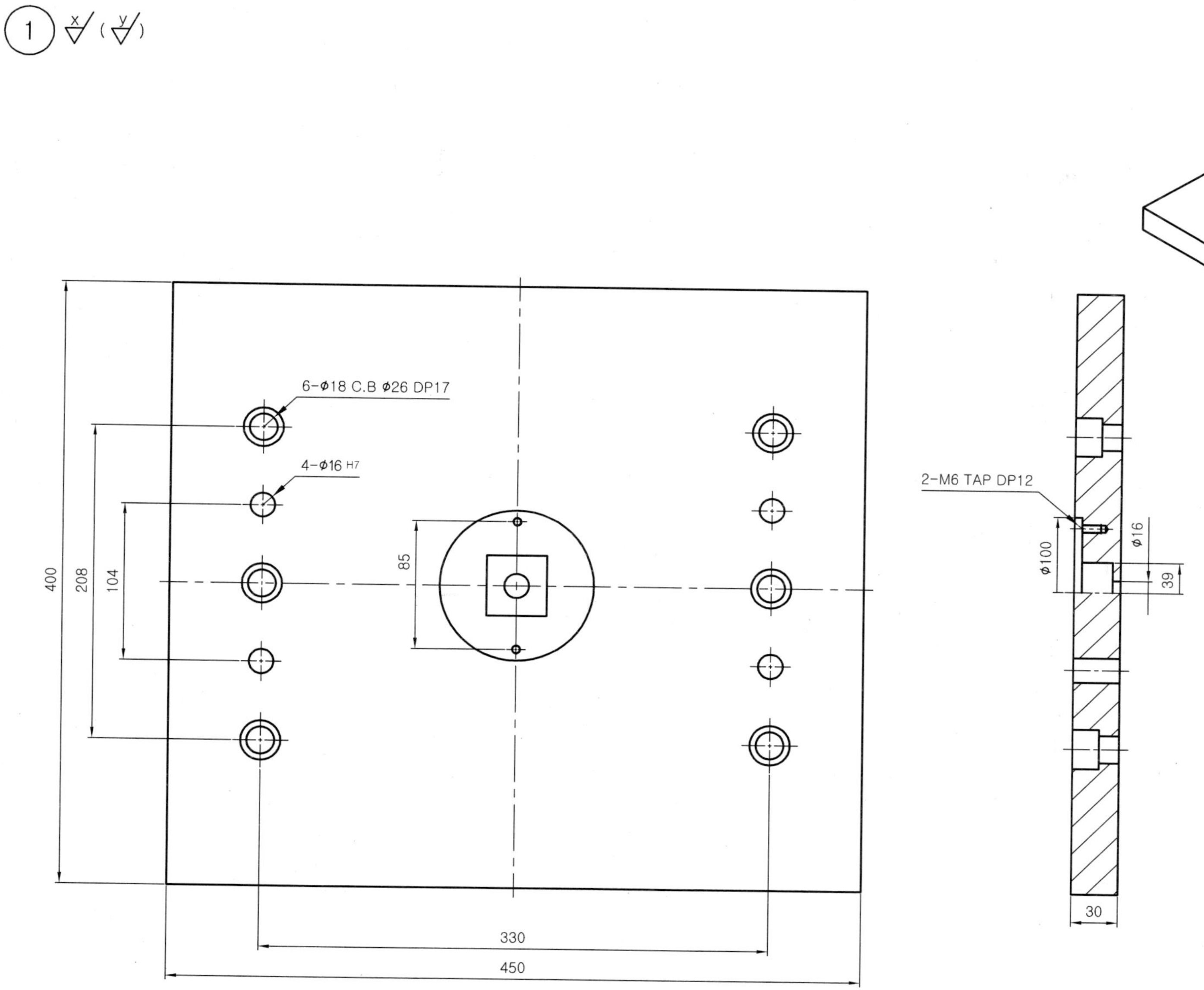

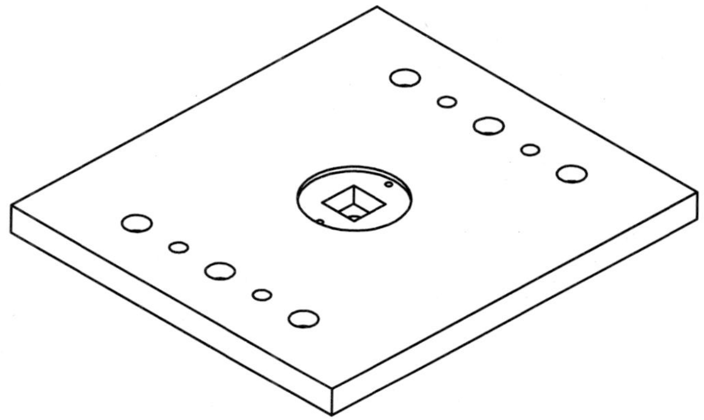

주서

1. 일반공차 - 가공부 : KS B 0412
2. 도시되고 지시없는모따기는 1x45°, 필렛 및 라운드 R3
3. 일반 모따기는 0.3~0.5x45°
4. 표면거칠기는 기호 비교표

x/ = 3.2/ , 25S , ▽▽, N9

y/ = 0.8/ , 6.3S , ▽▽▽, N7

1	고정측 설치판	SM45C	1	
품 번	품 명	재 질	수 량	비 고
2단금형(upper hook cover1캐비티)			척 도	1 : 0.5
			투상법	3각법

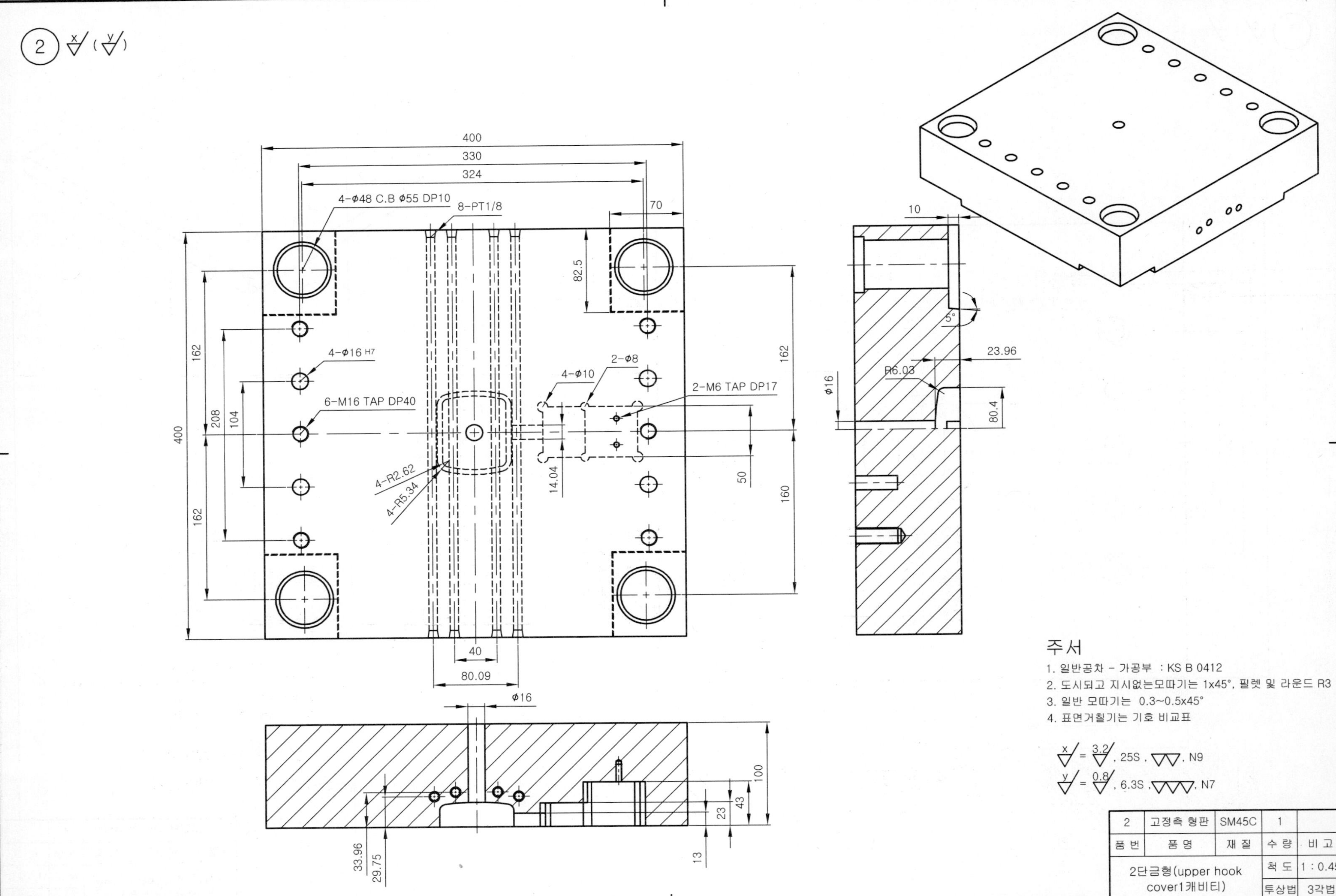

주서

1. 일반공차 - 가공부 : KS B 0412
2. 도시되고 지시없는모따기는 1x45°, 필렛 및 라운드 R3
3. 일반 모따기는 0.3~0.5x45°
4. 표면거칠기는 기호 비교표

x = 3.2, 25S, ▽▽, N9

y = 0.8, 6.3S, ▽▽▽, N7

2	고정측 형판	SM45C	1	
품 번	품 명	재 질	수 량	비 고
2단금형(upper hook cover1캐비티)			척 도	1 : 0.45
			투상법	3각법

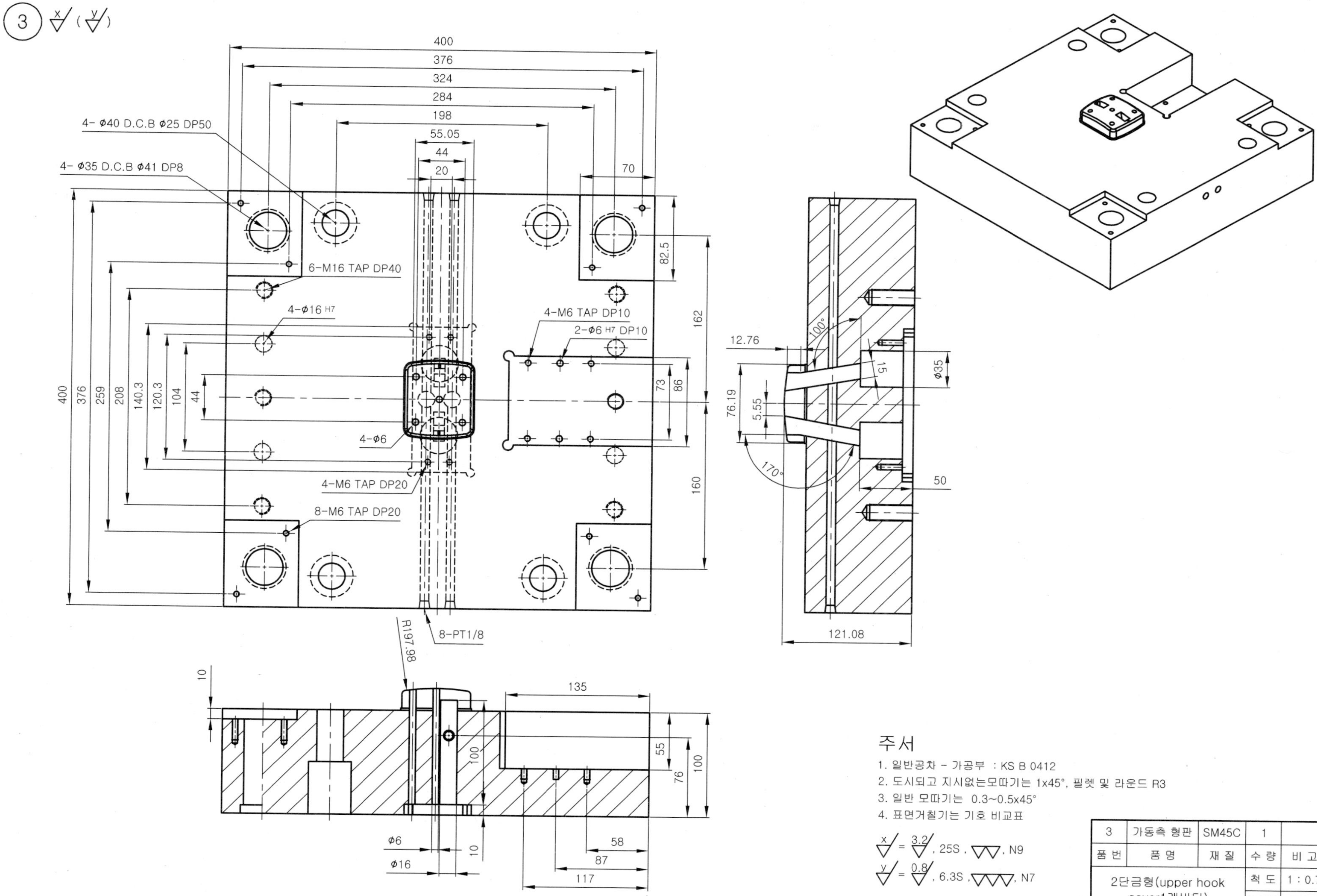

주서

1. 일반공차 - 가공부 : KS B 0412
2. 도시되고 지시없는모따기는 1x45°, 필렛 및 라운드 R3
3. 일반 모따기는 0.3~0.5x45°
4. 표면거칠기는 기호 비교표

x/ = 3.2/, 25S, ▽▽, N9

y/ = 0.8/, 6.3S, ▽▽▽, N7

3	가동측 형판	SM45C	1	
품 번	품 명	재 질	수 량	비 고
2단금형(upper hook cover1캐비티)			척 도	1 : 0.7
			투상법	3각법

④ x (y)

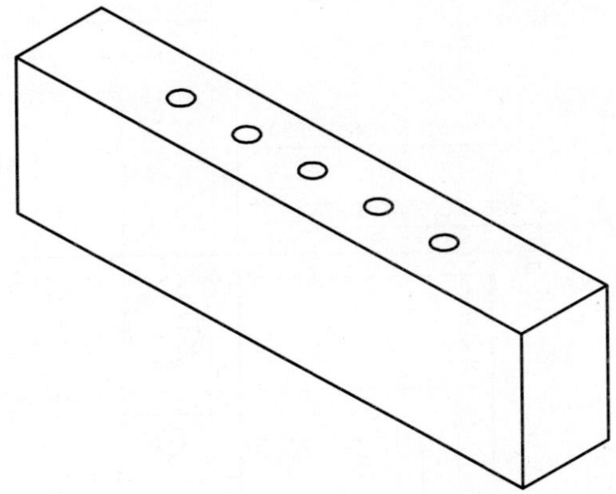

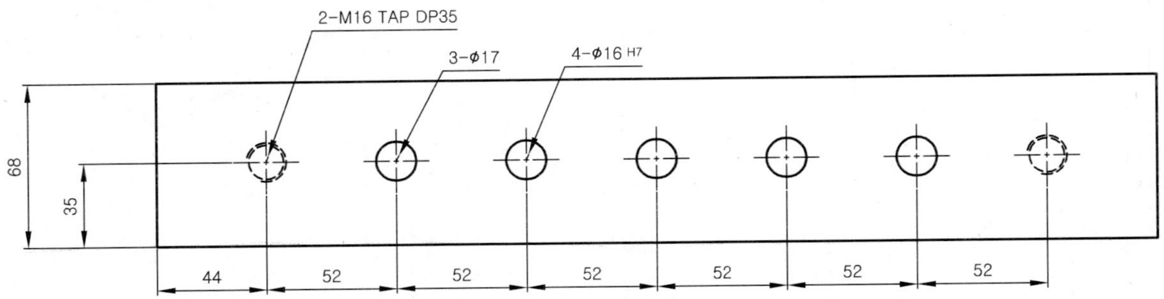

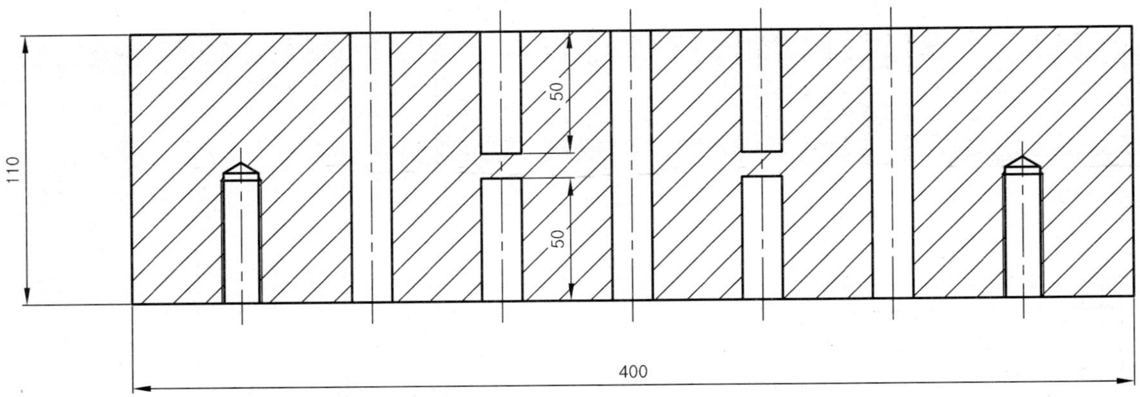

주서

1. 일반공차 - 가공부 : KS B 0412
2. 도시되고 지시없는모따기는 1x45°, 필렛 및 라운드 R3
3. 일반 모따기는 0.3~0.5x45°
4. 표면거칠기는 기호 비교표

x = 3.2, 25S, ▽▽, N9

y = 0.8, 6.3S, ▽▽▽, N7

4	스페이서 블록	SM45C	2	
품 번	품 명	재 질	수 량	비 고
2단금형(upper hook cover1캐비티)			척 도	1 : 0.7
			투상법	3각법

⑤ x/ (y/)

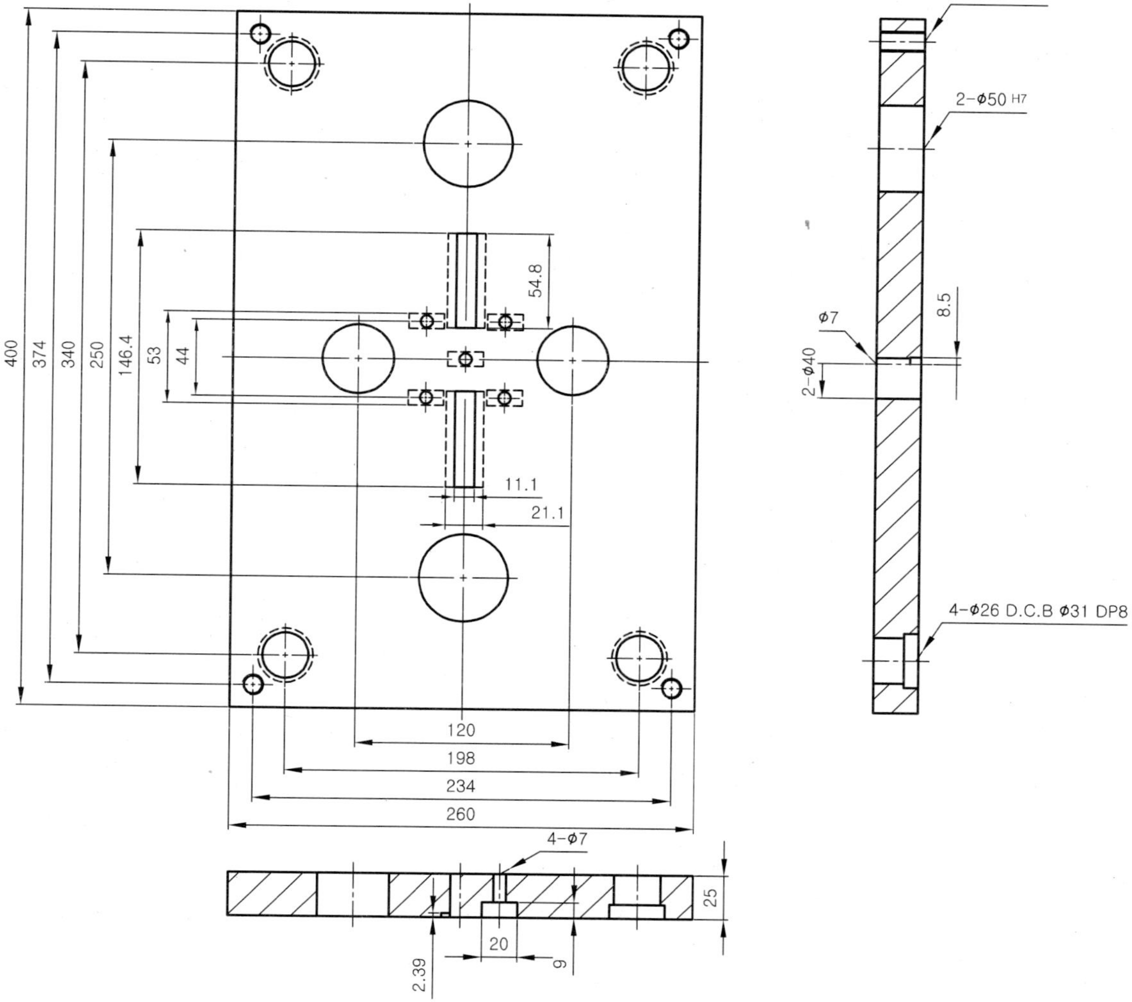

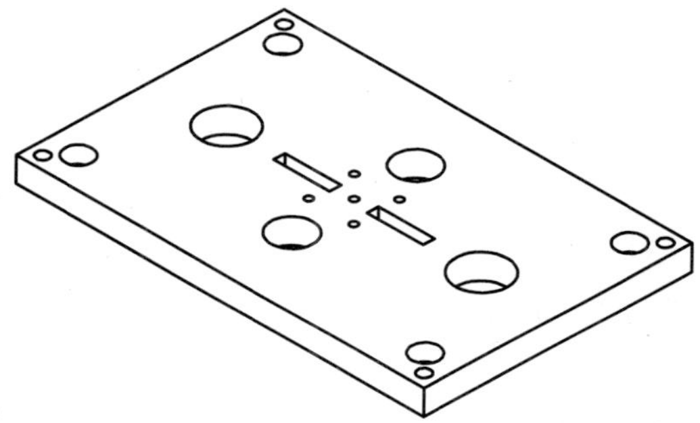

주서

1. 일반공차 - 가공부 : KS B 0412
2. 도시되고 지시없는모따기는 1x45°, 필렛 및 라운드 R3
3. 일반 모따기는 0.3~0.5x45°
4. 표면거칠기는 기호 비교표

x/ = 3.2/ , 25S , ▽▽ , N9

y/ = 0.8/ , 6.3S , ▽▽▽ , N7

5	이젝터 플레이트(상)	SM45C	1	
품 번	품 명	재 질	수 량	비 고
2단금형(upper hook cover1캐비티)			척 도	1 : 0.5
			투상법	3각법

⑥ x (y)

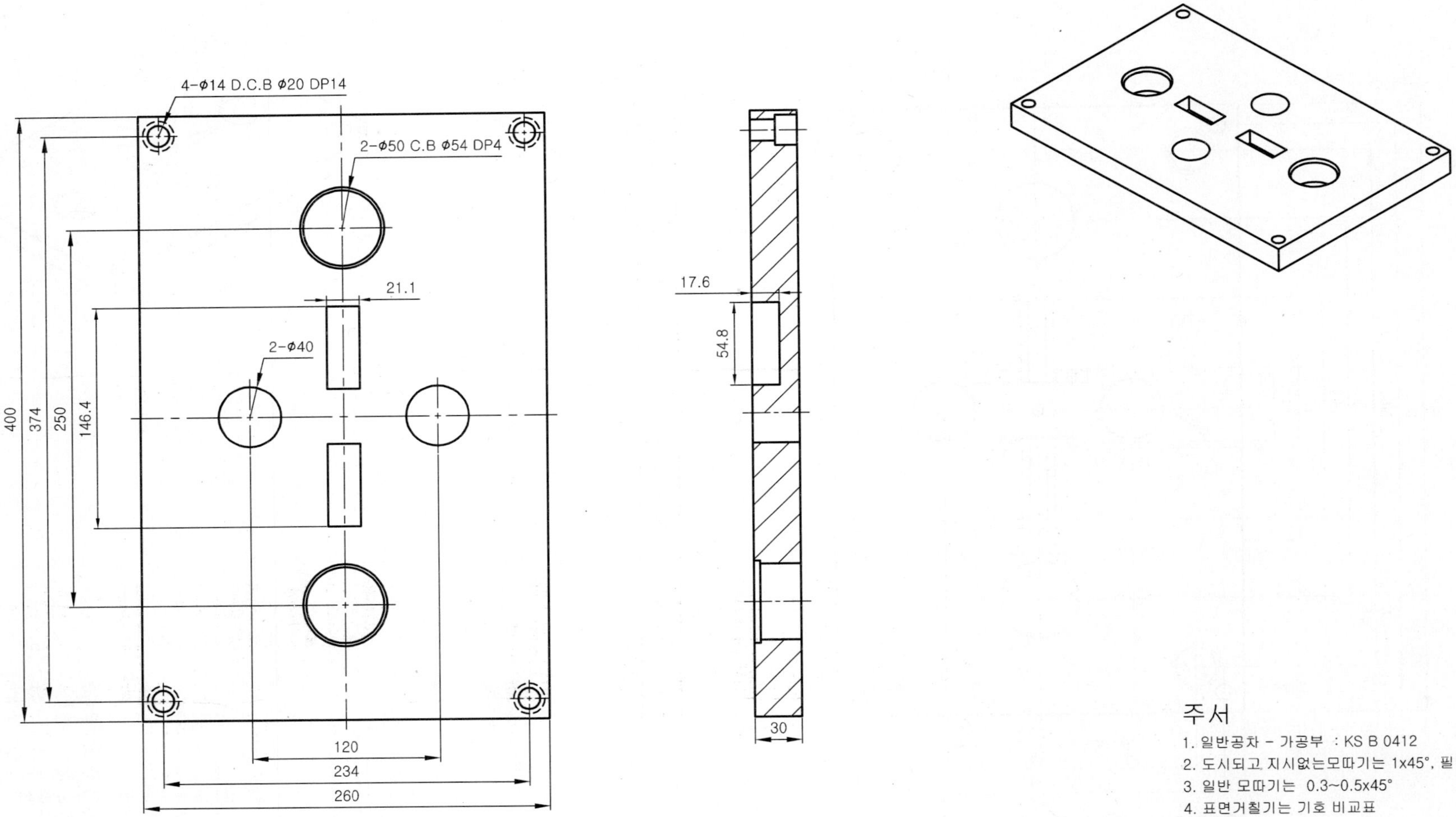

주서

1. 일반공차 - 가공부 : KS B 0412
2. 도시되고 지시없는모따기는 1x45°, 필렛 및 라운드 R3
3. 일반 모따기는 0.3~0.5x45°
4. 표면거칠기는 기호 비교표

x = 3.2, 25S , ▽▽, N9
y = 0.8, 6.3S , ▽▽▽, N7

6	이젝터 플레이트(하)	SM45C	1	
품 번	품 명	재 질	수 량	비 고
2단금형(upper hook cover1캐비티)			척 도	1 : 0.5
			투상법	3각법

(7) x/ (y/)

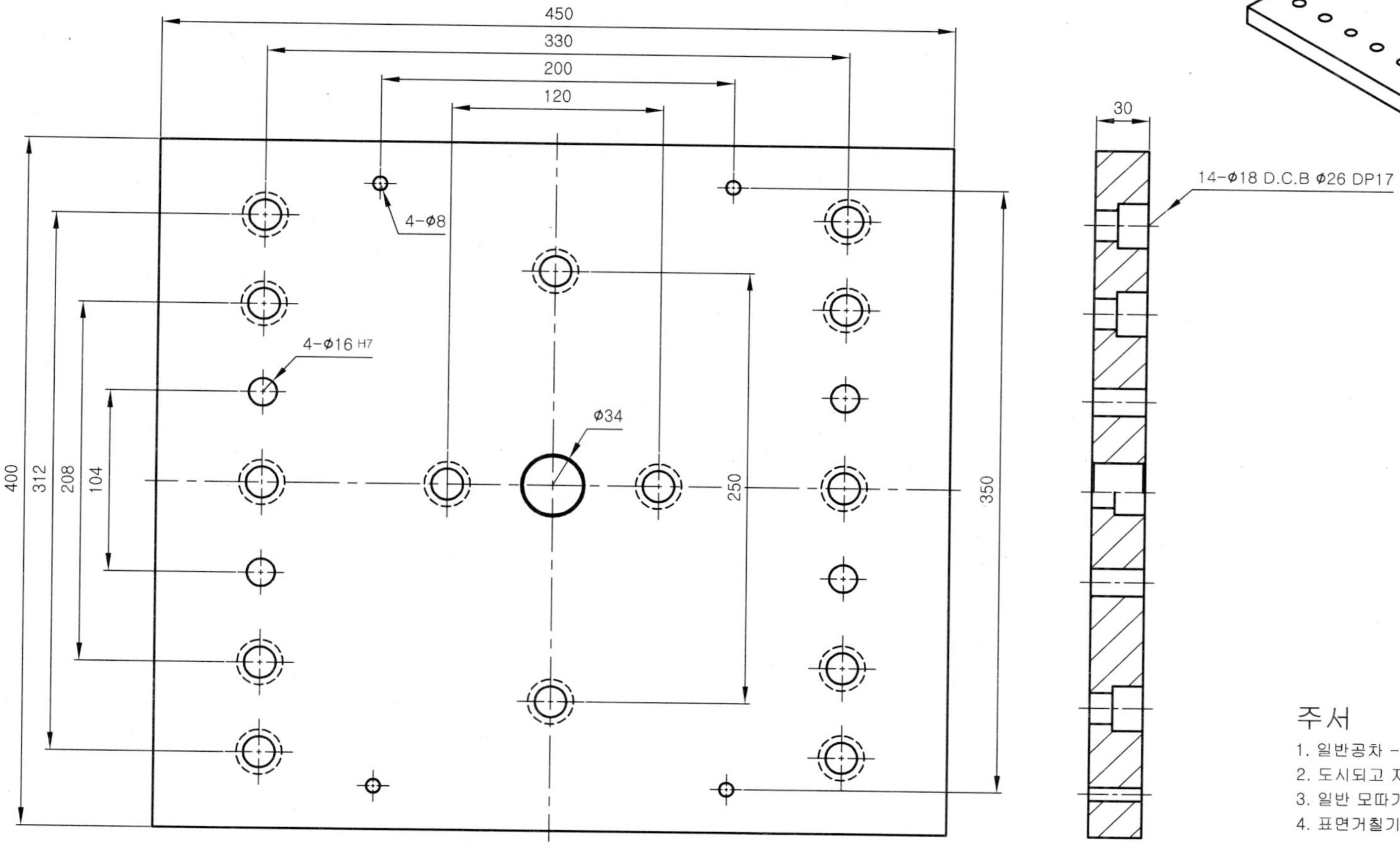

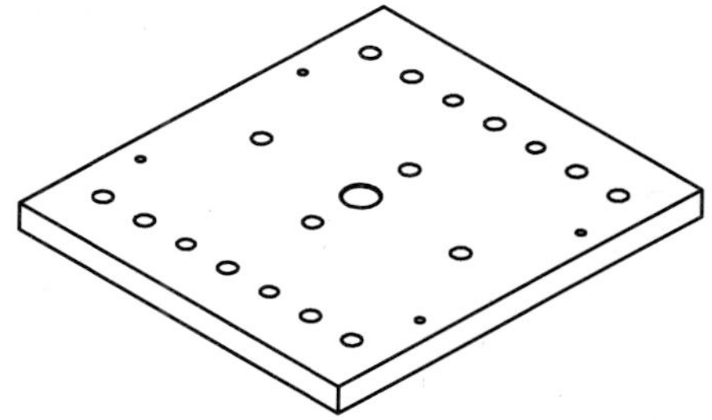

주서

1. 일반공차 - 가공부 : KS B 0412
2. 도시되고 지시없는모따기는 1x45°, 필렛 및 라운드 R3
3. 일반 모따기는 0.3~0.5x45°
4. 표면거칠기는 기호 비교표

x/ = 3.2/ , 25S , ▽▽, N9

y/ = 0.8/ , 6.3S , ▽▽▽, N7

7	가동측 설치판	SM45C	1	
품 번	품 명	재 질	수 량	비 고
2단금형(upper hook cover1캐비티)			척 도	1 : 0.5
			투상법	3각법

(8) x/ (y/)

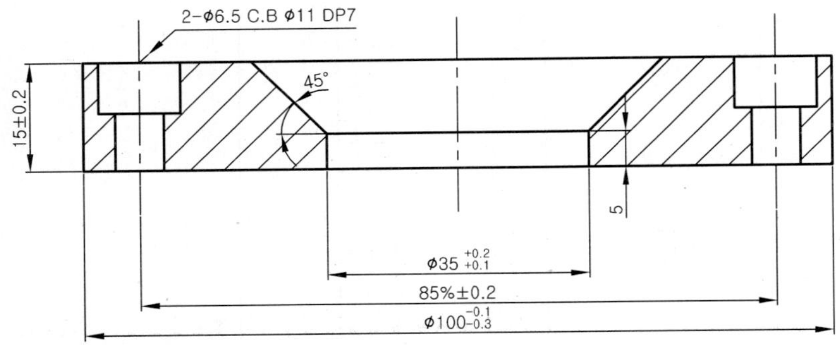

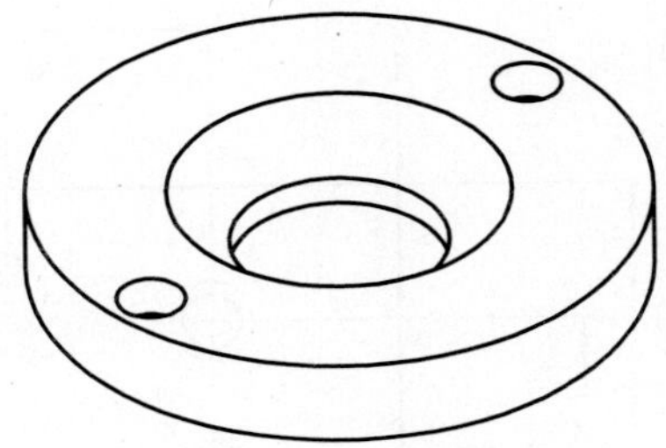

주서

1. 일반공차 – 가공부 : KS B 0412
2. 도시되고 지시없는모따기는 1x45°, 필렛 및 라운드 R3
3. 일반 모따기는 0.3~0.5x45°
4. 표면거칠기는 기호 비교표

x/ = 3.2/ , 25S , ▽▽ , N9

y/ = 0.8/ , 6.3S , ▽▽▽ , N7

8	로케이트 링	SM45C	1	
품 번	품 명	재 질	수 량	비 고
2단금형(upper hook cover1캐비티)			척 도	2 : 1
			투상법	3각법

⑨ x/ (y/)

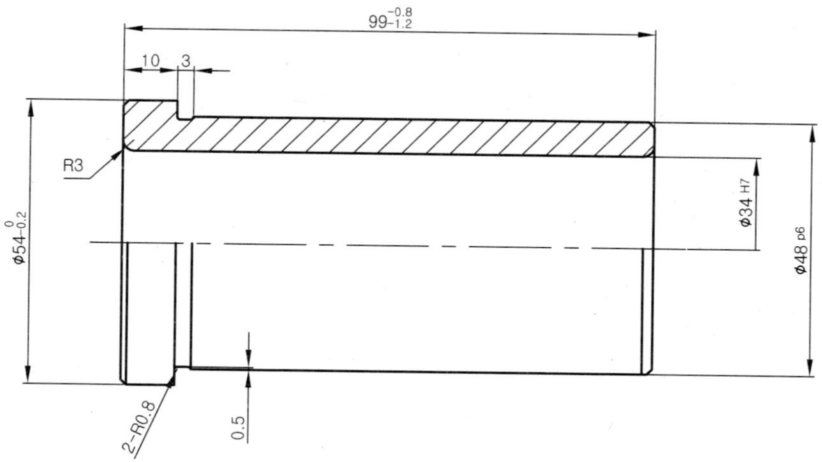

주서

1. 일반공차 - 가공부 : KS B 0412
2. 도시되고 지시없는모따기는 1x45°, 필렛 및 라운드 R3
3. 일반 모따기는 0.3~0.5x45°
4. 표면거칠기는 기호 비교표

x/ = 3.2/, 25S, ▽▽, N9

y/ = 0.8/, 6.3S, ▽▽▽, N7

9	가이드 부시	STB2	4	HRC58 $^{+2}_{0}$
품 번	품 명	재 질	수 량	비 고
2단금형(upper hook cover1캐비티)			척 도	1.5 : 1
			투상법	3각법

⑩ x/ (y/)

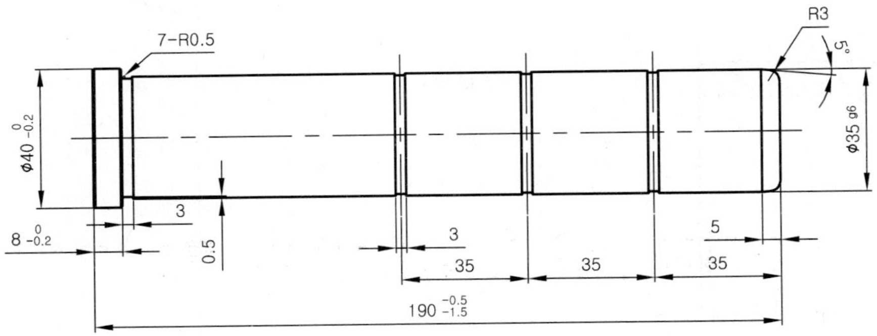

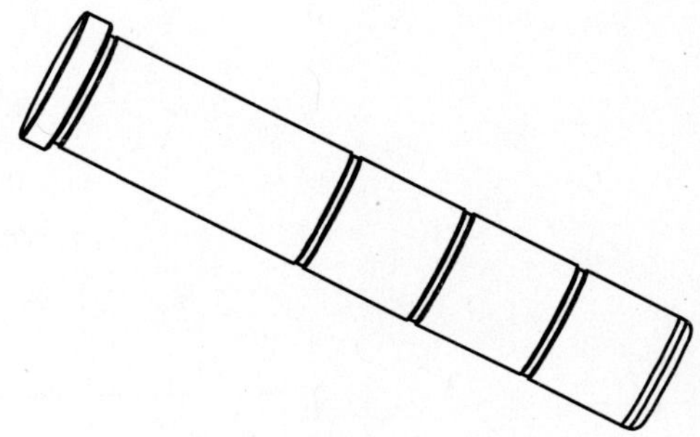

주서

1. 일반공차 - 가공부 : KS B 0412
2. 도시되고 지시없는모따기는 1x45°, 필렛 및 라운드 R3
3. 일반 모따기는 0.3~0.5x45°
4. 표면거칠기는 기호 비교표

x/ = 3.2/, 25S, ▽▽, N9

y/ = 0.8/, 6.3S, ▽▽▽, N7

10	가이드 핀	STB2	4	HRC58 +2 0
품 번	품 명	재 질	수 량	비 고
2단금형(upper hook cover1캐비티)			척 도	1 : 1
			투상법	3각법

(11) x/ (y/)

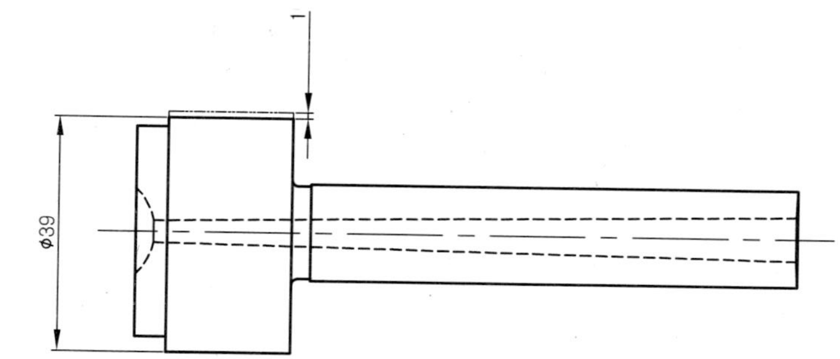

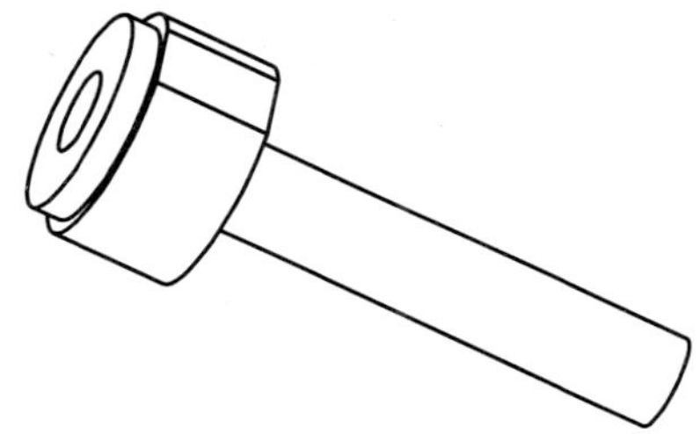

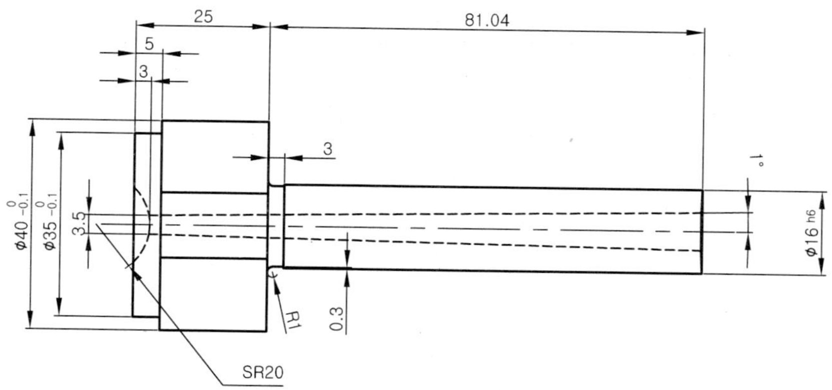

주서

1. 일반공차 - 가공부 : KS B 0412
2. 도시되고 지시없는모따기는 1x45°, 필렛 및 라운드 R3
3. 일반 모따기는 0.3~0.5x45°
4. 표면거칠기는 기호 비교표

x/ = 3.2/ , 25S , ▽▽, N9

y/ = 0.8/ , 6.3S , ▽▽▽, N7

11	스프루부시	STD61	1	HRC48
품 번	품 명	재 질	수 량	비 고
2단금형(upper hook cover1캐비티)			척 도	1.5 : 1
			투상법	3각법

⑫ x/ (y/)

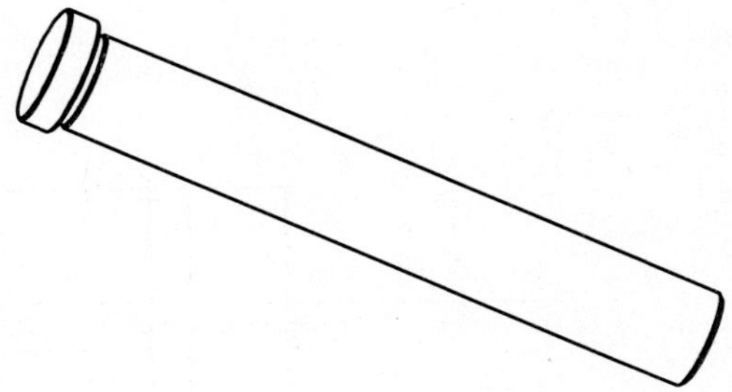

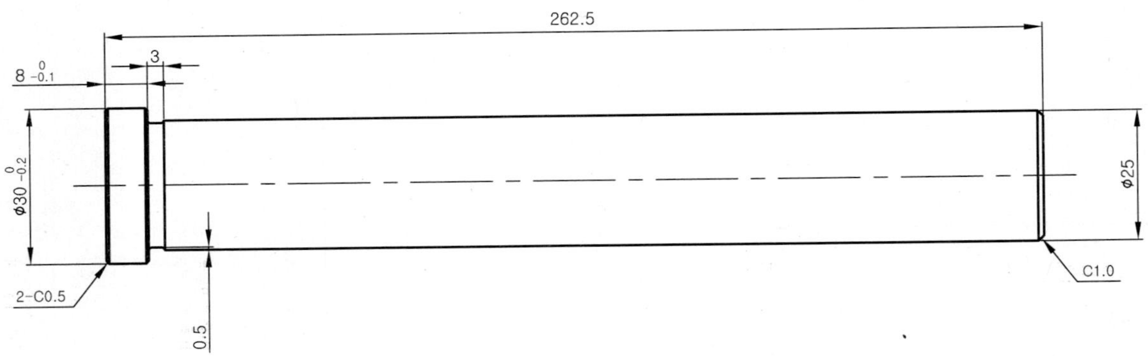

주서

1. 일반공차 - 가공부 : KS B 0412
2. 도시되고 지시없는모따기는 1x45°, 필렛 및 라운드 R3
3. 일반 모따기는 0.3~0.5x45°
4. 표면거칠기는 기호 비교표

x/ = 3.2/ , 25S , ▽▽ , N9

y/ = 0.8/ , 6.3S , ▽▽▽ , N7

12	리터 핀	STB2	4	HRC58 $^{+2}_{0}$
품 번	품 명	재 질	수 량	비 고
2단금형(upper hook cover1캐비티)			척 도	1.5 : 1
			투상법	3각법

(13) x (y)

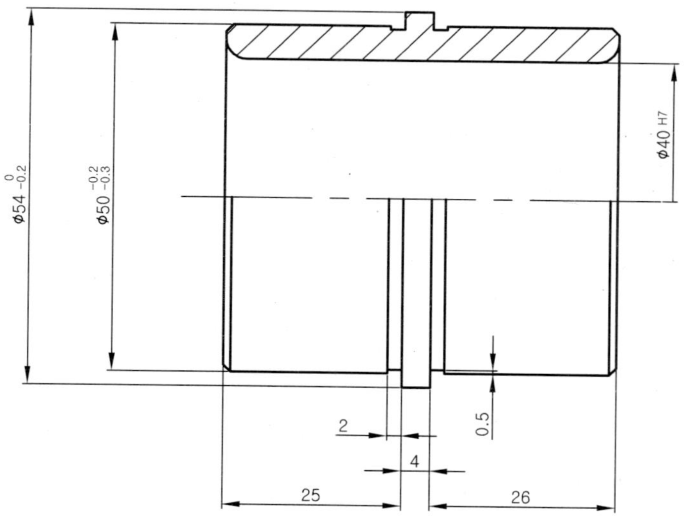

주서

1. 일반공차 - 가공부 : KS B 0412
2. 도시되고 지시없는모따기는 1x45°, 필렛 및 라운드 R3
3. 일반 모따기는 0.3~0.5x45°
4. 표면거칠기는 기호 비교표

x = 3.2, 25S, ▽▽, N9
y = 0.8, 6.3S, ▽▽▽, N7

13	이젝터가이드 부시	STB2	2	HRC58
품 번	품 명	재 질	수 량	비 고
2단금형(upper hook cover1캐비티)			척 도	2 : 1
			투상법	3각법

(14) x/ (y/)

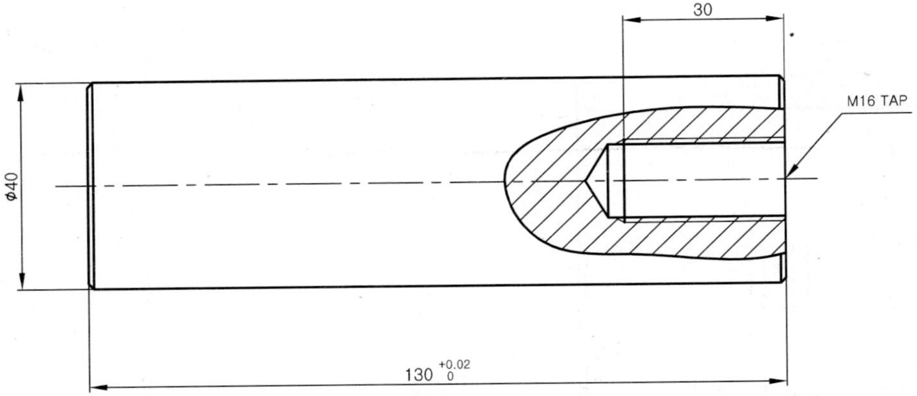

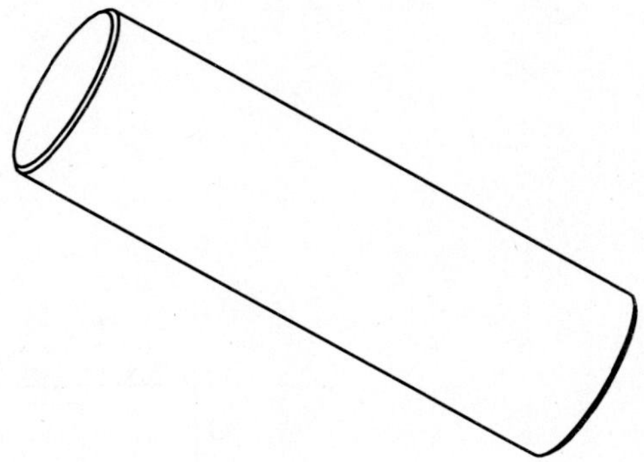

주서

1. 일반공차 – 가공부 : KS B 0412
2. 도시되고 지시없는모따기는 1x45°, 필렛 및 라운드 R3
3. 일반 모따기는 0.3~0.5x45°
4. 표면거칠기는 기호 비교표

x/ = 3.2/ , 25S , ▽▽ , N9

y/ = 0.8/ , 6.3S , ▽▽▽ , N7

14	이젝터가이드 핀	STB2	2	HRC58
품 번	품 명	재 질	수 량	비 고
2단금형(upper hook cover1캐비티)			척 도	1.5 : 1
			투상법	3각법

15 $\overset{x}{\triangledown}$ ($\overset{y}{\triangledown}$)

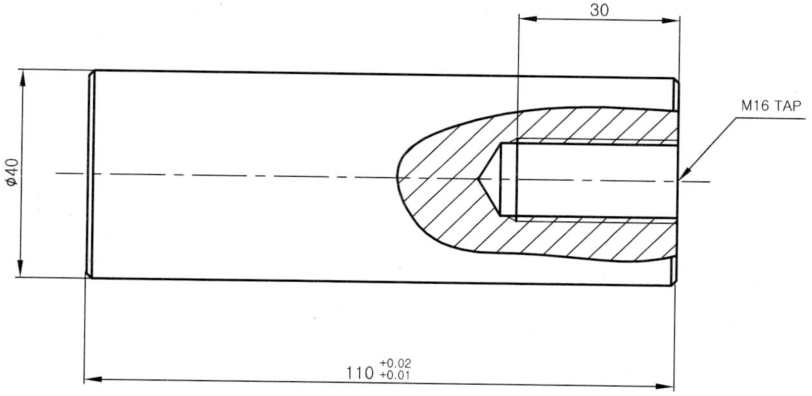

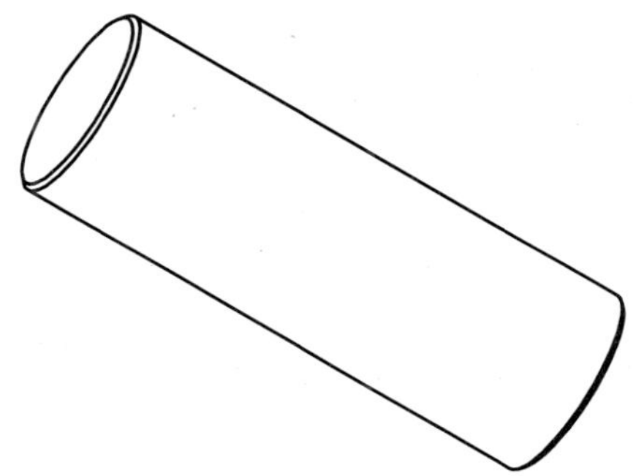

주서

1. 일반공차 - 가공부 : KS B 0412
2. 도시되고 지시없는모따기는 1x45°, 필렛 및 라운드 R3
3. 일반 모따기는 0.3~0.5x45°
4. 표면거칠기는 기호 비교표

$\overset{x}{\triangledown}$ = $\overset{3.2}{\triangledown}$, 25S , ▽▽, N9

$\overset{y}{\triangledown}$ = $\overset{0.8}{\triangledown}$, 6.3S , ▽▽▽, N7

15	서포트필러	SM45C	2	HRC58
품 번	품 명	재 질	수 량	비 고
2단금형(upper hook cover1캐비티)			척 도	1.5 : 1
			투상법	3각법

(16) x/ (y/)

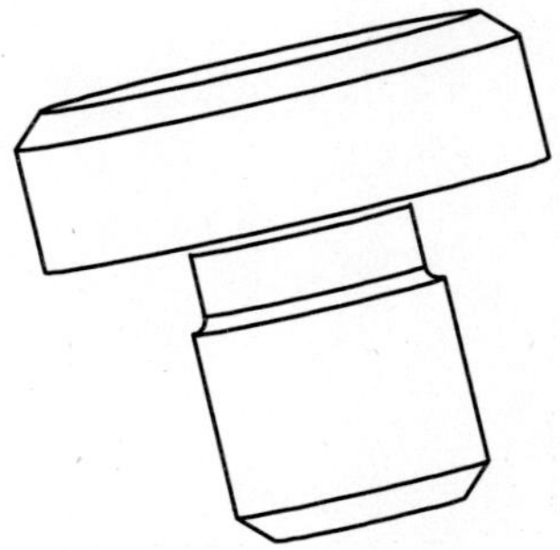

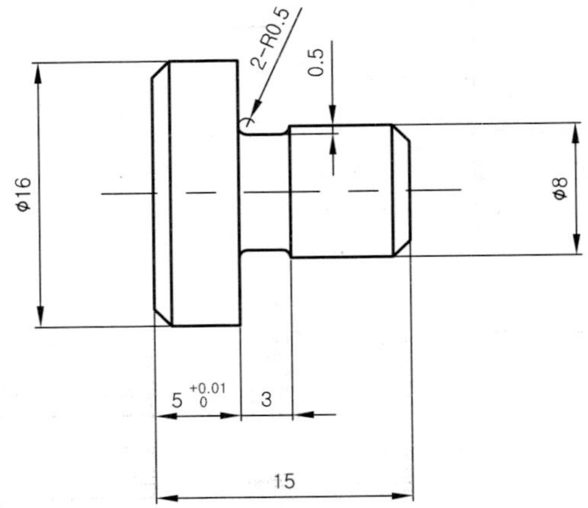

주서

1. 일반공차 - 가공부 : KS B 0412
2. 도시되고 지시없는모따기는 1x45°, 필렛 및 라운드 R3
3. 일반 모따기는 0.3~0.5x45°
4. 표면거칠기는 기호 비교표

x/ = 3.2/, 25S , ▽▽, N9

y/ = 0.8/, 6.3S , ▽▽▽, N7

16	스톱 핀	SM45C	4	HRC46
품 번	품 명	재 질	수 량	비 고
2단금형(upper hook cover1캐비티)			척 도	4 : 1
			투상법	3각법

17 x (y)

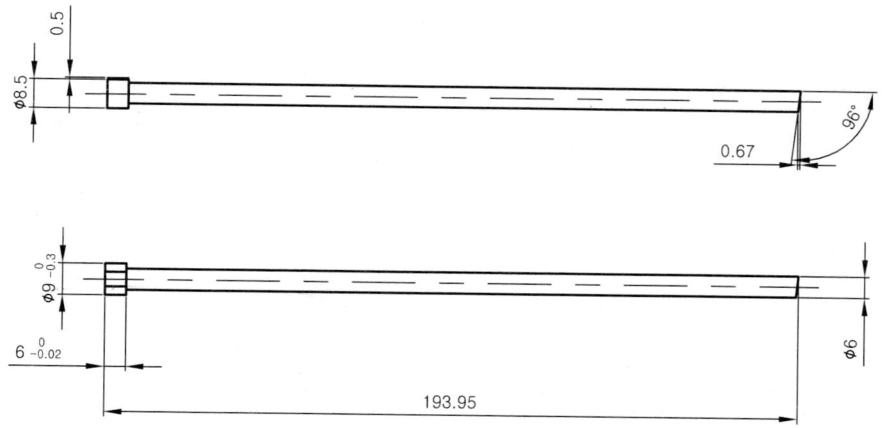

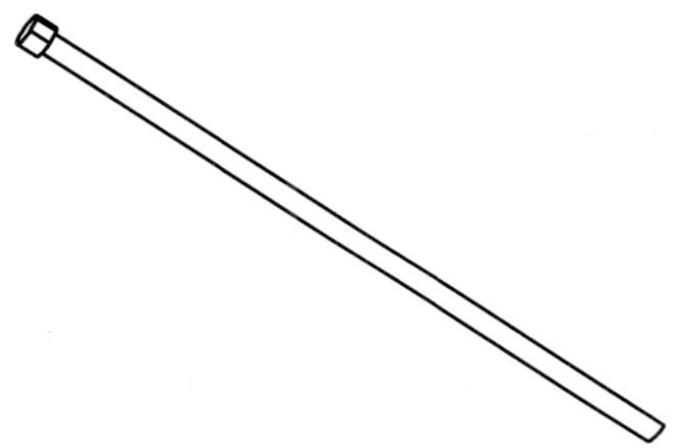

주서

1. 일반공차 - 가공부 : KS B 0412
2. 도시되고 지시없는모따기는 1x45°, 필렛 및 라운드 R3
3. 일반 모따기는 0.3~0.5x45°
4. 표면거칠기는 기호 비교표

x = 3.2, 25S, ▽▽, N9
y = 0.8, 6.3S, ▽▽▽, N7

17	이젝터 핀	STD61	4	HRC50
품 번	품 명	재 질	수 량	비 고
2단금형(upper hook cover1캐비티)			척 도	1 : 1
			투상법	3각법

(18) ∇ (x) (∇ (y))

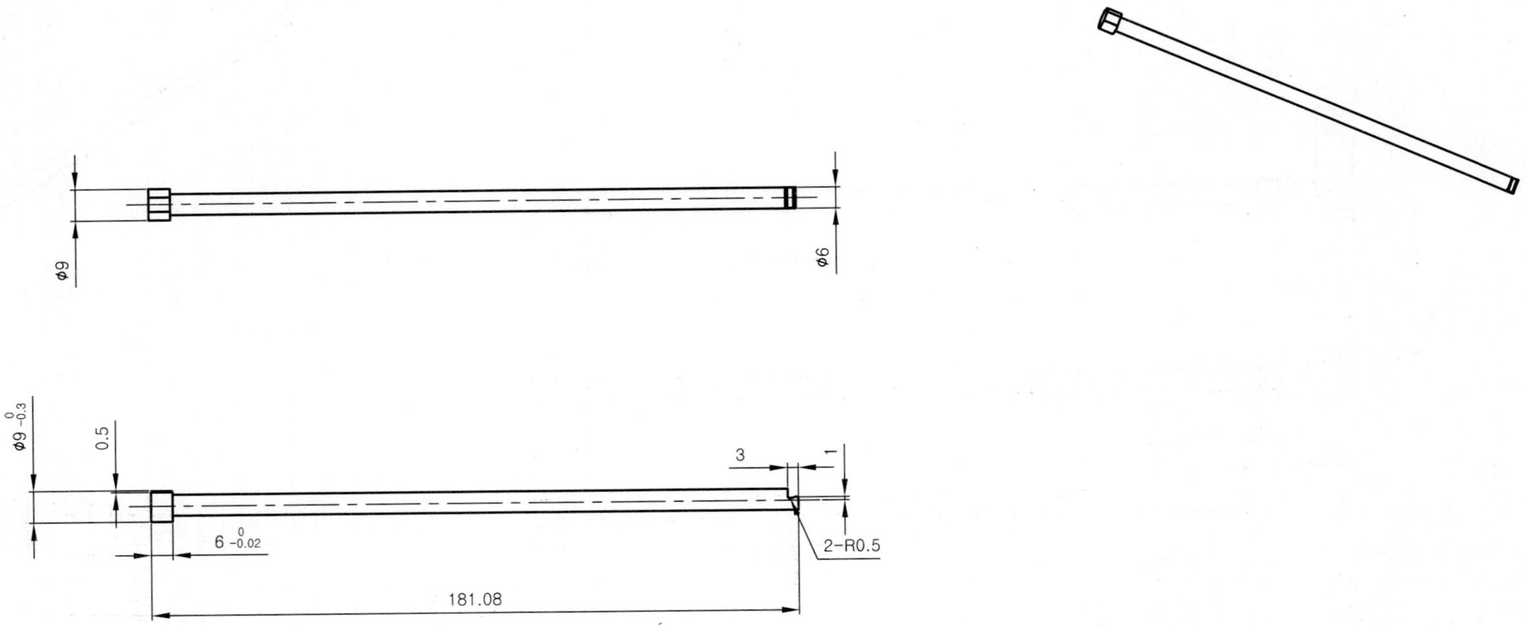

주서

1. 일반공차 - 가공부 : KS B 0412
2. 도시되고 지시없는모따기는 1x45°, 필렛 및 라운드 R3
3. 일반 모따기는 0.3~0.5x45°
4. 표면거칠기는 기호 비교표

x = 3.2, 25S, ∇∇, N9
y = 0.8, 6.3S, ∇∇∇, N7

18	스프루 록 핀	STD61	1	HRC50
품 번	품 명	재 질	수 량	비 고
2단금형(upper hook cover1캐비티)			척 도	1 : 1
			투상법	3각법

19 $\overset{x}{\nabla}$ ($\overset{y}{\nabla}$)

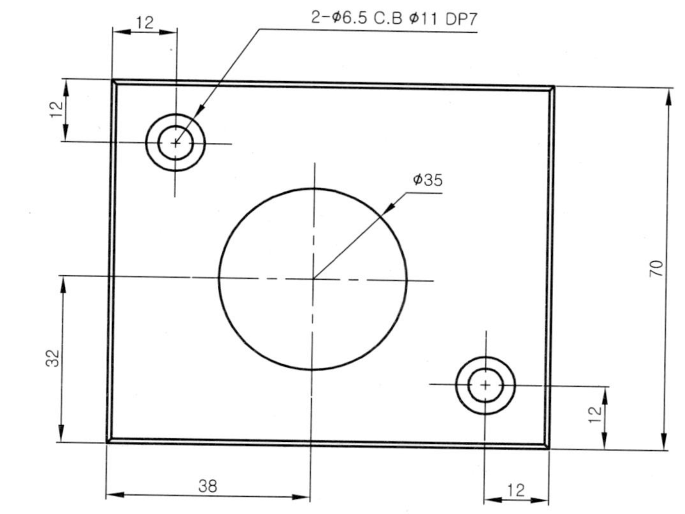

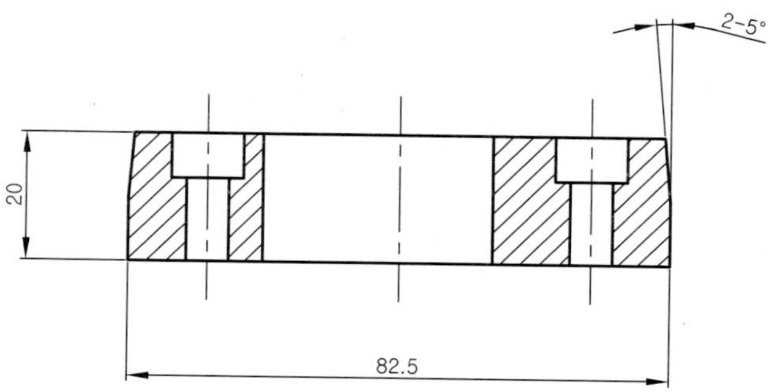

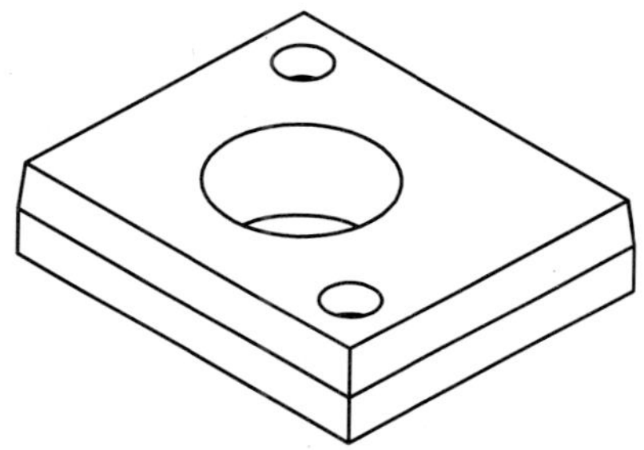

주서

1. 일반공차 - 가공부 : KS B 0412
2. 도시되고 지시없는모따기는 1x45°, 필렛 및 라운드 R3
3. 일반 모따기는 0.3~0.5x45°
4. 표면거칠기는 기호 비교표

$\overset{x}{\nabla}$ = $\overset{3.2}{\nabla}$, 25S , ▽▽, N9

$\overset{y}{\nabla}$ = $\overset{0.8}{\nabla}$, 6.3S , ▽▽▽, N7

19	인로우	SM45C	4	
품 번	품 명	재 질	수 량	비 고
2단금형(upper hook cover1캐비티)			척 도	2 : 1
			투상법	3각법

(20) x/ (y/)

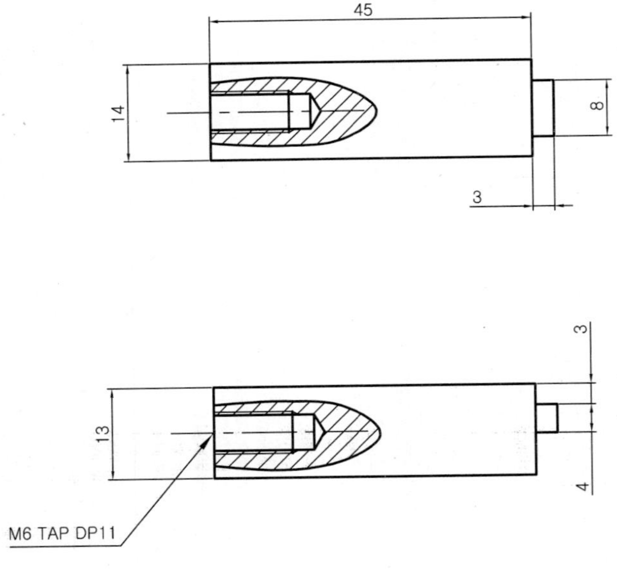

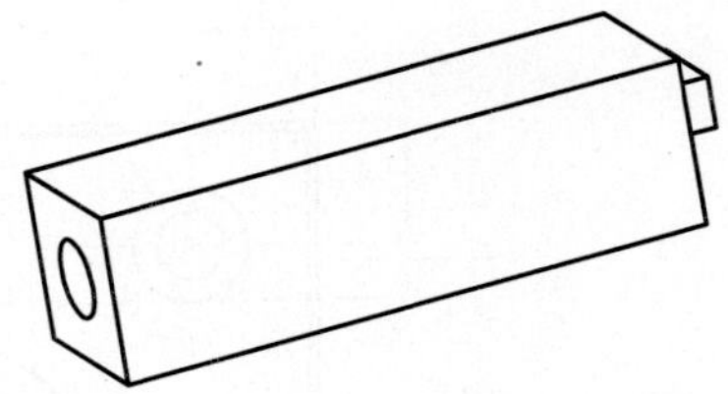

주서

1. 일반공차 - 가공부 : KS B 0412
2. 도시되고 지시없는모따기는 1x45°, 필렛 및 라운드 R3
3. 일반 모따기는 0.3~0.5x45°
4. 표면거칠기는 기호 비교표

x/ = 3.2/, 25S , ▽▽, N9

y/ = 0.8/, 6.3S , ▽▽▽, N7

20	코어'편'	STD11	1	HRC58
품 번	품 명	재 질	수 량	비 고
2단금형(upper hook cover1캐비티)			척 도	2 : 1
			투상법	3각법

(21) x/ (y/)

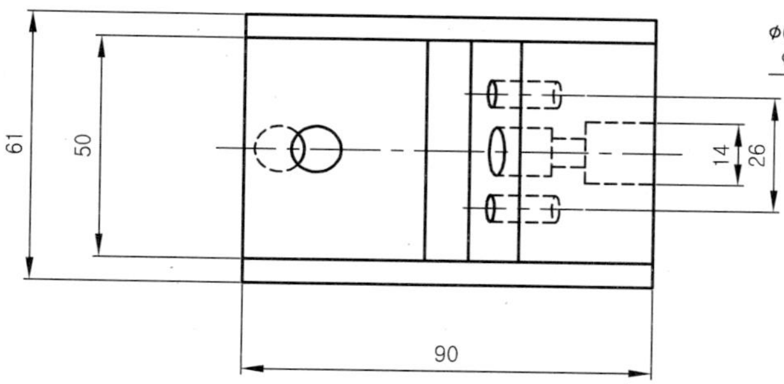

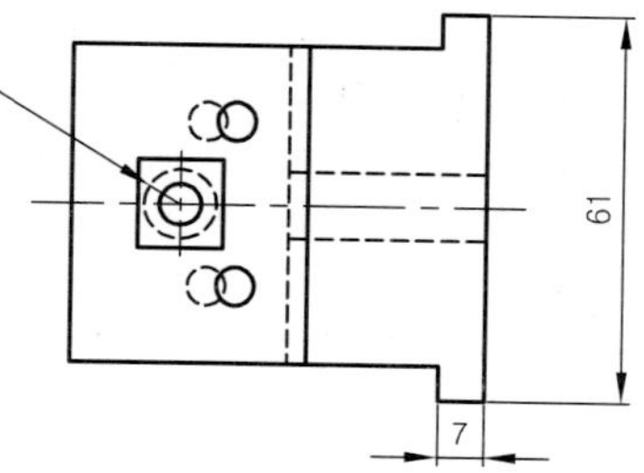

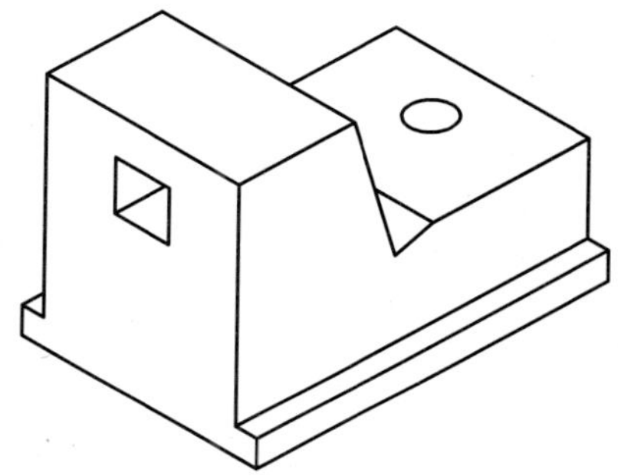

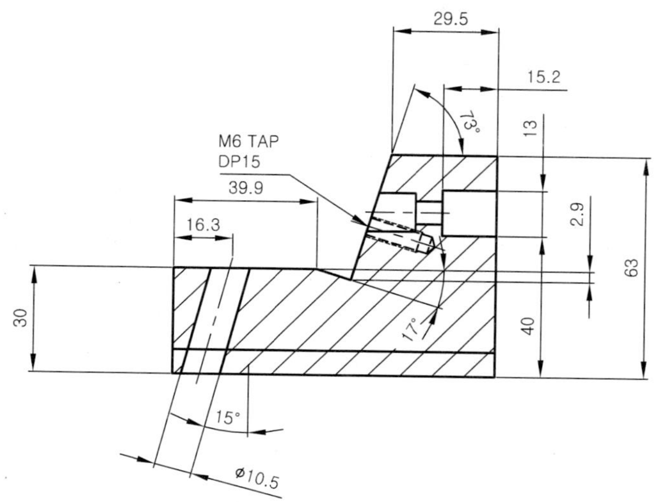

주서

1. 일반공차 - 가공부 : KS B 0412
2. 도시되고 지시없는모따기는 1x45°, 필렛 및 라운드 R3
3. 일반 모따기는 0.3~0.5x45°
4. 표면거칠기는 기호 비교표

x/ = 3.2/, 25S, ▽▽, N9

y/ = 0.8/, 6.3S, ▽▽▽, N7

21	슬라이드 코어	STD11	1	HRC58
품 번	품 명	재 질	수 량	비 고
2단금형(upper hook cover1캐비티)			척 도	1 : 1
			투상법	3각법

(22) $\overset{x}{\bigtriangledown}$ ($\overset{y}{\bigtriangledown}$)

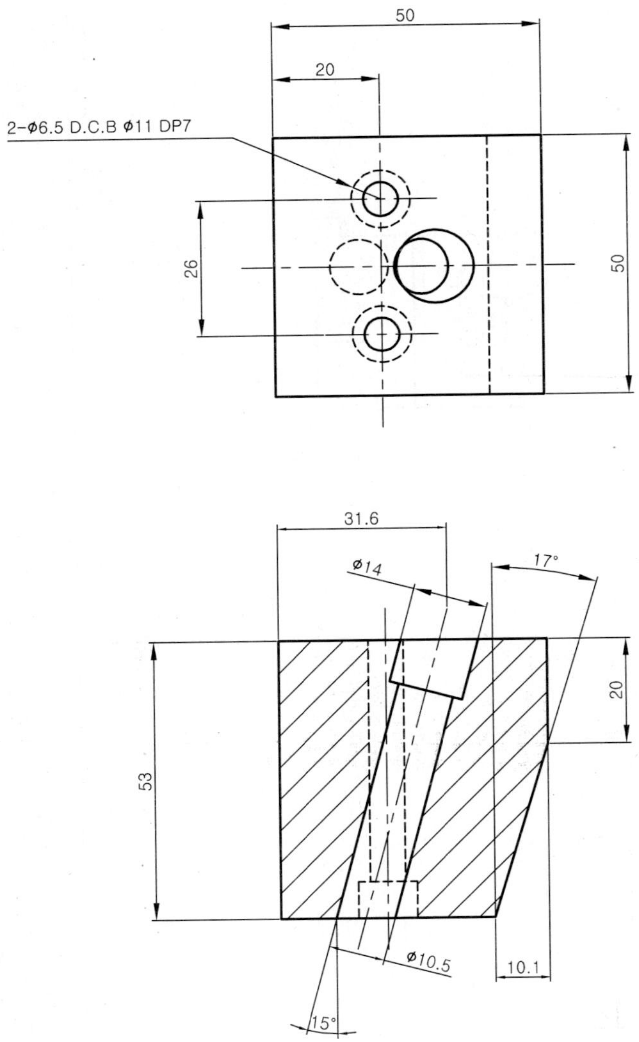

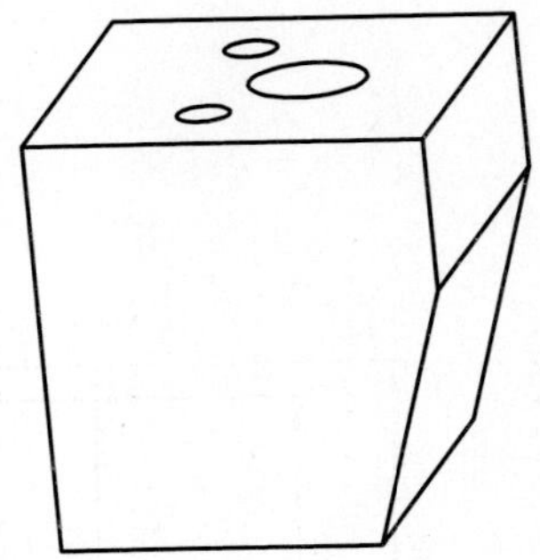

주서

1. 일반공차 - 가공부 : KS B 0412
2. 도시되고 지시없는모따기는 1x45°, 필렛 및 라운드 R3
3. 일반 모따기는 0.3~0.5x45°
4. 표면거칠기는 기호 비교표

$\overset{x}{\bigtriangledown}$ = $\overset{3.2}{\bigtriangledown}$, 25S , ▽▽, N9

$\overset{y}{\bigtriangledown}$ = $\overset{0.8}{\bigtriangledown}$, 6.3S , ▽▽▽, N7

22	로킹 블록	STD11	1	HRC58
품 번	품 명	재 질	수 량	비 고
2단금형(upper hook cover1캐비티)			척 도	1.5 : 1
			투상법	3각법

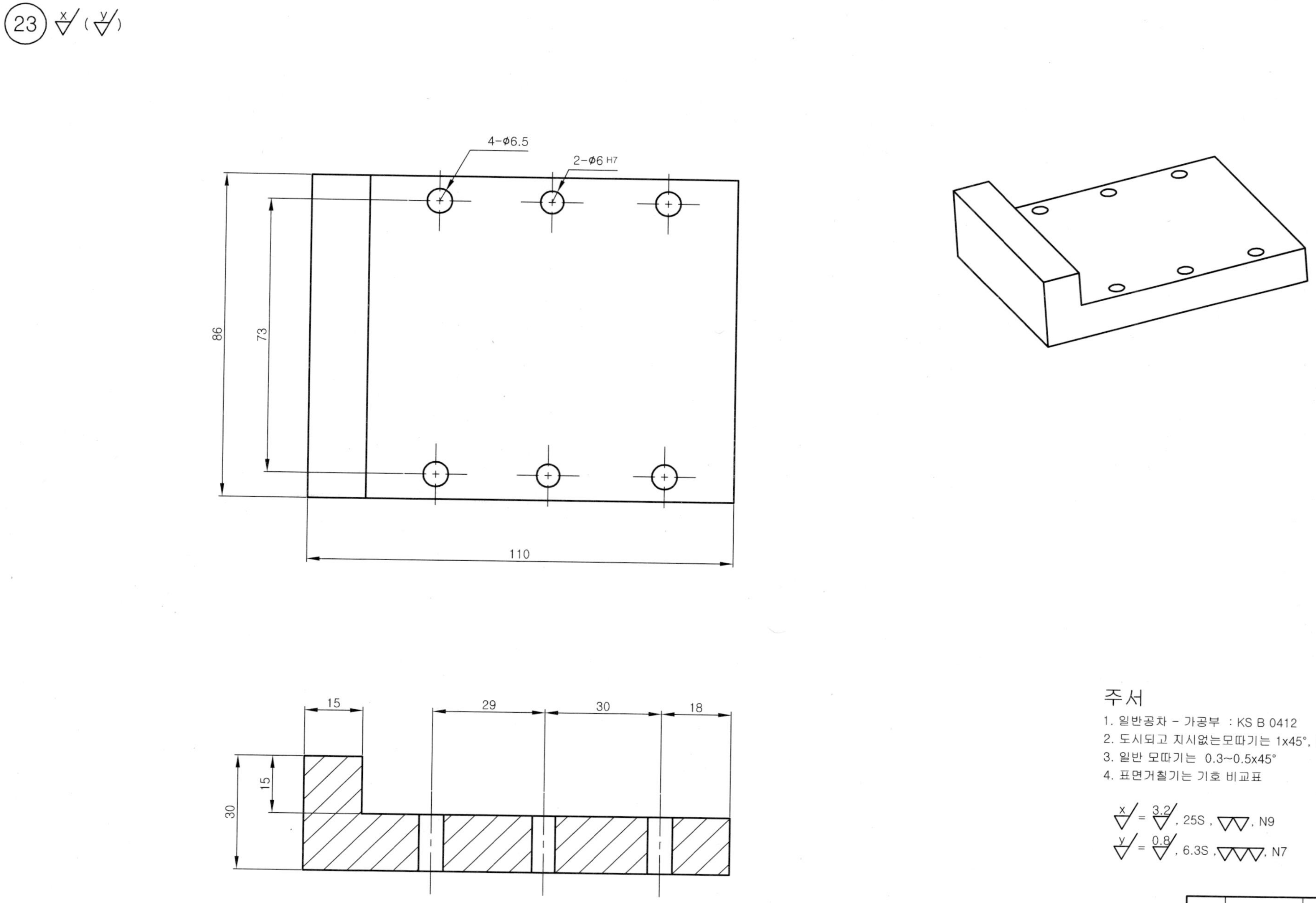

주서

1. 일반공차 - 가공부 : KS B 0412
2. 도시되고 지시없는모따기는 1x45°, 필렛 및 라운드 R3
3. 일반 모따기는 0.3~0.5x45°
4. 표면거칠기는 기호 비교표

x = 3.2, 25S , ▽▽, N9
y = 0.8, 6.3S , ▽▽▽, N7

23	연마판	SM45C	1	
품 번	품 명	재 질	수 량	비 고
2단금형(upper hook cover1캐비티)			척 도	1.5 : 1
			투상법	3각법

(24) x√ (y√)

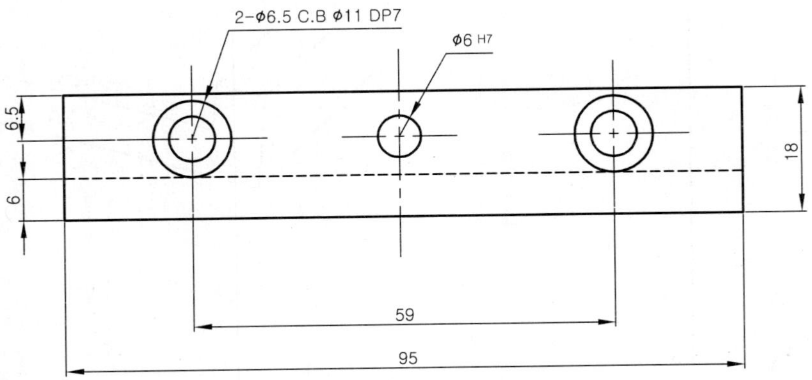

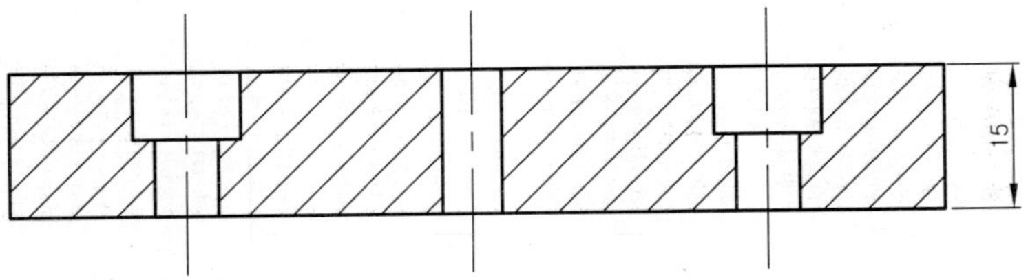

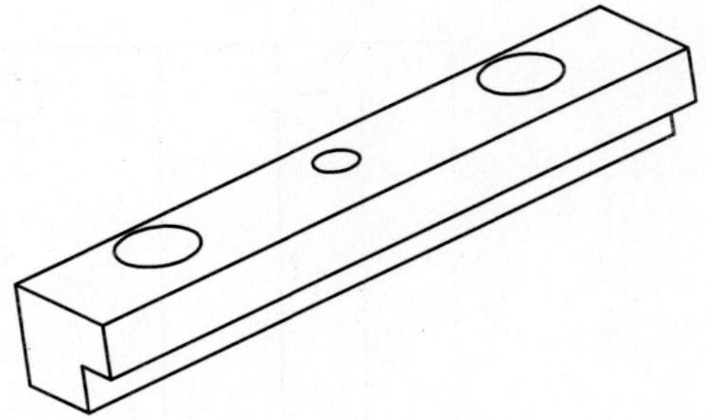

주서

1. 일반공차 - 가공부 : KS B 0412
2. 도시되고 지시없는모따기는 1x45°, 필렛 및 라운드 R3
3. 일반 모따기는 0.3~0.5x45°
4. 표면거칠기는 기호 비교표

x√ = 3.2√, 25S , ▽▽, N9

y√ = 0.8√, 6.3S , ▽▽▽, N7

24	가이드 레일	SM45C	2	
품 번	품 명	재 질	수 량	비 고
2단금형(upper hook cover1캐비티)			척 도	2 : 1
			투상법	3각법

(25) x (y)

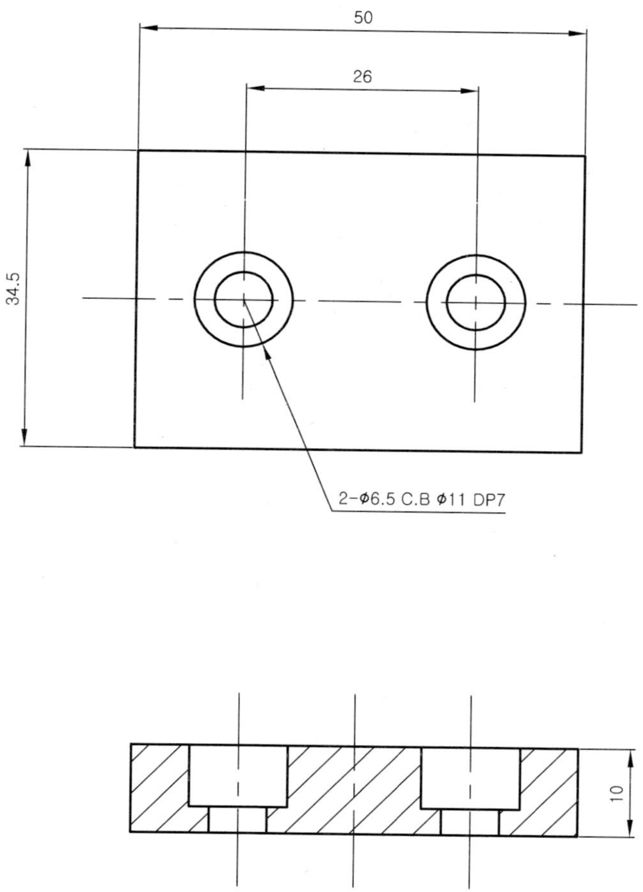

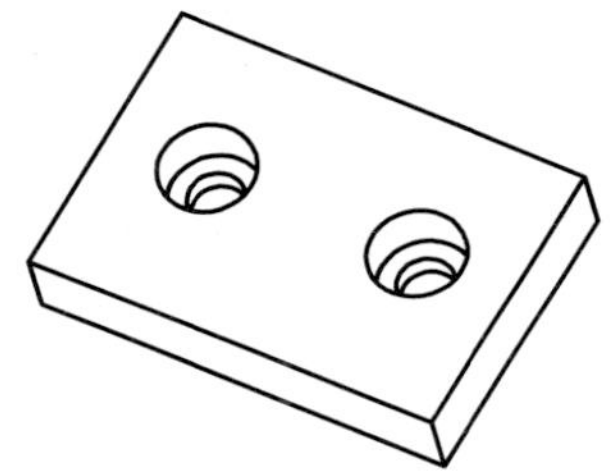

주서

1. 일반공차 - 가공부 : KS B 0412
2. 도시되고 지시없는모따기는 1x45°, 필렛 및 라운드 R3
3. 일반 모따기는 0.3~0.5x45°
4. 표면거칠기는 기호 비교표

x = 3.2, 25S, ▽▽, N9
y = 0.8, 6.3S, ▽▽▽, N7

25	연마판	SM45C	1	
품 번	품 명	재 질	수 량	비 고
2단금형(upper hook cover1캐비티)			척 도	2.5 : 1
			투상법	3각법

(26) x (y)

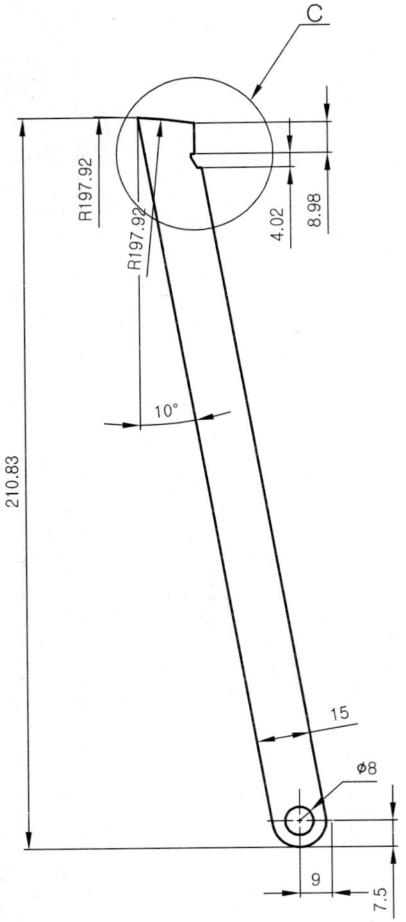

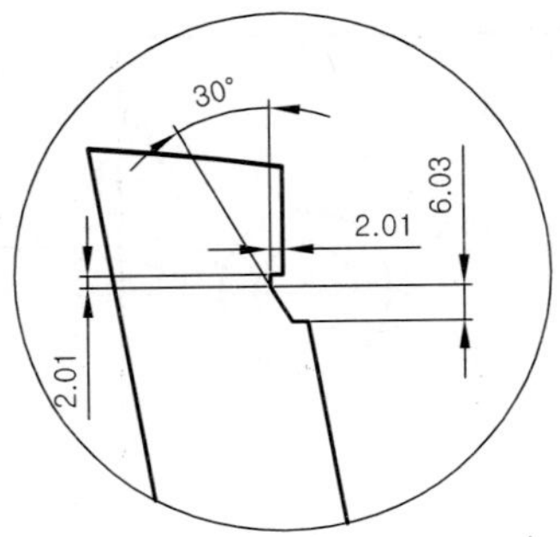

DETAIL C
SCALE 2:1

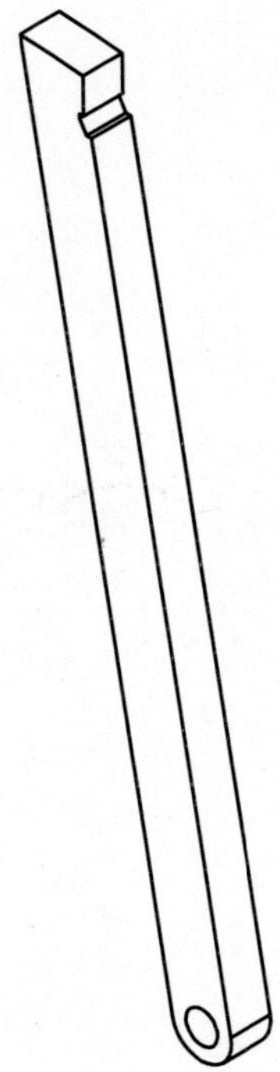

주서

1. 일반공차 - 가공부 : KS B 0412
2. 도시되고 지시없는모따기는 1x45°, 필렛 및 라운드 R3
3. 일반 모따기는 0.3~0.5x45°
4. 표면거칠기는 기호 비교표

x = 3.2, 25S , ▽▽, N9

y = 0.8, 6.3S , ▽▽▽, N7

26	변형밀핀	STC3	2	HRC58
품 번	품 명	재 질	수 량	비 고
2단금형(upper hook cover1캐비티)			척 도	1 : 1
			투상법	3각법

(27) x (y)

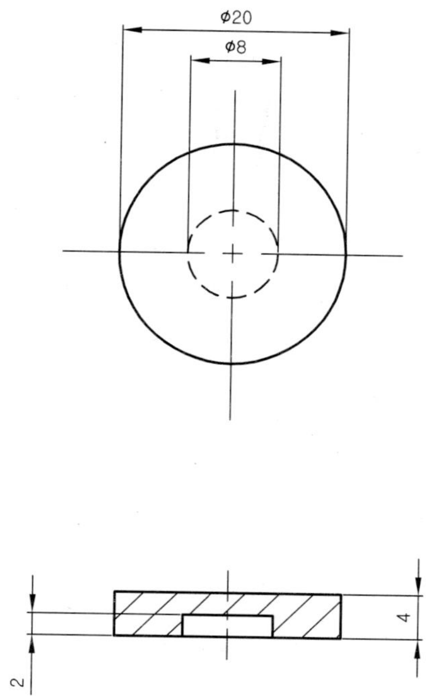

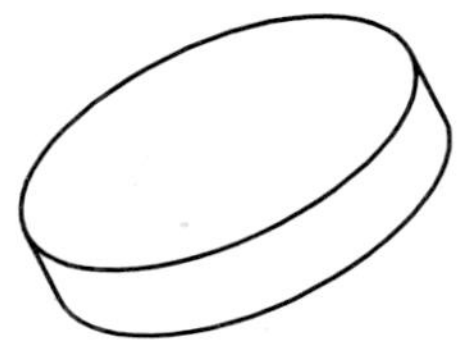

주서

1. 일반공차 – 가공부 : KS B 0412
2. 도시되고 지시없는모따기는 1x45°, 필렛 및 라운드 R3
3. 일반 모따기는 0.3~0.5x45°
4. 표면거칠기는 기호 비교표

x = 3.2, 25S, ▽▽, N9

y = 0.8, 6.3S, ▽▽▽, N7

27	바퀴	STC3	4	HRC58
품 번	품 명	재 질	수 량	비 고
2단금형(upper hook cover1캐비티)			척 도	3 : 1
			투상법	3각법

(28) x (y)

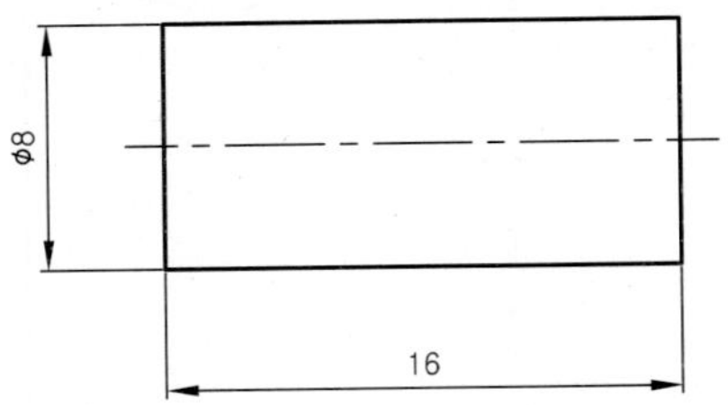

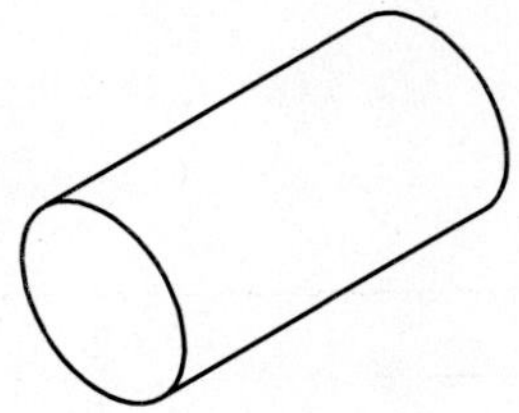

주서

1. 일반공차 - 가공부 : KS B 0412
2. 도시되고 지시없는모따기는 1x45°, 필렛 및 라운드 R3
3. 일반 모따기는 0.3~0.5x45°
4. 표면거칠기는 기호 비교표

x = 3.2, 25S , ▽▽, N9

y = 0.8, 6.3S , ▽▽▽, N7

28	핀	STC3	2	HRC58
품 번	품 명	재 질	수 량	비 고
2단금형(upper hook cover1캐비티)			척 도	5 : 1
			투상법	3각법

(29) x/ (y/)

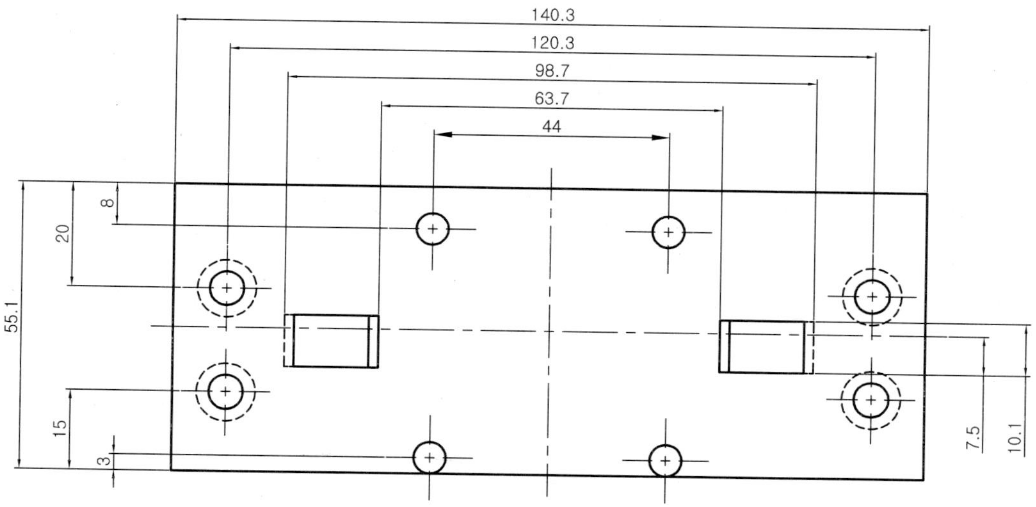

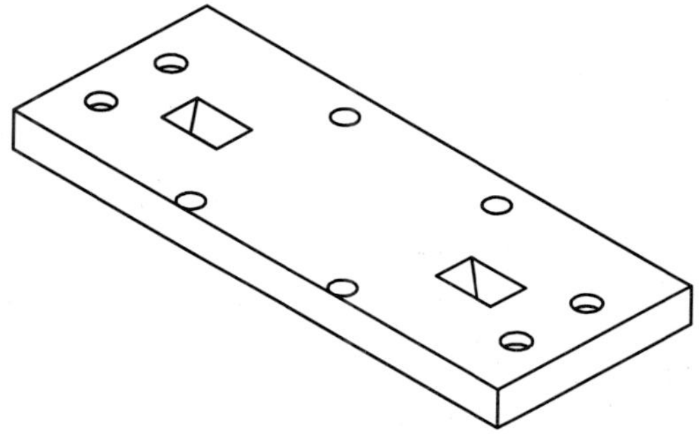

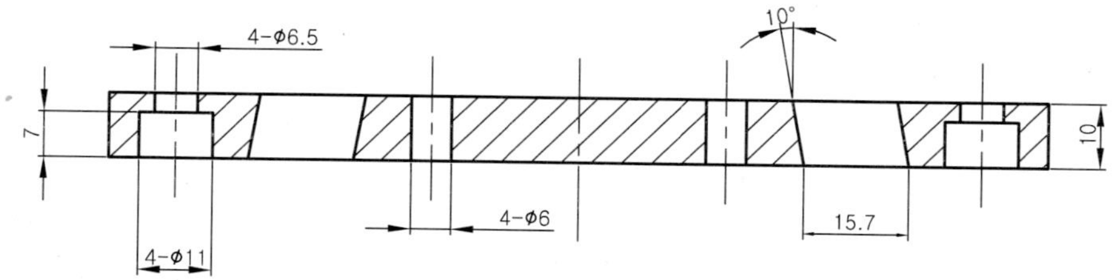

주서

1. 일반공차 – 가공부 : KS B 0412
2. 도시되고 지시없는모따기는 1x45°, 필렛 및 라운드 R3
3. 일반 모따기는 0.3~0.5x45°
4. 표면거칠기는 기호 비교표

x/ = 3.2/ , 25S , ▽▽, N9

y/ = 0.8/ , 6.3S , ▽▽▽, N7

29	연마판	SM45C	1	
품 번	품 명	재 질	수 량	비 고
2단금형(upper hook cover1캐비티)			척 도	1.5 : 1
			투상법	3각법

(30)

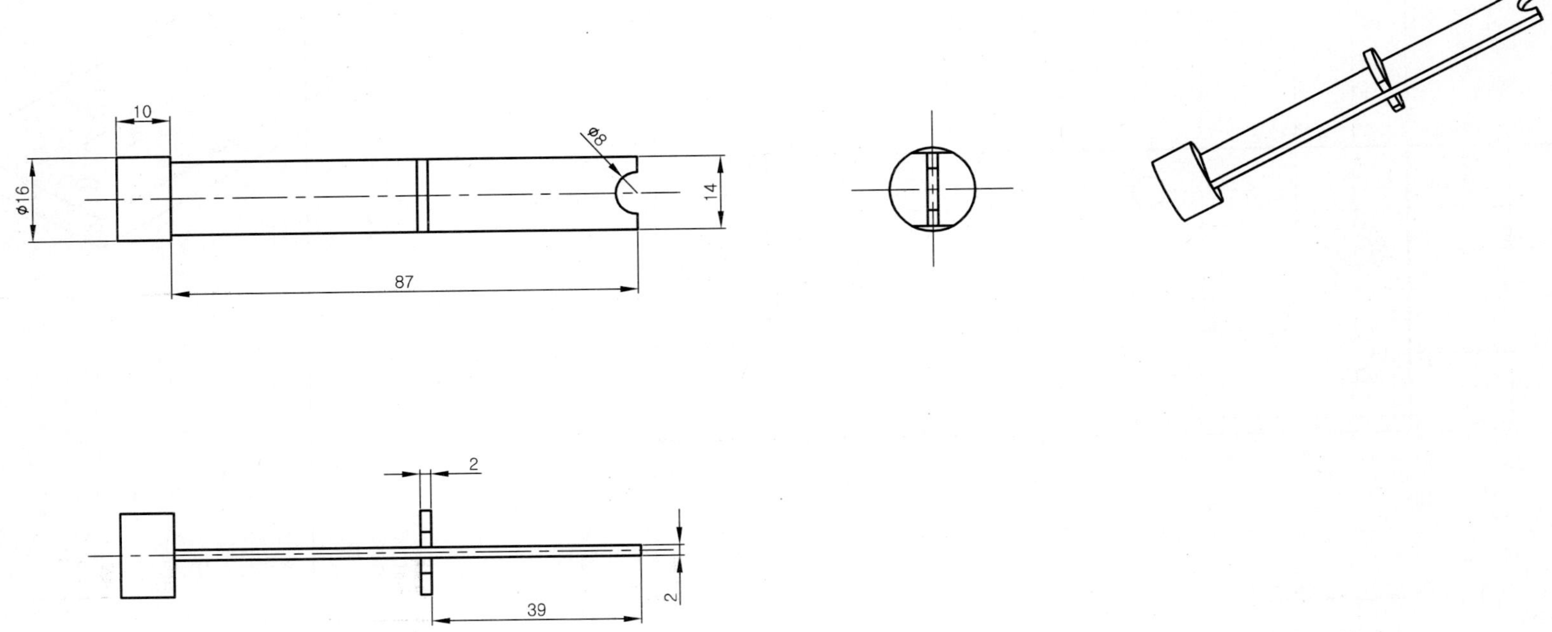

주서

1. 일반공차 – 가공부 : KS B 0412
2. 도시되고 지시없는모따기는 1x45°, 필렛 및 라운드 R3
3. 일반 모따기는 0.3~0.5x45°
4. 표면거칠기는 기호 비교표

x = 3.2, 25S , ▽▽, N9

y = 0.8, 6.3S , ▽▽▽, N7

30	배플	SM45C	2	
품 번	품 명	재 질	수 량	비 고
2단금형(upper hook cover1캐비티)			척 도	1.5 : 1
			투상법	3각법

(31) $\overset{x}{\nabla}$ ($\overset{y}{\nabla}$)

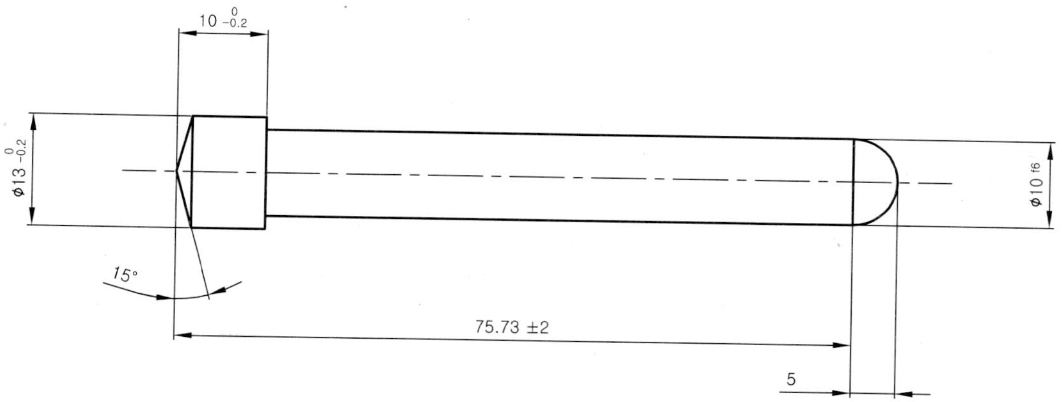

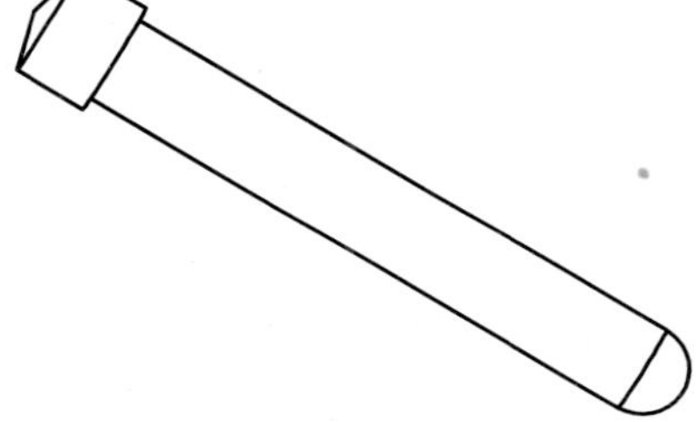

주서

1. 일반공차 - 가공부 : KS B 0412
2. 도시되고 지시없는모따기는 1x45°, 필렛 및 라운드 R3
3. 일반 모따기는 0.3~0.5x45°
4. 표면거칠기는 기호 비교표

$\overset{x}{\nabla}$ = $\overset{3.2}{\nabla}$, 25S , ▽▽, N9

$\overset{y}{\nabla}$ = $\overset{0.8}{\nabla}$, 6.3S , ▽▽▽, N7

31	앵귤러 핀	STB2	1	HRC58
품 번	품 명	재 질	수 량	비 고
2단금형(upper hook cover1캐비티)			척 도	2.5 : 1
			투상법	3각법

C.H.A.P.T.E.R **3**

사출금형설계 도면 III

3.1 2단금형(E-socket 슬리브이젝트)

▮ 요구사항

1) 2D제품도 & 3차원 Solid model를 이용한 설계.
2) 적용 수지 : ABS, 수축률 5/1000 적용, 빼기구배는 고려하지 않아도 됨.
3) 사출성형기 사양 : 고정측 중앙부 구멍 직경 ∅100mm, 사출노즐의 선단직경은 ∅19mm, 사출기 노즐직경은 ∅3mm.
4) 금형 종류 : 2단금형/슬라이드 (2 cavity)
5) 유동주입기구 : gate 위치 및 종류는 설계자가 결정하여 할 것.
6) 취출시스템
   6-1) 제품 취출은 설계자 임의로 설계하되, 보스부는 ejector sleeve를 사용할 것.
   6-2) Under cut처리 : 상, 하 슬라이드 구조 및 경사슬라이드(변형밀핀) 등을 사용할 것.
7) 형상부
   7-1) 파팅 : 제품표면에 파팅라인이 없도록 할 것.
   7-2) 형상부 설계 및 저장 : 분할 작업을 통하여 고정측, 가동측 별도 저장.
8) 냉각시스템 : 고정측, 가동측 냉각 설계는 설계방식에 준하여 Parallel 방식으로 설계할 것.
9) Moldbase
   9-1) 설계방안에 맞는 2단 Moldbase를 설계자가 선택하여 결정할 것.
   9-2) Bolt, O-ring, Eye-bolt-tap, Tap, Nipple 등은 설계하지 않아도 됨.
   9-3) 설계하고자 하는 금형의 구조 및 작동성에 맞추어서 Guide Pin, Bush, Pin류 등은 설계자가 선정하여 설계할 것.

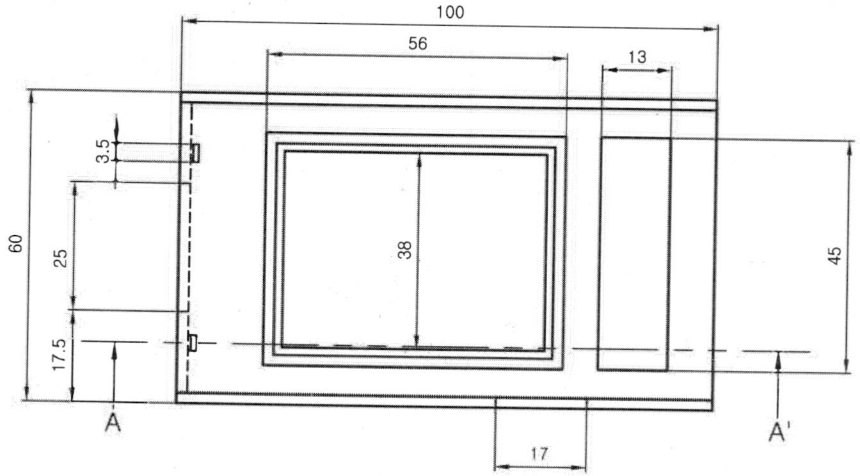

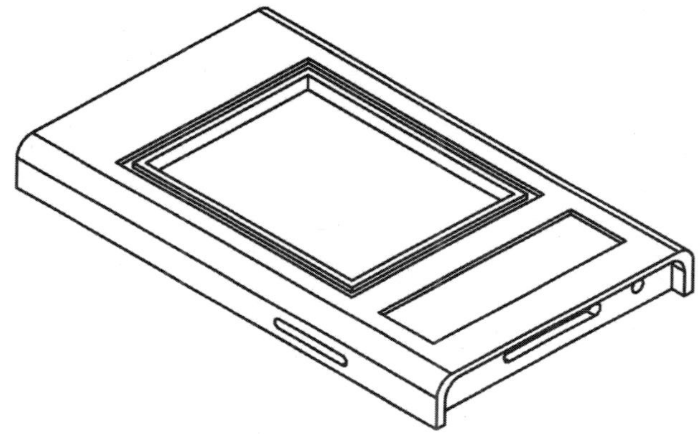

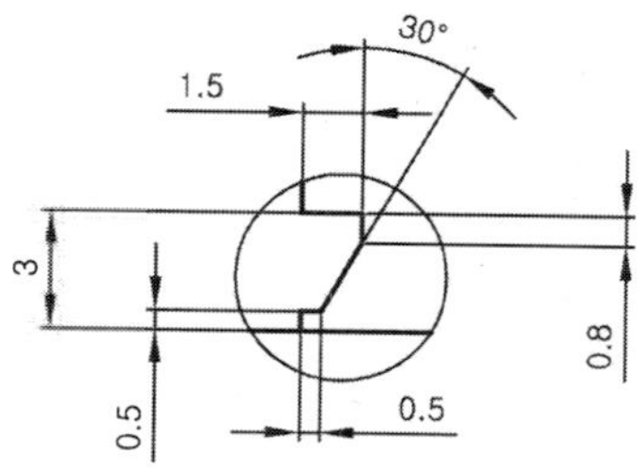

DETAIL A
SCALE 4:1

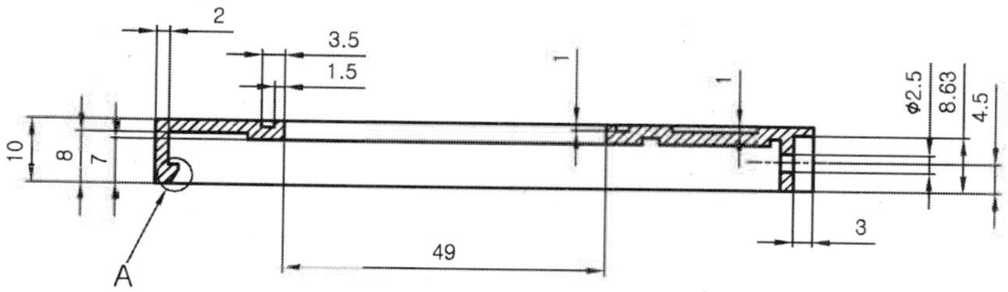

SECTION A-A'

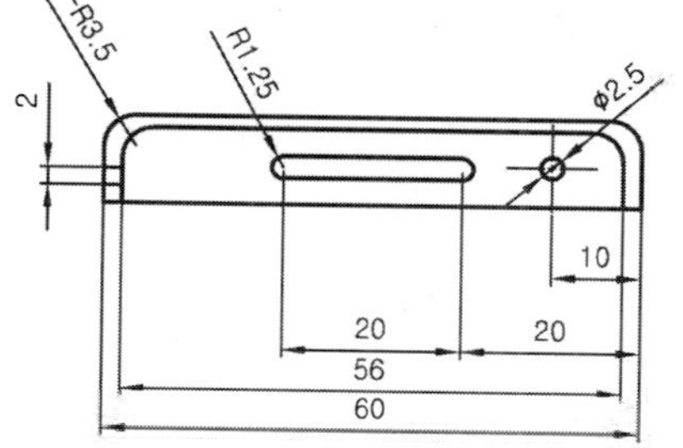

주서

1. 일반공차 - 가공부 : KS B 0412
2. 도시되고 지시없는모따기는 1x45°, 필렛 및 라운드 R3
3. 일반 모따기는 0.3~0.5x45°
4. 2-Cavity
5. 언더컷 처리 : 상,하 슬라이드 구조
   경사슬라이드(변형밀핀)사용 할 것
6. 게이트 종류 : 사이드게이트
7. 표면거칠기는 기호 비교표

x∇ = 3.2∇, 25S, ▽▽, N9

y∇ = 0.8∇, 6.3S, ▽▽▽, N7

0	Product	ABS	2	
품 번	품 명	재 질	수 량	비 고
작품명	e-socket		척 도	1 : 1
			투상법	3각법

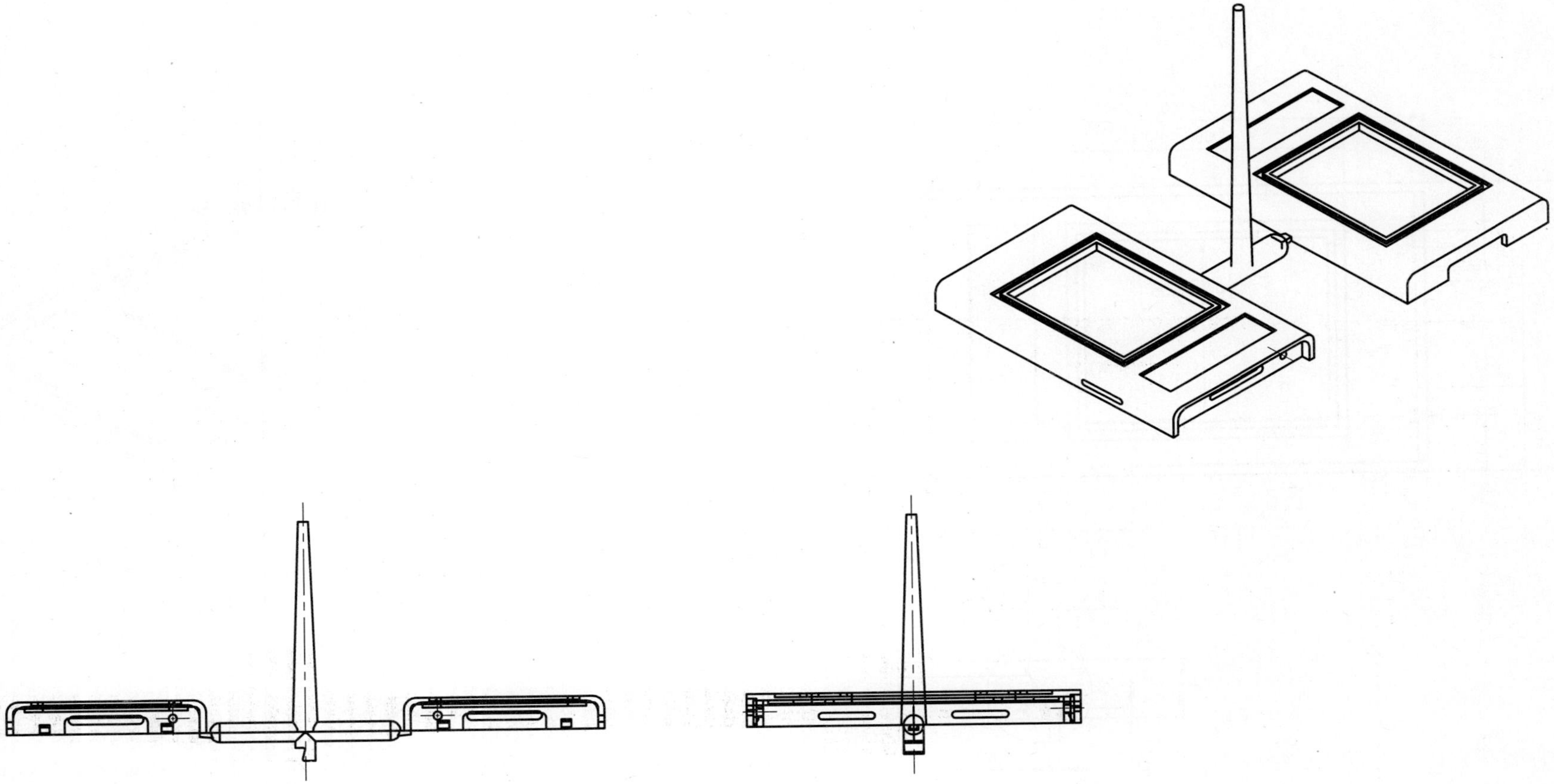

0	유동기구	ABS	1	
품 번	품 명	재 질	수 량	비 고
작품명	e-socket		척 도	2 : 1
			투상법	3각법

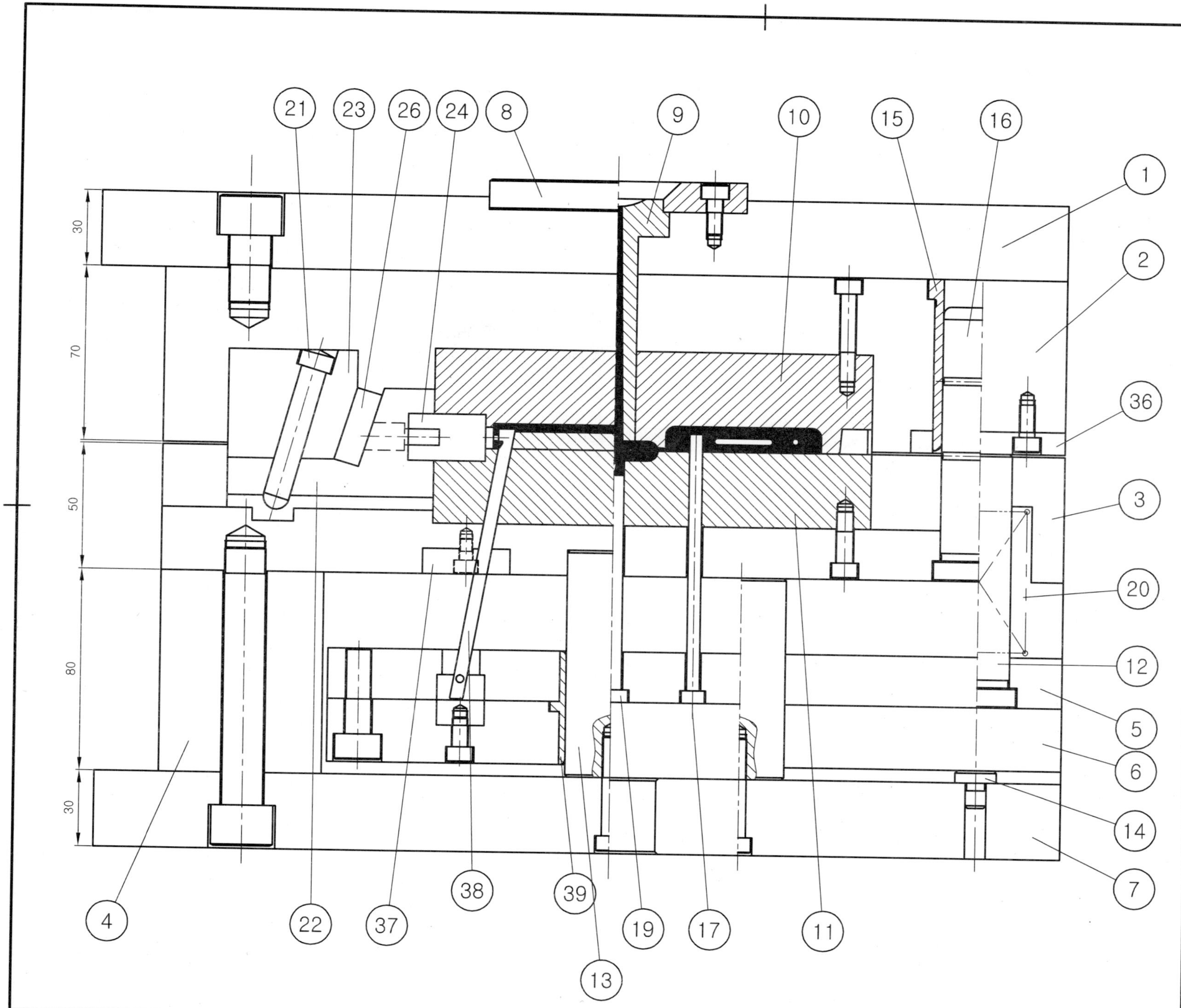

품번	품 명	재질	수량	규격	비고
40	받침봉	STC3	2	ϕ35x60	
39	이젝터 가이드 부시	STC3	2	ϕ35x45	
38	변형 밀핀	STC3	4	108.04x5x3.46	
37	변형밀핀 받침판	STC3	2	10x76x34	
36	파팅 플레이트	STC3	2	10x70x60	HRC50
35	연마판	STC3	2	10x116.2x104.7	HRC58
34	연마판	STC3	2	10x85x74.7	
33	인로우	STC3	2	20x60x20	HRC30
32	연마판	STC3	2	10x55.07x23	HRC58
31	가이드 레일	STC3	4	20x65x15	HRC30
30	슬라이드 코어 편	KP4M	2	12x27x25.08	HRC58
29	로킹 블록	STC3	2	37x55.07x35	
28	슬라이드 코어	KP4M	2	48.67x80x92.28	
27	경사 핀	STC3	2	ϕ13x59.78	
26	연마판	STC3	2	10x86.28x30	
25	가이드 레일	SKS3	4	20x80x15	
24	슬라이드 코어 편	KP4M	2	18.67x30x66.28	
23	로킹 블록	STC3	2	43.67x50x86.28	HRC53
22	슬라이드 코어	KP4M	2	42.01x65x61.07	HRC30
21	경사 핀	STC3	2	ϕ13x66.24	HRC60
20	스프링	규격품	4	TR30x60	
19	스프루 록 핀	STC3	12	ϕ8x90	HRC50
18	이젝터 핀	STC3	8	ϕ5x107.03	HRC58
17	이젝터 핀	STC3	8	ϕ6x100	HRC58
16	가이드 핀	STC3	4	ϕ30x110	HRC58
15	가이드 부시	STC3	4	ϕ30x70	HRC58
14	스톱 핀	STC3	4	ϕ16x15	HRC50
13	이젝터 가이드 핀	STC3	2	ϕ35x90	HRC58
12	리턴 핀	STC3	4	ϕ25x101	HRC58
11	코어	KP4M	1	30x140x200	HRC30
10	캐비티	KP4M	1	40x140x200	HRC30
9	스프루 부시	SM45C	1	ϕ40x101	
8	로케이트 링	SM45C	1	ϕ100x12	
7	가동측 설치판	SM45C	1	30x400x350	
6	이젝터 플레이트(하)	SM45C	1	25x220x350	
5	이젝터 플레이트(상)	SM45C	1	20x220x350	
4	스페이서 블록	SM45C	2	80x63x350	
3	가동측 형판	SM45C	1	50x350x350	
2	고정측 형판	SM45C	1	70x350x350	
1	고정측 설치판	SM45C	1	30x400x350	

2단금형(E-Socket 슬리브 이젝트)	척 도	N S
	각 법	3각법

1 x/ (y/)

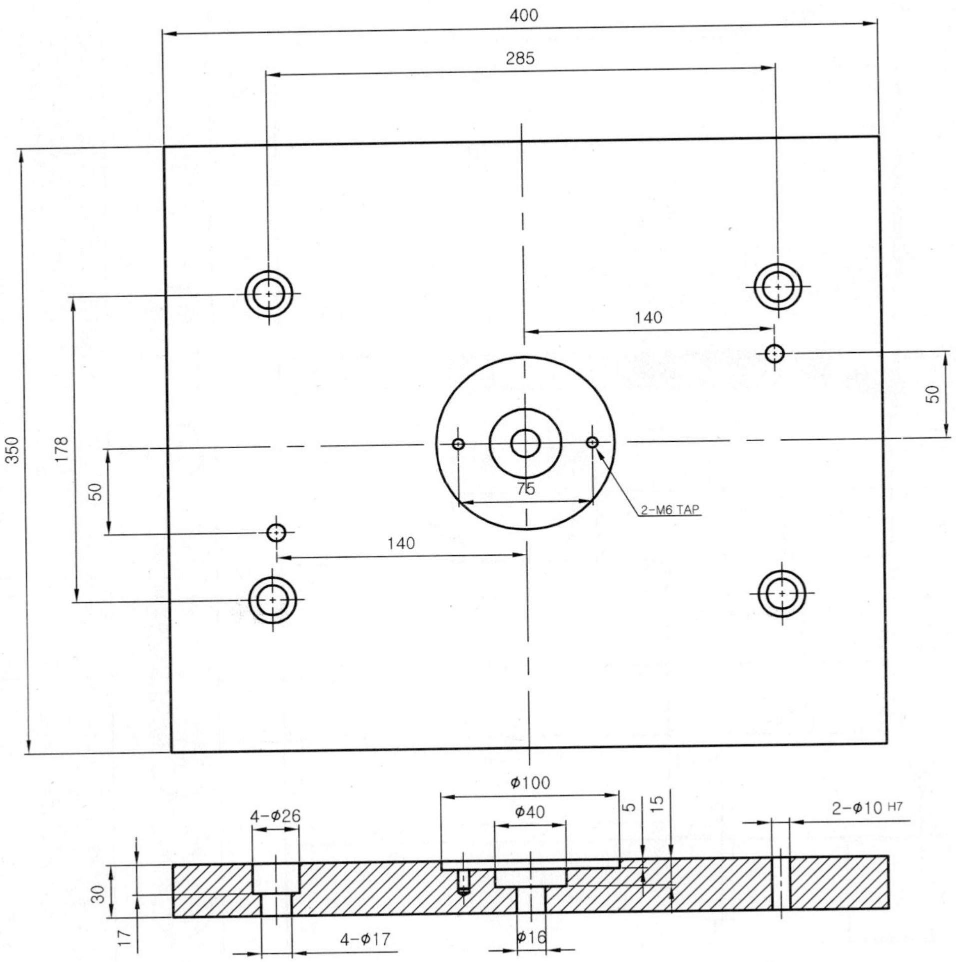

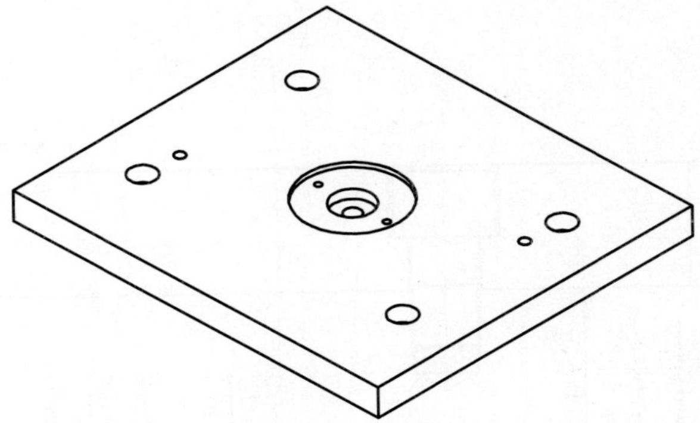

주서

1. 일반공차 - 가공부 : KS B 0412
2. 도시되고 지시없는모따기는 1x45°, 필렛 및 라운드 R3
3. 일반 모따기는 0.3~0.5x45°
4. 표면거칠기는 기호 비교표

x/ = 3.2/, 25S , ▽▽, N9

y/ = 0.8/, 6.3S , ▽▽▽, N7

1	고정측 설치판	SM45C	1	
품 번	품 명	재 질	수 량	비 고
2단금형(E-Socket 슬리브 이젝트)			척 도	1 : 0.5
			투상법	3각법

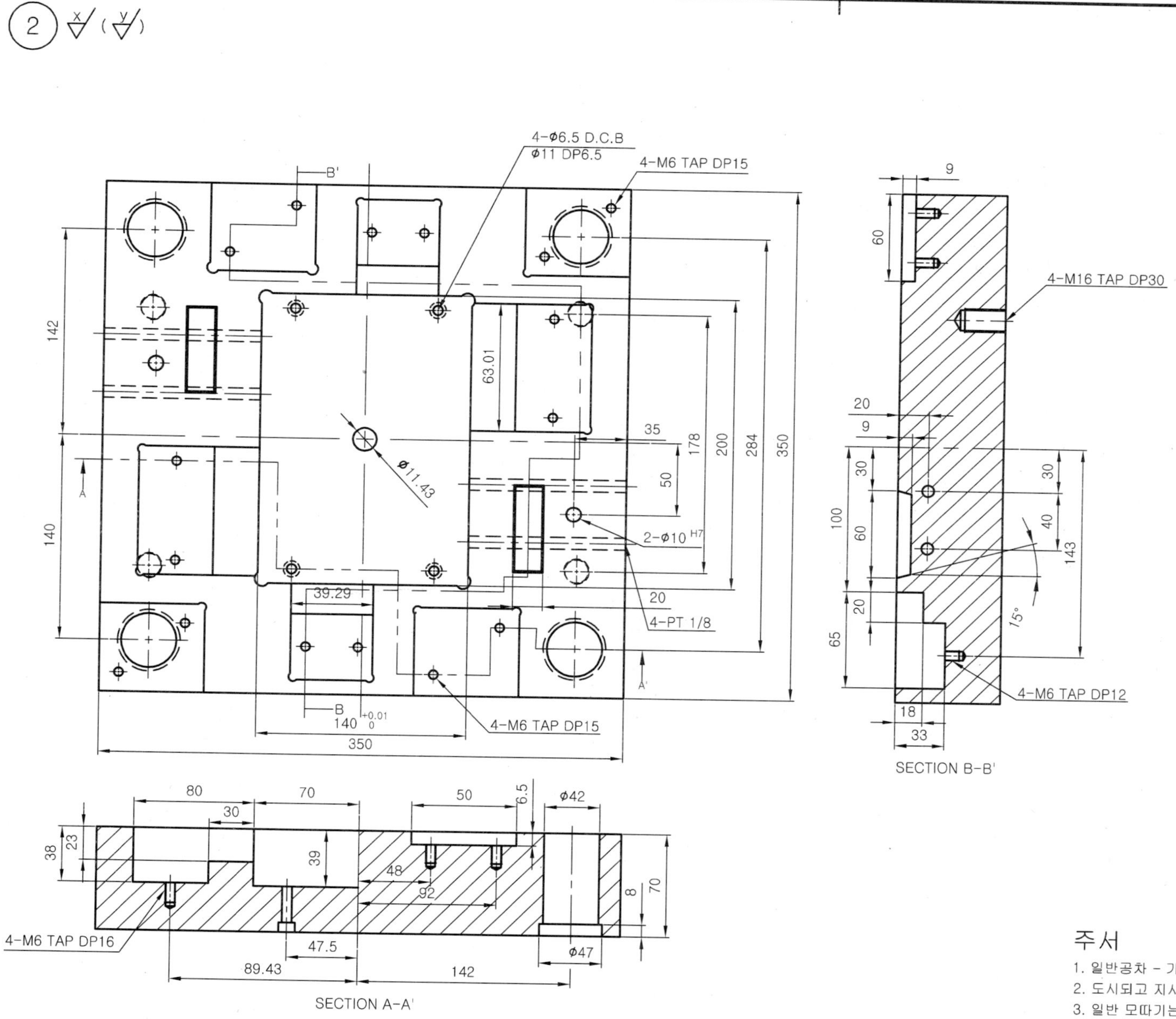

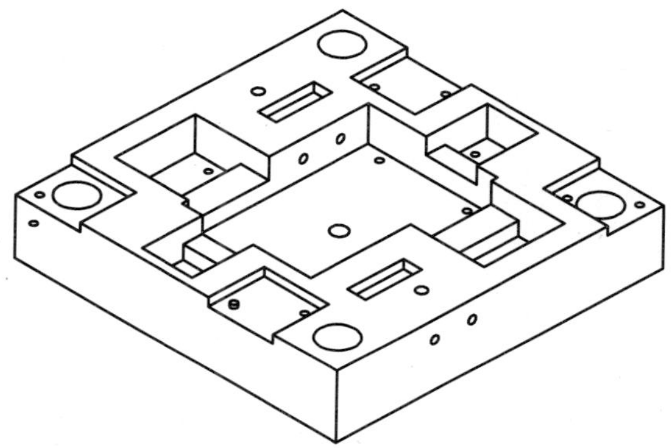

주서

1. 일반공차 - 가공부 : KS B 0412
2. 도시되고 지시없는모따기는 1x45°, 필렛 및 라운드 R3
3. 일반 모따기는 0.3~0.5x45°
4. 표면거칠기는 기호 비교표

x/ = 3.2/ , 25S , ▽▽ , N9

y/ = 0.8/ , 6.3S , ▽▽▽ , N7

2	고정측 형판	SM45C	1	
품 번	품 명	재 질	수 량	비 고
2단금형(E-Socket 슬리브 이젝트)			척 도	1 : 0.5
			투상법	3각법

③ $\overset{x}{\bigtriangledown}$ ($\overset{y}{\bigtriangledown}$)

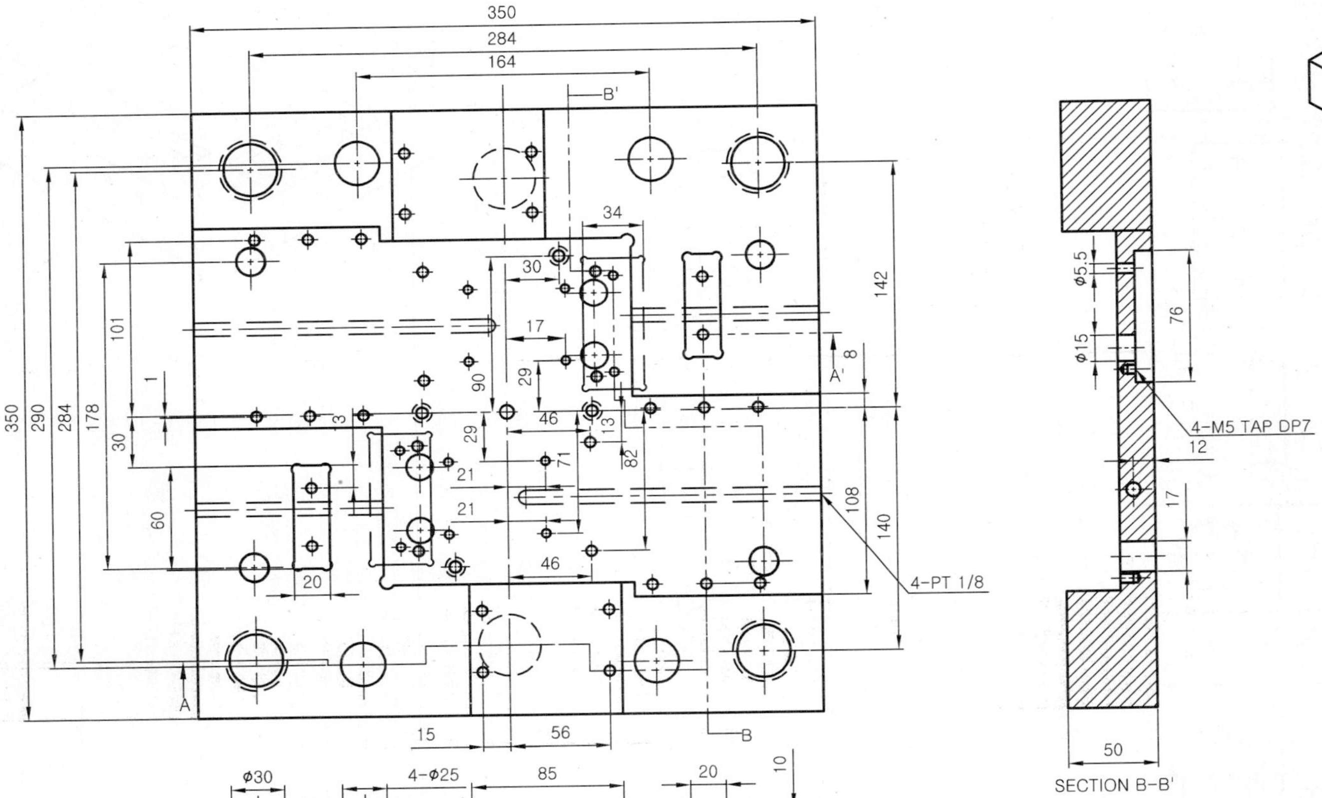

SECTION B-B'

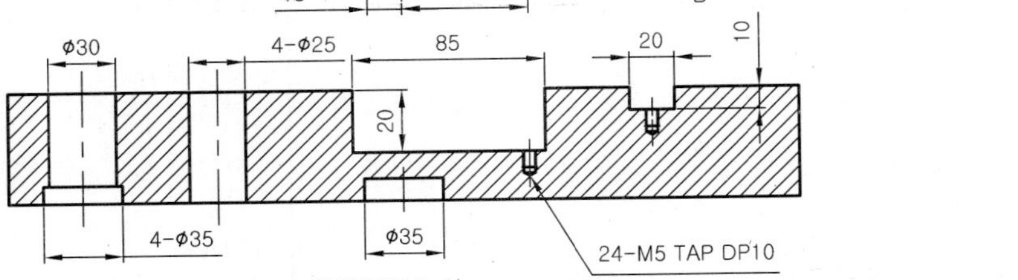

SECTION A-A'

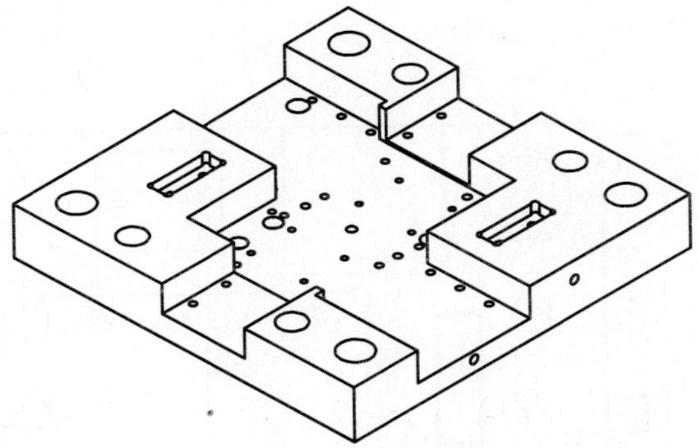

주서

1. 일반공차 - 가공부 : KS B 0412
2. 도시되고 지시없는모따기는 1x45°, 필렛 및 라운드 R3
3. 일반 모따기는 0.3~0.5x45°
4. 표면거칠기는 기호 비교표

$\overset{x}{\bigtriangledown}$ = $\overset{3.2}{\bigtriangledown}$, 25S , ▽▽, N9

$\overset{y}{\bigtriangledown}$ = $\overset{0.8}{\bigtriangledown}$, 6.3S , ▽▽▽, N7

3	가동측 형판	SM45C	1	
품 번	품 명	재 질	수 량	비 고
2단금형(E-Socket 슬리브 이젝트)			척 도	1 : 0.5
			투상법	3각법

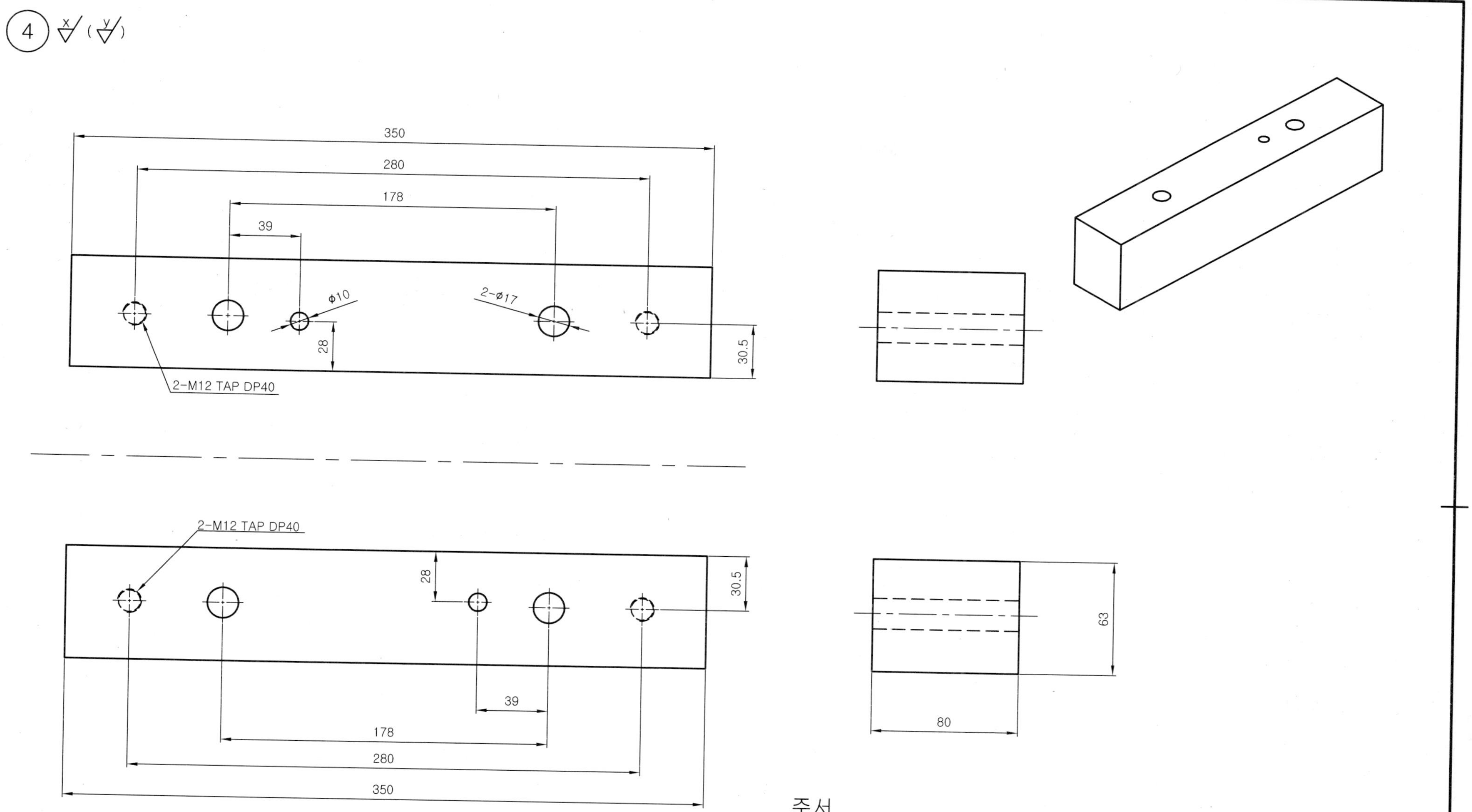

주서

1. 일반공차 - 가공부 : KS B 0412
2. 도시되고 지시없는모따기는 1x45°, 필렛 및 라운드 R3
3. 일반 모따기는 0.3~0.5x45°
4. 표면거칠기는 기호 비교표

x∨ = 3.2∨ , 25S , ▽▽ , N9

y∨ = 0.8∨ , 6.3S , ▽▽▽ , N7

4	스페이서 블록	SM45C	2	
품 번	품 명	재 질	수 량	비 고
2단금형(E-Socket 슬리브 이젝트)			척 도	1 : 0.7
			투상법	3각법

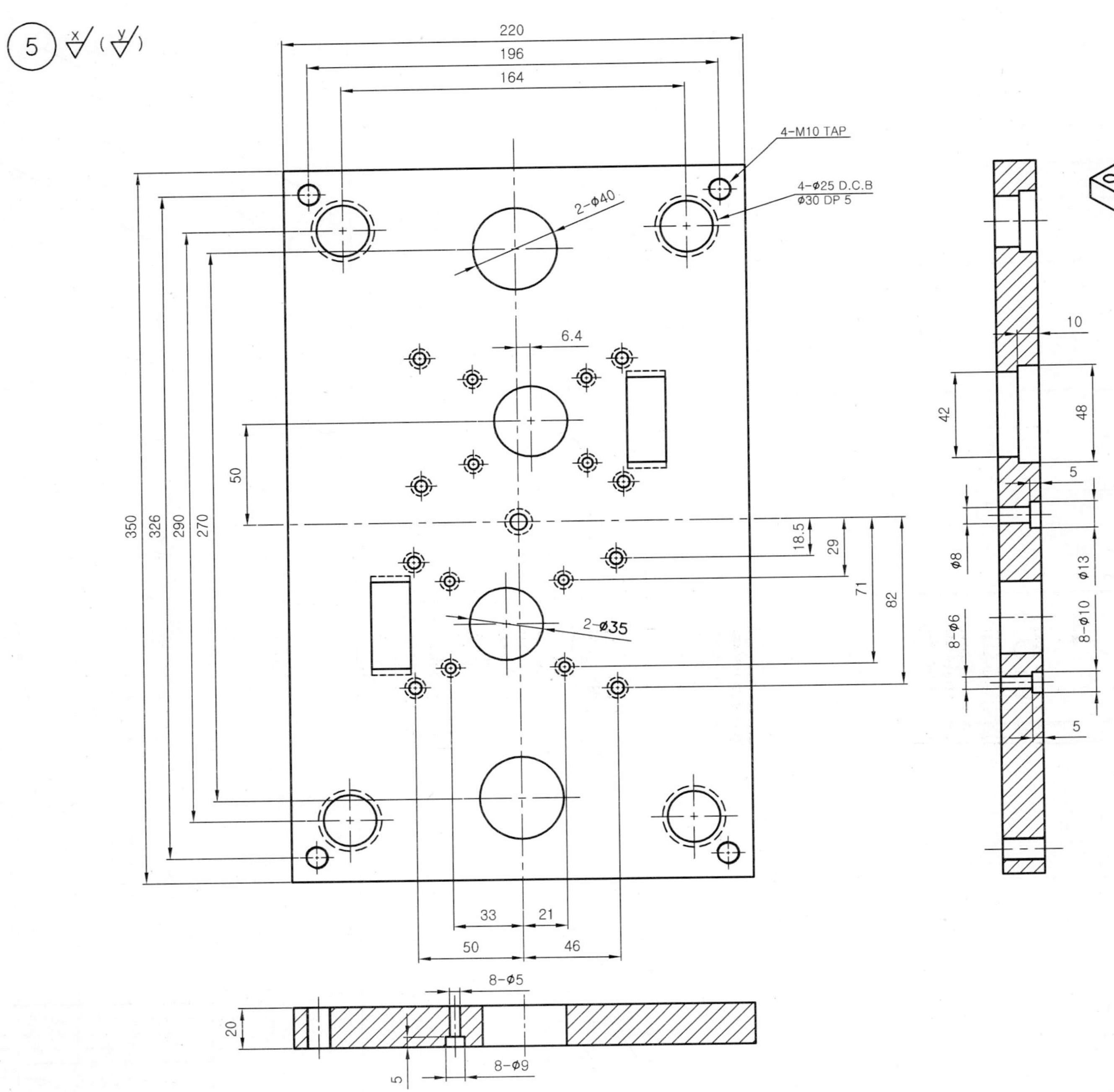

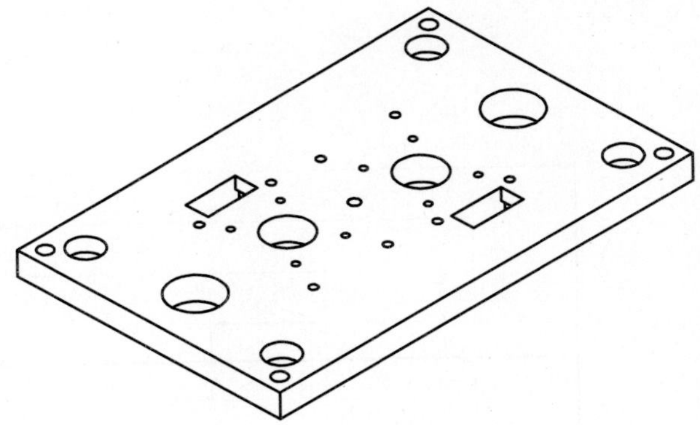

주서

1. 일반공차 - 가공부 : KS B 0412
2. 도시되고 지시없는모따기는 1x45°, 필렛 및 라운드 R3
3. 일반 모따기는 0.3~0.5x45°
4. 표면거칠기는 기호 비교표

x = 3.2, 25S, ▽▽, N9

y = 0.8, 6.3S, ▽▽▽, N7

5	이젝터 플레이트(상)	SM45C	1	
품 번	품 명	재 질	수 량	비 고
2단금형(E-Socket 슬리브 이젝트)			척 도	1 : 0.7
			투상법	3각법

⑥ $\overset{x}{\forall}$ ($\overset{y}{\forall}$)

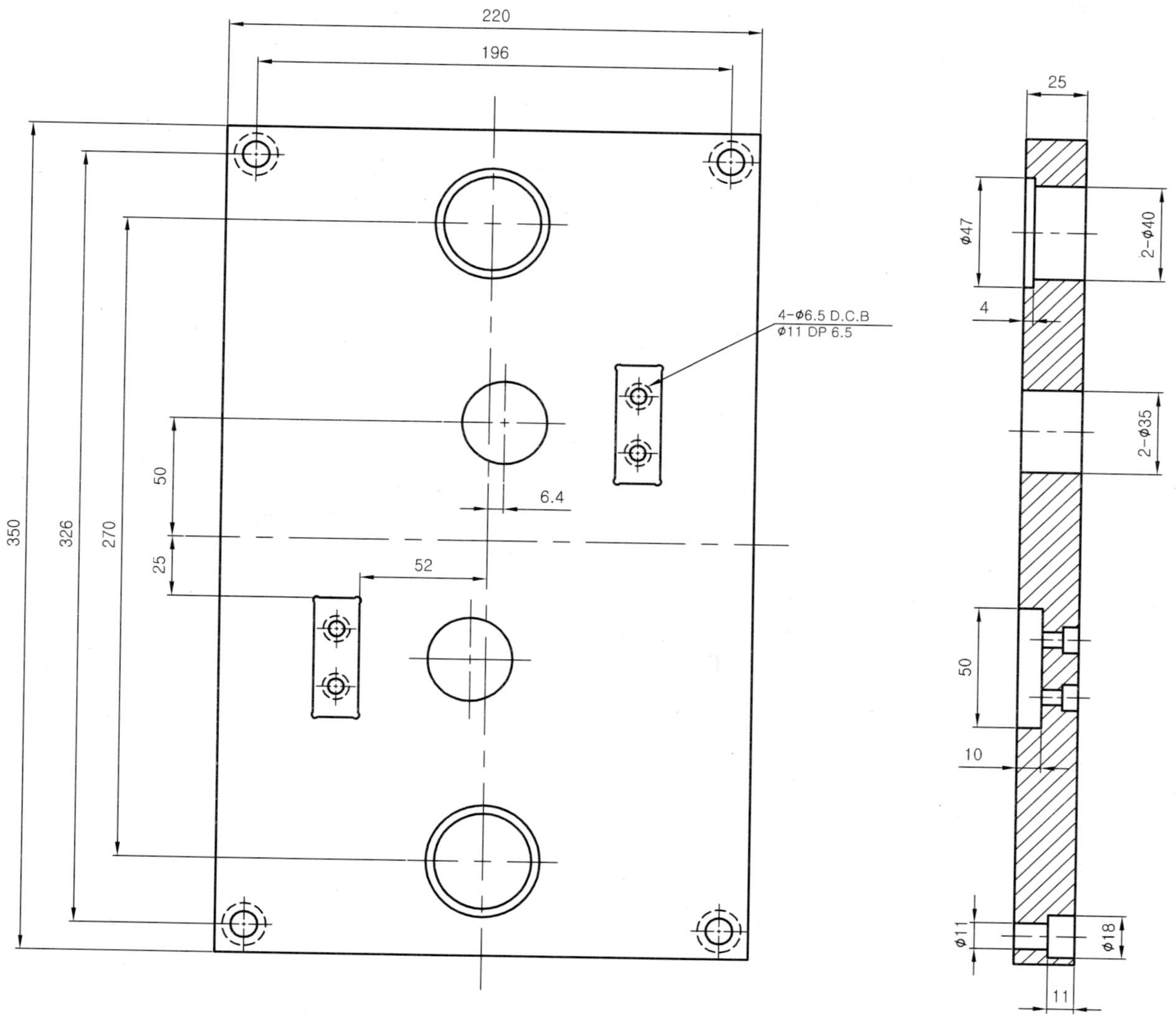

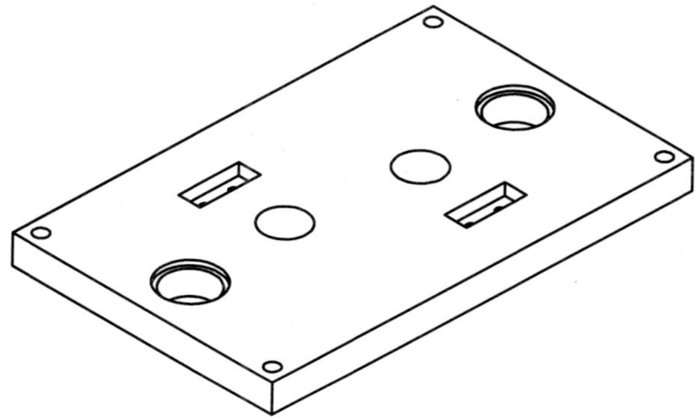

주서

1. 일반공차 - 가공부 : KS B 0412
2. 도시되고 지시없는모따기는 1x45°, 필렛 및 라운드 R3
3. 일반 모따기는 0.3~0.5x45°
4. 표면거칠기는 기호 비교표

$\overset{x}{\forall}$ = $\overset{3.2}{\forall}$, 25S , ▽▽ , N9

$\overset{y}{\forall}$ = $\overset{0.8}{\forall}$, 6.3S , ▽▽▽ , N7

6	이젝터 플레이트(하)	SM45C	1	
품 번	품 명	재 질	수 량	비 고
2단금형(E-Socket 슬리브 이젝트)			척 도	1 : 0.7
			투상법	3각법

⑦ x (y)

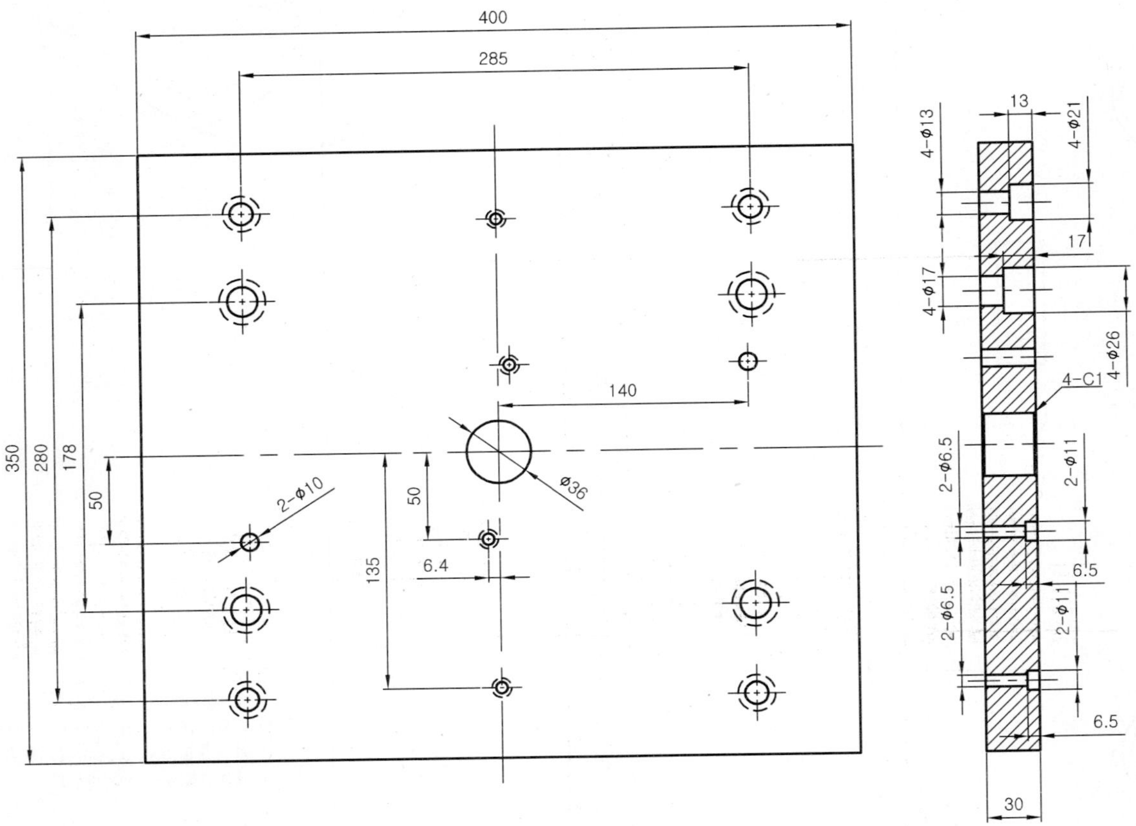

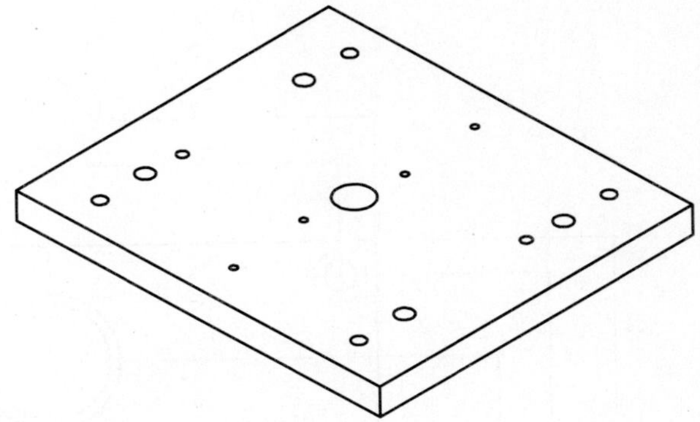

주서

1. 일반공차 - 가공부 : KS B 0412
2. 도시되고 지시없는모따기는 1x45°, 필렛 및 라운드 R3
3. 일반 모따기는 0.3~0.5x45°
4. 표면거칠기는 기호 비교표

x = 3.2, 25S, ▽▽, N9

y = 0.8, 6.3S, ▽▽▽, N7

7	가동측 설치판	SM45C	1	
품 번	품 명	재 질	수 량	비 고
2단금형(E-Socket 슬리브 이젝트)			척 도	1 : 0.5
			투상법	3각법

⑧ $\overset{y}{\triangledown}$

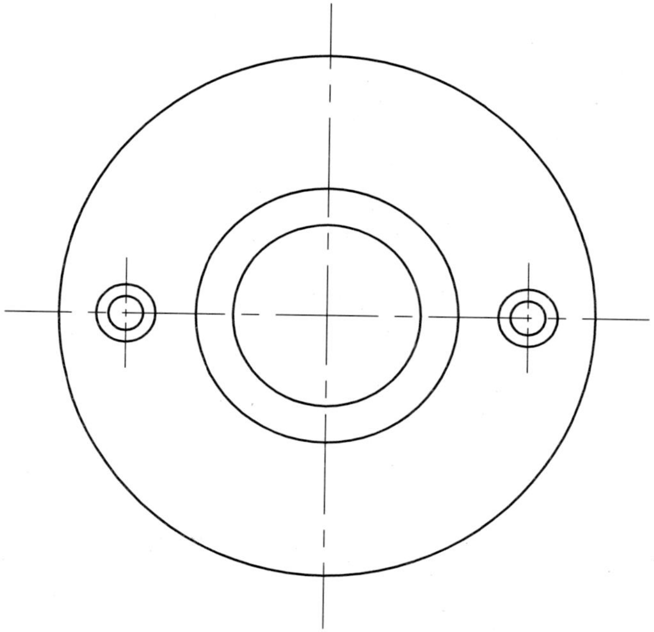

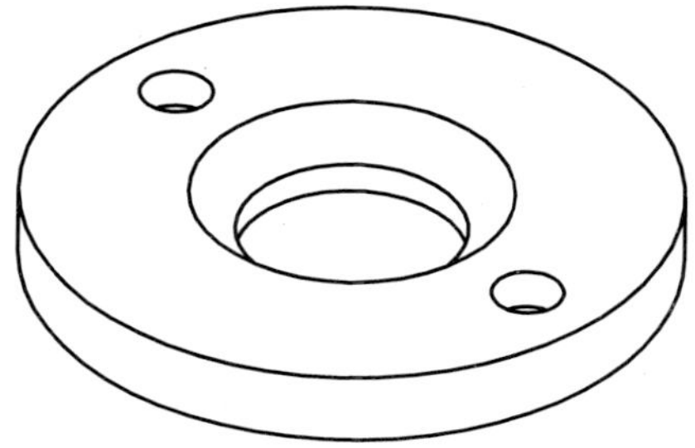

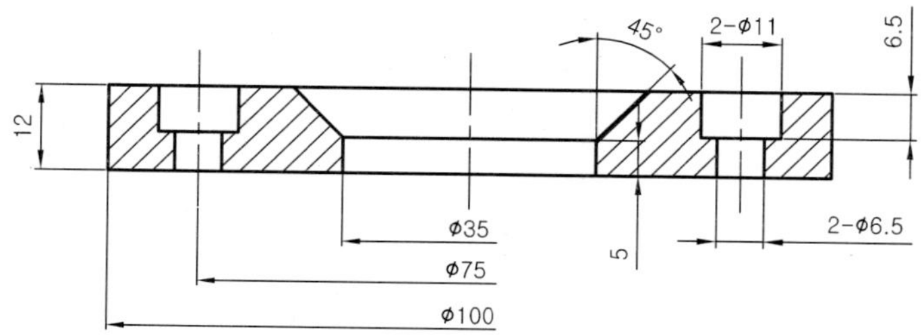

주서

1. 일반공차 - 가공부 : KS B 0412
2. 도시되고 지시없는모따기는 1x45°, 필렛 및 라운드 R3
3. 일반 모따기는 0.3~0.5x45°
4. 표면거칠기는 기호 비교표

x/ = 3.2/ , 25S , ▽▽, N9

y/ = 0.8/ , 6.3S , ▽▽▽, N7

8	로케이트 링	SM45C	1	
품 번	품 명	재 질	수 량	비 고
2단금형(E-Socket 슬리브 이젝트)			척 도	2 : 1
			투상법	3각법

9 y

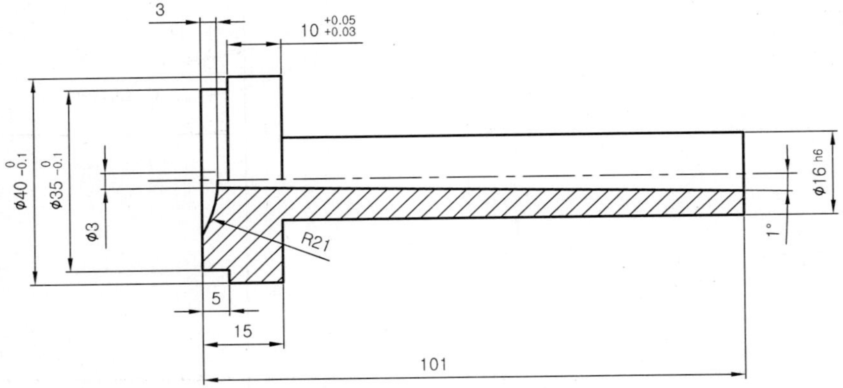

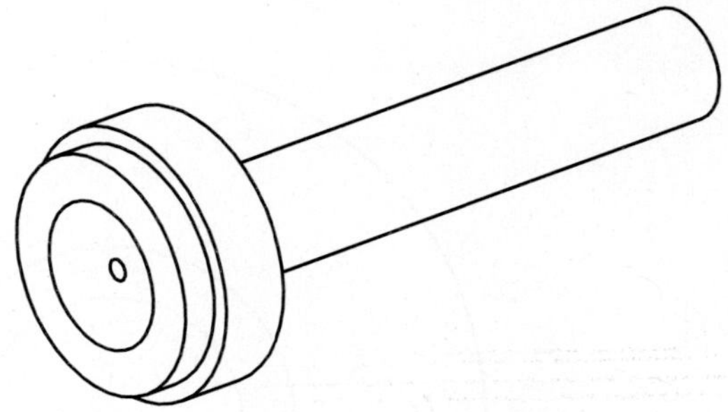

주서

1. 일반공차 - 가공부 : KS B 0412
2. 도시되고 지시없는모따기는 1x45°, 필렛 및 라운드 R3
3. 일반 모따기는 0.3~0.5x45°
4. 표면거칠기는 기호 비교표

x = 3.2, 25S, ▽▽, N9

y = 0.8, 6.3S, ▽▽▽, N7

9	스프루 부시	SM45C	1	
품 번	품 명	재 질	수 량	비 고
2단금형(E-Socket 슬리브 이젝트)			척 도	2 : 1
			투상법	3각법

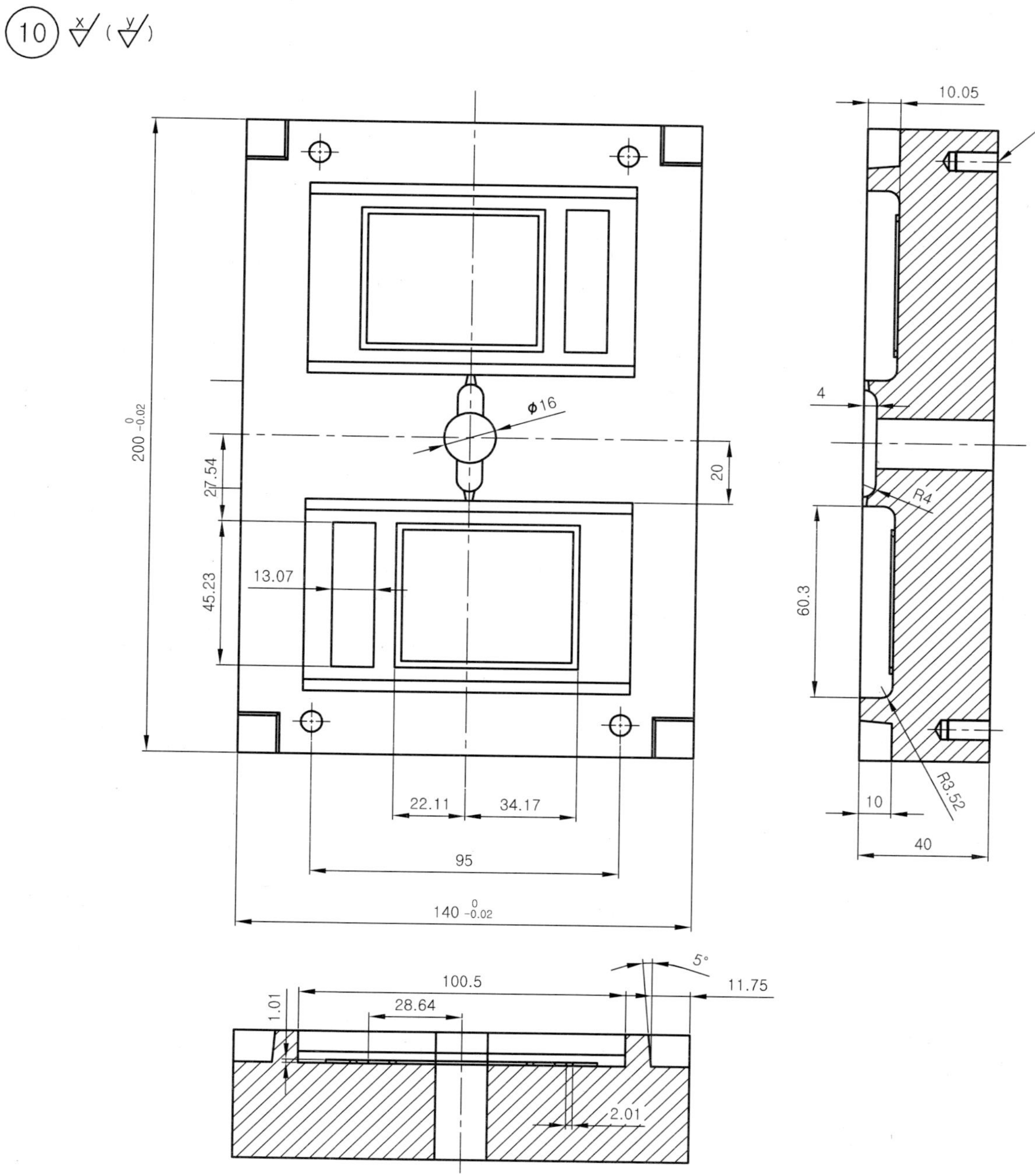

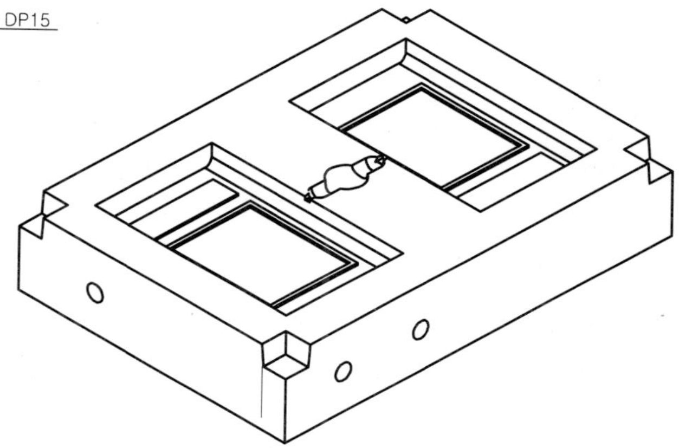

주서

1. 일반공차 - 가공부 : KS B 0412
2. 도시되고 지시없는모따기는 1x45°, 필렛 및 라운드 R3
3. 일반 모따기는 0.3~0.5x45°
4. 표면거칠기는 기호 비교표

x = 3.2, 25S, ▽▽, N9

y = 0.8, 6.3S, ▽▽▽, N7

10	캐비티	KP4M	1	HRC30
품 번	품 명	재 질	수 량	비 고
2단금형(E-Socket 슬리브 이젝트)			척 도	1 : 1
			투상법	3각법

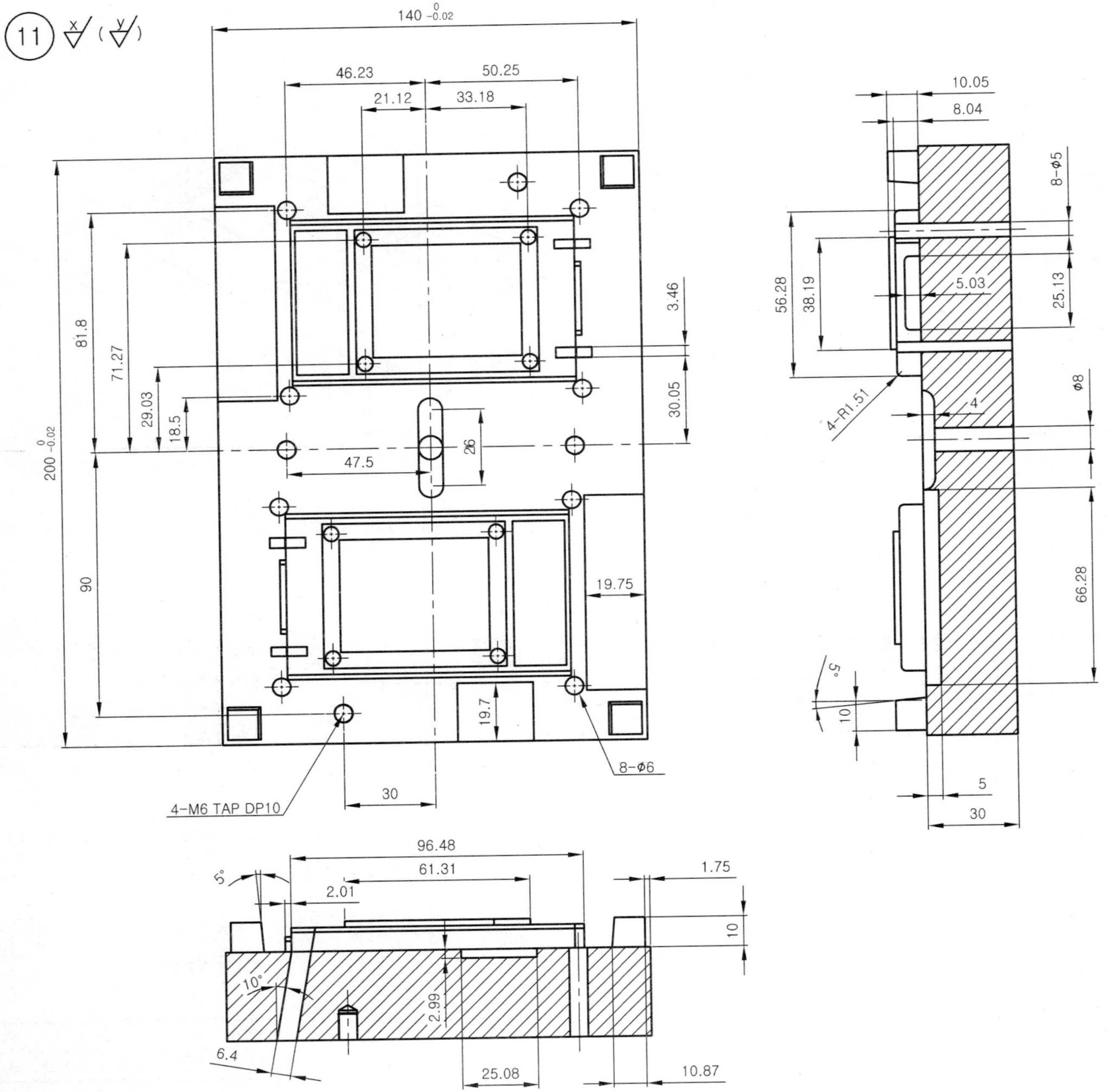

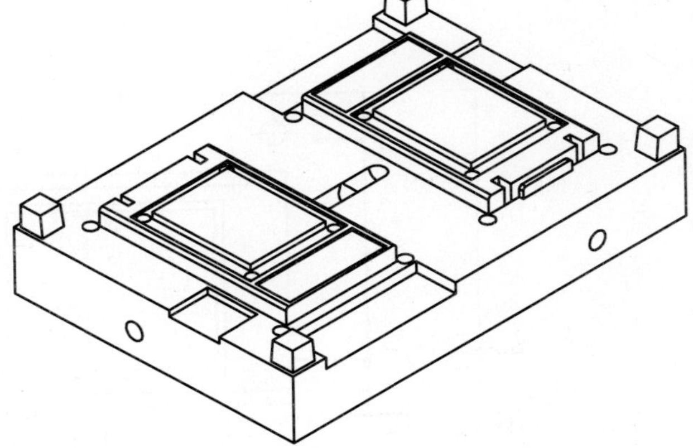

주서

1. 일반공차 - 가공부 : KS B 0412
2. 도시되고 지시없는모따기는 1x45°, 필렛 및 라운드 R3
3. 일반 모따기는 0.3~0.5x45°
4. 표면거칠기는 기호 비교표

x/ = 3.2/ , 25S , ▽▽ , N9

y/ = 0.8/ , 6.3S , ▽▽▽ , N7

11	코어	KP4M	1	HRC30
품 번	품 명	재 질	수 량	비 고
2단금형(E-Socket 슬리브 이젝트)			척 도	1 : 1
			투상법	3각법

(12) y

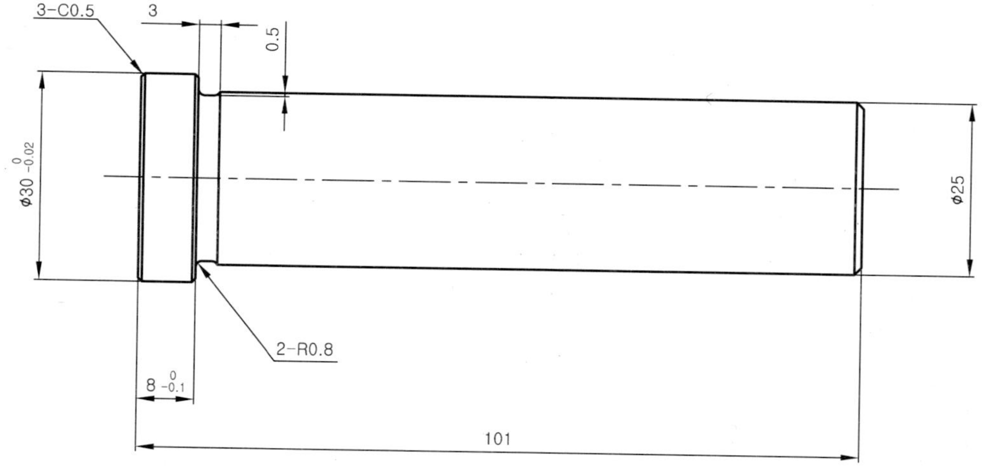

주서

1. 일반공차 - 가공부 : KS B 0412
2. 도시되고 지시없는모따기는 1x45°, 필렛 및 라운드 R3
3. 일반 모따기는 0.3~0.5x45°
4. 표면거칠기는 기호 비교표

x = 3.2, 25S , ▽▽, N9

y = 0.8, 6.3S , ▽▽▽, N7

12	리턴 핀	STC3	4	HRC58
품 번	품 명	재 질	수 량	비 고
2단금형(E-Socket 슬리브 이젝트)			척 도	2 : 1
			투상법	3각법

(13) y

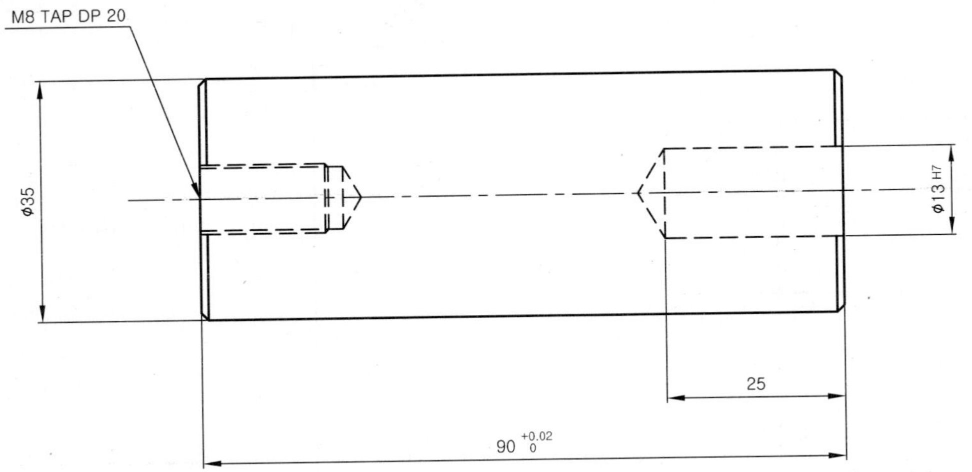

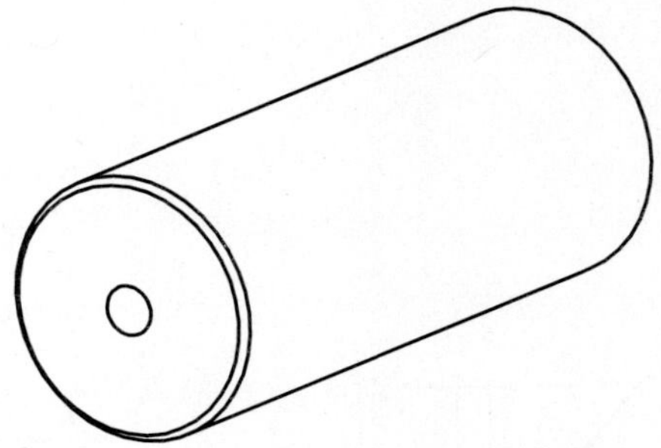

주서

1. 일반공차 - 가공부 : KS B 0412
2. 도시되고 지시없는모따기는 1x45°, 필렛 및 라운드 R3
3. 일반 모따기는 0.3~0.5x45°
4. 표면거칠기는 기호 비교표

x = 3.2 , 25S , ▽▽ , N9
y = 0.8 , 6.3S , ▽▽▽ , N7

13	이젝터 가이드 핀	STC3	2	HRC58
품 번	품 명	재 질	수 량	비 고
2단금형(E-Socket 슬리브 이젝트)			척 도	2 : 1
			투상법	3각법

(14) y

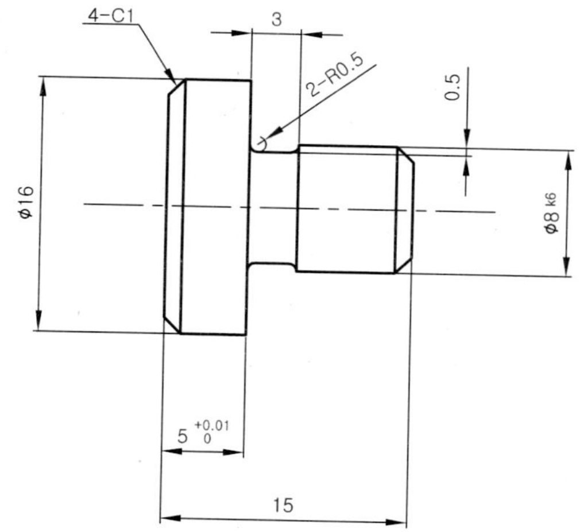

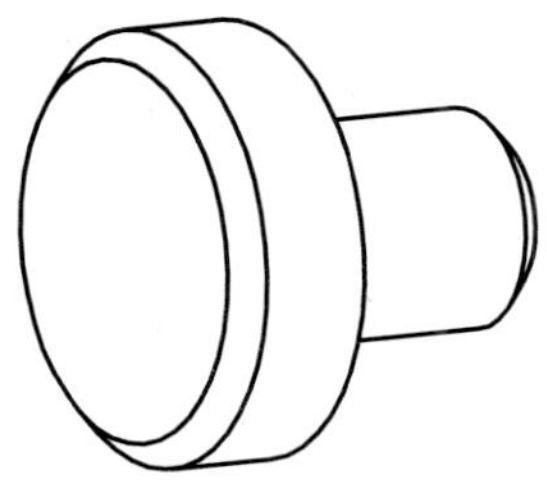

주서

1. 일반공차 - 가공부 : KS B 0412
2. 도시되고 지시없는모따기는 1x45°, 필렛 및 라운드 R3
3. 일반 모따기는 0.3~0.5x45°
4. 표면거칠기는 기호 비교표

x = 3.2, 25S, ▽▽, N9

y = 0.8, 6.3S, ▽▽▽, N7

14	스톱 핀	STC3	4	HRC50
품 번	품 명	재 질	수 량	비 고
2단금형(E-Socket 슬리브 이젝트)			척 도	4 : 1
			투상법	3각법

⑮

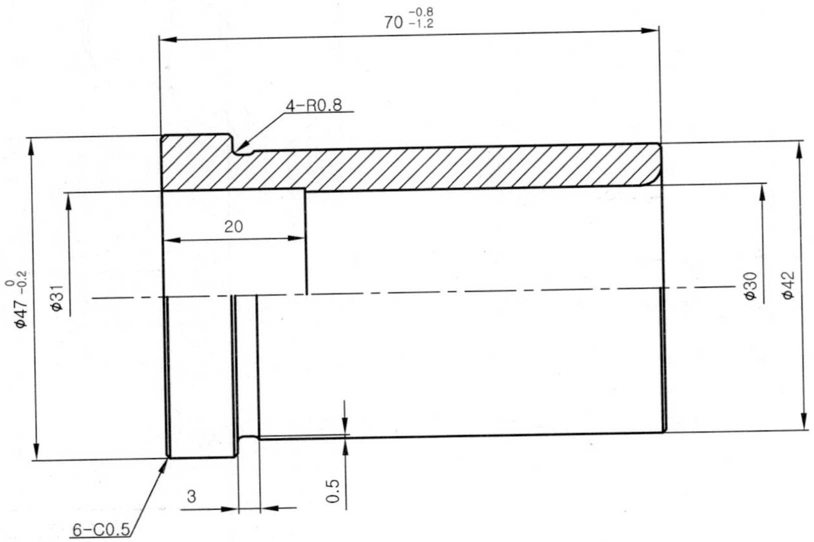

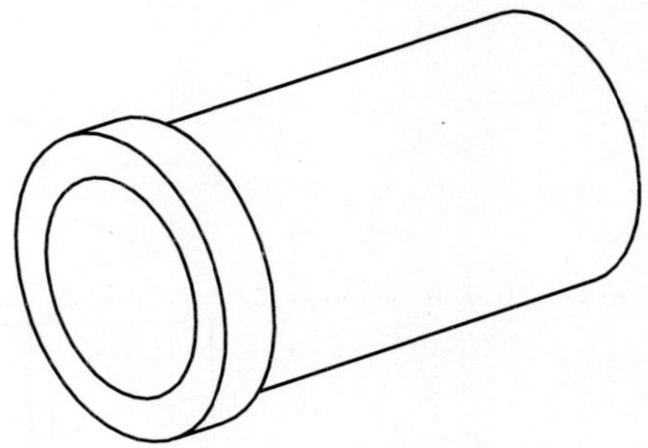

주서

1. 일반공차 - 가공부 : KS B 0412
2. 도시되고 지시없는모따기는 1x45°, 필렛 및 라운드 R3
3. 일반 모따기는 0.3~0.5x45°
4. 표면거칠기는 기호 비교표

x = 3.2, 25S, ▽▽, N9
y = 0.8, 6.3S, ▽▽▽, N7

15	가이드 부시	STC3	4	HRC58
품 번	품 명	재 질	수 량	비 고
2단금형(E-Socket 슬리브 이젝트)			척 도	2 : 1
			투상법	3각법

(16)

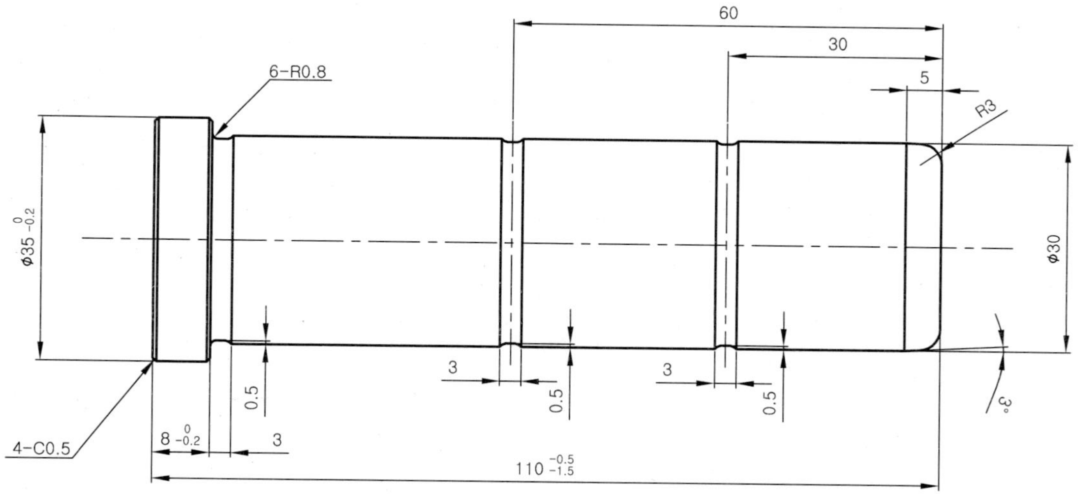

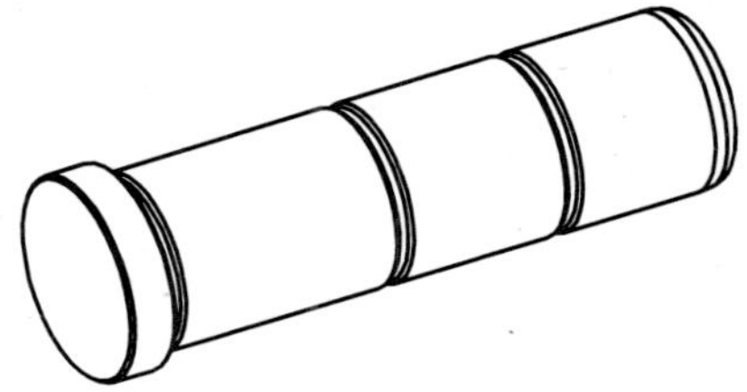

주서

1. 일반공차 - 가공부 : KS B 0412
2. 도시되고 지시없는모따기는 1x45°, 필렛 및 라운드 R3
3. 일반 모따기는 0.3~0.5x45°
4. 표면거칠기는 기호 비교표

x = 3.2, 25S, ▽▽, N9
y = 0.8, 6.3S, ▽▽▽, N7

16	가이드 핀	STC3	4	HRC58
품 번	품 명	재 질	수 량	비 고
2단금형(E-Socket 슬리브이젝트)			척 도	2 : 1
			투상법	3각법

(17) y

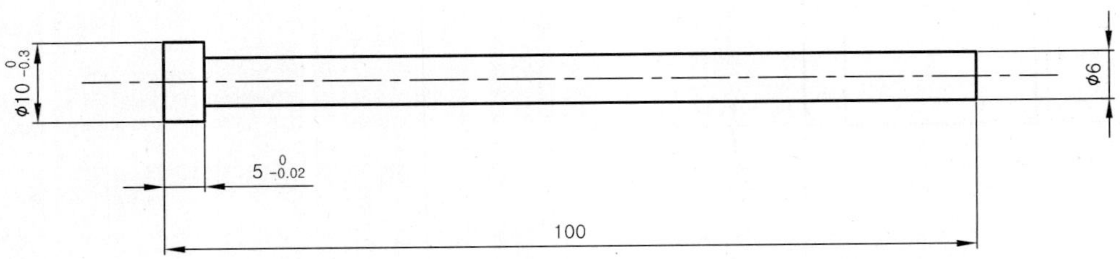

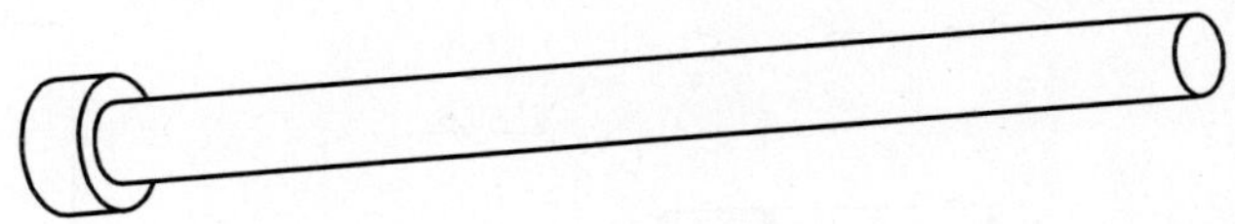

주서

1. 일반공차 - 가공부 : KS B 0412
2. 도시되고 지시없는모따기는 1x45°, 필렛 및 라운드 R3
3. 일반 모따기는 0.3~0.5x45°
4. 표면거칠기는 기호 비교표

x = 3.2, 25S , ▽▽, N9
y = 0.8, 6.3S , ▽▽▽, N7

17	이젝터 핀	STC3	8	HRC58
품 번	품 명	재 질	수 량	비 고
2단금형(E-Socket 슬리브 이젝트)			척 도	2 : 1
			투상법	3각법

(18) y

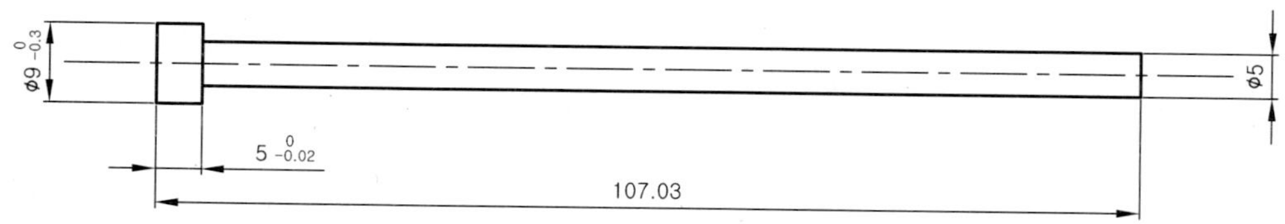

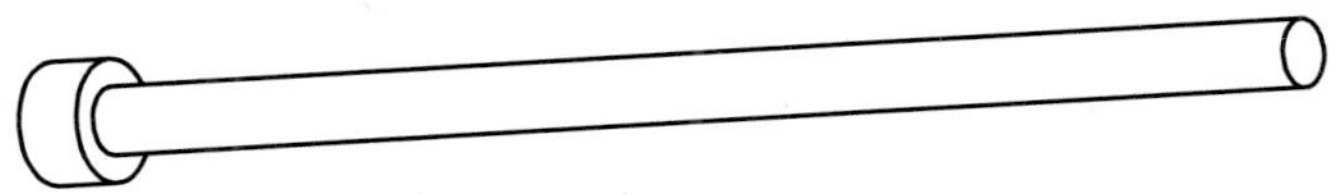

주서

1. 일반공차 - 가공부 : KS B 0412
2. 도시되고 지시없는모따기는 1x45°, 필렛 및 라운드 R3
3. 일반 모따기는 0.3~0.5x45°
4. 표면거칠기는 기호 비교표

x = 3.2, 25S, ▽▽, N9

y = 0.8, 6.3S, ▽▽▽, N7

18	이젝터 핀	STC3	8	HRC58
품 번	품 명	재 질	수 량	비 고
2단금형(E-Socket 슬리브 이젝트)			척 도	2 : 1
			투상법	3각법

(19) y

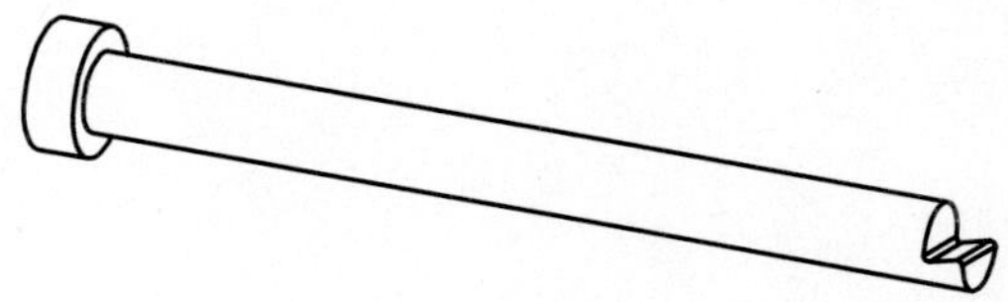

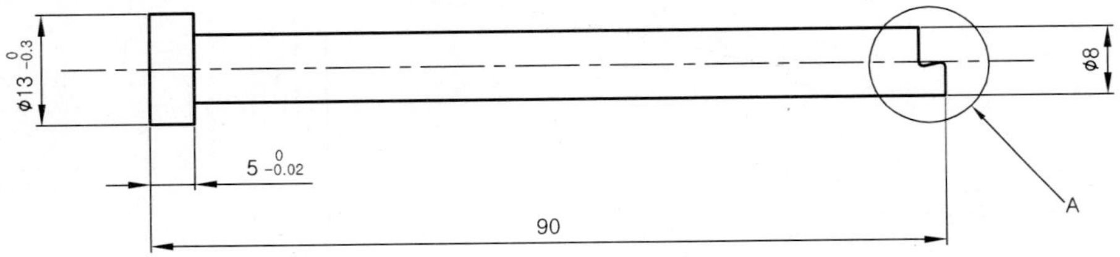

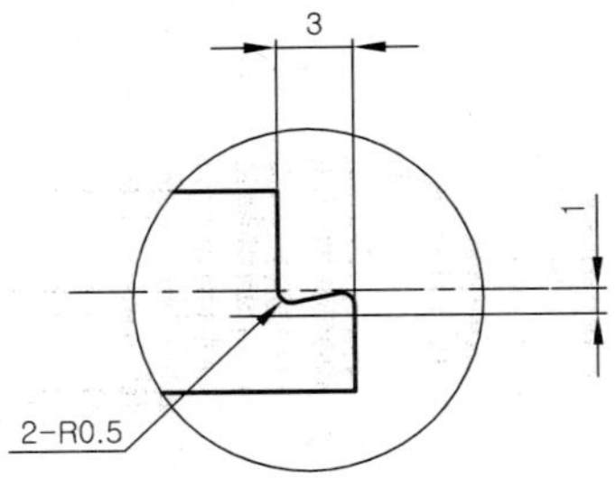

DETAIL A
SCALE 2:1

주서

1. 일반공차 - 가공부 : KS B 0412
2. 도시되고 지시없는모따기는 1x45°, 필렛 및 라운드 R3
3. 일반 모따기는 0.3~0.5x45°
4. 표면거칠기는 기호 비교표

x = 3.2 , 25S , ▽▽, N9
y = 0.8 , 6.3S , ▽▽▽, N7

19	스프루 록 핀	STC3	1	HRC50
품 번	품 명	재 질	수 량	비 고
2단금형(E-Socket 슬리브 이젝트)			척 도	2 : 1
			투상법	3각법

21

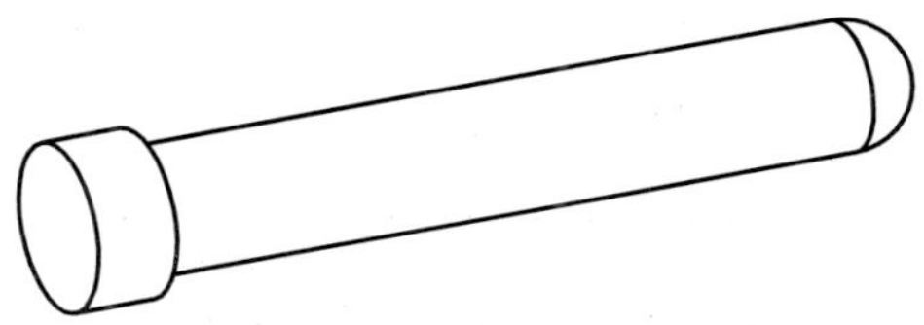

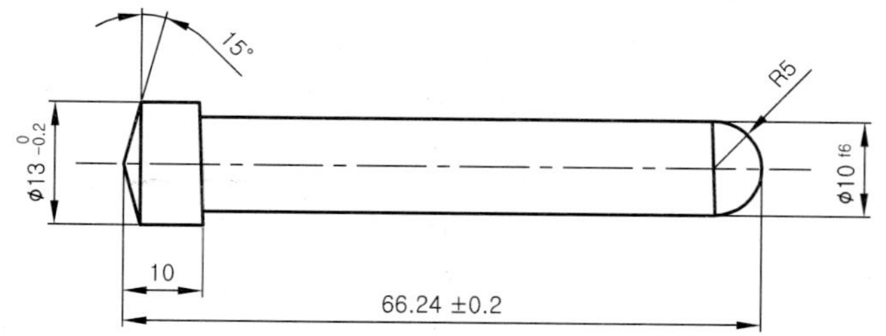

주서

1. 일반공차 - 가공부 : KS B 0412
2. 도시되고 지시없는모따기는 1x45°, 필렛 및 라운드 R3
3. 일반 모따기는 0.3~0.5x45°
4. 표면거칠기는 기호 비교표

x = 3.2, 25S, ▽▽, N9

y = 0.8, 6.3S, ▽▽▽, N7

21	경사 핀	STC3	4	HRC60
품 번	품 명	재 질	수 량	비 고
2단금형(E-Socket 슬리브 이젝트)			척 도	2 : 1
			투상법	3각법

(22) x/ (y/)

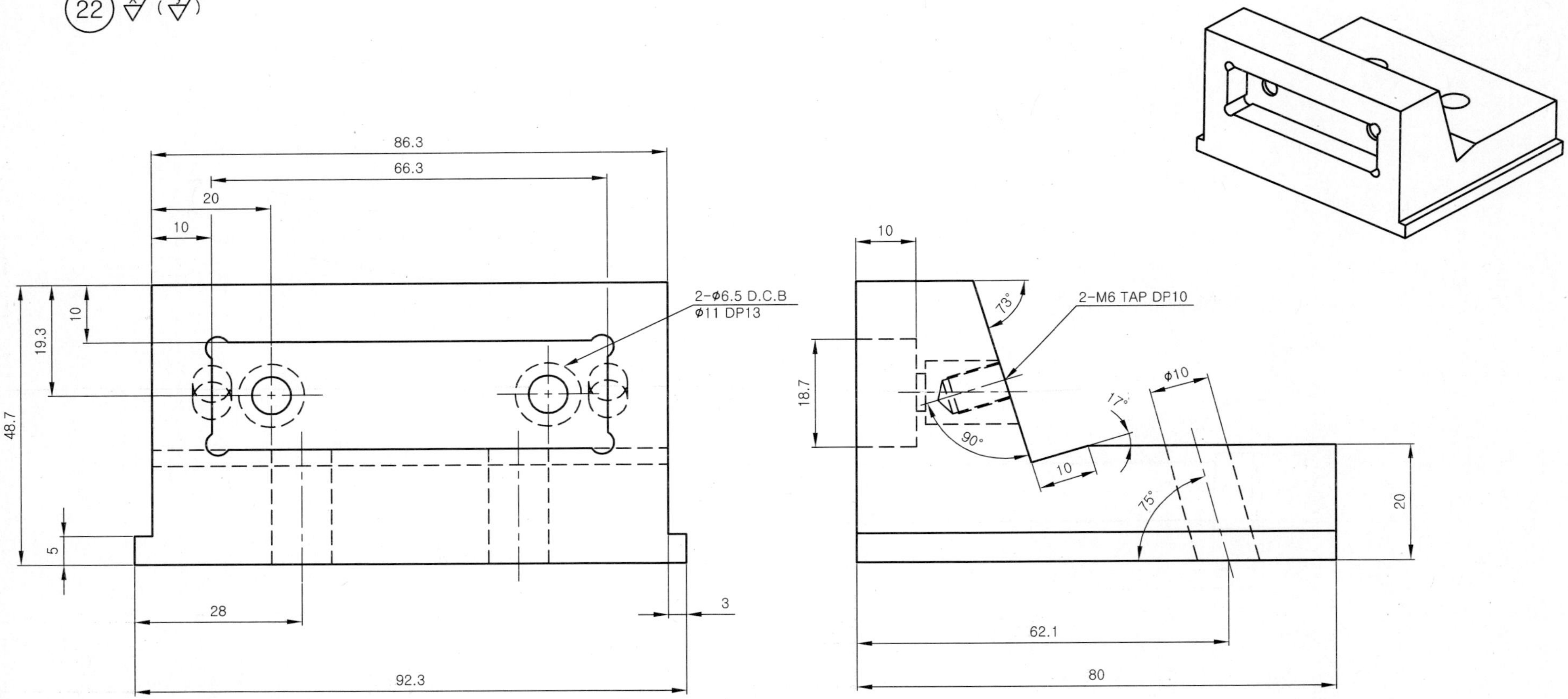

주서

1. 일반공차 - 가공부 : KS B 0412
2. 도시되고 지시없는모따기는 1x45°, 필렛 및 라운드 R3
3. 일반 모따기는 0.3~0.5x45°
4. 표면거칠기는 기호 비교표

x/ = 3.2/ , 25S , ▽▽, N9

y/ = 0.8/ , 6.3S , ▽▽▽, N7

22	슬라이드 코어	KP4M	2	HRC30
품 번	품 명	재 질	수 량	비 고
2단금형(E-Socket 슬리브 이젝트)			척 도	2 : 1
			투상법	3각법

(23) $\overset{x}{\nabla}$ ($\overset{y}{\nabla}$)

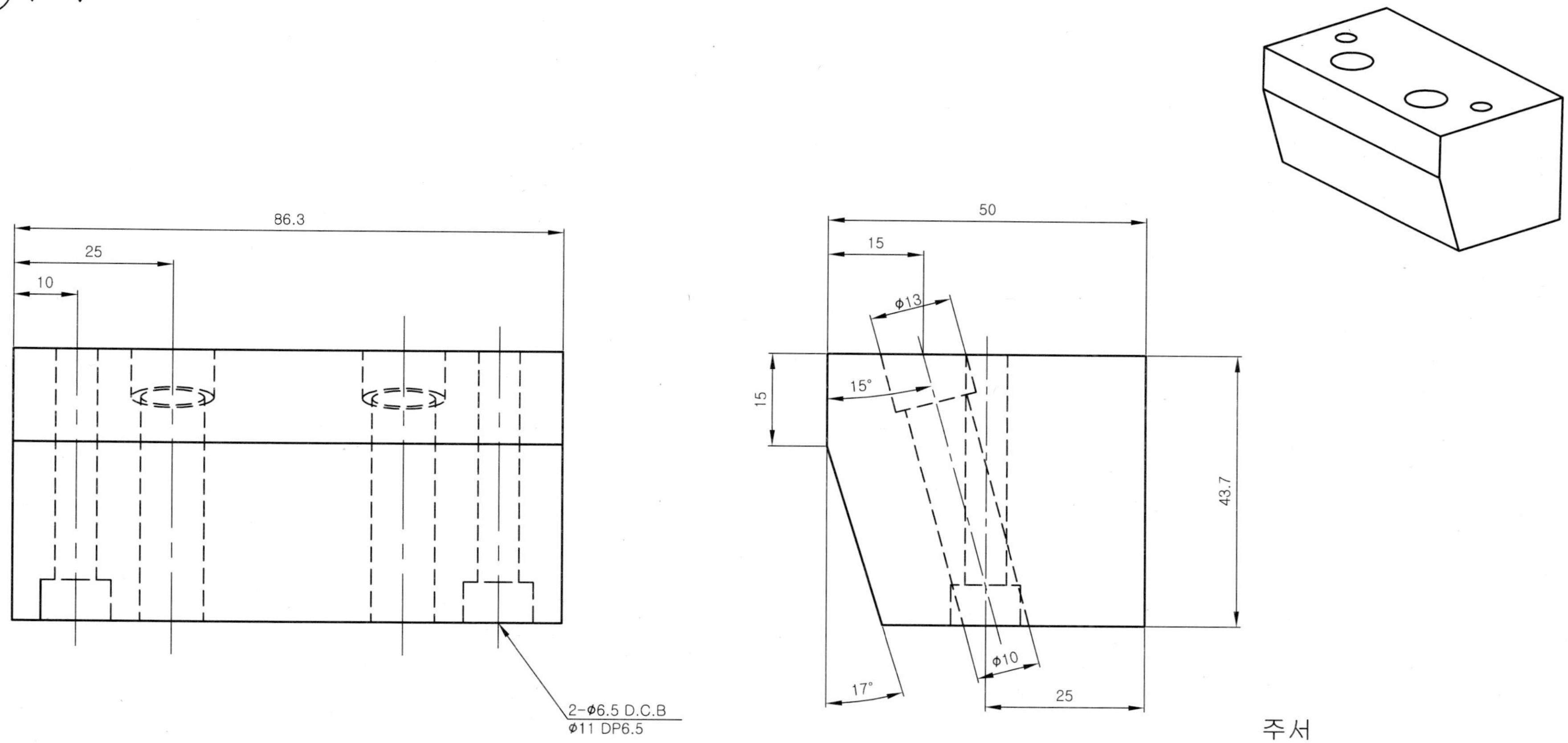

주서

1. 일반공차 - 가공부 : KS B 0412
2. 도시되고 지시없는모따기는 1x45°, 필렛 및 라운드 R3
3. 일반 모따기는 0.3~0.5x45°
4. 표면거칠기는 기호 비교표

$\overset{x}{\nabla}$ = $\overset{3.2}{\nabla}$, 25S , ▽▽, N9

$\overset{y}{\nabla}$ = $\overset{0.8}{\nabla}$, 6.3S , ▽▽▽, N7

23	로킹 블록	STC3	2	HRC53
품 번	품 명	재 질	수 량	비 고
2단금형(E-Socket 슬리브 이젝트)			척 도	2 : 1
			투상법	3각법

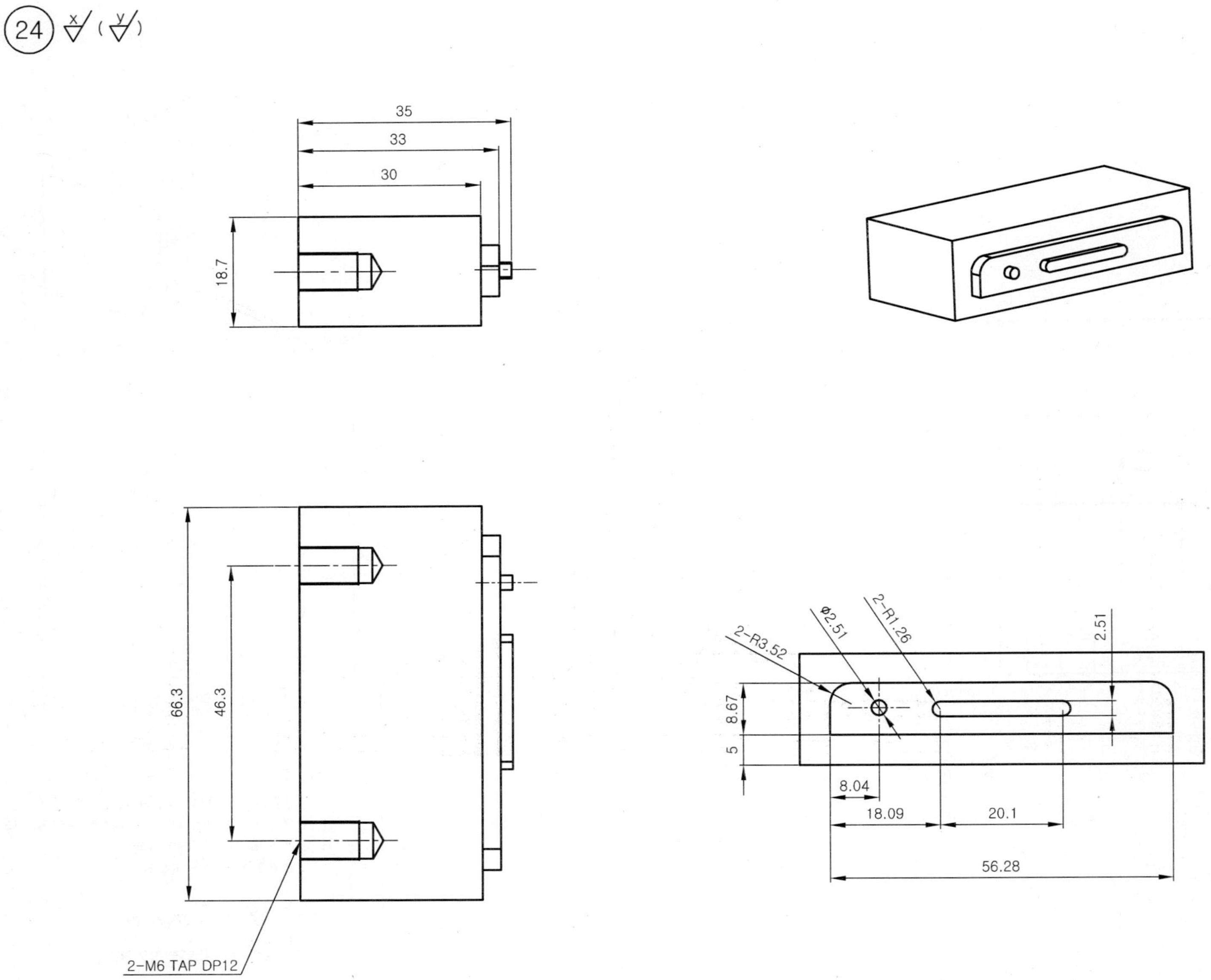

주서

1. 일반공차 - 가공부 : KS B 0412
2. 도시되고 지시없는모따기는 1x45°, 필렛 및 라운드 R3
3. 일반 모따기는 0.3~0.5x45°
4. 표면거칠기는 기호 비교표

x = 3.2, 25S, ▽▽, N9

y = 0.8, 6.3S, ▽▽▽, N7

24	슬라이트 코어 편	KP4M	2	HRC30
품 번	품 명	재 질	수 량	비 고
2단금형(E-Socket 슬리브 이젝트)			척 도	2 : 1
			투상법	3각법

(25) x (y)

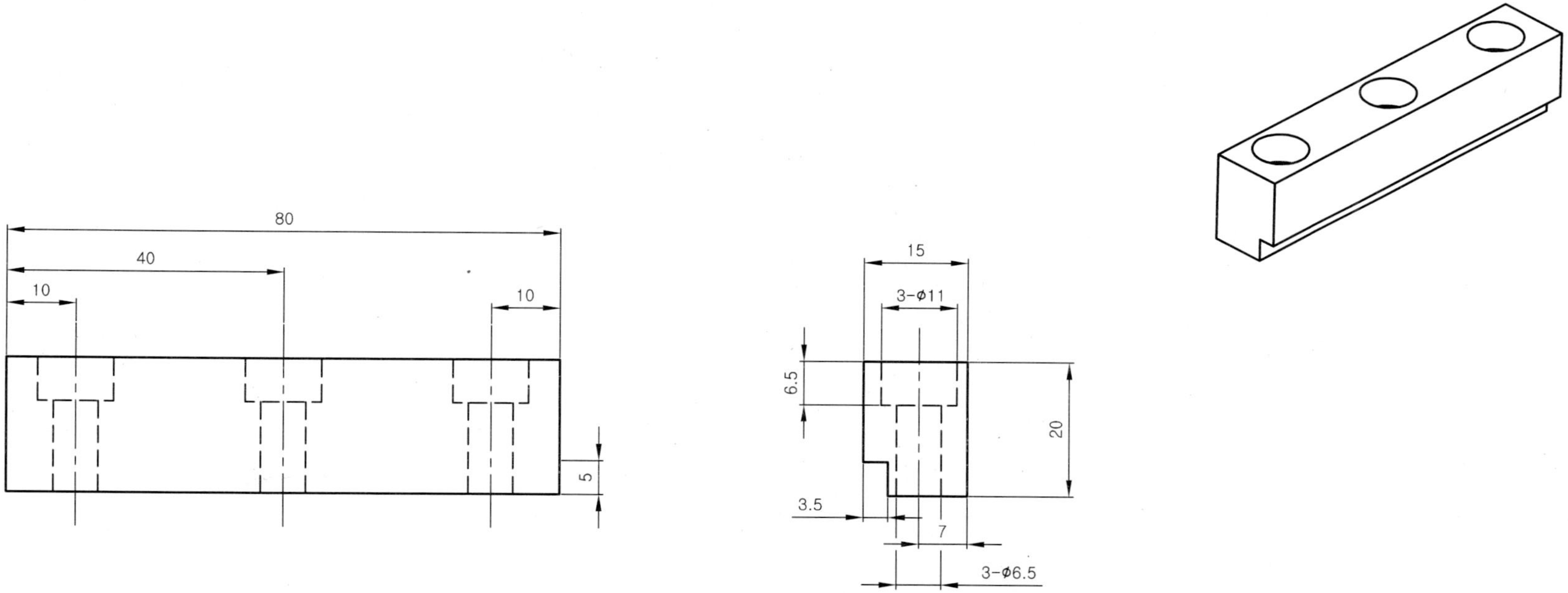

주서

1. 일반공차 - 가공부 : KS B 0412
2. 도시되고 지시없는모따기는 1x45°, 필렛 및 라운드 R3
3. 일반 모따기는 0.3~0.5x45°
4. 표면거칠기는 기호 비교표

x = 3.2, 25S, ▽▽, N9
y = 0.8, 6.3S, ▽▽▽, N7

25	가이드 레일	SKS3	4	HRC58
품 번	품 명	재 질	수 량	비 고
2단금형(E-Socket 슬리브이젝트)			척 도	2 : 1
			투상법	3각법

(26) x/ (y/)

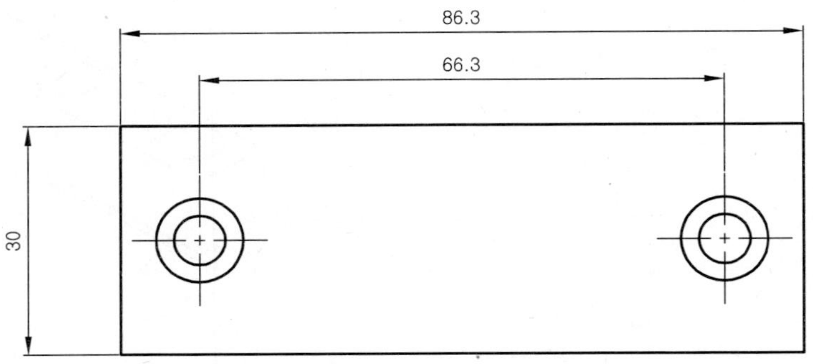

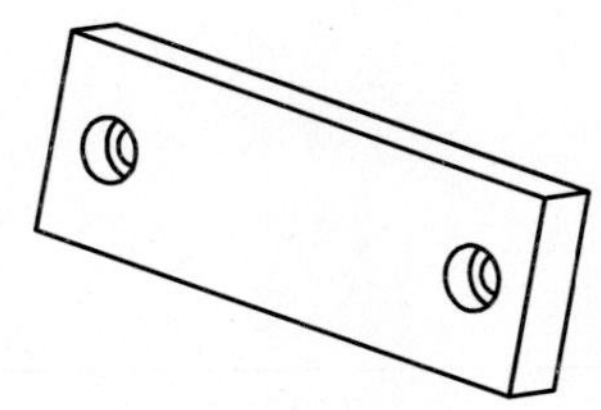

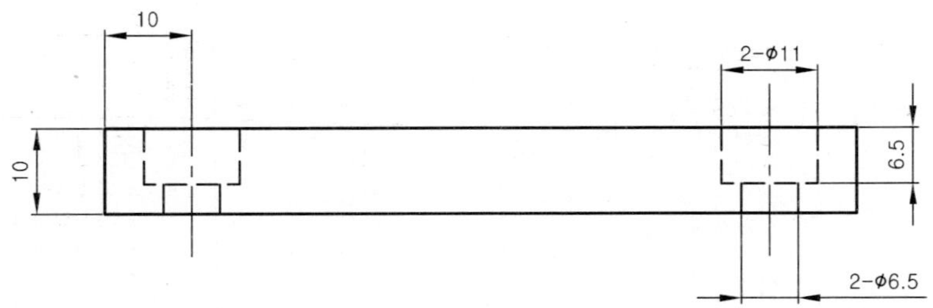

주서

1. 일반공차 – 가공부 : KS B 0412
2. 도시되고 지시없는모따기는 1x45°, 필렛 및 라운드 R3
3. 일반 모따기는 0.3~0.5x45°
4. 표면거칠기는 기호 비교표

x/ = 3.2/ , 25S , ▽▽, N9

y/ = 0.8/ , 6.3S , ▽▽▽, N7

26	연마판	STC3	4	HRC58
품 번	품 명	재 질	수 량	비 고
2단금형(E-Socket 슬리브 이젝트)			척 도	2 : 1
			투상법	3각법

(27) y/

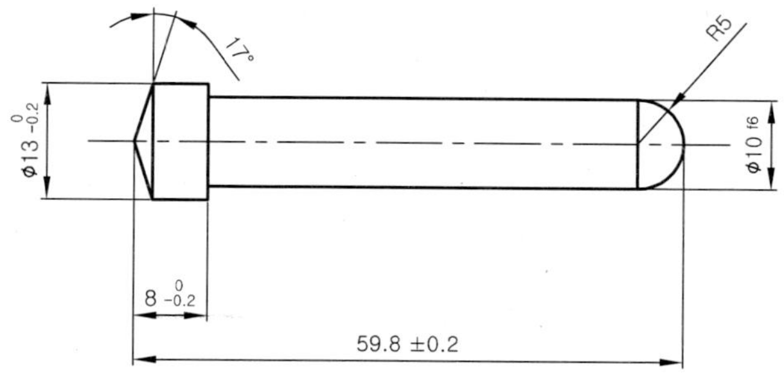

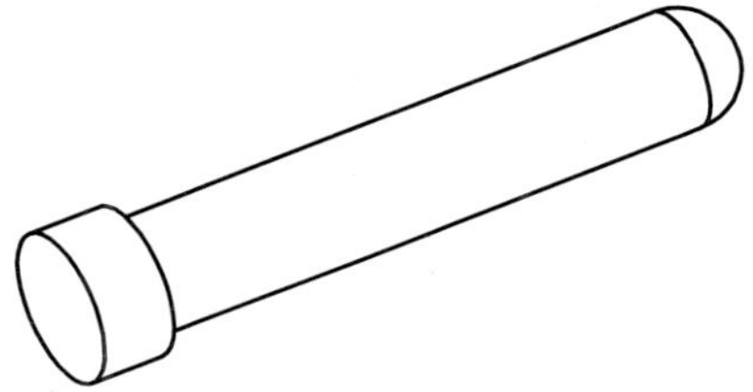

주서

1. 일반공차 - 가공부 : KS B 0412
2. 도시되고 지시없는모따기는 1x45°, 필렛 및 라운드 R3
3. 일반 모따기는 0.3~0.5x45°
4. 표면거칠기는 기호 비교표

x/ = 3.2/, 25S, ▽▽, N9

y/ = 0.8/, 6.3S, ▽▽▽, N7

27	경사 핀	STC3	2	HRC60
품 번	품 명	재 질	수 량	비 고
2단금형(E-Socket 슬리브이젝트)			척 도	2 : 1
			투상법	3각법

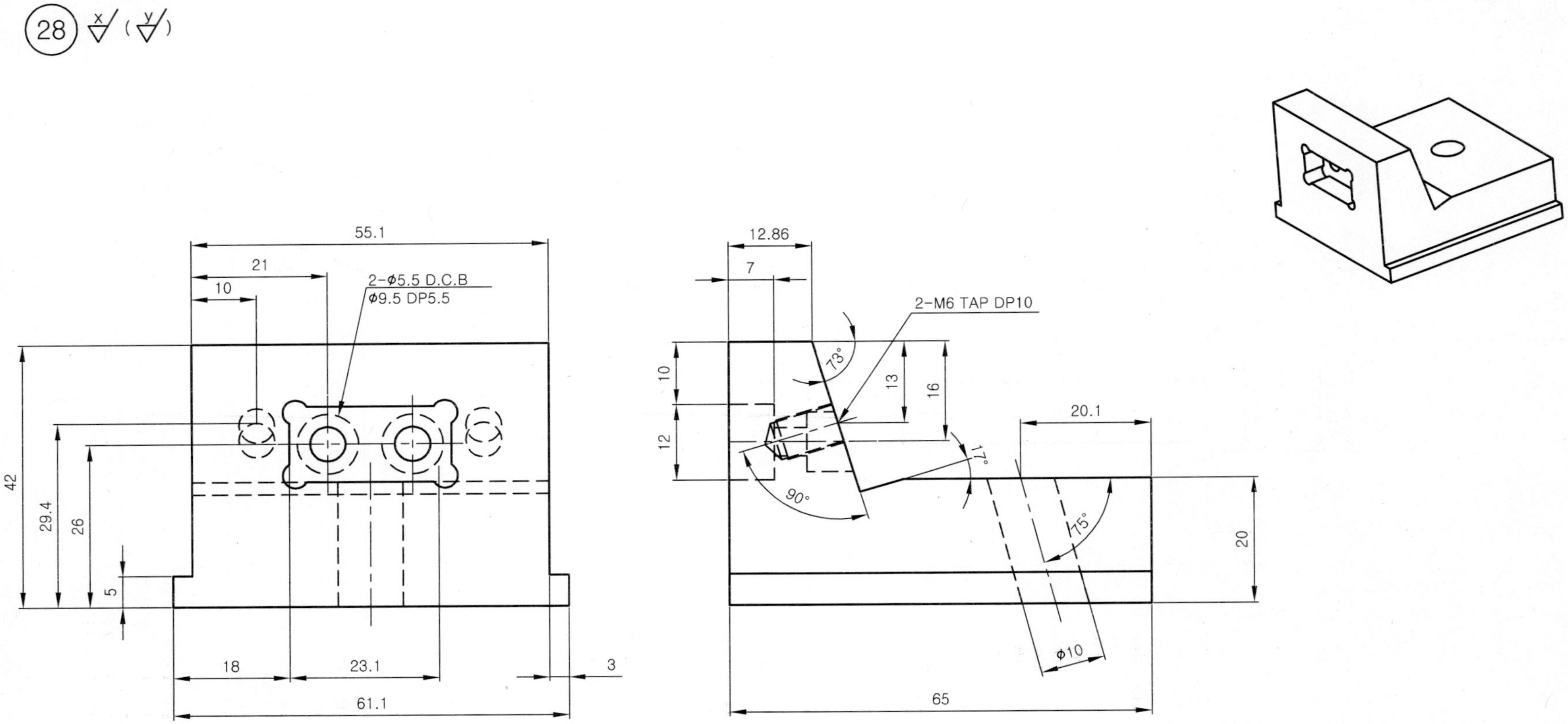

주서

1. 일반공차 - 가공부 : KS B 0412
2. 도시되고 지시없는모따기는 1x45°, 필렛 및 라운드 R3
3. 일반 모따기는 0.3~0.5x45°
4. 표면거칠기는 기호 비교표

x/ = 3.2/ , 25S , ▽▽ , N9

y/ = 0.8/ , 6.3S , ▽▽▽ , N7

28	슬라이드 코어	KP4M	2	HRC30
품 번	품 명	재 질	수 량	비 고
2단금형(E-Socket 슬리브 이젝트)			척 도	2 : 1
			투상법	3각법

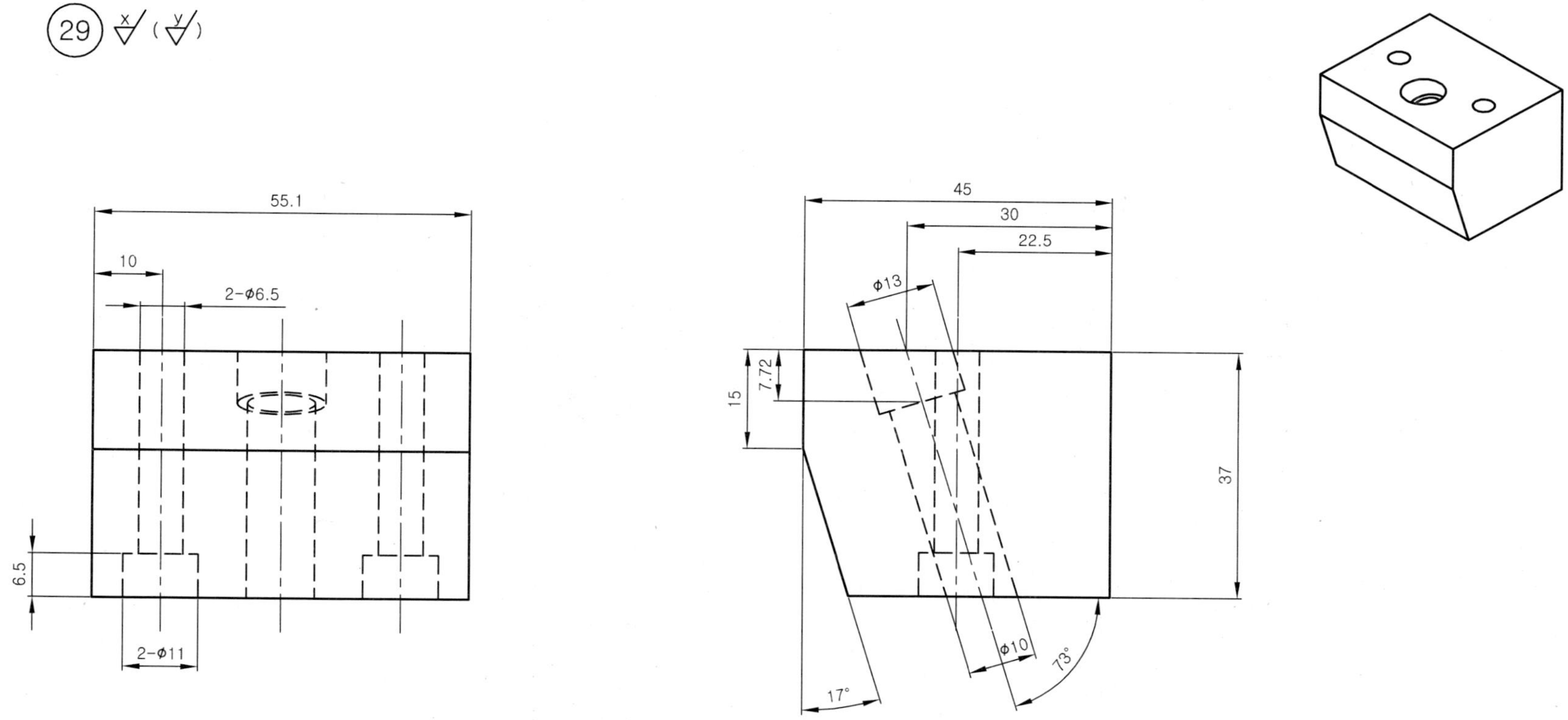

주서

1. 일반공차 - 가공부 : KS B 0412
2. 도시되고 지시없는모따기는 1x45°, 필렛 및 라운드 R3
3. 일반 모따기는 0.3~0.5x45°
4. 표면거칠기는 기호 비교표

x = 3.2, 25S , ▽▽, N9

y = 0.8, 6.3S , ▽▽▽, N7

29	로킹 블록	STC3	2	HRC53
품 번	품 명	재 질	수 량	비 고
2단금형(E-Socket 슬리브 이젝트)			척 도	2 : 1
			투상법	3각법

(30) x√ (y√)

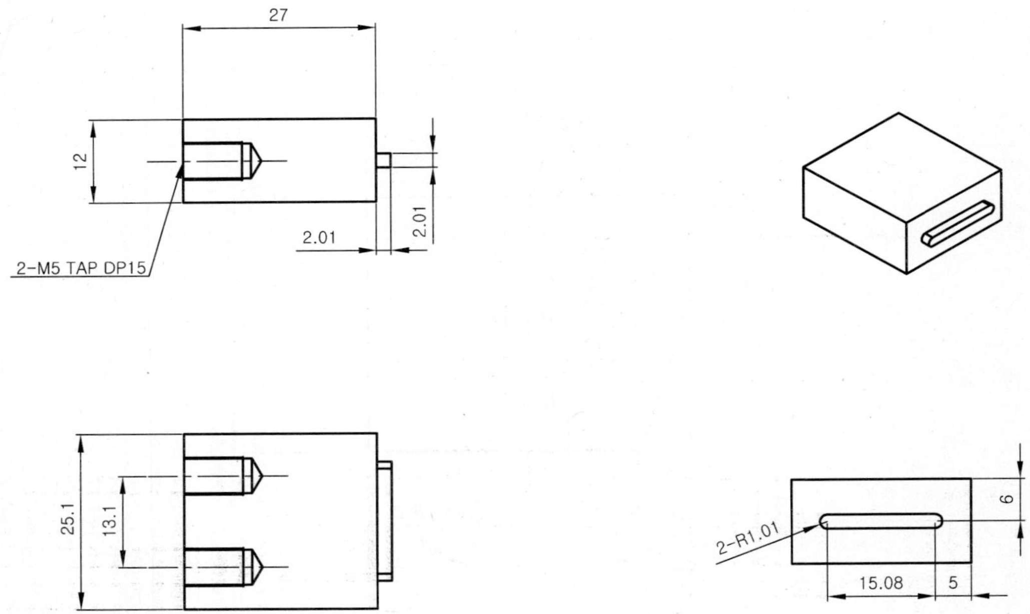

주서

1. 일반공차 - 가공부 : KS B 0412
2. 도시되고 지시없는모따기는 1x45°, 필렛 및 라운드 R3
3. 일반 모따기는 0.3~0.5x45°
4. 표면거칠기는 기호 비교표

x√ = 3.2√, 25S , ▽▽, N9
y√ = 0.8√, 6.3S , ▽▽▽, N7

30	슬라이트 코어 편	KP4M	2	HRC30
품 번	품 명	재 질	수 량	비 고
2단금형(E-Socket 슬리브 이젝트)			척 도	2 : 1
			투상법	3각법

(31) x/ (y/)

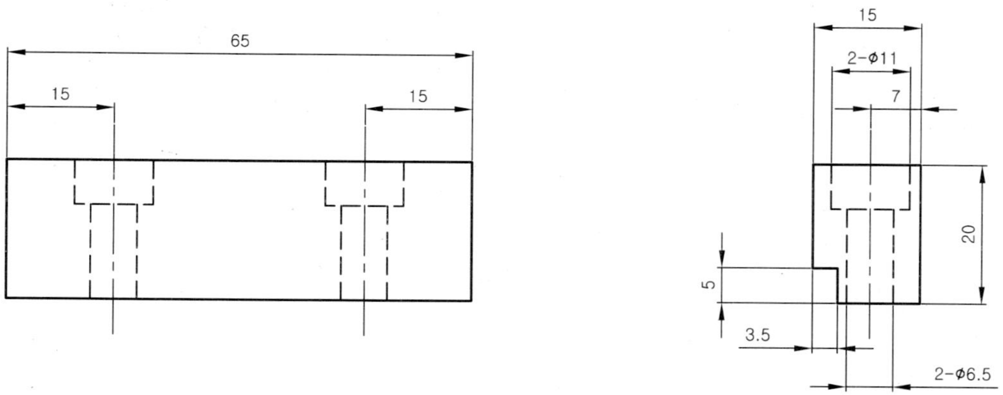

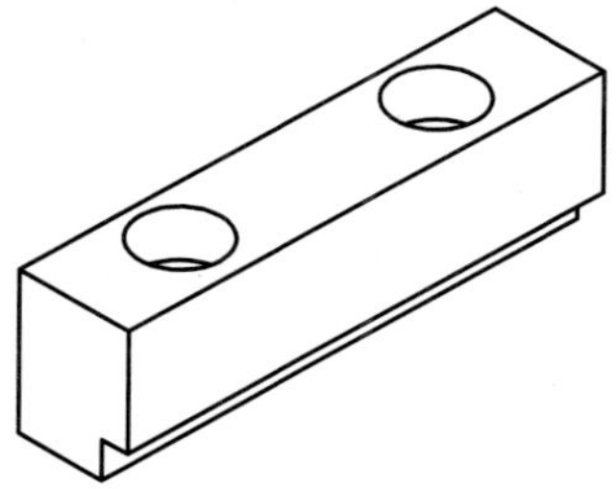

주서

1. 일반공차 - 가공부 : KS B 0412
2. 도시되고 지시없는모따기는 1x45°, 필렛 및 라운드 F3
3. 일반 모따기는 0.3~0.5x45°
4. 표면거칠기는 기호 비교표

x/ = 3.2/ , 25S , ▽▽ , N9

y/ = 0.8/ , 6.3S , ▽▽▽ , N7

31	가이드 레일	STC3	4	HRC58
품 번	품 명	재 질	수 량	비 고
2단금형(E-Socket 슬리브 이젝트)			척 도	2 : 1
			투상법	3각법

(32) x/ (y/)

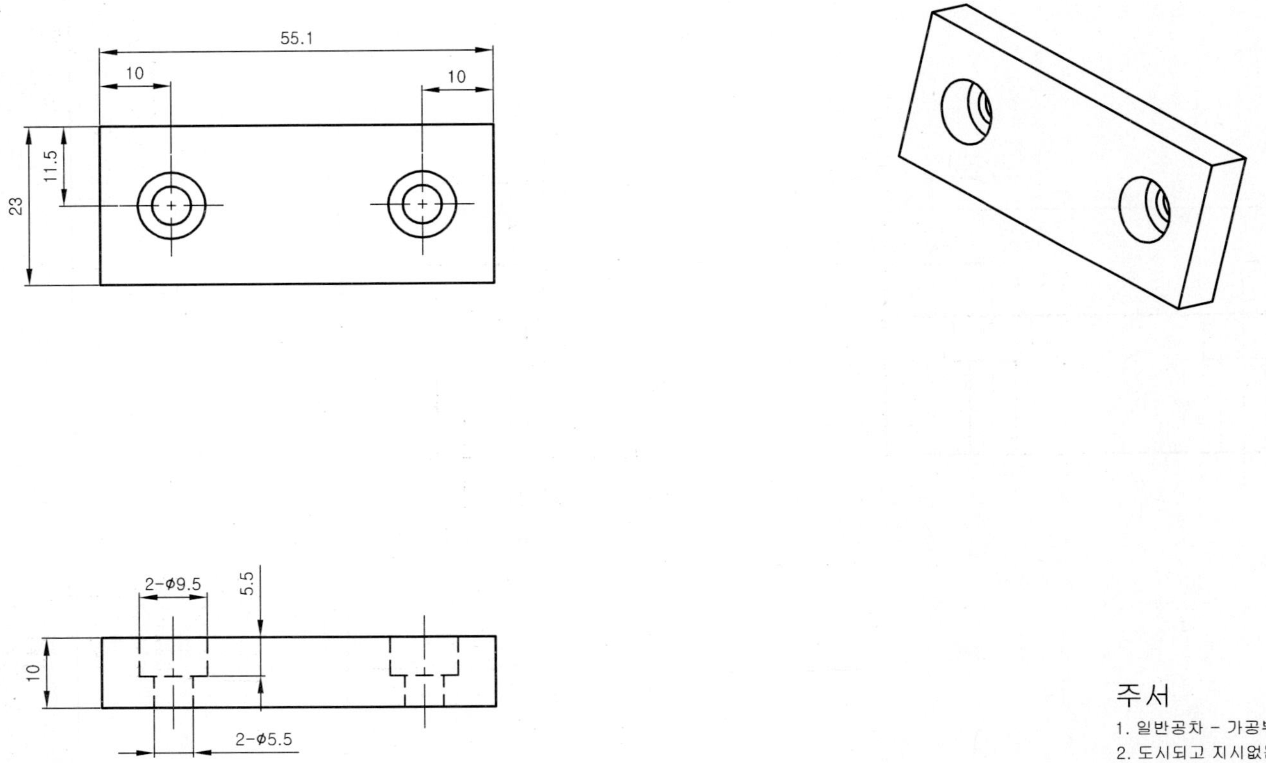

주서

1. 일반공차 - 가공부 : KS B 0412
2. 도시되고 지시없는모따기는 1x45°, 필렛 및 라운드 R3
3. 일반 모따기는 0.3~0.5x45°
4. 표면거칠기는 기호 비교표

x/ = 3.2/ , 25S , ▽▽ , N9

y/ = 0.8/ , 6.3S , ▽▽▽ , N7

32	연마판	STC3	2	HRC58
품 번	품 명	재 질	수 량	비 고
2단금형(E-Socket 슬리브 이젝트)			척 도	2 : 1
			투상법	3각법

(33) x (y)

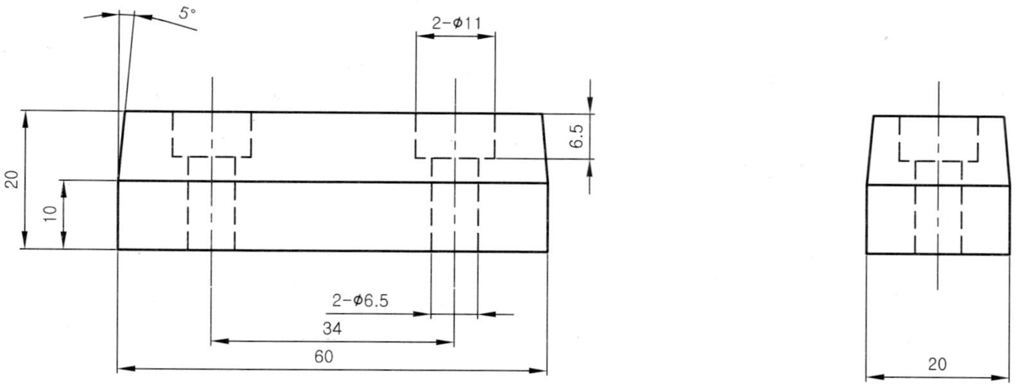

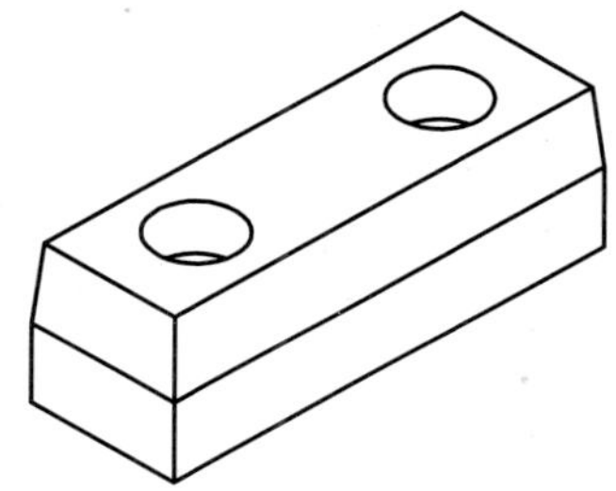

주서

1. 일반공차 - 가공부 : KS B 0412
2. 도시되고 지시없는모따기는 1x45°, 필렛 및 라운드 R3
3. 일반 모따기는 0.3~0.5x45°
4. 표면거칠기는 기호 비교표

x = 3.2, 25S , ▽▽, N9

y = 0.8, 6.3S , ▽▽▽, N7

33	인로우	STC3	2	
품 번	품 명	재 질	수 량	비 고
2단금형(E-Socket 슬리브 이젝트)			척 도	2 : 1
			투상법	3각법

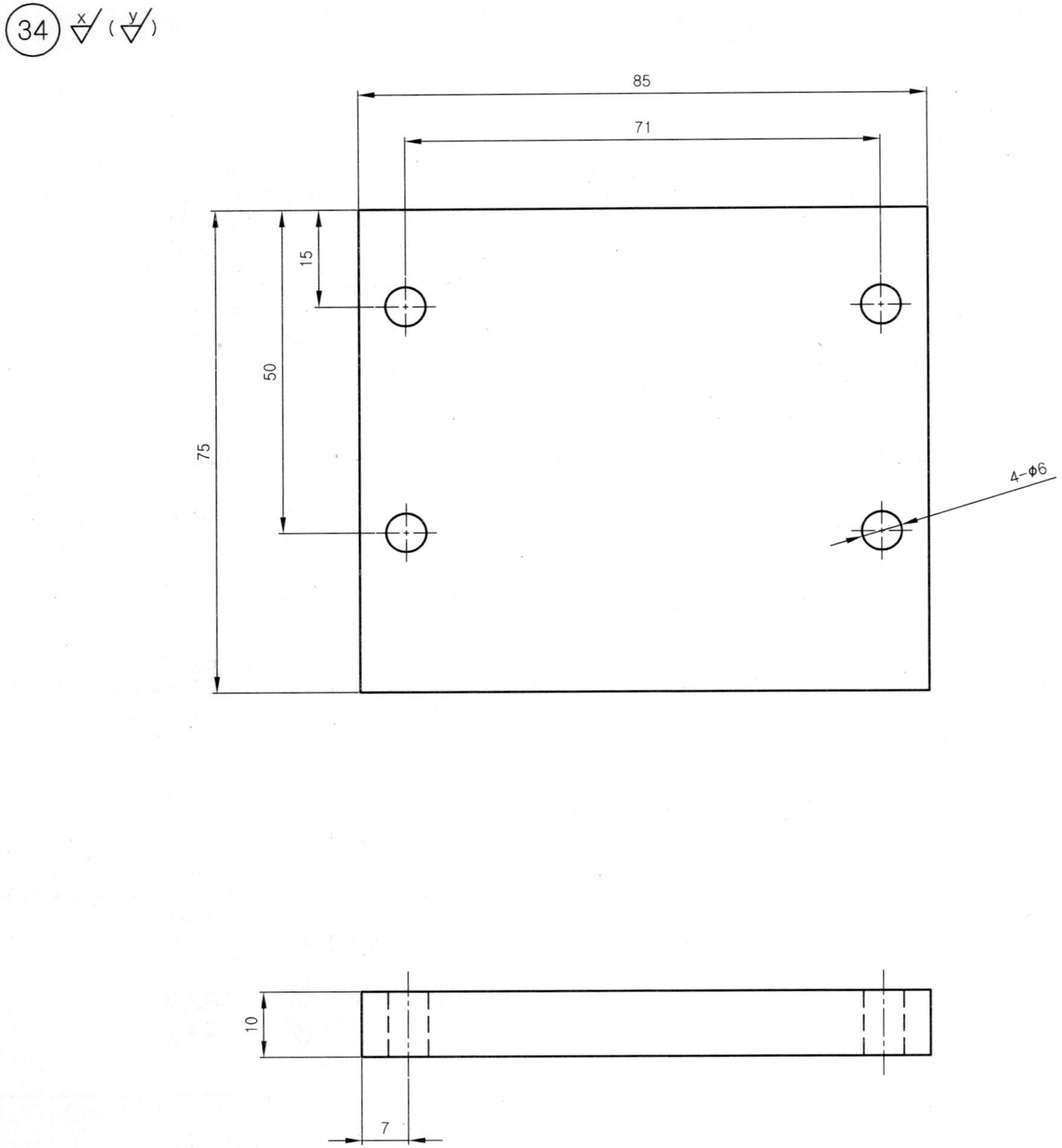

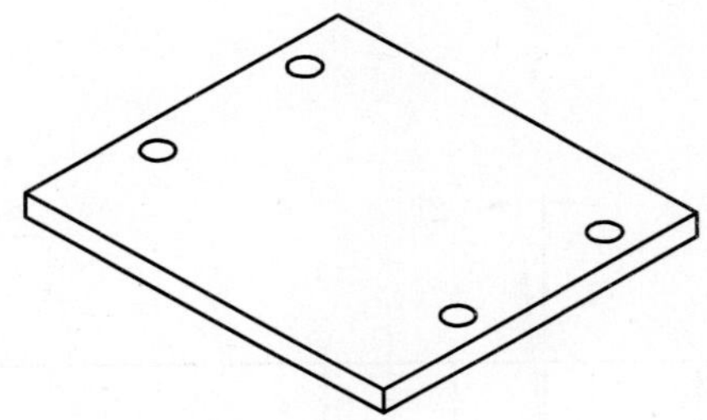

주서

1. 일반공차 - 가공부 : KS B 0412
2. 도시되고 지시없는모따기는 1x45°, 필렛 및 라운드 R3
3. 일반 모따기는 0.3~0.5x45°
4. 표면거칠기는 기호 비교표

x/ = 3.2/ , 25S , ▽▽, N9

y/ = 0.8/ , 6.3S , ▽▽▽, N7

34	연마판	STC3	2	HRC58
품 번	품 명	재 질	수 량	비 고
2단금형(E-Socket 슬리브 이젝트)			척 도	1 : 1
			투상법	3각법

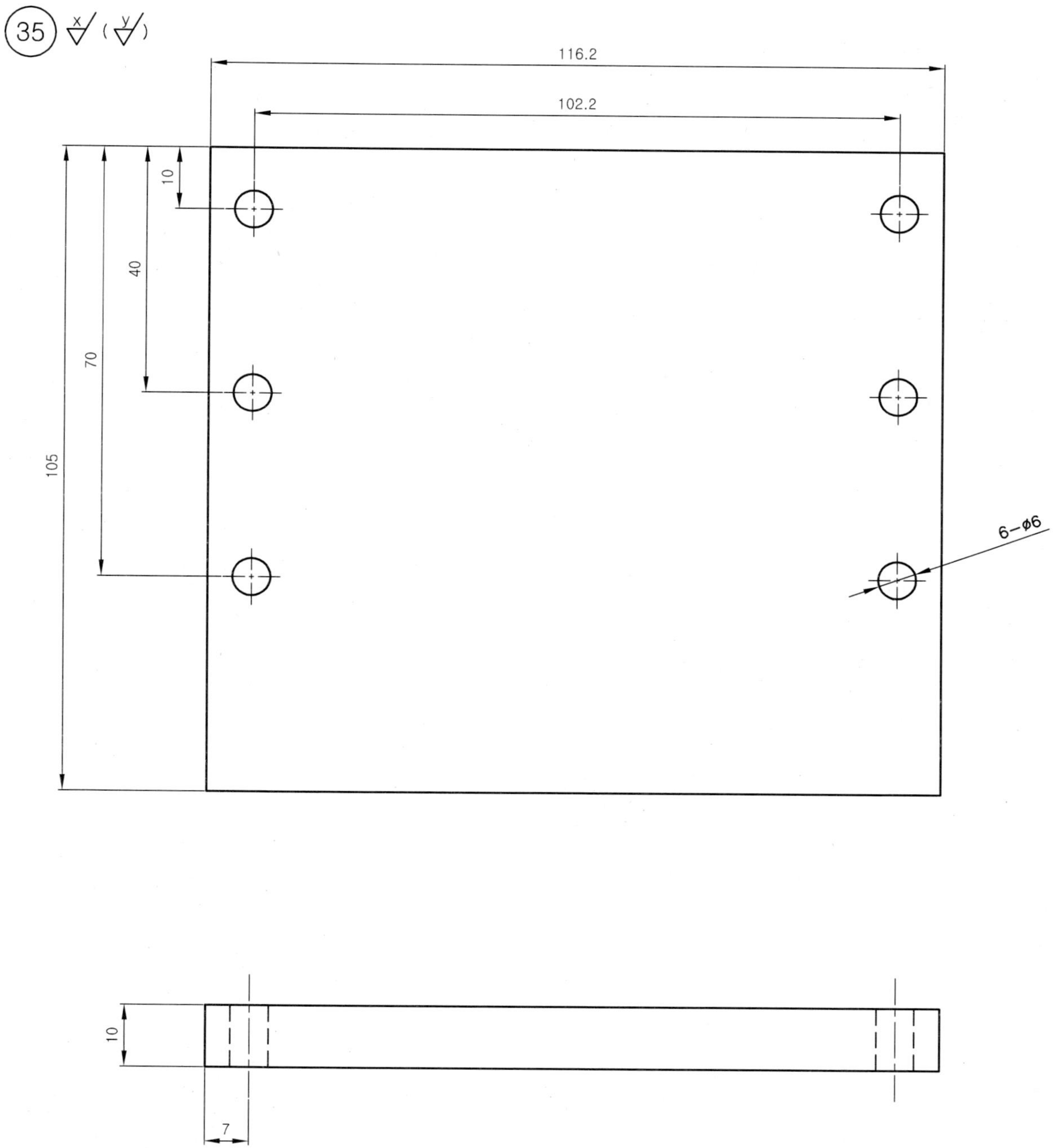

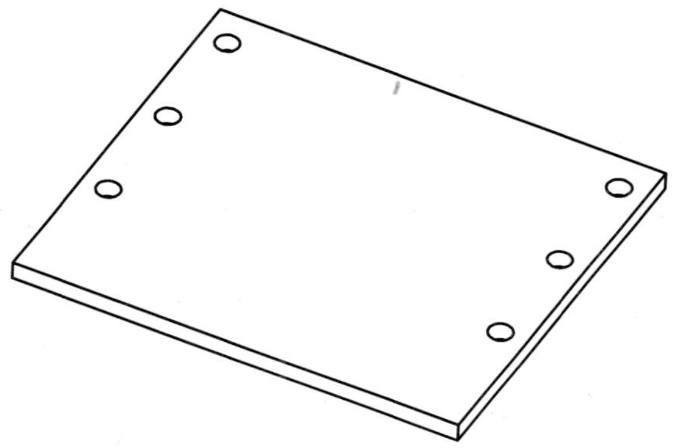

주서

1. 일반공차 − 가공부 : KS B 0412
2. 도시되고 지시없는모따기는 1x45°, 필렛 및 라운드 R3
3. 일반 모따기는 0.3~0.5x45°
4. 표면거칠기는 기호 비교표

x = (3.2 finish mark), 25S, (two-triangle mark), N9

y = (0.8 finish mark), 6.3S, (three-triangle mark), N7

35	연마판	STC3	2	HRC30
품 번	품 명	재 질	수 량	비 고
2단금형(E-Socket 슬리브 이젝트)			척 도	1 : 1
			투상법	3각법

36 x/ (y/)

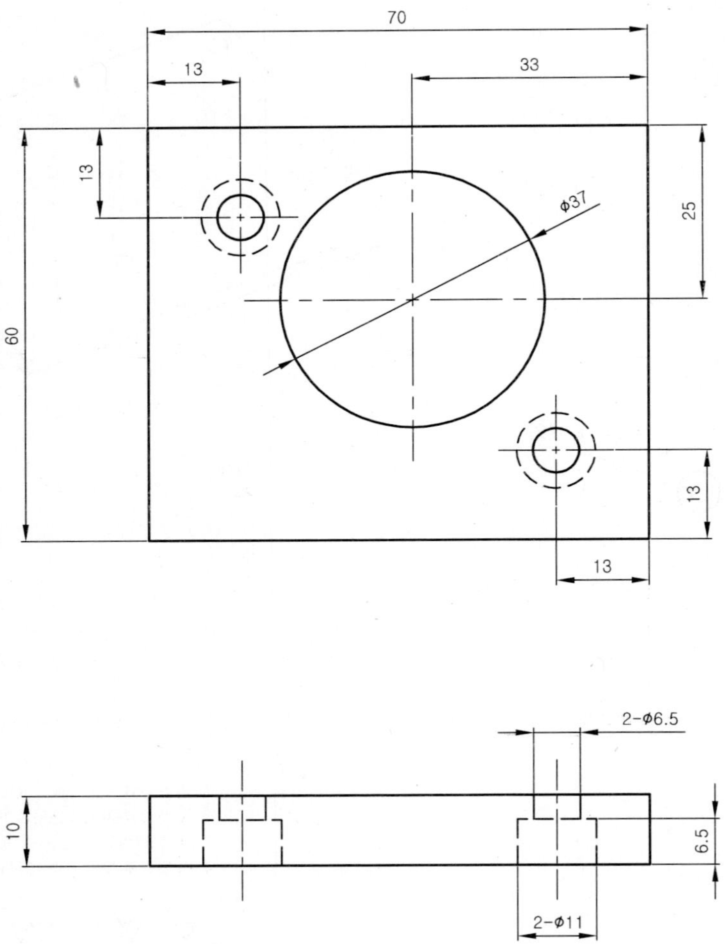

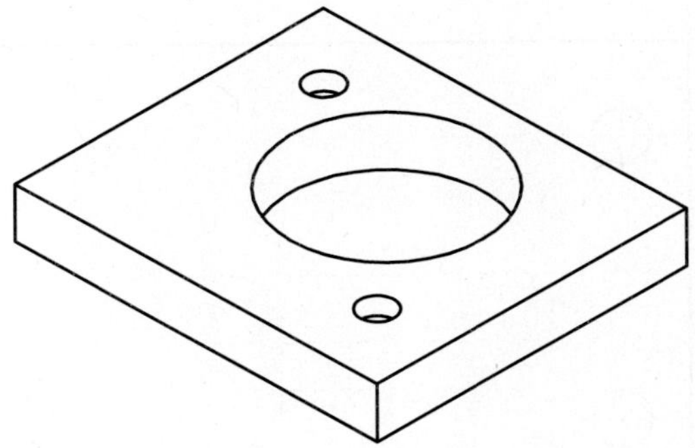

주서

1. 일반공차 - 가공부 : KS B 0412
2. 도시되고 지시없는모따기는 1x45°, 필렛 및 라운드 R3
3. 일반 모따기는 0.3~0.5x45°
4. 표면거칠기는 기호 비교표

x/ = 3.2/, 25S , ▽▽, N9

y/ = 0.8/, 6.3S , ▽▽▽, N7

36	파팅 플레이트	STC3	2	HRC58
품 번	품 명	재 질	수 량	비 고
2단금형(E-Socket 슬리브 이젝트)			척 도	1 : 1
			투상법	3각법

37 x/ (y/)

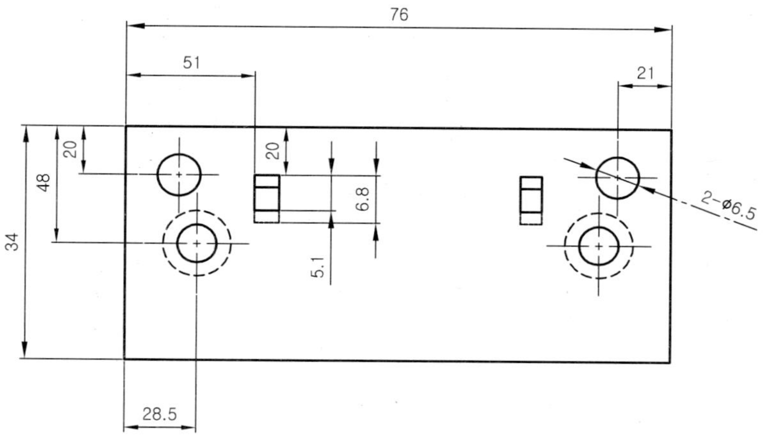

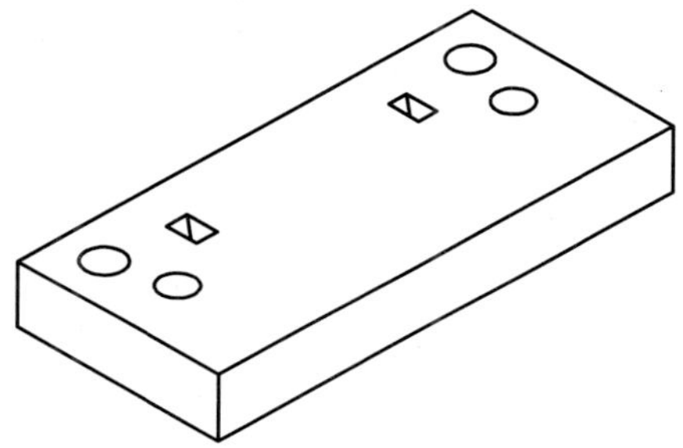

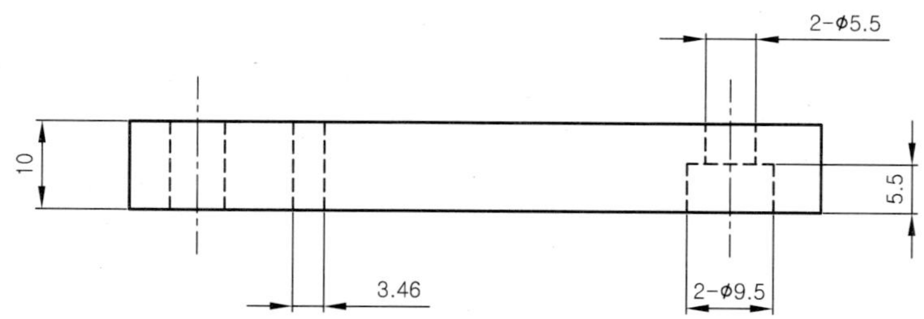

주서

1. 일반공차 - 가공부 : KS B 0412
2. 도시되고 지시없는모따기는 1x45°, 필렛 및 라운드 F3
3. 일반 모따기는 0.3~0.5x45°
4. 표면거칠기는 기호 비교표

x/ = 3.2/, 25S , ▽▽, N9

y/ = 0.8/, 6.3S ,▽▽▽, N7

37	변형밀핀 받침판	STC3	2	HRC30
품 번	품 명	재 질	수 량	비 고
2단금형(E-Socket 슬리브 이젝트)			척 도	4 : 1
			투상법	3각법

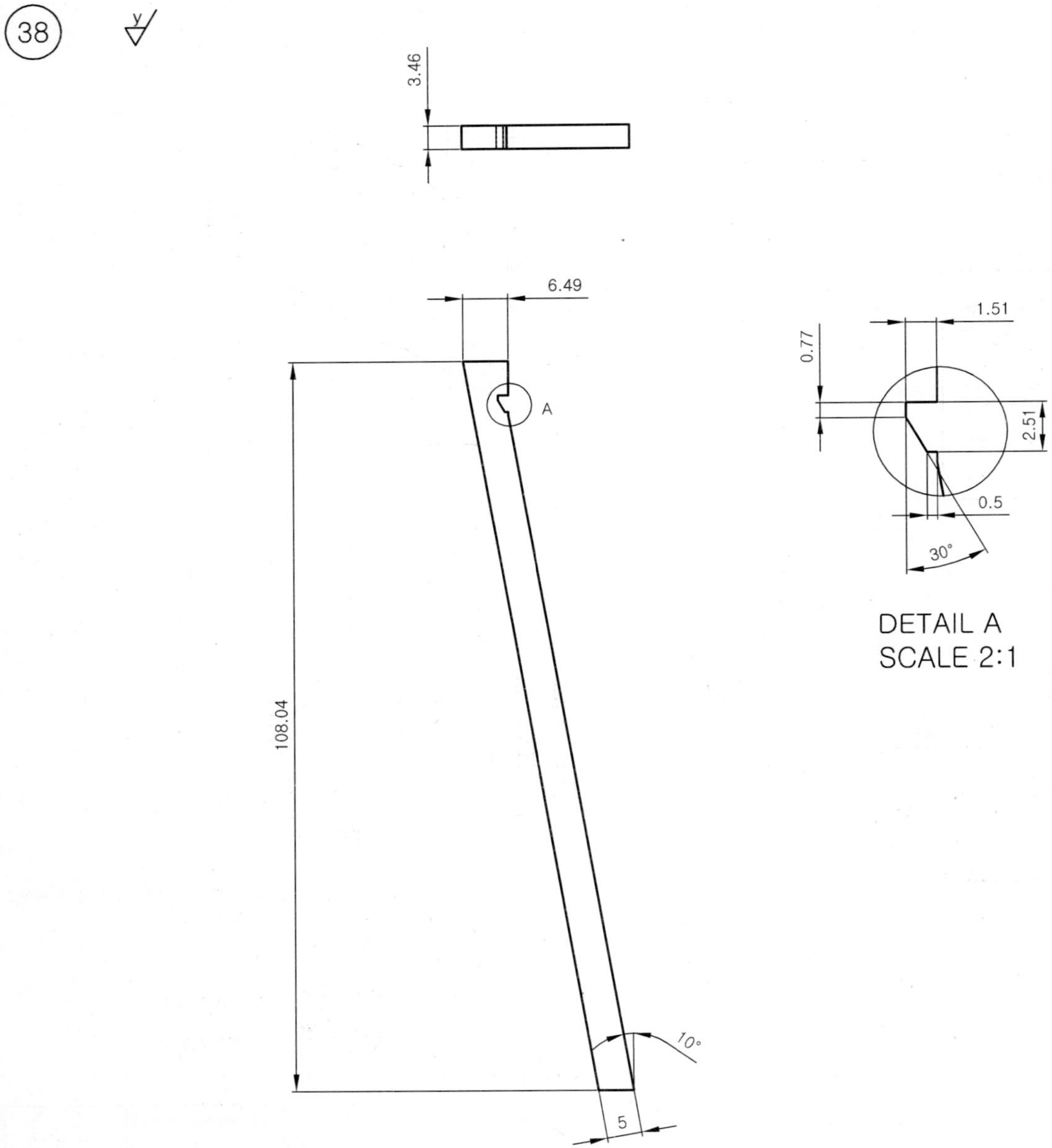

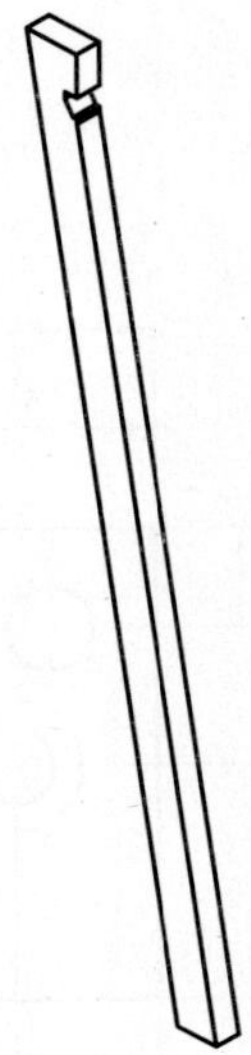

주서

1. 일반공차 - 가공부 : KS B 0412
2. 도시되고 지시없는모따기는 1x45°, 필렛 및 라운드 R3
3. 일반 모따기는 0.3~0.5x45°
4. 표면거칠기는 기호 비교표

x = 3.2, 25S , ▽▽, N9
y = 0.8, 6.3S , ▽▽▽, N7

38	변형 밀핀	STC3	4	
품 번	품 명	재 질	수 량	비 고
2단금형(E-Socket 슬리브 이젝트)			척 도	2 : 1
			투상법	3각법

39 x (y)

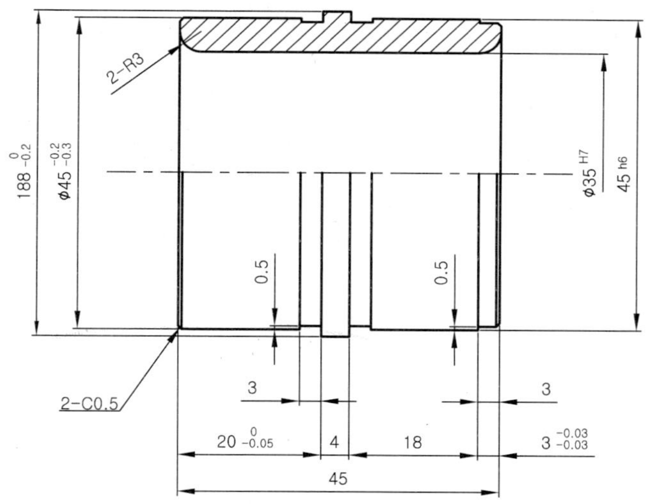

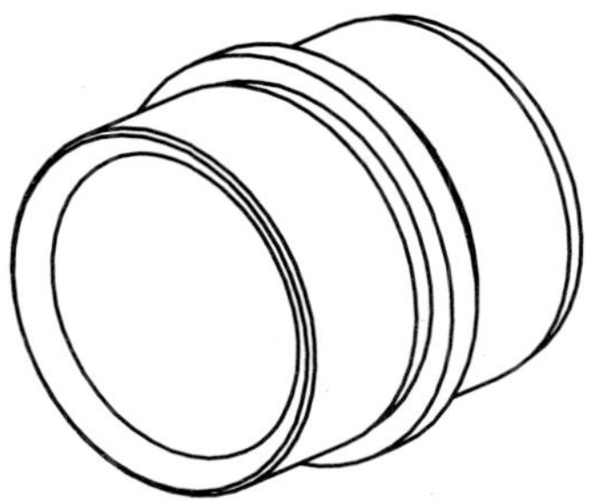

주서

1. 일반공차 - 가공부 : KS B 0412
2. 도시되고 지시없는모따기는 1x45°, 필렛 및 라운드 R3
3. 일반 모따기는 0.3~0.5x45°
4. 표면거칠기는 기호 비교표

x = 3.2, 25S , ▽▽, N9

y = 0.8, 6.3S , ▽▽▽, N7

39	이젝터 가이드 부시	STC3	2	HRC58
품 번	품 명	재 질	수 량	비 고
2단금형(E-Socket 슬리브 이젝트)			척 도	2 : 1
			투상법	3각법

(40) x (y)

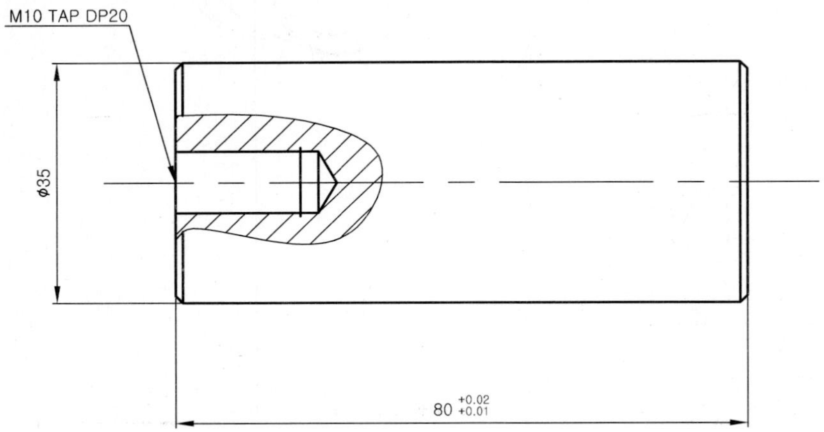

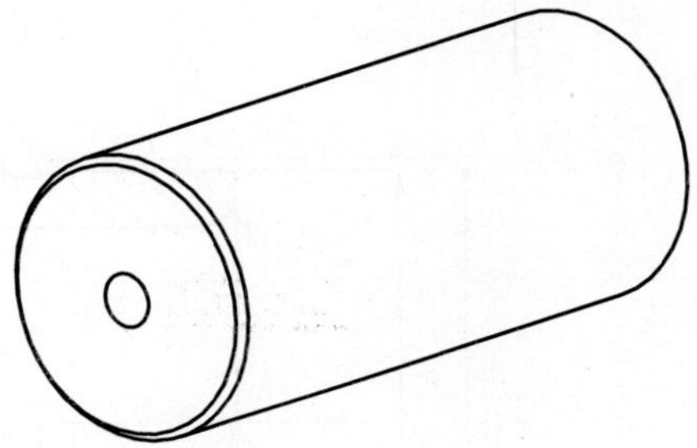

주서

1. 일반공차 - 가공부 : KS B 0412
2. 도시되고 지시없는모따기는 1x45°, 필렛 및 라운드 R3
3. 일반 모따기는 0.3~0.5x45°
4. 표면거칠기는 기호 비교표

x = 3.2, 25S , ▽▽, N9
y = 0.8, 6.3S , ▽▽▽, N7

40	받침봉	STC3	2	HRC50
품 번	품 명	재 질	수 량	비 고
2단금형(E-Socket 슬리브 이젝트)			척 도	4 : 1
			투상법	3각법

3.2 2단금형(Interior hook-cover 스프링 강제빼기)

▮ 요구사항

1) 2D제품도 & 3차원 Solid model를 이용한 설계
2) 적용 수지 : ABS, 수축률 5/1000 적용, 빼기구배는 고려하지 않아도 됨.
3) 사출성형기 사양 : 고정측 중앙부 구멍 직경 ∅100mm, 사출 노즐의 선단 직경은 ∅19mm, 사출기 노즐직경은 ∅3mm.
4) 금형 종류 : 2단금형/슬라이드 (2 cavity)
5) 유동주입기구 : 사이드 게이트로 설계하되, 위치와 개수는 설계자가 결정하여 할 것
6) 취출시스템 6-1) 제품 취출시 문제가 없도록 설계자 임의로 설계하되, 보스부는 ejector sleeve를 사용할 것
   6-2) Under cut처리 :
      6-2-1) 외측언더컷은 angular pin을 이용한 슬라이드 구조를 사용할 것 (앵귤러핀, 로킹블럭, 가이드레일, 스토퍼 등 슬라이드 부품을 가능한 자세히 표현할 것)
      6-2-2) 내측 언더컷은 변형밀핀(변형코어) 구조를 사용할 것(특히 작동시 외측의 슬라이드와의 간섭이 없도록 할 것)
      6-2-3) 내측 중앙부의 언더컷은 강제취출, 2단취출 등의 구조의 사용을 추천함
7) 형상부 7-1) 파팅 : 제품의 외관 품질을 고려하여 설계자가 정할 것.
   7-2) cavity와 core : 원판과 Core, Cavity 블록은 조립형으로 하되 가공과 조립용이성, 동작성 등에 문제가 없도록 설계할 것. 필요에 따라 여러 개의 인서트 코어로 설계할 경우 인접 부품의 색깔을 다르게 표기하여 구분이 되도록 할 것.
   7-3) 형상부 설계 : 분할 작업을 통하여 고정측, 가동측을 각각 별도.
8) 냉각시스템 8-1) 고정측 냉각 설계는 설계방식에 준하여 직선형 냉각회로를 사용할 것.
   8-2) 가동측 냉각 설계는 코어 냉각을 별도로 설계하여 코어 플레이트 냉각회로와 연결할 것 (필요에 따라 Baffle 등을 사용할 수 있음)
9) Moldbase 9-1) 설계방안에 맞는 2단 Moldbase를 설계자가 선택하여 결정할 것.
   9-2) Bolt, O-ring, Eye-bolt-tap, Tap, Nipple 등은 설계하지 않아도 됨.
   9-3) 설계하고자 하는 금형의 구조 및 작동성에 맞추어서 Guide Pin, Bush, Pin류 등은 설계자가 선정하여 설계할 것.

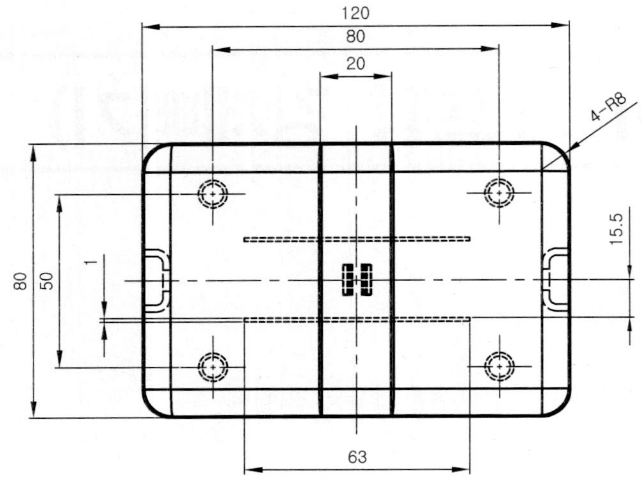

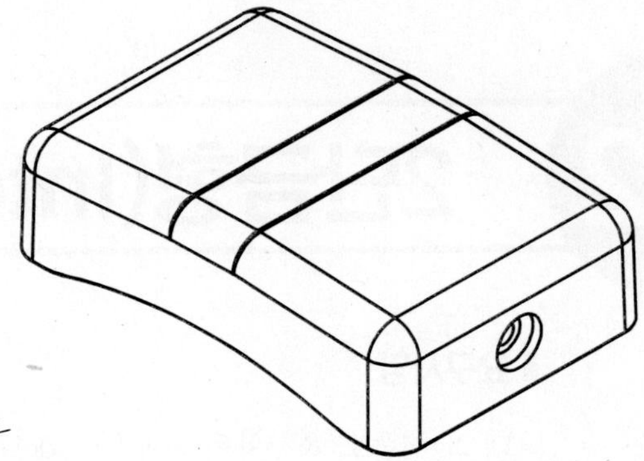

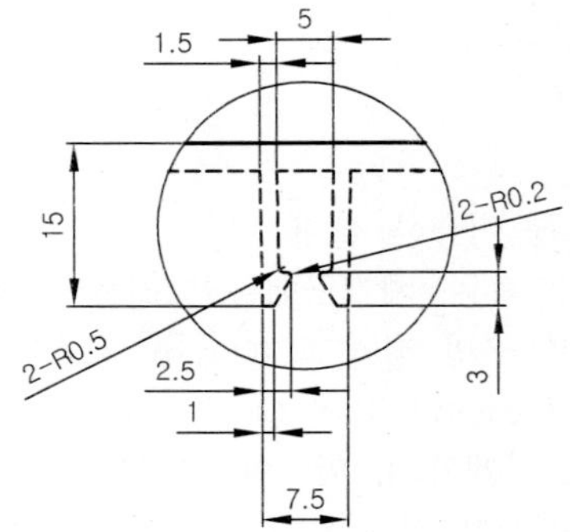

DETAIL A
SCALE 2:1

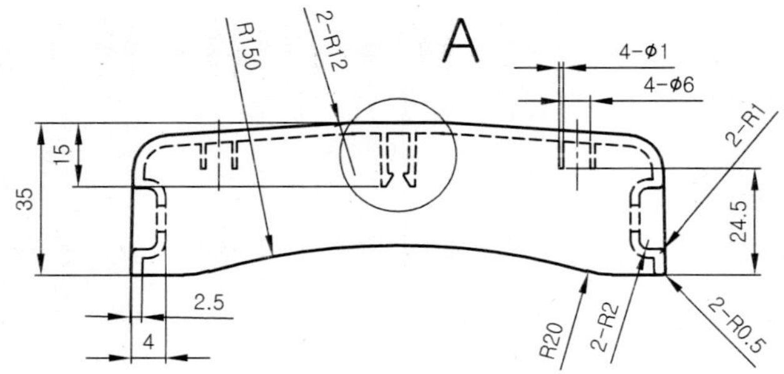

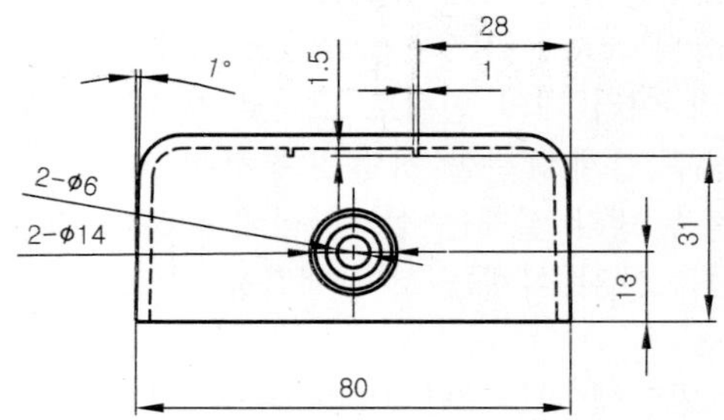

주서

1. 일반공차 - 가공부 : KS B 0412
2. 도시되고 지시없는모따기는 1x45°, 필렛 및 라운드 R3
3. 일반 모따기는 0.3~0.5x45°
4. 표면거칠기는 기호 비교표

x/ = 3.2/, 25S, ▽▽, N9

y/ = 0.8/, 6.3S, ▽▽▽, N7

0	Product	ABS	2	
품 번	품 명	재 질	수 량	비 고
작품명	Interior Hook Cover		척 도	1 : 1
			투상법	3각법

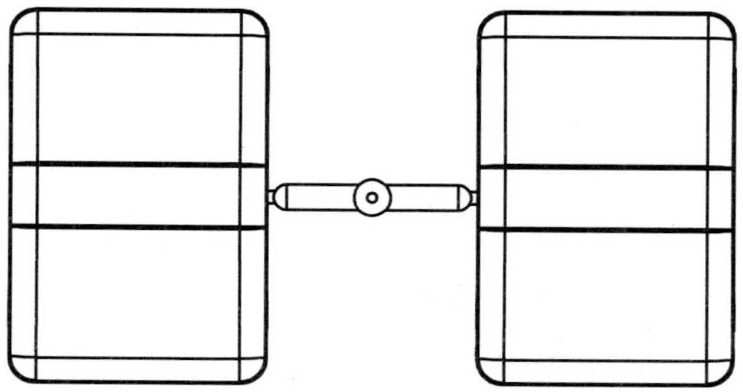

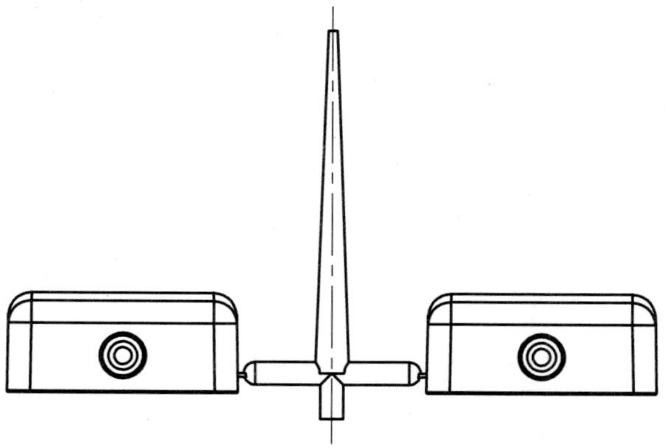

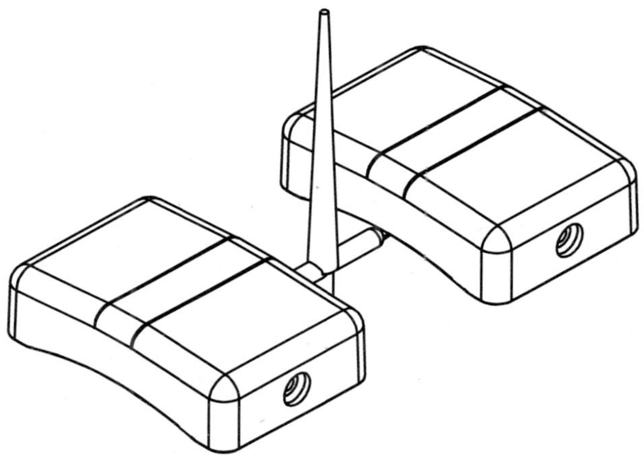

0	유동기구	ABS	1	
품 번	품 명	재 질	수 량	비 고
작품명	Interior Hook Cover		척 도	1.5 : 1
			투상법	3각법

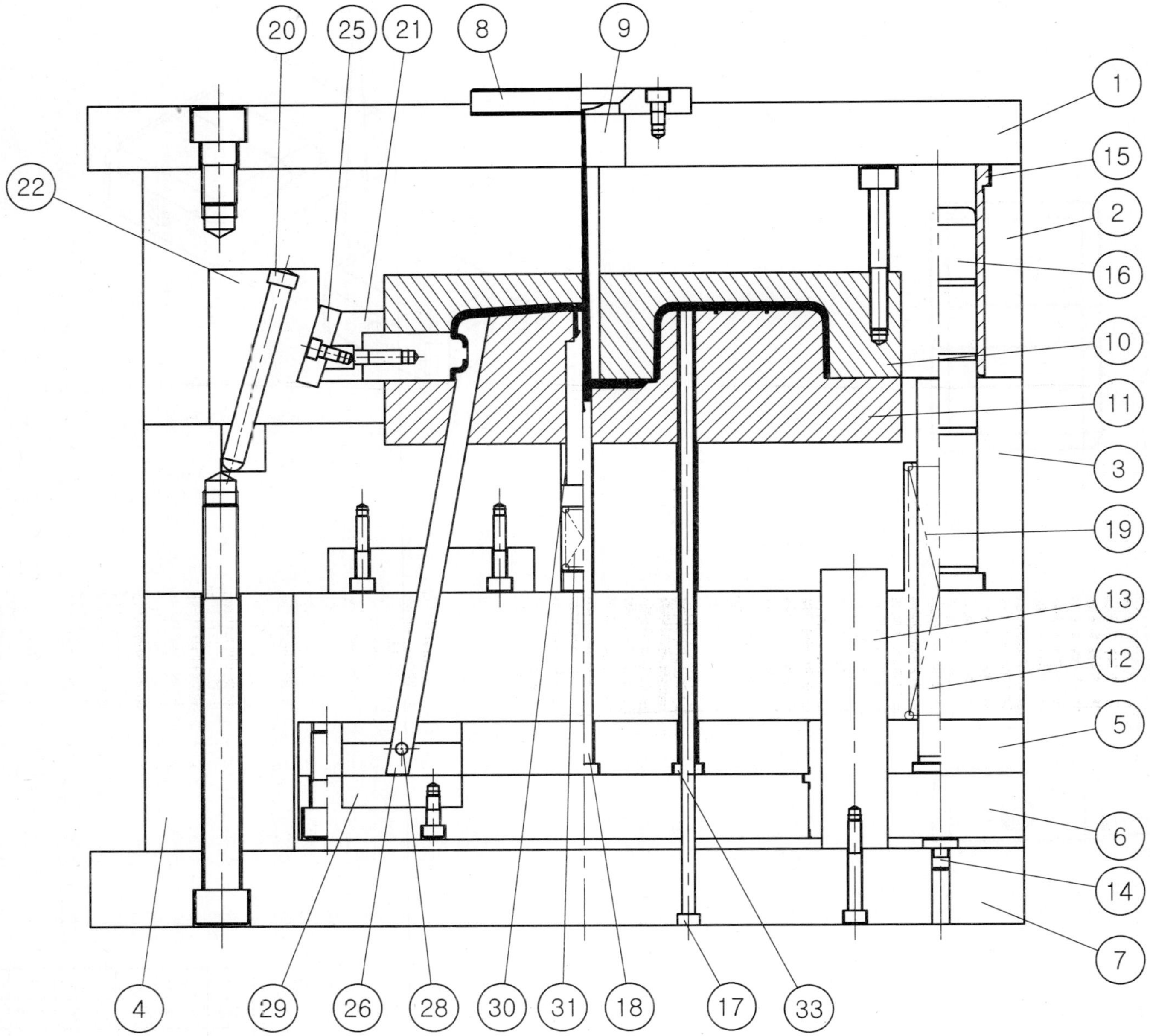

품번	품 명	재질	수량	비고
33	슬리브 이젝터 핀	STC3	8	HRC58
32	이젝터 가이드 부시	STB2	2	HRC58
31	인장 스프링	STC3	4	
30	강제빼기 핀	STC3	4	
29	연마판	STC3	4	
28	원형 핀	STC3	4	
27	변형밀핀 가이드	STC3	4	
26	변형밀핀	STC3	4	
25	연마판	KP4M	2	
24	가이드 레일	KP4M	2	HRC58
23	슬라이드 코어 편	KP4M	4	HRC30
22	로킹 블록	STC3	2	HRC53
21	슬라이드 코어	KP4M	2	HRC30
20	경사 핀	STC3	2	HRC60
19	스프링	규격품	4	
18	스프루 록 핀	SKD61	1	HRC50
17	이젝터 핀	STC3	8	HRC58
16	가이드 핀	STC3	4	HRC58
15	가이드 부시	STC3	4	HRC58
14	스톱 핀	STC3	4	HRC50
13	이젝터 가이드 핀	STC3	2	HRC58
12	리턴 핀	STC3	4	HRC58
11	코어	KP4M	1	HRC30
10	캐비티	KP4M	1	HRC30
9	스프루 부시	SM45C	1	
8	로케이트 링	SM45C	1	
7	가동측 설치판	SM45C	1	
6	이젝터 플레이트(하)	SM45C	1	
5	이젝터 플레이트(상)	SM45C	1	
4	스페이서 블록	SM45C	2	
3	가동측 형판	SM45C	1	
2	고정측 형판	SM45C	1	
1	고정측 설치판	SM45C	1	
2단금형(interior hook-cover 슬리브 이젝트 스프링 강제빼기)		척 도	N S	
		각 법	3각법	

① $\overset{x}{\bigtriangledown}$ ($\overset{y}{\bigtriangledown}$)

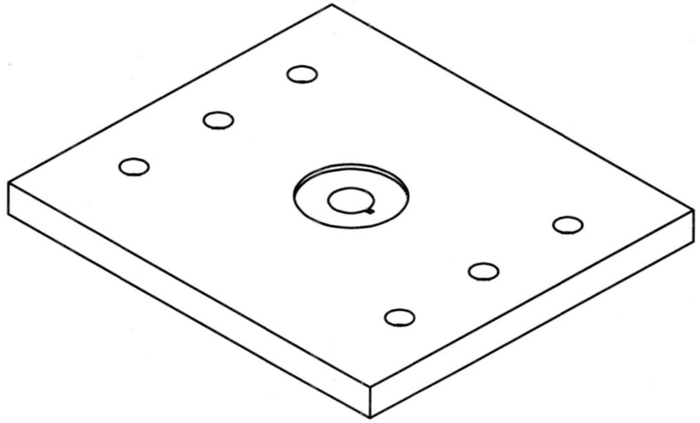

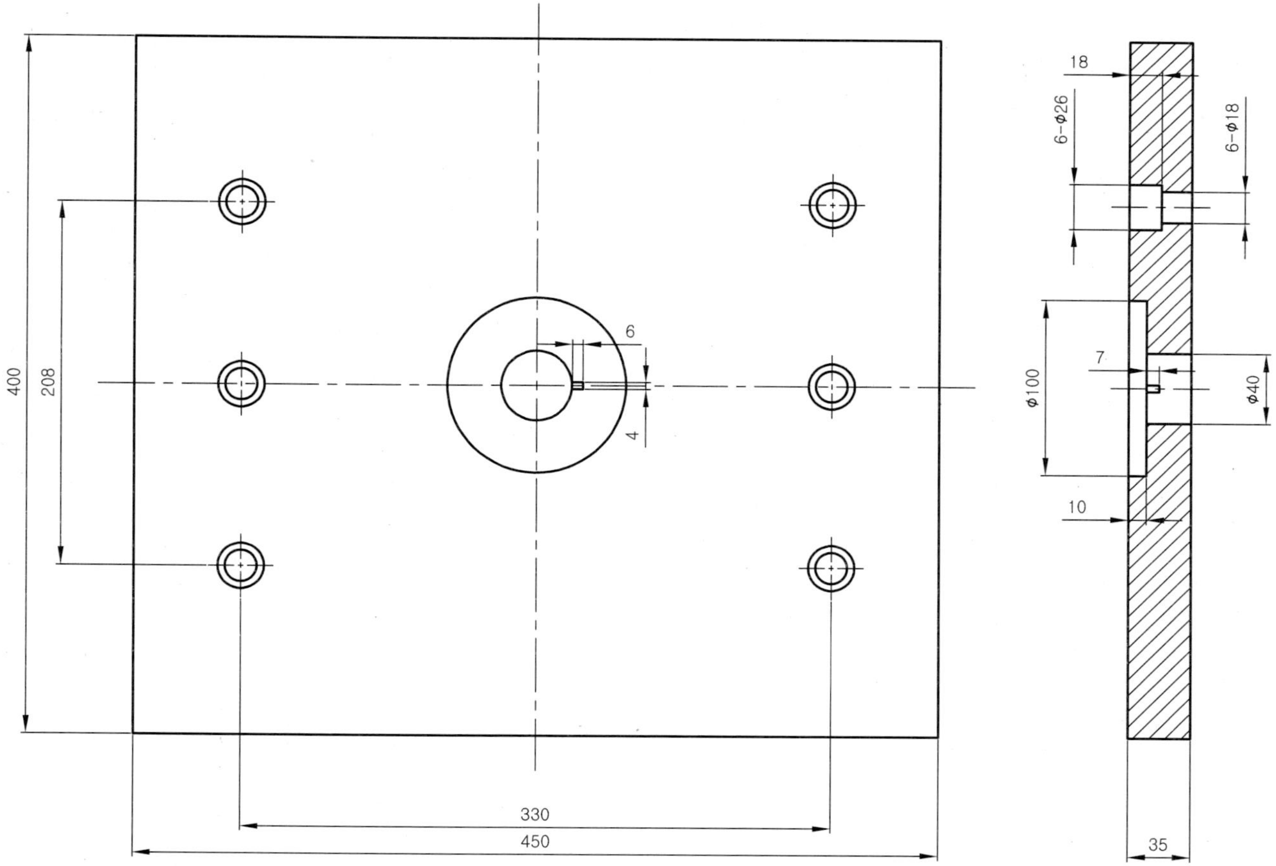

주서

1. 일반공차 – 가공부 : KS B 0412
2. 도시되고 지시없는모따기는 1x45°, 필렛 및 라운드 R3
3. 일반 모다기는 0.3~0.5x45°
4. 표면거칠기는 기호 비교표

$\overset{x}{\bigtriangledown}$ = $\overset{3.2}{\bigtriangledown}$, 25S , ▽▽ , N9

$\overset{y}{\bigtriangledown}$ = $\overset{0.8}{\bigtriangledown}$, 6.3S , ▽▽▽ , N7

1	고정측 설치판	SM45C	1	
품 번	품 명	재 질	수 량	비 고
2단금형(interior hook-cover 슬리브 이젝터 스프링 강제빼기)			척 도	1 : 0.6
			투상법	3각법

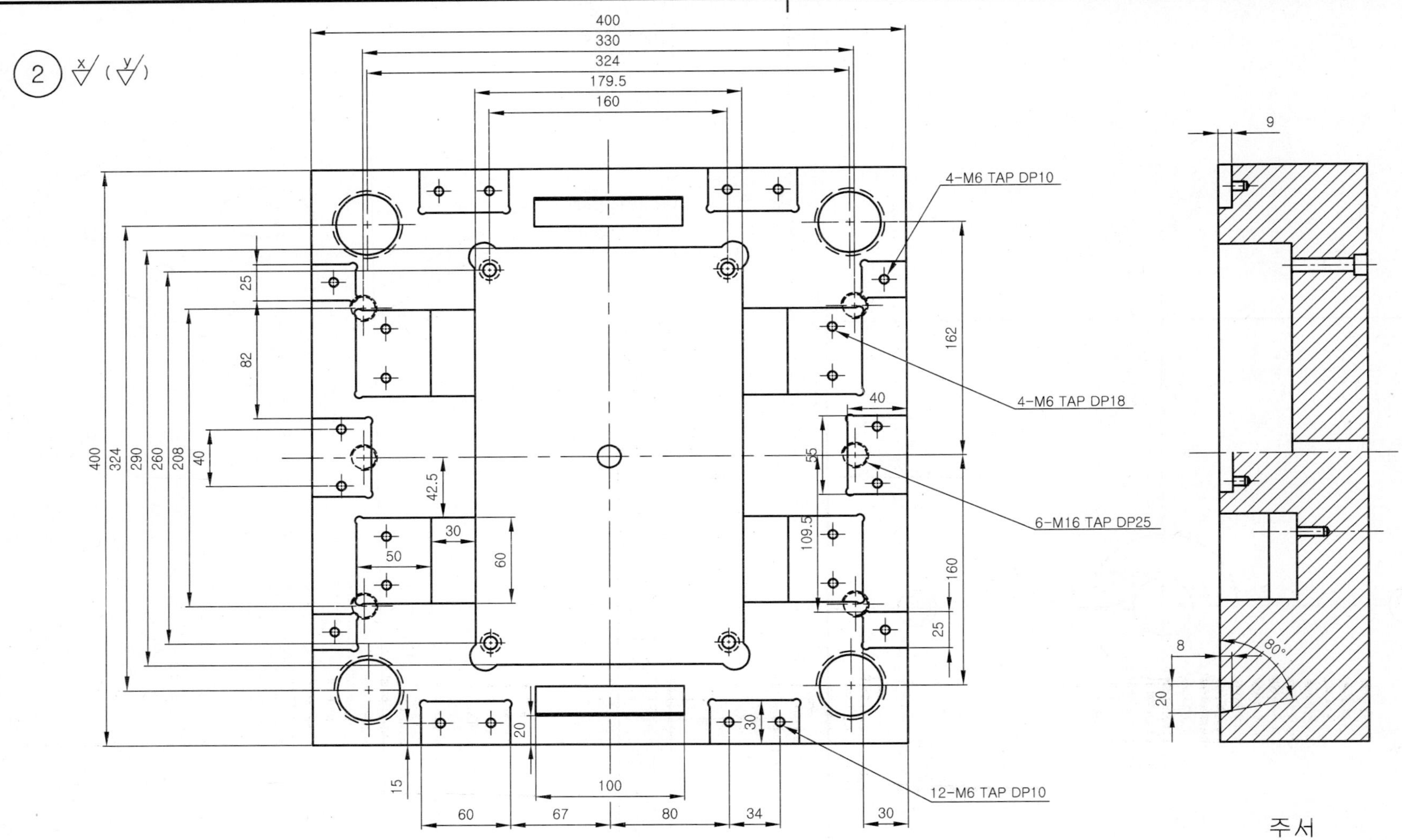

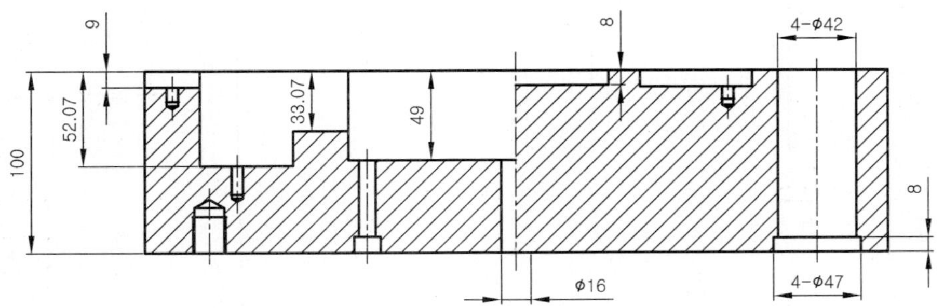

주서

1. 일반공차 - 가공부 : KS B 0412
2. 도시되고 지시없는모따기는 1x45°, 필렛 및 라운드 R3
3. 일반 모따기는 0.3~0.5x45°
4. 표면거칠기는 기호 비교표

x/ = 3.2/, 25S, ▽▽, N9

y/ = 0.8/, 6.3S, ▽▽▽, N7

2	고정측 형판	SM45C	1	
품 번	품 명	재 질	수 량	비 고
2단금형(interior hook-cover 슬리브 이젝터 스프링 강제빼기)			척 도	1 : 0.7
			투상법	3각법

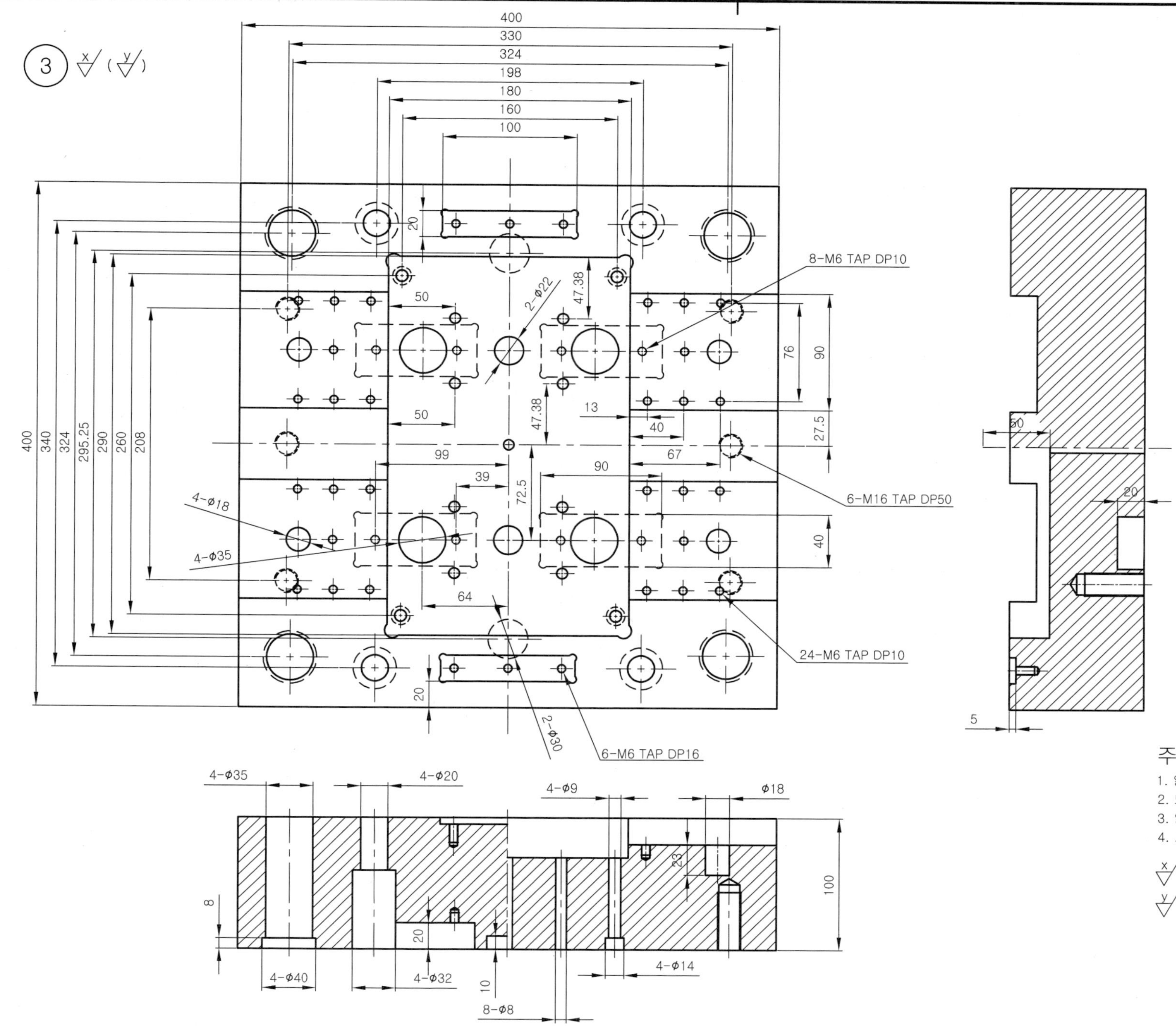

주서

1. 일반공차 - 가공부 : KS B 0412
2. 도시되고 지시없는모따기는 1x45°, 필렛 및 라운드 R3
3. 일반 모따기는 0.3~0.5x45°
4. 표면거칠기는 기호 비교표

x/ = 3.2/, 25S, ▽▽, N9

y/ = 0.8/, 6.3S, ▽▽▽, N7

3	가동측 형판	SM45C	1	
품 번	품 명	재 질	수 량	비 고
2단금형(interior hook-cover 슬리브 이젝터 스프링 강제빼기)			척 도	1 : 0.7
			투상법	3각법

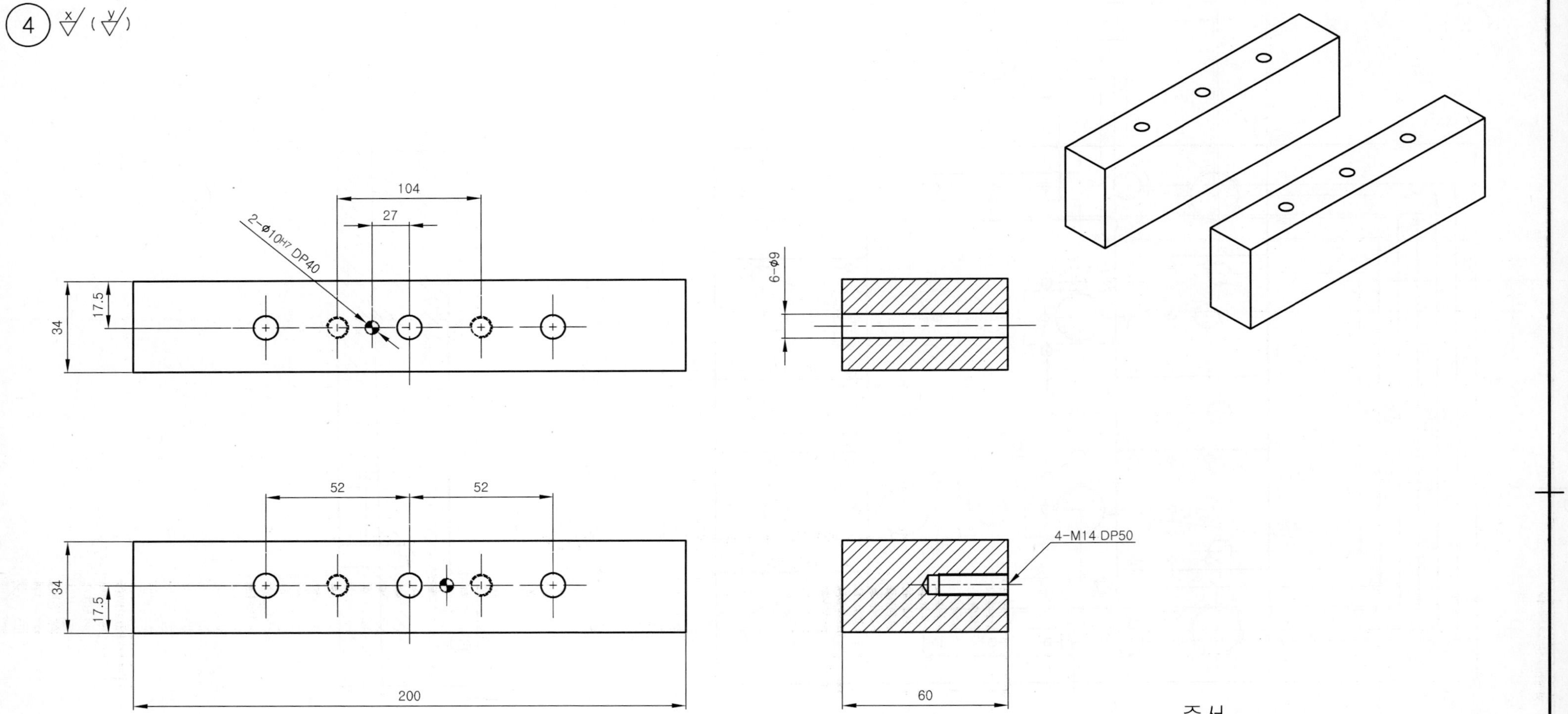

주서

1. 일반공차 - 가공부 : KS B 0412
2. 도시되고 지시없는모따기는 1x45°, 필렛 및 라운드 R3
3. 일반 모따기는 0.3~0.5x45°
4. 표면거칠기는 기호 비교표

x = 3.2, 25S, ▽▽, N9

y = 0.8, 6.3S, ▽▽▽, N7

4	스페이서블록	SM45C	2	
품 번	품 명	재 질	수 량	비 고
2단금형(interior hook-cover 슬리브 이젝터 스프링 강제빼기)			척 도	1 : 1
			투상법	3각법

⑤ x (y)

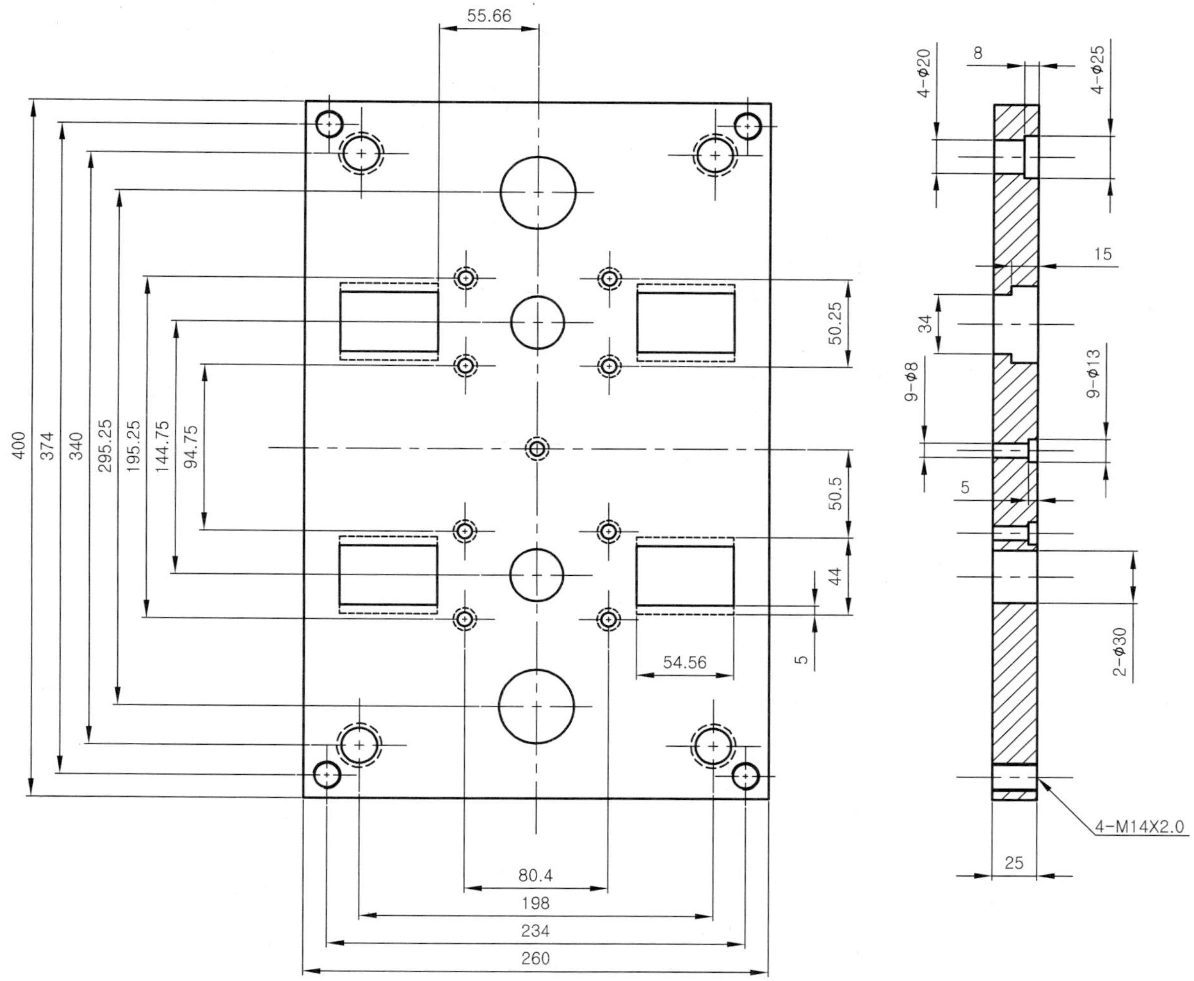

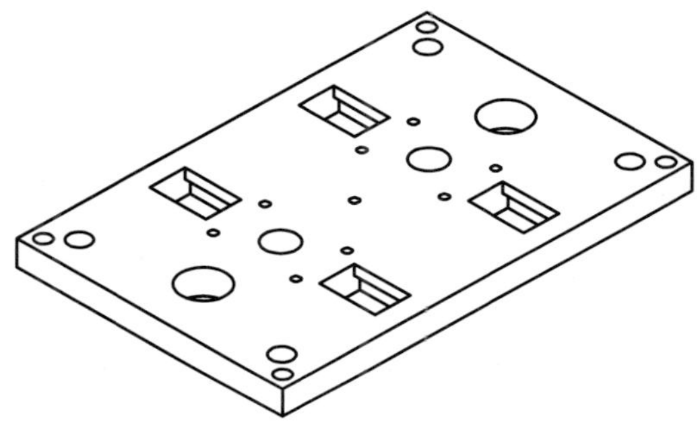

주서

1. 일반공차 - 가공부 : KS B 0412
2. 도시되고 지시없는모따기는 1x45°, 필렛 및 라운드 R3
3. 일반 모따기는 0.3~0.5x45°
4. 표면거칠기는 기호 비교표

x = 3.2, 25S , ▽▽, N9

y = 0.8, 6.3S , ▽▽▽, N7

5	이젝터플레이트(상)	SM45C	1	
품 번	품 명	재 질	수 량	비 고
2단금형(interior hook-cover 슬리브 이젝터 스프링 강제빼기)			척 도	1 : 1
			투상법	3각법

6 (x)(y)

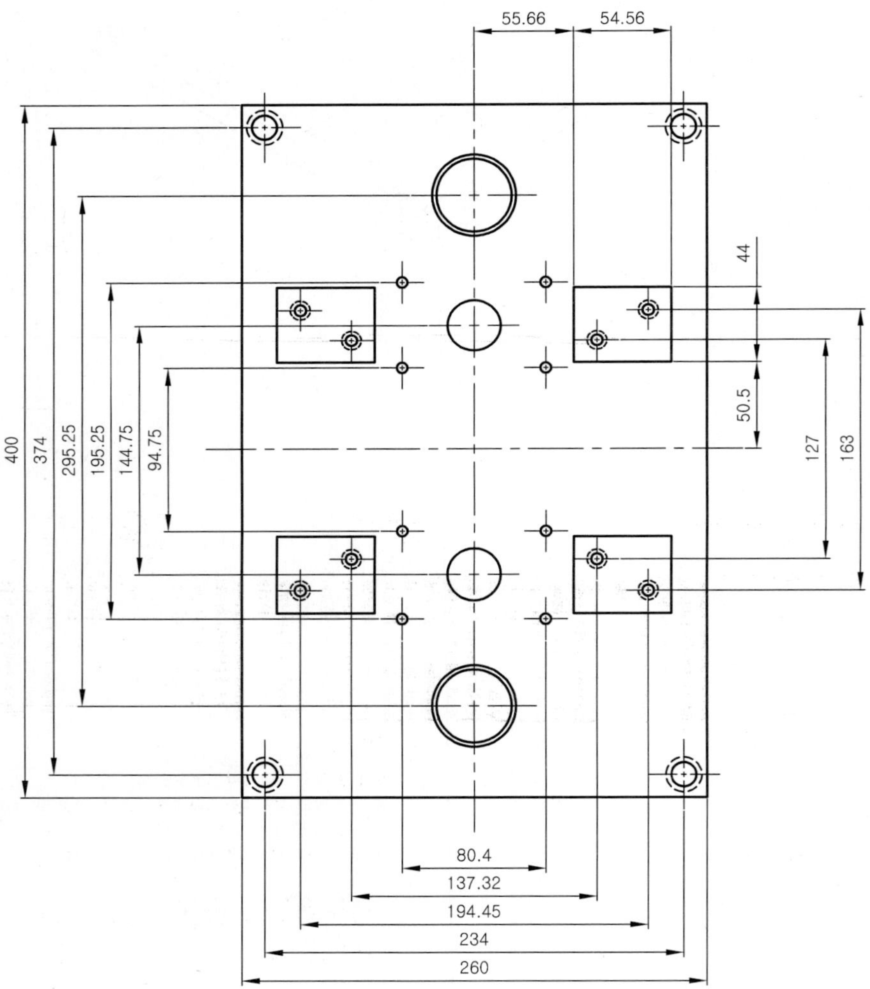

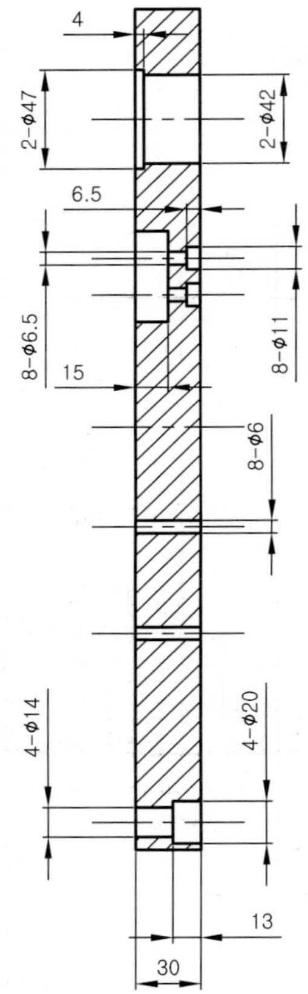

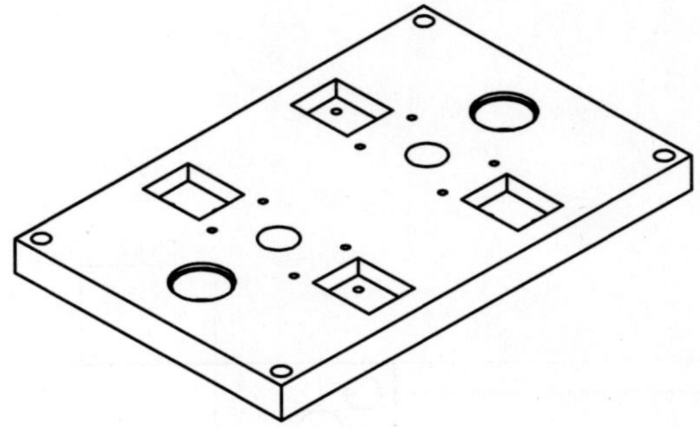

주서

1. 일반공차 - 가공부 : KS B 0412
2. 도시되고 지시없는모따기는 1x45°, 필렛 및 라운드 R3
3. 일반 모따기는 0.3~0.5x45°
4. 표면거칠기는 기호 비교표

x = 3.2, 25S, ▽▽, N9

y = 0.8, 6.3S, ▽▽▽, N7

6	이젝터플레이트(하)	SM45C	1	
품 번	품 명	재 질	수 량	비 고
2단금형(interior hook-cover 슬리브 이젝터 스프링 강제빼기)			척 도	1 : 1
			투상법	3각법

⑦ x (y)

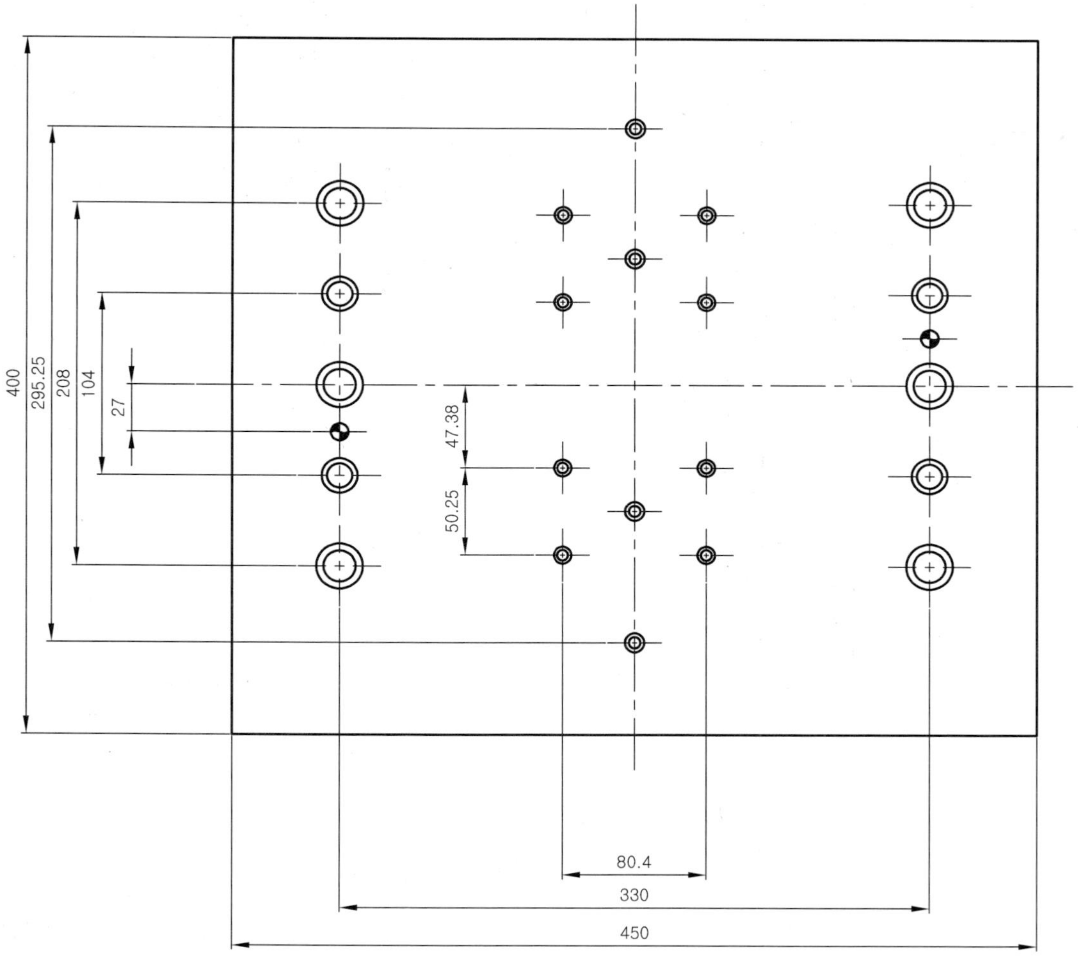

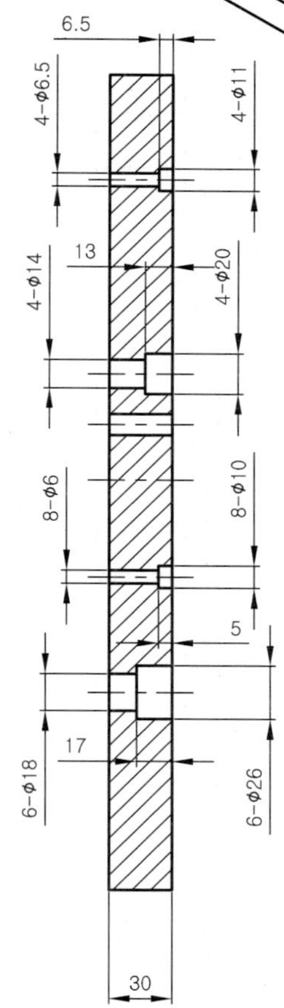

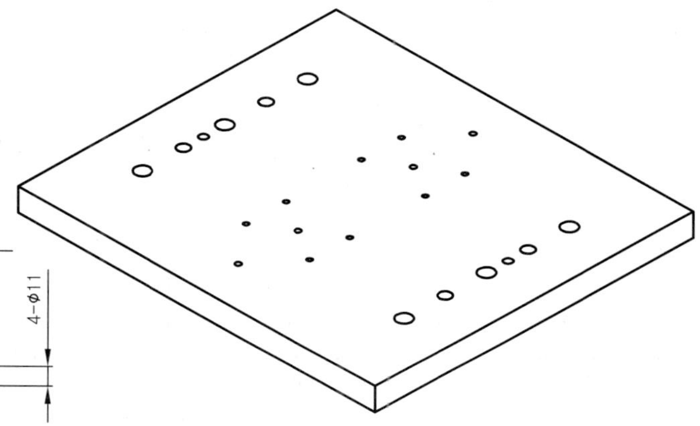

주서

1. 일반공차 - 가공부 : KS B 0412
2. 도시되고 지시없는모따기는 1x45°, 필렛 및 라운드 R3
3. 일반 모따기는 0.3~0.5x45°
4. 표면거칠기는 기호 비교표

x = 3.2, 25S , ▽▽, N9

y = 0.8, 6.3S , ▽▽▽, N7

7	가동측 설치판	SM45C	1	
품 번	품 명	재 질	수 량	비 고
2단금형(interior hook-cover 슬리브 이젝터 스프링 강제빼기)			척 도	1 : 1
			투상법	3각법

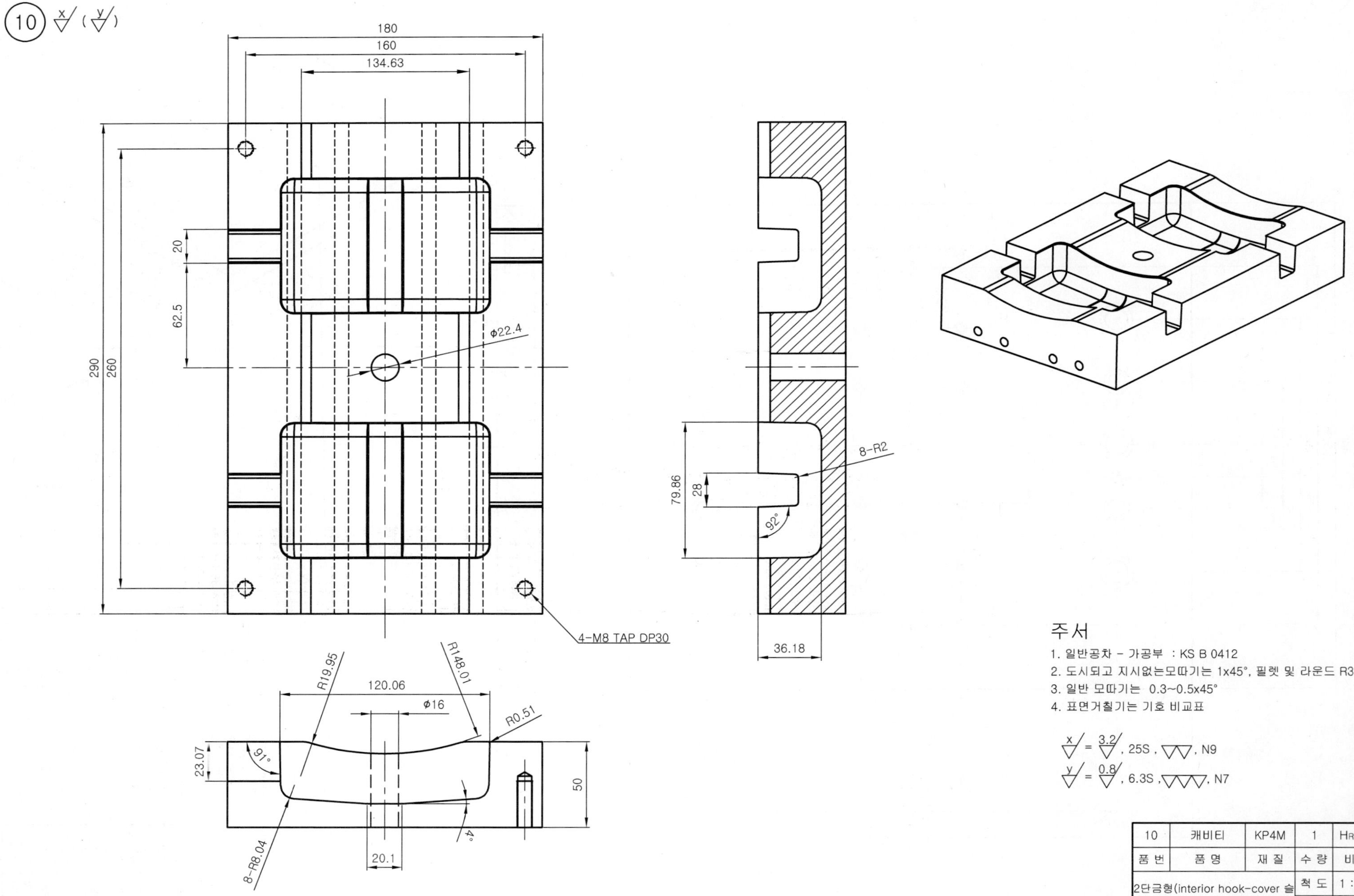

주서

1. 일반공차 - 가공부 : KS B 0412
2. 도시되고 지시없는모따기는 1x45°, 필렛 및 라운드 R3
3. 일반 모따기는 0.3~0.5x45°
4. 표면거칠기는 기호 비교표

x = 3.2, 25S, ▽▽, N9

y = 0.8, 6.3S, ▽▽▽, N7

10	캐비티	KP4M	1	HRC30
품 번	품 명	재 질	수 량	비 고
2단금형(interior hook-cover 슬리브 이젝터 스프링 강제빼기)			척 도	1 : 0.7
			투상법	3각법

⑪ x/▽ (y/▽)

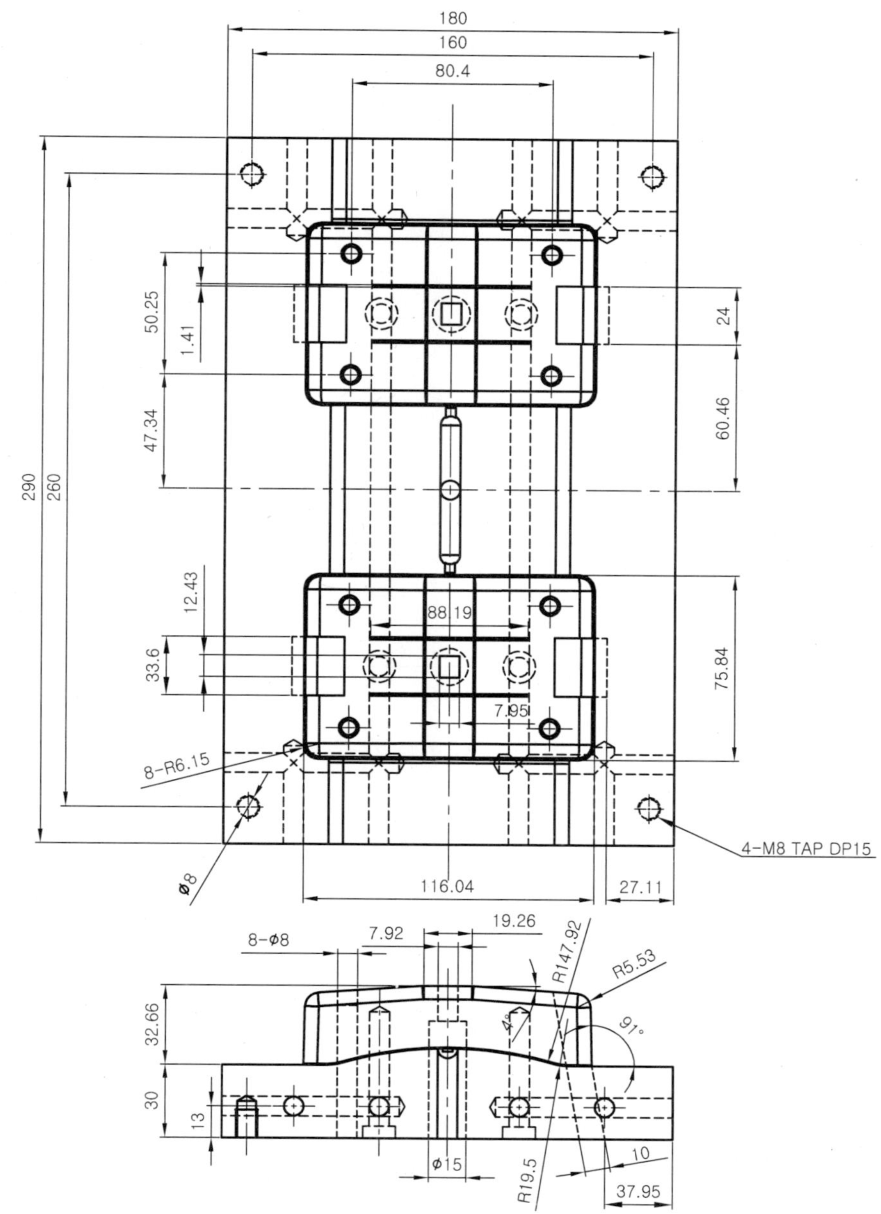

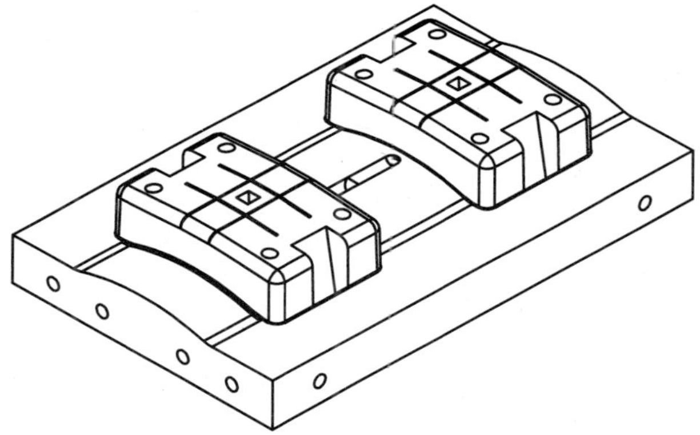

주서

1. 일반공차 - 가공부 : KS B 0412
2. 도시되고 지시없는모따기는 1x45°, 필렛 및 라운드 F3
3. 일반 모따기는 0.3~0.5x45°
4. 표면거칠기는 기호 비교표

x/▽ = 3.2/▽ , 25S , ▽▽ , N9

y/▽ = 0.8/▽ , 6.3S , ▽▽▽ , N7

11	코어	KP4M	1	HRC30
품 번	품 명	재 질	수 량	비 고
2단금형(interior hook-cover 슬리브 이젝터 스프링 강제빼기)			척 도	1 : 0.7
			투상법	3각법

17 x(y)

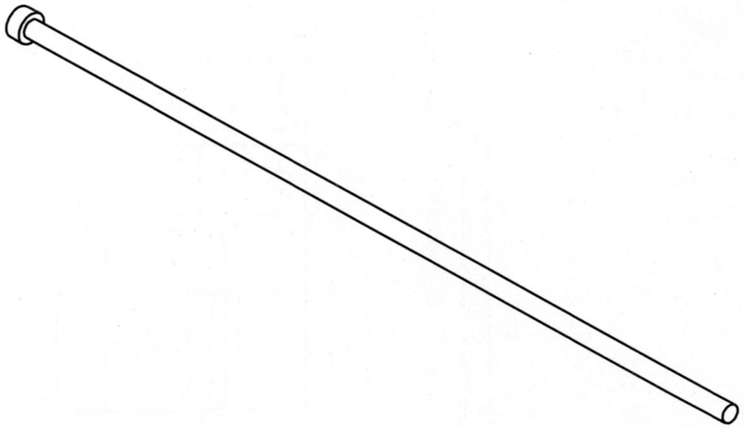

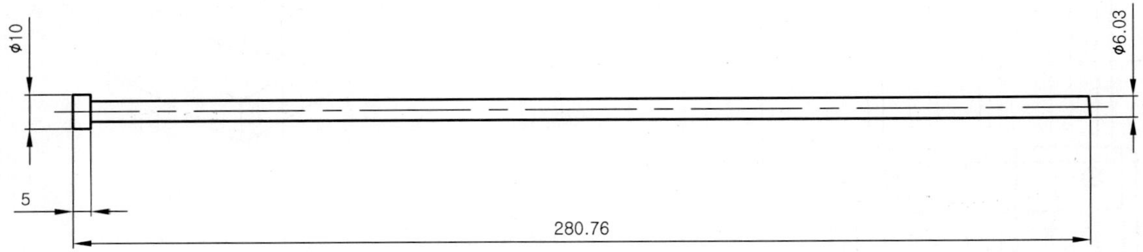

주서

1. 일반공차 - 가공부 : KS B 0412
2. 도시되고 지시없는모따기는 1x45°, 필렛 및 라운드 R3
3. 일반 모따기는 0.3~0.5x45°
4. 표면거칠기는 기호 비교표

x = 3.2, 25S , ▽▽, N9

y = 0.8, 6.3S , ▽▽▽, N7

17	이젝터핀	STC3	8	HRC58
품 번	품 명	재 질	수 량	비 고
2단금형(interior hook-cover 슬리브 이젝터 스프링 강제빼기)			척 도	1 : 1
			투상법	3각법

(18) x (y)

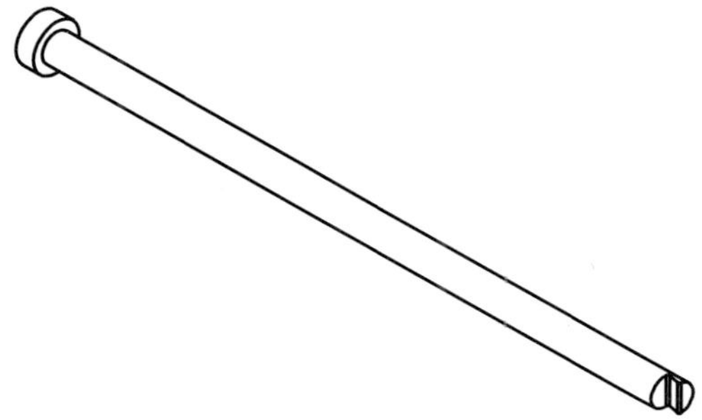

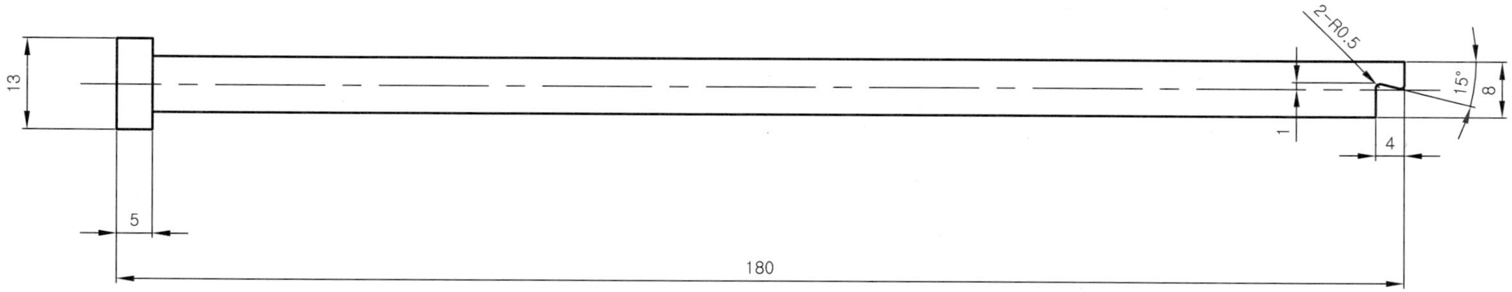

주서

1. 일반공차 - 가공부 : KS B 0412
2. 도시되고 지시없는모따기는 1x45°, 필렛 및 라운드 R3
3. 일반 모따기는 0.3~0.5x45°
4. 표면거칠기는 기호 비교표

x = 3.2, 25S, ▽▽, N9

y = 0.8, 6.3S, ▽▽▽, N7

18	스프루로크핀	SKD61	1	HRC50
품 번	품 명	재 질	수 량	비 고
2단금형(interior hook-cover 슬리브 이젝터 스프링 강제빼기)			척 도	1 : 1
			투상법	3각법

(20) x/ (y/)

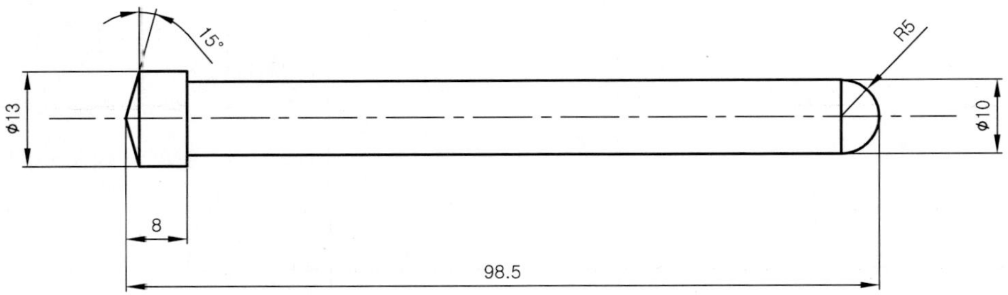

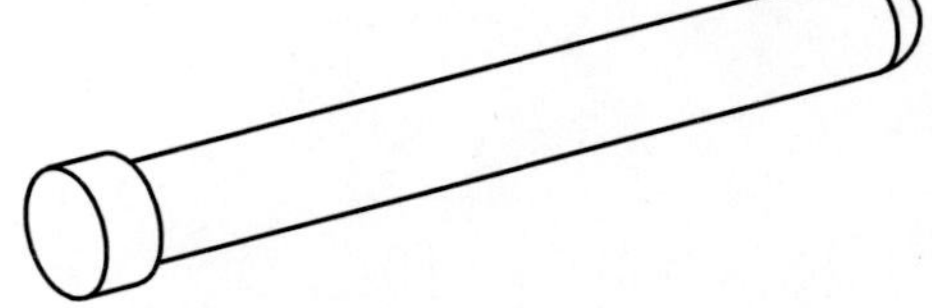

주서

1. 일반공차 - 가공부 : KS B 0412
2. 도시되고 지시없는모따기는 1x45°, 필렛 및 라운드 R3
3. 일반 모따기는 0.3~0.5x45°
4. 표면거칠기는 기호 비교표

x/ = 3.2/ , 25S , ▽▽, N9
y/ = 0.8/ , 6.3S , ▽▽▽, N7

20	경사핀	STC3	4	HRC58
품 번	품 명	재 질	수 량	비 고
2단금형(interior hook-cover 슬리브 이젝터 스프링 강제빼기)			척 도	1 : 1
			투상법	3각법

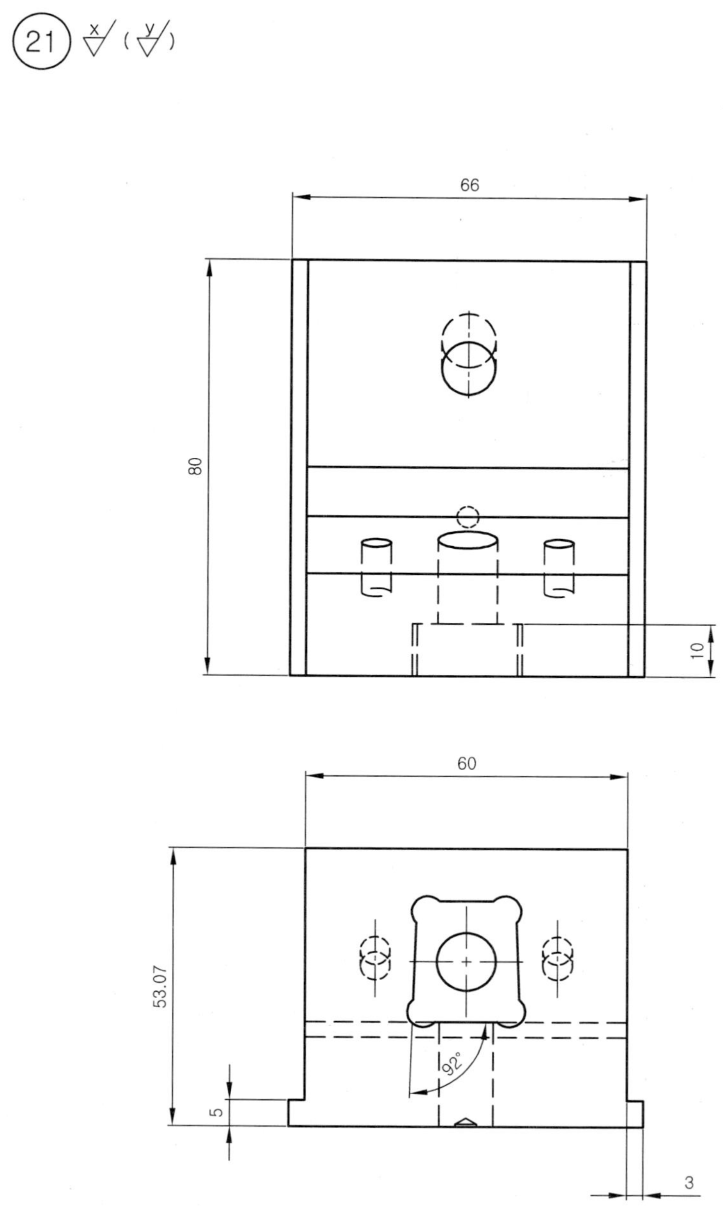

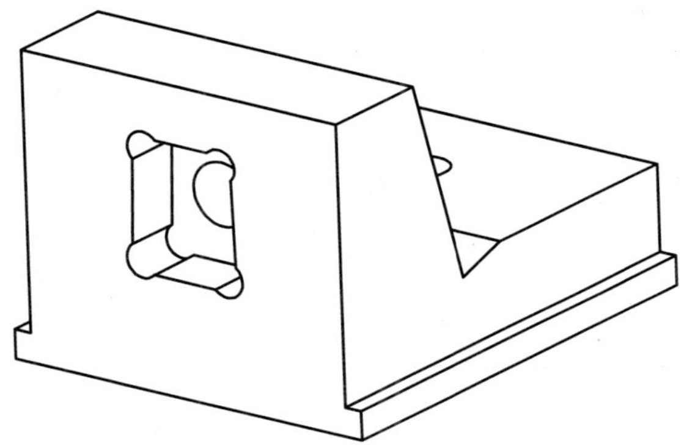

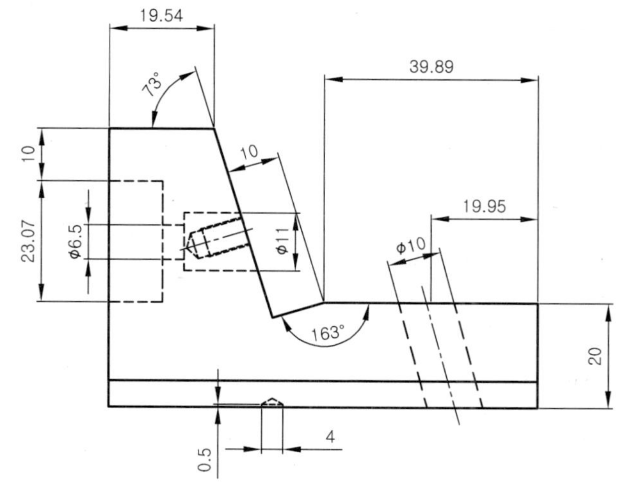

주서

1. 일반공차 - 가공부 : KS B 0412
2. 도시되고 지시없는모따기는 1x45°, 필렛 및 라운드 R3
3. 일반 모따기는 0.3~0.5x45°
4. 표면거칠기는 기호 비교표

x = 3.2, 25S , ▽▽, N9

y = C.8, 6.3S , ▽▽▽, N7

21	슬라이드 코어	KP4M	2	HRC30
품 번	품 명	재 질	수 량	비 고
2단금형(interior hook-cover 슬리브 이젝터 스프링 강제빼기)			척 도	2 : 1
			투상법	3각법

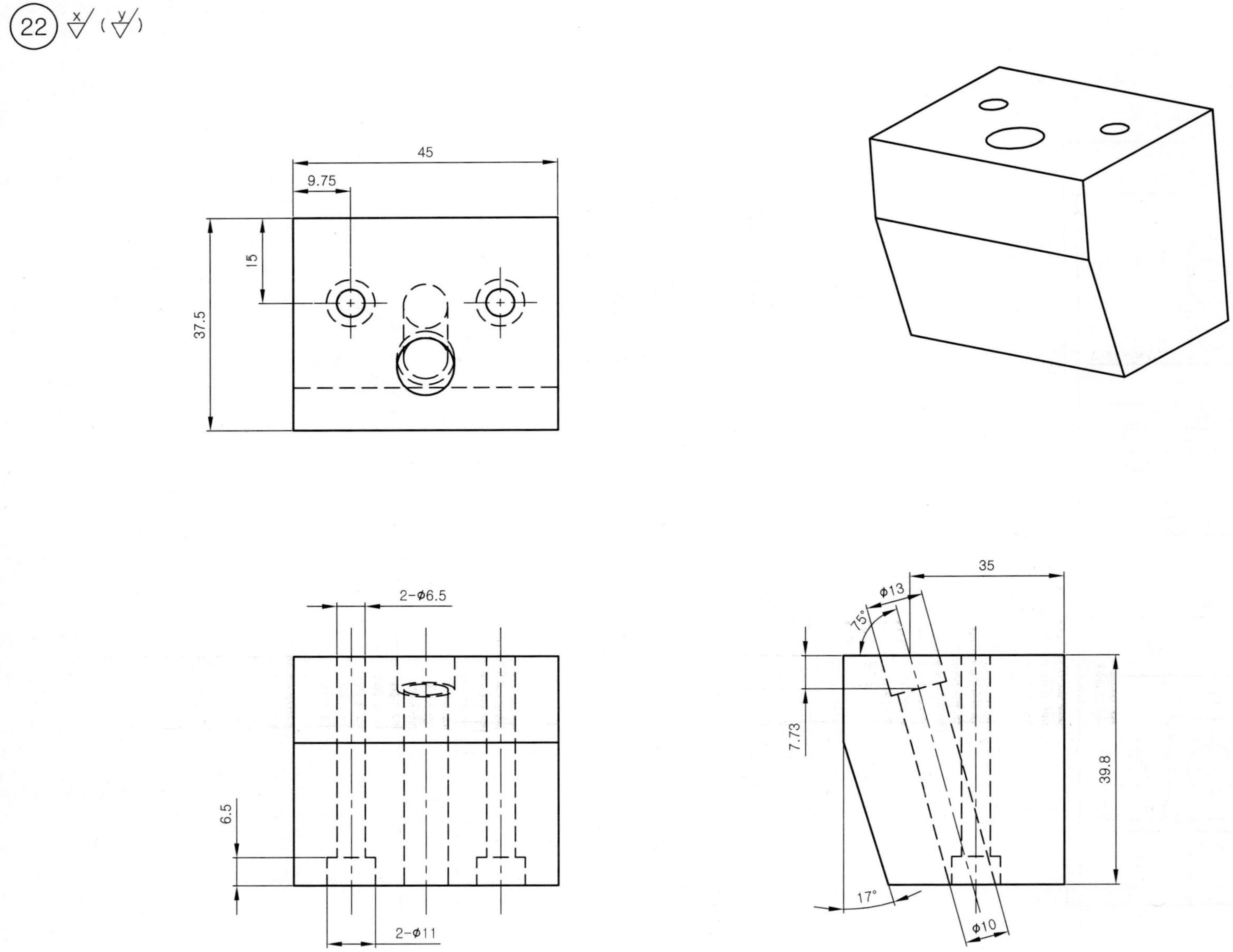

주서

1. 일반공차 - 가공부 : KS B 0412
2. 도시되고 지시없는모따기는 1x45°, 필렛 및 라운드 R3
3. 일반 모따기는 0.3~0.5x45°
4. 표면거칠기는 기호 비교표

x/ = 3.2/ , 25S , ▽▽ , N9

y/ = 0.8/ , 6.3S , ▽▽▽ , N7

22	로킹 블록	STC3	2	HRC53
품 번	품 명	재 질	수 량	비 고
2단금형(interior hook-cover 슬리브 이젝터 스프링 강제빼기)			척 도	2 : 1
			투상법	3각법

(23) x/ (y/)

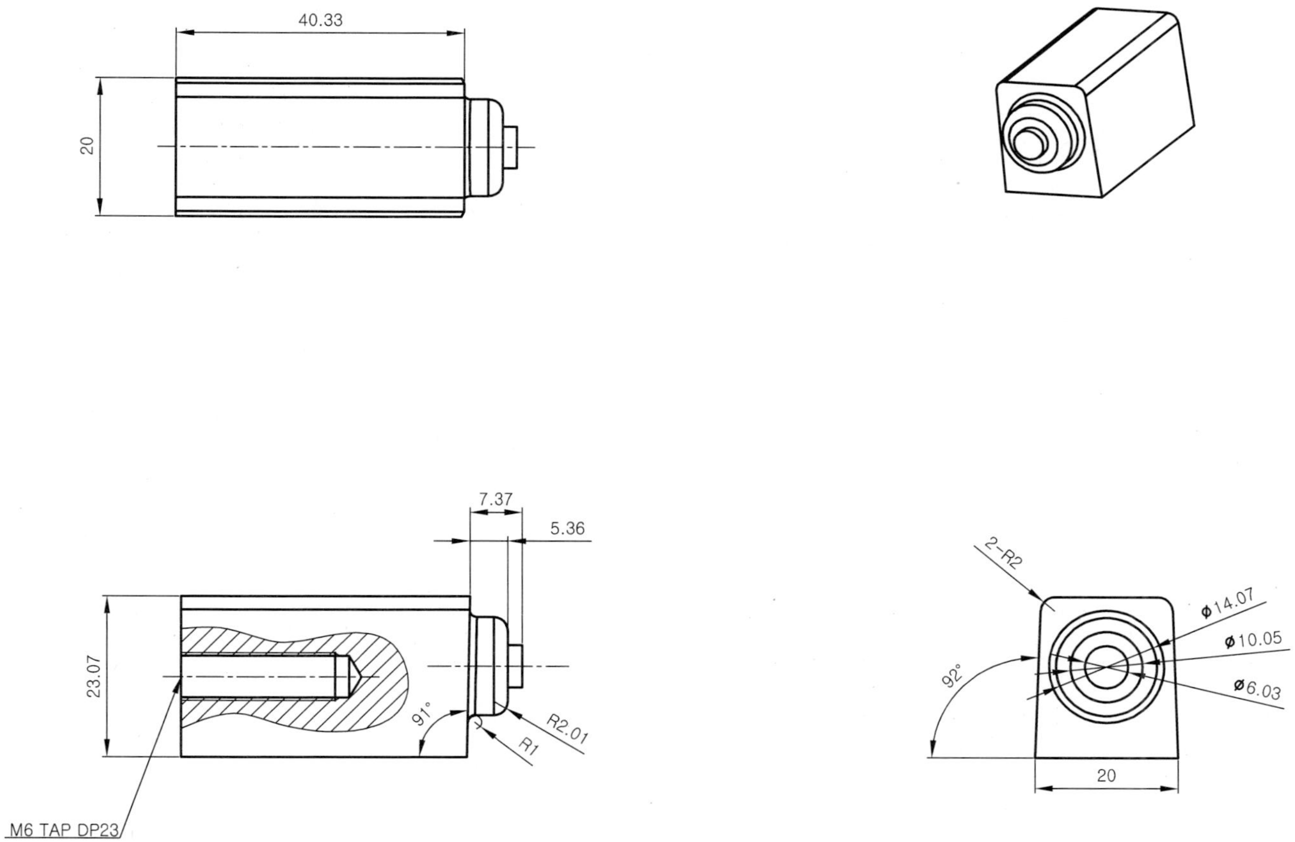

주서

1. 일반공차 - 가공부 : KS B 0412
2. 도시되고 지시없는모따기는 1x45°, 필렛 및 라운드 R3
3. 일반 모따기는 0.3~0.5x45°
4. 표면거칠기는 기호 비교표

x/ = 3.2/ , 25S , ▽▽, N9

y/ = 0.8/ , 6.3S , ▽▽▽, N7

23	슬라이드 코어 편	KP4M	4	HRC30
품 번	품 명	재 질	수 량	비 고
2단금형(interior hook-cover 슬리브 이젝터 스프링 강제빼기)			척 도	1 : 1
			투상법	3각법

(24) x/ (y/)

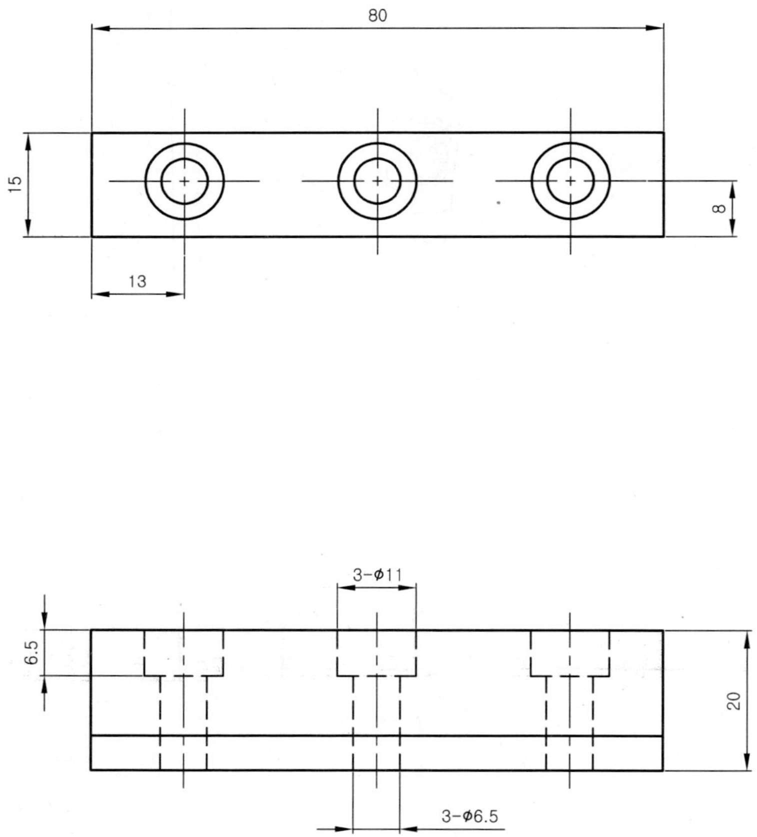

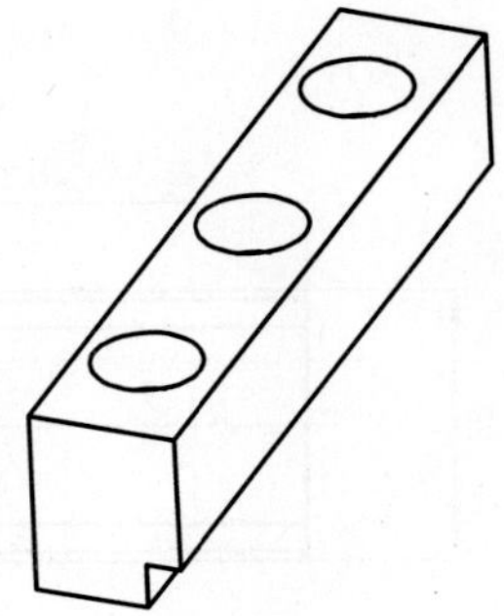

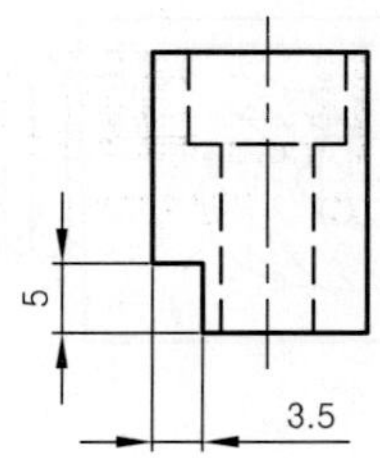

주서

1. 일반공차 - 가공부 : KS B 0412
2. 도시되고 지시없는모따기는 1x45°, 필렛 및 라운드 R3
3. 일반 모따기는 0.3~0.5x45°
4. 표면거칠기는 기호 비교표

x/ = 3.2/, 25S , ▽▽, N9

y/ = 0.8/, 6.3S , ▽▽▽, N7

24	가이드 레일	STC3	4	HRC58
품 번	품 명	재 질	수 량	비 고
2단금형(interior hook-cover 슬리브 이젝터 스프링 강제빼기)			척 도	1 : 1
			투상법	3각법

25 x/ (y/)

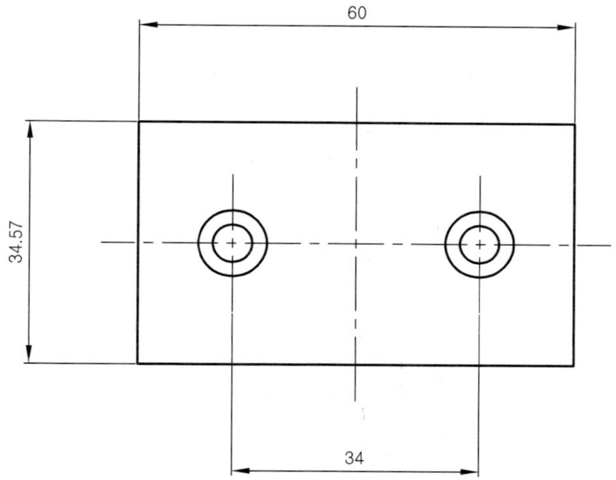

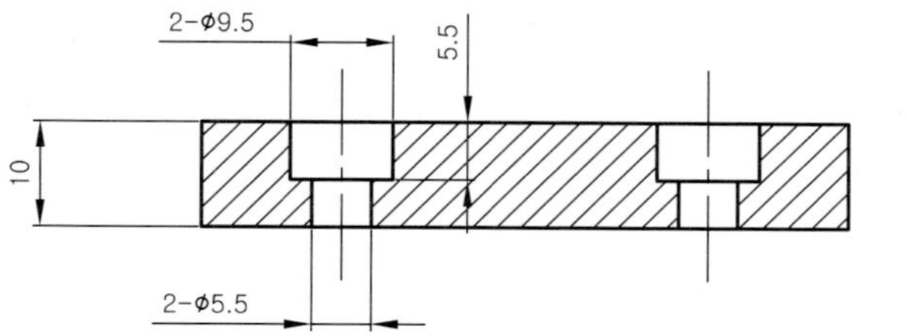

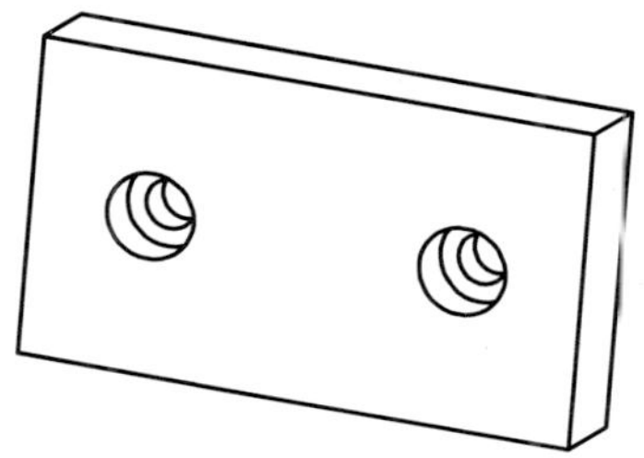

주서

1. 일반공차 - 가공부 : KS B 0412
2. 도시되고 지시없는모따기는 1x45°, 필렛 및 라운드 R3
3. 일반 모따기는 0.3~0.5x45°
4. 표면거칠기는 기호 비교표

x/ = 3.2/, 25S, ▽▽, N9
y/ = 0.8/, 6.3S, ▽▽▽, N7

25	연마판	STC3	4	HRC58
품 번	품 명	재 질	수 량	비 고
2단금형(interior hook-cover 슬리브 이젝터 스프링 강제빼기)			척 도	1 : 1
			투상법	3각법

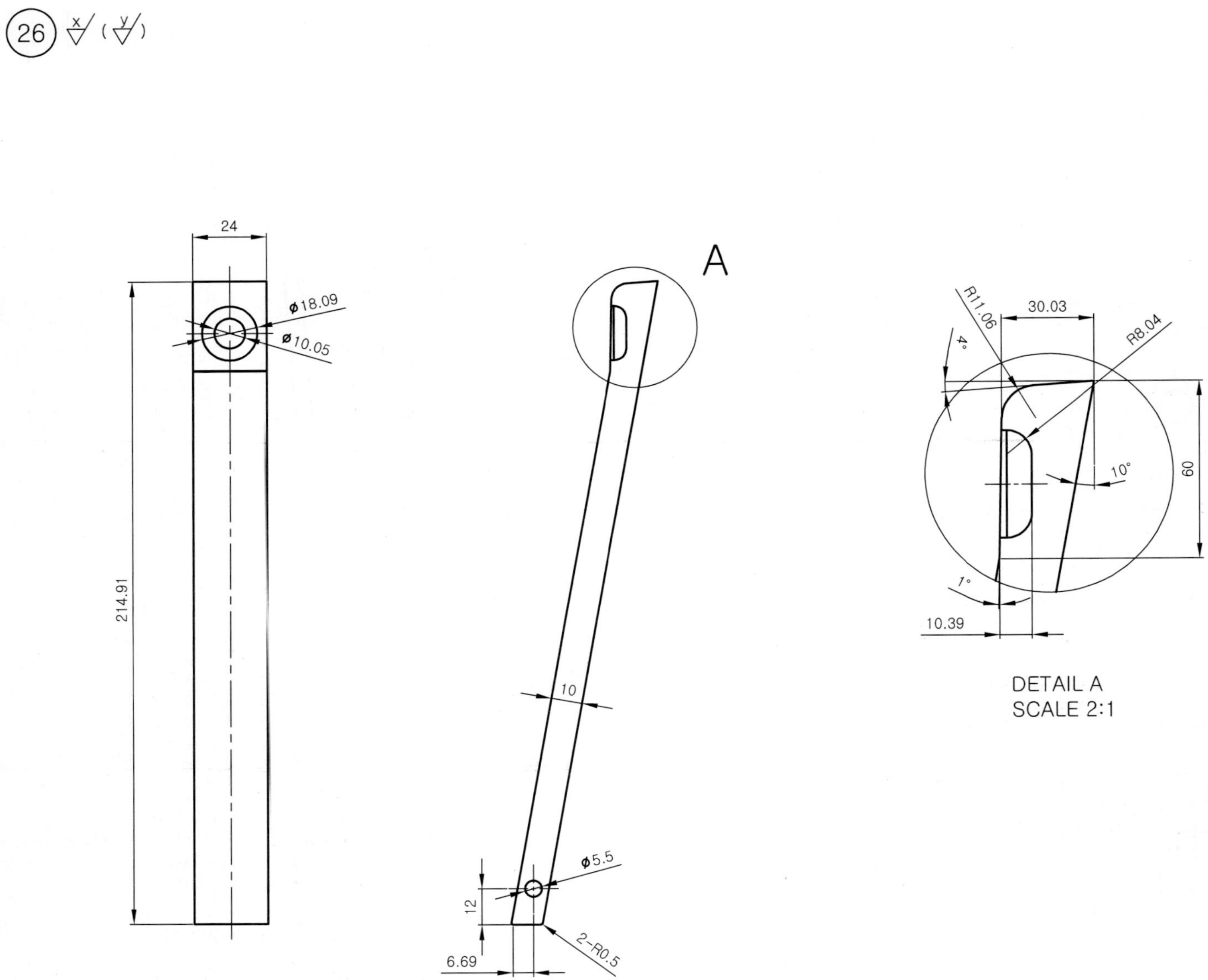

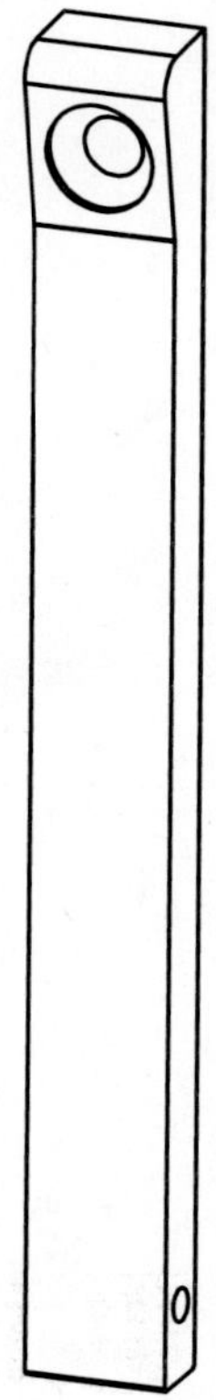

주서

1. 일반공차 - 가공부 : KS B 0412
2. 도시되고 지시없는모따기는 1x45°, 필렛 및 라운드 R3
3. 일반 모따기는 0.3~0.5x45°
4. 표면거칠기는 기호 비교표

x = 3.2, 25S, ▽▽, N9

y = 0.8, 6.3S, ▽▽▽, N7

26	변형밀핀	KP4M	2	HRC30
품 번	품 명	재 질	수 량	비 고
2단금형(interior hook-cover 슬리브 이젝터 스프링 강제빼기)			척 도	1 : 1
			투상법	3각법

27 x/ (y/)

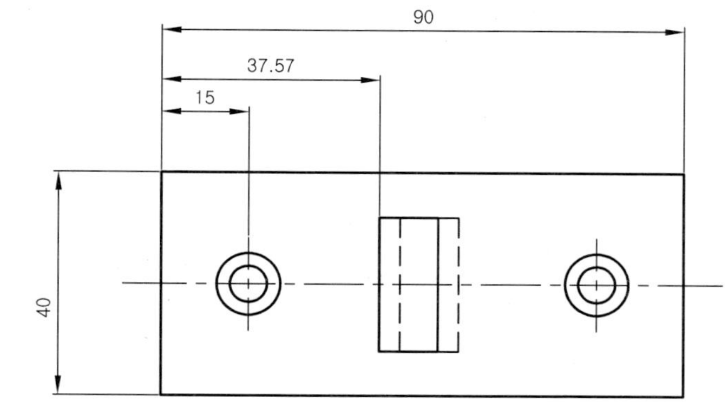

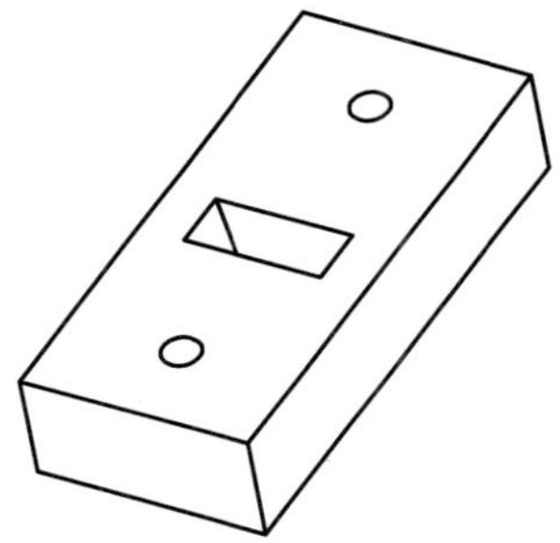

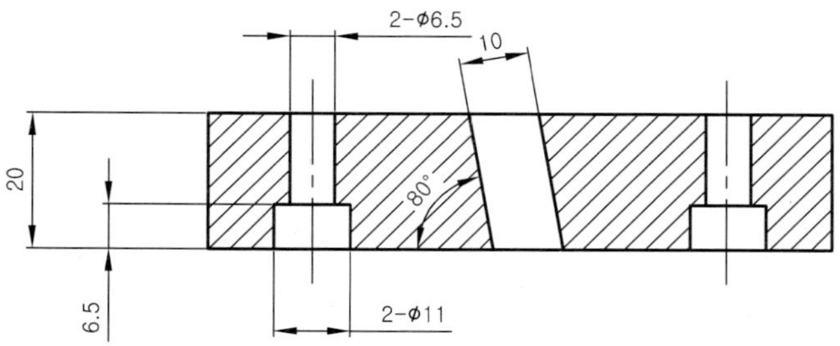

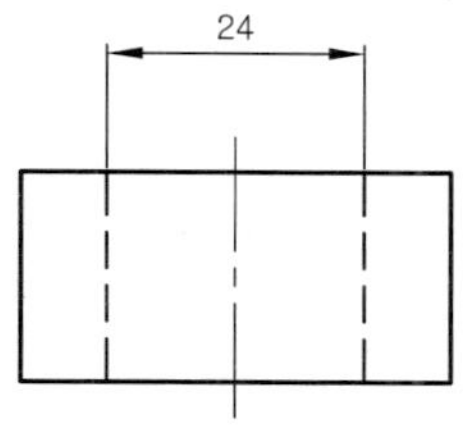

주서

1. 일반공차 - 가공부 : KS B 0412
2. 도시되고 지시없는모따기는 1x45°, 필렛 및 라운드 R3
3. 일반 모따기는 0.3~0.5x45°
4. 표면거칠기는 기호 비교표

x/ = 3.2/ , 25S , ▽▽ , N9

y/ = 0.8/ , 6.3S , ▽▽▽ , N7

27	변형밀핀 가이드	STC3	4	HRC58
품 번	품 명	재 질	수 량	비 고
2단금형(interior hook-cover 슬리브 이젝터 스프링 강제빼기)			척 도	1 : 1
			투상법	3각법

(28) x/ (y/)

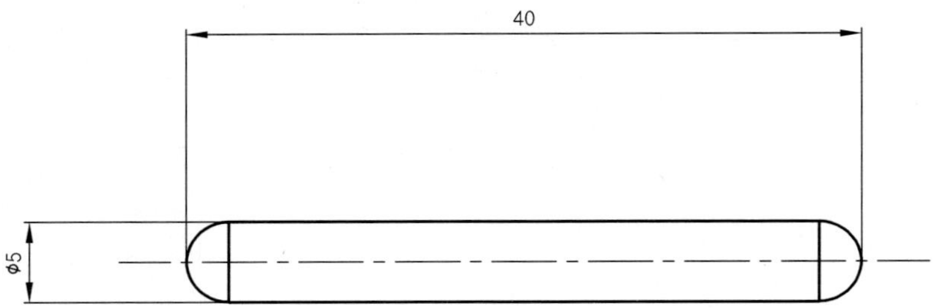

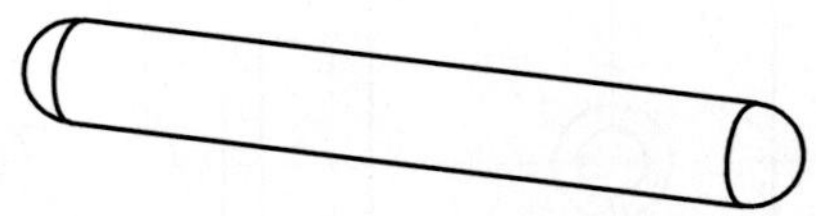

주서

1. 일반공차 - 가공부 : KS B 0412
2. 도시되고 지시없는모따기는 1x45°, 필렛 및 라운드 R3
3. 일반 모따기는 0.3~0.5x45°
4. 표면거칠기는 기호 비교표

x/ = 3.2/ , 25S , ▽▽, N9

y/ = 0.8/ , 6.3S , ▽▽▽, N7

28	원형핀	STC3	4	HRC58
품 번	품 명	재 질	수 량	비 고
2단금형(interior hook-cover 슬리브 이젝터 스프링 강제빼기)			척 도	1 : 1
			투상법	3각법

29 x (y)

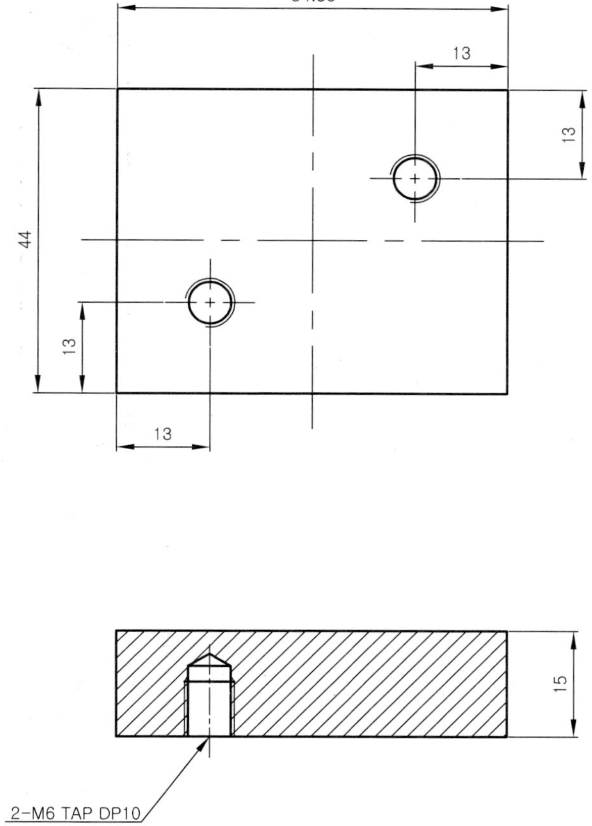

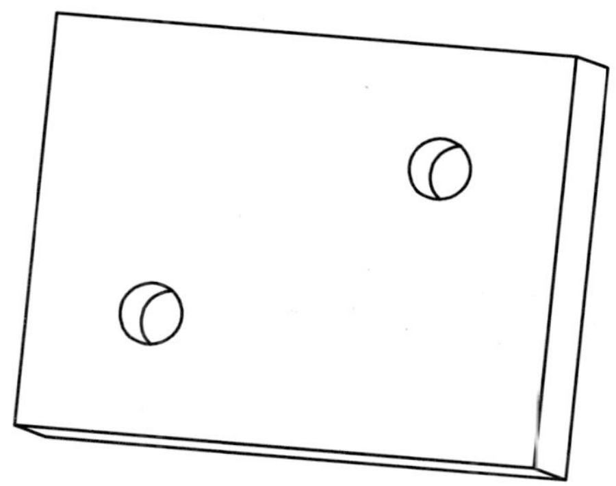

주서

1. 일반공차 - 가공부 : KS B 0412
2. 도시되고 지시없는모따기는 1x45°, 필렛 및 라운드 R3
3. 일반 모따기는 0.3~0.5x45°
4. 표면거칠기는 기호 비교표

x = 3.2, 25S, ▽▽, N9
y = 0.8, 6.3S, ▽▽▽, N7

29	연마판	STC3	4	HRC58
품 번	품 명	재 질	수 량	비 고
2단금형(interior hook-cover 슬리브 이젝터 스프링 강제빼기)			척 도	1 : 1
			투상법	3각법

(30) x (y)

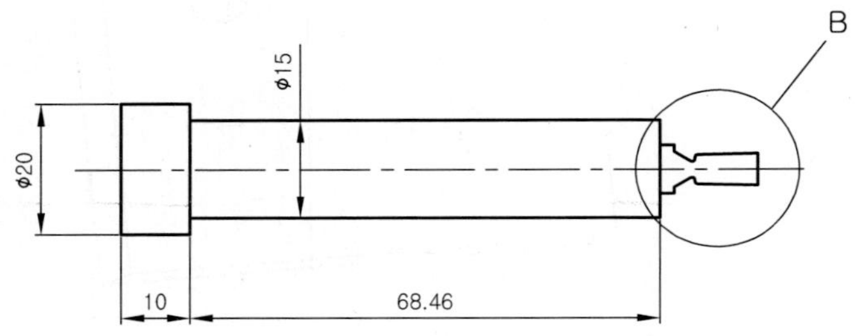

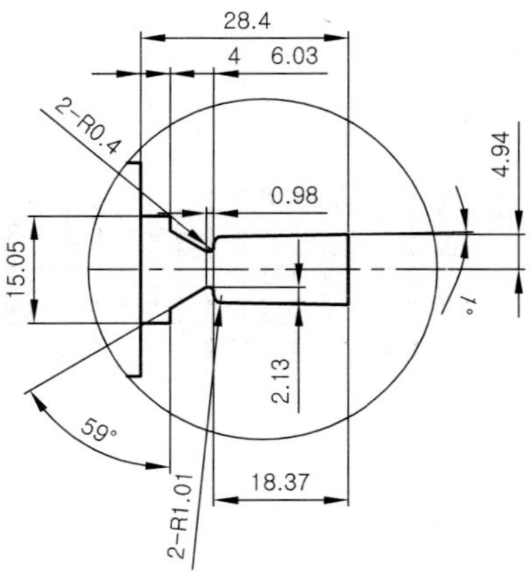

DETAIL
SCALE 2:1

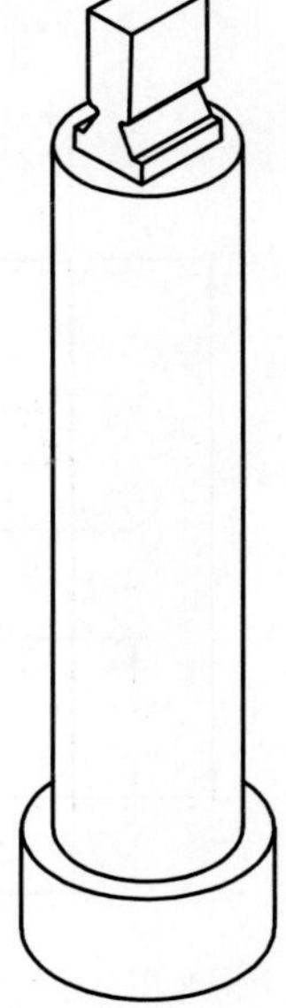

주서

1. 일반공차 - 가공부 : KS B 0412
2. 도시되고 지시없는모따기는 1x45°, 필렛 및 라운드 R3
3. 일반 모따기는 0.3~0.5x45°
4. 표면거칠기는 기호 비교표

x = 3.2, 25S, ▽▽, N9

y = 0.8, 6.3S, ▽▽▽, N7

30	강제빼기 핀	STC3	4	HRC58
품 번	품 명	재 질	수 량	비 고
2단금형(interior hook-cover 슬리브 이젝터 스프링 강제빼기)			척 도	1 : 1
			투상법	3각법

(33) x (y)

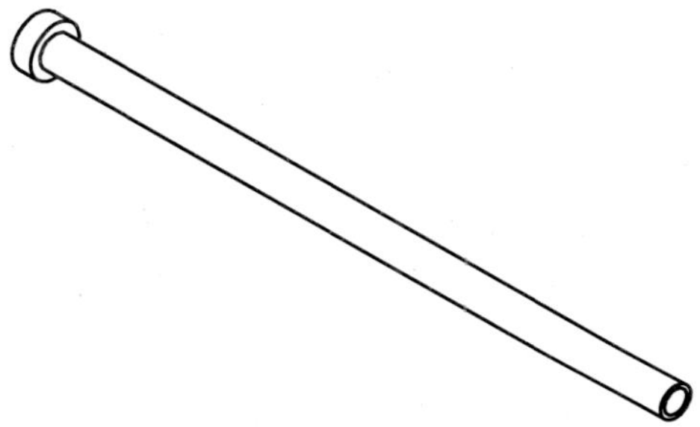

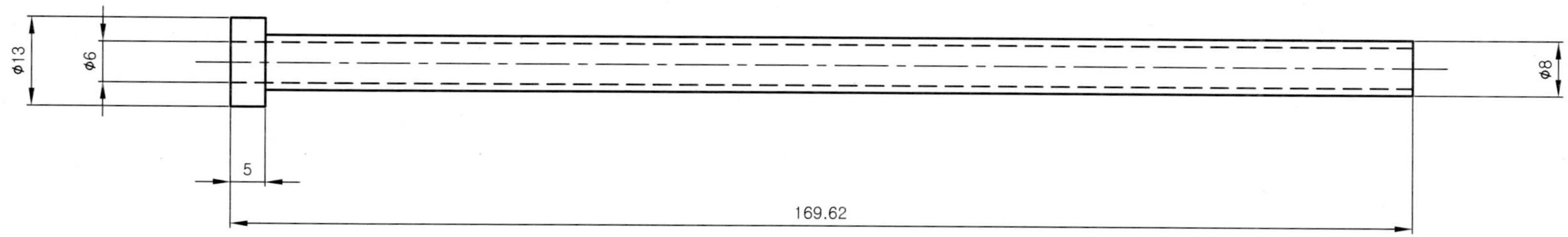

주서

1. 일반공차 - 가공부 : KS B 0412
2. 도시되고 지시없는모따기는 1x45°, 필렛 및 라운드 R3
3. 일반 모따기는 0.3~0.5x45°
4. 표면거칠기는 기호 비교표

x = 3.2, 25S, ▽▽, N9

y = 0.8, 6.3S, ▽▽▽, N7

33	슬리브이젝터핀	STC3	8	HRC58
품 번	품 명	재 질	수 량	비 고
2단금형(interior hook-cover 슬리브 이젝터 스프링 강제빼기)			척 도	1 : 1
			투상법	3각법

3.3 2단금형(Interior hook-cover 링크형 강제빼기)

▮ 요구사항

1) 2D제품도 3차원 Solid model를 이용한 설계
2) 적용 수지 : ABS, 수축률 5/1000 적용, 빼기구배는 고려하지 않아도 됨.
3) 사출성형기 사양 : 고정측 중앙부 구멍 직경 ∅100mm, 사출노즐의 선단직경은 ∅19mm, 사출기 노즐직경은 3mm.
4) 금형 종류 : 2단금형/슬라이드 (2 cavity)
5) 유동주입기구 : 사이드 게이트로 설계하되, 위치와 개수는 설계자가 결정하여 할 것.
6) 취출시스템
   6-1) 제품 취출시 문제가 없도록 설계자 임의로 설계하되, 보스부는 ejector sleeve를 사용할 것.
   6-2) Under cut처리 :
      6-2-1) 외측언더컷은 angular pin을 이용한 슬라이드 구조를 사용할 것 (앵귤러핀, 로킹블럭, 가이드레일, 스토퍼 등 슬라이드 부품을 가능한 자세히 표현할 것)
      6-2-2) 내측 언더컷은 변형밀핀(변형코아) 구조를 사용할 것(특히 작동시 외측의 슬라이드와의 간섭이 없도록 할 것)
      6-2-3) 내측 중앙부의 언더컷은 강제 취출, 2단 취출 등의 구조의 사용을 추천함.
7) 형상부
   7-1) 파팅 : 제품의 외관 품질을 고려하여 설계자가 정할 것.
   7-2) cavity와 core : 원판과 Core, Cavity 블록은 조립형으로 하되 가공과 조립용이성, 동작성 등에 문제가 없도록 설계 할 것. 필요에 따라 여러 개의 인서트 코어로 설계할 경우 인접 부품의 색깔을 다르게 표기하여 구분이 되도록 할 것
   7-3) 형상부 설계 : 분할 작업을 통하여 고정측, 가동측을 각각 별도.
8) 냉각시스템
   8-1) 고정측 냉각 설계는 설계방식에 준하여 직선형 냉각회로를 사용할 것.
   8-2) 가동측 냉각 설계는 코어 냉각을 별도로 설계하여 코어 플레이트 냉각회로와 연결할 것 (필요에 따라 Baffle 등을 사용할 수 있음)
9) Moldbase
   9-1) 설계방안에 맞는 2단 Moldbase를 설계자가 선택하여 결정할 것.
   9-2) Bolt, O-ring, Eye-bolt-tap, Tap, Nipple 등은 설계하지 않아도 됨.
   9-3) 설계하고자 하는 금형의 구조 및 작동성에 맞추어서 Guide Pin, Bush, Pin류 등은 설계자가 선정하여 설계할 것.

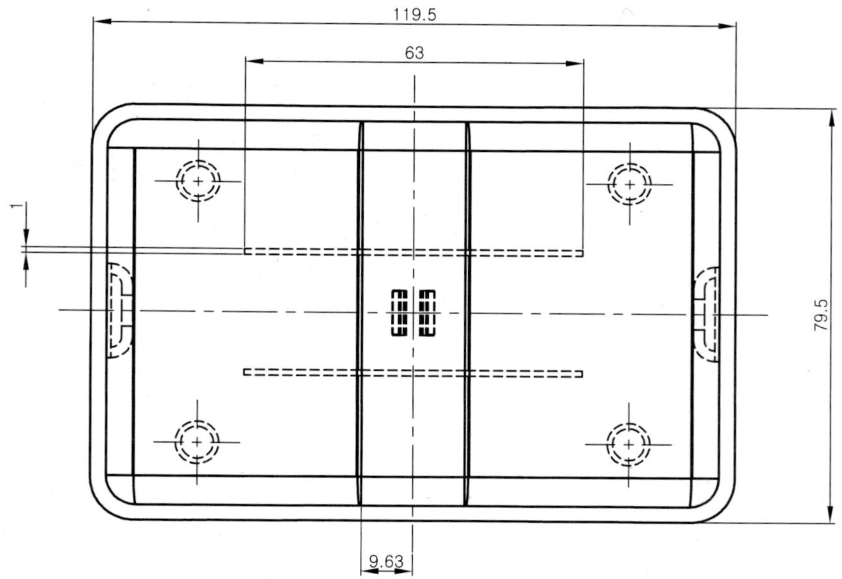

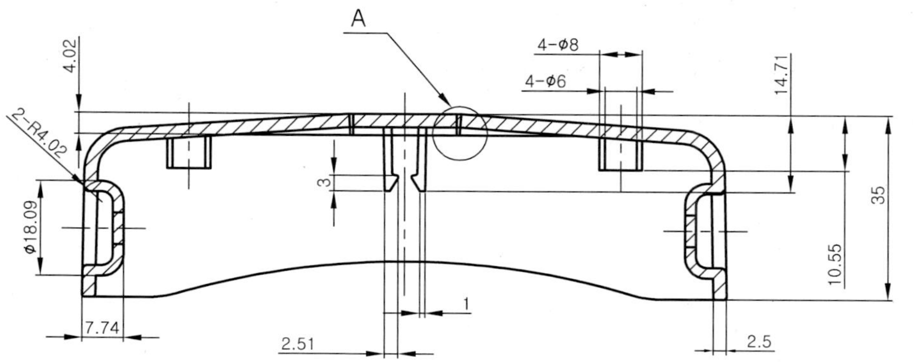

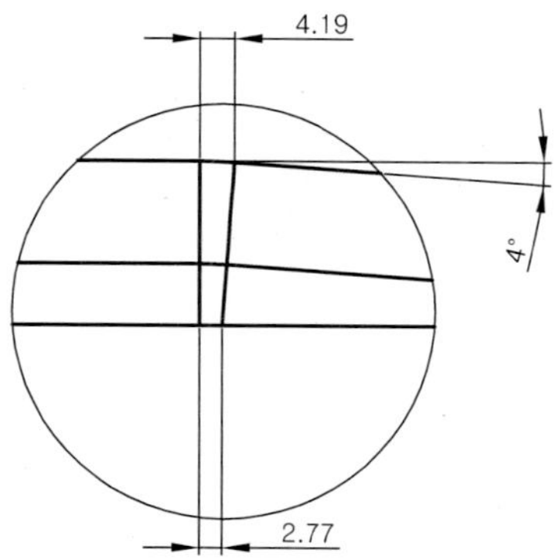

DETAIL A
SCALE 5:1

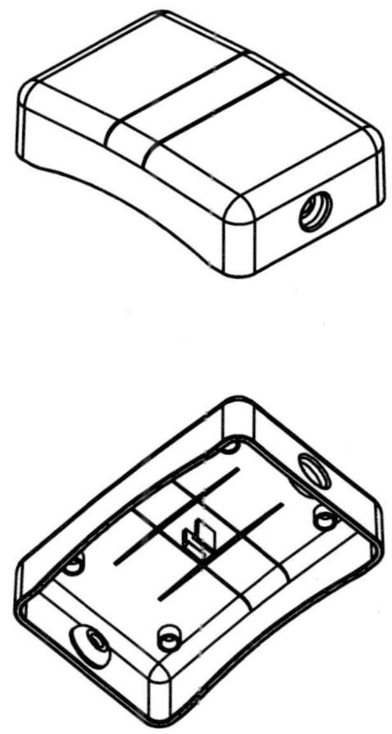

주서

1. 일반공차 - 가공부 : KS B 0412
2. 도시되고 지시없는모따기는 1x45°, 필렛 및 라운드 R3
3. 일반 모따기는 0.3~0.5x45°
4. 2010년 8월 대회 10회 -링크방식
5. 표면거칠기는 기호 비교표

x∀ = 3.2∀, 25S, ▽▽, N9
y∀ = 0.8∀, 6.3S, ▽▽▽, N7

0	Product	ABS	2	
품 번	품 명	재 질	수 량	비 고
작품명	INTERIOR HOOK COVER		척 도	1.5 : 1
			투상법	3각법

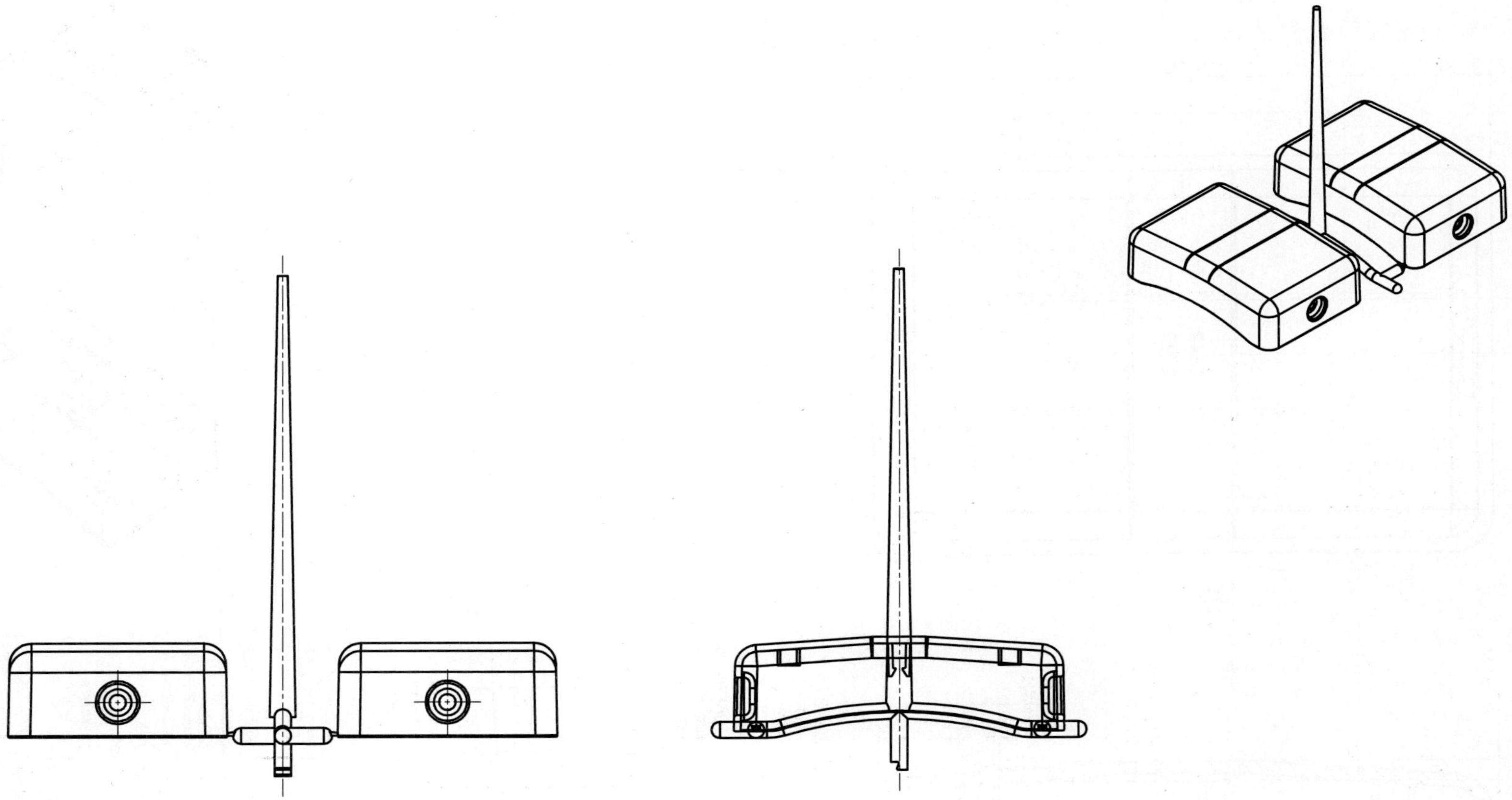

0	유동기구	ABS	1	
품 번	품 명	재 질	수 량	비 고
작품명	INTERIOR HOOK COVER		척 도	1 : 1
			투상법	3각법

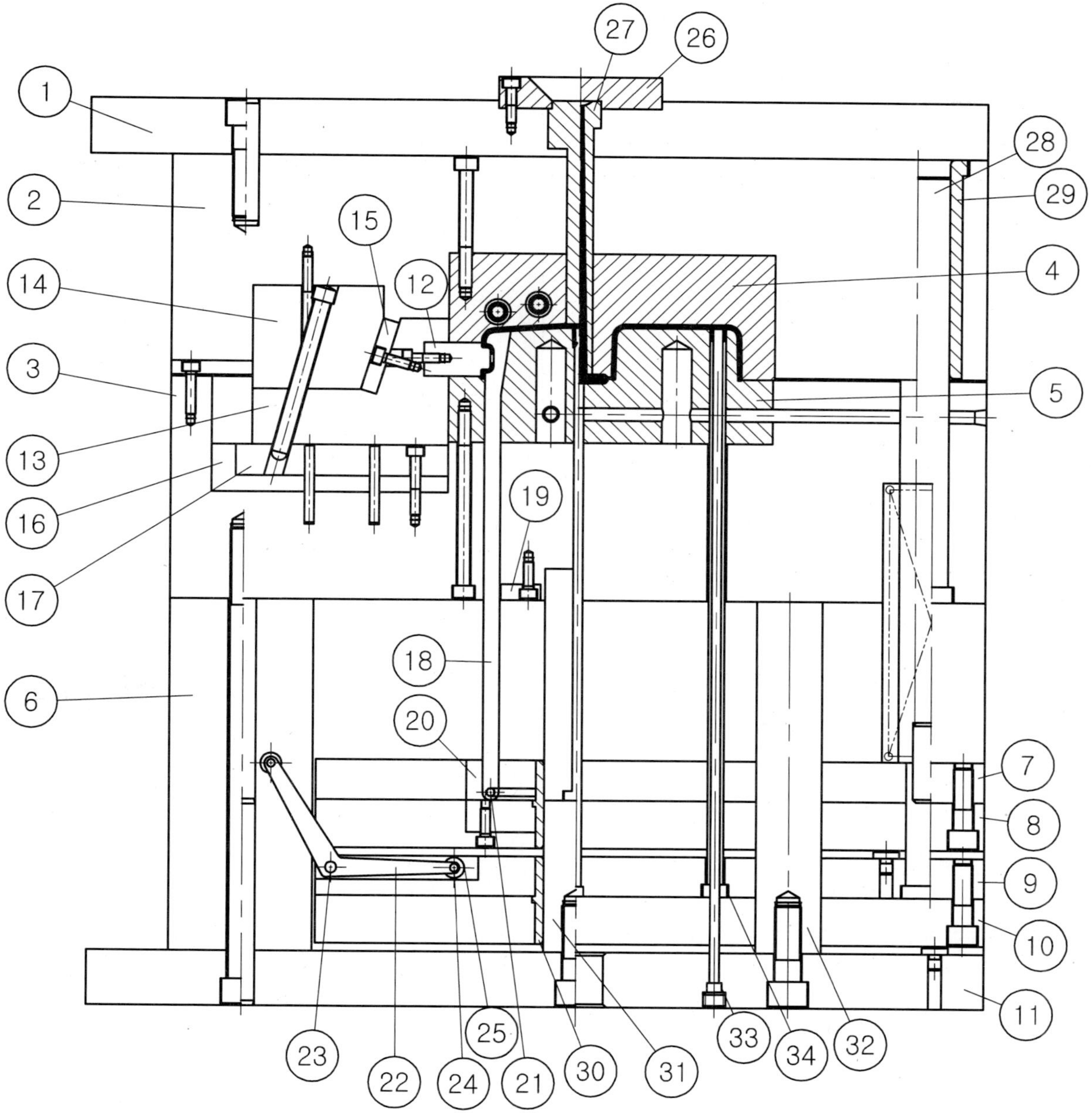

품번	품 명	재질	수량	비고
34	이젝터 슬리브	STD61	8	HRC50
33	이젝터 핀	STD61	8	HRC50
32	서포트필러	SM45C	2	
31	이젝터가이드핀	STB2	2	HRC58
30	이젝터가이드부시	STB2	4	HRC58
29	가이드핀	STB2	4	HRC58
28	가이드부시	STB2	4	HRC58
27	스프루부시	STD61	1	HRC48
26	로케이트링	SM45C	1	
25	와셔	STC3	8	HRC58
24	핀	STC3	4	HRC58
23	핀	STC3	4	HRC58
22	링크	STC3	4	HRC58
21	핀	STC3	4	HRC58
20	가이드플레이트	SM45C	4	
19	가이드플레이트	SM45C	4	
18	변형밀핀	STC3	4	HRC58
17	가이드레일	SM45C	8	
16	연마판	SM45C	4	
15	연마판	SM45C	4	
14	로킹블록	STD11	4	HRC58
13	슬라이드 코어	STD11	4	HRC58
12	코어편	STC3	4	HRC58
11	가동측설치판	SM45C	1	
10	하측이젝트플레이트(하)	SM45C	1	
9	하측이젝트플레이트(상)	SM45C	1	
8	상측이젝트플레이트(하)	SM45C	1	
7	상측이젝트플레이트(상)	SM45C	1	
6	스페이서 블록	SM45C	2	
5	코어	KP4M	1	
4	캐비티	KP4M	1	
3	가동측 형판	SM45C	1	
2	고정측 형판	SM45C	1	
1	고정측 설치판	SM45C	1	

2단금형(interior hook-cover 슬리브 이젝트 링크 강제 빼기)	척 도	NS
	각 법	3각법

① x (y)

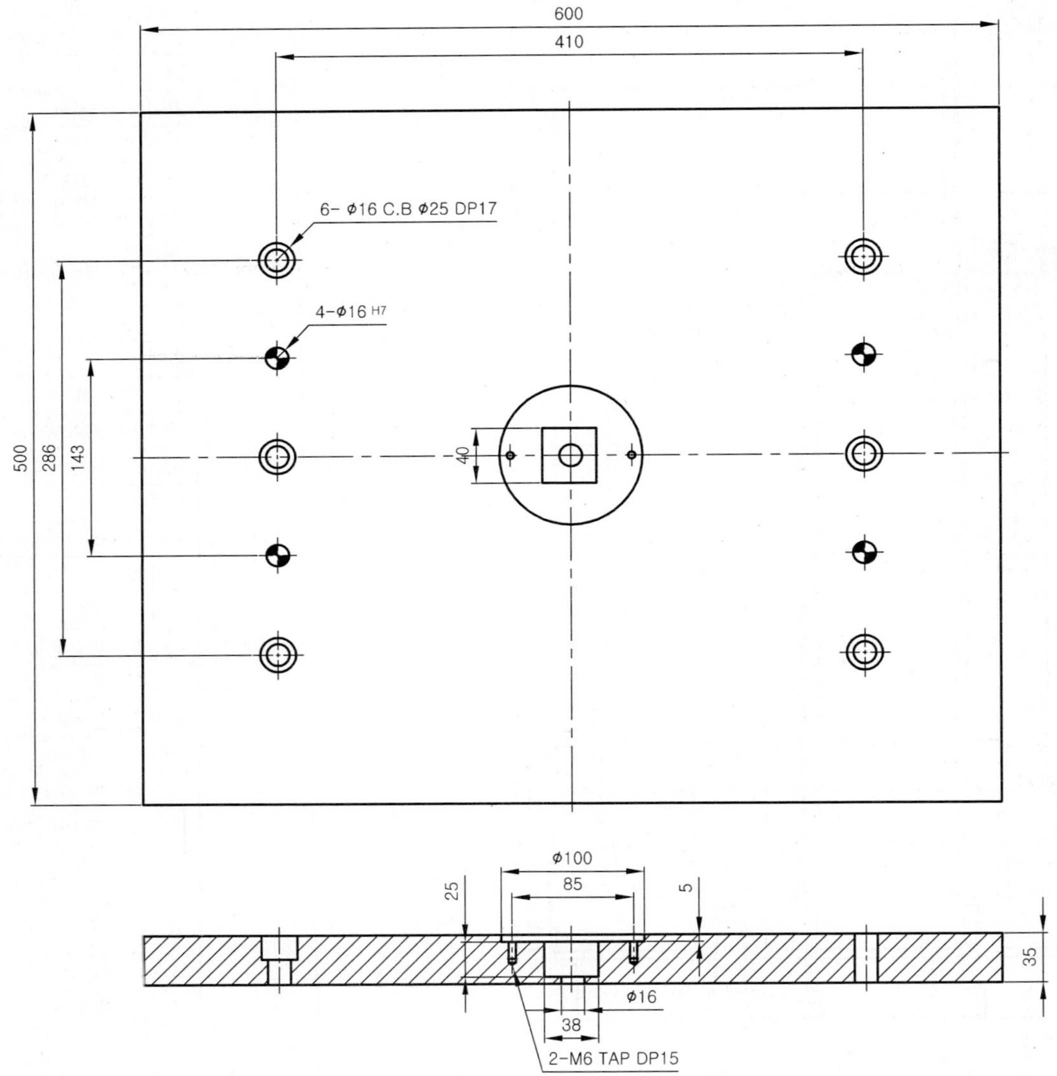

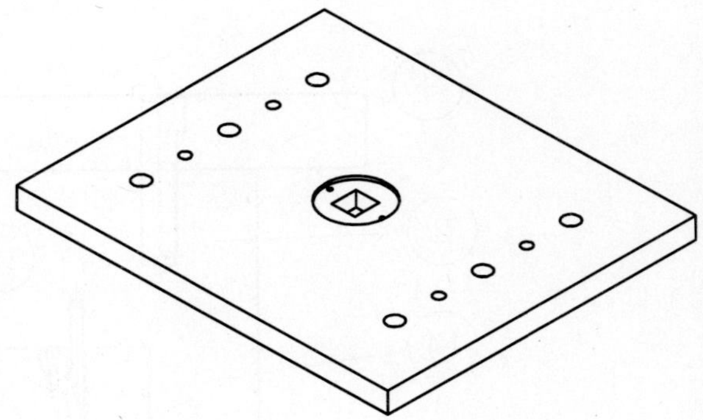

주서

1. 일반공차 - 가공부 : KS B 0412
2. 도시되고 지시없는모따기는 1x45°, 필렛 및 라운드 R3
3. 일반 모따기는 0.3~0.5x45°
4. 표면거칠기는 기호 비교표

x = 3.2, 25S, ▽▽, N9

y = 0.8, 6.3S, ▽▽▽, N7

1	고정측 설치판	SM45C	1	
품 번	품 명	재 질	수 량	비 고
2단금형(interior hook-cover 슬리브 이젝트 링크 강제빼기)			척 도	1 : 0.4
			투상법	3각법

② x/ (y/)

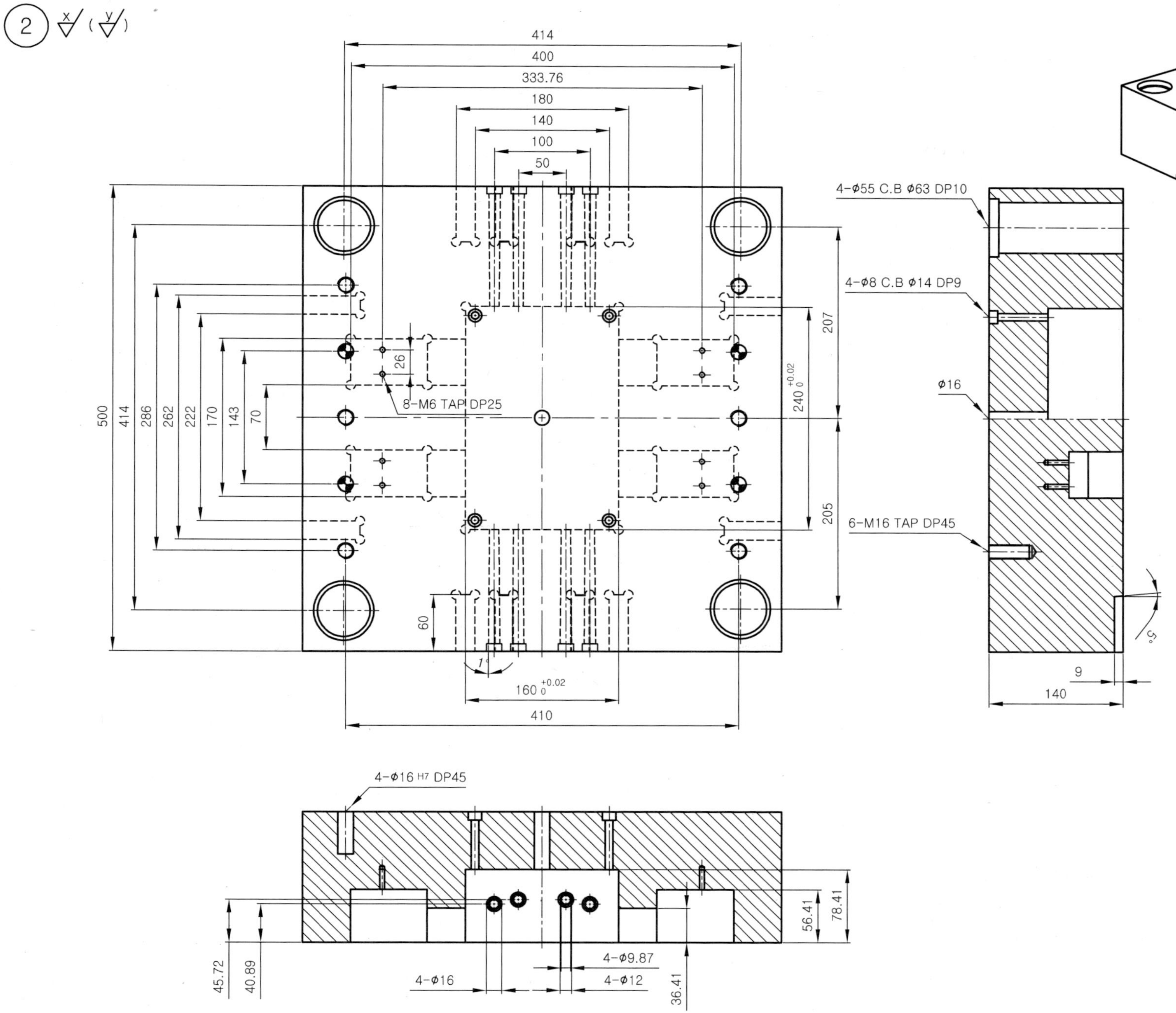

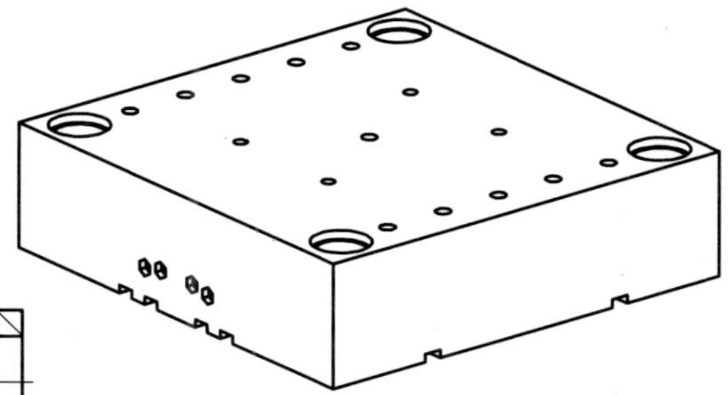

주서

1. 일반공차 - 가공부 : KS B 0412
2. 도시되고 지시없는모따기는 1x45°, 필렛 및 라운드 R3
3. 일반 모따기는 0.3~0.5x45°
4. 표면거칠기는 기호 비교표

x/ = 3.2/ , 25S , ▽▽, N9

y/ = 0.8/ , 6.3S , ▽▽▽, N7

2	고정측 형판	SM45C	1	
품 번	품 명	재 질	수 량	비 고
2단금형(interior hook-cover 슬리브 이젝트 링크 강제빼기)			척 도	1 : 0.35
			투상법	3각법

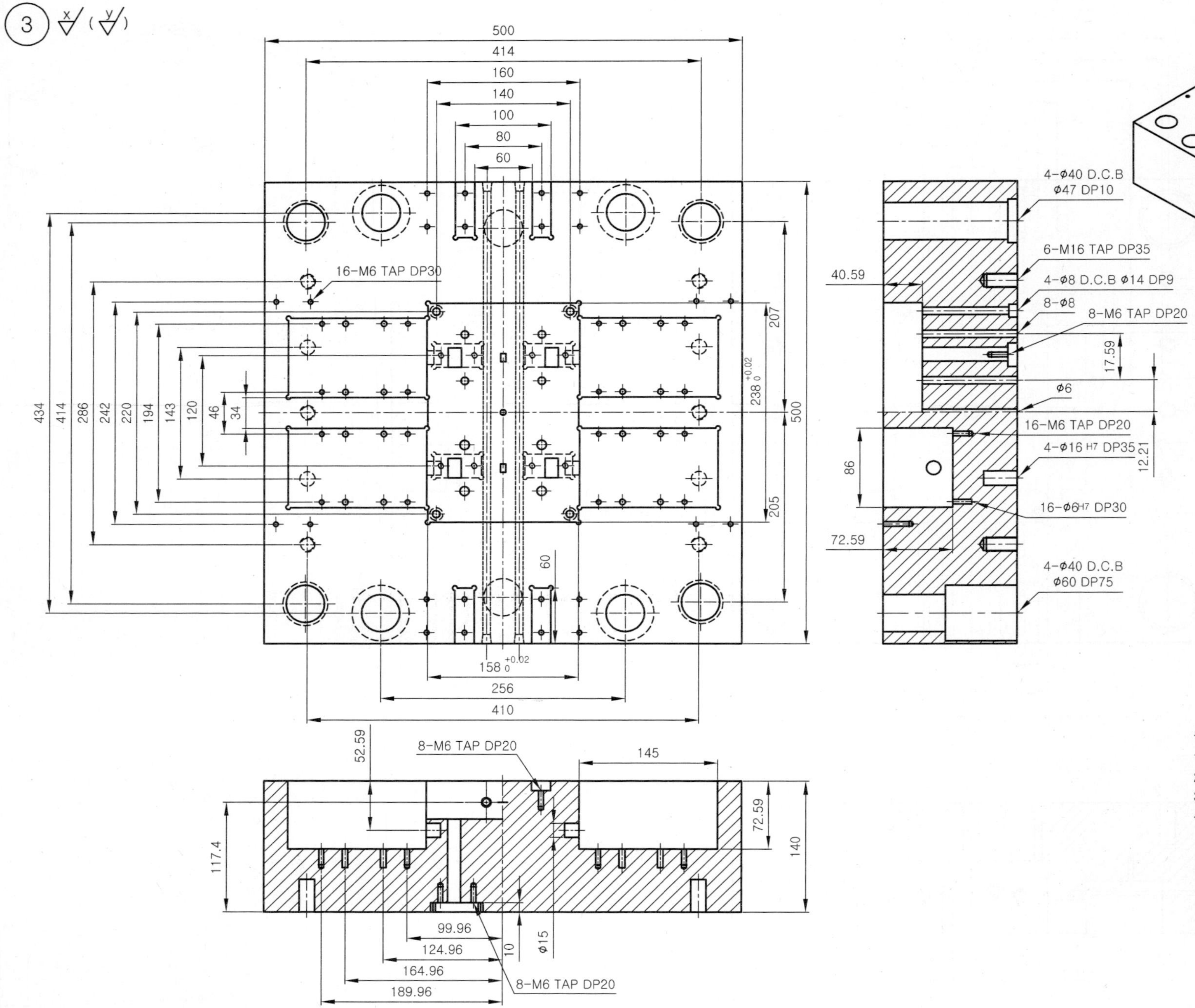

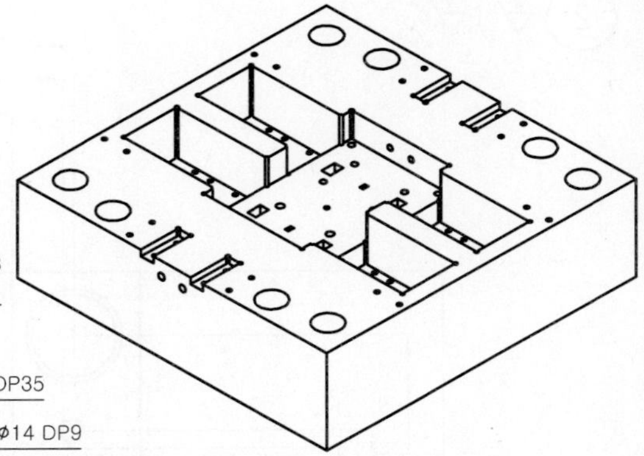

주서

1. 일반공차 - 가공부 : KS B 0412
2. 도시되고 지시없는모따기는 1x45°, 필렛 및 라운드 R3
3. 일반 모따기는 0.3~0.5x45°
4. 표면거칠기는 기호 비교표

x/ = 3.2/ , 25S , ▽▽ , N9

y/ = 0.8/ , 6.3S , ▽▽▽ , N7

3	가동측 형판	SM45C	1	
품 번	품 명	재 질	수 량	비 고
2단금형(interior hook-cover 슬리브 이젝트 링크 강제빼기)			척 도	1 : 0.35
			투상법	3각법

④ x/ (y/)

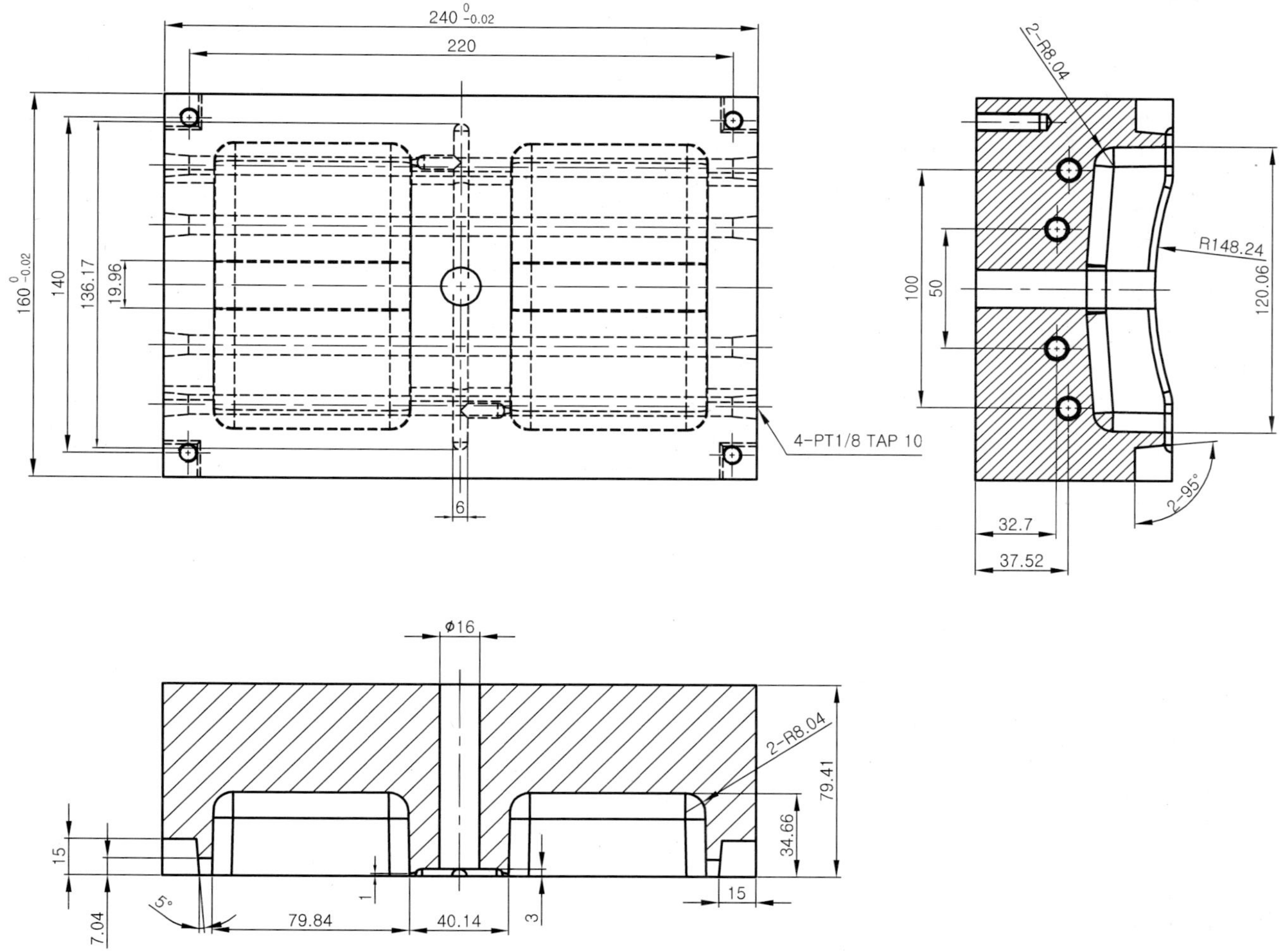

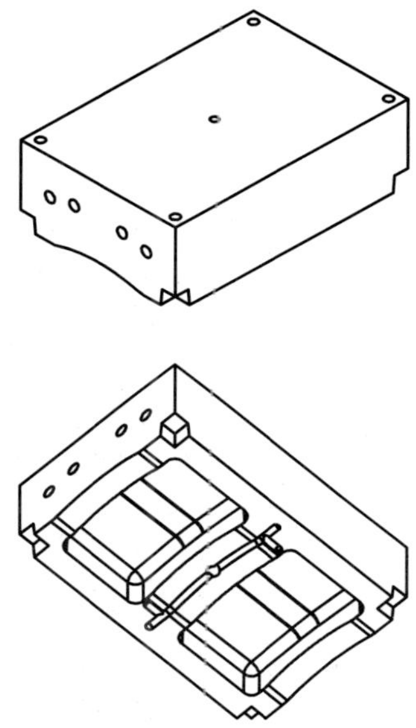

주서

1. 일반공차 - 가공부 : KS B 0412
2. 도시되고 지시없는모따기는 1x45°, 필렛 및 라운드 R3
3. 일반 모따기는 0.3~0.5x45°
4. 표면거칠기는 기호 비교표

x/ = 3.2/, 25S, ▽▽, N9

y/ = 0.8/, 6.3S, ▽▽▽, N7

4	캐비티	KP4M	1	
품 번	품 명	재 질	수 량	비 고
2단금형(interior hook-cover 슬리브 이젝트 링크 강제빼기)			척 도	1 : 0.7
			투상법	3각법

5 x (y)

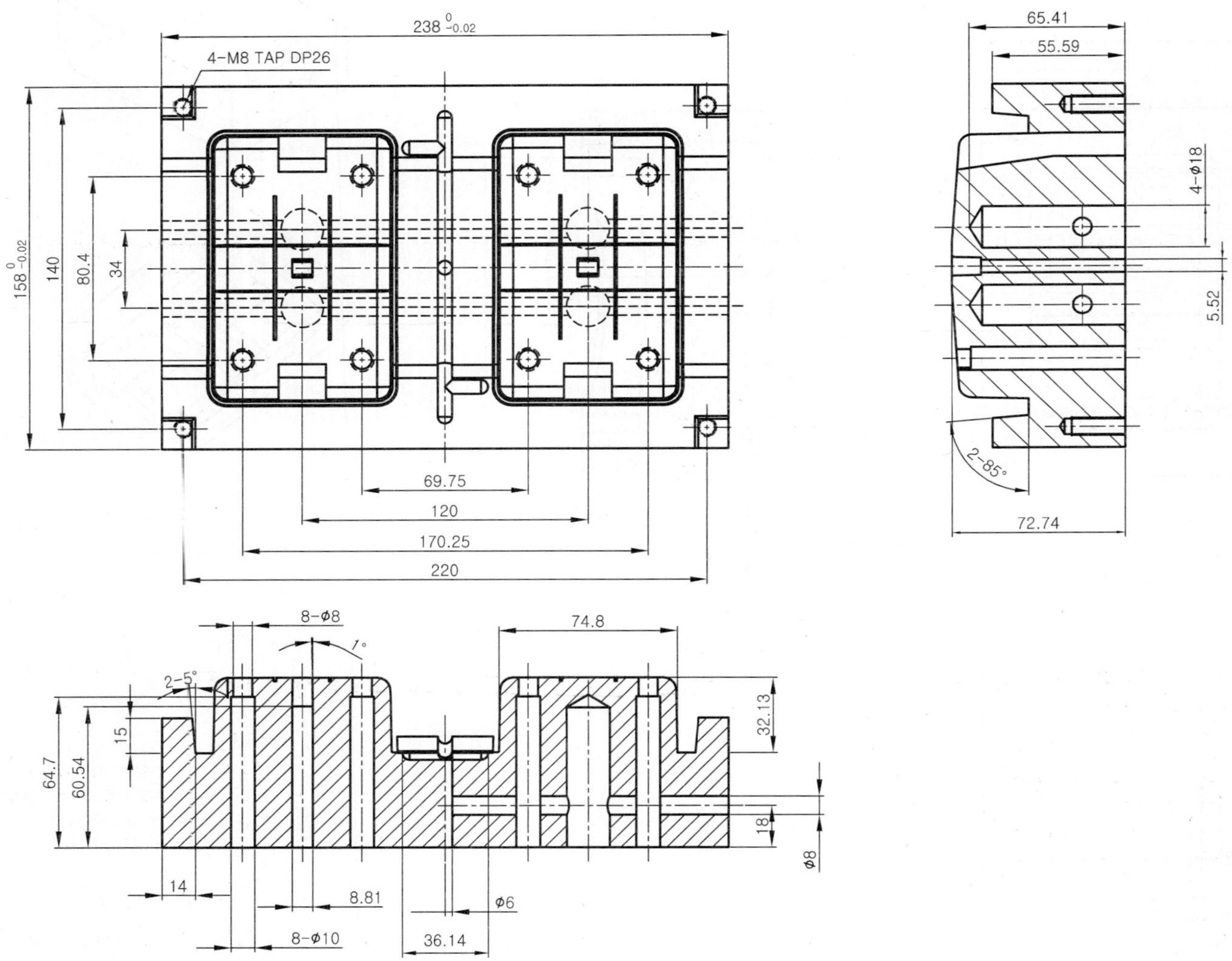

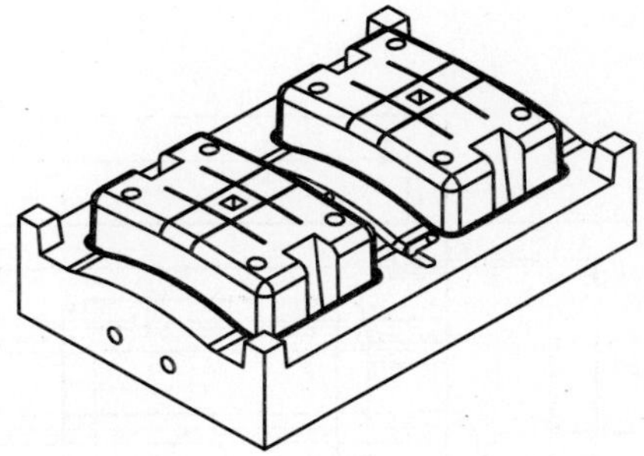

주서

1. 일반공차 - 가공부 : KS B 0412
2. 도시되고 지시없는모따기는 1x45°, 필렛 및 라운드 R3
3. 일반 모따기는 0.3~0.5x45°
4. 표면거칠기는 기호 비교표

x = 3.2, 25S , ▽▽, N9

y = 0.8, 6.3S , ▽▽▽, N7

5	코어	SM45C	1	
품 번	품 명	재 질	수 량	비 고
2단금형(interior hook-cover 슬리브 이젝트 링크 강제빼기)			척 도	1 : 0.45
			투상법	3각법

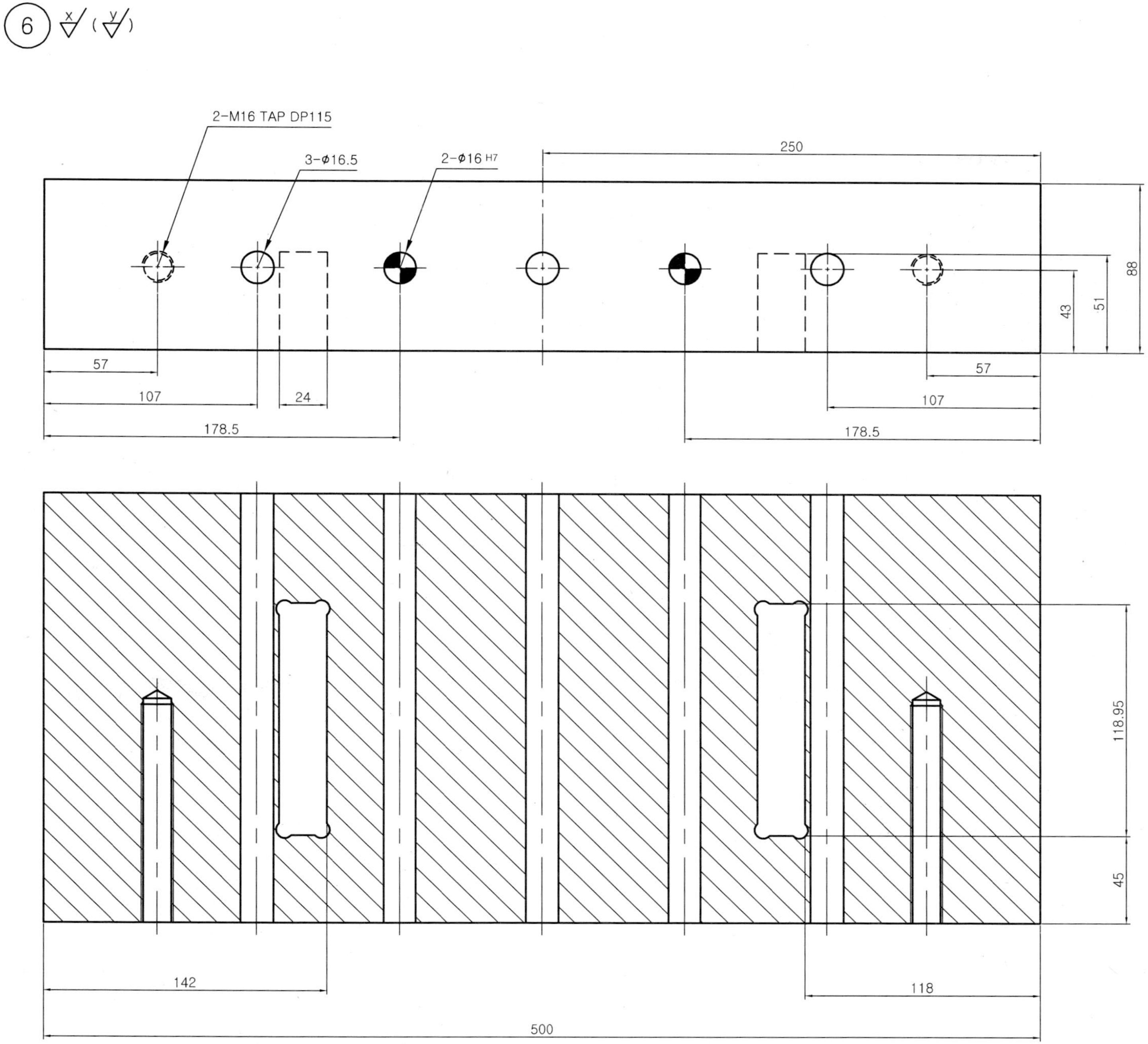

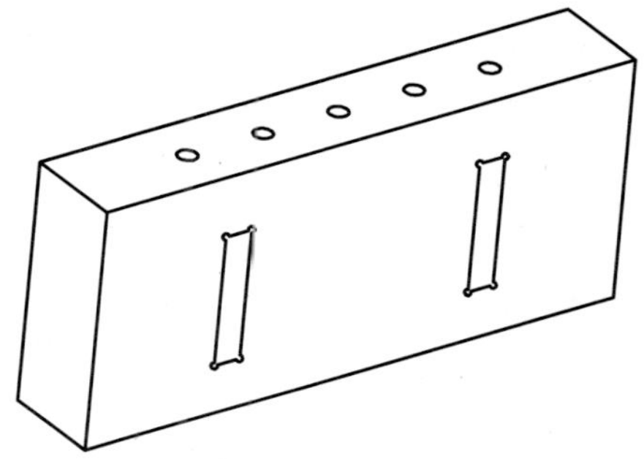

주서

1. 일반공차 - 가공부 : KS B 0412
2. 도시되고 지시없는모따기는 1x45°, 필렛 및 라운드 R3
3. 일반 모따기는 0.3~0.5x45°
4. 표면거칠기는 기호 비교표

x/ = 3.2/ , 25S , ▽▽ , N9

y/ = 0.8/ , 6.3S , ▽▽▽ , N7

6	스페이서블록	SM45C	2	
품 번	품 명	재 질	수 량	비 고
2단금형(interior hook-cover 슬리브 이젝트 링크 강제빼기)			척 도	1 : 0.6
			투상법	3각법

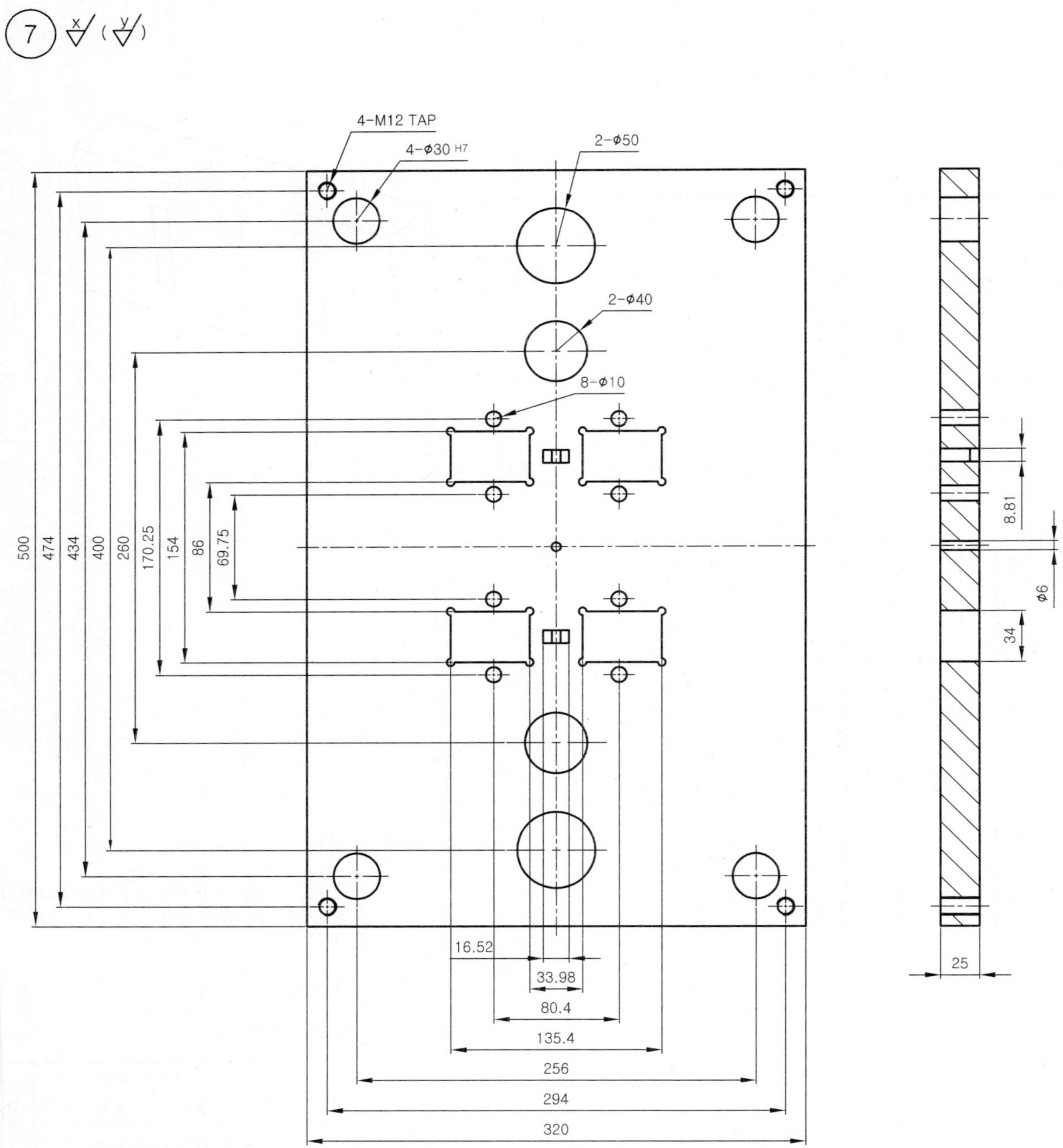

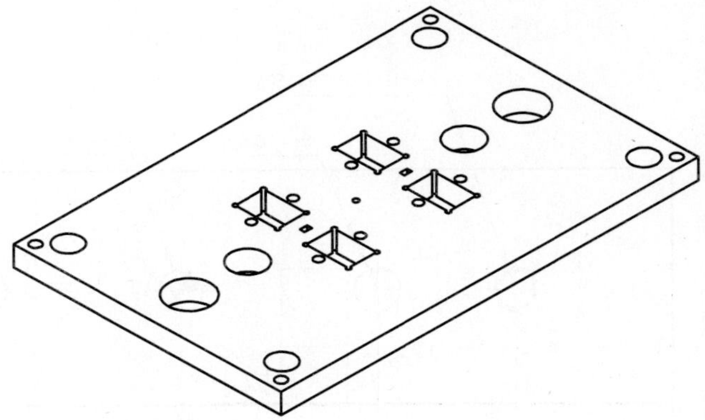

주서

1. 일반공차 - 가공부 : KS B 0412
2. 도시되고 지시없는모따기는 1x45°, 필렛 및 라운드 R3
3. 일반 모따기는 0.3~0.5x45°
4. 표면거칠기는 기호 비교표

x/ = 3.2/ , 25S , ▽▽, N9

y/ = 0.8/ , 6.3S , ▽▽▽, N7

7	상측이젝트 플레이트(상)	SM45C	1	
품 번	품 명	재 질	수 량	비 고
2단금형(interior hook-cover 슬리브 이젝트 링크 강제빼기)			척 도	1 : 0.5
			투상법	3각법

⑧ x(y)

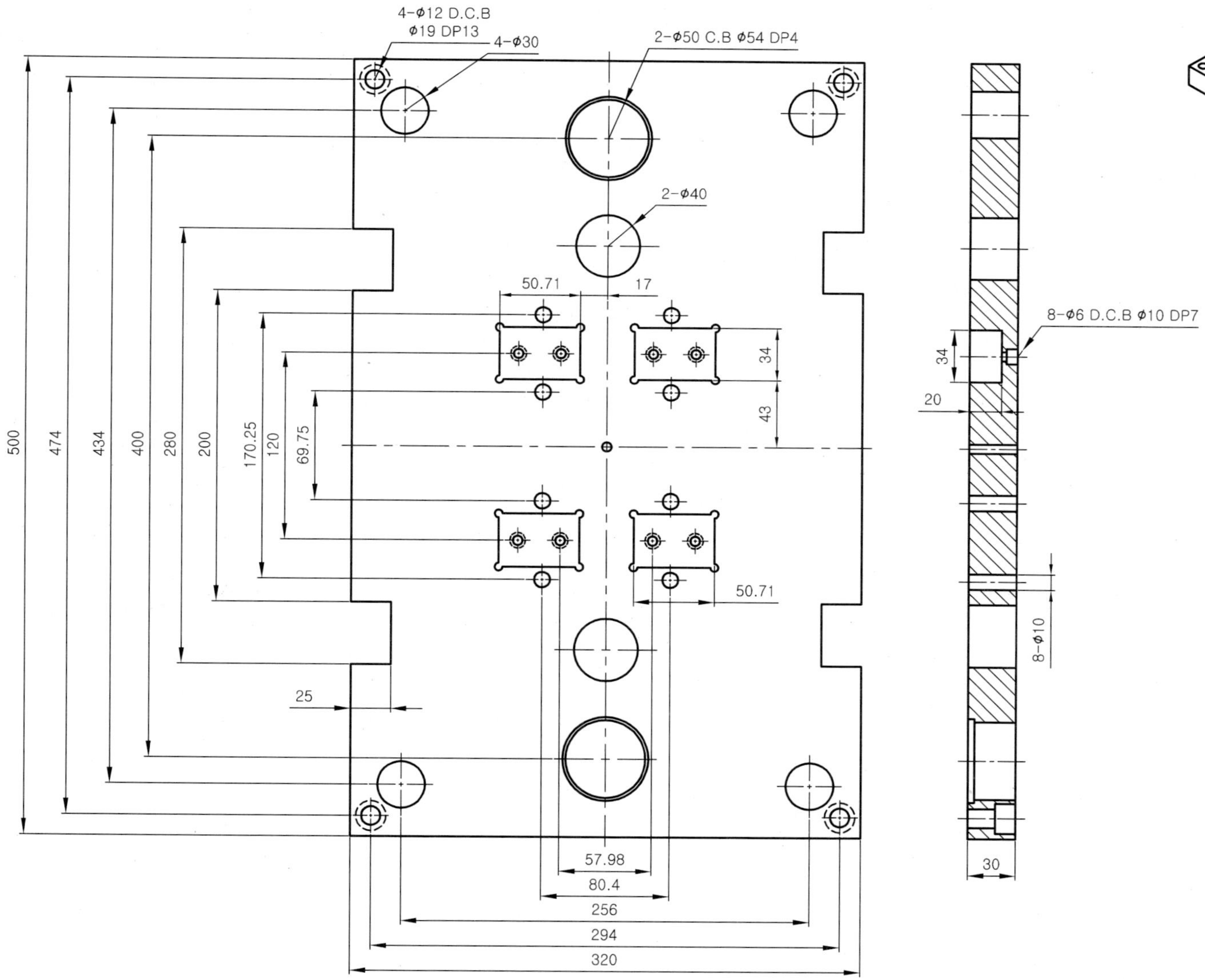

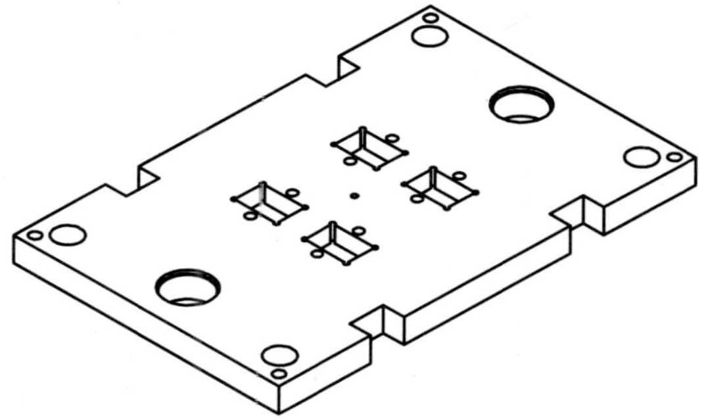

주서

1. 일반공차 - 가공부 : KS B 0412
2. 도시되고 지시없는모따기는 1x45°, 필렛 및 라운드 R3
3. 일반 모따기는 0.3~0.5x45°
4. 표면거칠기는 기호 비교표

x = 3.2, 25S, ▽▽, N9

y = 0.8, 6.3S, ▽▽▽, N7

8	상측이젝트 플레이트(하)	SM45C	1	
품 번	품 명	재 질	수 량	비 고
2단금형(interior hook-cover 슬리브 이젝트 링크 강제빼기)			척 도	1 : 0.5
			투상법	3각법

⑨ x (y)

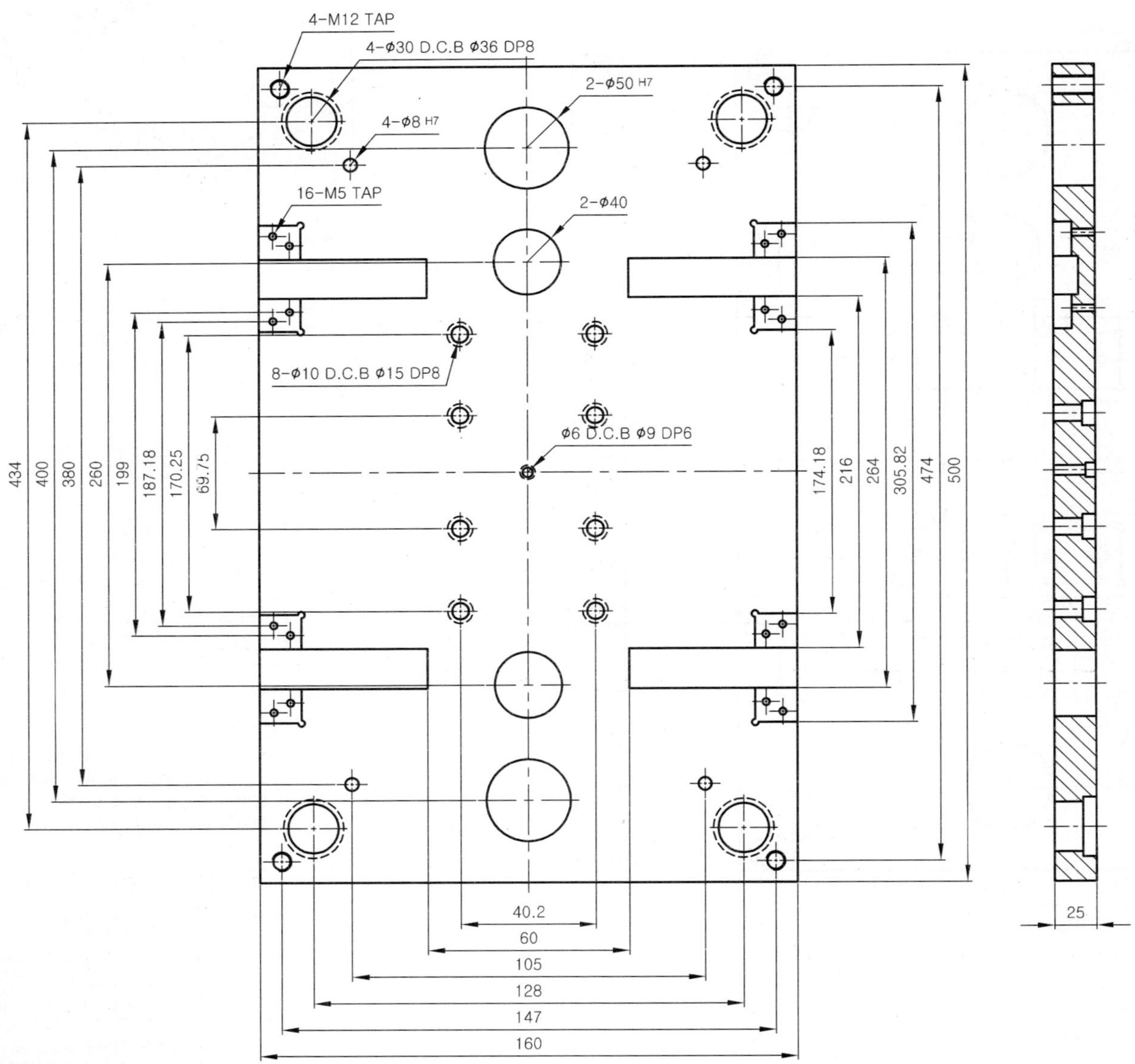

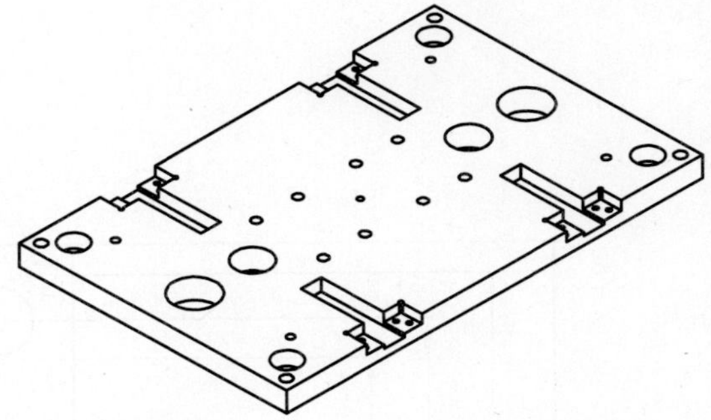

주서

1. 일반공차 - 가공부 : KS B 0412
2. 도시되고 지시없는모따기는 1x45°, 필렛 및 라운드 R3
3. 일반 모따기는 0.3~0.5x45°
4. 표면거칠기는 기호 비교표

x = 3.2, 25S, ▽▽, N9

y = 0.8, 6.3S, ▽▽▽, N7

9	하측이젝트 플레이트(상)	SM45C	1	
품 번	품 명	재 질	수 량	비 고
2단금형(interior hook-cover 슬리브 이젝트 링크 강제빼기)			척 도	1 : 0.5
			투상법	3각법

(10) x (y)

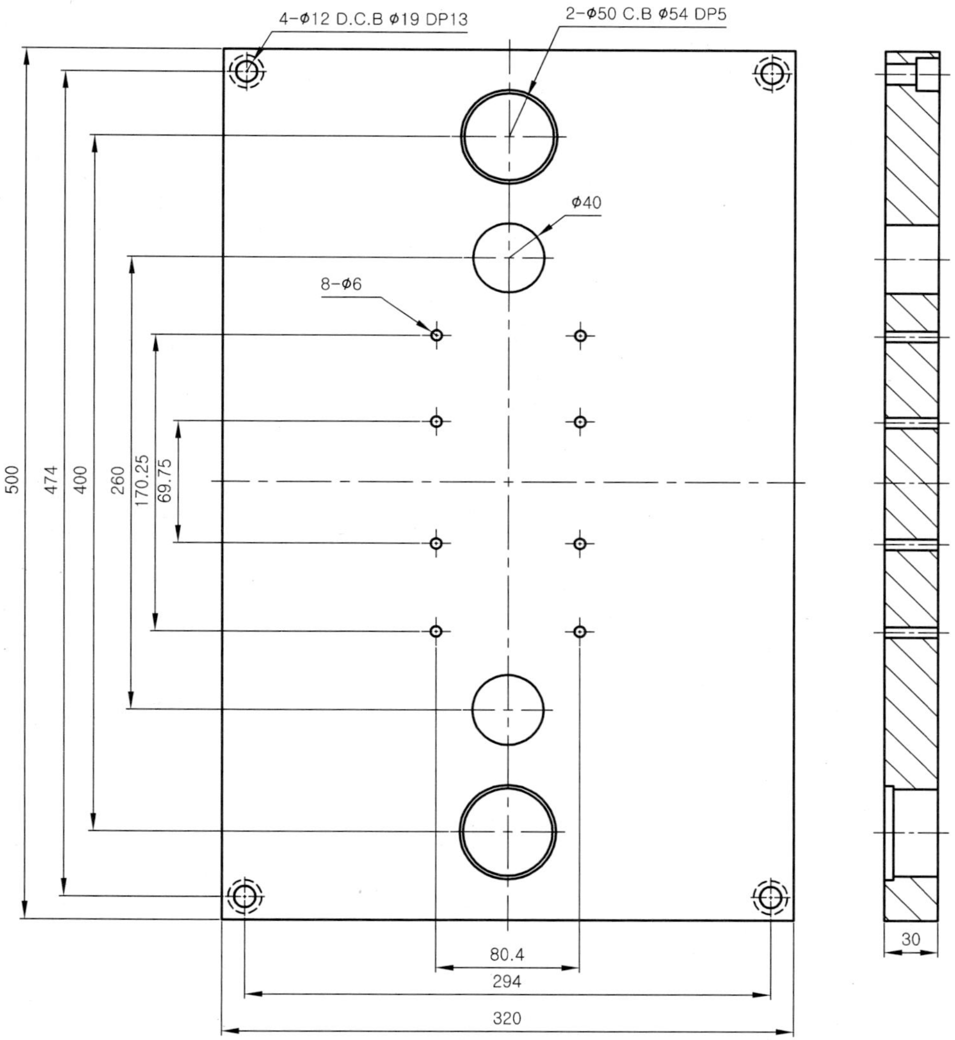

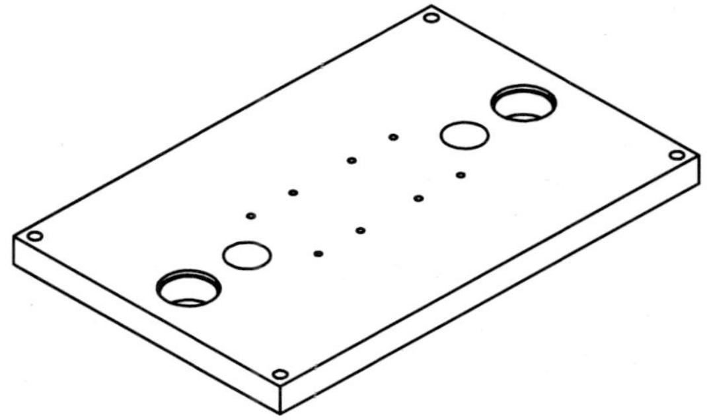

주서

1. 일반공차 - 가공부 : KS B 0412
2. 도시되고 지시없는모따기는 1x45°, 필렛 및 라운드 R3
3. 일반 모따기는 0.3~0.5x45°
4. 표면거칠기는 기호 비교표

x = 3.2, 25S , ▽▽, N9

y = 0.8, 6.3S , ▽▽▽, N7

10	하측이젝트 플레이트(하)	SM45C	1	
품 번	품 명	재 질	수 량	비 고
2단금형(interior hook-cover 슬리브 이젝트 링크 강제빼기)			척 도	1 : 0.5
			투상법	3각법

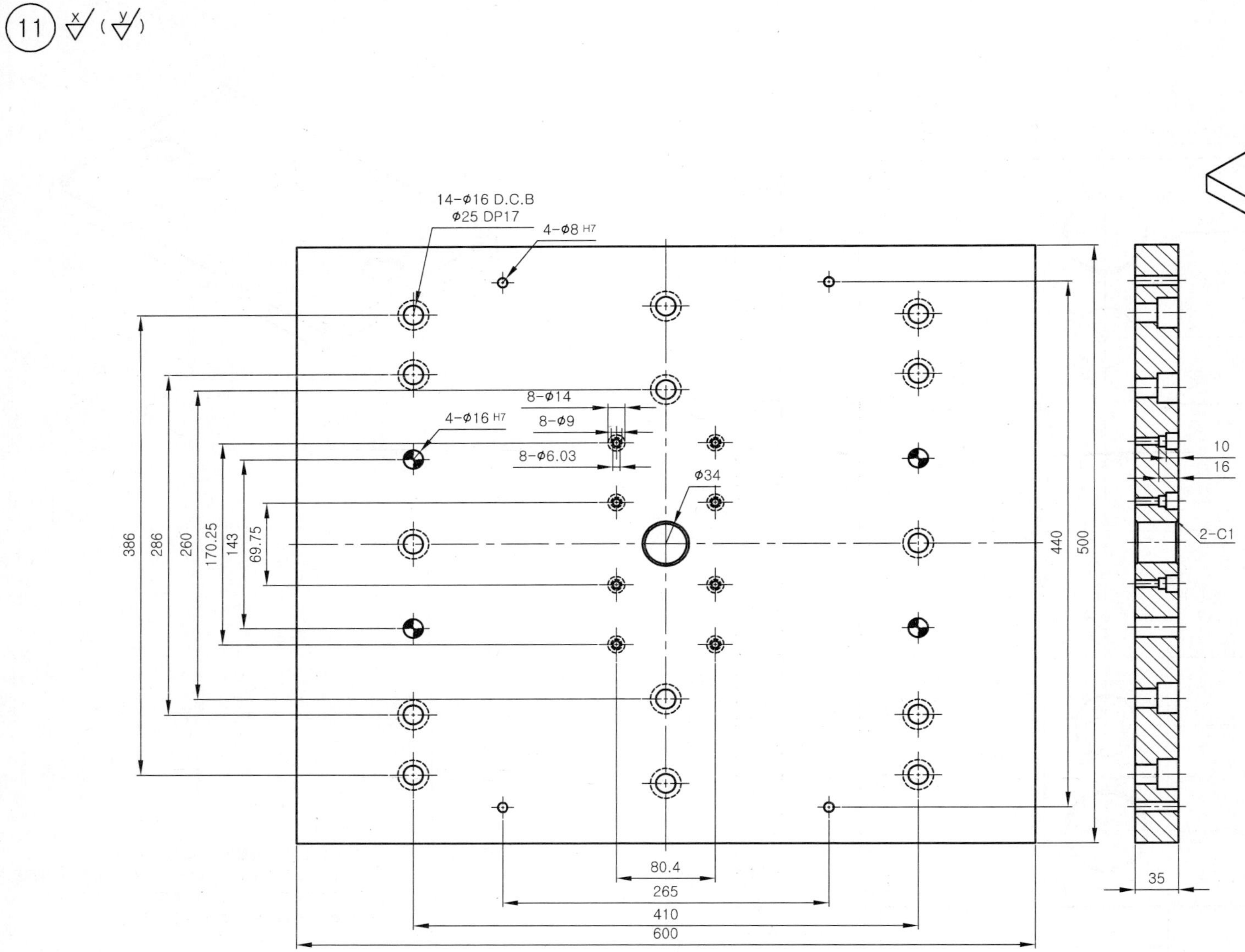

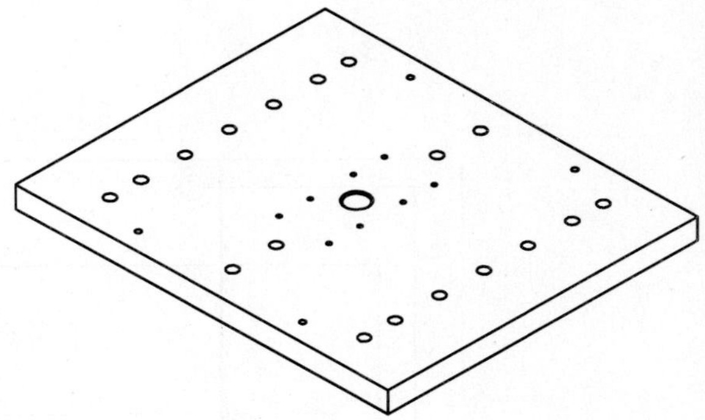

주서

1. 일반공차 - 가공부 : KS B 0412
2. 도시되고 지시없는모따기는 1x45°, 필렛 및 라운드 R3
3. 일반 모따기는 0.3~0.5x45°
4. 표면거칠기는 기호 비교표

x/ = 3.2/, 25S , ▽▽, N9

y/ = 0.8/, 6.3S , ▽▽▽, N7

11	가동측 설치판	SM45C	1	
품 번	품 명	재 질	수 량	비 고
2단금형(interior hook-cover 슬리브 이젝트 링크 강제빼기)			척 도	1 : 0.4
			투상법	3각법

(12) x/ (y/)

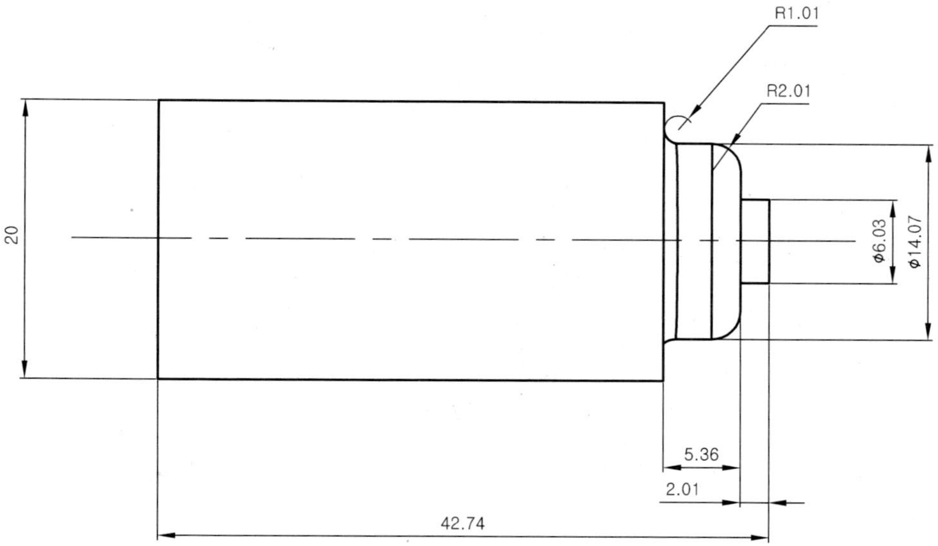

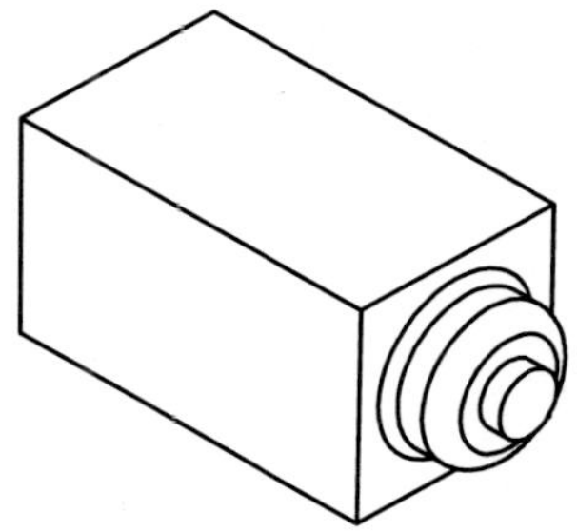

주서

1. 일반공차 - 가공부 : KS B 0412
2. 도시되고 지시없는모따기는 1x45°, 필렛 및 라운드 R3
3. 일반 모따기는 0.3~0.5x45°
4. 표면거칠기는 기호 비교표

x/ = 3.2/ , 25S , ▽▽ , N9

y/ = 0.8/ , 6.3S , ▽▽▽ , N7

12	코어편	STC3	4	HRC58
품 번	품 명	재 질	수 량	비 고
2단금형(interior hook-cover 슬리브 이젝트 링크 강제빼기)			척 도	4 : 1
			투상법	3각법

(13) $\overset{x}{\triangledown}$ ($\overset{y}{\triangledown}$)

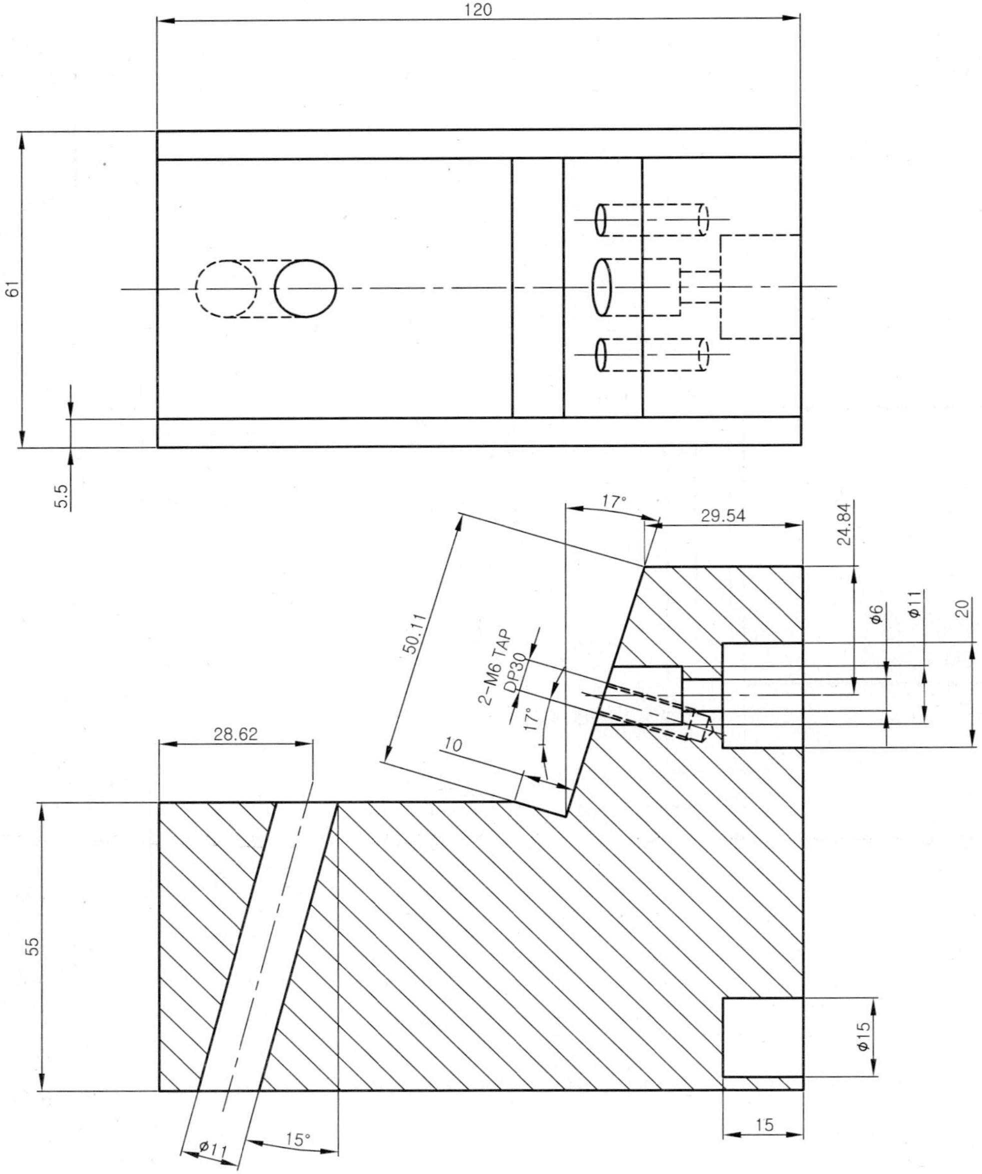

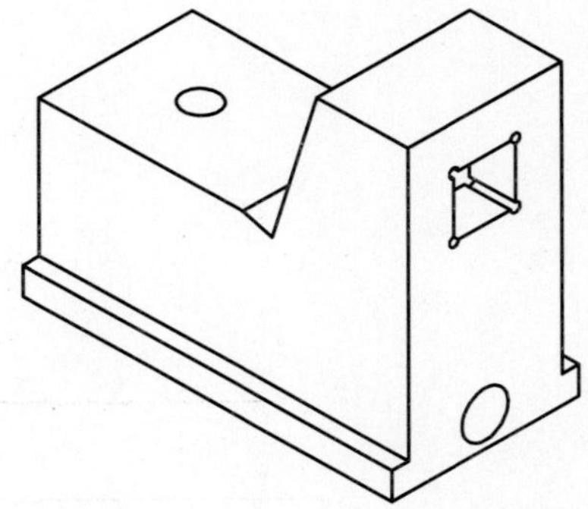

주서

1. 일반공차 - 가공부 : KS B 0412
2. 도시되고 지시없는모따기는 1x45°, 필렛 및 라운드 R3
3. 일반 모따기는 0.3~0.5x45°
4. 표면거칠기는 기호 비교표

$\overset{x}{\triangledown}$ = $\overset{3.2}{\triangledown}$, 25S, ▽▽, N9

$\overset{y}{\triangledown}$ = $\overset{0.8}{\triangledown}$, 6.3S, ▽▽▽, N7

13	슬라이드 코어	STD11	4	HRC58
품 번	품 명	재 질	수 량	비 고
2단금형(interior hook-cover 슬리브 이젝트 링크 강제빼기)			척 도	1.5 : 1
			투상법	3각법

(14) x (y)

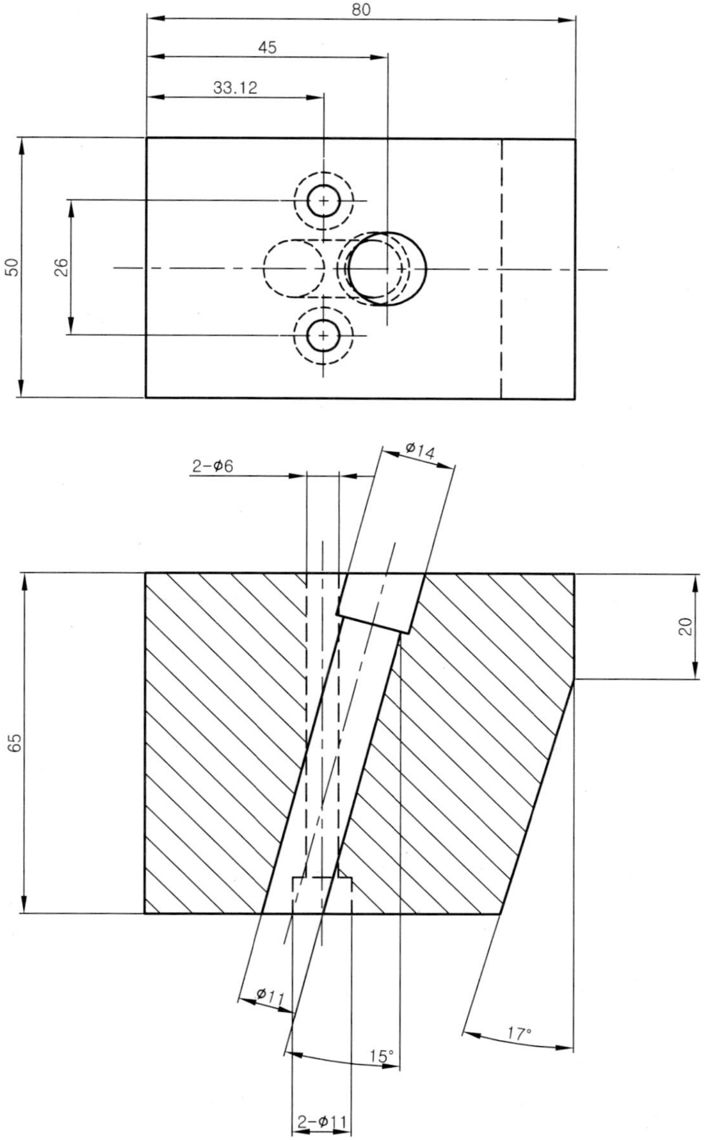

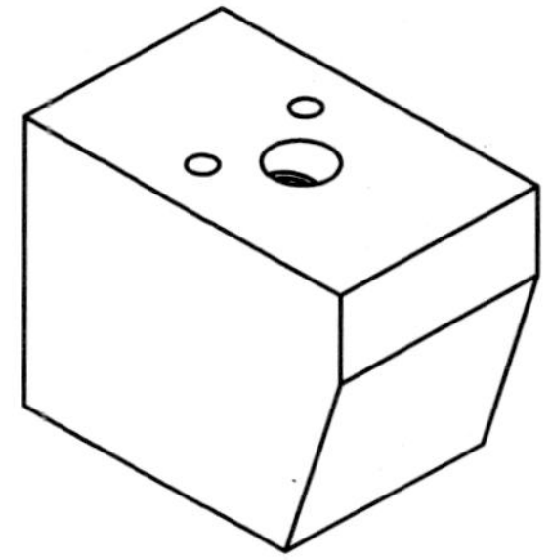

주서

1. 일반공차 - 가공부 : KS B 0412
2. 도시되고 지시없는모따기는 1x45°, 필렛 및 라운드 R3
3. 일반 모따기는 0.3~0.5x45°
4. 표면거칠기는 기호 비교표

x = 3.2, 25S , ▽▽, N9

y = 0.8, 6.3S , ▽▽▽, N7

14	로킹블록	STD11	4	HRC58
품 번	품 명	재 질	수 량	비 고
2단금형(interior hook-cover 슬리브 이젝트 링크 강제빼기)			척 도	1.5 : 1
			투상법	3각법

15 x/ (y/)

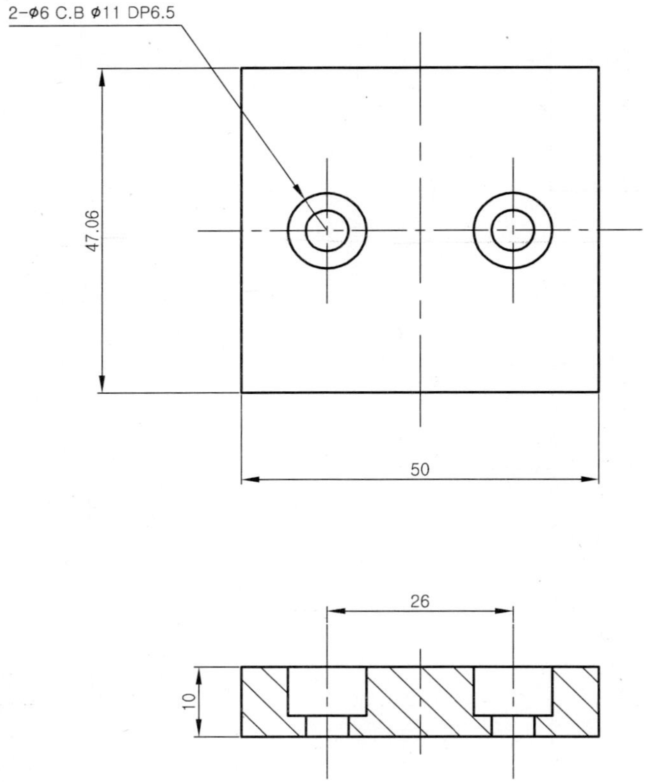

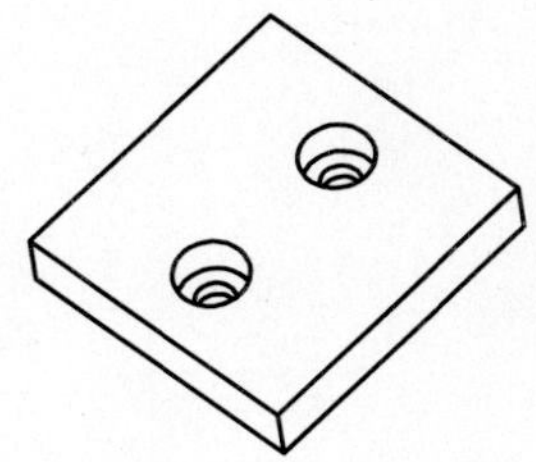

주서

1. 일반공차 - 가공부 : KS B 0412
2. 도시되고 지시없는모따기는 1x45°, 필렛 및 라운드 R3
3. 일반 모따기는 0.3~0.5x45°
4. 표면거칠기는 기호 비교표

x/ = 3.2/, 25S , ▽▽, N9

y/ = 0.8/, 6.3S , ▽▽▽, N7

15	연마판	SM45C	4	
품 번	품 명	재 질	수 량	비 고
2단금형(interior hook-cover 슬리브 이젝트 링크 강제빼기)			척 도	2 : 1
			투상법	3각법

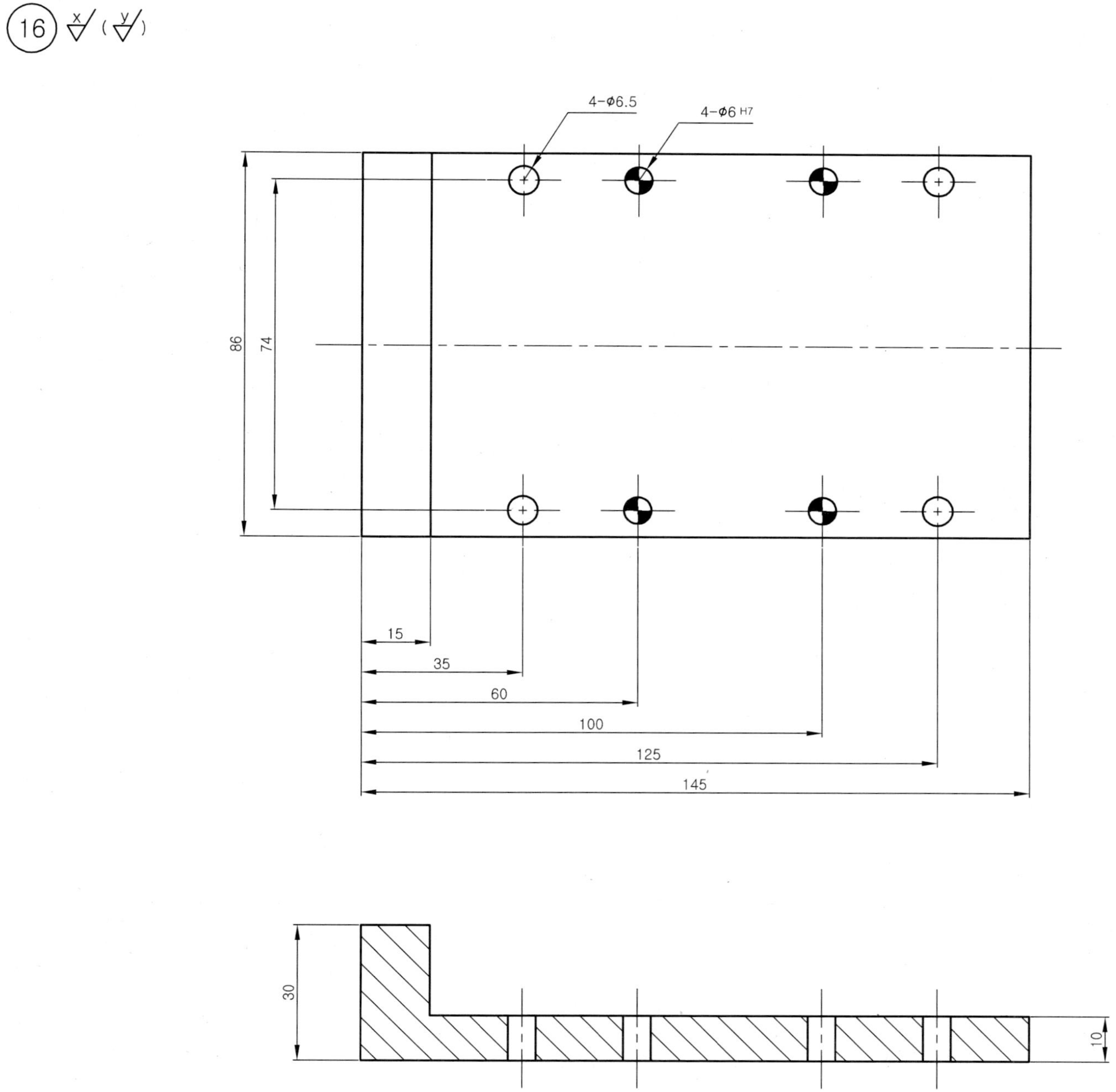

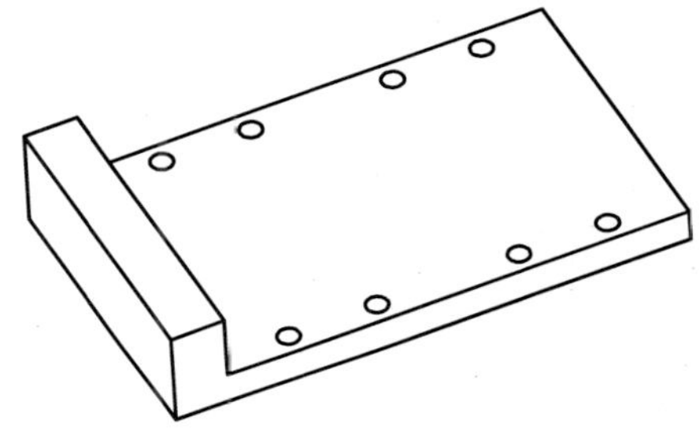

주서

1. 일반공차 − 가공부 : KS B 0412
2. 도시되고 지시없는모따기는 1x45°, 필렛 및 라운드 R3
3. 일반 모따기는 0.3~0.5x45°
4. 표면거칠기는 기호 비교표

x/ = 3.2/, 25S, ▽▽, N9

y/ = 0.8/, 6.3S, ▽▽▽, N7

16	연마판	SM45C	4	
품 번	품 명	재 질	수 량	비 고
2단금형(interior hook-cover 슬리브 이젝트 링크 강제빼기)			척 도	1.5 : 1
			투상법	3각법

17 x/ (y/)

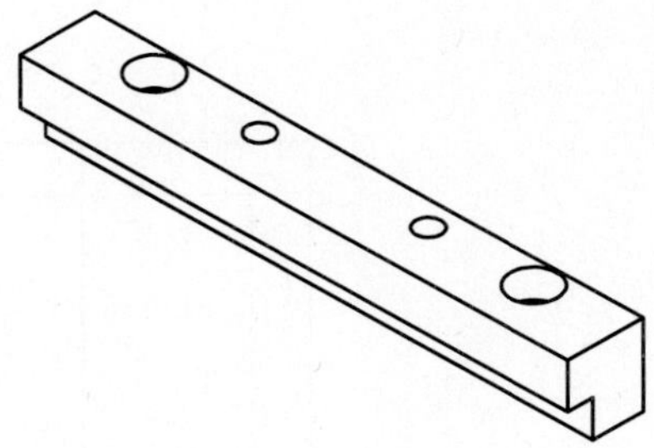

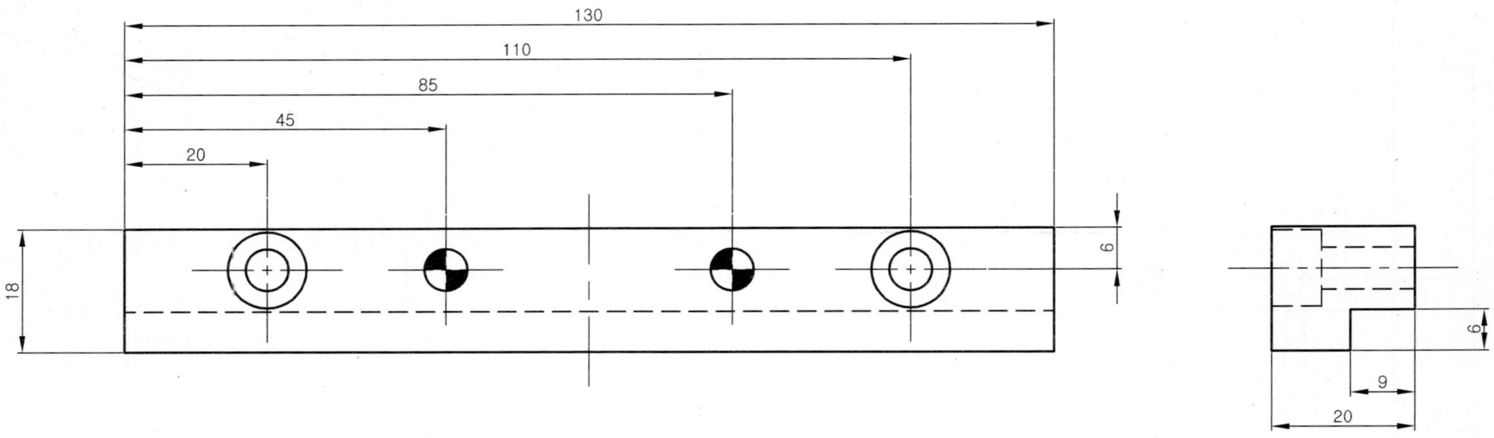

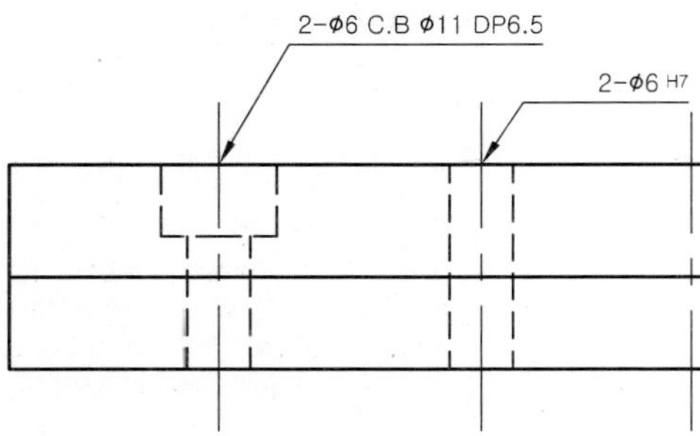

주서

1. 일반공차 - 가공부 : KS B 0412
2. 도시되고 지시없는모따기는 1x45°, 필렛 및 라운드 R3
3. 일반 모따기는 0.3~0.5x45°
4. 표면거칠기는 기호 비교표

x/ = 3.2/ , 25S , ▽▽, N9

y/ = 0.8/ , 6.3S , ▽▽▽, N7

17	가이드레일	SM45C	8	
품 번	품 명	재 질	수 량	비 고
2단금형(interior hook-cover 슬리브 이젝트 링크 강제빼기)			척 도	2 : 1
			투상법	3각법

(18) x/ (y/)

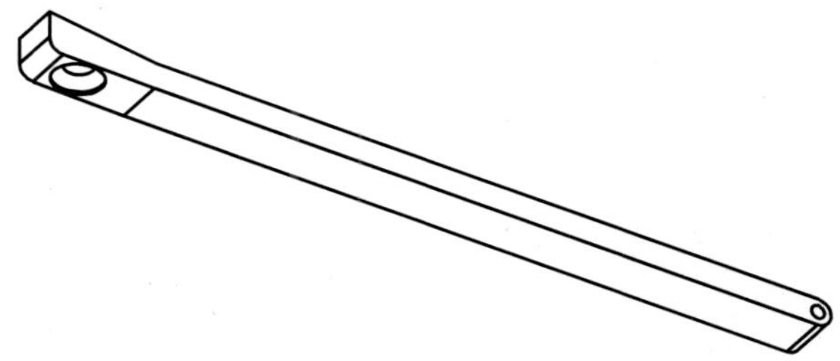

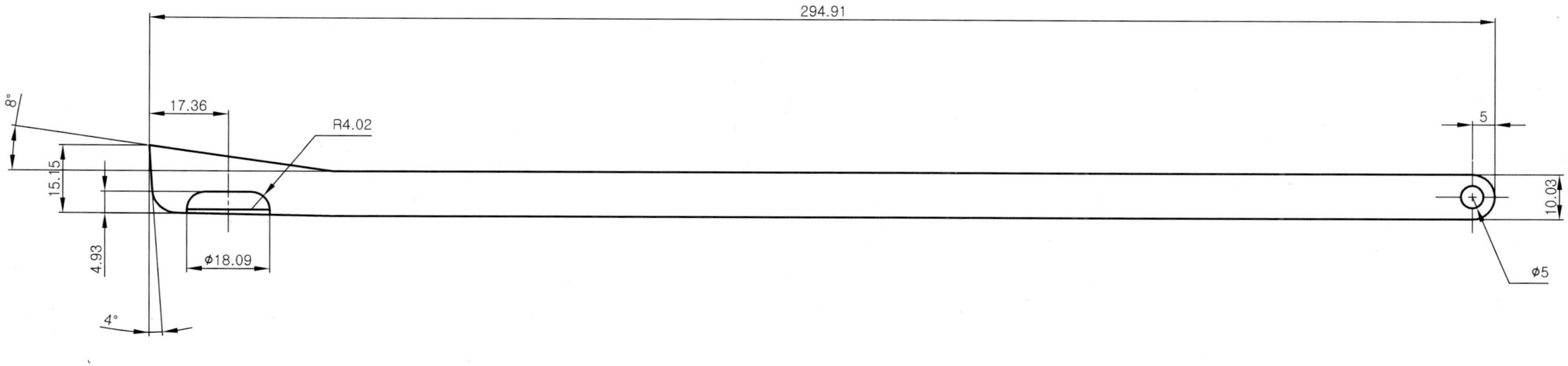

주서

1. 일반공차 - 가공부 : KS B 0412
2. 도시되고 지시없는모따기는 1x45°, 필렛 및 라운드 R3
3. 일반 모따기는 0.3~0.5x45°
4. 표면거칠기는 기호 비교표

x/ = 3.2/ , 25S , ▽▽, N9

y/ = 0.8/ , 6.3S , ▽▽▽, N7

18	변형밀핀	STC3	4	HRC58
품 번	품 명	재 질	수 량	비 고
2단금형(interior hook-cover 슬리브 이젝트 링크 강제빼기)			척 도	1.5 : 1
			투상법	3각법

(19) x/ (y/)

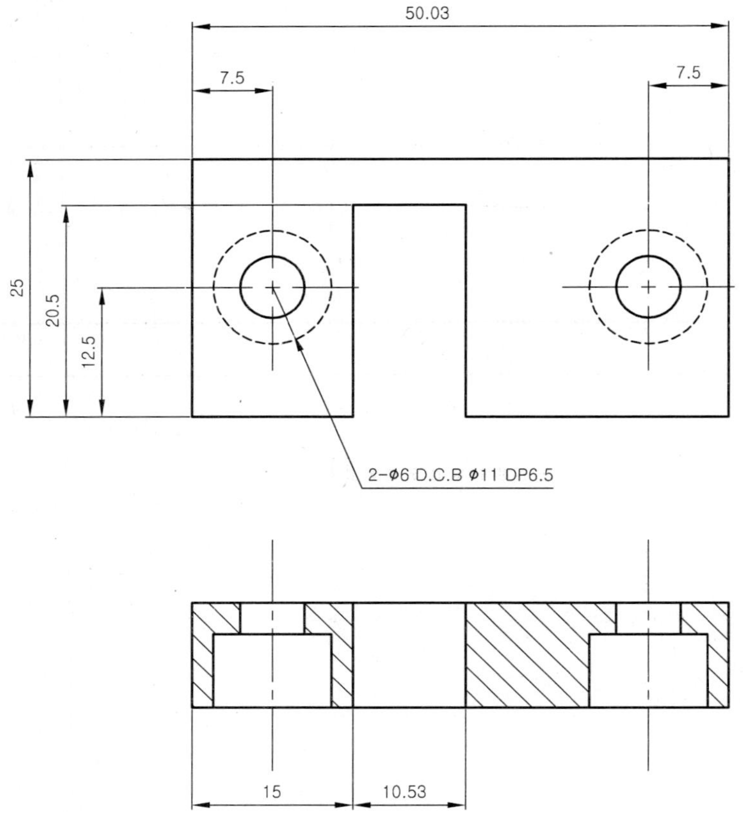

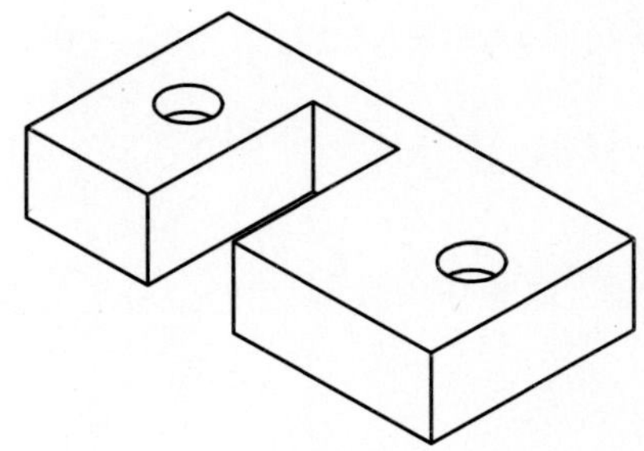

주서

1. 일반공차 - 가공부 : KS B 0412
2. 도시되고 지시없는모따기는 1x45°, 필렛 및 라운드 R3
3. 일반 모따기는 0.3~0.5x45°
4. 표면거칠기는 기호 비교표

x/ = 3.2/ , 25S , ▽▽, N9

y/ = 0.8/ , 6.3S , ▽▽▽, N7

19	가이드플레이트	SM45C	4	
품 번	품 명	재 질	수 량	비 고
2단금형(interior hook-cover 슬리브 이젝트 링크 강제빼기)			척 도	3 : 1
			투상법	3각법

(20) x/ (y/)

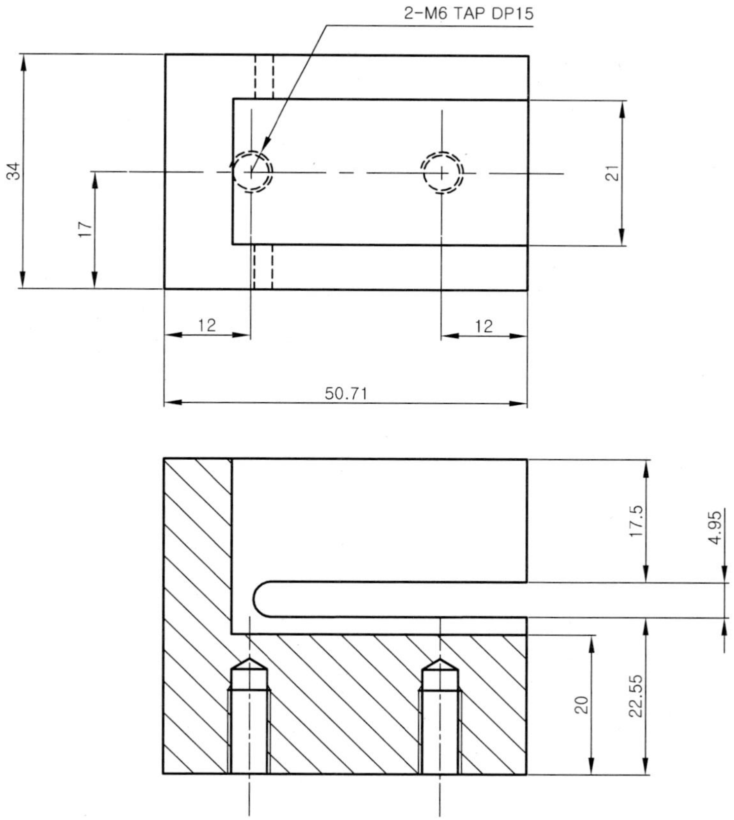

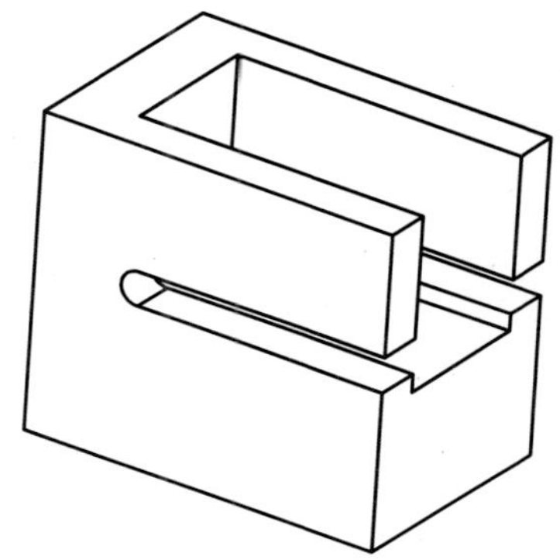

주서

1. 일반공차 - 가공부 : KS B 0412
2. 도시되고 지시없는모따기는 1x45°, 필렛 및 라운드 R3
3. 일반 모따기는 0.3~0.5x45°
4. 표면거칠기는 기호 비교표

x/ = 3.2/ , 25S , ▽▽ , N9

y/ = 0.8/ , 6.3S , ▽▽▽ , N7

20	가이드플레이트	SM45C	4	
품 번	품 명	재 질	수 량	비 고
2단금형(interior hook-cover 슬리브 이젝트 링크 강제빼기)			척 도	2 : 1
			투상법	3각법

21 x (y)

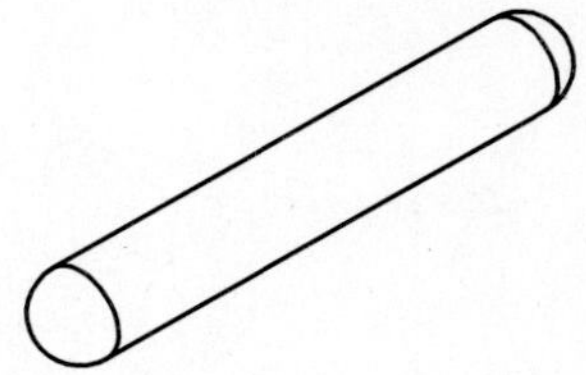

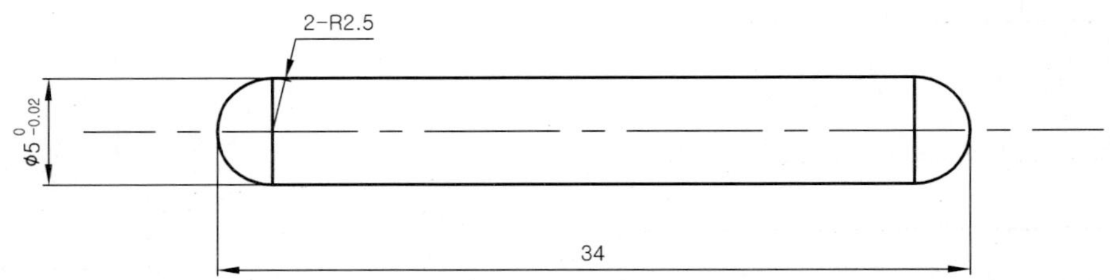

주서

1. 일반공차 - 가공부 : KS B 0412
2. 도시되고 지시없는모따기는 1x45°, 필렛 및 라운드 R3
3. 일반 모따기는 0.3~0.5x45°
4. 표면거칠기는 기호 비교표

x = 3.2, 25S, ▽▽, N9

y = 0.8, 6.3S, ▽▽▽, N7

21	핀	STC3	4	HRC58
품 번	품 명	재 질	수 량	비 고
2단금형(interior hook-cover 슬리브 이젝트 링크 강제빼기)			척 도	5 : 1
			투상법	3각법

(22) x (y)

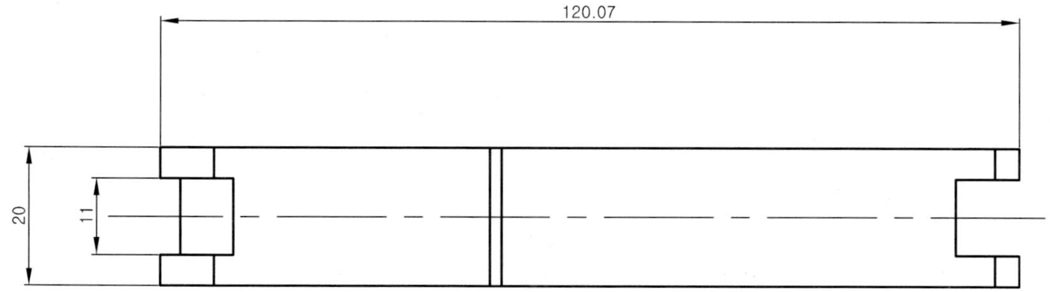

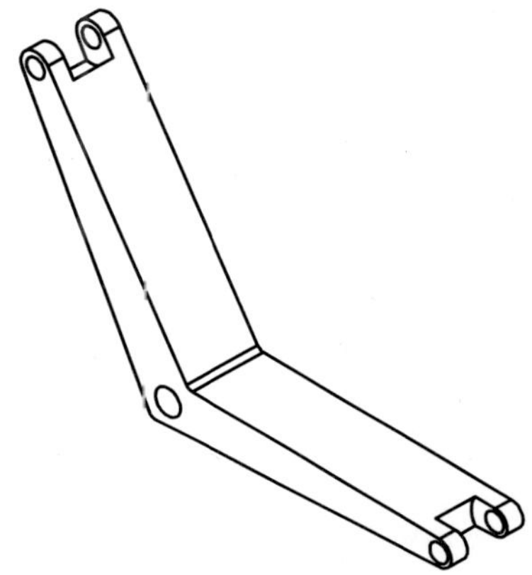

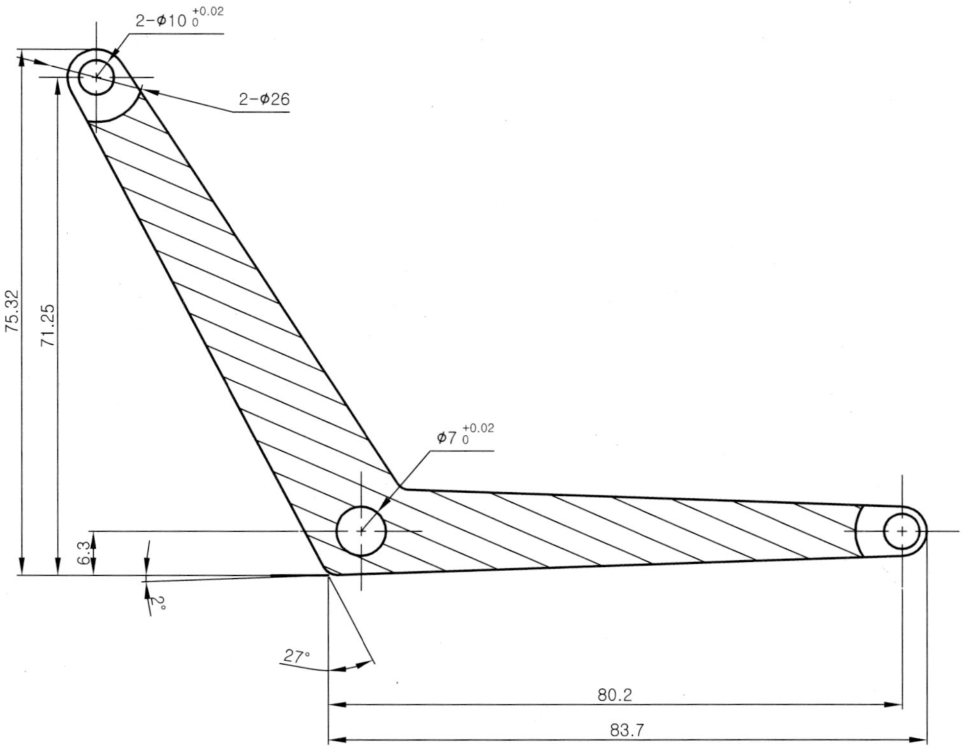

주서

1. 일반공차 - 가공부 : KS B 0412
2. 도시되고 지시없는모따기는 1x45°, 필렛 및 라운드 R33.
일반 모따기는 0.3~0.5x45°
4. 표면거칠기는 기호 비교표

x = 3.2, 25S, ▽▽, N9

y = 0.8, 6.3S, ▽▽▽, N7

22	링크	STC3	4	HRC58
품 번	품 명	재 질	수 량	비 고
2단금형(interior hook-cover 슬리브 이젝트 링크 강제빼기)			척 도	2 : 1
			투상법	3각법

23 $\sqrt{x}$ ($\sqrt{y}$)

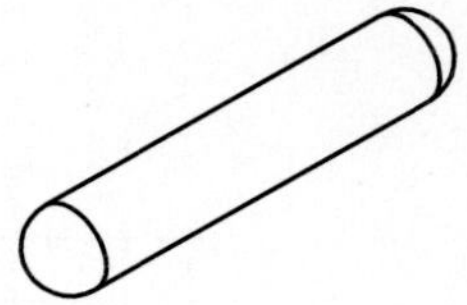

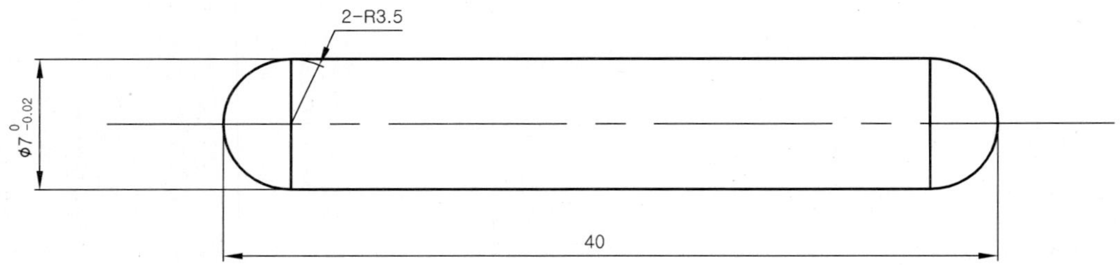

주서

1. 일반공차 - 가공부 : KS B 0412
2. 도시되고 지시없는모따기는 1x45°, 필렛 및 라운드 R3
3. 일반 모따기는 0.3~0.5x45°
4. 표면거칠기는 기호 비교표

$\sqrt{x}$ = $\sqrt{3.2}$, 25S , ▽▽, N9

$\sqrt{y}$ = $\sqrt{0.8}$, 6.3S ,▽▽▽, N7

23	핀	STC3	4	HRC58
품 번	품 명	재 질	수 량	비 고
2단금형(interior hook-cover 슬리브 이젝트 링크 강제빼기)			척 도	5 : 1
			투상법	3각법

(24) x (y)

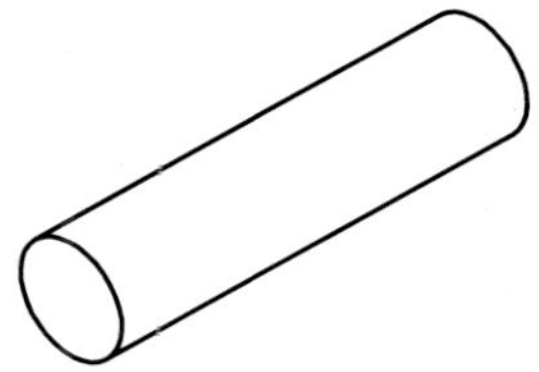

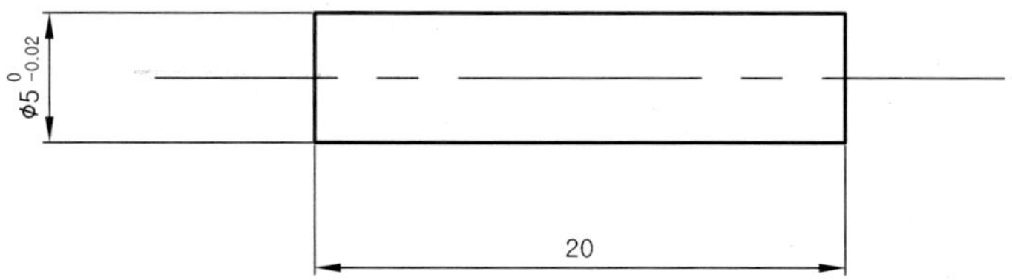

주서

1. 일반공차 - 가공부 : KS B 0412
2. 도시되고 지시없는모따기는 1x45°, 필렛 및 라운드 R3
3. 일반 모따기는 0.3~0.5x45°
4. 표면거칠기는 기호 비교표

x = 3.2, 25S , ▽▽, N9

y = 0.8, 6.3S , ▽▽▽, N7

24	핀	STC3	4	HRC58
품 번	품 명	재 질	수 량	비 고
2단금형(interior hook-cover 슬리브 이젝트 링크 강제빼기)			척 도	5 : 1
			투상법	3각법

25 x/ (y/)

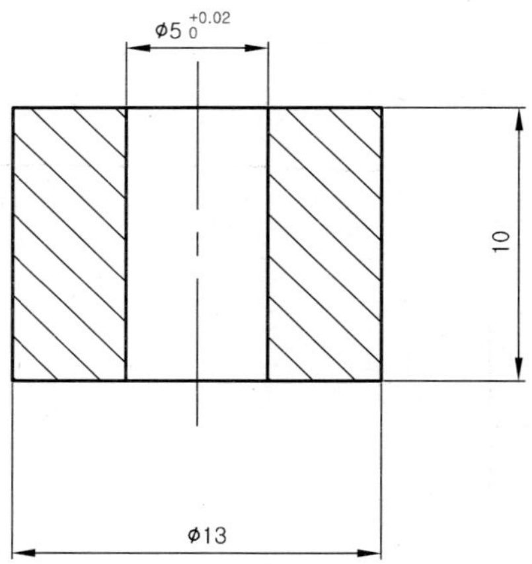

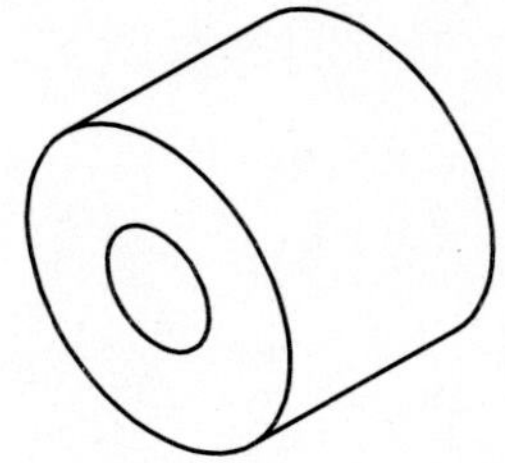

주서

1. 일반공차 - 가공부 : KS B 0412
2. 도시되고 지시없는모따기는 1x45°, 필렛 및 라운드 R3
3. 일반 모따기는 0.3~0.5x45°
4. 표면거칠기는 기호 비교표

x/ = 3.2/ , 25S , ∇∇ , N9
y/ = 0.8/ , 6.3S , ∇∇∇ , N7

25	와셔	STC3	8	HRC58
품 번	품 명	재 질	수 량	비 고
2단금형(interior hook-cover 슬리브 이젝트 링크 강제빼기)			척 도	5 : 1
			투상법	3각법

(33) x/ (y/)

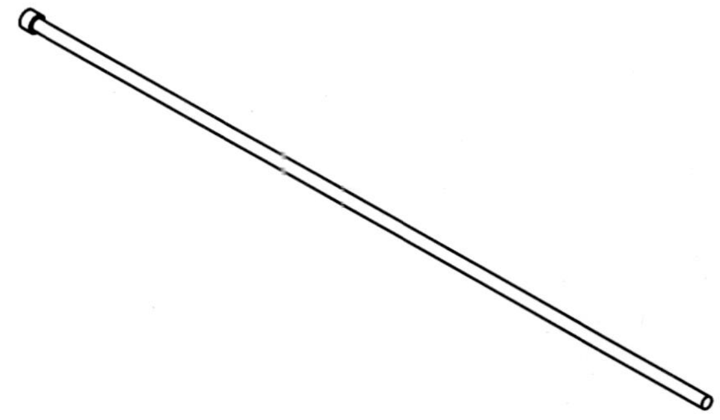

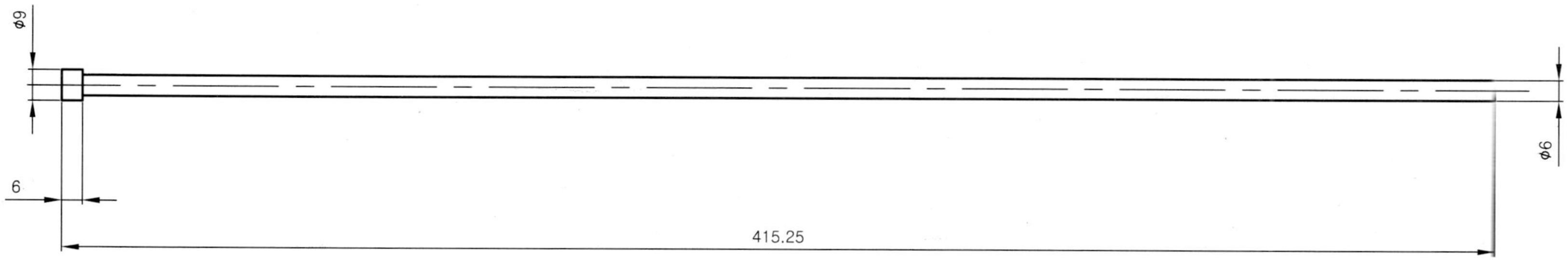

주서

1. 일반공차 - 가공부 : KS B 0412
2. 도시되고 지시없는모따기는 1x45°, 필렛 및 라운드 R3
3. 일반 모따기는 0.3~0.5x45°
4. 표면거칠기는 기호 비교표

x/ = 3.2/, 25S, ▽▽, N9

y/ = 0.8/, 6.3S, ▽▽▽, N7

33	이젝터핀	STD61	8	HRC50
품 번	품 명	재 질	수 량	비 고
2단금형(interior hook-cover 슬리브 이젝트 링크 강제빼기)			척 도	5 : 1
			투상법	3각법

(34) x (y)

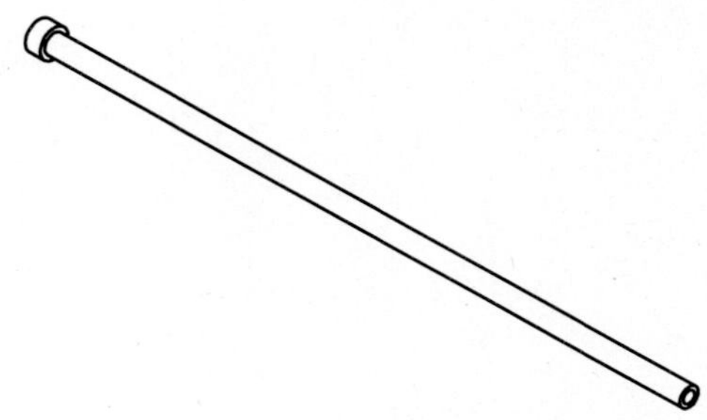

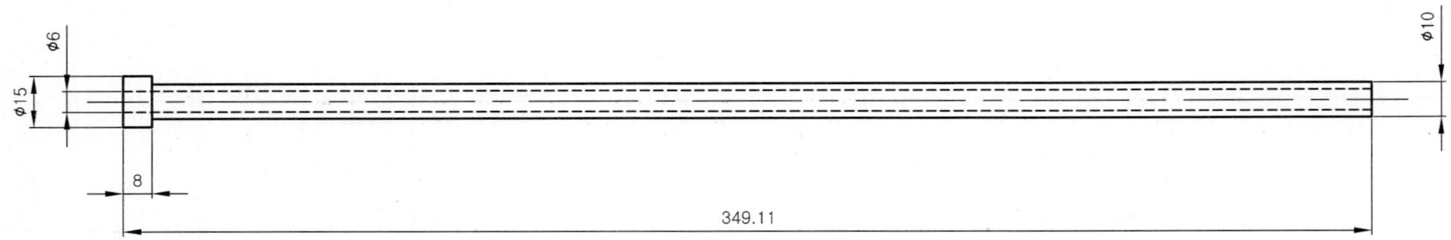

주서

1. 일반공차 – 가공부 : KS B 0412
2. 도시되고 지시없는모따기는 1x45°, 필렛 및 라운드 R3
3. 일반 모따기는 0.3~0.5x45°
4. 표면거칠기는 기호 비교표

x = 3.2, 25S, ▽▽, N9

y = 0.8, 6.3S, ▽▽▽, N7

34	이젝터슬리브	STD61	8	HRC50
품 번	품 명	재 질	수 량	비 고
2단금형(interior hook-cover 슬리브 이젝트 링크 강제빼기)			척 도	5 : 1
			투상법	3각법

3.4 2단금형(Side b.k.t 슬리브이젝트)

요구사항

1) 2D제품도 & 3차원 Solid model를 이용한 설계
2) 적용 수지 : ABS, 수축률 5/1000 적용, 빼기구배는 고려하지 않아도 됨.
3) 사출성형기 사양 : 고정측 중앙부 구멍 직경 ∅100mm, 사출기 노즐의 선단직경 ∅19mm, 사출기 노즐직경은 3mm임.
4) 금형 종류 : 2단금형/슬라이드 (2cavity)
5) 유동주입기구 : 사이드 게이트로 설계하되, 위치와 개수는 설계자가 결정하여 할 것.
6) 취출시스템 6-1) 제품 취출시 문제가 없도록 설계자 임의로 설계하되, 보스부는 ejector sleeve를 사용할 것.
   6-2) Under cut처리 :
      6-2-1) 외측언더컷은 angular pin을 이용한 슬라이드 구조를 사용할 것 (앵귤러핀, 로킹블럭, 가이드레일, 스토퍼 등 슬라이드 부품을 가능한 한 자세히 표현할 것)
      6-2-2) 내측 언더컷은 변형밀핀(변형코아) 구조를 사용할 것(특히 취출시 제품의 취출 밸런스를 고려하여 설계할 것)
7) 형상부 7-1) 파팅 : 제품의 외관 품질을 고려하여 설계자가 결정할 것.
   7-2) cavity와 core : 원판과 Core, Cavity 블록은 조립형으로 하되 가공성, 조립 용이성, 동작성 등에 문제가 없도록 설계 할 것.
   7-3) 형상부 설계 : 분할 작업을 통하여 고정측, 가동측을 각각 별도.
8) 냉각시스템 8-1) 고정측 냉각 설계는 설계방식에 준하여 직선형 냉각회로를 사용할 것.
   8-2) 가동측 냉각 설계는 코어 냉각을 별도로 설계하여 코어 플레이트 냉각회로와 연결할 것 (필요에 따라 Baffle 등을 사용할 수 있음)
9) Moldbase 9-1) 설계방안에 맞는 2단 Moldbase를 설계자가 선택하여 결정할 것.
   9-2) Bolt, O-ring, Eye-bolt-tap, Tap, Nipple 등은 설계하지 않아도 됨.
   9-3) 설계하고자 하는 금형의 구조 및 작동성에 맞추어서 Guide Pin, Bush, Pin류 등은 설계자가 선정하여 설계할 것.

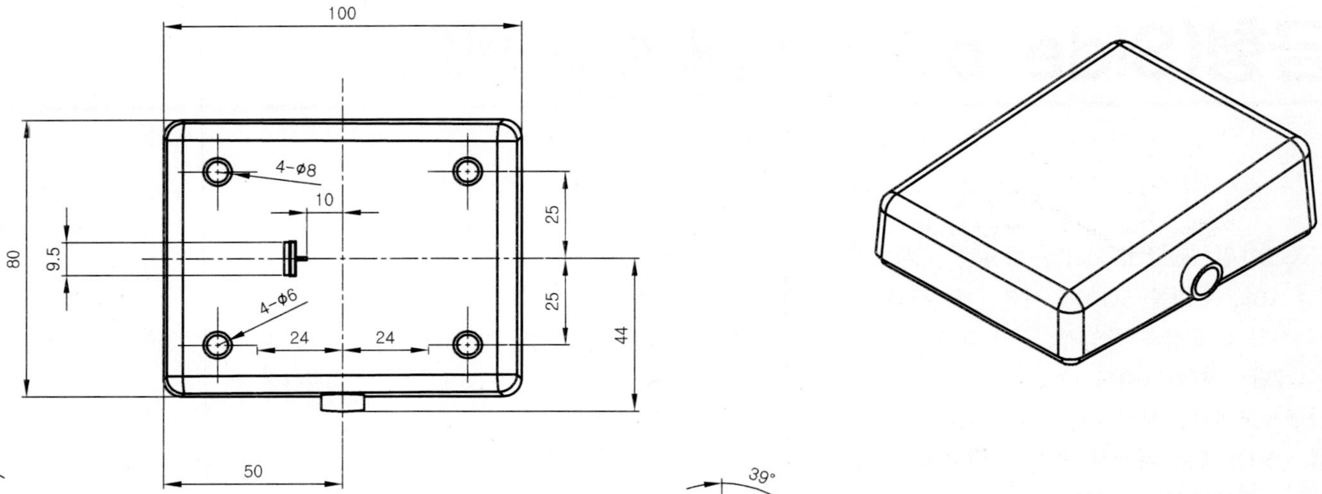

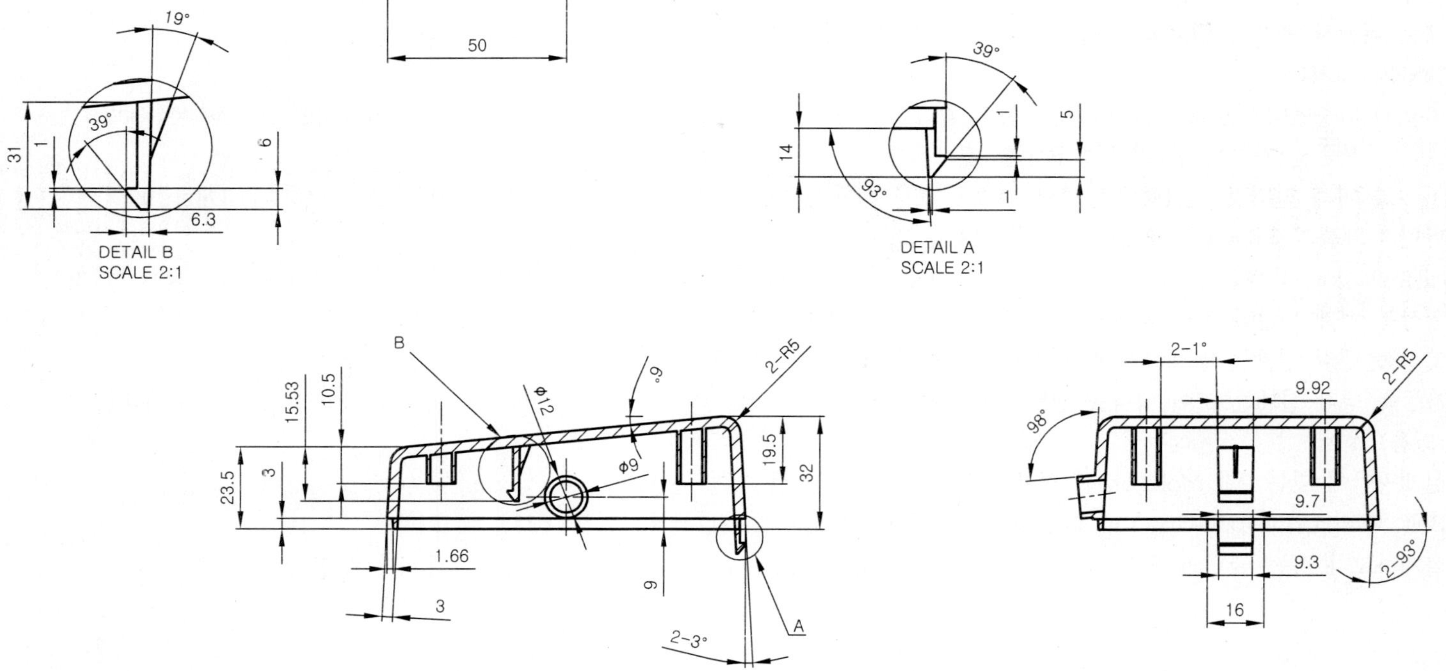

주서

1. 일반공차 - 가공부 : KS B 0412
2. 도시되고 지시없는모따기는 1x45°, 필렛 및 라운드 R3
3. 일반 모따기는 0.3~0.5x45°
4. 제품두께 : 3mm
5. 게이트 : 사이드게이트
6. 언더컷 처리 :
   외측언더컷- 앵귤러 핀을 이용한 슬라이드 구조
   내측언더컷- 변형밀핀(변형코아) 구조
7. 취출방식 : 이젝터 슬리브를 사용
8. 수축률 : 5/1000 적용
9. 캐비티 : 2캐비티
10. 표면거칠기는 기호 비교표

x/ = 3.2/, 25S, ▽▽, N9

y/ = 0.8/, 6.3S, ▽▽▽, N7

0	Product	ABS	2	
품 번	품 명	재 질	수 량	비 고
작품명	side- b k t		척 도	NS
			투상법	3각법

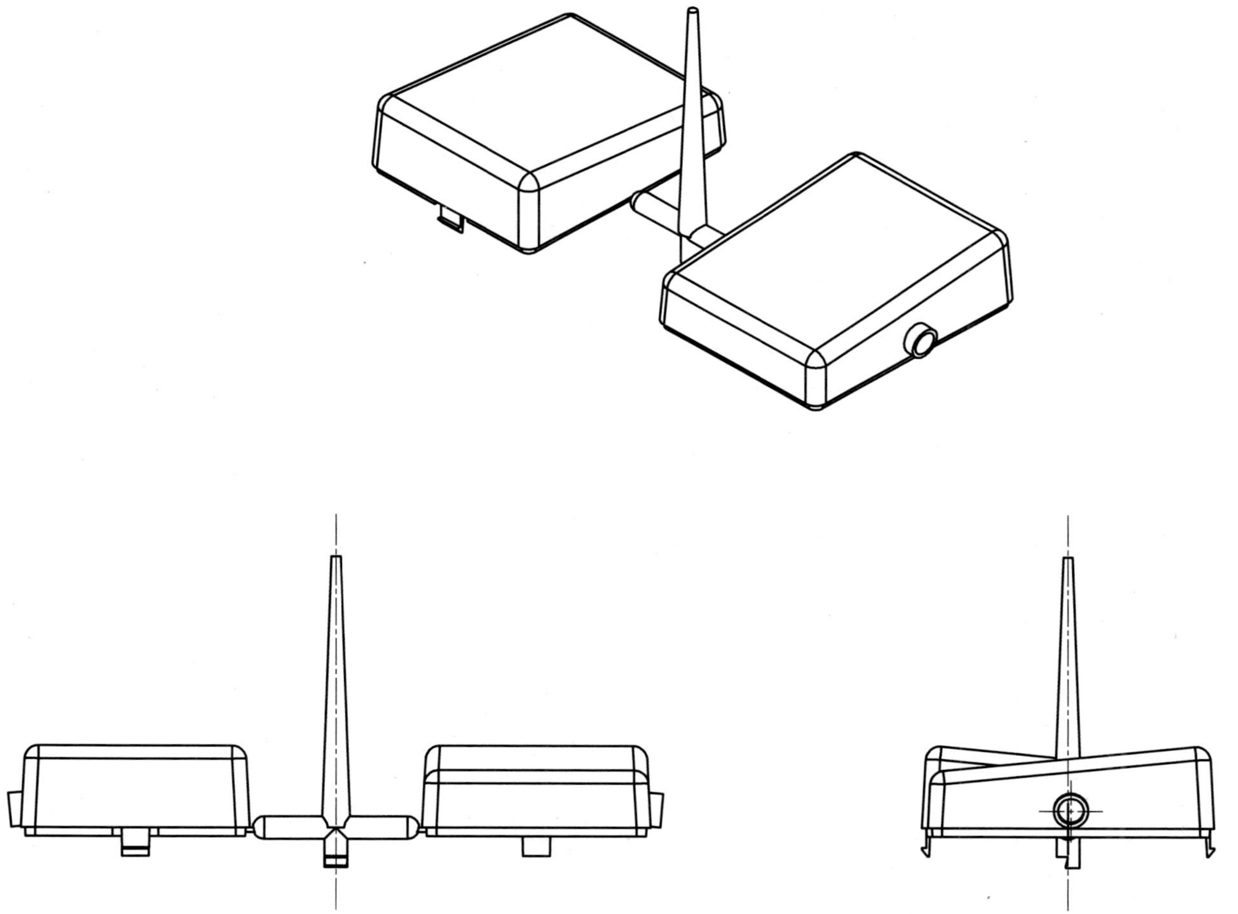

0	유동기구	ABS	1	
품 번	품 명	재 질	수 량	비 고
작품명	side- b k t		척 도	NS
			투상법	3각법

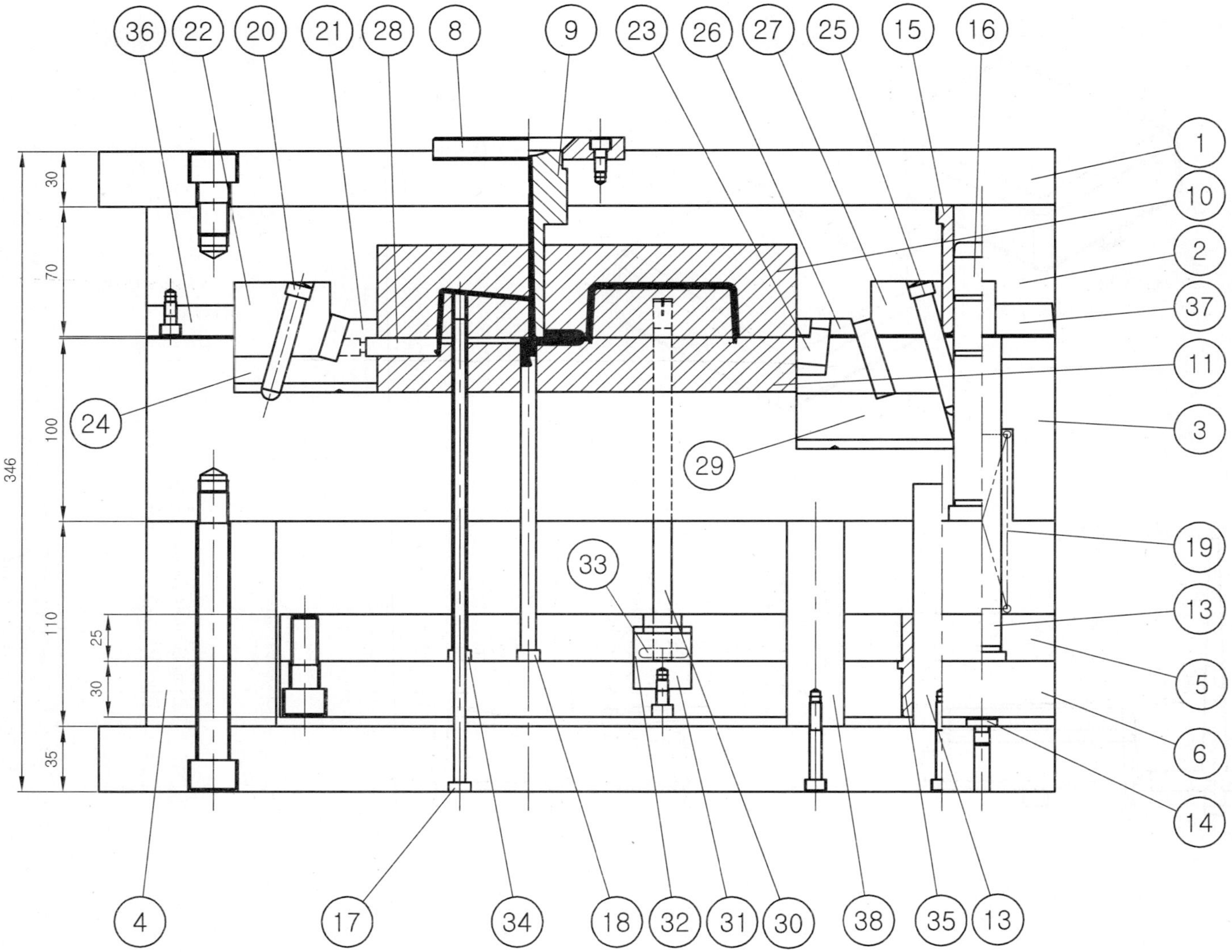

38	서포터 필러	STC3	2	
37	인로우	STC3	6	
36	파팅 플레이트	STC3	6	
35	이젝트 가이드 부시	STC3	4	
34	슬리브 이젝터 핀	STC3	8	
33	원형핀	STC3	2	
32	변형밀핀 가이드	STC3	2	
31	연마판	STC3	2	
30	변형밀핀	STC3	2	
29	가이드 레일	STC3	4	HRC58
28	슬라이드 코어 편	KP4M	2	HRC30
27	로킹 블록	STC3	2	HRC53
26	슬라이드 코어	KP4M	2	HRC30
25	경사 핀	STC3	2	HRC60
24	가이드 레일	STC3	4	HRC58
23	슬라이드 코어 편	KP4M	2	HRC30
22	로킹 블록	STC3	2	HRC53
21	슬라이드 코어	KP4M	2	HRC30
20	경사 핀	STC3	2	HRC60
19	스프링	규격품	4	
18	스프루 록 핀	SKD61	1	HRC50
17	이젝터 핀	STC3	8	HRC58
16	가이드 핀	STC3	4	HRC58
15	가이드 부시	STC3	4	HRC58
14	스톱 핀	STC3	4	HRC50
13	이젝터 가이드 핀	STC3	2	HRC58
12	리턴 핀	STC3	4	HRC58
11	코어	KP4M	1	HRC30
10	캐비티	KP4M	1	HRC30
9	스프루 부시	SM45C	1	
8	로케이트 링	SM45C	1	
7	가동측 설치판	SM45C	1	
6	이젝터 플레이트(하)	SM45C	1	
5	이젝터 플레이트(상)	SM45C	1	
4	스페이서 블록	SM45C	2	
3	가동측 형판	SM45C	1	
2	고정측 형판	SM45C	1	
1	고정측 설치판	SM45C	1	
품번	품 명	재질	수량	비고
2단금형(Side b k t 슬리브 이젝트)		척 도	N S	
		각 법	3각법	

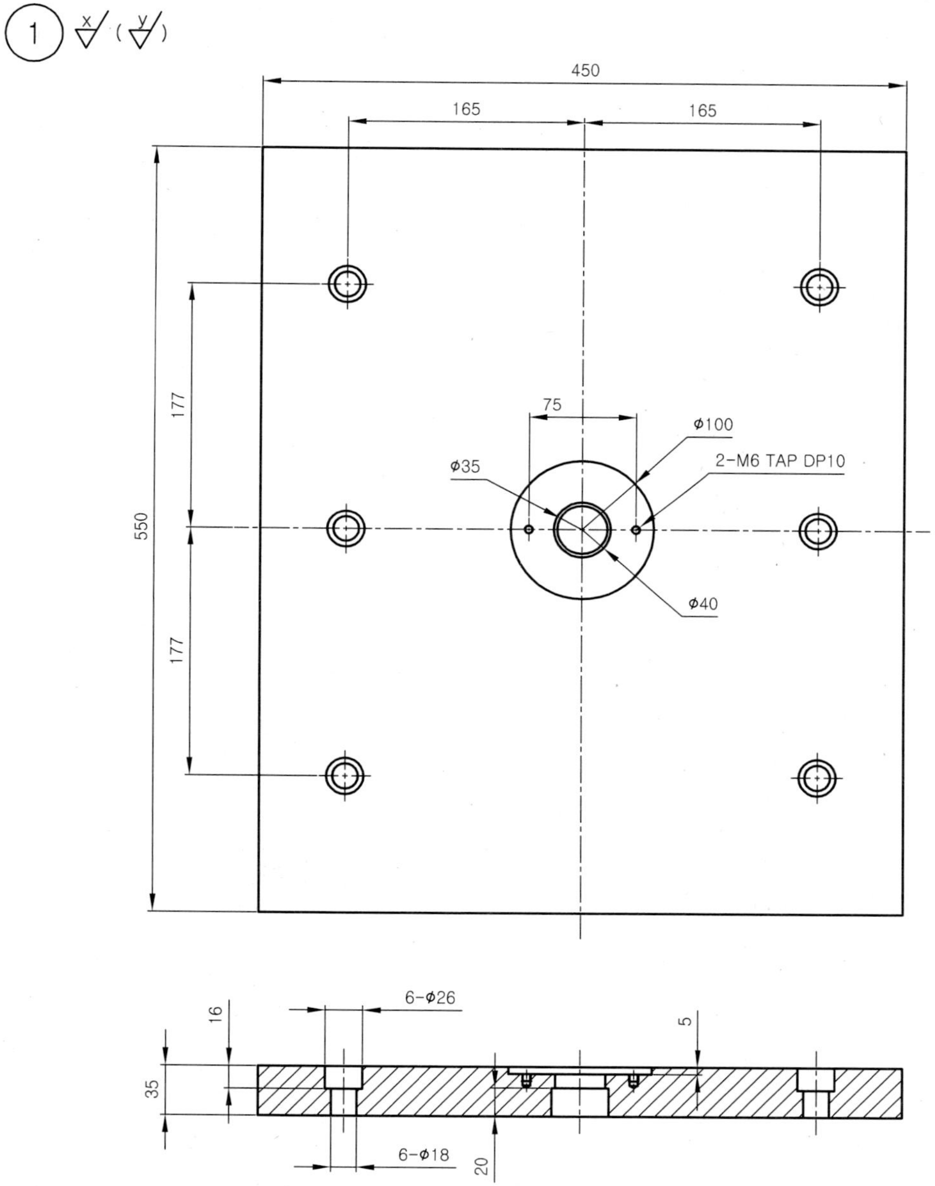

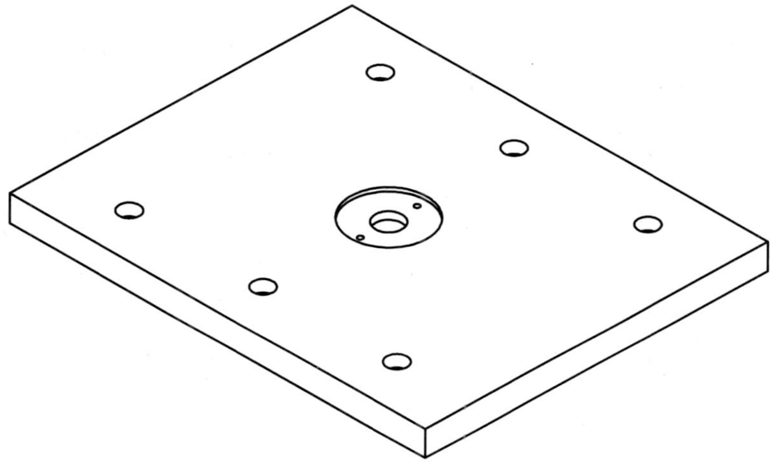

주서

1. 일반공차 - 가공부 : KS B 0412
2. 도시되고 지시없는모따기는 1x45°, 필렛 및 라운드 R3
3. 일반 모다기는 0.3~0.5x45°
4. 제품두께 : 3mm
5. 게이트 : 사이드게이트
6. 언더컷 처리 :
   외측언더컷- 앵귤러 핀을 이용한 슬라이드 구조
   내측언더컷- 변형밀핀(변형코아) 구조
7. 취출방식 : 이젝터 슬리브를 사용
8. 수축률 : 5/1000 적용
9. 캐비티 : 2캐비티
10. 표면거칠기는 기호 비교표

x = 3.2, 25S, ▽▽▽, N9

y = 0.8, 6.3S, ▽▽▽▽, N7

1	고정측 설치판	SM45C	1	
품번	품 명	재질	수량	비고
2단금형(Side b k t 슬리브 이젝트)		척 도	N S	
		각 법	3각법	

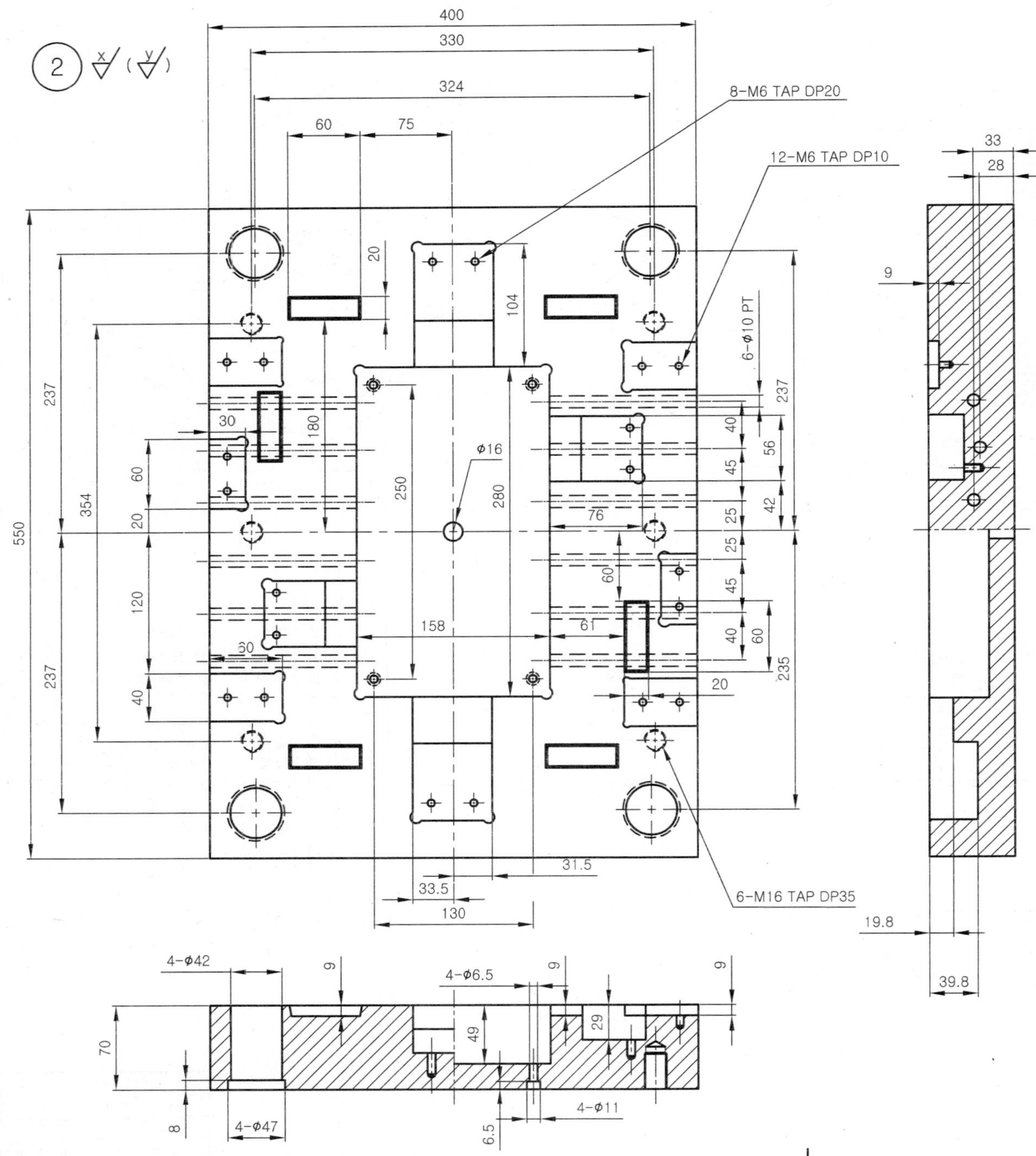

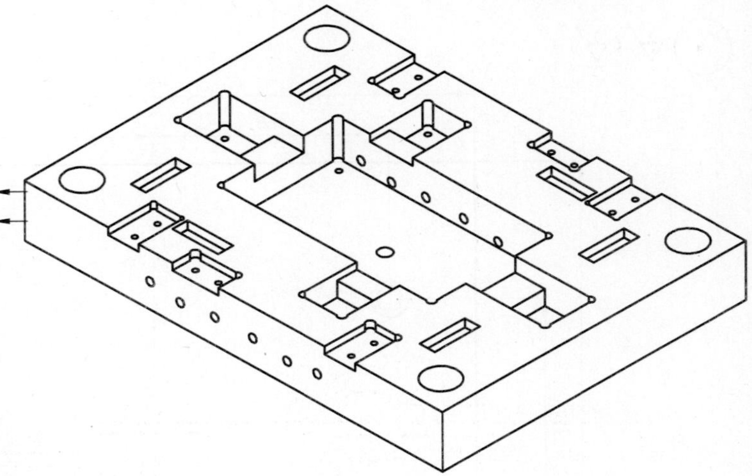

주서

1. 일반공차 - 가공부 : KS B 0412
2. 도시되고 지시없는모따기는 1x45°, 필렛 및 라운드 R3
3. 일반 모따기는 0.3~0.5x45°
4. 제품두께 : 3mm
5. 게이트 : 사이드게이트
6. 언더컷 처리 :
   외측언더컷- 앵귤러 핀을 이용한 슬라이드 구조
   내측언더컷- 변형밀핀(변형코아) 구조
7. 취출방식 : 이젝터 슬리브를 사용
8. 수축률 : 5/1000 적용
9. 캐비티 : 2캐비티
10. 표면거칠기는 기호 비교표

x = 3.2, 25S, ▽▽, N9

y = 0.8, 6.3S, ▽▽▽, N7

2	고정측 형판	SM45C	1	
품번	품 명	재질	수량	비고
2단금형(Side b k t 슬리브 이젝트)		척 도	N S	
		각 법	3각법	

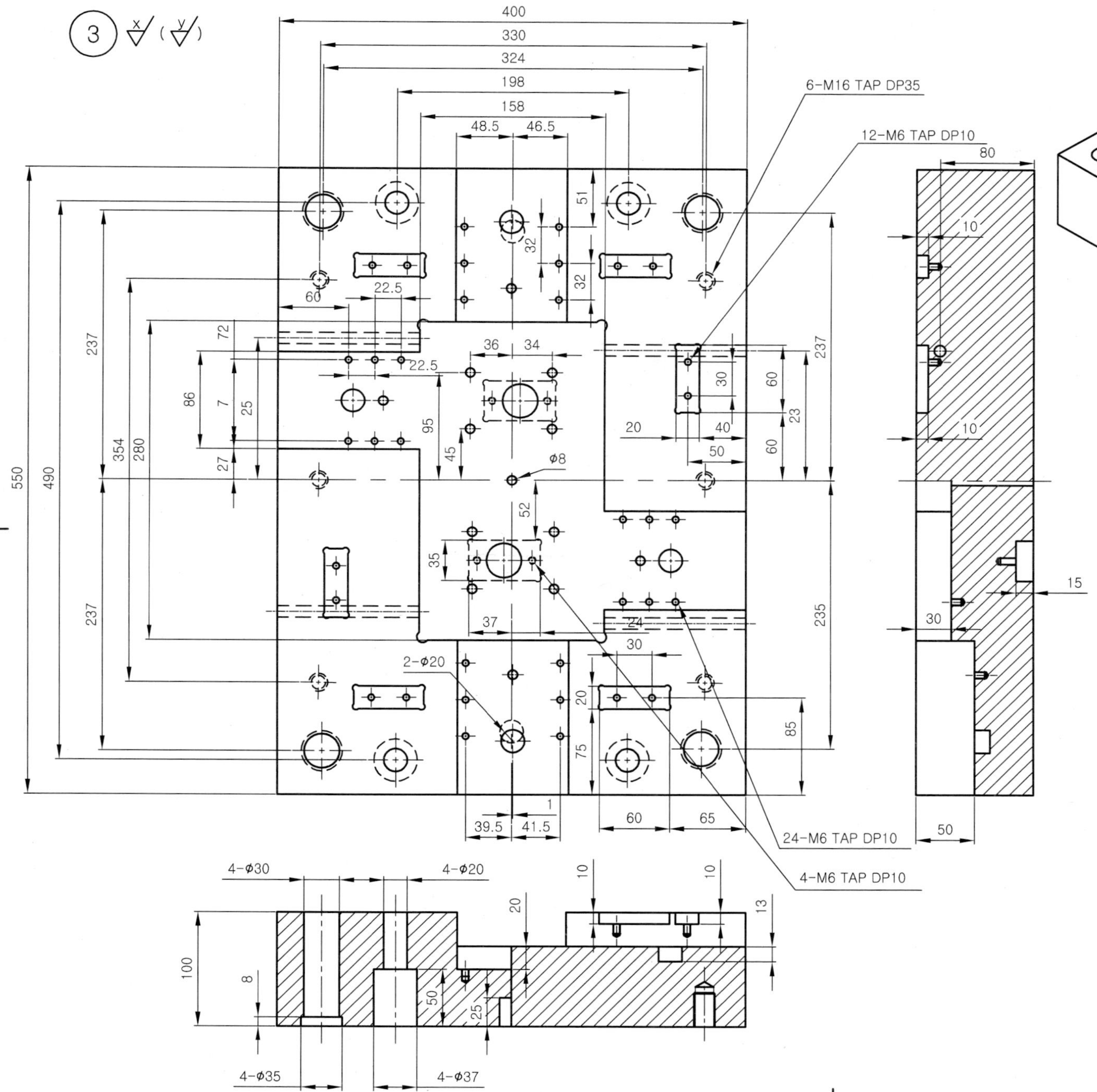

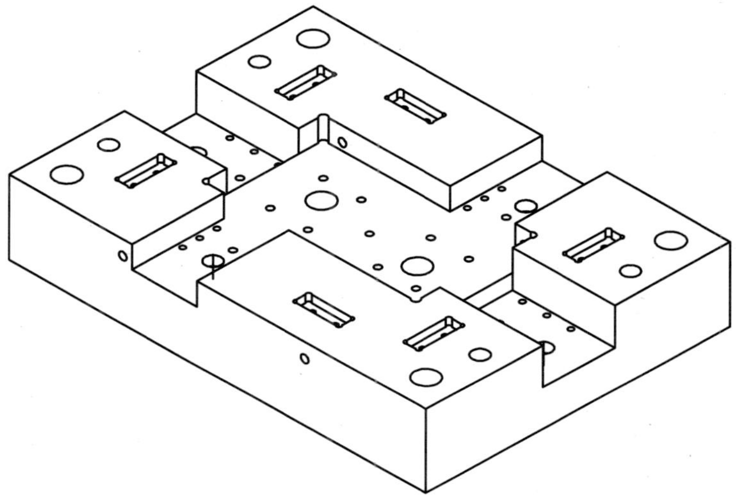

주서

1. 일반공차 - 가공부 : KS B 0412
2. 도시되고 지시없는모따기는 1x45°, 필렛 및 라운드 R3
3. 일반 모다기는 0.3~0.5x45°
4. 제품두께 : 3mm
5. 게이트 : 사이드게이트
6. 언더컷 처리 :
   외측언더컷- 앵귤러 핀을 이용한 슬라이드 구조
   내측언더컷- 변형밀핀(변형코아) 구조
7. 취출방식 : 이젝터 슬리브를 사용
8. 수축률 : 5/1000 적용
9. 캐비티 : 2캐비티
10. 표면거칠기는 기호 비교표

x = 3.2, 25S, ▽▽, N9

y = 0.8, 6.3S, ▽▽▽, N7

3	가동측 형판	SM45C	1	
품번	품 명	재질	수량	비고
2단금형(Side b k t 슬리브 이젝트)		척 도	N S	
		각 법	3각법	

④ x/ (y/)

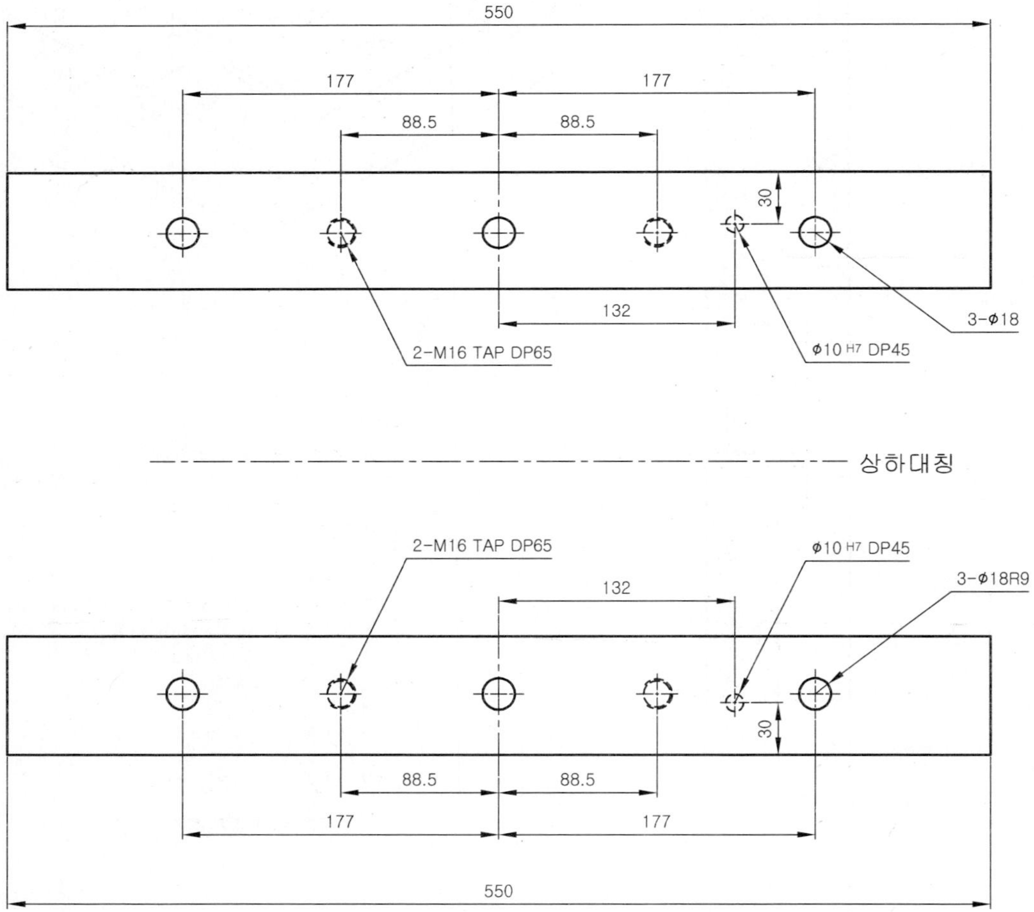

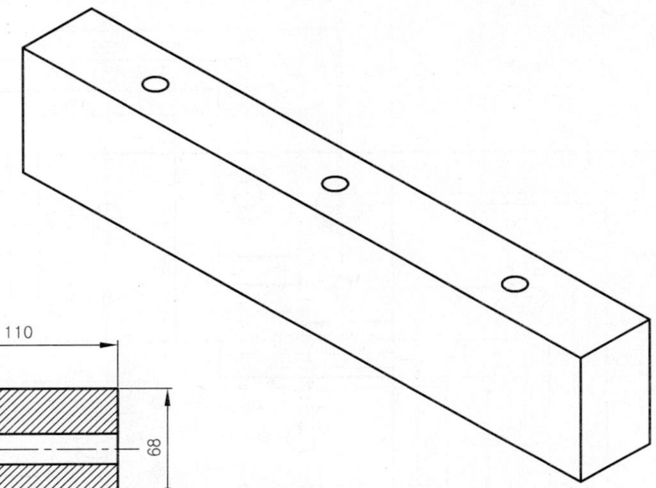

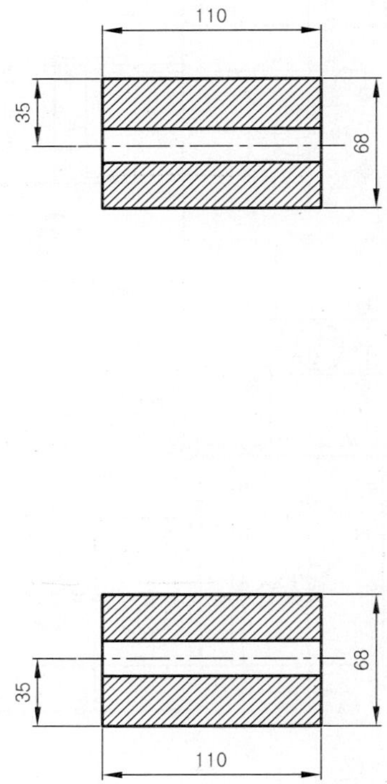

주서

1. 일반공차 - 가공부 : KS B 0412
2. 도시되고 지시없는모따기는 1x45°, 필렛 및 라운드 R3
3. 일반 모따기는 0.3~0.5x45°
4. 제품두께 : 3mm
5. 게이트 : 사이드게이트
6. 언더컷 처리 :
   외측언더컷- 앵귤러 핀을 이용한 슬라이드 구조
   내측언더컷- 변형밀핀(변형코아) 구조
7. 취출방식 : 이젝터 슬리브를 사용
8. 수축률 : 5/1000 적용
9. 캐비티 : 2캐비티
10. 표면거칠기는 기호 비교표

x/ = 3.2/, 25S, ▽▽, N9

y/ = 0.8/, 6.3S, ▽▽▽, N7

4	스페이서 블록	SM45C	2	
품번	품 명	재질	수량	비고
2단금형(Side b k t 슬리브 이젝트)		척 도	N S	
		각 법	3각법	

(5) x/ (y/)

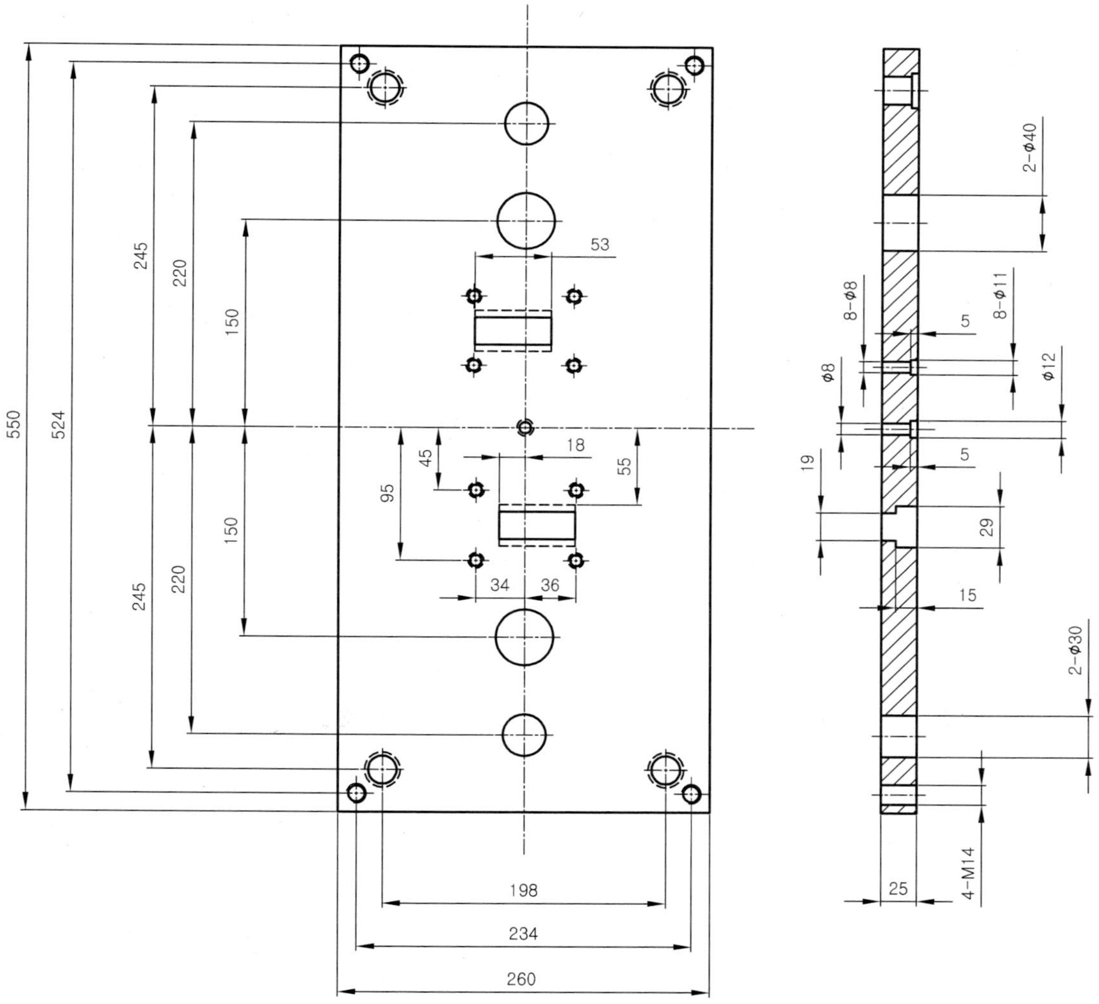

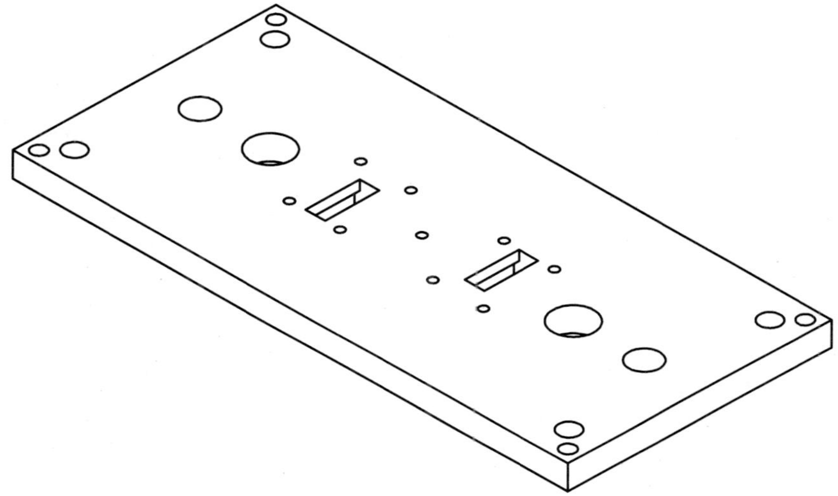

주서

1. 일반공차 – 가공부 : KS B 0412
2. 도시되고 지시없는모따기는 1x45°, 필렛 및 라운드 R3
3. 일반 모따기는 0.3~0.5x45°
4. 제품두께 : 3mm
5. 게이트 사이드게이트
6. 언더컷 처리 :
   외측언더컷– 앵귤러 핀을 이용한 슬라이드 구조
   내측언더컷– 변형밀핀(변형코아) 구조
7. 취출방식 : 이젝터 슬리브를 사용
8. 수축률 : 5/1000 적용
9. 캐비티 : 2캐비티
10. 표면거칠기는 기호 비교표

x/ = 3.2/ , 25S , ▽▽, N9
y/ = 0.8/ , 6.3S , ▽▽▽, N7

5	이젝터 플레이트(상)	SM45C	1	
품번	품 명	재질	수량	비고
2단금형(Side b k t 슬리브 이젝트)		척 도	N S	
		각 법	3각법	

⑥ (x) ((y))

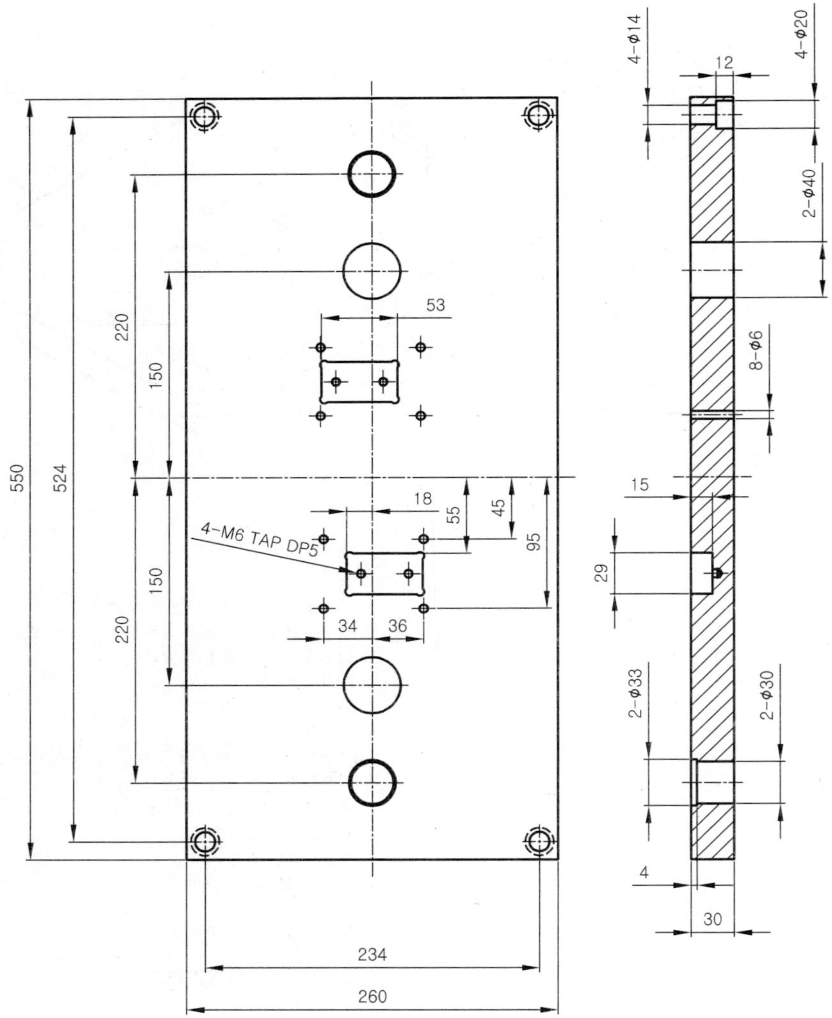

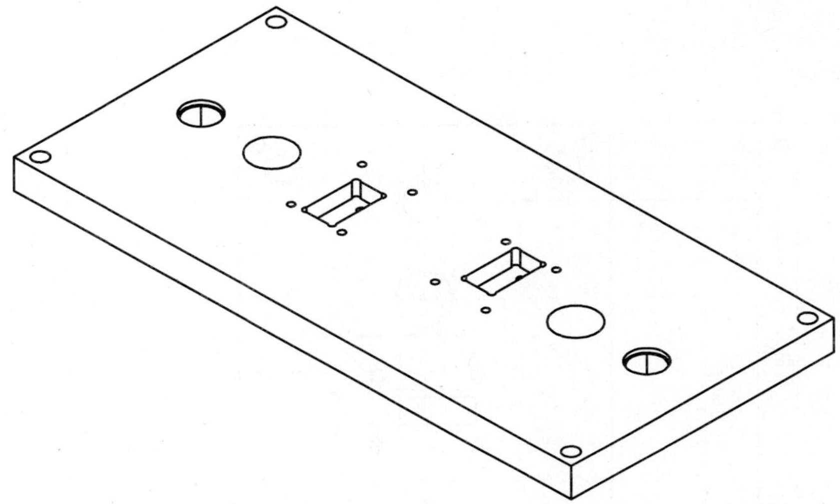

주서

1. 일반공차 - 가공부 : KS B 0412
2. 도시되고 지시없는모따기는 1x45°, 필렛 및 라운드 R3
3. 일반 모따기는 0.3~0.5x45°
4. 제품두께 : 3mm
5. 게이트 : 사이드게이트
6. 언더컷 처리 :
 외측언더컷- 앵귤러 핀을 이용한 슬라이드 구조
 내측언더컷- 변형밀핀(변형코아) 구조
7. 취출방식 : 이젝터 슬리브를 사용
8. 수축률 : 5/1000 적용
9. 캐비티 : 2캐비티
10. 표면거칠기는 기호 비교표

(x) =	3.2	25S	▽▽	N9
(y) =	0.8	6.3S	▽▽▽	N7

6	이젝터 플레이트(하)	SM45C	1	
품번	품 명	재질	수량	비고
2단금형(Side b k t 슬리브 이젝트)		척 도	N S	
		각 법	3각법	

⑦ x (y)

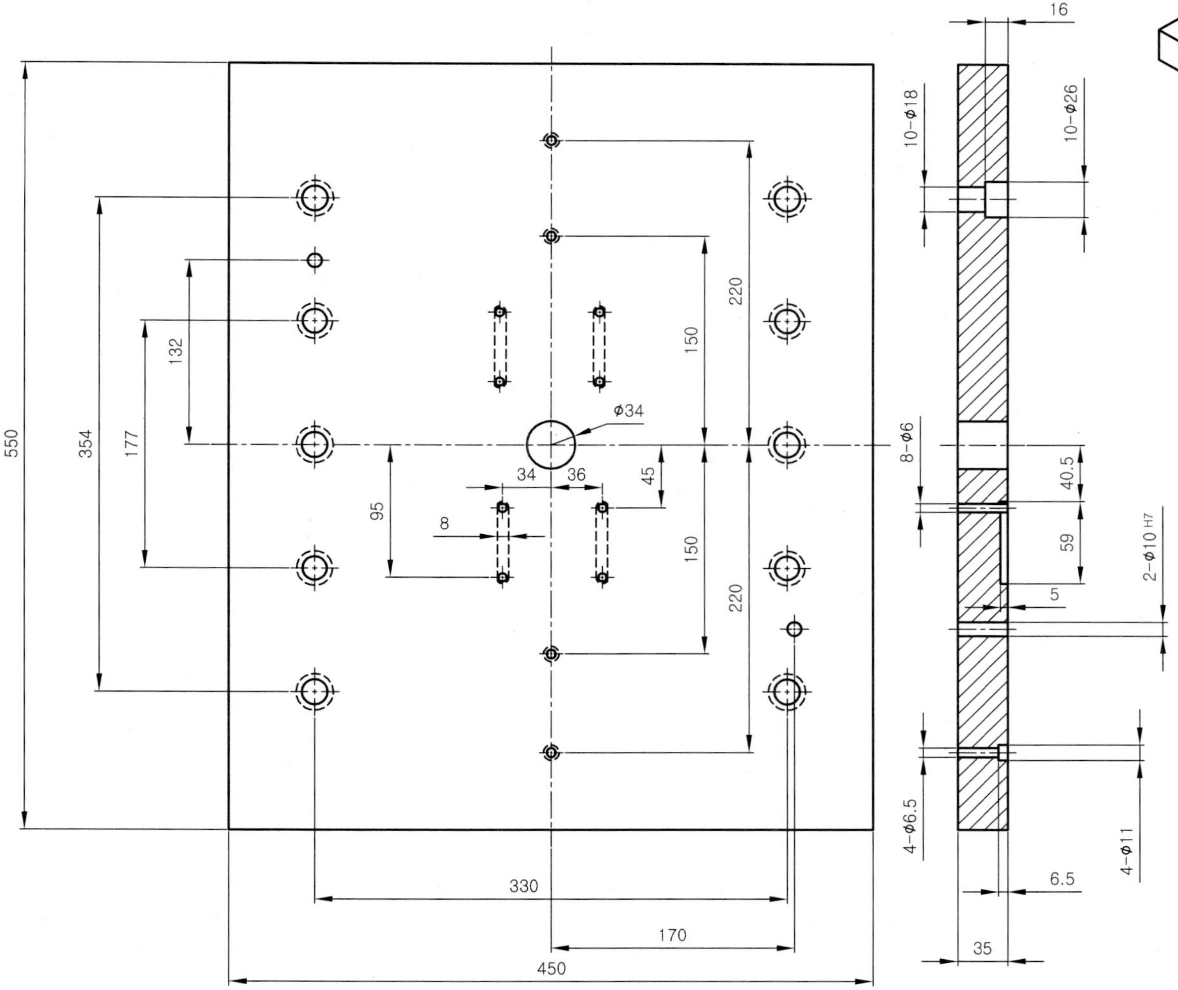

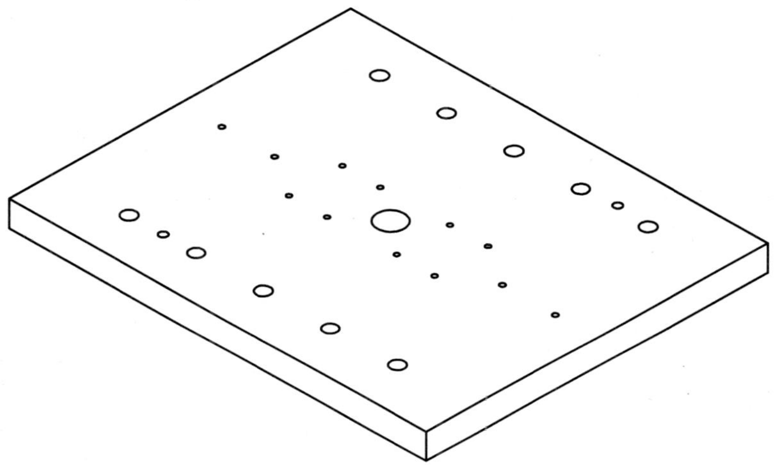

주서

1. 일반공차 – 가공부 : KS B 0412
2. 도시되고 지시없는모따기는 1x45°, 필렛 및 라운드 R3
3. 일반 모따기는 0.3~0.5x45°
4. 제품두께 : 3mm
5. 게이트 : 사이드게이트
6. 언더컷 처리 :
   외측언더컷– 앵귤러 핀을 이용한 슬라이드 구조
   내측언더컷– 변형밀핀(변형코아) 구조
7. 취출방식 : 이젝터 슬리브를 사용
8. 수축률 : 5/1000 적용
9. 캐비티 : 2캐비티
10. 표면거칠기는 기호 비교표

x = 3.2, 25S, ▽▽, N9

y = 0.8, 6.3S, ▽▽▽, N7

7	가동측 설치판	SM45C	1	
품번	품 명	재질	수량	비고
2단금형(Side b k t 슬리브 이젝트)		척 도	N S	
		각 법	3각법	

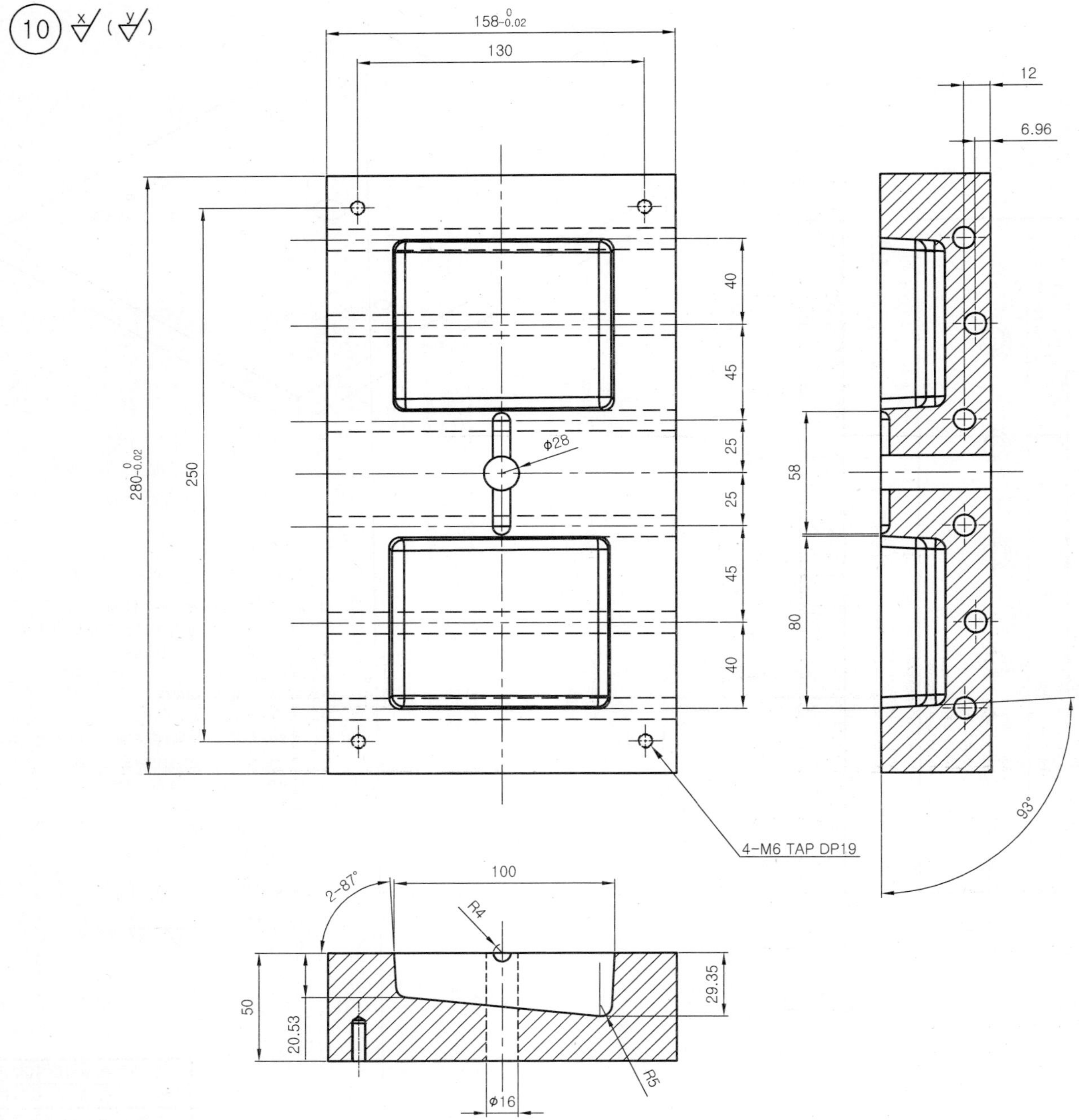

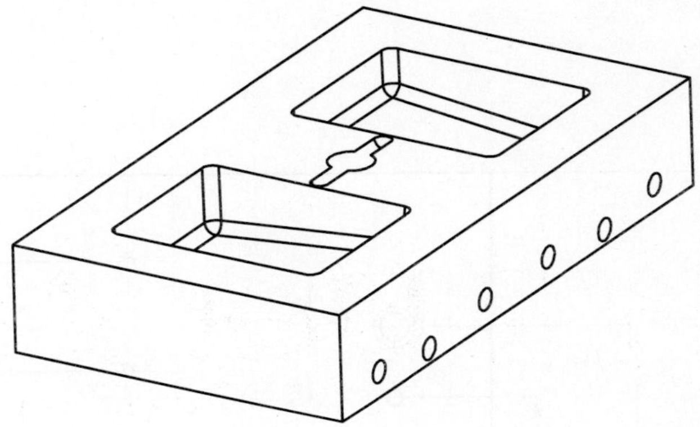

주서

1. 일반공차 - 가공부 : KS B 0412
2. 도시되고 지시없는모따기는 1x45°, 필렛 및 라운드 R3
3. 일반 모따기는 0.3~0.5x45°
4. 제품두께 : 3mm
5. 게이트 : 사이드게이트
6. 언더컷 처리 :
   외측언더컷- 앵귤러 핀을 이용한 슬라이드 구조
   내측언더컷- 변형밀핀(변형코아) 구조
7. 취출방식 : 이젝터 슬리브를 사용
8. 수축률 : 5/1000 적용
9. 캐비티 : 2캐비티
10. 표면거칠기는 기호 비교표

x/ = 3.2/ , 25S , ▽▽ , N9

y/ = 0.8/ , 6.3S , ▽▽▽ , N7

10	캐비티	KP4M	1	HRC30
품번	품 명	재질	수량	비고
2단금형(Side b k t 슬리브 이젝트)		척 도	N S	
		각 법	3각법	

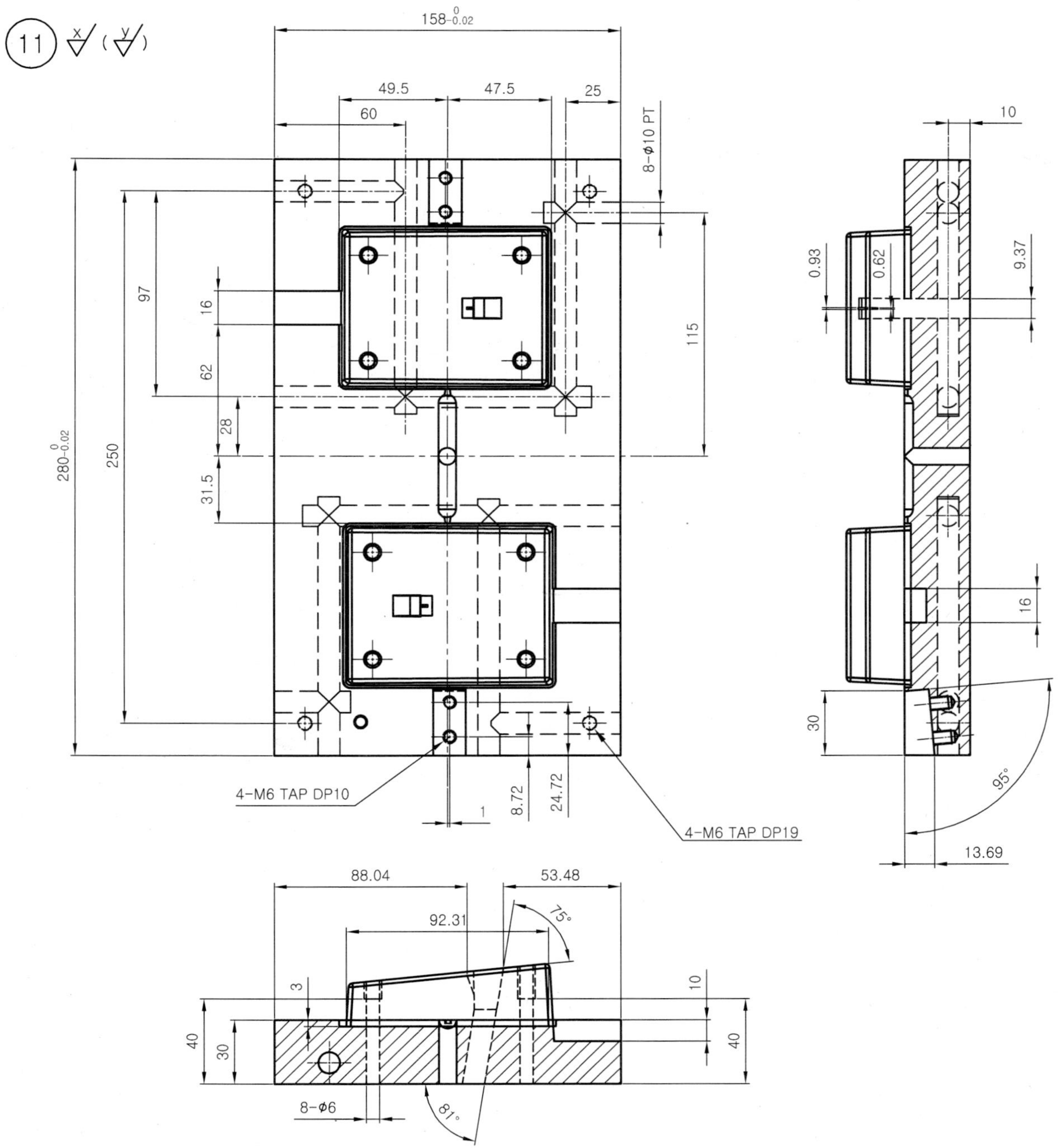

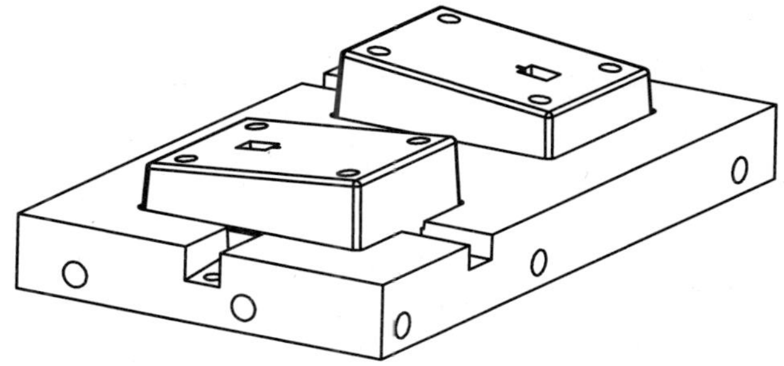

주서

1. 일반공차 - 가공부 : KS B 0412
2. 도시되고 지시없는모따기는 1x45°, 필렛 및 라운드 R3
3. 일반 모다기는 0.3~0.5x45°
4. 제품두께 : 3mm
5. 게이트 : 사이드게이트
6. 언더컷 처리 :
   외측언더컷- 앵귤러 핀을 이용한 슬라이드 구조
   내측언더컷- 변형밀핀(변형코아) 구조
7. 취출방식 : 이젝터 슬리브를 사용
8. 수축률 : 5/1000 적용
9. 캐비티 : 2캐비티
10. 표면거칠기는 기호 비교표

x/ = 3.2/, 25S, ▽▽, N9

y/ = 0.8/, 6.3S, ▽▽▽, N7

11	코어	KP4M	1	HRC30
품번	품 명	재질	수량	비고
2단금형(Side b k t 슬리브 이젝트)		척 도	N S	
		각 법	3각법	

⑳ x/ (y/)

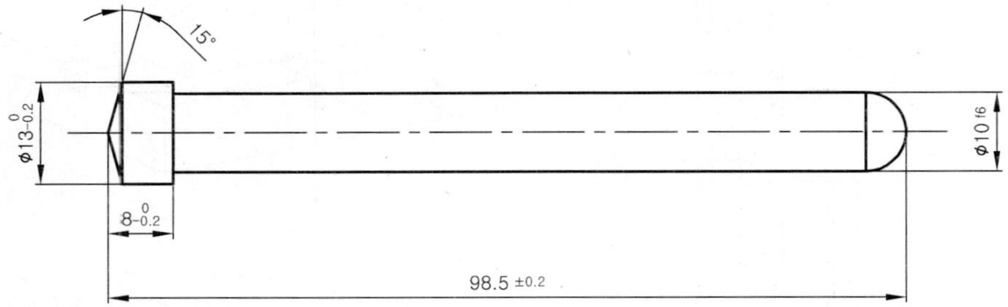

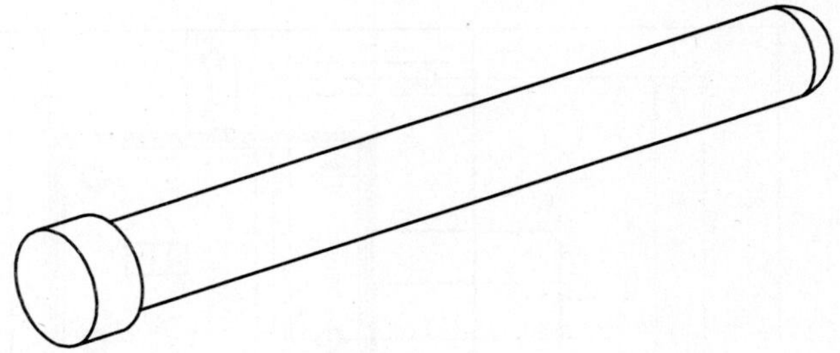

주서

1. 일반공차 - 가공부 : KS B 0412
2. 도시되고 지시없는모따기는 1x45°, 필렛 및 라운드 R3
3. 일반 모따기는 0.3~0.5x45°
4. 제품두께 : 3mm
5. 게이트 : 사이드게이트
6. 언더컷 처리 :
 외측언더컷- 앵귤러 핀을 이용한 슬라이드 구조
 내측언더컷- 변형밀핀(변형코아) 구조
7. 취출방식 : 이젝터 슬리브를 사용
8. 수축률 : 5/1000 적용
9. 캐비티 : 2캐비티
10. 표면거칠기는 기호 비교표

x/ = 3.2/ , 25S , ▽▽ , N9
y/ = 0.8/ , 6.3S , ▽▽▽ , N7

20	경사 핀	STC3	2	HRC60
품번	품 명	재질	수량	비고
2단금형(Side b k t 슬리브 이젝트)		척 도	N S	
		각 법	3각법	

(21) x (y)

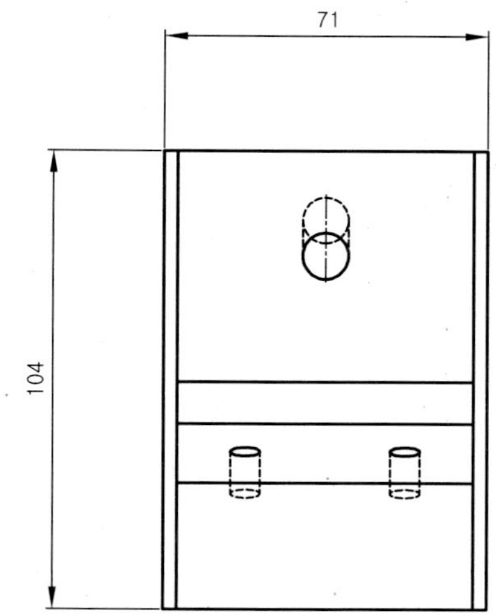

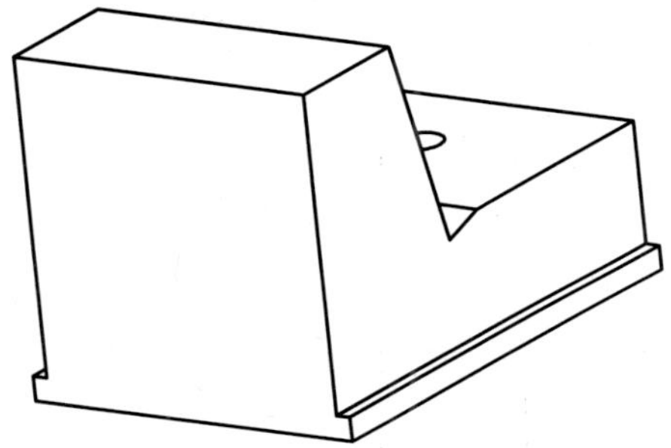

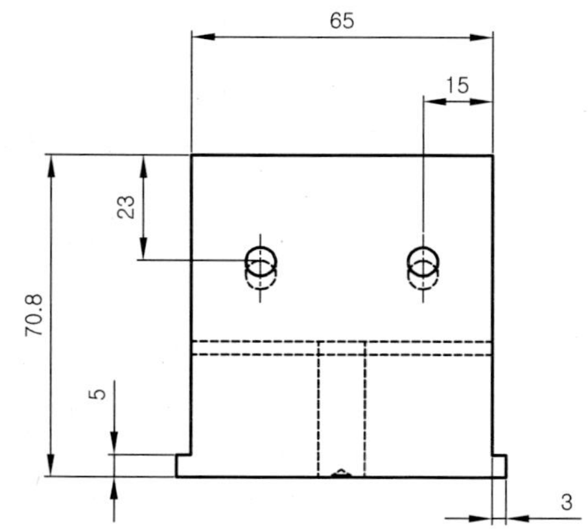

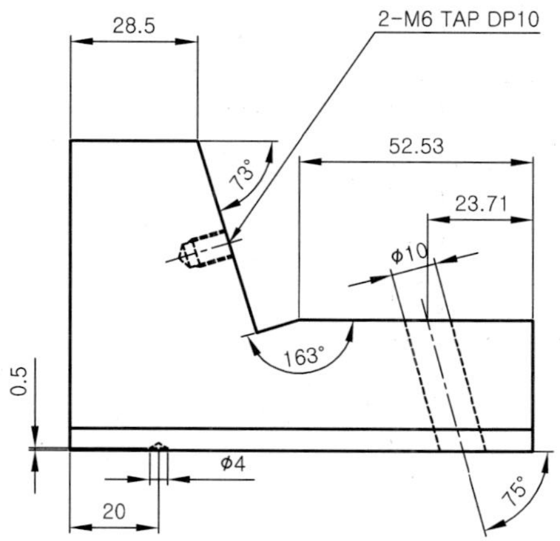

주서

1. 일반공차 - 가공부 : KS B 0412
2. 도시되고 지시없는모따기는 1x45°, 필렛 및 라운드 R3
3. 일반 모따기는 0.3~0.5x45°
4. 제품두께 : 3mm
5. 게이트 : 사이드게이트
6. 언더컷 처리 :
   외측언더컷- 앵귤러 핀을 이용한 슬라이드 구조
   내측언더컷- 변형밀핀(변형코아) 구조
7. 취출방식 : 이젝터 슬리브를 사용
8. 수축률 : 5/1000 적용
9. 캐비티 : 2캐비티
10. 표면거칠기는 기호 비교표

x = 3.2, 25S, ▽▽, N9

y = 0.8, 6.3S, ▽▽▽, N7

21	슬라이드 코어	KP4M	2	HRC30
품번	품 명	재질	수량	비고
2단금형(Side b k t 슬리브 이젝트)		척 도	N S	
		각 법	3각법	

(22) x/ (y/)

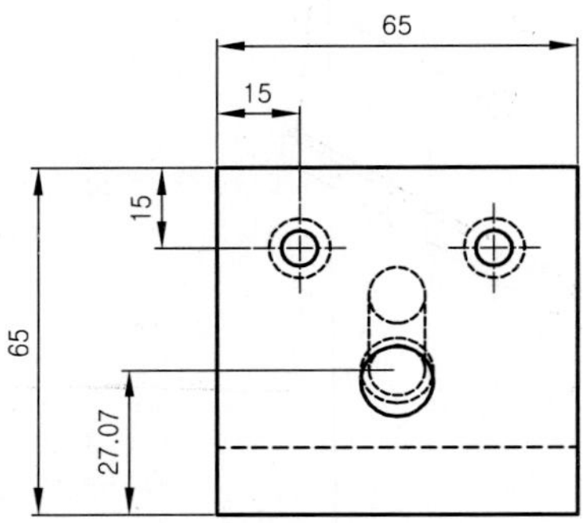

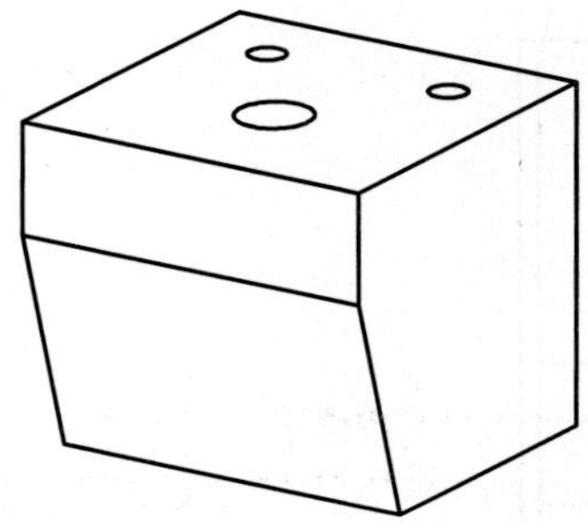

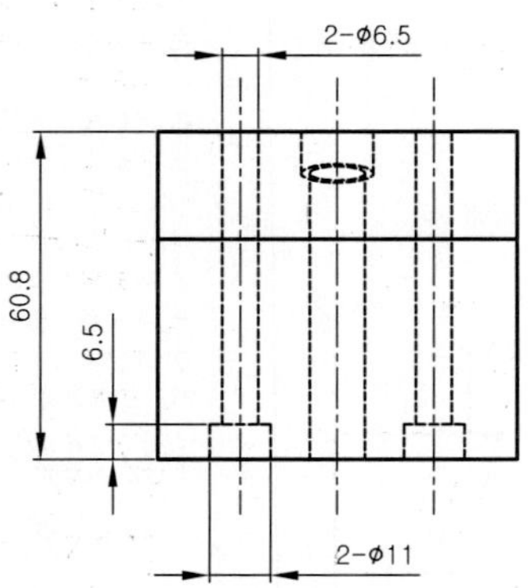

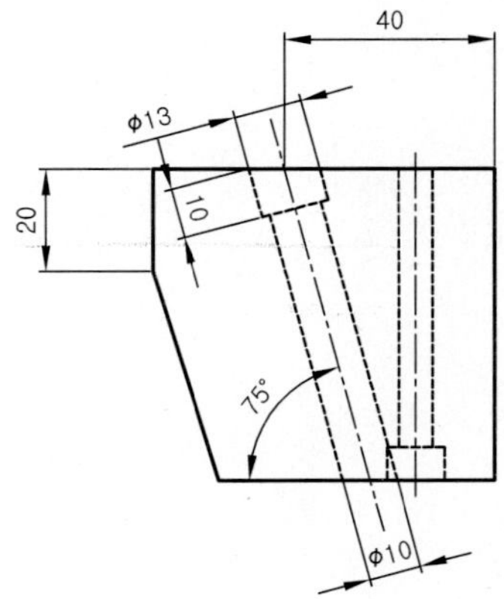

주서

1. 일반공차 - 가공부 : KS B 0412
2. 도시되고 지시없는모따기는 1x45°, 필렛 및 라운드 R3
3. 일반 모따기는 0.3~0.5x45°
4. 제품두께 : 3mm
5. 게이트 : 사이드게이트
6. 언더컷 처리 :
 외측언더컷- 앵귤러 핀을 이용한 슬라이드 구조
 내측언더컷- 변형밀핀(변형코아) 구조
7. 취출방식 : 이젝터 슬리브를 사용
8. 수축률 : 5/1000 적용
9. 캐비티 : 2캐비티
10. 표면거칠기는 기호 비교표

x/ = 3.2/ , 25S , ▽▽ , N9

y/ = 0.8/ , 6.3S , ▽▽▽ , N7

22	로킹 블록	STC3	2	HRC53
품번	품 명	재질	수량	비고
2단금형(Side b k t 슬리브 이젝트)		척 도	N S	
		각 법	3각법	

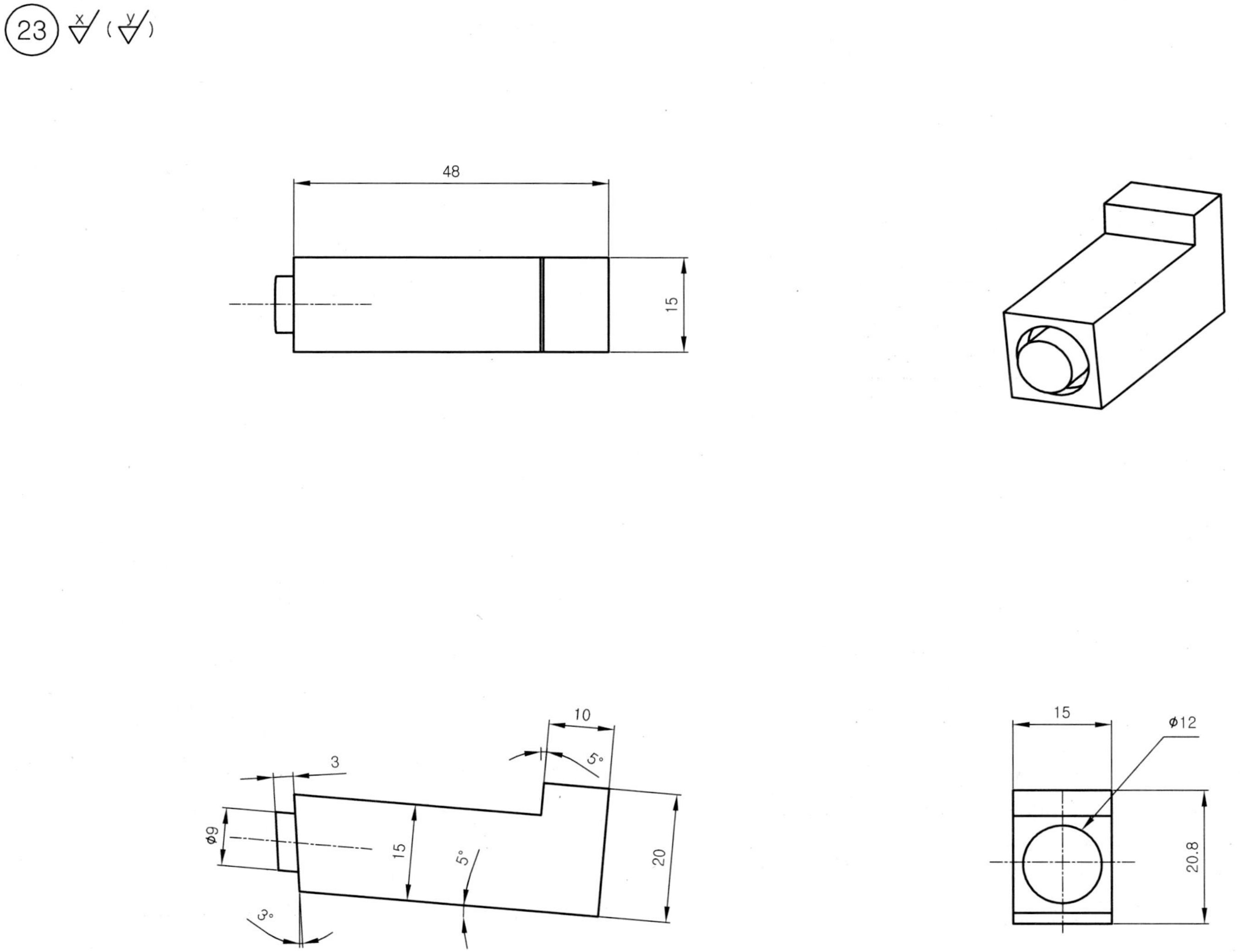

주서

1. 일반공차 - 가공부 : KS B 0412
2. 도시되고 지시없는모따기는 1x45°, 필렛 및 라운드 R3
3. 일반 모따기는 0.3~0.5x45°
4. 제품두께 : 3mm
5. 게이트 : 사이드게이트
6. 언더컷 처리 :
   외측언더컷- 앵귤러 핀을 이용한 슬라이드 구조
   내측언더컷- 변형밀핀(변형코아) 구조
7. 취출방식 : 이젝터 슬리브를 사용
8. 수축률 : 5/1000 적용
9. 캐비티 : 2캐비티
10. 표면거칠기는 기호 비교표

x = 3.2, 25S , ▽▽, N9
y = 0.8, 6.3S , ▽▽▽, N7

23	슬라이드 코어 편	KP4M	2	HRC30
품번	품 명	재질	수량	비고
2단금형(Side b k t 슬리브 이젝트)		척 도	N S	
		각 법	3각법	

24 x/ (y/)

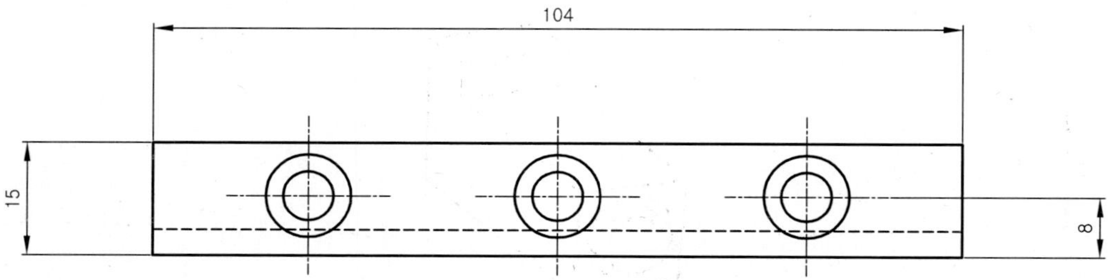

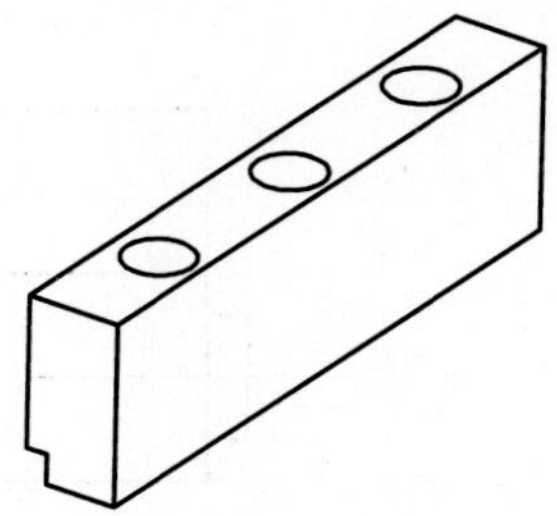

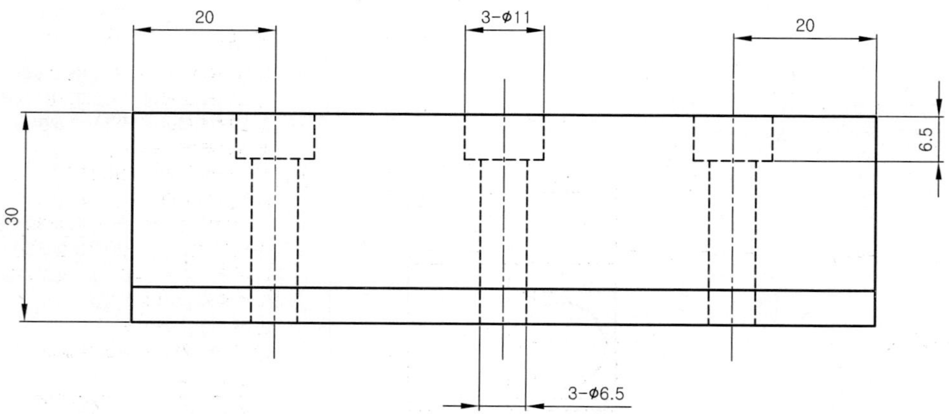

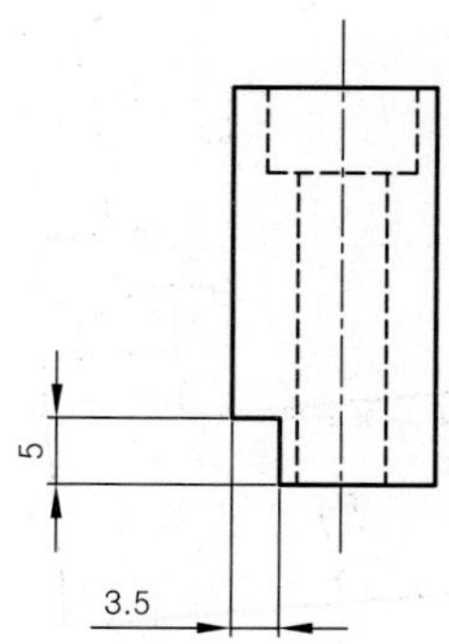

주서

1. 일반공차 - 가공부 : KS B 0412
2. 도시되고 지시없는모따기는 1x45°, 필렛 및 라운드 R3
3. 일반 모따기는 0.3~0.5x45°
4. 제품두께 : 3mm
5. 게이트 : 사이드게이트
6. 언더컷 처리 :
   외측언더컷- 앵귤러 핀을 이용한 슬라이드 구조
   내측언더컷- 변형밀핀(변형코아) 구조
7. 취출방식 : 이젝터 슬리브를 사용
8. 수축률 : 5/1000 적용
9. 캐비티 : 2캐비티
10. 표면거칠기는 기호 비교표

x/ = 3.2/ , 25S , ▽▽, N9

y/ = 0.8/ , 6.3S , ▽▽▽, N7

24	가이드 레일	STC3	4	HRC58
품번	품 명	재질	수량	비고
2단금형(Side b k t 슬리브 이젝트)		척 도	N S	
		각 법	3각법	

(25) x (y)

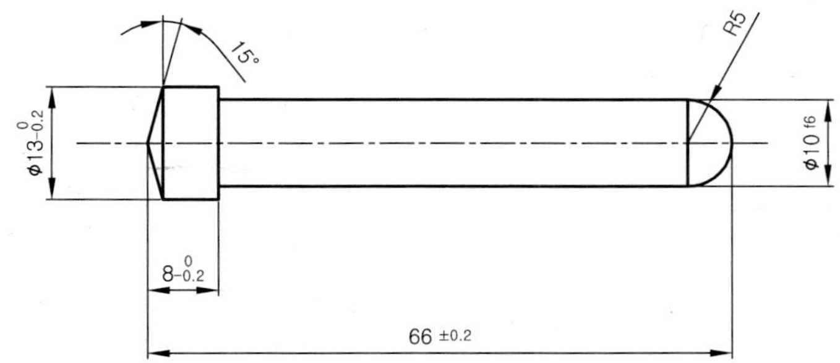

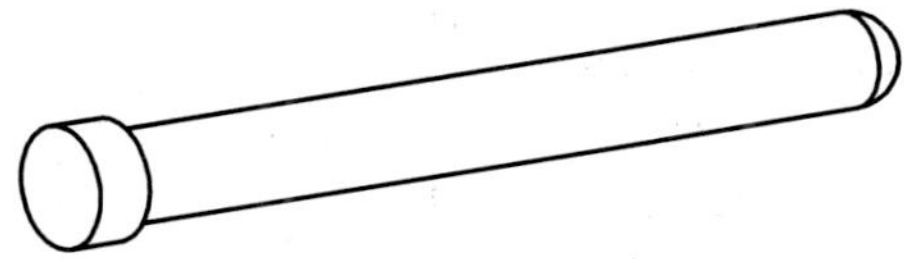

주서

1. 일반공차 - 가공부 : KS B 0412
2. 도시되고 지시없는모따기는 1x45°, 필렛 및 라운드 R3
3. 일반 모따기는 0.3~0.5x45°
4. 제품두께 : 3mm
5. 게이트 : 사이드게이트
6. 언더컷 처리 :
 외측언더컷- 앵귤러 핀을 이용한 슬라이드 구조
 내측언더컷- 변형밀핀(변형코아) 구조
7. 취출방식 : 이젝터 슬리브를 사용
8. 수축률 : 5/1000 적용
9. 캐비티 : 2캐비티
10. 표면거칠기는 기호 비교표

x = 3.2, 25S, ▽▽, N9
y = 0.8, 6.3S, ▽▽▽, N7

25	경사 핀	STC3	2	HRC60
품번	품 명	재질	수량	비고
2단금형(Side b k t 슬리브 이젝트)		척 도	N S	
		각 법	3각법	

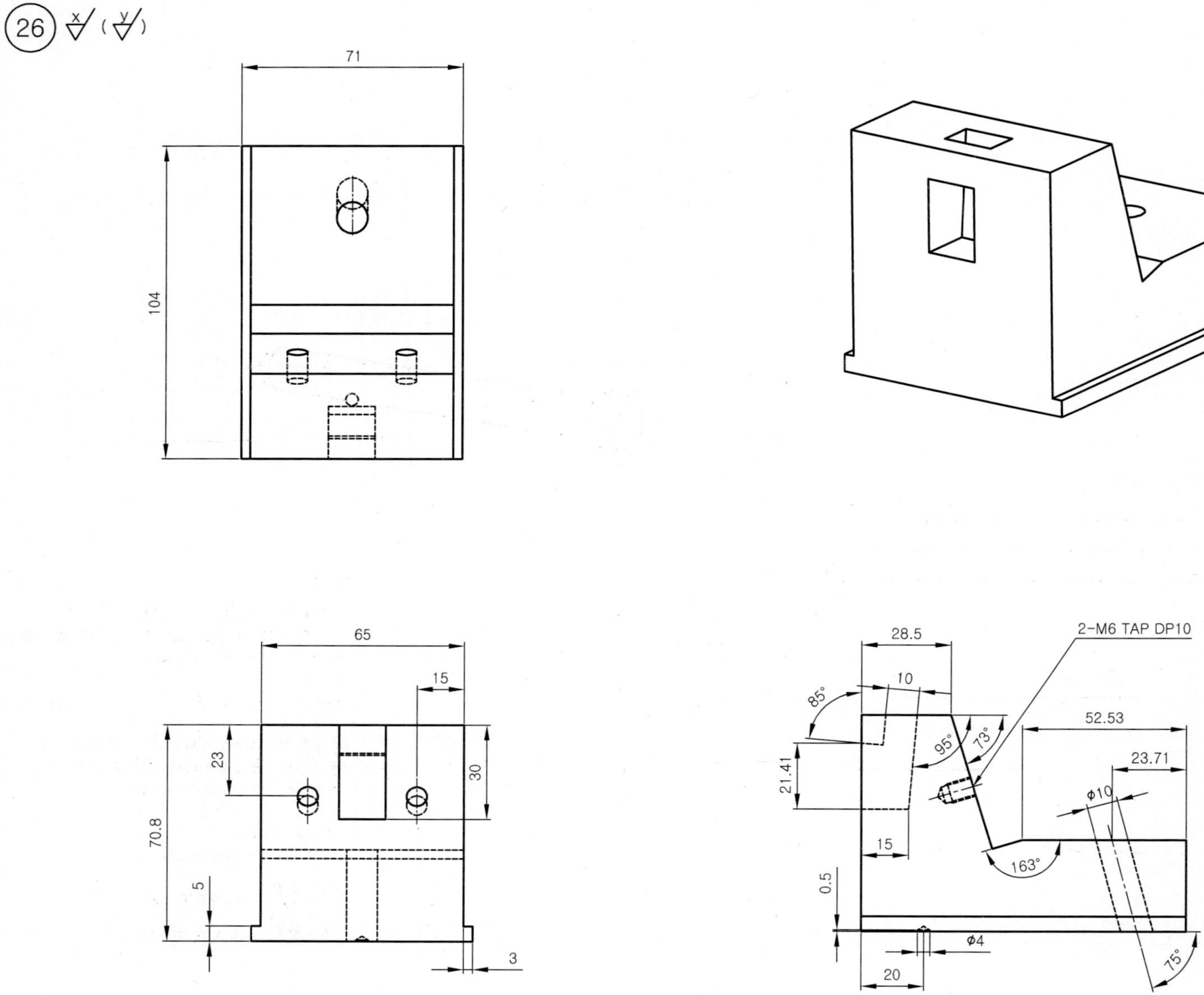

주서

1. 일반공차 - 가공부 : KS B 0412
2. 도시되고 지시없는모따기는 1x45°, 필렛 및 라운드 R3
3. 일반 모따기는 0.3~0.5x45°
4. 제품두께 : 3mm
5. 게이트 : 사이드게이트
6. 언더컷 처리 :
   외측언더컷- 앵귤러 핀을 이용한 슬라이드 구조
   내측언더컷- 변형밀핀(변형코아) 구조
7. 취출방식 : 이젝터 슬리브를 사용
8. 수축률 : 5/1000 적용
9. 캐비티 : 2캐비티
10. 표면거칠기는 기호 비교표

x∀ = 3.2∀, 25S, ▽▽, N9

y∀ = 0.8∀, 6.3S, ▽▽▽, N7

26	슬라이드 코어	KP4M	2	HRC30
품번	품 명	재질	수량	비고
2단금형(Side b k t 슬리브 이젝트)		척 도	N S	
		각 법	3각법	

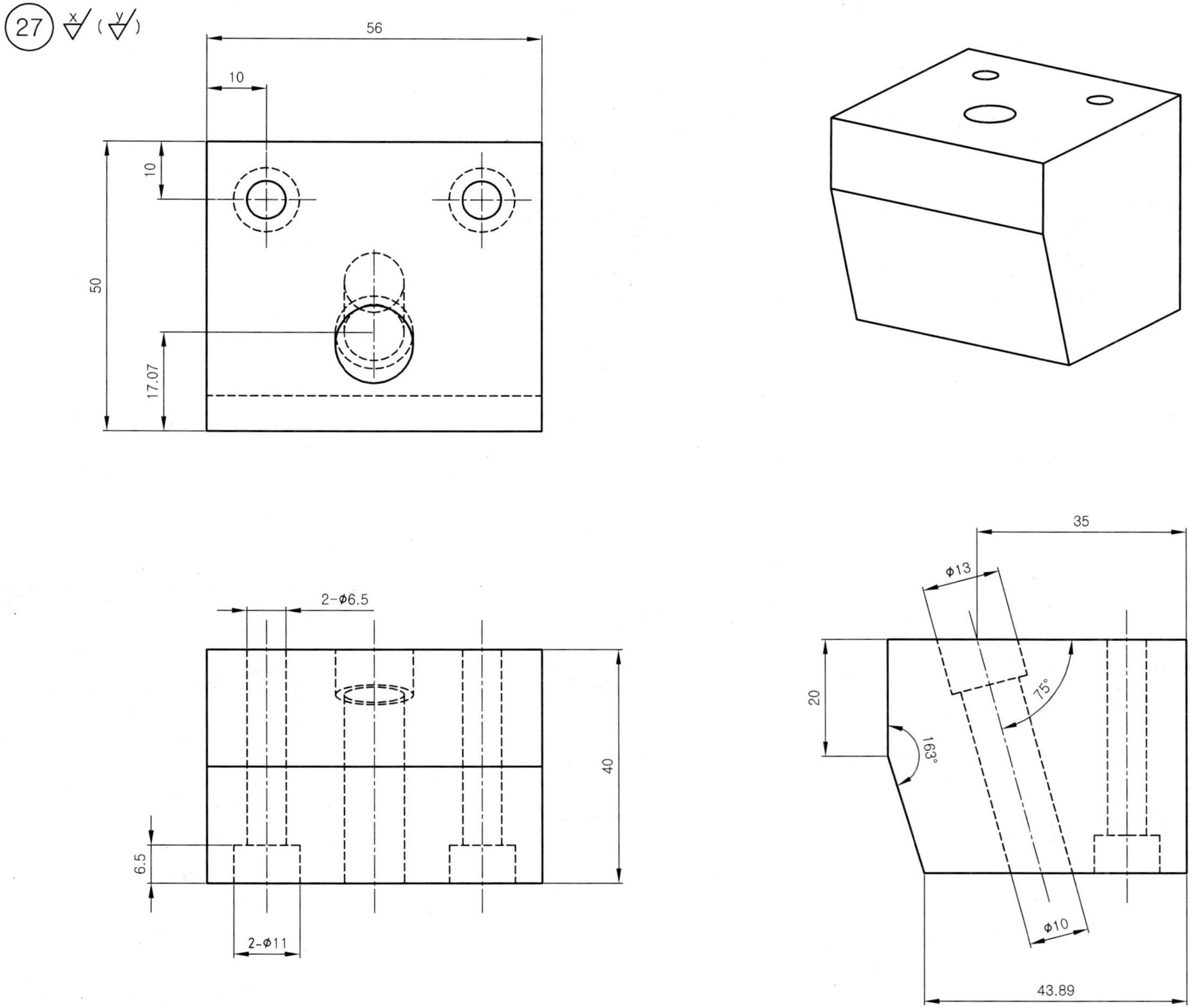

주서

1. 일반공차 - 가공부 : KS B 0412
2. 도시되고 지시없는모따기는 1x45°, 필렛 및 라운드 R3
3. 일반 모따기는 0.3~0.5x45°
4. 제품두께 : 3mm
5. 게이트 : 사이드게이트
6. 언더컷 처리 :
   외측언더컷- 앵귤러 핀을 이용한 슬라이드 구조
   내측언더컷- 변형밀핀(변형코아) 구조
7. 취출방식 : 이젝터 슬리브를 사용
8. 수축률 : 5/1000 적용
9. 캐비티 : 2캐비티
10. 표면거칠기는 기호 비교표

x∀ = 3.2∀, 25S, ▽▽, N9

y∀ = 0.8∀, 6.3S, ▽▽▽, N7

27	로킹 블록	STC3	2	HRC53
품번	품 명	재질	수량	비고
2단금형(Side b k t 슬리브 이젝트)		척 도	N S	
		각 법	3각법	

(28) x (y)

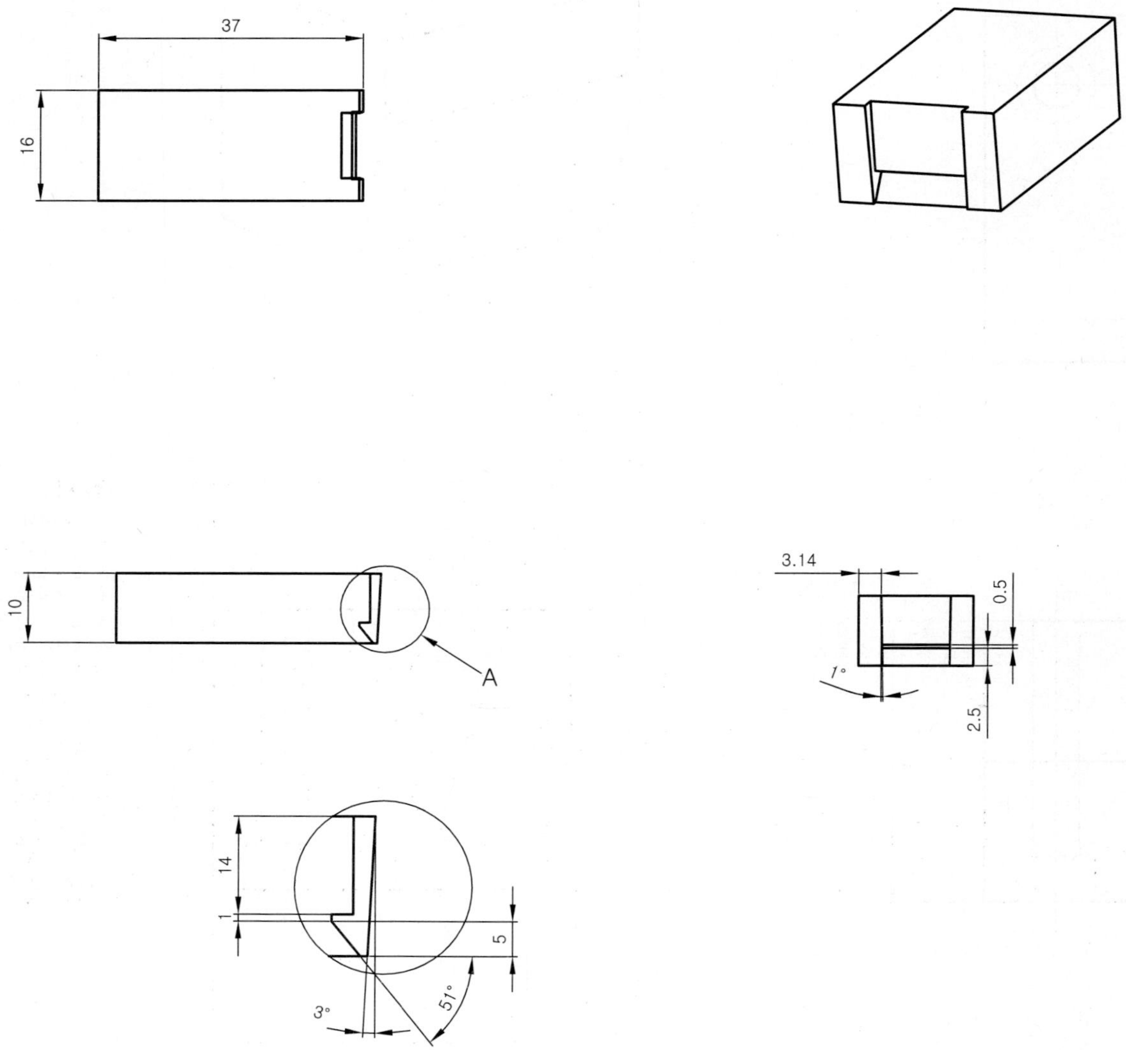

DETAIL A
SCALE 2:1

주서

1. 일반공차 - 가공부 : KS B 0412
2. 도시되고 지시없는모따기는 1x45°, 필렛 및 라운드 R3
3. 일반 모따기는 0.3~0.5x45°
4. 제품두께 : 3mm
5. 게이트 : 사이드게이트
6. 언더컷 처리 :
   외측언더컷- 앵귤러 핀을 이용한 슬라이드 구조
   내측언더컷- 변형밀핀(변형코아) 구조
7. 취출방식 : 이젝터 슬리브를 사용
8. 수축률 : 5/1000 적용
9. 캐비티 : 2캐비티
10. 표면거칠기는 기호 비교표

x = 3.2, 25S, ▽▽, N9
y = 0.8, 6.3S, ▽▽▽, N7

28	슬라이드 코어 편	KP4M	2	HRC30
품번	품 명	재질	수량	비고
2단금형(Side b k t 슬리브 이젝트)		척 도	N S	
		각 법	3각법	

(29) x/ (y/)

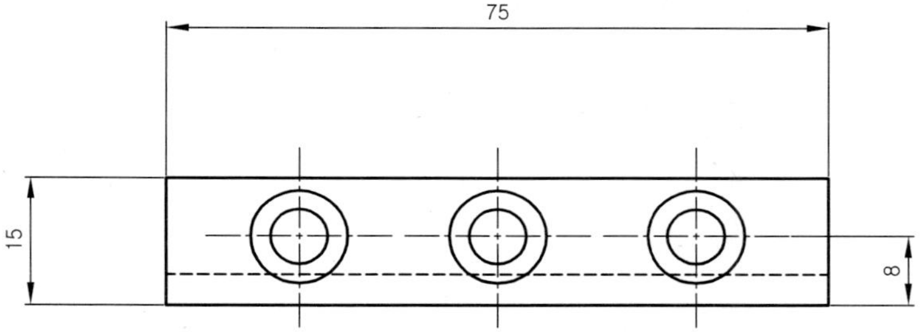

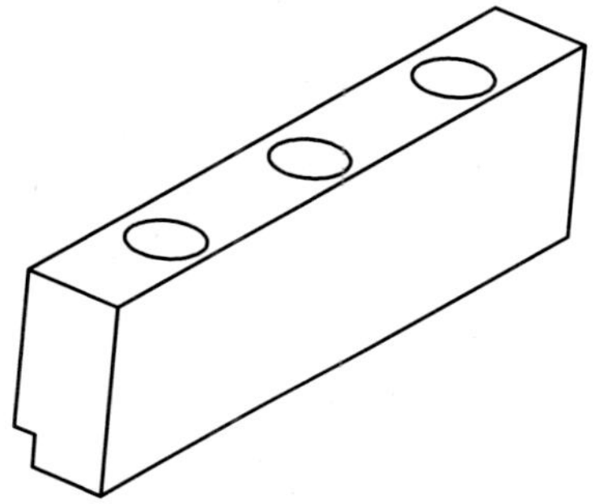

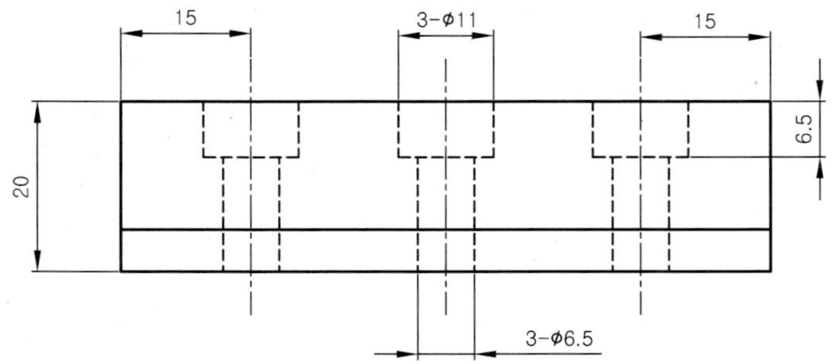

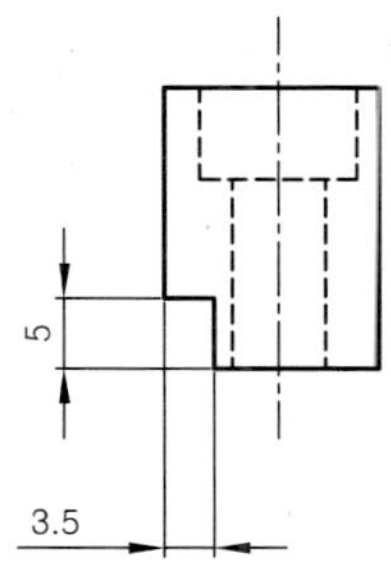

주서

1. 일반공차 - 가공부 : KS B 0412
2. 도시되고 지시없는모따기는 1x45°, 필렛 및 라운드 R3
3. 일반 모따기는 0.3~0.5x45°
4. 제품두께 : 3mm
5. 게이트 : 사이드게이트
6. 언더컷 처리 :
   외측언더컷- 앵귤러 핀을 이용한 슬라이드 구조
   내측언더컷- 변형밀핀(변형코아) 구조
7. 취출방식 : 이젝터 슬리브를 사용
8. 수축률 : 5/1000 적용
9. 캐비티 : 2캐비티
10. 표면거칠기는 기호 비교표

x/ = 3.2/ , 25S , ▽▽ , N9

y/ = 0.8/ , 6.3S , ▽▽▽ , N7

29	가이드 레일	STC3	4	HRC58
품번	품 명	재질	수량	비고
2단금형(Side b k t 슬리브 이젝트)		척 도	N S	
		각 법	3각법	

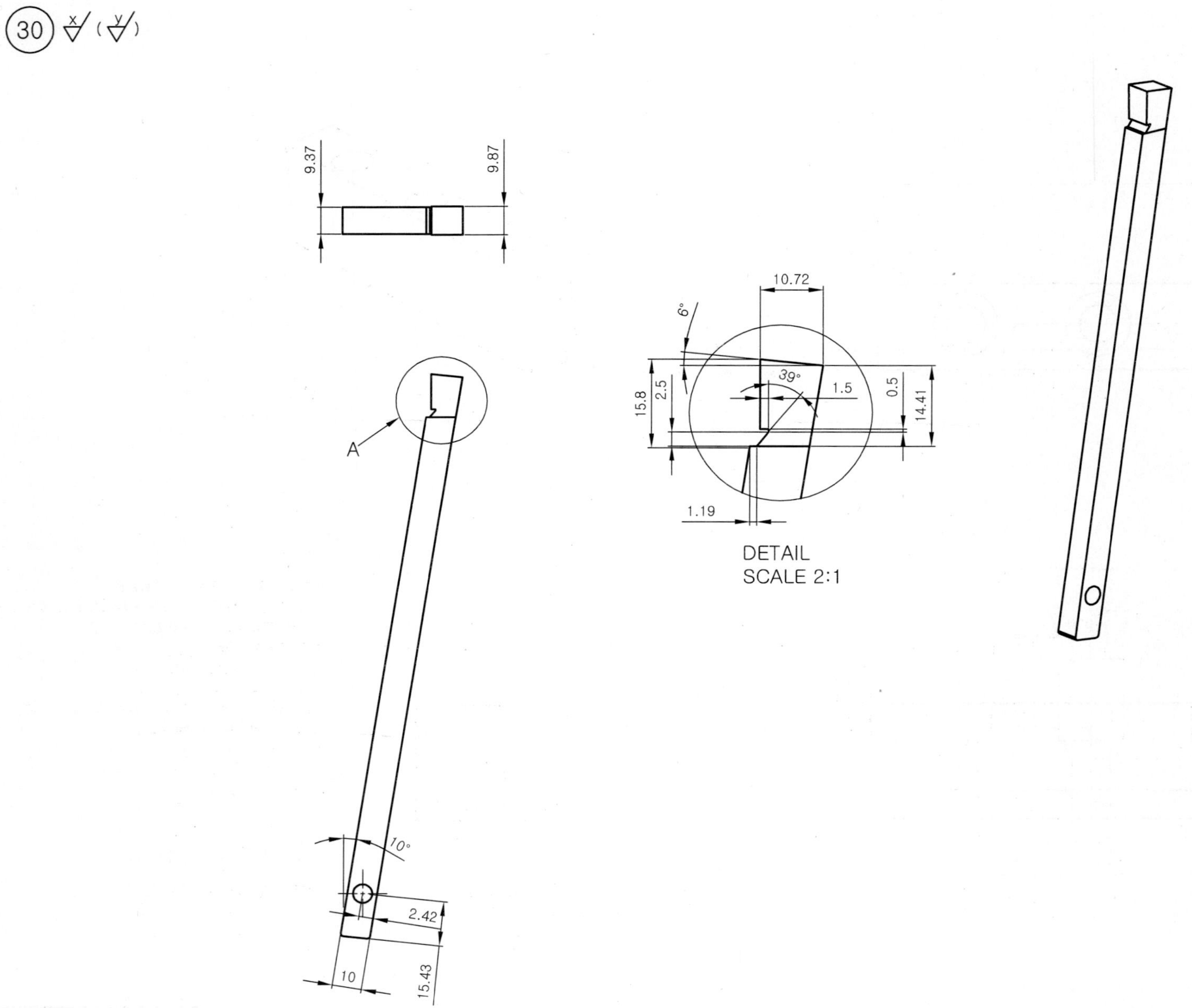

주서

1. 일반공차 - 가공부 : KS B 0412
2. 도시되고 지시없는모따기는 1x45°, 필렛 및 라운드 R3
3. 일반 모따기는 0.3~0.5x45°
4. 제품두께 : 3mm
5. 게이트 : 사이드게이트
6. 언더컷 처리 :
 외측언더컷- 앵귤러 핀을 이용한 슬라이드 구조
 내측언더컷- 변형밀핀(변형코아) 구조
7. 취출방식 : 이젝터 슬리브를 사용
8. 수축률 : 5/1000 적용
9. 캐비티 : 2캐비티
10. 표면거칠기는 기호 비교표

x/ = 3.2/, 25S, ▽▽, N9

y/ = 0.8/, 6.3S, ▽▽▽, N7

30	변형밀핀	STC3	2	
품번	품 명	재질	수량	비고
2단금형(Side b k t 슬리브 이젝트)		척 도	N S	
		각 법	3각법	

31 x (y)

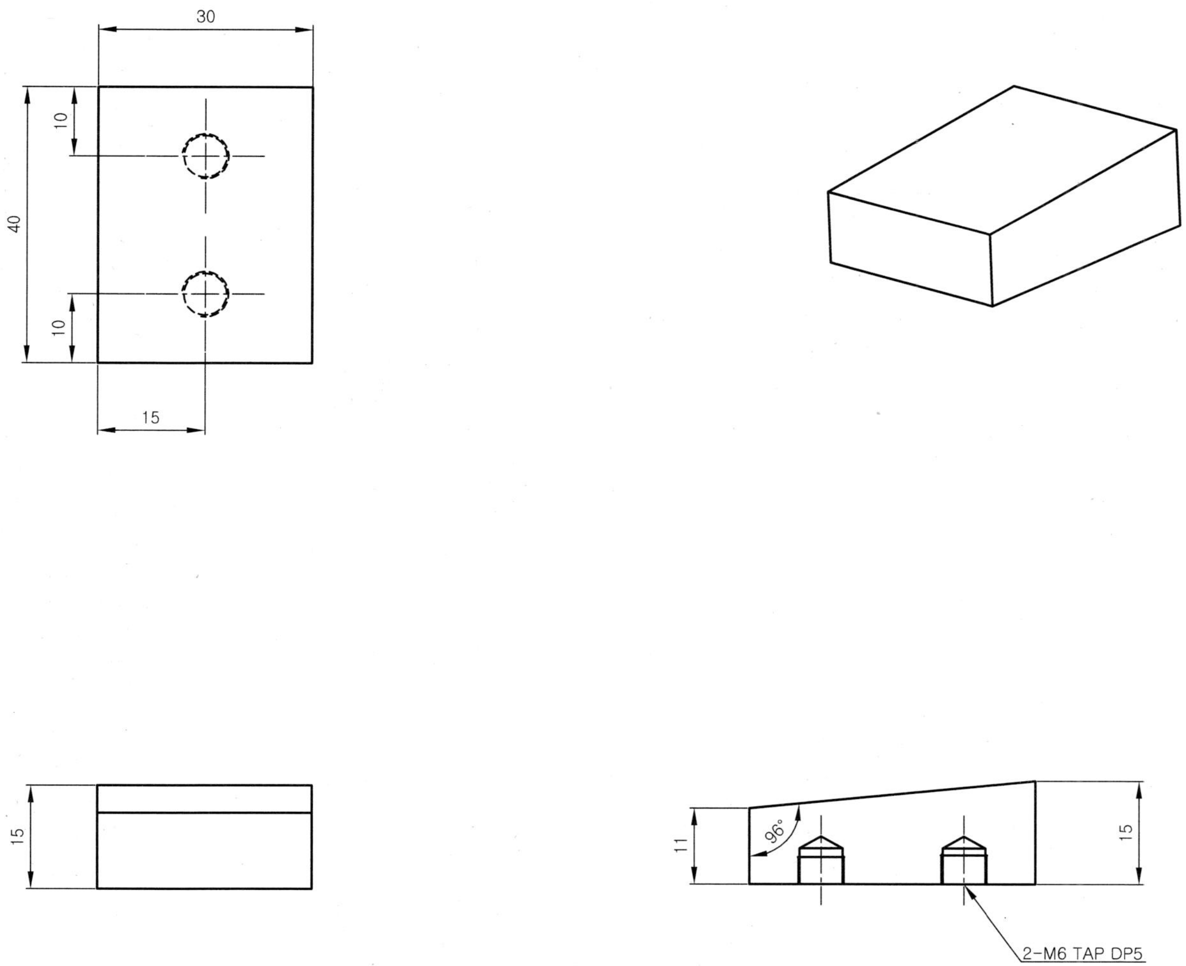

주서

1. 일반공차 - 가공부 : KS B 0412
2. 도시되고 지시없는모따기는 1x45°, 필렛 및 라운드 R3
3. 일반 모따기는 0.3~0.5x45°
4. 제품두께 : 3mm
5. 게이트 : 사이드게이트
6. 언더컷 처리 :
   외측언더컷- 앵귤러 핀을 이용한 슬라이드 구조
   내측언더컷- 변형밀핀(변형코아) 구조
7. 취출방식 : 이젝터 슬리브를 사용
8. 수축률 : 5/1000 적용
9. 캐비티 : 2캐비티
10. 표면거칠기는 기호 비교표

x = 3.2, 25S, ▽▽, N9

y = 0.8, 6.3S, ▽▽▽, N7

31	연마판	STC3	2	
품번	품 명	재질	수량	비고
2단금형(Side b k t 슬리브 이젝트)		척 도	N S	
		각 법	3각법	

(32) x/ (y/)

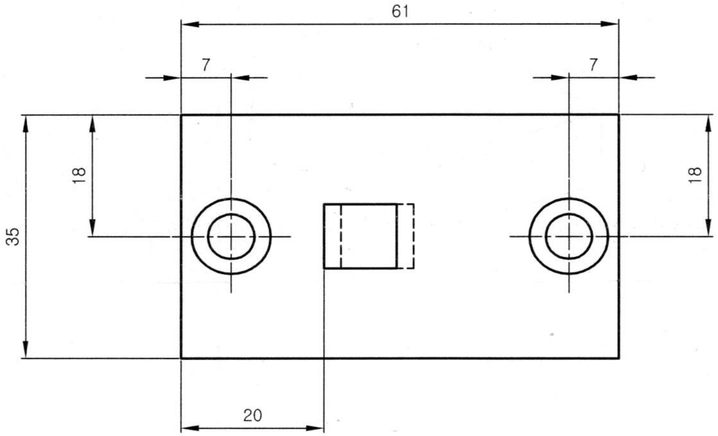

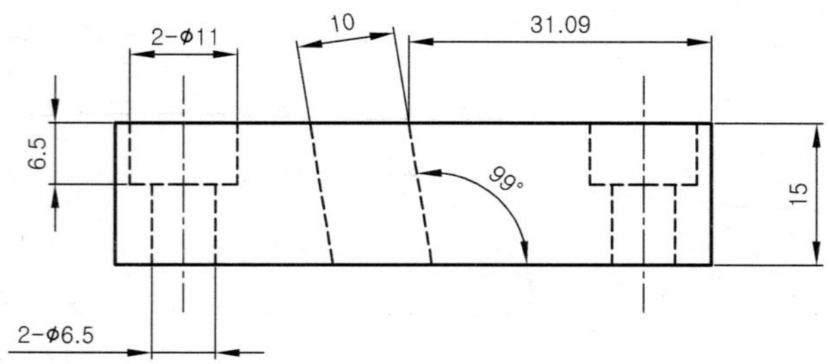

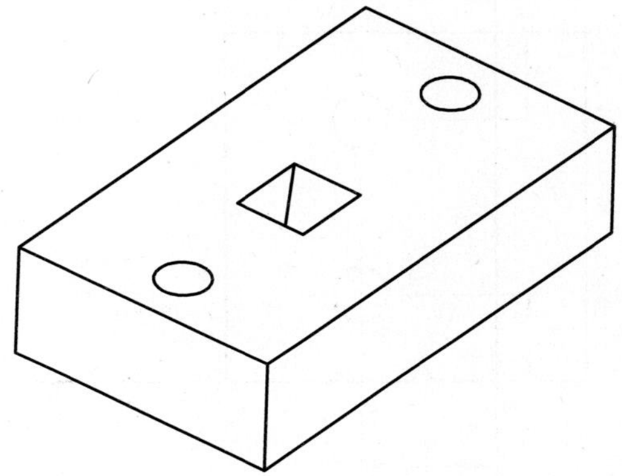

주서

1. 일반공차 - 가공부 : KS B 0412
2. 도시되고 지시없는모따기는 1x45°, 필렛 및 라운드 R3
3. 일반 모따기는 0.3~0.5x45°
4. 제품두께 : 3mm
5. 게이트 : 사이드게이트
6. 언더컷 처리 :
 외측언더컷- 앵귤러 핀을 이용한 슬라이드 구조
 내측언더컷- 변형밀핀(변형코아) 구조
7. 취출방식 : 이젝터 슬리브를 사용
8. 수축률 : 5/1000 적용
9. 캐비티 : 2캐비티
10. 표면거칠기는 기호 비교표

x/ = 3.2/ , 25S , ▽▽ , N9

y/ = 0.8/ , 6.3S , ▽▽▽ , N7

32	변형밀핀 가이드	STC3	2	
품번	품 명	재질	수량	비고
2단금형(Side b k t 슬리브 이젝트)		척 도	N S	
		각 법	3각법	

(33) x/ (y/)

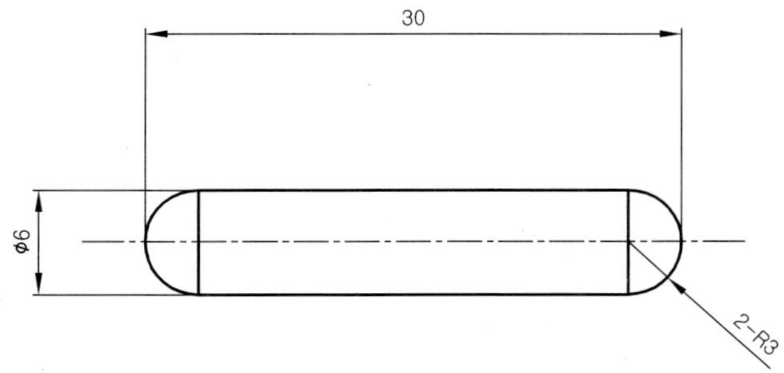

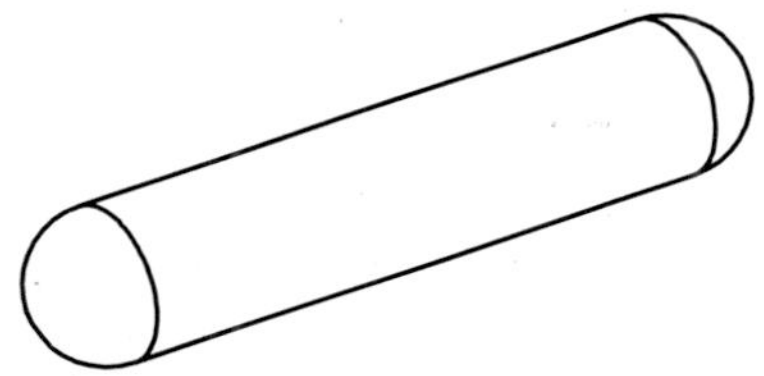

주서

1. 일반공차 - 가공부 : KS B 0412
2. 도시되고 지시없는모따기는 1x45°, 필렛 및 라운드 R3
3. 일반 모따기는 0.3~0.5x45°
4. 제품두께 : 3mm
5. 게이트 : 사이드게이트
6. 언더컷 처리 :
 외측언더컷- 앵귤러 핀을 이용한 슬라이드 구조
 내측언더컷- 변형밀핀(변형코아) 구조
7. 취출방식 : 이젝터 슬리브를 사용
8. 수축률 : 5/1000 적용
9. 캐비티 : 2캐비티
10. 표면거칠기는 기호 비교표

x/ = 3.2/, 25S , ▽▽, N9

y/ = 0.8/, 6.3S , ▽▽▽, N7

33	원형핀	STC3	2	
품번	품 명	재질	수량	비고
2단금형(Side b k t 슬리브 이젝트)		척 도	N S	
		각 법	3각법	

(36) x/ (y/)

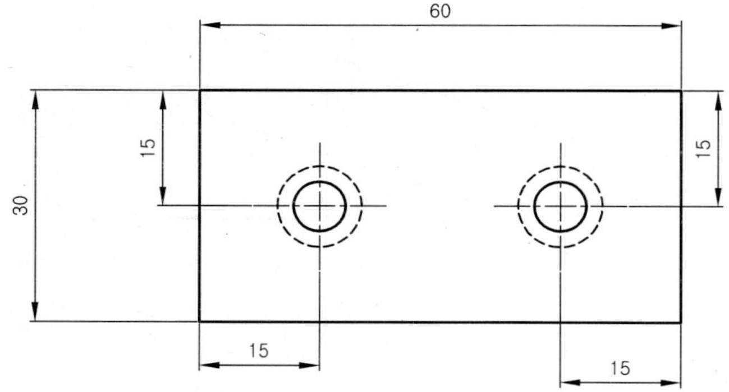

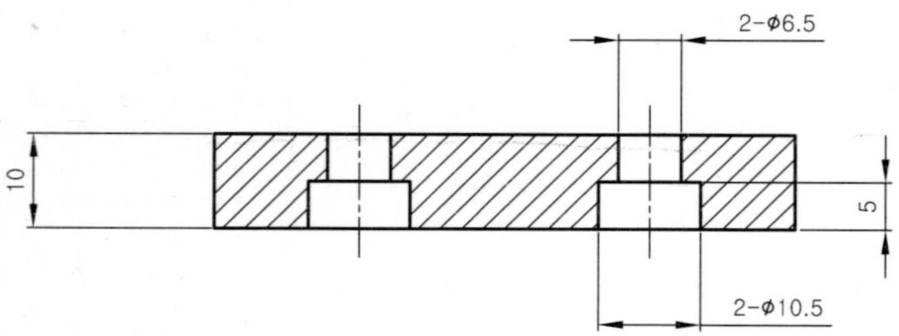

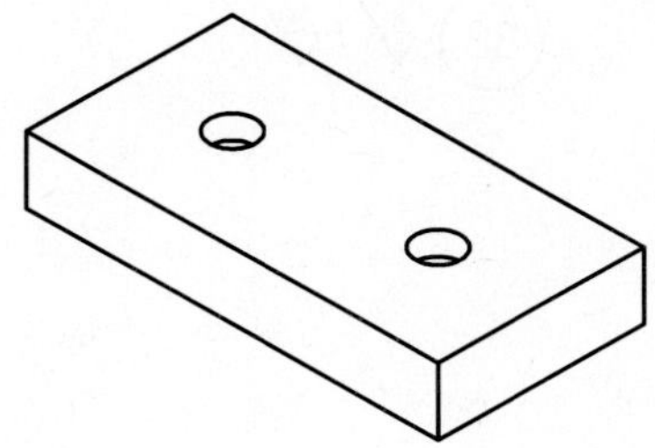

주서

1. 일반공차 - 가공부 : KS B 0412
2. 도시되고 지시없는모따기는 1x45°, 필렛 및 라운드 R3
3. 일반 모따기는 0.3~0.5x45°
4. 제품두께 : 3mm
5. 게이트 : 사이드게이트
6. 언더컷 처리 :
   외측언더컷- 앵귤러 핀을 이용한 슬라이드 구조
   내측언더컷- 변형밀핀(변형코아) 구조
7. 취출방식 : 이젝터 슬리브를 사용
8. 수축률 : 5/1000 적용
9. 캐비티 : 2캐비티
10. 표면거칠기는 기호 비교표

x/ = 3.2/ , 25S , ▽▽ , N9

y/ = 0.8/ , 6.3S , ▽▽▽ , N7

36	파팅 플레이트	STC3	6	
품번	품 명	재질	수량	비고
2단금형(Side b k t 슬리브 이젝트)		척 도	N S	
		각 법	3각법	

(37) x/ (y/)

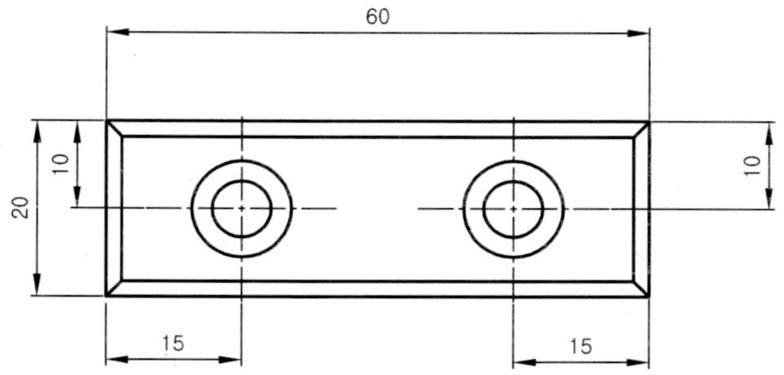

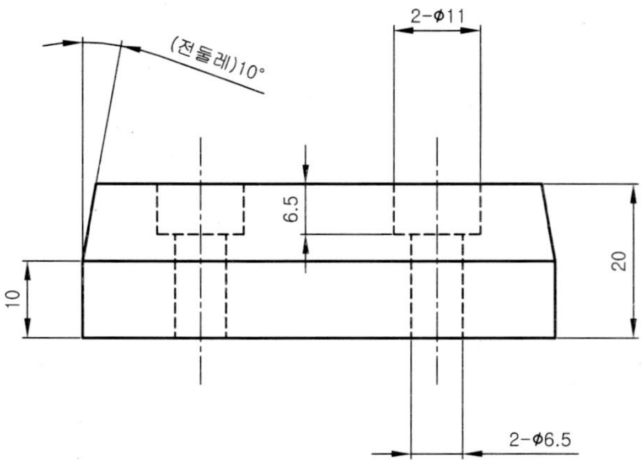

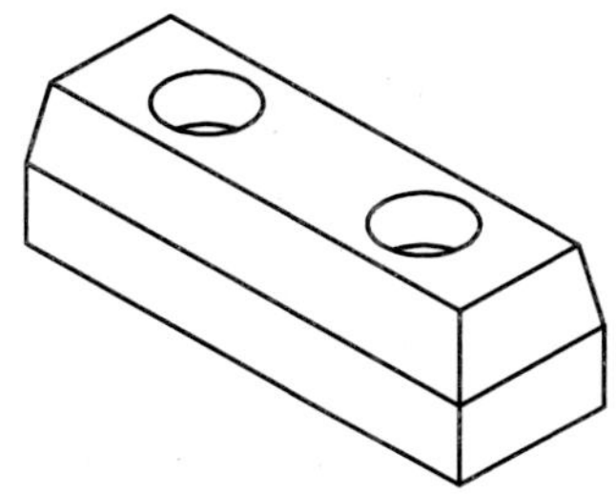

주서

1. 일반공차 - 가공부 : KS B 0412
2. 도시되고 지시없는모따기는 1x45°, 필렛 및 라운드 R3
3. 일반 모따기는 0.3~0.5x45°
4. 제품두께 : 3mm
5. 게이트 : 사이드게이트
6. 언더컷 처리 :
 외측언더컷- 앵귤러 핀을 이용한 슬라이드 구조
 내측언더컷- 변형밀핀(변형코아) 구조
7. 취출방식 : 이젝터 슬리브를 사용
8. 수축률 : 5/1000 적용
9. 캐비티 : 2캐비티
10. 표면거칠기는 기호 비교표

x/ = 3.2/ , 25S , ▽▽ , N9

y/ = 0.8/ , 6.3S , ▽▽▽ , N7

37	인로우	STC3	6	
품번	품 명	재질	수량	비고
2단금형(Side b k t 슬리브 이젝트)		척 도	N S	
		각 법	3각법	

3.5 2단금형(Cover2 슬리브이젝트)

요구사항

1) 모델 지급 : 2D & 3차원 Solid model를 이용한 설계
2) 적용 수지 : ABS, 수축률 5/1000 적용, 빼기구배는 고려하지 않아도 됨.
3) 사출성형기 사양 : 고정측 중앙부 구멍직경 ∅100mm, 사출기 노즐의 선단직경 ∅19mm, 사출기 노즐직경은 3mm임.
4) 금형 종류 : 2단금형/슬라이드(1cavity)
5) 유동주입기구 : 중앙으로 하여 사이드 게이트로 설계하되, 위치와 개수는 설계자가 결정하여 할 것.
6) 취출시스템 6-1) 제품 취출시 문제가 없도록 설계자 임의로 설계하되, 보스부는 ejector sleeve 또는 core pin을 사용할 것.
   6-2) Under cut처리 :
      6-2-1) 외측언더컷은 angular pin을 이용한 슬라이드 구조를 사용할 것(앵귤러핀, 로킹블럭, 가이드레일, 스토퍼 등 슬라이드 부품을 가능한 자세히 표현할 것)
      6-2-2) 내측 언더컷은 변형밀핀(변형코어) 구조를 사용할 것(특히 취출시 제품의 취출 밸런스를 고려하여 설계할 것)
7) 형상부 7-1) 파팅 : 제품의 외관 품질을 고려하여 설계자가 결정할 것.
   7-2) cavity와 core : 원판과 Core, Cavity 블록은 조립형으로 하되 가공성, 조립 용이성, 동작성 등에 문제가 없도록 설계할 것.
8) 냉각시스템 8-1) 고정측 냉각 설계는 설계방식에 준하여 직선형 냉각회로를 사용할 것.
   8-2) 가동측 냉각 설계는 코어 냉각을 별도로 설계하여 코어 플레이트 냉각회로와 연결할 것(필요에 따라 Baffle 등을 사용할 수 있음)
9) Moldbase 9-1) 설계방안에 맞는 2단 Moldbase를 설계자가 선택하여 결정할 것.
   9-2) Bolt, O-ring, Eye-bolt-tap, Tap, Nipple 등은 설계하지 않아도 됨.
   9-3) 설계하고자 하는 금형의 구조 및 작동성에 맞추어서 Guide Pin, Bush, Pin류 등은 설계자가 선정하여 설계할 것.

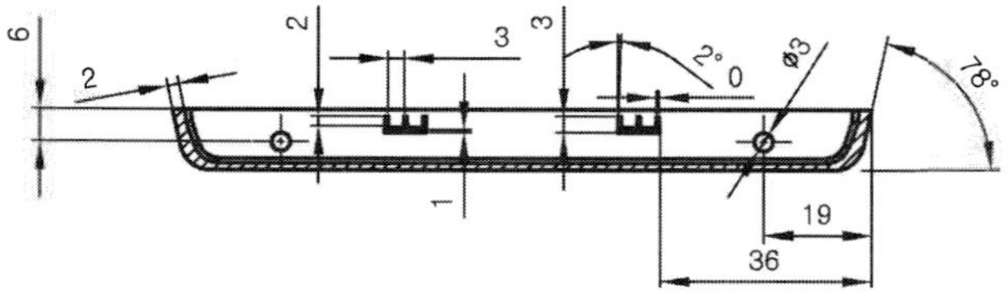

SECTION B-B'

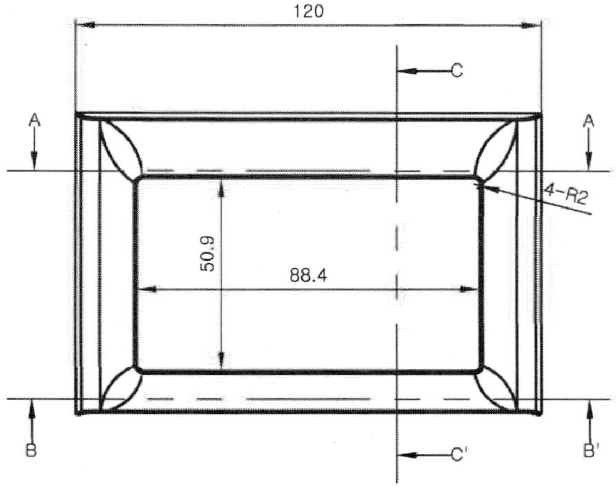

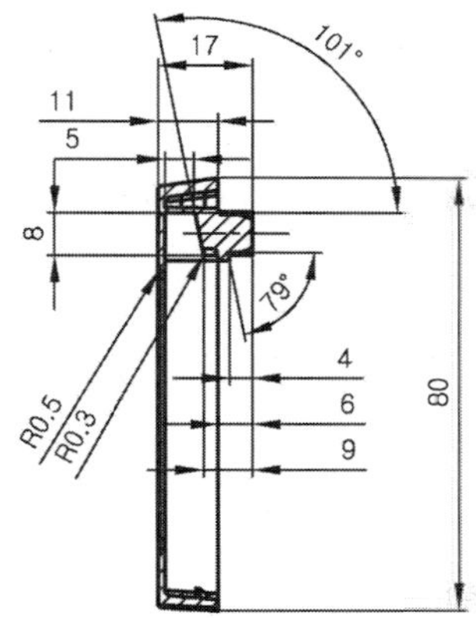

SECTION C-C'

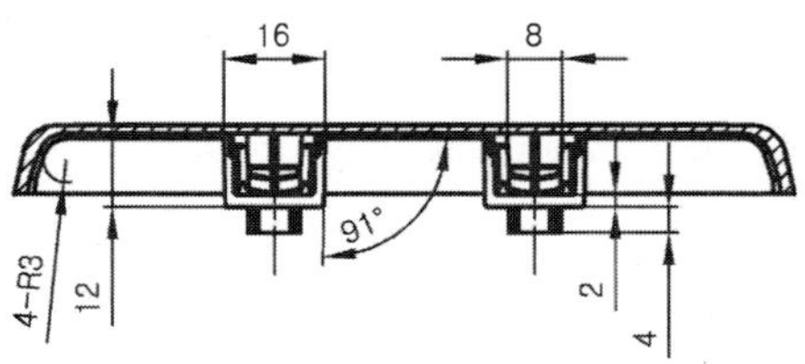

SECTION A-A'

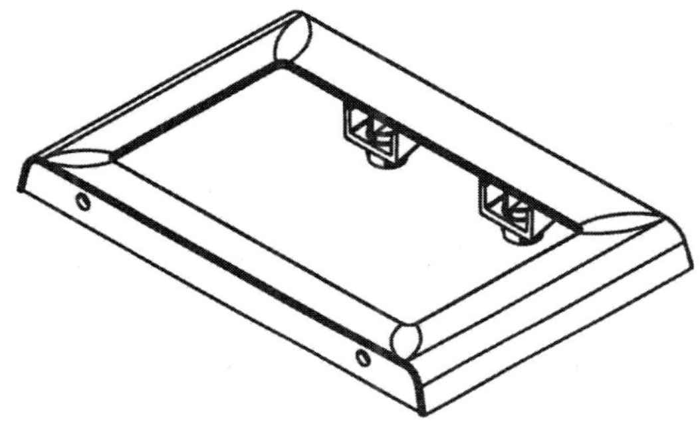

주서

1. 일반공차 - 가공부 : KS B 0412
2. 도시되고 지시없는모따기는 1x45°, 필렛 및 라운드 R3
3. 일반 모따기는 0.3~0.5x45°
4. 표면거칠기는 기호 비교표
5. 1 cavity, 사이드 게이트로 설계한다.

x/ = 3.2/, 25S , ▽▽, N9

y/ = 0.8/, 6.3S , ▽▽▽, N7

0	Product	ABS	2	
품 번	품 명	재 질	수 량	비 고
작품명	COVER2		척 도	1.5 : 1
			투상법	3각법

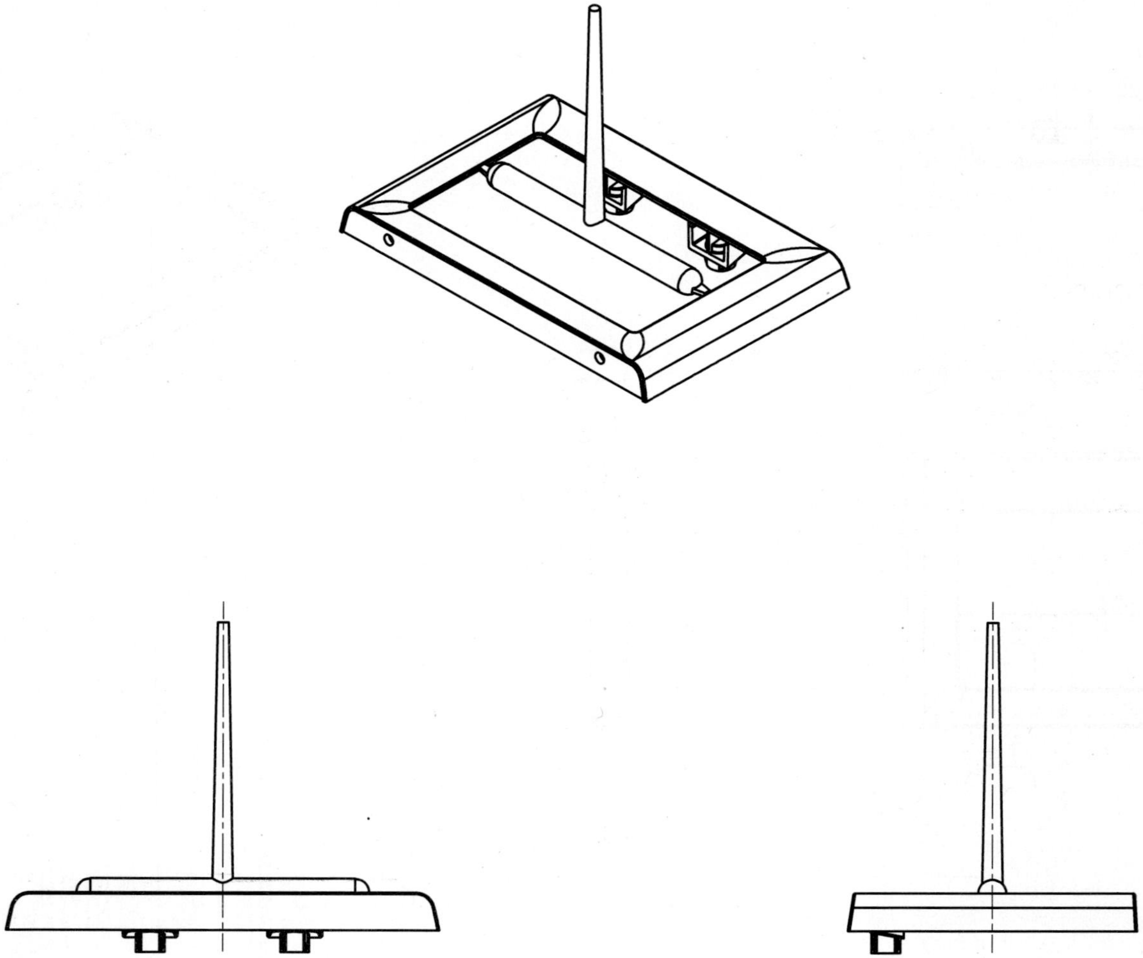

0	유동기구	ABS	1	
품 번	품 명	재 질	수 량	비 고
작품명	COVER2		척 도	1 : 1
			투상법	3각법

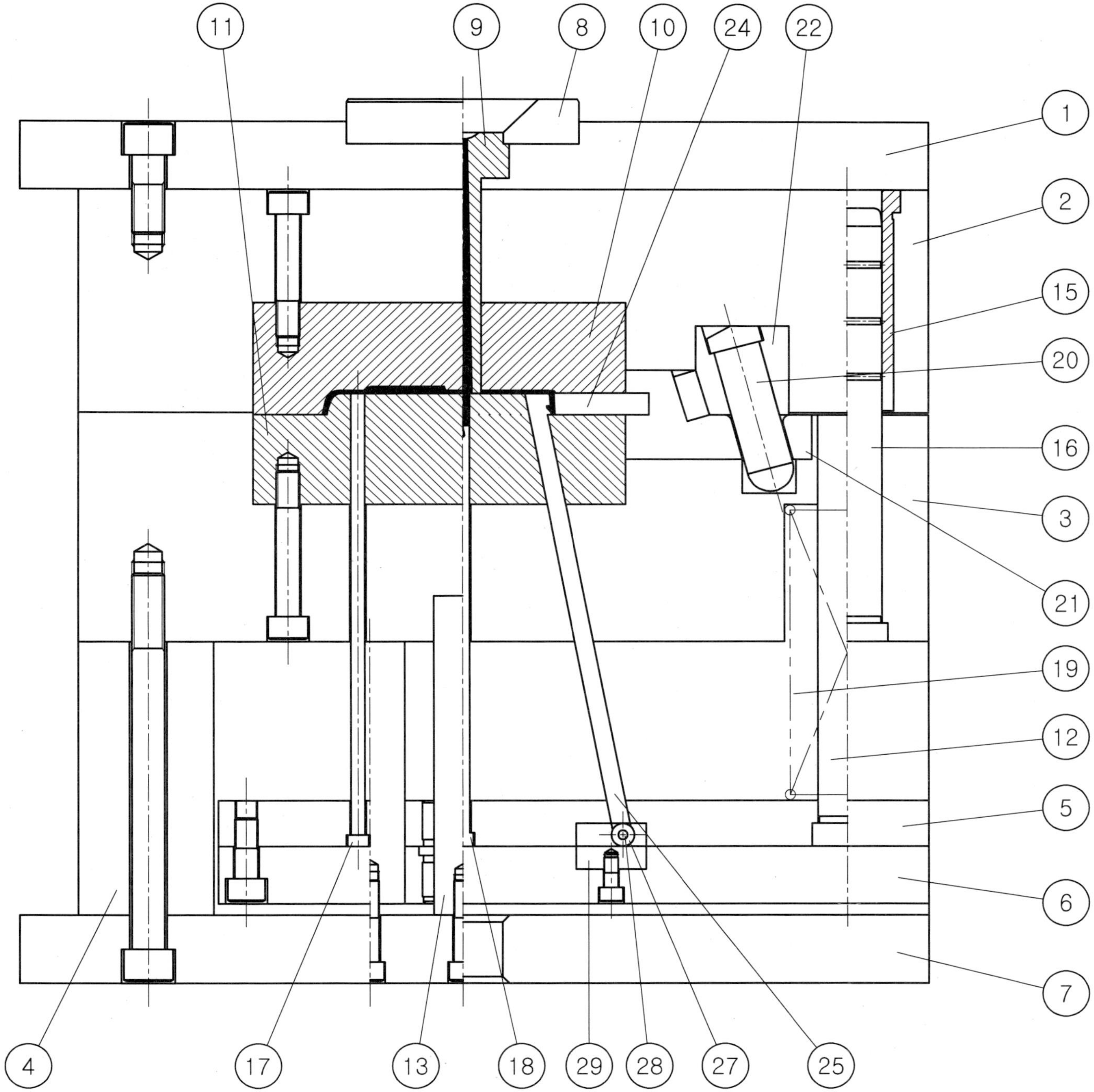

35	이젝터 핀	STC3	2	
34	슬리브 이젝터 핀	STC3	2	
33	연마판	STC3	1	
32	코어핀	STC3	2	
31	변형 밀핀 편	STC3	2	
30	변형 밀핀	STC3	1	
29	연마판	STC3	1	
28	원형 핀	STC3	6	
27	변형 밀핀 레일	STC3	4	
26	변형 밀핀 가이드	STC3	2	
25	변형 밀핀	STC3	2	
24	슬라이드 코어 편	KP4M	1	HRC30
23	가이드 레일	STC3	2	HRC58
22	로킹 블록	STC3	1	HRC53
21	슬라이드 코어	KP4M	1	HRC30
20	경사 핀	STC3	1	HRC60
19	스프링	규격품	4	
18	스프루 록 핀	SKD61	1	HRC50
17	이젝터 핀	STC3	4	HRC58
16	가이드 핀	STC3	4	HRC58
15	가이드 부시	STC3	4	HRC58
14	스톱 핀	STC3	4	HRC50
13	이젝터 가이드 핀	STC3	2	HRC58
12	리턴 핀	STC3	4	HRC58
11	코어	KP4M	1	HRC30
10	캐비티	KP4M	1	HRC30
9	스프루 부시	SM45C	1	
8	로케이트 링	SM45C	1	
7	가동측 설치판	SM45C	1	
6	이젝터 플레이트(하)	SM45C	1	
5	이젝터 플레이트(상)	SM45C	1	
4	스페이서 블록	SM45C	2	
3	가동측 형판	SM45C	1	
2	고정측 형판	SM45C	1	
1	고정측 설치판	SM45C	1	
품번	품 명	재질	수량	비고
2단금형(cover2 슬리브 이젝트)		척 도	N S	
		각 법	3각법	

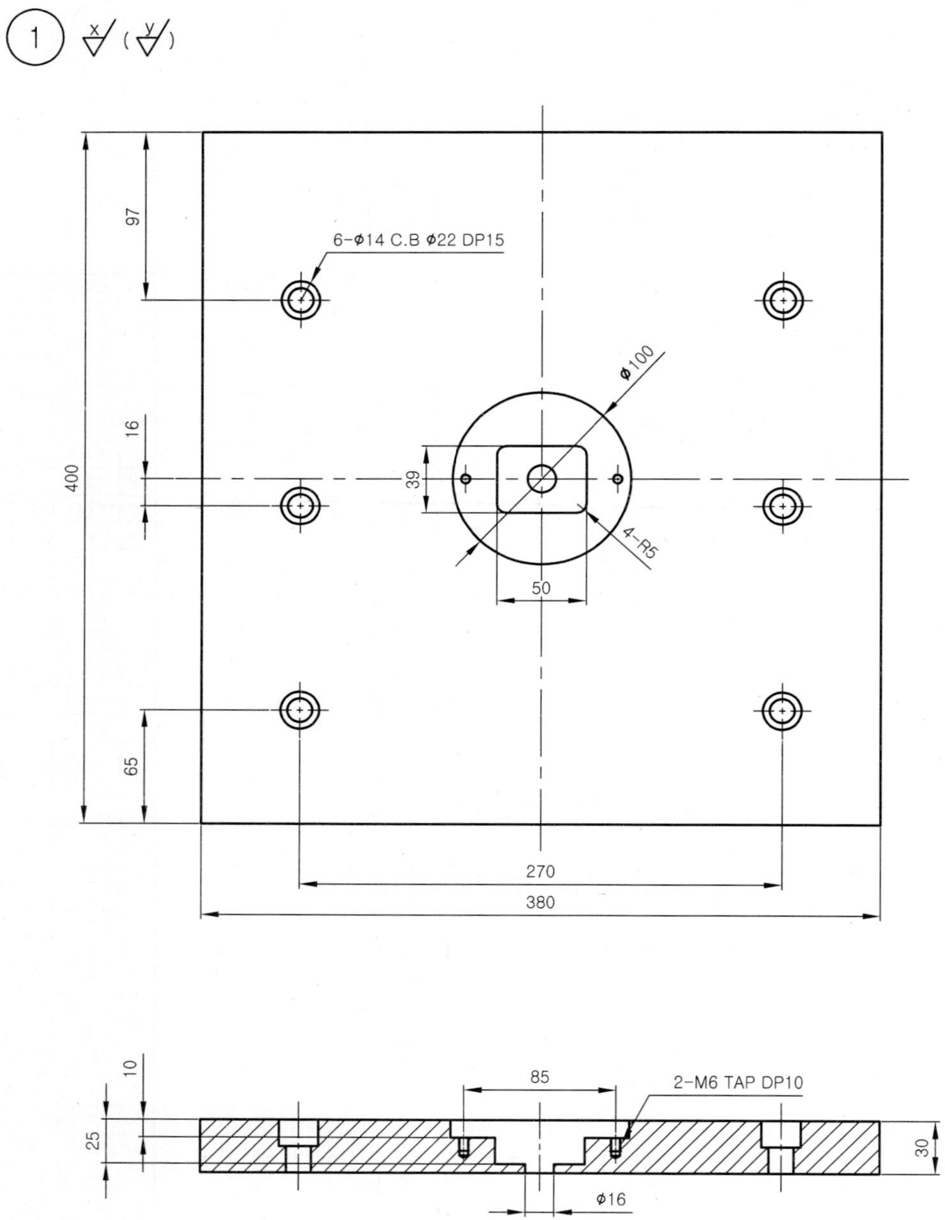

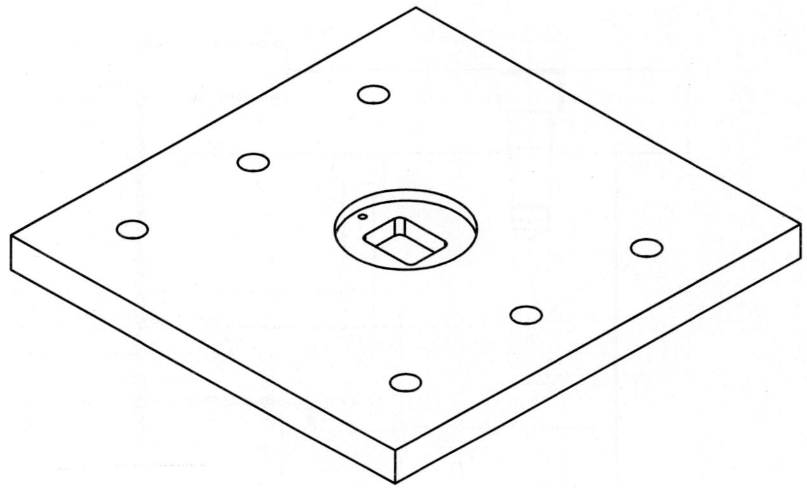

주서

1. 일반공차 - 가공부 : KS B 0412
2. 도시되고 지시없는모따기는 1x45°, 필렛 및 라운드 R3
3. 일반 모따기는 0.3~0.5x45°
4. 표면거칠기는 기호 비교표

x = 3.2, 25S, ▽▽, N9
y = 0.8, 6.3S, ▽▽▽, N7

1	고정측 설치판	SM45C	1	
품 번	품 명	재 질	수 량	비 고
2단금형(cover2 슬리브 이젝트)			척 도	0.5 : 1
			투상법	3각법

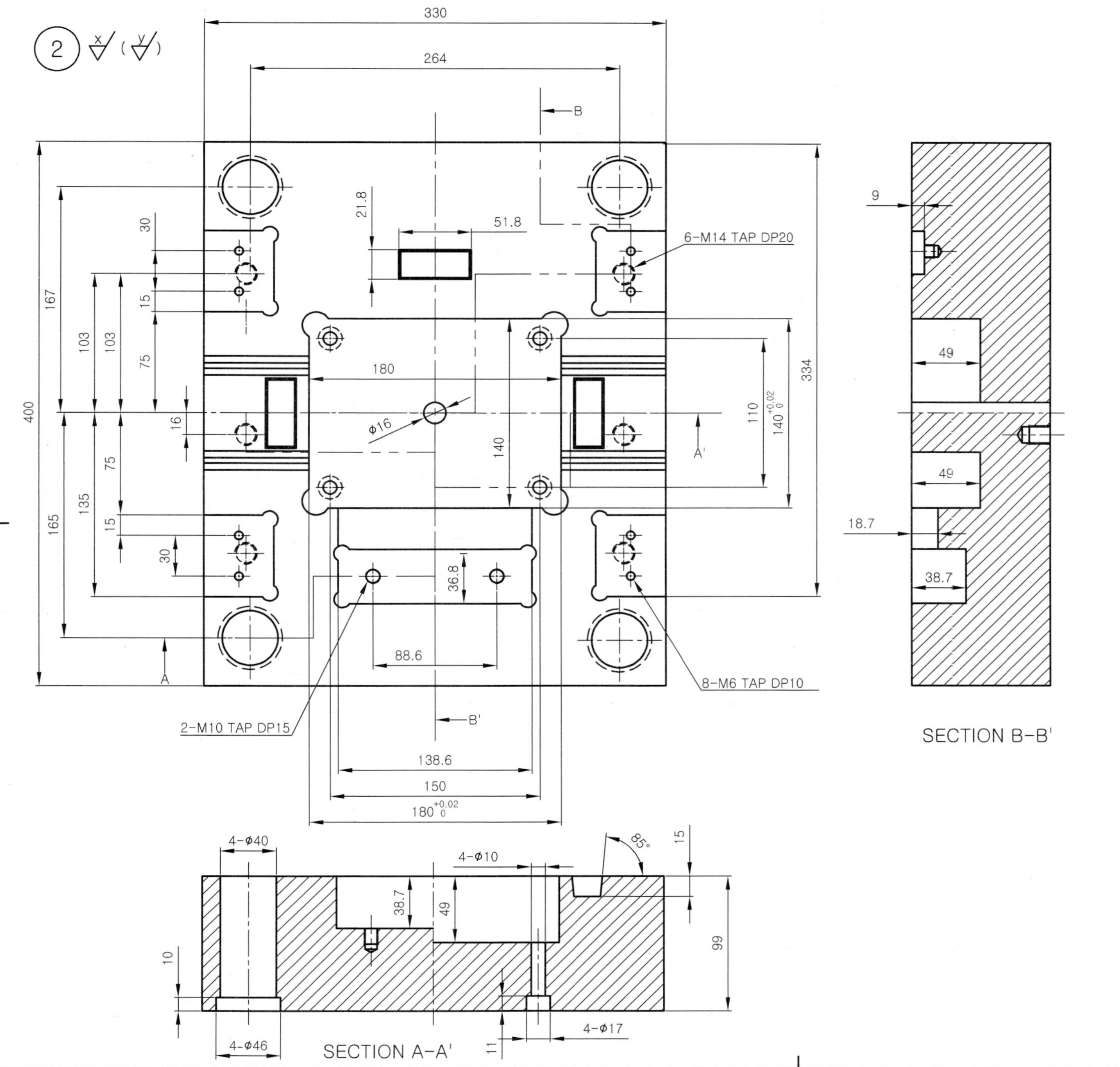

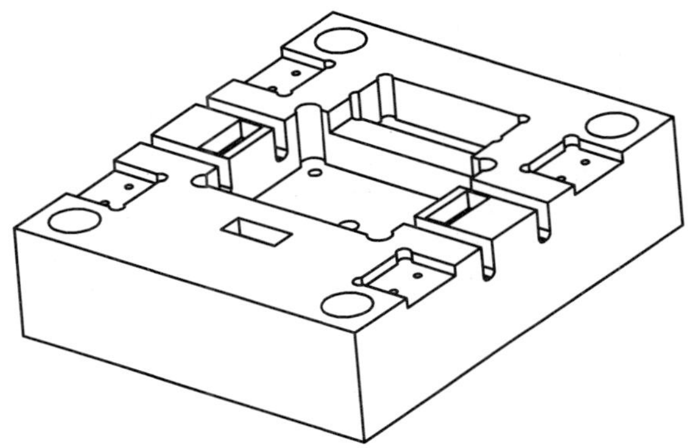

주서

1. 일반공차 - 가공부 : KS B 0412
2. 도시되고 지시없는모따기는 1x45°, 필렛 및 라운드 R3
3. 일반 모따기는 0.3~0.5x45°
4. 표면거칠기는 기호 비교표

x = 3.2, 25S, ▽▽, N9

y = 0.8, 6.3S, ▽▽▽, N7

2	고정측 형판	SM45C	1	
품 번	품 명	재 질	수 량	비 고
2단금형(cover2 슬리브 이젝트)			척 도	1 : 0.5
			투상법	3각법

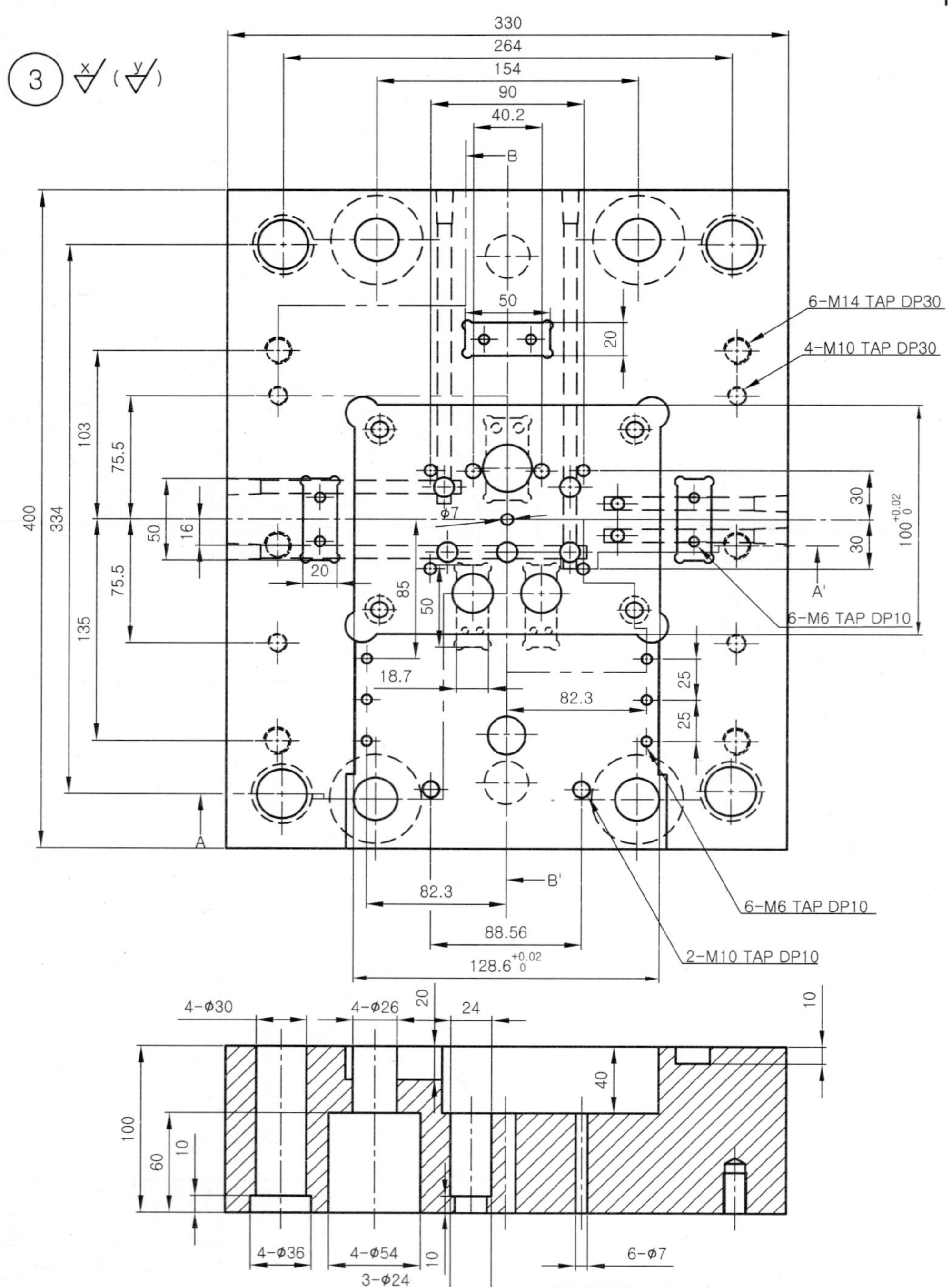

SECTION A-A'

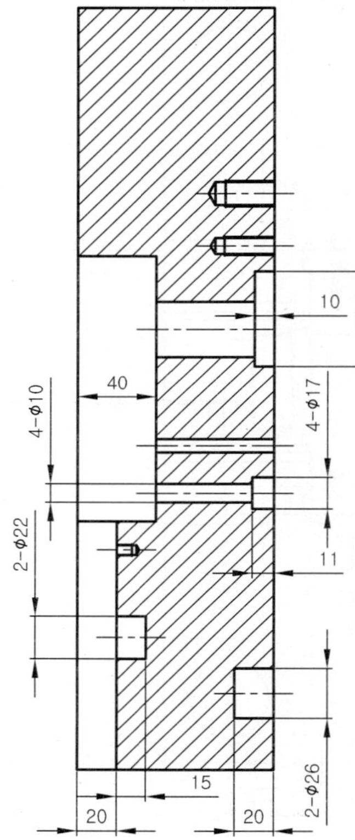

SECTION B-B'

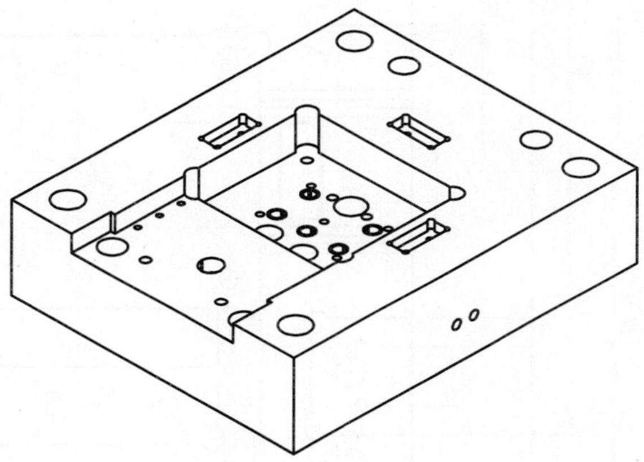

주서

1. 일반공차 - 가공부 : KS B 0412
2. 도시되고 지시없는모따기는 1x45°, 필렛 및 라운드 R3
3. 일반 모따기는 0.3~0.5x45°
4. 표면거칠기는 기호 비교표

x/ = 3.2/ , 25S , ▽▽ , N9

y/ = 0.8/ , 6.3S , ▽▽▽ , N7

3	가동측 형판	SM45C	1	
품 번	품 명	재 질	수 량	비 고
2단금형(cover2 슬리브 이젝트)			척 도	1 : 0.5
			투상법	3각법

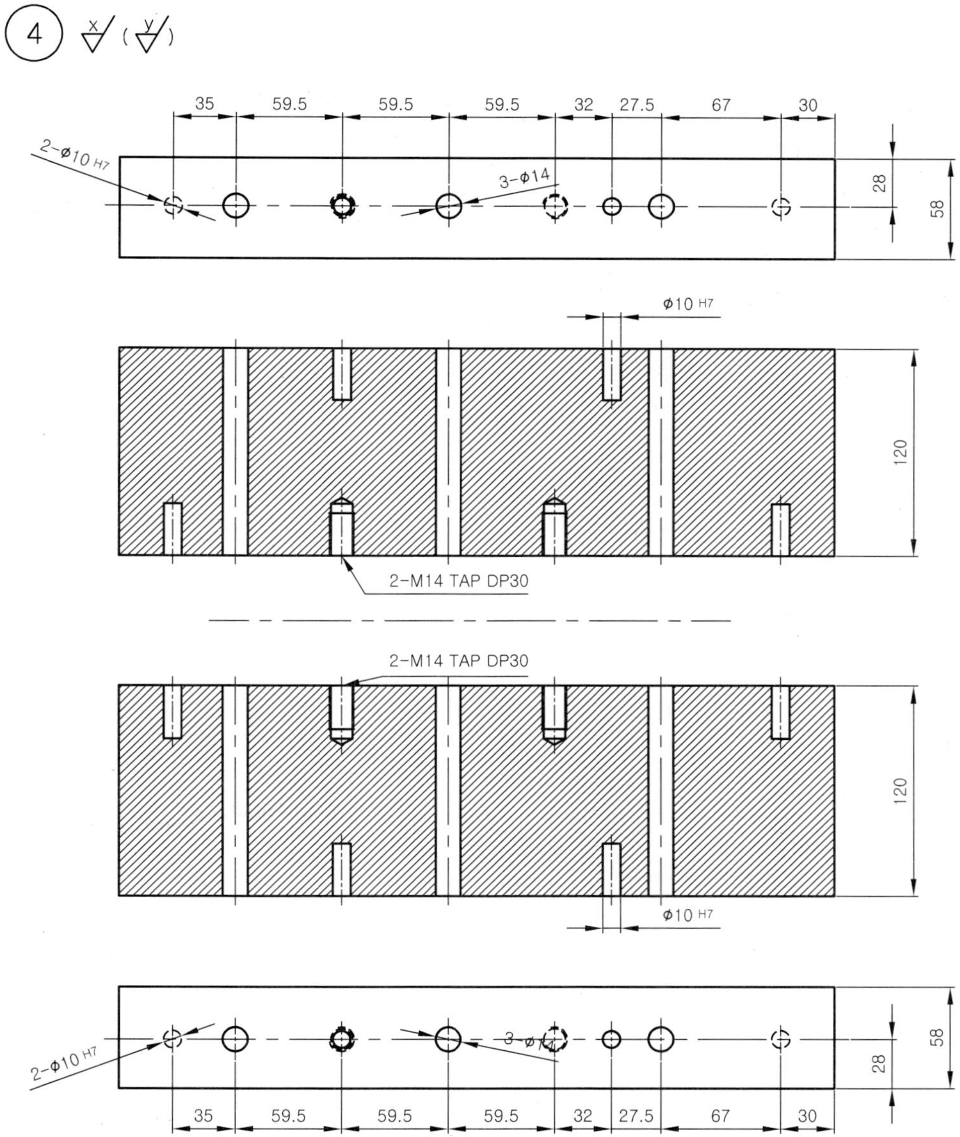

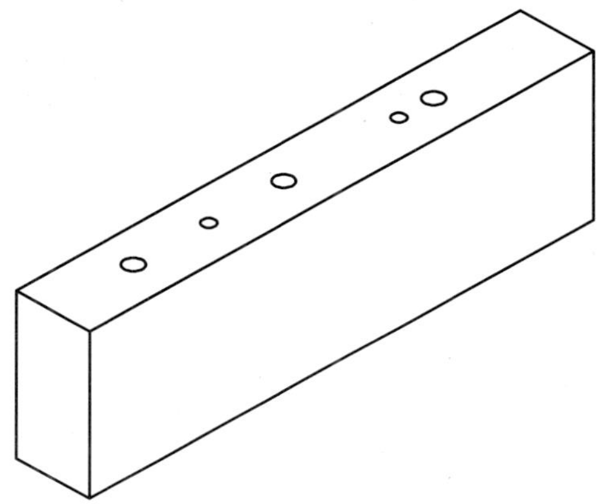

주서

1. 일반공차 - 가공부 : KS B 0412
2. 도시되고 지시없는모따기는 1x45°, 필렛 및 라운드 R3
3. 일반 모따기는 0.3~0.5x45°
4. 표면거칠기는 기호 비교표

x = 3.2, 25S, ▽▽, N9

y = 0.8, 6.3S, ▽▽▽, N7

4	스페이서 블록	SM45C	2	
품 번	품 명	재 질	수 량	비 고
2단금형(cover2 슬리브 이젝트)			척 도	0.5 : 1
			투상법	3각법

⑤

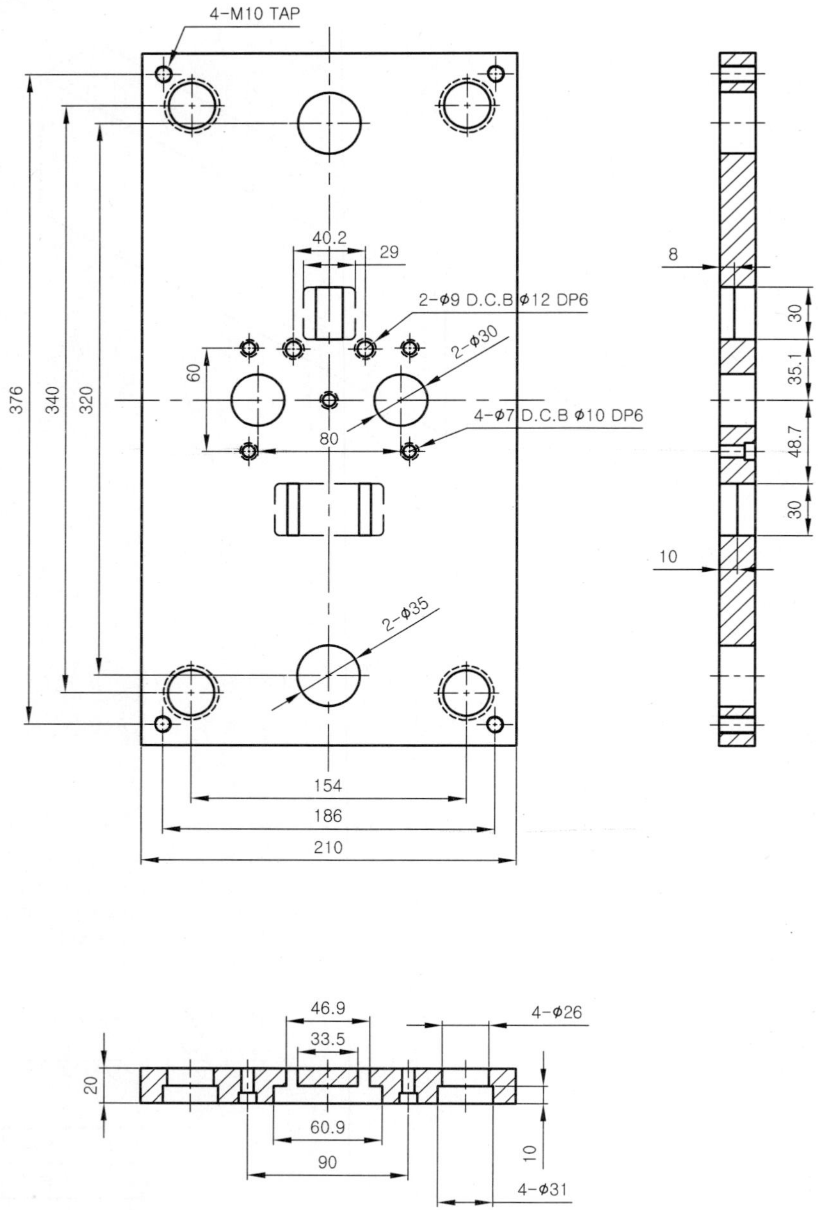

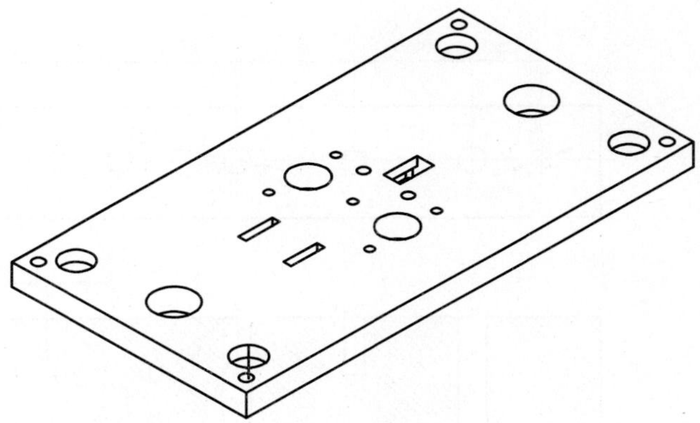

주서

1. 일반공차 - 가공부 : KS B 0412
2. 도시되고 지시없는모따기는 1x45°, 필렛 및 라운드 R3
3. 일반 모따기는 0.3~0.5x45°
4. 표면거칠기는 기호 비교표

x = 3.2, 25S, ▽▽, N9

y = 0.8, 6.3S, ▽▽▽, N7

5	이젝터 플레이트 (상)	SM45C	1	
품 번	품 명	재 질	수 량	비 고
2단금형(cover2 슬리브 이젝트)			척 도	0.5 : 1
			투상법	3각법

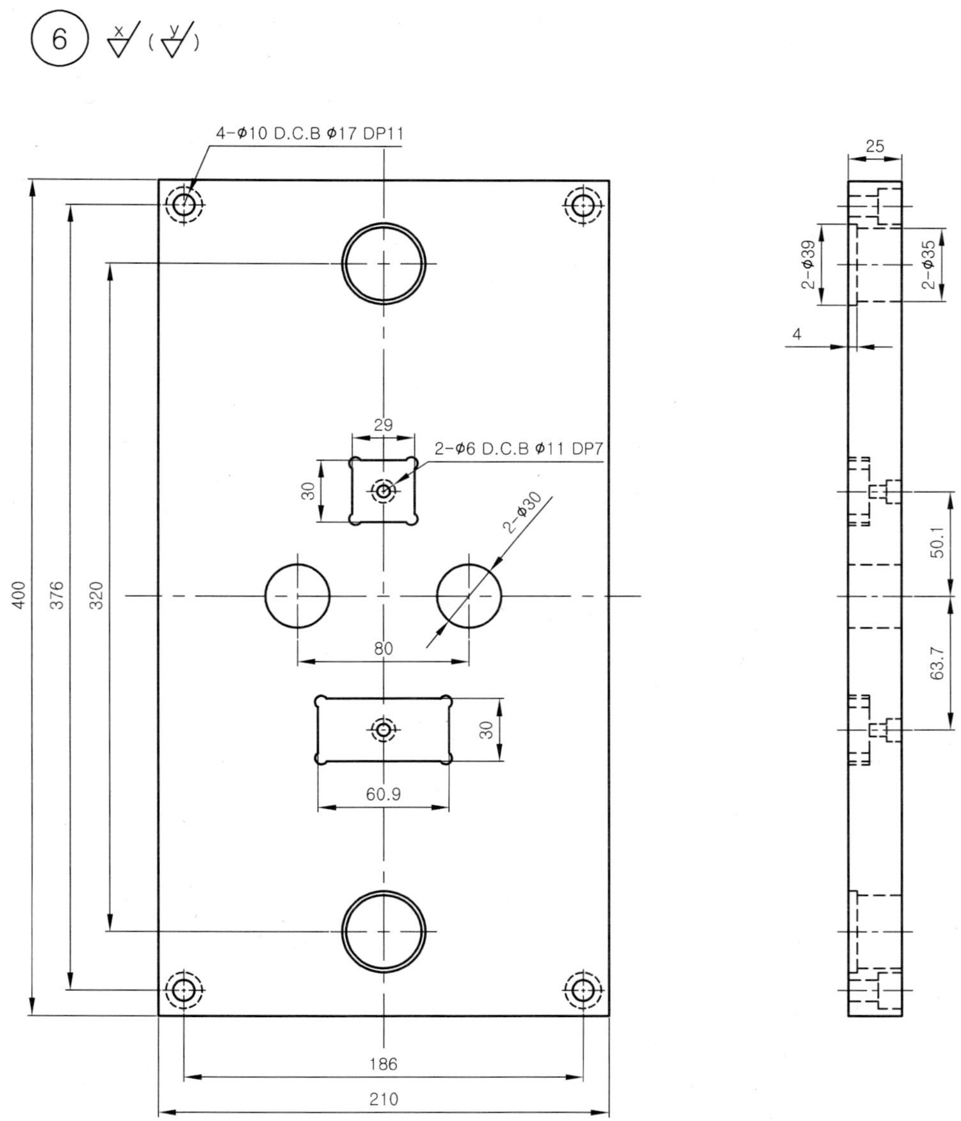

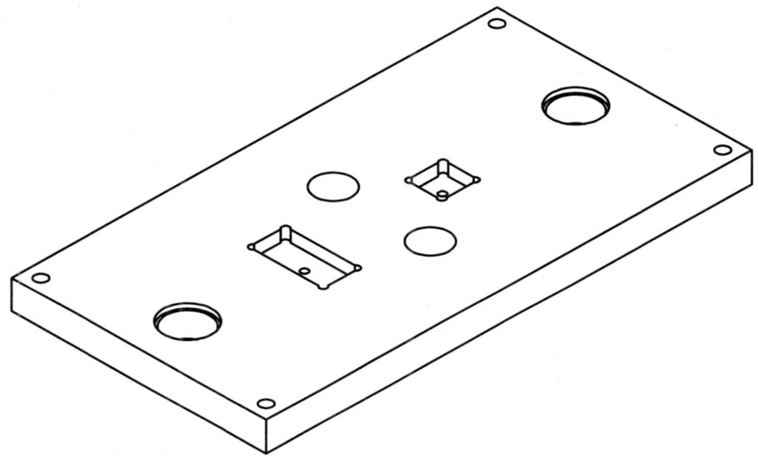

주서

1. 일반공차 - 가공부 : KS B 0412
2. 도시되고 지시없는모따기는 1x45°, 필렛 및 라운드 R3
3. 일반 모따기는 0.3~0.5x45°
4. 표면거칠기는 기호 비교표

x = 3.2, 25S, ▽▽, N9
y = 0.8, 6.3S, ▽▽▽, N7

6	이젝터 플레이트(하)	SM45C	1	
품 번	품 명	재 질	수 량	비 고
2단금형(cover2 슬리브 이젝트)			척 도	0.6 : 1
			투상법	3각법

⑦ x/ (y/)

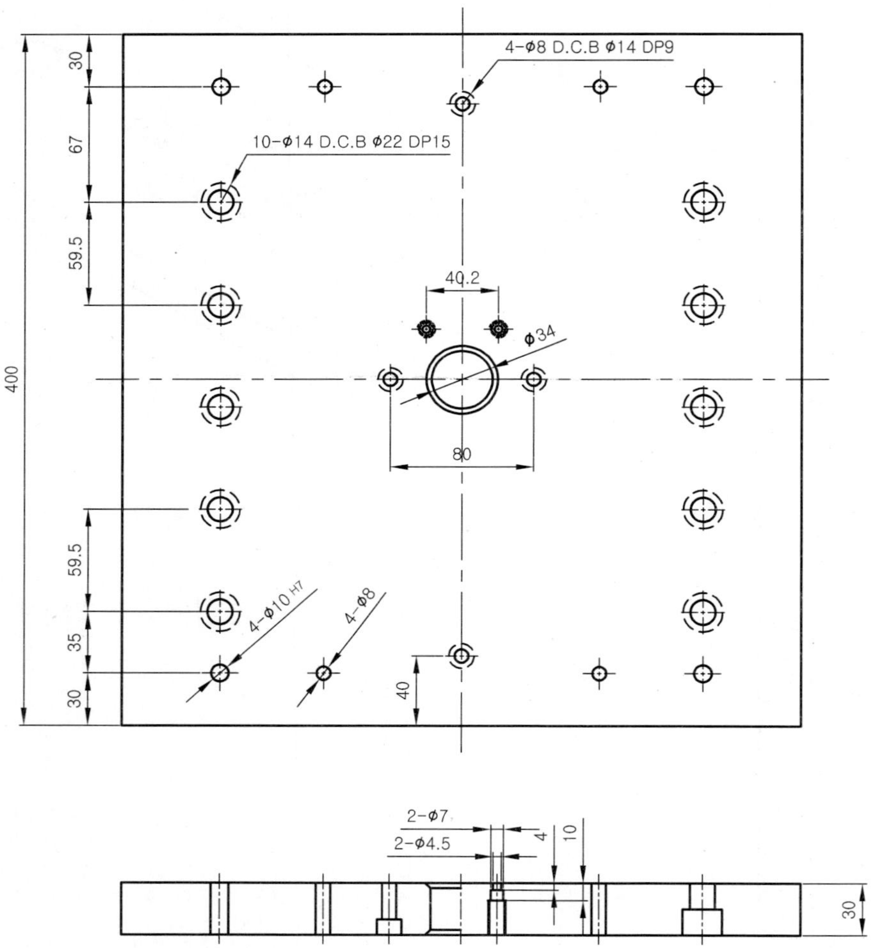

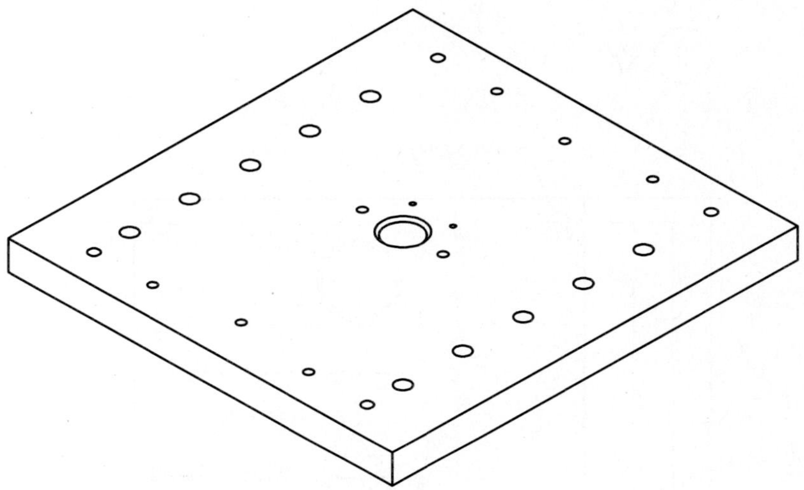

주서

1. 일반공차 – 가공부 : KS B 0412
2. 도시되고 지시없는모따기는 1x45°, 필렛 및 라운드 R3
3. 일반 모따기는 0.3~0.5x45°
4. 표면거칠기는 기호 비교표

x/ = 3.2/ , 25S , ▽▽, N9

y/ = 0.8/ , 6.3S , ▽▽▽, N7

7	가동측 설치판	SM45C	1	
품 번	품 명	재 질	수 량	비 고
2단금형(cover2 슬리브 이젝트)			척 도	0.5 : 1
			투상법	3각법

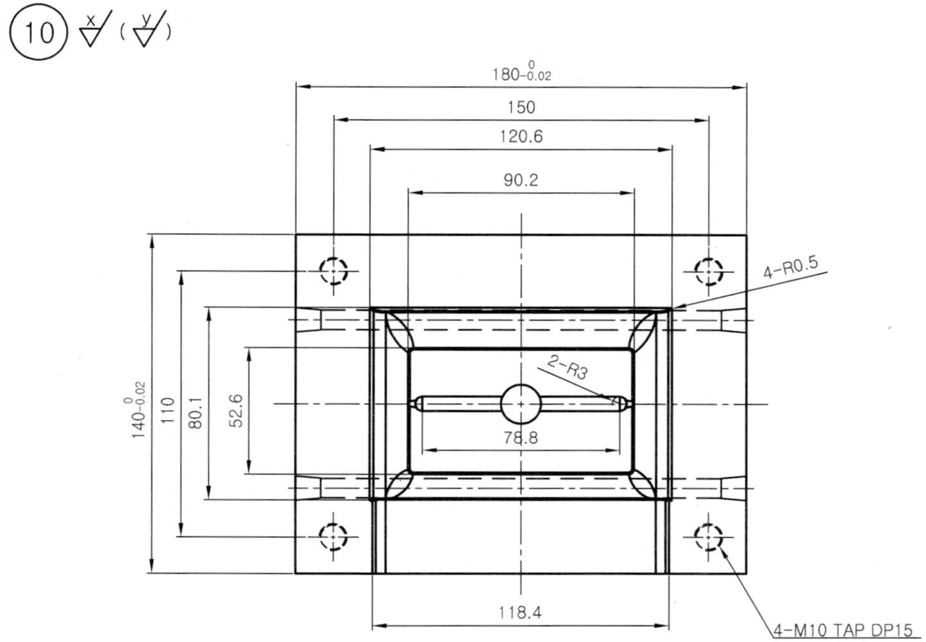

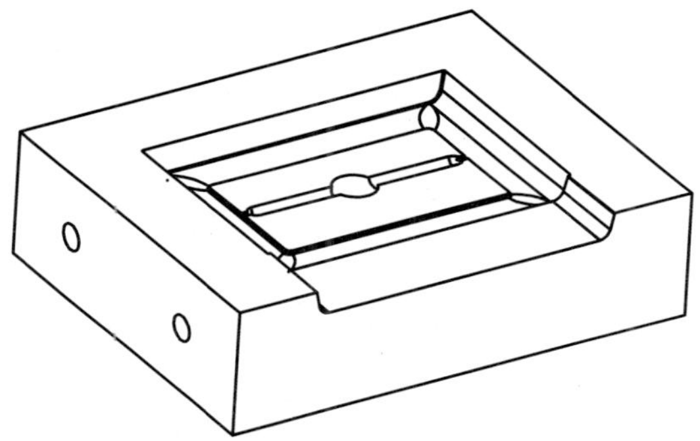

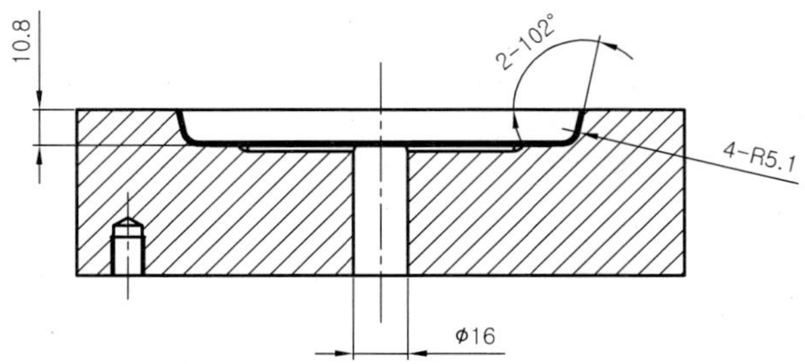

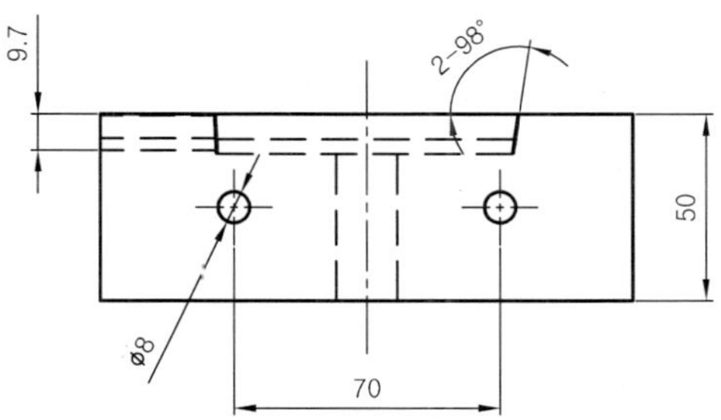

주서

1. 일반공차 - 가공부 : KS B 0412
2. 도시되고 지시없는모따기는 1x45°, 필렛 및 라운드 R3
3. 일반 모따기는 0.3~0.5x45°
4. 표면거칠기는 기호 비교표

x/ = 3.2/ , 25S , ▽▽, N9

y/ = 0.8/ , 6.3S , ▽▽▽, N7

10	캐비티	KP4M	1	HRC30
품 번	품 명	재 질	수 량	비 고
2단금형(cover2 슬리브 이젝트)			척 도	1 : 0.7
			투상법	3각법

(11) $\overset{x}{\nabla}$ ($\overset{y}{\nabla}$)

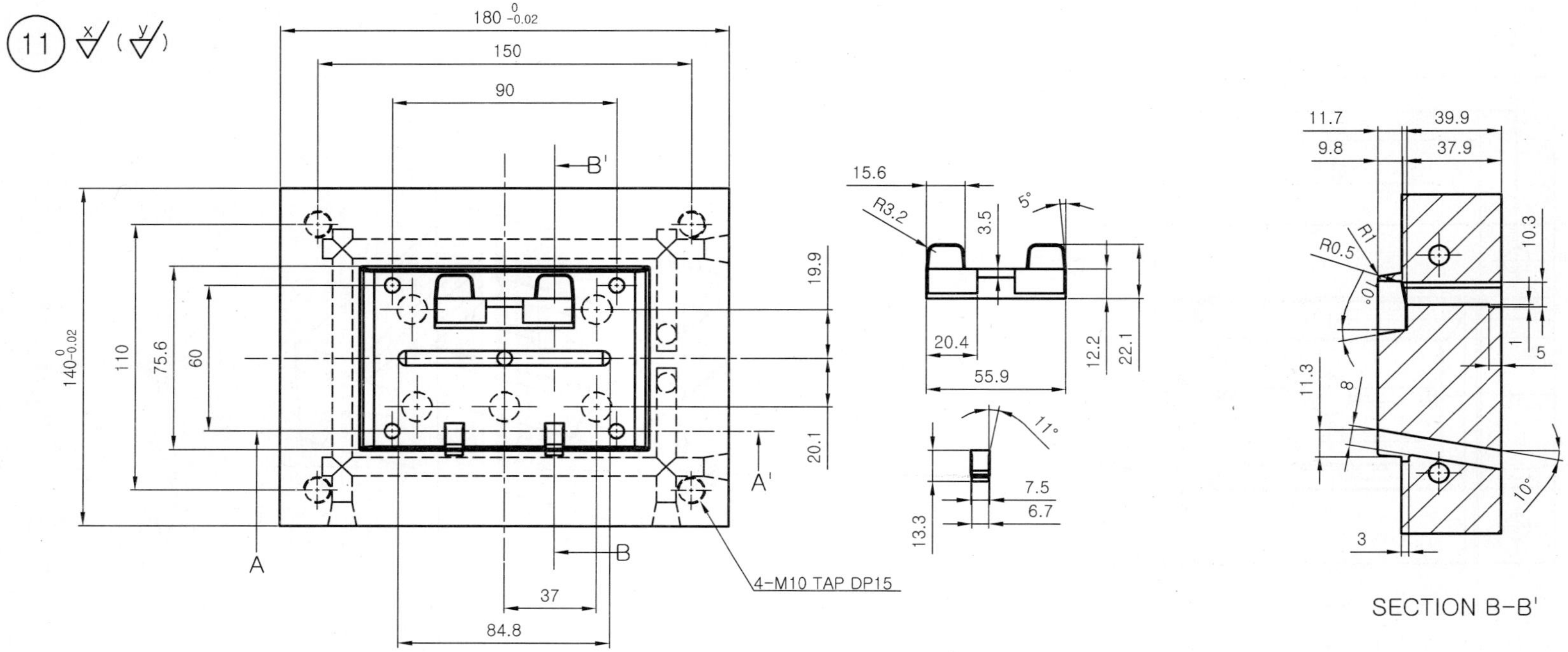

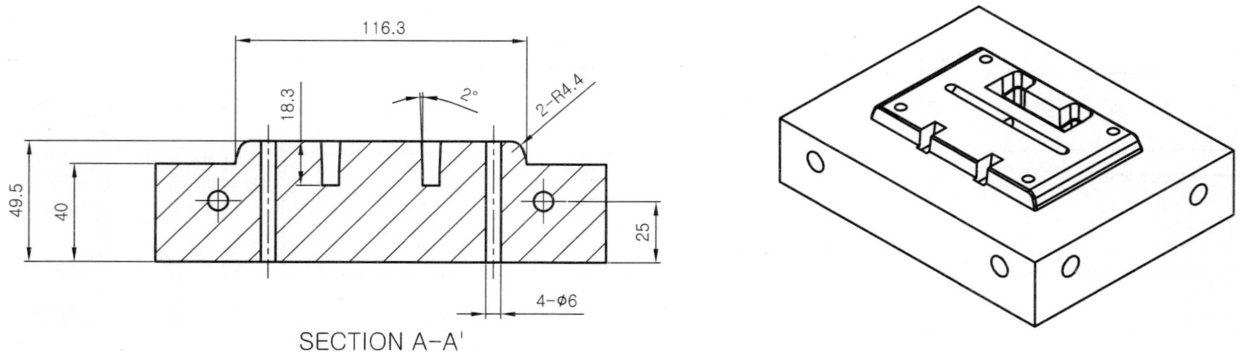

주서

1. 일반공차 - 가공부 : KS B 0412
2. 도시되고 지시없는모따기는 1x45°, 필렛 및 라운드 R3
3. 일반 모따기는 0.3~0.5x45°
4. 표면거칠기는 기호 비교표

$\overset{x}{\nabla}$ = $\overset{3.2}{\nabla}$, 25S, ▽▽, N9

$\overset{y}{\nabla}$ = $\overset{0.8}{\nabla}$, 6.3S, ▽▽▽, N7

11	코어	KP4M	1	HRC30
품 번	품 명	재 질	수 량	비 고
2단금형(cover2 슬리브 이젝트)			척 도	1 : 0.7
			투상법	3각법

(20) y

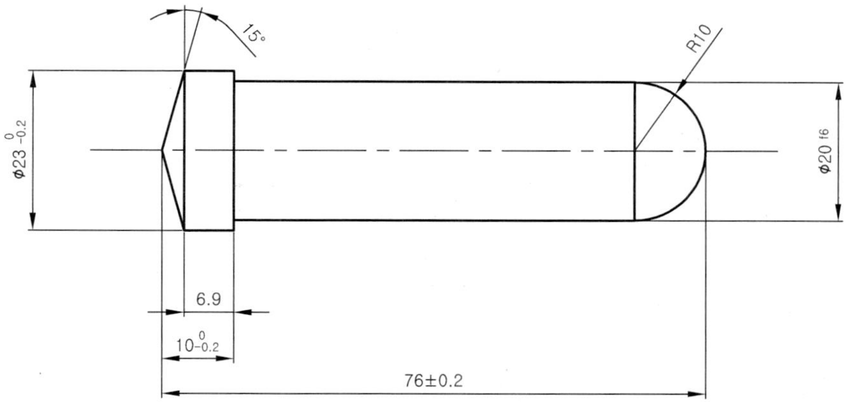

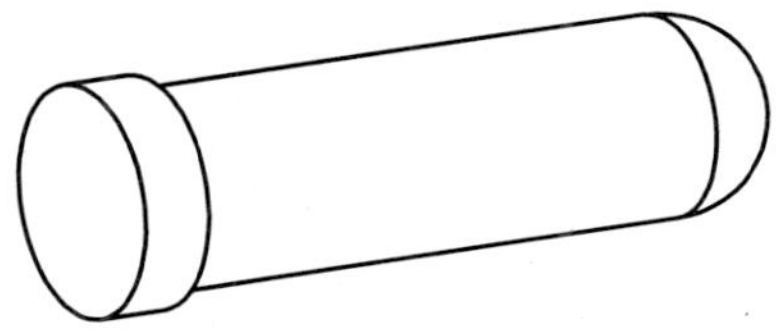

주서

1. 일반공차 - 가공부 : KS B 0412
2. 도시되고 지시없는모따기는 1x45°, 필렛 및 라운드 R3
3. 일반 모따기는 0.3~0.5x45°
4. 표면거칠기는 기호 비교표

x = 3.2, 25S, ▽▽, N9

y = 0.8, 6.3S, ▽▽▽, N7

20	경사 핀	STD11	2	HRC60
품 번	품 명	재 질	수 량	비 고
2단금형(cover2 슬리브 이젝트)			척 도	2 : 1
			투상법	3각법

(21) y

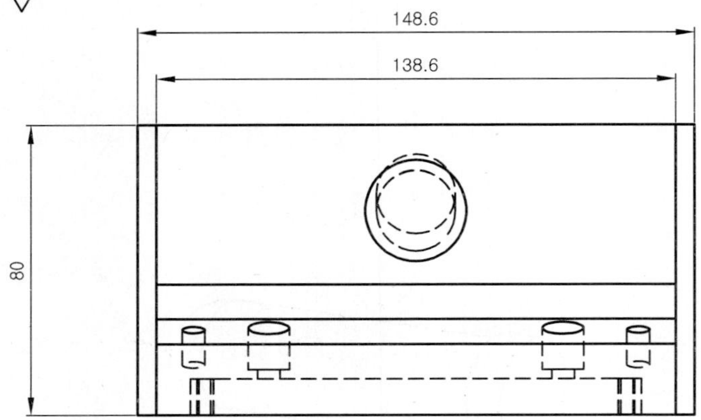

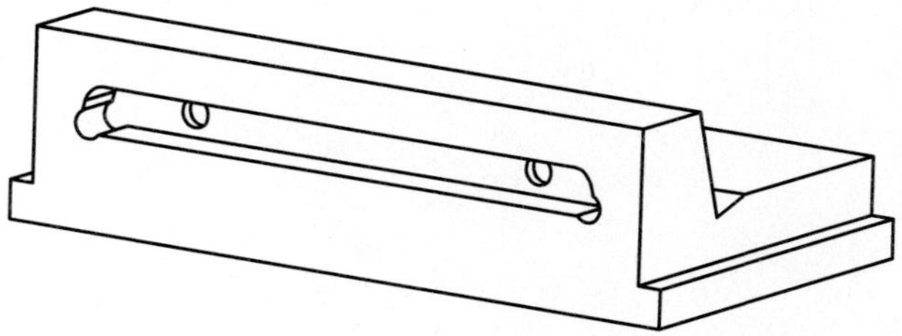

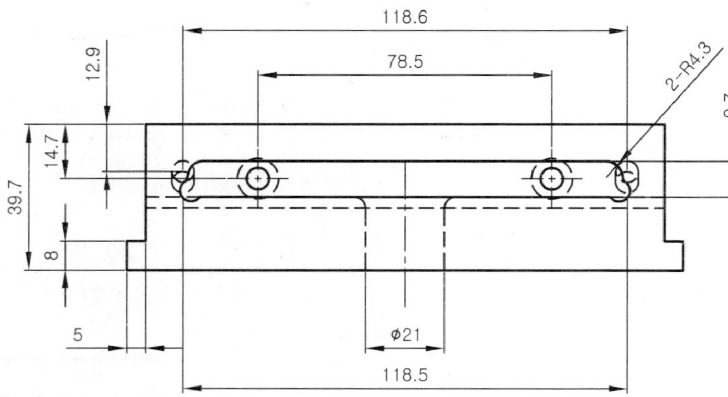

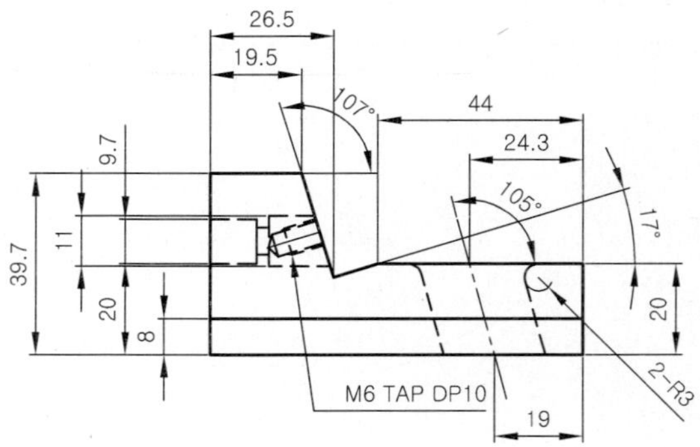

주서

1. 일반공차 - 가공부 : KS B 0412
2. 도시되고 지시없는모따기는 1x45°, 필렛 및 라운드 R3
3. 일반 모따기는 0.3~0.5x45°
4. 표면거칠기는 기호 비교표

x = 3.2, 25S, ▽▽, N9

y = 0.8, 6.3S, ▽▽▽, N7

21	슬라이드 코어	KP4M	2	HRC30
품 번	품 명	재 질	수 량	비 고
2단금형(cover2 슬리브 이젝트)			척 도	1 : 1
			투상법	3각법

(22) y

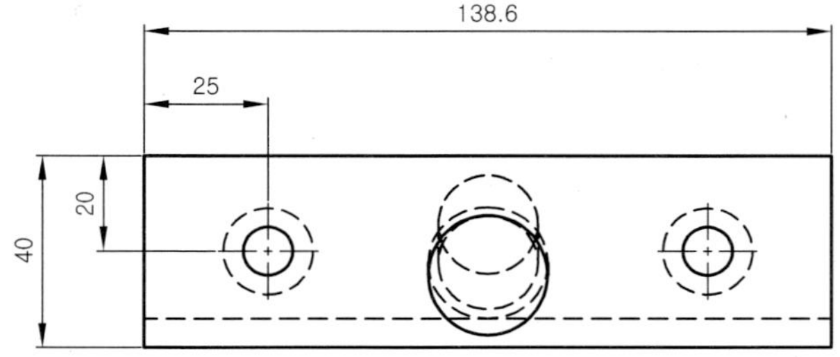

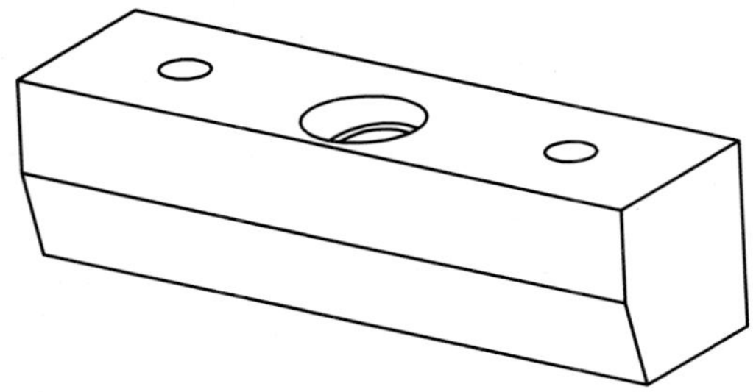

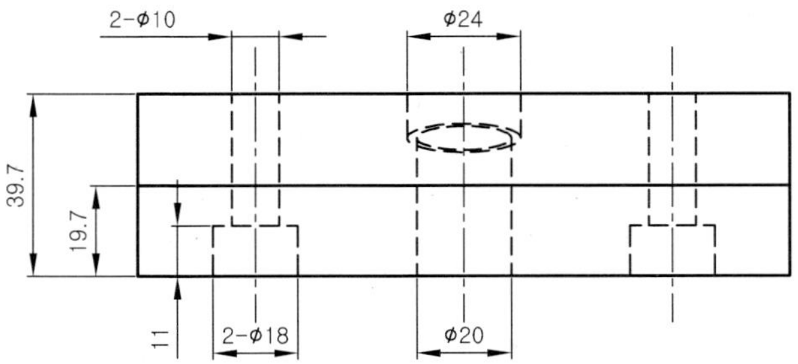

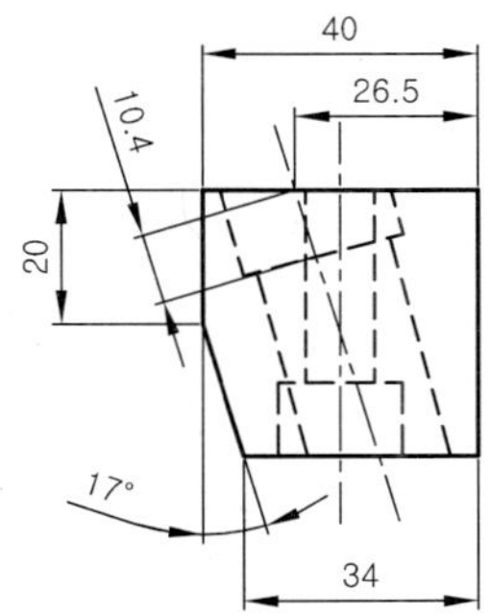

주서

1. 일반공차 - 가공부 : KS B 0412
2. 도시되고 지시없는모따기는 1x45°, 필렛 및 라운드 R3
3. 일반 모따기는 0.3~0.5x45°
4. 표면거칠기는 기호 비교표

x = 3.2, 25S, ▽▽, N9

y = 0.8, 6.3S, ▽▽▽, N7

22	로킹 블록	STC3	2	HRC53
품 번	품 명	재 질	수 량	비 고
2단금형(cover2 슬리브 이젝트)			척 도	1 : 1
			투상법	3각법

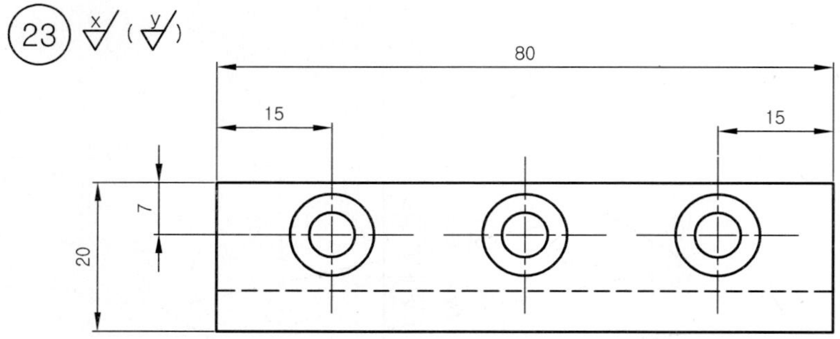

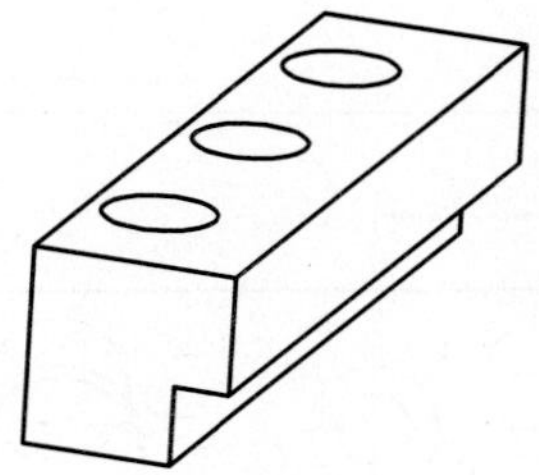

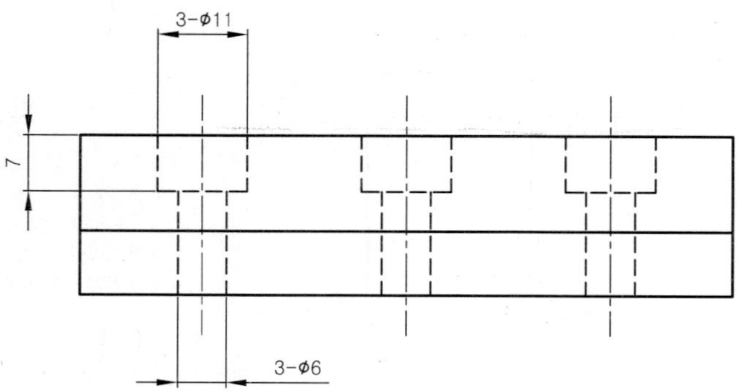

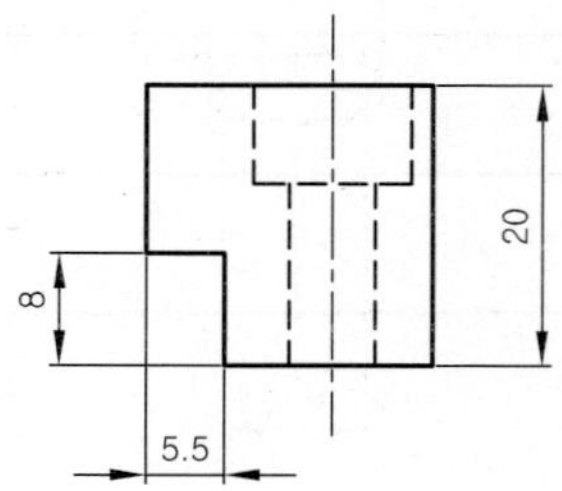

주서

1. 일반공차 - 가공부 : KS B 0412
2. 도시되고 지시없는모따기는 1x45°, 필렛 및 라운드 R3
3. 일반 모따기는 0.3~0.5x45°
4. 표면거칠기는 기호 비교표

x/ = 3.2/ , 25S , ▽▽, N9

y/ = 0.8/ , 6.3S , ▽▽▽, N7

23	가이드 레일	STC3	2	HRC58
품 번	품 명	재 질	수 량	비 고
2단금형(cover2 슬리브 이젝트)			척 도	2 : 1
			투상법	3각법

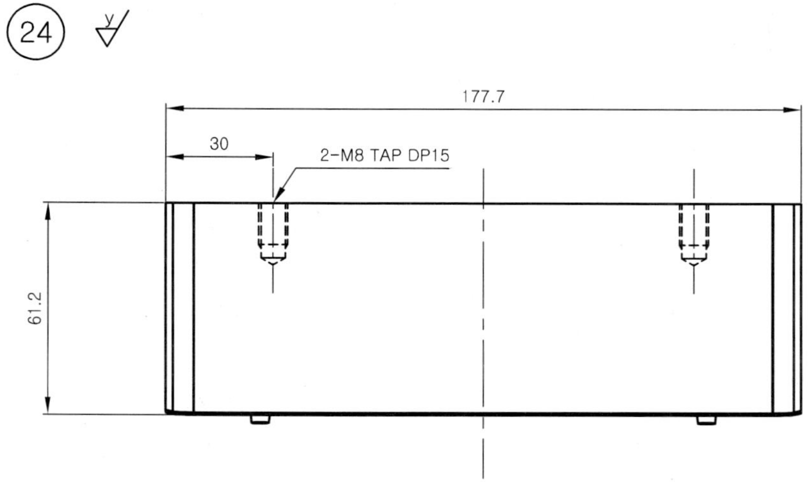

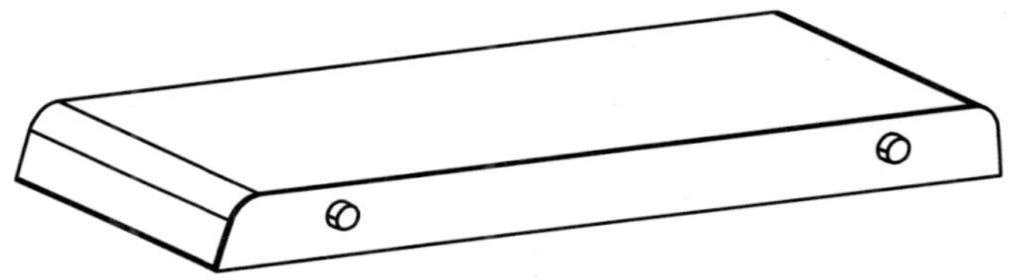

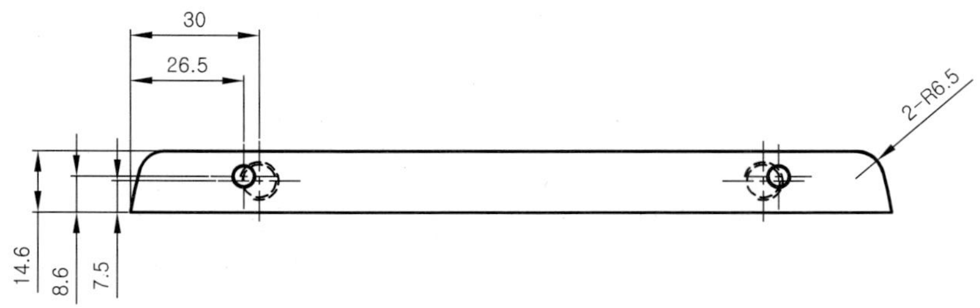

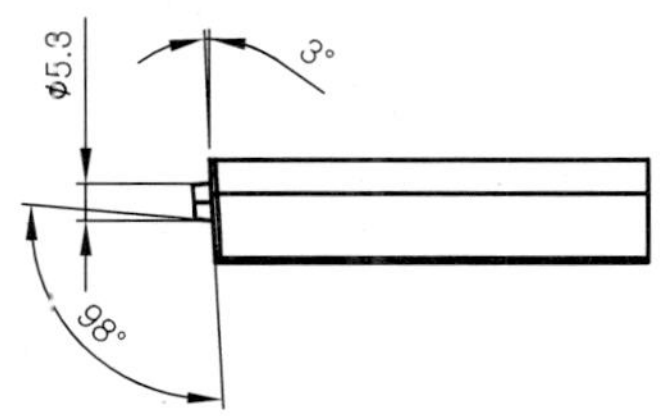

주서

1. 일반공차 - 가공부 : KS B 0412
2. 도시되고 지시없는모따기는 1x45°, 필렛 및 라운드 R3
3. 일반 모따기는 0.3~0.5x45°
4. 표면거칠기는 기호 비교표

x = 3.2, 25S, ▽▽, N9

y = 0.8, 6.3S, ▽▽▽, N7

24	슬라이드 코어 편	KP4M	2	HRC30
품 번	품 명	재 질	수 량	비 고
2단금형(cover2 슬리브 이젝트)			척 도	1 : 1
			투상법	3각법

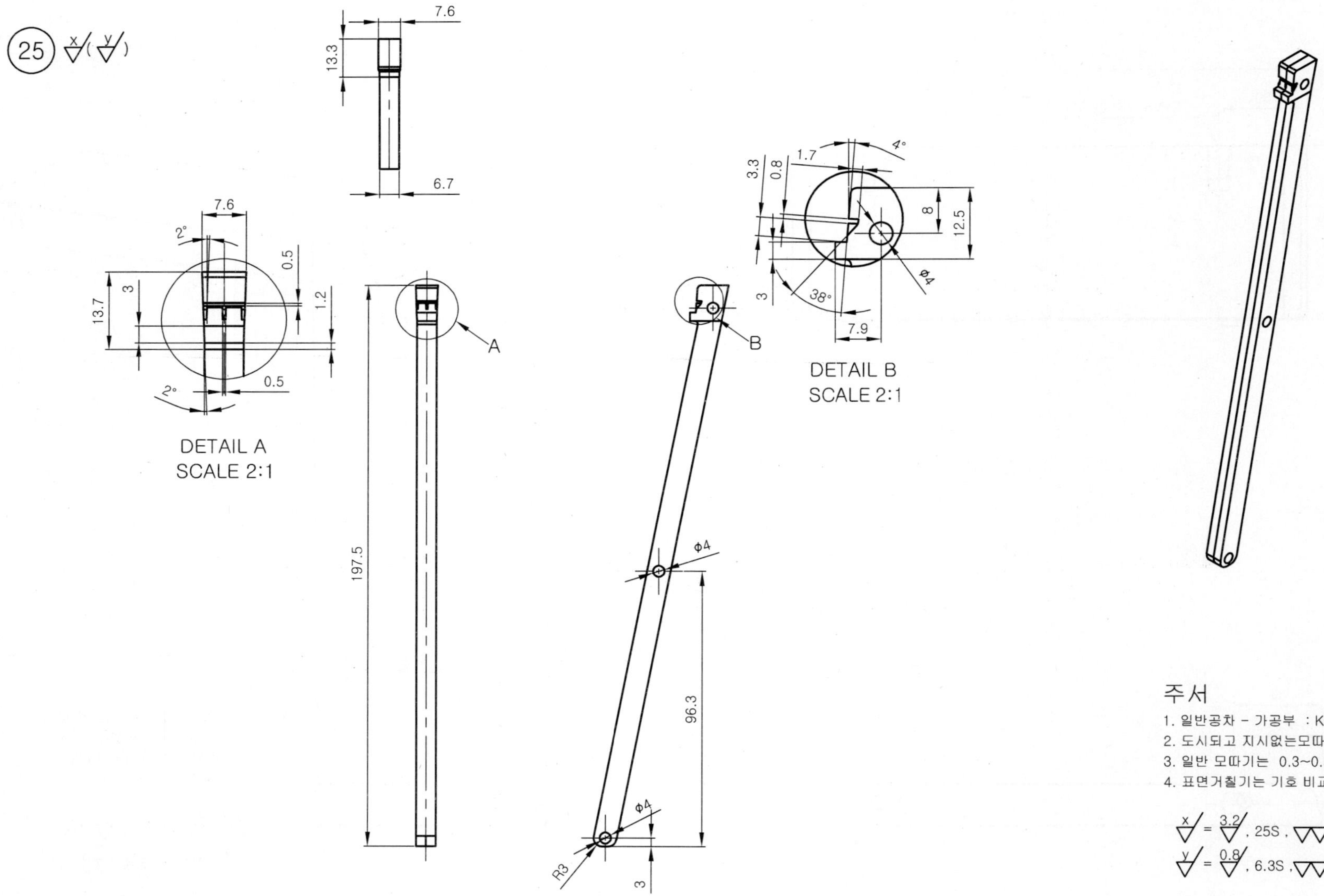

주서

1. 일반공차 - 가공부 : KS B 0412
2. 도시되고 지시없는모따기는 1x45°, 필렛 및 라운드 R3
3. 일반 모따기는 0.3~0.5x45°
4. 표면거칠기는 기호 비교표

x = 3.2, 25S, ▽▽, N9

y = 0.8, 6.3S, ▽▽▽, N7

25	변형 밀핀	STC3	2	
품 번	품 명	재 질	수 량	비 고
2단금형(cover2 슬리브 이젝트)			척 도	1 : 1
			투상법	3각법

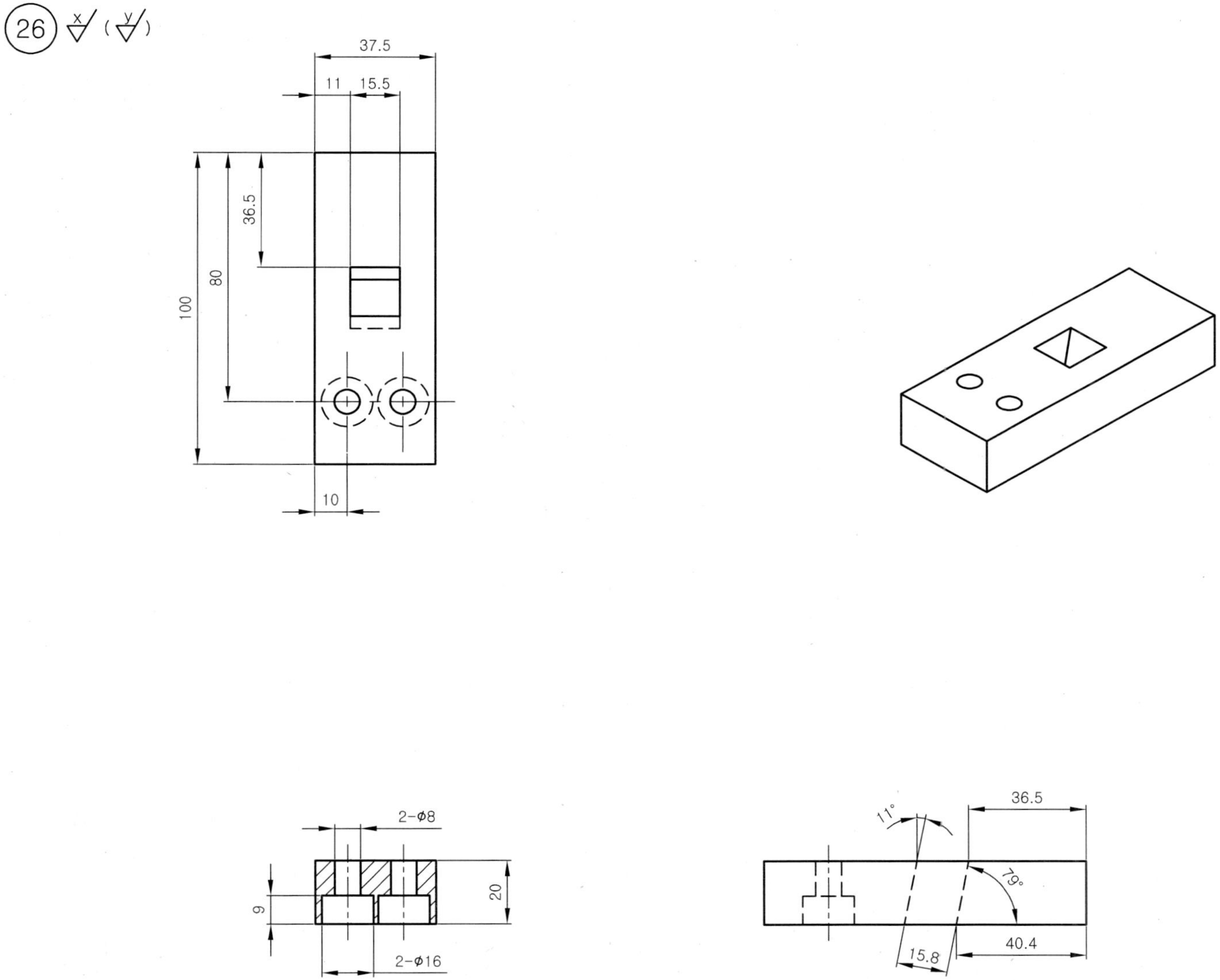

주서

1. 일반공차 - 가공부 : KS B 0412
2. 도시되고 지시없는모따기는 1x45°, 필렛 및 라운드 R3
3. 일반 모따기는 0.3~0.5x45°
4. 표면거칠기는 기호 비교표

x = 3.2, 25S, ▽▽, N9

y = 0.8, 6.3S, ▽▽▽, N7

26	변형밀핀 가이드	STC3	2	HRC30
품 번	품 명	재 질	수 량	비 고
2단금형(cover2 슬리브 이젝트)			척 도	1 : 1
			투상법	3각법

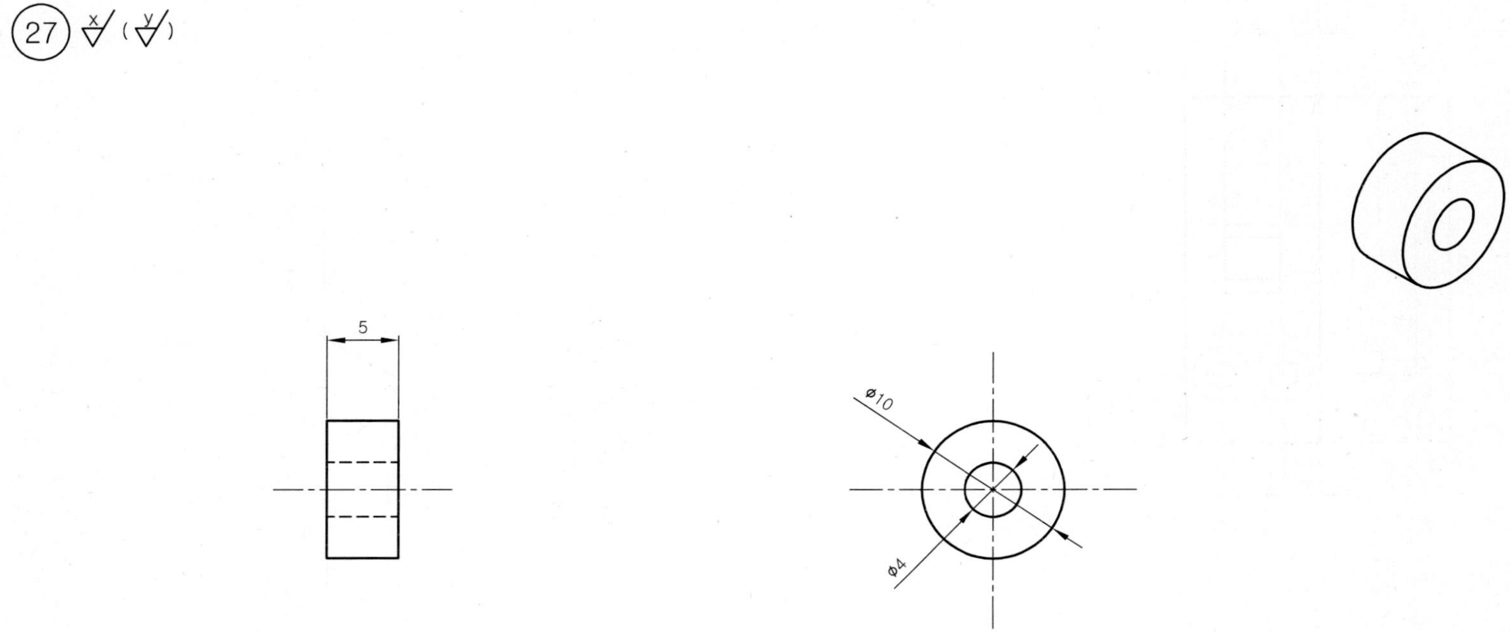

주서

1. 일반공차 - 가공부 : KS B 0412
2. 도시되고 지시없는모따기는 1x45°, 필렛 및 라운드 R3
3. 일반 모따기는 0.3~0.5x45°
4. 표면거칠기는 기호 비교표

x/ = 3.2/, 25S, ▽▽, N9
y/ = 0.8/, 6.3S, ▽▽▽, N7

27	변형밀핀 레일	STC3	4	
품 번	품 명	재 질	수 량	비 고
2단금형(cover2 슬리브 이젝트)			척 도	4 : 1
			투상법	3각법

(28) x/ (y/)

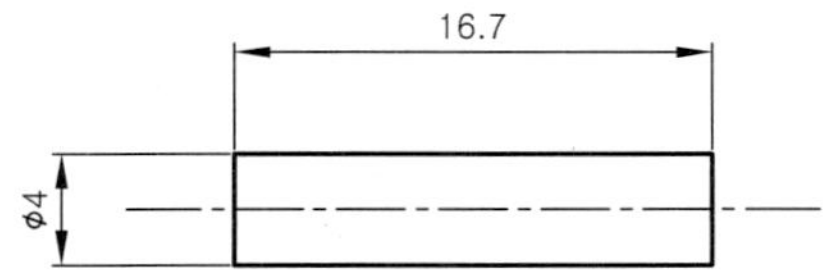

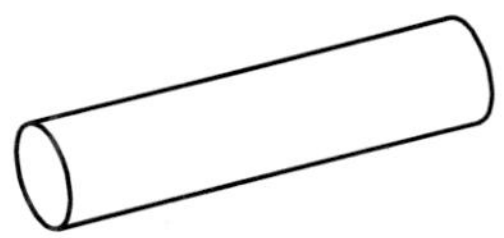

주서

1. 일반공차 - 가공부 : KS B 0412
2. 도시되고 지시없는모따기는 1x45°, 필렛 및 라운드 R3
3. 일반 모따기는 0.3~0.5x45°
4. 표면거칠기는 기호 비교표

x/ = 3.2/ , 25S , ▽▽, N9
y/ = 0.8/ , 6.3S , ▽▽▽, N7

28	원형핀	STC3	6	
품 번	품 명	재 질	수 량	비 고
2단금형(cover2 슬리브 이젝트)			척 도	4 : 1
			투상법	3각법

(29) x/ (y/)

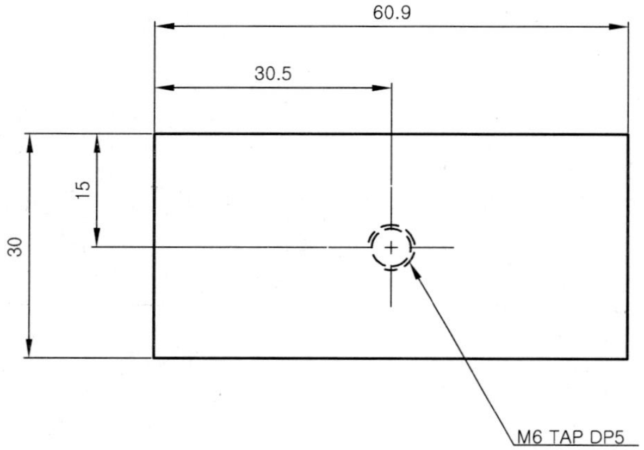

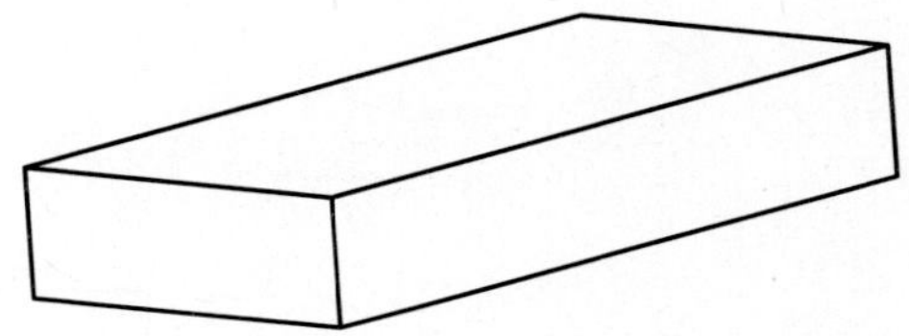

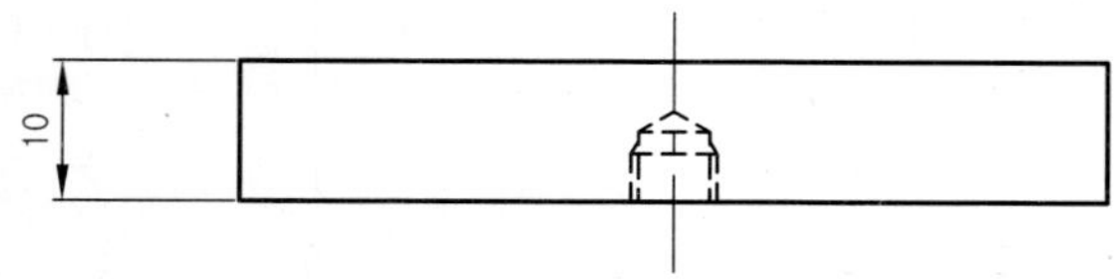

주서

1. 일반공차 - 가공부 : KS B 0412
2. 도시되고 지시없는모따기는 1x45°, 필렛 및 라운드 R3
3. 일반 모따기는 0.3~0.5x45°
4. 표면거칠기는 기호 비교표

x/ = 3.2/ , 25S , ▽▽ , N9

y/ = 0.8/ , 6.3S , ▽▽▽ , N7

29	연마판	STC3	1	
품 번	품 명	재 질	수 량	비 고
2단금형(cover2 슬리브 이젝트)			척 도	2 : 1
			투상법	3각법

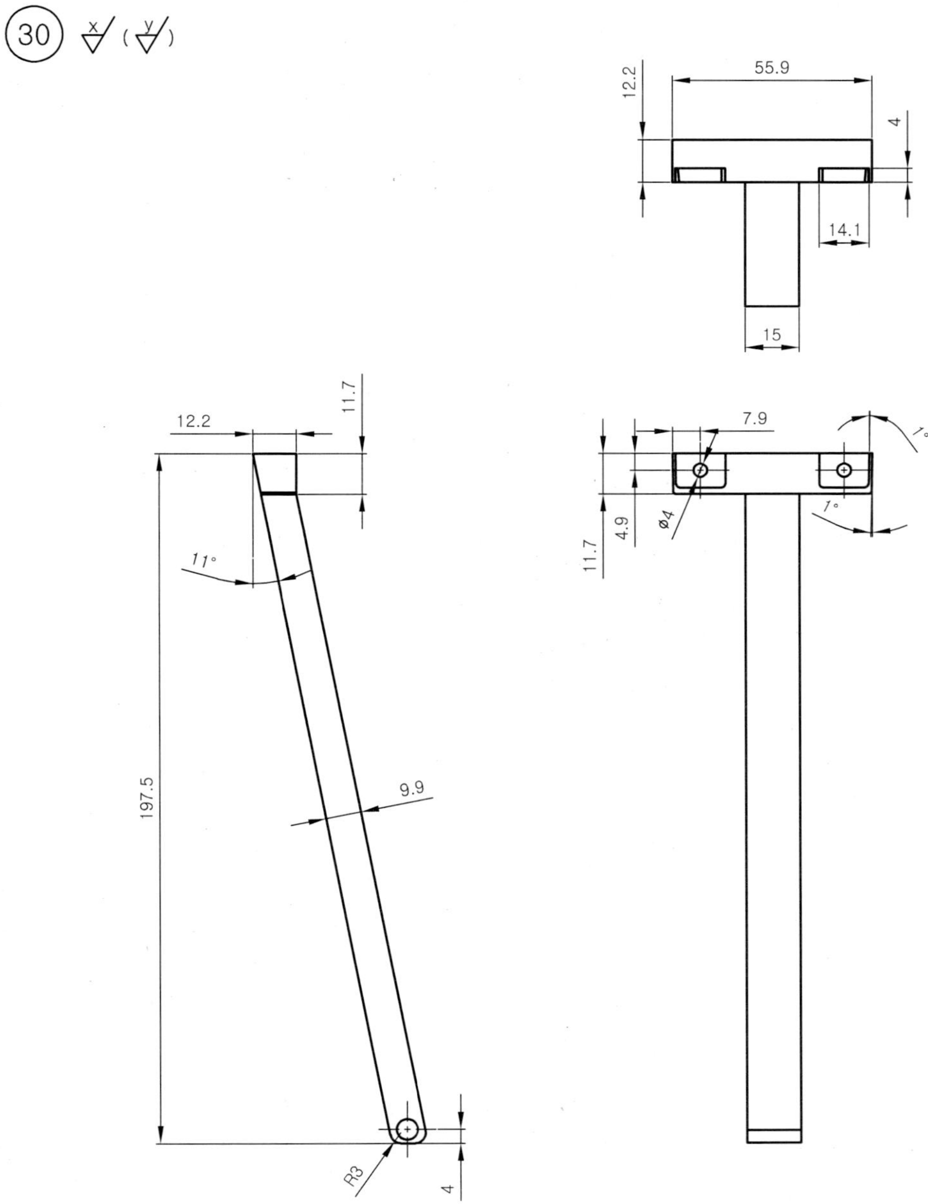

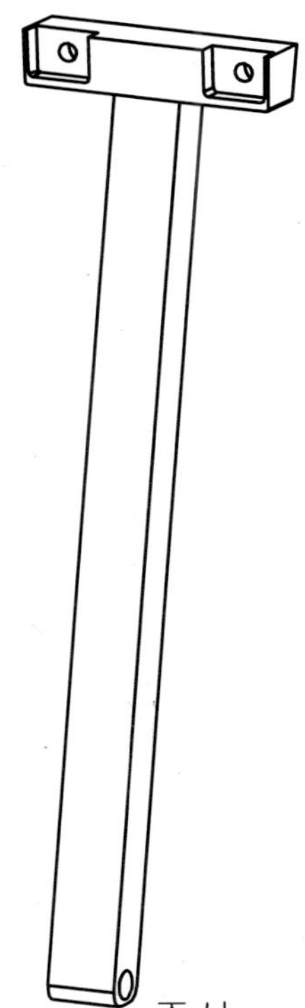

주서

1. 일반공차 - 가공부 : KS B 0412
2. 도시되고 지시없는모따기는 1x45°, 필렛 및 라운드 R3
3. 일반 모따기는 0.3~0.5x45°
4. 표면거칠기는 기호 비교표

x√ = 3.2√ , 25S , ▽▽ , N9

y√ = 0.8√ , 6.3S , ▽▽▽ , N7

30	변형밀핀	STC3	1	
품 번	품 명	재 질	수 량	비 고
2단금형(cover2 슬리브 이젝트)			척 도	1 : 1
			투상법	3각법

(31) y

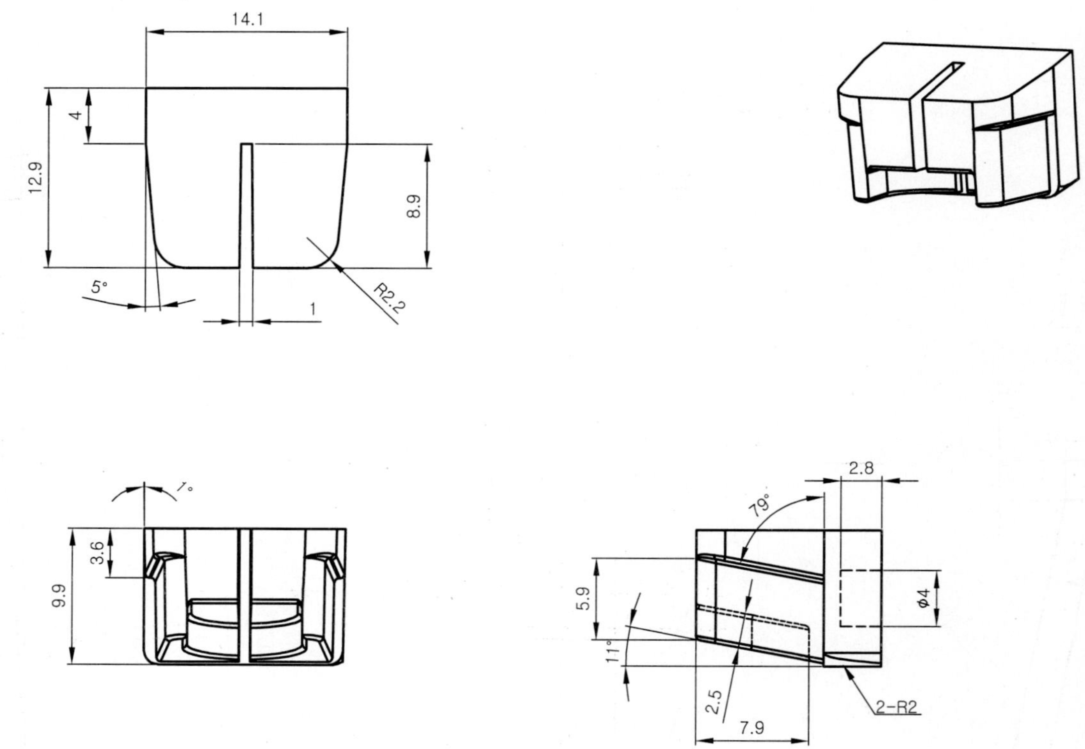

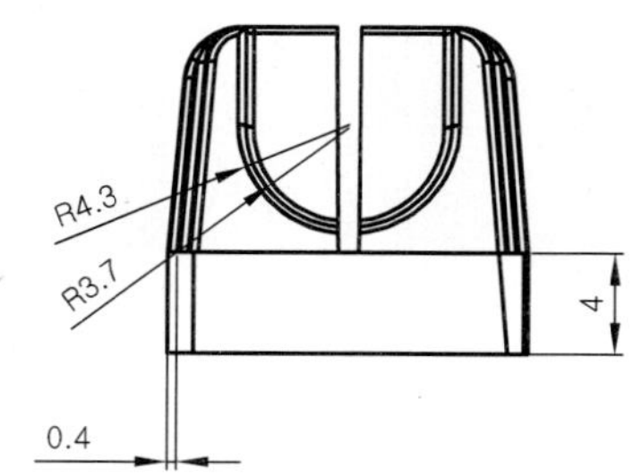

주서

1. 일반공차 - 가공부 : KS B 0412
2. 도시되고 지시없는모따기는 1x45°, 필렛 및 라운드 R3
3. 일반 모따기는 0.3~0.5x45°
4. 표면거칠기는 기호 비교표

x = 3.2, 25S, N9

y = 0.8, 6.3S, N7

31	변형밀핀 편	STC3	4	
품 번	품 명	재 질	수 량	비 고
2단금형(cover2 슬리브 이젝트)			척 도	4 : 1
			투상법	3각법

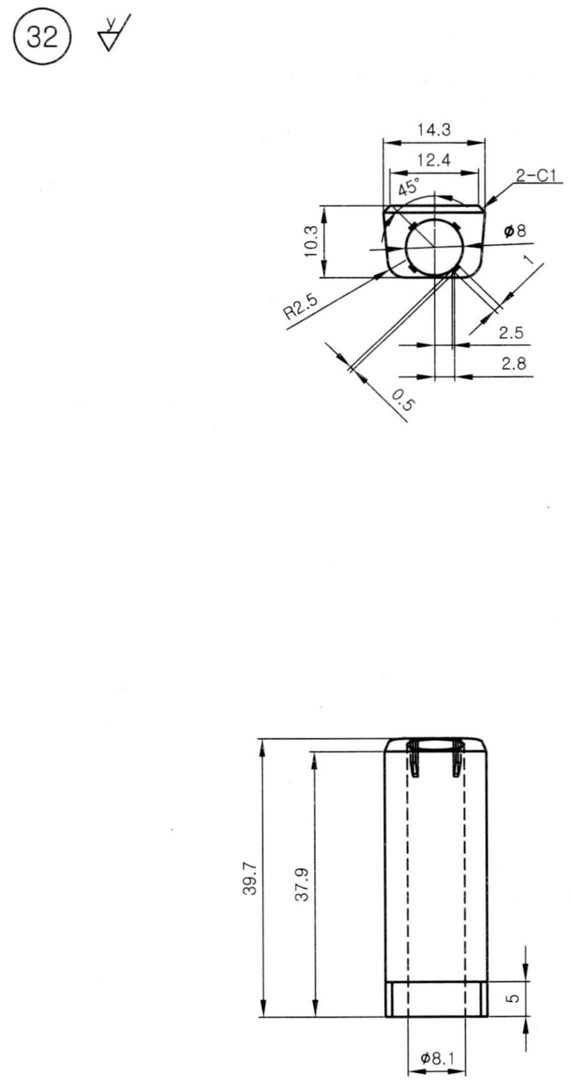

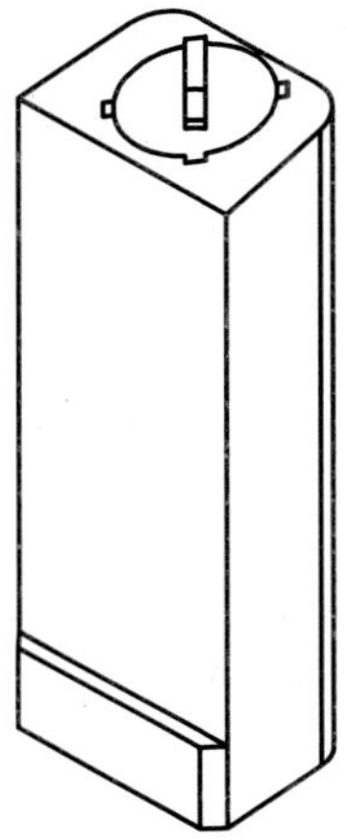

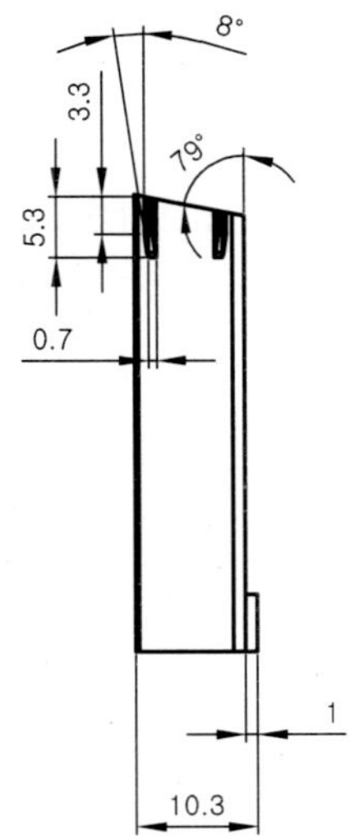

주서

1. 일반공차 - 가공부 : KS B 0412
2. 도시되고 지시없는모따기는 1x45°, 필렛 및 라운드 R3
3. 일반 모따기는 0.3~0.5x45°
4. 표면거칠기는 기호 비교표

x∀ = 3.2∀, 25S, ▽▽, N9

y∀ = 0.8∀, 6.3S, ▽▽▽, N7

32	코어핀	STC3	2	
품 번	품 명	재 질	수 량	비 고
2단금형(cover2 슬리브 이젝트)			척 도	2 : 1
			투상법	3각법

3.6 2단금형(Supply-nipple 슬리브이젝트)

요구사항

1) 2D제품도 & 3차원 solid model를 이용한 설계
2) 적용수지 : ABS, 수축률 5/1000, 빼기구배는 고려하지 않아도 됨.
3) 사출성형기 사양 : 고정측 중앙부 구멍 직경 ∅100mm, 사출노즐의 선단 직경은 19mm, 사출기 노즐직경은 3mm.
4) 금형 종류 : 2단 표준금형(받침판〈support plate〉 없음, single cavity)
5) resin delivery system : gate 위치와 형식은 설계자가 결정할 것.
6) 취출시스템 6-1) ejector pin 및 ejector sleeve를 사용할 것.
   6-2) slide : angular pin을 이용한 슬라이딩 구조.
   6-3) 내측 under cut 처리 : 경사슬라이드(or 변형밀핀)를 사용할 것.
7) 형상부 7-1) cavity : 모델을 확인하여 적정하게 설계할 것.
   7-2) core : 1개의 core 블록을 사용하여 설계할 것.
   7-3) 형상부 설계 및 저장 : 분할 작업을 통하여 고정측, 가동측을 각각 별도
8) 냉각시스템 : 고정측, 가동측 냉각은 별도로 설계할 것(슬라이드 냉각이 필요하면 적용할 것).
9) Moldbase 9-1) 제2단 moldbase를 설계자가 선택하여 결정할 것.
   9-2) bolt, O-ring, eye-bolt-tap, tap 등은 설계하지 않아도 됨.
   9-3) guide pin, return pin, ejector guide pin 등 기본적인 moldbase 구성품은 설계하지 않아도 됨

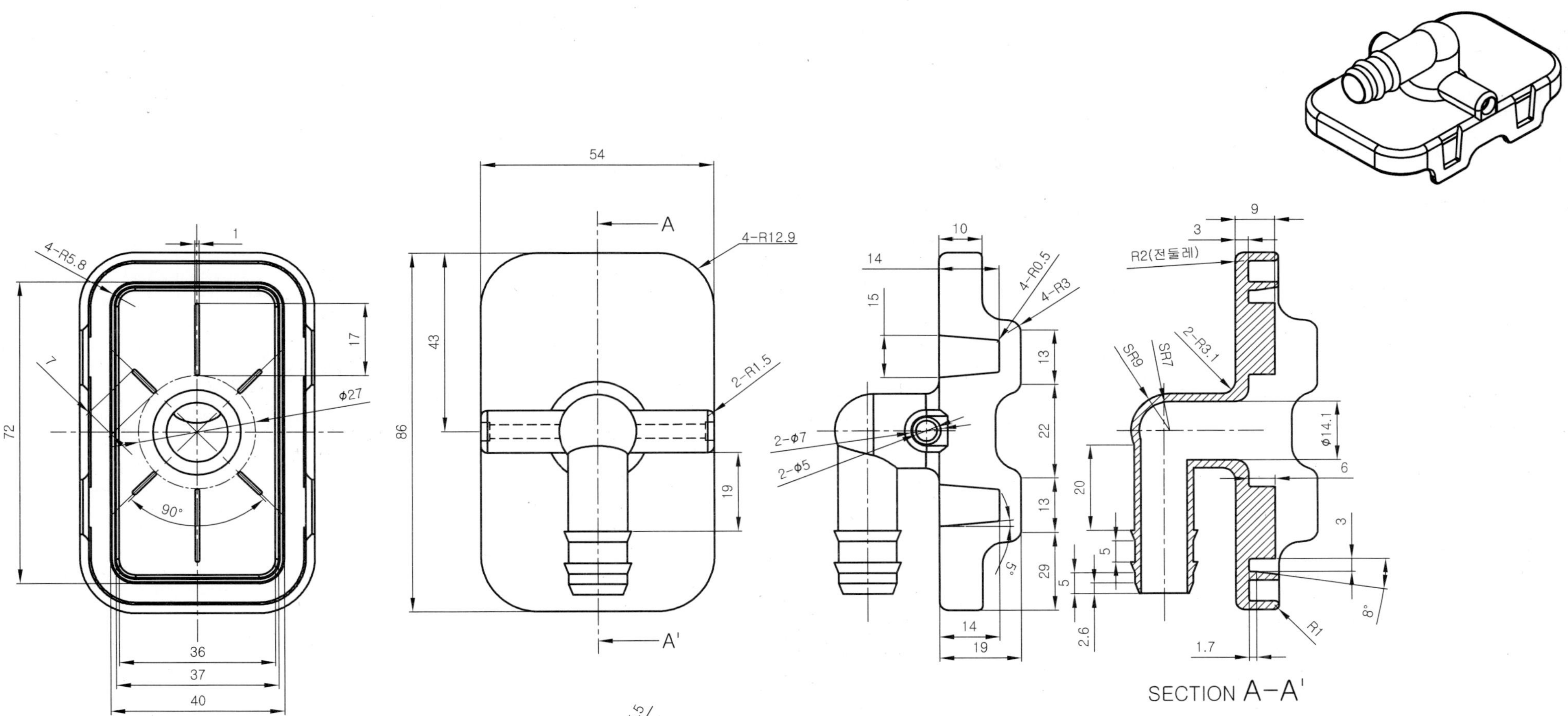

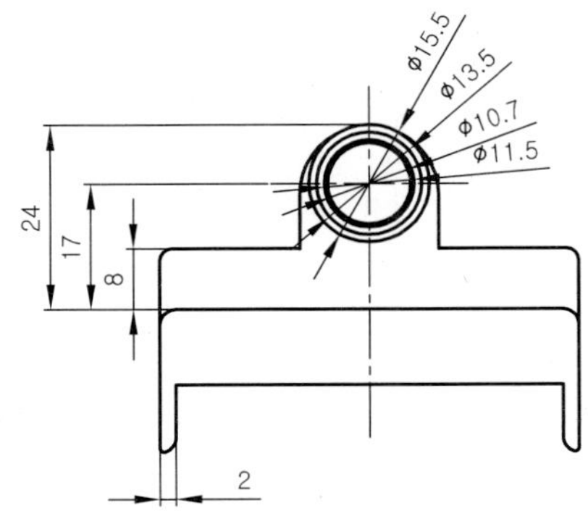

주서

1. 일반공차 - 가공부 : KS B 0412
2. 도시되고 지시없는모따기는 1x45°, 필렛 및 라운드 R3
3. 일반 모따기는 0.3~0.5x45°
4. 표면거칠기는 기호 비교표

x/ = 3.2/ , 25S , ▽▽, N9

y/ = 0.8/ , 6.3S , ▽▽▽, N7

0	Product	ABS	1	
품 번	품 명	재 질	수 량	비 고
작품명	SUPPLY NIPPLE		척 도	1.5 : 1
			투상법	3각법

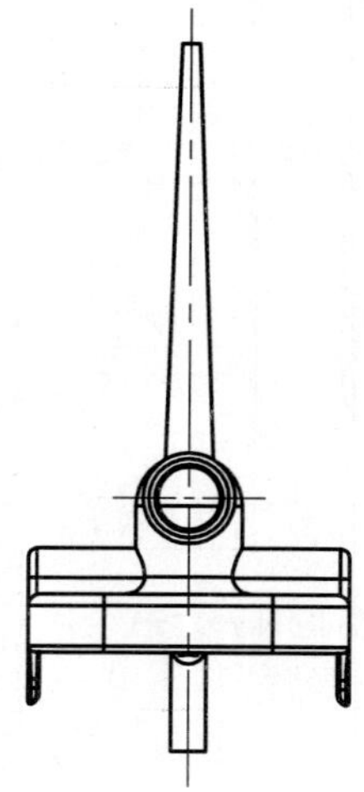

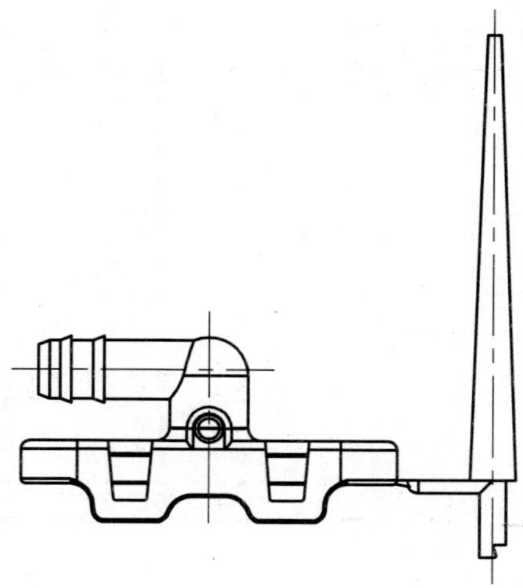

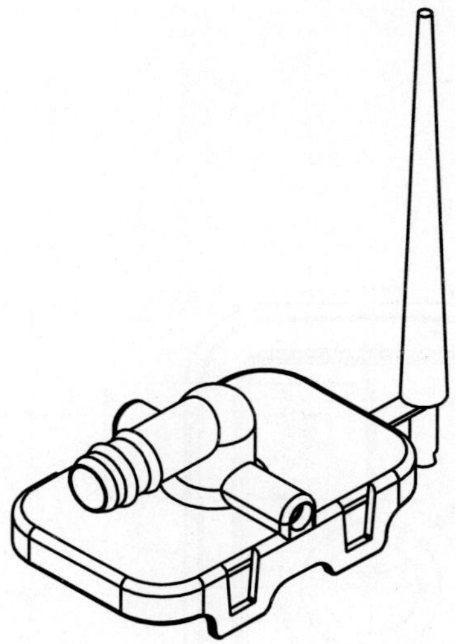

주서

1. 일반공차 - 가공부 : KS B 0412
2. 도시되고 지시없는모따기는 1x45°, 필렛 및 라운드 R3
3. 일반 모따기는 0.3~0.5x45°
4. 표면거칠기는 기호 비교표

x/ = 3.2/ , 25S , ▽▽, N9
y/ = 0.8/ , 6.3S , ▽▽▽, N7

0	유동기구	ABS	1	
품 번	품 명	재 질	수 량	비 고
작품명	SUPPLY NIPPLE		척 도	1.5 : 1
			투상법	3각법

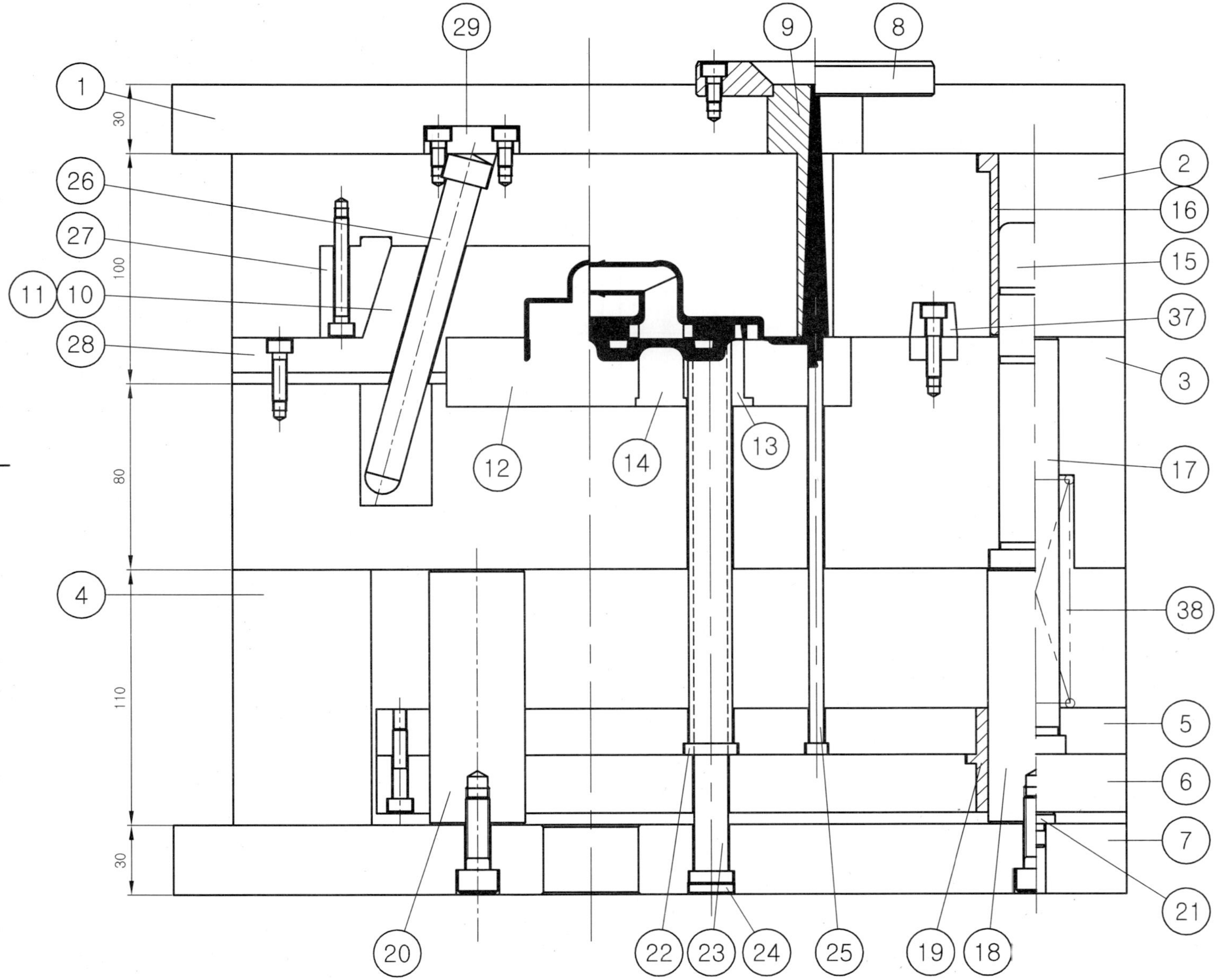

품번	품 명	재질	수량	규격	비고
38	스프링	STC2	4	Tr27x100	
37	인로우	STC3	1	60x20x25	
36	앵귤러 핀 고정 판	SM45C	1	25x40x12	
35	가이드 레일	SKS3	2	20x120x20	HRC30
34	로킹블록	STD11	1	30x40x40	HRC60
33	슬라이드 코어 핀	KP4M	1	Φ11x78	HRC30
32	슬라이드 코어	KP4	1	30x90x60	HRC30
31	앵귤러 핀	STD11	1	Φ15x 50	HRC60
30	볼플런저	SCM435	5	M8	
29	앵귤러 핀 고정 판	SM45C	4	25x40x12	
28	가이드 레일	SKS3	4	20x80x20	HRC30
27	로킹블록	STD11	2	30x150x30	HRC60
26	앵귤러 핀	STD11	4	Φ15x145	HRC60
25	스프루 록 핀	STD61	1	Φ6x165	HRC50
24	세트 스크류	SCM435	6	M20	
23	이젝트 핀	STC3	6	17x1x239	
22	이젝트 슬리브	STC3	6	18x2x186	
21	스톱 핀	STC3	4	Φ16x10	
20	서포터 필러	SM45C	4	Φ40x110	
19	이젝트 가이드 부시	STC3	2	Φ40x45	HRC58
18	이젝트 가이드 핀	STC3	2	Φ40x110	HRC58
17	리턴 핀	STC3	4	Φ20x180	HRC58
16	가이드 부시	STC3	4	Φ30x79	HRC58
15	가이드 핀	STC3	4	Φ30x150	HRC58
14	코어 핀2	KP4M	1	Φ14x60	HRC30
13	코어 핀1	KP4M	1	45x76x36	HRC30
12	코어	KP4M	1	120x150x30	HRC30
11	캐비티(L)	KP4M	1	160x105x80	HRC30
10	캐비티(R)	KP4M	1	160x105x60	HRC30
9	스프루 부시	SM45C	1	Φ40x105	
8	로케이트 링	SM45C	1	Φ100x15	
7	가동측 설치판	SM45C	1	350x400x30	
6	이젝터 플레이트(하)	SM45C	1	180x400x25	
5	이젝터 플레이트(상)	SM45C	1	180x400x20	
4	스페이서 블록	SM45C	2	58x400x110	
3	가동측 형판	SM45C	1	300x400x100	
2	고정측 형판	SM45C	1	300x400x80	
1	고정측 설치판	SM45C	1	350x400x30	
2단금형(supply-nipple 슬리브 이젝트)			척 도	NS	
			각 법	3각법	

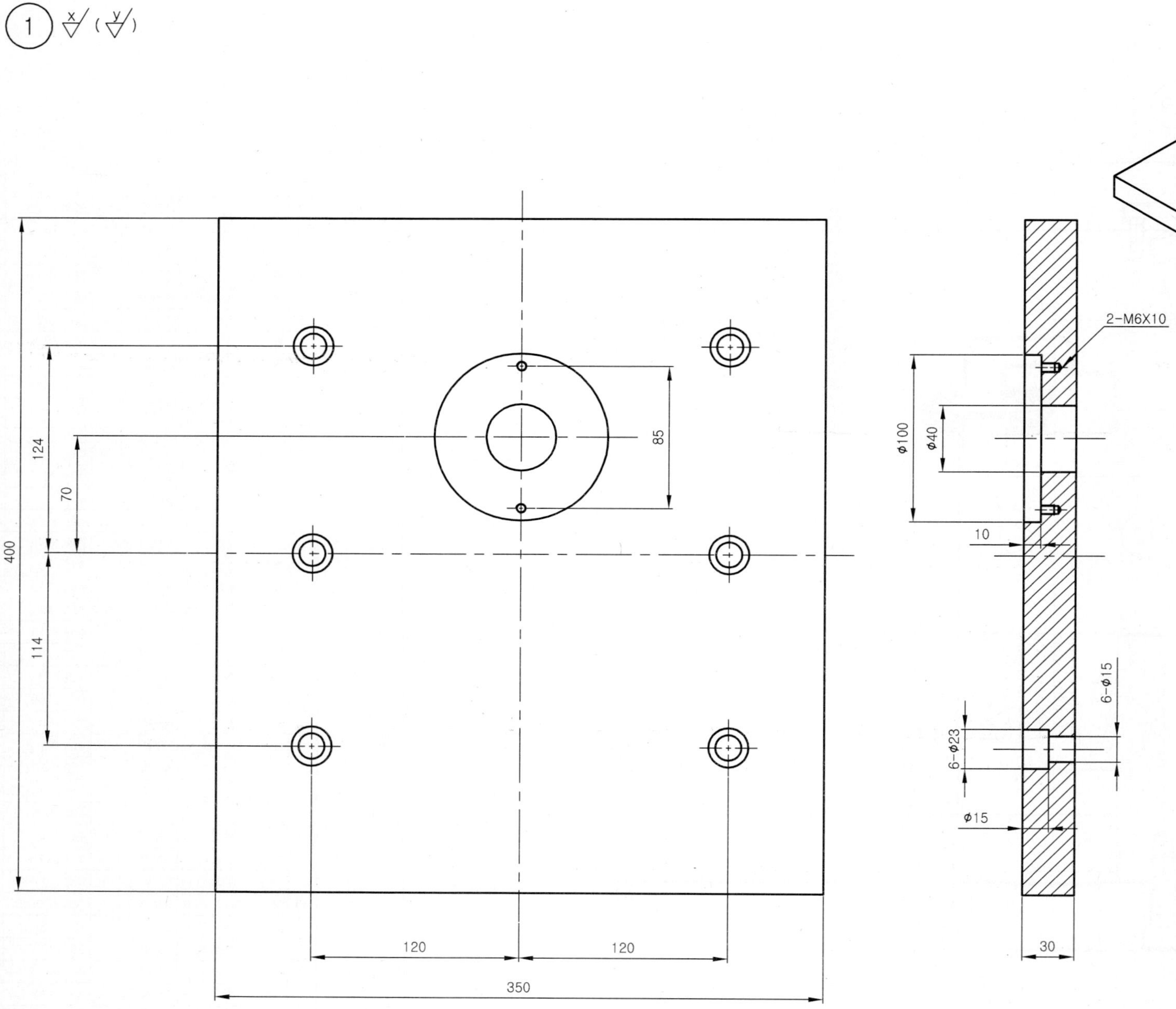

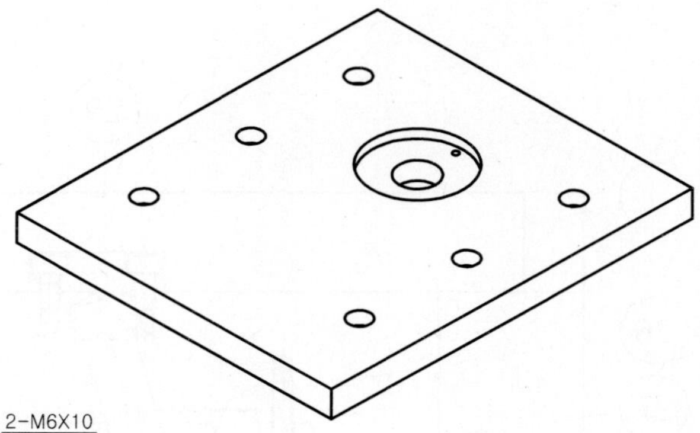

주서

1. 일반공차 - 가공부 : KS B 0412
2. 도시되고 지시없는모따기는 1x45°, 필렛 및 라운드 R3
3. 일반 모따기는 0.3~0.5x45°
4. 표면거칠기는 기호 비교표

x∇ = 3.2∇ , 25S , ∇∇ , N9

y∇ = 0.8∇ , 6.3S , ∇∇∇ , N7

1	고정측 설치판	SM45C	1	
품 번	품 명	재 질	수 량	비 고
2단금형(supply-nipple 슬리브 이젝트)			척 도	4 : 1
			투상법	3각법

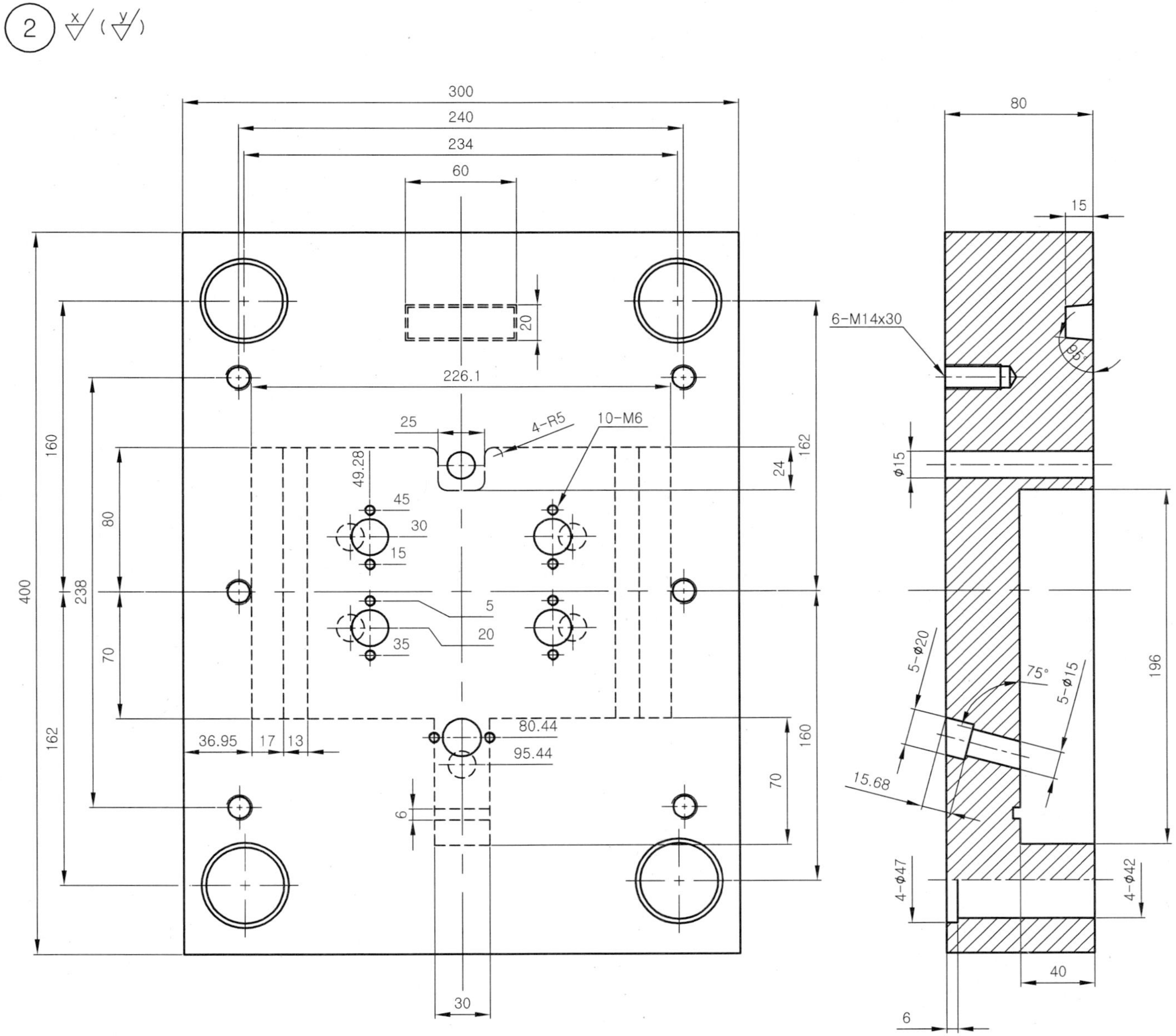

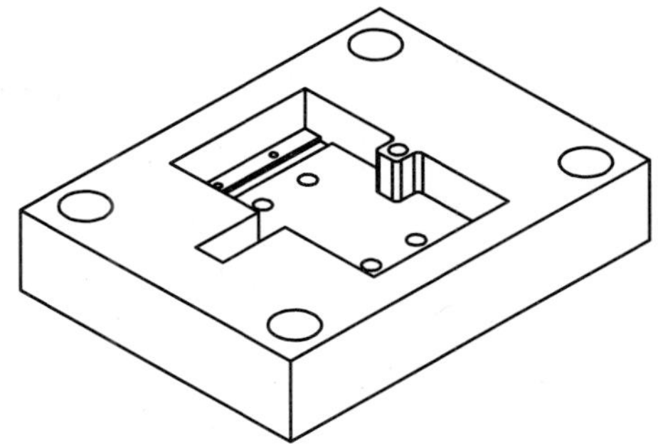

주서

1. 일반공차 - 가공부 : KS B 0412
2. 도시되고 지시없는모따기는 1x45°, 필렛 및 라운드 R3
3. 일반 모따기는 0.3~0.5x45°
4. 표면거칠기는 기호 비교표

x/ = 3.2/, 25S, ▽▽, N9

y/ = 0.8/, 6.3S, ▽▽▽, N7

2	고정측 형판	SM45C	1	
품 번	품 명	재 질	수 량	비 고
2단금형(supply-nipple 슬리브이젝트)			척 도	1 : 0.6
			투상법	3각법

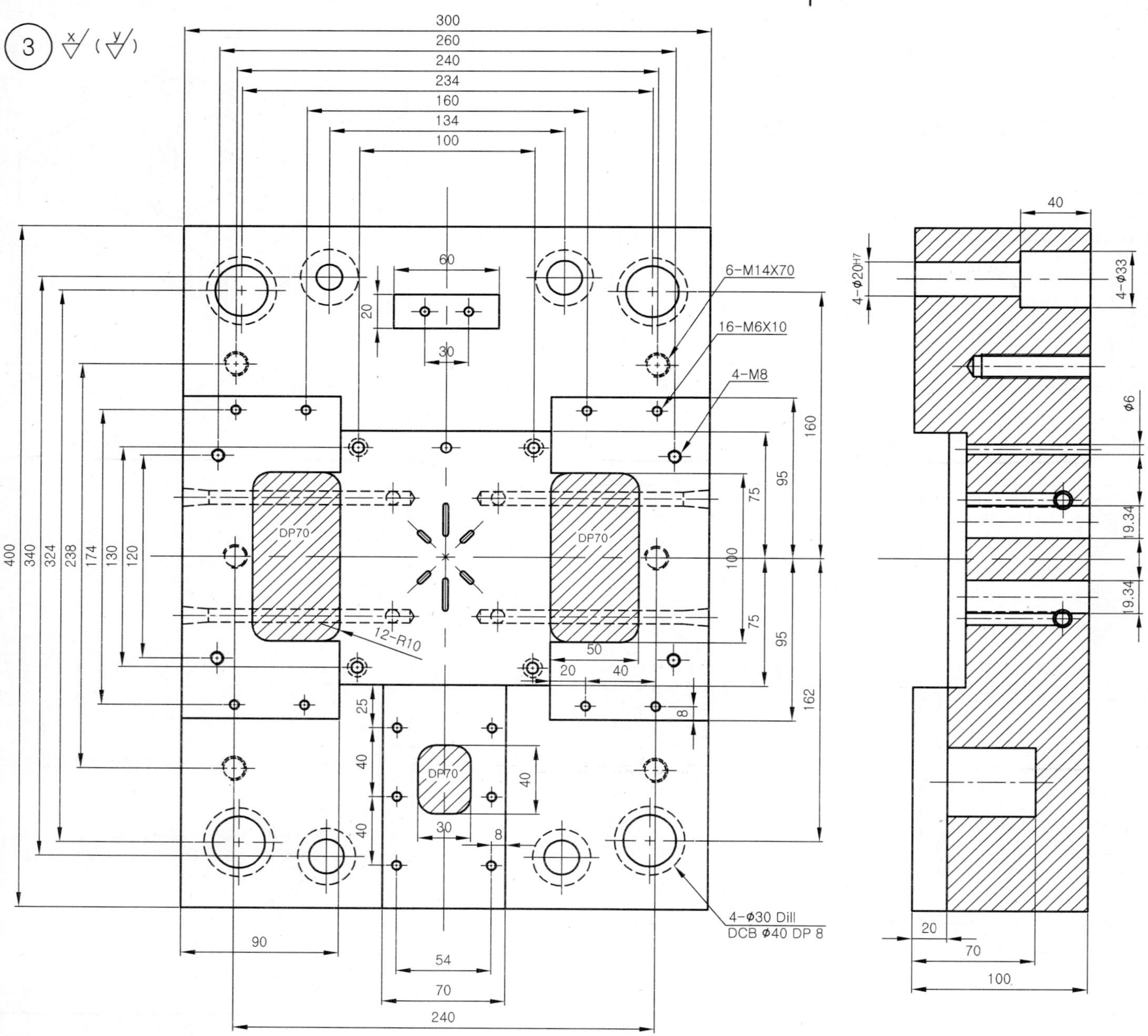

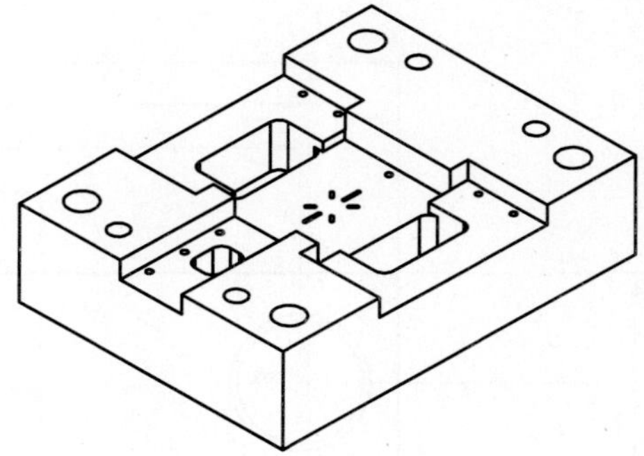

주서

1. 일반공차 - 가공부 : KS B 0412
2. 도시되고 지시없는모따기는 1x45°, 필렛 및 라운드 R3
3. 일반 모따기는 0.3~0.5x45°
4. 표면거칠기는 기호 비교표

x/ = 3.2/, 25S, ▽▽, N9

y/ = 0.8/, 6.3S, ▽▽▽, N7

3	가동측 형판	SM45C	1	
품 번	품 명	재 질	수 량	비 고
2단금형(supply-nipple 슬리브 이젝트)			척 도	1 : 0.6
			투상법	3각법

④ x/ (y/)

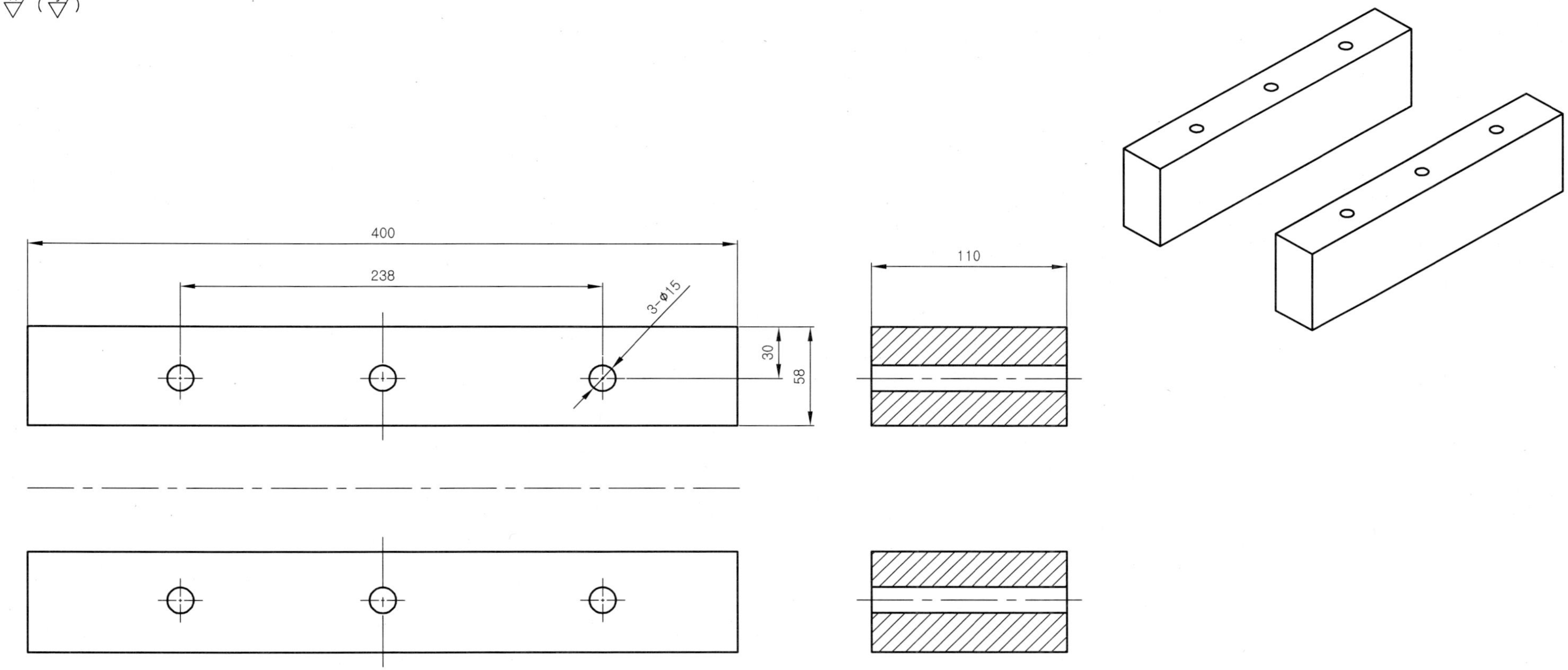

주서

1. 일반공차 - 가공부 : KS B 0412
2. 도시되고 지시없는모따기는 1x45°, 필렛 및 라운드 R3
3. 일반 모따기는 0.3~0.5x45°
4. 표면거칠기는 기호 비교표

x/ = 3.2/ , 25S , ▽▽, N9

y/ = 0.8/ , 6.3S , ▽▽▽, N7

4	스페이서블록	SM45C	2	
품 번	품 명	재 질	수 량	비 고
2단금형(supply-nipple 슬리브이젝트)			척 도	2 : 1
			투상법	3각법

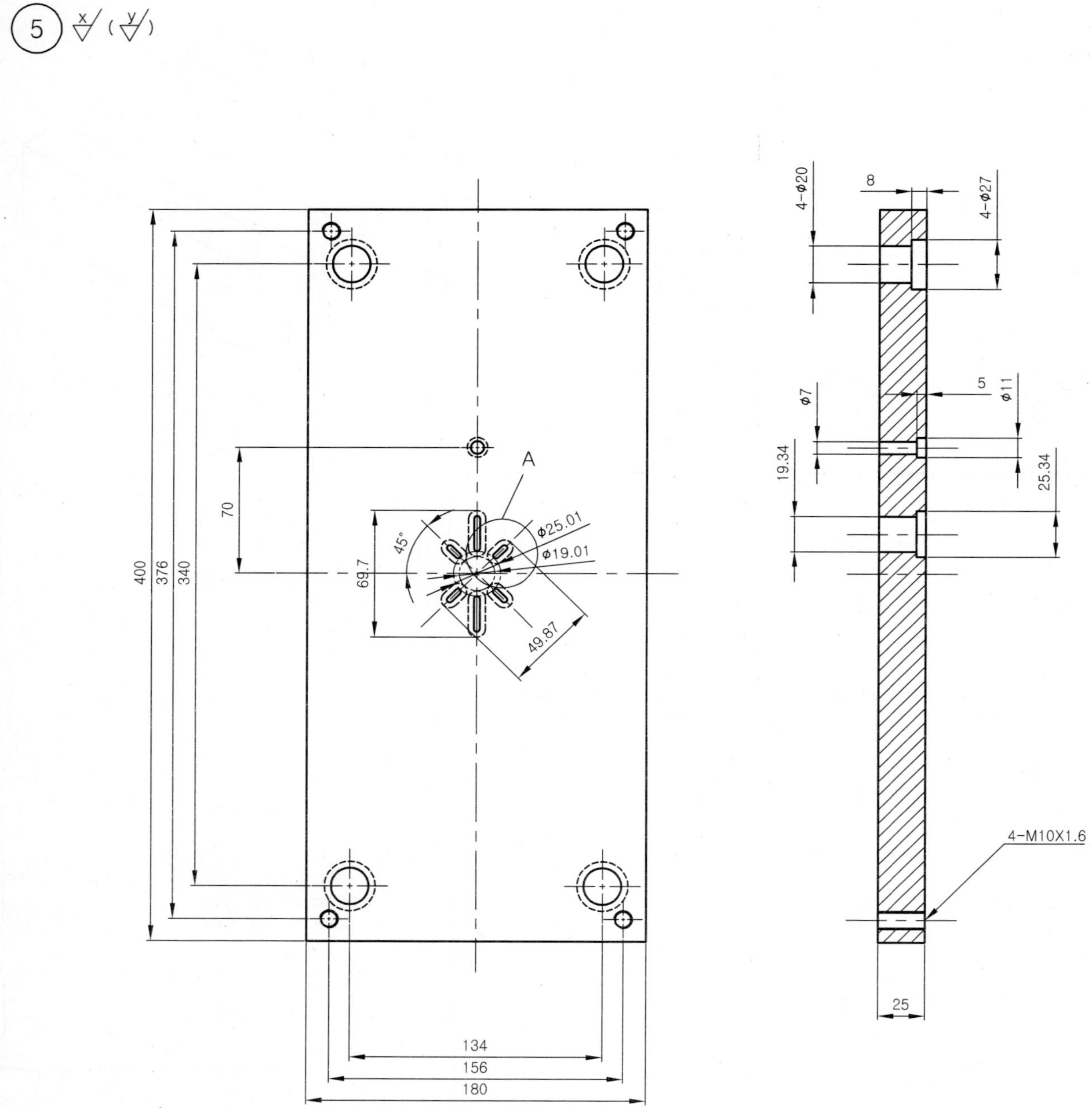

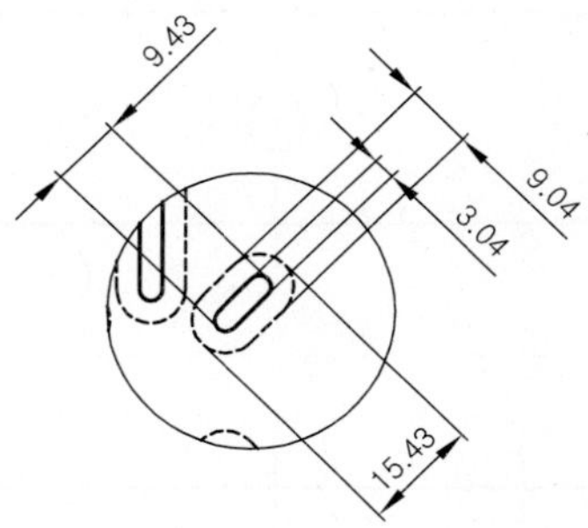

DETAIL A
SCALE 2:1

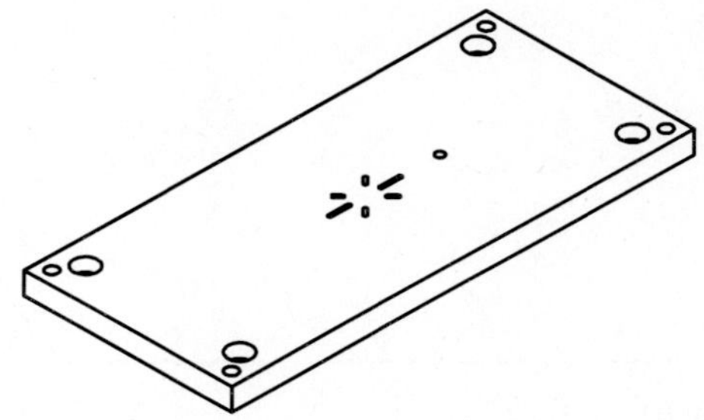

주서

1. 일반공차 - 가공부 : KS B 0412
2. 도시되고 지시없는모따기는 1x45°, 필렛 및 라운드 R3
3. 일반 모따기는 0.3~0.5x45°
4. 표면거칠기는 기호 비교표

x/ = 3.2/ , 25S , ▽▽, N9

y/ = 0.8/ , 6.3S , ▽▽▽, N7

5	이젝터 플레이트(상)	SM45C	1	
품 번	품 명	재 질	수 량	비 고
2단금형(supply-nipple 슬리브 이젝트)			척 도	1.5 : 1
			투상법	3각법

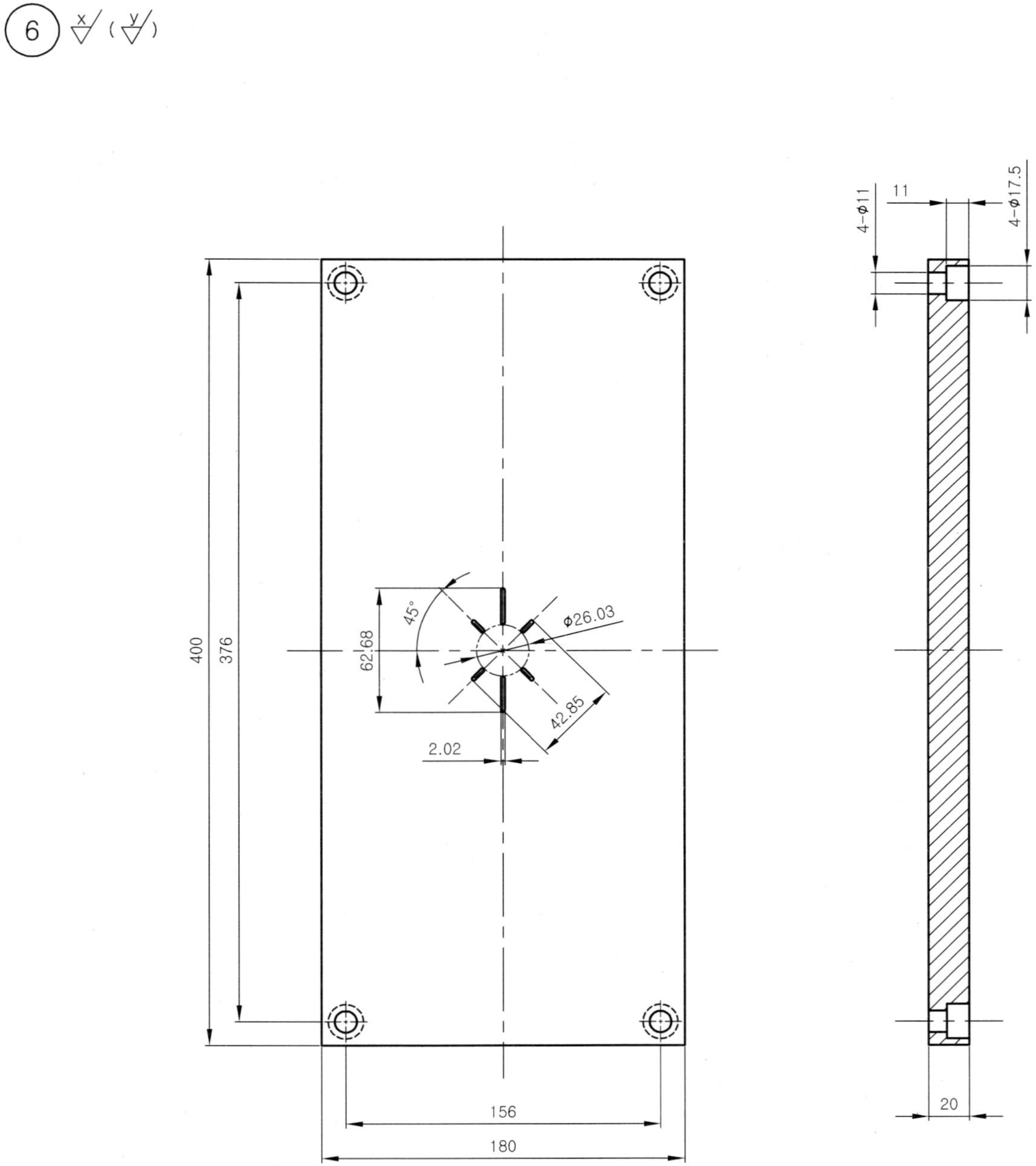

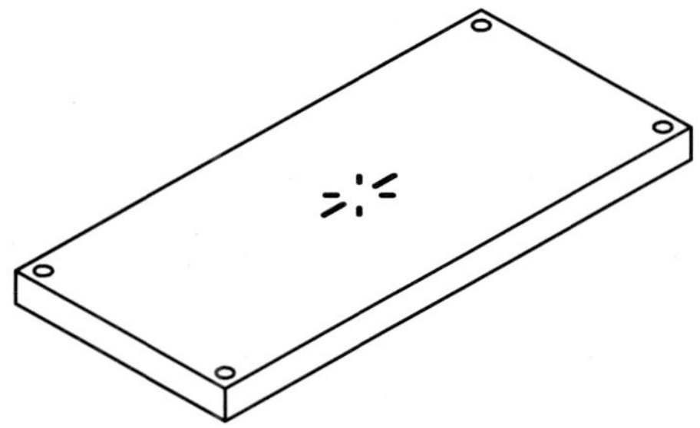

주서

1. 일반공차 - 가공부 : KS B 0412
2. 도시되고 지시없는모따기는 1x45°, 필렛 및 라운드 R3
3. 일반 모따기는 0.3~0.5x45°
4. 표면거칠기는 기호 비교표

$\overset{x}{\bigtriangledown}$ = $\overset{3.2}{\bigtriangledown}$, 25S, $\bigtriangledown\bigtriangledown$, N9

$\overset{y}{\bigtriangledown}$ = $\overset{0.8}{\bigtriangledown}$, 6.3S, $\bigtriangledown\bigtriangledown\bigtriangledown$, N7

6	이젝터 플레이트(하)	SM45C	1	
품 번	품 명	재 질	수 량	비 고
2단금형(supply-nipple 슬리브 이젝트)			척 도	2 : 1
			투상법	3각법

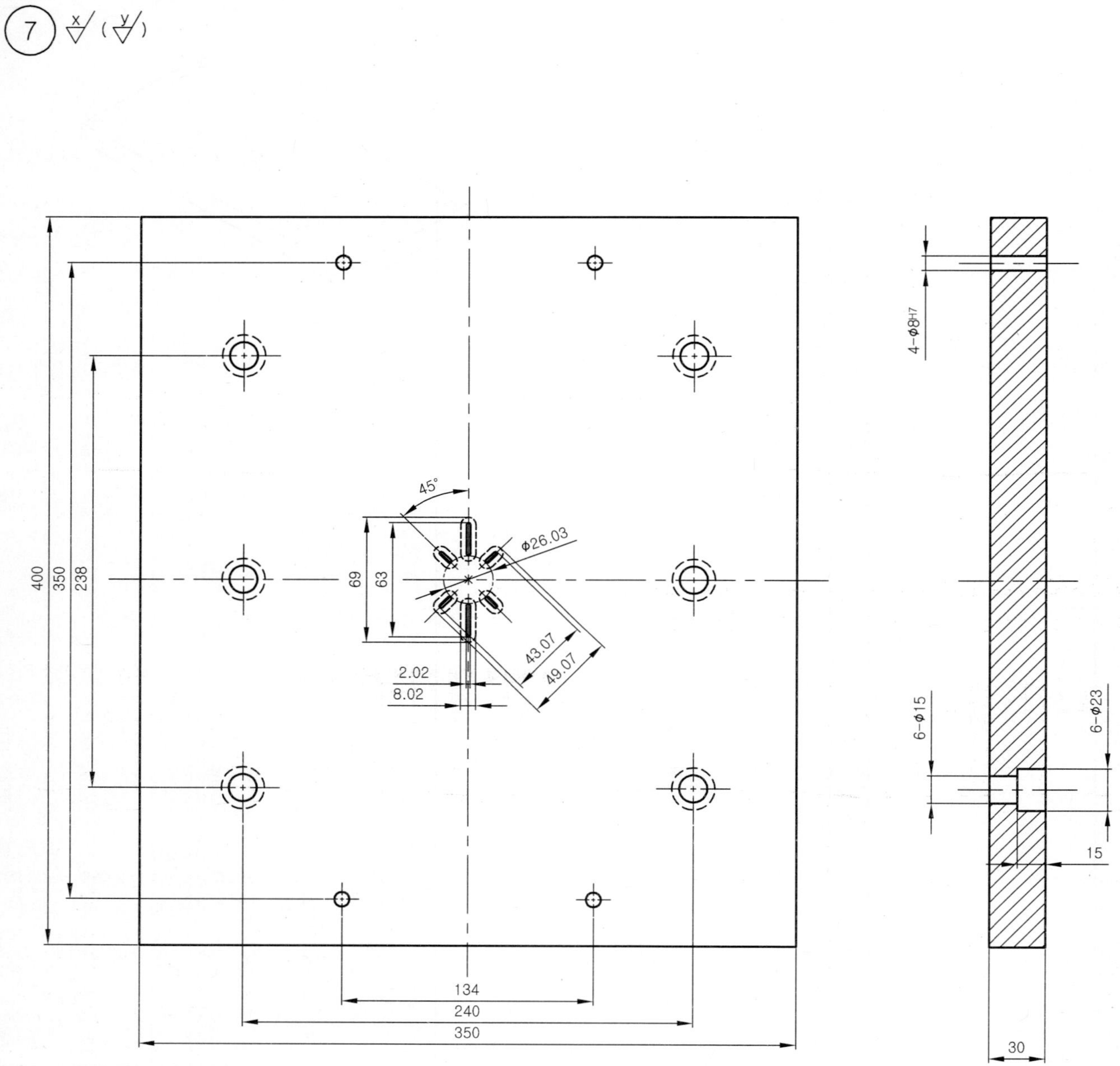

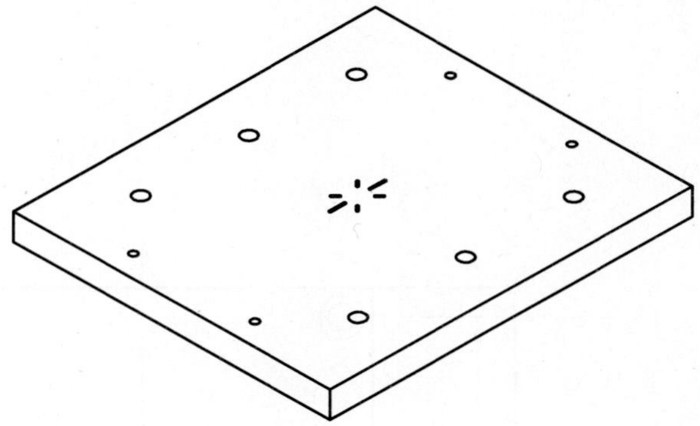

주서

1. 일반공차 - 가공부 : KS B 0412
2. 도시되고 지시없는모따기는 1x45°, 필렛 및 라운드 R3
3. 일반 모따기는 0.3~0.5x45°
4. 표면거칠기는 기호 비교표

x/ = 3.2/ , 25S , ▽▽ , N9

y/ = 0.8/ , 6.3S , ▽▽▽ , N7

7	가동측설치판	SM45C	1	
품 번	품 명	재 질	수 량	비 고
2단금형(supply-nipple 슬리브 이젝트)			척 도	4 : 1
			투상법	3각법

(10) y

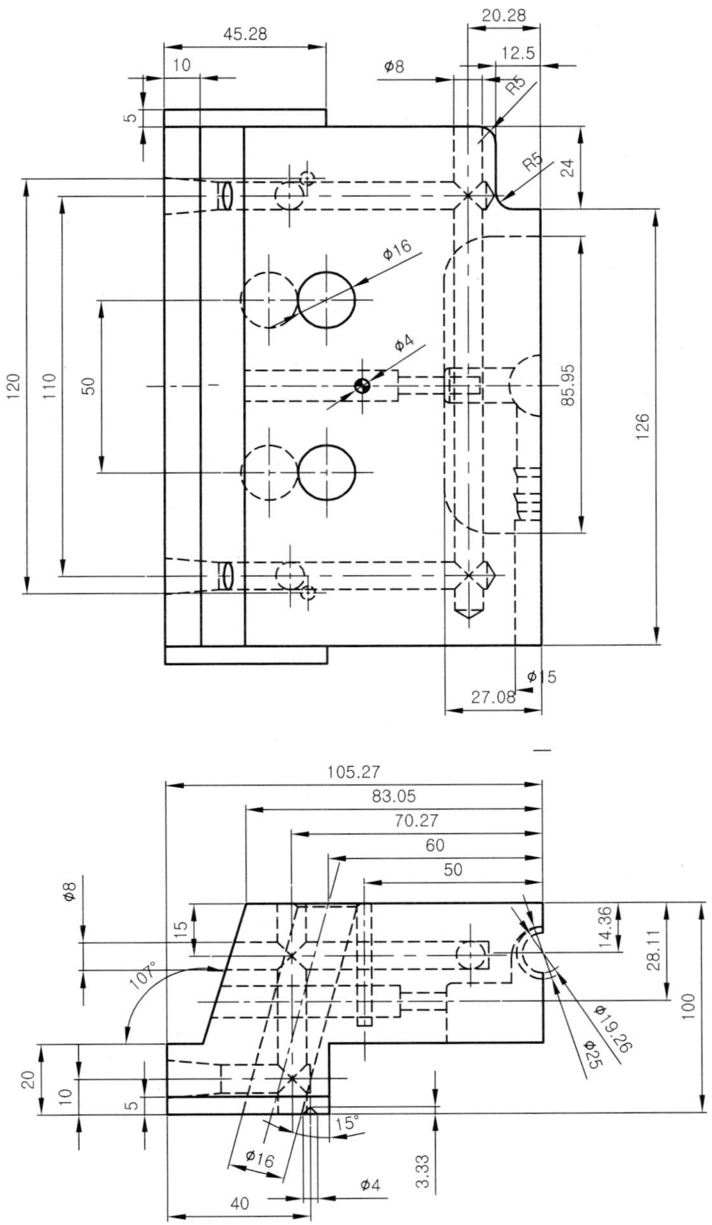

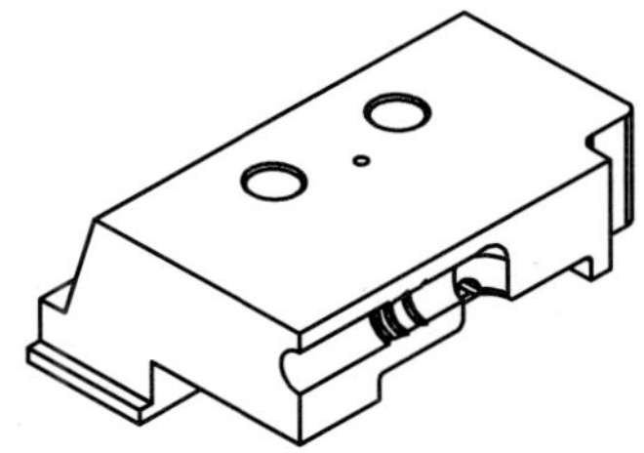

*좌우 대칭

주서

1. 일반공차 - 가공부 : KS B 0412
2. 도시되고 지시없는모따기는 1x45°, 필렛 및 라운드 R3
3. 일반 모따기는 0.3~0.5x45°
4. 표면거칠기는 기호 비교표

x/ = 3.2/, 25S, ▽▽, N9

y/ = 0.8/, 6.3S, ▽▽▽, N7

10	캐비티	KP4M	2	HRC30
품 번	품 명	재 질	수 량	비 고
2단금형(supply-nipple 슬리브 이젝트)			척 도	1 : 1
			투상법	3각법

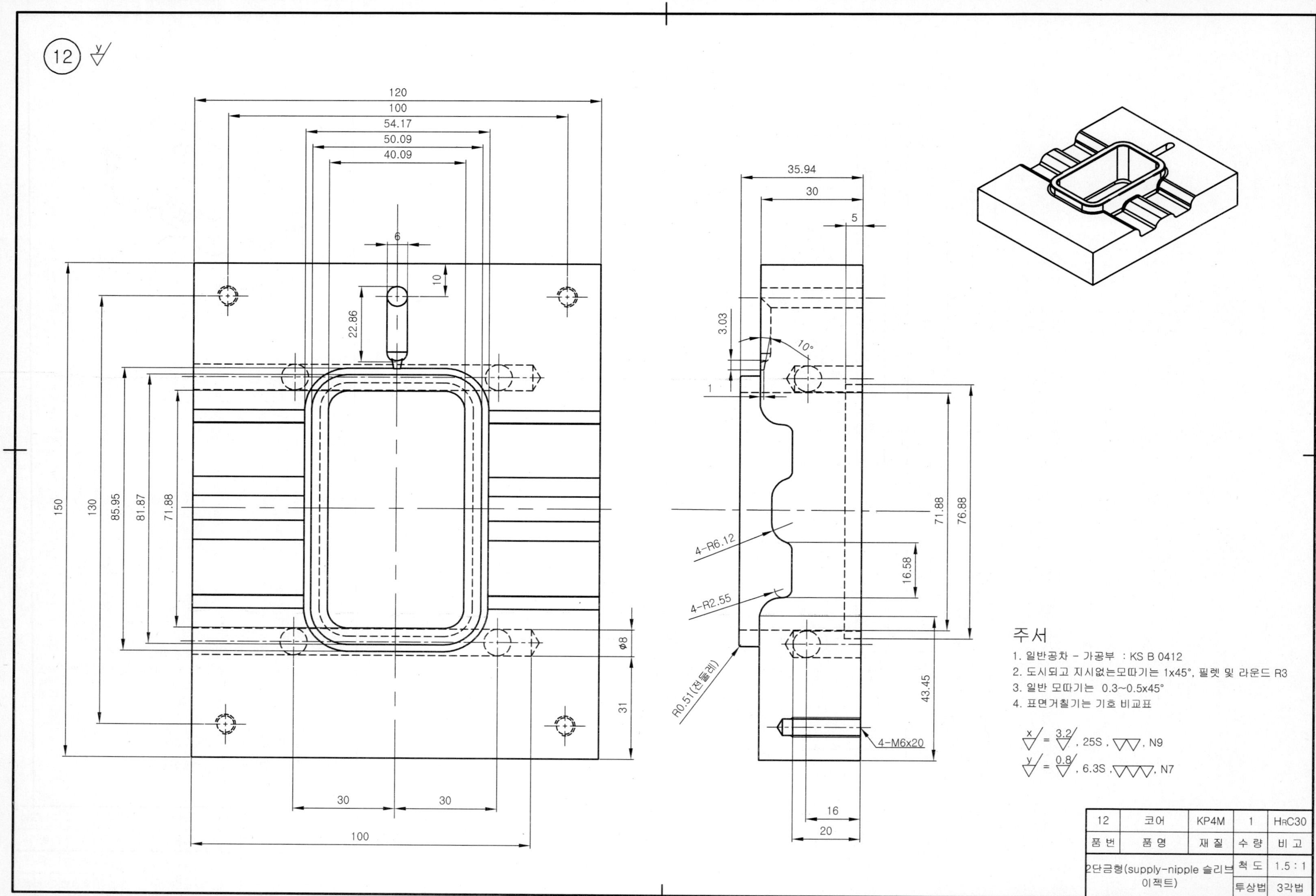
12
120
100
54.17
50.09
40.09
6
10
22.86
150
130
85.95
81.87
71.88
φ8
31
30
30
100
35.94
30
5
3.03
10°
1
4-R6.12
4-R2.55
R0.51(전둘레)
71.88
76.88
16.58
43.45
4-M6x20
16
20
주서
1. 일반공차 - 가공부 : KS B 0412
2. 도시되고 지시없는모따기는 1x45°, 필렛 및 라운드 R3
3. 일반 모따기는 0.3~0.5x45°
4. 표면거칠기는 기호 비교표
x = 3.2, 25S, N9
y = 0.8, 6.3S, N7
12
코어
KP4M
1
HRC30
품 번
품 명
재 질
수 량
비 고
2단금형(supply-nipple 슬리브 이젝트)
척 도
1.5 : 1
투상법
3각법

(13) y

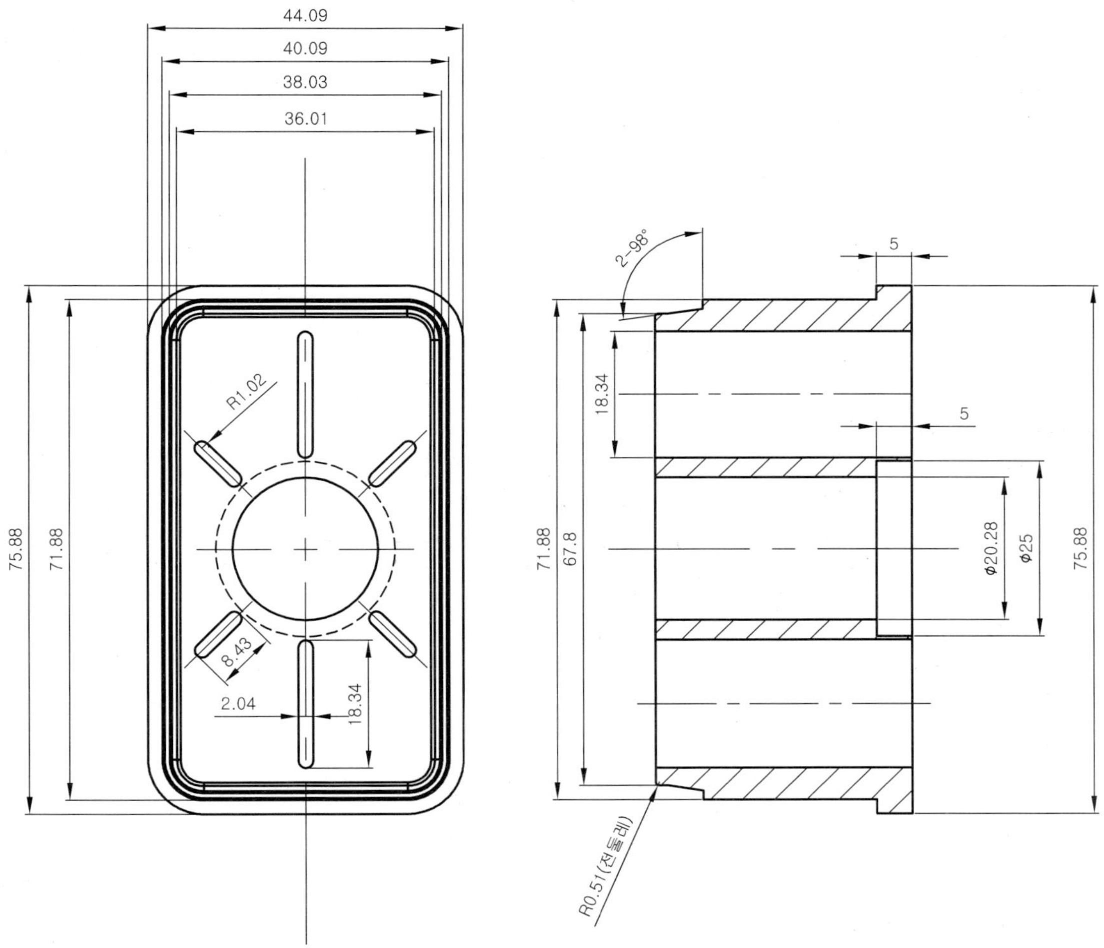

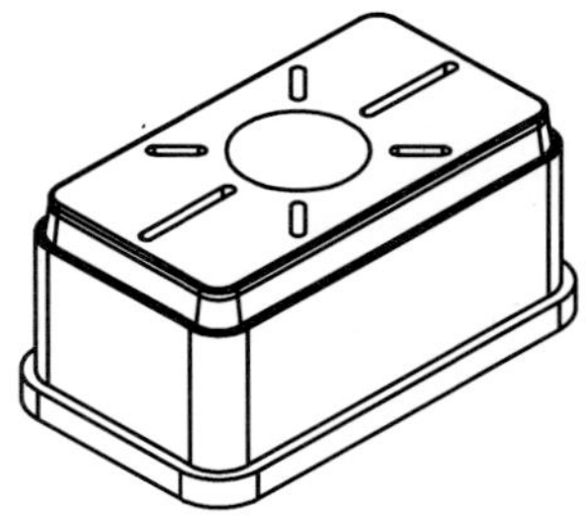

주서

1. 일반공차 - 가공부 : KS B 0412
2. 도시되고 지시없는모따기는 1x45°, 필렛 및 라운드 R3
3. 일반 모따기는 0.3~0.5x45°
4. 표면거칠기는 기호 비교표

x = 3.2, 25S , ▽▽, N9

y = 0.8, 6.3S , ▽▽▽, N7

13	코어 핀1	KP4M	1	HRC30
품 번	품 명	재 질	수 량	비 고
2단금형(supply-nipple 슬리브 이젝트)			척 도	2 : 1
			투상법	3각법

(14) y

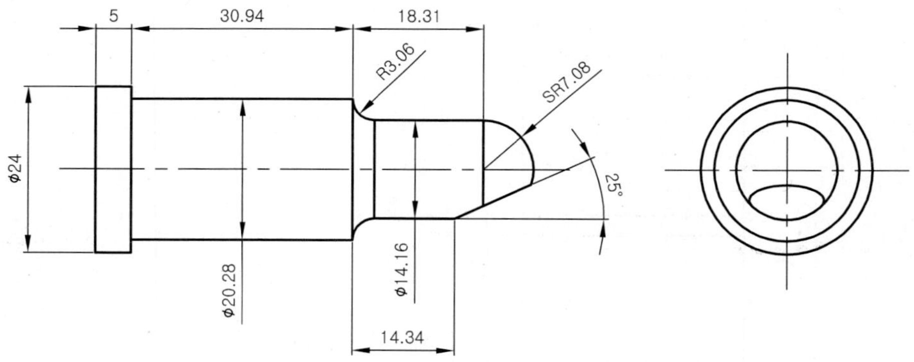

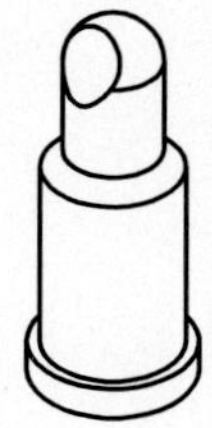

주서

1. 일반공차 - 가공부 : KS B 0412
2. 도시되고 지시없는모따기는 1x45°, 필렛 및 라운드 R3
3. 일반 모따기는 0.3~0.5x45°
4. 표면거칠기는 기호 비교표

x = 3.2, 25S, ▽▽, N9

y = 0.8, 6.3S, ▽▽▽, N7

14	코어 핀 2	KP4M	1	HRC30
품 번	품 명	재 질	수 량	비 고
2단금형(supply-nipple 슬리브 이젝트)			척 도	2 : 1
			투상법	3각법

⑮ y

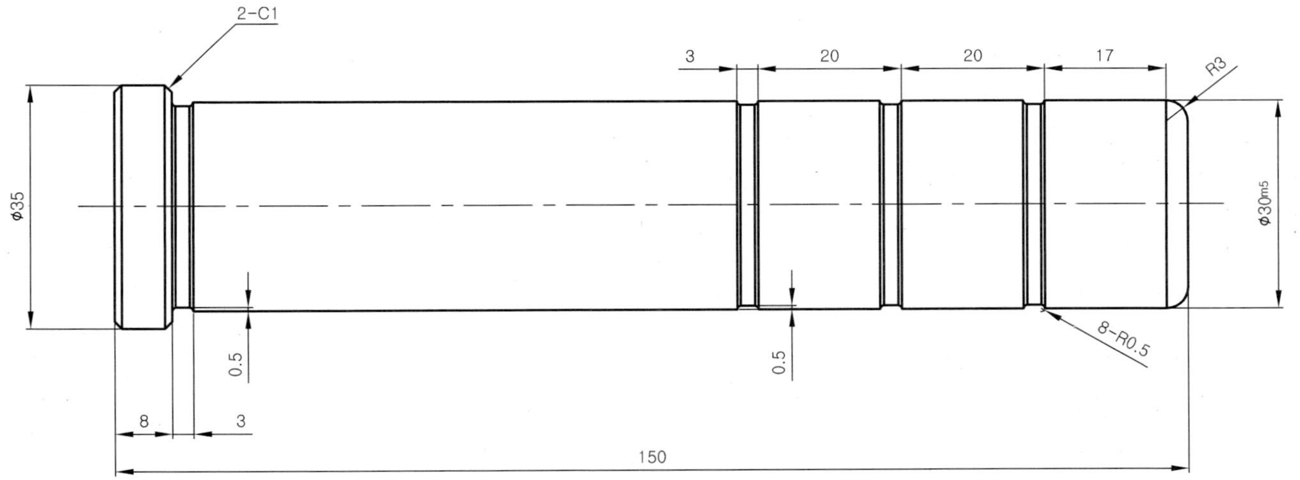

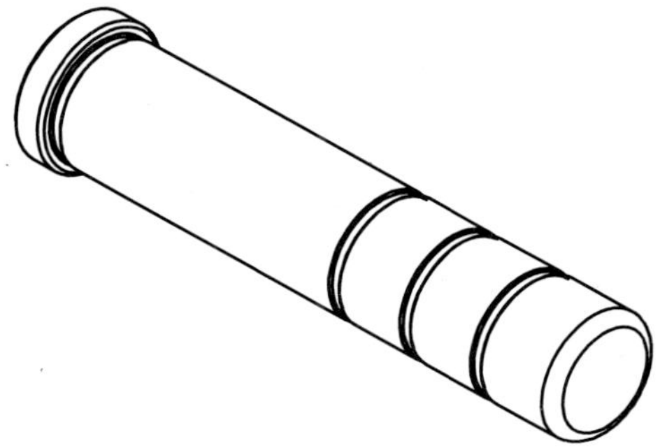

주서

1. 일반공차 - 가공부 : KS B 0412
2. 도시되고 지시없는모따기는 1x45°, 필렛 및 라운드 R3
3. 일반 모따기는 0.3~0.5x45°
4. 표면거칠기는 기호 비교표

x/ = 3.2/ , 25S , ▽▽ , N9
y/ = 0.8/ , 6.3S , ▽▽▽ , N7

15	가이드핀	STC3	4	HRC58
품 번	품 명	재 질	수 량	비 고
2단금형(supply-nipple 슬리브 이젝트)			척 도	2 : 1
			투상법	3각법

(16) x/ (y/)

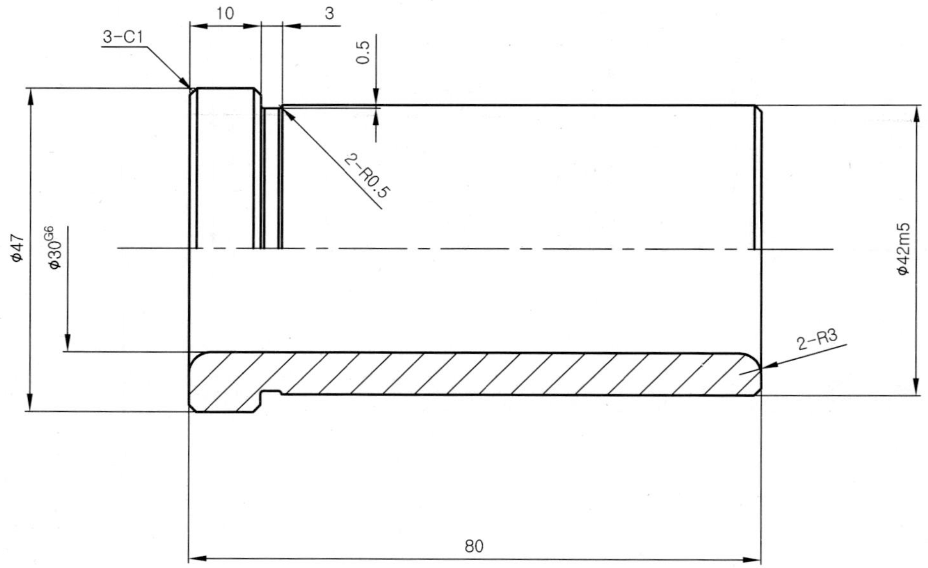

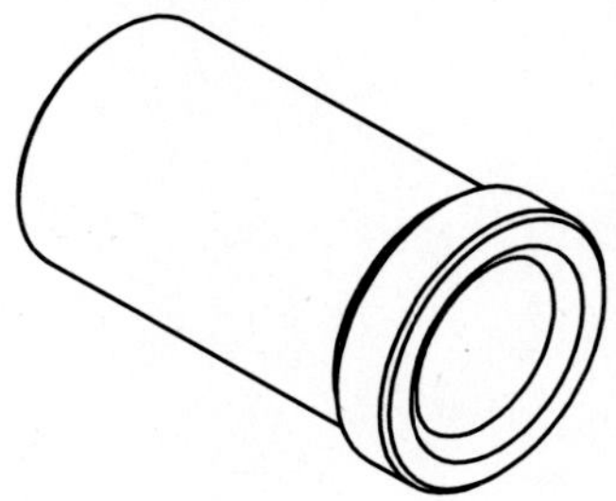

주서

1. 일반공차 - 가공부 : KS B 0412
2. 도시되고 지시없는모따기는 1x45°, 필렛 및 라운드 R3
3. 일반 모따기는 0.3~0.5x45°
4. 표면거칠기는 기호 비교표

x/ = 3.2/ , 25S , ▽▽ , N9

y/ = 0.8/ , 6.3S , ▽▽▽ , N7

16	가이드부시	STC3	4	HRC60
품 번	품 명	재 질	수 량	비 고
2단금형(supply-nipple 슬리브 이젝트)			척 도	2 : 1
			투상법	3각법

(17) x/ (y/)

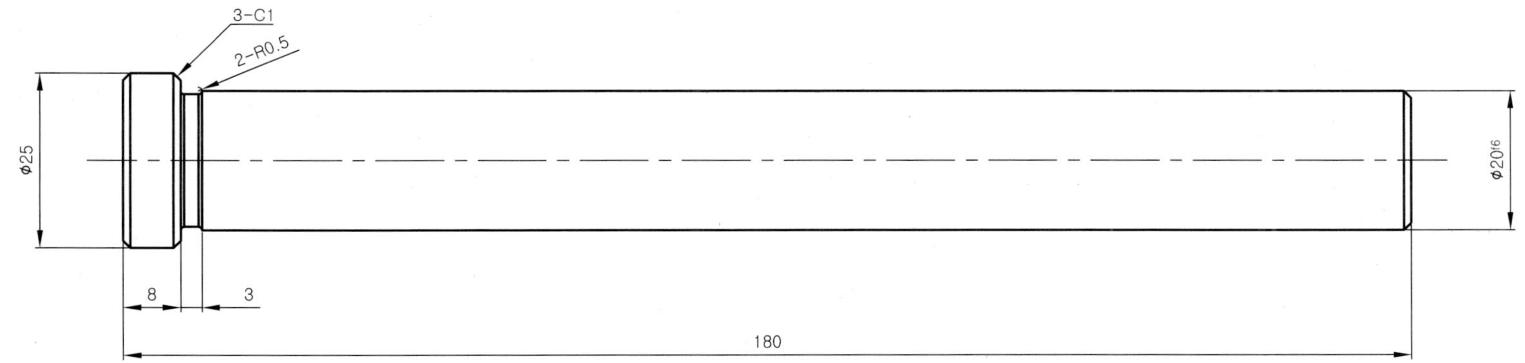

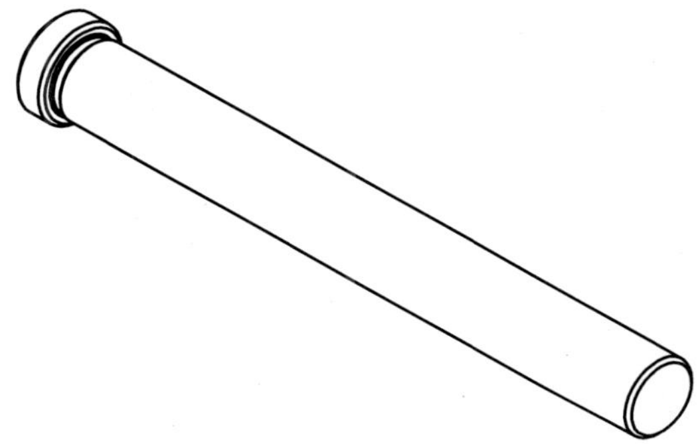

주서

1. 일반공차 - 가공부 : KS B 0412
2. 도시되고 지시없는모따기는 1x45°, 필렛 및 라운드 R3
3. 일반 모따기는 0.3~0.5x45°
4. 표면거칠기는 기호 비교표

x/ = 3.2/ , 25S , ▽▽, N9
y/ = 0.8/ , 6.3S , ▽▽▽, N7

17	리턴핀	STC3	4	HRC58
품 번	품 명	재 질	수 량	비 고
2단금형(supply-nipple 슬리브이젝트)			척 도	2 : 1
			투상법	3각법

(22) x/ (y/)

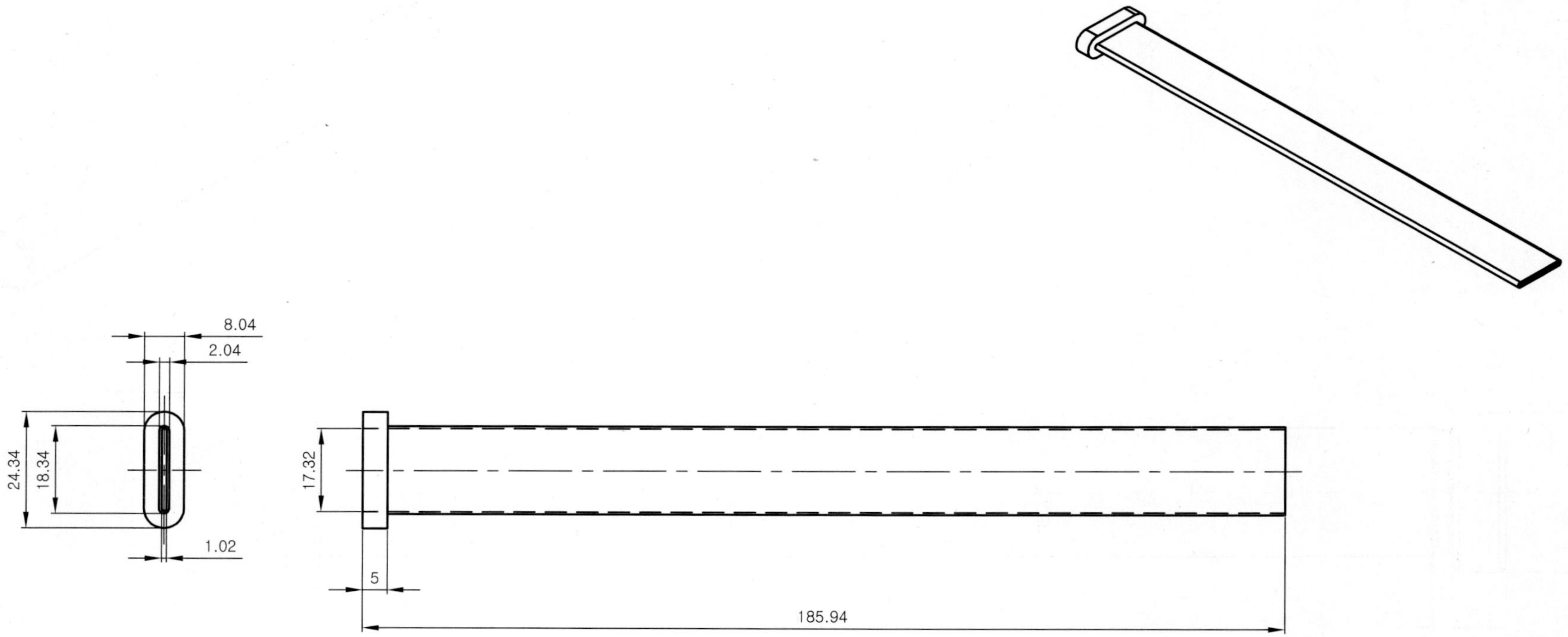

주서

1. 일반공차 - 가공부 : KS B 0412
2. 도시되고 지시없는모따기는 1x45°, 필렛 및 라운드 R3
3. 일반 모따기는 0.3~0.5x45°
4. 표면거칠기는 기호 비교표

x/ = 3.2/ , 25S , ▽▽ , N9

y/ = 0.8/ , 6.3S , ▽▽▽ , N7

22	이젝트슬리브	STC3	2	HRC30
품 번	품 명	재 질	수 량	비 고
2단금형(supply-nipple 슬리브 이젝트)			척 도	2 : 1
			투상법	3각법

23 x/ (y/)

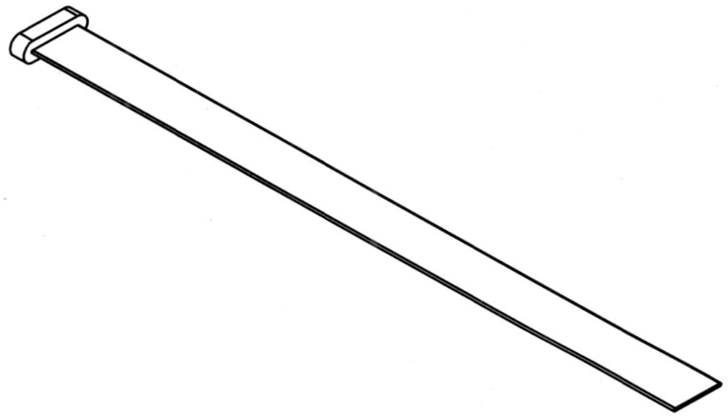

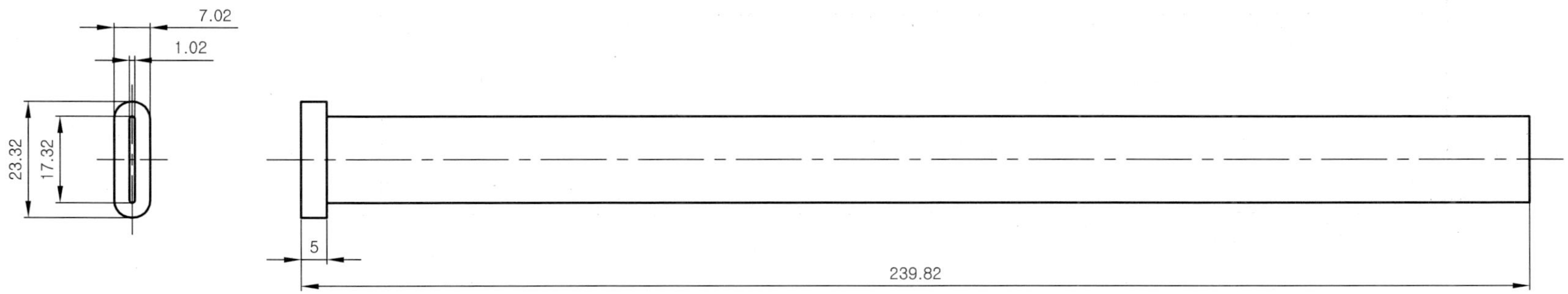

주서

1. 일반공차 - 가공부 : KS B 0412
2. 도시되고 지시없는모따기는 1x45°, 필렛 및 라운드 R3
3. 일반 모따기는 0.3~0.5x45°
4. 표면거칠기는 기호 비교표

x/ = 3.2/ , 25S , ▽▽, N9
y/ = 0.8/ , 6.3S , ▽▽▽, N7

23	이젝트핀	SKS3	2	HRC30
품 번	품 명	재 질	수 량	비 고
2단금형(supply-nipple 슬리브 이젝트)			척 도	2 : 1
			투상법	3각법

(26) x/ (y/)

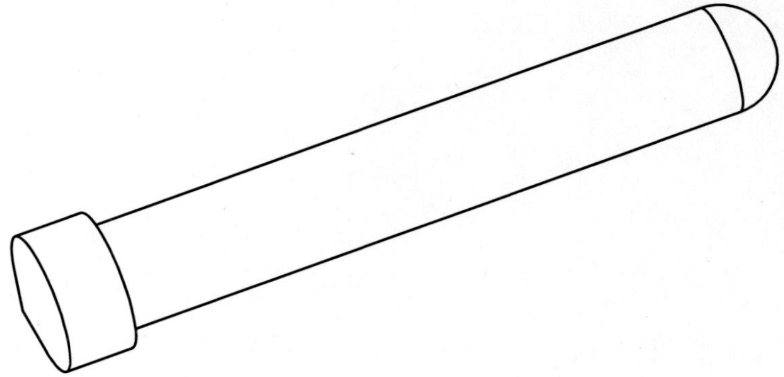

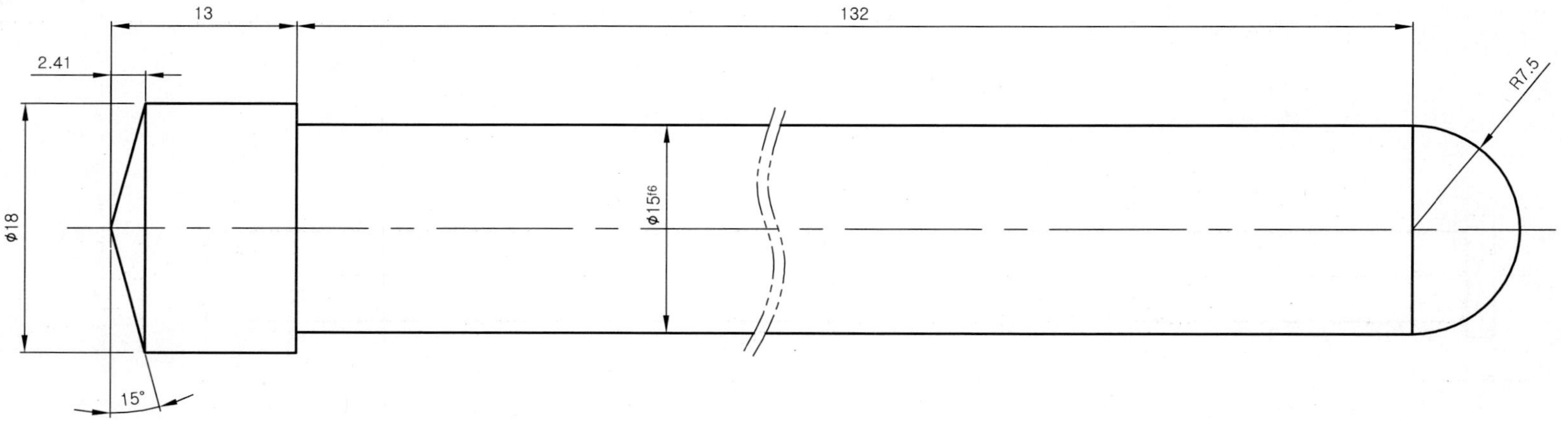

주서

1. 일반공차 - 가공부 : KS B 0412
2. 도시되고 지시없는모따기는 1x45°, 필렛 및 라운드 R3
3. 일반 모따기는 0.3~0.5x45°
4. 표면거칠기는 기호 비교표

x/ = 3.2/ , 25S , ▽▽, N9

y/ = 0.8/ , 6.3S , ▽▽▽, N7

26	앵귤러 핀	STD11	4	HRC60
품 번	품 명	재 질	수 량	비 고
2단금형(supply-nipple 슬리브 이젝트)			척 도	4 : 1
			투상법	3각법

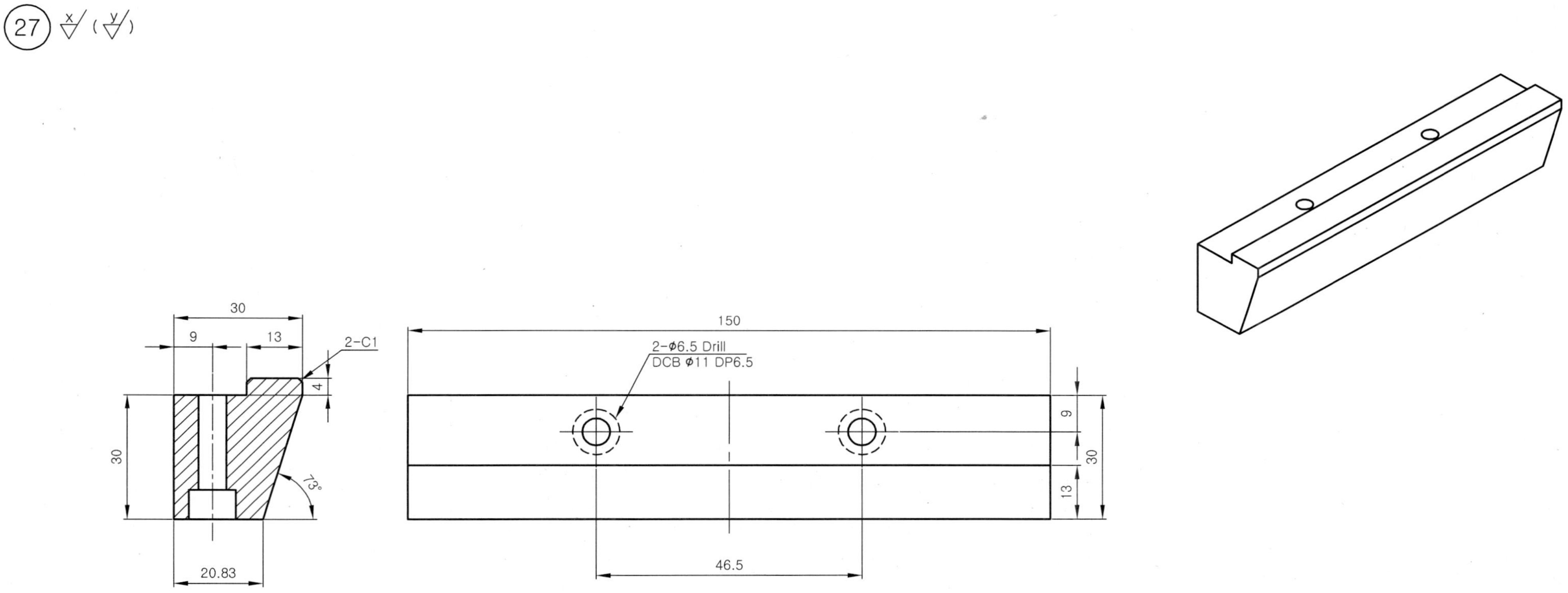

주서

1. 일반공차 - 가공부 : KS B 0412
2. 도시되고 지시없는모따기는 1x45°, 필렛 및 라운드 R3
3. 일반 모따기는 0.3~0.5x45°
4. 표면거칠기는 기호 비교표

x = 3.2, 25S , ▽▽, N9

y = 0.8, 6.3S , ▽▽▽, N7

27	로킹블록	STD11	2	HRC60
품 번	품 명	재 질	수 량	비 고
2단금형(supply-nipple 슬리브이젝트)			척 도	1.5 : 1
			투상법	3각법

28 x/ (y/)

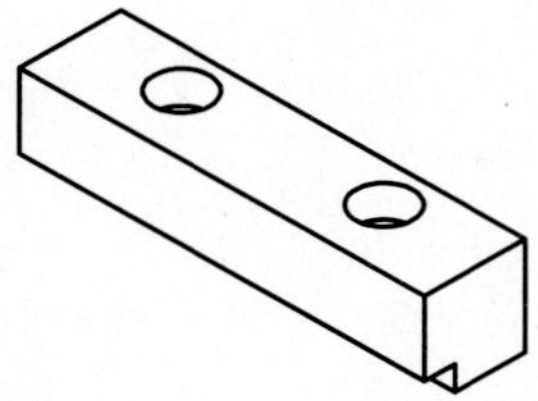

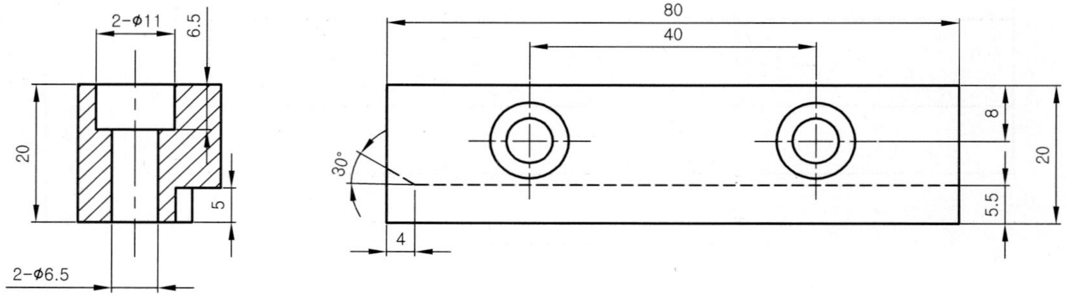

주서

1. 일반공차 - 가공부 : KS B 0412
2. 도시되고 지시없는모따기는 1x45°, 필렛 및 라운드 R3
3. 일반 모따기는 0.3~0.5x45°
4. 표면거칠기는 기호 비교표

x/ = 3.2/, 25S , ▽▽, N9

y/ = 0.8/, 6.3S , ▽▽▽, N7

28	가이드 레일	SKS3	4	HRC30
품 번	품 명	재 질	수 량	비 고
2단금형(supply-nipple 슬리브 이젝트)			척 도	2 : 1
			투상법	3각법

31 x/ (y/)

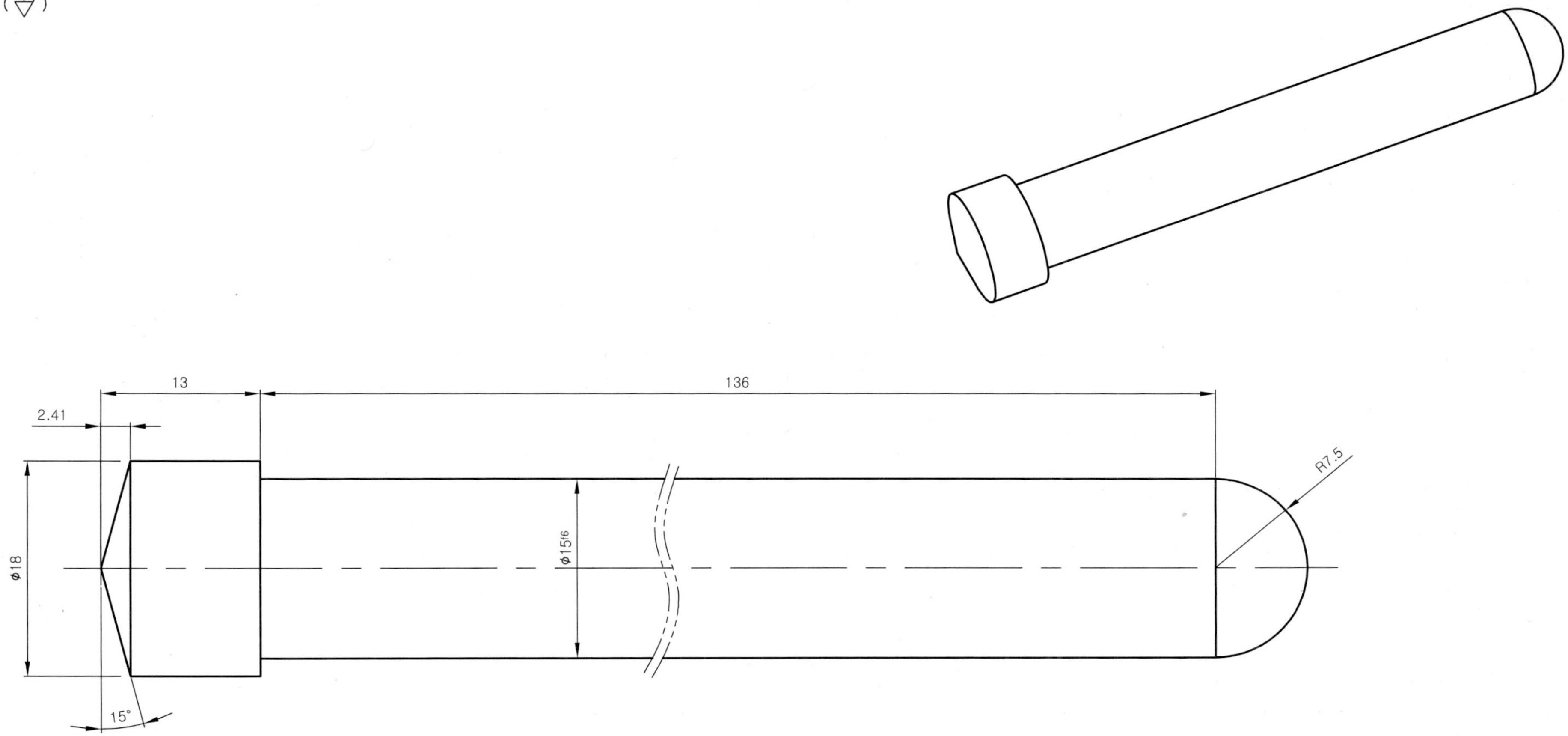

주서

1. 일반공차 - 가공부 : KS B 0412
2. 도시되고 지시없는모따기는 1x45°, 필렛 및 라운드 R3
3. 일반 모따기는 0.3~0.5x45°
4. 표면거칠기는 기호 비교표

x/ = 3.2/ , 25S , ▽▽ , N9

y/ = 0.8/ , 6.3S , ▽▽▽ , N7

31	앵귤러 핀	STD11	1	HRC60
품 번	품 명	재 질	수 량	비 고
2단금형(supply-nipple 슬리브이젝트)			척 도	4 : 1
			투상법	3각법

32 y

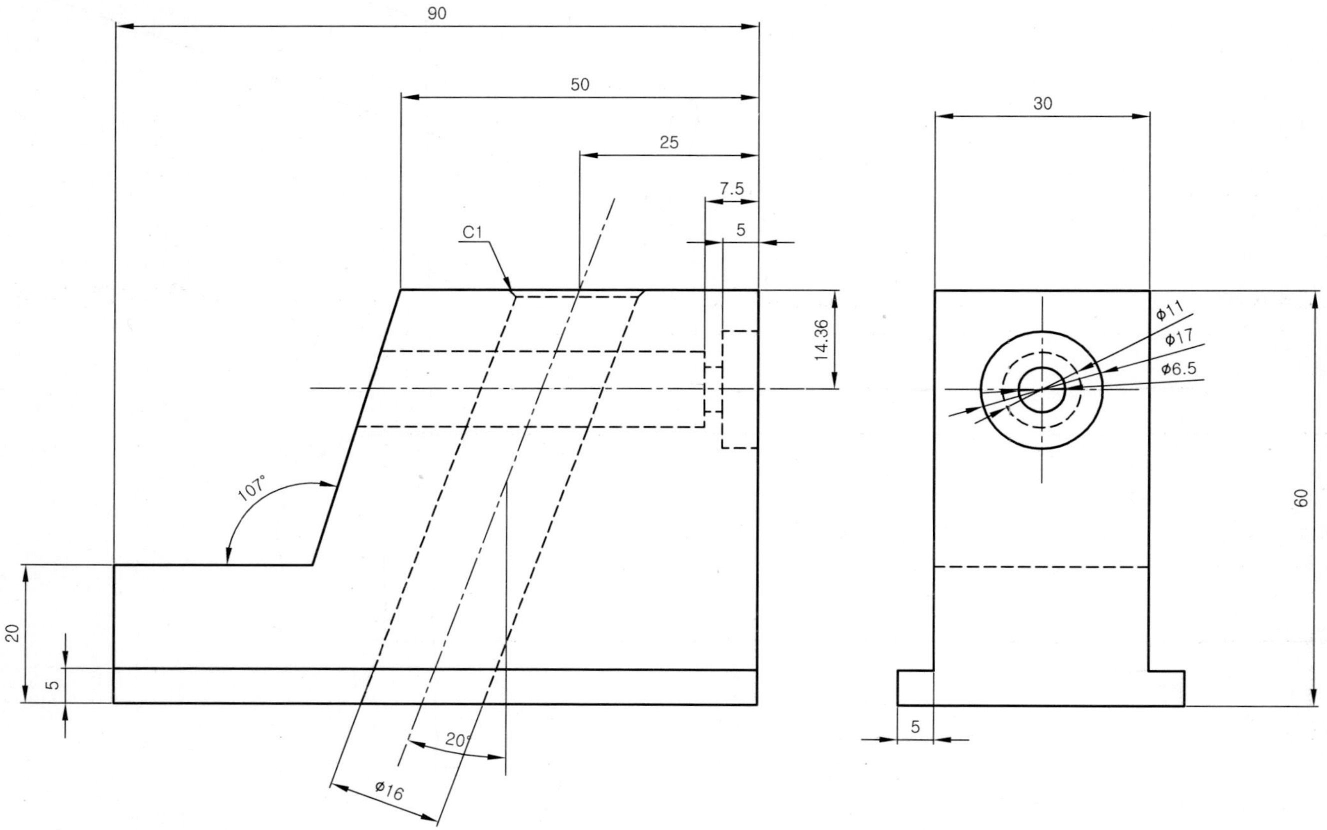

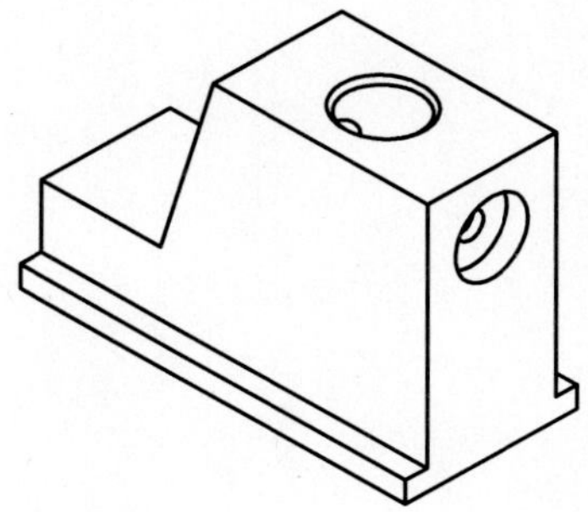

주서

1. 일반공차 - 가공부 : KS B 0412
2. 도시되고 지시없는모따기는 1x45°, 필렛 및 라운드 R3
3. 일반 모따기는 0.3~0.5x45°
4. 표면거칠기는 기호 비교표

x = 3.2, 25S , ▽▽, N9
y = 0.8, 6.3S , ▽▽▽, N7

32	슬라이드 코어	KP4	1	HRC30
품 번	품 명	재 질	수 량	비 고
2단금형(supply-nipple 슬리브 이젝트)			척 도	2 : 1
			투상법	3각법

(33) y

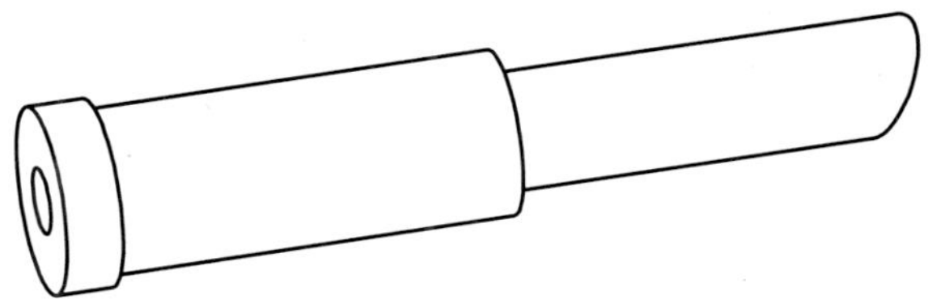

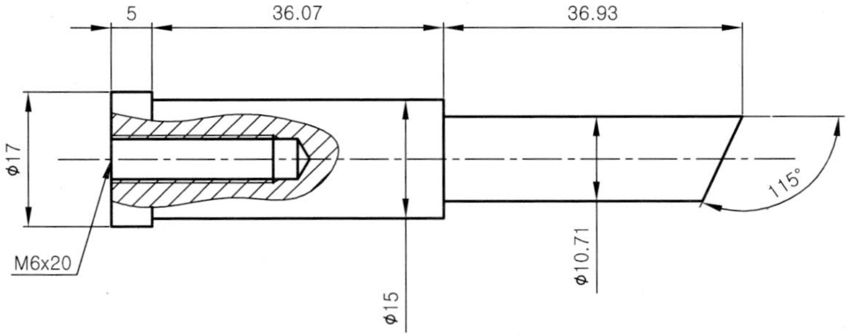

주서

1. 일반공차 - 가공부 : KS B 0412
2. 도시되고 지시없는모따기는 1x45°, 필렛 및 라운드 R3
3. 일반 모따기는 0.3~0.5x45°
4. 표면거칠기는 기호 비교표

x = 3.2, 25S , ▽▽, N9

y = 0.8, 6.3S , ▽▽▽, N7

33	슬라이드 코어 핀	KP4M	1	HRC30
품 번	품 명	재 질	수 량	비 고
2단금형(supply-nipple 슬리브 이젝트)			척 도	2 : 1
			투상법	3각법

(34) x/ (y/)

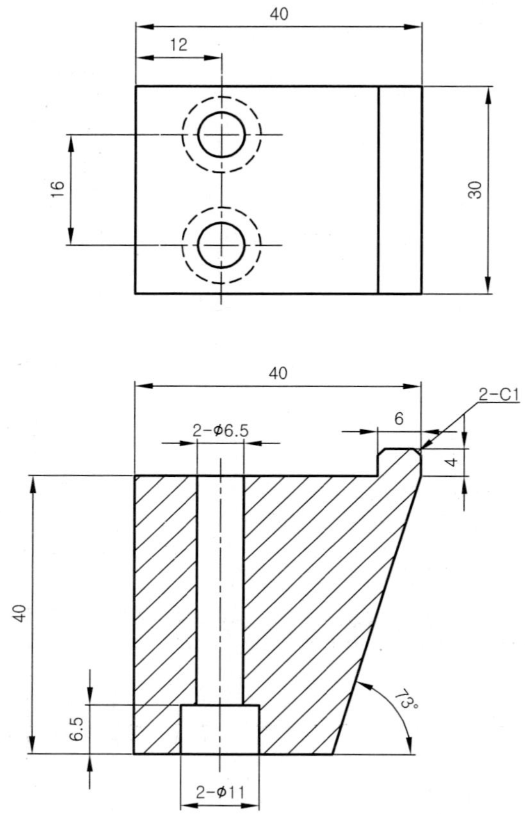

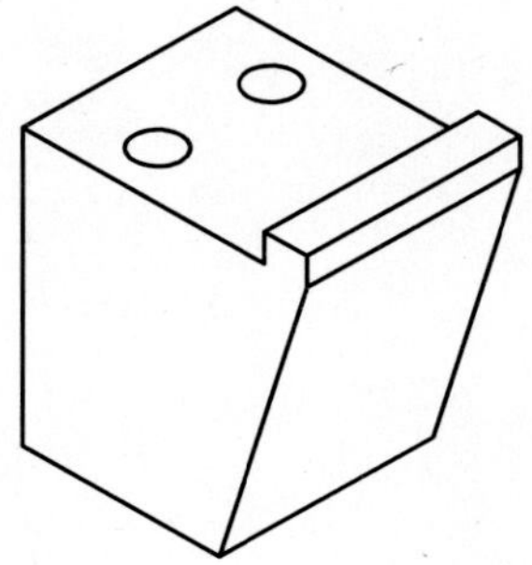

주서

1. 일반공차 - 가공부 : KS B 0412
2. 도시되고 지시없는모따기는 1x45°, 필렛 및 라운드 R3
3. 일반 모따기는 0.3~0.5x45°
4. 표면거칠기는 기호 비교표

x/ = 3.2/ , 25S , ▽▽, N9

y/ = 0.8/ , 6.3S , ▽▽▽, N7

34	로킹블록	STD11	1	HRC60
품 번	품 명	재 질	수 량	비 고
2단금형(supply-nipple 슬리브 이젝트)			척 도	2 : 1
			투상법	3각법

(35) x/ (y/)

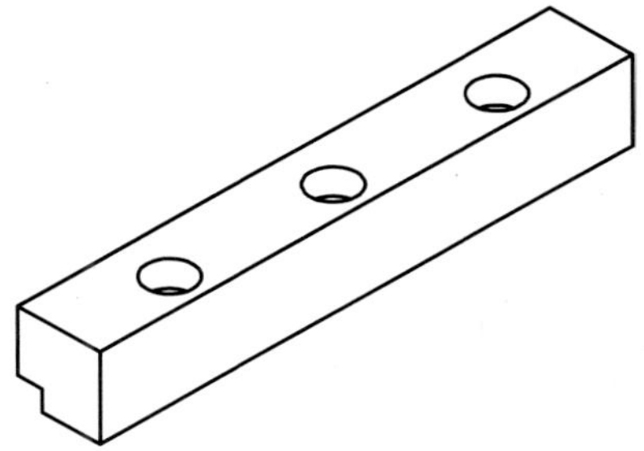

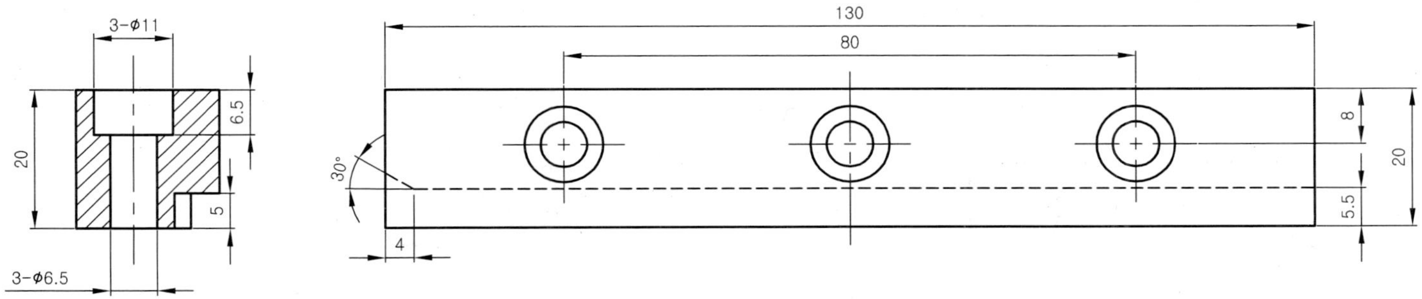

주서

1. 일반공차 - 가공부 : KS B 0412
2. 도시되고 지시없는모따기는 1x45°, 필렛 및 라운드 R3
3. 일반 모따기는 0.3~0.5x45°
4. 표면거칠기는 기호 비교표

x/ = 3.2/, 25S, ▽▽, N9

y/ = 0.8/, 6.3S, ▽▽▽, N7

27	가이드레일	SKS3	2	HRC30
품 번	품 명	재 질	수 량	비 고
2단금형(supply-nipple 슬리브이젝트)			척 도	2 : 1
			투상법	3각법

37 x/ (y/)

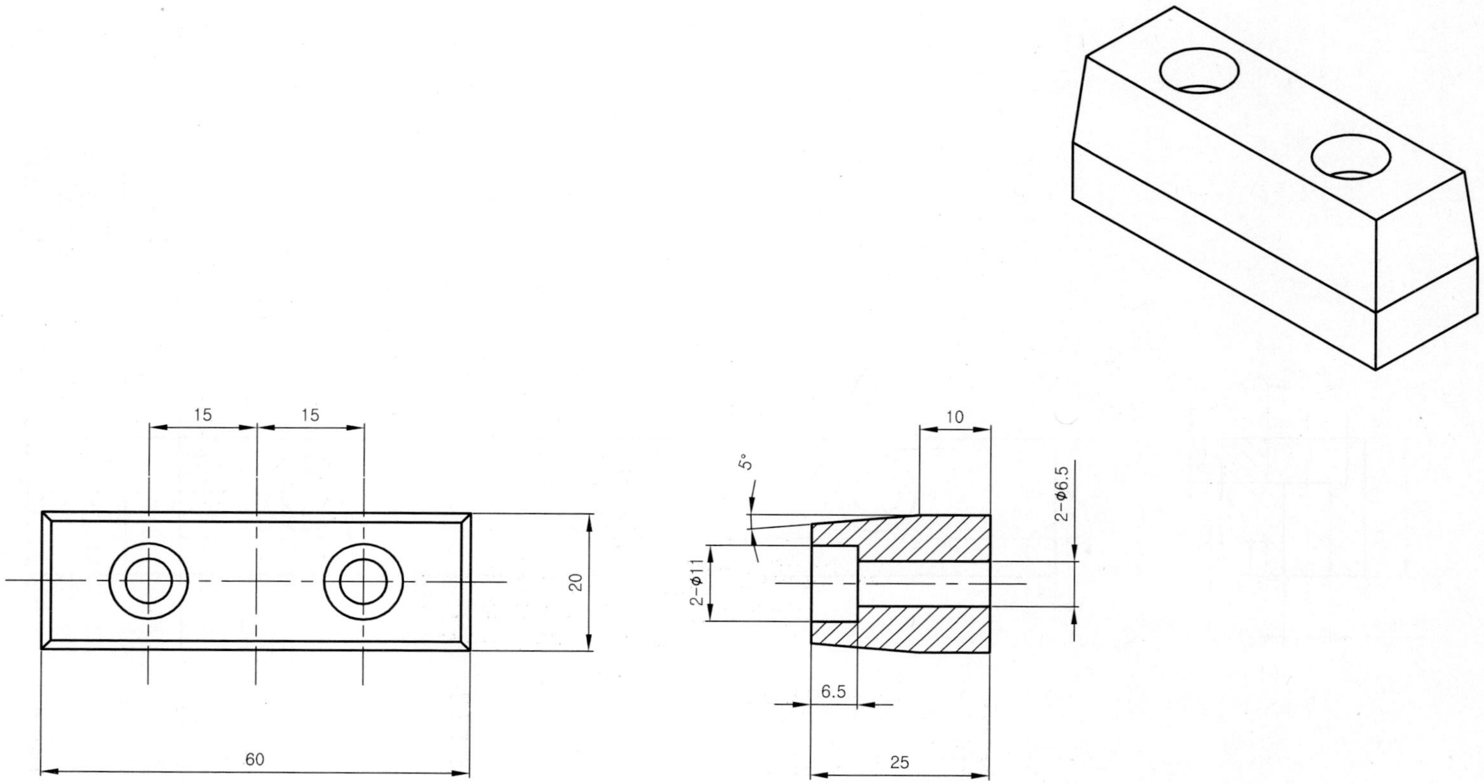

주서

1. 일반공차 - 가공부 : KS B 0412
2. 도시되고 지시없는모따기는 1x45°, 필렛 및 라운드 R3
3. 일반 모따기는 0.3~0.5x45°
4. 표면거칠기는 기호 비교표

x/ = 3.2/, 25S, ▽▽, N9

y/ = 0.8/, 6.3S, ▽▽▽, N7

37	인로우	STC3	1	
품 번	품 명	재 질	수 량	비 고
2단금형(supply-nipple 슬리브 이젝트)			척 도	2 : 1
			투상법	3각법

C.H.A.P.T.E.R **4**

사출금형설계 도면 IV

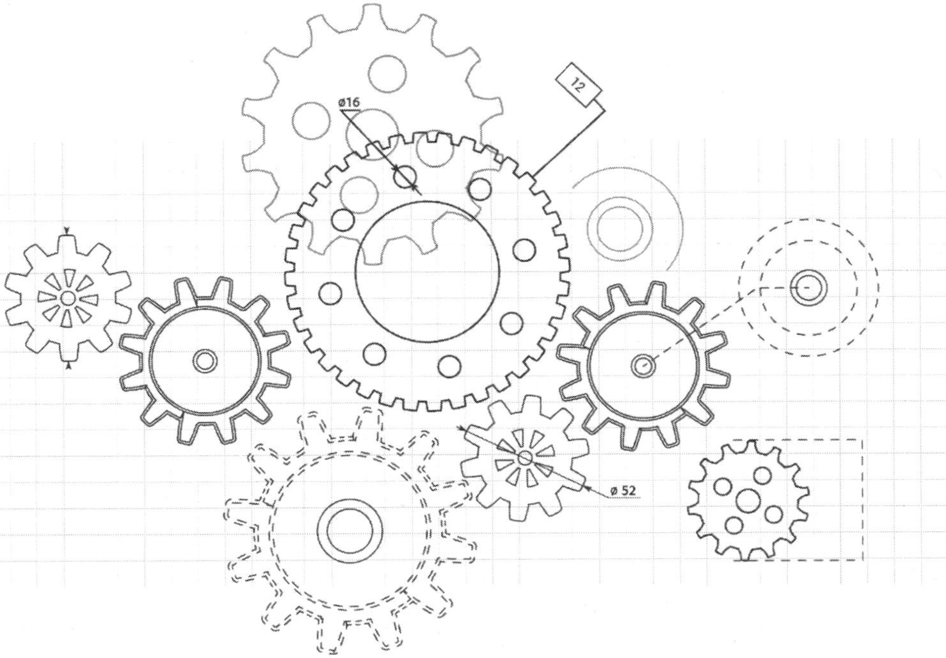

4.1 2단금형(Hinge-cover)

요구사항

1) 2D제품도 & 3차원 Solid model를 이용한 설계
2) 적용 수지 : ABS, 수축률 5/1000 적용, 빼기구배는 고려하지 않아도 됨.
3) 사출성형기 사양 : 고정측 중앙부 구멍 직경 ∅100mm, 사출노즐의 선단직경은 ∅19mm, 사출기 노즐직경은 ∅3mm.
4) 금형 종류 : 2 cavity 금형으로 설계하되 제품의 외관에 파팅라인이 나타나지 않도록 금형의 구조는 설계자가 결정할 것.
5) 유동주입기구 : 게이의 위치와 개수는 설계자가 결정하여 할 것.
6) 취출시스템 6-1) 제품 취출시 문제가 없도록 설계자 임의로 설계할 것.
   6-2) Under cut처리 :
      6-2-1) 외측언더컷은 angular pin을 이용한 슬라이드 구조를 사용할 것 (앵귤러핀, 로킹블럭, 가이드레일, 스토퍼 등 슬라이드 부품을 가능한 자세히 표현할 것)
      6-2-2) 내측 언더컷은 변형밀핀(변형코어) 구조를 사용할 것(특히 제품의 취출시 제품과의 간섭을 고려할 것)
7) 형상부 7-1) 파팅 : 제품의 외관 품질을 고려하여 설계자가 정할 것.
   7-2) cavity와 core : 원판과 Core, Cavity 블록은 조립형으로 하되 가공과 조립용이성, 동작성 등에 문제가 없도록 설계할 것.
   7-3) 형상부 설계 : 분할 작업을 통하여 고정측, 가동측을 각각 별도
8) 냉각시스템 8-1) 고정측 냉각 설계는 설계방식에 준하여 직선형 냉각회로를 사용할 것.
   8-2) 가동측 냉각 설계는 인서트 코어 냉각을 별도로 설계하여 코어 플레이트 냉각회로와 연결할 것 (필요에 따라 Baffle 등을 사용할 수 있음)
9) Moldbase 9-1) 설계방안에 맞는 Moldbase를 설계자가 선택하여 결정할 것.
   9-2) Bolt, O-ring, Eye-bolt-tap, Tap, Nipple 등은 설계하지 않아도 됨.
   9-3) 설계하고자 하는 금형의 구조 및 작동성에 맞추어서 Guide Pin, Bush, Pin류 등은 설계자가 선정하여 설계할 것.

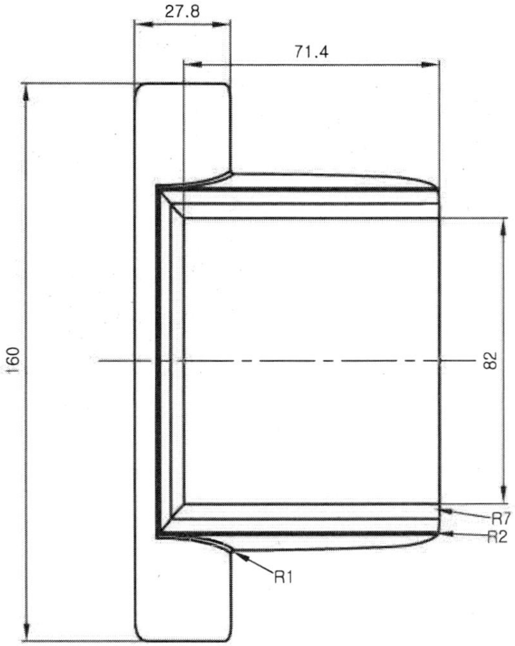

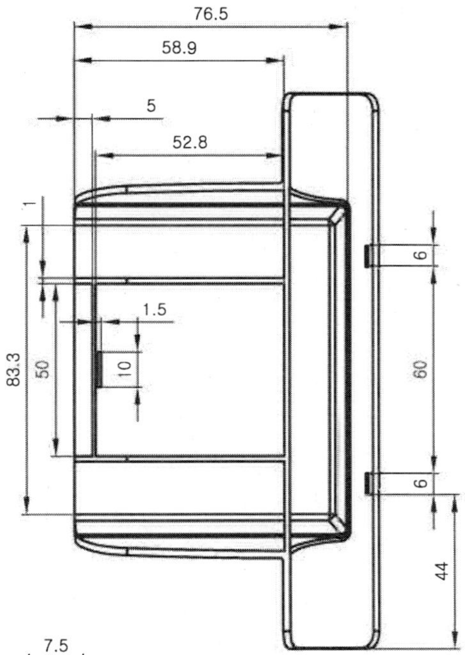

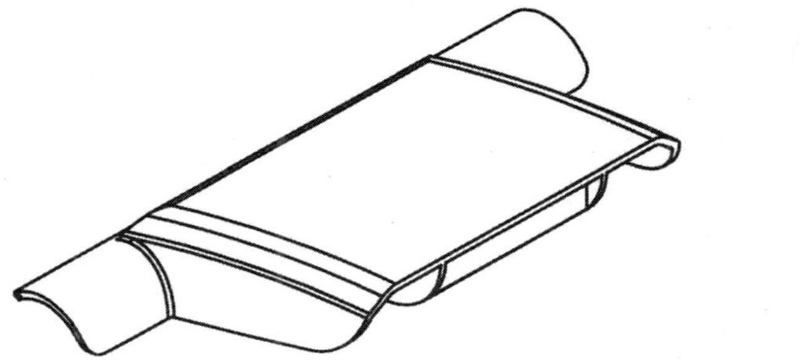

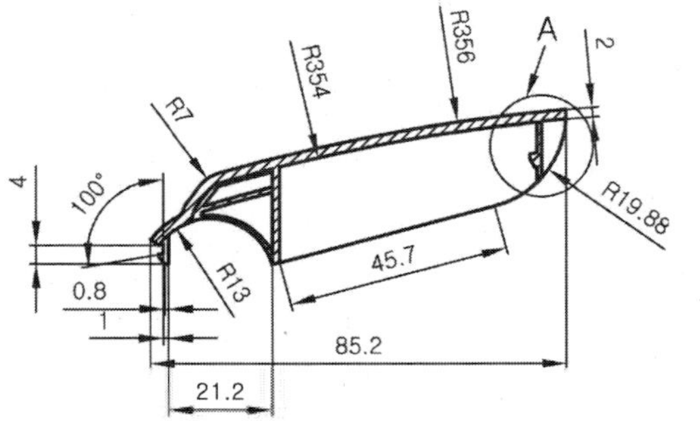

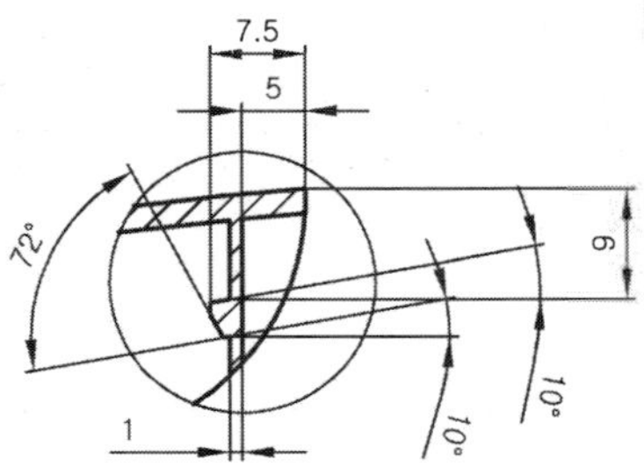

DETAIL A
SCALE 2:1

주서

1. 일반공차 - 가공부 : KS B 0412
2. 도시되고 지시없는모따기는 1x45°, 필렛 및 라운드 R3
3. 일반 모따기는 0.3~0.5x45°
4. 게이트 : 사이드 게이트
5. 언더컷 처리 : 외측 angular pin ,
   내측 변형밀핀(변형코아) 구조를 사용할 것
6. 2-Cavity
7. 수축률 : 1.005
8. 표면거칠기는 기호 비교표

x/ = 3.2/ , 25S , ▽▽, N9
y/ = 0.8/ , 6.3S , ▽▽▽, N7

0	Product	ABS	2	
품 번	품 명	재 질	수 량	비 고
작품명	hinge-cover		척 도	1 : 1
			투상법	3각법

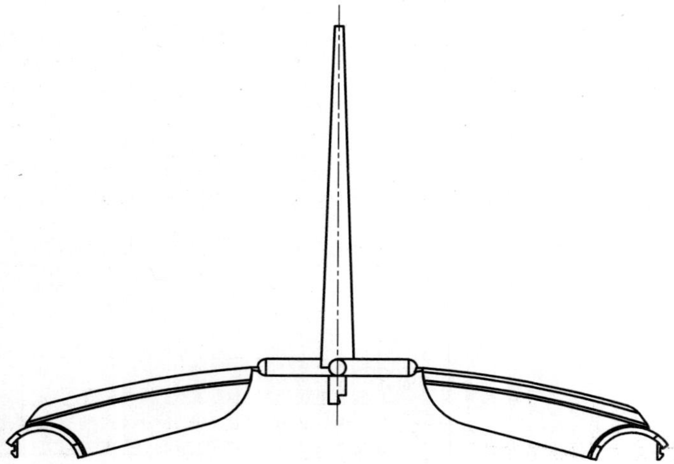

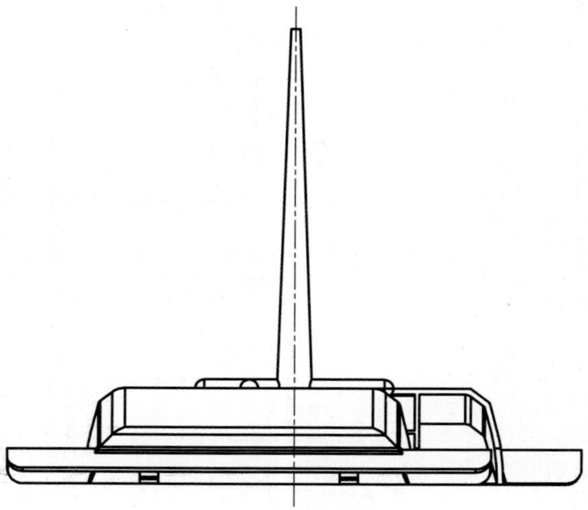

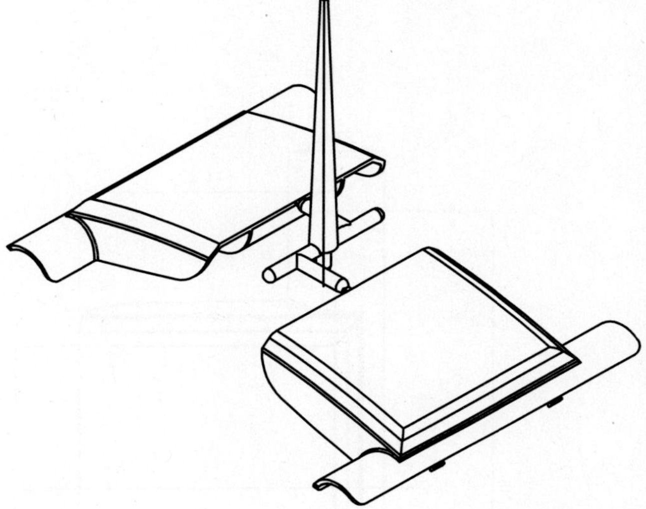

주서

1. 일반공차 - 가공부 : KS B 0412
2. 도시되고 지시없는모따기는 1x45°, 필렛 및 라운드 R3
3. 일반 모따기는 0.3~0.5x45°
4. 게이트 : 사이드 게이트
5. 언더컷 처리 : 외측 angular pin ,
   내측 변형밀핀(변형코아) 구조를 사용할 것
6. 2-Cavity
7. 수축률 : 1.005
8. 표면거칠기는 기호 비교표

x/ = 3.2/ , 25S , ▽▽ , N9

y/ = 0.8/ , 6.3S , ▽▽▽ , N7

0	유동기구	ABS	2	
품 번	품 명	재 질	수 량	비 고
작품명	hinge-cover		척 도	1 : 1
			투상법	3각법

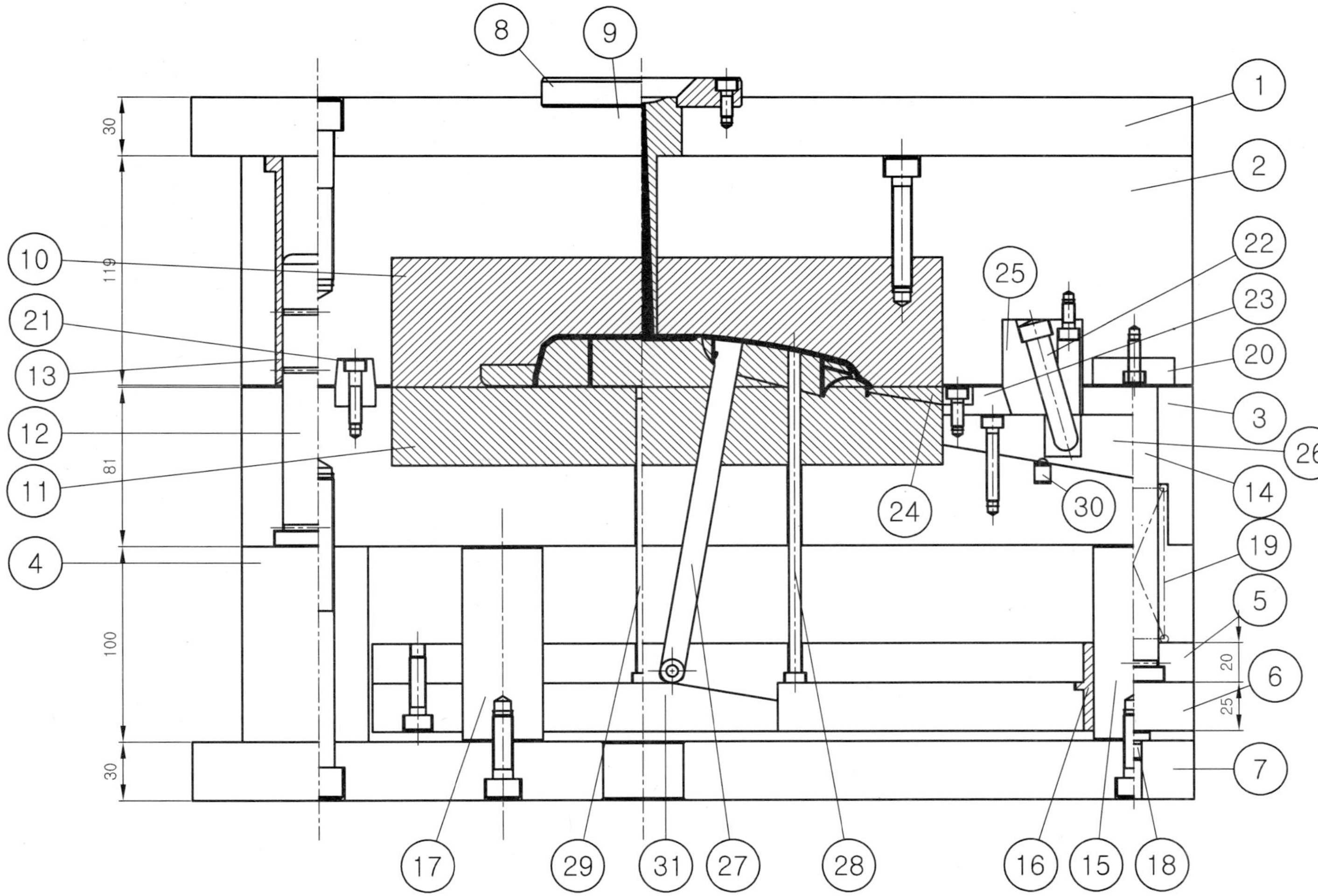

31	연마판	STC11	2	67x27x12	
30	볼플런저	규격품	4	M8	
29	스프루 록 핀	STD61	1	ϕ6x145	HRC50
28	이젝트 핀	STC3	16	ϕ6x175	
27	변형밀핀	KP4	2	12x10x175	HRC58
26	가이드 레일	SKS3	4	15X120X15	HRC30
25	로킹블록	STD11	2	73x40x56	HRC60
24	슬라이드 코어 핀	KP4M	4	52x15x10	HRC58
23	슬라이드 코어	KP4	2	83x120x30	HRC58
22	앵귤러 핀	STD11	2	ϕ12x100	HRC60
21	인로우	STC3	4	60x20x25	HRC58
20	파팅 플레이트	STC3	6	60x50x15	HRC58
19	스프링	STC2	4	TR29x80	
18	스톱 핀	STC3	4	ϕ16x15	
17	서포터 필러	SM45C	4	ϕ40x100	
16	이젝트 가이드 부시	STC3	2	ϕ40x45	HRC58
15	이젝트 가이드 핀	STC3	2	ϕ40x110	HRC58
14	리턴 핀	STC3	4	ϕ25x152	HRC58
13	가이드 부시	STC3	4	ϕ35x118	HRC50
12	가이드 핀	STC3	4	ϕ35x180	HRC58
11	코어	KP4M	1	250x300x70	HRC30
10	캐비티	KP4M	1	250x300x70	HRC30
9	스프루 부시	SM45C	1	ϕ40x124	
8	로케이트 링	SM45C	1	ϕ100x15	
7	가동측 설치판	SM45C	1	450x550x30	
6	이젝터 플레이트(하)	SM45C	1	270x550x25	
5	이젝터 플레이트(상)	SM45C	1	270x550x20	
4	스페이서 블록	SM45C	2	63x550x100	
3	가동측 형판	SM45C	1	400x550x80	
2	고정측 형판	SM45C	1	400x550x119	
1	고정측 설치판	SM45C	1	450x550x30	
품번	품 명	재질	수량	규격	비고

2단금형(hinge-cover)	척 도	N S
	각 법	3각법

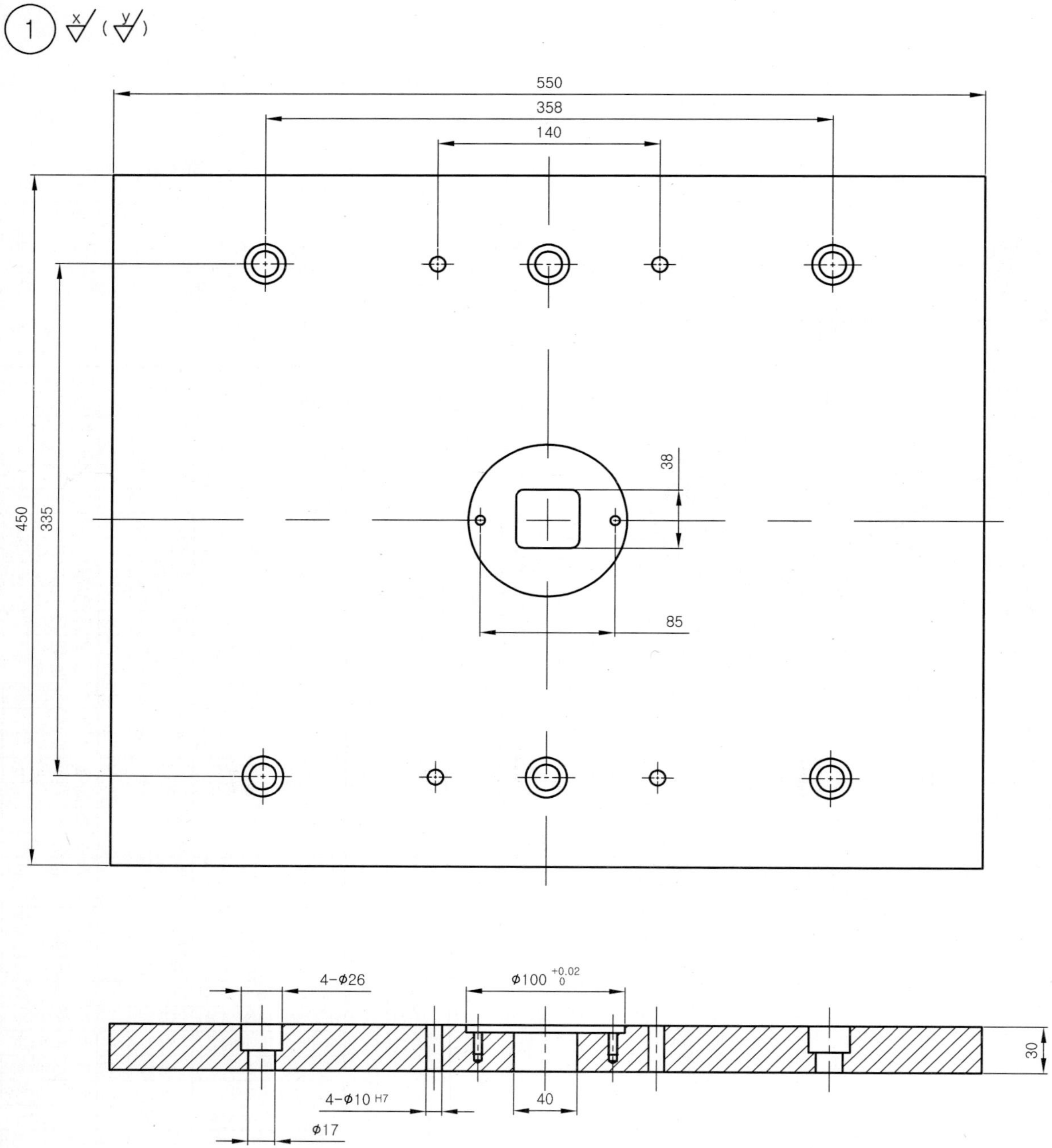

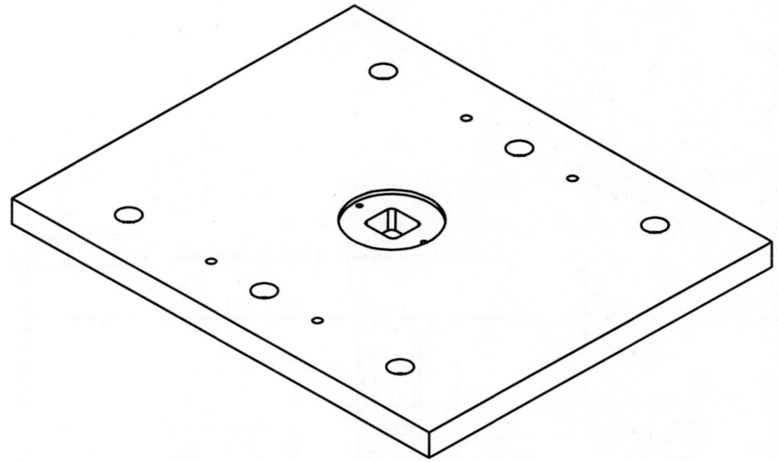

주서

1. 일반공차 - 가공부 : KS B 0412
2. 도시되고 지시없는모따기는 1x45°, 필렛 및 라운드 R3
3. 일반 모따기는 0.3~0.5x45°
4. 표면거칠기는 기호 비교표

x/ = 3.2/, 25S, ▽▽, N9

y/ = 0.8/, 6.3S, ▽▽▽, N7

1	고정측설치판	SM45C	1	
품 번	품 명	재 질	수 량	비 고
2단금형(hinge-cover)			척 도	1 : 0.5
			투상법	3각법

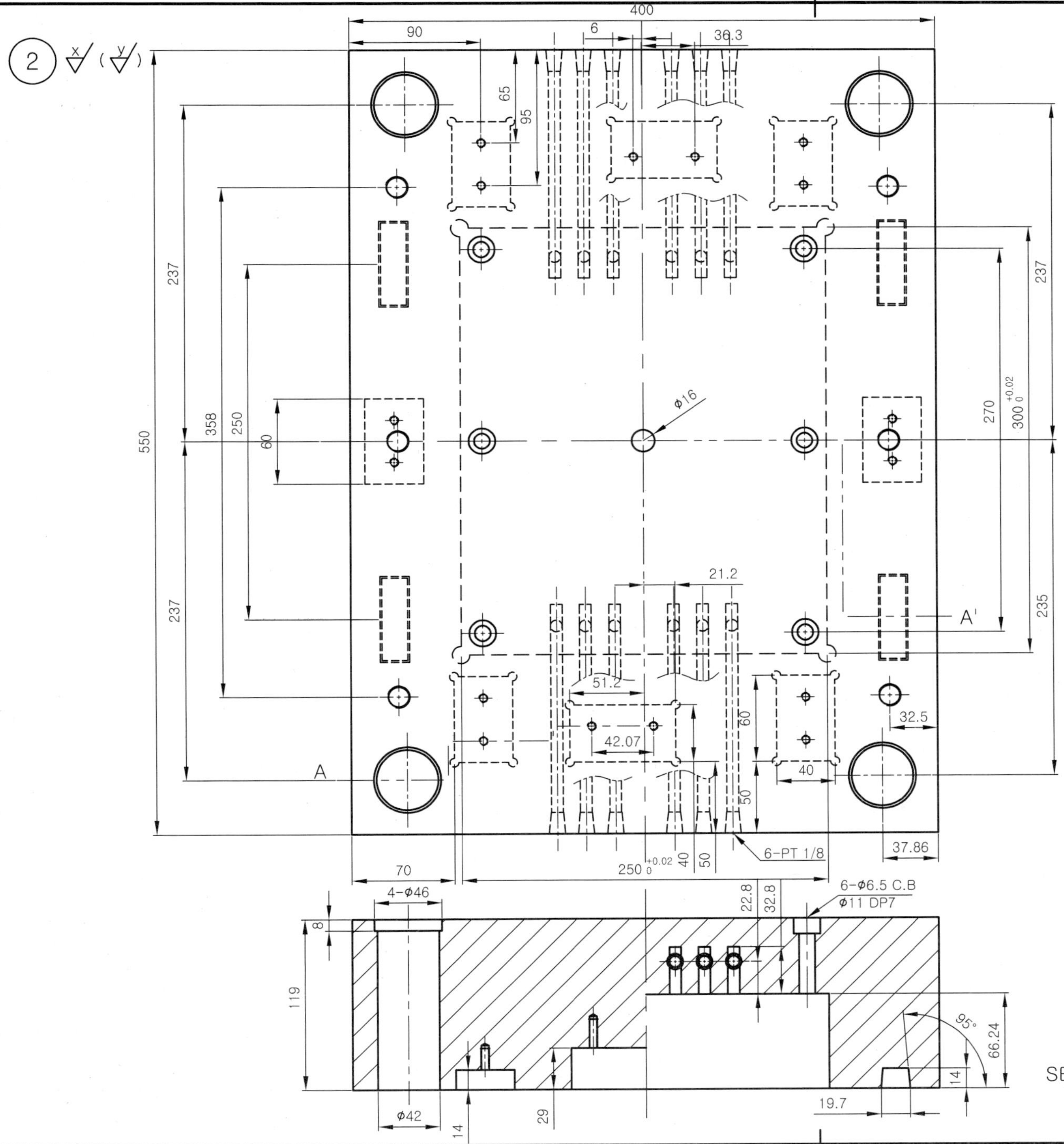

SECTION A-A'

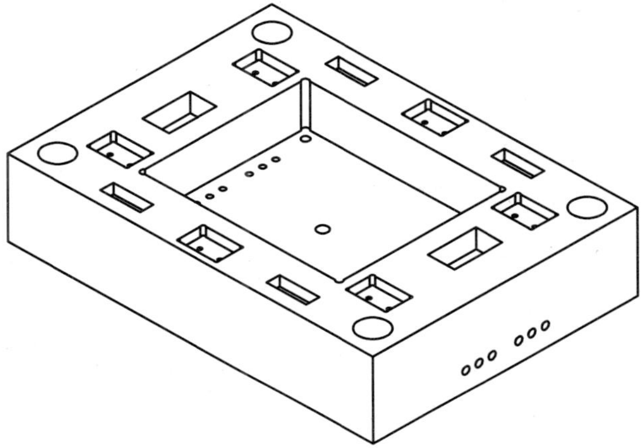

주서

1. 일반공차 - 가공부 : KS B 0412
2. 도시되고 지시없는모따기는 1x45°, 필렛 및 라운드 R3
3. 일반 모따기는 0.3~0.5x45°
4. 표면거칠기는 기호 비교표

x = 3.2, 25S, ▽▽, N9

y = 0.8, 6.3S, ▽▽▽, N7

2	고정측 형판	SM45C	1	
품 번	품 명	재 질	수 량	비 고
2단금형(hinge-cover)			척 도	1 : 0.5
			투상법	3각법

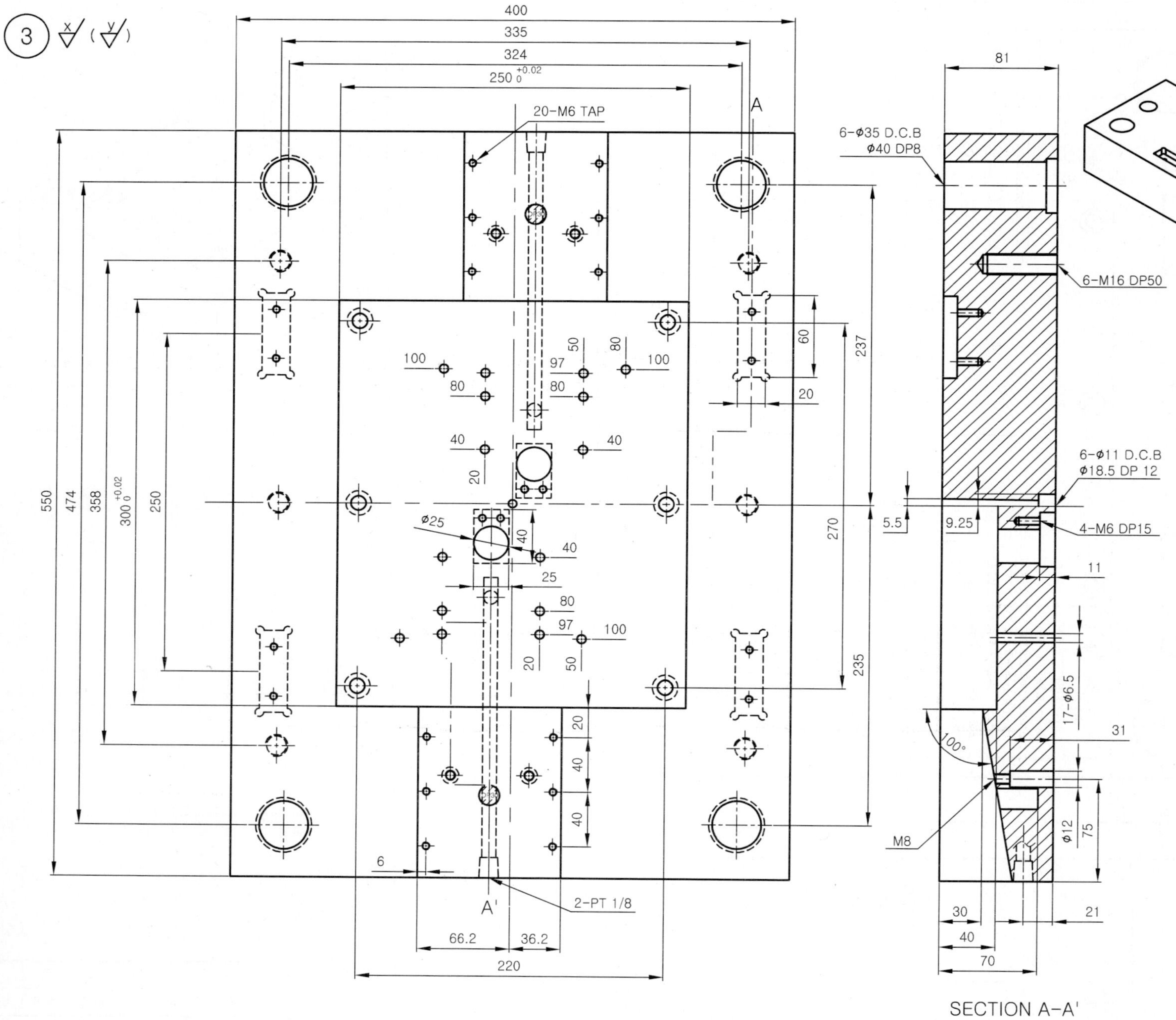

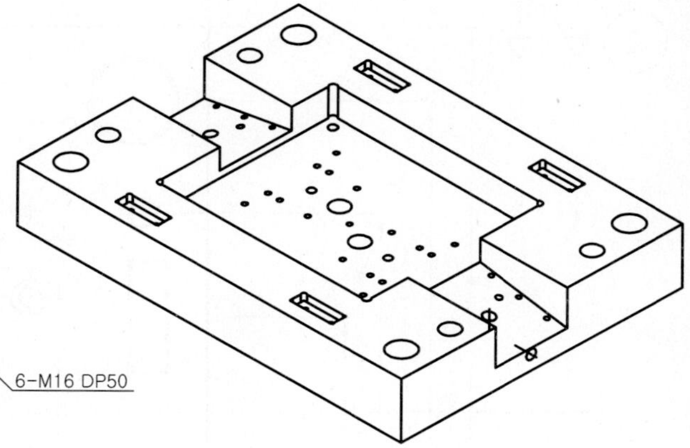

주서

1. 일반공차 - 가공부 : KS B 0412
2. 도시되고 지시없는모따기는 1x45°, 필렛 및 라운드 R3
3. 일반 모따기는 0.3~0.5x45°
4. 표면거칠기는 기호 비교표

x/ = 3.2/ , 25S , ▽▽ , N9

y/ = 0.8/ , 6.3S , ▽▽▽ , N7

3	가동측 형판	SM45C	1	
품 번	품 명	재 질	수 량	비 고
2단금형(hinge-cover)			척 도	1 : 0.5
			투상법	3각법

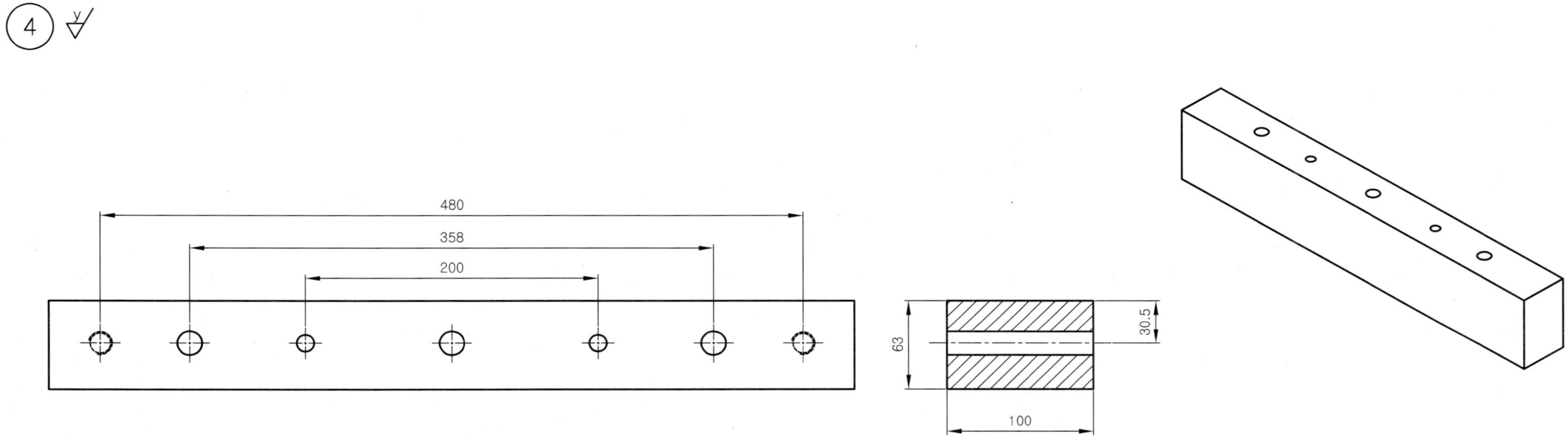

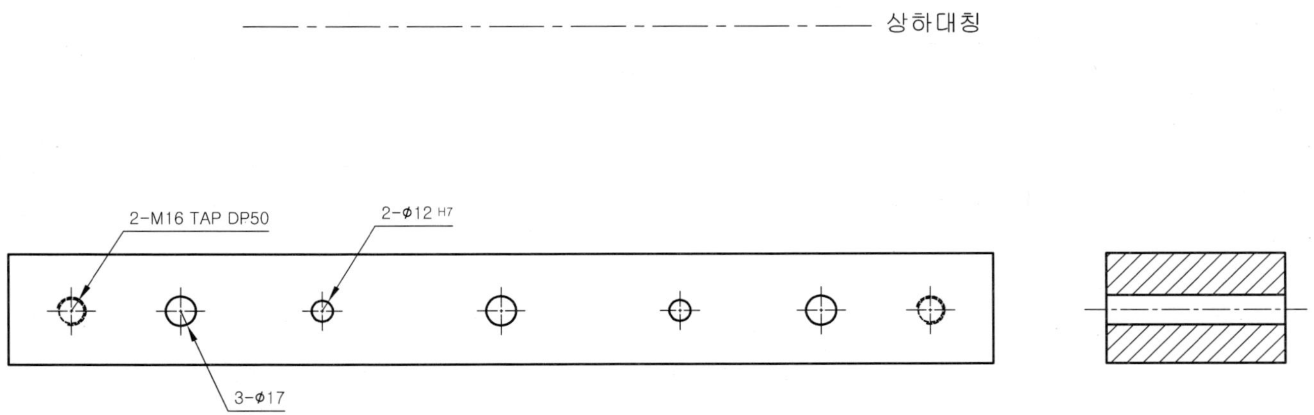

주서

1. 일반공차 - 가공부 : KS B 0412
2. 도시되고 지시없는모따기는 1x45°, 필렛 및 라운드 R3
3. 일반 모따기는 0.3~0.5x45°
4. 표면거칠기는 기호 비교표

x = 3.2, 25S, ▽▽, N9

y = 0.8, 6.3S, ▽▽▽, N7

4	스페이서블록	SM45C	2	
품 번	품 명	재 질	수 량	비 고
2단금형(hinge-cover)			척 도	1 : 0.5
			투상법	3각법

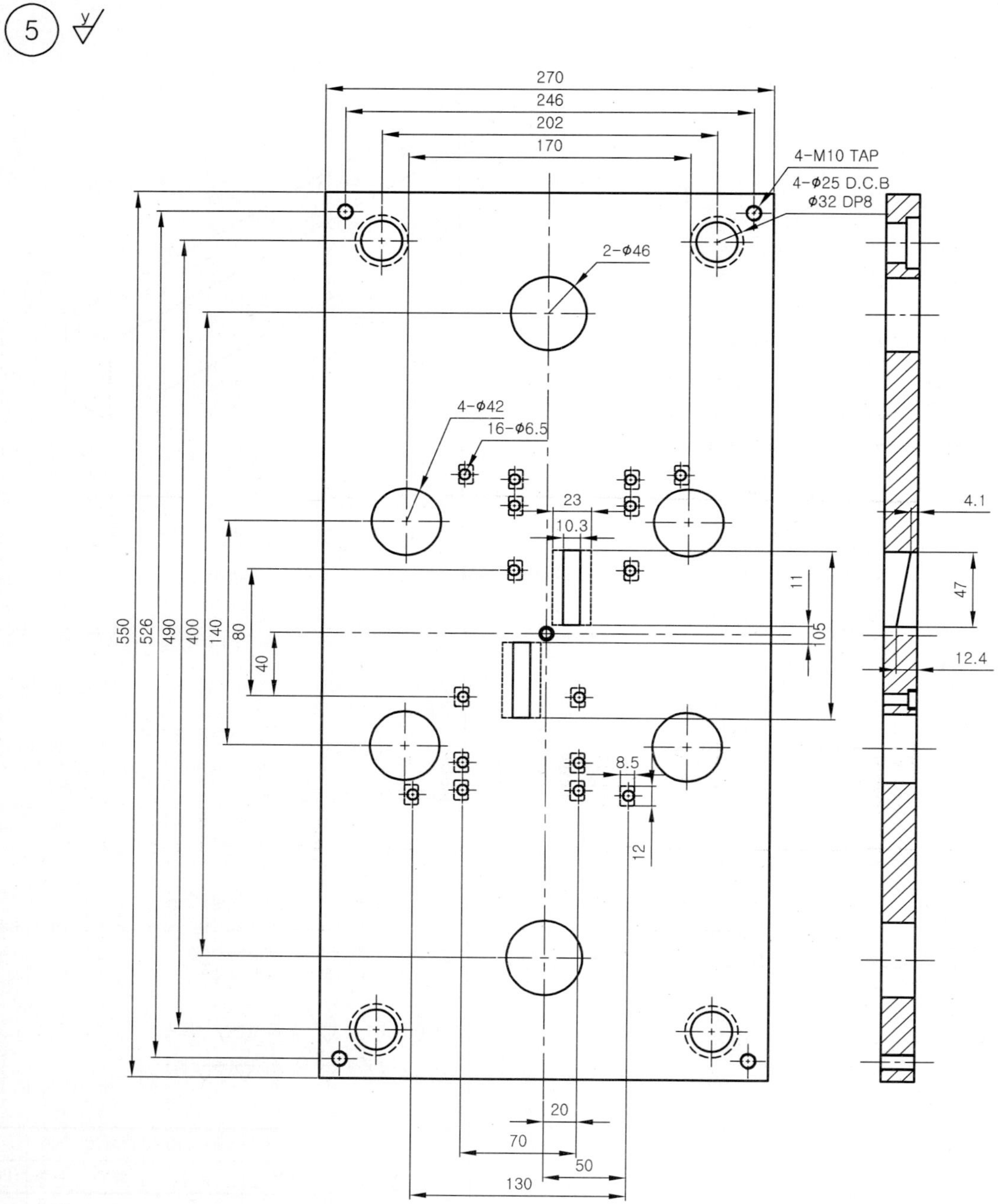

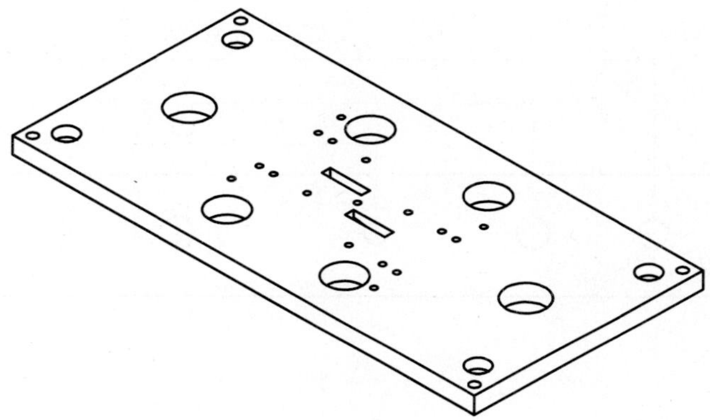

주서

1. 일반공차 - 가공부 : KS B 0412
2. 도시되고 지시없는모따기는 1x45°, 필렛 및 라운드 R3
3. 일반 모따기는 0.3~0.5x45°
4. 표면거칠기는 기호 비교표

x∀ = 3.2∀, 25S, ▽▽, N9

y∀ = 0.8∀, 6.3S, ▽▽▽, N7

5	이젝터플레이트(상)	SM45C	1	
품 번	품 명	재 질	수 량	비 고
2단금형(hinge-cover)			척 도	1 : 0.5
			투상법	3각법

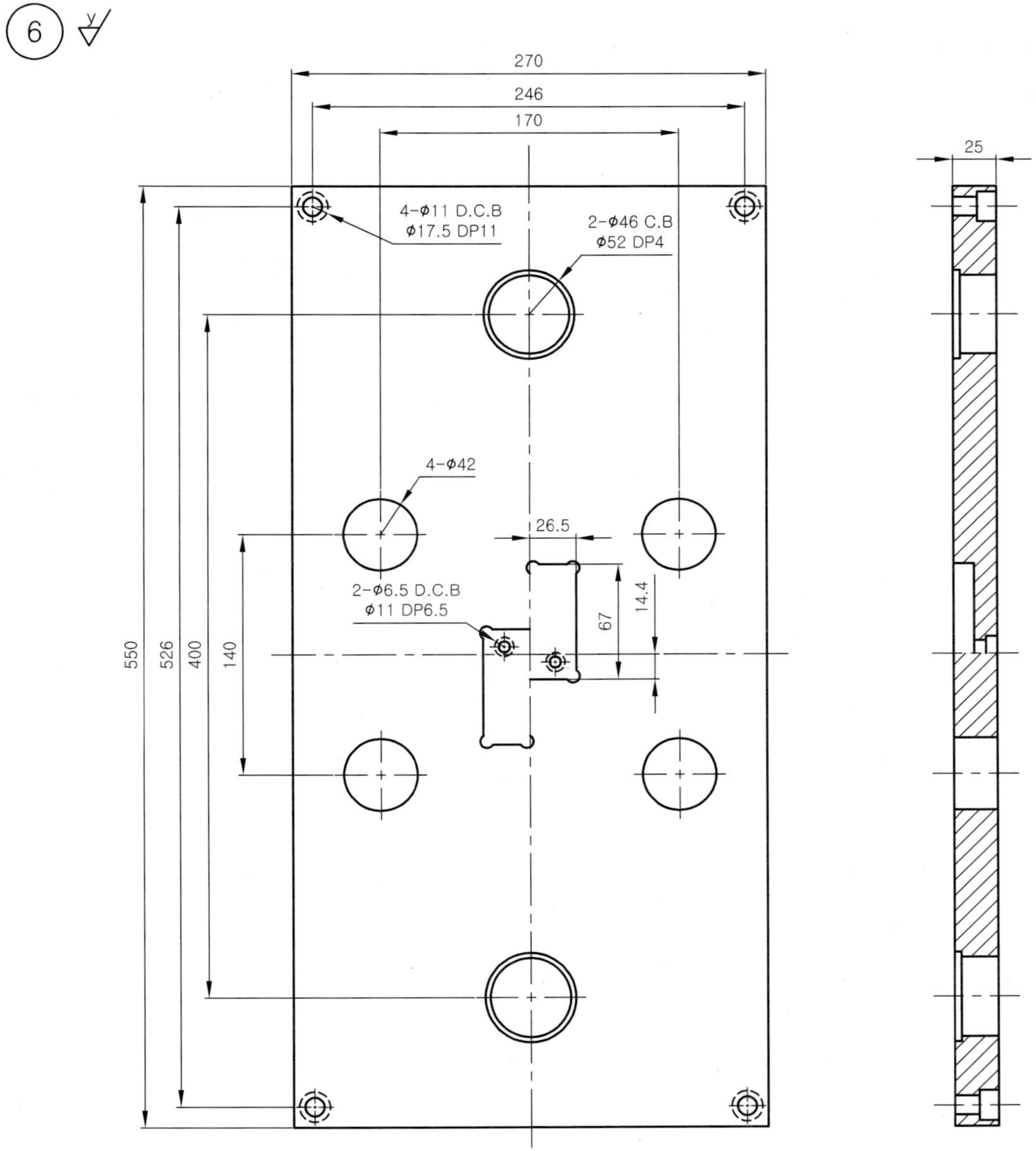

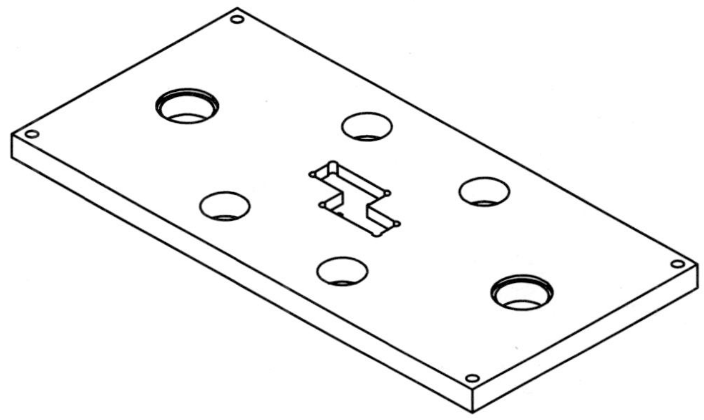

주서

1. 일반공차 - 가공부 : KS B 0412
2. 도시되고 지시없는모따기는 1x45°, 필렛 및 라운드 R3
3. 일반 모따기는 0.3~0.5x45°
4. 표면거칠기는 기호 비교표

x√ = 3.2√, 25S, ▽▽, N9

y√ = 0.8√, 6.3S, ▽▽▽, N7

6	이젝터플레이트(하)	SM45C	1	
품번	품명	재질	수량	비고
2단금형(hinge-cover)			척도	1 : 0.5
			투상법	3각법

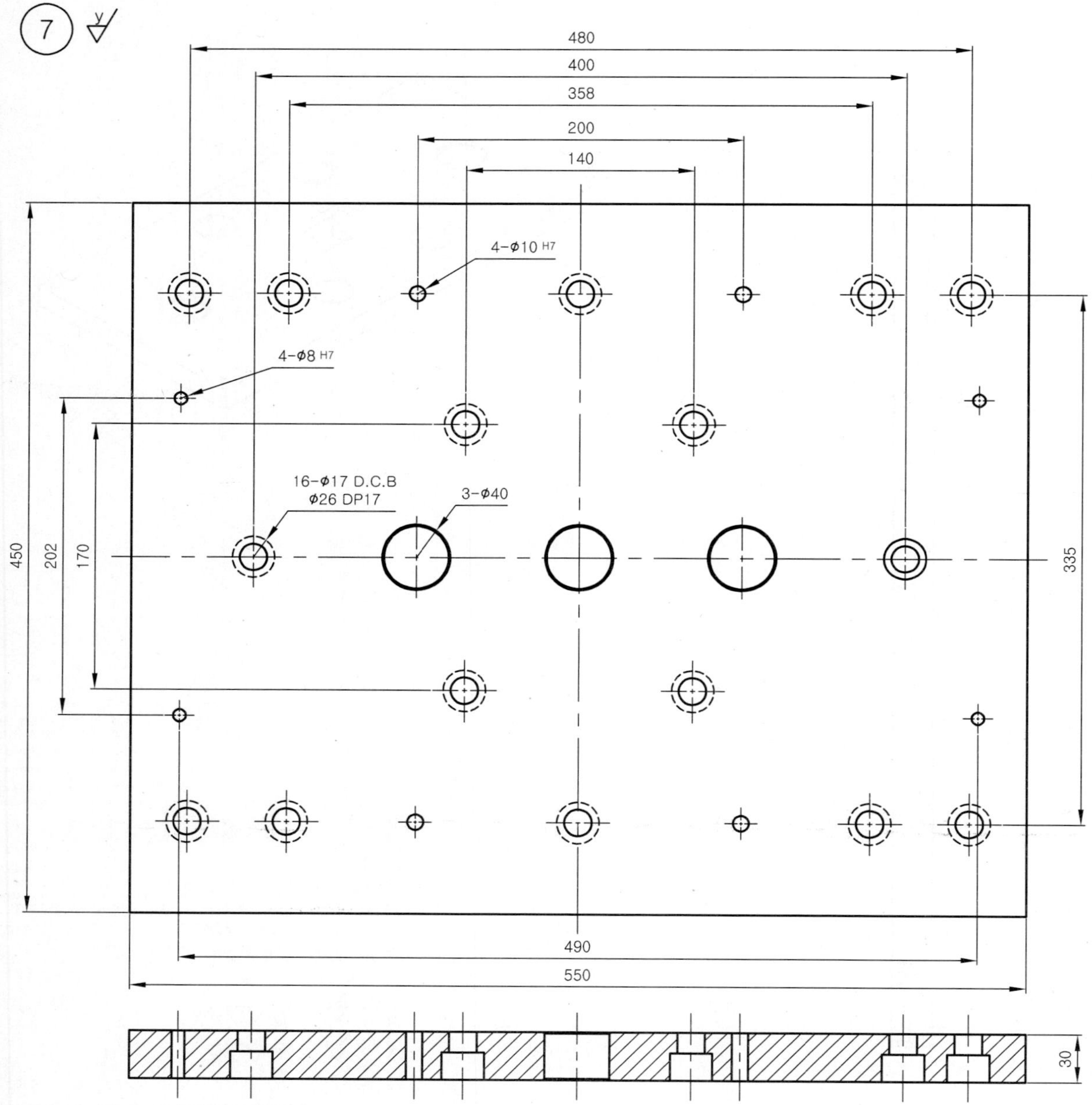

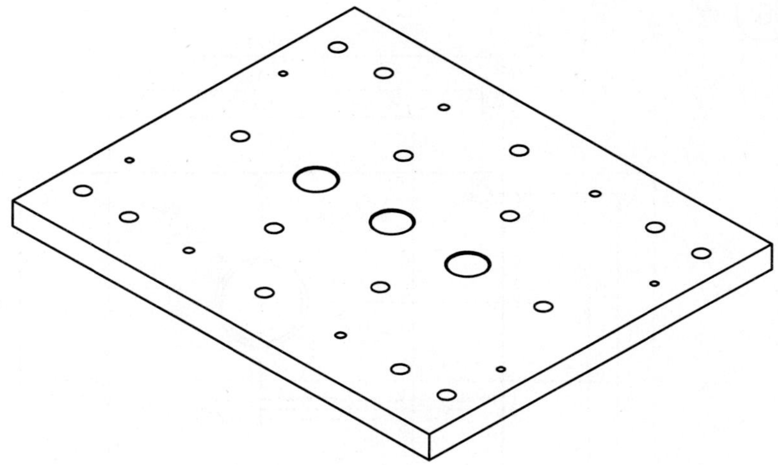

주서

1. 일반공차 - 가공부 : KS B 0412
2. 도시되고 지시없는모따기는 1x45°, 필렛 및 라운드 R3
3. 일반 모따기는 0.3~0.5x45°
4. 표면거칠기는 기호 비교표

x▽ = 3.2▽ , 25S , ▽▽ , N9
y▽ = 0.8▽ , 6.3S , ▽▽▽ , N7

7	가동측설치판	SM45C	1	
품 번	품 명	재 질	수 량	비 고
2단금형(hinge-cover)			척 도	1 : 0.5
			투상법	3각법

(10) y

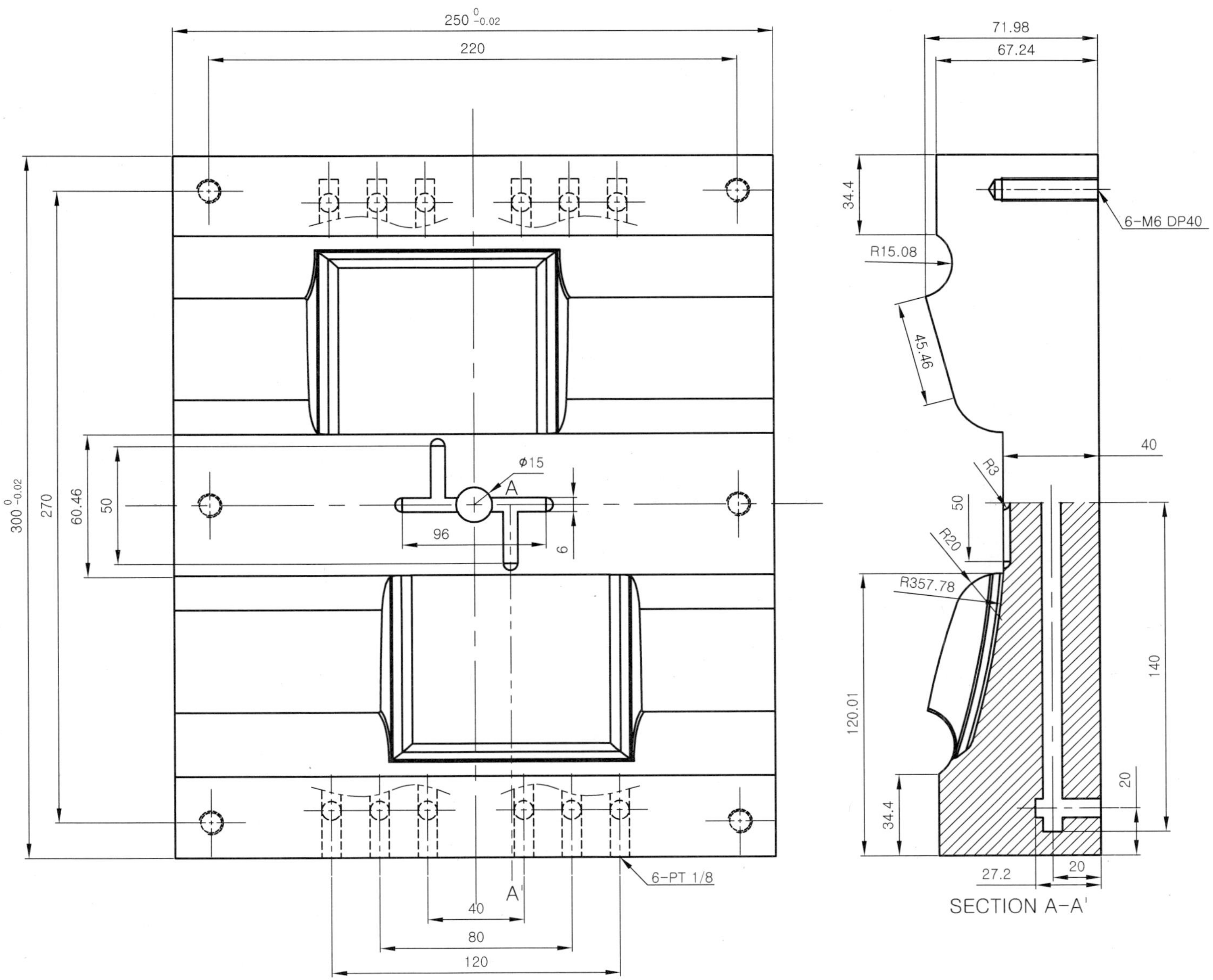

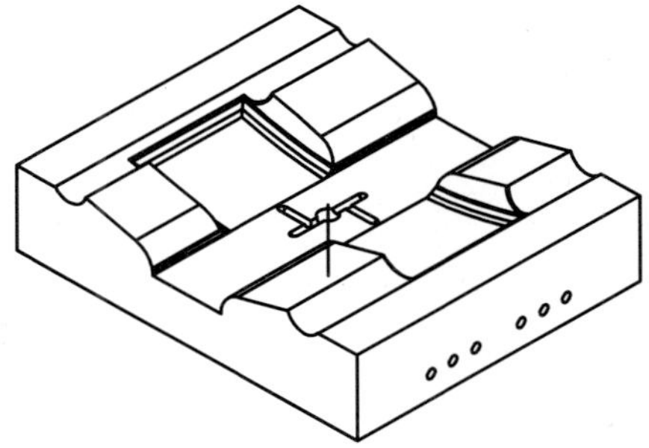

주서

1. 일반공차 - 가공부 : KS B 0412
2. 도시되고 지시없는모따기는 1x45°, 필렛 및 라운드 R3
3. 일반 모따기는 0.3~0.5x45°
4. 표면거칠기는 기호 비교표

x = 3.2, 25S, ▽▽, N9

y = 0.8, 6.3S, ▽▽▽, N7

10	캐비티	KP4M	1	HRC30
품 번	품 명	재 질	수 량	비 고
2단금형(hinge-cover)			척 도	1 : 0.8
			투상법	3각법

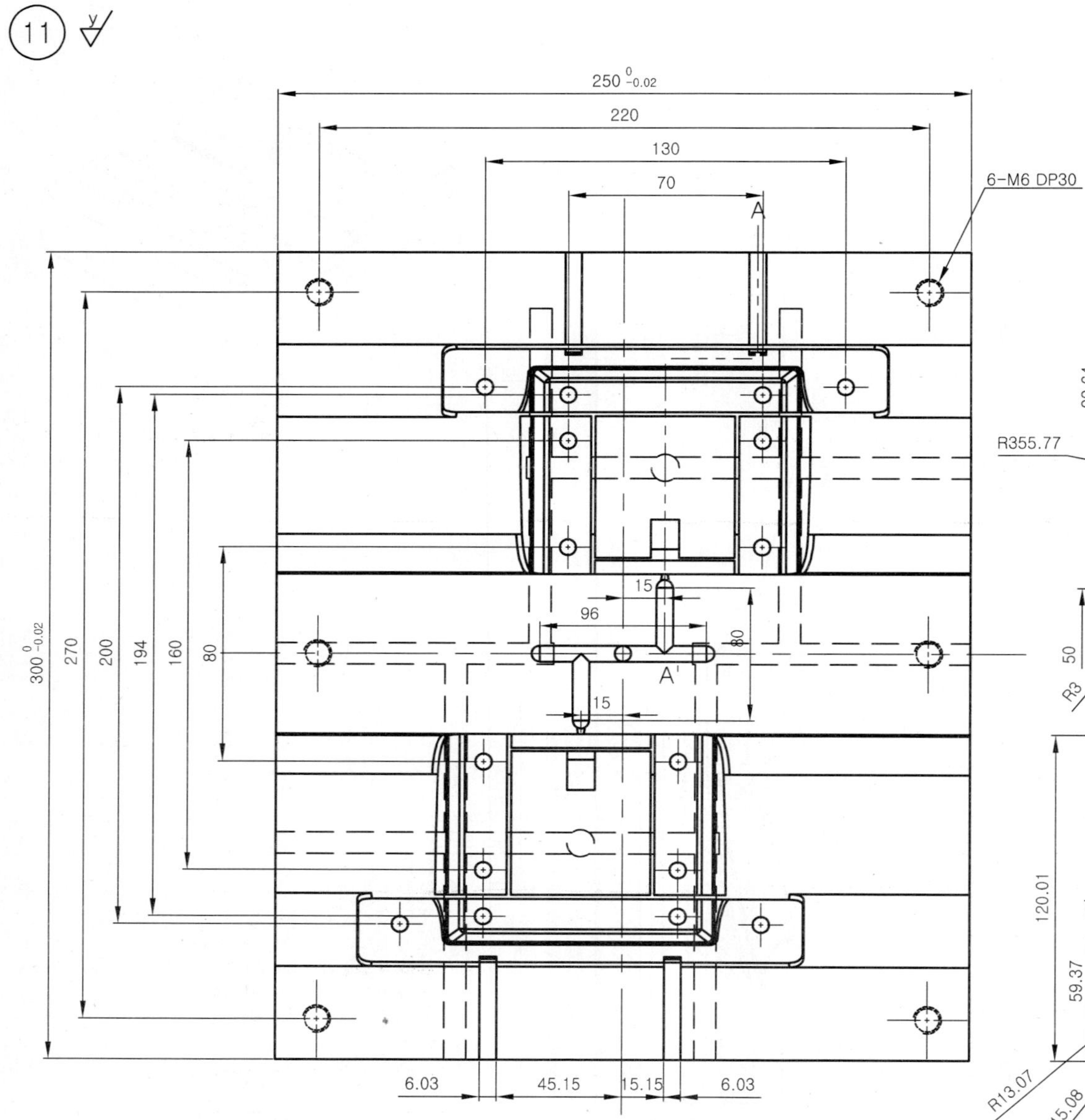

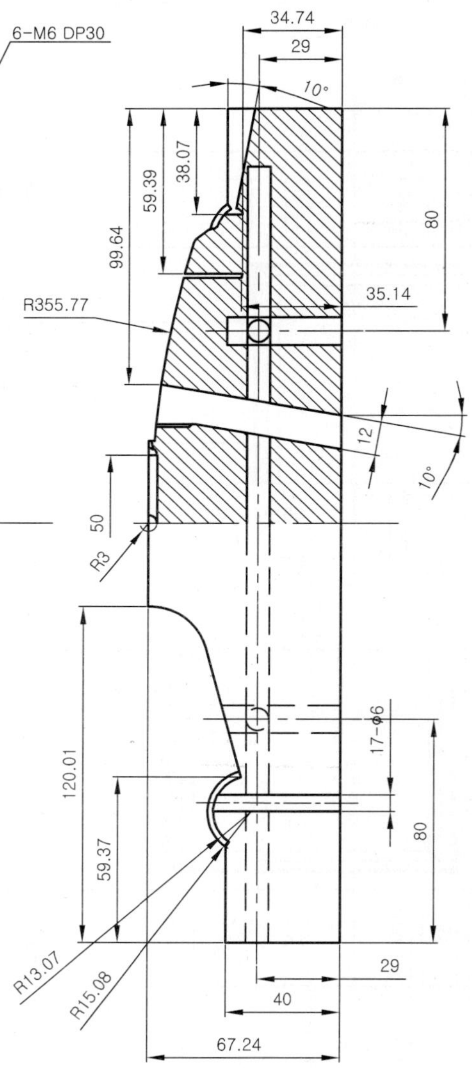

SECTION A-A'

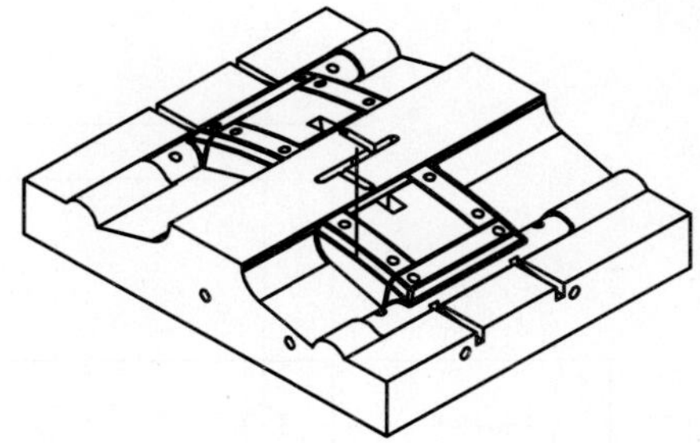

주서

1. 일반공차 - 가공부 : KS B 0412
2. 도시되고 지시없는모따기는 1x45°, 필렛 및 라운드 R3
3. 일반 모따기는 0.3~0.5x45°
4. 표면거칠기는 기호 비교표

x∕ = 3.2∕ , 25S , ▽▽ , N9

y∕ = 0.8∕ , 6.3S , ▽▽▽ , N7

11	코어	KP4M	1	HRC30
품 번	품 명	재 질	수 량	비 고
2단금형(hinge-cover)			척 도	1 : 0.8
			투상법	3각법

⑳ x/ (y/)

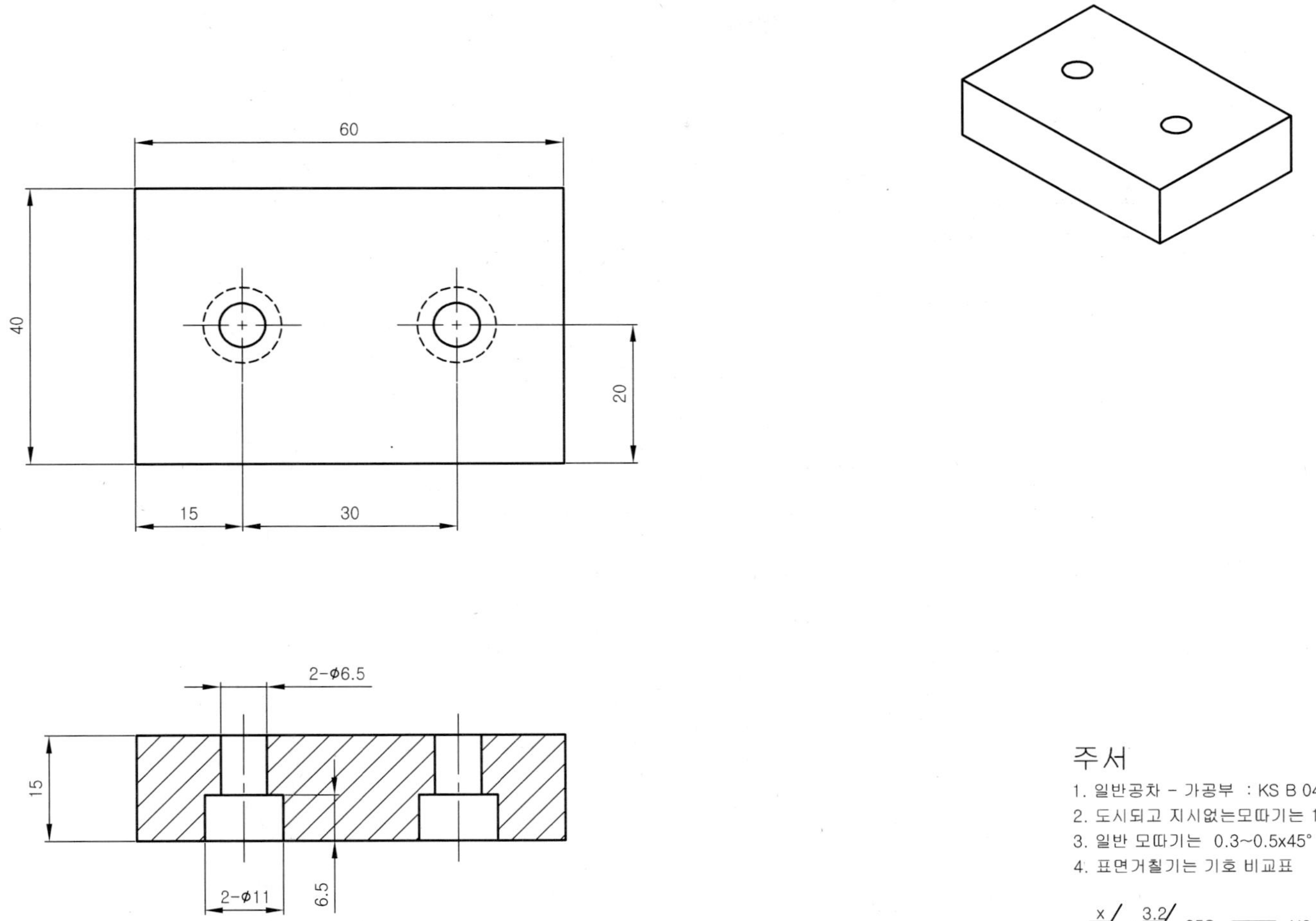

주서

1. 일반공차 - 가공부 : KS B 0412
2. 도시되고 지시없는모따기는 1x45°, 필렛 및 라운드 R3
3. 일반 모따기는 0.3~0.5x45°
4. 표면거칠기는 기호 비교표

x/ = 3.2/ , 25S , ▽▽, N9
y/ = 0.8/ , 6.3S , ▽▽▽, N7

20	파팅플레이트	STC3	6	HRC58
품 번	품 명	재 질	수 량	비 고
2단금형(hinge-cover)			척 도	2 : 1
			투상법	3각법

(21) x/ (y/)

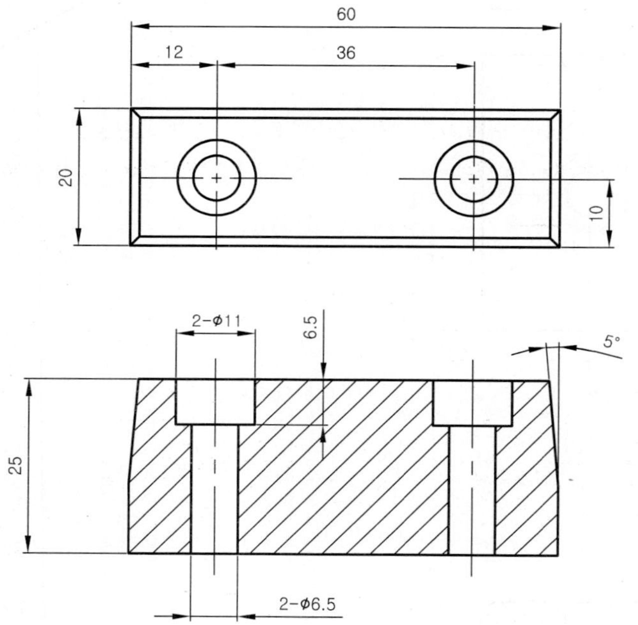

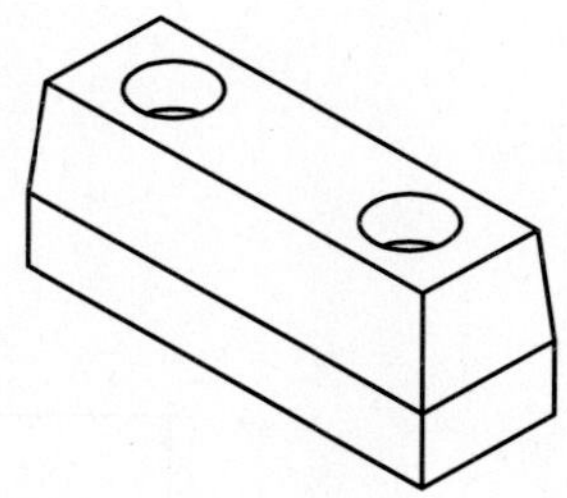

주서

1. 일반공차 - 가공부 : KS B 0412
2. 도시되고 지시없는모따기는 1x45°, 필렛 및 라운드 R3
3. 일반 모따기는 0.3~0.5x45°
4. 표면거칠기는 기호 비교표

x/ = 3.2/ , 25S , ▽▽ , N9

y/ = 0.8/ , 6.3S , ▽▽▽ , N7

21	인로우	STC3	4	HRC58
품 번	품 명	재 질	수 량	비 고
2단금형(hinge-cover)			척 도	2 : 1
			투상법	3각법

22 x/ (y/)

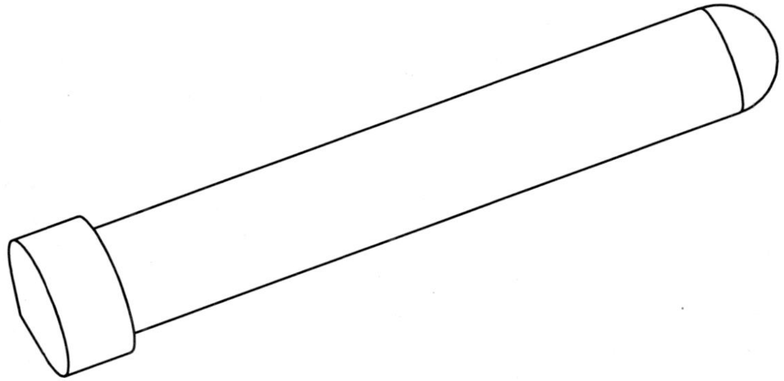

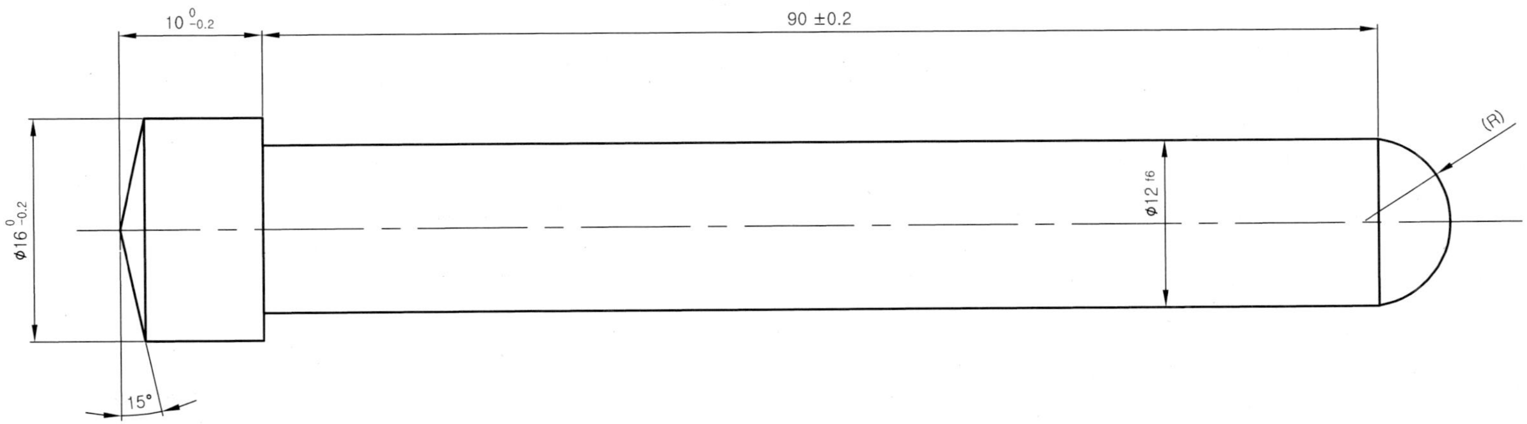

주서

1. ~~일반공차 - 가공부 : KS B 0412~~
2. 도시되고 지시없는모따기는 1x45°, 필렛 및 라운드 R3
3. 일반 모따기는 0.3~0.5x45°
4. 표면거칠기는 기호 비교표

x/ = 3.2/, 25S , ▽▽, N9

y/ = 0.8/, 6.3S ,▽▽▽, N7

22	앵귤러 핀	STD11	2	HRC60
품 번	품 명	재 질	수 량	비 고
2단금형(hinge-cover)			척 도	2 : 1
			투상법	3각법

23 ∀y

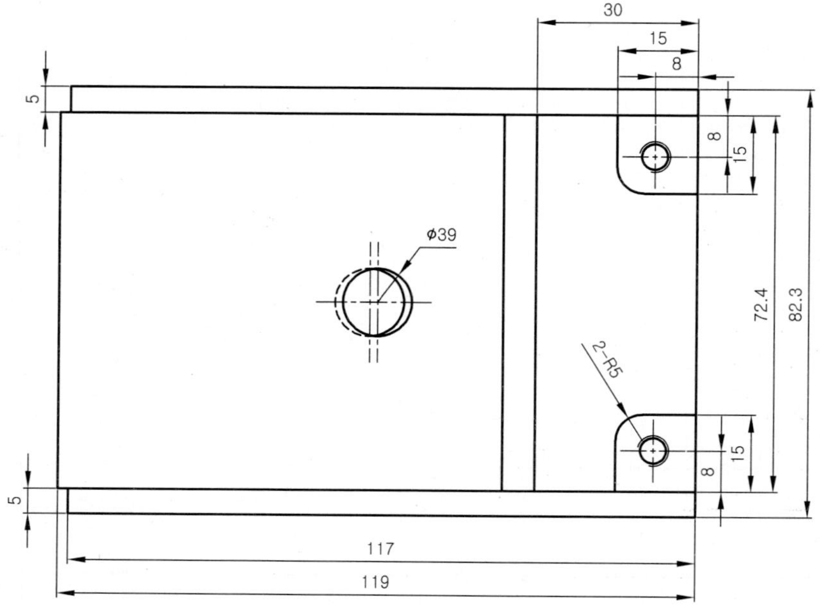

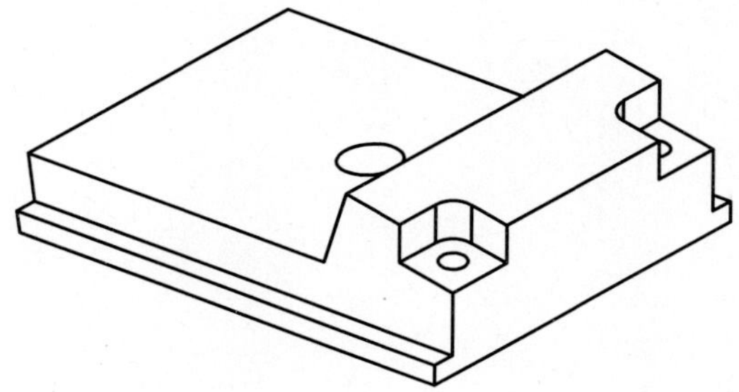

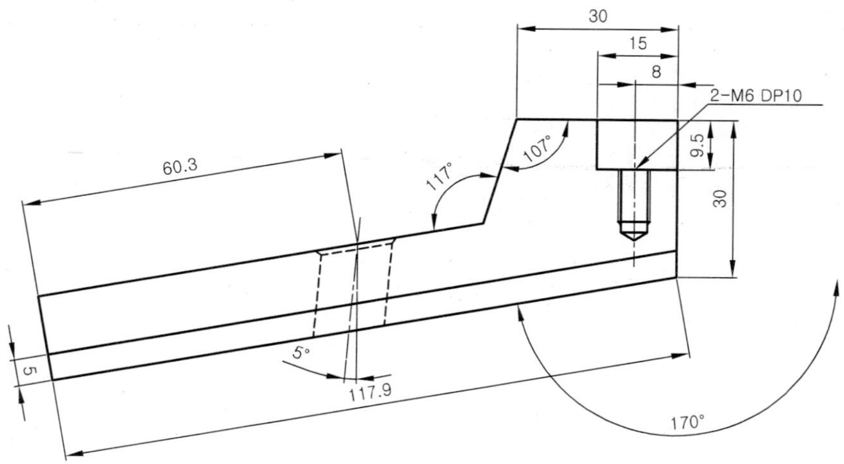

주서

1. 일반공차 - 가공부 : KS B 0412
2. 도시되고 지시없는모따기는 1x45°, 필렛 및 라운드 R3
3. 일반 모따기는 0.3~0.5x45°
4. 표면거칠기는 기호 비교표

x = 3.2, 25S, ▽▽, N9

y = 0.8, 6.3S, ▽▽▽, N7

23	슬라이드 코어	KP4	2	HRC58
품 번	품 명	재 질	수 량	비 고
2단금형(hinge-cover)			척 도	1.5 : 1
			투상법	3각법

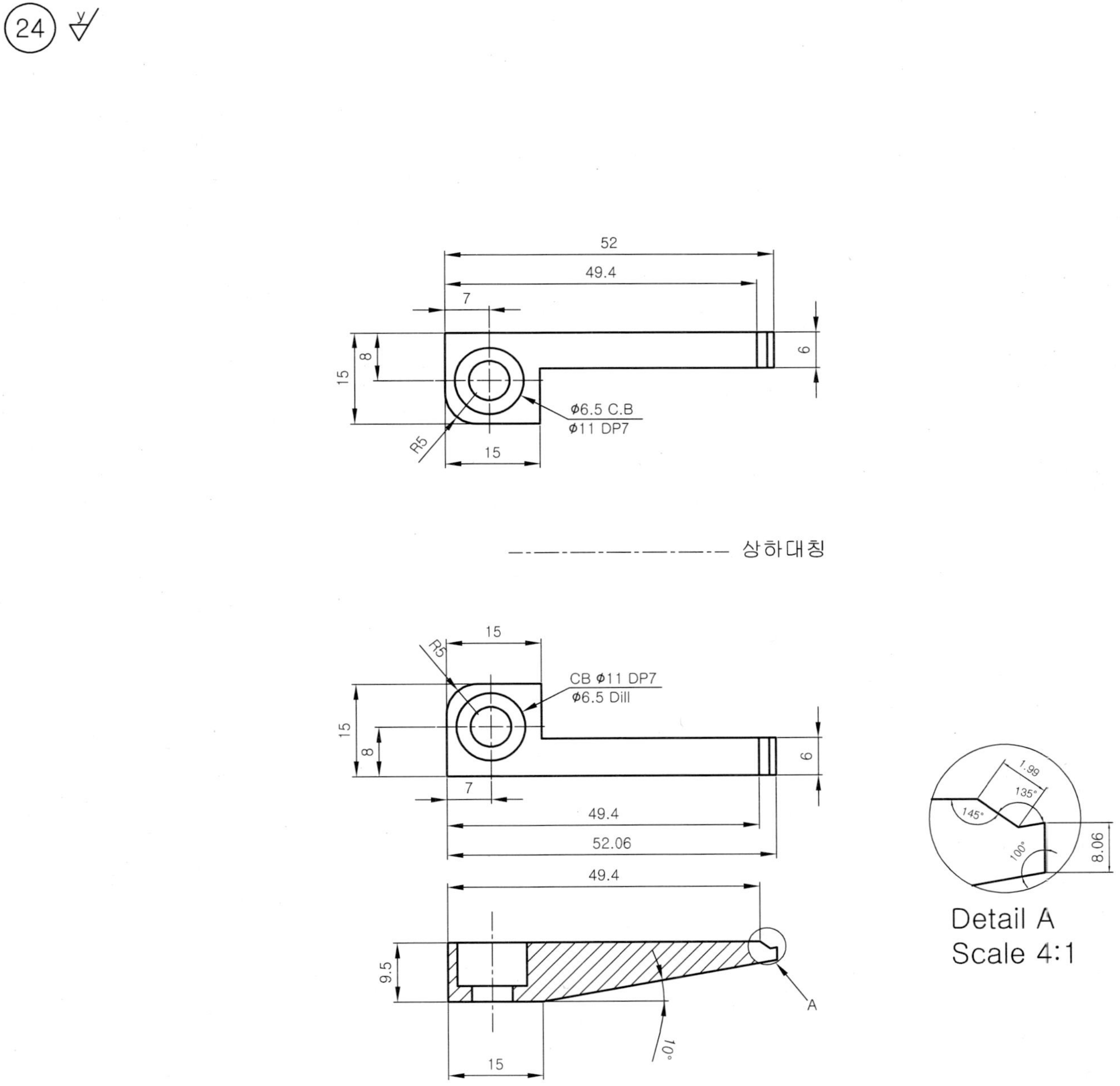

Detail A
Scale 4:1

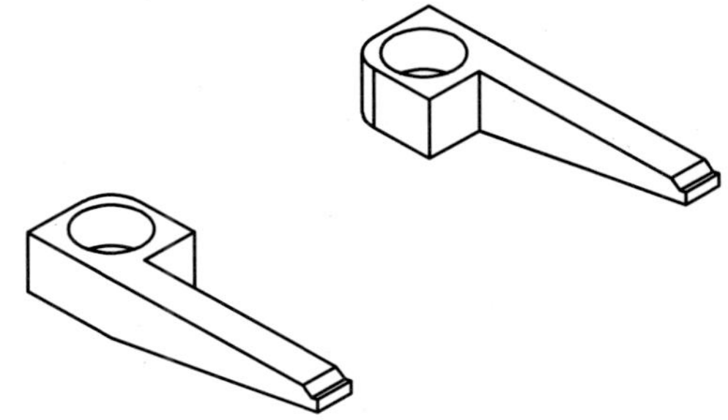

주서

1. 일반공차 - 가공부 : KS B 0412
2. 도시되고 지시없는모따기는 1x45°, 필렛 및 라운드 R3
3. 일반 모따기는 0.3~0.5x45°
4. 표면거칠기는 기호 비교표

x/ = 3.2/, 25S, ▽▽, N9

y/ = 0.8/, 6.3S, ▽▽▽, N7

24	슬라이드 코어 핀	KP4M	2	HRC58
품 번	품 명	재 질	수 량	비 고
2단금형(hinge-cover)			척 도	2 : 1
			투상법	3각법

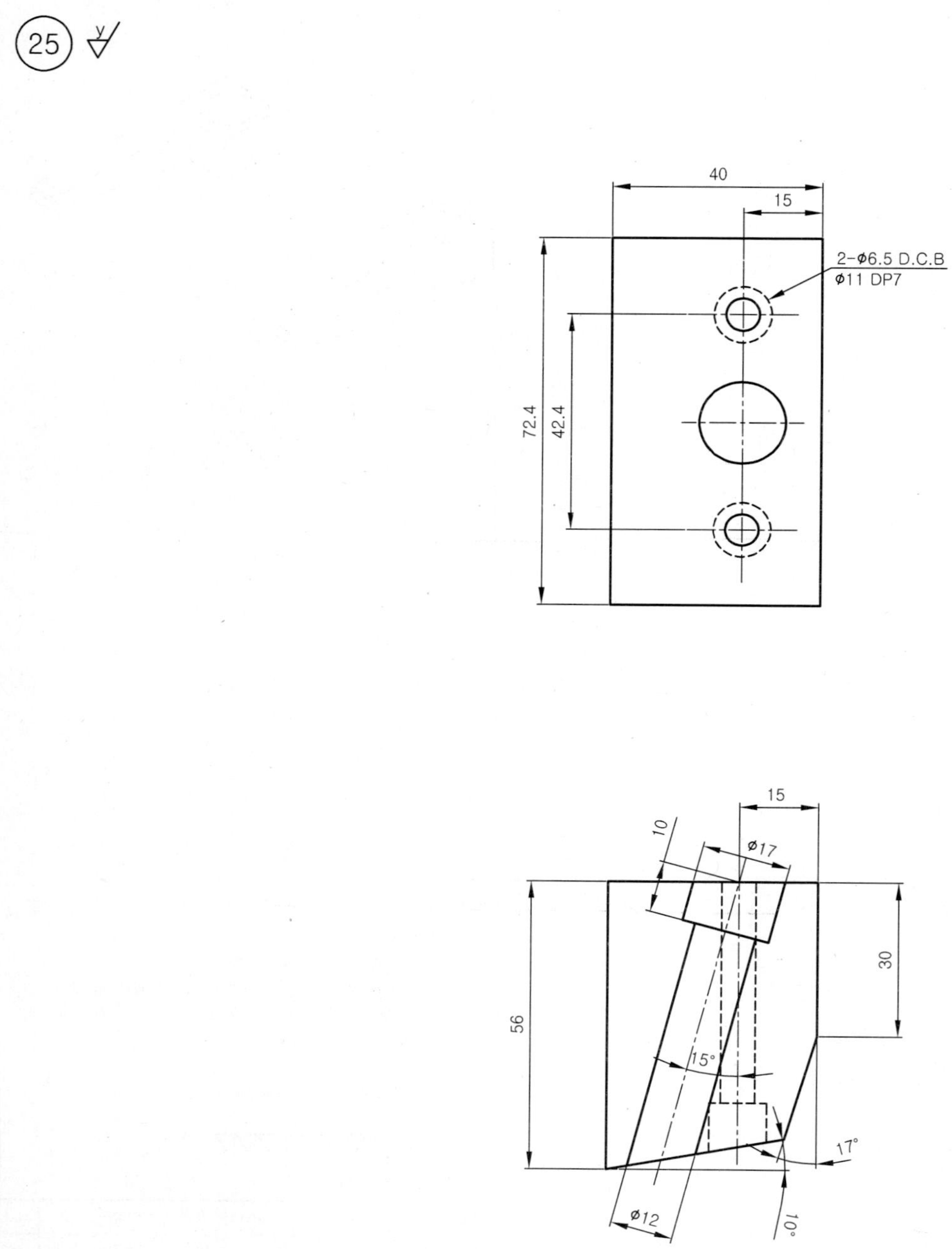

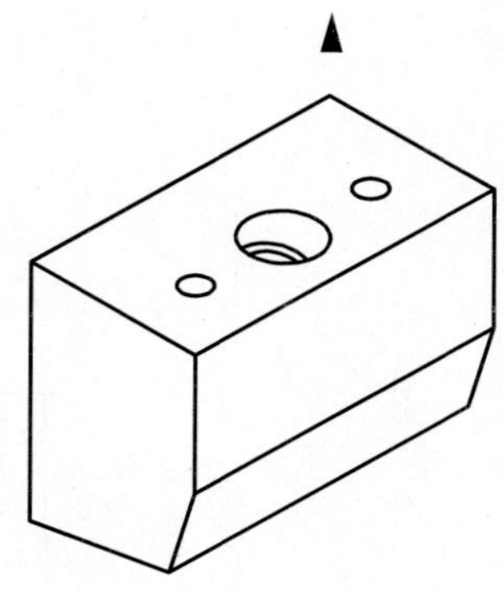

주서

1. 일반공차 - 가공부 : KS B 0412
2. 도시되고 지시없는모따기는 1x45°, 필렛 및 라운드 R3
3. 일반 모따기는 0.3~0.5x45°
4. 표면거칠기는 기호 비교표

x/ = 3.2/, 25S , ▽▽, N9

y/ = 0.8/, 6.3S , ▽▽▽, N7

25	로킹블록	STD11	2	HRC60
품 번	품 명	재 질	수 량	비 고
2단금형(hinge-cover)			척 도	1.5 : 1
			투상법	3각법

(26) x/ (y/)

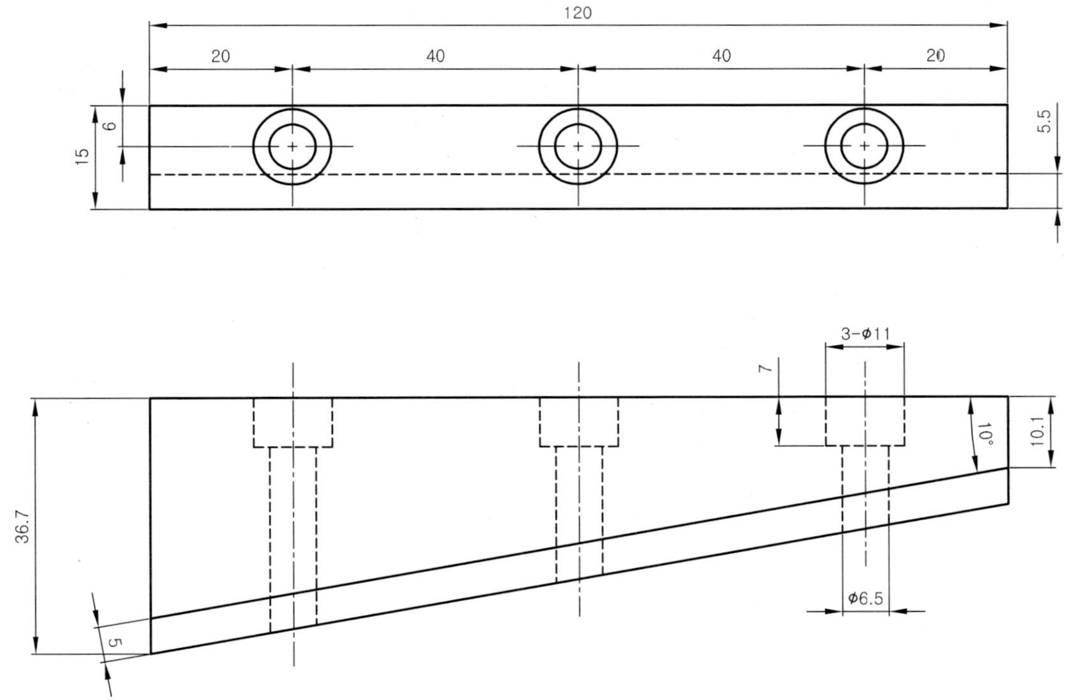

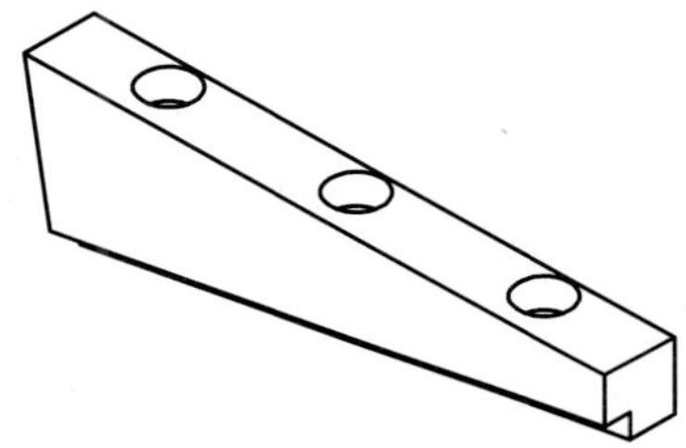

주서

1. 일반공차 - 가공부 : KS B 0412
2. 도시되고 지시없는모따기는 1x45°, 필렛 및 라운드 R3
3. 일반 모따기는 0.3~0.5x45°
4. 표면거칠기는 기호 비교표

x/ = 3.2/ , 25S , ▽▽ , N9

y/ = 0.8/ , 6.3S , ▽▽▽ , N7

26	가이드 레일	SKS3	4	HRC30
품 번	품 명	재 질	수 량	비 고
2단금형(hinge-cover)			척 도	2 : 1
			투상법	3각법

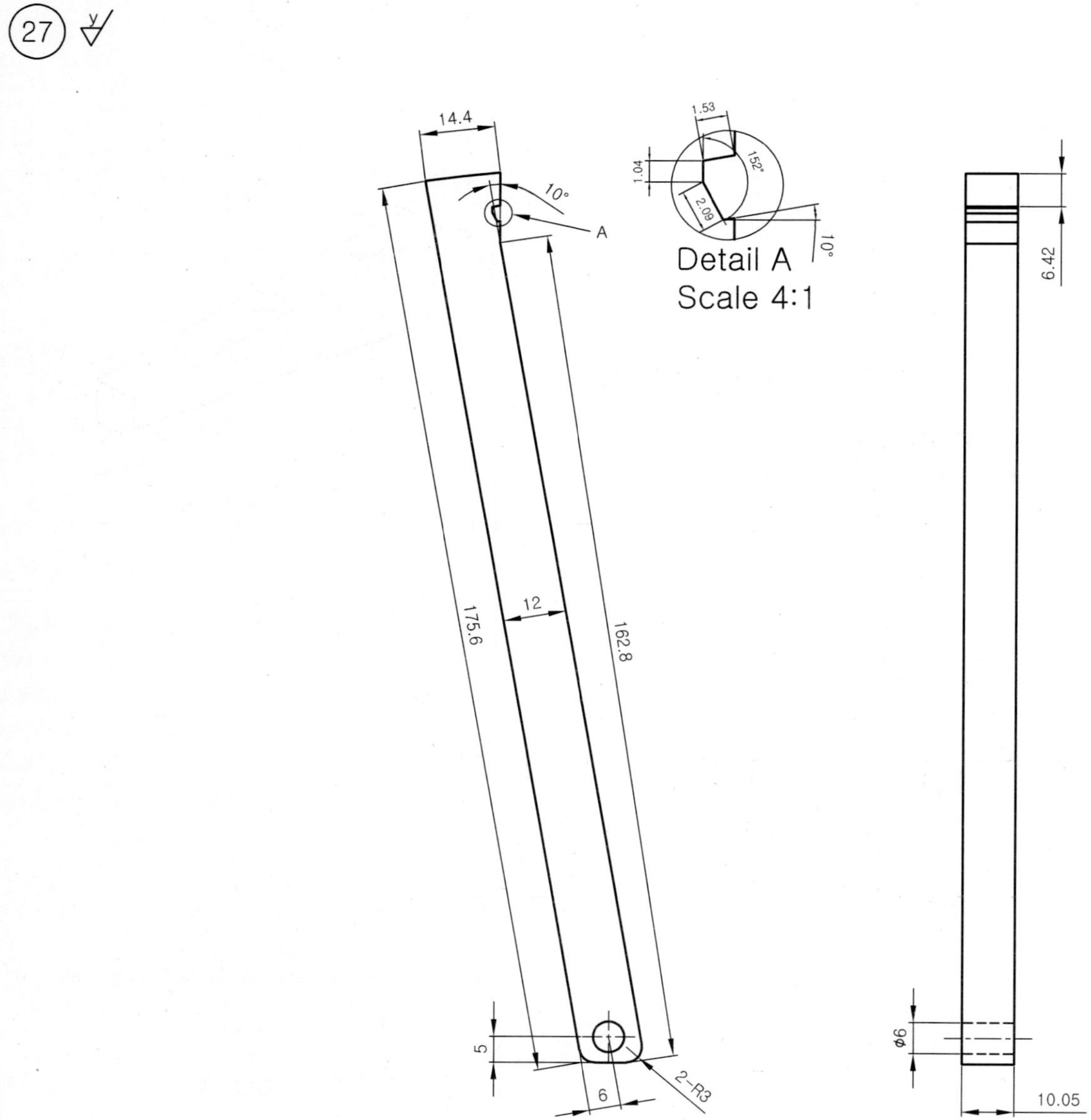

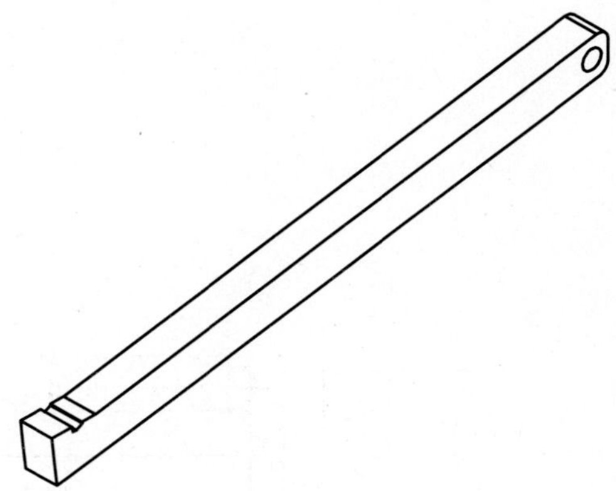

주서

1. 일반공차 - 가공부 : KS B 0412
2. 도시되고 지시없는모따기는 1x45°, 필렛 및 라운드 R3
3. 일반 모따기는 0.3~0.5x45°
4. 표면거칠기는 기호 비교표

x = 3.2, 25S, ▽▽, N9

y = 0.8, 6.3S, ▽▽▽, N7

27	변형밀핀	KP4	2	HRC58
품 번	품 명	재 질	수 량	비 고
2단금형(hinge-cover)			척 도	1.5 : 1
			투상법	3각법

(31) x/ (y/)

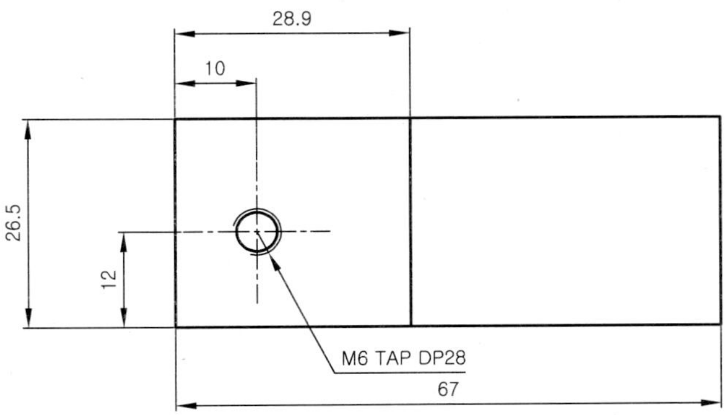

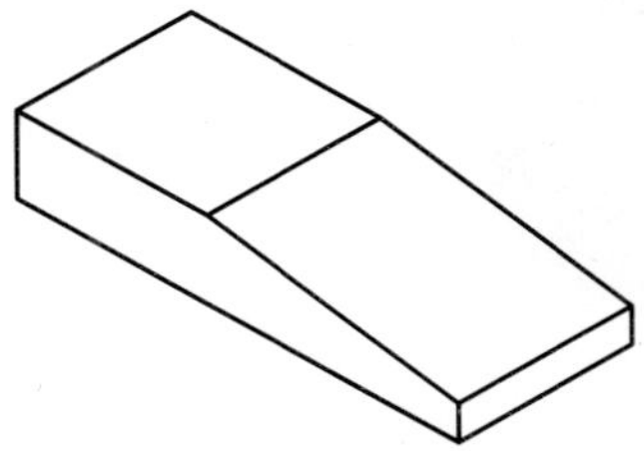

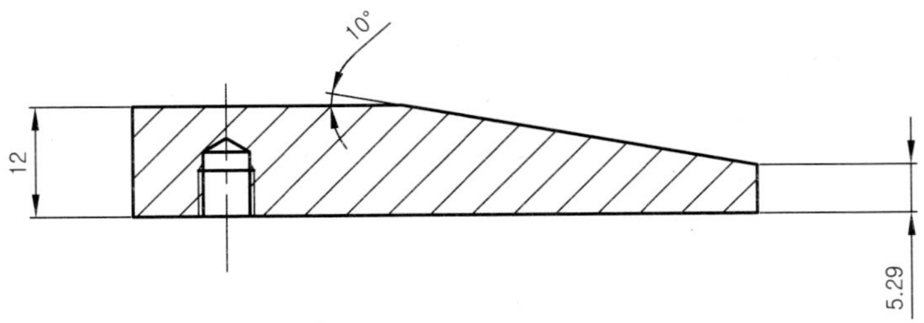

주서

1. 일반공차 – 가공부 : KS B 0412
2. 도시되고 지시없는모따기는 1x45°, 필렛 및 라운드 R3
3. 일반 모따기는 0.3~0.5x45°
4. 표면거칠기는 기호 비교표

x/ = 3.2/ , 25S , ▽▽ , N9

y/ = 0.8/ , 6.3S , ▽▽▽ , N7

31	연마판	STC11	2	
품 번	품 명	재 질	수 량	비 고
2단금형(hinge-cover)			척 도	2 : 1
			투상법	3각법

4.2 2단금형(Pentagon-cover 커버드게이트)

▌요구사항

1) 2D제품도 & 3차원 Solid model를 이용한 설계
2) 적용 수지 : ABS, 수축률 5/1000 적용, 빼기구배는 고려하지 않아도 됨.
3) 사출성형기 사양 : 고정측 중앙부 구멍 직경 ∅100mm, 사출노즐의 선단직경은 ∅19mm,사출기 노즐직경은 3mm.
4) 금형 종류 : 2단금형/슬라이드(2 cavity)
5) 유동주입기구 : 커브게이트로 설계하되, 위치와 개수는 설계자가 결정하여 할 것.
6) 취출시스템 6-1) 제품 취출시 문제가 없도록 설계자 임의로 설계하되, 보스부는 ejector sleeve를 사용할 것.
   6-2) Under cut처리 : angular pin을 이용한 슬라이드 구조를 사용할 것(앵귤러핀, 로킹블럭, 가이드레일, 스토퍼 등 슬라이드 부품을 가능한 자세히 표현할 것)
7) 형상부 7-1) 파팅 : 제품의 외관 품질을 고려하여 설계자가 정할 것.
   7-2) cavity와 core : 원판과 Core, Cavity 블록은 조립형으로 하되 가공과 조립용이성, 동작성 등에 문제가 없도록 설계 할 것. 필요에 따라 여러 개의 인써트 코어로 설계할 경우 인접 부품의 색깔을 다르게 표기하여 구분이 되도록 할 것
   7-3) 형상부 설계 : 분할작업을 통하여 고정측, 가동측을 각각 별도
8) 냉각시스템 8-1) 고정측 냉각설계는 설계방식에 준하여 직선형 냉각회로를 사용할 것.
   8-2) 가동측 냉각설계는 코어 냉각을 별도로 설계하여 코어 플레이트 냉각회로와 연결할 것(필요에 따라 Baffle 등을 사용할 수 있음)
9) Moldbase 9-1) 설계방안에 맞는 2단 Moldbase를 설계자가 선택하여 결정할 것.
   9-2) Bolt, O-ring, Eye-bolt-tap, Tap, Nipple 등은 설계하지 않아도 됨.
   9-3) 설계하고자 하는 금형의 구조 및 작동성에 맞추어서 Guide Pin, Bush, Pin류 등은 설계자가 선정하여 설계할 것.

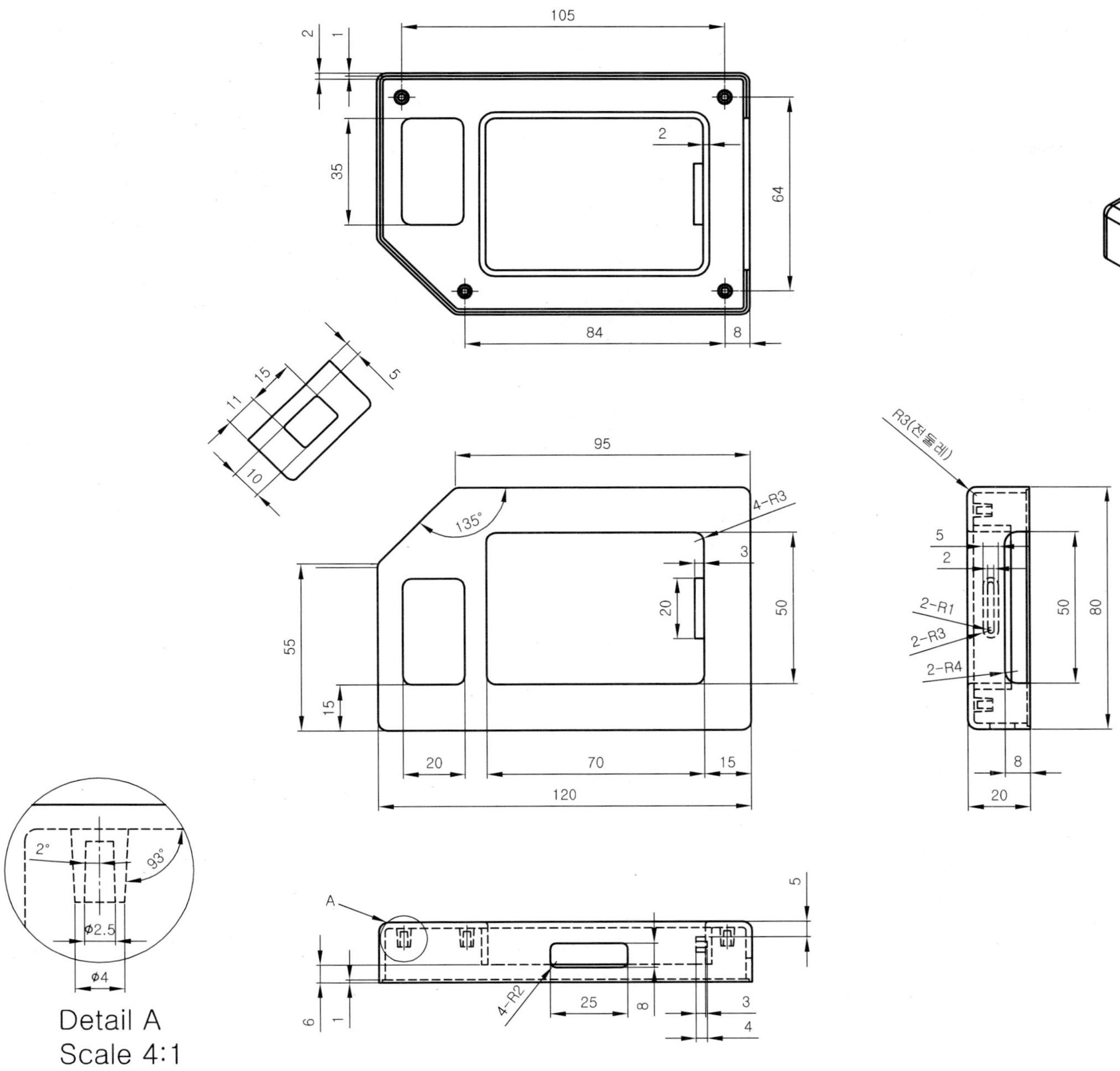

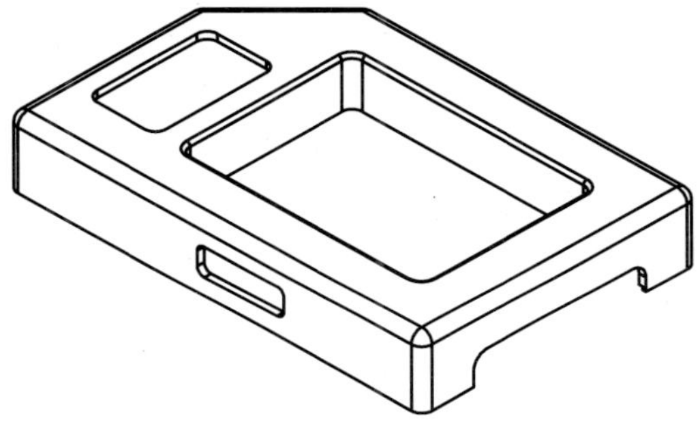

주서

1. 일반공차 - 가공부 : KS B 0412
2. 도시되고 지시없는모따기는 1x45°, 필렛 및 라운드 R3
3. 일반 모따기는 0.3~0.5x45°
4. 표면거칠기는 기호 비교표
5. 2Cavity 적용
6. 커버게이트로 설계
7. 보스부는 ejector sleeve를 사용

x/ = 3.2/ , 25S , ▽▽, N9

y/ = 0.8/ , 6.3S , ▽▽▽, N7

0	Product	ABS	1	
품 번	품 명	재 질	수 량	비 고
작품명	Pantagon-cover		척 도	1.5 : 1
			투상법	3각법

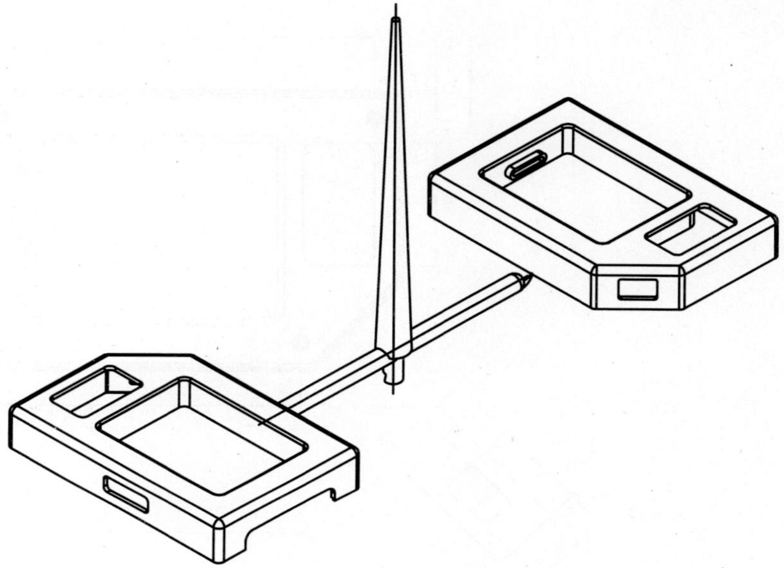

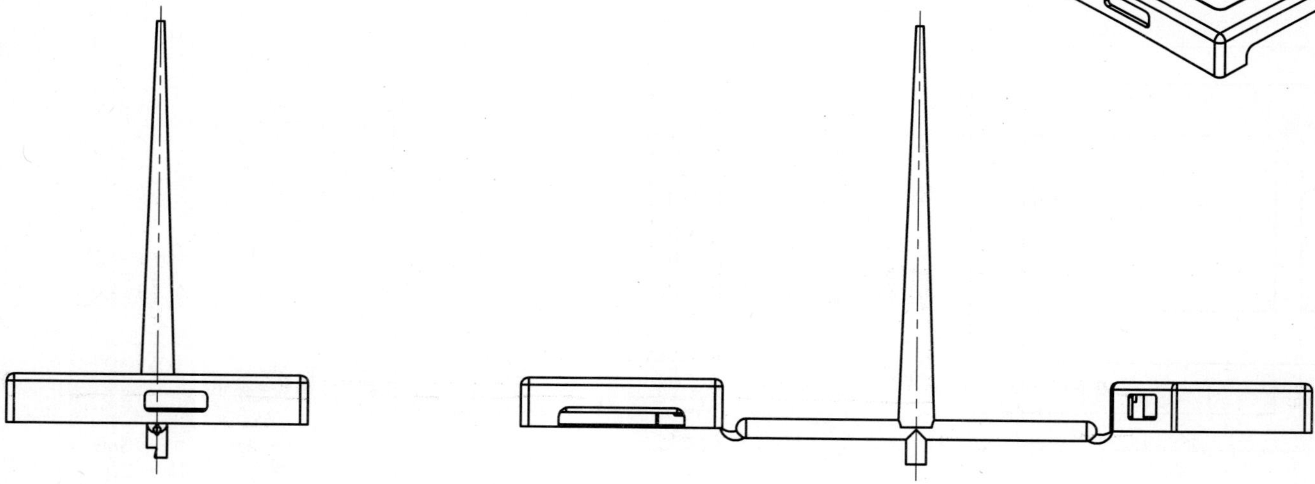

주서

1. 일반공차 - 가공부 : KS B 0412
2. 도시되고 지시없는모따기는 1x45°, 필렛 및 라운드 R3
3. 일반 모따기는 0.3~0.5x45°
4. 표면거칠기는 기호 비교표

x/ = 3.2/ , 25S , ▽▽, N9

y/ = 0.8/ , 6.3S , ▽▽▽, N7

0	유동기구	ABS	1	
품 번	품 명	재 질	수 량	비 고
작품명	Pantagon-cover		척 도	1 : 1
			투상법	3각법

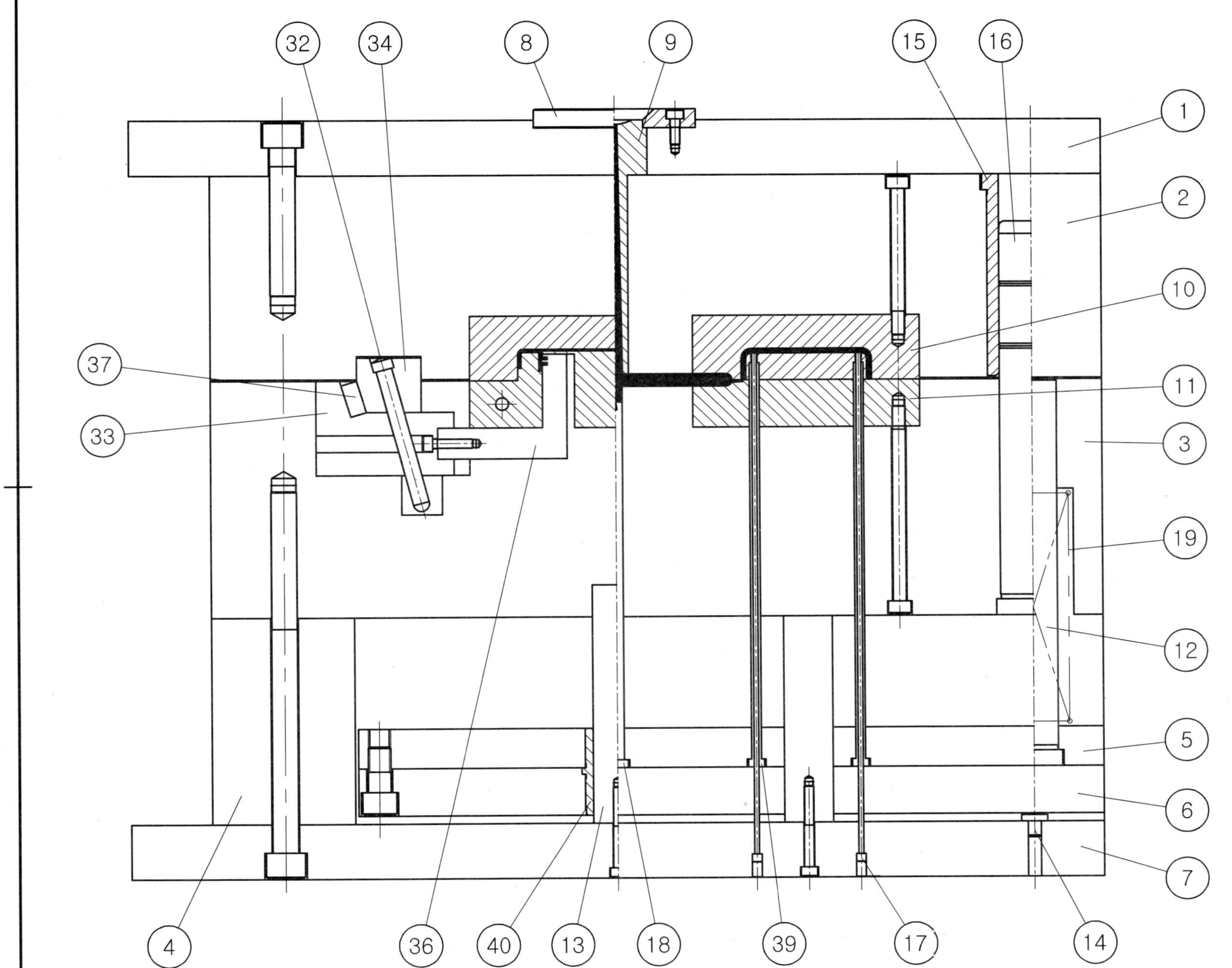

품번	품 명	재질	수량	규격	비고
41	코어핀	STC3	2	30x18x32	
40	이젝터 가이드 부시	STB2	2	φ30x55	HRC58
39	슬리브 이젝터 핀	STC3	8	φ6x127	
38	코어핀	STC3	2	30x50.20x75.03	
37	연마판	STC3	2	10x65.07x20	
36	슬라이드 코어 편	KP4M	2	67.8x25.08x75	
35	가이드 레일	STC3	4	15x80x15	HRC58
34	로킹 블록	STC3	2	35x65.08x40	HRC53
33	슬라이드 코어	KP4M	2	60x71.08x65	HRC30
32	경사 핀	STC3	2	φ13x101	HRC60
31	연마판	STC3	2	10x61.43x41.8	
30	슬라이드 코어 편	KP4M	2	18.08x40x21.43	
29	가이드 레일	STC3	4	20x80x15	HRC58
28	로킹 블록	STC3	2	48.08x61.43x75	HRC53
27	슬라이드 코어	KP4M	2	53.1x65.13x75	HRC30
26	경사 핀	STC3	2	φ13x103	HRC60
25	연마판	STC3	2	10x65.12x28.06	
24	슬라이드 코어 편	KP4M	2	18x35.8x35.13	
23	가이드 레일	STC3	4	20x75x15	HRC58
22	로킹 블록	STC3	2	48.7x65.13x45	HRC53
21	슬라이드 코어	KP4M	2	72.1x65.13x75	HRC30
20	경사 핀	STC3	2	φ13x95	HRC60
19	스프링	규격품	4	TR35x150	
18	스프루 록 핀	SKD61	1	φ8x130	HRC50
17	이젝터 핀	STC3	8	φ6x148	HRC58
16	가이드 핀	STC3	4	φ30x110	HRC58
15	가이드 부시	STC3	4	φ30x60	HRC58
14	스톱 핀	STC3	4	φ16x15	HRC50
13	이젝터 가이드 핀	STC3	2	φ20x100	HRC58
12	리턴 핀	STC3	4	φ20x140	HRC58
11	코어	KP4M	1	30x180x140	HRC30
10	캐비티	KP4M	1	41x180x140	HRC30
9	스프루 부시	SM45C	1	φ40x130	
8	로케이트 링	SM45C	1	φ100x12	
7	가동측 설치판	SM45C	1	30x550x600	
6	이젝터 플레이트(하)	SM45C	1	30x320x600	
5	이젝터 플레이트(상)	SM45C	1	25x320x600	
4	스페이서 블록	SM45C	2	130x88x600	
3	가동측 형판	SM45C	1	150x500x600	
2	고정측 형판	SM45C	1	130x500x600	
1	고정측 설치판	SM45C	1	30x550x600	

2단금형(Pantagon-cover 커브드게이트)	척 도	N S
	각 법	3각법

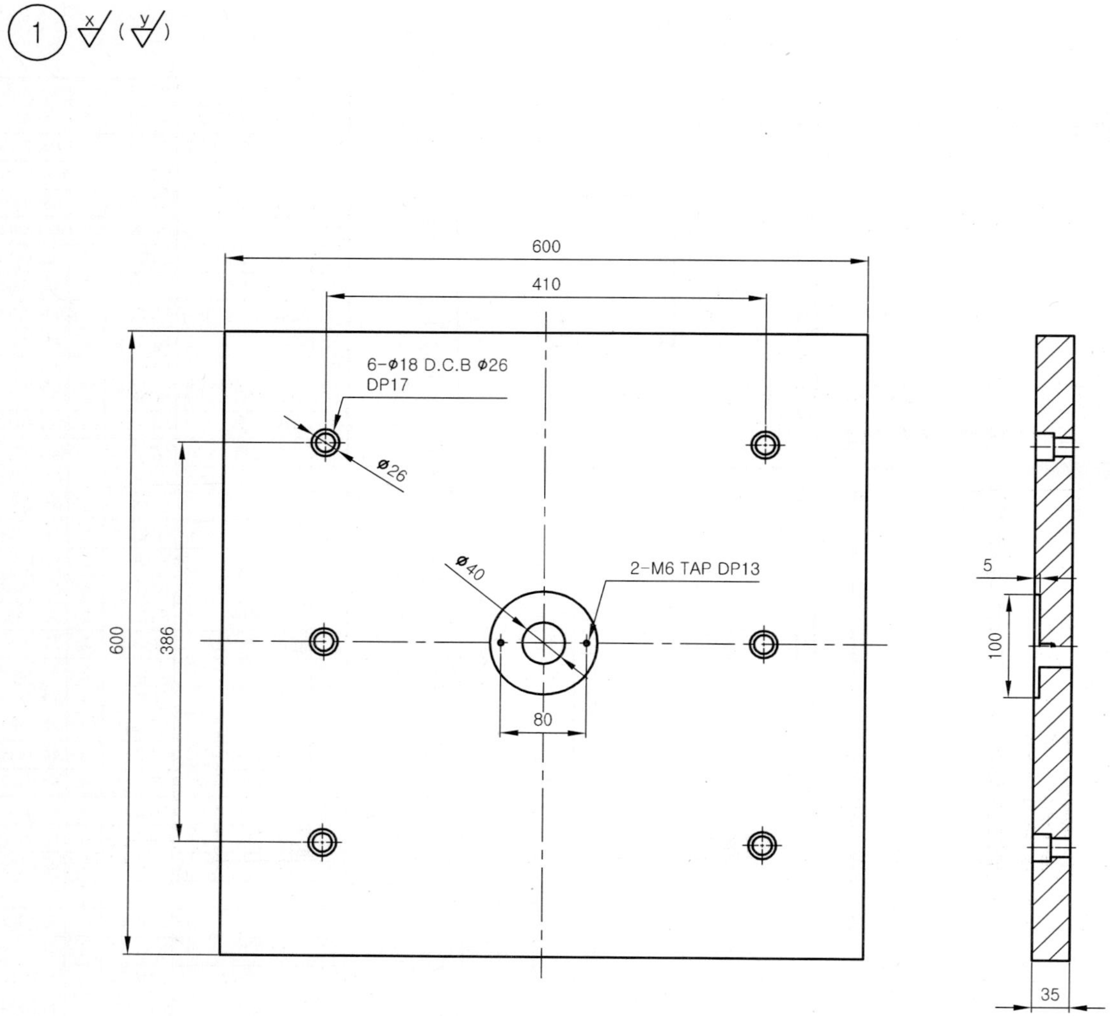

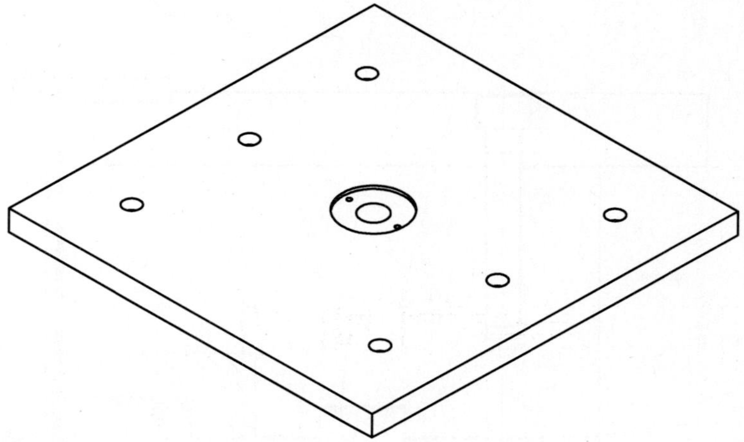

주서

1. 일반공차 - 가공부 : KS B 0412
2. 도시되고 지시없는모따기는 1x45°, 필렛 및 라운드 R3
3. 일반 모따기는 0.3~0.5x45°
4. 표면거칠기는 기호 비교표

x = 3.2, 25S, ▽▽, N9

y = 0.8, 6.3S, ▽▽▽, N7

1	고정측설치판	SM45C	1	
품 번	품 명	재 질	수 량	비 고
2단금형(Pantagon-cover 커브드게이트)			척 도	0.3 : 1
			투상법	3각법

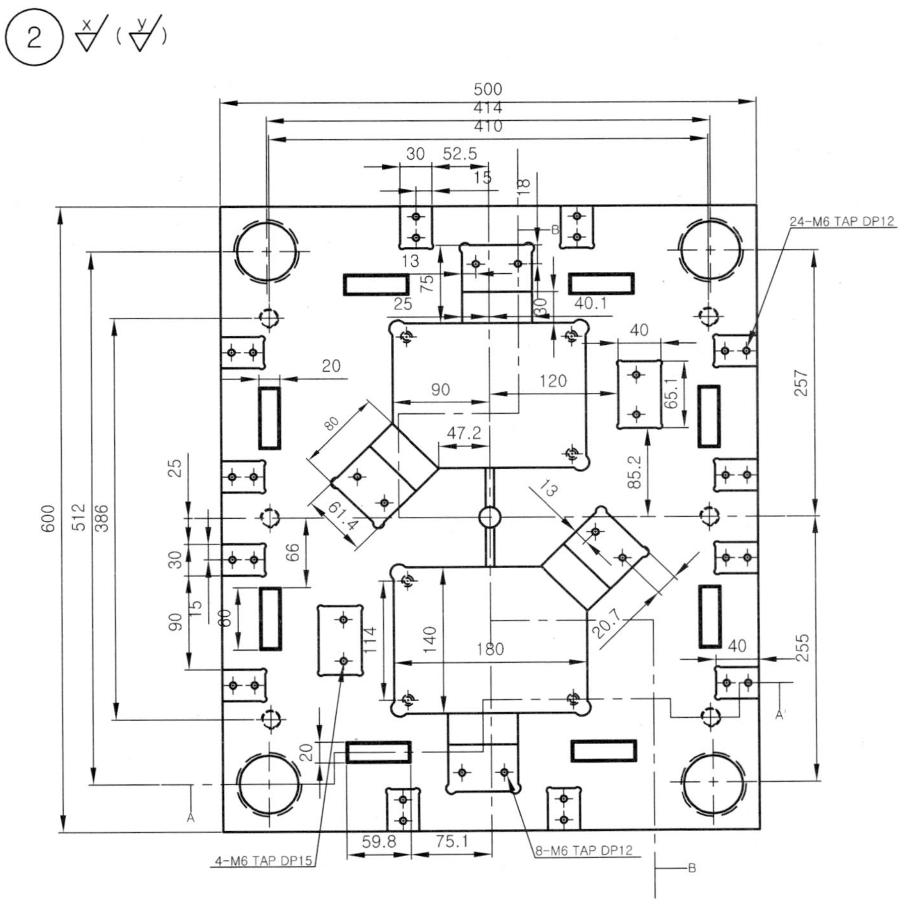

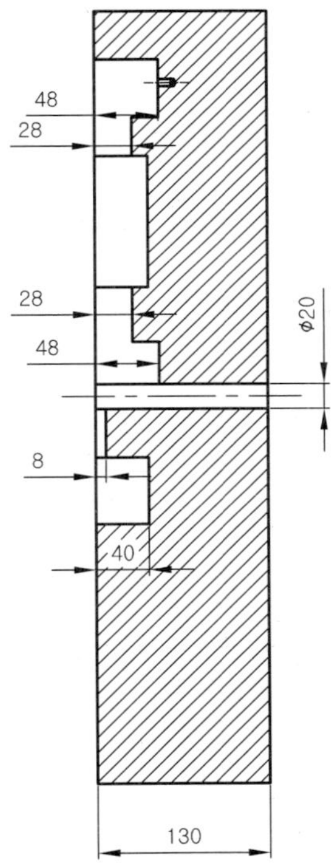

SECTION B-B'

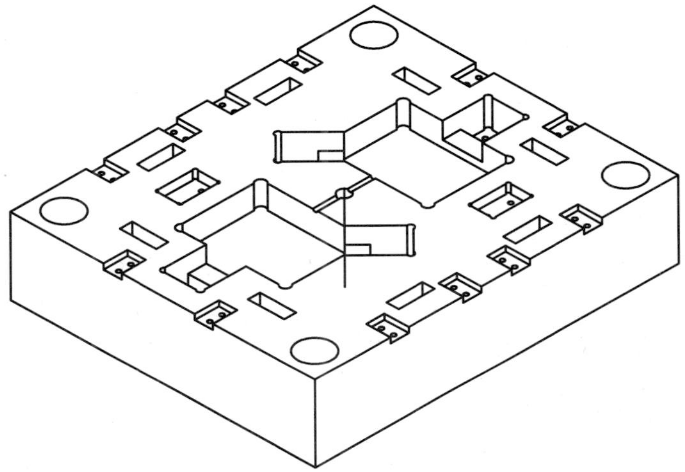

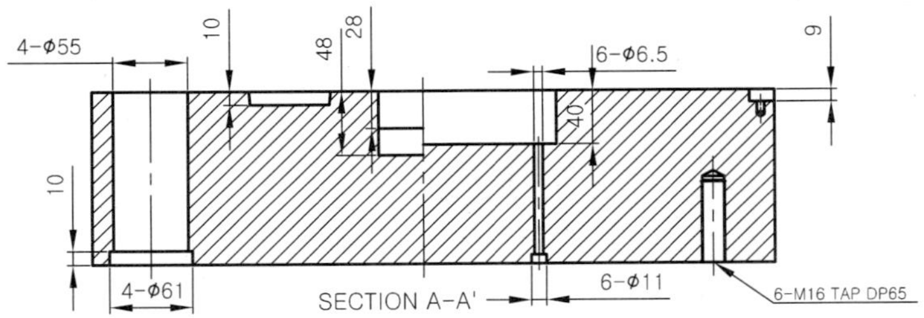

SECTION A-A'

주서

1. 일반공차 - 가공부 : KS B 0412
2. 도시되고 지시없는모따기는 1x45°, 필렛 및 라운드 R3
3. 일반 모따기는 0.3~0.5x45°
4. 표면거칠기는 기호 비교표

x/ = 3.2/ , 25S , ▽▽ , N9

y/ = 0.8/ , 6.3S , ▽▽▽ , N7

2	고정측 형판	SM45C	1	
품 번	품 명	재 질	수 량	비 고
2단금형(Pantagon-cover 커브드게이트)			척 도	1 : 0.4
			투상법	3각법

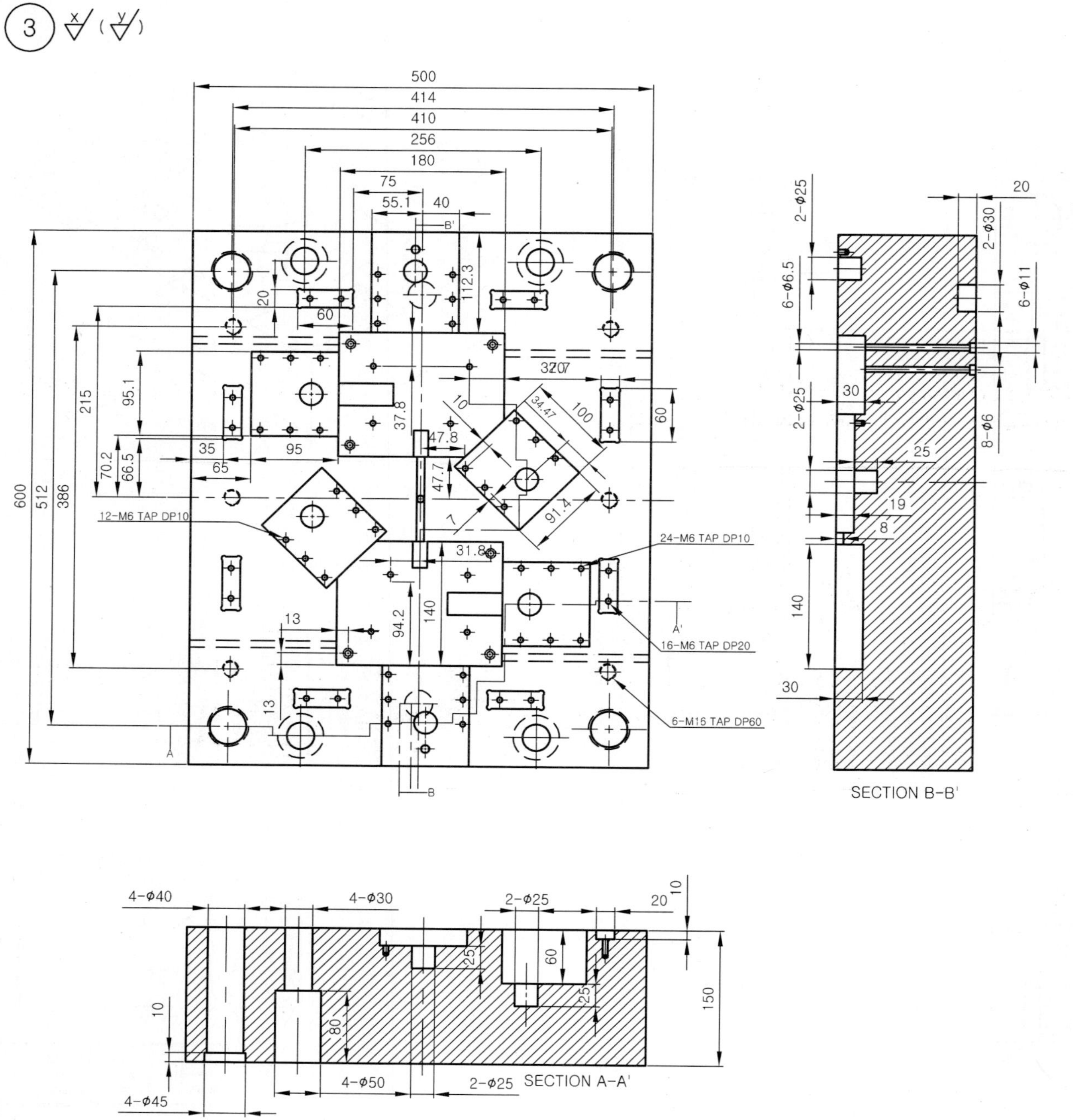

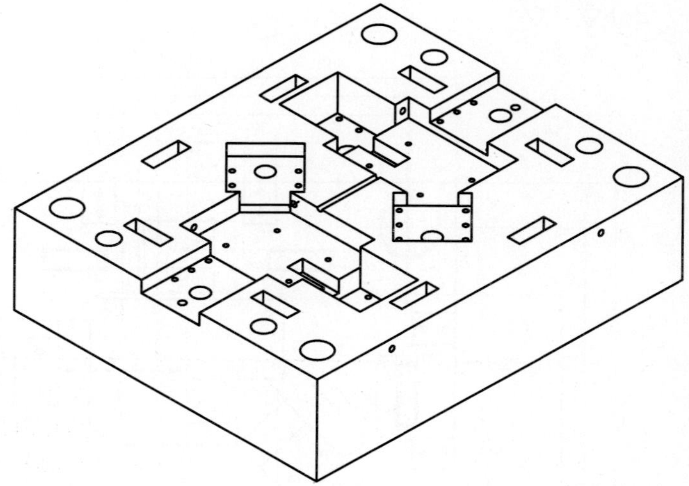

주서

1. 일반공차 - 가공부 : KS B 0412
2. 도시되고 지시없는모따기는 1x45°, 필렛 및 라운드 R3
3. 일반 모따기는 0.3~0.5x45°
4. 표면거칠기는 기호 비교표

x = 3.2, 25S, ▽▽, N9

y = 0.8, 6.3S, ▽▽▽, N7

3	가동측 형판	SM45C	1	
품 번	품 명	재 질	수 량	비 고
2단금형(Pantagon-cover 커브드게이트)			척 도	1 : 0.4
			투상법	3각법

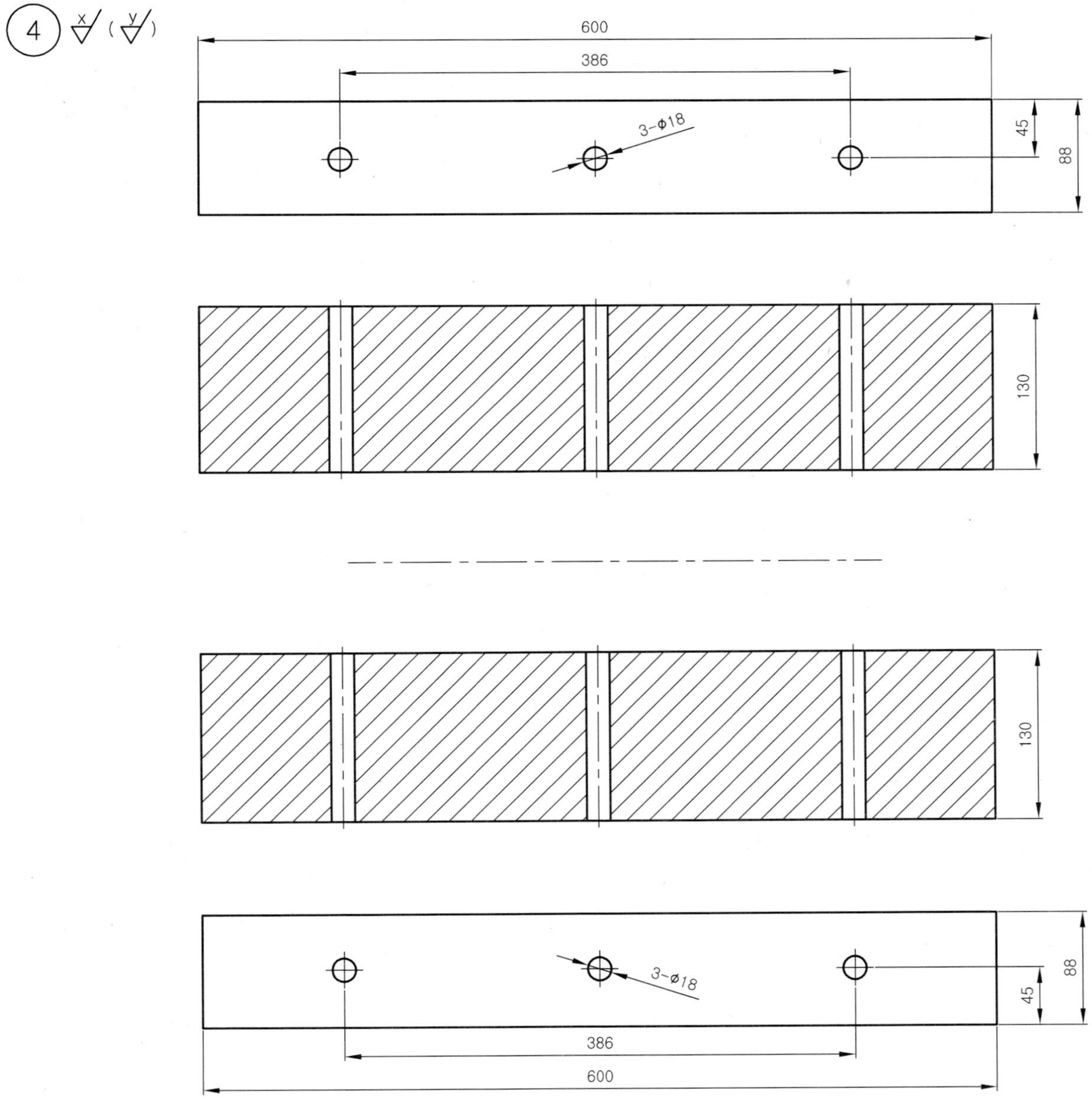

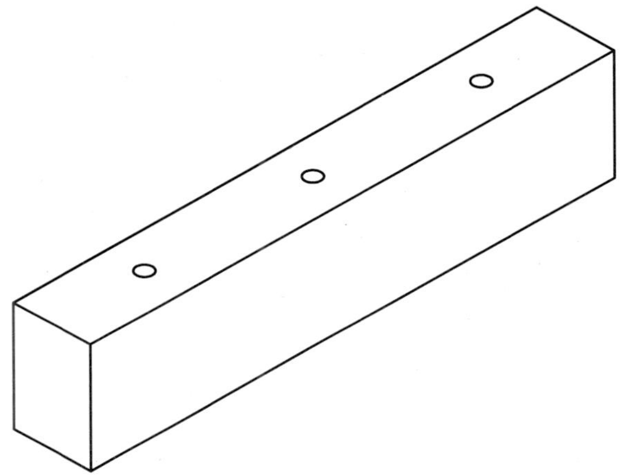

주서

1. 일반공차 - 가공부 : KS B 0412
2. 도시되고 지시없는모따기는 1x45°, 필렛 및 라운드 R3
3. 일반 모따기는 0.3~0.5x45°
4. 표면거칠기는 기호 비교표

x/ = 3.2/, 25S , ▽▽, N9

y/ = 0.8/, 6.3S , ▽▽▽, N7

4	스페이서블록	SM45C	1	
품 번	품 명	재 질	수 량	비 고
2단금형(Pantagon-cover 커브드게이트)			척 도	0.4 : 1
			투상법	3각법

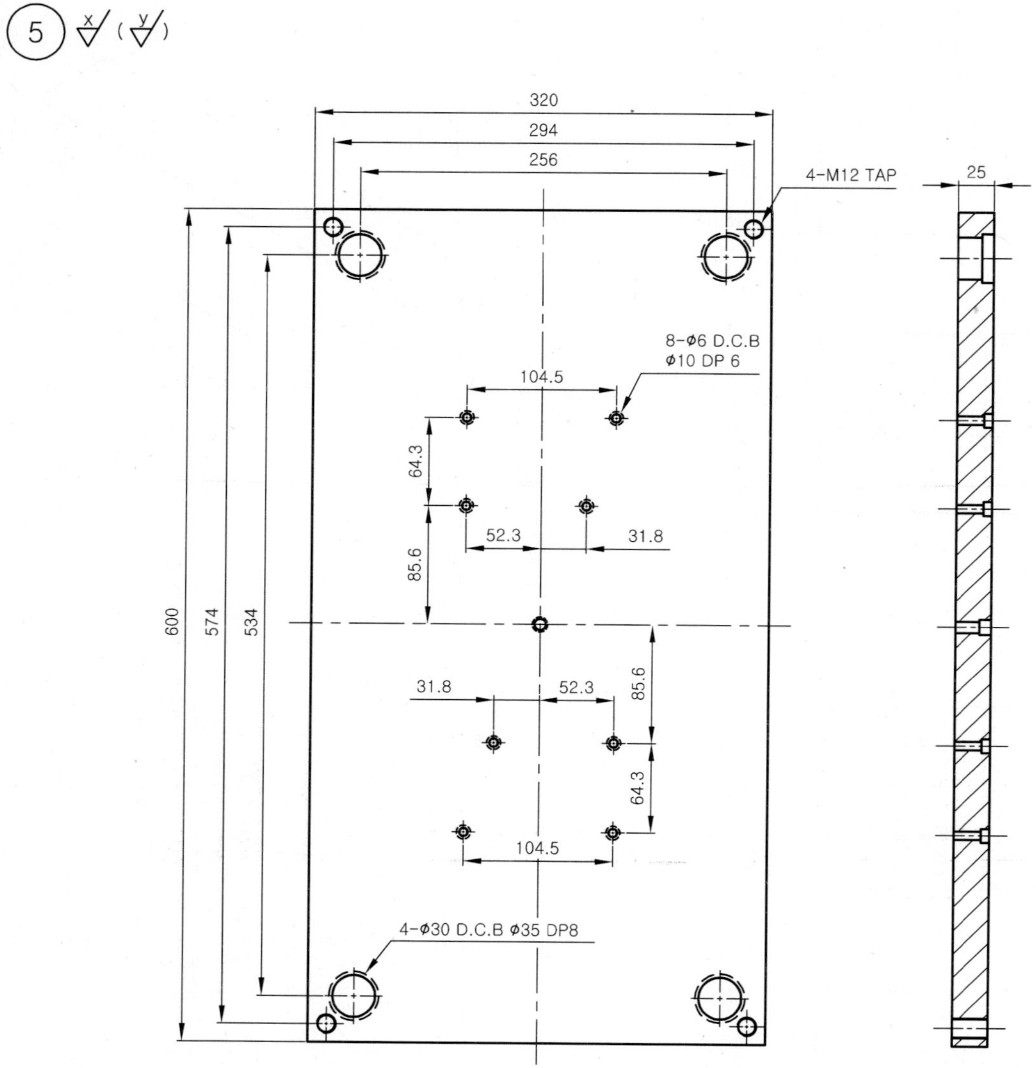

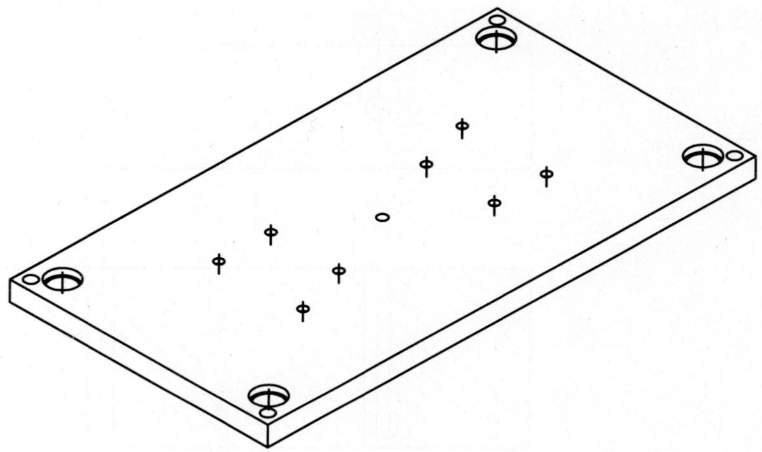

주서

1. 일반공차 - 가공부 : KS B 0412
2. 도시되고 지시없는모따기는 1x45°, 필렛 및 라운드 R3
3. 일반 모따기는 0.3~0.5x45°
4. 표면거칠기는 기호 비교표

x/ = 3.2/, 25S , ▽▽, N9

y/ = 0.8/, 6.3S , ▽▽▽, N7

5	이젝터플레이트(상)	SM45C	1	
품 번	품 명	재 질	수 량	비 고
2단금형(Pantagon-cover 커브드게이트)			척 도	0.4 : 1
			투상법	3각법

⑥ x/ (y/)

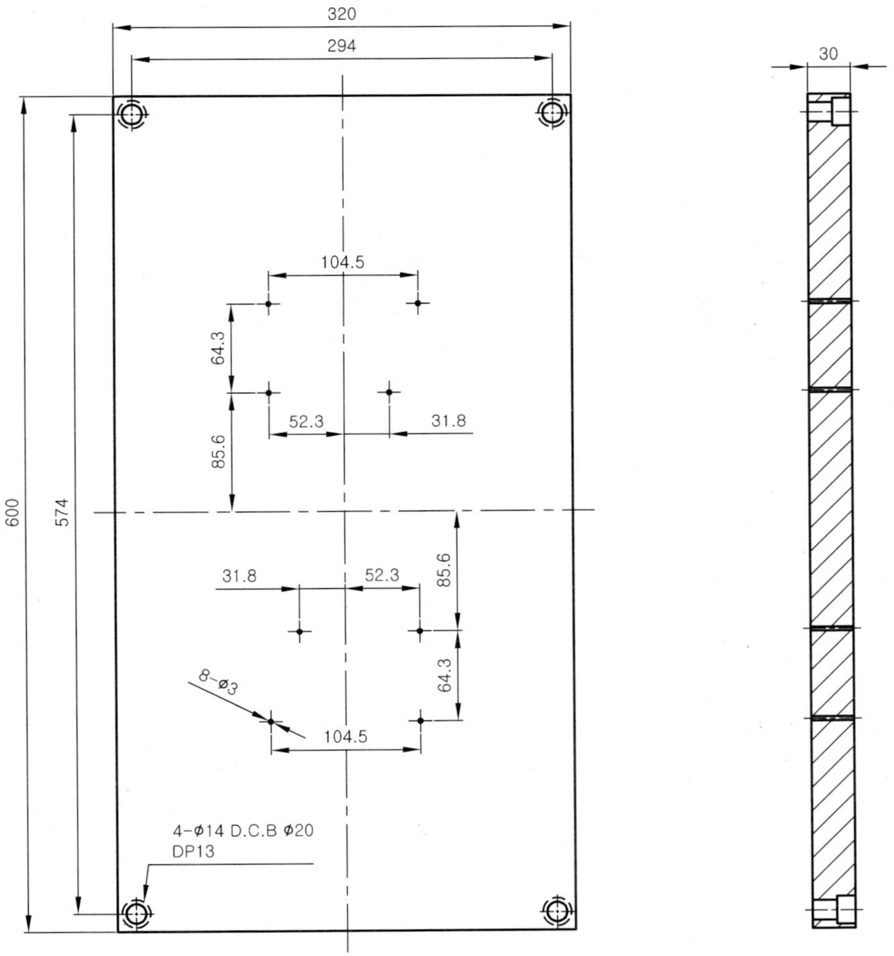

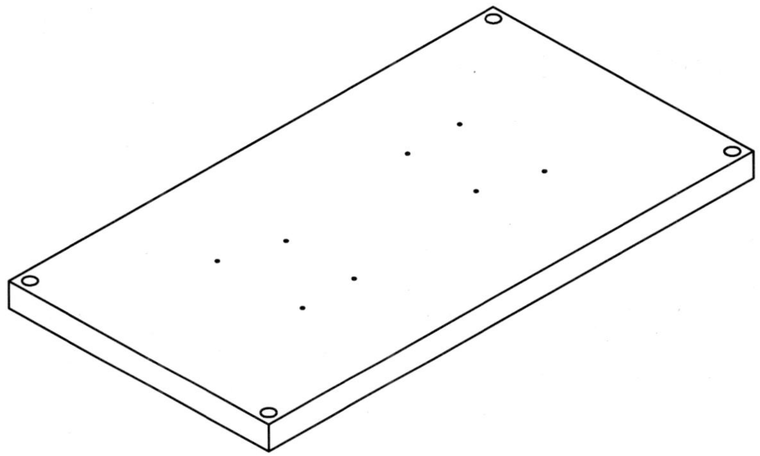

주서

1. 일반공차 - 가공부 : KS B 0412
2. 도시되고 지시없는모따기는 1x45°, 필렛 및 라운드 R3
3. 일반 모따기는 0.3~0.5x45°
4. 표면거칠기는 기호 비교표

x/ = 3.2/ , 25S , ▽▽ , N9

y/ = 0.8/ , 6.3S , ▽▽▽ , N7

6	이젝터플레이트(하)	SM45C	1	
품 번	품 명	재 질	수 량	비 고
2단금형(Pantagon-cover 커브드게이트)			척 도	0.4 : 1
			투상법	3각법

⑦ x/ (y/)

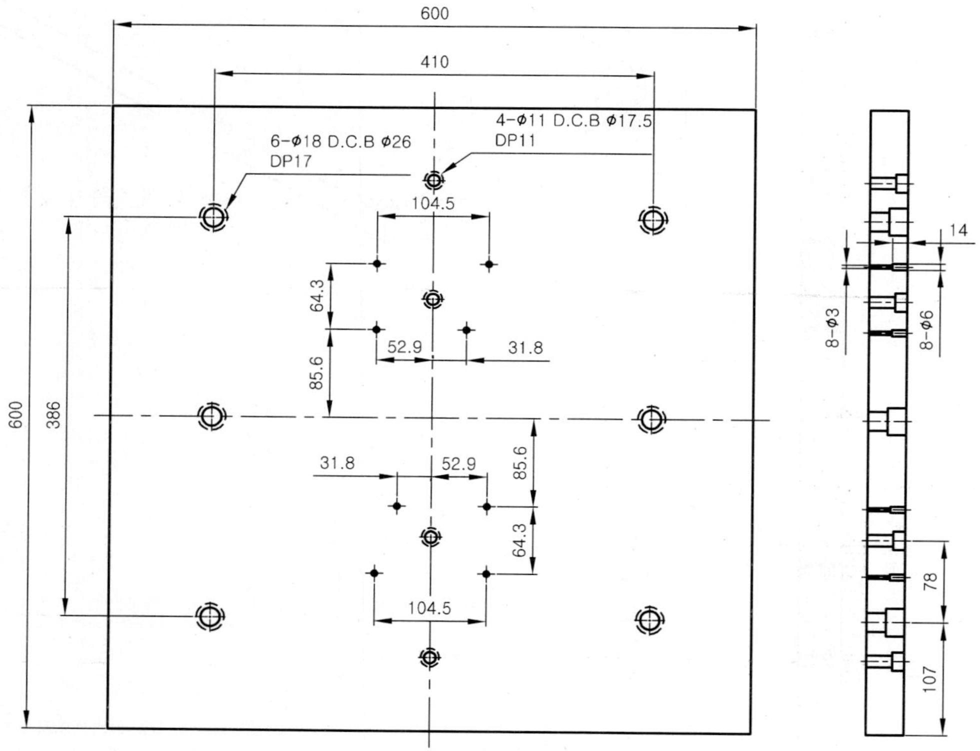

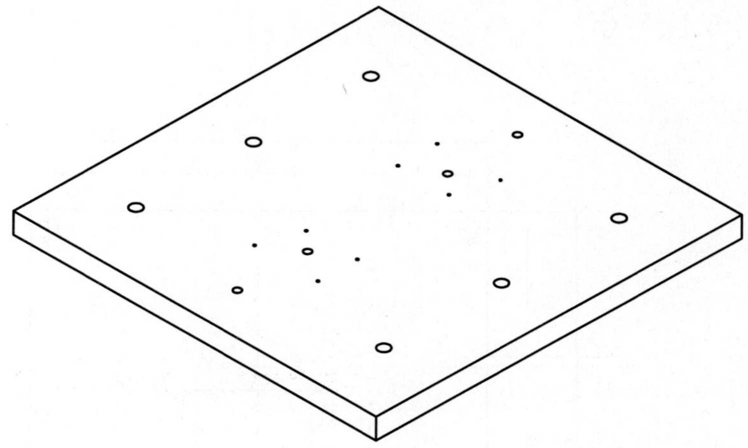

주서

1. 일반공차 - 가공부 : KS B 0412
2. 도시되고 지시없는모따기는 1x45°, 필렛 및 라운드 R3
3. 일반 모따기는 0.3~0.5x45°
4. 표면거칠기는 기호 비교표

x/ = 3.2/ , 25S , ▽▽, N9

y/ = 0.8/ , 6.3S , ▽▽▽, N7

7	고정측설치판	SM45C	1	
품 번	품 명	재 질	수 량	비 고
2단금형(Pantagon-cover 커브드게이트)			척 도	0.3 : 1
			투상법	3각법

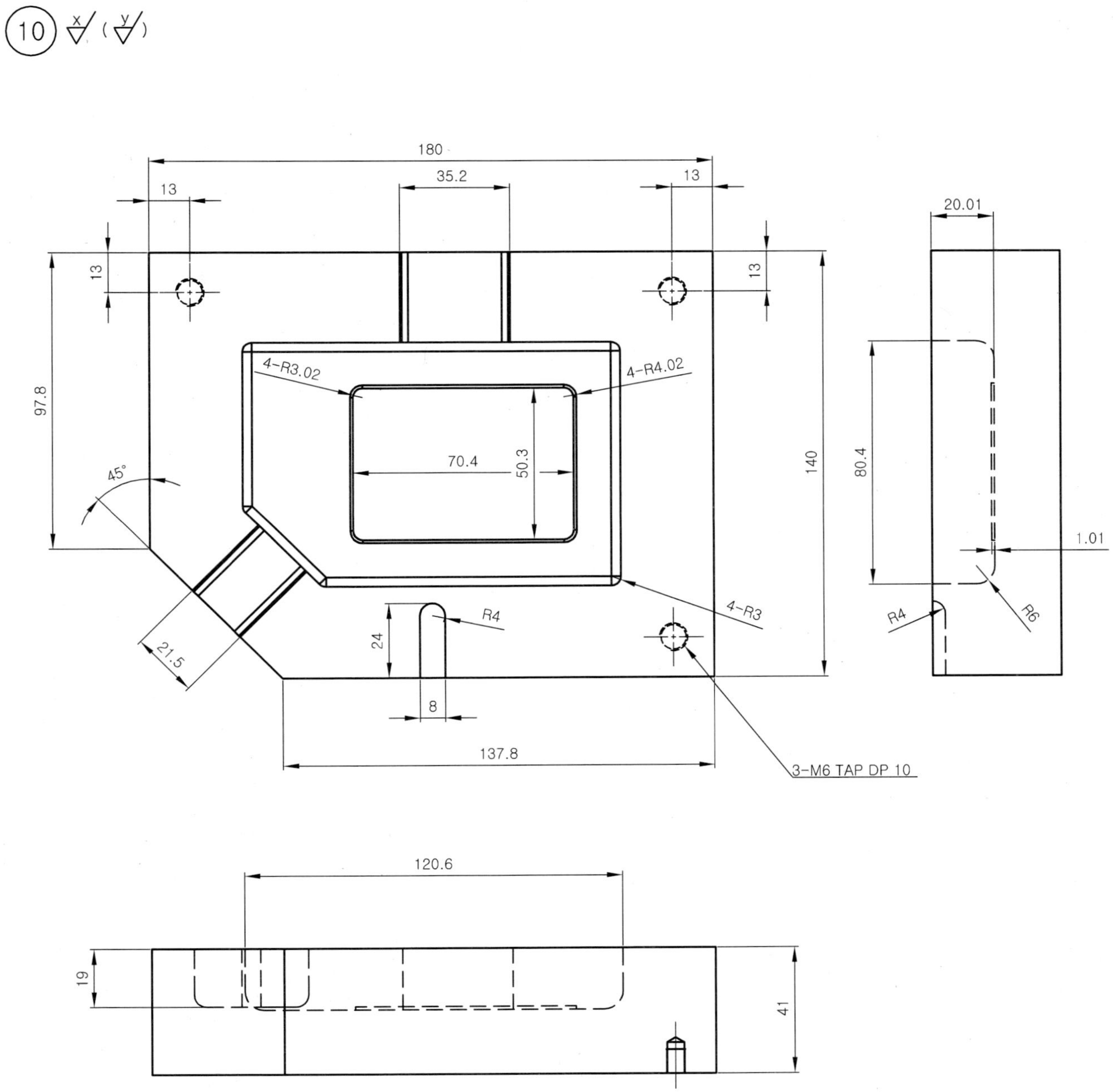

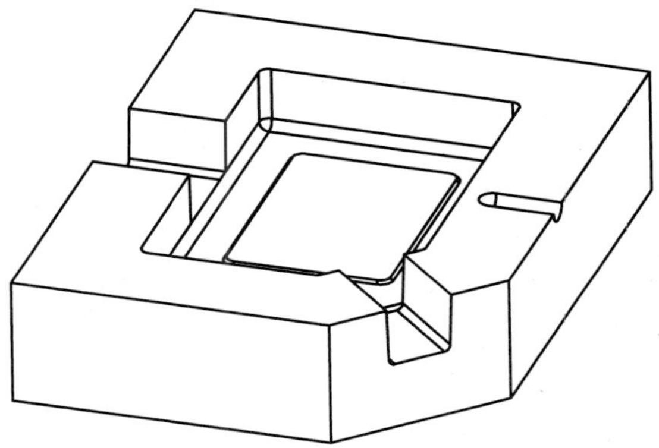

주서

1. 일반공차 - 가공부 : KS B 0412
2. 도시되고 지시없는모따기는 1x45°, 필렛 및 라운드 R3
3. 일반 모따기는 0.3~0.5x45°
4. 표면거칠기는 기호 비교표

x/ = 3.2/, 25S, ▽▽, N9

y/ = 0.8/, 6.3S, ▽▽▽, N7

10	캐비티	KP4M	1	HRC30
품 번	품 명	재 질	수 량	비 고
2단금형(Pantagon-cover 커브드게이트)			척 도	1 : 1
			투상법	3각법

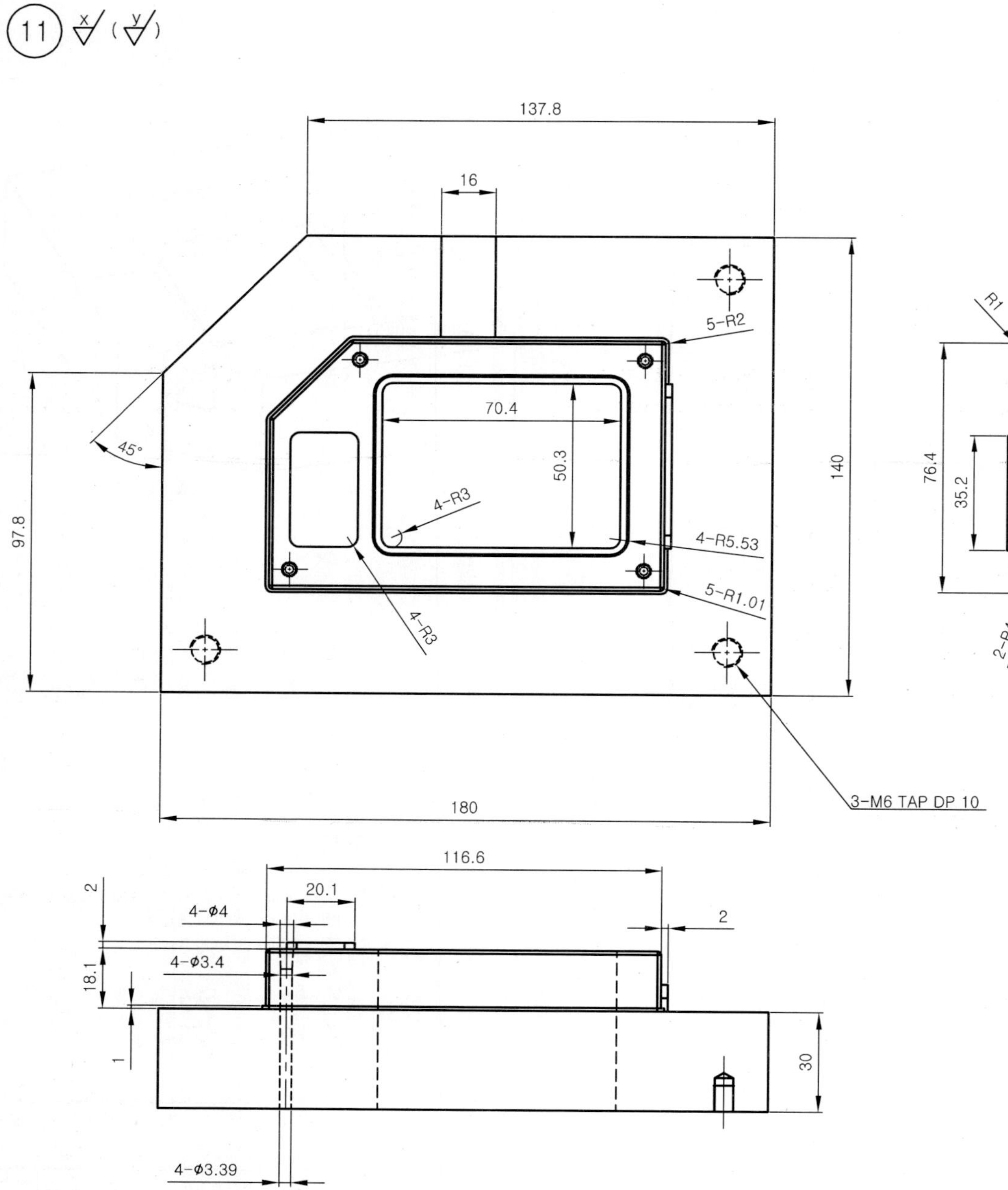

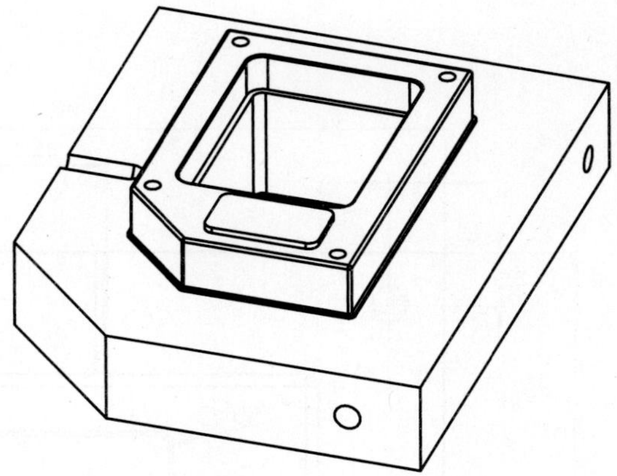

주서

1. 일반공차 - 가공부 : KS B 0412
2. 도시되고 지시없는모따기는 1x45°, 필렛 및 라운드 R3
3. 일반 모따기는 0.3~0.5x45°
4. 표면거칠기는 기호 비교표

x/ = 3.2/ , 25S , ▽▽, N9

y/ = 0.8/ , 6.3S , ▽▽▽, N7

11	코어	KP4M	1	HRC30
품 번	품 명	재 질	수 량	비 고
2단금형(Pantagon-cover 커브드게이트)			척 도	1 : 1
			투상법	3각법

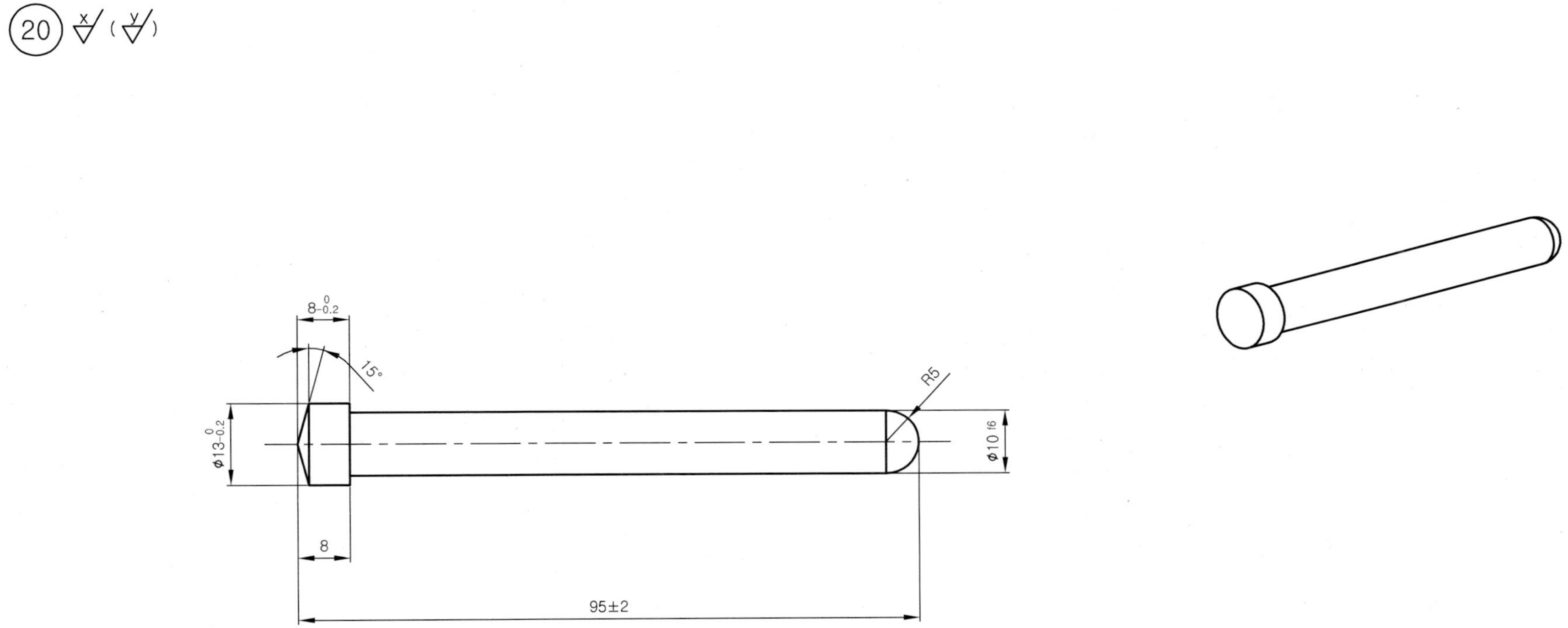

주서

1. 일반공차 - 가공부 : KS B 0412
2. 도시되고 지시없는모따기는 1x45°, 필렛 및 라운드 R3
3. 일반 모따기는 0.3~0.5x45°
4. 표면거칠기는 기호 비교표

x = 3.2, 25S, ▽▽, N9

y = 0.8, 6.3S, ▽▽▽, N7

20	경사 핀	STD11	2	HRC60
품 번	품 명	재 질	수 량	비 고
2단금형(Pantagon-cover 커브드게이트)			척 도	2 : 1
			투상법	3각법

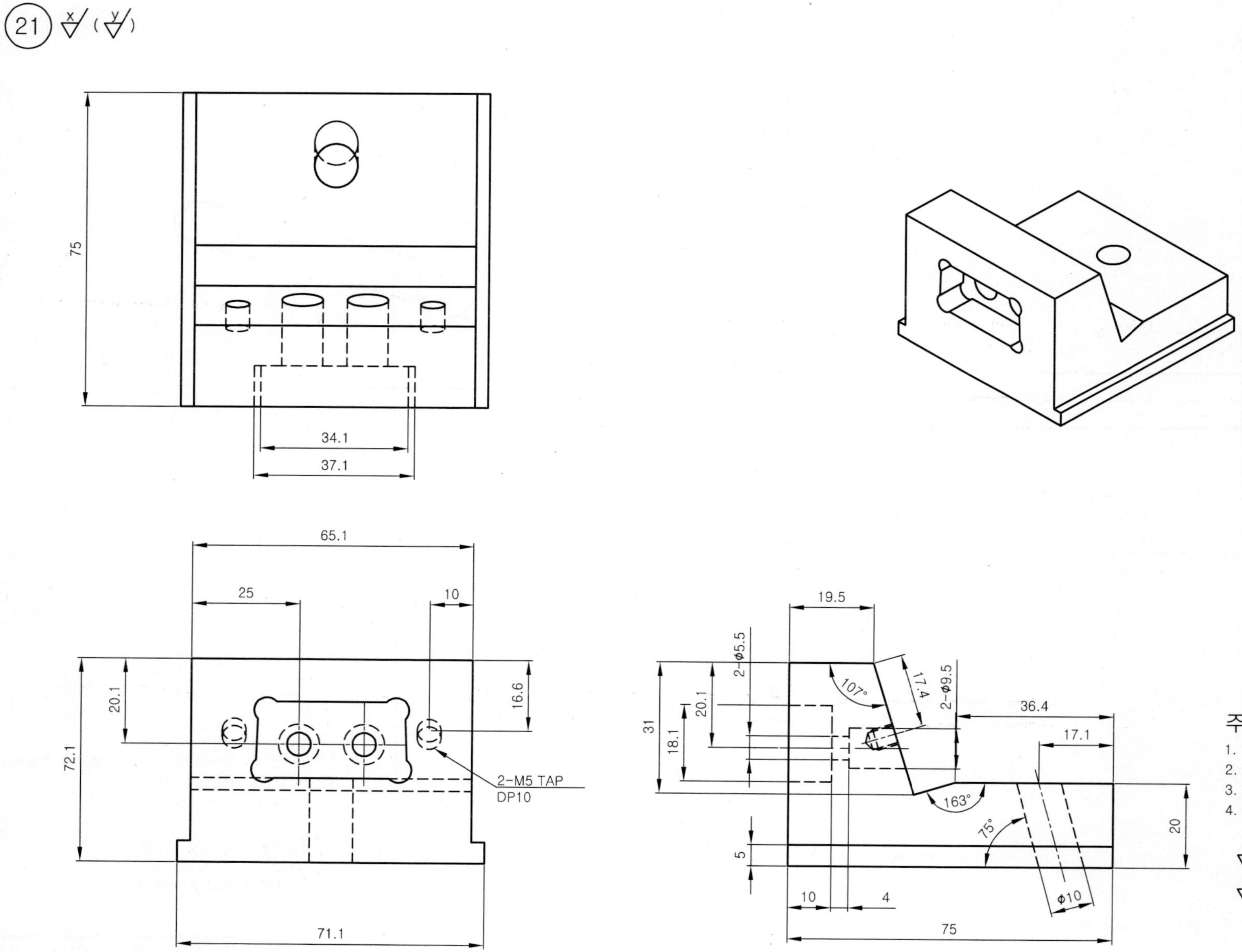

주서

1. 일반공차 - 가공부 : KS B 0412
2. 도시되고 지시없는모따기는 1x45°, 필렛 및 라운드 R3
3. 일반 모따기는 0.3~0.5x45°
4. 표면거칠기는 기호 비교표

x = 3.2, 25S, ▽▽, N9

y = 0.8, 6.3S, ▽▽▽, N7

21	슬라이드 코어	KP4M	2	HRC30
품 번	품 명	재 질	수 량	비 고
2단금형(Pantagon-cover 커브드게이트)			척 도	1.5 : 1
			투상법	3각법

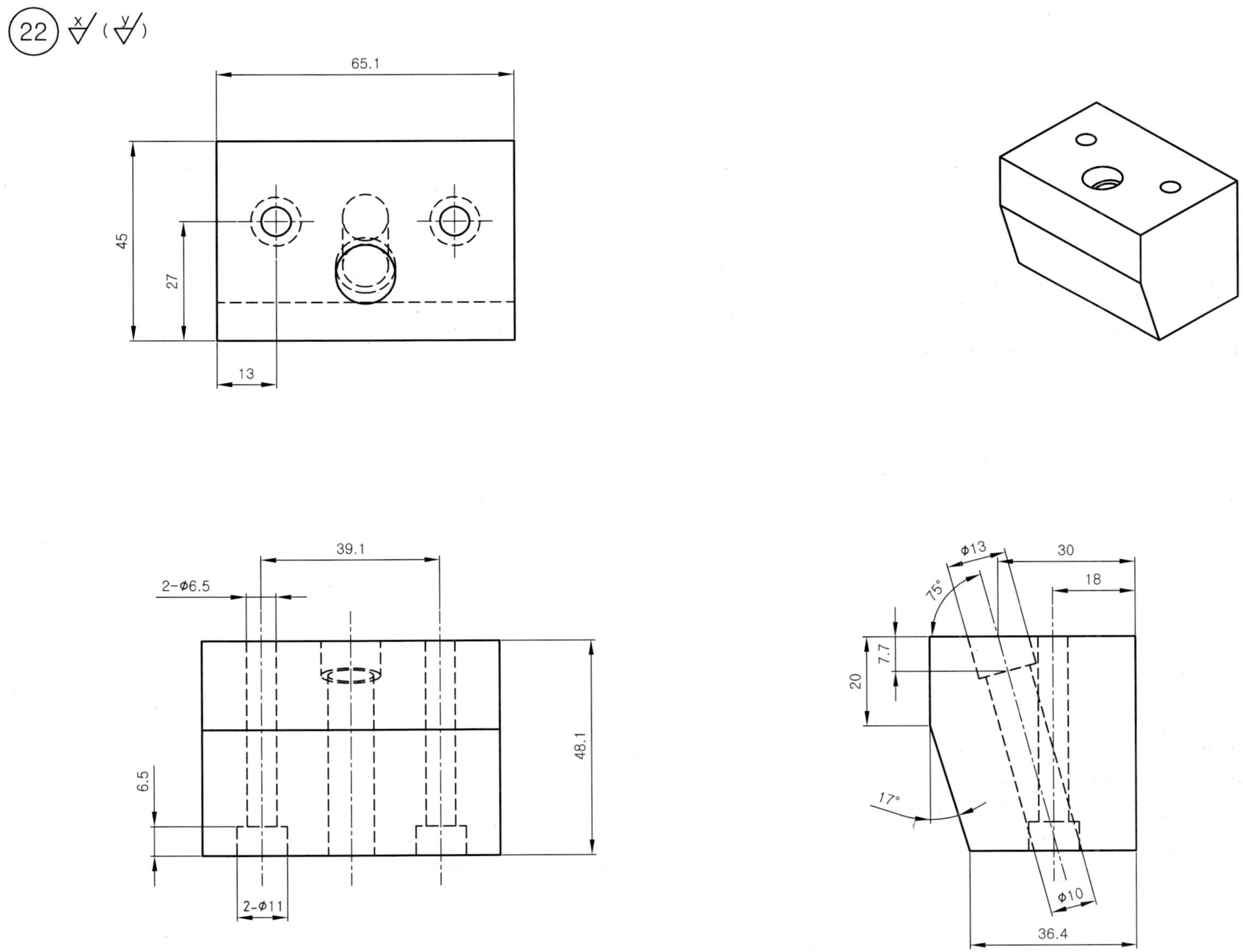

주서

1. 일반공차 - 가공부 : KS B 0412
2. 도시되고 지시없는모따기는 1x45°, 필렛 및 라운드 R3
3. 일반 모따기는 0.3~0.5x45°
4. 표면거칠기는 기호 비교표

x = 3.2, 25S, ▽▽, N9

y = 0.8, 6.3S, ▽▽▽, N7

22	로킹 블록	STC3	2	HRC53
품 번	품 명	재 질	수 량	비 고
2단금형(Pantagon-cover 커브드게이트)			척 도	1.5 : 1
			투상법	3각법

(23) x (y)

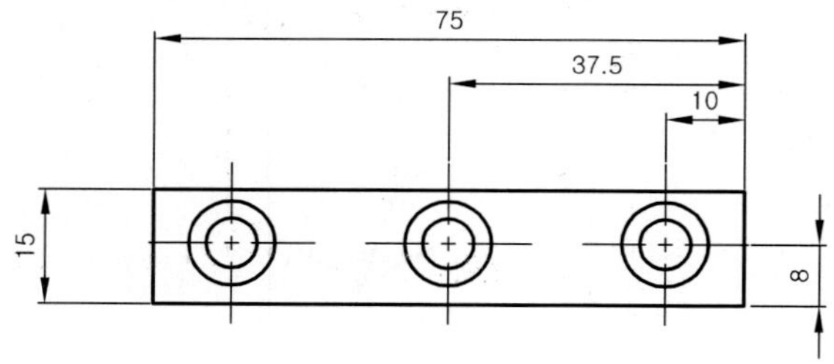

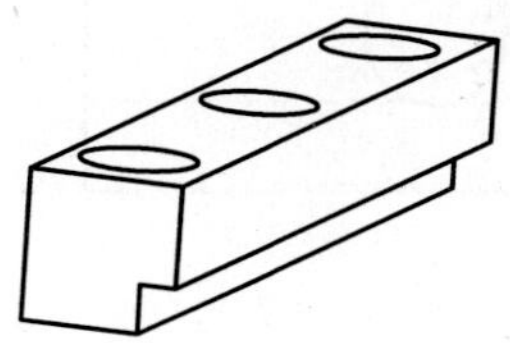

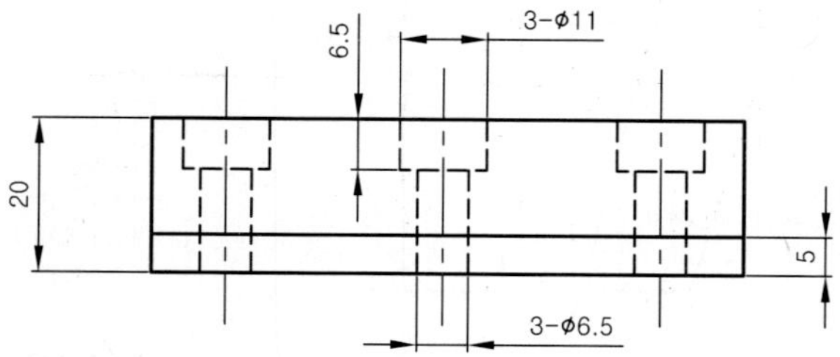

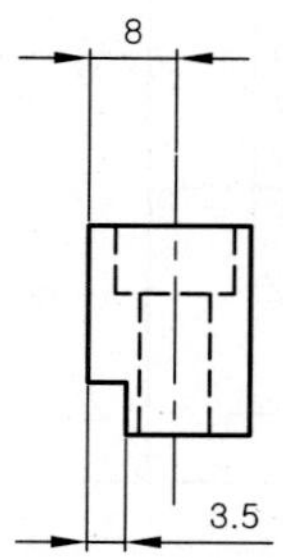

주서

1. 일반공차 - 가공부 : KS B 0412
2. 도시되고 지시없는모따기는 1x45°, 필렛 및 라운드 R3
3. 일반 모따기는 0.3~0.5x45°
4. 표면거칠기는 기호 비교표

x = 3.2, 25S , ▽▽, N9

y = 0.8, 6.3S ,▽▽▽, N7

23	가이드 레일	STC3	4	HRC58
품 번	품 명	재 질	수 량	비 고
2단금형(Pantagon-cover 커브드게이트)			척 도	1.5 : 1
			투상법	3각법

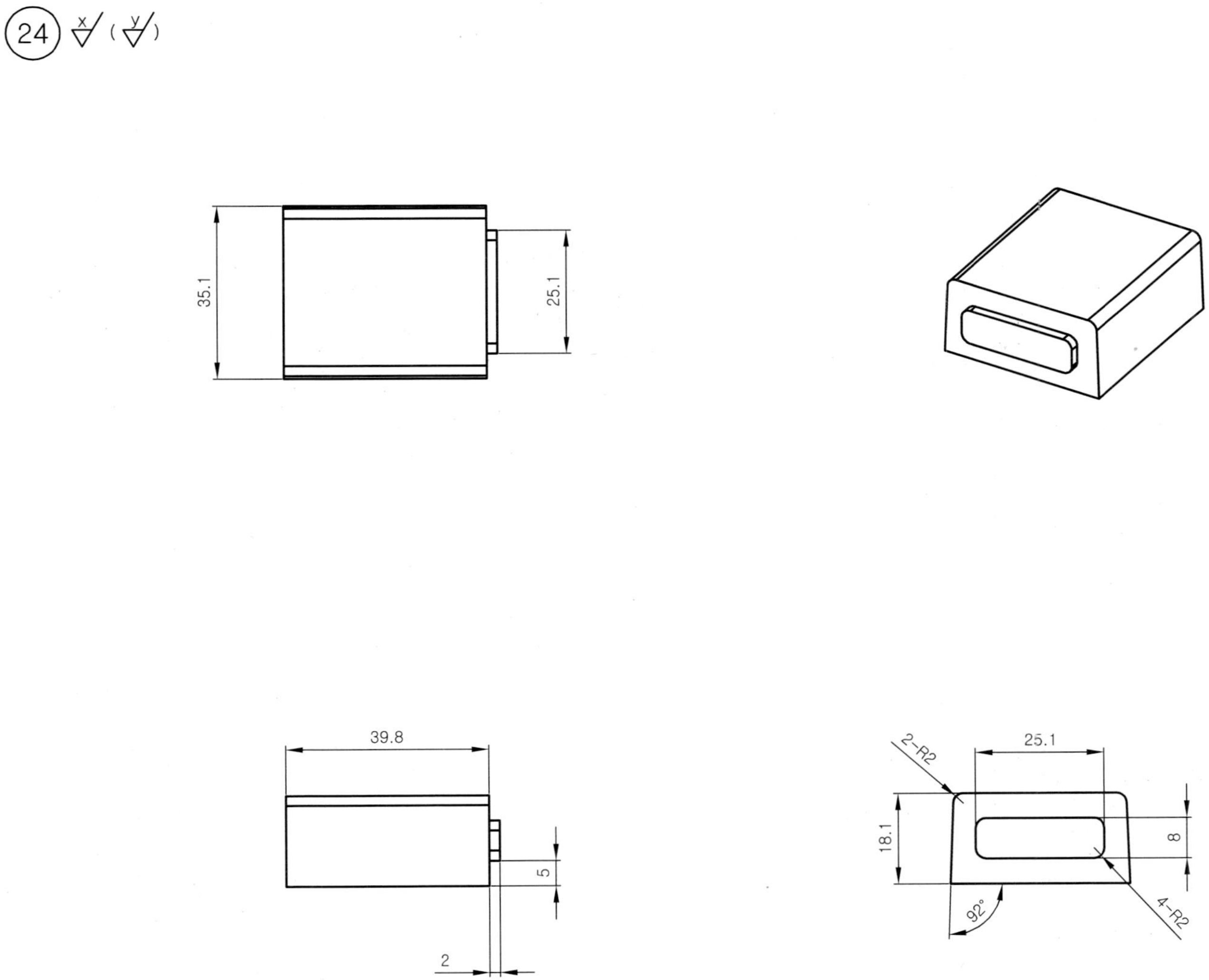

주서

1. 일반공차 - 가공부 : KS B 0412
2. 도시되고 지시없는모따기는 1x45°, 필렛 및 라운드 R3
3. 일반 모따기는 0.3~0.5x45°
4. 표면거칠기는 기호 비교표

x/ = 3.2/, 25S, ▽▽, N9

y/ = 0.8/, 6.3S, ▽▽▽, N7

24	슬라이트 코어 편	KP4M	2	HRC30
품 번	품 명	재 질	수 량	비 고
2단금형(Pantagon-cover 커브드게이트)			척 도	1.5 : 1
			투상법	3각법

(25) $\overset{x}{\nabla}$ ($\overset{y}{\nabla}$)

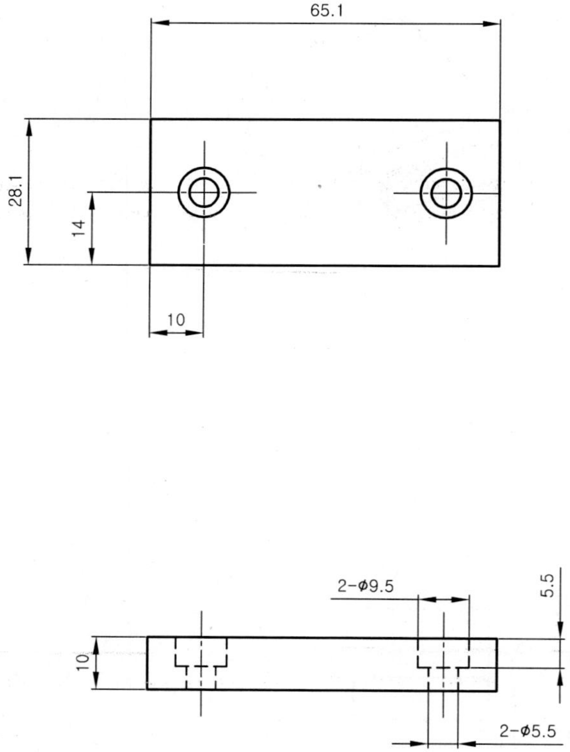

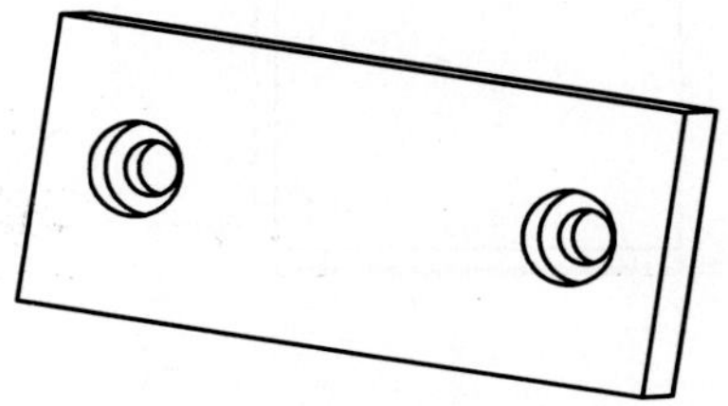

주서

1. 일반공차 - 가공부 : KS B 0412
2. 도시되고 지시없는모따기는 1x45°, 필렛 및 라운드 R3
3. 일반 모따기는 0.3~0.5x45°
4. 표면거칠기는 기호 비교표

$\overset{x}{\nabla}$ = $\overset{3.2}{\nabla}$, 25S , ▽▽, N9

$\overset{y}{\nabla}$ = $\overset{0.8}{\nabla}$, 6.3S , ▽▽▽, N7

25	연마판	STC3	2	HRC30
품 번	품 명	재 질	수 량	비 고
2단금형(Pantagon-cover 커브드게이트)			척 도	1.5 : 1
			투상법	3각법

(26) x (y)

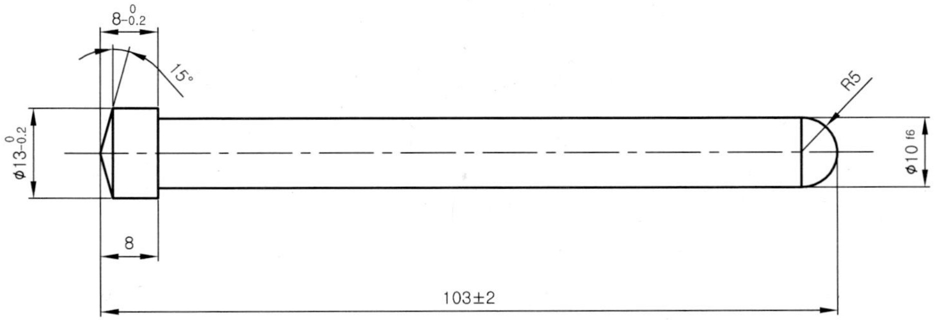

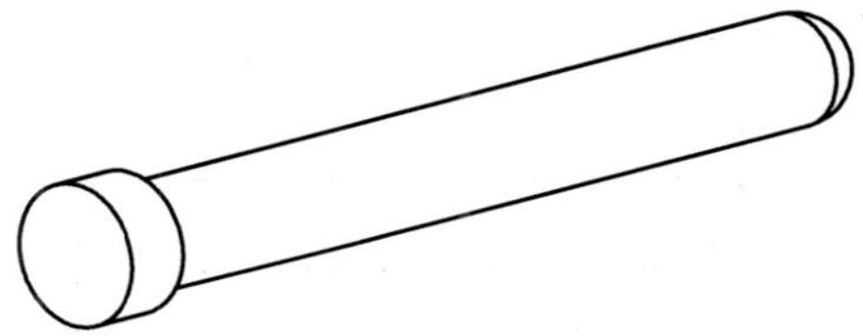

주서

1. 일반공차 - 가공부 : KS B 0412
2. 도시되고 지시없는모따기는 1x45°, 필렛 및 라운드 R3
3. 일반 모따기는 0.3~0.5x45°
4. 표면거칠기는 기호 비교표

x = 3.2, 25S , ▽▽, N9

y = 0.8, 6.3S , ▽▽▽, N7

26	경사 핀	STD11	2	HRC60
품 번	품 명	재 질	수 량	비 고
2단금형(Pantagon-cover 커브드게이트)			척 도	2 : 1
			투상법	3각법

(27) x (y)

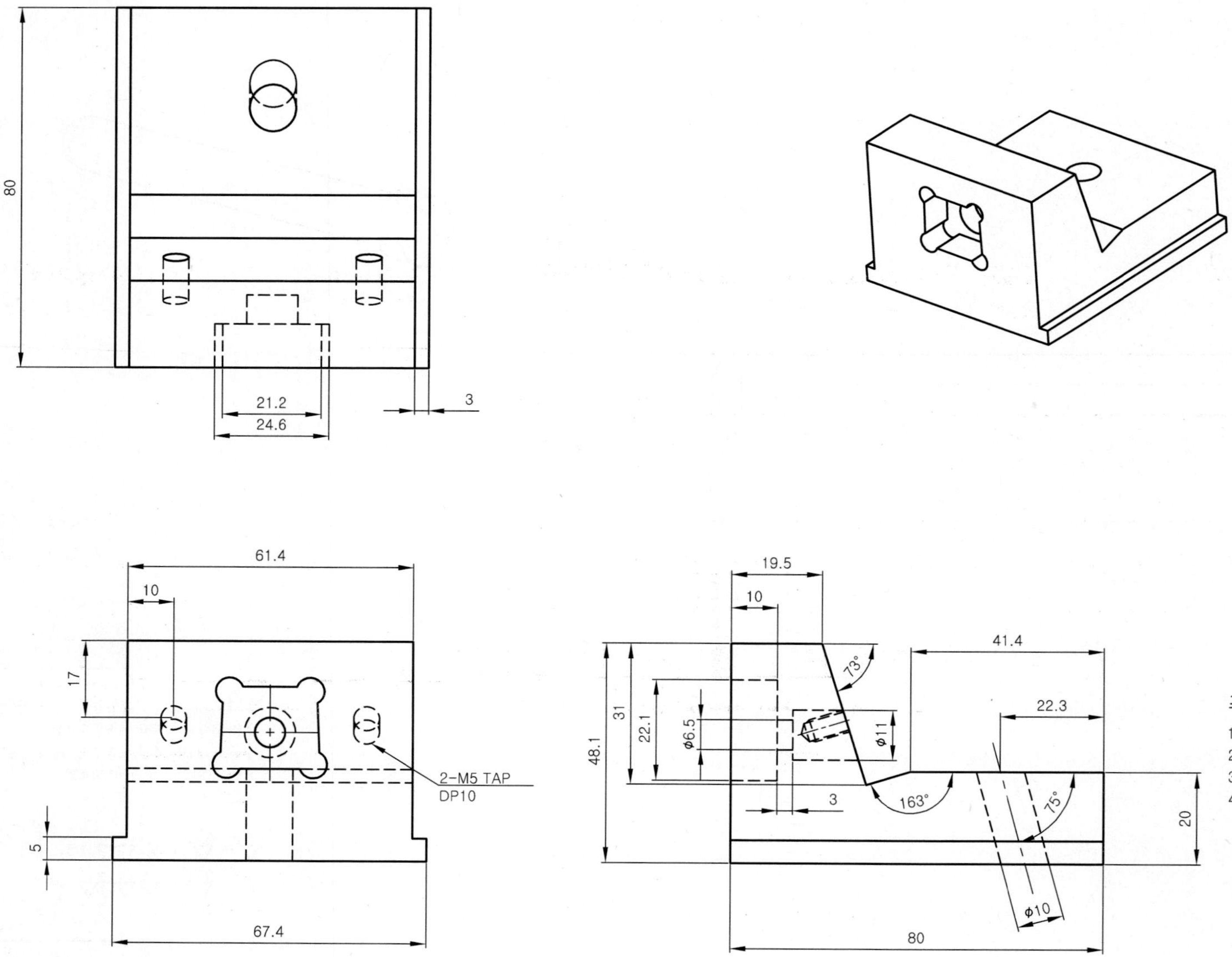

주서

1. 일반공차 - 가공부 : KS B 0412
2. 도시되고 지시없는모따기는 1x45°, 필렛 및 라운드 R3
3. 일반 모따기는 0.3~0.5x45°
4. 표면거칠기는 기호 비교표

x = 3.2, 25S, ▽▽, N9

y = 0.8, 6.3S, ▽▽▽, N7

27	슬라이드 코어	KP4M	2	HRC30
품 번	품 명	재 질	수 량	비 고
2단금형(Pantagon-cover 커브드게이트)			척 도	1.5 : 1
			투상법	3각법

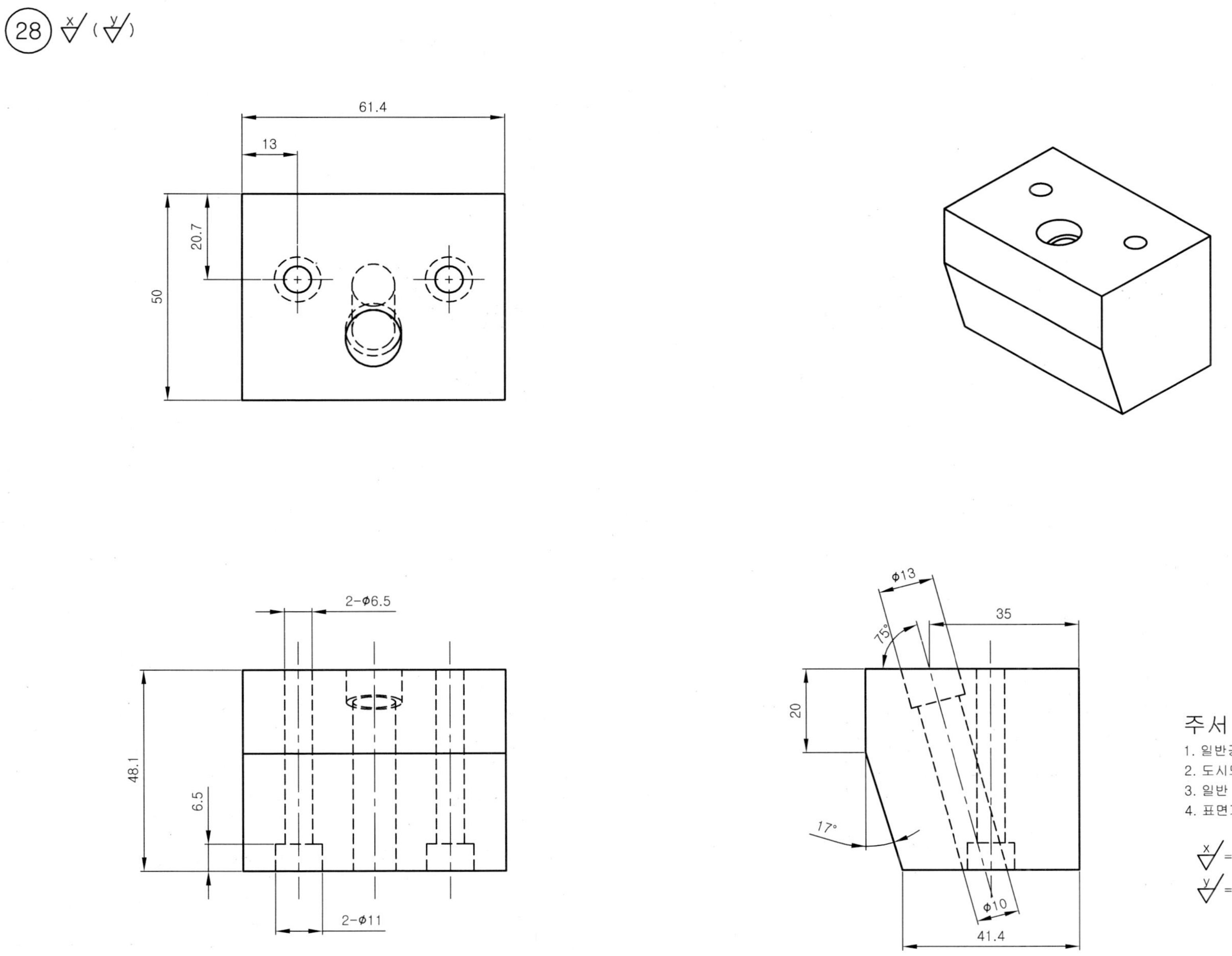

주서

1. 일반공차 – 가공부 : KS B 0412
2. 도시되고 지시없는모따기는 1x45°, 필렛 및 라운드 R3
3. 일반 모따기는 0.3~0.5x45°
4. 표면거칠기는 기호 비교표

x = 3.2, 25S, ▽▽, N9

y = 0.8, 6.3S, ▽▽▽, N7

28	로킹 블록	STC3	2	HRC53
품 번	품 명	재 질	수 량	비 고
2단금형(Pantagon-cover 커브드게이트)			척 도	1.5 : 1
			투상법	3각법

(29) x/ (y/)

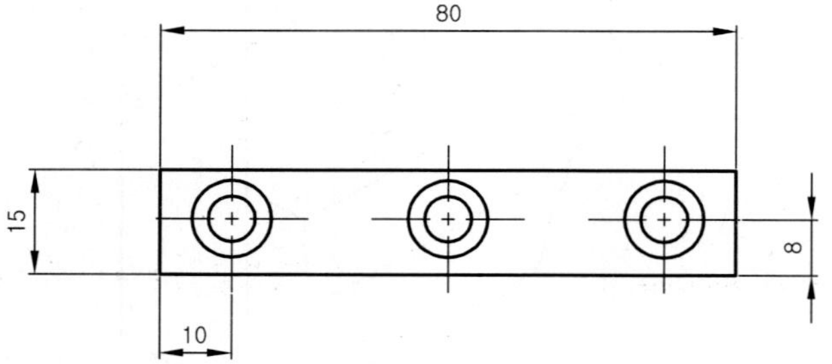

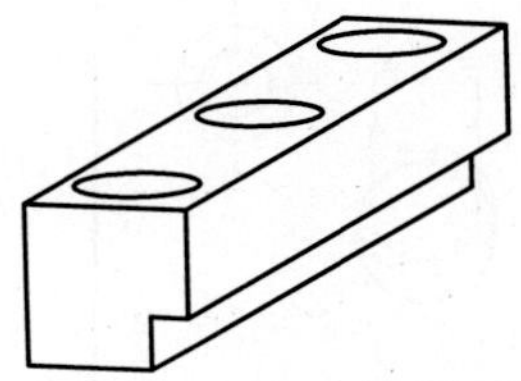

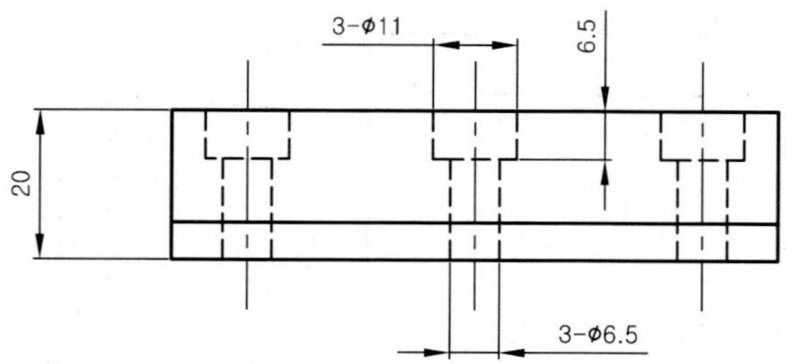

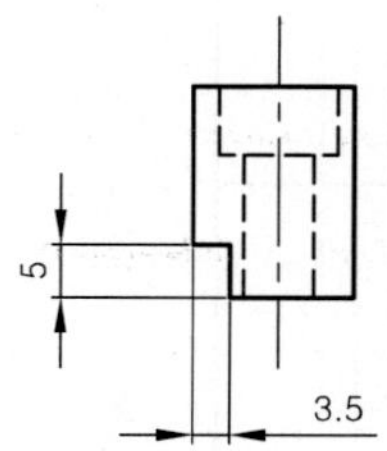

주서

1. 일반공차 - 가공부 : KS B 0412
2. 도시되고 지시없는모따기는 1x45°, 필렛 및 라운드 R3
3. 일반 모따기는 0.3~0.5x45°
4. 표면거칠기는 기호 비교표

x/ = 3.2/ , 25S , ▽▽, N9
y/ = 0.8/ , 6.3S , ▽▽▽, N7

29	가이드 레일	STC3	4	HRC58
품 번	품 명	재 질	수 량	비 고
2단금형(Pantagon-cover 커브드게이트)			척 도	1 : 1
			투상법	3각법

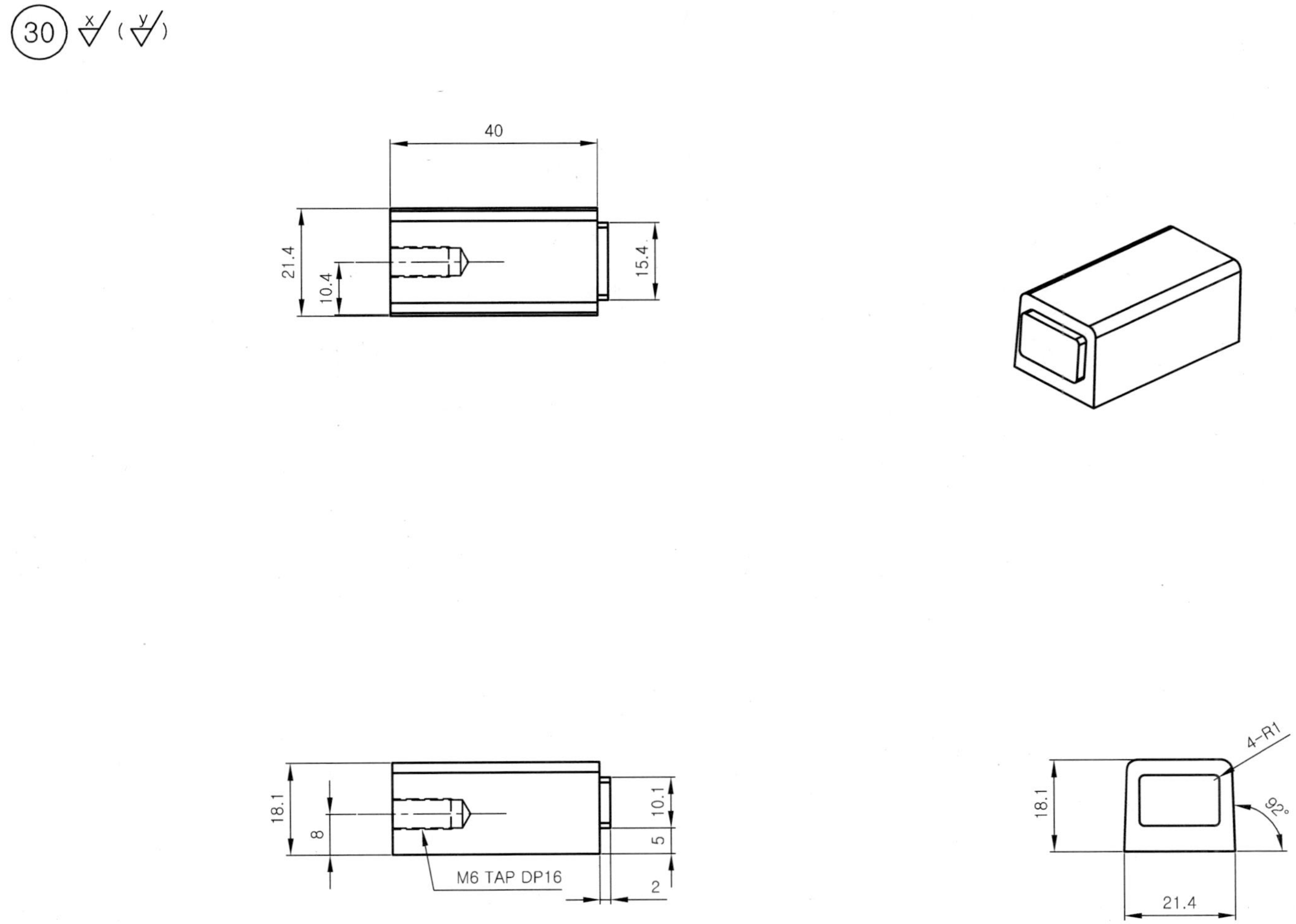

주서

1. 일반공차 - 가공부 : KS B 0412
2. 도시되고 지시없는모따기는 1x45°, 필렛 및 라운드 R3
3. 일반 모따기는 0.3~0.5x45°
4. 표면거칠기는 기호 비교표

x = 3.2, 25S, ▽▽, N9

y = 0.8, 6.3S, ▽▽▽, N7

30	슬라이트 코어 편	KP4M	2	HRC30
품 번	품 명	재 질	수 량	비 고
2단금형(Pantagon-cover 커브드게이트)			척 도	1.5 : 1
			투상법	3각법

31 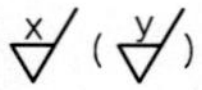

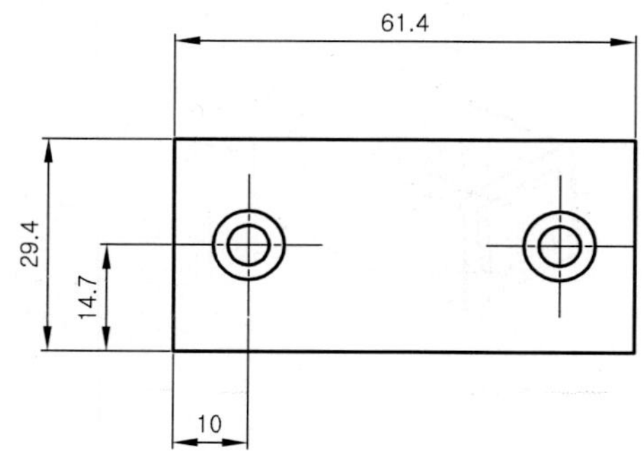

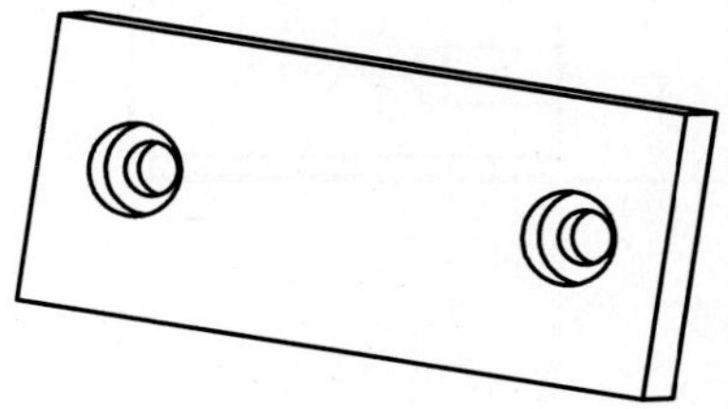

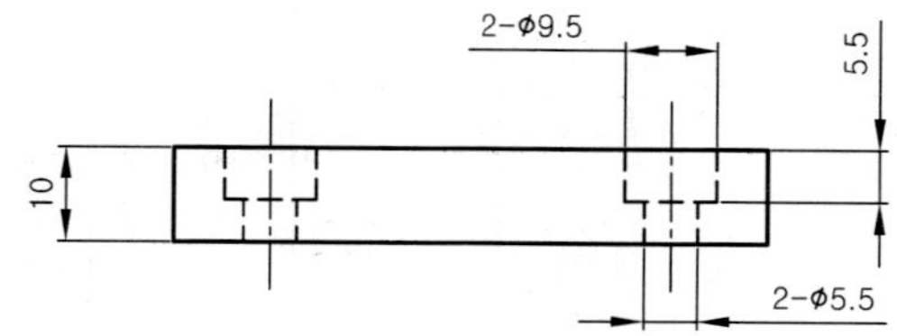

주서

1. 일반공차 - 가공부 : KS B 0412
2. 도시되고 지시없는모따기는 1x45°, 필렛 및 라운드 R3
3. 일반 모따기는 0.3~0.5x45°
4. 표면거칠기는 기호 비교표

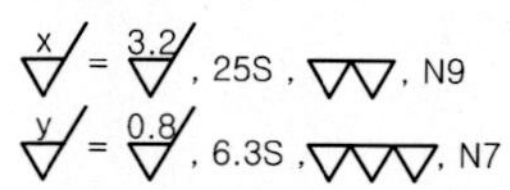

31	연마판	STC3	2	HRC30
품 번	품 명	재 질	수 량	비 고
2단금형(Pantagon-cover 커브드게이트)			척 도	1.5 : 1
			투상법	3각법

32 x (y)

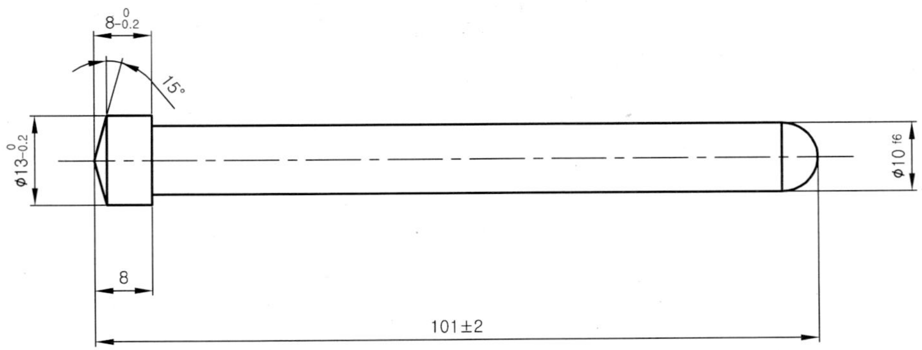

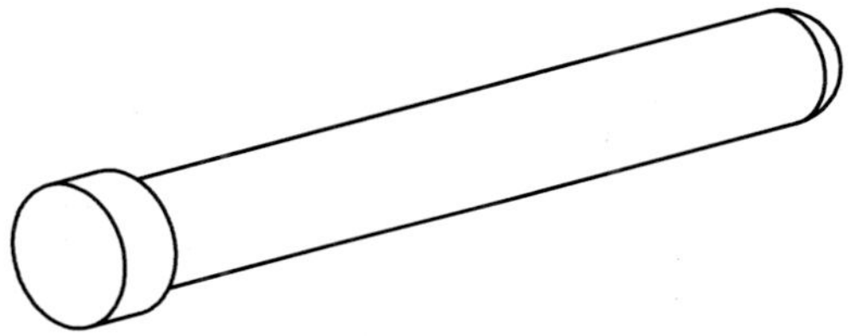

주서

1. 일반공차 - 가공부 : KS B 0412
2. 도시되고 지시없는모따기는 1x45°, 필렛 및 라운드 R3
3. 일반 모따기는 0.3~0.5x45°
4. 표면거칠기는 기호 비교표

x = 3.2, 25S, ▽▽, N9

y = 0.8, 6.3S, ▽▽▽, N7

32	경사 핀	STD11	2	HRC60
품 번	품 명	재 질	수 량	비 고
2단금형(Pantagon-cover 커브드게이트)			척 도	2 : 1
			투상법	3각법

(33) x (y)

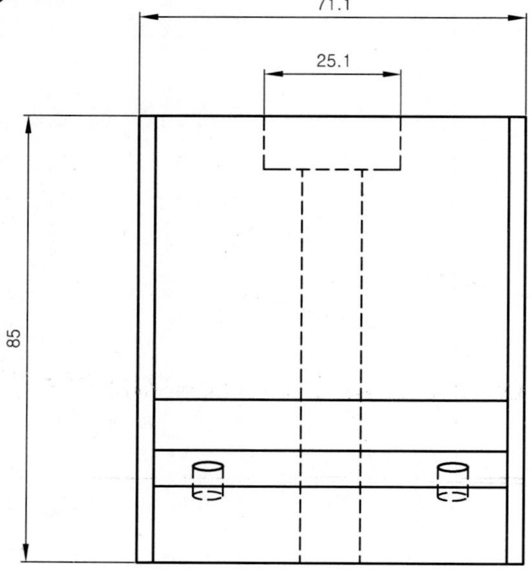

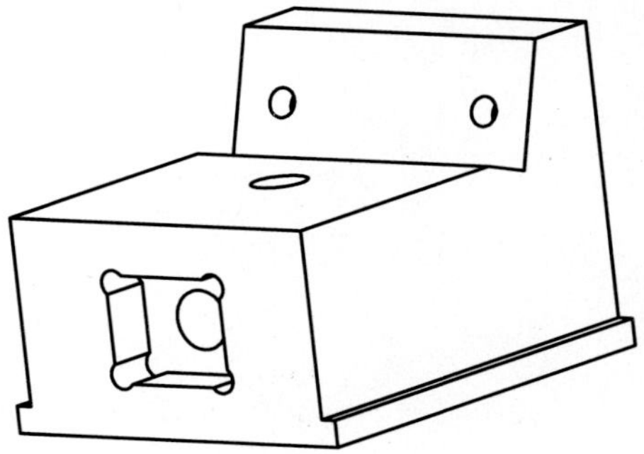

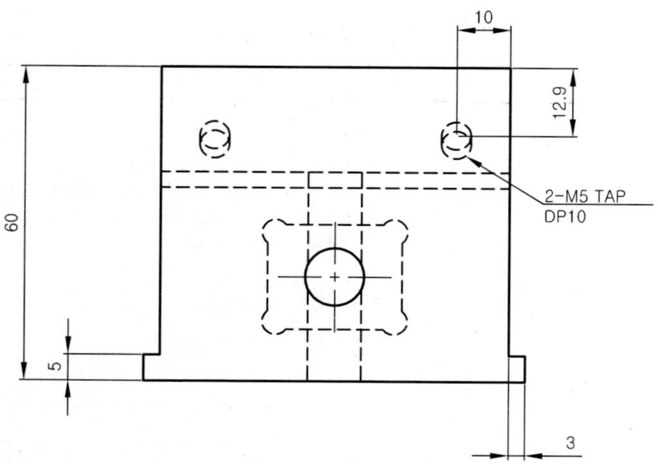

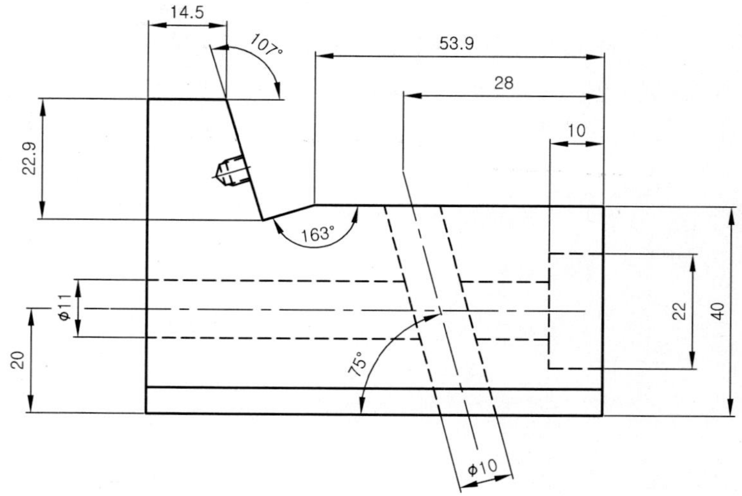

주서

1. 일반공차 - 가공부 : KS B 0412
2. 도시되고 지시없는모따기는 1x45°, 필렛 및 라운드 R3
3. 일반 모따기는 0.3~0.5x45°
4. 표면거칠기는 기호 비교표

x = 3.2, 25S , ▽▽, N9

y = 0.8, 6.3S , ▽▽▽, N7

33	슬라이드 코어	KP4M	2	HRC30
품 번	품 명	재 질	수 량	비 고
2단금형(Pantagon-cover 커브드게이트)			척 도	1.5 : 1
			투상법	3각법

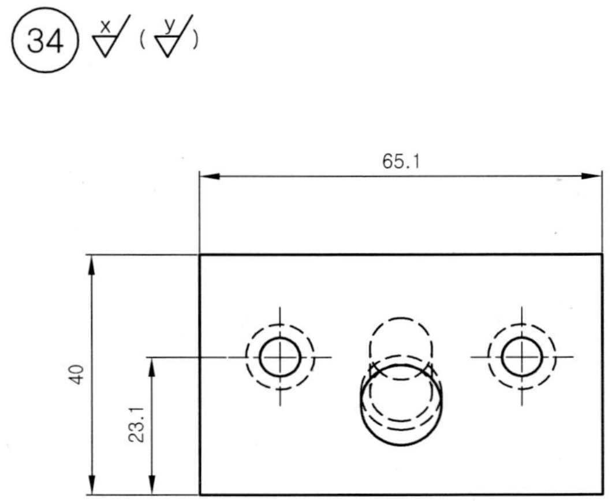

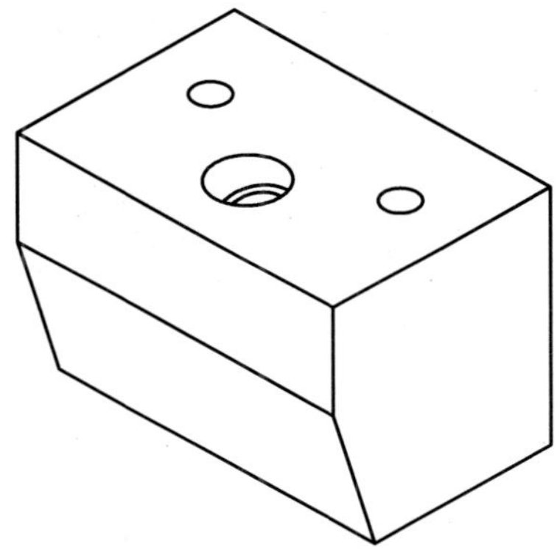

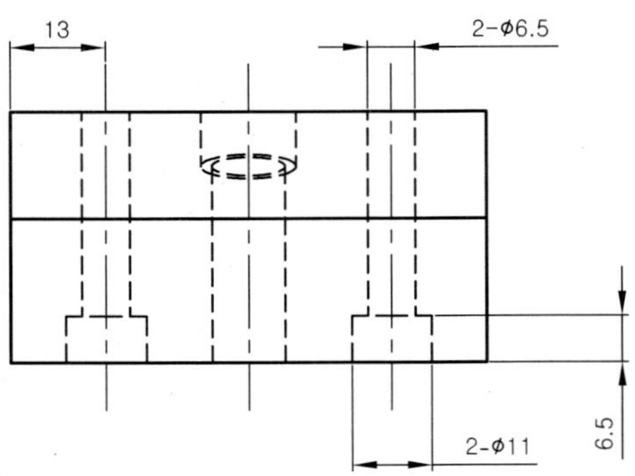

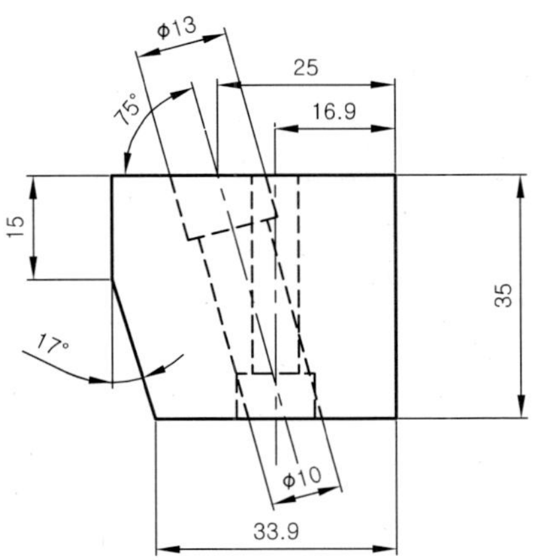

주서

1. 일반공차 - 가공부 : KS B 0412
2. 도시되고 지시없는모따기는 1x45°, 필렛 및 라운드 R3
3. 일반 모따기는 0.3~0.5x45°
4. 표면거칠기는 기호 비교표

x/ = 3.2/, 25S , ▽▽, N9

y/ = 0.8/, 6.3S , ▽▽▽, N7

34	로킹 블록	STC3	2	HRC53
품 번	품 명	재 질	수 량	비 고
2단금형(Pantagon-cover 커브드게이트)			척 도	1.5 : 1
			투상법	3각법

35

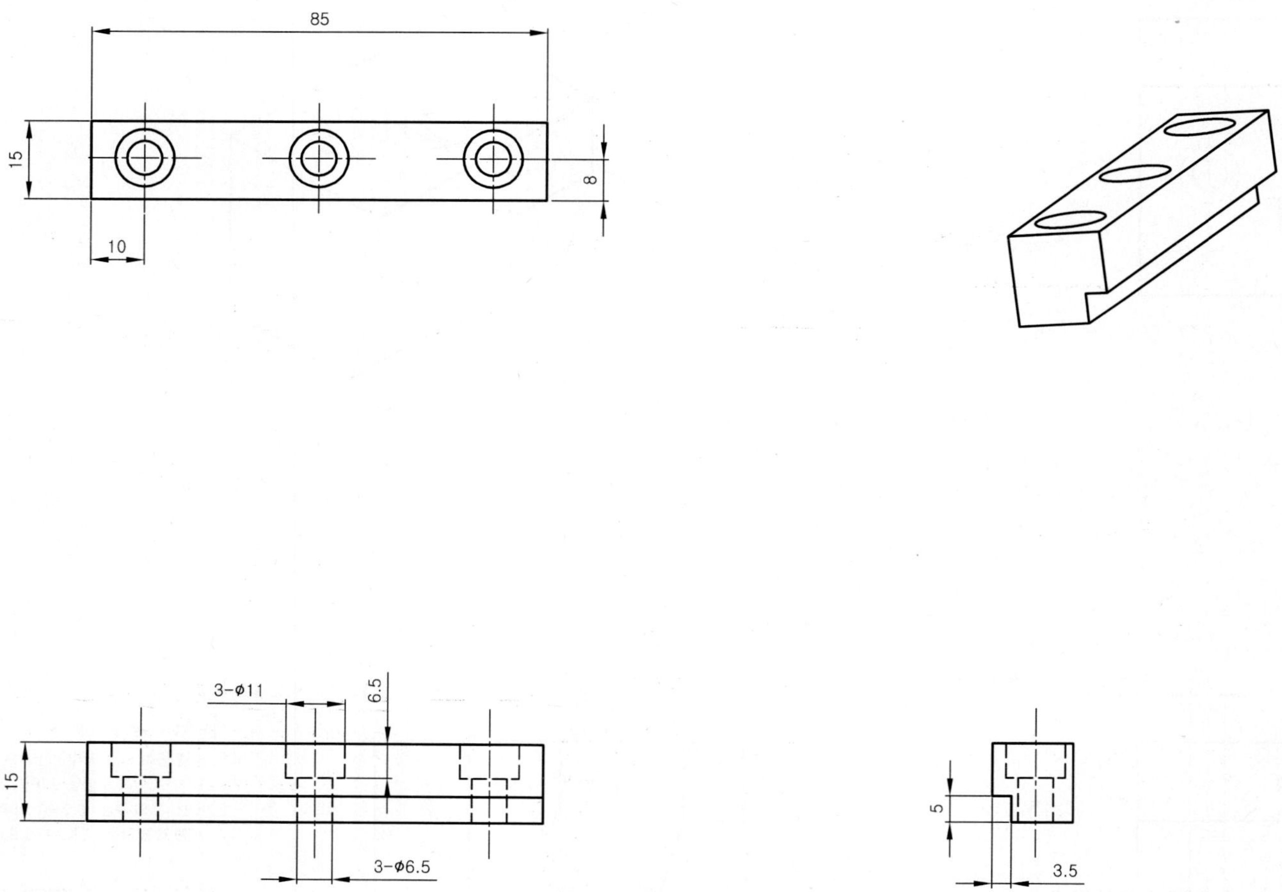

주서

1. 일반공차 - 가공부 : KS B 0412
2. 도시되고 지시없는모따기는 1x45°, 필렛 및 라운드 R3
3. 일반 모따기는 0.3~0.5x45°
4. 표면거칠기는 기호 비교표

x = 3.2, 25S, ▽▽, N9
y = 0.8, 6.3S, ▽▽▽, N7

35	가이드 레일	STC3	4	HRC58
품 번	품 명	재 질	수 량	비 고
2단금형(Pantagon-cover 커브드게이트)			척 도	1.5 : 1
			투상법	3각법

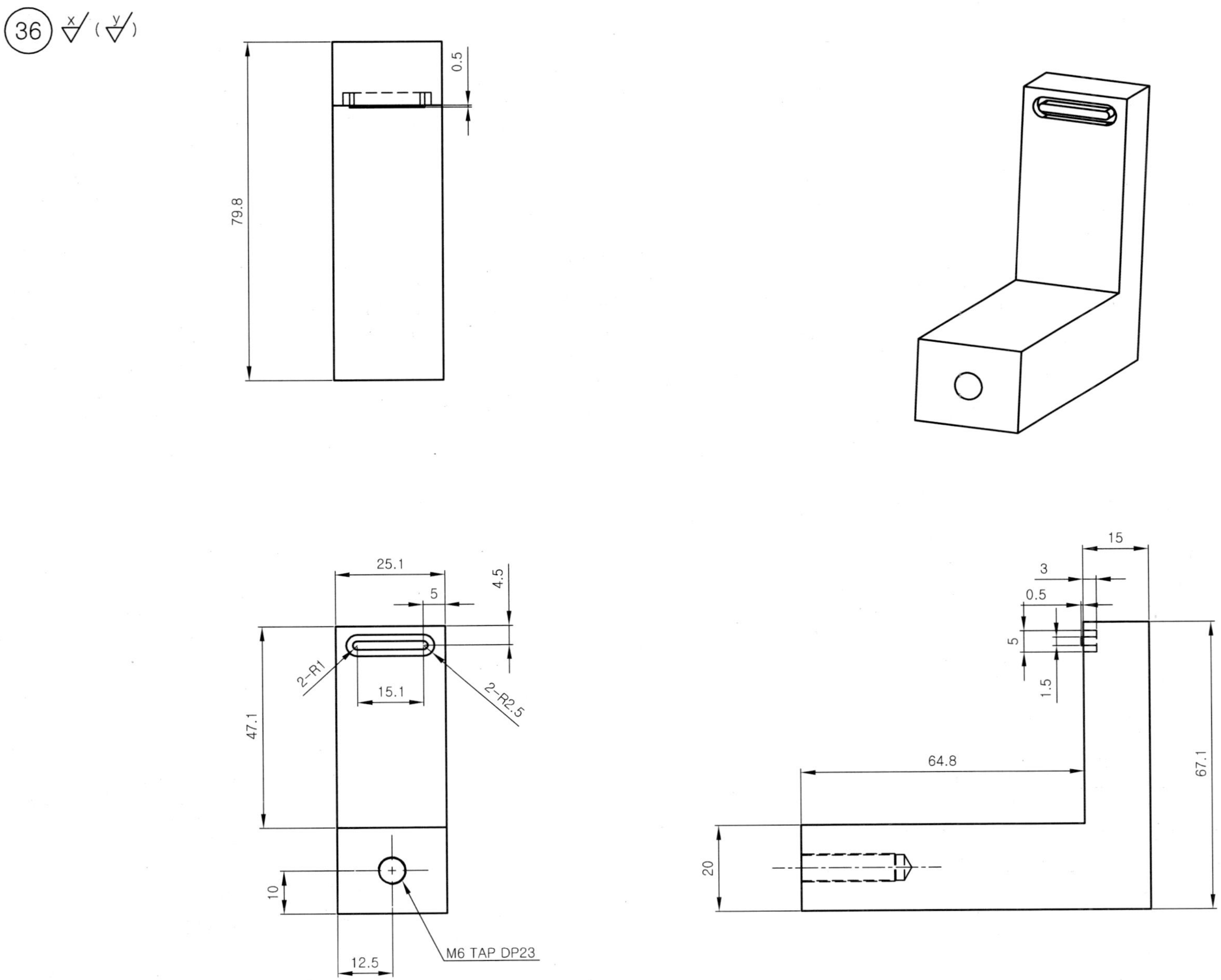

주서

1. 일반공차 - 가공부 : KS B 0412
2. 도시되고 지시없는모따기는 1x45°, 필렛 및 라운드 R3
3. 일반 모따기는 0.3~0.5x45°
4. 표면거칠기는 기호 비교표

x = 3.2, 25S , N9

y = 0.8, 6.3S , N7

36	슬라이드 코어 편	KP4M	2	HRC30
품 번	품 명	재 질	수 량	비 고
2단금형(Pantagon-cover 커브드게이트)			척 도	1.5 : 1
			투상법	3각법

(37) x/ (y/)

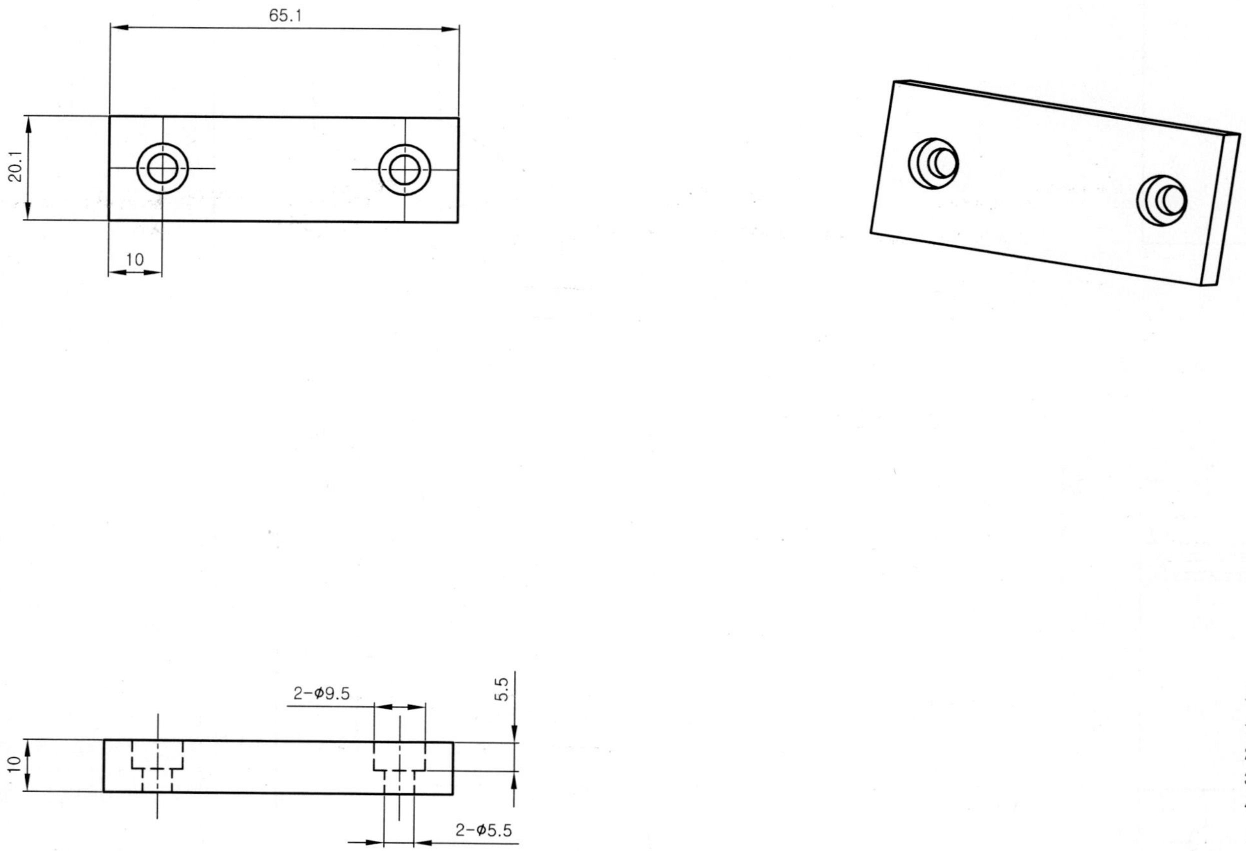

주서

1. 일반공차 - 가공부 : KS B 0412
2. 도시되고 지시없는모따기는 1x45°, 필렛 및 라운드 R3
3. 일반 모따기는 0.3~0.5x45°
4. 표면거칠기는 기호 비교표

x/ = 3.2/, 25S , ▽▽, N9
y/ = 0.8/, 6.3S , ▽▽▽, N7

37	연마판	STC3	2	HRC30
품 번	품 명	재 질	수 량	비 고
2단금형(Pantagon-cover 커브드게이트)			척 도	1.5 : 1
			투상법	3각법

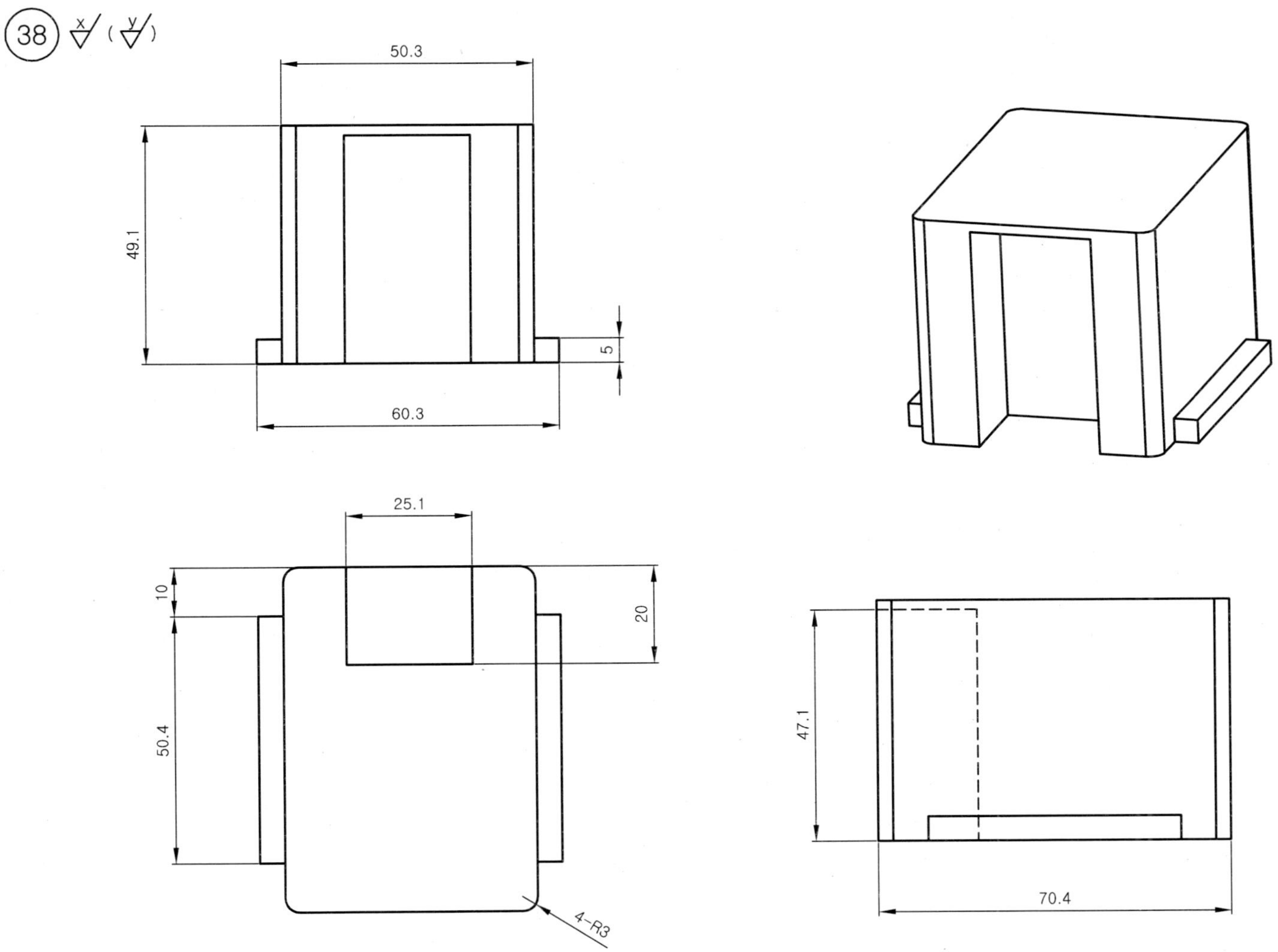

주서

1. 일반공차 - 가공부 : KS B 0412
2. 도시되고 지시없는모따기는 1x45°, 필렛 및 라운드 R3
3. 일반 모따기는 0.3~0.5x45°
4. 표면거칠기는 기호 비교표

x/ = 3.2/ , 25S , ▽▽, N9

y/ = 0.8/ , 6.3S , ▽▽▽, N7

38	슬라이드 코어핀	STC3	2	HRC30
품 번	품 명	재 질	수 량	비 고
2단금형(Pantagon-cover 커브드게이트)			척 도	1.5 : 1
			투상법	3각법

4.3 2단 특수금형(커넥터 터널게이트)

▮ 요구사항

1) 2D제품도 & 3차원 solid model를 이용한 설계
2) 적용 수지 : ABS, 수축률 5/1000, 빼기구배는 고려하지 않아도 됨.
3) 사출성형기 사양 : 고정측 중앙부 구멍 직경 ∅100mm, 사출노즐의 선단직경 ∅19mm, 사출기 노즐직경은 3mm.
4) 금형 종류 : 2단 특수금형(2 cavity)
5) 유동주입기구 : gate 위치는 설계자가 결정하며 종류는 tunnel gate임.
6) 취출시스템 6-1) ejector pin을 사용할 것.
   6-2) under cut 처리 : 상측 슬라이드는 cam(또는 lifter)구조, 하측 슬라이드는 angular pin 구조를 적용할 것, 경사슬라이드(변형밀핀)를 사용하지 말 것.
7) 형상부 7-1) cavity : 파팅라인이 없도록 지정된 부위(지시된 도면 참조)를 금형 설계시 필히 지킬 것.
   7-2) core : core 블록을 사용하여 설계할 것.
8) 냉각시스템 : 고정측, 가동측 냉각은 별도로 설계할 것(슬라이드 냉각이 필요하면 적용할 것).
9) Moldbase 9-1) 설계방안에 맞는 2단 moldbase를 설계자가 선택하여 결정할 것.
   9-2) bolt, O-ring, eye-bolt-tap, tap 등은 설계하지 않아도 됨.
   9-3) 설계하고자 하는 금형의 구조 및 작동성에 맞추어서 guide pin, bush, pin류 등은 설계자가 선정하여 설계할 것.

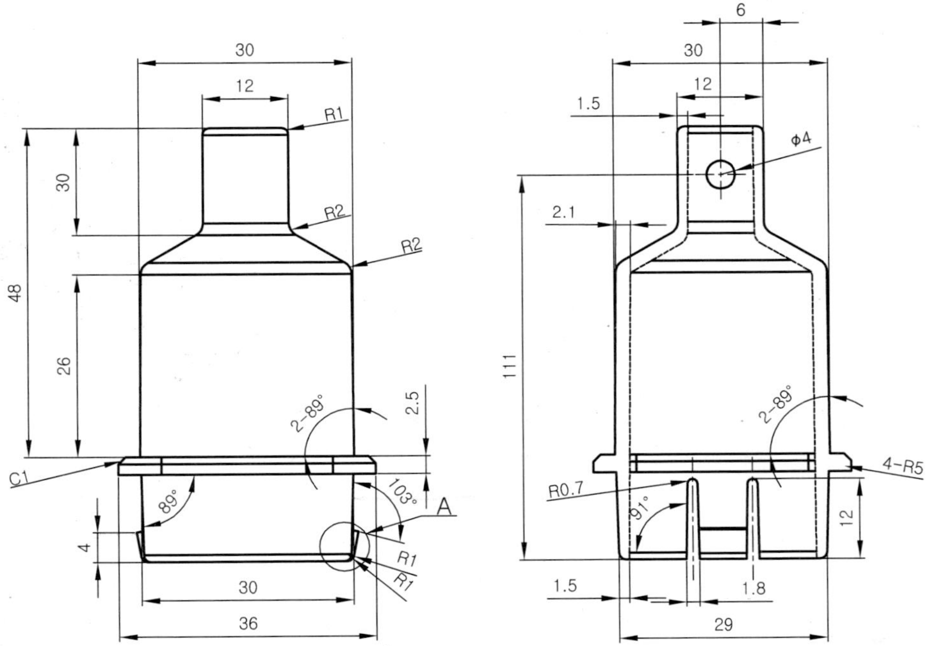

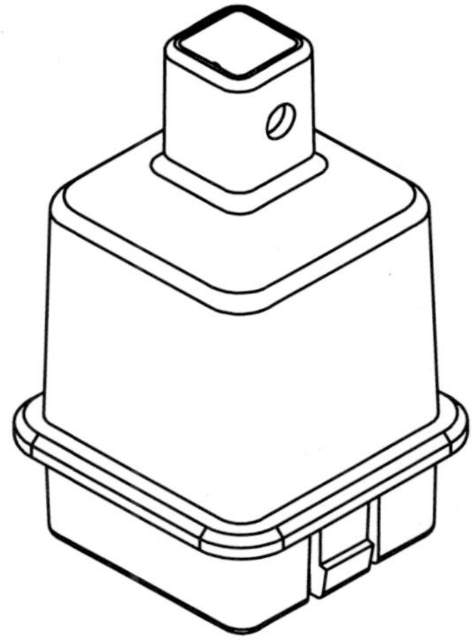

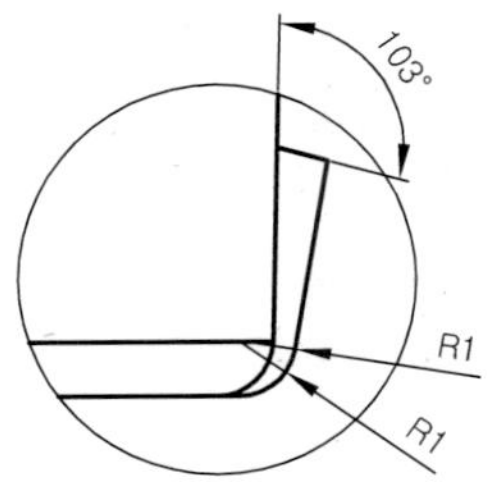

Detail A
Scale 4:1

주서

1. 일반공차 - 가공부 : KS B 0412
2. 도시되고 지시없는모따기는 1x45°, 필렛 및 라운드 R3
3. 일반 모따기는 0.3~0.5x45°
4. 수축률 : 0.005mm
5. 게이트 : tunnel gate
6. 2단 특수금형(2 Cavity)
7. 언더컷 처리 : 상측 슬라이드 cam,
   하측 슬라이드 angular pin
   경사 슬라이드(변형밀핀)를 사용하지 말 것
8. 표면거칠기는 기호 비교표

x▽ = 3.2▽, 25S , ▽▽, N9

y▽ = 0.8▽, 6.3S , ▽▽▽, N7

0	Product	ABS	2	
품 번	품 명	재 질	수 량	비 고
작품명	콘넥타		척 도	2 : 1
			투상법	3각법

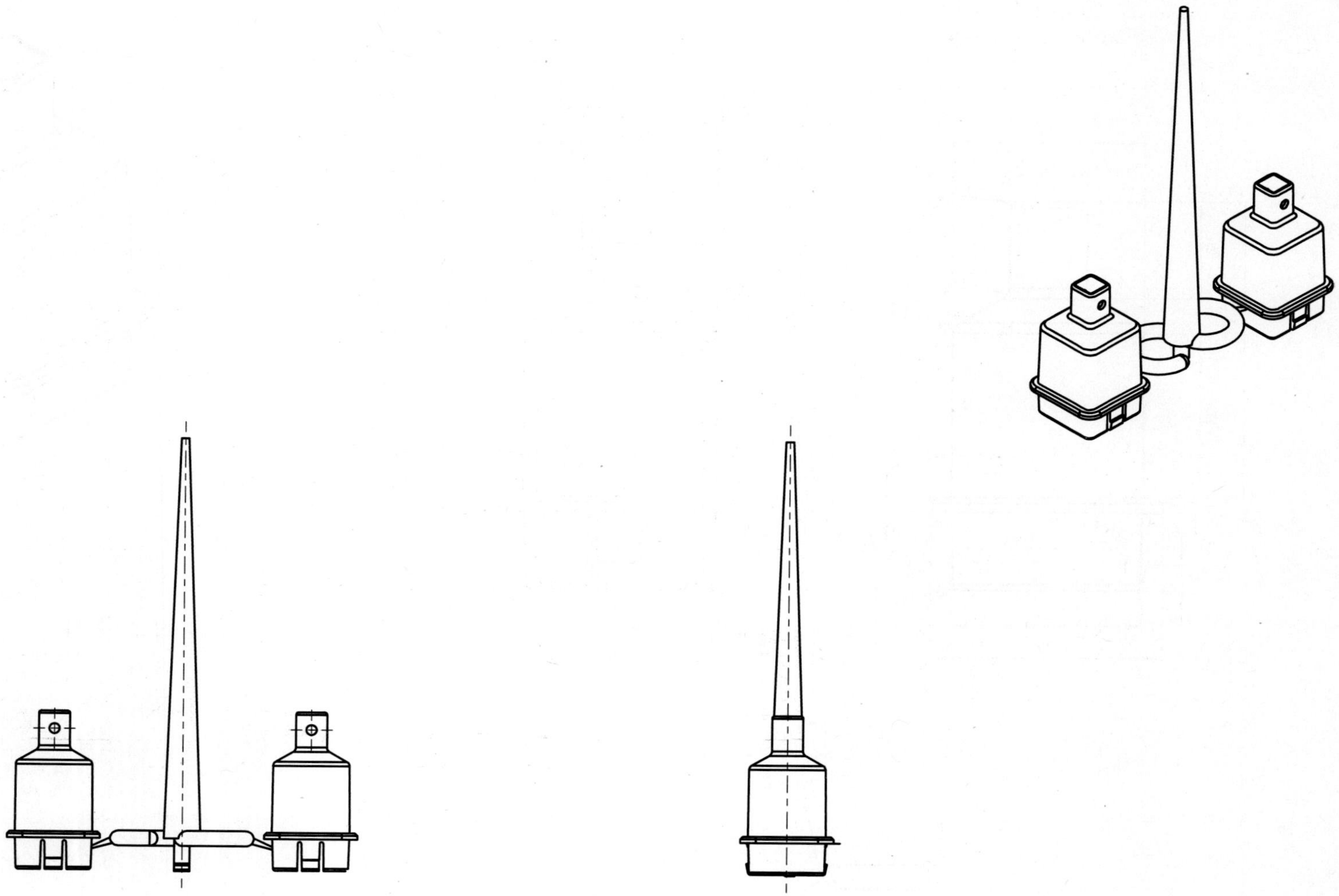

0	유동기구	ABS	1	
품 번	품 명	재 질	수 량	비 고
작품명	콘넥타		척 도	2 : 1
			투상법	3각법

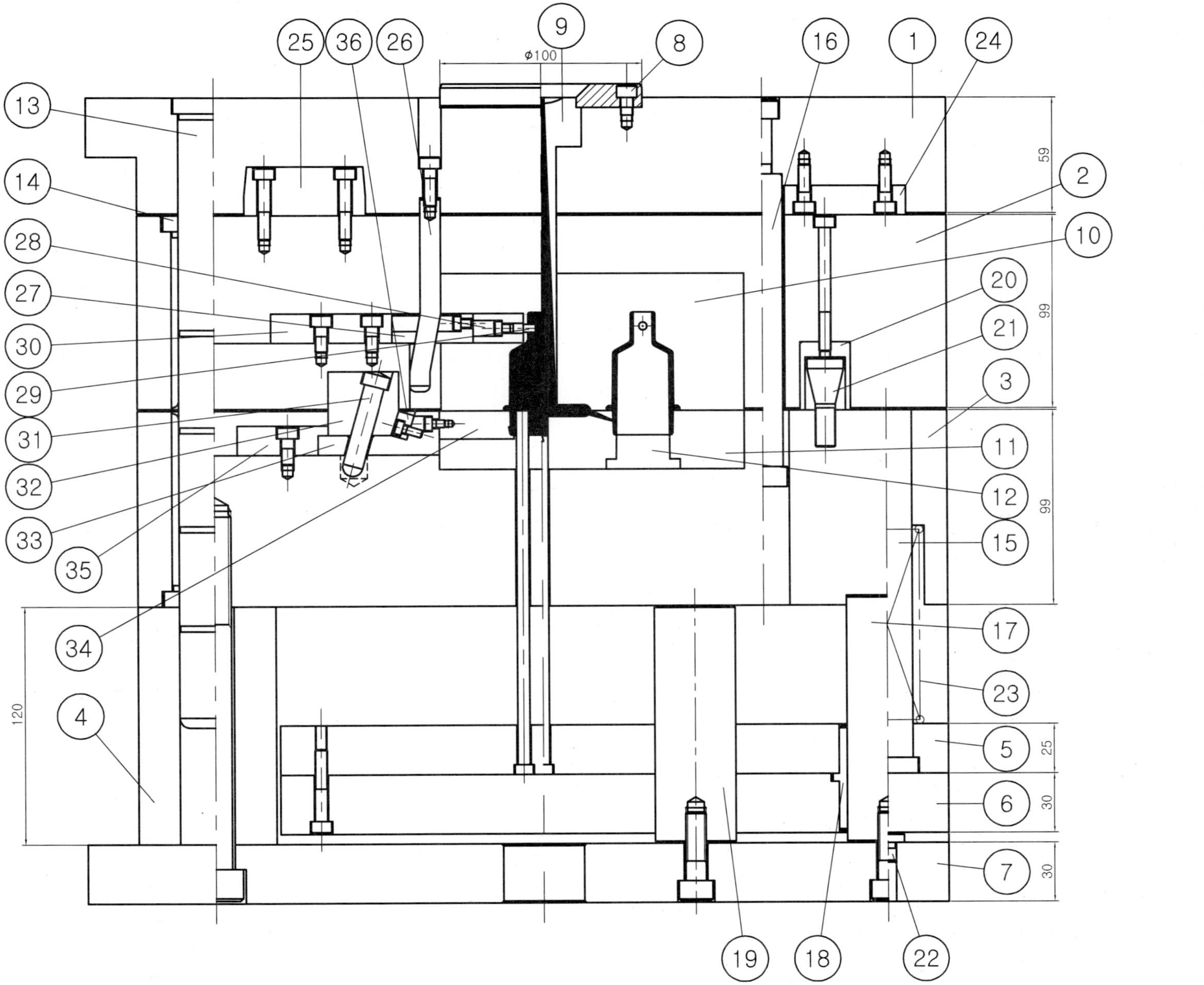

품번	품 명	재질	수량	규격	비고
39	볼플런저	규격품	4	M4	
38	스프루 록 핀	STD61	1	φ6x164	HRC50
37	이젝트 핀	STC3	8	φ6x184	
36	연마판	STC3	4	20x13x8	HRC50
35	가이드 레일	STS3	8	15x100x15	HRC30
34	슬라이드 코어 편	KP4M	4	10x12.5x40	HRC58
33	슬라이드 코어	STD11	4	20x60x22.5	HRC60
32	로킹블록	STD11	4	35x20x32.5	HRC60
31	앵귤러 핀	STD11	4	φ10x50	HRC60
30	가이드 레일	SKS3	8	15X100X15	HRC53
29	슬라이드 코어 핀	KP4M	4	φ4x9.5	HRC58
28	슬라이드 코어 편	KP4	4	25x25x15	HRC60
27	슬라이드 코어	STD11	4	40x35x15	HRC60
26	도그래그 캠	STD11	4	15x10x99	HRC60
25	인로우	STC3	6	60x20x25	HRC58
24	파팅 플레이트	STC3	12	60x30x15	HRC58
23	스프링	STC2	4	TR31x100	
22	스톱 핀	STC3	4	φ16x15	
21	파팅 록	SCM435	4	φ20x25	
20	파팅록 부시	SM45C	4	φ20x35	
19	서포터 필러	STC3	6	φ40x120	
18	이젝트 가이드 부시	STC3	2	φ40x55	HRC58
17	이젝트 가이드 핀	STC3	2	φ40x130	HRC58
16	풀러 볼트	STC3	4	φ20x160	HRC58
15	리턴 핀	STC3	4	φ25x186	HRC58
14	가이드 부시	STC3	4	φ35x98	HRC50
13	서포터 핀	STC3	4	φ35x320	HRC58
12	코어 핀	KP4M	2	13x13x40	HRC30
11	코어	KP4M	1	100x200x30	HRC30
10	캐비티	KP4M	1	100x200x70	HRC30
9	스프루 부시	SM45C	1	φ40x160	
8	로케이트 링	SM45C	1	φ100x15	
7	가동측 설치판	SM45C	1	450x400x30	
6	이젝터 플레이트(하)	SM45C	1	260x400x30	
5	이젝터 플레이트(상)	SM45C	1	260x400x25	
4	스페이서 블록	SM45C	2	68x400x120	
3	가동측 형판	SM45C	1	400x400x100	
2	고정측 형판	SM45C	1	400x400x99	
1	고정측 설치판	SM45C	1	450x400x59	

2단특수금형(콘넥타 터널게이트)	척 도	N S
	각 법	3각법

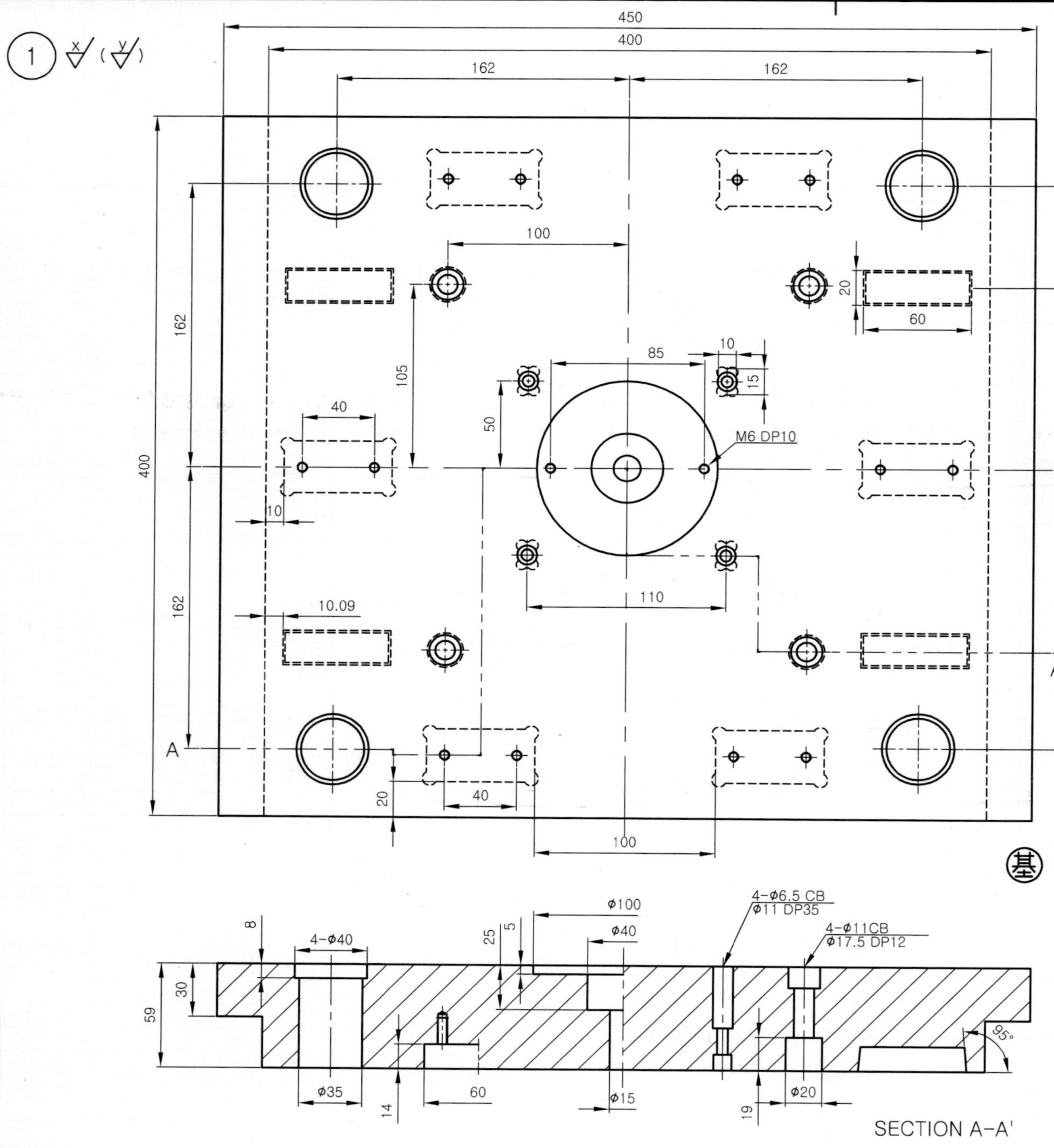

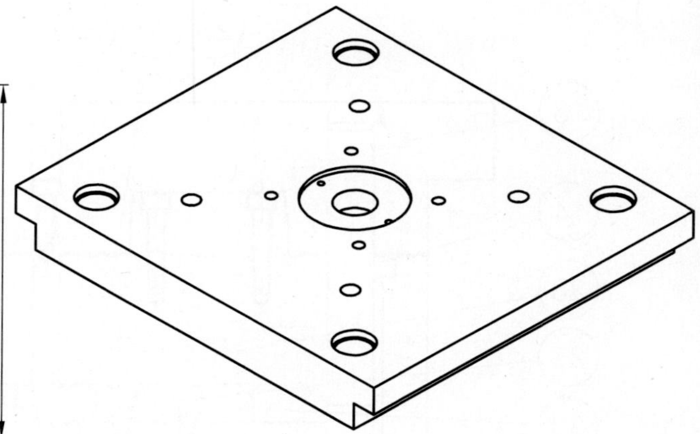

주서

1. 일반공차 - 가공부 : KS B 0412
2. 도시되고 지시없는모따기는 1x45°, 필렛 및 라운드 R3
3. 일반 모따기는 0.3~0.5x45°
4. 표면거칠기는 기호 비교표

x/ = 3.2/, 25S, ▽▽, N9

y/ = 0.8/, 6.3S, ▽▽▽, N7

1	고정측 설치판	SM45C	1	
품 번	품 명	재 질	수 량	비 고
2단특수금형(콘넥타 터널게이트)			척 도	1 : 0.6
			투상법	3각법

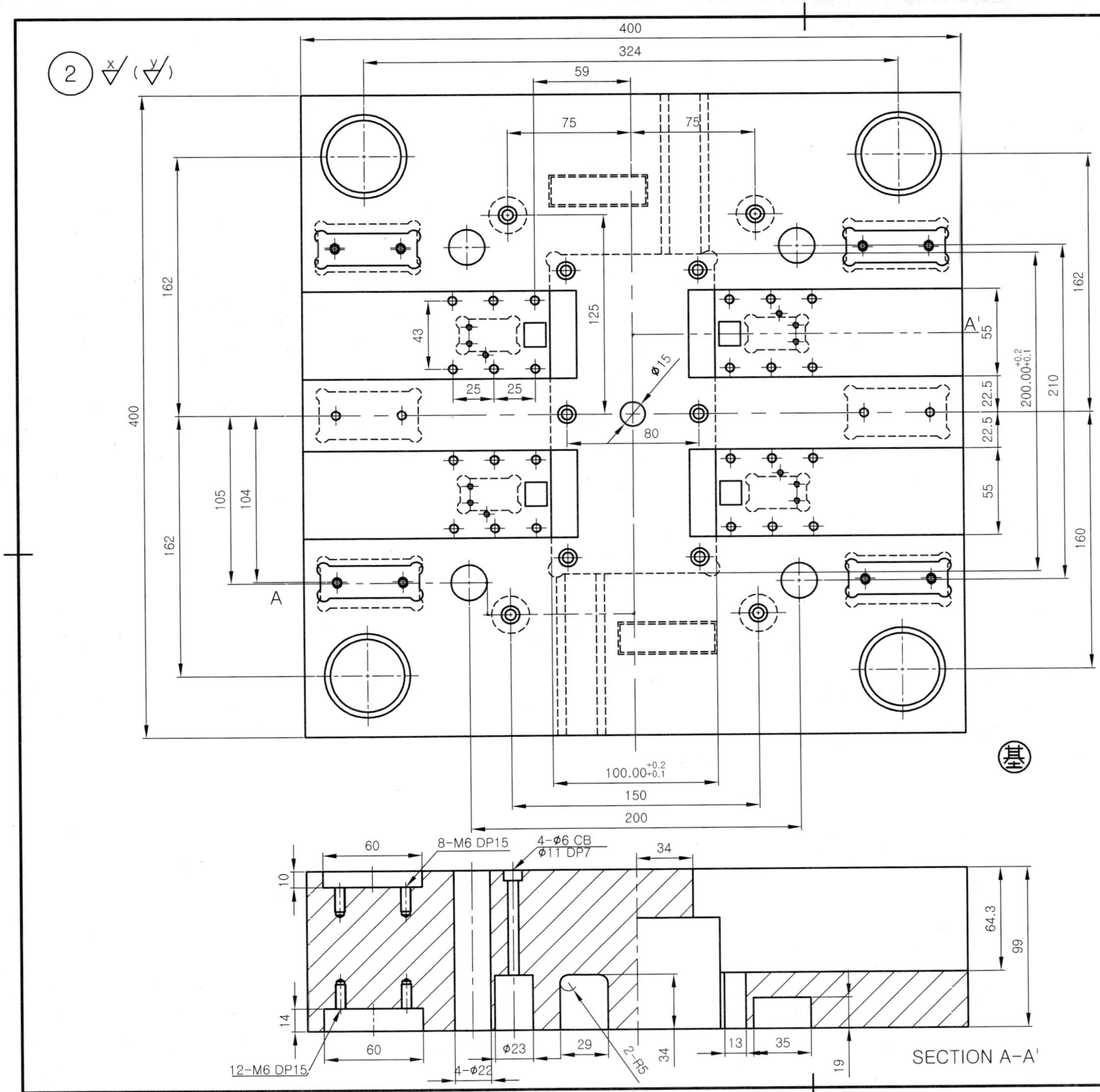

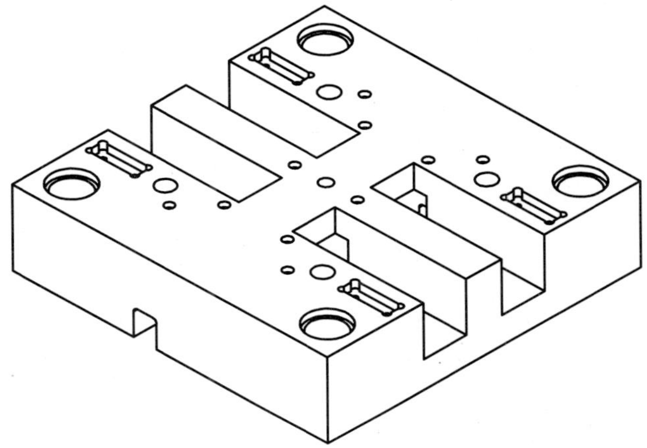

주서

1. 일반공차 - 가공부 : KS B 0412
2. 도시되고 지시없는모따기는 1x45°, 필렛 및 라운드 R3
3. 일반 모따기는 0.3~0.5x45°
4. 표면거칠기는 기호 비교표

x/ = 3.2/, 25S, ▽▽, N9

y/ = 0.8/, 6.3S, ▽▽▽, N7

2	고정측 형판	SM45C	1	
품 번	품 명	재 질	수 량	비 고
2단특수금형(콘넥타 터널게이트)			척 도	1 : 0.6
			투상법	3각법

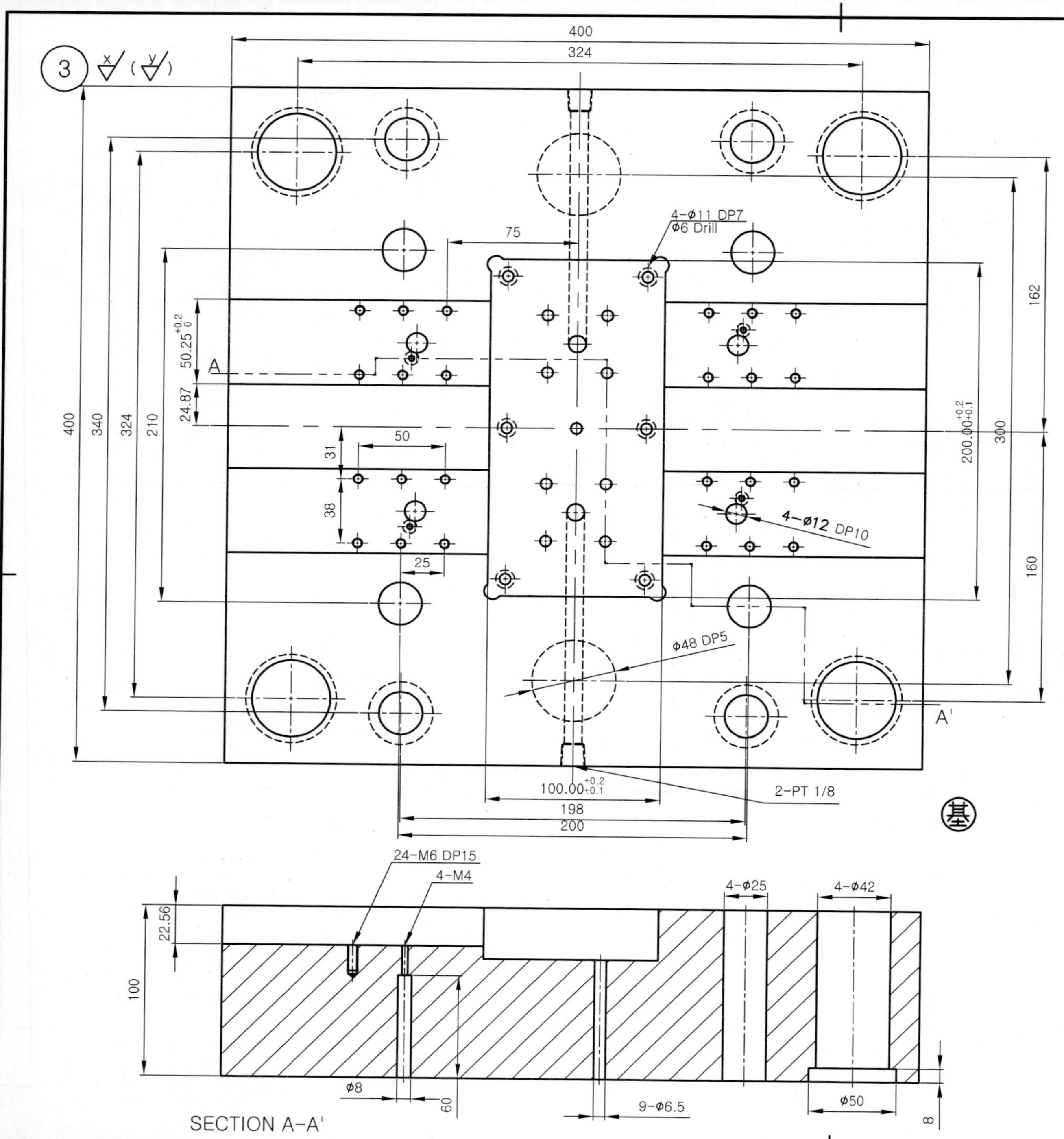

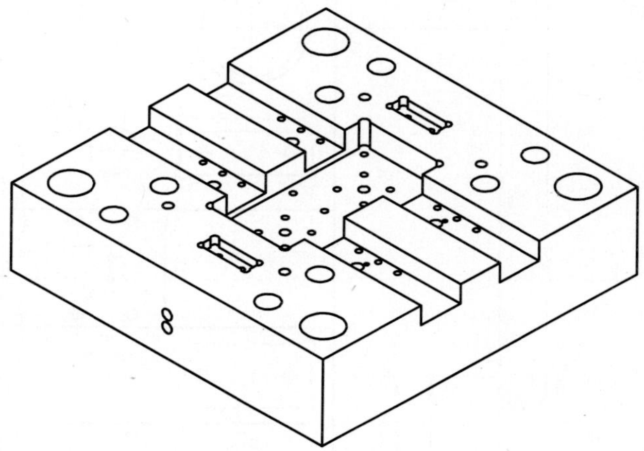

주서

1. 일반공차 - 가공부 : KS B 0412
2. 도시되고 지시없는모따기는 1x45°, 필렛 및 라운드 R3
3. 일반 모따기는 0.3~0.5x45°
4. 표면거칠기는 기호 비교표

x = 3.2, 25S , ▽▽, N9

y = 0.8, 6.3S , ▽▽▽, N7

3	가동측 형판	SM45C	1	
품 번	품 명	재 질	수 량	비 고
2단특수금형(콘넥타 터널게이트)			척 도	1 : 0.6
			투상법	3각법

4

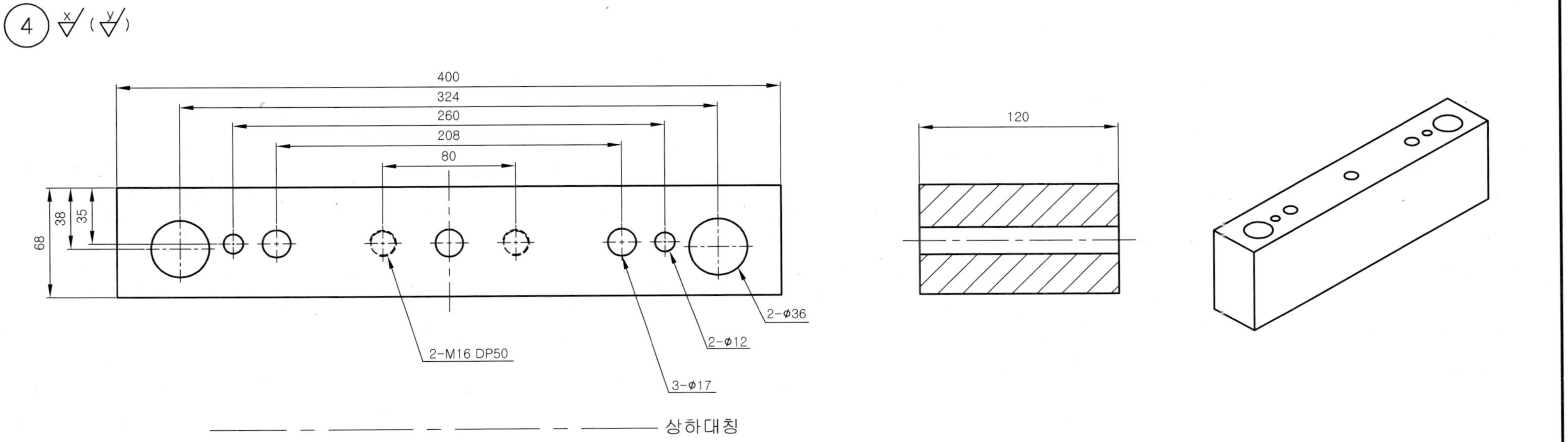

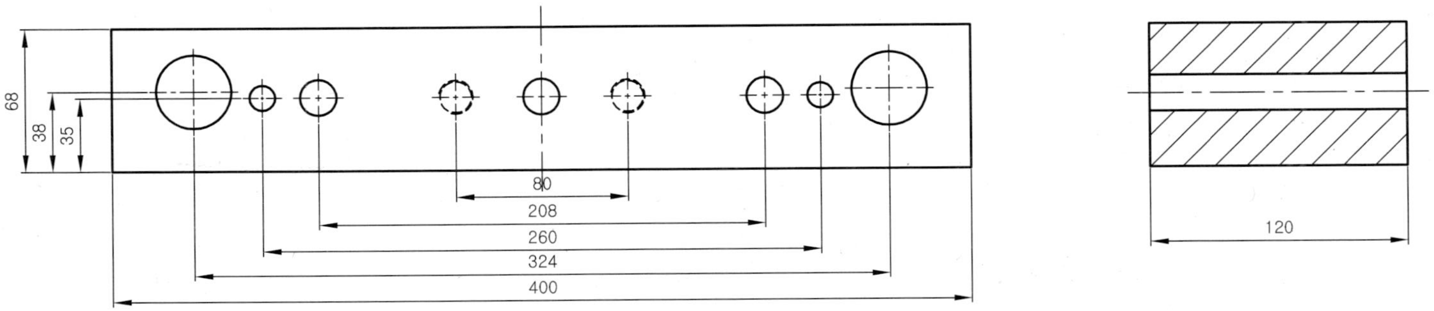

주서

1. 일반공차 - 가공부 : KS B 0412
2. 도시되고 지시없는모따기는 1x45°, 필렛 및 라운드 R3
3. 일반 모따기는 0.3~0.5x45°
4. 표면거칠기는 기호 비교표

x/ = 3.2/, 25S , ▽▽, N9

y/ = 0.8/, 6.3S , ▽▽▽, N7

4	스페이서 블록	SM45C	2	
품 번	품 명	재 질	수 량	비 고
2단특수금형(콘넥타 터널게이트)			척 도	1 : 0.6
			투상법	3각법

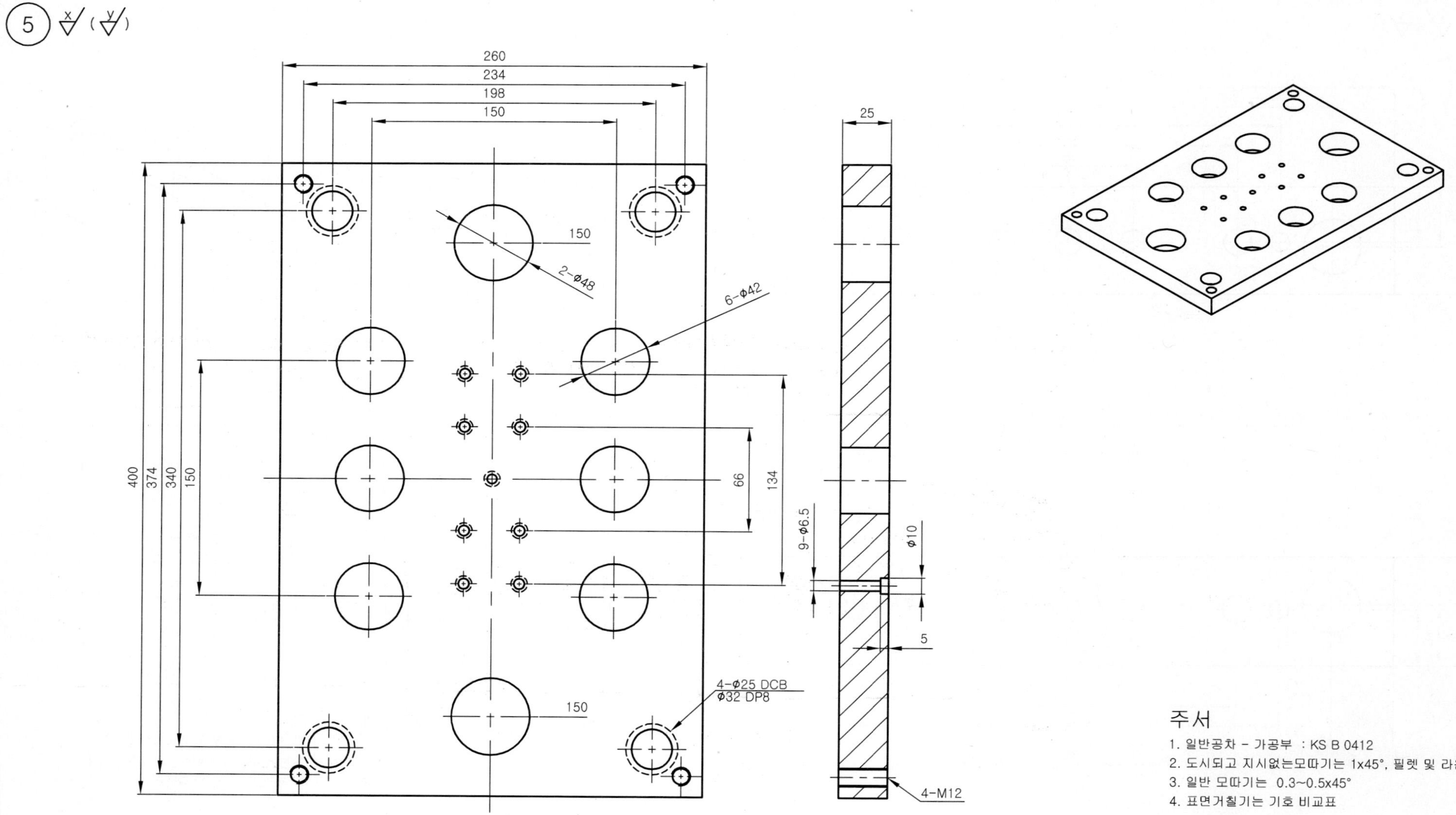

주서

1. 일반공차 - 가공부 : KS B 0412
2. 도시되고 지시없는모따기는 1x45°, 필렛 및 라운드 R3
3. 일반 모따기는 0.3~0.5x45°
4. 표면거칠기는 기호 비교표

∇x = ∇3.2, 25S, ∇∇, N9

∇y = ∇0.8, 6.3S, ∇∇∇, N7

5	이젝터 플레이트(상)	SM45C	1	
품 번	품 명	재 질	수 량	비 고
2단특수금형(콘넥타 터널게이트)			척 도	1 : 0.6
			투상법	3각법

⑥

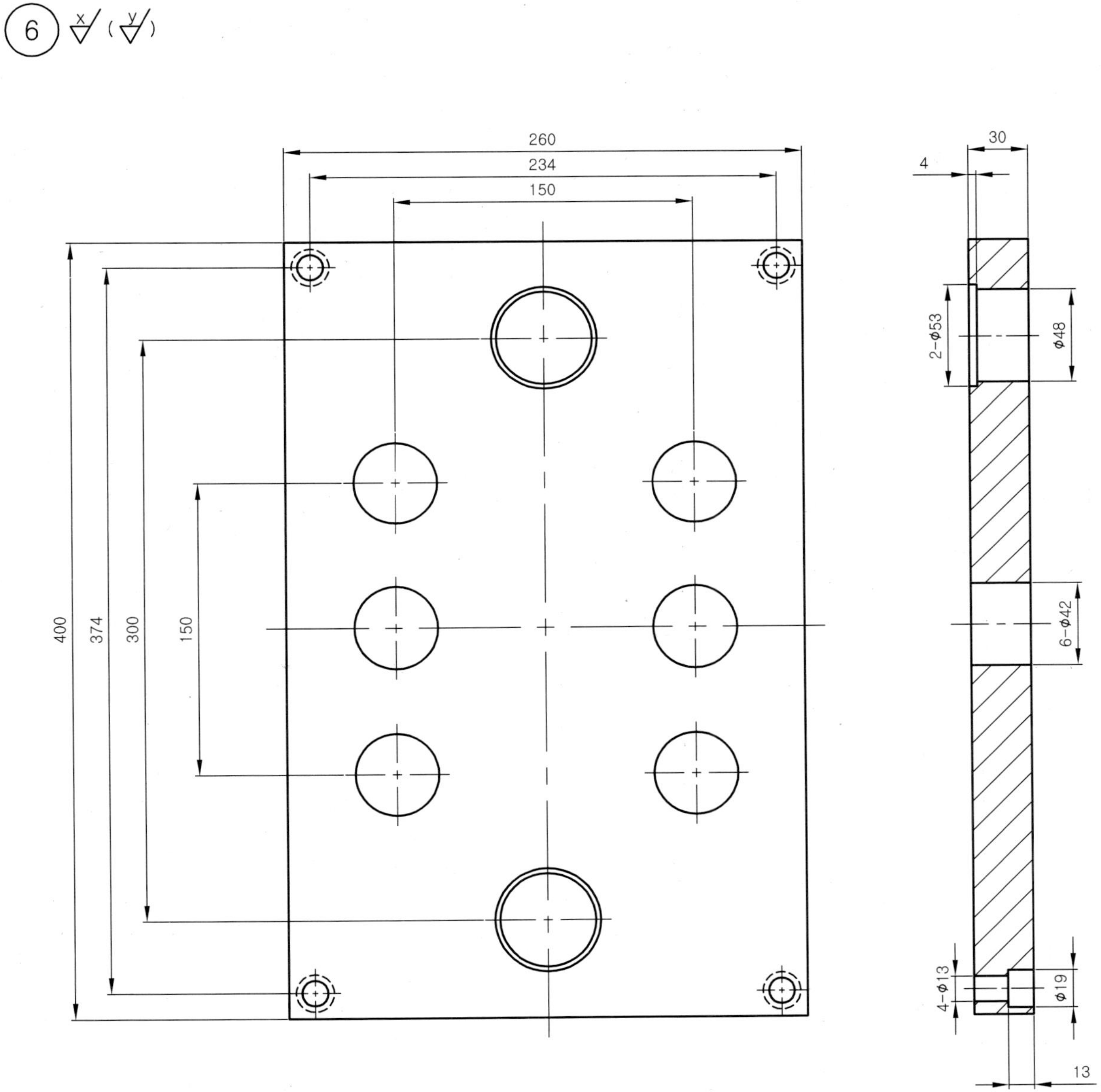

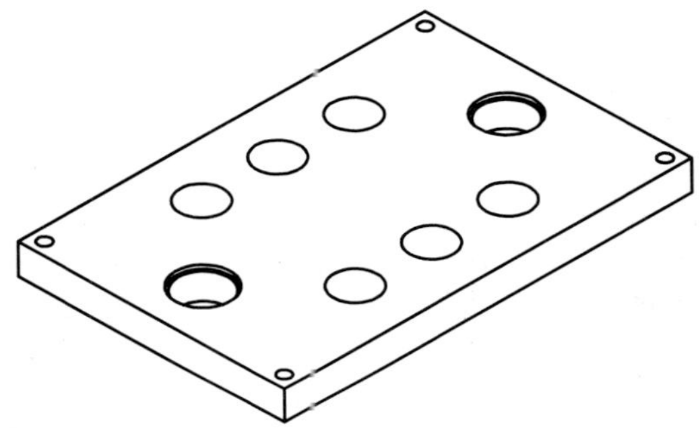

주서

1. 일반공차 - 가공부 : KS B 0412
2. 도시되고 지시없는모따기는 1x45°, 필렛 및 라운드 R3
3. 일반 모따기는 0.3~0.5x45°
4. 표면거칠기는 기호 비교표

x = 3.2, 25S , ▽▽, N9

y = 0.8, 6.3S , ▽▽▽, N7

6	이젝터 플레이트(하)	SM45C	1	
품 번	품 명	재 질	수 량	비 고
2단특수금형(콘넥타 터널게이트)			척 도	1 : 0.6
			투상법	3각법

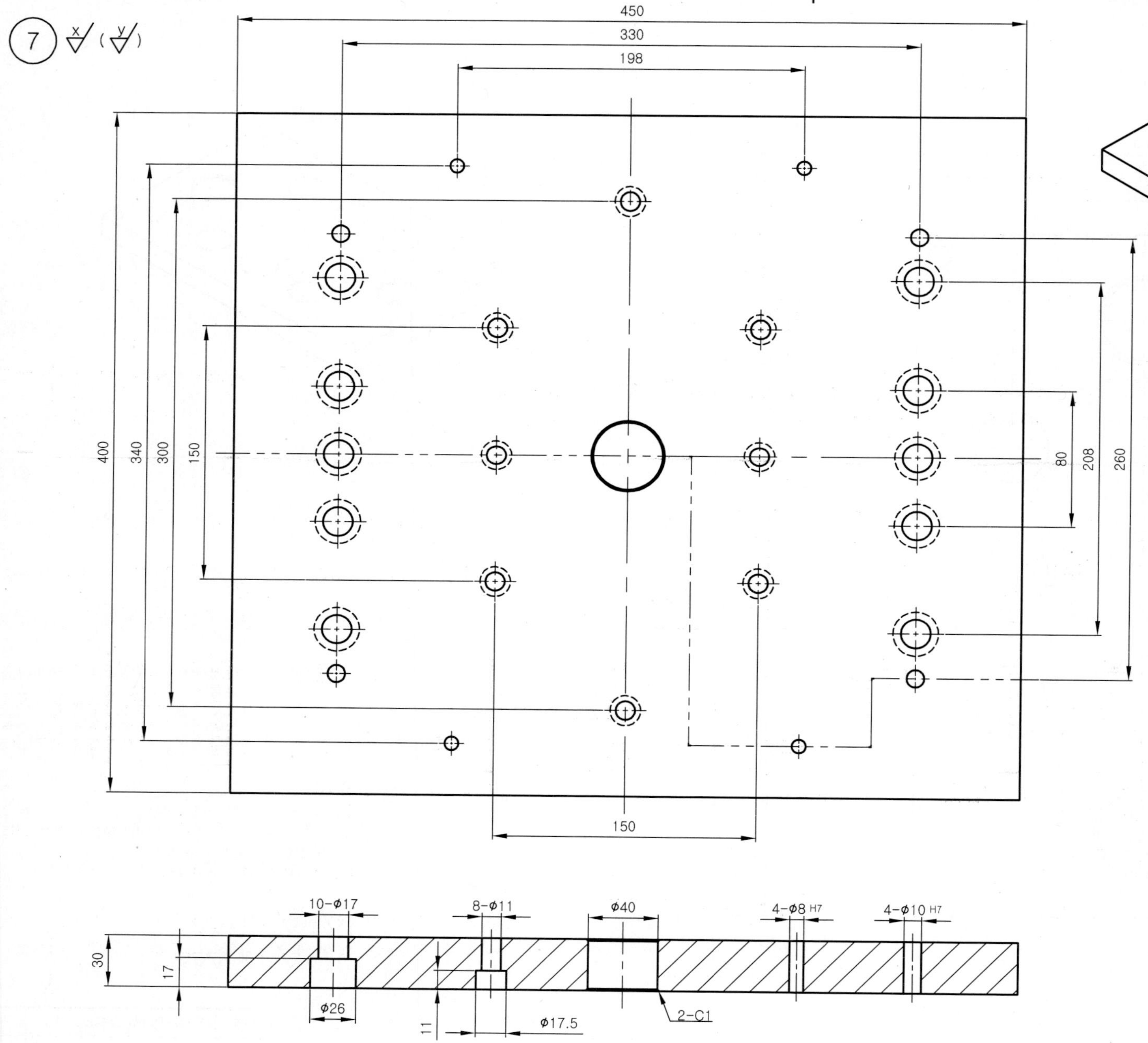

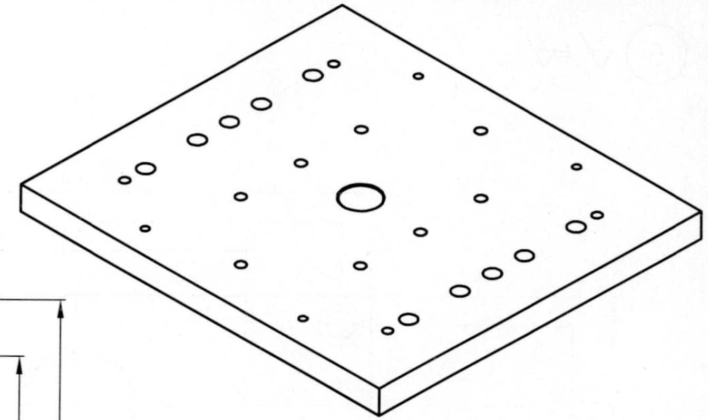

주서

1. 일반공차 - 가공부 : KS B 0412
2. 도시되고 지시없는모따기는 1x45°, 필렛 및 라운드 R3
3. 일반 모따기는 0.3~0.5x45°
4. 표면거칠기는 기호 비교표

x = 3.2, 25S, ▽▽, N9

y = 0.8, 6.3S, ▽▽▽, N7

7	가동측 설치판	SM45C	1	
품 번	품 명	재 질	수 량	비 고
2단특수금형(콘넥타 터널게이트)			척 도	1 : 0.6
			투상법	3각법

⑧ $\overset{x}{\bigtriangledown}$

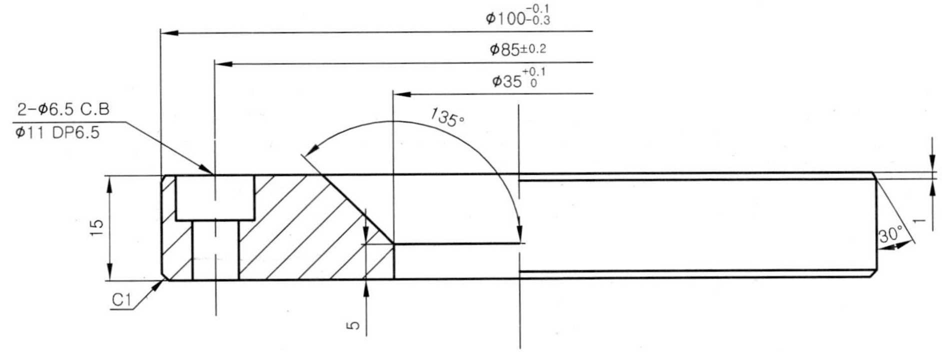

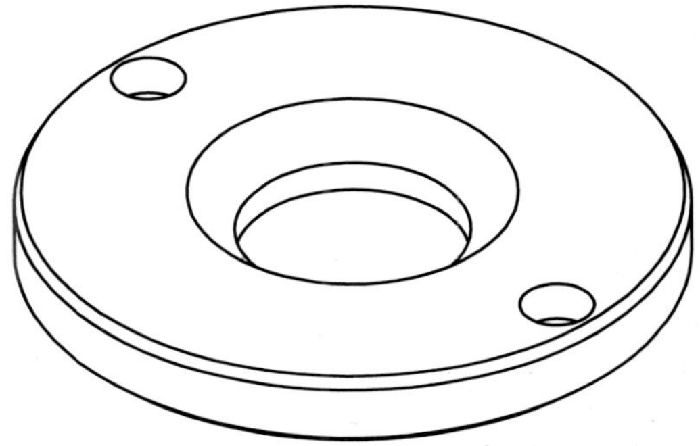

주서

1. 일반공차 - 가공부 : KS B 0412
2. 도시되고 지시없는모따기는 1x45°, 필렛 및 라운드 R3
3. 일반 모따기는 0.3~0.5x45°
4. 표면거칠기는 기호 비교표

x = 3.2, 25S , ▽▽, N9

y = 0.8, 6.3S , ▽▽▽, N7

8	로케이트 링	SM45C	1	
품 번	품 명	재 질	수 량	비 고
2단특수금형(콘넥타 터널게이트)			척 도	2 : 1
			투상법	3각법

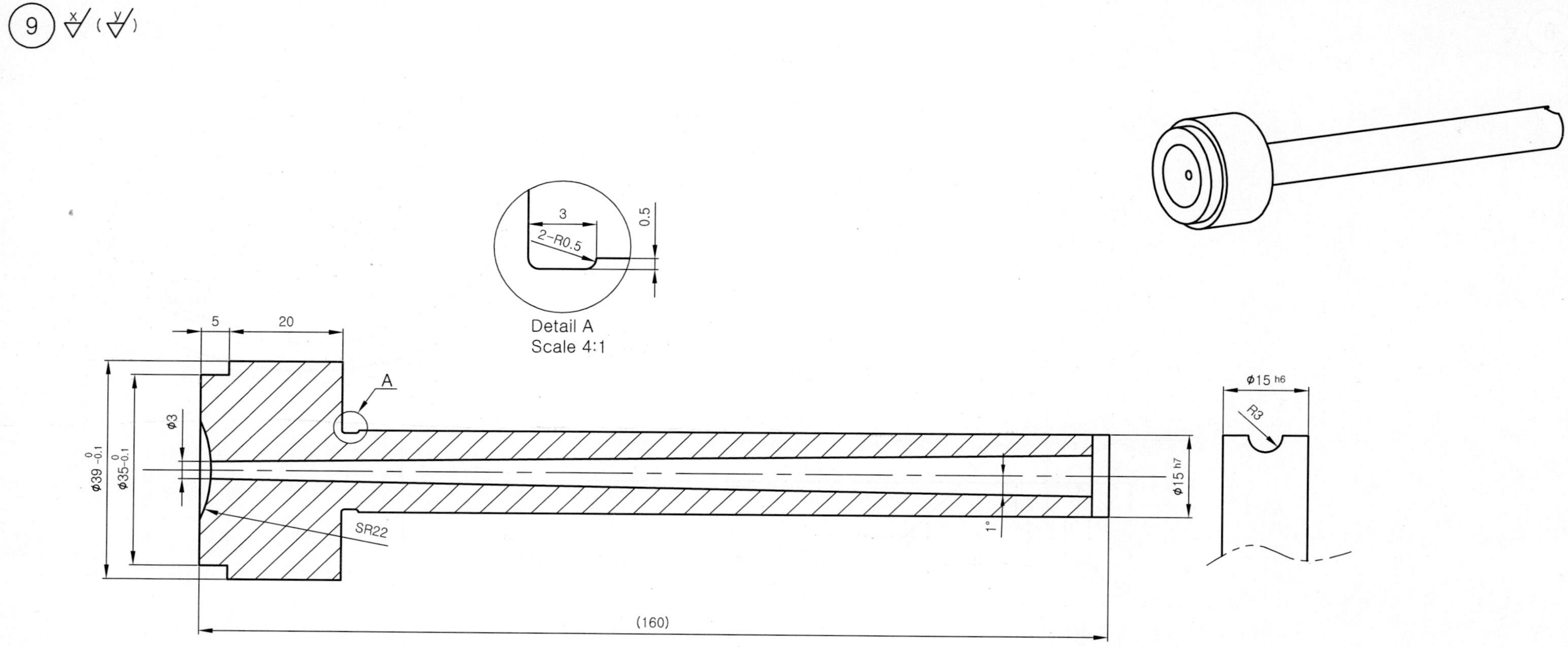

주서

1. 일반공차 - 가공부 : KS B 0412
2. 도시되고 지시없는모따기는 1x45°, 필렛 및 라운드 R3
3. 일반 모따기는 0.3~0.5x45°
4. 표면거칠기는 기호 비교표

x = 3.2 , 25S , ▽▽, N9

y = 0.8 , 6.3S , ▽▽▽, N7

9	스프루 부시	SM45C	1	
품 번	품 명	재 질	수 량	비 고
2단특수금형(콘넥타 터널게이트)			척 도	2 : 1
			투상법	3각법

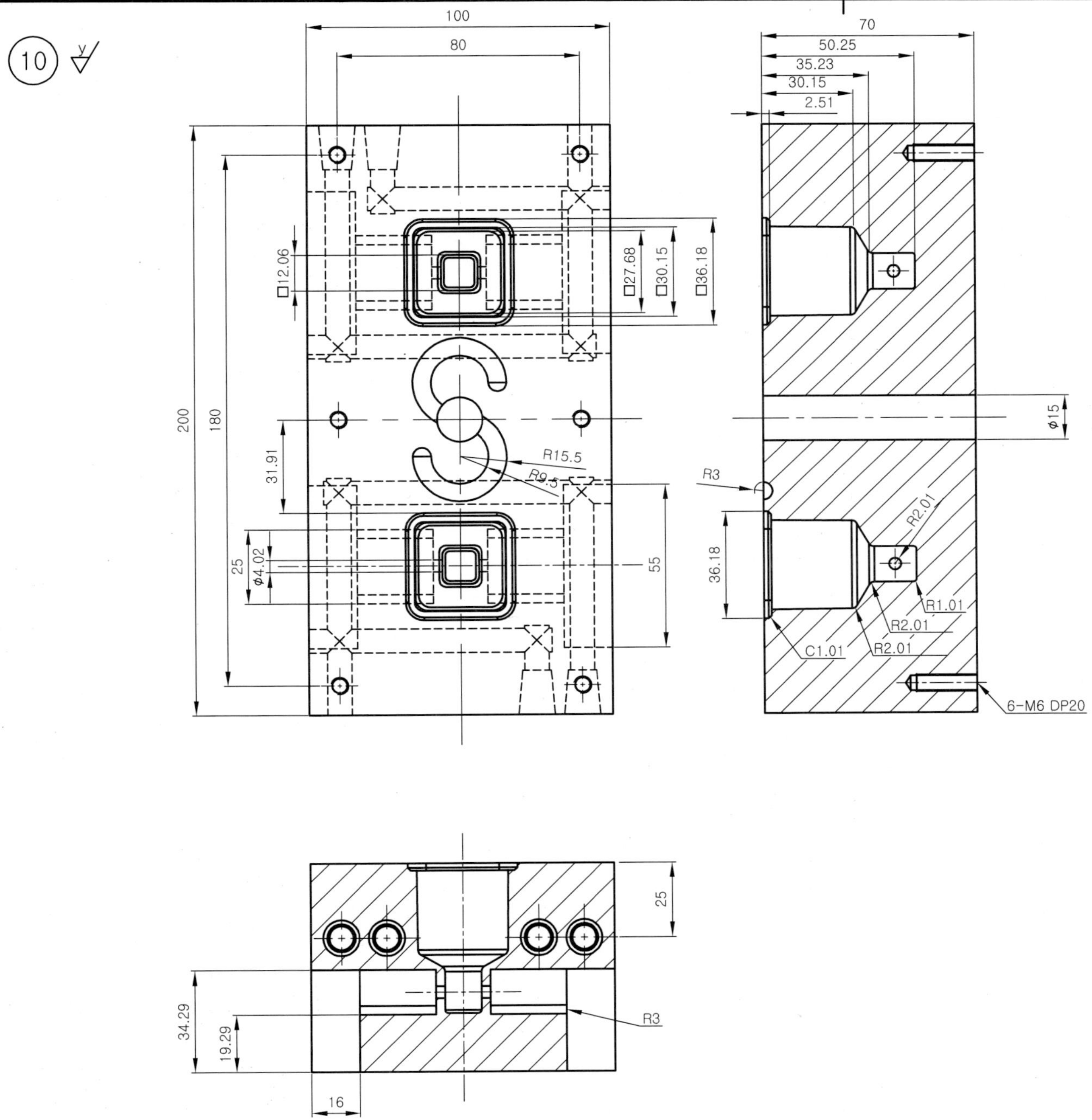

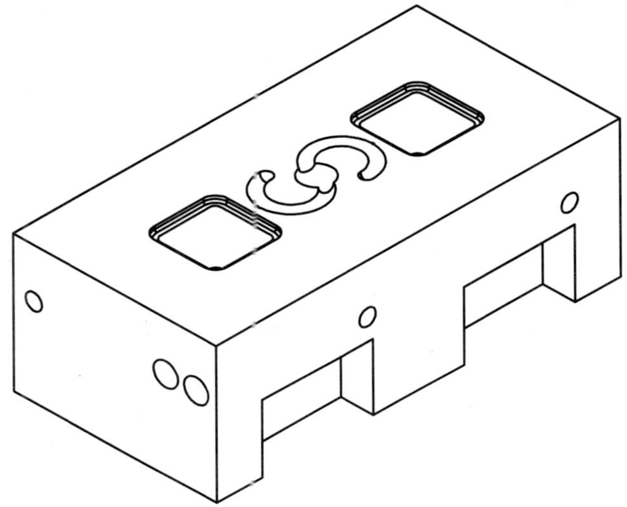

주서

1. 일반공차 - 가공부 : KS B 0412
2. 도시되고 지시없는모따기는 1x45°, 필렛 및 라운드 R3
3. 일반 모따기는 0.3~0.5x45°
4. 표면거칠기는 기호 비교표

x/ = 3.2/, 25S, ▽▽, N9

y/ = 0.8/, 6.3S, ▽▽▽, N7

10	캐비티	KP4M	1	HRC30
품 번	품 명	재 질	수 량	비 고
2단특수금형(콘넥타 터널게이트)			척 도	1 : 1
			투상법	3각법

(11) y

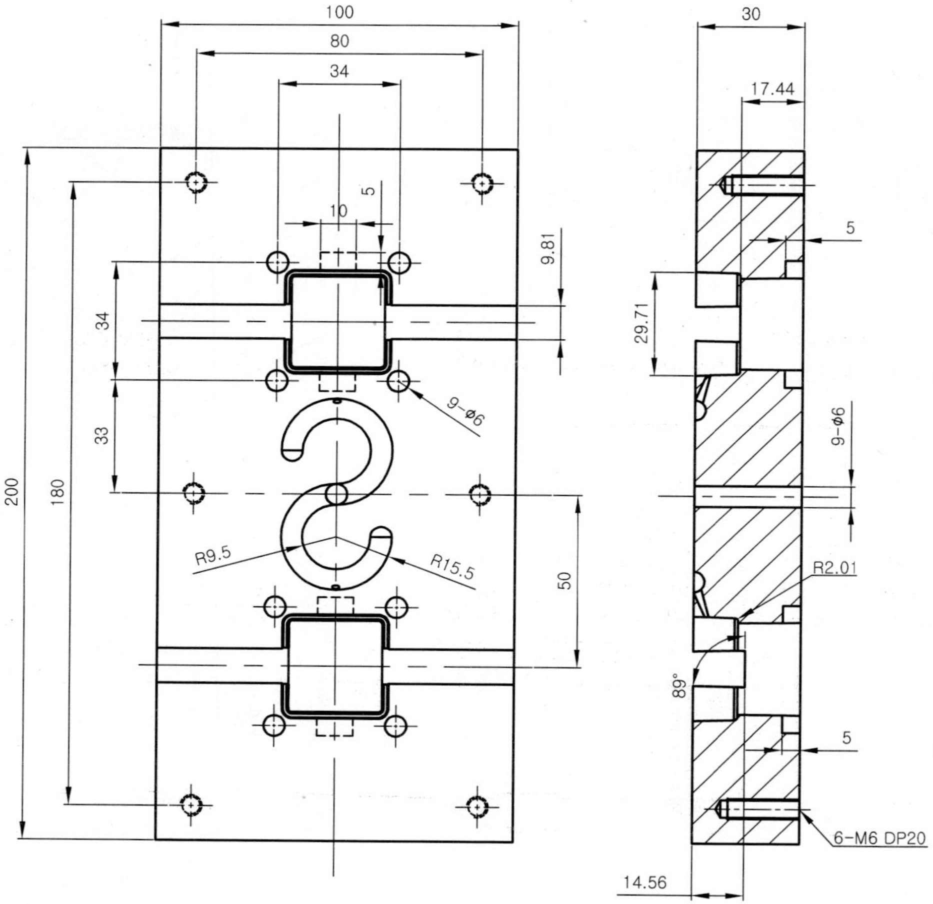

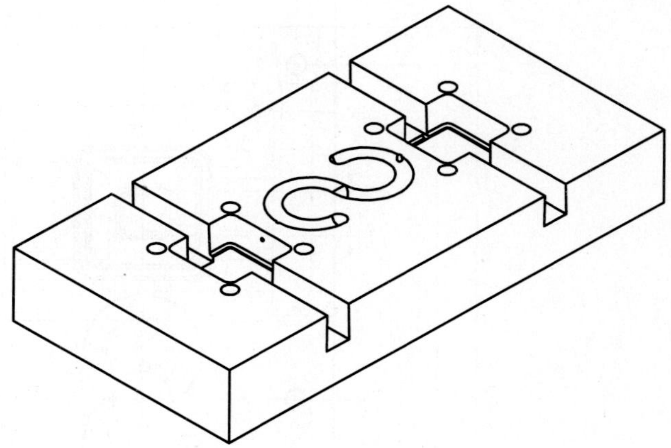

주서

1. 일반공차 - 가공부 : KS B 0412
2. 도시되고 지시없는모따기는 1x45°, 필렛 및 라운드 R3
3. 일반 모따기는 0.3~0.5x45°
4. 표면거칠기는 기호 비교표

x = 3.2, 25S , ▽▽, N9

y = 0.8, 6.3S , ▽▽▽, N7

11	코어	KP4M	1	HRC30
품 번	품 명	재 질	수 량	비 고
2단특수금형(콘넥타 터널게이트)			척 도	1 : 1
			투상법	3각법

(12) y/

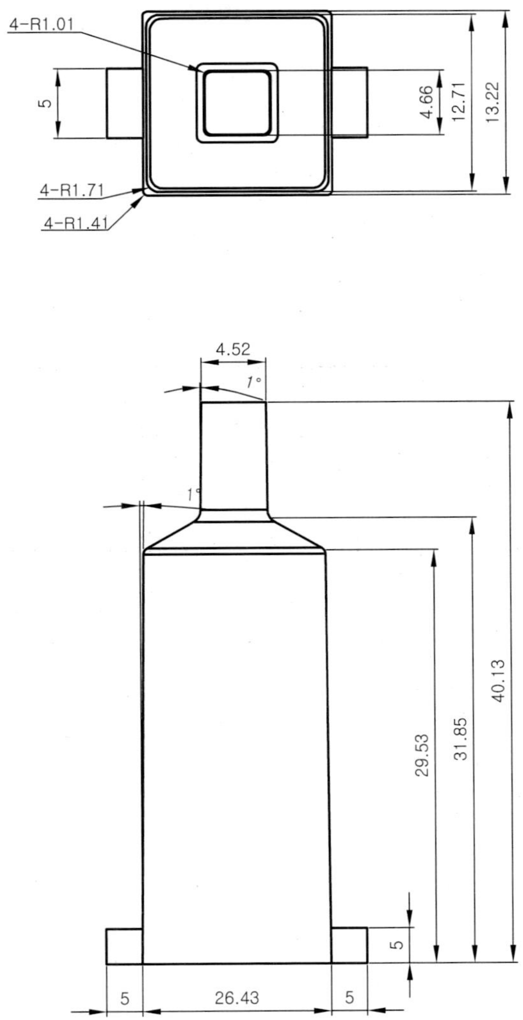

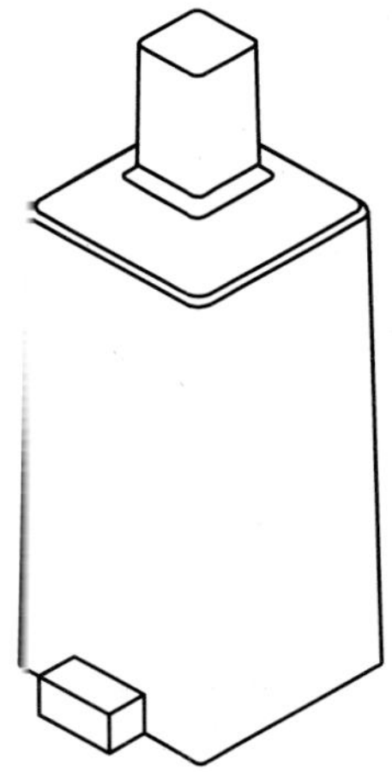

주서

1. 일반공차 - 가공부 : KS B 0412
2. 도시되고 지시없는모따기는 1x45°, 필렛 및 라운드 R3
3. 일반 모따기는 0.3~0.5x45°
4. 표면거칠기는 기호 비교표

x/ = 3.2/, 25S , ▽▽, N9

y/ = 0.8/, 6.3S , ▽▽▽, N7

12	코어 핀	KP4M	2	HRC30
품 번	품 명	재 질	수 량	비 고
2단특수금형(콘넥타 터널게이트)			척 도	2 : 1
			투상법	3각법

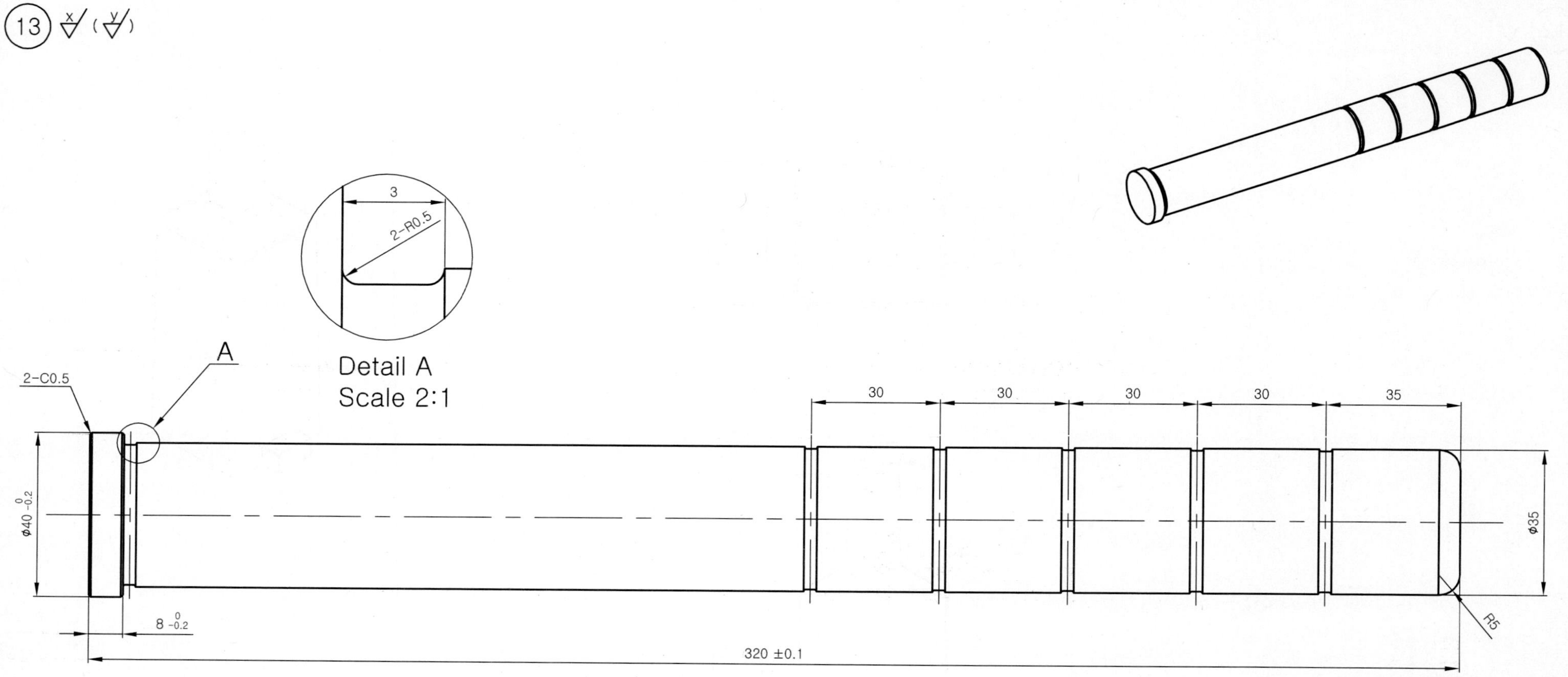

주서

1. 일반공차 - 가공부 : KS B 0412
2. 도시되고 지시없는모따기는 1x45°, 필렛 및 라운드 R3
3. 일반 모따기는 0.3~0.5x45°
4. 표면거칠기는 기호 비교표

x = 3.2, 25S , ▽▽, N9

y = 0.8, 6.3S , ▽▽▽, N7

13	서포터 핀	STC3	4	HRC58
품 번	품 명	재 질	수 량	비 고
2단특수금형(콘넥타 터널게이트)			척 도	1.5 : 1
			투상법	3각법

⑭ x (y)

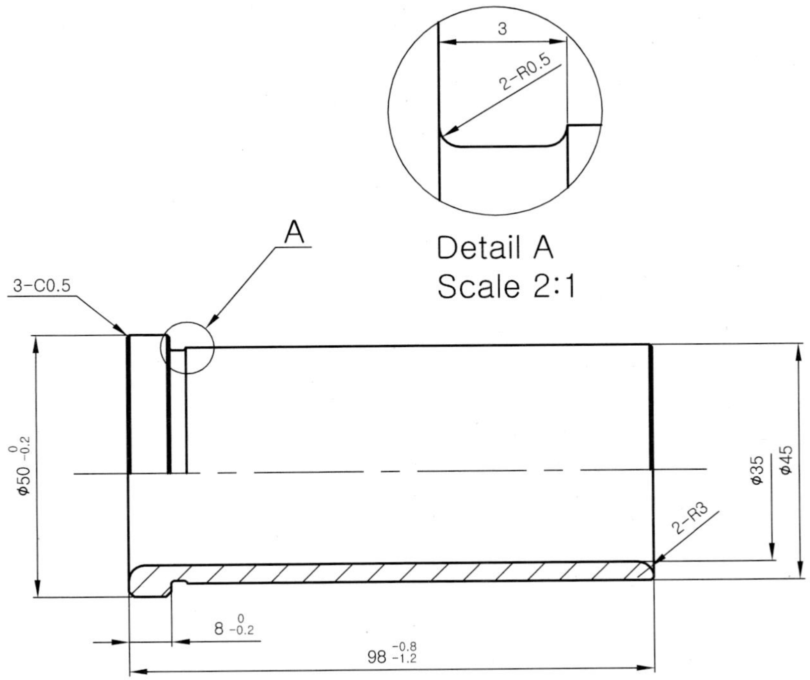

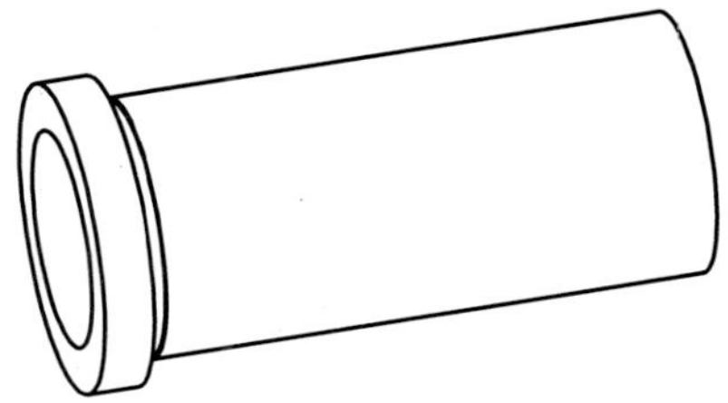

주서

1. 일반공차 – 가공부 : KS B 0412
2. 도시되고 지시없는모따기는 1x45°, 필렛 및 라운드 R3
3. 일반 모따기는 0.3~0.5x45°
4. 표면거칠기는 기호 비교표

x = 3.2, 25S, ▽▽, N9

y = 0.8, 6.3S, ▽▽▽, N7

14	가이드 부시	STC3	4	HRC50
품 번	품 명	재 질	수 량	비 고
2단특수금형(콘넥타 터널게이트)			척 도	1.5 : 1
			투상법	3각법

15 $\overset{x}{\nabla}$ ($\overset{y}{\nabla}$)

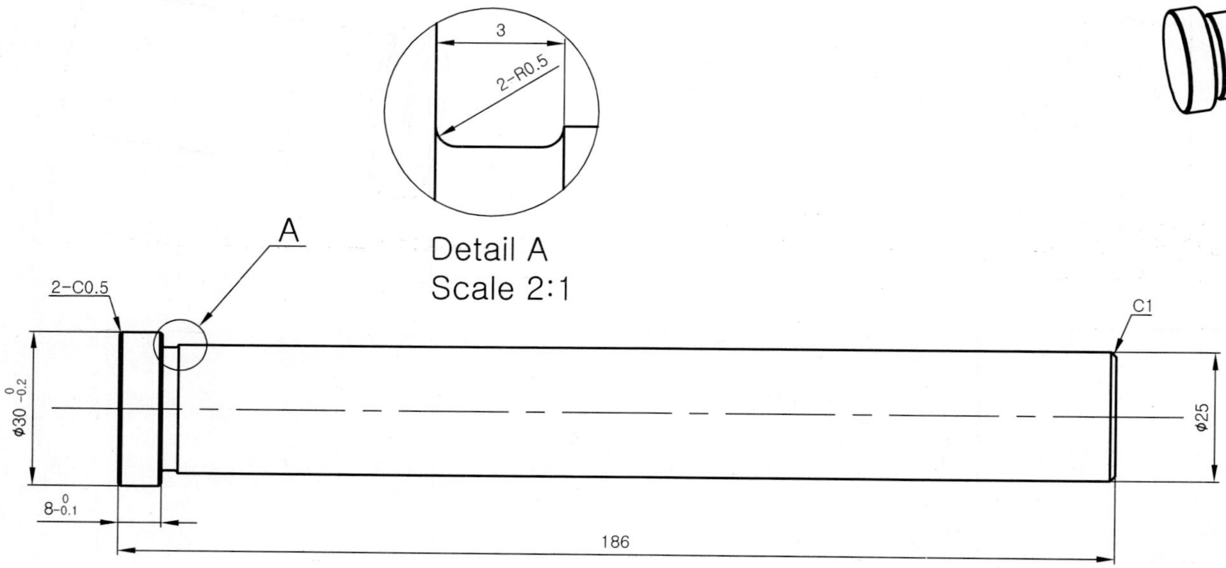

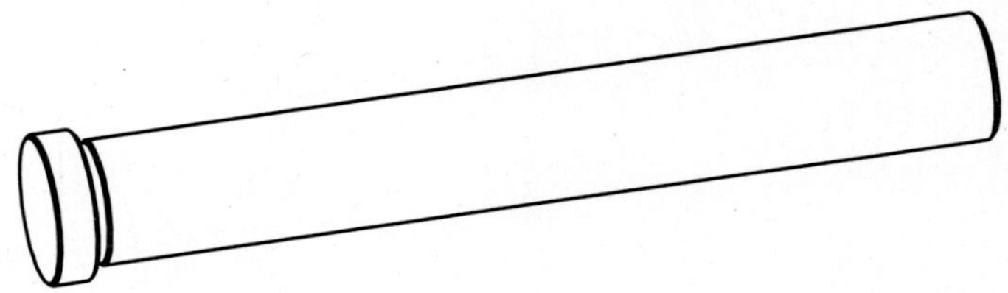

주서

1. 일반공차 - 가공부 : KS B 0412
2. 도시되고 지시없는모따기는 1x45°, 필렛 및 라운드 R3
3. 일반 모따기는 0.3~0.5x45°
4. 표면거칠기는 기호 비교표

$\overset{x}{\nabla}$ = $\overset{3.2}{\nabla}$, 25S , ▽▽, N9

$\overset{y}{\nabla}$ = $\overset{0.8}{\nabla}$, 6.3S , ▽▽▽, N7

15	리턴 핀	STC3	4	HRC58
품 번	품 명	재 질	수 량	비 고
2단특수금형(콘넥타 터널게이트)			척 도	2 : 1
			투상법	3각법

(16) x/ (y/)

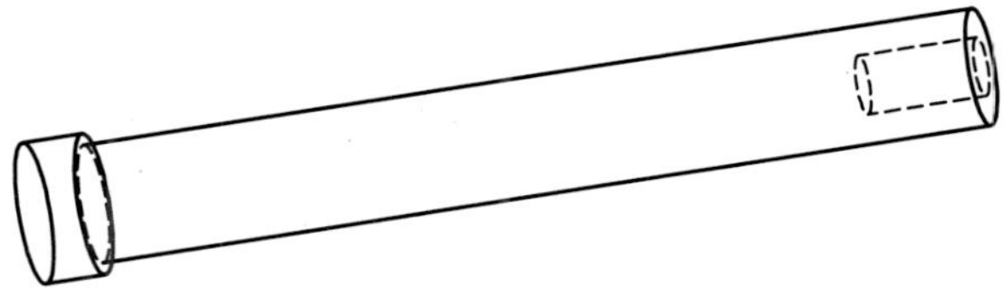

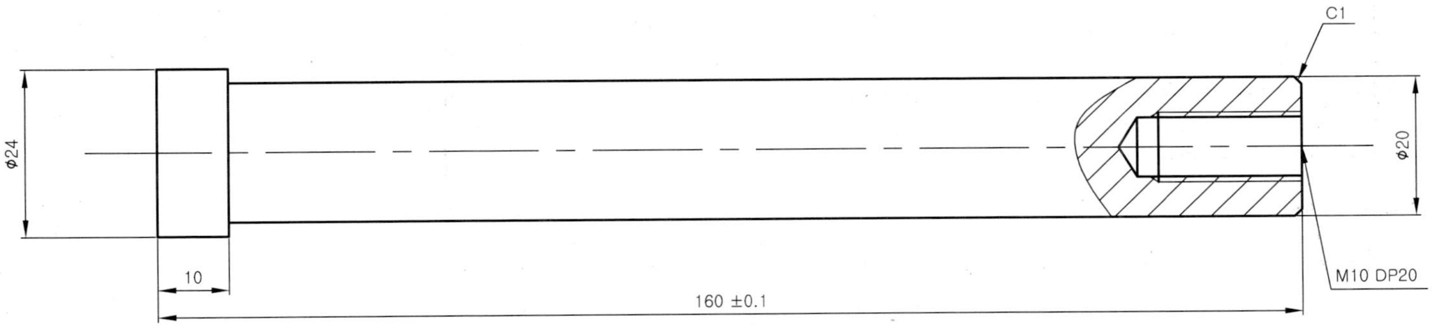

주서

1. 일반공차 - 가공부 : KS B 0412
2. 도시되고 지시없는모따기는 1x45°, 필렛 및 라운드 R3
3. 일반 모따기는 0.3~0.5x45°
4. 표면거칠기는 기호 비교표

x/ = 3.2/ , 25S , ▽▽, N9

y/ = 0.8/ , 6.3S , ▽▽▽, N7

16	풀러 볼트	STC3	4	HRC58
품 번	품 명	재 질	수 량	비 고
2단특수금형(콘넥타 터널게이트)			척 도	2 : 1
			투상법	3각법

17 x(y)

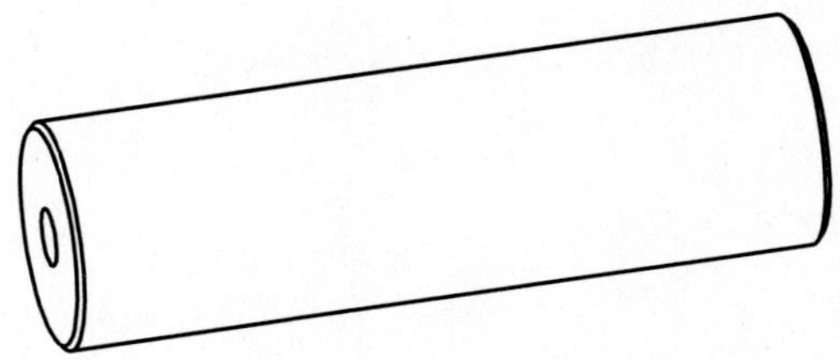

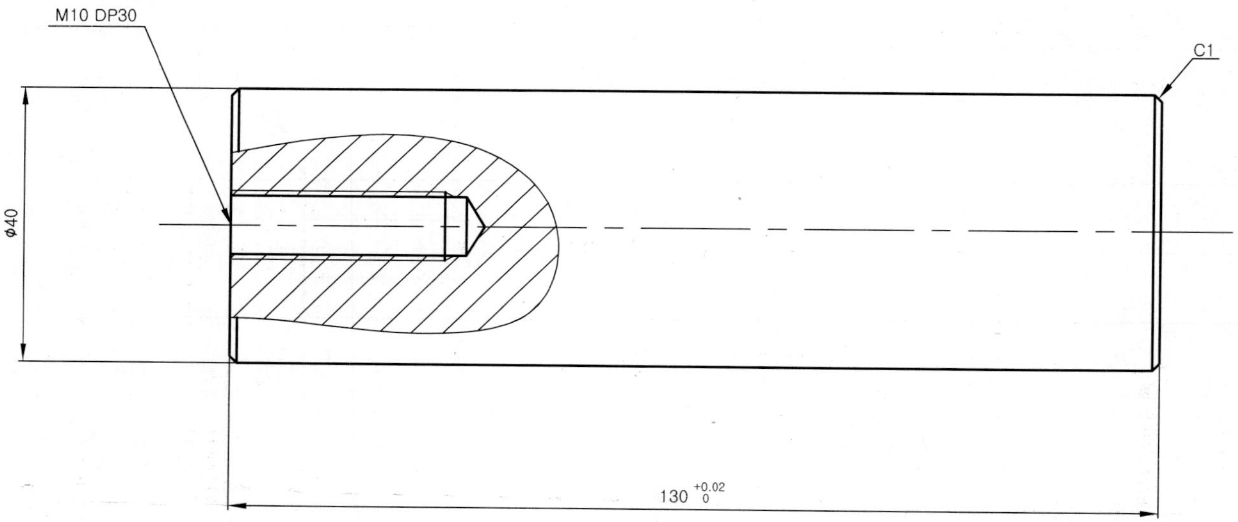

주서

1. 일반공차 - 가공부 : KS B 0412
2. 도시되고 지시없는모따기는 1x45°, 필렛 및 라운드 R3
3. 일반 모따기는 0.3~0.5x45°
4. 표면거칠기는 기호 비교표

x = 3.2, 25S, ▽▽, N9
y = 0.8, 6.3S, ▽▽▽, N7

17	이젝트 가이드 핀	STC3	2	HRC58
품 번	품 명	재 질	수 량	비 고
2단특수금형(콘넥타 터널게이트)			척 도	2 : 1
			투상법	3각법

(18) x/ (y/)

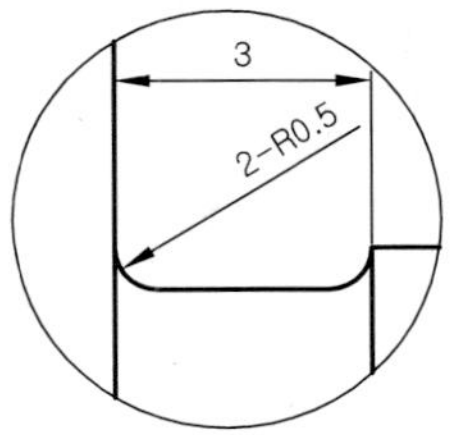

Detail A
Scale 2:1

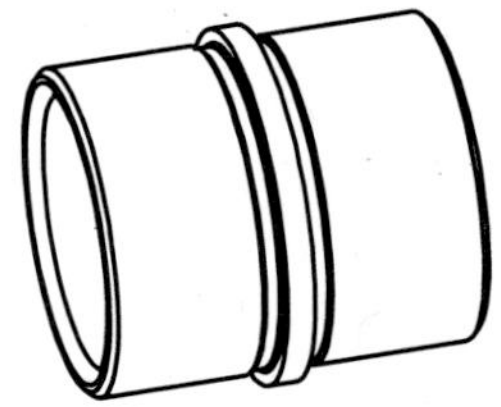

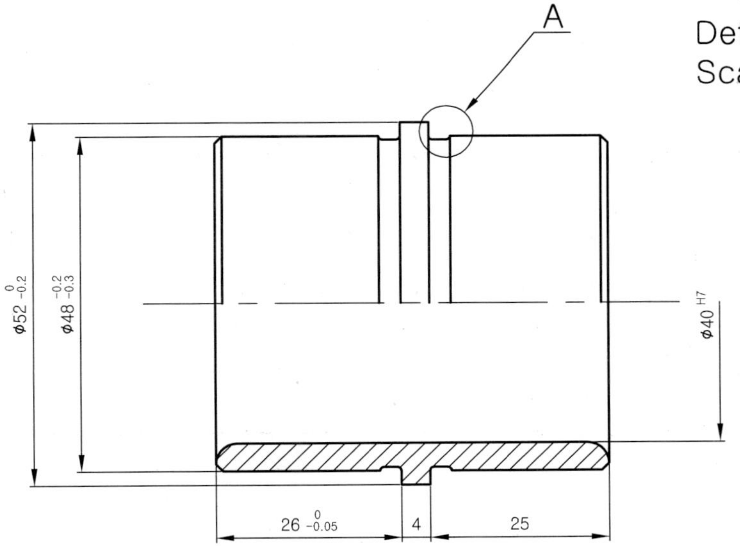

주서

1. 일반공차 - 가공부 : KS B 0412
2. 도시되고 지시없는모따기는 1x45°, 필렛 및 라운드 R3
3. 일반 모따기는 0.3~0.5x45°
4. 표면거칠기는 기호 비교표

x/ = 3.2/ , 25S , ▽▽, N9
y/ = 0.8/ , 6.3S , ▽▽▽, N7

18	이젝트 가이드 부시	STC3	2	HRC58
품 번	품 명	재 질	수 량	비 고
2단특수금형(콘넥타 터널게이트)			척 도	2 : 1
			투상법	3각법

(19) x (y)

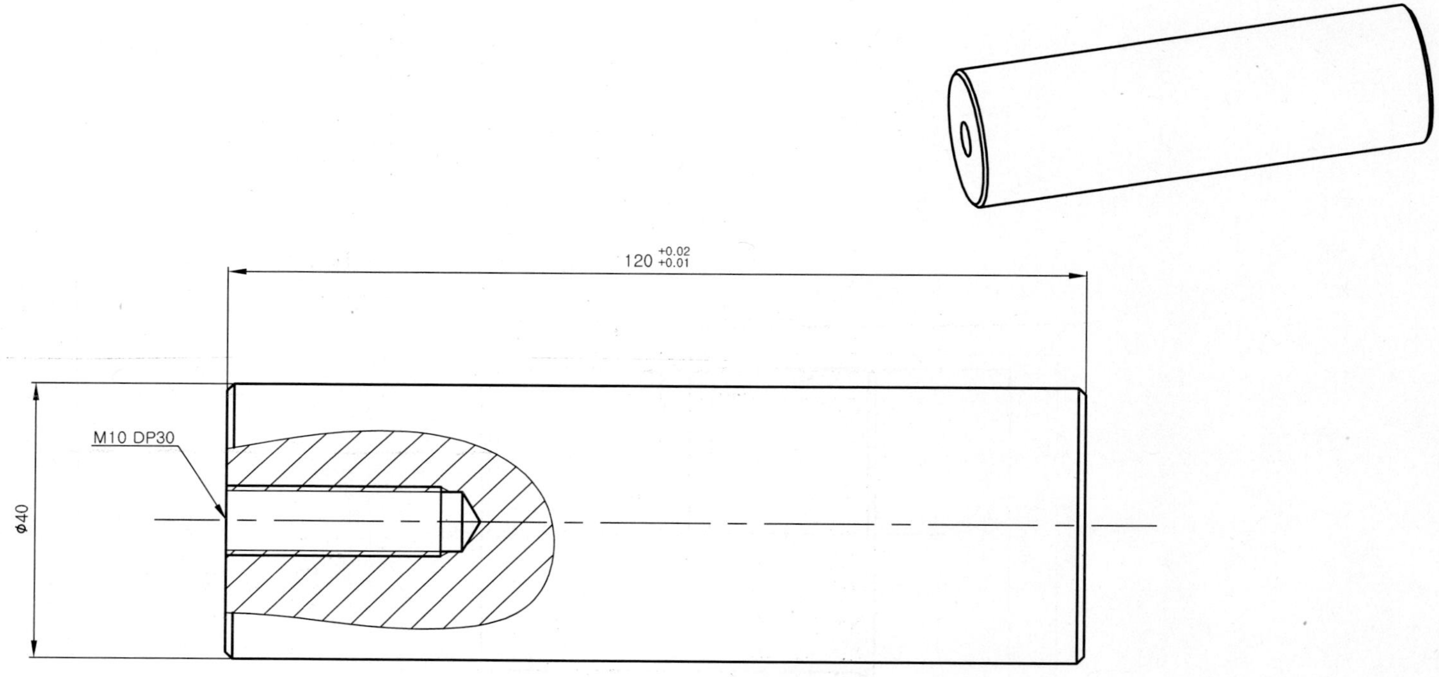

주서

1. 일반공차 - 가공부 : KS B 0412
2. 도시되고 지시없는모따기는 1x45°, 필렛 및 라운드 R3
3. 일반 모따기는 0.3~0.5x45°
4. 표면거칠기는 기호 비교표

x = 3.2, 25S , ▽▽, N9

y = 0.8, 6.3S , ▽▽▽, N7

19	서포터 필러	STC3	6	
품 번	품 명	재 질	수 량	비 고
2단특수금형(콘넥타 터널게이트)			척 도	2 : 1
			투상법	3각법

(20) x (y)

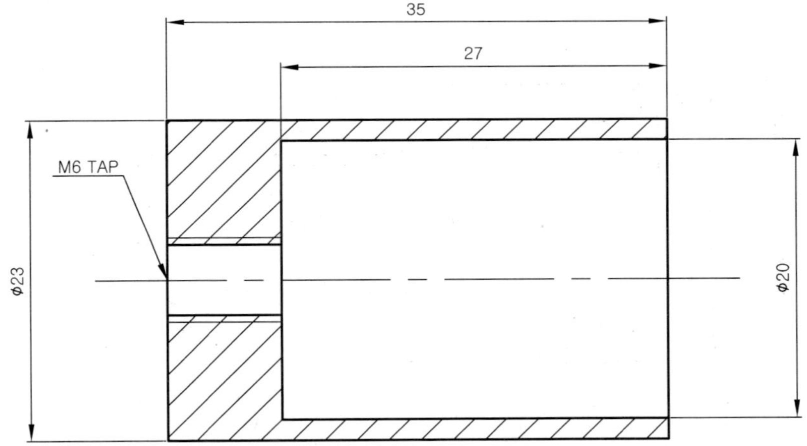

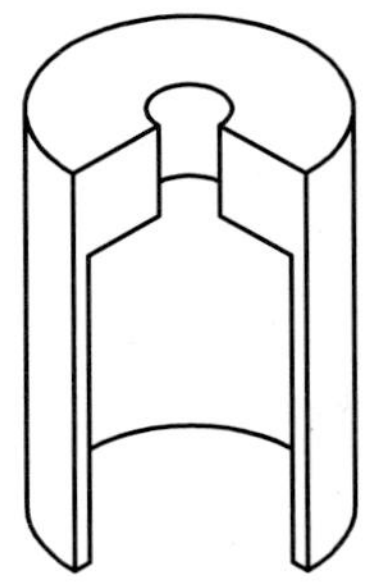

주서

1. 일반공차 - 가공부 : KS B 0412
2. 도시되고 지시없는모따기는 1x45°, 필렛 및 라운드 R3
3. 일반 모따기는 0.3~0.5x45°
4. 표면거칠기는 기호 비교표

x = 3.2, 25S, ▽▽, N9

y = 0.8, 6.3S, ▽▽▽, N7

20	파팅 록 부시	SM45C	4	
품 번	품 명	재 질	수 량	비 고
2단특수금형(콘넥타 터널게이트)			척 도	4 : 1
			투상법	3각법

(21) x√ (y√)

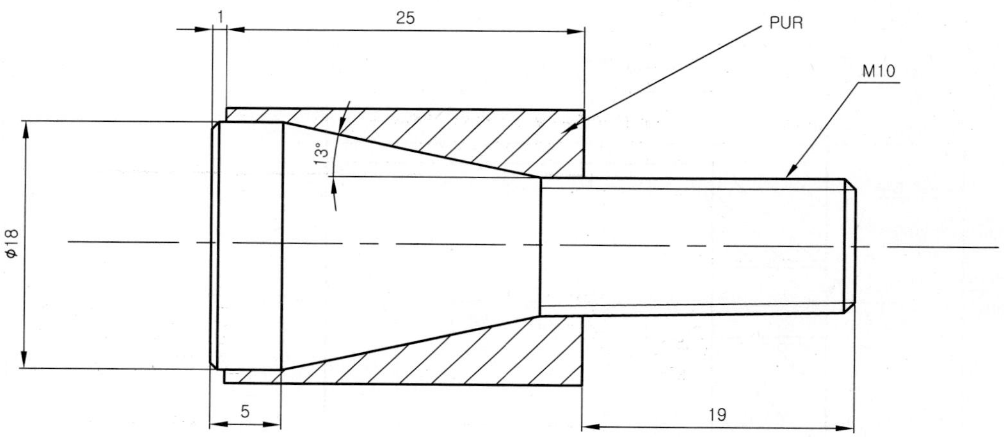

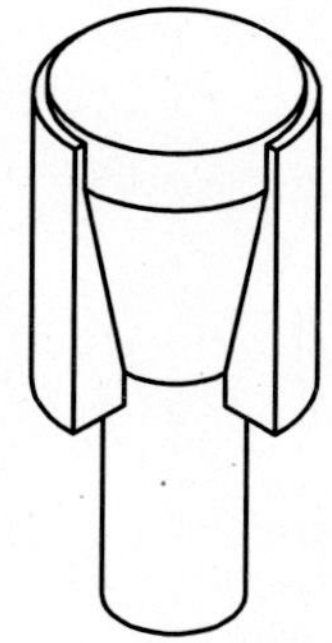

주서

1. 일반공차 – 가공부 : KS B 0412
2. 도시되고 지시없는모따기는 1x45°, 필렛 및 라운드 R3
3. 일반 모따기는 0.3~0.5x45°
4. 표면거칠기는 기호 비교표

x√ = 3.2√ , 25S , ▽▽ , N9

y√ = 0.8√ , 6.3S , ▽▽▽ , N7

21	파팅 록	SCM435	4	
품 번	품 명	재 질	수 량	비 고
2단특수금형(콘넥타 터널게이트)			척 도	4 : 1
			투상법	3각법

(22) $\overset{x}{\nabla}$ ($\overset{y}{\nabla}$)

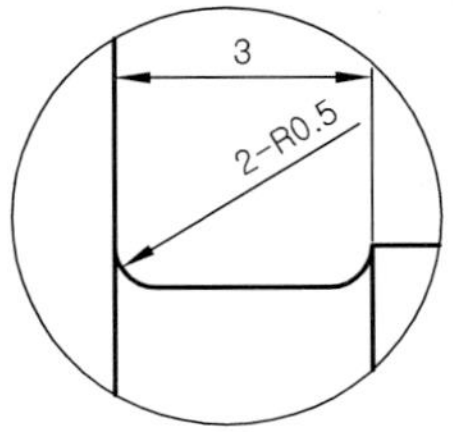

Detail A
Scale 2:1

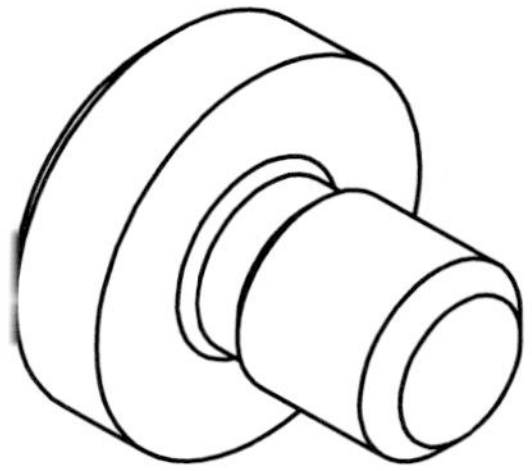

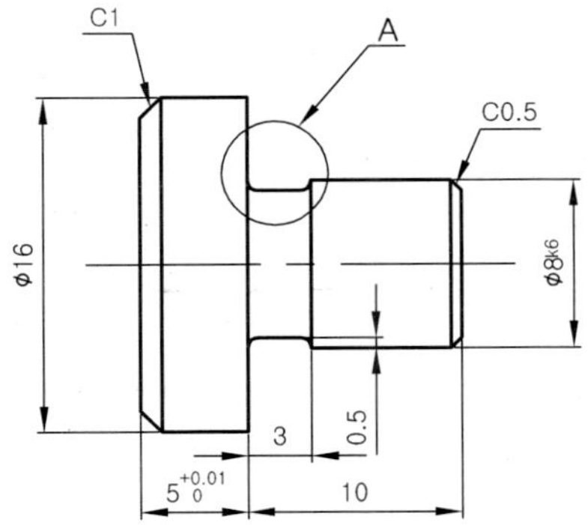

주서

1. 일반공차 - 가공부 : KS B 0412
2. 도시되고 지시없는모따기는 1x45°, 필렛 및 라운드 R3
3. 일반 모따기는 0.3~0.5x45°
4. 표면거칠기는 기호 비교표

$\overset{x}{\nabla}$ = $\overset{3.2}{\nabla}$, 25S , ▽▽, N9
$\overset{y}{\nabla}$ = $\overset{0.8}{\nabla}$, 6.3S , ▽▽▽, N7

22	스톱 핀	STC3	4	
품 번	품 명	재 질	수 량	비 고
2단특수금형(콘넥타 터널게이트)			척 도	4 : 1
			투상법	3각법

(23) x (y)

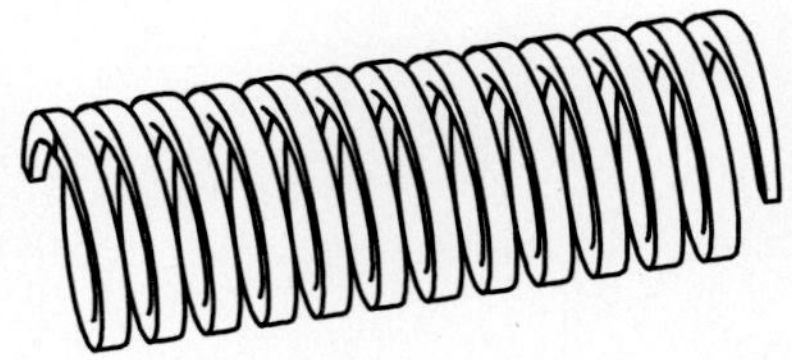

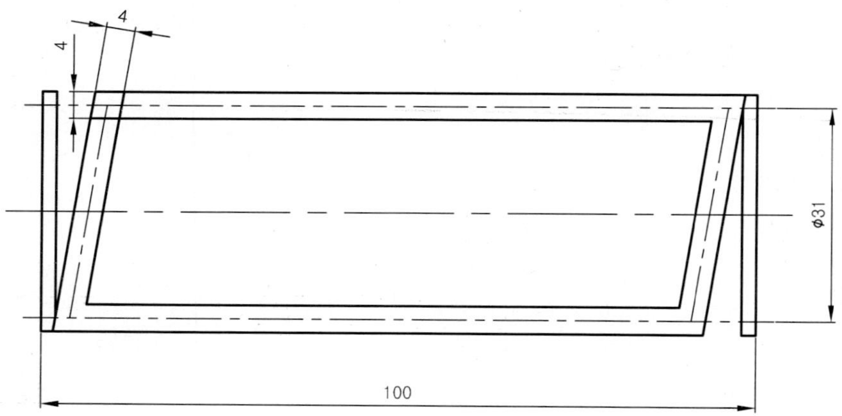

스프링 요목표	
재료 지름	4x4
코일 평균 지름	φ31
총 감긴 수	12
감긴 방향	오른쪽
자유 높이	100
방청 처리	흑색 애나멜

주서

1. 일반공차 - 가공부 : KS B 0412
2. 도시되고 지시없는모따기는 1x45°, 필렛 및 라운드 R3
3. 일반 모따기는 0.3~0.5x45°
4. 표면거칠기는 기호 비교표

x = 3.2, 25S , ▽▽, N9

y = 0.8, 6.3S , ▽▽▽, N7

23	스프링	STC2	4	Tr31x100
품 번	품 명	재 질	수 량	비 고
2단특수금형(콘넥타 터널게이트)			척 도	2 : 1
			투상법	3각법

(24) x/ (y/)

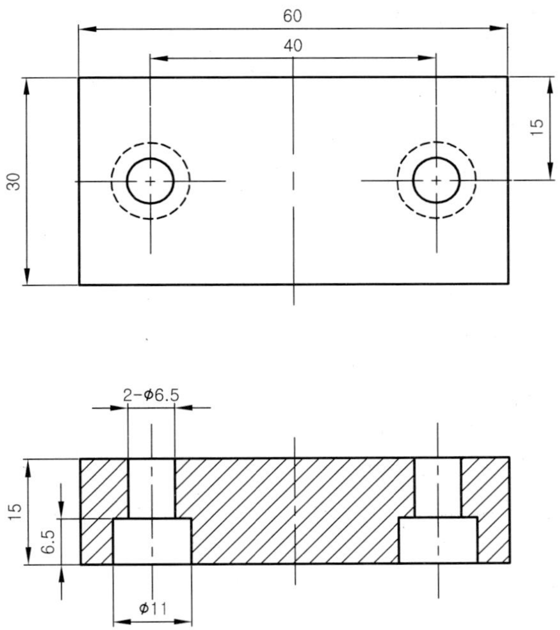

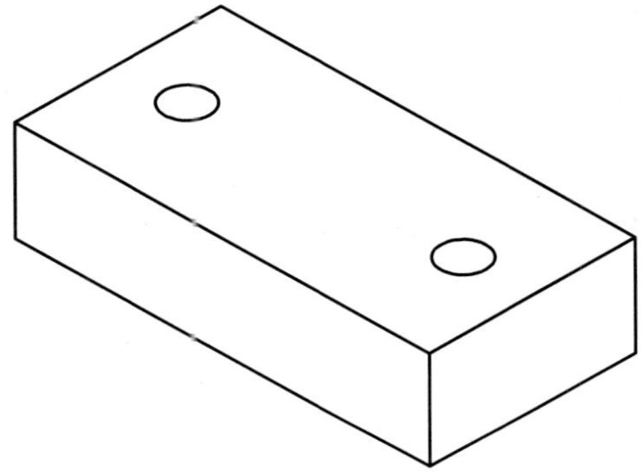

주서

1. 일반공차 - 가공부 : KS B 0412
2. 도시되고 지시없는모따기는 1x45°, 필렛 및 라운드 R3
3. 일반 모따기는 0.3~0.5x45°
4. 표면거칠기는 기호 비교표

x/ = 3.2/, 25S, ▽▽, N9

y/ = 0.8/, 6.3S, ▽▽▽, N7

24	파팅 플레이트	STC3	12	HRC58
품 번	품 명	재 질	수 량	비 고
2단특수금형(콘넥타 터널게이트)			척 도	2 : 1
			투상법	3각법

(25) x/ (y/)

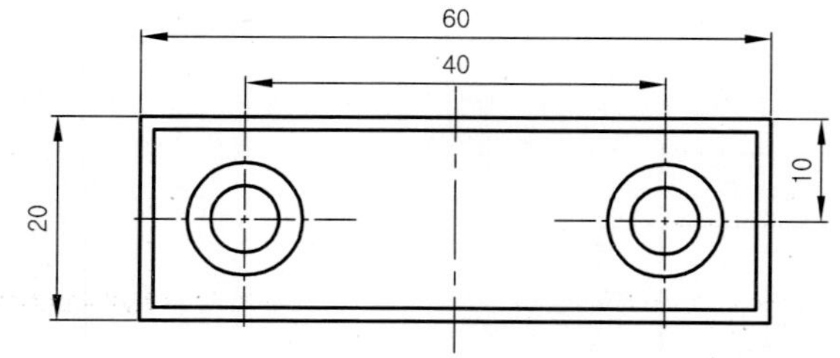

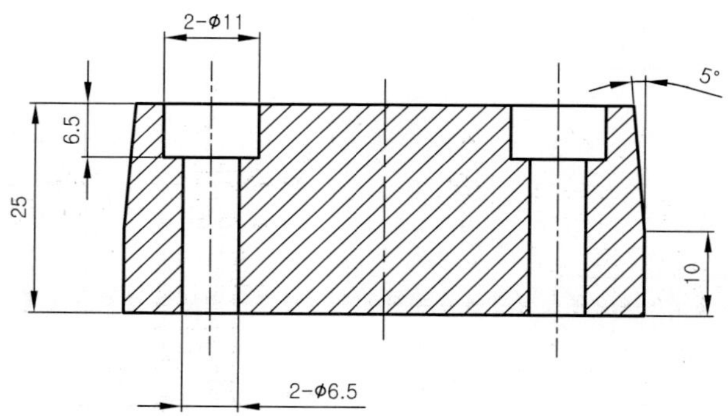

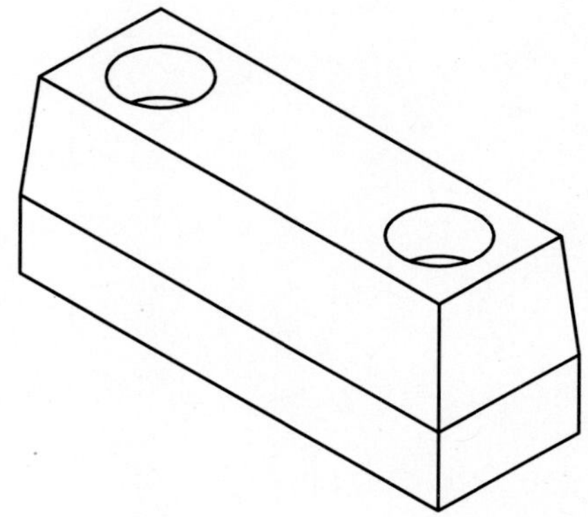

주서

1. 일반공차 - 가공부 : KS B 0412
2. 도시되고 지시없는모따기는 1x45°, 필렛 및 라운드 R3
3. 일반 모따기는 0.3~0.5x45°
4. 표면거칠기는 기호 비교표

x/ = 3.2/, 25S, ▽▽, N9
y/ = 0.8/, 6.3S, ▽▽▽, N7

25	인로우	STC3	6	HRC58
품 번	품 명	재 질	수 량	비 고
2단특수금형(콘넥타 터널게이트)			척 도	2 : 1
			투상법	3각법

26

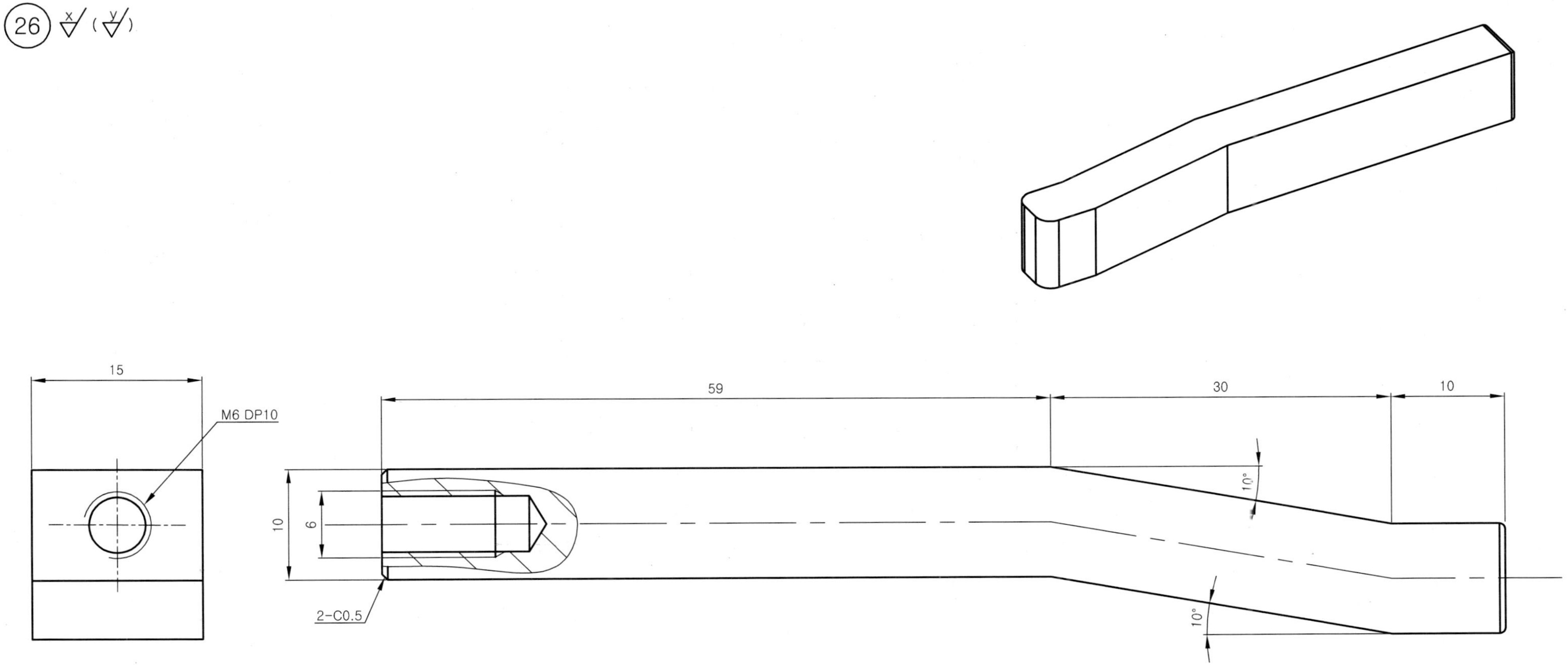

주서

1. 일반공차 - 가공부 : KS B 0412
2. 도시되고 지시없는모따기는 1x45°, 필렛 및 라운드 R3
3. 일반 모따기는 0.3~0.5x45°
4. 표면거칠기는 기호 비교표

x = 3.2, 25S, ▽▽, N9

y = 0.8, 6.3S, ▽▽▽, N7

26	도그래그 캠	STD11	4	HRC60
품 번	품 명	재 질	수 량	비 고
2단특수금형(콘넥타 터널게이트)			척 도	4 : 1
			투상법	3각법

(27) y

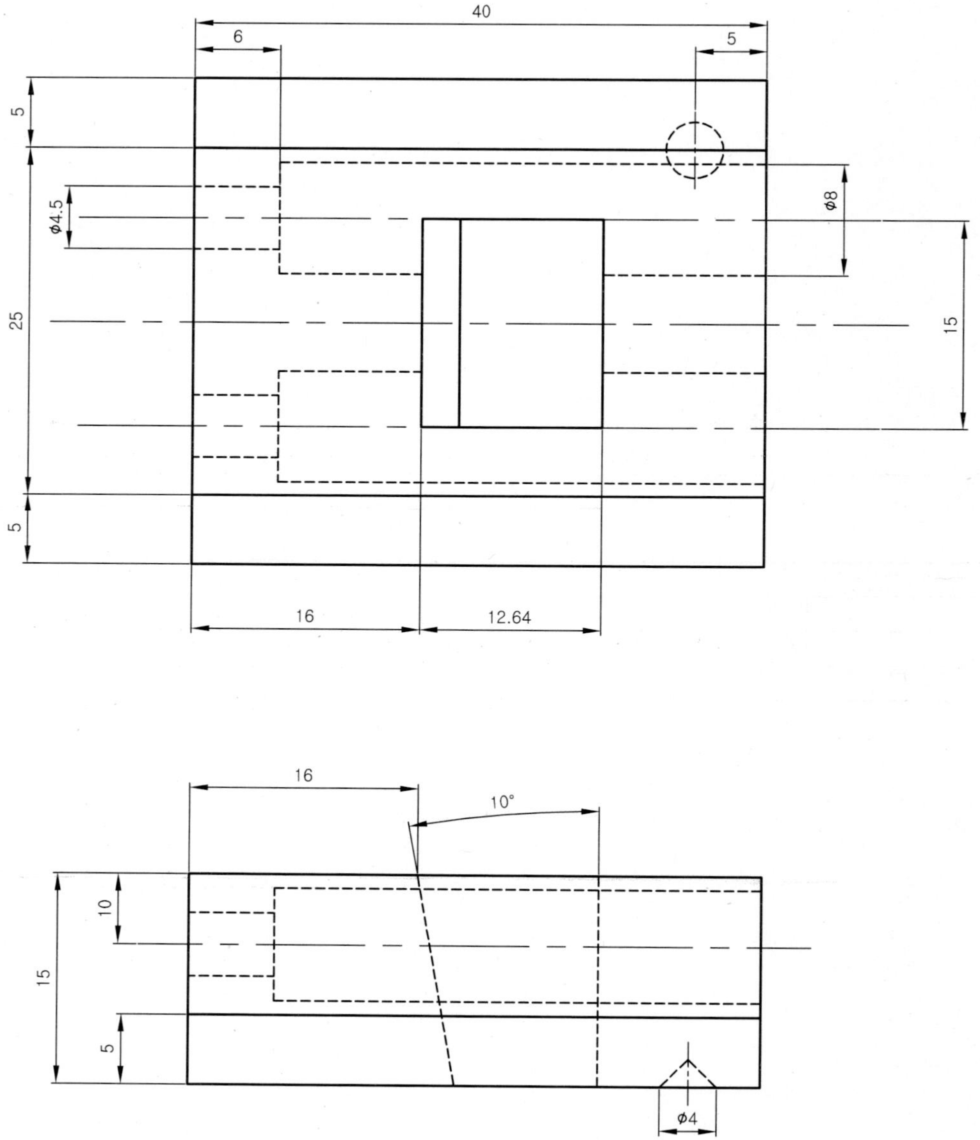

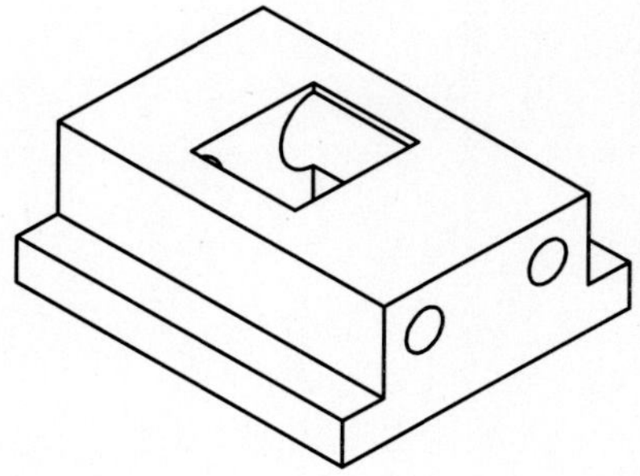

주서

1. 일반공차 - 가공부 : KS B 0412
2. 도시되고 지시없는모따기는 1x45°, 필렛 및 라운드 R3
3. 일반 모따기는 0.3~0.5x45°
4. 표면거칠기는 기호 비교표

x = 3.2, 25S, ▽▽, N9

y = 0.8, 6.3S, ▽▽▽, N7

27	슬라이드 코어	STD11	4	HRC60
품 번	품 명	재 질	수 량	비 고
2단특수금형(콘넥타 터널게이트)			척 도	4 : 1
			투상법	3각법

(28) y

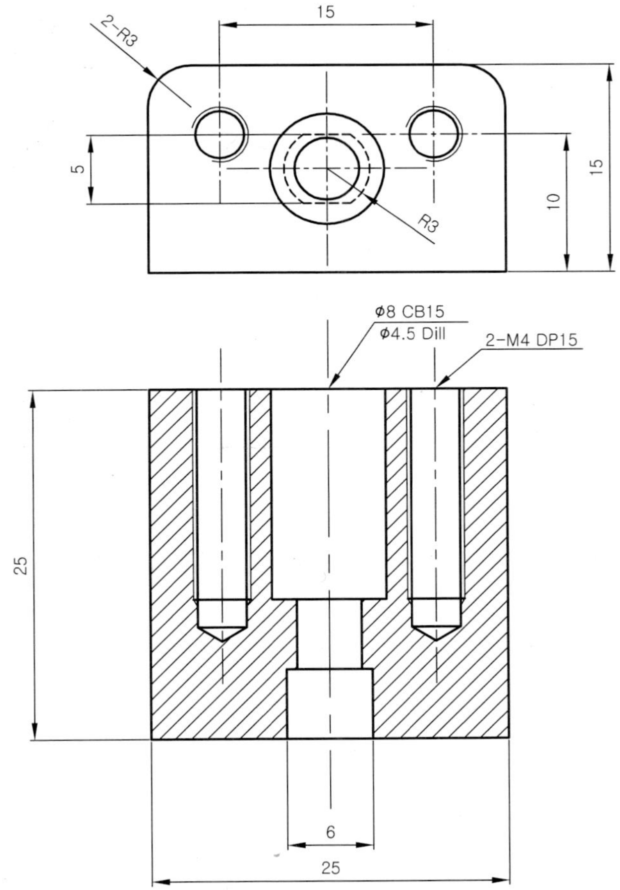

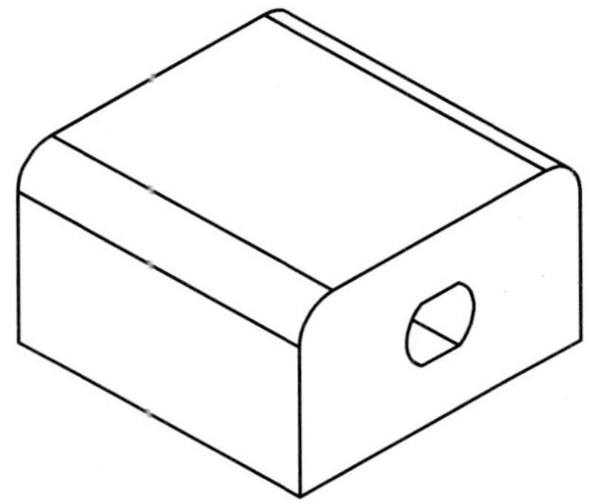

주서

1. 일반공차 - 가공부 : KS B 0412
2. 도시되고 지시없는모따기는 1x45°, 필렛 및 라운드 R3
3. 일반 모따기는 0.3~0.5x45°
4. 표면거칠기는 기호 비교표

x = 3.2, 25S, ▽▽, N9

y = 0.8, 6.3S, ▽▽▽, N7

28	슬라이드 코어 편	KP4	4	HRC60
품번	품명	재질	수량	비고
2단특수금형(콘넥타 터널게이트)			척도	4 : 1
			투상법	3각법

(29) $\overset{y}{\bigtriangledown}$

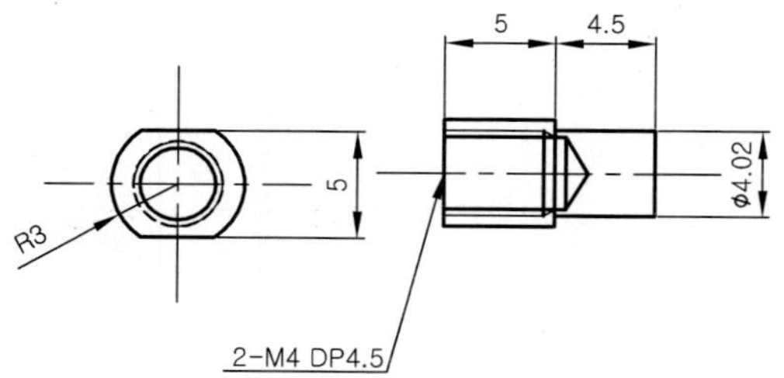

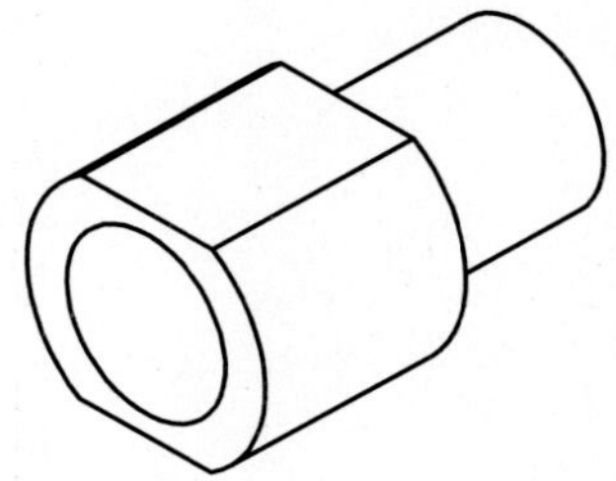

주서

1. 일반공차 - 가공부 : KS B 0412
2. 도시되고 지시없는모따기는 1x45°, 필렛 및 라운드 R3
3. 일반 모따기는 0.3~0.5x45°
4. 표면거칠기는 기호 비교표

x = 3.2, 25S , ▽▽, N9
y = 0.8, 6.3S , ▽▽▽, N7

29	슬라이드 코어 핀	KP4M	4	HRC58
품 번	품 명	재 질	수 량	비 고
2단특수금형(콘넥타 터널게이트)			척 도	4 : 1
			투상법	3각법

(30) x (y)

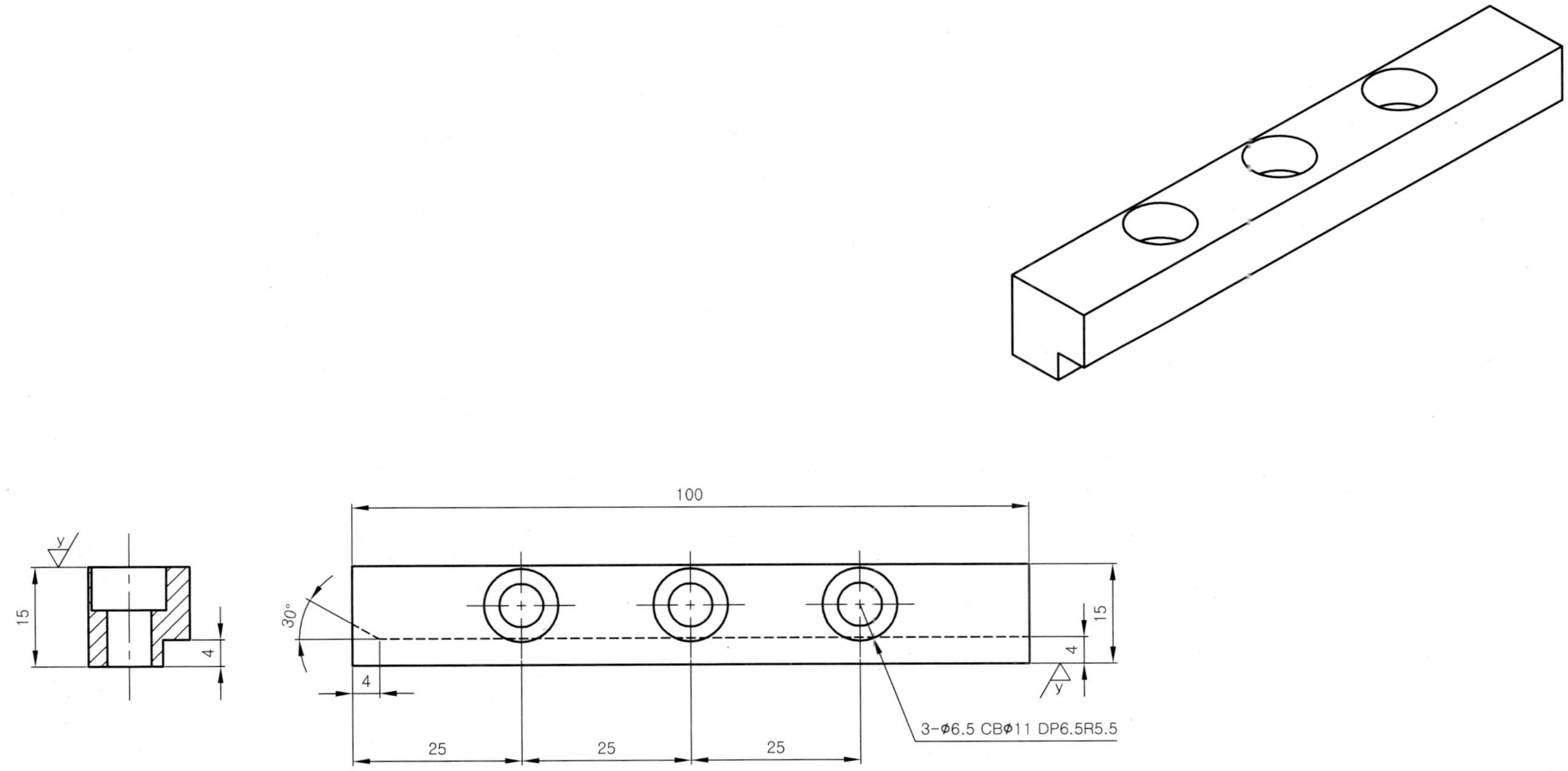

주서

1. 일반공차 - 가공부 : KS B 0412
2. 도시되고 지시없는모따기는 1x45°, 필렛 및 라운드 R3
3. 일반 모따기는 0.3~0.5x45°
4. 표면거칠기는 기호 비교표

x = 3.2, 25S, ▽▽, N9

y = 0.8, 6.3S, ▽▽▽, N7

30	가이드 레일	SKS3	8	HRC53
품 번	품 명	재 질	수 량	비 고
2단특수금형(콘넥타 터널게이트)			척 도	1 : 1
			투상법	3각법

(31) y

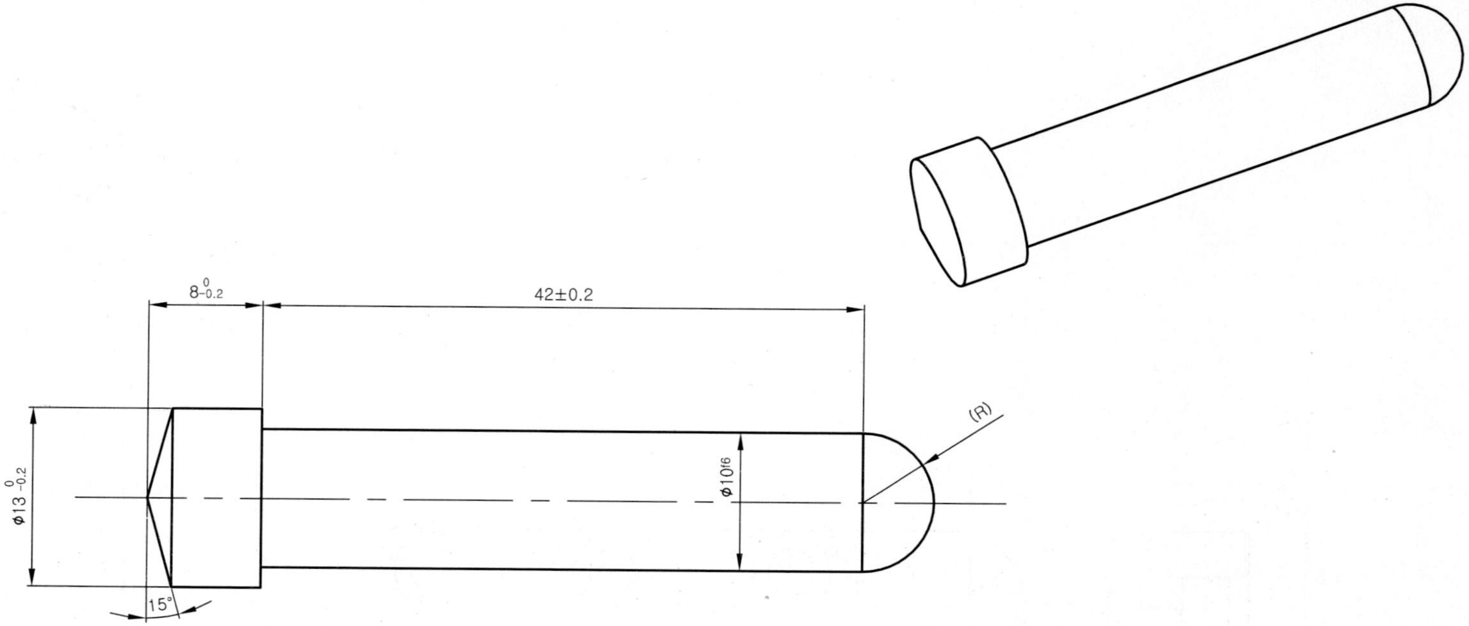

주서

1. 일반공차 - 가공부 : KS B 0412
2. 도시되고 지시없는모따기는 1x45°, 필렛 및 라운드 R3
3. 일반 모따기는 0.3~0.5x45°
4. 표면거칠기는 기호 비교표

x = 3.2, 25S, ▽▽, N9

y = 0.8, 6.3S, ▽▽▽, N7

31	앵귤러 핀	STD11	4	HRC60
품 번	품 명	재 질	수 량	비 고
2단특수금형(콘넥타 터널게이트)			척 도	4 : 1
			투상법	3각법

(32) $\overset{y}{\nabla}$

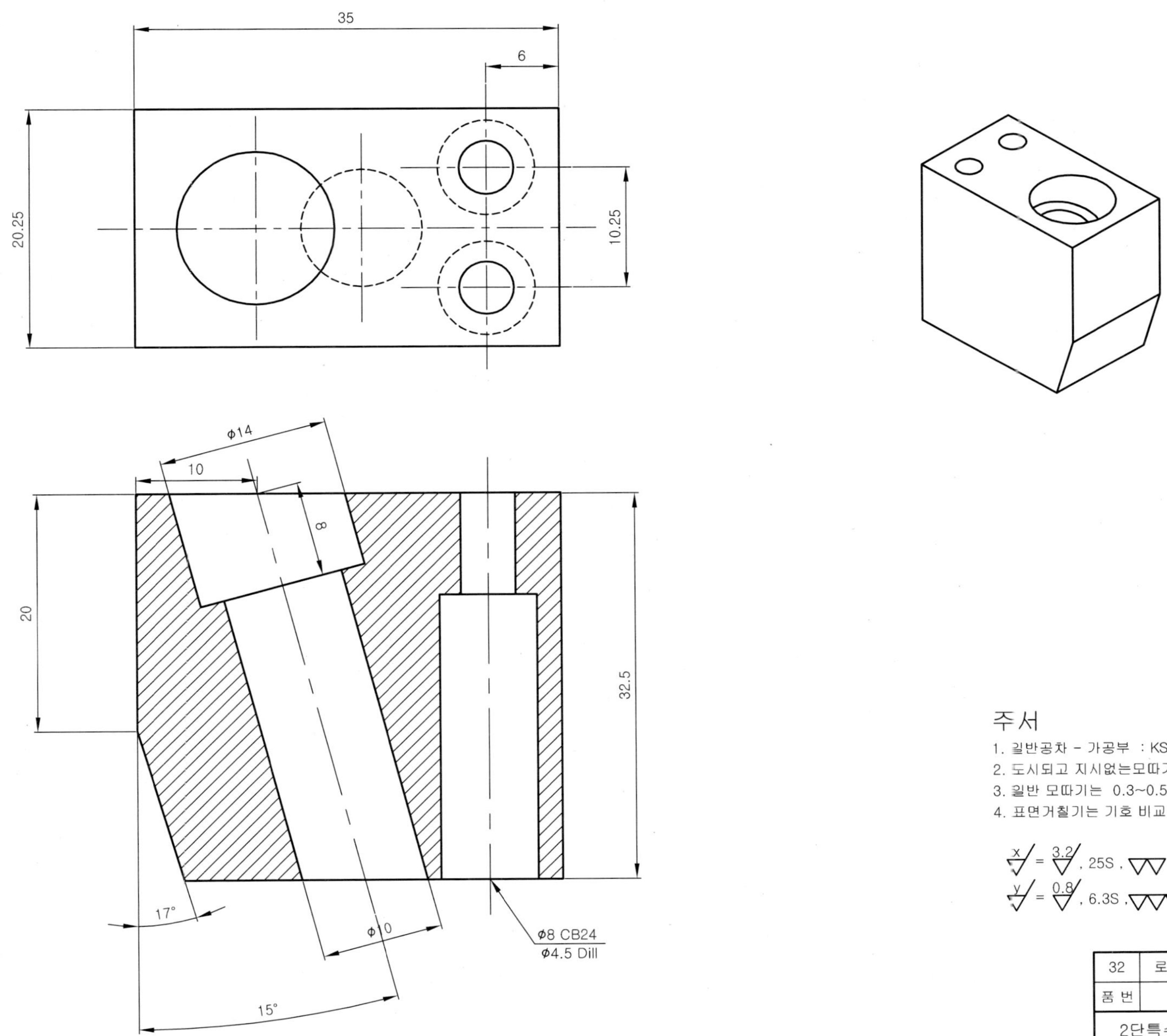

주서

1. 일반공차 - 가공부 : KS B 0412
2. 도시되고 지시없는모따기는 1x45°, 필렛 및 라운드 R3
3. 일반 모따기는 0.3~0.5x45°
4. 표면거칠기는 기호 비교표

x/ = 3.2/, 25S , ▽▽, N9

y/ = 0.8/, 6.3S , ▽▽▽, N7

32	로킹 블록	STD11	4	HRC60
품 번	품 명	재 질	수 량	비 고
2단특수금형(콘넥타 터널게이트)			척 도	4 : 1
			투상법	3각법

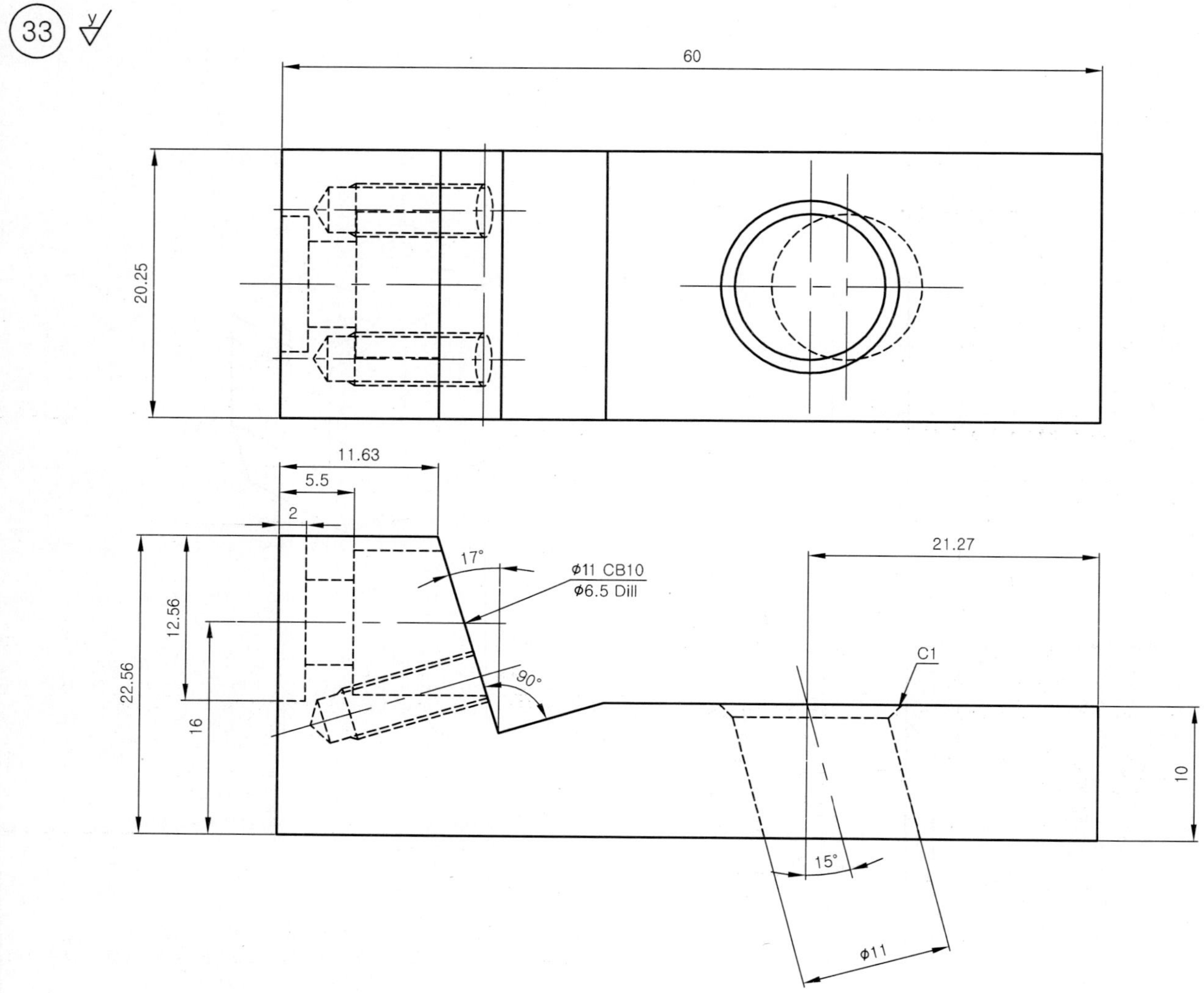

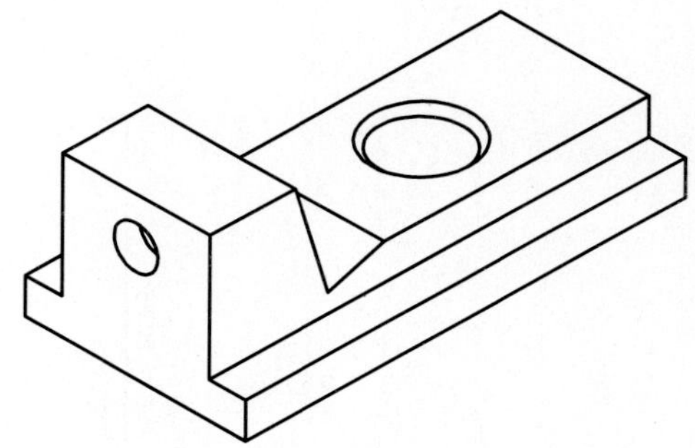

주서

1. 일반공차 - 가공부 : KS B 0412
2. 도시되고 지시없는모따기는 1x45°, 필렛 및 라운드 R3
3. 일반 모따기는 0.3~0.5x45°
4. 표면거칠기는 기호 비교표

x/ = 3.2/, 25S, ▽▽, N9

y/ = 0.8/, 6.3S, ▽▽▽, N7

33	슬라이드 코어	STD11	4	HRC60
품 번	품 명	재 질	수 량	비 고
2단특수금형(콘넥타 터널게이트)			척 도	4 : 1
			투상법	3각법

(34) y

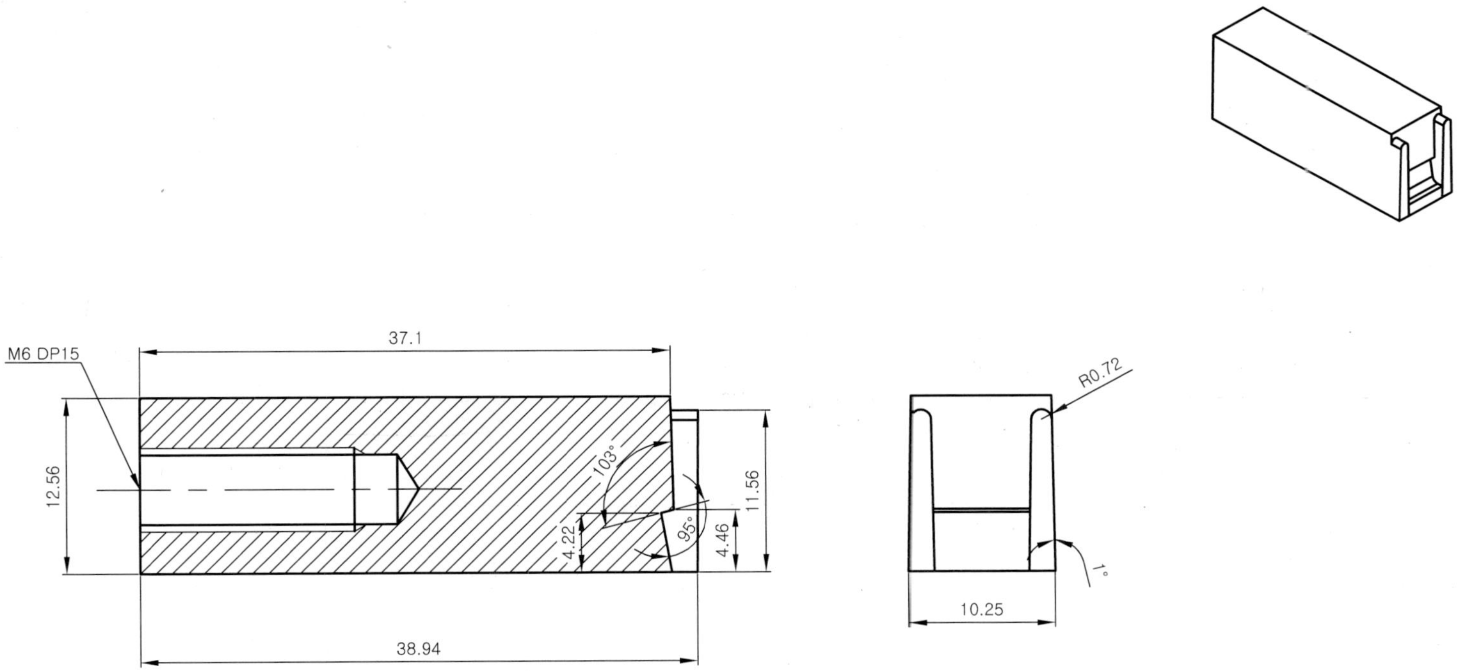

주서

1. 일반공차 - 가공부 : KS B 0412
2. 도시되고 지시없는모따기는 1x45°, 필렛 및 라운드 R3
3. 일반 모따기는 0.3~0.5x45°
4. 표면거칠기는 기호 비교표

x = 3.2, 25S, ▽▽, N9
y = 0.8, 6.3S, ▽▽▽, N7

34	슬라이드 코어 편	KP4M	4	HRC58
품 번	품 명	재 질	수 량	비 고
2단특수금형(콘넥타 터널게이트)			척 도	2 : 1
			투상법	3각법

(35) x (y)

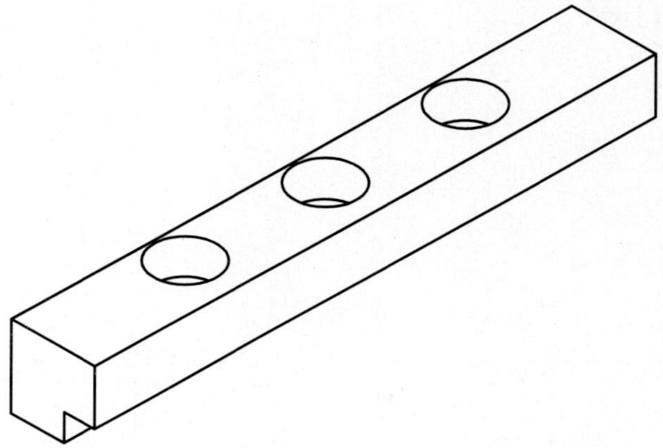

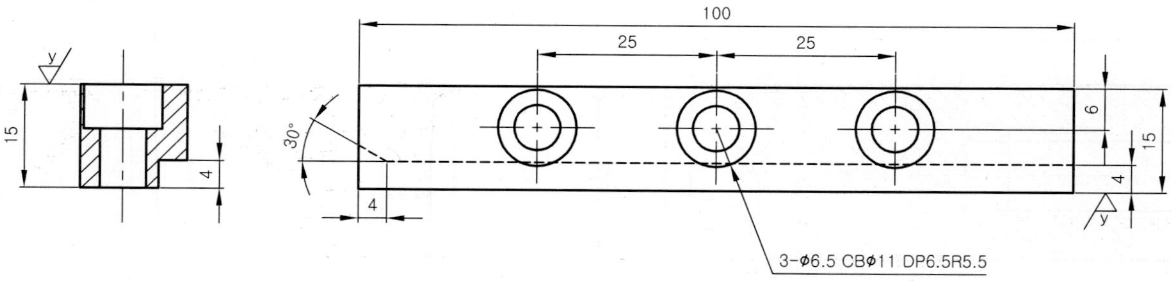

주서

1. 일반공차 - 가공부 : KS B 0412
2. 도시되고 지시없는모따기는 1x45°, 필렛 및 라운드 R3
3. 일반 모따기는 0.3~0.5x45°
4. 표면거칠기는 기호 비교표

x = 3.2, 25S , ▽▽, N9

y = 0.8, 6.3S , ▽▽▽, N7

35	가이드 레일	STS3	8	HRC30
품 번	품 명	재 질	수 량	비 고
2단특수금형(콘넥타 터널게이트)			척 도	2 : 1
			투상법	3각법

36 x (y)

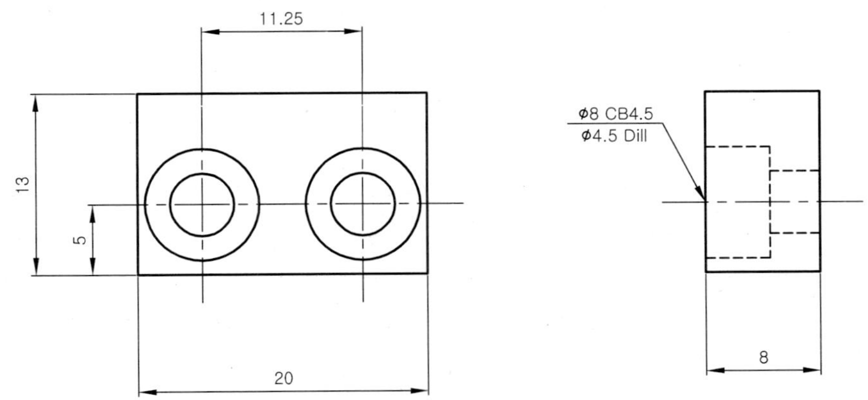

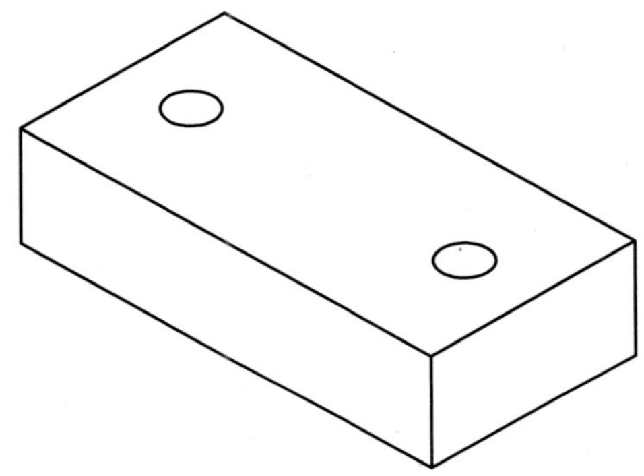

주서

1. 일반공차 – 가공부 : KS B 0412
2. 도시되고 지시없는모따기는 1x45°, 필렛 및 라운드 R3
3. 일반 모따기는 0.3~0.5x45°
4. 표면거칠기는 기호 비교표

x = 3.2, 25S, ▽▽, N9

y = 0.8, 6.3S, ▽▽▽, N7

36	연마판	STC3	4	HRC50
품 번	품 명	재 질	수 량	비 고
2단특수금형(콘넥타 터널게이트)			척 도	4 : 1
			투상법	3각법

37 x∇ (y∇)

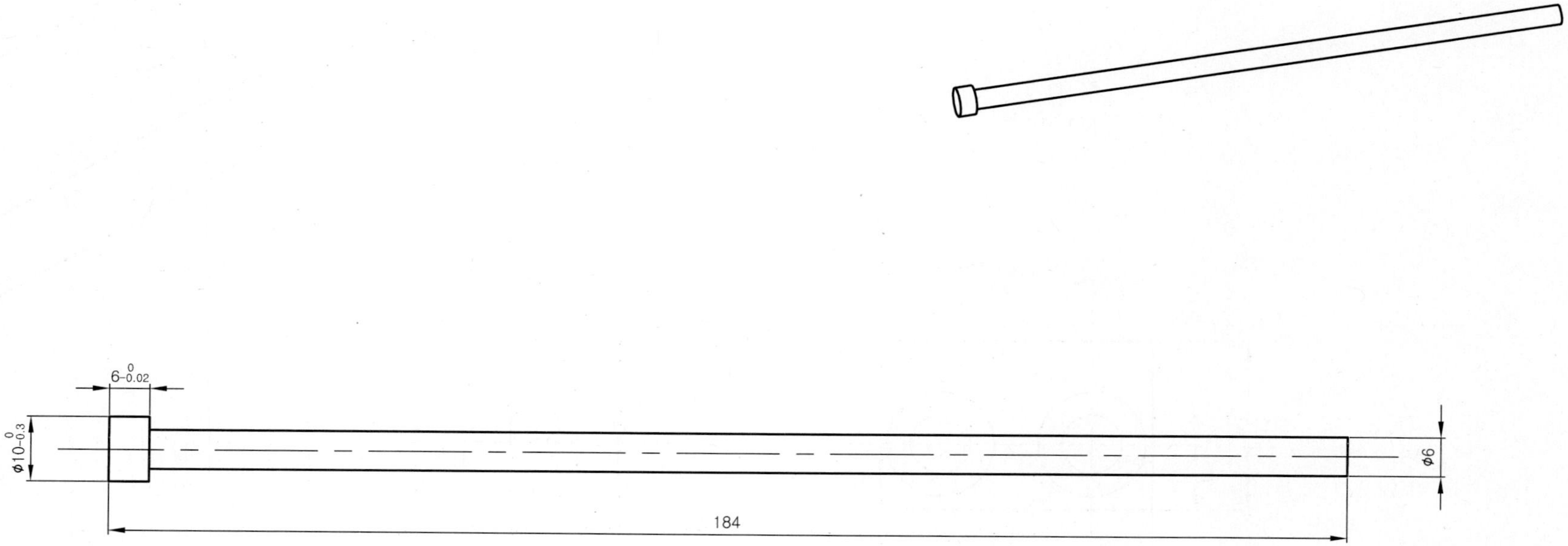

주서

1. 일반공차 - 가공부 : KS B 0412
2. 도시되고 지시없는모따기는 1x45°, 필렛 및 라운드 R3
3. 일반 모따기는 0.3~0.5x45°
4. 표면거칠기는 기호 비교표

x∇ = 3.2∇, 25S , ∇∇, N9
y∇ = 0.8∇, 6.3S , ∇∇∇, N7

37	이젝트 핀	STC3	8	
품 번	품 명	재 질	수 량	비 고
2단특수금형(콘넥타 터널게이트)			척 도	1 : 1
			투상법	3각법

(38) $\overset{x}{\nabla}$ ($\overset{y}{\nabla}$)

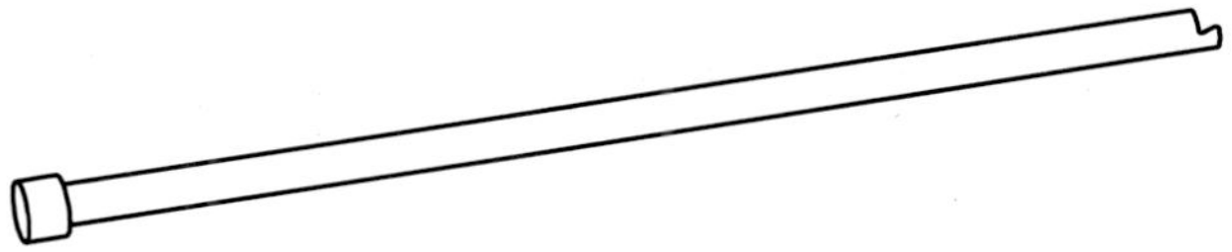

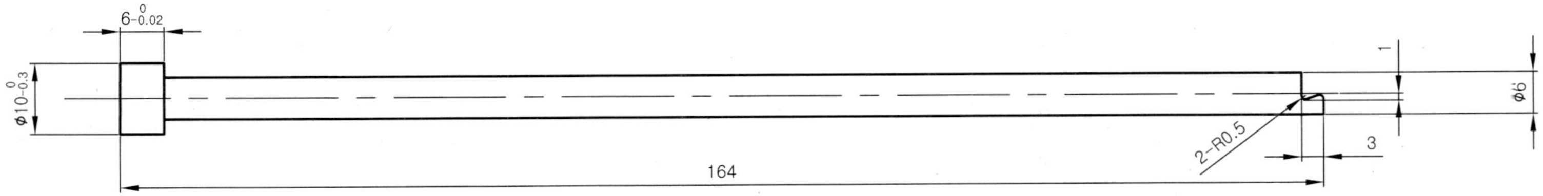

주서

1. 일반공차 - 가공부 : KS B 0412
2. 도시되고 지시없는모따기는 1x45°, 필렛 및 라운드 R3
3. 일반 모따기는 0.3~0.5x45°
4. 표면거칠기는 기호 비교표

$\overset{x}{\nabla}$ = $\overset{3.2}{\nabla}$, 25S , ▽▽, N9

$\overset{y}{\nabla}$ = $\overset{0.8}{\nabla}$, 6.3S , ▽▽▽, N7

38	스프루 록 핀	STD61	1	HRC50
품 번	품 명	재 질	수 량	비 고
2단특수금형(콘넥타 터널게이트)			척 도	4 : 1
			투상법	3각법

39 x/ (y/)

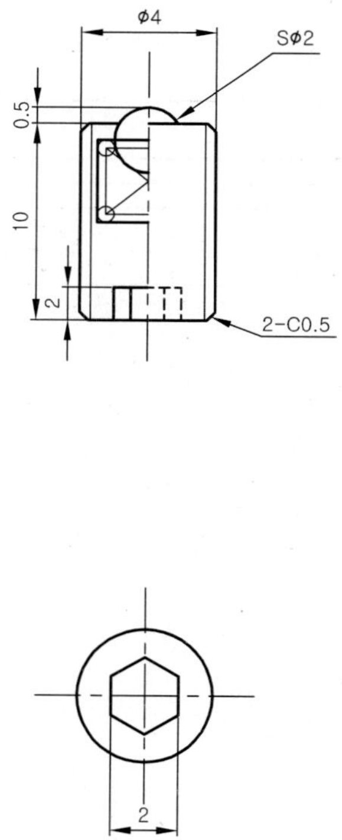

주서

1. 일반공차 - 가공부 : KS B 0412
2. 도시되고 지시없는모따기는 1x45°, 필렛 및 라운드 R3
3. 일반 모따기는 0.3~0.5x45°
4. 표면거칠기는 기호 비교표

x/ = 3.2/ , 25S , ▽▽, N9

y/ = 0.8/ , 6.3S , ▽▽▽, N7

39	볼플런저	SCM435	4	
품 번	품 명	재 질	수 량	비 고
2단특수금형(콘넥타 터널게이트)			척 도	4 : 1
			투상법	3각법

4.4 2단 특수금형(Heteromorphy-cover)

▮ 요구사항

1) 2D제품도 & 3차원 solid model를 이용한 설계
2) 적용 수지 : ABS, 수축률 5/1000, 빼기구배는 고려하지 않아도 됨.
3) 사출성형기 사양 : 고정측 중앙부 구멍 직경 ∅100mm, 사출노즐의 선단직경은 ∅19mm, 사출기 노즐직경은 3mm.
4) 금형 종류 : 2단금형/슬라이드금형 (2 cavity)
5) 유동주입기구 : gate 위치 및 종류는 설계자가 결정하여 할 것.
6) 취출시스템
   6-1) 제품 취출을 위한 취출기구를 설계자 임의로 결정하여 모델링할 것.
   6-2) under cut처리 : 상,하 슬라이드 구조 및 경사슬라이드(변형밀핀) 등을 사용할 것.
7) 형상부
   7-1) 파팅 : 제품표면에 파팅라인이 없도록 할 것.
   7-2) 형상부 설계 분할 작업을 통하여 고정측, 가동측을 각각 별도
8) 냉각시스템 : 고정측, 가동측 냉각은 별도로 설계할 것(슬라이드 냉각 필요시 적용)
9) Moldbase
   9-1) 설계방안에 맞는 2단 moldbase를 설계자가 선택하여 결정할 것.
   9-2) bolt, O-ring, eye-bolt-tap, tap, nipple 등은 설계하지 않아도 됨.
   9-3) 설계하고자 하는 금형의 구조 및 작동성에 맞추어서 guide pin, bush, pin류 등은 설계자가 선정하여 설계할 것.

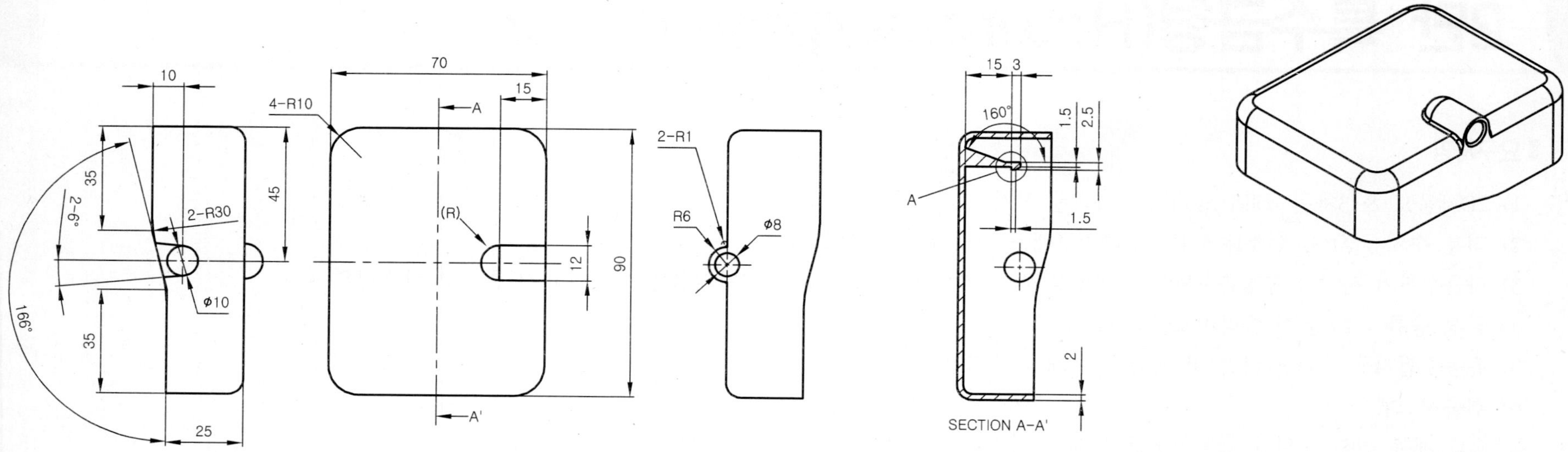

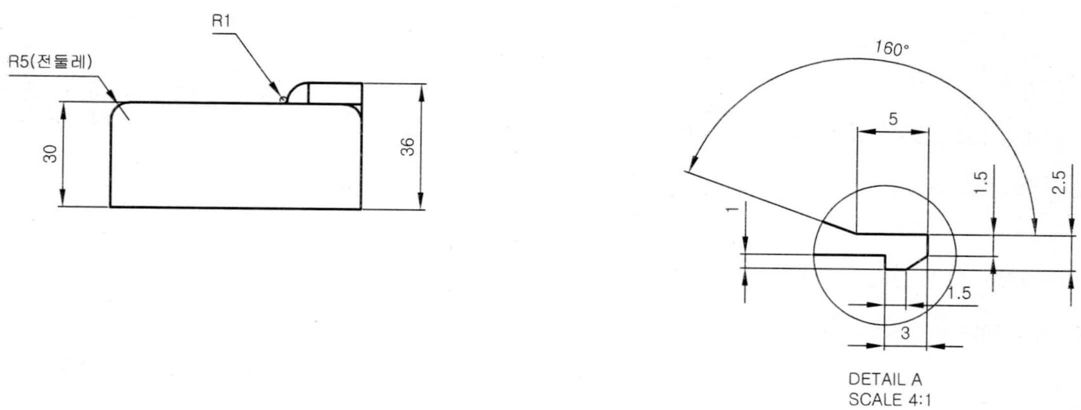

주서

1. 일반공차 - 가공부 : KS B 0412
2. 도시되고 지시없는모따기는 1x45°, 필렛 및 라운드 R3
3. 일반 모따기는 0.3~0.5x45°
4. 표면거칠기는 기호 비교표

x/ = 3.2/, 25S , ▽▽, N9

y/ = 0.8/, 6.3S , ▽▽▽, N7

0	Product	ABS	2	
품 번	품 명	재 질	수 량	비 고
작품명	heteromorphy-cover		척 도	2 : 1
			투상법	3각법

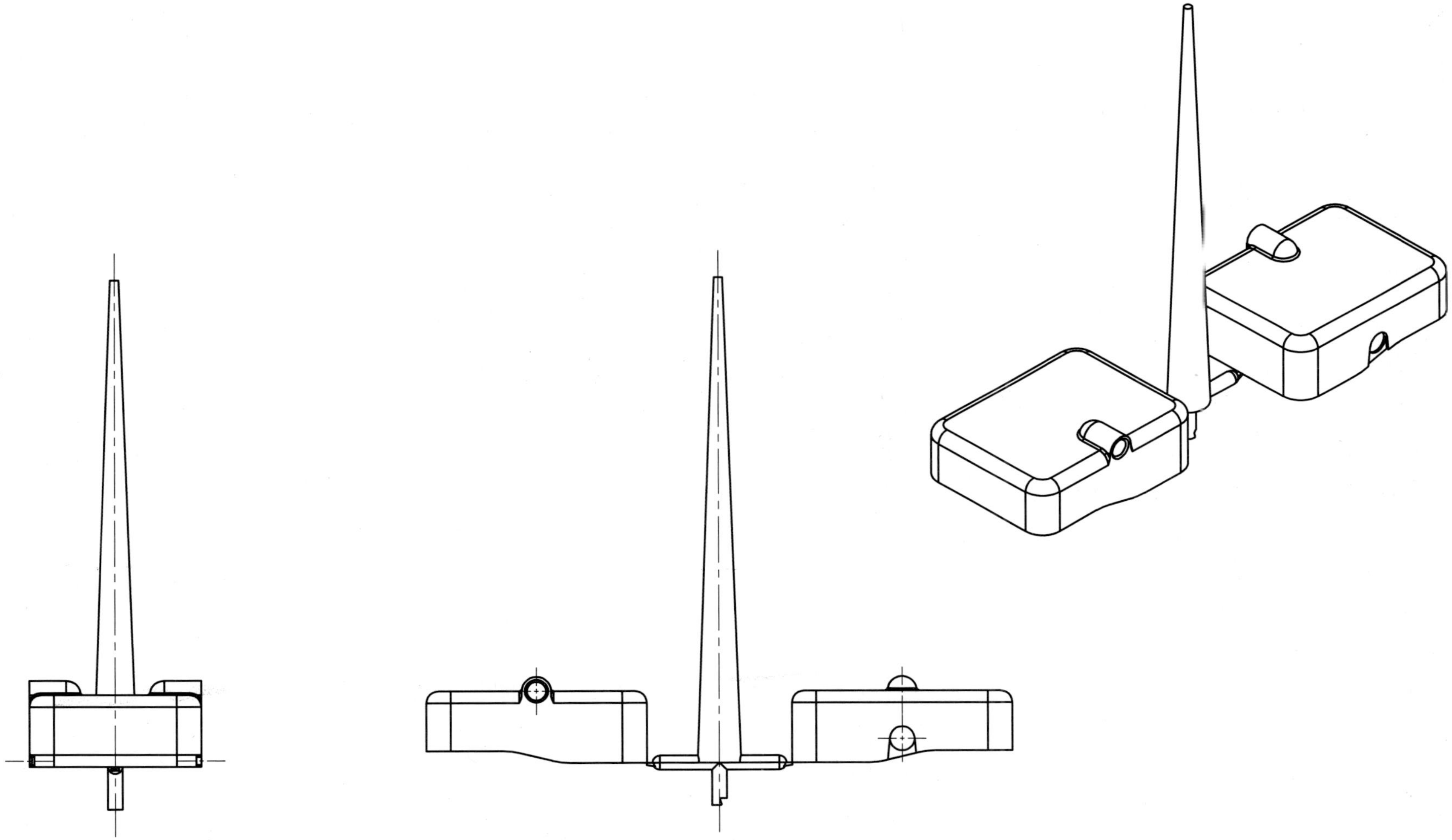

0	유동기구	ABS	1	
품 번	품 명	재 질	수 량	비 고
작품명	heteromorphy-cover		척 도	2 : 1
			투상법	3각법

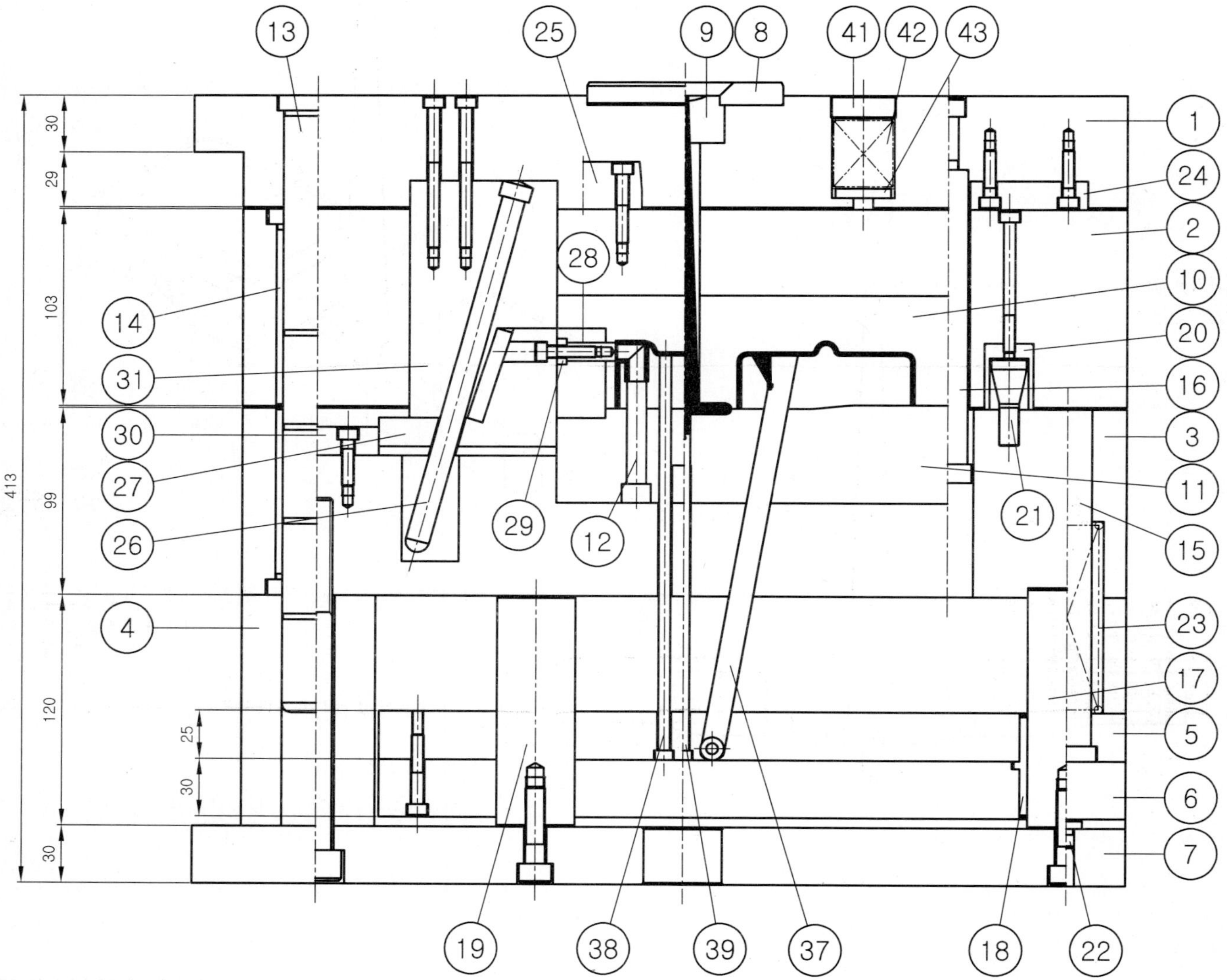

품번	품 명	재질	수량	규격	비고
43	푸셔 핀	STC3	4	φ30x32	
42	스프링	STC2	4	TR26x37	
41	세트스크류	SM45C	4	M33	
40	볼플런저	규격품	4	M8	
39	스프루 록 핀	STD61	1	φ6x145	HRC50
38	이젝트 핀	STC3	8	φ5x188	
37	변형밀핀	STC3	4	8x12x187	HRC50
36	가이드 레일	SKS3	4	17x155x15	HRC30
35	슬라이드 코어 핀	KP4M	4	15x37x20	HRC58
34	슬라이드 코어	KP4	2	45x105x45	HRC60
33	로킹블록	STD11	2	45x40x60	HRC60
32	앵귤러 핀	STD11	2	φ12x88	HRC60
31	로킹블록	STD11	2	75x35x125	HRC60
30	가이드 레일	SKS3	4	17X120X15	HRC30
29	슬라이드 코어 핀	KP4M	2	φ10x45	HRC58
28	슬라이드 코어 편	KP4	2	35x25x48	HRC58
27	슬라이드 코어	KP4	2	35x90x68	HRC58
26	앵귤러 핀	STD11	2	φ12x187	HRC60
25	인로우	STC3	6	60x20x25	HRC58
24	파팅 플레이트	STC3	8	60x50x15	HRC58
23	스프링	STC2	4	TR36x80	
22	스톱 핀	STC3	4	φ16x15	
21	파팅 록	SCM435	4	φ20x25	
20	파팅록 부시	SM45C	4	φ20x35	
19	서포터 필러	SM45C	6	φ40x100	
18	이젝트 가이드 부시	STC3	2	φ40x50	HRC58
17	이젝트 가이드 핀	STC3	2	φ40x120	HRC58
16	풀러 볼트	STC3	4	φ20x210	HRC58
15	리턴 핀	STC3	4	φ30x165	HRC58
14	가이드 부시	STC3	8	φ40x100	HRC50
13	서포터 핀	STC3	4	φ40x400	HRC58
12	코어 핀	KP4M	2	φ10x80	HRC30
11	코어	KP4M	1	130x300x50	HRC30
10	캐비티	KP4M	1	130x300x60	HRC30
9	스프루 부시	SM45C	1	φ40x200	
8	로케이트 링	SM45C	1	φ100x15	
7	가동측 설치판	SM45C	1	500x500x35	
6	이젝터 플레이트(하)	SM45C	1	290x500x30	
5	이젝터 플레이트(상)	SM45C	1	290x500x25	
4	스페이서 블록	SM45C	2	78x500x100	
3	가동측 형판	SM45C	1	450x500x100	
2	고정측 형판	SM45C	1	450x500x104	
1	고정측 설치판	SM45C	1	500x500x59	

2단특수금형 (heteromorphy-cover)	척 도	N S
	각 법	3각법

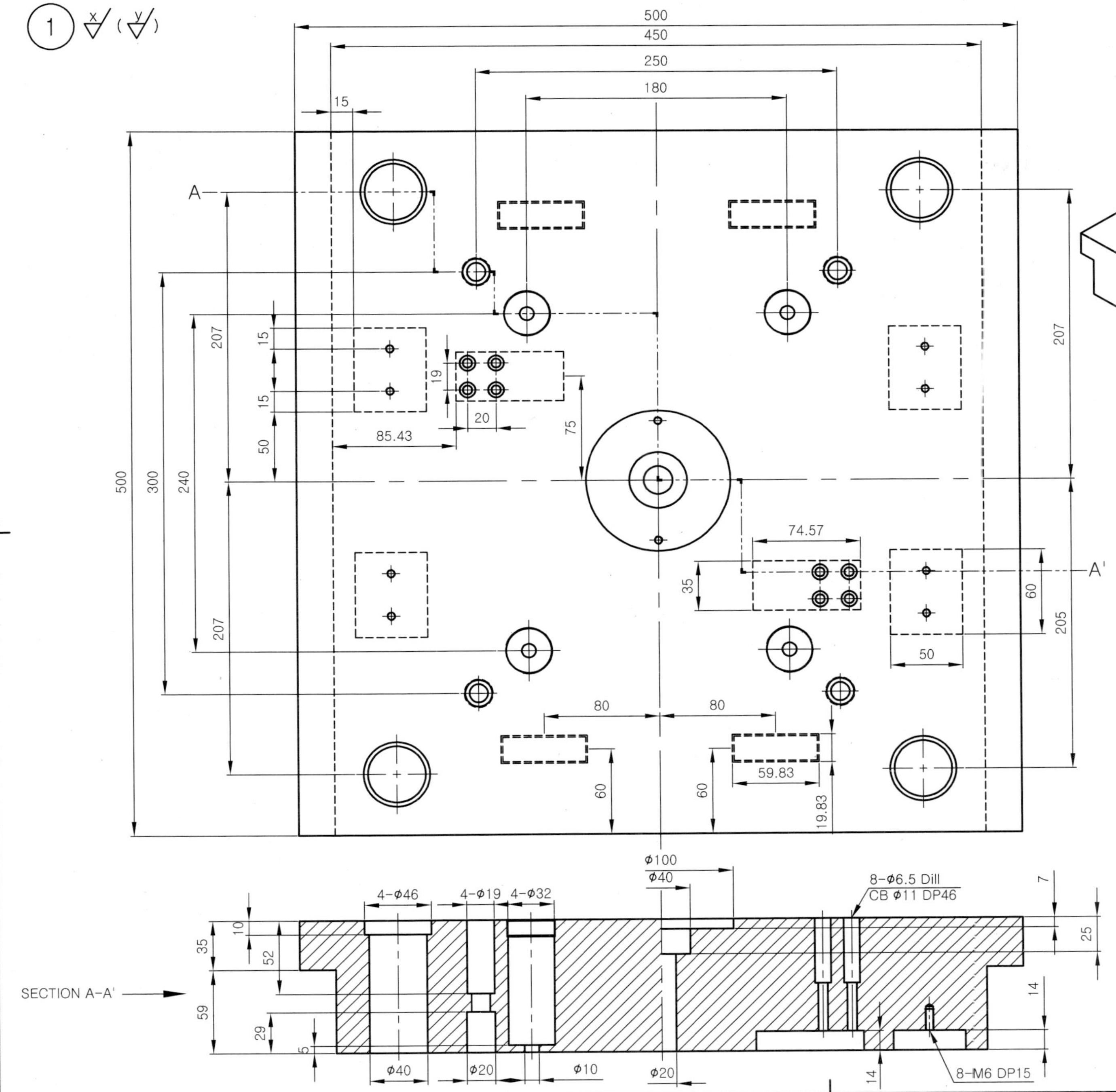

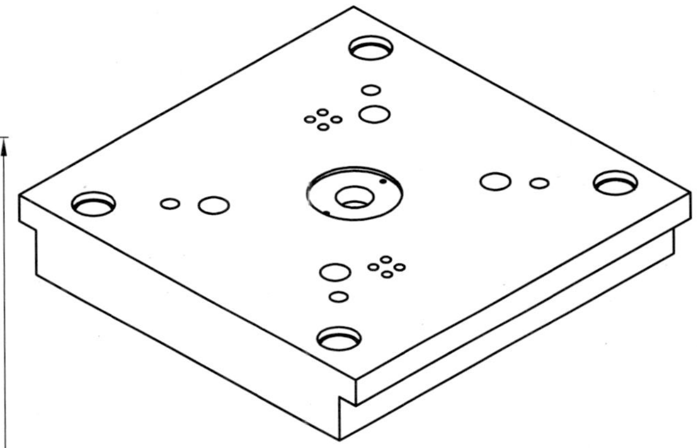

주서

1. 일반공차 - 가공부 : KS B 0412
2. 드시되고 지시없는모따기는 1x45°, 필렛 및 라운드 R3
3. 일반 모따기는 0.3~0.5x45°
4. 표면거칠기는 기호 비교표

x/ = 3.2/, 25S, ▽▽, N9

y/ = 0.8/, 6.3S, ▽▽▽, N7

1	고정측 설치판	SM45C	1	
품 번	품 명	재 질	수 량	비 고
2단특수금형 (heteromorphy-cover)			척 도	1 : 0.5
			투상법	3각법

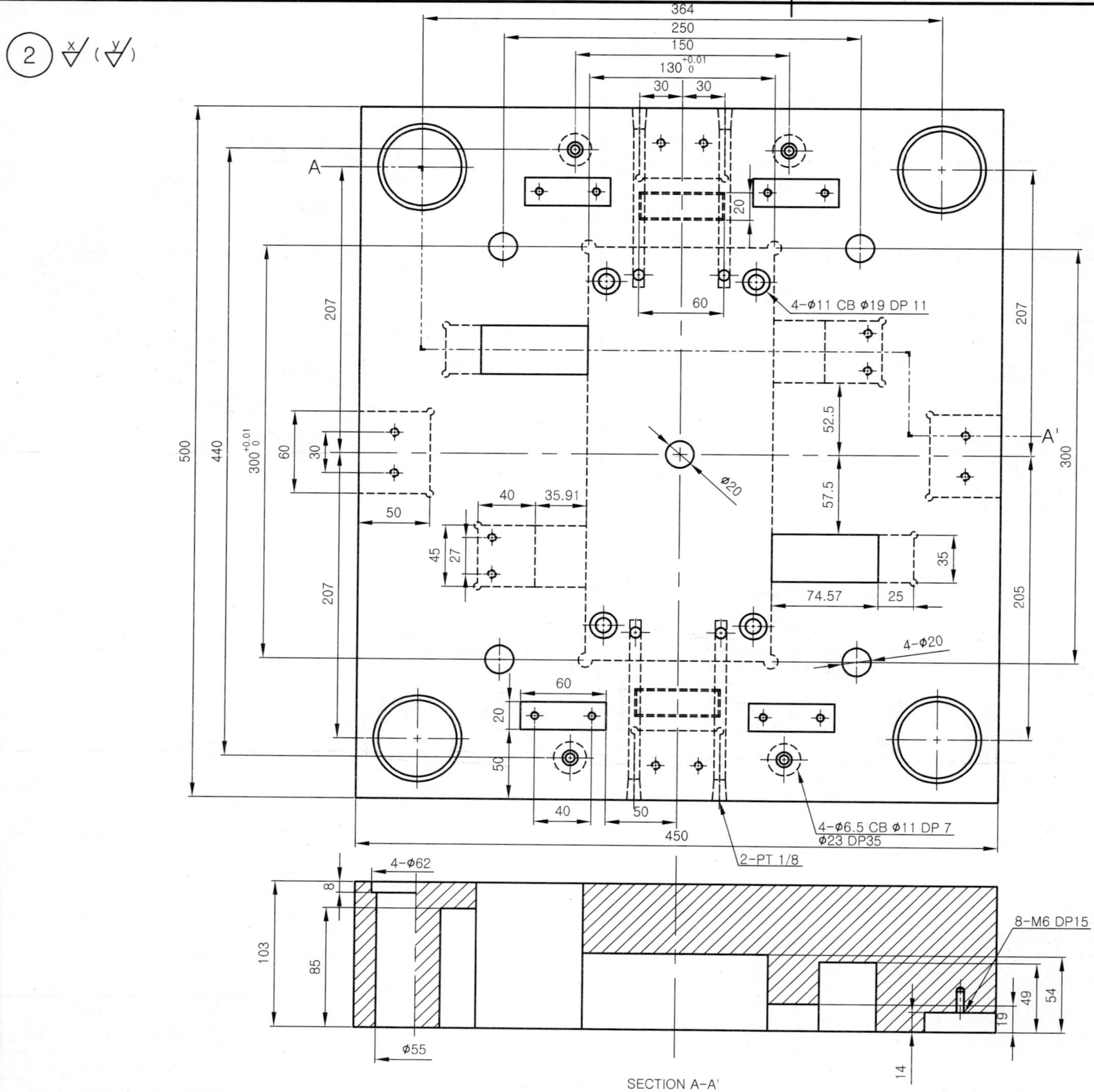

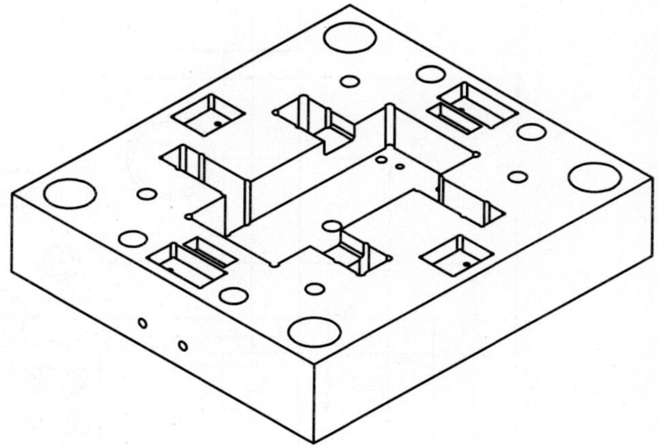

주서

1. 일반공차 - 가공부 : KS B 0412
2. 도시되고 지시없는모따기는 1x45°, 필렛 및 라운드 R3
3. 일반 모따기는 0.3~0.5x45°
4. 표면거칠기는 기호 비교표

x/ = 3.2/ , 25S , ▽▽, N9

y/ = 0.8/ , 6.3S , ▽▽▽, N7

2	고정측 형판	SM45C	1	
품 번	품 명	재 질	수 량	비 고
2단특수금형 (heteromorphy-cover)			척 도	1 : 0.5
			투상법	3각법

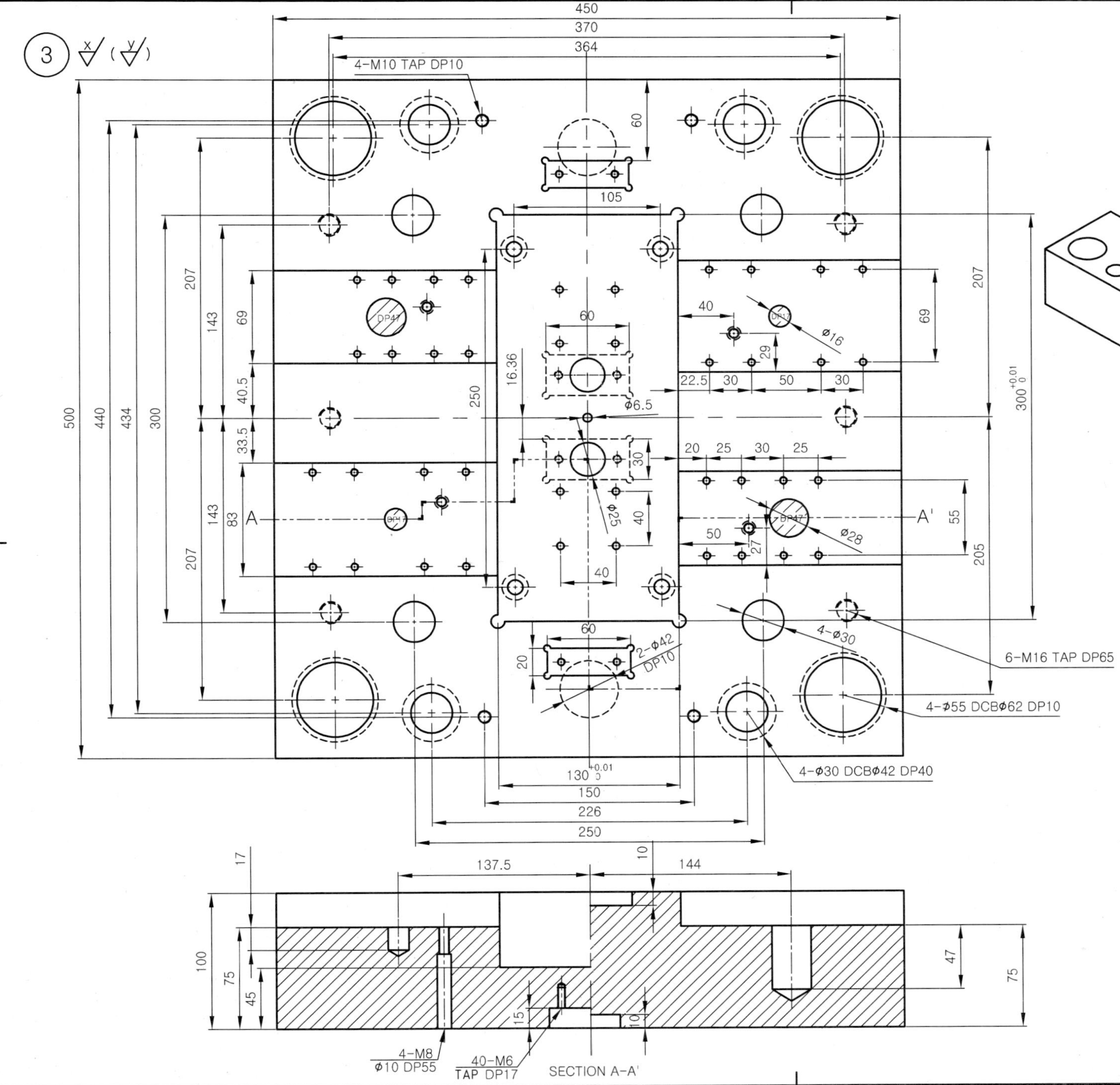

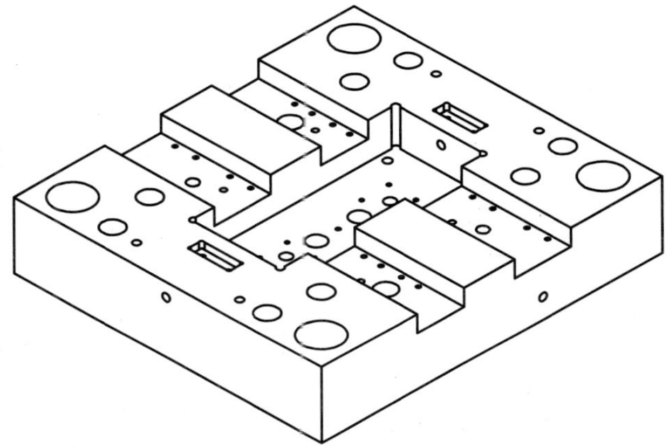

주서

1. 일반공차 - 가공부 : KS B 0412
2. 도시되고 지시없는모따기는 1x45°, 필렛 및 라운드 R3
3. 일반 모따기는 0.3~0.5x45°
4. 표면거칠기는 기호 비교표

x/ = 3.2/ , 25S , ▽▽, N9

y/ = 0.8/ , 6.3S , ▽▽▽, N7

3	가동측 형판	SM45C	1	
품 번	품 명	재 질	수 량	비 고
2단특수금형 (heteromorphy-cover)			척 도	1 : 0.5
			투상법	3각법

④ x/ (y/)

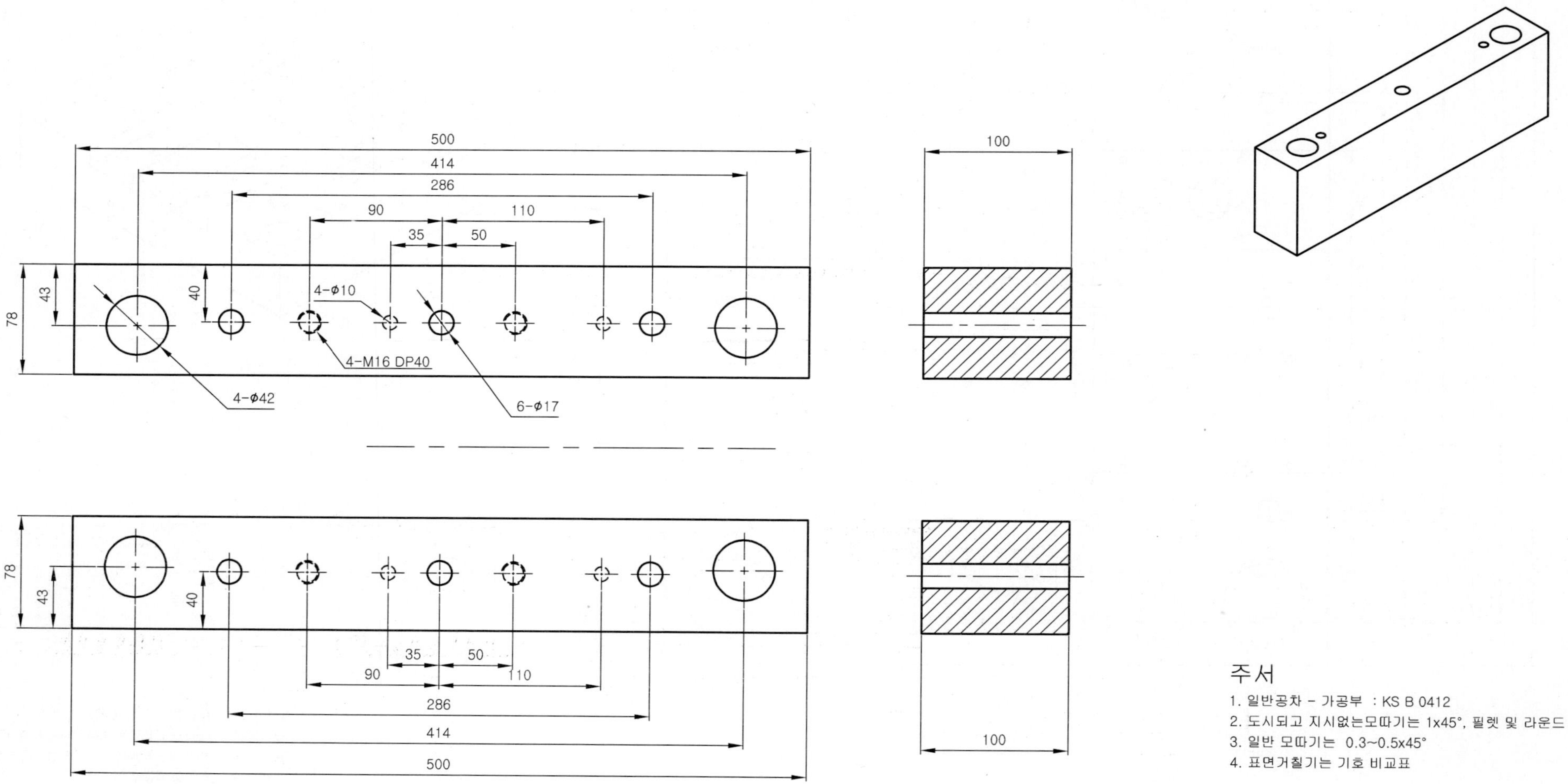

주서

1. 일반공차 - 가공부 : KS B 0412
2. 도시되고 지시없는모따기는 1x45°, 필렛 및 라운드 R3
3. 일반 모따기는 0.3~0.5x45°
4. 표면거칠기는 기호 비교표

x/ = 3.2/ , 25S , ▽▽ , N9
y/ = 0.8/ , 6.3S , ▽▽▽ , N7

4	스페이서 블록	SM45C	2	
품 번	품 명	재 질	수 량	비 고
2단특수금형 (heteromorphy-cover)			척 도	1 : 0.5
			투상법	3각법

⑤ x (y)

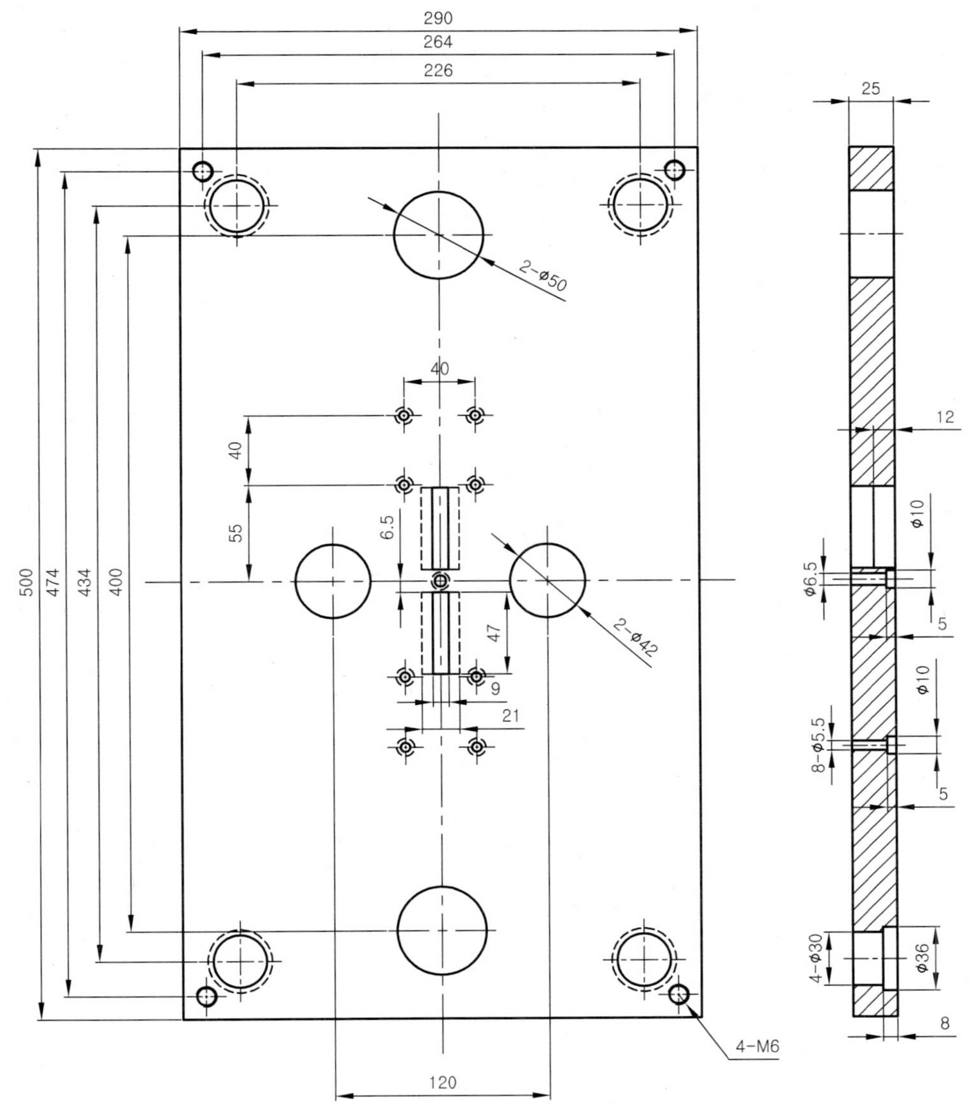

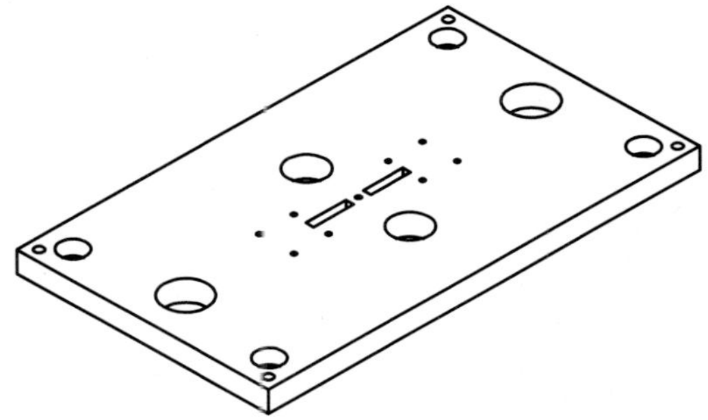

주서

1. 일반공차 - 가공부 : KS B 0412
2. 도시되고 지시없는모따기는 1x45°, 필렛 및 라운드 R3
3. 일반 모따기는 0.3~0.5x45°
4. 표면거칠기는 기호 비교표

x = 3.2, 25S, ▽▽, N9

y = 0.8, 6.3S, ▽▽▽, N7

5	이젝터 플레이트(상)	SM45C	1	
품 번	품 명	재 질	수 량	비 고
2단특수금형 (heteromorphy-cover)			척 도	1 : 0.5
			투상법	3각법

6 x (y)

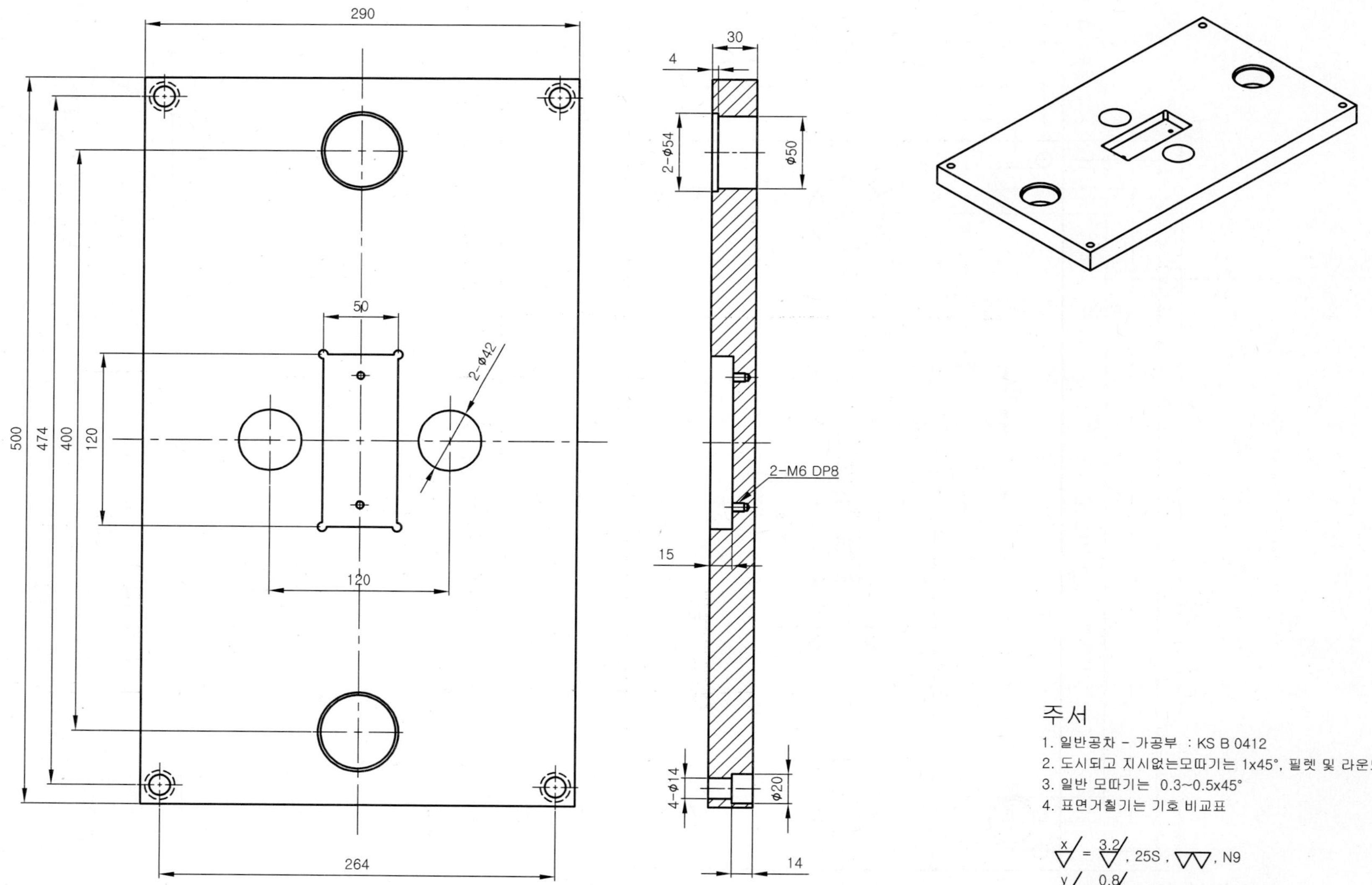

주서

1. 일반공차 - 가공부 : KS B 0412
2. 도시되고 지시없는모따기는 1x45°, 필렛 및 라운드 R3
3. 일반 모따기는 0.3~0.5x45°
4. 표면거칠기는 기호 비교표

x = 3.2, 25S, ▽▽, N9

y = 0.8, 6.3S, ▽▽▽, N7

6	이젝터 플레이트(하)	SM45C	1	
품 번	품 명	재 질	수 량	비 고
2단특수금형 (heteromorphy-cover)			척 도	1 : 0.5
			투상법	3각법

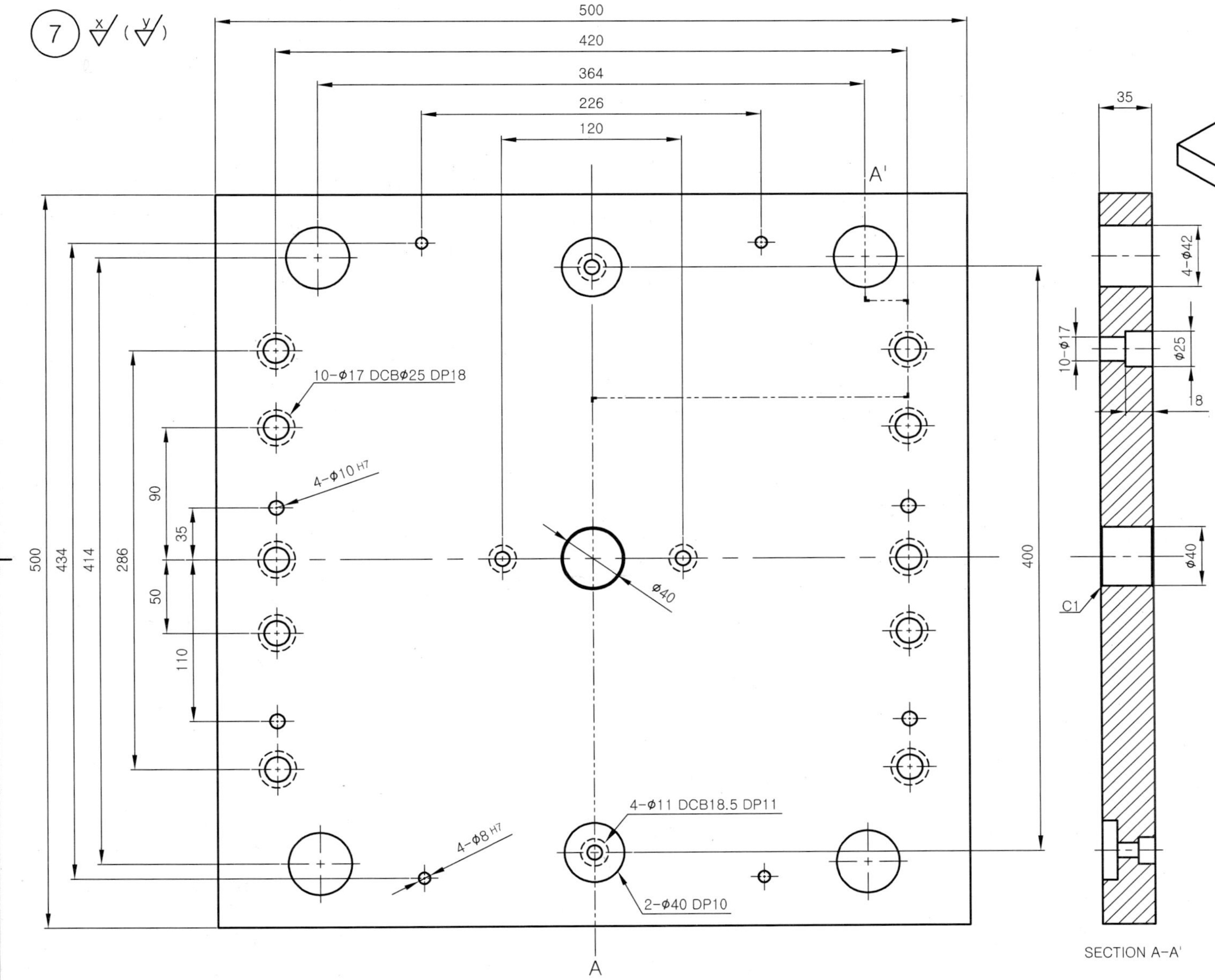

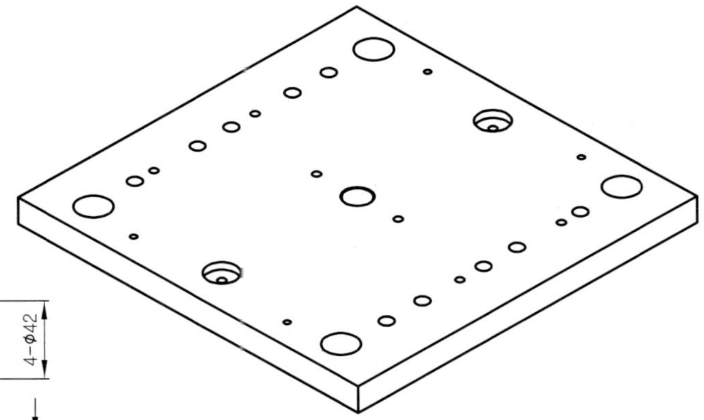

주서

1. 일반공차 - 가공부 : KS B 0412
2. 도시되고 지시없는모따기는 1x45°, 필렛 및 라운드 R3
3. 일반 모따기는 0.3~0.5x45°
4. 표면거칠기는 기호 비교표

x√ = 3.2√, 25S , ▽▽, N9

y√ = 0.8√, 6.3S , ▽▽▽, N7

7	가동측 설치판	SM45C	1	
품 번	품 명	재 질	수 량	비 고
2단특수금형 (heteromorphy-cover)			척 도	1 : 0.5
			투상법	3각법

⑧ x/

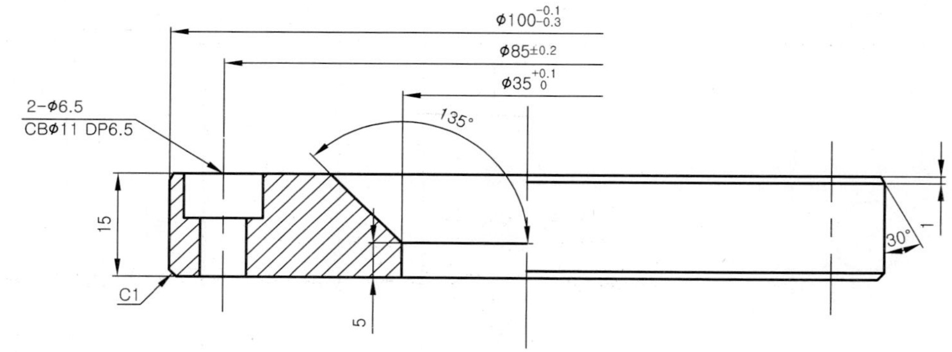

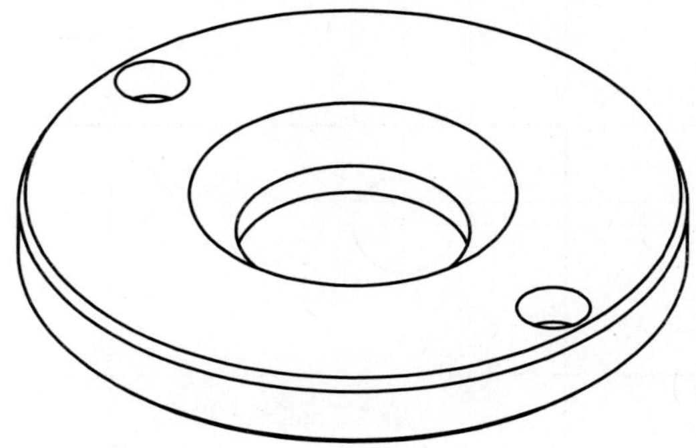

주서

1. 일반공차 - 가공부 : KS B 0412
2. 도시되고 지시없는모따기는 1x45°, 필렛 및 라운드 R3
3. 일반 모따기는 0.3~0.5x45°
4. 표면거칠기는 기호 비교표

x/ = 3.2/, 25S, ▽▽, N9

y/ = 0.8/, 6.3S, ▽▽▽, N7

8	로케이트 링	SM45C	1	
품 번	품 명	재 질	수 량	비 고
2단특수금형 (heteromorphy-cover)			척 도	2 : 1
			투상법	3각법

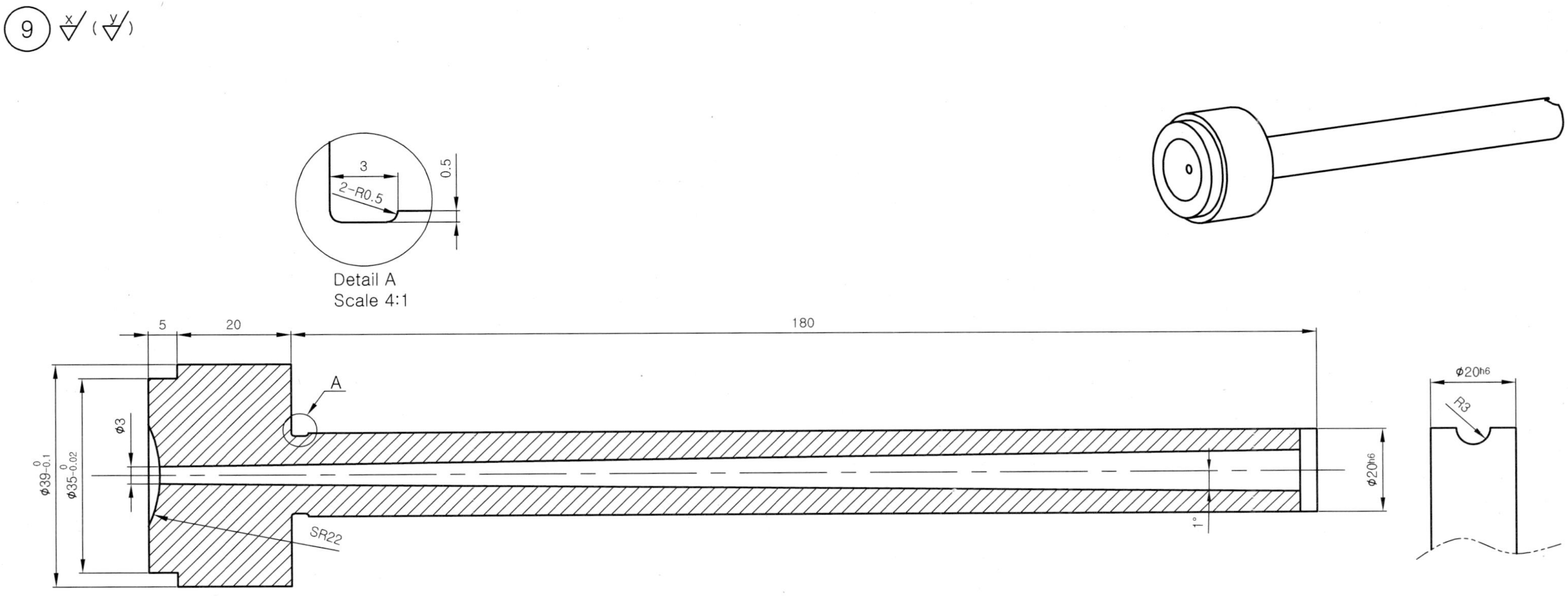

주서

1. 일반공차 - 가공부 : KS B 0412
2. 도시되고 지시없는모따기는 1x45°, 필렛 및 라운드 R3
3. 일반 모따기는 0.3~0.5x45°
4. 표면거칠기는 기호 비교표

x/ = 3.2/ , 25S , ▽▽, N9
y/ = 0.8/ , 6.3S , ▽▽▽, N7

9	스프루 부시	SM45C	1	
품 번	품 명	재 질	수 량	비 고
2단특수금형 (heteromorphy-cover)			척 도	2 : 1
			투상법	3각법

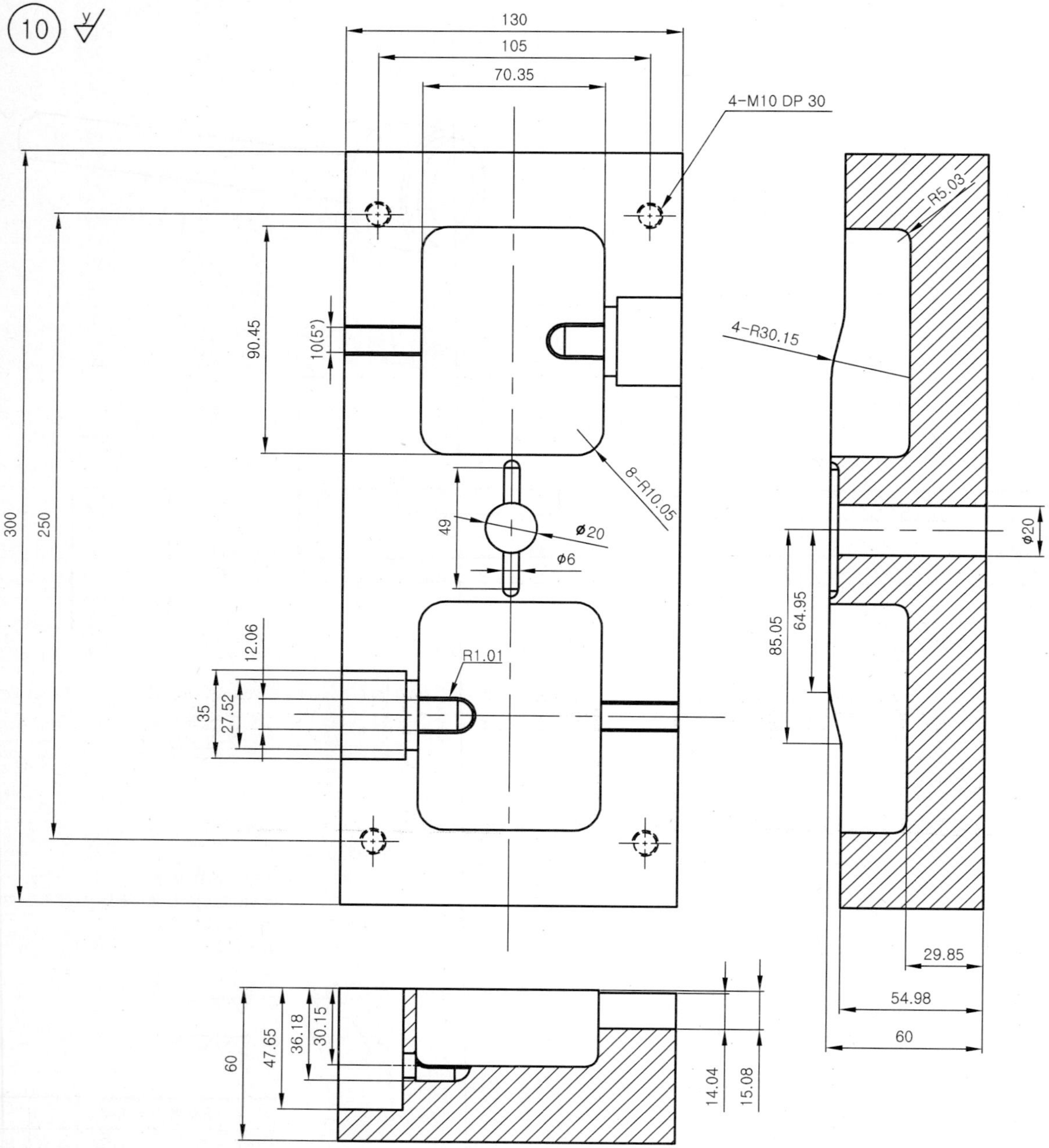

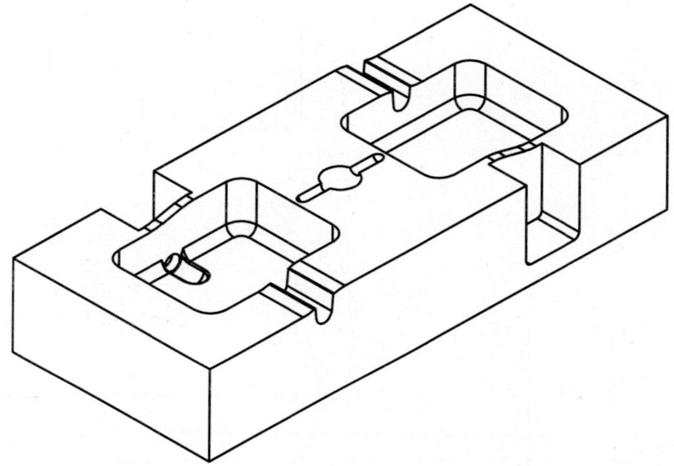

주서

1. 일반공차 - 가공부 : KS B 0412
2. 도시되고 지시없는모따기는 1x45°, 필렛 및 라운드 R3
3. 일반 모따기는 0.3~0.5x45°
4. 표면거칠기는 기호 비교표

x/ = 3.2/, 25S, ▽▽, N9

y/ = 0.8/, 6.3S, ▽▽▽, N7

10	캐비티	KP4M	1	HRC30
품 번	품 명	재 질	수 량	비 고
2단특수금형 (heteromorphy-cover)			척 도	1 : 0.8
			투상법	3각법

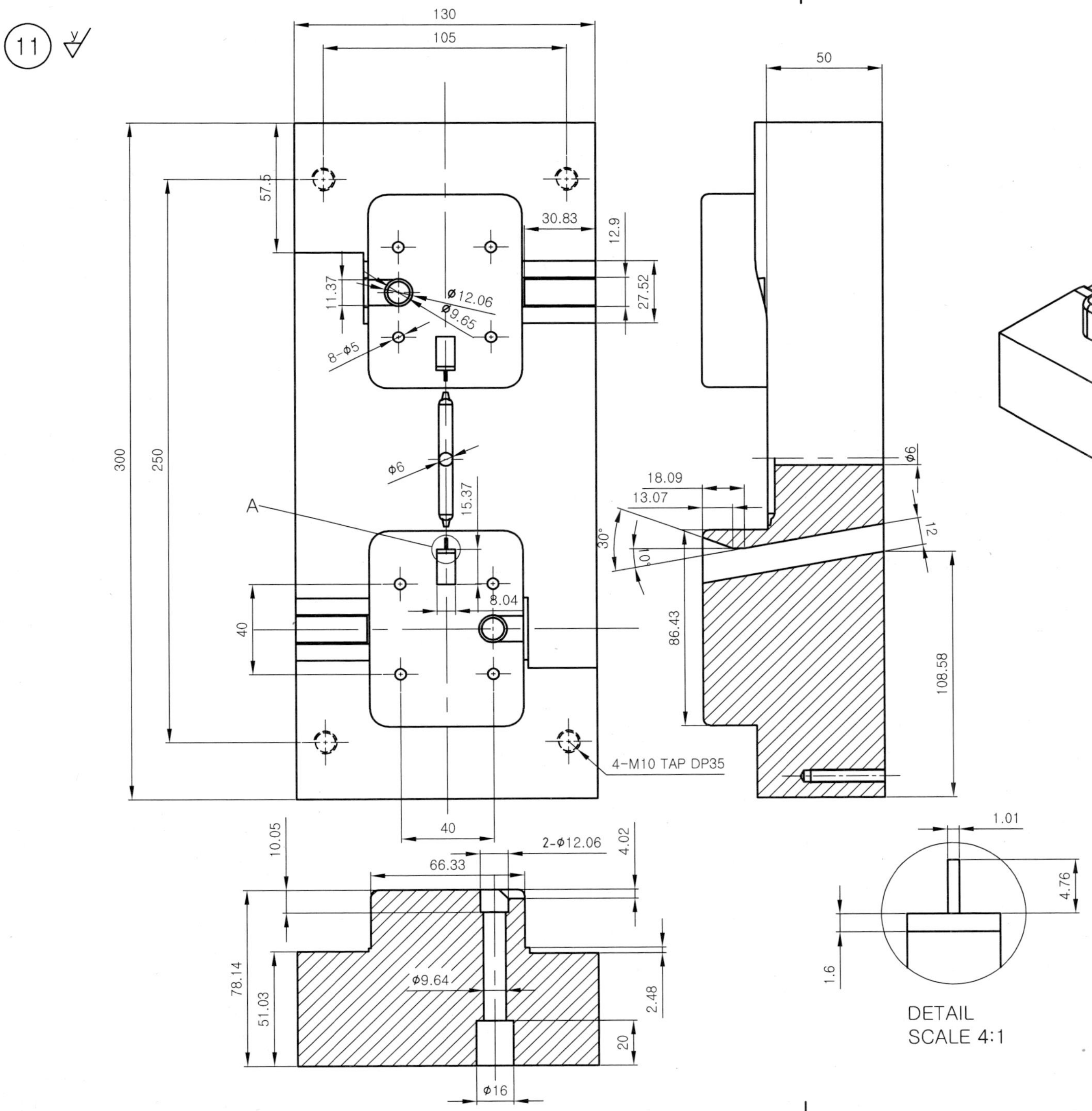

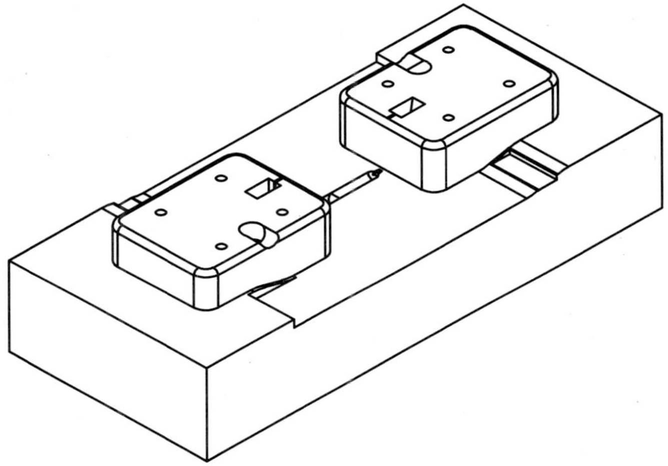

주서

1. 일반공차 - 가공부 : KS B 0412
2. 도시되고 지시없는모따기는 1x45°, 필렛 및 라운드 R3
3. 일반 모따기는 0.3~0.5x45°
4. 표면거칠기는 기호 비교표

x = 3.2, 25S, ▽▽, N9

y = 0.8, 6.3S, ▽▽▽, N7

11	코어	KP4M	1	HRC30
품 번	품 명	재 질	수 량	비 고
2단특수금형 (heteromorphy-cover)			척 도	1 : 0.8
			투상법	3각법

⑫ $\overset{y}{\nabla}$/

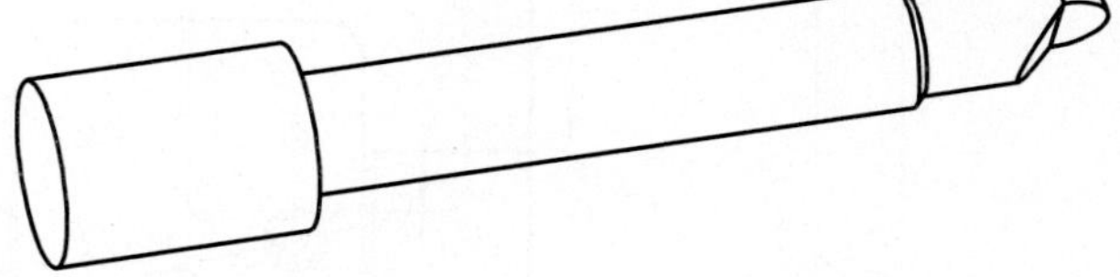

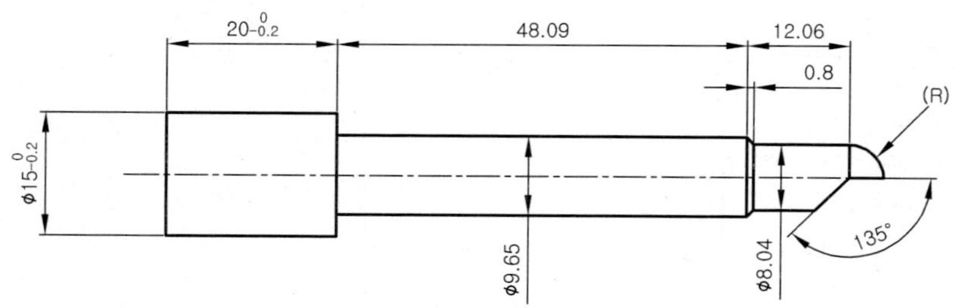

주서

1. 일반공차 - 가공부 : KS B 0412
2. 도시되고 지시없는모따기는 1x45°, 필렛 및 라운드 R3
3. 일반 모따기는 0.3~0.5x45°
4. 표면거칠기는 기호 비교표

x✓ = 3.2✓, 25S, ▽▽, N9

y✓ = 0.8✓, 6.3S, ▽▽▽, N7

12	코어 핀	KP4M	2	HRC30
품 번	품 명	재 질	수 량	비 고
2단특수금형 (heteromorphy-cover)			척 도	2 : 1
			투상법	3각법

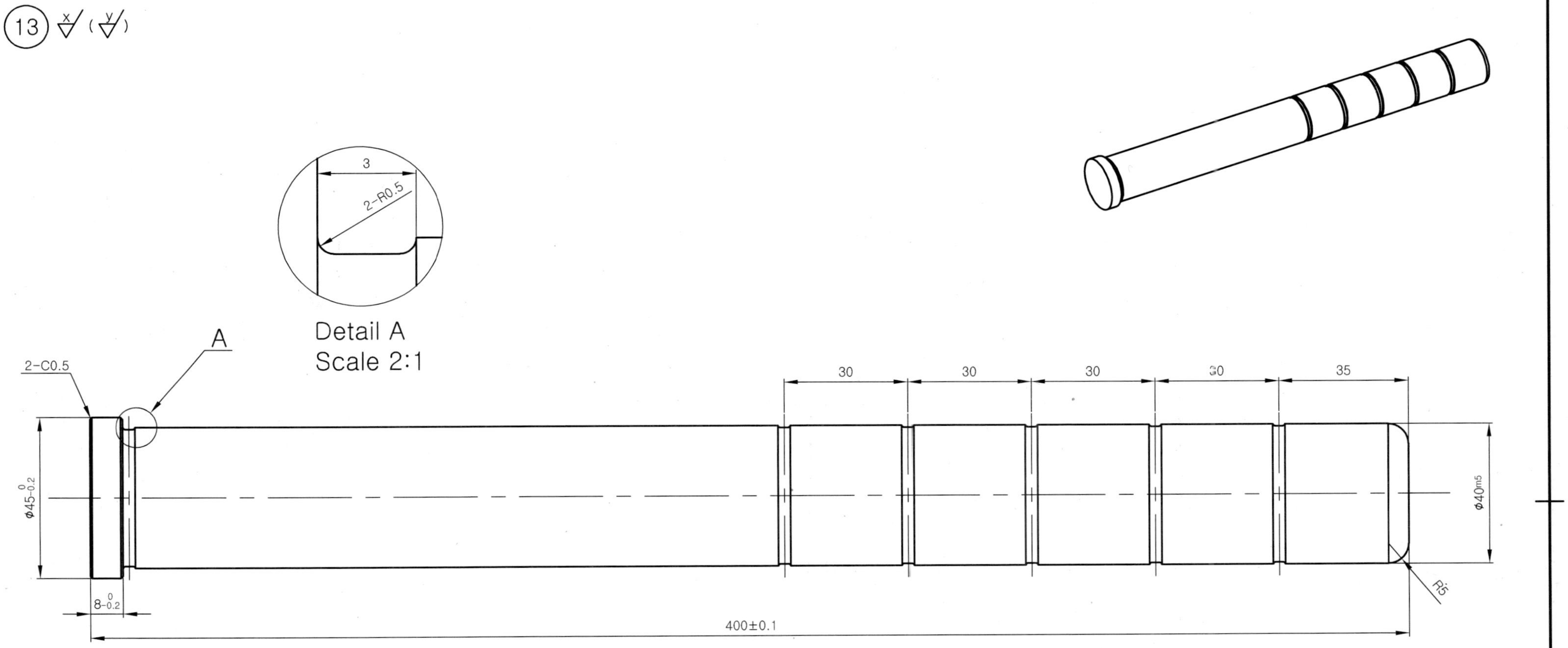

주서

1. 열반공차 - 가공부 : KS B 0412
2. 드시되고 지시없는모따기는 1x45°, 필렛 및 라운드 R3
3. 일반 모따기는 0.3~0.5x45°
4. 표면거칠기는 기호 비교표

x = 3.2, 25S, ▽▽, N9

y = 0.8, 6.3S, ▽▽▽, N7

13	서포터 핀	STC3	4	HRC58
품 번	품 명	재 질	수 량	비 고
2단특수금형 (heteromorphy-cover)			척 도	1.5 : 1
			투상법	3각법

(14) x/ (y/)

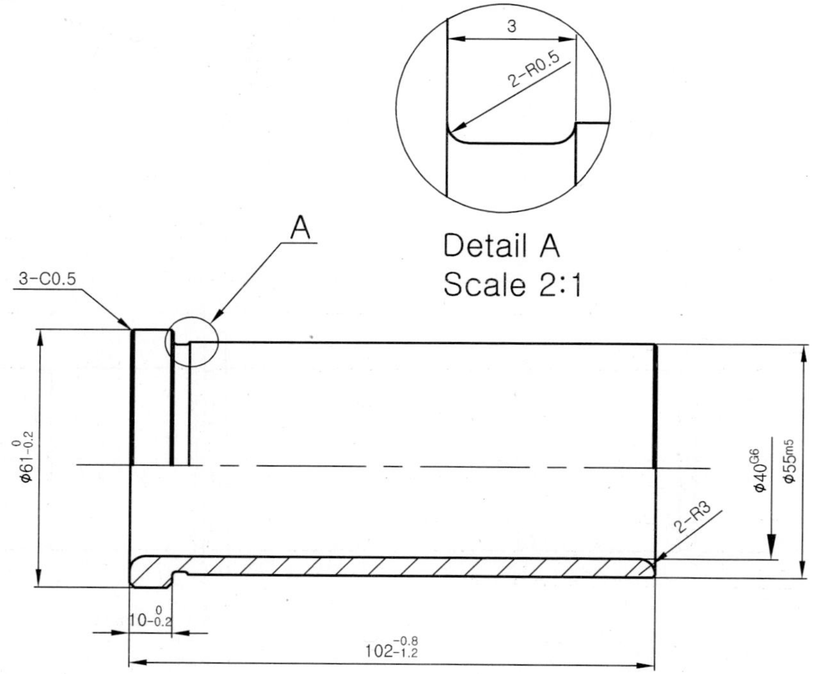

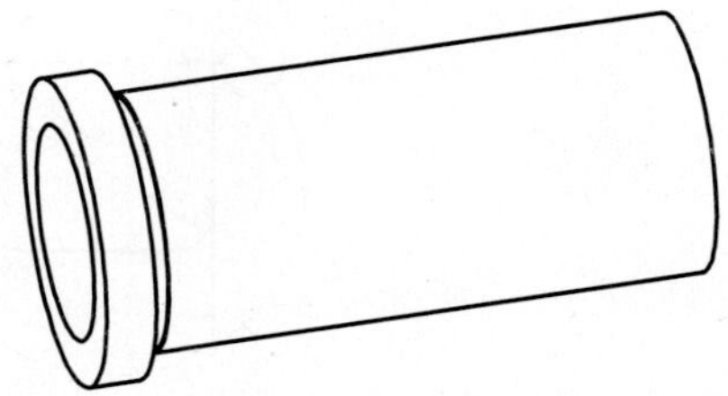

주서

1. 일반공차 - 가공부 : KS B 0412
2. 도시되고 지시없는모따기는 1x45°, 필렛 및 라운드 R3
3. 일반 모따기는 0.3~0.5x45°
4. 표면거칠기는 기호 비교표

x/ = 3.2/ , 25S , ▽▽, N9

y/ = 0.8/ , 6.3S , ▽▽▽, N7

14	가이드 부시	STC3	4	HRC50
품 번	품 명	재 질	수 량	비 고
2단특수금형 (heteromorphy-cover)			척 도	1.5 : 1
			투상법	3각법

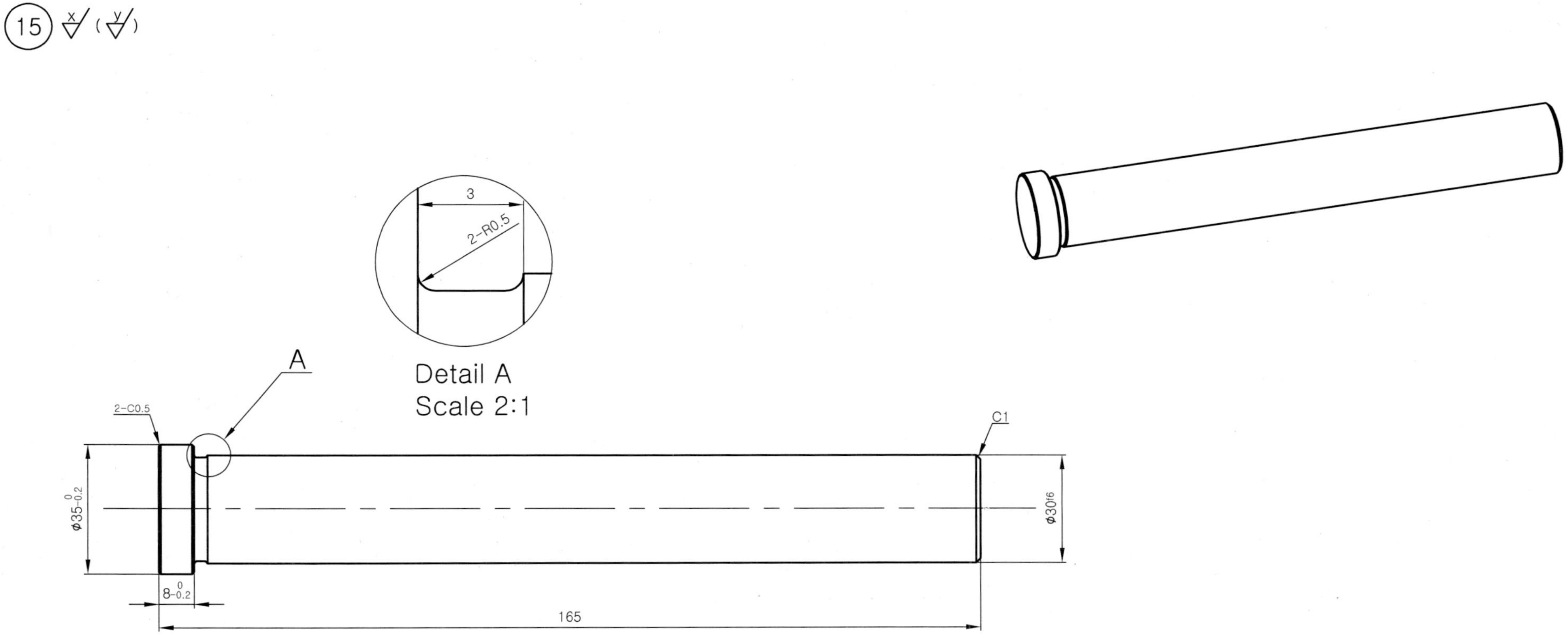

주서

1. 길반공차 – 가공부 : KS B 0412
2. 도시되고 지시없는모따기는 1x45°, 필렛 및 라운드 R3
3. 길반 모따기는 0.3~0.5x45°
4. 표면거칠기는 기호 비교표

x = 3.2, 25S, ▽▽, N9

y = 0.8, 6.3S, ▽▽▽, N7

15	리턴 핀	STC3	4	HRC58
품 번	품 명	재 질	수 량	비 고
2단특수금형 (heteromorphy-cover)			척 도	2 : 1
			투상법	3각법

16 x/ (y/)

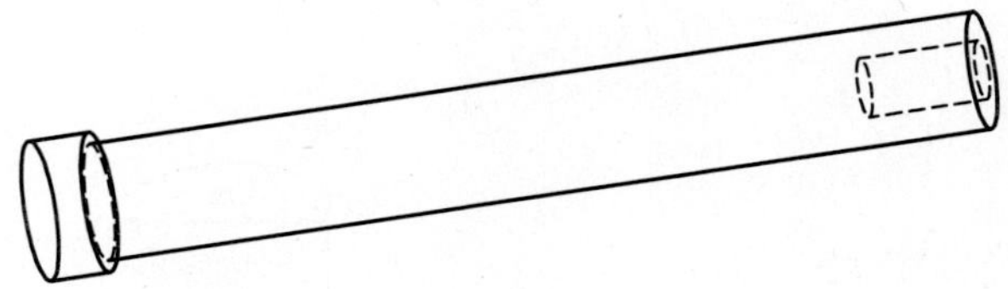

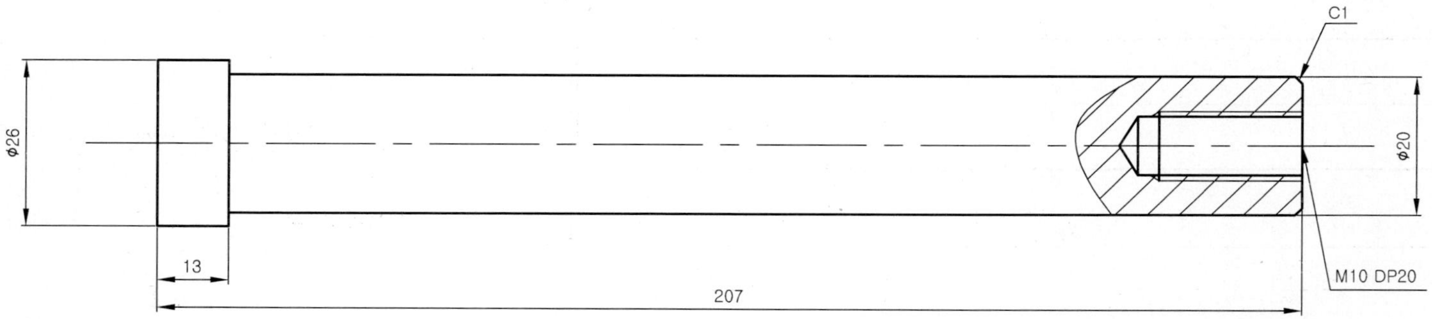

주서

1. 일반공차 - 가공부 : KS B 0412
2. 도시되고 지시없는모따기는 1x45°, 필렛 및 라운드 R3
3. 일반 모따기는 0.3~0.5x45°
4. 표면거칠기는 기호 비교표

x/ = 3.2/ , 25S , ▽▽, N9

y/ = 0.8/ , 6.3S , ▽▽▽, N7

16	풀러 볼트	STC3	4	HRC58
품 번	품 명	재 질	수 량	비 고
2단특수금형 (heteromorphy-cover)			척 도	2 : 1
			투상법	3각법

(17) x/ (y/)

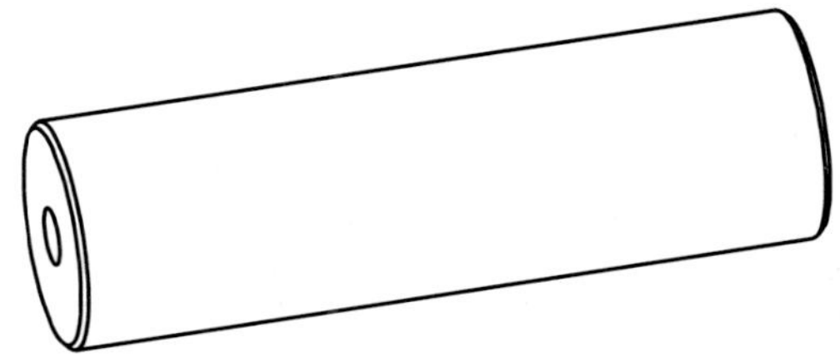

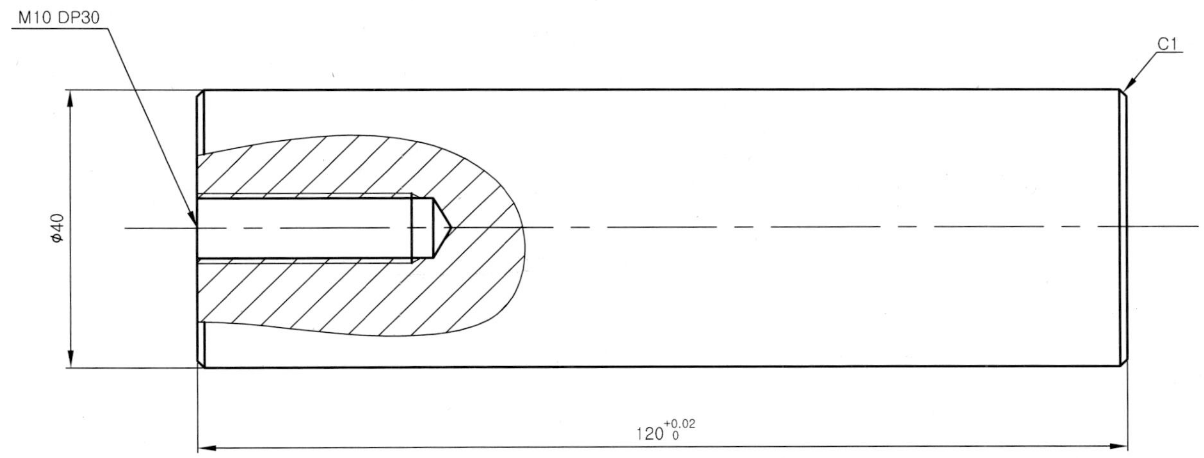

주서

1. 일반공차 - 가공부 : KS B 0412
2. 도시되고 지시없는모따기는 1x45°, 필렛 및 라운드 R3
3. 일반 모따기는 0.3~0.5x45°
4. 표면거칠기는 기호 비교표

x/ = 3.2/ , 25S , ▽▽, N9

y/ = 0.8/ , 6.3S , ▽▽▽, N7

17	이젝트 가이드 핀	STC3	2	HRC58
품 번	품 명	재 질	수 량	비 고
2단특수금형 (heteromorphy-cover)			척 도	2 : 1
			투상법	3각법

(18) x∀ (y∀)

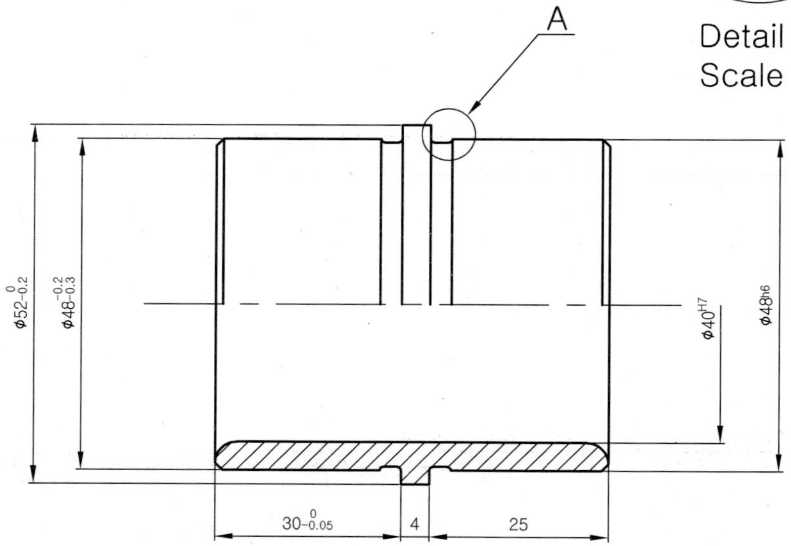

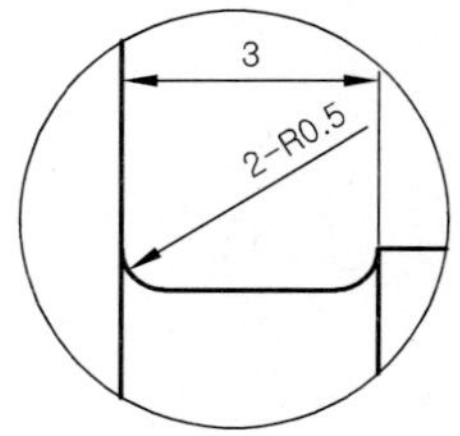

Detail A
Scale 2:1

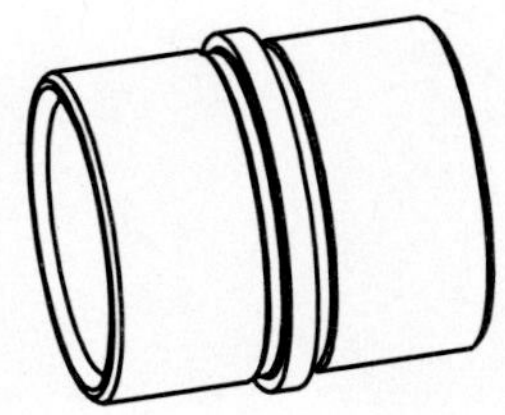

주서

1. 일반공차 - 가공부 : KS B 0412
2. 도시되고 지시없는모따기는 1x45°, 필렛 및 라운드 R3
3. 일반 모따기는 0.3~0.5x45°
4. 표면거칠기는 기호 비교표

x∀ = 3.2∀ , 25S , ∇∇ , N9

y∀ = 0.8∀ , 6.3S , ∇∇∇ , N7

18	이젝트 가이드 부시	STC3	2	HRC58
품 번	품 명	재 질	수 량	비 고
2단특수금형 (heteromorphy-cover)			척 도	2 : 1
			투상법	3각법

⑲ x (y)

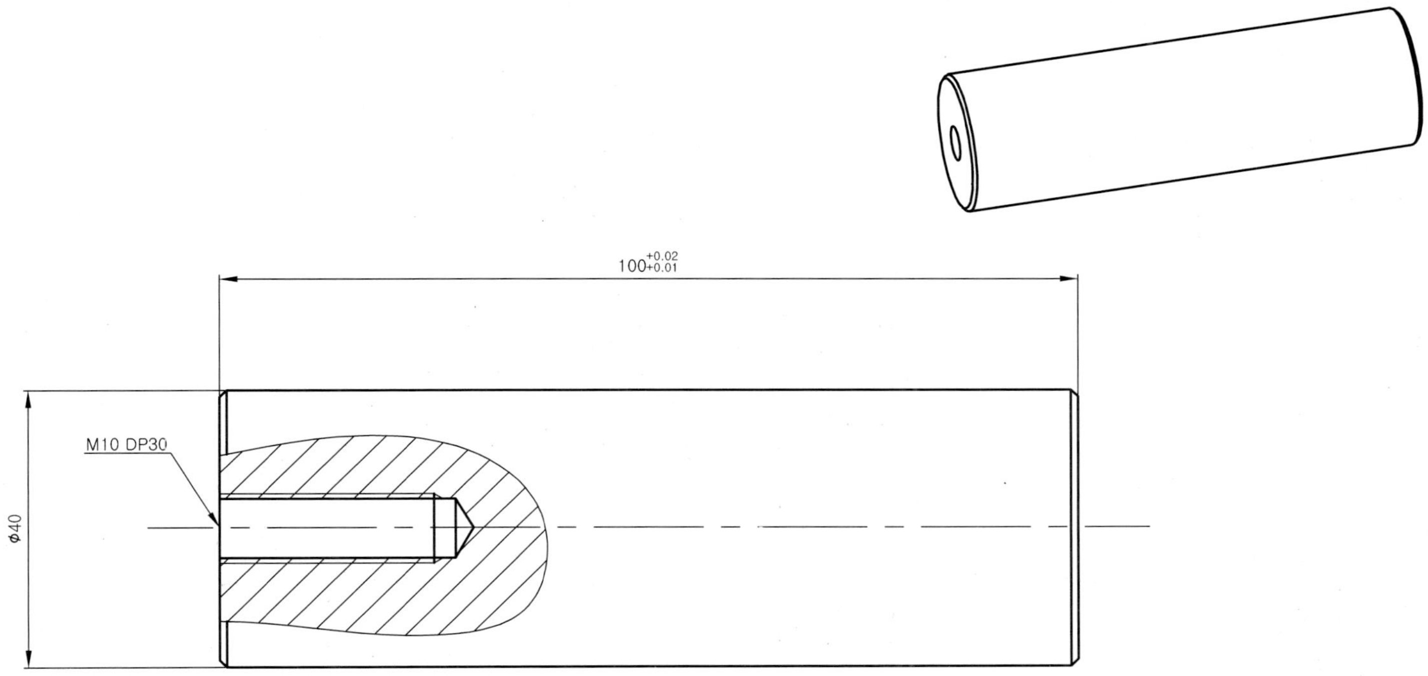

주서

1. 일반공차 - 가공부 : KS B 0412
2. 드시되고 지시없는모따기는 1x45°, 필렛 및 라운드 R3
3. 일반 모따기는 0.3~0.5x45°
4. 표면거칠기는 기호 비교표

x = 3.2, 25S, ▽▽, N9
y = 0.8, 6.3S, ▽▽▽, N7

19	서포터 필러	SM45C	2	
품 번	품 명	재 질	수 량	비 고
2단특수금형 (heteromorphy-cover)			척 도	2 : 1
			투상법	3각법

⑳ x/ (y/)

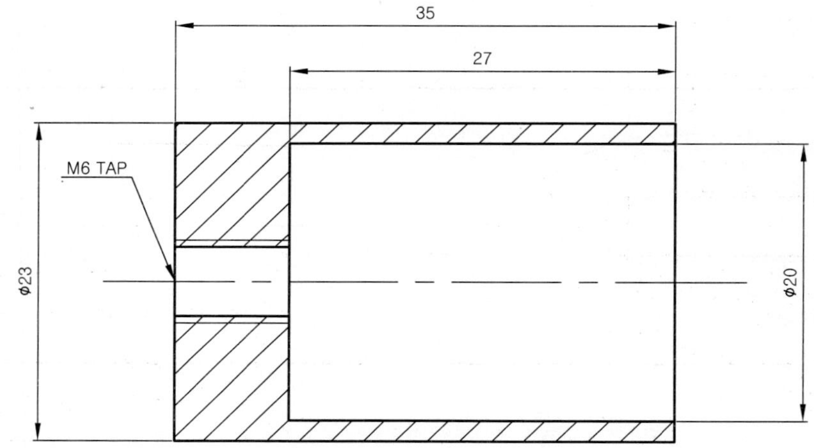

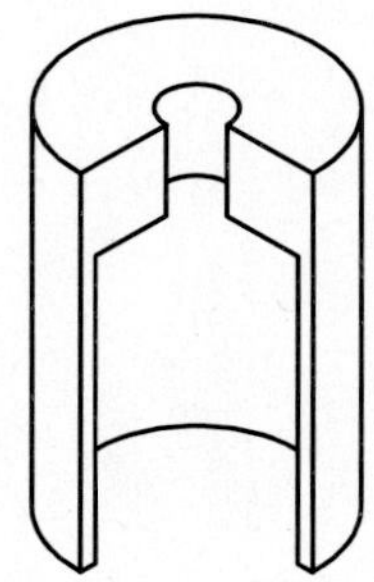

주서

1. 일반공차 - 가공부 : KS B 0412
2. 도시되고 지시없는모따기는 1x45°, 필렛 및 라운드 R3
3. 일반 모따기는 0.3~0.5x45°
4. 표면거칠기는 기호 비교표

x/ = 3.2/, 25S, ▽▽, N9

y/ = 0.8/, 6.3S, ▽▽▽, N7

20	파팅 록 부시	SM45C	4	
품 번	품 명	재 질	수 량	비 고
2단특수금형 (heteromorphy-cover)			척 도	4 : 1
			투상법	3각법

(21) x/ (y/)

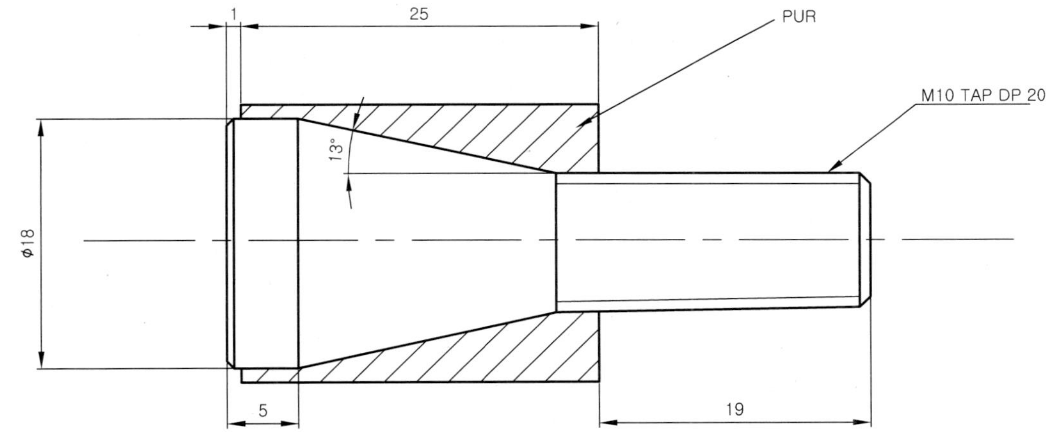

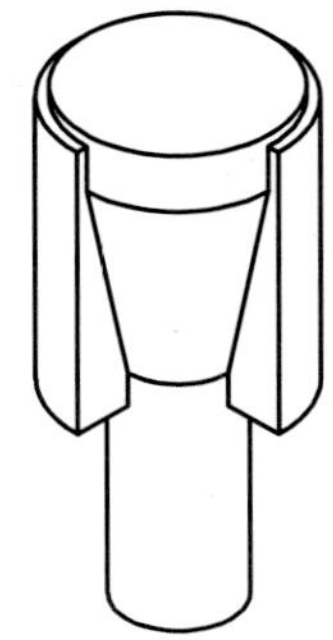

주서

1. 일반공차 - 가공부 : KS B 0412
2. 도시되고 지시없는모따기는 1x45°, 필렛 및 라운드 R3
3. 일반 모따기는 0.3~0.5x45°
4. 표면거칠기는 기호 비교표

x/ = 3.2/, 25S, ▽▽, N9

y/ = 0.8/, 6.3S, ▽▽▽, N7

21	파팅 록	SCM435	4	
품 번	품 명	재 질	수 량	비 고
2단특수금형 (heteromorphy-cover)			척 도	4 : 1
			투상법	3각법

(22) x/ (y/)

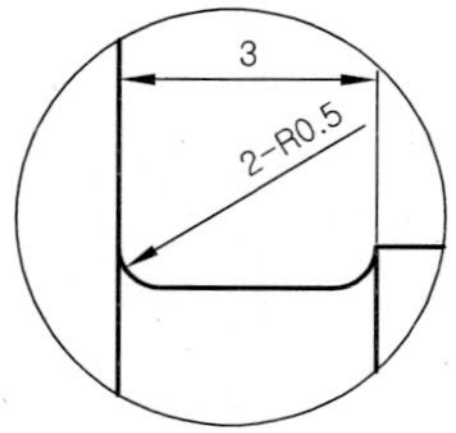

Detail A
Scale 2:1

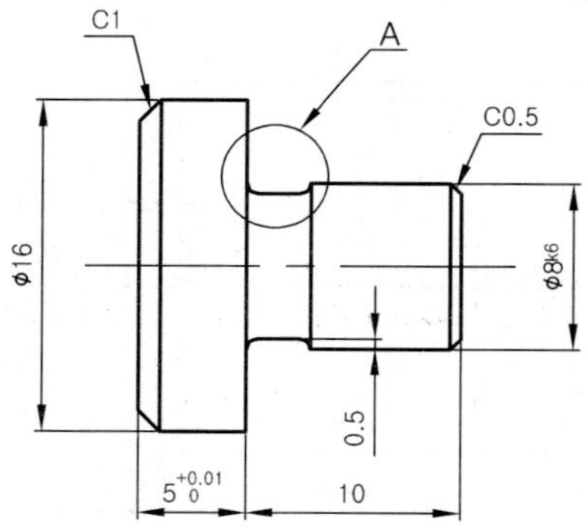

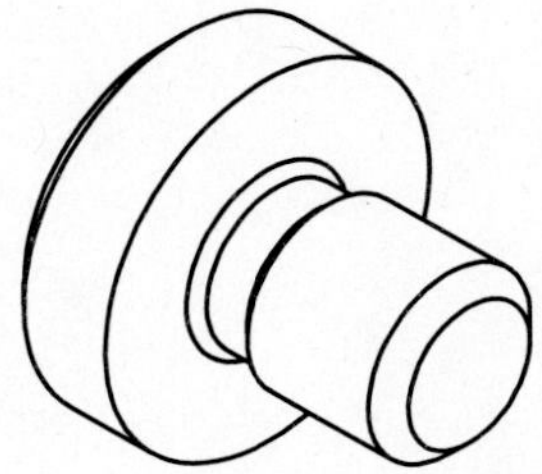

주서

1. 일반공차 - 가공부 : KS B 0412
2. 도시되고 지시없는모따기는 1x45°, 필렛 및 라운드 R3
3. 일반 모따기는 0.3~0.5x45°
4. 표면거칠기는 기호 비교표

x/ = 3.2/ , 25S , ▽▽, N9

y/ = 0.8/ , 6.3S , ▽▽▽, N7

22	스톱 핀	STC3	4	
품 번	품 명	재 질	수 량	비 고
2단특수금형			척 도	4 : 1
(heteromorphy-cover)			투상법	3각법

(23) $\overset{x}{\nabla}$ ($\overset{y}{\nabla}$)

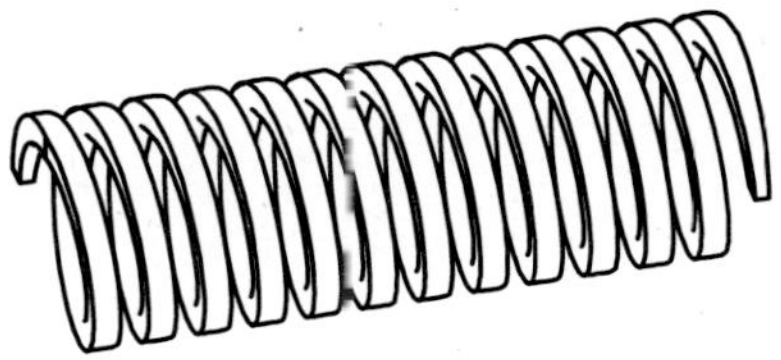

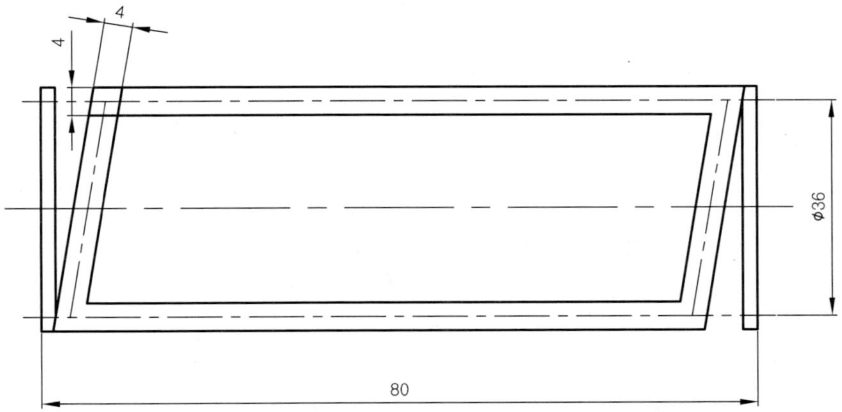

스프링 요목표	
재료 지름	4x4
코일 평균 지름	φ36
총 감긴 수	8
감긴 방향	오른쪽
자유 높이	80
방청 처리	흑색 애나멜

주서

1. 일반공차 - 가공부 : KS B 0412
2. 도시되고 지시없는모따기는 1x45°, 필렛 및 라운드 R3
3. 일반 모따기는 0.3~0.5x45°
4. 표면거칠기는 기호 비교표

$\overset{x}{\nabla}$ = $\overset{3.2}{\nabla}$, 25S , ▽▽, N9

$\overset{y}{\nabla}$ = $\overset{0.8}{\nabla}$, 6.3S , ▽▽▽, N7

23	스프링	STC2	4	Tr36x80
품 번	품 명	재 질	수 량	비 고
2단특수금형 (heteromorphy-cover)			척 도	2 : 1
			투상법	3각법

(24) x (y)

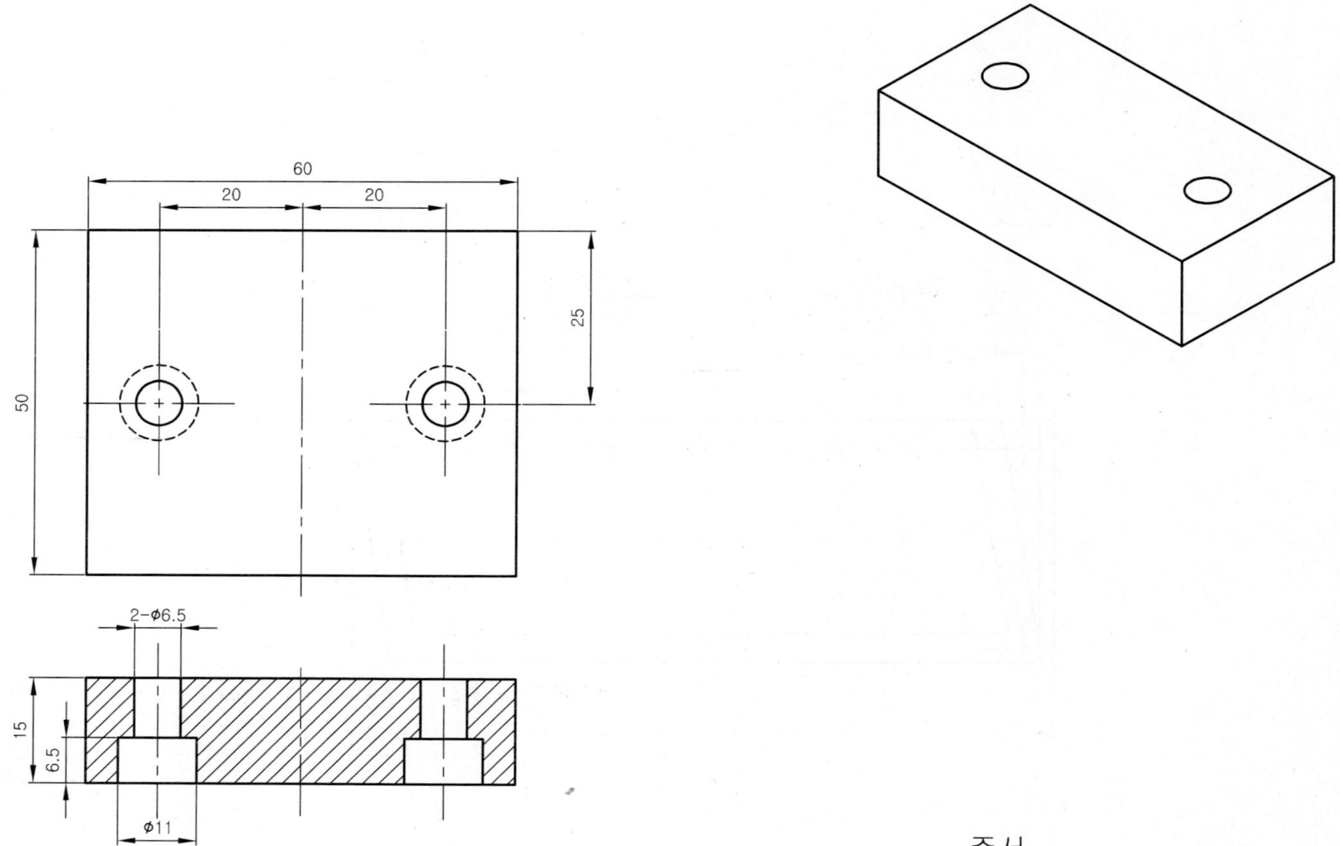

주서

1. 일반공차 - 가공부 : KS B 0412
2. 도시되고 지시없는모따기는 1x45°, 필렛 및 라운드 R3
3. 일반 모따기는 0.3~0.5x45°
4. 표면거칠기는 기호 비교표

x/ = 3.2/ , 25S , ▽▽ , N9

y/ = 0.8/ , 6.3S , ▽▽▽ , N7

24	파팅 플레이트	STC3	8	HRC58
품 번	품 명	재 질	수 량	비 고
2단특수금형 (heteromorphy-cover)			척 도	2 : 1
			투상법	3각법

(25) x (y)

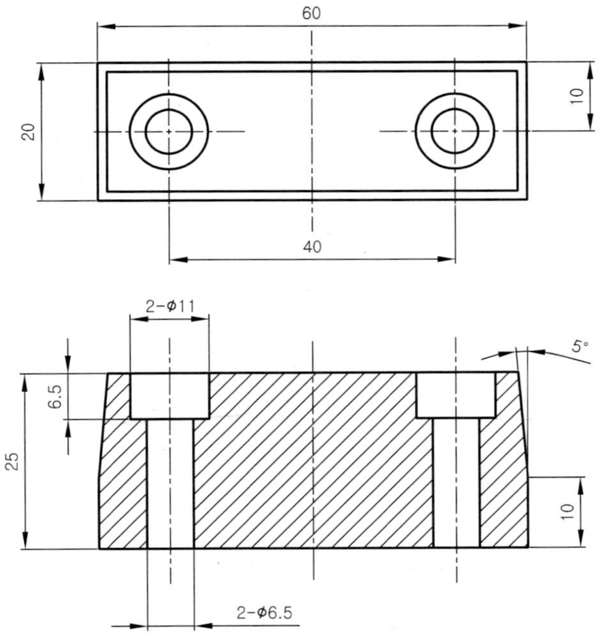

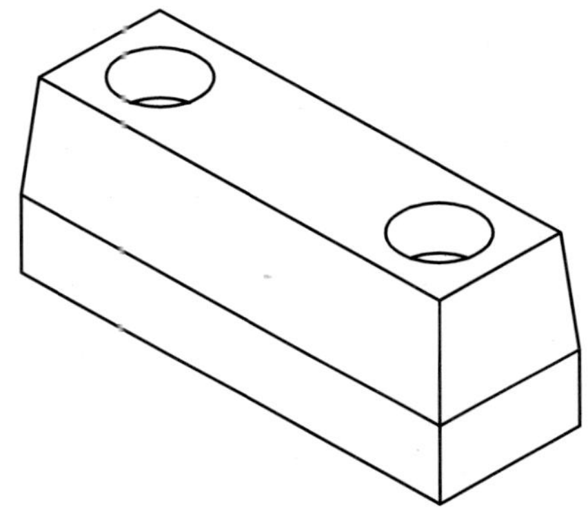

주서

1. 일반공차 - 가공부 : KS B 0412
2. 도시되고 지시없는모따기는 1x45°, 필렛 및 라운드 R3
3. 일반 모따기는 0.3~0.5x45°
4. 표면거칠기는 기호 비교표

x = 3.2, 25S, ▽▽, N9

y = 0.8, 6.3S, ▽▽▽, N7

25	인로우	STC3	6	HRC58
품 번	품 명	재 질	수 량	비 고
2단특수금형 (heteromorphy-cover)			척 도	2 : 1
			투상법	3각법

26 $\overset{x}{\nabla}$ ($\overset{y}{\nabla}$)

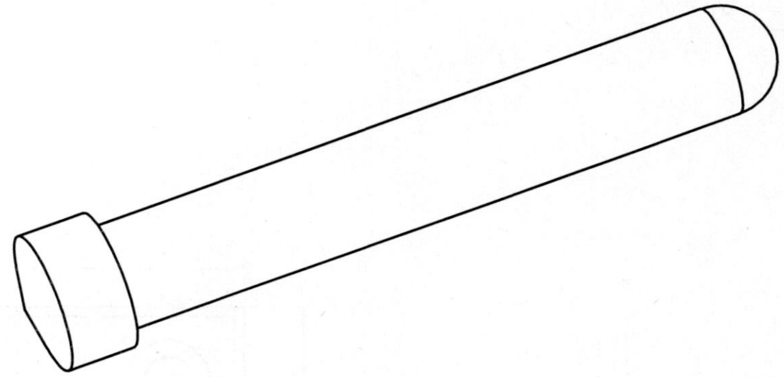

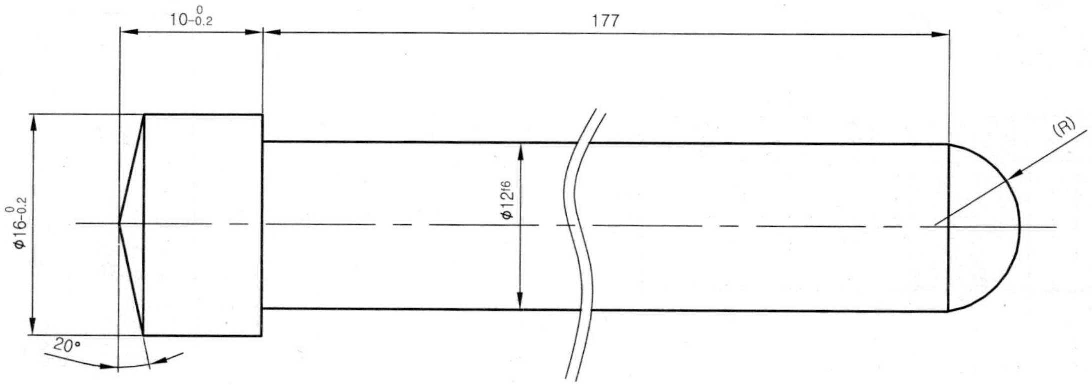

주서

1. 일반공차 - 가공부 : KS B 0412
2. 도시되고 지시없는모따기는 1x45°, 필렛 및 라운드 R3
3. 일반 모따기는 0.3~0.5x45°
4. 표면거칠기는 기호 비교표

$\overset{x}{\nabla}$ = $\overset{3.2}{\nabla}$, 25S , ▽▽, N9

$\overset{y}{\nabla}$ = $\overset{0.8}{\nabla}$, 6.3S , ▽▽▽, N7

26	앵귤러 핀	STD11	2	HRC60
품 번	품 명	재 질	수 량	비 고
2단특수금형			척 도	2 : 1
(heteromorphy-cover)			투상법	3각법

(27) $\overset{y}{\nabla}$/

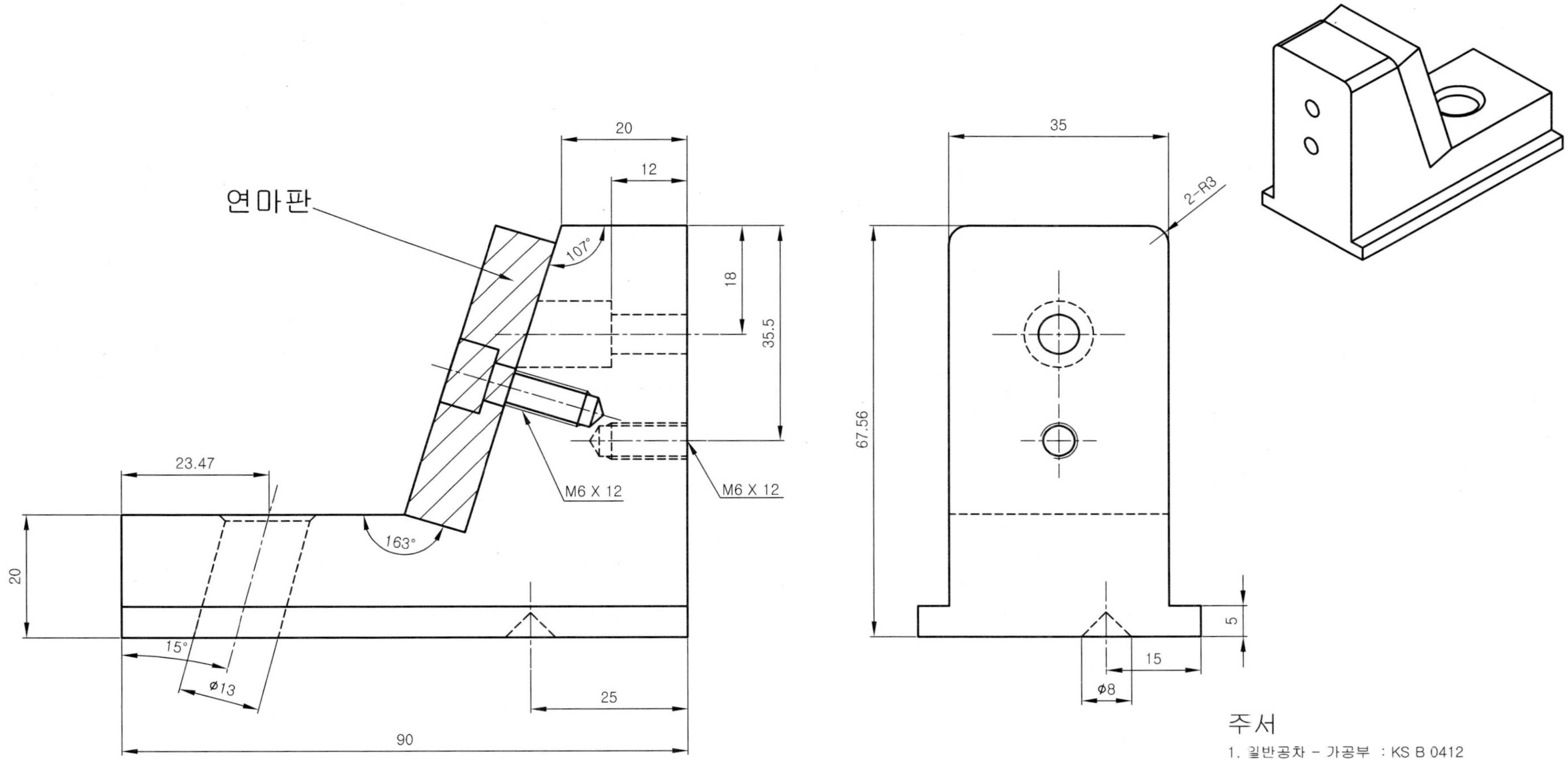

주서

1. 길반공차 - 가공부 : KS B 0412
2. 도시되고 지시없는모따기는 1x45°, 필렛 및 라운드 R3
3. 길반 모따기는 0.3~0.5x45°
4. 표면거칠기는 기호 비교표

x/ = 3.2/, 25S , ▽▽, N9

y/ = 0.8/, 6.3S , ▽▽▽, N7

27	슬라이드 코어	KP4	2	HRC58
품 번	품 명	재 질	수 량	비 고
2단특수금형 (heteromorphy-cover)			척 도	2 : 1
			투상법	3각법

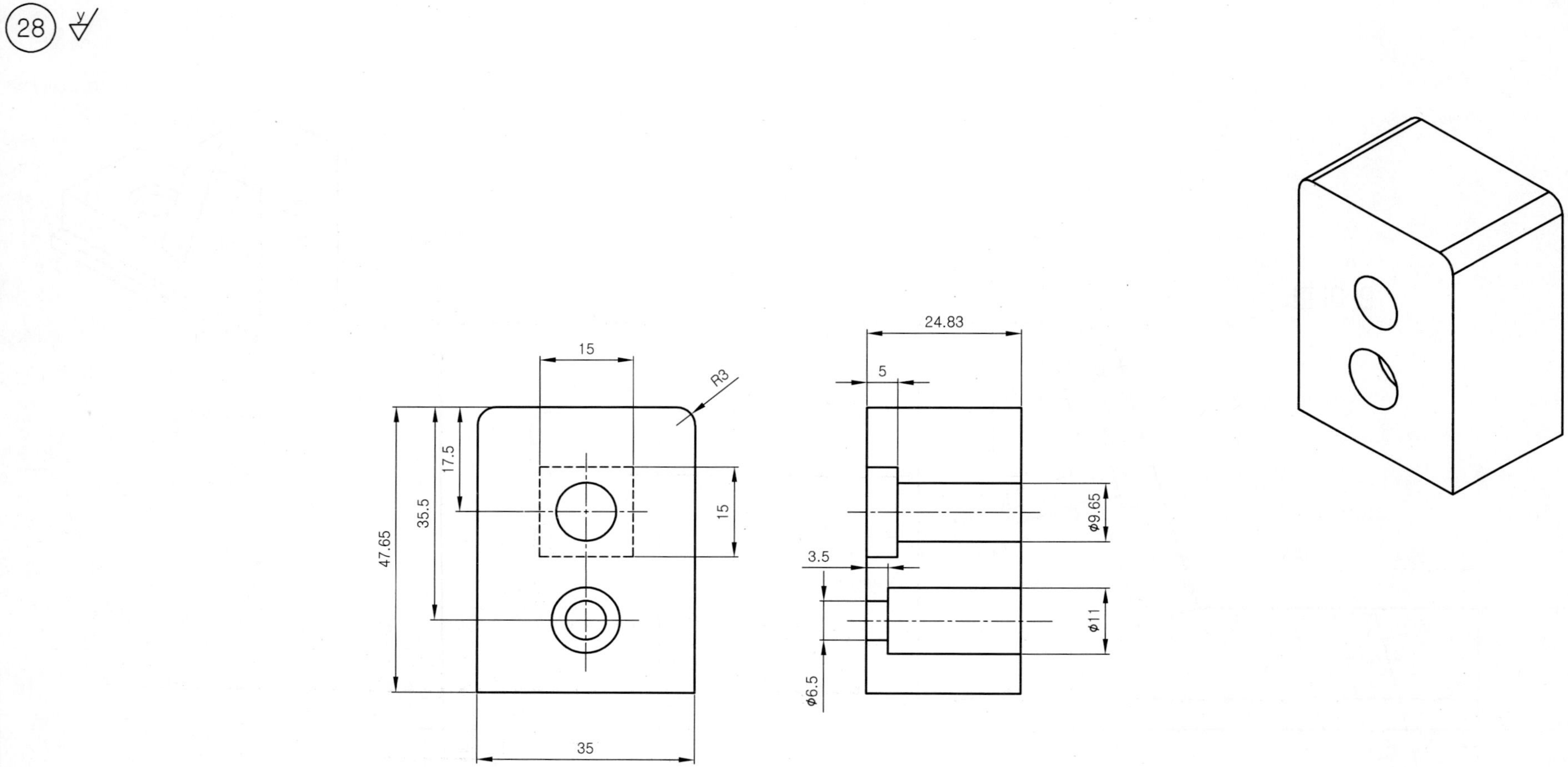

주서

1. 일반공차 - 가공부 : KS B 0412
2. 도시되고 지시없는모따기는 1x45°, 필렛 및 라운드 R3
3. 일반 모따기는 0.3~0.5x45°
4. 표면거칠기는 기호 비교표

x = 3.2, 25S, ▽▽, N9

y = 0.8, 6.3S, ▽▽▽, N7

28	슬라이드 코어 편	KP4	2	HRC58
품 번	품 명	재 질	수 량	비 고
2단특수금형 (heteromorphy-cover)			척 도	2 : 1
			투상법	3각법

(29)

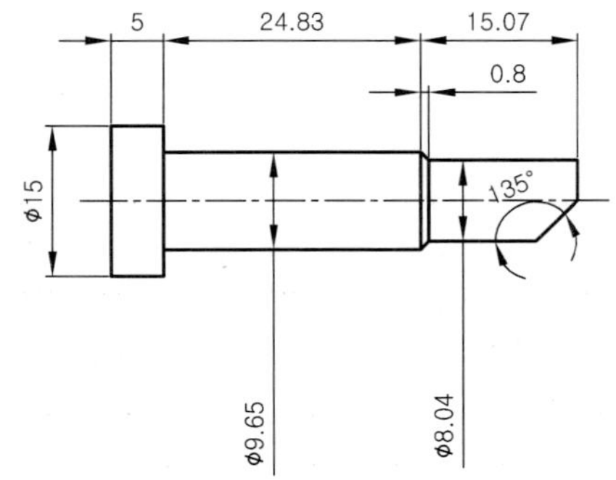

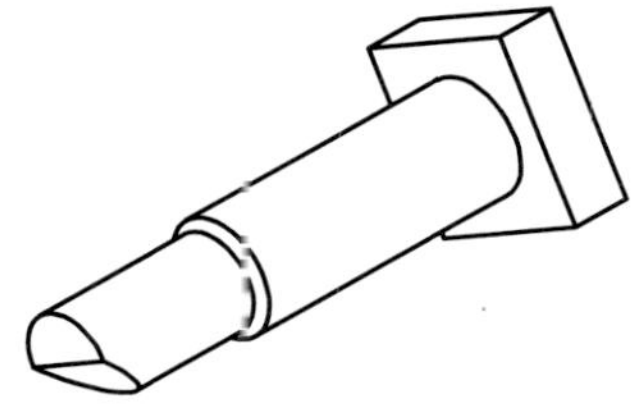

주서

1. 일반공차 - 가공부 : KS B 0412
2. 도시되고 지시없는모따기는 1x45°, 필렛 및 라운드 R3
3. 일반 모따기는 0.3~0.5x45°
4. 표면거칠기는 기호 비교표

x/ = 3.2/, 25S , ▽▽, N9
y/ = 0.8/, 6.3S , ▽▽▽, N7

29	슬라이드 코어 핀	KP4M	2	HRC58
품 번	품 명	재 질	수 량	비 고
2단특수금형 (heteromorphy-cover)			척 도	2 : 1
			투상법	3각법

(30) $\overset{x}{\nabla}$ ($\overset{y}{\nabla}$)

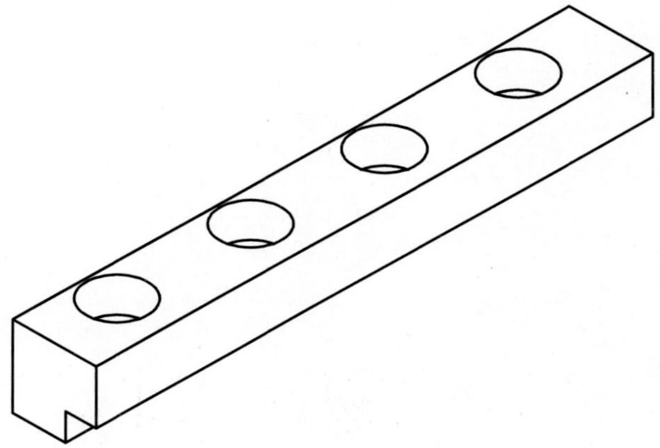

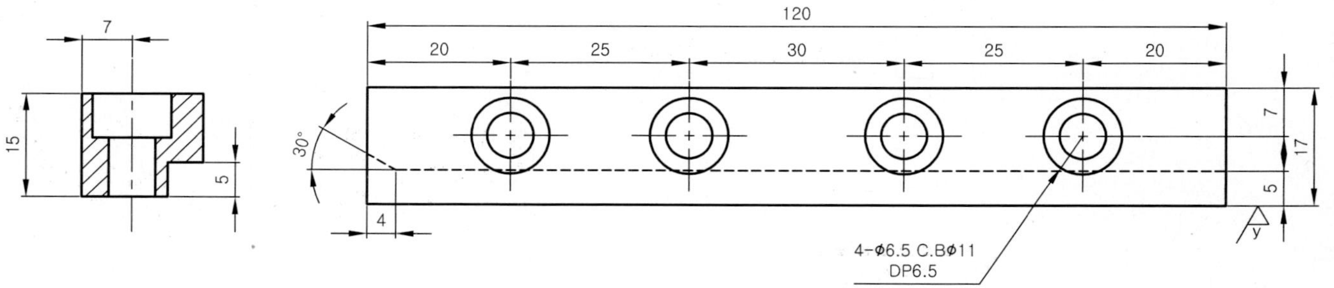

주서

1. 일반공차 - 가공부 : KS B 0412
2. 도시되고 지시없는모따기는 1x45°, 필렛 및 라운드 R3
3. 일반 모따기는 0.3~0.5x45°
4. 표면거칠기는 기호 비교표

$\overset{x}{\nabla}$ = $\overset{3.2}{\nabla}$, 25S , ▽▽, N9

$\overset{y}{\nabla}$ = $\overset{0.8}{\nabla}$, 6.3S , ▽▽▽, N7

30	가이드 레일	SKS3	4	HRC30
품 번	품 명	재 질	수 량	비 고
2단특수금형 (heteromorphy-cover)			척 도	2 : 1
			투상법	3각법

31 y/

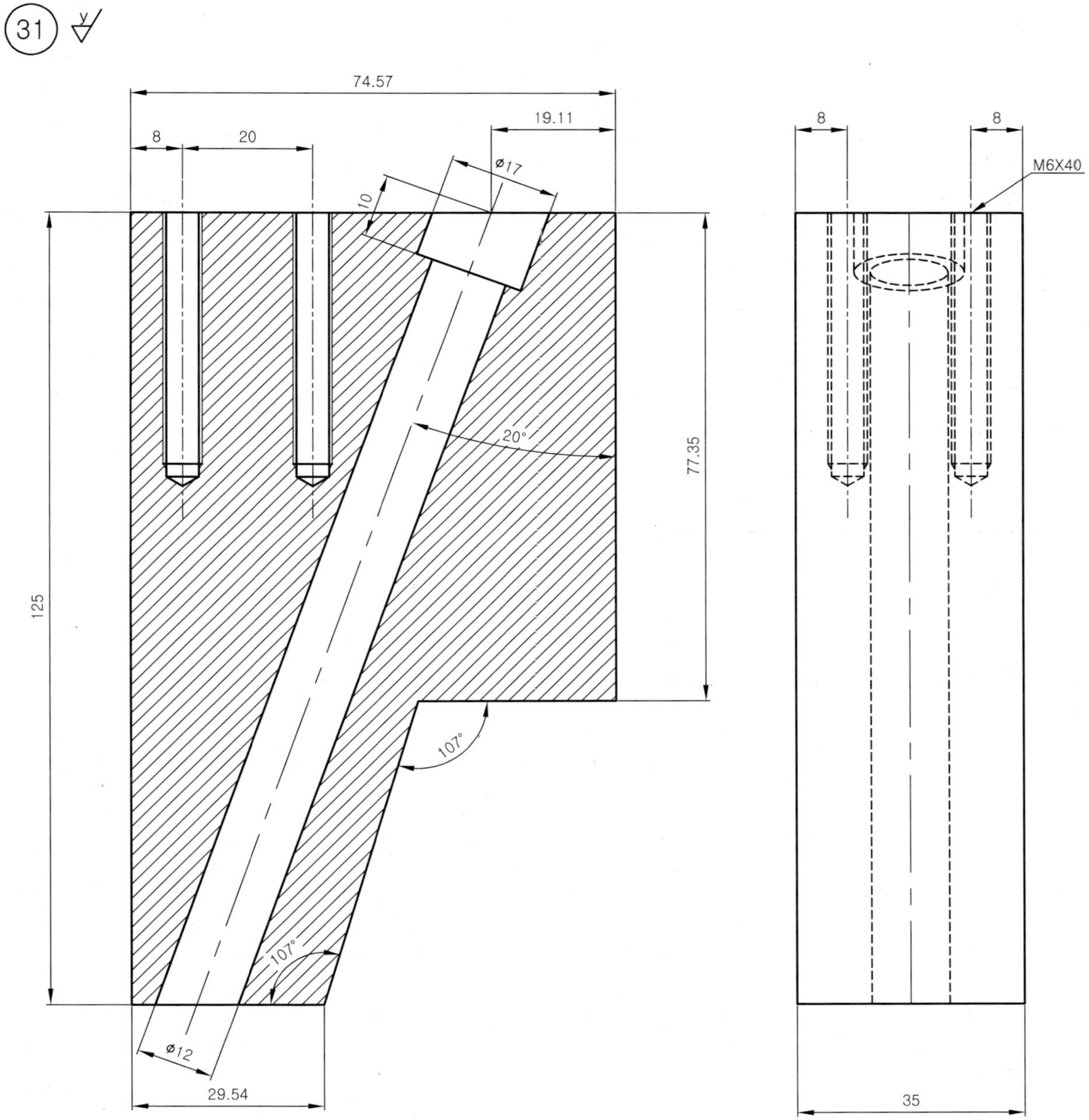

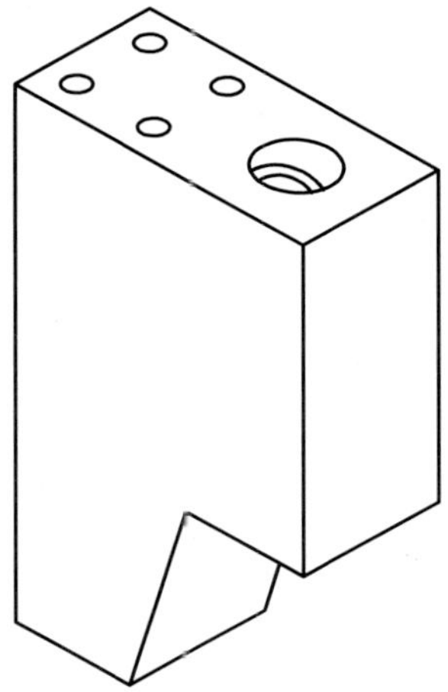

주서

1. 일반공차 - 가공부 : KS B 0412
2. 도시되고 지시없는모따기는 1x45°, 필렛 및 라운드 R3
3. 일반 모따기는 0.3~0.5x45°
4. 표면거칠기는 기호 비교표

x/ = 3.2/ , 25S , ▽▽, N9

y/ = 0.8/ , 6.3S , ▽▽▽, N7

31	로킹블록	STD11	2	HRC60
품 번	품 명	재 질	수 량	비 고
2단특수금형 (heteromorphy-cover)			척 도	2 : 1
			투상법	3각법

32 y√

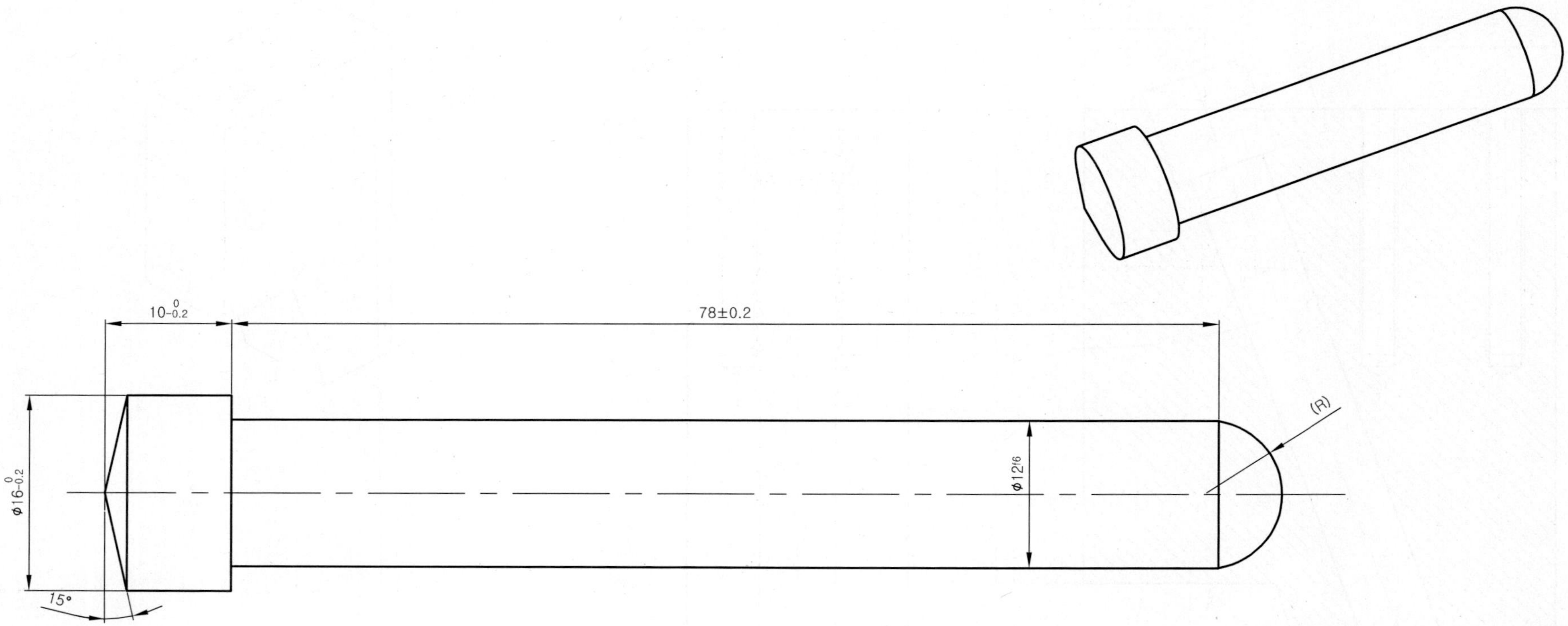

주서

1. 일반공차 - 가공부 : KS B 0412
2. 도시되고 지시없는모따기는 1x45°, 필렛 및 라운드 R3
3. 일반 모따기는 0.3~0.5x45°
4. 표면거칠기는 기호 비교표

x√ = 3.2√, 25S, ▽▽, N9

y√ = 0.8√, 6.3S, ▽▽▽, N7

32	앵귤러 핀	STD11	2	HRC60
품 번	품 명	재 질	수 량	비 고
2단특수금형 (heteromorphy-cover)			척 도	2 : 1
			투상법	3각법

(33) $\overset{y}{\nabla}$

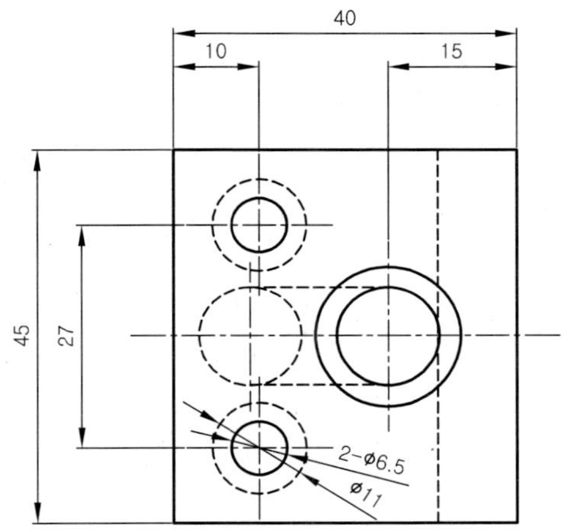

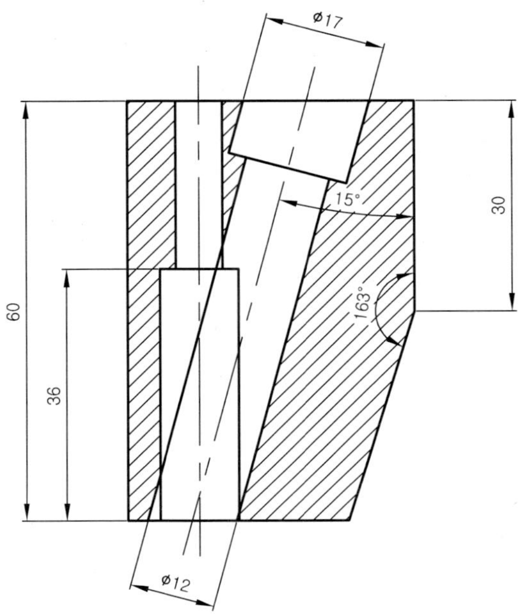

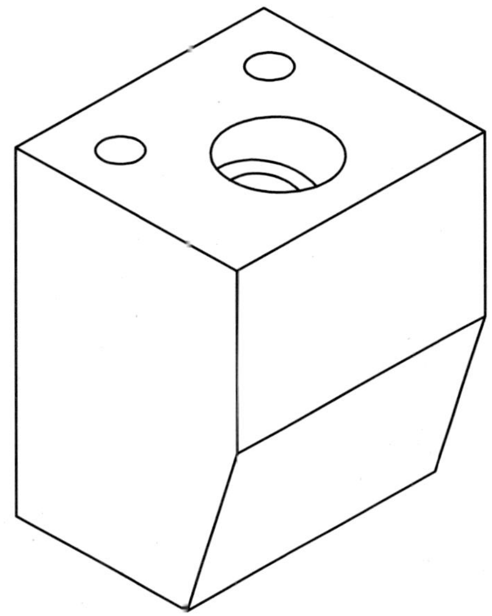

주서

1. 일반공차 - 가공부 : KS B 0412
2. 도시되고 지시없는모따기는 1x45°, 필렛 및 라운드 R3
3. 일반 모따기는 0.3~0.5x45°
4. 표면거칠기는 기호 비교표

$\overset{x}{\nabla}$ = $\overset{3.2}{\nabla}$, 25S , ▽▽, N9

$\overset{y}{\nabla}$ = $\overset{0.8}{\nabla}$, 6.3S , ▽▽▽, N7

33	로킹블록	STD11	2	HRC60
품 번	품 명	재 질	수 량	비 고
2단특수금형 (heteromorphy-cover)			척 도	2 : 1
			투상법	3각법

(34) $\overset{y}{\nabla}$

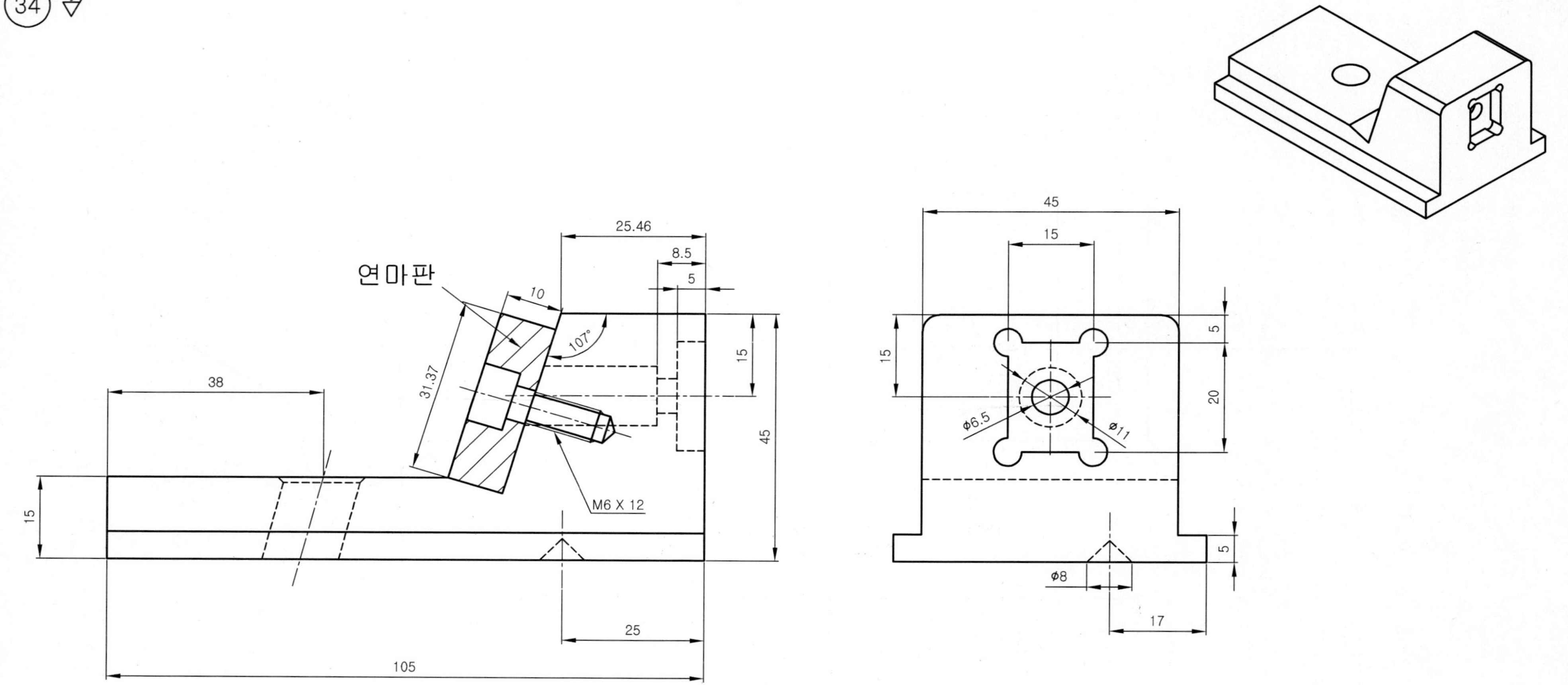

주서

1. 일반공차 - 가공부 : KS B 0412
2. 도시되고 지시없는모따기는 1x45°, 필렛 및 라운드 R3
3. 일반 모따기는 0.3~0.5x45°
4. 표면거칠기는 기호 비교표

$\overset{x}{\nabla}$ = $\overset{3.2}{\nabla}$, 25S , ▽▽ , N9

$\overset{y}{\nabla}$ = $\overset{0.8}{\nabla}$, 6.3S , ▽▽▽ , N7

34	슬라이드 코어	KP4	2	HRC58
품 번	품 명	재 질	수 량	비 고
2단특수금형 (heteromorphy-cover)			척 도	2 : 1
			투상법	3각법

(35)

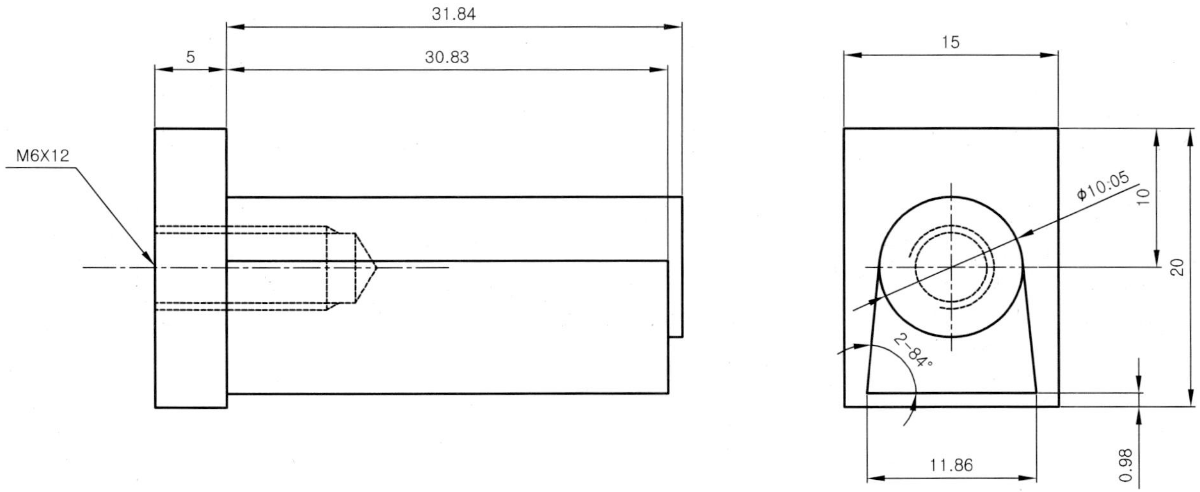

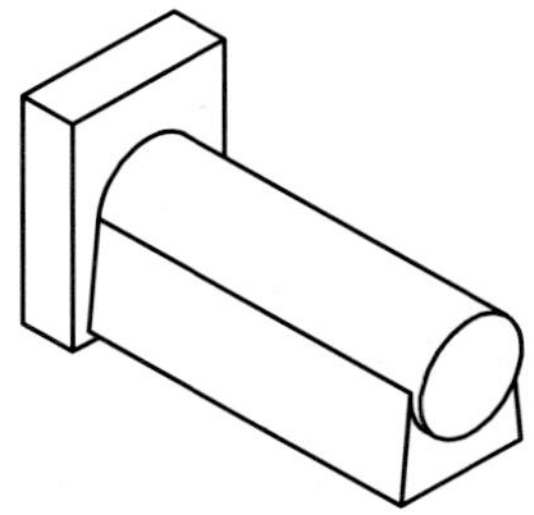

주서

1. 일반공차 - 가공부 : KS B 0412
2. 도시되고 지시없는모따기는 1x45°, 필렛 및 라운드 R3
3. 일반 모따기는 0.3~0.5x45°
4. 표면거칠기는 기호 비교표

x = 3.2, 25S, ▽▽, N9
y = 0.8, 6.3S, ▽▽▽, N7

35	슬라이드 코어 핀	KP4M	2	HRC58
품 번	품 명	재 질	수 량	비 고
2단특수금형 (heteromorphy-cover)			척 도	4 : 1
			투상법	3각법

(36) x (y)

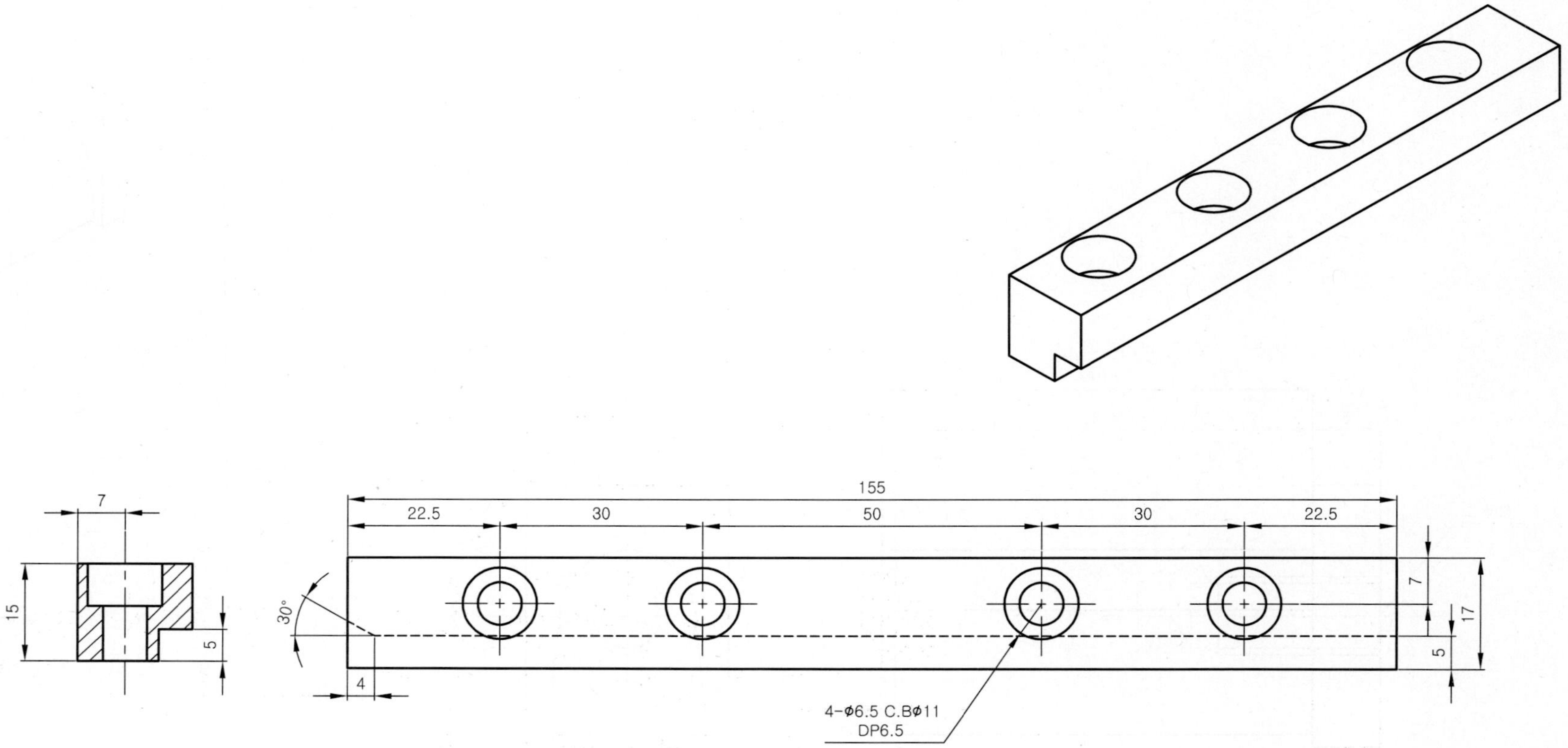

주서

1. 일반공차 - 가공부 : KS B 0412
2. 도시되고 지시없는모따기는 1x45°, 필렛 및 라운드 R3
3. 일반 모따기는 0.3~0.5x45°
4. 표면거칠기는 기호 비교표

x = 3.2, 25S , ▽▽, N9

y = 0.8, 6.3S , ▽▽▽, N7

36	가이드 레일	SKS3	4	HRC30
품 번	품 명	재 질	수 량	비 고
2단특수금형 (heteromorphy-cover)			척 도	2 : 1
			투상법	3각법

37

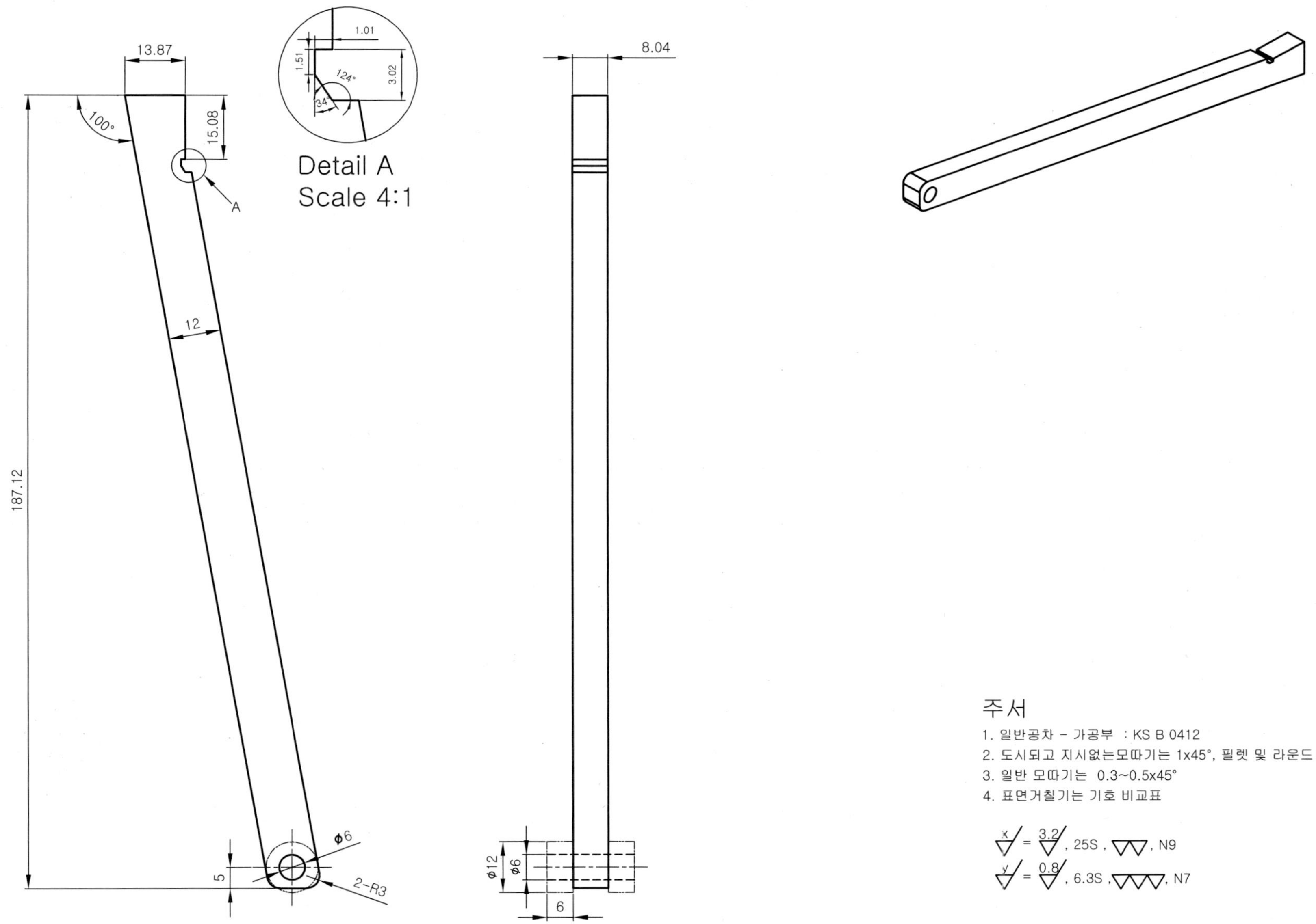

주서

1. 일반공차 - 가공부 : KS B 0412
2. 도시되고 지시없는모따기는 1x45°, 필렛 및 라운드 R3
3. 일반 모따기는 0.3~0.5x45°
4. 표면거칠기는 기호 비교표

x = 3.2, 25S, ▽▽, N9
y = 0.8, 6.3S, ▽▽▽, N7

37	변형밀핀	KP4M	2	HRC58
품 번	품 명	재 질	수 량	비 고
· 2단특수금형 (heteromorphy-cover)			척 도	1 : 1.5
			투상법	3각법

(38) x/ (y/)

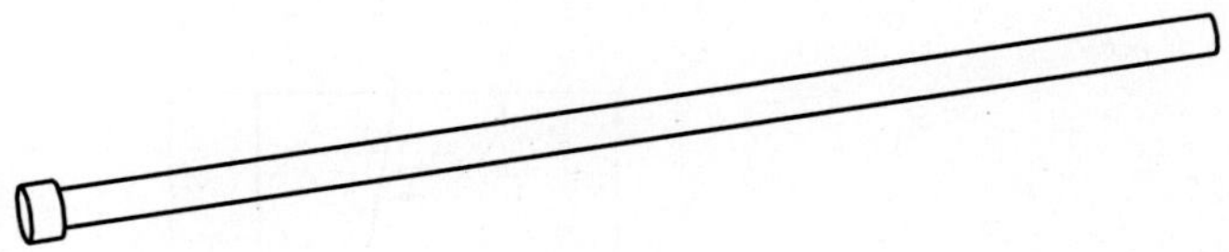

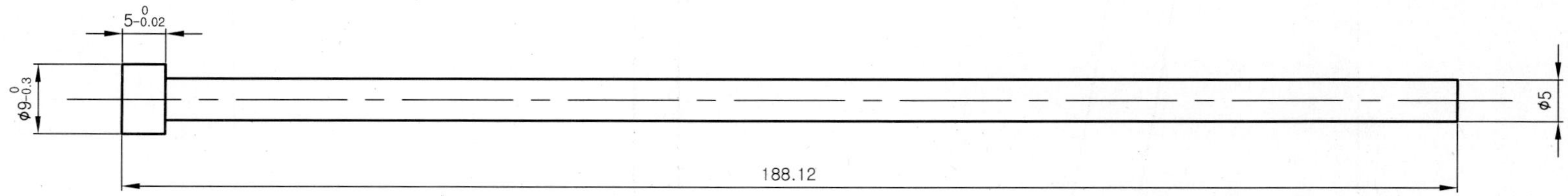

주서

1. 일반공차 - 가공부 : KS B 0412
2. 도시되고 지시없는모따기는 1x45°, 필렛 및 라운드 R3
3. 일반 모따기는 0.3~0.5x45°
4. 표면거칠기는 기호 비교표

x/ = 3.2/ , 25S , ▽▽ , N9

y/ = 0.8/ , 6.3S , ▽▽▽ , N7

38	이젝트 핀	STC3	8	
품 번	품 명	재 질	수 량	비 고
2단특수금형 (heteromorphy-cover)			척 도	2 : 1
			투상법	3각법

39 $\overset{x}{\triangledown}$ ($\overset{y}{\triangledown}$)

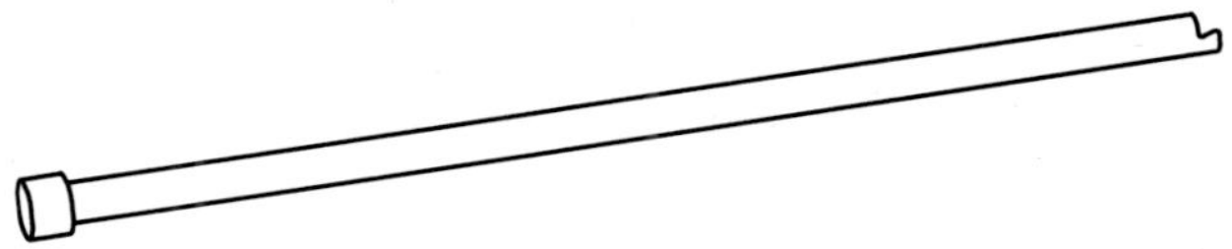

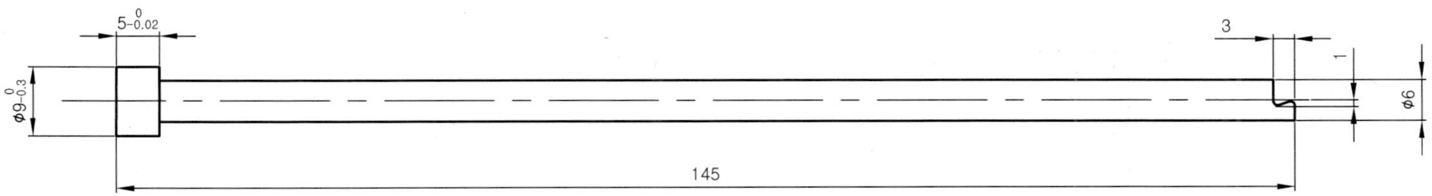

주서

1. 일반공차 - 가공부 : KS B 0412
2. 도시되고 지시없는모따기는 1x45°, 필렛 및 라운드 R3
3. 일반 모따기는 0.3~0.5x45°
4. 표면거칠기는 기호 비교표

$\overset{x}{\triangledown}$ = $\overset{3.2}{\triangledown}$, 25S , ▽▽, N9

$\overset{y}{\triangledown}$ = $\overset{0.8}{\triangledown}$, 6.3S , ▽▽▽, N7

39	스프루 록 핀	STD61	4	HRC50
품 번	품 명	재 질	수 량	비 고
2단특수금형 (heteromorphy-cover)			척 도	2 : 1
			투상법	3각법

(40) x/ (y/)

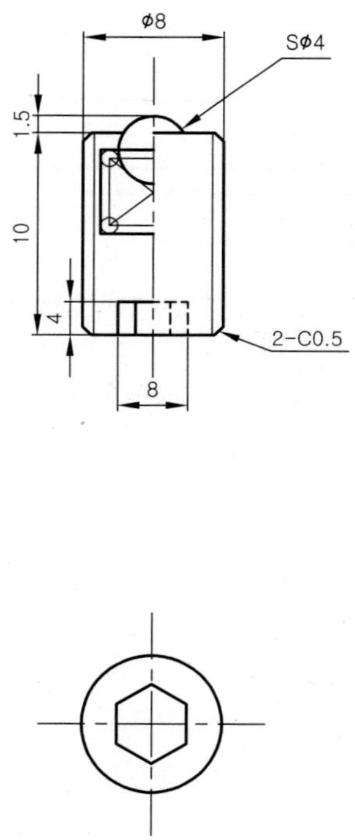

주서

1. 일반공차 - 가공부 : KS B 0412
2. 도시되고 지시없는모따기는 1x45°, 필렛 및 라운드 R3
3. 일반 모따기는 0.3~0.5x45°
4. 표면거칠기는 기호 비교표

x/ = 3.2/ , 25S , [two triangles], N9

y/ = 0.8/ , 6.3S , [three triangles], N7

40	볼플런저	SCM435	4	
품 번	품 명	재 질	수 량	비 고
2단특수금형 (heteromorphy-cover)			척 도	4 : 1
			투상법	3각법

(41) x/ (y/)

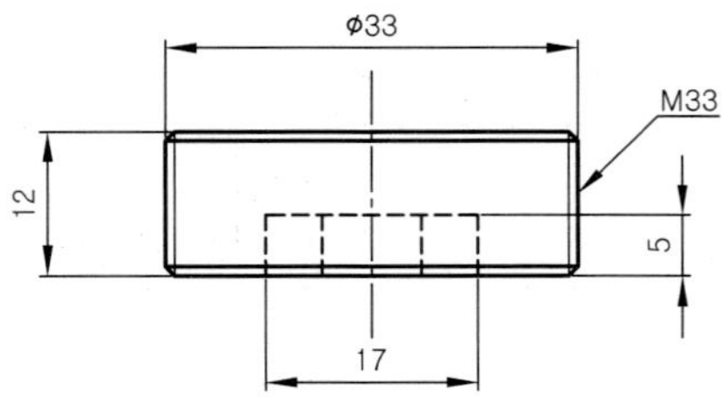

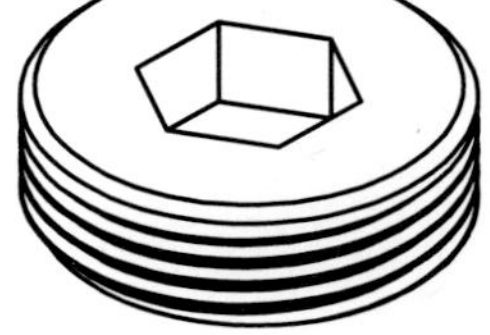

주서

1. 일반공차 - 가공부 : KS B 0412
2. 도시되고 지시없는모따기는 1x45°, 필렛 및 라운드 R3
3. 일반 모따기는 0.3~0.5x45°
4. 표면거칠기는 기호 비교표

x/ = 3.2/ , 25S , ▽▽ , N9

y/ = 0.8/ , 6.3S , ▽▽▽ , N7

41	세트스크류	SCM435	4	
품 번	품 명	재 질	수 량	비 고
2단특수금형 (heteromorphy-cover)			척 도	4 : 1
			투상법	3각법

(42) x/ (y/)

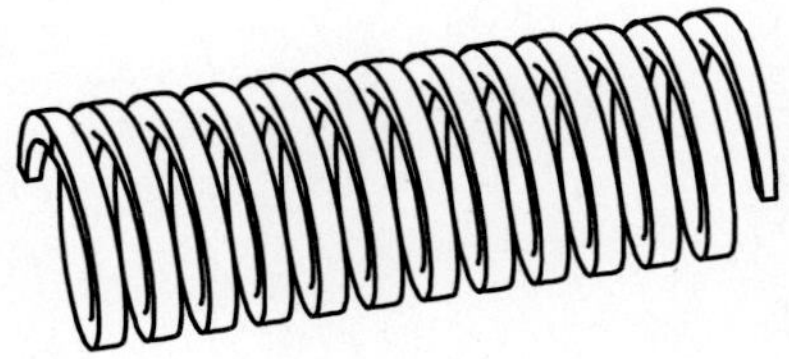

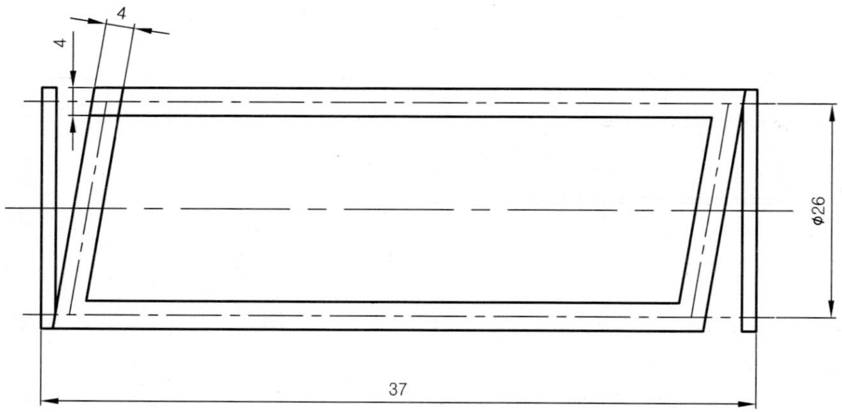

스프링 요목표	
재료 지름	4x4
코일 평균 지름	φ26
총 감긴 수	5
감긴 방향	오른쪽
자유 높이	37
방청 처리	흑색 애나멜

주서

1. 일반공차 - 가공부 : KS B 0412
2. 도시되고 지시없는모따기는 1x45°, 필렛 및 라운드 R3
3. 일반 모따기는 0.3~0.5x45°
4. 표면거칠기는 기호 비교표

x/ = 3.2/ , 25S , ▽▽, N9

y/ = 0.8/ , 6.3S , ▽▽▽, N7

42	스프링	STC2	4	Tr26x37
품 번	품 명	재 질	수 량	비 고
2단특수금형 (heteromorphy-cover)			척 도	2 : 1
			투상법	3각법

(43) $\sqrt[x]{}$ ($\sqrt[y]{}$)

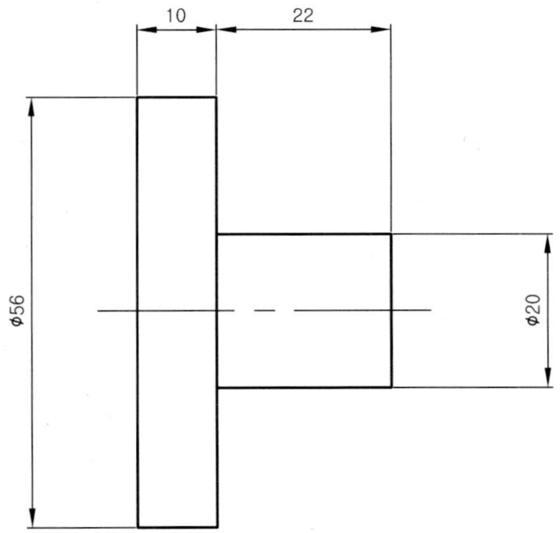

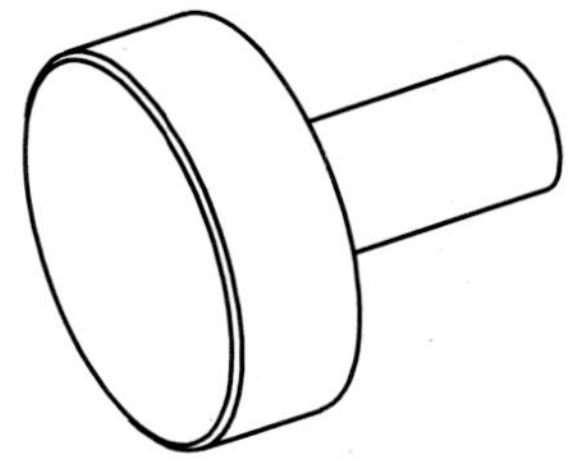

주서

1. 일반공차 - 가공부 : KS B 0412
2. 도시되고 지시없는모따기는 1x45°, 필렛 및 라운드 R3
3. 일반 모따기는 0.3~0.5x45°
4. 표면거칠기는 기호 비교표

$\sqrt[x]{}$ = $\sqrt[3.2]{}$, 25S , ▽▽, N9

$\sqrt[y]{}$ = $\sqrt[0.8]{}$, 6.3S , ▽▽▽, N7

43	푸셔 핀	SM45C	4	HRC58
품 번	품 명	재 질	수 량	비 고
2단특수금형 (heteromorphy-cover)			척 도	4 : 1
			투상법	3각법

현장실무능력 배양을 위한

최신 사출금형 설계도면집

1판 1쇄 2017년 12월 26일

저 자 윤갑석
발행인 송광헌
발행처 복두출판사
주 소 서울특별시 영등포구 경인로82길 3-4
센터플러스 807호 (우) 07371
전 화 02-2164-2580
FAX 02-2164-2584
등 록 1993. 11. 22. 제 10-902 호

정가 : 30,000원
ISBN : 979-11-5906-323-7 93550

한국과학기술출판협회 회원사